Anamnese und Befund

Die symptom-orientierte Patientenuntersuchung
als Grundlage klinischer Diagnostik

Ein interaktives Taschenbuch für Studium und Praxis

Jürgen Dahmer

10. völlig überarbeitete und erweiterte Auflage

unter inhaltlicher und redaktioneller Mitarbeit
von Matthias Krüger, Facharzt für Allgemeinmedizin

2006
Georg Thieme Verlag
Stuttgart · New York

Dahmer, Jürgen
Prof. Dr. med. Dipl.-Psych. Dr. rer. nat.
Jägerstieg 43
30657 Hannover

1. Auflage 1970
2. Auflage 1973
3. Auflage 1978
4. Auflage 1981
5. Auflage 1984
6. Auflage 1988
7. Auflage 1994
8. Auflage 1998
9. Auflage 2002

1. japanische Auflage 1977

1. bulgarische Auflage 2005

Bibliografische Information Der Deutschen Bibliothek

Die Deutsche Bibliothek verzeichnet diese Publikation in der Deutschen Nationalbibliographie; detaillierte bibliografische Daten sind im Internet über http://dnb.ddb.de abrufbar.

Printed in Germany
Satz: Druckhaus Götz GmbH, Ludwigsburg, gesetzt auf CCS Textline
Druck: Appl · aprinta Druck GmbH, Wemding

ISBN 3-13-455810-6
ISBN 978-3-13-455810-4 1 2 3 4 5 6

Was bietet dieses Buch?

In diesem Taschenbuch finden **Studenten** die Systematik der Patientenuntersuchung, **Ärzte** Anregungen zu kostensparenden klinischen Untersuchungstechniken, **Hochschullehrer** Vorbereitungshilfen für den Unterricht in den Untersuchungskursen und am Krankenbett. Anamnese- und Befunderhebung werden in den größeren Zusammenhang diagnostischer Entscheidungsfindung gestellt.

Anamnese und Befund bilden die unverzichtbare Voraussetzung für zielsichere technisch-diagnostische Untersuchungen, richtige Diagnosen und wirksame Therapie.

Das vorliegende Taschenbuch bietet neben der **systematischen Gesamtuntersuchung** eine Anleitung, wie man gezielt nach Symptomen „aller" Krankheiten sucht. Besonderer Wert wird auf die Beschreibung allgemeingültiger **Denkwege** und **Entscheidungshilfen** gelegt, die es gestatten, von Symptomen zu Diagnosen fortzuschreiten.

Die einzelnen Kapitel sind nach Körperregionen geordnet und mit einem Dezimalsystem in gleichbleibender und damit lernfreundlicher Form in Beschwerden und Befunde nach einem für alle Kapitel gleichbleibenden Prinzip geordnet: Beschwerden nach Dauer, Stärke, Art und Ort sowie Beziehungen zu Körperfunktionen, Befunde nach Inspektion, Palpation, Perkussion, Auskultation und Funktionsprüfungen.

Farbige Markierungen beleben den Stoff:

Den Kapiteln sind **Lernziele** vorangestellt, die sagen,

welche **Fragen zur Selbstkontrolle** der Leser am Ende eines Kapitels beantworten können soll und

welche **praktischen Aufgaben** das Gelernte vertiefen.

Beispiele für die **diagnostische Bedeutung** von Leitsymptomen erleichtern den Zugang zum klinischen Denken.

Merksätze fördern das Behalten von Wesentlichem und

praktische Tipps sind besonders hervorgehoben.

Häufige Begleitbeschwerden sind in einer **Systemübersicht** den erkrankten Organen zugeordnet. Sternchen * verweisen auf den Index.

In der Medizin gewinnen **Computer** zur Datenspeicherung und zur Unterstützung ärztlicher Entscheidungen an Bedeutung. Voraussetzung dafür sind Patientendaten in möglichst sachgerechter, präziser und vergleichbarer Form. Die hier geschilderten Untersuchungstechniken können einen wesentlichen Beitrag dazu leisten.

Mit eindeutigen Antworten auf die Fragen „Was untersucht man?", „Wie untersucht man?" und „Wie kommt man von den vorgefundenen Symptomen zu Diagnosen?" bietet das Taschenbuch das Handwerkszeug für die tägliche Arbeit des Arztes und methodische Hilfen, die dazu beitragen sollen, daß praktische ärztliche Tätigkeit wissenschaftlichen Ansprüchen gerecht wird.

Didaktische Gesichtspunkte – leichter lernen, länger behalten, lückenloser erinnern – bilden gemeinsam mit der lernpsychologischen Erkenntnis, dass Menschen ihr Wissen in zweckbezogene Kategorien abspeichern, die Grundlage für den Aufbau des Buches. Sein Nutzen hängt von der Zahl und der Organisation derartiger Kategorien ab, die der Leser beim Studium des Buches nachvollziehen und selber bilden kann.

Am Ende der einzelnen Abschnitte finden Sie praktische Übungsaufgaben und Fragen, mit deren Beantwortung Sie Ihr Wissen vertiefen und selbst kontrollieren können, ob Sie die Lernziele erreichen. Einen Untersuchungsbogen als Denk- und Dokumentationshilfe können Sie aus dem Internet unter www.thieme.de/specials/dahmer-anamnese-und-befund abrufen. Verweise im Text zeigen an, dass die ausführliche Erwähnung des Begriffs an anderer Stelle erfolgt, die Sie mit Hilfe des Index nachschlagen können.

Autor und Verlag wollen Ihnen via Internet die Möglichkeit geben, mit uns über Form und Inhalt des Buches in Interaktionen Kontakt aufzunehmen. Teilen Sie uns Ihre Wünsche und Anregungen zu „Fragen zur Selbstkontrolle" und „Antworten" und zu den „praktischen Aufgaben" mit unter www.thieme.de/specials/dahmer-anamnese-und-befund. Bitte geben Sie Seitenzahl und Absatz der betreffenden Textstelle an.

Ich möchte an dieser Stelle meiner Frau für ihre geduldige Mitarbeit danken. Von der 9. Auflage an beteiligt sich Dr. med. Matthias Krüger, Arzt für Allgemeinmedizin, an der inhaltlichen und redaktionellen Gestaltung des Taschenbuchs. Viele Anregungen verdanke ich meinen Lesern, die an der Entwicklung während der vergangenen 35 Jahre kritisch und wohlwollend zum Gedeihen des Taschenbuchs beigetragen haben. Auch in Zukunft sind wir auf Anregungen unserer Leser angewiesen und für jeden Hinweis dankbar – auch wenn es sich nur um ein falsches Komma handelt. Benutzen Sie für Anregungen und Korrekturvorschläge unsere E-mail-Adresse pu.mail@gmx.de.

Hannover, im Sommer 2006 *Jürgen Dahmer*

1 Ärztliche Diagnostik – Überblick

1.1 Lernziele

Im folgenden Abschnitt erfahren Sie,

- wie man Grundbegriffe der ärztlichen Untersuchung definiert,
- wie man den Denkprozess – vom Symptom zur Diagnose – formuliert,
- wie man diagnostische Probleme löst,
- wie man Fehler im diagnostisch-therapeutischen Entscheidungsprozess vermeidet und
- ob und wann man ärztliche Intuition einsetzen darf.

Der Anfang aller Philosophie sind Definitionen.
Der Anfang allen ärztlichen Denkens sind scharf gestellte Begriffe.
Für die in diesem Buch verwendeten Begriffe
gelten folgende Definitionen:

Symptome
sind Krankheitszeichen = Beschwerden, Befunde, technisch-diagnostische Werte

Krankheit
ist die reale Krankheit eines Patienten, seine Diagnose

Erkrankung
ist der gestörte körperlich-geistig-seelische Zustand oder Prozess eines Patienten, sein Kranksein

Krankheitsbild
ist die Gesamtheit der Symptome und Hintergrundinformationen, die zu einem Lehrbuch-Krankheitsbild gehören, unabhängig vom realen Patienten

Symptomatik
ist die Gesamtheit der Symptome, die zur Krankheit des realen Patienten gehören

gewichtete Symptomkonstellation
ist die Synthese aus Entstehungsbedingungen, Gewicht und Stellenwert der Symptome Ihres Patienten, ihre Qualität, ihre Stärke und ihre Beziehung zueinander*

Diagnosen
sind Schlussfolgerungen aus der Symptomkonstellation Ihres Patienten im Sinne einer Zuordnung zu bekannten Krankheitsbildern

---

* Beispiele für die Bedeutung unterschiedlicher Gewichtung von Symptomen
nach der Qualität z. B. dumpfe somatische Dauerschmerzen bei Peritonitis, Koliken bei Ileus
nach der Stärke z. B. Körpertemperatur: 41,3 Grad bei Typhus, 38,1 Grad bei Hepatitis A

1.2 Der Denkprozess „Vom Symptom zur Diagnose“

Informationen, die Sie mit der ärztlichen Untersuchung vom Patienten gewinnen, bilden die Voraussetzung für Diagnose und Therapie. Deshalb kann der Wert einer sorgfältigen und sachverständigen Anamnese- und Befunderhebung nicht genug betont werden.

Ihre Diagnosen werden nur so gut sein wie die Ergebnisse Ihrer Patientenuntersuchung.

Über die Anamnese- und Befunderhebung hinaus wird von Ihnen gefordert, die vorgefundenen Symptome zu Diagnosen zu verarbeiten. Auf den hierfür erforderlichen Denkprozess vom Symptom zur Diagnose werden wir im Kapitel 22 „Diagnostisches Denken“ eingehen.

In den Lehrbüchern der Krankheitslehre finden Sie die aus vielen realen Fällen abstrahierte Beschreibung von Krankheitsbildern in typischer Ausprägung. Zu jedem Krankheitsbild gehören charakteristische **Krankheitszeichen = Symptome**. Das sind Spuren im Sinne von Beschwerden und Befunden, nach denen Sie bei der Patientenuntersuchung fahnden, Symptome, die in jedem Krankheitsbild in bestimmter Kombination vorkommen und häufig voneinander abhängig sind.

Ablauf

- **1. Schritt:** Aufgrund der Beschwerden, die Sie mit der Anamnese erfassen, stellen Sie erste diagnostische Vermutungen an (= Verdachtsdiagnosen), d. h., aus den vorgefundenen Symptomen ziehen Sie erste, zunächst ungeprüfte Schlussfolgerungen auf bekannte Krankheiten (Gedächtnis und Literatur). Dabei überdenken Sie – in der Regel ausgehend von einem Leitsymptom (S. 27) – die Frage, zu welchem Krankheitsbild die Beschwerden Ihres Patienten am ehesten passen.
- **2. Schritt:** Sie suchen dann im Rahmen der Befunderhebung nach körperlichen Symptomen in Organsystemen*, auf die die Beschwerden hinweisen. Sie betreiben zunächst symptomatologische, dann nosologische Differenzialdiagnostik (ausführlicher im Kapitel „Diagnostisches Denken“).

Es hängt in erster Linie vom systematischen Vorgehen und von der Sorgfalt ab, mit der Sie untersuchen, ob Ihnen die Informationen, die Sie vom Patienten erhalten, diagnostisch weiterhelfen. Meist bieten Ihnen die Patienten spontan mehr oder weniger unscharfe Einzelinformationen an.

Das Sammeln und das Scharfstellen der Symptome sind Ihre primäre Aufgabe. Die Selektion des Wesentlichen und die effektive Verwendung der gewonnenen Informationen bilden den Kern der ärztlichen Kunst.

Beispiel

Gelbverfärbung der Skleren und des Gesichts (= Ikterus) kommt u. a. bei Hepatitis, Cholelithiasis und Kugelzellanämie vor. Schon das genaue Hinsehen bei der Untersuchung lässt unter Umständen eine Unterscheidung in grünlichen, gelblichen und rötlichen Ikterus zu und damit erste Vermutungen in Bezug auf eins der genannten Krankheitsbilder.

Sind die Ergebnisse Ihrer Untersuchung ungenau, unvollständig oder falsch, dann sind meist nicht nur Ihre diagnostischen Hypothesen falsch, sondern auch alle weiteren differenzialdiagnostischen Überlegungen, die endgültige Diagnose und die Therapie.

Mit dem Auffinden von einzelnen Symptomen ist es also nicht getan. Es gilt, jedes Symptom nach pathogenetischen, pathophysiologischen, ätiologischen, morphologischen und differenzialdiagnostischen Gesichtspunkten abzuwägen.

Gesichtspunkte für das Abwägen von Symptomen

Entstehungsmechanismus (= Pathogenese) des Symptoms
zur Beantwortung der Frage, wie sich ein bestimmtes Symptom ursächlich, qualitativ und zeitlich entwickelt, z. B. der Druckschmerz im rechten Unterbauch *ursächlich* durch Übergreifen einer entzündlichen Reizung auf das Peritoneum parietale (akute Appendizitis) bedingt ist.

Funktionelle Bedeutung (= Pathophysiologie) des Symptoms
zur Beantwortung der Frage, auf welche Funktionsstörungen ein bestimmtes Symptom hinweist, z. B. anhaltender Durchfall auf erhöhte Darmmotilität und Störungen des Wasser- und Elektrolythaushalts.

Entstehungsursache (= Ätiologie) des Symptoms
zur Beantwortung der Frage, welche Ursachen zu dem Symptom führen, z. B. die Vermehrung von kleinzelligem Plattenepithel im Bronchus zum trockenen Reizhusten (Bronchialkarzinom) oder der Mangel an Konzentrationsfähigkeit zum Versagen in der Schule.

Morphologische Veränderungen (= Pathologie) bei Vorliegen des Symptoms
zur Beantwortung der Frage, welche Gewebsveränderungen das Symptom anzeigt, z. B. der bogenförmige Gesichtsfeldausfall, der auf die druckbedingten Gewebsveränderungen im papillomakulären Bündel (Glaukom) hinweist.

Mit dem nächsten Schritt beantworten Sie die Frage: „Wie passen die einzelnen Patientensymptome im Sinne eines Mosaiks zusammen, welches Symptommuster lässt sich erkennen?“ Sie wägen ab, welchem Krankheitsbild sich die Gesamtheit der vorgefundenen Symptome zuordnen lässt. Mit diesem **Mustervergleich** stellen Sie die Gesamtheit der vorgefundenen Symptome (Symptomkonstellation des Patienten) bekannten Krankheitsbildern gegenüber.

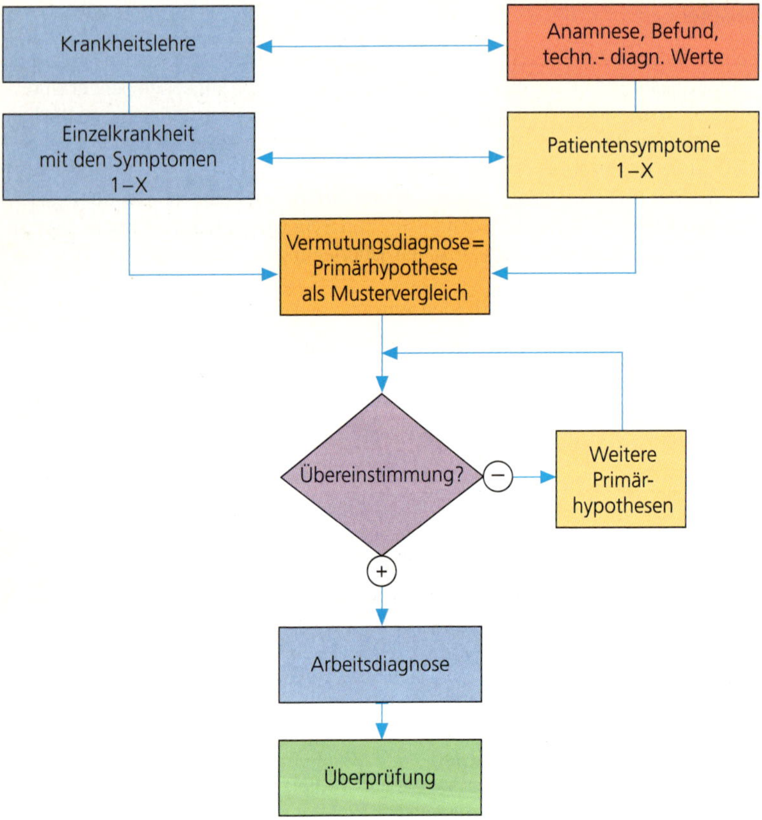

Abb. 1.1 Der Denkweg vom Symptom zur Diagnose.

Es gibt zwei grundsätzlich verschiedene Methoden, eine Diagnose zu stellen. Sie können entweder aus dem Gedächtnis Ihnen bekannte Krankheitsbilder, die Sie gesehen, gehört oder gelesen haben, auf einen Patienten projizieren und kommen so *deduktiv* zu einer Diagnose, oder Sie können mit gesicherten Methoden Schritt für Schritt die Beschwerden und Befunde eines Patienten erfassen und auf diesem sicheren Weg *induktiv* zu Schlussfolgerungen im Sinne einer Diagnose kommen und eine entsprechende Therapie einleiten.

Ärztliche Intuition heißt, Krankheiten zwar aufgrund eigener Erfahrung, aber unter Überspringen „beweisender" analytischer Denkprozesse zu diagnostizieren. Dabei erkennt der Arzt in einer unterbewussten Zusammenschau den Zusammenhang zwischen den analytisch gewonnenen Symptomen des Patienten und einem ihm bekannten Krankheitsbild. Intuitive Diagnosen haben nicht selten den Charakter von Erleuchtungen (ausschließender Evidenz) und sind von hohen Gefühlen der Selbstbestätigung begleitet. Erfahrung (Empirie) und Logik sichern richtige Schlussfolgerungen. Zum Erkennen gehört darüber hinaus ein kritisches Maß an Intuition. Unkritisches, intuitives Vorgehen kann umso eher zu Fehldiagnosen führen, je weitmaschiger das Wissensnetz des Arztes ist. Intuitives Diagnostizieren wird gefährlich, wenn das Genialische die systematische Untersuchung und das differenzialdiagnostische Abwägen verdrängt, wenn sich der Arzt mit Vermutungen begnügt und nicht mehr sine ira et studio seine Hypothesen prüft, sondern primär nach Bestätigungen vorgefasster Meinungen sucht.

Der wesentliche Nachteil intuitiver Diagnostik ist, dass sie vieljährige praktische Erfahrung voraussetzt, die weit über ein Medizinstudium hinausreicht. Wenn Sie es dennoch versuchen, kommen Sie in die Nähe eines Quacksalbers.

Bei **Krankheitsbildern** handelt es sich nicht nur um Symptomsummen, vielmehr haben die einzelnen Krankheitszeichen einen bestimmten Stellenwert in einem ätiologisch meist einheitlichen Ganzen. An einem Krankheitsbild ergeben deshalb neben dem **Was** der Einzelsymptome das **Wie** der Ausprägung und des Zueinanders sowie das Wodurch und das **Wann** im Sinne des zeitlichen Nacheinanders der Symptome das charakteristische Muster.

Insgesamt ähnelt der diagnostische Denkprozess, der den Arzt von Symptomen zu Diagnosen fortschreiten lässt, der empirischen Forschung. Der Arzt gewinnt Informationen, stellt Primärhypothesen auf und kommt durch Mustervergleich zu einer Arbeitsdiagnose. Dann versucht er, seine Hypothesen immer wieder zu überprüfen und zu ergründen, ob sie sich widerlegen lassen (Popper, 1969). So verläuft sein Denkprozess als ständiger Wechsel zwischen Schlussfolgerungen, die er aus vorgefundenen Symptomen zieht (symptomatologische Differenzialdiagnostik[1]), und dem Abwägen bekannter Krankheitsbilder, die sich ggf. auf die Symptomkonstellation des Patienten projizieren lassen (nosologische Differenzialdiagnostik).

In diesem Zusammenhang soll ausdrücklich auf die **Gefahr** hingewiesen werden, die in dem Versuch liegt, in einem diagnostischen Prokrustesbett unzureichende Befunde zu strecken bzw. zusätzliche Befunde zu ignorieren oder sich mit intuitiven Anhiebsdiagnosen im Sinne falsch verstandener Probabilistik zu begnügen. Ebenso verführerisch und gefährlich wie das durch Geltungsanspruch geförderte „Fahnden nach Beweisen" für Anhiebsdiagnosen ist das „Übersehen" (oder gar Verdrängen) von Symptomen, die nicht zu einer Vermutungsdiagnose passen.

---

[1] Lassen Sie sich vom Begriff Differenzialdiagnostik nicht verwirren. Letztlich ist jede Diagnose Abgrenzung (= Differenzierung) gegen andere Diagnosen und damit Differenzialdiagnostik.

Fehlerquellen bei Anamnese- und Befunderhebung

Anamnese
- unterlassene Fragen, z. B. Regelanamnese oder Tropenaufenthalt,
- unsachgemäß formulierte Fragen, z. B. Suggestivfragen,
- Vernachlässigen von Patientendaten, z. B. Regelstörungen oder Sexualanomalien,
- fehlerhafte Interpretation der Patientenangaben, z. B. unzutreffende Zuordnung ausstrahlender oder fortgeleiteter Schmerzen zu Organen.

Befund
- unterlassene Befunderhebung, z. B. die rektale Untersuchung,
- unsachgemäß durchgeführte Untersuchungen, z. B. Rigidität der Bauchdecken ohne Entspannungshilfen,
- fehlerhafte Interpretation der Befunde, z. B. Abwehrspannung als Zeichen der Peritonitis.

Technisch-diagnostische Werte
- unscharfe Vorstellungen über den Aussagewert eines Tests, z. B. Leukozytose unter 15 000 bei der Appendizitis,
- unklare Indikation für Untersuchungen, z. B. die meisten Grob-Screening-Verfahren,
- unsachgemäße Testvorbereitung, z. B. unzureichendes Abführen vor Kontrasteinläufen,
- unsachgemäße Testdurchführung, z. B. kontaminierter Urin,
- unsachgemäße Testauswertung, z. B. die Höhe der Leukozytose ohne Berücksichtigung des Lebensalters,
- unsachgemäße Testinterpretation, z. B. Amylaseerhöhung unter 2000 IU als sicheres Pankreatitiszeichen.

Vom Symptom zur Diagnose in Kurzform: Sie wägen die Beschwerden und Befunde mit der Frage ab: Wie passen diese Symptome zusammen und welche diagnostische Bedeutung hat die Symptomkonstellation Ihres Patienten? So kommen Sie zu einer Arbeitsdiagnose und versuchen als Nächstes die Symptomatik Ihres Patienten auch anderen Krankheitsbildern zuzuordnen. Sie treiben symptomatologische Differenzialdiagnostik.
Dann gehen Sie von denkbaren ähnlichen Krankheitsbildern aus und vergleichen sie untereinander und mit Ihrer Arbeitsdiagnose. So kommen Sie zu einer endgültigen Diagnose, die Sie während der Behandlung noch überprüfen.
Diese Denkabläufe funktionieren in der Praxis viel schneller als hier geschildert, aber man lernt in der Regel das Springen erst nach dem Laufen.

Das **System** der ärztlichen Untersuchung ist mit wenigen Worten dargestellt: Nach Zuhören und Befragen führen Sie in den einzelnen Körperregionen immer wieder Inspektion, Palpation, Perkussion, Auskultation und Funktionsprüfung in eben dieser Folge durch. Der programmförmige Untersuchungsablauf und Ihr entschiedener Wille zur kritischen Vollständigkeit sind eine gewisse Gewähr dafür, dass Sie Wesentliches nicht übersehen.

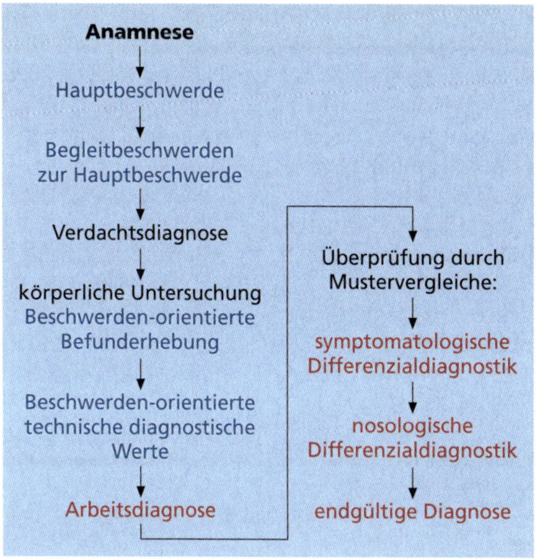

Abb. 1.**2** Vom Symptom zur Diagnose.

Tragen Sie bei zur Entwirrung greco-latino-iatrogener Sprachprobleme!

Verwenden Sie den Begriff ***Krankheitsbild*** für die Gesamtheit der Symptome (und Hintergrundinformationen), die unabhängig von realen Patienten zu einem abstrakten Krankheitsbild gehören.

Verwenden Sie den Begriff ***Symptomkonstellation*** für die gewichtete Gesamtheit der Symptome des individuellen Patienten, nicht für die Kennzeichnung eines abstrakten Krankheitsbildes.

Die Begriffe ***Symptome*** und ***Symptomatik*** gelten sowohl bei der Krankheit (Ihres Patienten) als auch für (abstrakte) Krankheitsbilder.

1.3 Aufgaben für die Selbstkontrolle

1 Wovon hängt die Qualität ärztlicher Diagnostik entscheidend ab?
2 Welche beiden deutschen Begriffe werden unter der Bezeichnung Symptome (Krankheitszeichen) zusammengefasst?
3 Welche vier Denkprozesse gehören zum Abwägen eines Symptoms?
4 Wie unterscheiden sich Krankheitsbilder von Symptomkonstellationen?
5 Worin liegt die Gefahr von Anhiebsdiagnosen?
6 Welche Fehlerquellen können den diagnostischen Entscheidungsprozess negativ beeinflussen?
7 Wodurch können intuitive Vorentscheidungen notfalls gerechtfertigt werden?
8 Was heißt „ärztliche Intuition"?
9 Welche Hilfen für diagnostische Entscheidungen bieten Informationen vom Patienten und welche suchenden Entscheidungshilfen bietet das Taschenbuch?

Lösungsvorschläge finden Sie in Kapitel 25.

2 Arzt-Patienten-Verhältnis und Anamnesetechnik

2.1 Lernziele

Im folgenden Abschnitt erfahren Sie, wie man

- allgemeine Voraussetzungen für das Erheben einer Anamnese berücksichtigt und welche Faktoren aufseiten des Arztes und des Patienten auf den Kommunikationsprozess Einfluss gewinnen,
- Beteiligung und Verständnis für den Patienten ausdrückt,
- den spontanen Bericht des Patienten präzisiert,
- unterschiedliche Frageformen zur Differenzierung der Patientenangaben verwendet,
- Personalien erhebt.

2.2 Voraussetzungen für die Anamneseerhebung

2.2.1 Alltagspsychologische Regeln

Spätestens nach dem zehnten Patienten beginnt sich bei jedem Arzt in der Anamnesetechnik eine Routine einzustellen, die zu einem mehr oder weniger unbewussten Ablauf von Standardfragen führt; Ihr Gefühl für die Besonderheit der Situation, die eine ärztliche Untersuchung für den Patienten darstellt, tritt dabei hinter Sachfragen zurück. Mit Gefühl für die Besonderheit der Situation ist gemeint, dass der Patient in der Regel an seiner Erkrankung leidet und dass er sich während der Untersuchung offenbaren muss, damit Sie ihm wirklich helfen können.

Diese Offenbarung fällt ihm keineswegs immer leicht. Denken Sie an den jungen Mann, der mit einer Phimose in die Sprechstunde kommt, an den alternden Patienten, der mit Ihnen über Miktionsstörungen sprechen soll, oder an das junge Mädchen, das unbeabsichtigt schwanger ist. Den Patienten und sich selbst können Sie es leichter machen, wenn Sie die folgenden alltagspsychologischen Regeln berücksichtigen.

Manchem Patienten ist es peinlich, über seelische, körperliche oder soziale Probleme in Gegenwart Dritter zu sprechen oder sich untersuchen zu lassen.

Sorgen Sie dafür, dass Sie während der Untersuchung mit dem Patienten ungestört sind.

Bei der gynäkologischen Befunderhebung ist es dagegen aus forensischen und praktischen Gründen (s. gynäkologische Untersuchung) zweckmäßig, wenn eine Arzthelferin oder eine Krankenschwester anwesend ist.

Grundsätzlich sollen auch **Familienmitglieder** bei der Untersuchung nicht anwesend sein (Ausnahmen: Hinfällige, Ohnmächtige und kleine Kinder). Im Zweifelsfall sollten Sie den Patienten fragen, ob ihm die Anwesenheit Dritter bei der Untersuchung recht ist.Die Krankheit beherrscht oft das ganze Denken Ihres Patienten. Das kann für seine Einsicht, dass der Arzt auch gegenüber anderen Patienten Verpflichtungen hat, hinderlich sein, geduldiges Warten nicht fördern und seine Ansprüche in Bezug auf Ihre Zeit und Zuwendung nur erhöhen. Aber:

Vermeiden Sie bewusst den Eindruck, dass Sie unter Zeitdruck stehen.

Auch die Beachtung sog. Kleinigkeiten kann es dem Patienten leichter machen, sich in eine Sprechzimmer- oder Untersuchungszimmer-Situation hineinzufinden. Würden Sie als Patient von einem Arzt erwarten, dass er sich Ihnen vorstellt?

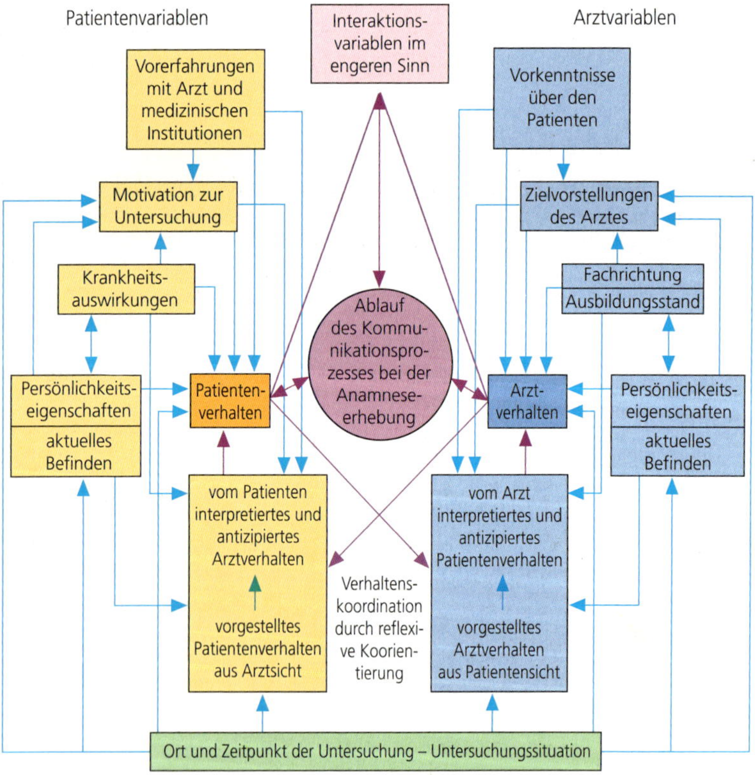

Abb. 2.**1** Einflüsse auf den Kommunikationsprozess beim Arzt-Patienten-Gespräch (nach Siegrist).

Die **Vorstellung** ist mehr als eine gesellschaftliche Pflichtübung. Der Arzt versucht, eine Vertrauenssituation zu schaffen; weiß gekleidete Anonymität regt den Patienten kaum dazu an, sich vertrauensvoll zu öffnen.

Würden Sie als Patient einen Händedruck erwarten?

Der **Händedruck** ist zumindest bei einer ersten Begegnung Ausdruck unmittelbarer Zuwendung und in unserem Kulturkreis üblich.

Wäre es Ihnen gleichgültig, ob Sie bei der Anamnese dem Arzt so gegenübersitzen, dass ein gelegentliches Ausweichen mit den Augen kaum möglich ist, oder ob die Schreibtischlampe so gestellt ist, dass sie wie ein Scheinwerfer wirkt?

Schaffen Sie durch Berücksichtigung derartiger „Äußerlichkeiten" eine Situation, die es dem Patienten erleichtert, sich Ihnen anzuvertrauen.

Sie brauchen das Vertrauen des Patienten. Es fällt Ihnen nicht zu, ist aber die Voraussetzung für eine gedeihliche Zusammenarbeit.

Achten Sie auf die Körpersprache des Patienten. Der nicht verbale Anteil eines Gesprächs (Änderung des Sprechtempos, Niederschlagen der Augen, Änderung der Sitzposition usw.) kann gelegentlich aufschlussreicher sein als das gesprochene Wort.

2.2.2 Die Rolle des Arztes

Der Erfolg der Untersuchung hängt weitgehend von Ihren persönlichen Eigenschaften, von Ihrem Eingehen auf den Patienten und Ihrem Verhalten am Krankenbett ab. Pflegen Sie deshalb Ihre ***ärztlichen Eigenschaften***. Dazu gehören neben Bestimmtheit und Güte taktvoll-bescheidenes Verhalten und teilnehmende Zuwendung, die echte Hilfsbereitschaft erkennen lässt. Offenheit kann der Arzt nur von Patienten erwarten, denen er das Gefühl des Akzeptiertwerdens gibt. Sie sollen sich jeder moralischen Beurteilung enthalten.

Darüber hinaus sind ***Verständnis und Takt*** Mittel, um Patientenängste abzubauen und Vertrauen zu schaffen. Für den Arzt steht in der Regel die Lösung diagnostischer und therapeutischer Probleme im Vordergrund. Der Patient ist in erster Linie an der Beseitigung seiner Beschwerden interessiert. Darüber hinaus kann seine Krankheit aber für ihn Gefährdung des Arbeitsplatzes, der Familie oder gar der Existenz darstellen.

Verständlicherweise reagiert er auf solche Bedrohungen mit Angst und erwartet von Ihnen – auch wenn er nicht spontan darüber spricht –, dass Sie seine seelische Reaktion auf die Krankheit erkennen und ihm helfen, damit „fertig zu werden". Ihr Einfühlungsvermögen können Sie mit Analogieschlüssen auf Ihre eigene Erlebnisfähigkeit schulen, indem Sie sich fragen: **„Wie würde ich in einer solchen Lage reagieren?"**

Zeigen Sie Ihrem Patienten, dass Sie sich in seine Probleme und in seine Situation einfühlen.

An seinen Reaktionen können Sie Ihre Einfühlungsfähigkeit kontrollieren.

Unterscheiden Sie von der Einfühlung folgende ähnliche Begriffe: Gegenüber dem bloßen **Mitgefühl** steht bei der Einfühlung das „Für den anderen" im Vordergrund; gegenüber der **Sympathie** vermeidet man bei der Einfühlung eine bewertende Zustimmung zu Gefühlen, Ideen oder Geschmacksrichtungen, und gegenüber der **Gefühlsansteckung** muss sich der Arzt davor hüten, bei seinem Bemühen um Einfühlung in die Freude oder das Leid des Patienten zu versinken und damit die für den diagnostisch-therapeutischen Zweck seines Vorgehens erforderliche Distanz aufzugeben.

Zuhören heißt mehr als nur Informationen im Sinne der Beschwerden aufnehmen, die der Patient vorträgt. Es gilt, gleichzeitig zu erfassen, wie der Patient von dem Problem, mit dem er zum Arzt kommt, beeinflusst wird.

- Wie lange hat er Schmerzen toleriert, bis er zum Arzt ging?
- Welche Ängste, welche Vermutungen verknüpft er mit seiner Beschwerde?
- Wie beschreibt er sie?
- Passt die emotionale Färbung des Berichts zum Inhalt und – worauf Sie bei der Untersuchung achten werden – zum körperlichen Befund?
- Sucht der Patient gegebenenfalls einen Krankheitsgewinn aus den Kopfschmerzen, die ihn vermeintlich arbeitsunfähig machen?

Eine wesentliche Voraussetzung für die Mitarbeit des Patienten schaffen Sie sich mit einer seinem Bildungsstand angepassten **Sprache**. Einfache Worte erleichtern selbst auf einer höheren intellektuellen Ebene nicht nur das Begreifen, sondern auch das Sichverstehen. Autoritätsgläubige Patienten, die sich mit Fachausdrücken aus dem Mund des Arztes begnügen, sind seltener geworden, die Zahl der Kritiker am sogenannten Visitenlatein nimmt zu. Denken Sie auch in Bezug auf Ihr **Sprechtempo** an die Aufnahmefähigkeit Ihrer Patienten.

Der ***Grad der Bindung*** zwischen Arzt und Patient wird durch die Persönlichkeit des Patienten und seine Krankheit bedingt. Übermäßige Bindung des Patienten bedeutet oft unberechtigte Erwartungen, die enttäuscht werden könnten. Unter Umständen führt sie beim Patienten zur Haltung des Nurnehmenden, der nicht mehr selbst für seine Gesundheit und die Bewältigung seiner Probleme verantwortlich ist.

Wohl jeder Patient hat Stimmungen, Gefühle und Launen und kann sie dadurch, dass er sie äußert, auf seine Mitmenschen übertragen. Wenn der Arzt das weiß und **seine Reaktionen auf eine Übertragung** vom Patienten auf ihn – und seine Reaktion darauf als **Gegenübertragung** – erkennt, kann er sie besser unter Kontrolle halten.

Damit können Sie Ihre unerwünschten Reaktionsmuster auf manche Patienten – z.B. Angst, auf bestimmte Themen einzugehen, denen Sie sich nicht gewachsen fühlen, Abwehr, Ärger, Rückzug, Verlegenheit oder Aggression – vermeiden, d.h. Ihre Fähigkeit, ein Arzt-Patienten-Gespräch zu führen, verbessern. Sie können auch Ihr Wissen um eigene Reaktionsformen diagnostisch nutzen, indem Sie aus Ihren Gefühlen auf die Gefühle schließen, die der Patient auf Sie überträgt, vorausgesetzt, dass Sie sich über Ihre eigenen Gefühle klar werden und Ihnen das „Achten auf" Übertragung und Gegenübertragung durch Übung zur Gewohnheit wird.

Faktoren der Einfühlung – praktische Beispiele

verbal Zuwendung zeigen,
z.B. durch Eingehen auf Sprechweise, Sprechtempo und verbale Eigenheiten des Patienten

averbal Zuwendung zeigen,
z.B. durch körperliche Zuwendung, Distanzminderung, Signale der Aufnahmebereitschaft oder Beseitigung von Ablenkungsmöglichkeiten

verbal Geduld haben,
z.B. durch Ausredenlassen, Sprechpausen, Formulierungshilfen oder zusammenfassende Wiederholungen

averbal Geduld haben,
z.B. durch dauerhaftes Aufrechterhalten der Zuwendung, ausdauerndes Zuhören, Vermeiden von Ausweichhandlungen und Zeichen der Ungeduld

verbal Vertrauen schaffen,
z.B. durch Eingehen auf geäußerte Beschwerden und Sorgen, das Anbieten von Rückversicherungen, etwa durch Betonung positiver Aspekte und Information des Patienten, das Gefühl vermitteln, akzeptiert zu werden. Versuchen Sie, die Erwartungen des Patienten zu ergründen

averbal Vertrauen schaffen,
z.B. indem man den Patientenerwartungen an das Äußere und das Verhalten eines Arztes entspricht, den Eindruck der Zuverlässigkeit vermittelt durch Pünktlichkeit, Einhalten von Zusagen oder dadurch, dass man selbst das tut, was man anderen empfiehlt

verbal Wärme fühlen lassen,
z.B. durch Bestätigung, dass man die Probleme des Patienten ernst nimmt, mit ihm fühlt, Verbundenheit bzw. Gemeinsamkeiten zum Ausdruck bringt und negative Gefühle möglichst vermeidet

averbal Wärme fühlen lassen,
z.B. durch kontaktfördernde Maßnahmen wie bequemen Platz bei der Gesprächsführung, durch freundliches Lächeln bei der Begrüßung, Spielzeug für Kinder, Takt bei körperlichen und seelischen Leiden

2.3 Vier Ziele der Anamnese

Die Anamnese dient dazu, Ihnen **Sachinformationen** über die Beschwerden des Patienten und frühere Krankheiten, die mit der jetzigen Krankheit in Zusammenhang stehen könnten, aber auch über den Gesamtzustand des Patienten und darüber zu vermitteln, wie er seine Krankheit erlebt. Der Patient ist nicht nur krank, er fühlt sich auch krank, d.h., ihn belasten nicht nur z.B. die Schmerzen im rechten Handgelenk, sondern Sorgen über die Konsequenzen, die sich aus den Gelenkschmerzen etwa für einen Handwerker oder Klavierspieler ergeben. Aufgrund der Anamnese stecken Sie den Rahmen ab, indem Sie die allgemeine Routineuntersuchung gezielt und intensiv vertiefen.

Darüber hinaus bietet sie Ihnen auch Einblick in die **Persönlichkeit** des Patienten, sie gestattet es, ein für Diagnose und Therapie unerlässliches **Vertrauensverhältnis** mit dem Patienten aufzubauen, und sie stellt für den Patienten eine (meist willkommene) Gelegenheit dar, sich im Sinne einer **Katharsis** auszusprechen (Gross, 1965). Der meistgehörte Einwand gegen unsere heutige Medizin ist, dass sie zu unpersönlich sei.

Erst wenn Sie neben den körperlichen Beschwerden und Befunden auch berücksichtigen, wie der Patient seine Krankheit erlebt, wie sie sich auf sein Erleben, seine sozialen und wirtschaftlichen Verhältnisse auswirkt, werden Sie ihn voll beurteilen können, erst dann wird er **Ihr Patient** im besten Sinne des Wortes.

2.4 Interaktion beim Arzt-Patienten-Gespräch[1]

Das Erreichen aller vier Ziele der Anamnese hängt von Ihrem Geschick ab, ein Arzt-Patienten-Gespräch zu führen. Die Skala der Kommunikation bei diesem Gespräch reicht vom Monolog des Patienten bis zum Monolog des Arztes. Welche Zwischenformen – Dialog, Diskussion, Exploration, Interview oder gar Verhör – jeweils zum Tragen kommen, hängt von den teilnehmenden Personen und dem Zweck ab. Lassen Sie die Anamnese, z. B. aus Zeitmangel oder Unmut über ungenaue Patientenangaben, nicht zum Verhör werden. Entgleist das Gespräch mehr zu einem Disput, den Sie zur Selbstbehauptung führen, so widerspricht das dem Grundanliegen des Kranken, sich Ihnen anzuvertrauen und verstanden zu werden. Die zweckentsprechende Zwischenform für eine Anamnese ist am ehesten ein zielgerichtetes Interview, bei dem Sie dem Patienten entsprechend seiner Mitteilungsbereitschaft Spielraum lassen.

Geben Sie dem Patienten zumindest am Anfang des anamnestischen Gesprächs Gelegenheit, frei zu berichten. Diesen **spontanen Bericht** sollen Sie möglichst wenig unterbrechen. Ihre Aufgabe ist es, dabei nicht nur zuzuhören, sondern auch auf das Verhalten des Patienten zu achten.

Schon seine Reaktion auf die Eröffnung des Gespräches bietet mehr als den sachlichen Inhalt, und Sie dürfen die einleitende Situation nicht durch sofortiges gezieltes Weiterfragen einengen. Anstelle eines zielgerichteten „Seit wann?" lenkt man einen Patienten, der mitteilt, er habe Kopfschmerzen, lieber mit der Aufforderung, ausführlicher darüber zu erzählen, auf einen freien Bericht. **Lösende oder ermutigende Fragen**, z. B.: „Wie hat es angefangen?" oder „Was geschah dann?", können zu einer chronologischen Darstellung des Krankheitsgeschehens beitragen.

Grundsätzlich können Sie vier Interaktionsformen unterscheiden:

Die Pseudointeraktion bleibt auf den Austausch ortsüblicher Verhaltensmuster beschränkt, wie nachbarliche Freundlichkeiten, Begrüßungsformeln, Klage über das schlechte Wetter usw.

Die **einseitige Interaktion** als einseitiges „Gespräch", z. B. zur Belehrung eines Partners, zur katalogartigen Befragung eines Patienten, aber auch als weitschweifiger Patientenbericht.

Reaktive Interaktion als planloses Aufeinanderreagieren, die Unterhaltung um der Unterhaltung willen „am Gartenzaun" oder „beim Kaufmann".

Die **echte Interaktion**, bei der jeder auf den anderen eingeht, ein wissenschaftliches Thema, das Arzt-Patienten-Gespräch in seiner optimalen Form.

1 Ausführlicher s. Dahmer H, Dahmer J: Gesprächsführung – Eine praktische Anleitung. 5. Aufl. Thieme, Stuttgart 2003.

Neben Beobachtung und Aufrechterhalten der Kommunikation geht es bei der Anamnese um eine **Präzisierung der Begriffe**, die der Patient benutzt. Berichtet er z. B., dass er vor zwei Jahren schon einen Nervenzusammenbruch gehabt habe, so lässt das Wort „schon" vermuten, dass der Patient meint, es handele sich um ein Rezidiv, und Sie müssen ihn bitten, genauer anzugeben, was ihm damals fehlte. Nur allzu leicht hört der sensible Patient aus der Frage „Was meinen Sie mit einem Nervenzusammenbruch?" eine kritische Bewertung. Fordern Sie ihn deshalb lieber auf, seine damalige Krankheit näher zu beschreiben.

Fortführung und Ergiebigkeit des spontanen Berichts hängen nicht zuletzt vom Taktgefühl des Arztes ab. Die Frage: „Warum sind Sie nervös?", selbst an einen Patienten, der sich als nervös bezeichnet, hieße besser: „Was macht Sie nervös?" Denn Antworten auf Warumfragen sind im Arzt-Patienten-Gespräch eigentlich Ihre Sache. Für alle Fragen, die der Arzt in Bezug auf die jetzige Krankheit, frühere Krankheiten, besonders aber auf die Intimsphäre des Patienten stellt, gilt die Regel, dass man den Patienten wohl fragt oder sogar ermutigt, aber niemals zwingt, Fragen zu beantworten. Es entspräche einer unärztlichen, autoritativen Haltung, geriete der Arzt durch die Nichtbeantwortung von Fragen in Zorn oder ließe den Patienten eine Verärgerung fühlen.

Gelegentlich werden Sie gezwungen sein, den Bericht des Patienten durch **Zwischenfragen** zu unterbrechen, sei es, um zusätzliche Informationen zu erhalten, um eine umständliche Darstellung abzukürzen oder um zu präzisieren. Vor jeder Unterbrechung einer „Weitschweifigkeit" sollten Sie sich zunächst fragen, auf welche nicht gestellte Frage der Patient mit seinen Ausführungen wohl antwortet.

Nur wenn Sie davon ausgehen, dass einerseits das „Unwichtige" für den Patienten offenbar so wichtig ist, dass er es Ihnen mitteilt, und wenn Sie sich darum bemühen zu verstehen, warum er „Unwichtiges" erzählt – zum Beispiel aus reiner Redseligkeit, zum Kompensieren von Angst, Verdecken tatsächlicher Beschwerden oder als Ablenkungsmanöver gegen Fragen, die ihm peinlich sind –, können Sie lernen, diese Unwichtigkeiten als Wegweiser zu den Informationen zu nutzen, die Sie brauchen. Hinterfragen Sie also für sich selbst immer wieder, warum Ihnen der Patient etwas Bestimmtes mitteilt.

Durch notwendige Unterbrechungen soll selbst der Redselige nicht verletzt werden. Zeigen Sie ihm deshalb den Wert der unterbrechenden Frage, z. B.: „Damit ich mir ein besseres Bild von Ihren Beschwerden machen kann..." oder: „Um das richtig beurteilen zu können..."

Auch **unerwünschte Pausen** oder Unsicherheiten des Patienten können durch eine **Zwischenfrage** des Arztes leicht überbrückt werden. Ihr Schweigen kann, je nach der Situation, als teilnehmendes Zuhören oder als mangelndes Interesse gedeutet werden. Für die Deutung spielt Ihr Gesamtverhalten bei der Zuwendung zum Patienten eine entscheidende Rolle.

Längeres Schweigen des Patienten ist nicht unbedingt eine Aufforderung, mit Fragen den Bericht wieder in Gang zu bringen. Der Patient braucht möglicherweise eine Pause, um seine Gedanken zu ordnen, nachzudenken, sich zu erinnern. Zur Beurteilung gilt es abzuwägen, ob die Pausen für den Patienten produktiv oder quälend sind. Über die peinliche Pause des verlorenen Fadens kann der Arzt leicht hinweghelfen, indem er z. B. das letzte Wort des gesprochenen Satzes als Fragewort wieder aufnimmt („Die Magenschmerzen beginnen, wenn ich mich ärgere." Pause – „Ärgere?"). Auch eine gelegentliche kurze Zwischenzusammenfassung dessen, was der Patient gesagt hat, kann den Bericht wieder in Gang bringen bzw. straffen.

Erkennt der Arzt aus zunehmender Spannung des Patienten, dass länger werdende Pausen **Angstpausen** sind, so können lösende Überleitungen auf ein anderes Thema zur Entspannung beitragen. In einer solchen Situation sollen Sie gezielte Fragen zum bisherigen Inhalt des Gespräches vermeiden und lieber später mit Vorsicht darauf zurückkommen.

Wie können Sie auch ohne unterbrechende Fragen Ihr Interesse, Ihre **Beteiligung** und auch Ihr Verständnis für das Gesagte kundtun? Ängstliche Patienten bedürfen einer derartigen Sicherung (Reassurance) durch ein leichtes Nicken mit dem Kopf, ein „Hmhm" zur rechten Zeit. Auch eine kurze Bemerkung: „Das ist verständlich" oder „Das ist nicht überraschend", fördert die Bereitschaft des Patienten, über seine Beschwerden zu berichten. Stärker wirkt schon die einfühlende Anteilnahme an Emotionen, wie z. B.: „Ich kann verstehen, dass Sie sich darüber geärgert haben." Vor wertenden oder besänftigenden Stellungnahmen sollte sich der Arzt jedoch hüten. Eine kurze Ermutigung hält eine spontan vorgetragene Anamnese flüssig: Falsch verstandene Kameraderie kann abstoßend wirken.

2.5 Fragen und ihre Formulierung

Wenn Sie Fragen stellen, müssen Sie sich über die Vor- und Nachteile bestimmter Formulierungen klar sein. Mit **gezielten Fragen** können Sie punktförmig auf Sachverhalte und kausale oder zeitliche Zusammenhänge eingehen, die für die Beurteilung des Patienten wesentlich sind, z. B.: „Wann haben die Schmerzen eingesetzt?" Außerdem können gezielte Fragen einen ins Stocken geratenen freien Bericht wieder in Gang bringen („Erinnern Sie sich daran, bei welcher Gelegenheit die Schmerzen zum ersten Mal auftraten?").

Fragen können **suggestiv** bereits die Antwort vorausnehmend den Patienten in eine bestimmte Richtung leiten oder dazu führen, dass er Ihnen eine erwartete oder, wie er glaubt, erwünschte Antwort anbietet, um Ihnen einen Gefallen zu tun, z. B.: „Haben denn die Tabletten, die ich Ihnen aufgeschrieben habe, geholfen?" Suggestivfragen haben aber gelegentlich den therapeutischen Zweck, dem Patienten die Zustimmung zu einer von Ihnen formulierten Auffassung zu erleichtern, z. B.: „Sind Sie nicht auch der Meinung, dass Ihr übermäßiger Alkoholgenuss Ihrer Gesundheit schadet?"

Offene Fragen – „Und was geschah dann?" – lassen dem Patienten Freiräume für die Antwort. Sie haben Aufforderungscharakter und bringen ihn zum Sprechen. **Gezielte Fragen** sind dagegen meist nicht zu umgehen, wenn man wesentliche Details exakt erfassen will. In ihrer Extremform lassen sie als **geschlossene Fragen** nur Ja-Nein-Antworten zu.

Sondierungsfragen geben ebenfalls Spielraum zum freien Bericht des Patienten, der sich nicht in eine bestimmte Richtung gelenkt fühlt, z. B.: „Wie ging es Ihnen nach der Entlassung aus dem Krankenhaus?" oder „Was fiel Ihnen dabei auf?"

Katalogfragen sind eher „geschlossen" und gestatten meist nur eine bestimmte Auswahl aus vorgegebenen Antworten, z. B.: „War der Stuhl fest, „breiig oder flüssig?" Sie bergen die Gefahr des Abfragens.

Mit **Konfrontationsfragen** können Sie dem Patienten eigene Gefühle, sein Verhalten und seine Angaben vorhalten: „Haben Sie durch Ihr Verhalten dazu beigetragen, dass Ihre Frau abgereist ist?" Oder: „Haben Sie sich streng an die Magenschonkost gehalten oder doch am Freitagabend Alkohol getrunken?" Mit solchen Fragen richten Sie die Aufmerksamkeit des Patienten auf ihn selbst, Sie regen zur Präzisierung, unter Umständen auch zur Korrektur von Ungereimtheiten oder Widersprüchen an.

Etwas milder wirken **Reflexionsfragen**. Sie sind Ihr Echo auf das Gesagte und Anlass zum Überdenken bzw. zur Fortsetzung des Berichts in einer bestimmten Richtung. Dabei nehmen Sie auf die vorangegangenen Patienteninformationen Bezug, z. B.: „Sie haben seit gestern Abend überhaupt nichts mehr zu sich genommen?" Oder: „Sie fühlen sich seit der Geburt Ihres Kindes abgespannt?" Oder: „Und Sie haben keine Hoffnung, dass es jemals besser wird?"

Interpretationsfragen nehmen Bezug auf die Schlussfolgerungen, die Sie aus den Angaben oder dem Verhalten des Patienten ziehen, z. B.: „Sie scheinen den Tod Ihrer Mutter überwunden zu haben?" Oder: „Wollten Sie mit der Schilderung Ihres Lehrers Ihre Abneigung gegen die Schule zum Ausdruck bringen?" Oder: „Haben Sie damit sagen wollen, dass ein gebrochenes Bein Sie nicht vom Training abhalten kann?"

Drei *Grundregeln für die Formulierung von Fragen:*
Fragen Sie auf dem Verständnisniveau des Patienten.
Stellen Sie immer nur eine Frage gleichzeitig.
Lassen Sie dem Patienten Zeit für die Antwort.

2.6 Dokumentation

Die Vorteile aufgezeichneter Patientendaten als Entscheidungshilfen für Ihre eigene Arbeit und die Selbstkontrolle, aber auch als Mittel der Kommunikation mit Kollegen, Pflege- und medizinische Hilfsberufe sind kaum zu überschätzen, kann aber auch als Beurteilungsgrundlage für Dritte dienen. Wenn Sie während der Anamnese feststellen, dass Sie mit Ihren Notizen den freien Redefluss des Patienten hemmen, oder wenn die Dokumentation der Befunde den Ablauf der Untersuchung stört, müssen Sie Ihre Aufzeichnungen nachträglich machen.

Die Aufzeichnung der Anamnese mit dem Tonband, z. B. bei psychiatrischen Fällen oder für Forschungszwecke, bedarf der Zustimmung des Patienten.

Betrachten Sie die Dokumentation von Anamnese und Befund

- als Entscheidungshilfe für die eigene Arbeit,
- als Hilfe für die Konsultation durch einen Kollegen,
- als Information für die Pflege- und die medizinischen Hilfsberufe.

2.7 Standardisierungsverfahren

Verschiedene Standardisierungsverfahren sind zur Anamneseerhebung entwickelt worden. Die verbreitete Skepsis gegenüber Anamnesefragebögen beruhte auf der Vermutung, dass der Kontakt des Arztes zum Patienten dadurch vermindert werden könnte, dass man ihm schriftlich Beschwerden suggeriert oder ihn intellektuell überfordert.

Diese Skepsis beginnt der Einsicht zu weichen, dass man mit diesen technischen Hilfen (Fragebögen, Fragekarten, die der Patient sortiert, und Patienten-Computer-Dialog) nicht nur Zeit sparen kann. Die anamnestischen Angaben können auch viel ausführlicher erhoben werden, der Arzt gewinnt aus dem ausgefüllten Fragebogen Anhaltspunkte, die gegebenenfalls zu einer Vertiefung bestimmter Fragen führen. Sowohl dem Arzt als auch dem Patienten dient der Fragebogen der Vorbereitung der persönlichen Begegnung. Er soll aber auch in Zukunft die unmittelbare Kommunikation zwischen Arzt und Patienten **nicht** ersetzen. In jedem Fall sollten Sie einen derartigen Fragebogen in Gegenwart des Patienten durchsehen und besonders in Bezug auf Unklarheiten mit ihm besprechen.

Formale Hinweise haben sich bewährt:

- Betonung der Vertraulichkeit – steigert das Vertrauen des Patienten.
- Keine Nummerierung der Fragen – sie könnten als hierarchische Ordnung missverstanden werden.
- Ja-Nein-Fragen – die Entscheidungen forcieren. Nur ausnahmsweise „Weiß nicht".
- Viel Platz und Aufforderungen zu Kommentaren – gibt über Formalismus hinaus Patient und Arzt Gelegenheit, sich zu äußern.
- Unterschrift des Patienten und des Arztes – betont die Wichtigkeit der Informationen.

Unter den verwendeten Fragebögen hat die gestaffelte Form besondere Vorteile. Der Patient bestimmt mit seiner Antwort in einem inhaltlich übergeordneten Bogen selbst die erforderlich werdenden Detailfragen.

Beispiel

Aus dem Fragebogen 1. Ordnung (1.0):

- „Nehmen Sie zurzeit Medikamente?" Ja/Nein

Wenn ja, beantworten Sie bitte die Fragen im Ergänzungsbogen 2. Ordnung (1.1):

- „Nehmen Sie Schlafmittel?" Ja/Nein
- „Verdauungsmittel?" Ja/Nein
- „Schmerzmittel?" Ja/Nein usw.

Ist die letzte Frage positiv, aus dem Ergänzungsbogen 3. Ordnung (1.1.1):

- „Welches Schmerzmittel nehmen Sie?"
- „Wann, wie viel, wie oft, wie lange und in welcher Form?"

Mit der Staffelung ersparen Sie dem Patienten die Beantwortung von Detailfragen, die schon aufgrund verneinter übergeordneter Fragen entfallen können.

Der Bogen „Ärztliche Fragen vor der Untersuchung“ der Deutschen Klinik für Diagnostik in Wiesbaden stellt ein für Ihre praktische Arbeit nützliches Beispiel dar.

Eine besondere Variation der Fragebögen ist der Bilderfragebogen und/oder der fremdsprachliche Fragebogen für Ausländer.

Dokumentieren Sie, ob Sie die Anamnese vom Patienten selbst (persönliche Anamnese), von Eltern, Angehörigen oder anderen Personen erheben (Fremdanamnese; sie wird keineswegs immer von „Fremden“ erhoben). Wenn Sie Zweifel an der Vollständigkeit oder der Gültigkeit der anamnestischen Angaben haben, sollen Sie auch das schriftlich festhalten.

Tab. 2.1 Standardisierungsverfahren zur Anamneseerhebung

Anamneseform	Vorteile	Nachteile
freie Anamnese	• Patient erlebt uneingeschränkte persönliche Betreuung • unmittelbares ärztliches Eingehen auf den Patienten • Patientenformulierungen verwendbar	• Dokumentation aufwendig; erneutes Benutzen der Daten durch behandelnden Arzt und andere erschwert • unmittelbare individuelle und epidemiologische Vergleichbarkeit begrenzt • Umfang durch Zeit und Erfahrung des Arztes begrenzt
vollstandardisierte Anamnese	• volle Vergleichbarkeit mit früheren Angaben • volle Vergleichbarkeit mit anderen Patienten • maschinelle Verarbeitung möglich • vollständige Berücksichtigung „wichtiger Negativa“ (Nulldaten) möglich	• kaum individuelle Variationsmöglichkeiten • individuelle Gewichtung der vergleichbaren Daten nicht möglich • persönliche Betreuung bei der Anamneseerhebung entfällt • Patientenformulierungen „bleiben unberücksichtigt
teilstandardisierte Anamnese	• große Bereiche vergleichbarer Patientendaten können erfasst und dokumentiert werden • Spielraum für Patientenformulierungen bleibt erhalten • ökonomische und selektive „Vorbereitung der persönlichen „Betreuung möglich • „wichtige Negativa“ (Nulldaten) können weitgehend berücksichtigt werden	• denkbare Verständnisschwierigkeiten bei den schriftlichen oder im Computer vorgegebenen Formulierungen, die aber beim Arzt-Patienten-Gespräch behoben werden können

Tab. 2.**2** Muster aus einem Anamnesefragebogen der Gemeda, Köln

26.	Medikamenteneinnahme/ Impfungen	nein	ich weiß nicht	ja, zuletzt vor 1 – 30 Tagen	ja, zuletzt vor > 30 Tagen
225	Haben Sie Penicillin oder andere Antibiotika genommen?	□ 49	□ 0	□ 1	□ 2
226	Haben Sie Herzmittel genommen (Digitalis usw.)?	□ 50	□ 0	□ 1	□ 2
227	Haben Sie Mittel gegen hohen Blutdruck genommen?	□ 51	□ 0	□ 1	
228	Haben Sie Mittel zur Veränderung der Blutgerinnung (Marcumar, Tromexan, Sintrom usw.) genommen?	□ 52	□ 0	□ 1	□ 2
229	Haben Sie Mittel zur Entwässerung genommen (Lasix, Hygroton usw.)?	□ 53	□ 0	□ 1	□ 2
230	Haben Sie Abführmittel genommen?	□ 54	□ 0	□ 1	□ 2
231	Haben Sie Kortison oder kortisonähnliche Mittel genommen?	□ 55	□ 0	□ 1	□ 2
232	Haben Sie Insulin oder Tabletten gegen Zuckerkrankheit genommen?	□ 56	□ 0	□ 1	□ 2
233	Haben Sie Mittel gegen Schilddrüsenüberfunktion (Thyreostatika) genommen?	□ 57	□ 0	□ 1	□ 2
234	Haben Sie Hormone (Antibabypille usw.) genommen?	□ 58	□ 0	□ 1	□ 2
				ja	
235	Nehmen oder nahmen Sie regelmäßig Medikamente ein, nach denen vorstehend nicht gefragt wird?	□ 59	□ 0	□ 1	
236	Sind Sie in den letzten 8 Wochen geimpft worden?	□ 60	□ 0	□ 1	

2.8 Anamnese – vermeidbare Fehler

- Kontaktstörungen, z. B. durch Ablenkungen (Telefon, Sprechstundenhilfe...)
- Unterlassene Fragen, z. B. Regel, Allergien, Auslandsreisen
- Unsachgemäße Fragenformulierungen, z. B. Sie haben doch sicher heute kein Fieber?
- Fehlerhafte Interpretationen, z. B. bei der Zuordnung von Schmerzen
- Übersehen oder Vernachlässigen mitgeteilter Daten.

2.9 Therapeutischer Effekt der Anamnese

Mit der persönlich erhobenen Anamnese geben Sie Ihrem Patienten Gelegenheit, sich zu öffnen, sich zu lösen und damit einen Teil der seelischen Belastung durch die Krankheit zeitweilig „abzuwerfen“. Diese Katharsis ist für das Anbahnen eines Vertrauensverhältnisses zwischen Arzt und Patient von grundsätzlicher Bedeutung.

Sie erfassen erst den ganzen Menschen, wenn Sie nicht nur z. B. auf die Schmerzen oder seine Gelenkdeformierungen eingehen, sondern zu klären suchen, wie sich seine Erkrankung auf seine mitmenschlichen Beziehungen (Familie, Beruf, Sport, Freundeskreis), seine wirtschaftlichen Verhältnisse, seine Gewohnheiten (Schlaf, Ernährung, Urlaub etc.) und damit auf sein allgemeines Wohlbefinden auswirkt. Wenn Ihnen das gelingt, wird es IHR Patient im eigentlichen Sinn (vergl. Kap. Arzt-Patienten-Verhältnis).

2.10 Personalien: Name, Alter und Beruf

Vor der eigentlichen Behandlung der Anamnese die Antwort auf eine oft gestellte Frage: Wie ausführlich sollen Anamnese und Befund erhoben werden? Die Antwort muss pauschal und damit unbefriedigend ausfallen: Der Umfang der ärztlichen Untersuchung richtet sich

- nach der Schwere des Falles; einmaliges Nasenbluten bedarf keiner Familienanamnese, ein gebrochenes Skiläuferbein macht keine rektale Untersuchung erforderlich;
- nach Beschwerden und Befunden, die sich bei der Untersuchung selbst ergeben und eine Vertiefung überflüssig oder erforderlich erscheinen lassen.

Name, Alter und Beruf sind im Allgemeinen schon bekannt, wenn Sie mit der eigentlichen Anamnese beginnen. Andererseits sind das „neutrale“ Themen, mit denen Sie, nachdem Sie sich vorgestellt haben, besonders bei ängstlichen Patienten zunächst ein unverbindliches Gespräch einleiten können. Diese Angaben bieten aber auch diagnostische Hinweise, der Name und der Beruf manchen Anknüpfungspunkt.

Die Bedeutung des Alters ergibt sich aus der Häufung von Erkrankungen in bestimmten Altersstufen, z. B. Keuchhusten bei Kleinkindern, Kollumkarzinom im gebärfähigen Alter oder Morbus Parkinson nach dem fünften Lebensjahrzehnt.

Für den Zusammenhang zwischen Krankheit und Beruf gelten die Silikose des Bergmannes, die Leberzirrhose des Gastwirtes oder die Bleivergiftung des Batteriewerkarbeiters als klassische Beispiele. Auch weniger eindeutige Zusammenhänge zwischen der Beschäftigung des Patienten und seiner Krankheit können Ihnen in Bezug auf Diagnose und Therapie weiterhelfen.

2.11 Aufgaben für die Selbstkontrolle

1 Nennen Sie drei allgemeine Voraussetzungen, die Sie bei der Erhebung einer Anamnese berücksichtigen müssen!

2 Welche Anamnesebereiche führen über die körperlichen Beschwerden und Befunde hinaus und sollten im Arzt-Patienten-Gespräch berücksichtigt werden, wenn Sie den ganzen Patienten erfassen wollen?

3 Welche Variablen aufseiten des Arztes und des Patienten sind beim Kommunikationsprozess identisch? (Vergleichen Sie hierzu das Schema nach Siegrist, s. Abb. 2.**1**!)

4 Welchen vier Zwecken dient die Anamnese?

5 Welche beiden Aufgaben fallen Ihnen während des Patientenberichtes neben dem Zuhören zu?

6 Wozu können Sie Zwischenfragen benutzen (3)?

7 Welche der aufgezeigten Kommunikationsformen beim Arzt-Patienten-Gespräch halten Sie für am meisten direktiv und für eine Anamnese offenbar am unzweckmäßigsten?

8 Sie können geeignete Gesprächsformen nur anwenden und ungeeignete vermeiden, wenn Sie sich ihrer besonderen Bedeutung bewusst sind. Überdenken Sie noch einmal die Kommunikationsformen, die ein anamnestisches Gespräch annehmen kann. Was verstehen Sie unter Dialog, Diskussion, Disput, Exploration, Interview, Verhör?

9 Nennen Sie mindestens zwei nichtverbale Möglichkeiten, Ihre Beteiligung an den Ausführungen des Patienten auszudrücken!

10 Was ist für Suggestivfragen charakteristisch?

11 Wie unterscheiden sich offene und gezielte Fragen voneinander?

12 Wodurch zeichnen sich geschlossene Katalogfragen aus?

13 Worauf wird der Patient mit Konfrontationsfragen gelenkt?

14 Ein Patient berichtet Ihnen, dass er seit 14 Tagen nicht mehr trinkt. Formulieren Sie hierzu eine Reflexionsfrage!

15 Auf wessen Schlussfolgerungen richten sich Interpretationsfragen?

16 Nennen Sie zwei Beispiele für lösende oder ermutigende Fragen!

17 Welche technischen Hilfen zur Standardisierung der Anamnese kennen Sie?

18 Versuchen Sie eine freie Definition der Begriffe Einfühlung, Mitgefühl, Sympathie und Gefühlsansteckung!

19 Bilden Sie aus eigener Erfahrung oder Vorstellung drei praktische Beispiele für Einflüsse auf das Arzt-Patienten-Gespräch. Benutzen Sie dazu die linke Seite der Abb. 2.**1** für einen 11-jährigen Schüler, eine 21-jährige Patientin in der Eheberatung und einen 60-jährigen Patienten mit inoperablem Rektumkarzinom.

20 Bilden Sie zum besseren Verständnis der ärztlichen Einflüsse auf das Arzt-Patienten-Gespräch drei praktische Beispiele zur rechten Seite der Abb. 2.1 für einen Medizinstudenten am Krankenbett, einen Facharzt mit 10-jähriger Berufserfahrung und einen Assistenzarzt mit Habilitationsabsicht.

21 Benutzen Sie „Faktoren der Einfühlung" zur Beantwortung der Frage: „Wie würde ich gegenüber einer 14-jährigen Patientin einfühlendes Verständnis zeigen, die um sexuelle Aufklärung bittet?" (Referatähnliche Ausformulierung zu jedem genannten Faktor.)

22 Nennen Sie mindestens drei Gesichtspunkte, deren Erörterung dazu beitragen kann, dass Sie den ganzen Menschen erfassen, wenn Sie nicht nur z. B. auf die Schmerzen oder seine Gelenkdeformierungen eingehen, sondern zu klären suchen, wie sich seine Erkrankung auf seine mitmenschlichen Beziehungen (Familie, Beruf, Sport, Freundeskreis), seine wirtschaftlichen Verhältnisse, seine Gewohnheiten (Schlaf, Ernährung, Urlaub etc.) auswirkt.

3 Methodik der Anamneseerhebung

3.1 Lernziele

Im folgenden Abschnitt erfahren Sie, wie man

- den Begriff und Zweck der Anamnese definiert,
- Methoden und Techniken der Anamneseerhebung anwendet,
- die Anamnese der jetzigen Erkrankung und eine erweiterte Anamnese erhebt,
- nach welchen Gesichtspunkten man **Leitsymptome** auswählt und für das diagnostische Denken verwendet,
- Beschwerden nach Dauer, Stärke, Art und Ort und ihren Beziehungen zu den Körperfunktionen differenziert und für eine Verdachtsdiagnose verwendet.

Die Anamnese wird in dreifacher Hinsicht behandelt:

Als Anamnesemethodik (Wie erhebt man eine Anamnese?), als inhaltliche Anamnese der jetzigen Erkrankung (Welche klinischen[1] Symptome bietet der Patient?) und als erweiterte Anamnese (Welche Informationen aus der Lebensgeschichte Ihres Patienten führen Sie diagnostisch weiter?)

Ziel der Anamneseerhebung ist eine Verdachtsdiagnose als Arbeitshypothese.

3.2 Die Anamnese – Definition und Zweck

Die Anamnese dient dazu, Ihnen Informationen über die derzeitigen Beschwerden des Patienten, frühere Krankheiten, die mit den jetzigen Beschwerden in Zusammenhang stehen könnten, aber auch über den Gesamtzustand des Patienten und darüber zu vermitteln, wie er seine Beschwerden erlebt.

Achten Sie auf die Terminologie! Hier ist die Rede von der Geschichte der Erkrankung – nicht von der Krankheit – des Patienten. Nach unseren Definitionen würde die Anamnese seiner Krankheit die Diagnose voraussetzen.

Der Begriff Anamnese wird hier weiter gefasst als die herkömmliche „Eigenanamnese", bei der es in der Regel nur um vorangegangene oder gleiche Krankheiten geht. Außerdem ist der Patient nicht nur krank, er fühlt sich auch krank, d. h., ihn belasten nicht nur z. B. Schmerzen im rechten Handgelenk, sondern auch Sorgen über die Konsequenzen, die sich daraus für ihn als Pianisten ergeben. Sie gewinnen mit der Anamnese Einblick in die Persönlichkeit des Patienten, der es Ih-

[1] Klinisch heißt, was man mit den fünf Sinnen ohne technische Hilfsmittel feststellt.

nen gestattet, ein für Diagnose und Therapie unerlässliches Vertrauensverhältnis mit ihm aufzubauen.

Aufgrund der Beschwerden Ihres Patienten stecken Sie den Rahmen ab, in dem Sie die Befunderhebung durchführen. Endziel von Anamnese- und Befunderhebung ist eine diagnostische Arbeitshypothese, die die Beschwerden des Patienten erklärt und die nach Überprüfung eine geeignete Therapie zulässt.

3.3 Anamnesemethodik – wie man eine Anamnese erhebt

3.3.1 Gesprächsform

Die Skala möglicher anamnestischer Gesprächsformen reicht vom Patientenmonolog bis zum bloßen Frage-Antwort-Abfrage-Dialog, den der Arzt führt, am ehesten als zielgerichtetes Interview, bei dem Sie dem Patienten entsprechend seiner Mitteilungsbereitschaft Spielraum lassen.

3.3.2 Fragen an den Patienten – Formulierungsregeln

Formulieren Sie auf diesen Patienten zugeschnittene, verständliche Fragen (Verständnisniveau). Formulieren Sie immer nur eine Frage gleichzeitig, und lassen Sie Ihrem Patienten Zeit zum Antworten.
Gehen Sie auf seine Antworten ein.
Damit zeigen Sie aufnahmebereite Zuwendung und schaffen Vertrauen.
Vermeiden Sie ein „Abspulen" von Fragen 1., 2., 3., 4....
Vermeiden Sie Warumfragen: z. B. „Warum haben die Schmerzen zugenommen?"
Die Antwort ist Ihre Aufgabe!

3.3.3 Anamnesemethodik – Fragen zum Weiterdenken

1. In welchen Anamnesebereichen brauchen manche Patienten Ermutigung, sollten aber nicht gedrängt werden?
2. Mit welchen beiden Techniken können Sie Ihren Patienten nach überlangen Sprechpausen ermutigen, weiter zu sprechen?
3. Wie unterscheiden sich Suggestivfragen von Konfrontationsfragen?
4. Weshalb sollten Sie im Zusammenhang mit dem Krankheitsgeschehen Warumfragen vermeiden?
5. Unter welcher Voraussetzung führen standardisierte Fragebögen nicht zur Störung des Arzt-Patienten-Verhältnisses?
6. Welchen therapeutischen Effekt kann die Anamnese haben?

3.3.4 Anamnesemethodik – Antworten als Vorschläge

1. Bei Sexualanamnese, gynäkologischer Anamnese, urologischer Anamnese – im Intimbereich Ihres Patienten – bedarf mancher Patient der Ermutigung.
2. Bei überlangen Sprechpausen ermutigen Wiederholung zuletzt gesprochener Worte oder Zwischenzusammenfassungen des Gesagten Ihren Patienten.

3. Suggestivfragen nehmen den vom Arzt gewünschten Anteil der Antwort vorweg. Konfrontationsfragen halten dem Patienten seine Angaben, sein Verhalten usw. vor.
4. Antworten auf Warumfragen zum Krankheitsgeschehen sind ärztliche Aufgaben.
5. Das Arzt-Patienten-Verhältnis wird gefördert, wenn Sie Fragebögen in Gegenwart des Patienten durchsehen, zumindest mit ihm besprechen.
6. Der therapeutische Effekt der Anamnese liegt in der Katharsis, der Möglichkeit für den Patienten, sich auszusprechen.

3.4 Anamnese der jetzigen Erkrankung

3.4.1 Anamneseregeln

Erheben Sie Anamnesen grundsätzlich am angezogenen bzw. zugedeckten Patienten!

Beginnen *Sie nicht* mit der Familienanamnese. Das ist zwar mancherorts Tradition, könnte aber von einem Patienten, der starke Schmerzen hat, als Zeichen mangelnder Einfühlung aufgefasst werden. Die jetzigen Beschwerden stehen für Ihren Patienten ganz im Vordergrund. Lassen Sie ihn zunächst frei berichten!

3.4.2 Freier Bericht

Fragestellung: Warum kommt der Patient zum Arzt?

Nachdem Sie sich vorgestellt haben, sollten Sie Ihren Patienten zu einem freien Bericht anregen. Benutzen Sie als allgemeine Eröffnungsformel dazu möglichst offene Fragen. Sie haben Aufforderungscharakter zu berichten, z. B. „Warum kommen Sie zu mir?“ „Was führt Sie zu mir?“ oder „Wie kann ich Ihnen helfen?“. Der freie Bericht bietet dem Patienten Gelegenheit, sich zu öffnen.

Zwischenfragen sollten Sie in dieser ersten Phase des Kontaktes nur dann stellen, wenn Ihr Patient zu weit ausholt. Und nun zum Kern der Anamnese!

3.4.3 Die Hauptbeschwerde

Fragestellung: Was ist für den Patienten das Wichtigste?

Manche Patienten schildern ihre Hauptbeschwerde spontan, meist müssen Sie gezielt danach fragen, z. B. „Sie klagen über mehrere Beschwerden. Was bedrückt Sie am meisten?“

Achten Sie darauf: Es geht zunächst um die Haupt*beschwerde* wie Atemnot oder Bauchschmerzen, nicht um Befunde wie Gelenkschwellung und auch nicht um Diagnosen wie Appendizitis.

Der Zweck der Festlegung einer Hauptbeschwerde ist das diagnostische Denken mithilfe von Leitsymptomen. Das heißt, aus einer meist unstrukturierten Vielfalt von Beschwerden und Befunden, die der Patient bietet, müssen Sie den Faden aufnehmen, der Sie von Symptomen – besser vom Symptom – zur Diagnose führt. Mit anderen Worten: Sie brauchen zunächst einen möglichst eindeutigen Ansatzpunkt für Ihr diagnostisches Denken.

Verlassen Sie für einen Augenblick das Thema Anamnese zugunsten der Antwort auf die Frage: Was sind Leitsymptome?

3.4.4 Leitsymptome

Fragestellung: Wo nehmen Sie den Ariadnefaden auf?

Leitsymptome sind nichts Krankheitsspezifisches, nichts, was in Lehrbüchern vorgegeben ist. Leitsymptome sind Symptome, denen Sie selbst (!) vorrangige Bedeutung für den Denkweg vom Symptom zur Diagnose zumessen. Sie müssen den zunächst ungeordneten Informationshaufen aus Patientenbeschwerden und ärztlichen Befunden organisieren. Ein Leitsymptom soll den Anfangspunkt des Ariadnefadens bilden, der aus dem Labyrinth meist vieler Symptome in sechs großen Schritten zur Diagnose führt (s. Kleine Logik ärztlicher Diagnostik S. 570).

Besondere Eignung zum Leitsymptom haben:

- Quantifizierbare und definierbare Symptome, z. B. Fieber für die Gruppe der Infektionen.
- Lokalisierbare Symptome, die sich Organen bzw. Organsystemen zuordnen lassen, z. B. Unterleibsschmerzen für gastrointestinale oder gynäkologische Erkrankungen. Wenig geeignet sind vage und vieldeutige Symptome wie Appetitmangel, Schwäche oder Schlafstörungen.

Beispiel – Leitsymptome: Ein 45-jähriger Patient nennt neben vielen anderen Beschwerden Durchfall, unregelmäßigen Stuhlgang und als Hauptbeschwerde Bauchschmerzen, ein Symptom, das bei mehr als 130 Krankheitsbildern vorkommt. Wenn Sie dennoch die Bauchschmerzen des Patienten als Leitsymptom für Ihre diagnostische Entscheidung verwenden wollen, müssen Sie mehr darüber wissen, d. h., Sie müssen das Symptom differenzieren.

3.4.5 Beschwerden – Differenzierung

Fragestellung: Wie können Sie ein Symptom scharfstellen?

Fünf Standardanforderungen – „Fünf Finger-Fragen" – zur Abklärung *jedes* Symptoms sind:

Dauer, Stärke, Art und Ort, Beziehung zu Funktionen bzw. besondere quantifizierende Angaben (Rezeptfragen) wie Durchfall: wann, wie viel, wie oft, wie lange und in welcher Form

Für anamnestische Gespräche mit Ihren Patienten sind vollständige, am besten vorformulierte Standardfragesätze eine handliche Hilfe. Präzise formulierte Fragesätze lassen sich nicht aus dem Ärmel schütteln – schon gar nicht am Krankenbett.

3.4.5.1 Dauer der Beschwerden

Die diagnostische Bedeutung der Dauer einer Beschwerde z. B. für die Unterscheidung zwischen chronischen und **akuten**[2] Krankheitsbildern steht außer Frage. Musterfrage zur Dauer der Beschwerden: WANN haben die Schmerzen begonnen?

Oft führen Fragen nach dem ersten Auftreten der Beschwerden, der Tageszeit oder den Begleitumständen ebenso weiter wie die Beschreibung des zeitlichen Verlaufs, z. B. wenn kolikartig Schmerzwellen in Dauerschmerzen übergehen und damit Zeichen für den Übergang lokaler Entzündung in eine Peritonitis sein können.

3.4.5.2 Stärke

Fordern Sie zunächst Ihren Patienten auf, die Stärke seiner Beschwerden mit eigenen Worten zu beschreiben. Achten Sie dabei auf ungewöhnliche Formulierungen wie Understatements „nicht der Rede wert“ (Welches Ziel verfolgt er dann mit dem Arztbesuch?) oder Überbetonungen, z. B. das „mörderische Jucken“ an der Außenseite des kleinen Fingers (Krankheitsgewinn?).

Bieten Sie erst nach der Eigenbeurteilung der Stärke der Beschwerden durch den Patienten Vorgaben an, z. B.: „Sind es leichte, starke oder unerträgliche Schmerzen“?

Leichte Schmerzen – Definition

Leichte Schmerzen beeinflussen zwar das Wohlbefinden, wirken sich aber nicht oder nur unbedeutend auf Arbeitstag, Schlaf, Ernährung, Sport oder sonstige Aktivitäten aus. Sie führen nicht automatisch zum Arzt, können aber als Frühsymptome diagnostische Bedeutung gewinnen.

Starke Schmerzen – Definition

Starke Schmerzen beeinträchtigen den üblichen Tagesablauf und die Aktivitäten wie Arbeitstag, Schlaf, Ernährung, Sport etc. und veranlassen den Patienten in der Regel, einen Arzt aufzusuchen. Patienten mit starken (schweren, heftigen) Schmerzen wirken gedrückt und ängstlich. Ihre Mitteilungsbereitschaft – soweit sie über den derzeitigen Zustand hinausgeht – ist gering. Sie vermeiden Bewegungen oder schränken sie ein.

Unerträgliche Schmerzen – Definition

Unerträgliche Schmerzen führen zur Bewegungsstarre oder zur Ruhelosigkeit, z. B. zum Eindrücken der Bauchwand, zum Wälzen, Krümmen oder krampfhaftem Umgreifen des gebrochenen und dislozierten Fingers. Das Gesicht solcher Patienten ist oft schmerzverzerrt, sie stöhnen, wimmern oder schreien.

---

2 Akut: Symptome, die innerhalb von 7 Tagen auftreten bzw. ihren Höhepunkt erreicht haben.

Beschwerden – Sonstige Quantifizierung

Die Stärke mancher Beschwerden lässt sich nicht mit „leicht, stark, unerträglich" quantifizieren. Denken Sie an Schluckbeschwerden, an Durchfall oder Verstopfung. Solche Beschwerden können Sie nur mit Beschreibungsbegriffen oder den 5 quantifizierenden Begriffen erfassen und dokumentieren.

3.4.5.3 Art der Beschwerden

Beschwerden haben nach Art und Ursache unterschiedliche Qualität. Denken Sie an die brennenden Schmerzen bei einer Hautverletzung, die pochenden Schmerzen bei einer Entzündung oder die unterschiedlichen Formen einer Sehstörung.

In vielen Fällen konkretisiert Ihr Patient die Art seiner Beschwerden erst auf ausdrückliche Befragung, sodass sie diagnostisch verwendbar werden.

Lassen Sie Ihren Patienten auch die Qualität seiner Beschwerden grundsätzlich zunächst selbst mit seinen Eigenschaftswörtern beschreiben. Dokumentieren Sie seine Formulierung.

Berücksichtigen Sie auch Veränderungen der Art seiner Beschwerden in der Zeit.

Eine anschließende kurze und zielsichere Standardfrage zur Qualität von Schmerzen wäre dann „Wie sind die Schmerzen?". Falls erforderlich, bieten Sie Ihrem Patienten Vorgaben an, beispielsweise: „Sind die Schmerzen stechend, spitz, bohrend, dumpf, krampfartig?"

3.4.5.4 Ort der Beschwerden

Anatomische Verhältnisse gestatten in vielen Fällen eine grobe Zuordnung von Beschwerden – besonders von Schmerzen – zu erkrankten Organen. Deshalb haben lage-typische Beschwerden als Leitsymptome (S. 27) für die Diagnostik besondere Bedeutung.

Aber nicht jeder „typische" Schmerzort leitet auf ein bestimmtes Krankheitsbild hin. Beispiele sind Schmerzwanderung bei Appendizitis vom Umbilikalbereich in den rechten Unterleib.

Von ausstrahlenden Schmerzen spricht man, wenn Schmerzen ihren ursprünglichen Ort behalten und z. B. beim Herzinfarkt vom linken Thorax in den linken Arm ausstrahlen.

Eine Musterfrage für den maximalen Ort der Beschwerden wäre „Wo fühlen Sie die Schmerzen am stärksten?" Und falls erforderlich: „Zeigen Sie bitte mit dem Finger auf die Stelle, an der es am meisten weh tut."

3.4.5.5 Beziehung zwischen Beschwerden und Körperfunktionen

Der Zusammenhang zwischen Beschwerden und körperlichen, geistigen und seelischen Funktionen gestattet Rückschlüsse auf erkrankte Organe bzw. Krankheitsursachen, z. B. Atemnot beim Treppensteigen bei Herzinsuffizienz.

Fragen Sie deshalb Ihren Patienten:

Bei welcher Gelegenheit treten die Beschwerden auf, mit welchen Körperfunktionen hängen sie zusammen? Angebot: Atmung, Essen, Trinken, Stuhlgang, Lesen, Gehen, Menstruation, körperlicher Anstrengung usw.?

Musterfrage nach Funktionen, genauer: Frage nach Beziehungen zwischen der Hauptbeschwerde und Körperfunktionen:

„Wie oft haben Sie seit Einsetzen der Bauchschmerzen Stuhlgang gehabt?"

3.4.5.6 Beispielfragen zur Differenzierung von Beschwerden

1. WANN haben die Bauchschmerzen begonnen?	Dauer
2. Wie stark bezeichnen Sie Ihre Schmerzen? Leicht – stark – unerträglich?	Stärke
3. Wie erleben Sie die Schmerzen? Stechend, brennend, bohrend, dumpf, krampfartig?	Art
4. Wo fühlen Sie die Schmerzen? Zeigen Sie bitte auf die Stelle der stärksten Schmerzen.	Ort
5. Wie oft haben Sie seit Beginn der Bauchschmerzen Stuhlgang gehabt?	Beziehung zu Funktionen

Differenzierung der Beschwerden

Dauer

Wann *begonnen*? Wie schnell und in welcher Form hat sich zum Beispiel der Schmerz bis zu seinem Höhepunkt *entwickelt*, wie war der *Schmerzverlauf* vom Erreichen des Maximums bis jetzt? Bei welcher Gelegenheit zum ersten Mal? Wann schon vergleichbare Beschwerden gehabt? Wie lange? Mit welchem zeitlichen Ablauf (allmählich, akut, chronisch, in Wellen 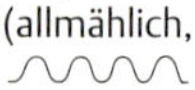, Perioden 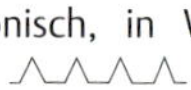 oder Schüben ? Ähnliche Erkrankungen? Rückfälle?

Stärke

Wie sehr? Wie zu beschreiben? Womit vergleichbar? Wie viel im Sinne von „messbar"? Wie oft? Wie verändert im Lauf der Erkrankung? Die Stärke lässt sich am ehesten mit der Grobunterteilung in *leichte*, *schwere* und *unerträgliche* Schmerzen erfassen.

Art

Wie beschaffen (z.B. dumpfer, spitzer, bohrender oder ähnlicher Schmerz)? Welche Auswirkungen? Wovor (Furcht)? Mit welchen Vorboten und Begleiterscheinungen und wodurch gebessert? Wie verändert im Laufe der Erkrankung? Somatischer* oder viszeraler* Schmerz?

Ort

Wo genau? An welcher Stelle? Oberflächlich oder tief? Wohin wandernd oder ausstrahlend? Was hängt örtlich damit zusammen?

Funktion

Unter welchen Umständen treten die Beschwerden auf? Bei welcher Gelegenheit oder Tätigkeit? In Verbindung womit? Wodurch ausgelöst? In welchem Zustand? Welche körperlichen oder seelischen Funktionen führen zu welchen Änderungen der Beschwerden? Zusammenhang mit Menstruation oder Schwangerschaft? Welchen Einfluss haben die Beschwerden auf Arbeit, Familie, sonstige soziale Beziehungen, Sexualleben usw.?

3.4.5.7 Sachdienliche Negativa

Fragestellung: Welche Symptome würden Sie bei Ihrer Verdachtsdiagnose erwarten, die aber nicht aufgetreten sind?

Sachdienliche Negativa sind das Fehlen von Symptomen, die Sie eigentlich bei einer Vermutungsdiagnose erwarten. Sie müssen sie zum Anlass nehmen, eine Vermutungsdiagnose immer wieder zu überprüfen und auch in anderer Richtung weiterzudenken.

Das gilt z. B., wenn sich bei einer 30-jährigen appendektomierten HWG-Patientin mit Bauchschmerzen Ihr Verdacht auf Adnexitis richtet, aber klassische Begleitsymptome wie Ausfluss und Entzündungszeichen fehlen.

3.4.6 Schmerzen

Bisher haben wir beschrieben, wie eine Hauptbeschwerde differenziert werden kann, und uns dabei weitgehend an Schmerzen orientiert.

Die Feststellung des Schmerzbeginns, der Lokalisation, die Abgrenzung gegen schmerzfreie Zonen, Auslösung, Anlässe für Verschlimmerung oder Besserung und Schmerzverlauf und Beeinflussbarkeit durch Wärme oder Medikamente ergeben so häufig diagnostische Hinweise, dass man Schmerzen gern zum Leitsymptom wählt und sich von ihnen in seinem diagnostischen Denken führen lässt.

Zusammenhangsverständnis für Schmerzentstehung, Schmerzleitung und Schmerzbedeutung erspart manches Auswendiglernen.

3.4.6.1 Schmerzen – anatomische und physiologische Grundlagen

Schmerzempfindungen werden durch Schmerzfasern, Leitungen und zentrale Integrationsmechanismen möglich. Schmerzen entstehen durch Stimulierung der Schmerzfasern, z. B. bei Trauma, Spasmen, Ischämie oder lokaler Ansammlung von Metaboliten. Schmerzleitende Fasern treten durch das dorsale Ganglion in das Rückenmark ein, kreuzen das Rückenmark zum gegenüberliegenden anterolateralen Quadranten und steigen als Tractus spinothalamicus auf. Dabei passieren sie den Hirnstamm, Thalamuskerne, den Hypothalamus und werden von dort in die hintere Zentralwindung fortgeleitet (Abb. 3.**1 a**). Schmerzen werden im Thalamus empfunden, in der Hirnrinde so verarbeitet, dass man die Schmerzen lokalisieren, Schmerzqualitäten wahrnehmen und unterscheiden kann.

Nach dem ***Prinzip des adäquaten Stimulus*** ist für jeden spezifischen sensorischen Rezeptor ein spezieller Stimulus erforderlich, um ihn zu erregen. Spezifische Reize im viszeralen Bereich (Thorax und Bauchorgane) sind Überdehnung, Spasmen und chemische Irritation. Das Prinzip des adäquaten Stimulus erklärt, warum man Bauchoperationen in Lokalanästhesie durchführen kann, solange z. B. Zug am Mesenterium vermieden wird.

Schmerzen zu tiefen Organen lassen sich nach ***topographischen Gesichtspunkten*** zuordnen, aber man kann auch aus Muskel- und Oberflächenschmerzen auf betroffene viszerale Organe schließen. Bei der Übertragung von Eingeweideschmer-

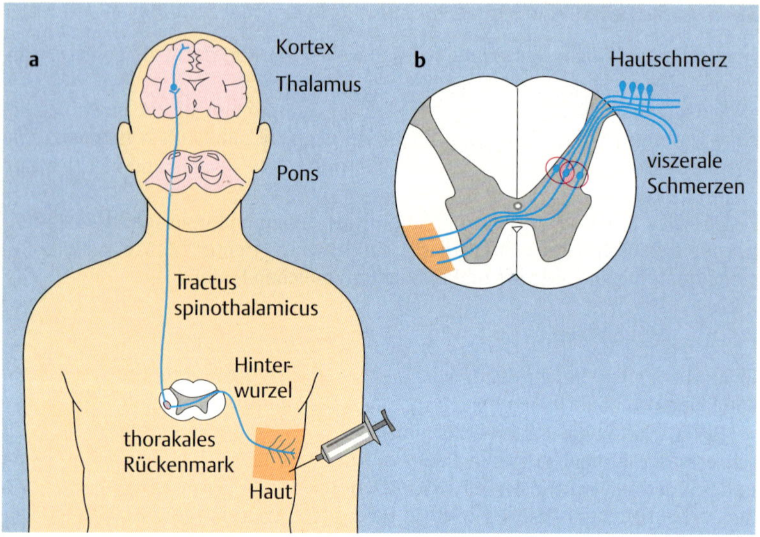

Abb. 3.**1** **a** Schmerzleitung von einem Hautbereich zur hinteren Zentralwindung; **b** Theorie der „ausstrahlenden Schmerzen“: Viszerale und kutane Impulse treten durch dieselbe Nervenwurzel ein und kreuzen zum Tractus spinothalamicus. Dabei kann es zu Kurzschlüssen kommen, die viszerale Schmerzen in bestimmten Hautbereichen spürbar machen (Abb. 3.**1 a** u. 3.**1 b** nach Finneson, BE: Diagnosis and Management of Pain Syndromes, 2. Aufl. Saunders, Philadelphia 1969).

zen in Muskelgruppen spricht man von den **Mackenzie-Maximalpunkten**. Mithilfe der **Head-Zonen** schließen Sie aus Hyperalgesien und Hyperästhesien der Haut auf unter Umständen weit vom Reizort entfernt liegende tiefe Organe.

Viszerale Schmerzen werden häufig an die Oberfläche projiziert, weil diese Dermatome aus Fasern derselben Hinterwurzeln versorgt werden, durch die viszerale afferente Impulse des schmerzenden Organs in das Rückenmark eintreten (Abb. 3.**1 b**). Dann entstehen (wahrscheinlich) durch Kurzschlüsse die so genannten ausstrahlenden Schmerzen, beispielsweise bei Patienten mit Angina-pectoris-Anfällen, die vom Herzen über die gemeinsame erste, zweite und dritte Thorakalwurzel in die Thoraxwand und den medialen Arm ausstrahlen.

3.4.7 Schmerztypen

Somatische Schmerzen: Schmerzen an der Körperoberfläche werden als **stechend** („pieksend“) empfunden. Sie sind an der Haut und an den Schleimhäuten von Mund, Nase, Vagina und Urethra gut zu lokalisieren. Anhaltend und in größeren Flächen wirken sie **brennend**.

Auch in die tieferen Gewebsschmerzen in Muskeln, Ligamenten oder dem Periost werden noch verhältnismäßig umgrenzt wahrgenommen. Dasselbe gilt für Schmerzen der parietalen serösen Membranen (Peritoneum und Pleura), die aber auch in den korrespondierenden Dermatomen als Ausstrahlung und damit fern vom eigentlichen Schmerzort wahrgenommen werden können.

Schmerzen der Blutgefäße entstehen durch Zug oder Torquierung, z.B. bei raumfordernden Prozessen am Schädel, durch Dilatation bei Migräne oder Entzündung bei der Arteriitis temporalis. Auch sie gestatten in der Regel noch eine ungefähre Lokalisation des Schmerzortes.

Schmerzen, z.B. durch Druck auf Nervenstränge, werden in dem Dermatom wahrgenommen, das durch die dorsalen Wurzeln versorgt wird, z.B. führt Druck auf den N. ulnaris im Bereich des Ellenbogens zu Schmerzen im kleinen Finger, eine Entzündung der Hinterwurzelganglien erlebt der Patient als Schmerzen in entfernten thorakalen Hautbereichen, die von den peripheren sensorischen Fasern der entzündeten Wurzelganglien versorgt werden (z.B. beim Herpes Zoster).

Viszerale Schmerzen weisen auf Erkrankungen der Eingeweide oder retroperitonealer Hohlorgane hin. **Im Oberbauch** sind sie Zeichen für Erkrankungen des Magens und des oberen Dünndarms. Periumbilikale viszerale Schmerzen entstehen bei Erkrankungen der unteren Dünndarmabschnitte und des Colon transversum. **Im Unterbauch**, meist beiderseits der Mittellinie, wahrgenommene viszerale Schmerzen weisen auf Erkrankungen der übrigen Dickdarmanteile und bei weiblichen Patienten des reproduktiven Systems hin (Abb. 3.**2**).

Die viszeralen Schmerzfasern stammen **aus dem sympathischen Nervensystem**:

- meist aus mehreren Segmenten, deshalb die unscharfe Höhenlokalisation;
- sie werden nahe der Mittellinie wahrgenommen, weil in der Regel beide Seiten des Rückenmarks und des Granzstrangs die Bauchorgane versorgen;
- sie werden meist oberhalb des erkrankten Organs angegeben, weil die Bauchorgane in der embryonalen Entwicklung gegenüber den Dermatomen absinken;
- sie sind krampfartig oder echte Koliken, weil sie in der Regel Ausdruck einer Erkrankung von Hohlorganen oder deren Beteiligung an benachbartem Krankheitsgeschehen sind;
- Reizverschmelzungen (s. Kurzschlusstheorie) führen zur Fehlprojektion viszeraler Schmerzen in die Rumpfwand, und zwar in die Haut als Head-Zonen, in die Muskulatur als Mackenzie-Maximalpunkte.

Brennende, viszerale Schmerzen entstehen, wenn der Inhalt des Gastrointestinaltraktes mit dem Peritoneum in Berührung kommt, schneidend-krampfartige Schmerzen durch Überdehnung oder Spasmen der Hohlorgane, bohrende Schmerzen durch Übergreifen entzündlicher Prozesse auf das Peritoneum parietale, stechende, viszerale Schmerzen in erster Linie bei mesenterialen Gefäßverschlüssen.

Als **vegetative Gesamtreaktion** bezeichnet man die Begleitsymptome viszeraler Schmerzen wie Wälzen, Eindrücken der Bauchwand, Bewegungsdrang, Schweißausbrüche, Blässe, Erbrechen, Borborygmi, Hyperperistaltik und Darmsteifungen im Sinne palpabler Peristaltikwellen.

Tab. 3.1 Viszerale und somatische Schmerzen

Schmerzqualität	Schmerzablauf	Schmerzort	Begleitsymptome	Organzuordnung
Viszeraler Schmerz				
dumpf, bohrend, krampfartig	wellenförmig 11–15 Sek. bis 2 Min.	diffus bds. der Mittellinie	vermehrte Darmgeräusche, Unruhe, Schweiß, Übelkeit, Erbrechen, Blässe, Bewegungsdrang	Herz, Galle, Magen, oberer Dünndarm, Colon transvers., übriger Dickdarm, Urogenitalsystem
Somatischer Schmerz				
scharf, brennend	Dauerschmerz oder Crescendo/Decrescendo	gut lokalisierbar, unilat.	Schmerzverstärkung durch Bewegung und Erschütterung, deshalb Bewegungsarmut, Schonhaltung	entsprechend der Topographie (Tab. S. 337)

3.4.8 Schmerzpsychologie

Patienten erleben Schmerzen mit großer Variationsbreite. Das hat mehrere Gründe: Unterschiedliche physiologische Schmerzschwellen, die mit zunehmendem Alter ansteigen und im Greisenalter so hoch liegen können, dass z.B. eine akute Appendizitis zu spät erkannt wird, **unterschiedliche individuelle Reaktionen auf ähnlich starke Schmerzreize**, die den einen kaum beeinträchtigen, für andere zum Mittelpunkt ihrer Welt werden, und schließlich die Tatsache, dass die meisten Menschen es lernen, besonders mit chronischen Schmerzen zu leben.

Diskrepanzen zwischen dem tatsächlichen Schmerzerlebnis und Übertreibungen kann der Arzt in der Regel **heraushören oder aus Begleitsymptomen und Patientenverhalten** erschließen: Blässe, Tachykardie, Tachypnoe, Erschöpfung oder gar Schock bieten ebenso objektive Maßstäbe für den Vergleich mit der Schmerzschilderung wie Haltung, Mimik, Gestik, Motorik und Sprechform.

Schon der alltägliche Sprachgebrauch „Das bereitet mir Kopfschmerzen" oder „Da bekommt man ja Bauchschmerzen" usw. deuten auf die Neigung hin, Schwierigkeiten oder Probleme mit Schmerzbegriffen zu beschreiben und sie gegebenenfalls in Organen zu lokalisieren, die durchaus gesund sein können. Solche Schmerzen nennt man funktional, behandelt sie in vielen Fällen mit leichten Analgetika oder Plazebos und darf sich nicht allzu sehr darüber wundern, wenn das weder jedem Patienten hilft noch auf die Dauer die Arzt-Patienten-Situation stabilisiert. Den kausalen Ansatz für die Therapie kann in einem solchen Fall die ausführliche Exploration bieten.

Einen nicht unerheblichen Einfluss auf Schmerzen haben ***Gefühle und Stimmungslage*** des Patienten. Sie „bahnen" seine Reaktionsbereitschaft, die beispielsweise in einer ausweglos erscheinenden Lage sehr viel größer ist, oder sie heben den seelischen Schwellenwert für die Reaktion auf Schmerzen an, die z. B. in ungeeigneten Situationen als „unerwünscht" erlebt und damit zumindest zeitweise verdrängt werden. Als Beispiele mögen der Militaryreiter bei einer Olympiade gelten, der mit gebrochenem Schlüsselbein weiterritt, oder die vielen Berichte von Verwundungen im Krieg, die erst dann wahrgenommen wurden und Schmerzen bereiteten, wenn die unmittelbare Todesangst überwunden war.

Auch die **Körperregionen**, in denen Schmerzen auftreten, spielen in Bezug auf die Neigung des Patienten, darüber zu berichten, eine Rolle. Schmerzen im Rektogenitalbereich genieren den Patienten eher als Kopfschmerzen, und das Ausbleiben einer Regel wird gerne schamhaft nicht nur gegenüber Familienmitgliedern und Freunden, sondern gelegentlich auch gegenüber dem Arzt verschwiegen.

Für praktische Belange ist es wichtig, den Hypochonder und den Simulanten voneinander zu unterscheiden: Bei der Krankengeschichte des ***Hypochonders*** fällt auf, dass er viele Ärzte konsultiert hat und freigebig Kritik übt. Oft berichtet er über eine **Vielzahl von Beschwerden**. Sie werden nur selten präzise und noch seltener auf Dauer gleich bleibend beschrieben. In seiner Vorgeschichte finden sich ständig wiederholte Untersuchungen, aber selten pathologische Ergebnisse. Die verordneten Medikamente, die er meist namentlich nennt und deren Dosierung er ernster nimmt als andere Patienten, „helfen überhaupt nicht". Als Ergebnis intensiver häuslicher Erörterung sind begleitende Familienmitglieder meist auf das Genaueste über die Beschwerden und die vorangegangenen therapeutischen Versuche unterrichtet. Nur in seltenen Fällen (Münchhausen-Syndrom) verlässt der Hypochonder in seinem Bericht die Bandbreite noch erträglicher Beschwerden oder lässt sich gar auf operative Eingriffe ein, wenn ihm das Risiko erläutert wird.

Der ***Simulant*** sucht mit seiner Darstellung den **Krankheitsgewinn**, mag er nun finanzieller, sozialer oder situativer Art sein. Man erkennt ihn meist an **Widersprüchen** zwischen geschilderten Behinderungen und tatsächlicher Funktionsfähigkeit oder an einer offensichtlichen **Diskrepanz** zwischen geschilderten Beschwerden und feststellbarer organischer Ursache. Seine Symptome sind nicht nur in Bezug auf den Ausprägungsgrad und die Lokalisation vage, veränderlich und wechselnd, sondern lassen sich auch provozieren. Suggeriert man dem Patienten, dass eigentlich zu der von ihm dargestellten Erkrankung auch dieses oder jenes Symptom gehört, dann tritt es bald in der eigenen Sprechstunde oder in der Sprechstunde des dann konsultierten Kollegen auf.

Im Unterschied zum Hypochonder bezieht der Simulant seine Symptome einiger auf den angeblich erkrankten Körperteil und vermeidet Nebensymptome, die ihm nicht nur weniger bedeutungsvoll, sondern auch in Bezug auf die Glaubwürdigkeit seiner Darstellung gefährlich erscheinen.

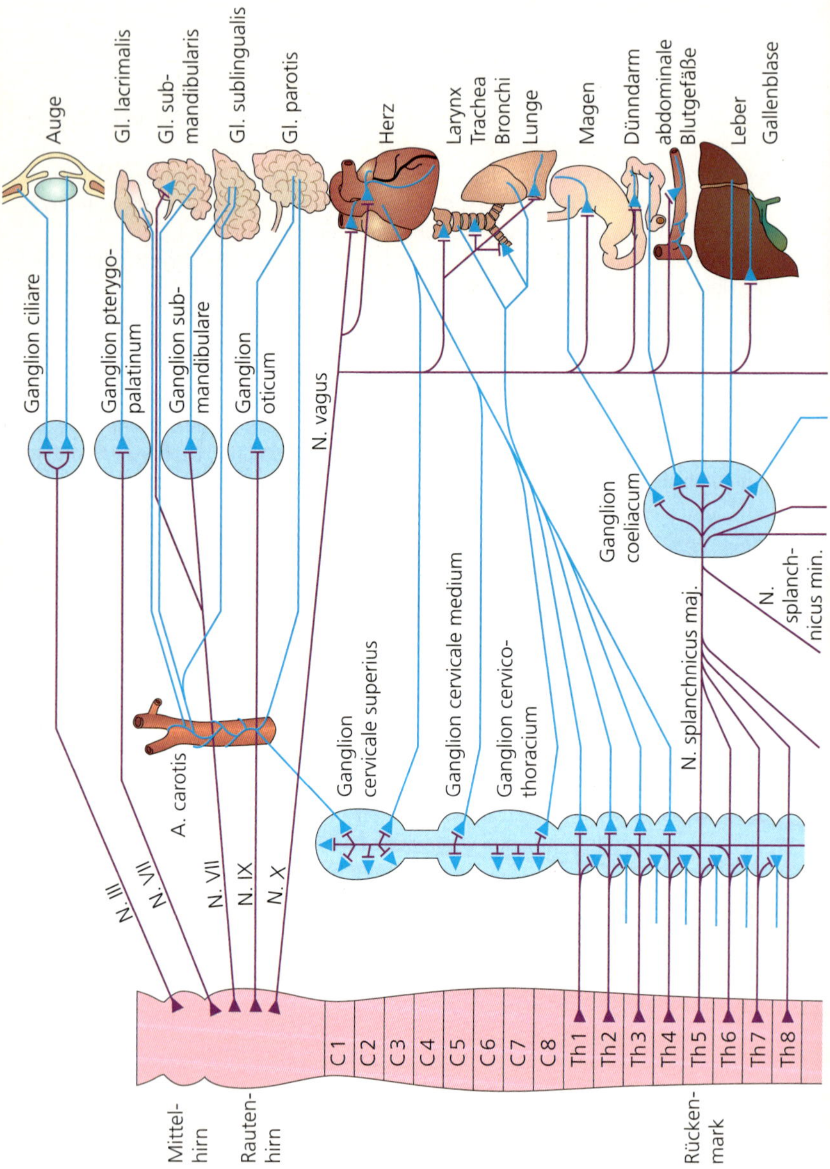
Auge
Gl. lacrimalis
Gl. sub-
mandibularis
Gl. sublingualis
Gl. parotis
Herz
Larynx
Trachea
Bronchi
Lunge
Magen
Dünndarm
abdominale
Blutgefäße
Leber
Gallenblase
Ganglion ciliare
Ganglion pterygo-
palatinum
Ganglion sub-
mandibulare
Ganglion
oticum
N. vagus
Ganglion
coeliacum
N.
splanch-
nicus min.
N. splanchnicus maj.
A. carotis
Ganglion
cervicale superius
Ganglion cervicale medium
Ganglion cervico-
thoracium
N. III
N. VII
N. VII
N. IX
N. X
C1
C2
C3
C4
C5
C6
C7
C8
Th1
Th2
Th3
Th4
Th5
Th6
Th7
Th8
Mittel-
hirn
Rauten-
hirn
Rücken-
mark

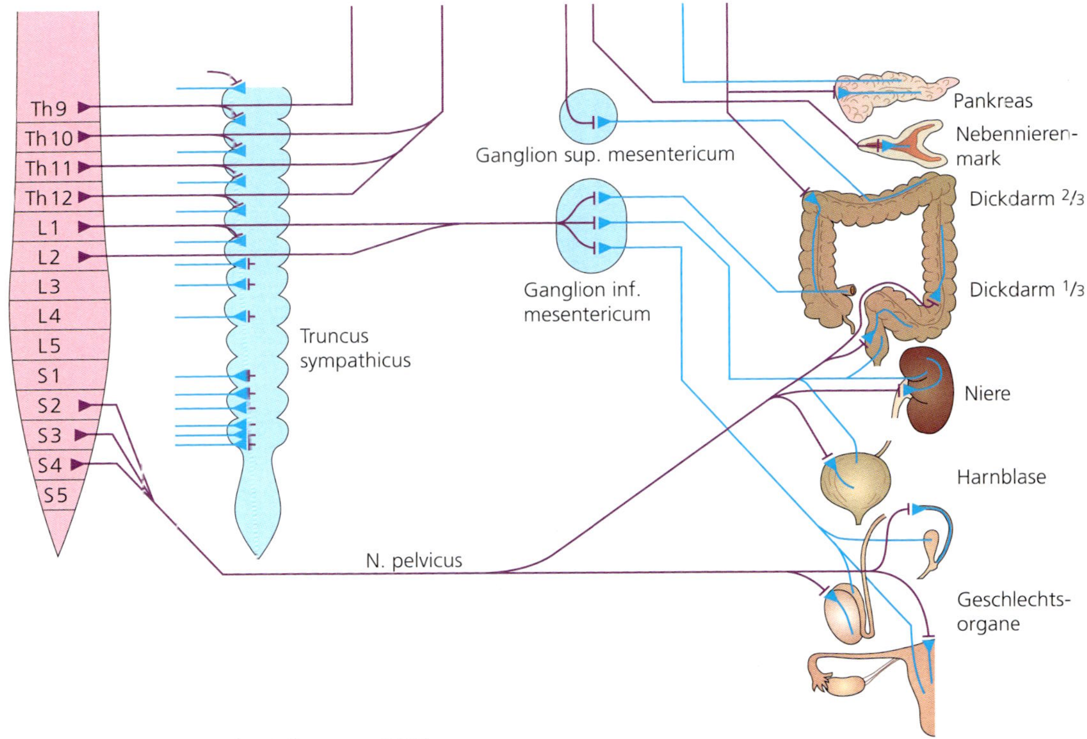

Abb. 3.**2** Vegetatives Nervensystem (nach Youmans 1962).

3.4.9 „Sonstige“ Beschwerden

Fragen sie Ihren Patienten zum Abschluss der Beschwerden besonders in nicht akuten Fällen:

„Haben Sie in letzter Zeit Beschwerden oder Probleme gehabt, über die wir noch nicht gesprochen haben, etwas, was mit Ihren Beschwerden zusammenhängen könnte?“

Mit dieser Frage geben Sie Ihrem Patienten die Möglichkeit, Probleme zu erörtern, zu denen sich bisher keine Gelegenheit ergab oder zu deren Erwähnung er sich wegen emotionaler Hemmungen noch nicht aufraffen konnte.

Wenn sich im Lauf der Anamnese ein Vertrauensverhältnis angebahnt hat, fällt es ihm jetzt leichter, z. B. über Sorgen zu sprechen, die unter Umständen die tiefer liegende Ursache seiner Beschwerden sein können.

3.4.10 Aufgaben für die Selbstkontrolle

1 Warum sollte der Patient bei der Anamnese angezogen bzw. zugedeckt bleiben?

2 Führen Sie aus der Erfahrung einige Krankheiten oder Krankheitsgruppen auf, von denen Sie eine Häufung in bestimmten Altersgruppen vermuten!

3 Was versuchen Sie, mit möglichst offenen Eröffnungsfragen zu bewirken?

4 Mit welcher Eröffnungsformel würden Sie Ihr Gespräch mit einem erwachsenen Patienten, den Sie noch nicht kennen, beginnen?

5 Was unterscheidet Beschwerden von Diagnosen?

6 Welche Symptomarten eignen sich besonders für die Verwendung als Leitsymptome?

7 Wo finden Sie eine Organzuordnung von Beschwerden und eine Organzuordnung von Befunden?

8 Welche fünf Kategorien reichen für die Differenzierung der meisten Beschwerden aus?

9 Formulieren Sie selbstständig je drei Fragen zur Dauer, zur Stärke, zur Art und zum Ort von Bauchschmerzen und zum Zusammenhang zwischen den Bauchschmerzen und bestimmten Körperfunktionen! Benutzen Sie dazu die Zusammenstellung unter „Differenzierung der Beschwerden“ S. 30.

10 Welche drei Gesichtspunkte dienen der weiteren Differenzierung der Schmerzdauer?

11 Was versteht man unter Schmerzentwicklung?

12 Erläutern Sie mit eigenen Worten leichte, schwere und unerträgliche Schmerzen.

13 Welche Charakteristika unterscheiden somatische und viszerale Schmerzen?

14 Woran kann der Arzt den Erlebnis-, ggf. auch Darstellungsanteil an Schmerzen des Patienten überprüfen?

15 Was unterscheidet Angst von Furcht?

16 An welchen körperlichen Symptomen erkennen Sie Angstzustände?

17 Wie unterscheiden Sie Frösteln von Schüttelfrost?

18 Nennen Sie Charakteristika für Continua-Fieber, remittierendes Fieber, intermittierendes Fieber und periodisches Fieber.

19 Was verstehen Sie unter subfebrilen Temperaturen?

20 Nennen Sie aus eigener Erfahrung weitere Beispiele für Körperfunktionen, die sich auf Beschwerden wie Kopfschmerzen auswirken können!

Praktische Aufgabe

Erfragen und dokumentieren Sie schriftlich bei einem Kommilitonen oder Patienten eine aktuelle oder frühere Hauptbeschwerde. Versuchen Sie, diese Hauptbeschwerde nach Dauer, Stärke, Art und Ort und ihren Beziehungen zu den Funktionen zu differenzieren!

4 Begleitbeschwerden, Systemübersicht, bisheriger Krankheitsverlauf, erweiterte Anamnese, Beschwerden-ABC

4.1 Lernziele

Im folgenden Abschnitt erfahren Sie, wie man

- Begleitbeschwerden definiert und erfasst,
- die Organzuordnung nutzt und in der Systemübersicht systematisch nach Begleitbeschwerden fahndet,
- Hauptbeschwerden und Begleitbeschwerden im „bisherigen Krankheitsverlauf" chronologisch ordnet und
- die erweiterte Anamnese erhebt und dokumentiert[1],
- wie man den bisherigen Verlauf der Erkrankung in das Abwägen der Verdachtsdiagnose einbezieht,
- und lernen häufige Beschwerden in alphabetischer Ordnung kennen.

4.2 Die grobe Organzuordnung

Fragestellung: Welche Organe können bei einer bestimmten Hauptbeschwerde betroffen sein?

Versuchen Sie mit dem Schema „Organzuordnung" ein Leitsymptom wie Schmerzen bei der Atmung dem Thorax oder Heiserkeit dem HNO-System nach seiner Lokalisation bestimmten Organen zuzuordnen! Ihre **erste diagnostische Denkhilfe** lautet: An welche Organe lässt der Ort der Beschwerden denken? Die Organzuordnung ist eine Suchhilfe, die Ihr Denken ausgehend vom Schmerzort der Hauptbeschwerde Ihres Patienten in Richtung auf zu erwartende Begleitbeschwerden – siehe Systemübersicht – und auf die Befunderhebung ausrichtet.

Schmerzen im gesamten Bauch oder ein uneinheitlich-wechselnder Schmerzort treten besonders bei Störungen im Immun-, Blut-, Hormon-, Fermentsystem und bei anatomischen Veränderungen, Intoxikationen und psychischen Erkrankungen auf.

4.3 Begleitbeschwerden

Fragestellung: Welche Beschwerden können im Zusammenhang stehen?

Begleitbeschwerden können wegen gemeinsamer Ursachen auch im pathophysiologischen Kontext (s. Organsystem) gemeinsam mit einer Hauptbeschwerde auftreten, die als Leitsymptom gewählt wurde. Pathophysiologisch gedacht: Es kann ein ursächlicher Zusammenhang zwischen der Hauptbeschwerde, z. B. Bauchschmerzen, und Durchfall oder Erbrechen bestehen, der diagnostisch wei-

[1] www.thieme.de/specials/dahmer-anamnese-und-befund

Tab. 4.1 **Grobe Organzuordnung**

Gesamtkörper

1. Allgemeinbeschwerden 2. Endokrinum-Stoffwechsel 3. Nerven
4. Psyche 5. Haut und Haare 6. Kreislauf

Kopf und Hals

1. Gesicht 2. HNO 3. Augen
4. Äußerer Hals

Extremitäten

1. Hände 2. Arme 3. Schulter 4. Beine 5. Füße

Körperhöhlen

Rechter Thorax

1. Pleura
2. Lungen
3. Mediastinum
4. re. Anteil des Herzens und der Gefäße
5. Interkostalnerven und -muskeln
6. Hautinnervation
7. Brustwirbelsäule

Linker Thorax

1. Pleura
2. Lungen
3. Mediastinum
4. li. Anteil des Herzens und der Gefäße
5. Interkostalnerven und -muskeln
6. Hautinnervation
7. Brustwirbelsäule

Epigastrium

1. Ösophagus 2. Magen 3. Duodenum
4. Pankreas 5. Aorta

Rechter Oberbauch

1. Pleura, Zwerchfell
2. Leber
3. Galle
4. Nebenniere, Niere
5. Kolon

Linker Oberbauch

1. Herz, Pleura, Zwerchfell
2. Pankreas
3. Milz
4. Nebenniere, Niere
5. Aorta

Umbilikal-Hypogastrium

1. Dünndarm 2. Aorta 3. Mesenterialgefäße 4. Bauchdecke

Rechter Unterbauch

1. Zäkum/Kolon
2. Appendix
3. mesenter. Lymphknoten
4. Niere und Ureter
5. Tube, Ovar
6. Inguinalregion

Linker Unterbauch

1. Aorta
2. Kolon
3. Sigmoid
4. Niere und Ureter
5. Tube, Ovar
6. Inguinalregion

Suprapubicum

1. Blase 2. Uterus 3. Sigma 4. Aorta

Rücken

1. Wirbelsäule 2. Anus 3. Rektum

terführt; für unser Beispiel Bauchschmerzen sind häufige Begleitbeschwerden im Organsystem Gastrointestinaltrakt aufgeführt.

Um also die Hauptbeschwerde „Bauchschmerzen im Umbilikalbereich" mit denkbaren Begleitbeschwerden gezielt zu erweitern und so zu einer Verdachtsdiagnose zu kommen, suchen Sie im Umfeld der Bauchschmerzen mithilfe der Systemübersicht gezielt nach Begleitbeschwerden aus dem gleichen Organsystem, nämlich dem Gastrointestinaltrakt. Dort finden Sie u. a. auch die für Ihren Patienten zutreffenden Begleitsymptome Erbrechen, Koliken, Stuhl- und Windverhaltung. Hauptbeschwerde Bauchschmerzen und die angegebenen Begleitbeschwerden lenken den Verdacht auf die Verdachtsdiagnose „mechanischer Ileus", der dann durch die Befunde verifiziert oder falsifiziert werden kann.

Mithilfe der – nach Organsystemen aufgebauten – Systemübersicht können Sie gezielt nach Begleitsymptomen fahnden. Das ist dann die zweite diagnostische Denkhilfe.

4.4 Musteraufgabe

Untersuchung einer 22-jährigen Patientin am 27. 10. um 9 Uhr:

Die Beschwerden begannen gestern Abend gegen 22 Uhr mit leichten Schmerzen in der Nabelgegend, Übelkeit und Erbrechen. Die Schmerzen nahmen im Laufe der Nacht zu, wanderten während der Nacht in den rechten Unterleib und sind jetzt starke, bohrende Dauerschmerzen; sie werden durch Pressen oder Treppensteigen verstärkt. Der übliche Stuhlgang blieb aus, die axilläre Temperatur beträgt jetzt 37,8°. Die Patientin klagt über Appetitlosigkeit seit gestern Abend, heute hat sie erneut erbrochen. Eine Schmerztablette blieb ohne Erfolg.

Analysieren Sie den Informationshaufen zu den Bauchschmerzen der Patientin mit Papier und Bleistift nach 1. Dauer, 2. Stärke, 3. Art, 4. Ort, 5. Beziehung zu Funktionen und 6. Begleitsymptomen. Lösung auf Seite 44

4.5 Erweiterte Anamnese

4.5.1 Eigenanamnese

Fragestellung: Welche vorangehenden Gesundheitsstörungen des Patienten könnten für die Diagnostik relevant sein?

Achtung! Unterscheiden Sie konsequent zwischen anamnestischen Angaben zu den jetzigen Beschwerden Ihres Patienten und der Eigenanamnese als der darüber hinausgehenden Krankheitsgeschichte des Patienten. Dazu gehören Daten, die für den jetzigen Zustand Bedeutung gewinnen können, z. B. frühere ähnliche oder chronische Krankheiten, Operationen, Allergien, Auslandsaufenthalte, Impfungen (welche? wann?), Haustierhaltung usw.

Da Patienten nur selten Zusammenhänge z. B. zwischen Gewohnheiten, Auslandsaufenthalten, früheren Krankheiten und jetzigen Beschwerden kennen – beispielsweise zwischen Mumps und Infertilität –, bedarf es auffrischender Vorgaben. Hilfreich sind Gedächtnisbrücken wie besondere Ereignisse während der Schulzeit, vor der Ehe, nach einer Reise usw.

Nennt Ihr Patient frühere ähnliche oder gleiche Beschwerden, die ihn zum Arzt geführt haben, brauchen Sie folgende Informationen: behandelnder Arzt, Diagnose, Krankheitsverlauf, Therapie und Therapieerfolg.

4.5.2 Gewohnheiten/Medikamente

Fragestellung: Welche Gewohnheiten und eingenommenen Medikamente könnten die derzeitige Erkrankung beeinflussen?

Gemeint sind hier Gewohnheiten, die die Gesundheit beeinflussen, wie Marathontraining, Rauchen, Medikamentenabusus, Alkohol- und Drogenkonsum usw. Für die Anamnese der **Trinkgewohnheiten** bedarf es einer Klärung der Situation, in der getrunken wird (in Gesellschaft oder zum Beispiel nachts allein vor dem Kühlschrank), der erhöhten Alkoholtoleranz, des „Hinunterstürzens", des einsamen Trinkens (einschließlich des einsamen Barbesuchs). Möglicherweise wird Alkohol im Sinne einer Medizin gegen Spannung, Angst oder als Schlafmittel benutzt. Aber auch Trinken „bis zur Bewusstlosigkeit", die „heimliche Flasche", das Überschreiten geplanter Trinkmengen, Tremor am Morgen oder der morgendliche „Kurze" sollten aufgeführt werden. Bei Verdacht auf chronischen Alkoholismus gilt es, die entsprechenden Fragen sorgfältig formuliert, aber doch taktvoll zu stellen (ausführlicher bei Clark).

Wenn **Essgewohnheiten** im Zusammenhang mit der jetzigen Krankheit stehen können, z. B. gastroenterologische, endokrinologische oder psychische Erkrankungen wie Fettleibigkeit oder Depression, dann ist neben der Dokumentation von Regelmäßigkeit und Zahl der Mahlzeiten, Art und Umfang der aufgenommenen Nahrung – gegebenenfalls in einem Tagesprofil – auch die Art des Essens von Bedeutung. Nimmt sich der Patient zum Beispiel morgens die Zeit zum Frühstücken, isst er allein oder in Gesellschaft, mit oder ohne häuslichen Ärger, hat er Neigung zu einem Kerzendinner oder beschränkt er sich auf einen Happen Pizza, wenn er ohnehin bei Rot an der Kreuzung halten muss? Das sind Angaben, die zur Klärung einer Ulkusgenese und zur Rezidivverhütung beitragen können, darüber hinaus aber auch Einblick in die Gesamtpersönlichkeit des Patienten geben. Bei unerwünschter Fettleibigkeit kann schon die gemeinsame Berechnung und Gegenüberstellung der täglich erforderlichen und tatsächlich aufgenommenen Kalorien zur Einsicht und damit zu einer Änderung der Essgewohnheiten führen.

Andererseits können besondere **Diätformen** des Patienten u. U. Mangelerscheinungen erklären und müssen bei der jetzigen Behandlung berücksichtigt werden. Rückfragen nach Anlass und Art einer verordneten Diät sind dann bei dem bisher behandelnden Arzt notwendig.

Der tägliche **Tabakkonsum** soll ebenso wie der Alkoholgenuss nach Art und Menge festgestellt werden, außerdem die Einnahme von krankheitsverhütenden bzw. gesundheitsfördernden Mitteln wie Vitaminen, Blasentees und **Medikamenten** (Schmerz- und Beruhigungstabletten, Schlafmittel, Rauschmittel und Laxanzien), ggf. auch die Abhängigkeit von diesen Mitteln. Optimal ist die Dokumentation nach den **5 Rezeptfragen** für die Verordnung von Medikamenten: wann – wie viel – wie oft – wie lange und in welcher Form das Präparat genommen wird.

Lösung der Musteraufgabe von S. 42

Appendizitis – Klinisches Bild

Leitsymptom: Bauchschmerzen – Differenzierung	
Dauer	Schmerzentwicklung in Stunden
Stärke	Starke Schmerzen
Art:	Somatische Dauerschmerzen, nicht selten Beginn mit periumbilikalen Pseudokoliken
Ort:	Schmerzen im rechten unteren Quadranten*, häufig Schmerzwanderung vom Umbilikalbereich in den rechten unteren Quadranten
Befund:	Abwehrspannung, punktförmiger Druckschmerz eindeutig über dem McBurney- und Lanz-Punkt, spät Loslassschmerz, Psoaszeichen
Funktionen:	Übelkeit, Erbrechen nach (!) Einsetzen der Schmerzen; Hypoperistaltik
Begleitsymptome:	Appetitverlust, Änderung der üblichen Stuhlgangsgewohnheiten, Flushing, Fieber, Leukozytose > 15000

Die hier gezeigte Differenzierung von Beschwerden und Befunden kann als eine Heuristik, d. h. als exemplarisches Suchmuster für das Beschreiben und Erkennen vieler Krankheiten gelten.

Auch für diesen Teil der Anamnese erleichtert ein Schema als Such- und Dokumentationshilfe die Arbeit s. S. 54.

Dieselben **5 Rezeptfragen** können Sie auch als Gedächtnisstütze für Essen, Trinken, Rauchen und für die Differenzierung von Symptomen einsetzen, für die die Standarddifferenzierung nach Dauer, Stärke, Art und Ort, Beziehung zu Funktionen weniger geeignet ist, z. B. Durchfall oder Herzklopfen.

4.5.3 Gynäkologische Anamnese

Fragestellung: Welche spezifisch weiblichen Beschwerden könnten die derzeitige Erkrankung erklären?

Wir beschränken uns hier auf die gynäkologische Anamnese im Rahmen der Allgemeinpraxis (ausführlicher s. Gynäkologische Untersuchung).

Vom 12. Lebensjahr an muss bei jeder Patientin eine Regelanamnese erhoben werden. Dazu gehören: Fragen nach der ersten Regel, dem Zyklus, der Menstruationsdauer, Verhütungsmethoden, Schwangerschaften, Geburten; bei Patientinnen über 45 Jahre die Frage nach der Regelmäßigkeit eintretender Monatsblutungen, gegebenenfalls nach der letzten Regel, dem Verlauf von Klimakterium und Postmenopause (Ausfluss, Spotting, klimakterische Beschwerden) und nach Einnahme von Medikamenten.

4.5.4 Sexualanamnese

Fragestellung: Ist Ihr Patient mit seinem Sexualleben zufrieden?

Störungen der Sexualität – die Formulierung „sexuelle Probleme“ sollten Sie gegenüber dem Patienten vermeiden – können Ursache oder Folge mancher Krankheit sein. Zum Handwerkszeug jedes Arztes sollten Diagnostizieren und Beraten in sexuellen Fragen gehören, ggf. auch Informationen über die Auswirkungen von Krankheiten oder Operationen auf die Sexualität (z. B. Diabetes, Rückenmarksverletzung, Prostataoperation, Hysterektomie, Mastektomie).

Die Sexualanamnese (etwa vom 14. Lebensjahr an) sollte aber erst in einem späten Stadium des Arzt-Patienten-Gesprächs erhoben werden, wenn sich beim Patienten ein gewisses Gefühl der Vertrautheit mit dem Arzt eingestellt hat. Es ist nicht ungeschickt, die Sexualanamnese bei weiblichen Patienten an die gynäkologisch-geburtshilfliche Anamnese, bei männlichen Patienten an Fragen zum Urogenitalsystem anzuschließen.

Sie müssen in der Lage sein, offen mit dem Patienten über sexuelle Fragen zu sprechen und ggf. abweichende Wertvorstellungen zu tolerieren (B. Alexander), und vermeiden, eigene „Normvorstellungen“ in Ihren Formulierungen zum Ausdruck zu bringen. Berücksichtigen Sie dabei, dass beispielsweise Frauen aus dem spanischen Kulturkreis sexuelle Fragen lieber mit Frauen diskutieren, dass Frauen aus der moslemischen Welt eher mit weiblichen Verwandten und Freundinnen, nicht aber mit Männern oder Fremden über Sexualität sprechen.

Je entspannter Sie sich verhalten und je selbstverständlicher Sie Fragen zur Sexualität stellen, desto offener wird Ihr Patient – Ihre Patientin – antworten. Sie sollten deshalb zunächst die im Folgenden aufgeführten Fragen für sich selbst beantworten. **Praktische Gesprächsübungen in der Lerngruppe** unter Kollegen, z. B. als Rollenspiel, oder am Krankenbett tragen dazu bei, dass Sie eine erziehungs- und kulturbedingte Scheu überwinden. Mit Übung gewinnen Sie gleichzeitig die Routine, mit der Sie eventuelle Übertragung eigener Unsicherheit auf den Patienten vermeiden (Übertragung und Gegenübertragung). Bricht der Patient den Rapport bei der Sexualanamnese ab, ist zu erörtern, ob er bereit ist, mit einem anderen, z. B. gleichgeschlechtlichen Arzt, über sexuelle Fragen zu sprechen. Auf keinen Fall sollten Sie insistieren.

Es gilt also, nicht abzuwarten, ob der Patient das Thema Sexualität von sich aus anspricht, sondern in die Routineanamnese selbstverständlich die Frage einzubeziehen, ob seine/ihre *sexuellen Bedürfnisse erfüllt* werden. Benutzen Sie eindeutige, der Ausdrucksweise des Patienten angepasste Formulierungen – gemeint ist Umgangssprache, nicht Straßenjargon.

Folgender **Eröffnungssatz** kann Ihnen und dem Patienten den Zugang erleichtern und die Zustimmung bzw. Ablehnung des Patienten, über dieses Thema zu sprechen, klarstellen: „Der Gesundheitszustand vieler Menschen hängt häufig von seinen sexuellen Beziehungen und Bedürfnissen ab. Die persönlichen und intimen Fragen, über die ich jetzt mit Ihnen sprechen möchte, sind wichtig für die Beurteilung Ihres Gesundheitszustandes. Ist es Ihnen recht, wenn wir über sexuelle Fragen sprechen?"

Liegen sexuelle Störungen vor und ist der Patient bereit, darüber zu sprechen, führen folgende Fragen weiter:

1. Haben sich **Veränderungen** in den letzten Monaten in Bezug auf die Befriedigung sexueller Wünsche ergeben? Welche?
2. Ist er in sexueller Hinsicht mit seinem derzeitigen Partner (Partnern) zufrieden?
3. Was würde er in Bezug auf seine eigene Sexualität oder die seines Partners (seiner Partner) ändern?
4. Was meint der Patient **genau** und nicht nur pauschal mit seiner Unzufriedenheit (Erektionsmangel oder -schwäche, Schmerzen beim Verkehr, enttäuschender Partner, vorzeitige Ejakulation, unzureichendes Vorspiel, unbefriedigender Orgasmus usw.)?
5. Inwieweit beeinflusst die Gesamtsituation, in der sein Geschlechtsverkehr stattfindet, die Erfüllung seiner Wünsche (Timing, Frequenz, Verweigerungsmöglichkeiten und -anlässe des Partners usw.)?
6. Wie wirken sich die unerfüllten sexuellen Wünsche auf sein Leben aus, und inwieweit beeinflussen sie das Leben des Partners?
7. Inwieweit sind die Lebensbedingungen des Patienten oder seines Partners Ursache sexueller Unzufriedenheit bzw. Entschuldigungsgrund (Arbeitsbelastung, Gesundheitszustand, Schulprobleme der Kinder usw.)?

8. Sieht der Patient die Störung als primär sexuelles, oder handelt es sich um eine Störung der Partnerbeziehung schlechthin? Wirkt sich z. B. häuslicher Ärger auf die sexuellen Beziehungen aus, oder wird Ärger sofort und produktiv aufgearbeitet? Was ist primär: Ärger oder sexuelle Störung?
9. Wie sehr **leidet der Patient** unter der Spannung zwischen seinen sexuellen Bedürfnissen und der gegenwärtigen Möglichkeit der Erfüllung?
10. Inwieweit hat der Patient dem **Partner seine Probleme mitteilen** können? Elternhaus und Schule – einschließlich der ärztlichen Ausbildung – schaffen nicht immer die geeigneten Voraussetzungen dafür, mit dem Ehepartner oder auch mit dem Arzt über sexuelle Fragen zu sprechen.
11. Inwieweit kann der Patient seine sexuellen Fantasien mit der Wirklichkeit in Einklang bringen?
12. Anstelle der direkten Frage „Sind Sie homosexuell?" besser: „Ziehen Sie Geschlechtsverkehr mit Männern oder Frauen vor?" In diesem Zusammenhang ist es auch neutraler, von einem Partner/einer Partnerin zu sprechen als von Ehemann, Ehefrau, Freund oder Freundin.
13. Wie oft **masturbiert** der Patient, und wie erlebt er das Masturbieren, z. B. als körperliche Notwendigkeit oder in Bezug auf seinen Partner mit Schuldgefühlen oder als Vergeltung?
14. Welche eigenen Vorstellungen hat der Patient zur **Lösung seines Problems** entwickelt, und/oder hat er selbst versucht, eine Lösung zu finden?
15. Hat der Patient **Hilfen** in Anspruch genommen, wie Literatur, Filme, Freunde, käufliche Liebe, Seelsorger, Arzt, und mit welchem Ergebnis?

Sexuelle Probleme (Frigidität, Dysfunktionen etc.) betreffen nicht nur das Wohlbefinden des Patienten selbst. Handelt es sich um das zentrale Anliegen des Arztbesuches, sollte unter Bezugnahme auf eventuelle Auswirkungen auf das Partnerverhältnis die Frage erörtert werden, ob und in welchem Stadium der Beratung er eine **gemeinsame Besprechung** des Problems mit dem Partner für zweckmäßig hält oder ob der Arzt mit dem Partner gesondert sprechen sollte.

Bei besonders zurückhaltend wirkenden Patienten können hinleitende Fragen helfen, Hemmungen zu überwinden, z. B. nach dem allgemeinen Zusammenleben mit dem Partner, nach Einschlafstörungen, Unterleibsbeschwerden, Miktionsstörungen, Menarche, Regel und Ausfluss, durchgemachten Infektionen im Genital- oder Analbereich usw. (ausführlicher s. Andrist, L.C., oder Franger, A.L.).

Das abschließende Angebot zu diesem für manche „heiklen Thema" sollte lauten: „Haben Sie zum Thema Sexualität irgendwelche Fragen oder Sorgen?[1]" Beenden Sie das Gespräch über Sexualität nicht ohne eine kurze Zwischenzusammenfassung des Ergebnisses.

1 Für die Eheberatung in sexuellen Fragen, gegebenenfalls auch für die Hand eines gehemmten Patienten oder für die Vorbereitung und Verkürzung eines diesbezüglichen Gesprächs, können Sie die Fragen vorab in einem Formular aushändigen.

Tab. 4.2 **Sexueller Reaktionszyklus**
Physiologische Veränderungen bei Geschlechtsverkehr und Masturbation

	Beide Geschlechter	Frauen	Männer
Erregungsphase	*Zeichen beginnender körperlicher Erregung:* Zunahme von Herzfrequenz, Blutdruck, Atemfrequenz und Atemtiefe	Lubrikation der Scheide, Hyperämie der Beckenorgane, Verlängerung und Erweiterung der Scheide, Höhertreten der Zervix, Umfangszunahme der Klitoris, Labien: Vergrößerung/Öffnung, Erektion der Mamillen	Erektion des Penis, Elevation der Hoden, Erweiterung des Orificium urethrae, Sexflush
Plateauphase	*Zeichen verstärkter körperlicher Erregung:* erhöhter Muskeltonus, zunehmender Kontrollverlust		
Orgasmusphase	*Höhepunkt der körperlichen Erregung:* generalisierte Muskelkontraktionen, verschieden ausgeprägte Bewusstseinsveränderungen	rhythmische Kontraktionen der orgastischen Manschette, des Uterus und der Beckenmuskulatur, evtl. Ejakulation aus paraurethralen Drüsen	Ejakulation mit rhythmischen Kontraktionen der Beckenmuskulatur
Rückbildungsphase	Verminderung von Herzfrequenz, Blutdruck, Atemfrequenz und Muskeltonus, Rückbildung der Hautrötung	Verkleinerung von Klitoris und Labien, Herabsinken von Scheidendach und Uterus, dabei Eintauchen der Zervix in einen u. U. vorhandenen Spermapool	Rückbildung der Erektion des Penis, Verkleinerung und Herabsinken der Hoden
Refraktärphase		unmittelbarer Eintritt in erneute Erregungs- oder Plateauphase möglich	verschieden lange, verminderte sexuelle Reizempfindlichkeit

Tab. 4.3 **Pathologischer sexueller Reaktionszyklus**

Algopareunie = Schmerzen der Frau beim Koitus: psychosexuell bedingt oder durch mangelnde Lubrikation, Narben, Verwachsungen, Entzündung im Genitalbereich

Sexuelle Funktionsstörung psychologisch bedingt oder durch Medikamente (z. B. Neuroleptika, Antidepressiva, Lithium, Tranquilizer) als
- Störung der Erregungsphase: fehlende Erektion beim Mann (erektile Impotenz); fehlende Lubrikation der Vagina bei der Frau
- Störung der Kontrolle über den Zeitpunkt des Orgasmus: subjektiv zu frühe oder zu späte Ejakulation beim Mann (Ejaculatio praecox bzw. retardata); subjektiv zu später Orgasmus bei der Frau
- Fehlen des Orgasmus: beim Mann auch als fehlende Ejakulation (Ejaculatio deficiens) bezeichnet; bei der Frau als Anorgasmie

4.5.5 Psychologische Anamnese

Fragestellung: Welche psychischen Probleme könnten die derzeitige Erkrankung beeinflussen?

Welche Bedeutung für den Gesundheitszustand des Patienten seelische Regungen haben, zeigt schon unsere Alltagssprache: sich vor einem Examen „mühsam auf den Beinen halten“, bei einer chronischen Erkrankung „den Widerstand aufgeben“, „sich zu Tode schuften“, „sich krank ärgern“, „seinen Kummer ersäufen“, „das ist kein Beinbruch“, „jemandem auf die Hühneraugen treten“ usw.

Oft sind es psychische Probleme, die in körperlichen Beschwerden ihren Ausdruck finden und den Patienten zum Arzt führen. Ohne die wirkliche Ursache der „Gehbeschwerden“ zu ergründen, wird es Ihnen schwer fallen, einem Patienten zu helfen, der „beruflich nicht von der Stelle kommt“.

Beschränken Sie Ihre Anamnese nicht auf körperliche Beschwerden, sondern versuchen Sie, den ganzen Menschen zu sehen.

Für das Erfassen **psychischer Elementarfunktionen** bietet Payk folgende Aufstellung:

1. Bewusstseinslage: unauffällig; verwirrt, delirant, benommen, somnolent, soporös, komatös.
2. Orientierung zur Person: unauffällig, gestört; zurzeit: unauffällig, gestört; zum Ort: unauffällig, gestört.
3. Stimmung: ausgeglichen, euphorisch, heiter, gereizt, ängstlich, gedrückt, traurig.
4. Affektivität: unauffällig; inkontinent, labil, bewegt, nüchtern, verflacht, verödet.
5. Antrieb: unauffällig; enthemmt, umtriebig, impulsiv, verlangsamt, passiv, abulisch.
6. Kontakt: unauffällig; distanzlos, überangepasst, oberflächlich, scheu, ablehnend, autistisch.
7. Denken (formal): unauffällig; ideenflüchtig, perseverierend, weitschweifig, zerfahren, gehemmt, gesperrt; (inhaltlich): unauffällig; fixiert, überwertig, hypochondrisch, zwanghaft, phobisch, paranoid.
8. Gedächtnis und Merkfähigkeit: unauffällig; amnestisch, lückenhaft, punktuell, zerstreut, konfabulatorisch, hypermnestisch.

Inhaltliche Anregungen für das Gespräch mit dem Patienten können Sie dem folgenden Schema entnehmen:

Tab. 4.**4** **Inhaltliche Anregungen**

Triebe	Stimmungen und Gefühle	Antriebe, Strebungen, Wille, Intellekt
Hunger, Durst Sexualität und Partner Erfüllung sexueller Wünsche	Grundstimmung: heiter, traurig, lustig, missmutig, gelangweilt, überdrüssig besondere Ängste, Sorgen, Kümmernisse, Erwartungen, Hoffnungen besonderer Ärger, Freude, worüber? Sympathie, Antipathie, Achtung, Verehrung, Verachtung, Hass, Wut, Neid, Liebe, Selbstgefühl, Sicherheit, Schüchternheit, Schreckhaftigkeit soziale Gefühle gegenüber Partner, Familie, Freunden, Kollegen	Tätigkeitsdrang, Genussstreben, Erlebnishunger, Geltungsdrang, Egoismus Beziehungen zu Werten, geistige Vorbilder, Ordnung oder Chaos Schaffensdrang, Interessen, Anstrengungsbereitschaft Sport, Hobbys, mit wem würden Sie gern tauschen? Durchsetzung eigener Wünsche und Interessen, Durchhaltevermögen Abstraktionsfähigkeit, Begriffsbildung, Urteilsbildung, Denkformen, Handlungsmuster

4.5.6 Sozioökonomische Anamnese

Fragestellung: Welche Faktoren aus der menschlichen Umwelt, den wirtschaftlichen Verhältnissen und dem Berufsleben könnten die derzeitige Erkrankung beeinflussen?

Zur sozioökonomischen Anamnese gehören Daten über den schulischen und beruflichen Werdegang des Patienten, die jetzige Tätigkeit, das Betriebsklima, seine Zufriedenheit mit dem Beruf und Beziehungen zu Vorgesetzten und Kollegen, soweit diese Informationen eine Beziehung zur jetzigen Krankheit haben können. Es gilt auch, besondere Belastungen am Arbeitsplatz zu erfassen, z. B. Lärm, Überforderung, Nachtschichten, die sowohl das psychische als auch das körperliche Wohlergehen des Patienten beeinflussen können. Der **Einstellung des Patienten zu seiner Krankheit** oder aus dem Bericht über etwaige psychosoziale Schwierigkeiten kann man gelegentlich Ursachen oder Überlagerungen organischer Krankheiten entnehmen. Leistungssport und Hobbys geben Hinweise auf körperliche Leistungswilligkeit, soziale Bindungen oder Freundschaften und darauf, wie der Patient seine Freizeit verbringt.

Um den Patienten anzuregen, Näheres über soziale Bindungen, wirtschaftliche Verhältnisse und **Lebensstil** mitzuteilen, bieten sich sog. Tages-, Wochen-, Monats-, Jahres- oder Freizeitprofile an. Dazu lassen Sie den Patienten zunächst in groben Zügen schildern, wie sein Wochentage, Wochenenden oder sein Arbeitsjahr ablaufen. Aus der spontanen Schilderung gewinnen Sie dann die Stichworte, mit deren Hilfe Sie gezielte Fragen formulieren können, die Ihr Verständnis für die Gesamtsituation des Patienten vertiefen. Tab. 4.5 gibt Ihnen dazu Anregungen.

Tab. 4.5 **Stichworte zur sozioökonomischen Anamnese**

Familie	Wohnung	Wirtschaftliche Verhältnisse	Arbeitsplatz	Freundeskreis
Stand Dauer der Ehe Zahl der Kinder Scheidung Wie feiern Sie Weihnachten und andere Feste? Würden Sie gern in einer größeren/kleineren Familie leben?	Zahl und Art der Räume Zahl der Personen Wohngegend nachbarschaftliche Beziehungen Garten Brauchen Sie eine größere Wohnung?	Einkommen/Ausgaben Abzahlungskäufe Was machen Sie mit unerwarteter Erbschaft von 1000 € o. Ä.? Was angestrebt? Erwartung erfüllt? Kommen Sie mit dem Geld, das Sie verdienen, aus?	Ausbildung Entfernung Zufriedenheit mit der Arbeit, Belastungen, Arbeitsplatzwechsel und Krankmeldungen Kollegen und Vorgesetzte Würden Sie gern Ihren Arbeitsplatz wechseln?	Freundschaften soziales Niveau (höher, gleich, tiefer) Vereine Wem Herz ausschütten? Geheimnisse teilen? Hätten Sie gerne mehr Freunde?

4.5.9 Suchhilfen

Zwei Suchhilfen können Sie auf dem Weg zu Verdachtsdiagnosen nutzen:

1. Die **Organzuordnung**[1] gibt Ihnen aufgrund des genannten Schmerzortes erste Anhaltspunkte über die infrage kommenden erkrankten Organe bzw. Organsysteme.
2. Die **Systemübersicht** bietet Ihnen zu einzelnen Organsystemen denkbare Begleitbeschwerden an – soweit sie nicht spontan vom Patienten im Laufe der Schilderung seiner Erkrankung genannt werden. Ihr gemeinsames Vorkommen mit der Hauptbeschwerde steuert Ihr diagnostisches Weiterdenken und vermindert die Zahl der z. B. im Zusammenhang mit Bauchschmerzen infrage kommenden mehr als 130 Verdachtsdiagnosen. Die Begleitsymptome sind eine entscheidende Hilfe für die Ausrichtung Ihrer problemorientierten Befunderhebung (ausführlicher im Kapitel „Diagnostisches Denken").

4.5.10 Die Systemübersicht

Die Systemübersicht ist eine nach pathophysiologischen Gesichtspunkten geordnete Sammlung von Beschwerden aus bestimmten Organsystemen wie dem Verdauungssystem oder dem Nervensystem. Die Systemübersicht ist eine Suchhilfe. Sie nennt Begleitbeschwerden aus einem Organsystem[1], auf das Sie durch die Hauptbeschwerde Ihres Patienten hingewiesen werden.

Wie hilft Ihnen die Systemübersicht auf dem Weg zur Diagnose weiter?

Die Systemübersicht macht es Ihnen leichter, ausgehend von der Hauptbeschwerde und Begleitbeschwerden, die Sie in den in der Systemübersicht genannten Organsystemen finden, zu einer Verdachtsdiagnose zu kommen.

Beispiel: Das Leitsymptom Bauchschmerzen führt Sie zur Systemübersicht und dort im Organsystem Gastrointestinaltrakt zu den angebotenen und für Ihren Patienten zutreffenden Begleitbeschwerden „sichtbare Pulsationen im linken Unterbauch".

Sie leiten den Denkprozess auf ein Aortenaneurysma und damit in eine andere Richtung als das Begleitsymptom „Ausfluss", das Sie im Organsystem Gynäkologie finden und das eher an eine Adnexitis denken lässt.

Die Systemübersicht unterstützt das diagnostische Weiterdenken entscheidend. Die Hauptbeschwerde (als Leitsymptom) lässt Sie an ein bestimmtes Organsystem denken, dessen Erkrankung zu mehreren Symptomen führt. Die Systemübersicht bietet Ihnen zur Hauptbeschwerde denkbare Begleitbeschwerden[2]. Hauptbeschwerde und Begleitbeschwerden gestatten es, den Rahmen für die symptomorientierte Befunderhebung einzuschränken.

---

[1] Vieldeutige Allgemeinbeschwerden wie Fieber sind bei den einzelnen Organsystemen nicht jedes Mal aufgeführt. Bei der Suche innerhalb eines Organsystems sollten Sie deshalb immer die Allgemeinbeschwerden mit berücksichtigen.

Allgemein-beschwerden	Allergische Reaktionen	Anämie	Angst
Appetitlosigkeit	Bewusstlosigkeit	Bewusstseinsstörung	Blutung
Durst, übermäßiger	Erbrechen	Fettleibigkeit	Fieber/Schüttelfrost
Gewichtsverlust	Hämatome	Hunger	Hypertonie
Potenzstörungen	Schlafstörungen	Schmerzen	Schwäche
Schwindel			

Anus und Rektum	Anale Inkontinenz	Anales Jucken	Anale Schmerzen
Anales Schmieren	Blut b.d. Reinigung	Feigwarzen	Hämorrhoiden
Perianale Knoten	Schleimabgänge	Spannungsgefühl	Stuhlabgang mit dem Wind
Stuhlgangsschmerz	Tenesmen		

Augenbeschwerden	Augen-Bewegungs-störung	Augenbrennen	Augen, hervortretende
Augenschmerzen	Augenzittern	Augen zurückgesunken	Doppelbilder
Farbenfehlsichtigkeit	Gesichtsfeldausfälle	Fremdkörpergefühl	Irisveränderungen
Lichtscheu	Pupillenveränderung	Sehstörungen	
Augenlider-Funktion	Augenlider, Rötung	Augenlider, Schwellung	Augenlider, verklebt
Lidkrampf	Tränenfluss ↑ ↓	Tränen, blutig	

Endokrinum und Stoffwechsel ↑	Appetit s. Allgemein-beschwerden	Durst, übermäßig	Fettleibigkeit s. Allgemeinbeschwerden
Gewichtsverlust	Gynäkomastie	Hirsutismus	Hunger
Potenzstörungen	Schilddrüse ↑	Sterilität	Wachstumsstörung

Extremitäten	Ameisenlaufen	Armschmerzen	Beine: Form-veränderung
Beine: Haut-veränderungen	Beinödem	Beinschmerzen	Beinverkürzung
Bewegungsschmerz	Ellenbogenschmerzen	Entzündungszeichen	Extremitäten Form veränderung
Extremitäten Beweglichkeit ↑ s. Tabelle S. 133	Extremitätenschmerz	Fingerschmerzen	Füße, Form-veränderung
Gehschmerzen	Gelenkschmerz	Gelenkumgebung Rötung	Gelenkschwellung
Hand, Form-veränderung	Handschmerzen	Hüftschmerzen	Kältegefühl ↑
Knieschmerz	Knieschwellung	Knochenschmerz	Kopf-Beweglichkeit ↓
Missempfindung	Muskelatrophie	Muskelschmerz	Muskelschwäche
Ödeme	Schulterschmerz	Steifigkeit	Taubheitsgefühl
Wadenschmerzen	X-, O-Beine	Zehen, Form-veränderung	Zehenschmerzen

Gastrointestinaltrakt	Appetit ↑ ↓	Aszites	Aufstoßen
Bauchknurren	Bauchschmerzen	Blähungen	Blut im Stuhl
Darmgeräusche	Durchfall	Durst	Erbrechen
Ikterus	Koliken	Mundgeruch	Nahrungsmittel-unverträglichkeit
Schluckauf	Schluckbeschwerden	Sodbrennen	Stuhl- und Windverhalt
Stuhlinkontinenz	Stuhlauflagerungen	Stuhlfarbe	Stuhlgangs-beschwerden
Stuhlverfärbung	Teerstuhl	Tenesmen	Totenstille
Verdauungsstörung	Verstopfung		

Gynäkologie	Amenorrhoe	Ausfluss	Beischlafschmerzen Kohabitations-schmerzen
Blutungsanomalien		Brustabsonderungen	Brustwarzen-Veränderg.
Hitzewallungen	Impotenz	klimakterische Beschwerden	
> 5 Vorlagen p. d. s. Hypermenorrhoe	< 2 Vorlagen p. d. s. Hypomenorrhoe	überlange Blutung s. Menorrhagie	Zwischenblutungen s. Metrorrhagien
Blutung weniger als 3 Tage Brachymenorrhoe	menstruationsartige Abbruch/Durchbruch-Blutung	Schmerzhafte Regelblutung s. Dysmenorrhoe	Mamma-Schmerzen
Menstruationsstörung	Mittelschmerz	Orgasmus fehlt	Regelblutung schmerzhaft
Regelstörungen s. Menstruationsstörung	Schwache Schmier-blutung s. Spotting	Schwangerschafts-zeichen	Striae
Vaginale Blutabgänge	Vaginaveränderungen	Zeugungsunfähigkeit s. Impotenz	Zyklusstörungen
Zyklus-abhängige Schmerzen	Zyklus-unabhängige Schmerzen	Zyklus-unabhängige Blutungen	Blutungen

Haut/Haare	Allergische Reaktion	Ausschlag	Behaarung vermehrt
Blasen/Bläschen	Blässe, generalisierte	Blässe, örtlich	Blaue Flecken
brauner Fleck	Ekzem	Erosion	Erythem/Rötung
Flechte	Gelbsucht/Ikterus	Geschwür	Haarausfall
Haut, feuchte	Hautfleck/Makula	Hautjucken	Hautrisse/Rhagaden
Hautblutung/Purpura	Hautverhornung	Hautverdünnung/Atrophie	Juckende Schwellung/Urtika
Knoten/Knötchen	Krusten	Lymphknoten-Vergrößerung	Nagelveränderungen
Nekrose	Ödeme	Quaddel	Schuppen
Spinnenmal	Turgor	Weißer Fleck	Zyanose
Zyanotischer Fleck	Zysten		

Herz s. auch Thorax	Auswurf	Blässe	Herzklopfen
Herzphobie	Herzrasen	Herzrhythmusstörung	Herzinsuffizienzzeichen
Nachtschweiß	Ödeme	Paroxysmale Dyspnoe	präkordiale Schmerzen
Puls langsam/Bradykardie	Puls schnell/Tachykardie	Zyanose	

HNO	Äußerer Hals	Hals Beweglichkeit ↓	Hals-Lymphknoten
Halsumfang ↑	Schilddrüse, vergrößert		

Mund und Rachen	Fieber	Geschmacksstörung	Halsschmerzen
Heiserkeit	Lippenbläschen	Mundgeruch	Schluckbeschwerden
Sprechstörungen	Zahnfleischblutung	Zahnfleischveränderung	Zungenbrennen
Zungenveränderungen			

Kehlkopf	Heiserkeit	Husten	Kehlkopfschmerzen
Stimmveränderung	Stridor		

Nase	Geruchssinn gestört	Näseln	Nasenbluten
Nasensekret	Riechstörungen		

Ohren	Absonderung a. d. Ohren	Augenzittern/Nystagmus	Gleichgewichtsstörung
Hyperakusis	Hörstörung	Ohrenfluss	Ohrensausen
Ohrenschmerzen	Ohrgeräusche/Tinnitus	Schwerhörigkeit	Schwindel

Kopf/Gesicht	Beweglichkeit eingeschränkt	Bewegungsschmerzen	Gesichtsveränderung
Gesichtsschmerz	Haarausfall	Kopfschmerzen	Lymphknoten am Kopf
Parotisschwellung	Mongolenfalte	Schuppen	

Kreislauf (s. auch Herz)	Atemnot	Atemnot, plötzliche	Beinödeme
Belastungsschmerz	Bewusstlosigkeit	Bewusstseinsstörung	
Extremitätenödem	Herzklopfen	Herzrasen	Kältegefühl
Kollapsneigung	Kopfschmerz	Kreislauf bedingte Schmerzen	Lippenzyanose
Muskelschwäche	Nonnensausen	Ödeme	Potenzstörungen
Pulsveränderungen	Varizen	Wasserlassen, nächtl./Nykturie	Zyanose

Nerven	Ameisenlaufen	Ataxie	Bewusstseinsstörung
Apraxie	Berührungsempfindung	Bewegungsstörung/ s. Tabelle S. 133	Desorientiertheit
Denkstörung	Empfindungsstörung	Fehlhandlungen	Gangstörung
Gedächtnisstörung	Geruchsstörung	Geschmacksstörung	Gesichtsschmerz
Gleichgewichtsstörung	Hals-Starre	Handlungsstörung	Hyperkinese
Interesselosigkeit	Kiefersperre	Konzentrationsstörung	Koordinations-störungen
Kopfschmerz	Kraftminderung	Krämpfe	Kribbeln
Lähmungen, Parese, Plegie	Merkfähigkeit ↓	Missempfindungen	Muskelschwäche
Muskelschwund	Muskelspannung ↑, Spastik	Nackensteife	Orientierungsstörung
Potenzstörungen	Riechstörung	Schluckstörung	Sehstörung
Schwindel	Sprachstörung-Aphasie	Steifheit	Stimmveränderung
Taubheitsgefühl	Verlangsamung	Wahrnehmungsstörung	Wortfindungsstörung
Wortneubildungen	Würgereflex	Zielbewegung gestört	Zittern, Tremor, Zuckungen

Psychologie	Ablenkbarkeit	Antriebsmangel	Dissimulation
Emotionalität gestört	Erregbarkeit	Fettleibigkeit	Interesselosigkeit
Potenzstörungen	Schlafstörungen	Stimmungs-schwankungen	Traurigkeit

Schwangerschaft	Schwangerschafts-Beschwerden	Schwangerschafts-Risikofaktoren	Schwangerschafts-Zeichen

Thorax	Atemexkursionen ↓	Atemgeräusch verändert	Atemnot/Dypnoe
Atemnot, nächtliche	Auswurf/Sputum	Bluthusten/Hämoptoe	Blutspucken
Brustschmerzen	Brustwarzen-absonderung	Brustwarzen-veränderung	Fieber
Halsschmerzen	Heiserkeit	Husten	Mamma, Sekretion
Mammaschmerzen			

Urogenitalsystem	Wasserlassen, kein	Ausfluss	Blutiger Urin
Beschwerden nach Geschlechtsverkehr	Fertilität ↓	Fieber	Harnstottern
Harnträufeln, Tröpfeln	Harn – Startschwierig-keiten	Kohabitations-schmerzen	Regelstörungen
Wasserlassen, Häufigkeit Pollakisurie	Wasserlassen schmerzhaft Dysurie		

Wirbelsäule	Bewegungsein-schränkung Wirbelsäule	Bewegungsschmerzen	Haltungsschmerz
Kopfschmerz	Rückenschmerzen	Steifheit	

4.5.11 Bisheriger Verlauf der Erkrankung

Im Krankheitsverlauf schildern Sie die zeitliche Entwicklung der Hauptbeschwerde und der dazugehörigen Begleitbeschwerden im Zusammenhang. In Bezug auf die restlichen anamnestischen Informationen beschränken Sie sich hier auf Daten, die im Zusammenhang mit der jetzigen Krankheit Bedeutung haben können, wie zum Beispiel familiäre Häufungen oder vorangegangene Krankheiten. Dabei spielen vier Gesichtspunkte eine Rolle:

1. Die **zeitliche Reihenfolge** des Auftretens der einzelnen Symptome, z. B. Oberbauchschmerzen unmittelbar nach dem Essen, die sich 3 Std. später gürtelförmig nach links zogen. Wiederum 2 Std. später trat ein Kreislaufschock ein (Ulkuspenetration in das Pankreas).
2. Die **Kontinuität** bzw. die **Intervalle** zwischen wiederkehrenden Beschwerden bzw. Beschwerdekomplexen geben diagnostische Hinweise, z. B.: Die Hauptbeschwerde Oberbauchschmerz nach dem Essen tritt mit den Begleitbeschwerden Sodbrennen, gelegentlichem Erbrechen und Gewichtsabnahme seit 5 Jahren regelmäßig in etwa 3- bis 4-monatigen Abständen auf. Das ist ein Beispiel für die Periodik einer Ulkusanamnese. Häufig finden Sie beim Ulkus auch eine Beschwerderhythmik. So bezeichnet man die charakteristische Verteilung von Beschwerden auf den 24-Std.-Tag. Andere Beispiele sind die jahreszeitliche Periodik sog. rheumatischer Beschwerden oder die Tagesrhythmik depressiver Verstimmungen, die morgens besonders intensiv sind.

Beim Erheben und Dokumentieren von **Rezidiven und chronischen Krankheiten** beginnt man mit dem ersten Krankheitsereignis. Sie erleichtern sich die Arbeit, wenn Sie zunächst feststellen, bis wann sich der Patient wohl gefühlt hat. Besondere Ereignisse, Familienfeiern, Festtage und Ähnliches bieten sich als zeitliche Hilfspunkte an.

3. Für die Beurteilung des jetzigen Krankheitsverlaufs gibt die genaue Darstellung der **bisherigen Behandlung** Hinweise auf Erfolg, Misserfolg und eventuelle Nebenwirkungen der Therapie. Sie können daraus auch Schlüsse ziehen, inwieweit unter Umständen Symptome durch die Therapie verdeckt werden.
4. Die **Gesamtansicht** für Hauptbeschwerde, Begleitbeschwerden und anamnestische Daten im weiteren Sinn gibt Ihnen ein detailliertes und geordnetes Bild vom Patienten und bildet die Voraussetzung für systematische Überlegungen über die zugrunde liegende Krankheit.

Die chronologische Schilderung des bisherigen Krankheitsverlaufs dient der Zusammenfassung der für die jetzige Krankheit relevanten Daten.

Andere müssen mit Ihrer Dokumentation weiterarbeiten. Trennen Sie deshalb, für jeden anderen erkennbar, eindeutig zwischen anamnestischen Angaben und Befunden, also Patientendaten und Ihren Schlussfolgerungen, die Sie im Sinne des ersten diagnostischen Eindrucks daraus ziehen.

4.5.12 Abschlussfragen an den Patienten

Stellen Sie als geeignete Überleitung zur körperlichen Untersuchung Ihrem Patienten die Frage: „Gibt es noch irgendetwas zu besprechen, was im Zusammenhang mit Ihrem jetzigen Gesundheitszustand stehen könnte?“

Mit einer solchen Formulierung geben Sie Ihrem Patienten Gelegenheit, Befürchtungen auszusprechen, Rückversicherungswünsche anzudeuten und gegebenenfalls Ängste mit Ihrer Hilfe abzubauen.

4.5.13 Bedeutung der Anamnese für die Befunderhebung

Sie dürfen die Anamneseerhebung nicht abschließen, ohne den Patienten zu fragen, ob im Zusammenhang mit seinem Gesundheitszustand irgendetwas Wesentliches bisher noch nicht erörtert worden sei und was er selbst über seine Krankheit denke. Dabei geht es nicht so sehr um den Inhalt eventueller Selbstdiagnosen, sondern eher um die Möglichkeit, berechtigte oder unberechtigte Befürchtungen des Patienten zu erfahren und nach der Untersuchung darauf einzugehen, ggf. auch um dem Patienten Rückhalt und Führung zu bieten und ihn zu beruhigen.

Die abwägende Bewertung der gewonnenen anamnestischen Daten führt zu ersten diagnostischen Vermutungen, d.h. Primärhypothesen. Sie lenken dann bei der systematischen körperlichen Gesamtuntersuchung Ihr besonderes Interesse auf die Organbereiche, deren Erkrankung nach den anamnestischen Angaben nahe liegt. Nutzen Sie bewusst die Gelegenheit, während der Befunderhebung die Anamnese zu vertiefen.

Lassen Sie auch während der Befunderhebung den verbalen Kontakt mit dem Patienten nicht abreißen! Bei der Untersuchung der einzelnen Körperregionen bieten Fragen zu dem offenbar erkrankten Organ bzw. Organsystem sinnvollen Gesprächsstoff. Leiten Sie grundsätzlich jede Wiedervorstellung oder erneute Konsultation mit der Frage ein: „Hat sich Ihr Gesundheitszustand seit Ihrem letzten Besuch verändert?“

4.5.14 Zur diagnostischen Strategie

Denkkette:

- Hauptbeschwerde festlegen: Bauchschmerzen im rechten Unterbauch… weitere Differenzierung
- Mögliche Begleitbeschwerden in der Systemübersicht „Gastrointestinaltrakt“ mit den für Ihren Patienten zutreffenden Begleitbeschwerden: wandernden Schmerz, Appetitlosigkeit, Erbrechen…
- Verdachtsdiagnose: Appendizitis.

Am Anfang Ihrer Arbeit stehen die Beschwerden des Patienten, ihre Definition, Verweise auf die Systemübersicht mit denkbaren Begleitbeschwerden und die erforderlich werdende Befunderhebung sowie exemplarische Verdachtsdiagnosen, an die Sie bei Vorliegen der Beschwerden denken sollten.

Muster
Ellenbogenschmerzen (s. auch Gelenkschmerzen)
Definition: Ihr Patient klagt über Spontan- und Bewegungsschmerzen im Ellenbogengelenk.
Systemübersicht: Allg.-Beschwerden, Extremitäten
(empfohlene Systemübersicht bei dieser Beschwerde)
Befunderhebung: Extremitäten
(Mit welchen Untersuchungsschwerpunkten arbeiten Sie weiter?)

Ellenbogenschmerzen – Verdachtsdiagnosen z. B.
Tennisellenbogen = Epicondylitis humeri radialis,
Golfspielerellenbogen = Epicondylitis humeri ulnaris,
Rheumatisches Fieber

Um Ihnen eine für ärztliche Logik unabdingbare begriffliche Unterscheidung zu erleichtern, wurde alles was sich auf Symptome bezieht blau, dagegen auf Krankheitsbilder rot gekennzeichnet.

4.6 Häufige Beschwerden in alphabetischer Ordnung

Lassen Sie sich vom Ort der Beschwerden Ihres Patienten zum erkrankten **Organsystem**, von dort für die Suche nach **Begleitbeschwerden** zur **Systemübersicht** und weiter zu den alphabetisch geordneten Beschwerden in diesem Kapitel leiten. Dort finden Sie zu den Beschwerden ihre Definition, Hinweise auf die entsprechenden Untersuchungsschwerpunkte und **Verdachtsdiagnosen**.

Wir zeigen Ihnen Beispiele für Verdachtsdiagnosen, mit denen Sie bei den einzelnen Symptomen rechnen können. Aber die Beispiele sind keineswegs vollständig. Bitten Sie Ihren Dozenten zu den Symptomen um Zusammenstellungen der denkbaren Diagnosen oder stellen Sie selbst solche Sammlungen aus Lehrbüchern der einzelnen Fächer zusammen. Dazu eignet sich besonders die Arbeitsteilung in Gruppenarbeit.

A

Abbruchblutung = Entzugsblutung

Definition: Von Abbruchblutung = Pseudomenstruation spricht man bei einer menstruationsartigen uterinen Blutung, die entsteht, weil die Hormonkonzentration absinkt und das Endometrium abgestoßen wird.
Systemübersicht: Allgemeinbeschwerden, Endokrinologie, Gynäkologie
Befunderhebung: Gynäkologie

> **Abbruchblutung – Verdachtsdiagnosen z. B.**
> anovulatorischer Zyklus, Einnahme weiblicher Sexualhormone

Ablenkbarkeit

Definition: Ihr Patient hat Schwierigkeiten, sich zu konzentrieren, ist leicht ablenkbar, kann Gedanken nicht festhalten.
Systemübersicht: Allgemeinbeschwerden, Nerven, Psychologie
Befunderhebung: Nerven, Psychologischer Befund
Erweiterungen: Psychologische Anamnese.

> **Ablenkbarkeit – Verdachtsdiagnosen z. B.**
> Ermüdung, posttraumatische Hirnleistungsschwäche, Hyperaktivitätssyndrom

Abwehrspannung

Definition: *Überwindbare* Anspannung der Bauchdecke entsteht bei ängstlichen Patienten oder lokaler/geringer Reizung des Peritoneums viscerale bzw. parietale und bei kalten Händen des Untersuchers.

Diagnostisch wichtig ist die Unterscheidung zwischen überwindbarer, meist lokaler Abwehrspannung, bei Bauchschmerzen unterschiedlicher Genese und unüberwindbarer *Rigidität* (s. dort) der gesamten Bauchdecke z. B. bei Perforation des Gastrointestinaltraktes.
Systemübersicht: Allgemeinbeschwerden, Gastrointestinaltrakt
Befunderhebung: Gastrointestinaltrakt

> **Überwindbare Abwehrspannung – Verdachtsdiagnosen z. B.**
> bei allen ängstlichen Patienten, bei Adnexitis, Appendizitis, Cholezystitis, Ileus, Pankreatitis, Divertikulitis, ektopischer Schwangerschaft, Gastroenteritis, Malignom – Gastrointestinaltrakt

Achromatopsie = Achromasie = Farbenblindheit

Definition: Ihr Patient klagt darüber, dass er keine Farben, lediglich Helligkeitsunterschiede sieht.
Systemübersicht: Allgemeinbeschwerden, Augen, Nerven
Befunderhebung: Augen, Nerven

> **Achromatopsie – Verdachtsdiagnosen z. B.**
> Netzhautschäden, Albinismus, N.- opticus-Schaden, Schäden der optischen Nervenbahnen

Adiadochokinese

Definition: Adiadochokinese nennt man die Unfähigkeit, antagonistische Bewegungen wie Pronation und Supination oder Beugung und Streckung der Finger schnell abwechselnd auszuführen.
Systemübersicht: Nerven
Befunderhebung: Nerven

> **Adiadochokinese – Verdachtsdiagnosen z. B.**
> Störungen der Koordination, Lähmung

Adipositas = Fettleibigkeit

Definition: Im „Body Mass Index" (BMI) wird die gesamte Körpergröße berücksichtigt: Körpergewicht in Kilogramm geteilt durch Körpergröße in Metern^2. Werte von 25–30 sprechen für Übergewichtigkeit, von 35–70 für Fettleibigkeit. Der Richtwert für das Normalgewicht Ihres Patienten Größe über 100 cm = kg ist veraltet.
Systemübersicht: Allgemeinbeschwerden, Herz, Kreislauf
Befunderhebung: Herz, Kreislauf, Endokrinologie

> **Adipositas – Verdachtsdiagnosen z. B.**
> Bulimie = Hyperorexie, Kortisontherapie, östrogenhaltige Kontrazeptiva, Hypothyreoidismus, Hypopituitarismus, Stein-Leventhal-Syndrom, M. Cushing

Agnosie = Erkennensstörung

Definition: Ihr Patient ist nicht mehr in der Lage, die Bedeutung von Sachverhalten und Dingen zu erkennen. Von Agnosie spricht man bei Störungen des Erkennens, nicht durch Demenz, Aphasie oder Empfindungsstörungen. Denken Sie bei der Untersuchung daran, Visus und/oder Hörfähigkeit zu prüfen.

Vorkommen als auditive Agnosie, Alexie = Wortblindheit, Stereoagnosie oder taktile Agnosie.
Systemübersicht: Allgemeinbeschwerden, Nerven
Befunderhebung: Nerven

> **Agnosie – Verdachtsdiagnosen z. B.**
> Agnosie ist ein Zeichen für zentrale Läsionen: Apoplexie, Hirntumor; Läsionen der Hinterstrangbahn im Halsmarkbereich

Agrammatismus

Definition: Störung der Grammatik, des Satzbaus: Telegrammstil, fehlerhafte Konjugationen/Deklinationen. Agrammatismus ist Teil einer motorischen Aphasie (s. dort) und zu unterscheiden von Dysarthrie (s. dort) = Störung der Sprechmotorik.
Systemübersicht: Allgemeinbeschwerden, Nerven
Befunderhebung: Nerven

> **Agrammatismus – Verdachtsdiagnosen z. B.**
> Apoplexie, Schädel-Hirn-Trauma, Hirntumor, Enzephalopathie

Akinese = Bewegungslosigkeit, Bewegungsstarre

Definition: Ihr Patient klagt über Bewegungslosigkeit des Rumpfes, der Gliedmaßen, der Gesichtsmuskulatur.
Systemübersicht: Allgemeinbeschwerden, Nerven
Befunderhebung: Nerven

> **Akinese – Verdachtsdiagnosen z. B.**
> Parkinson-Syndrom, hepatolentikuläre Degeneration, Chorea Huntington

Allergische Reaktion

Definition: Ihr Patient klagt über Hautausschlag als Erythem oder Urtikaria, Konjunktivitis, Dyspnoe (s. dort), Schwindel (s. dort), Pruritus (s. dort), Erbrechen (s. dort) und Blutdruckabfall (s. dort) bis zum (anaphylaktischen) Schock (s. dort).

Jahreszeit, Kontinuität und Art des Auftretens weisen den Weg zur Diagnose.
Systemübersicht: Allgemeinbeschwerden, Haut
Befunderhebung: Haut

> **Allergische Reaktion – Verdachtsdiagnosen z. B.**
> Farmerlunge, Weberhusten, Pilzsucherlunge, interstitielle Nephritis

Allgemeinbeschwerden

Unter „Allgemeinbeschwerden" sind in der Systemübersicht Beschwerden zusammengestellt, die entweder keinem Organsystem zugeordnet werden können, wie z. B. Angst oder Schwächegefühl, oder die in Bezug auf ihre Zugehörigkeit mehrdeutig sind. Eine strikte Zuordnung beispielsweise des Herzklopfens zu dem System „Atmung, Herz und Kreislauf" ließe das endokrine System (Hyperthyreoidismus) oder das hämatopoetische System (Anämie), zu denen das Herzklopfen ebenfalls gehören kann, unberücksichtigt.

Mit zunehmender Erfahrung werden bestimmte Symptome oder Symptomkombinationen als Trigger auf Ihr diagnostisches Denken wirken und Sie nach Begleitsymptomen suchen lassen, die „eigentlich dazu passen würden". Fehlen solche Begleitsymptome, dann sollten Sie sie als sog. **„sachdienliche Negativa"** dokumentieren. In manchen Fällen können sie ausschließende diagnostische Bedeutung gewinnen. Zum Beispiel führt Sie die Feststellung linksseitiger Thoraxschmerzen **ohne** Ausstrahlung, **ohne** vegetative Begleitsymptome und **ohne** Vernichtungsgefühl, wie Sie es beim großflächigen Herzinfarkt erwarten würden, differenzialdiagnostisch ebenso weiter wie beim Leitsymptom akute Schmerzen im rechten Oberbauch der Hinweis, dass kein Ikterus und kein Fieber vorliegen und damit eine infektiöse Cholangitis unwahrscheinlicher wird als andere Erkrankungen im rechten Oberbauch.

Besser ist es, mit der Systemübersicht das Umfeld der Hauptbeschwerde systematisch nach Begleitbeschwerden abzusuchen, indem man sich von der Hauptbeschwerde zu dem betroffenen Organ oder Organsystem hinleiten lässt. **Die vorgefundenen Begleitbeschwerden müssen Sie differenzieren** und dokumentieren. Dazu benutzen Sie dieselben fünf Kriterien, die Sie für die Erfassung der Hauptbeschwerde verwenden: Dauer, Stärke, Art und Ort, Beziehung zu Funktionen.

Ameisenlaufen

Definition: Ihr Patient klagt über Kribbeln im Sinne von Parästhesien. Das sind subjektive Missempfindungen, die auch wie Brennen oder Taubheitsgefühl auftreten können, die zur Gruppe der Sensibilitätsstörungen gehören.
Systemübersicht: Allgemeinbeschwerden, Extremitäten, Nerven/Sensibilitätsstörungen
Befunderhebung: Extremitaten, Nerven
Erweiterungen: Um eine möglichst genaue Zuordnung zu den beschädigten Nerven zu erhalten, fordern Sie Ihren Patienten auf, mit dem Finger den Hautbereich zu umranden, in dem die Parästhesien auftreten.

> **Ameisenlaufen – Verdachtsdiagnosen z. B.**
> Bandscheibenvorfall, multiple Sklerose, funikuläre Myelose, Poliomyelitis, Thrombozythämie

Amenorrhö

Definition: Ihre Patientin klagt über das Ausbleiben der monatlichen Regelblutung.
Systemübersicht: Allgemeinbeschwerden, Gynäkologie, Nerven/Psyche, Endokrinologie und Stoffwechsel
Befunderhebung: Gynäkologische Untersuchung

Amenorrhö – Verdachtsdiagnosen z. B.

primäre Amenorrhö

ohne sonstige Beschwerden	vor der Menarche
mit verspäteter Menarche in der nahen Verwandtschaft	familiär verzögerte Menarche
mit sichtbaren oder palpablen Abflussstörungen und zyklussynchronen Unterleibsbeschwerden	Atresie der Genitalwege
Hypoplasie des äußeren Genitale, primäre Sterilität, Hypogenitalismus	Swyer-Syndrom
Sterilität	Mayer-Rokitansky-Küster-Syndrom

sekundäre Amenorrhö

Adnexitis (PID), adrenogenitales Syndrom, Anorexia nervosa, Diabetes mellitus, ektopische Schwangerschaft, Gonadendysgenesie, Hirntumor, Hormontherapie, Hyperthyreose, Hypothyreose, Menopausensyndrom, Morbus Simmonds, psychogene Funktionsstörungen, Ovarialinsuffizienz, Ovarialtumor, Schwangerschaft, Morbus Sheehan, Stein-Leventhal-Syndrom

Amnesie

Definition: Ihr Patient klagt über zeitliche oder inhaltliche Gedächtnisstörungen. Formen: Anterograde, dissoziierte, kongrade, retrograde, transitorisch-globale Amnesie.
Systemübersicht: Allgemeinbeschwerden, Nerven, Psychologie
Befunderhebung: Nerven, Psychologie

Amnesie – Verdachtsdiagnosen z. B.
Hirntrauma, Epilepsie, Demenz, Commotio

Anämie

s. Hautbefunde

Anales Blut bei der Reinigung

Definition: Ihr Patient klagt darüber, dass er nach dem Stuhlgang Blut am Toilettenpapier findet.
Systemübersicht: Allgemeinbeschwerden, Anus und Rektum
Befunderhebung: Rektale Palpation
Erweiterungen: Fragen Sie den Patienten nach Farbe des Blutes – hellrot/dunkelrot.

Anales Blut – Verdachtsdiagnosen z. B.
Analfissur, Hämorrhoiden, Analabszess, Dickdarmpolypen, Analkarzinom

Anale Inkontinenz = Stuhlinkontinenz

Definition: Ihr Patient klagt über die Unfähigkeit, den Stuhlabgang zu kontrollieren; als Teilinkontinenz = Schmieren bei Belastung und Diarrhö.
Systemübersicht: Allgemeinbeschwerden, Anus und Rektum
Befunderhebung: Rektum, rektale Untersuchung

Anale Inkontinenz – Verdachtsdiagnosen z. B.
totale völlige neurale Stuhlinkontinenz bei Spina bifida, Bandscheibenvorfall, Myelomeningozele, Querschnittslähmung, Hirntumor, Demenz, multipler Sklerose oder durch Rezeptorenverlust z. B. nach operativer Hämorrhoidenentfernung; durch Sphinkterschäden bei Dammriss, Tumor, Analatresie/-fistel, Neurose

Analekzem syn. Intertrigo (= Wolf)

Definition: Ihr Patient klagt über brennende Rötung, Erosion, häufig Juckreiz.
Systemübersicht: Allgemeinbeschwerden, Anus und Rektum
Befunderhebung: Anus und Rektum

Intertrigo – Verdachtsdiagnosen z. B.
Hämorrhoiden, Proktitis, Enteritis regionalis, Analfistel, Diabetes mellitus

Analschmerzen, zeitlich begrenzte

Definition: Ihr Patient klagt über minutenlange Schmerzattacken im Rektum- und Analbereich unklarer Ätiologie, die als Proctalgia fugax auf Wärme reagieren. Unterscheiden Sie hiervon Tenesmen als anhaltender sehr schmerzhafter Stuhldrang mit minimalem oder fehlendem Stuhlgang.
Systemübersicht: Allgemeinbeschwerden, Anus und Rektum, Sexualanamnese
Befunderhebung: Anus und Rektum, rektale Untersuchung
Erweiterungen: Sexualanamnese.

Analschmerzen – Verdachtsdiagnosen z. B.
Proctalgia fugax, akute Analfissur/Analfistel, Analabszess, Proktitis

Anale Schmerzen – anhaltende

Definition: Ihr Patient klagt über Schmerzen in Rektum und Analbereich, die anfallsartig oder als Dauerschmerzen auftreten und die er in Bezug auf die genannte Lokalisation in der Regel nicht unterscheiden kann.

Unterscheiden Sie anale Schmerzen von plötzlichen Stuhlgangsschmerzen (s. dort).

Systemübersicht: Allgemeinbeschwerden, Anus, Rektum

Befunderhebung: Rektale Untersuchung

> **Anale Schmerzen – Verdachtsdiagnosen z. B.**
> krampfartige anale Schmerzen unklarer Genese, die auf Wärme reagieren, finden Sie bei Proctalgia fugax.
> Unterscheiden Sie hiervon **Tenesmen** als krampfartigen, sehr schmerzhaften Stuhldrang bei Ruhr, Proktitis, Analfissur, Colitis ulcerosa, Rektumkarzinom, Analfistel, Analabszess.

Anales Jucken = Pruritus ani = Afterjucken

Definition: Ihr Patient klagt über Juckreiz (Jucken als Vorform des Schmerzes) im Bereich des Afters.

Systemübersicht: Allgemeinbeschwerden, Anus und Rektum

Befunderhebung: Rektale Untersuchung

> **Pruritus ani – Verdachtsdiagnosen z. B.**
> Hämorrhoiden, Analekzem, Kontaktekzem, Proktitis

Anales Schmieren

Definition: Ihr Patient klagt über geringfügiges Einkoten in die Unterwäsche.

Systemübersicht: Allgemeinbeschwerden, Anus und Rektum

Befunderhebung: Rektale Untersuchung

> **Anales Schmieren – Verdachtsdiagnosen z. B.**
> Sphinkerschwäche, Hämorrhoiden, Analfissur, Analfistel

Anales Spannungsgefühl

Definition: Ihr Patient klagt über ein Gefühl dauernder Anspannung des Sphinkter ani. Unterscheiden Sie Spannungsgefühl von krampfartigen Schmerzen im Sinne von Tenesmen (s. dort).

Systemübersicht: Allgemeinbeschwerden, Anus und Rektum

Befunderhebung: Rektale Untersuchung

> **Spannungsgefühl – Verdachtsdiagnosen z. B.**
> Anorektale Fistel oder Analkarzinom, Hämorrhoiden III, Perianalthrombose

Angst

Definition: Ihr Patient klagt über ein Gefühl innerer Enge und Bedrohung. Ihr Patient kann Angst verbal äußern: „Ich habe Angst vorm Fliegen", oder etwas versteckter: „Haben wir auch genug Treibstoff an Bord?" Im Unterschied zur Angst ist Furcht auf etwas Bestimmtes gerichtet, z. B. Furcht vor dem Hund. Zusätzliche Begleitsymptome sind Bewusstseins- und Denkstörungen, Unruhe, Puls- und Atmungsfrequenz erhöht, verstärkte Darmtätigkeit, Harndruck, Zittern und Schweißausbrüche.

Systemübersicht: Allgemeinbeschwerden, Nerven, Psychologie

Befunderhebung: Nerven, Psychologie

> **Angst – Verdachtsdiagnosen z. B.**
> Phobie, Angstneurose, Depression, Schizophrenie, Korsakoff-Syndrom, Angst-Glück-Psychose

Anisokorie

Definition: Seitenunterschiede der Pupillenweite > 1 mm.

Systemübersicht: Allgemeinbeschwerden, Augen, Nerven

Befunderhebung: Augen, Nerven

> **Anisokorie – Verdachtsdiagnosen z. B.**
> Lues cerebro-spinalis, Iritis, Glaukom, Hirntumor, Angst, Schmerz, Erregung

Anorektales Fremdkörpergefühl

Definition: Ihr Patient klagt über das störende Gefühl etwas Unphysiologisches im Enddarm zu haben.

Systemübersicht: Allgemeinbeschwerden, Anus und Rektum

Befunderhebung: Rektale Untersuchung

> **Anorektales Fremdkörpergefühl – Verdachtsdiagnosen z. B.**
> Hämorrhoiden III, Rektumkarzinom, Kotballen, Fremdkörper

Anorgasmie

Definition: Ihre Patientin klagt über Fehlen des Orgasmus beim Geschlechtsverkehr oder Onanie. Unterscheiden Sie zwischen primärer Anorgasmie seit der Menarche und sekundärer Anorgasmie z. B. nach verletzenden Erlebnissen oder mit bestimmten Partnern.

Systemübersicht: Allgemeinbeschwerden, Gynäkologie, Psyche, Sexualanamnese
Befunderhebung: Gynäkologie, Psyche

> **Anorgasmie – Verdachtsdiagnosen z. B.**
> Angstneurose, Depression, traumatisches Erlebnis

Antriebsverhalten, gemindertes

s. auch Verlangsamung, Interesselosigkeit, Reglosigkeit
Definition: Die Spontaneität Ihres Patienten erkennen Sie während des anamnestischen Gesprächs oder aus seinen Bewegungen bzw. Handlungsabläufen, wie Ihr Patient seine Beschwerden schildert, wie er geht, spricht, sich entkleidet.
Systemübersicht: Allgemeinbeschwerden, Nerven, Psychologie
Befunderhebung: Nerven, Psychologie

> **Antriebsverhalten, gemindertes – Verdachtsdiagnosen z. B.**
> hirnorganisches Psychosyndrom, Morbus Alzheimer, Depression

Antrieb, gesteigerter

bis zur Agitation meist mit Aufmerksamkeitsstörung bei Manie

Anurie = Harnausscheidung unter 100 ml/24 h

Definition: Ihr Patient klagt darüber, dass er „kein Wasser lassen" könne.
Systemübersicht: Allgemeinbeschwerden, Urogenitalsystem
Befunderhebung: Urogenitalsystem

> **Anurie – Verdachtsdiagnosen z. B.**
> Schock, Crushniere, Pyelonephritis, Gestose, Vergiftung, Urämie, Harnleiter- und/oder Blasenverschluss

Aphasie = Störung der Sprache

Definition: Ihr Patient klagt darüber, dass er Schwierigkeiten hat, seine Gedanken auszudrücken oder den Inhalt von Umgangssprache zu verstehen; Aphasie ist zu unterscheiden von Sprechstörungen (s. dort).
Formen: Motorische Aphasie, Agrammatismus, sensorische Aphasie, amnestische Aphasie, globale Aphasie.
Systemübersicht: Allgemeinbeschwerden, Nerven
Befunderhebung: Nerven

> **Aphasie – Verdachtsdiagnosen z. B.**
> Läsionen in der dominanten Hemisphäre bei zerebrovaskulärer Insuffizienz, Apoplexie, Schädel-Hirn-Trauma, Hirntumor, Hirnatrophie, Enzephalopathie

Aphthen

Definition: Ihr Patient klagt über kleine weiße oder gelblich weiße Erosionen mit rotem Rand an Mundschleimhaut, Zunge und Gaumen. Sie sind von unregelmäßig begrenzten **Leukoplakien** = weißen Epithelwucherungen der Wangenschleimhaut zu unterscheiden.
Systemübersicht: Allgemeinbeschwerden, Haut
Befunderhebung: Haut

> **Aphthen – Verdachtsdiagnosen z. B.**
> Gingivostomatitis, Herpes Zoster, Maul- und Klauenseuche

Appetitlosigkeit = Anorexie

Definition: Appetitlosigkeit ist ein Zustand, in dem der Patient trotz des natürlichen Nahrungsbedarfs nicht isst oder sich zwingen muss zu essen. Für Erkrankungen des Gastrointestinaltraktes ist Appetitlosigkeit ein Frühsymptom. Beim Magenkarzinom kann sich Appetitlosigkeit bis zum Widerwillen besonders gegen Fleisch steigern. Eine wesentliche psychologische Ursache der Anorexie ist die Angst.
Systemübersicht: Allgemeinbeschwerden, Gastrointestinaltrakt, Psyche
Befunderhebung: Gastrointestinaltrakt, Psyche

> **Anorexie – Verdachtsdiagnosen z. B.**
> entzündliche, traumatische, genetische oder neoplastische Erkrankungen des Gastrointestinaltrakts, psychologisch bedingte Erkrankungen

Appetit vermehrt

Definition: Ihr Patient klagt über vermehrten Appetit (= Polyphagie) bis zur Fresssucht; das kann Ausdruck eines erlebten Mangels sein, der auf diese Weise kompensiert wird. Im Rahmen einer Gravidität oder bei Bandwurmerkrankungen entsteht das Gefühl, „für zwei" essen zu müssen.
Systemübersicht: Allgemeinbeschwerden, Bauch, Psychologie
Befunderhebung: Bauch, BMI, Psychologie

> **Polyphagie – Verdachtsdiagnosen z. B.**
> Thyreotoxikose, Diabetes mellitus, Bulimie

Apraxie

Definition: Ihr Patient klagt über die Störung von Handlungs- oder Bewegungsabläufen und die Unfähigkeit, Gegenstände bei erhaltener Wahrnehmung und Motilität sinnvoll zu verwenden.
Formen: Ideomotorische = Gliedmaßenapraxie; ideatorische Apraxie, psychoanalytische Sicht von Fehlhandlungen.
Systemübersicht: Allgemeinbeschwerden, Nerven, Psychologie
Befunderhebung: Nerven, Psychologie

> **Apraxie – Verdachtsdiagnosen z. B.**
> Apoplex, Schädel-Hirn-Trauma, Hirntumor, Enzephalopathie

Arme – Formabweichungen

Definition: Ihr Patient klagt über Abweichungen von der normalen Anatomie der Arme.
Systemübersicht: Allgemeinbeschwerden, Extremitäten
Befunderhebung: Extremitäten

> **Formabweichungen der Arme – Verdachtsdiagnosen z. B.**
> Missbildungen, Frakturen, Arthritis, Schulterluxation, Axillarislähmung, Inaktivität

Armschmerzen

Definition: Ihr Patient klagt über Spontan- oder Belastungsschmerz in einem oder beiden Armen als Gelenkschmerzen, Knochenschmerz, Muskelschmerzen (s. Schmerzformen).
Systemübersicht: Allgemeinbeschwerden, Extremitäten, Nerven
Befunderhebung: Extremitäten/obere Extremität, Nerven/Sensibilität

> **Armschmerzen – Verdachtsdiagnosen z. B.**
> amyotrophe Lateralsklerose, Arthritis, Arthrose, Karpaltunnelsyndrom, Knochenneoplasma, Morbus Paget, Periarteriitis nodosa, Polymyositis, Überanstrengung, Syringomyelie, Scalenus-anterior-Syndrom

Arthritis

(Gemeint ist das Syndrom im Sinne von Symptomenkomplex)
Definition: Ihr Patient klagt über **akute** Gelenkschmerzen, Druckschmerz, Schwellung, Überwärmung, Bewegungseinschränkung; **chronische** Destruktionen, Fehlstellungen, Kontrakturen, Ankylosen, Gelenkerguss, Funktionseinschränkung.
Systemübersicht: Allgemeinbeschwerden, Extremitäten
Befunderhebung: Extremitäten

> **Arthritis – Verdachtsdiagnosen z. B.**
> bakterielle, parasitäre oder virale Infektion, rheumatische Erkrankung, Gicht, Hyper-/Hypothyreose, Koagulopathien, Hämolyse, Leukosen, Neoplasmen, aktive Arthrose, Trauma, Neuropathien

Artikulationsstörungen

s. Dysarthrie

Aszites

Definition: Aszites ist eine intraperitoneale Ansammlung von mehr als 500 ml seröser Flüssigkeit entzündlicher oder nichtentzündlicher Genese.
Systemübersicht: Allgemeinbeschwerden, Gastrointestinaltrakt
Befunderhebung: Gastrointestinaltrakt

> **Aszites – Verdachtsdiagnosen z. B.**
> Darmtuberkulose, Peritonitis, Polyserositis, Leberstauung, Herzinsuffizienz, Leberzirrhose, Hepatom, Tumor im Gastrointestinaltrakt oder Peritoneum, nephrotisches Syndrom

Asynergie

Definition: Ihr Patient klagt darüber, das das Zusammenspiel von Agonisten, Synergisten und Antagonisten gestört ist. Die Bewegungen wirken zerfahren. Zu den Asynergien gehört die gestörte Feinbeweglichkeit der Hand. Ihr Patient kann eine Nähnadel von einer glatten Unterlage nicht aufheben. Dagegen sind bei der **Dyssynergie** rhythmische Abläufe von Wechselbewegungen z. B. bei wechselnden Pronations- und Supinationsbewegungen des Unterarms in schneller Folge gestört.

Man spricht auch von **Adiadochokinese.**
Systemübersicht: Allgemeinbeschwerden, Nerven, Psychologie
Befunderhebung: Nerven, Psychologie

> **Asynergie – Verdachtsdiagnosen z. B.**
> Koordinationsstörungen, Lähmungen

Ataxie

Definition: Ihr Patient klagt über Bewegungsunordnung = Ataxie als Koordinationsstörung der Bewegungen z. B. der Augenbewegungen, der Unterarmtorsion; Stand-, Gang-, Rumpfunsicherheit.
Systemübersicht: Allgemeinbeschwerden, Nervensystem
Befunderhebung: Nervensystem

Ataxie – Verdachtsdiagnosen z. B.
wenn er nicht gerade stehen oder sitzen kann (Rumpfataxie): **Kleinhirn**- oder **Vestibularisschäden**,
wenn er schwankend geht oder sein Gleichgewicht durch besonders breitbeiniges Gehen kompensiert (Gangataxie): **Kleinhirnschäden und in Verbindung mit Spastik bei multipler Sklerose**,
wenn gezielte Bewegungen nicht zielgerade, sondern im Zickzack oder unzweckmäßig und nicht wie beabsichtigt ablaufen, Zielbewegungen beider Arme mit geschlossenen Augen beim Finger-Nase-Versuch nicht aufeinander treffen (Gliedataxie). Eine Sonderform der Gliedataxie ist der **senile Intentionstremor**.
Generell heißt Ataxie: **Schäden in sensiblen peripheren Nerven, im Hinterstrang, in der Medulla, im Zerebellum oder im Stirnhirn bei Hirntumor, Intoxikation, funikulärer Myelose, multipler Sklerose.**

Atemnot, plötzliche

s. Dyspnoe, paroxysmale, nächtliche

Atemexkursionen reduziert

Definition: Ihr Patient klagt darüber, dass er nicht „ordentlich durchatmen" kann.
Systemübersicht: Allgemeinbeschwerden, Herz, Thorax
Befunderhebung: Herz und Thorax

Atemexkursionen reduziert – Verdachtsdiagnosen z. B.
Pleuritis, Rechtsinsuffizienz, BWS-Schaden, Pneumonie, Atelektasen, Pleuraerguss, Emphysem, Asthma bronchiale

Atemgeräusch, abnorm

Definition: Ihr Patient klagt über ein rauschendes Geräusch in der Exspirationsphase länger als in der Inspirationsphase (Bronchialatmung).
Systemübersicht: Allgemeinbeschwerden, Thorax, HNO
Befunderhebung: Thorax, HNO

Bronchialatmung – Verdachtsdiagnosen z. B.
Pneumonie, Atelektasen, tuberkulöse Kavernen

Atemgeräusch vermindert – Verdachtsdiagnosen z. B.

beidseitig	Lungenemphysem
einseitig	Bronchialkarzinom, Pleuritis exsudativa
Atemgeräusch verschwindet völlig	Atelektasen, Pneumothorax
trockene Nebengeräusche	Raucherbronchitis, Asthma
feuchte Rasselgeräusche	Bronchiektasen, Lungenödem, chronischer Bronchitis

Atmung, beschleunigte = Tachypnoe

Definition: Ihr Patient klagt über mehr als 25 Atemzüge pro Minute.
Systemübersicht: Allgemeinbeschwerden, Herz und Kreislauf
Befunderhebung: Herz und Kreislauf

Tachypnoe – Verdachtsdiagnosen z. B.
Pleuritis oder Pleuraschwarte, Pneumonie, Pleuraerguss

Atrophie der Haut

Definition: Ihr Patient klagt über eine Verdünnung der Haut ohne Niveauunterschied mit feiner Fältelung.
Systemübersicht: Allgemeinbeschwerden, Haut
Befundrhebung: Haut

Atrophie der Haut – Verdachtsdiagnosen z. B.
Parapsoriasis, Panniculitis, Pfeiffer-Weber-Christian-Syndrom

Aufstoßen = Ruktation = Rülpsen

Definition: Ihr Patient klagt über mehrfaches Aufstoßen nach oder während des Essens, nach kohlensäurehaltigen Getränken; saures Aufstoßen, wenn mit der ausgestoßenen Luft Mageninhalt in den Mund gelangt.
Systemübersicht: Allgemeinbeschwerden, Gastrointestinaltrakt
Befunderhebung: Gastrointestinaltrakt

Ruktation – Verdachtsdiagnosen z. B.
psychische oder vegetative Labilität, Gastritis, Ulcus pepticum, Pylorusstenose

Augenbrennen

Definition: Ihr Patient klagt über ein zunächst juckendes, als Steigerung dann brennendes unangenehmes Gefühl in einem oder beiden Augen.
Systemübersicht: Allgemeinbeschwerden, Augen
Befunderhebung: Augen

Augenbrennen – Verdachtsdiagnosen z. B.
mechanische Reizung durch Fremdkörper oder Reiben, Überanstrengung (z. B. durch zu langes Lesen, Lesen bei unzureichender Beleuchtung, keine bzw. falsche Brille).
In Verbindung mit Entzündungszeichen (s. dort) infektiös-entzündliche bzw. allergische Reaktion

Augen – Fremdkörpergefühl

Definition: Ihr Patient klagt über das Gefühl, einen Fremdkörper im Auge zu haben, ohne Fremdkörper.
Systemübersicht: Allgemeinbeschwerden, Augen
Befunderhebung: Augen

Fremdkörpergefühl Auge – Verdachtsdiagnosen z. B.

nach Schweißarbeiten ohne Brille

Augen – Funktionsstörungen

Doppelbilder (s. dort), gestörte Blickbewegungen (s. dort), Kurzsichtigkeit (s. dort), Weitsichtigkeit (s. dort), Farbenblindheit (s. dort), Gesichtsfeldausfälle (s. dort).

Augen hervortretend

s. Exophthalmus

Augenliderfunktionsstörungen

Definition: Ihr Patient klagt z. B. über „trockene Augen".
Systemübersicht: Allgemeinbeschwerden, Augen, Endokrinologie und Stoffwechsel
Befunderhebung: Augen, Endokrinologie, Stoffwechsel

Augenliderfunktionsstörungen – Verdachtsdiagnosen z. B.

Normal ist ein Lidschlag alle 5 bis 7 Sek. = etwa 12 bis 9 Schläge pro Minute

seltener Lidschlag = Stellwag-Zeichen	Hyperthyreose
Ptosis = Bewegungseinschränkung der Lider	Horner-Syndrom
Verwachsung zwischen Conjunctiva tarsi und bulbi nennt man Symblepharon oder Pterygium	Verätzung
Blepharochalasis = Erschlaffung der Lidhaut in Verbindung mit Lippenödem und Struma	Senium, Asher-Syndrom
Blepharophimose = horizontale Verengung der Lidspalten, Keratokonjunktivitis und kornealer Pannus	Trachom, okulares Pemphigoid
Lagophthalmus = fehlender Lidschluss	periphere Fazialislähmung

Augenlider, Jucken

Ihr Patient klagt über juckende Augenlider bei Konjunktivitis oder allergischer Reaktion. Bedenken Sie, dass Jucken eine Vorstufe von Schmerzen ist.

Augenlider – Lidkrampf

Trigeminusreizung, Tetanie

Augenlider – Lidspaltenveränderung

erweiterte Lidspalten	periphere Fazialislähmung, Exophthalmus
verengte Lidspalten	Lidödem, Ptose, Entzündung
lokale Zyanose	Thrombose der Orbitalvenen, arteriovenöses Aneurysma
Pterygium	als Unfallfolge

Augenlider, Rötung

gesamte Augenlider	Blepharitis
laterales Augenlid	Entzündung der Tränendrüsen
als Rötung nasales Oberlid	Entzündung des Tränensacks oder des Sinus frontalis
Lokal begrenzte, dauerhafte Rötung eines Augenlids an unterschiedlichem Ort	Frühzeichen eines Lidkarzinoms

Augenlider – Schmerzen

infektiös-entzündliche Reaktion, Malignom, Trauma

Augenlider – Schwellung

Ödematös: Glomerulonephritis, Nephrose, Trichinose, Myxödem, Anaphylaxie, Quincke-Ödem, Dermatomyositis, Kavernosis-Thrombose, Schädelbasisfraktur
Nichtödematös: Hordeulum, Chalazeon, Lidabszess, Hämatom

Augenlider – Stellungs-/Oberflächenveränderungen

Auswärtskantung des Unterlides = Ektropium	Narbenzug, Alter, Fazialislähmung, Blepharitis
Einwärtsdrehung der Lidränder (Entropium)	Narbenzug, Alter
Schmerzen, Schwellung medialer Lidwinkel	Dakryozystitis, Allergie
perlartige Oberfläche, zentrale Eindellung	Basaliom

Augenlider, verklebt

Konjunktivitis oder Dakryozystitis

4

Augenlider, Rötung
Definition: Ihr Patient klagt über Augenlider, deren Rotfärbung durch vermehrte Durchblutung über die übliche Rottönung der Haut hinausgeht.
Verdachtsdiagnosen s. o.

Augenschmerzen
Definition: Ihr Patient klagt über Schmerzen an einem oder beiden Augen.
Achtung: Erkrankungen von Linse, Glaskörper, Aderhaut und Netzhaut verursachen **keine** Augenschmerzen!
Systemübersicht: Allgemeinbeschwerden, Augen
Befunderhebung: Augen

Augenschmerzen – Verdachtsdiagnosen z. B.
Konjunktivitis, Hornhautulcus, Orbitalphlegmone

Augen – Stellungsanomalien
s. Schielen

Augenzittern
s. Nystagmus

Ausfluss
s. Fluor

Ausschlag
s. Exanthem

Auswurf = Sputum
vgl. auch Hämoptoe/Hämoptyse.
Definition: Ihr Patient klagt über mit dem Husten hochgebrachten Inhalt der Luftwege unterschiedlicher Qualität.
Systemübersicht: Allgemeinbeschwerden, Thorax
Befunderhebung: Thorax

Sputum – Verdachtsdiagnosen z. B.

glasig weißlicher Auswurf etc.	Pertussis oder chronische Bronchitis
gelb-grün-eitriger Auswurf	Bronchitis, Pneumonie
dünnflüssig, schaumig	Lungenödem
dreischichtiges Sputum	Bronchiektasen
rostbraunes Sputum	Pneumonie, Bronchialkarzinom, Lungeninfarkt, Tuberkulose
„Maulvolle Expektorationen“	Bronchiektasen, Lungenabszess
stinkendes Sputum	Lungenabszess

blutiges Sputum s. Hämoptoe/Hämoptysen

B

Bauchknurren – Borborygmus
Definition: Ihr Patient klagt über anhaltende laute gurrende, kullernde Darmgeräusche, die von Blähungen (Meteorismus, s. dort) unterschieden werden müssen.
Systemübersicht: Allgemeinbeschwerden, Gastrointestinaltrakt
Befunderhebung: Gastrointestinaltrakt
Erweiterungen: Ernährungsanamnese.

Borborygmus – Verdachtsdiagnosen z. B.
Colon irritabile, mechanische Einengungen des Gastrointestinaltrakts wie bei mechanischem Ileus, Enteritis regionalis, Gastroenteritis, Kolitiden, Pankreasinsuffizienz, Ruhr, Verdauungsstörungen

Bauchschmerzen
(dienen als Muster für die Differenzierung aller Beschwerden nach Dauer, Stärke, Art und Ort, Beziehung zu Funktionen). Der Bauchraum wurde für diagnostische Zwecke in sieben Felder unterteilt.

Für die meisten Beschwerden ist der *Ort* ihres Auftretens die führende Information. Der Schmerzort reicht aber in der Regel ohne weitere Differenzierung für diagnostische Schlussfolgerungen nicht aus. Erst die Kombination des Ortes der Beschwerden mit weiteren differenzierenden Parametern wie Dauer, Stärke, Art der Beschwerden und ihre Beziehung zu Körperfunktionen erleichtert diagnostische Schlussfolgerungen.
Definition: Ihr Patient klagt über Schmerzen zwischen Epigastrium und Suprapubikum, linker und rechter Flanke.

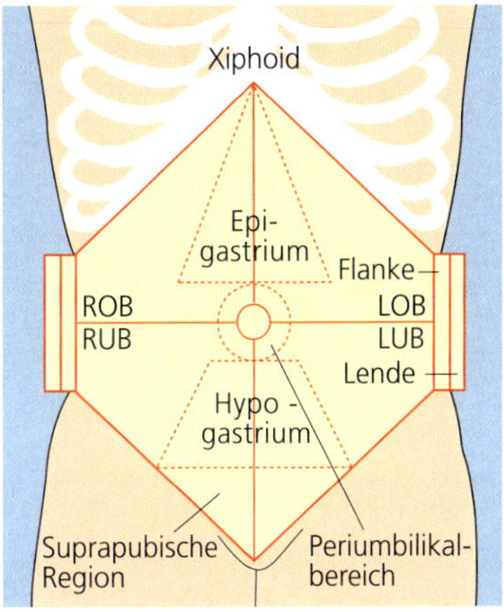

Abb. 4.**2** Bauchschmerzen

Systemübersicht: Allgemeinbeschwerden, Gynäkologie, Gastrointestinaltrakt
Befunderhebung: Gynäkologie, Herz, Thorax, Psychologie, Urogenitalsystem

Bauchschmerzen – Verdachtsdiagnosen nach dem Schmerzort z. B

Epigastrische Bauchschmerzen
Organzuordnung: Ösophagus, Magen, Zwerchfell
Gastrointestinale Beschwerden: Gastritis/Reizmagen, Ösophagusdivertikel, Refluxösophagitis, Ulcus
Andere Beschwerden: Myokardinfarkt, Hiatushernie

Periumbilikale Bauchschmerzen
Organzuordnung: Magen, Dünndarm, Aorta
Gastrointestinale Beschwerden: Aortenaneurysma, Ulcus pepticum, Gastroenteritis, Lebensmittelvergiftung, GI-Karzinom
Andere Beschwerden: Myokardinfarkt

Bauchschmerzen im linken Oberbauch
Organzuordnung: Herz, Pleura, Pankreas, Milz, Aorta
Gastrointestinale Beschwerden: Kolitiden, Pankreatitis
Andere Beschwerden: Nierenstein

Bauchschmerzen im rechten Oberbauch
Organzuordnung: Zwerchfell, Leber, Galle, Kolon
Gastrointestinale Beschwerden: Cholezystitis, Hepatitis, Leberstauung

Bauchschmerzen im linken Unterbauch
Organzuordnung: Aorta, Kolon, Ureter, Ovar
Gastrointestinale Beschwerden: Kolitiden, Divertikulitis, Dickdarmpolypen, Kolonkarzinom
Gynäkologische Beschwerden: Adnexitis, Ovarialtumor, Corpus-luteum-Zyste, ektopische Schwangerschaft
Andere Beschwerden: Harnleiterstein, Pyelonephritis

Bauchschmerzen im rechten Unterbauch
Organzuordnung: Zäkum/Kolon, Appendix, Ovar
Krankheitsbilder: s. Bauchschmerzen im linken Unterbauch plus Appendizitis

Bauchschmerzen im Suprapubikum
Organzuordnung: Blase, Uterus Sigma, Aorta
Gynäkologische Beschwerden: Adnexitis, Endometriosis, Karzinom von Zervix/Kollum/Vagina, Myoma uteri, Pessarbeschwerden, Endometritis, Endometriosis
Andere Beschwerden: Zystitis, Blasensteine, Blasenkarzinom, Prostatitis, Prostatakarzinom

Bauchschmerzen mit Schmerzwanderung
Definition: Schmerzen wandern vom ursprünglichen Ort zu einem anderen Ort: Appendizitis, Cholezystitis

Bauchschmerzen mit Schmerzausstrahlung
Definition: Wenn Schmerzen ausstrahlen, z. B. beim Herzinfarkt in den linken Arm: Aortenaneurysma, Cholezystitis, ektopische Schwangerschaft, Harnleiterstein, Myokardinfarkt

Bauchschmerzen im gesamten Bauch
oder uneinheitlich-wechselnder Schmerzort: Peritonitis, Störungen im Immun-, Blut-, Hormon-, Fermentsystem; Intoxikationen

Bauchschmerzen – Verdachtsdiagnosen nach der Schmerzdauer z. B.

Schmerzdauer – Sekunden
Aortenaneurysma (Ruptur), Uterusruptur, ektopische Schwangerschaft (Ruptur), ovarielle Massenblutung

Schmerzentwicklung in Minuten
Cholezystitis, Embolie, Myokardinfarkt, stielgedrehter Ovarialtumor, Volvulus

Schmerzentwicklung in Stunden
drohender Abort, Botulismus, Divertikulitis, Gastritis/Reizmagen, Gastroenteritis, Lebensmittelvergiftung, Pilzvergiftung, basale Pleuropneumonie, Ulcus pepticum, Typhus

Schmerzentwicklung in Tagen und länger
Adnexitis (PID), Cholangitis, Corpus-luteum-Zyste, Dickdarmpolypen, ektopische Schwangerschaft, Hepatitis, Hepatom, Zervix/Kollum/Vagina-Karzinom

Rekurrierende Bauchschmerzen
Endometriose, Endometritis, Malignom des Gastrointestinaltraktes, Ovarialtumor, Myoma uteri

Bauchschmerzen – Verdachtsdiagnosen nach der Schmerzstärke z. B.

Leichte Bauchschmerzen

Definition: Leichte, meist vorübergehende Bauchschmerzen führen in der Regel nicht zum Arzt.

Starke Bauchschmerzen

Definition: Lassen Sie Ihren Patienten immer zunächst selbst schildern, ob und in welchem Umfang die Schmerzen seinen Tagesablauf, Arbeit, Schlaf, Sport, Ernährung und Sexualität beeinträchtigen: Abort, Adnexitis (PID), Aortenaneurysma, Appendizitis, Botulismus, Cholangitis, Cholezystitis, ektopische Schwangerschaft, Hernieneinklemmung, Lebensmittelvergiftung, Ovarialtumor, ovarielle Massenblutung, Pankreatitis, Pilzvergiftung, Typhus, Ulcus pepticum, Volvulus, Zystitis

Unerträgliche Bauchschmerzen

Definition: Schmerzen, die die üblichen Aktivitäten des Patienten nicht mehr zulassen: Aortenaneurysma dissecans oder perforans, akute Ruptur einer stielgedrehten Ovarialzyste, Hernieneinklemmung, ektopische Schwangerschaft (Ruptur), Harnsteinenstenose, Hodentorsion, Ileus, Uterusruptur, Volvulus

Wechselnd starke Bauchschmerzen

bei unspezifischen akuten Bauchschmerzen (USAB), psychogene Bauchschmerzen, Endometriose

Bauchschmerzen – Verdachtsdiagnosen nach der Schmerzart z. B.

Echte darmbedingte Koliken

Definition: Koliken kehren in regelmäßigen Abständen wieder, dauern in der Regel nicht länger als zwei Minuten und werden meist beiderseits der Mittellinie angegeben. Peristaltik und Darmsteifungen nehmen zu. Echte Koliken sind Zeichen einer Stenose oder eines Verschlusses des Darms und Überdehnung seines kranialen Anteils.

Pseudokoliken

Definition: Als Pseudokoliken bezeichnet man Krampfwellen in unregelmäßigen Abständen. Länger als 3 Minuten anhaltende Pseudokoliken sprechen in der Regel für Lumeneinengungen außerhalb des Darmes. Auch hier kommt es zu einer vegetativen Gesamtreaktion. Pseudokoliken treten z. B. auf bei Cholezystitis, Steinverschluss als „Gallenkoliken", einseitig in der Lende als „Ureterkoliken", suprapubisch und/oder bilateral als wehenartige Schmerzen bei drohendem Abort.

Krampfphasen

Definition: Krampfphasen sind krampfartig-ziehende, aber nicht wellenförmige Bauchschmerzen unterschiedlicher Dauer: bei Bakterienruhr, Botulismus, Dickdarmpolypen, Enteritis regionalis, Lebensmittelvergiftung

Bauchschmerzen – Verdachtsdiagnosen nach der Beziehung zu Funktionen z. B.

Definition: Ihr Patient klagt über Bauchschmerzen im Zusammenhang mit Essen und/oder Trinken im weitesten Sinne.

Bauchschmerzen – **während** der Nahrungsaufnahme

bei Ösophaguskarzinom, Refluxösophagitis

Bauchschmerzen – wenige Minuten **nach** der Nahrungsaufnahme

bei Angina abdominalis, Gastritis/Reizmagen

Bauchschmerzen – 1 – 2 Stunden **nach** der Nahrungsaufnahme

bei Cholezystitis, Diverticulitis duodeni, Pankreatitis, Ulcus pepticum

Bauchschmerzen – mehr als 2 Std. **nach** der Nahrungsaufnahme

bei Botulismus, Divertikulitis, Lebensmittelvergiftung

Beinbehaarung vermehrt

s. Hirsutismus

Beine – Hautveränderung

Definition: Ihr Patient klagt über Abweichung der Haut nach Farbe, Struktur und Form.

Systemübersicht: Allgemeinbeschwerden, Extremitäten, Haut, Herz

Befunderhebung: Extremitäten, Haut, Herz

Beine, Hautveränderung – Verdachtsdiagnosen z. B.

glänzend pralle Haut	Herzinsuffizienz
blasse, zyanotische, überpigmentierte Haut als Zeichen einer verstärkten Venenzeichnung	Durchblutungsstörung, Abflussstörungen

Beinödeme

s. Ödeme

Beinschmerzen

Definition: Ihr Patient klagt über Schmerzen zwischen Inguinalfurche und Fußgelenk.
Systemübersicht: Allgemeinbeschwerden, Extremitäten, Nerven, Wirbelsäule
Befunderhebung: Extremitäten, Nerven, Wirbelsäule

Beinschmerzen – Verdachtsdiagnosen z. B. nach der Dauer

Entwicklung in Sekunden bis Minuten:
arterielle Embolie, Crampus, Claudicatio intermittens
Entwicklung in Stunden:
Thrombophlebitis, Phlegmasia alba/coerulea dolens
Entwicklung in Tagen:
akute Osteomyelitis, tiefe Venenthrombose
Entwicklung in Wochen:
Knochenneoplasma, Morbus Paget, Osteoporose, Varizen, Leriche-Syndrom, Coxarthrose

Beinschmerzen nach der Stärke

leichte Beinschmerzen:
beginnende Arteriosklerose, Varizen
starke Beinschmerzen:
Claudicatio, Phlegmasia, Knochenneoplasma, Coxarthrose
unerträgliche Beinschmerzen:
arterielle Embolie, Krampus-Syndrom.

Beinschmerzen nach der Art

reißende Beinschmerzen:
radikuläre Schmerzen wie bei Ischialgie
somatische Dauerschmerzen:
Claudicatio, Phlegmasia, Thrombophlebitis, Thrombose
krampfarige Schmerzen:
Krampus-Syndrom

Beinschmerzen nach dem Ort

Über radikuläre, eher flächenhafte, umgrenzte Beinschmerzen berichtet Ihr Patient als „Ziehen" oder „Reißen". Sie folgen der sensiblen Innervation und sind durch Schädigung von Spinalnerven bedingt: z. B. bei Ischialgie
Beinschmerzen im Oberschenkel:
Phlegmasia alba/coerulea dolens, Embolie, Thrombose, Thrombophlebitis, Ischialgie, Trauma, Coxarthrose
Beinschmerzen im Unterschenkel:
Krampus-Syndrom, Phlegmasia, Thrombophlebitis, Thrombose, Claudicatio intermittens, Coxarthrose

Beinschmerzen – Beziehung zu Funktionen

Verstärkung im Liegen:
Knochenmalignom
Abschwächung im Liegen:
Thrombophlebitis, Coxarthrose
Entwicklung im Gehen:
Claudicatio, Kniegelenkschaden

4

Beischlafschmerzen

s. Kohabitationsbeschwerden

Belastungsschmerz

Definition: Ihr Patient klagt über dauernde Muskelschmerzen bei Belastung im Bereich des Unterarms oder der Beine, wenn gleichzeitig andere z. B. neurologische Ursachen ausgeschlossen werden können.
Systemübersicht: Allgemeinbeschwerden, Extremitäten, Kreislauf, Nerven
Befunderhebung: Extremitäten, Kreislauf, Nerven

Belastungsschmerz – Verdachtsdiagnosen z. B.

Subclavian-steal-syndrome, Arteriosklerose

Berührungsempfindung, gestört

s. Sensibilitätsstörungen

Bewegungslosigkeit, Bewegungsstarre

s. Akinese

Bewegungsabläufe, gestört

s. Extremitäten – Funktionsprüfungen

Bewegungen, überschießende

s. Hyperkinesen

Bewegungseinschränkung der Wirbelsäule

Definition: Ihr Patient klagt darüber, dass die Bewegungen von Hals und/oder Rumpf nicht mehr bis zu den gewohnten Endpunkten durchgeführt werden können.
Systemübersicht: Allgemeinbeschwerden, Wirbelsäule, Nerven
Befunderhebung: Wirbelsäule, Nerven

Bewegungseinschränkung der Wirbelsäule – Verdachtsdiagnosen z. B.

Bandscheibenvorfall oder entzündliche bzw. degenerative Veränderung der kleinen Wirbelgelenke z. B. bei Spondylolisthesis, Osteochondrose, Morbus Bechterew, Syringomyelie

Bewegungsschmerzen

Definition: Ihr Patient klagt über Schmerzen bei Bewegungen von Rumpf, Kopf oder Extremitäten.
Systemübersicht: Allgemeinbeschwerden
Befunderhebung: Extremitäten, Nerven, Wirbelsäule

> **Bewegungsschmerzen – Verdachtsdiagnosen z. B.**
> Arthritis, Arthrose, Ischialgie, Fußdeformitäten, Knochentuberkulose, Lumbago, Lupus erythematodes, Morbus Bechterew, Myoma uteri, Osteochondrose, Periarteriitis nodosa, Retroflexio uteri, Sjögren-Syndrom, Skelettanomalien, Sklerodermie, Spondylolisthesis, statische Fehlbelastung, Trauma der Lendenwirbelsäule, Wirbelsäulenmetastasen

Bewegungsstarre

s. Akinese, Ataxie, Hyperkinese, Koordination, Krämpfe, muskuläre Hypotonie, Lähmungen, Muskelschwäche, Muskeltrophik, Rigor, Spastik

Bewegungsunfähigkeit

s. Parese, Paralyse

Bewusstlosigkeit

Definition: Bis Stunden anhaltender Bewusstseinsverlust. Über Dauer und Inhalt kann der Patient nur vom Hörensagen berichten. Lange anhaltende Bewusstlosigkeit wird als Koma (s. dort) bezeichnet.

Mit gezielten *Fragen* an Begleitperson/Angehörige, Unfallzeugen zur Vorgeschichte bzw. zum Hergang können Sie die Bewusstseinstiefe beurteilen und Hinweise auf die denkbare Genese einer Ohnmacht erhalten.

- Welche Ereignisse traten in den 30 Minuten vor der Bewusstlosigkeit ein?
- Welche Warnzeichen traten vor dem Anfall auf?
- Setzte die Bewusstlosigkeit plötzlich oder allmählich ein?
- Stand, saß oder lag der Patient, als er ohnmächtig wurde, bzw. welche Verletzungen hat er durch einen Sturz erlitten?
- Welche Tätigkeiten hat er vor der Bewusstlosigkeit ausgeübt?
- Traten Schweiß, Herzklopfen oder fühlbar schneller, unregelmäßiger Herzschlag auf?
- War dem Patienten vor der Bewusstlosigkeit schwindelig, hatte er Brechreiz?

Systemübersicht: Allgemeinbeschwerden
Befunderhebung: Herz, Kreislauf, Nerven
Erweiterungen: Wie oft ist der Patient im letzten Jahr bewusstlos geworden? Wie unterschieden sich frühere Anfälle vom letzten Anfall? Hat er kürzlich etwas Ungewöhnliches gegessen, Drogen genommen oder ungewöhnlich viel Alkohol getrunken?

Bewusstlosigkeit – Verdachtsdiagnosen z. B.

oberflächliche Atmung, Dyspnoe, Zyanose	Hirndruck, kardiale/pulmonale Hypoxie
tiefe Atmung, Hypotonie, Exsikkose	metabolische Ketoazidose
weiche Bulbi, Dyspnoe, Tachykardie	diabetische Ketoazidose, pulmonale Azidose
aufgetriebener und/oder rigider Bauch	Ileus/Peritonitis
hohes Fieber und Krämpfe bei Kindern, Schüttelfrost, bei Erwachsenen, Leber- und Milzvergrößerung	Sepsis
Hypotonie, feuchte Blässe, Tachykardie	Schock z. B. durch perforierte ektopische Schwangerschaft, Intoxikation, massive
Blutung	Thrombembolie, Addisonkrise
Ikterus, Foetor hepaticus	Coma hepaticum
urinöser Geruch, Meningismus, zerebrale Anfälle	Coma uraemicum
Krämpfe, Meningismus, Stauungspapille	Meningitis, Hirntumor
enge Pupillen, Injektionsnarben	Drogenmissbrauch
Zungenbiss, tonisch-klonische Krämpfe	Epilepsie

Bewusstseinsstörungen, vorübergehende

Definition: Sekunden bis wenige Minuten dauernde verminderte Bewusstseinszustände, über deren Dauer und Inhalte der Patient noch eigene Angaben machen kann. Unterscheiden Sie quantitative Grade der Bewusstseinsstörung von qualitativen Bewusstseinsstörungen, wie das Verkennen oder Verdrehen der Wirklichkeit, die in den psychiatrischen Bereich gehören, z. B. bei Schizophrenie.

Bewusstseinsstörung – Quantitative Grade – Verdachtsdiagnosen

Verlangsamung: Reagiert Ihr Patient im Gespräch oder in seinen Aktionen richtig, aber lediglich verzögert, so spricht man von Verlangsamung, z. B. **nach gravierenden Erlebnissen oder bei Depression**.

Somnolenz: Müssen Sie Ihren Patienten aus einem schlafähnlichen Zustand erst mehrfach laut ansprechen, bis er reagiert, so handelt es sich um eine Somnolenz, z. B. **bei Alkoholabusus**.

Sopor: Reagiert Ihr Patient erst auf gleichzeitige Schmerzreize, z. B. Kneifen in den Arm, mit Abwehrbewegungen und kehrt er gleich in seinen früheren Zustand zurück, spricht man von Sopor, z. B. **bei Schädel-Hirn-Trauma.**

Bewusstseinsstörungen – Verdachtsdiagnosen

Herzrhythmusstörung, Hirntumor, Adams-Stokes-Anfall, kardiale oder pulmonale Hypoxie, Ileus, Peritonitis, Drogenmissbrauch, Epilepsie.

Bigeminus

s. Herzrhythmusstörungen

Biot-Atmung

Definition: Wechsel ungleichmäßig langer Phasen von Apnoe und einer Reihe gleich tiefer Atemzüge, ist ein *Hirndruckzeichen*, besonders deutlich *bei Meningitis*.

Blähungen = Flatulenz, Steigerungsform = Meteorismus

Definition: Ihr Patient klagt über vermehrte Gasansammlung und -abgabe.
Systemübersicht: Allgemeinbeschwerden, Gastrointestinaltrakt
Befunderhebung: Gastrointestinaltrakt

Flatulenz – Verdachtsdiagnosen z. B.

kohlensäurehaltige Getränke, Hülsenfrüchte, Aerophagie, Peritonitis, Invagination, Volvulus, Angina abdominalis, Rechtsinsuffizienz

Blässe, generalisierte

Definition: Ihr Patient klagt über blasses Aussehen. Generalisierte Blässe – im Volksmund auch kränkliches oder käsiges Aussehen genannt – lässt an Anämie denken. Generelle Blässe kardialer Genese z. B. bei Adams-Stokes-Syndrom, Aortenstenose, Myokardinfarkt.
Systemübersicht: Allgemeinbeschwerden, Haut, Gynäkologie, Herz, Kreislauf
Befunderhebung: Haut, Gynäkologie, Herz, Kreislauf

Blässe, generalisierte – Verdachtsdiagnosen z. B.

I. Anämie durch zu geringe Erythropoese
II. vermehrter Erythrozytenabbau: hämolytische Anämie
III. Anämie bei akuten oder chronischen Blutungen

Blässe, örtliche

s. weißer Hautfleck
Definition: Ihr Patient klagt über weiße Hautstellen.
Systemübersicht: Allgemeinbeschwerden
Befunderhebung: Haut

Blässe, örtliche – Verdachtsdiagnosen z. B.

Diabetes mellitus, Lupus erythematodes, Hyper- bzw. Hypothyreose, Albinismus, Sklerodermie

Blasen/Bläschen

Definition: Ihr Patient klagt über flüssigkeitsgefüllte, über dem Hautniveau liegende Hohlräume als Bläschen oder Blasen. Bläschen (Pusteln) sind bis erbsengroß, Blasen (Bullae) sind größer.
Systemübersicht: Allgemeinbeschwerden, Haut
Befunderhebung: Haut

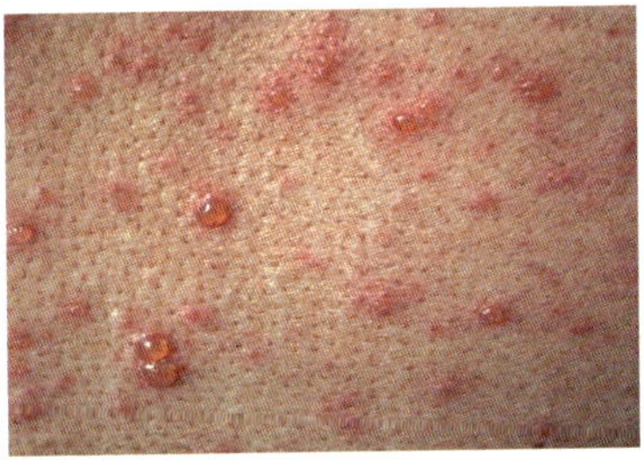

Abb. 4.3 Rötung und Bläschen bei Windpocken

Blasen/Bläschen – Verdachtsdiagnosen nach der Lokalisation z. B.

disseminiert = einzeln inselartig	Kontaktekzem, Windpocken
gruppiert als Herpes	Herpes Zoster, Dermatitis
diffus = regellos verteilt	Variola
eitrige Bläschen regellos	exsudatives Erythema, Porphyria cutanea tarda, Steroid-Akne, DD: Scabies!

Blasen/Bläschen – Verdachtsdiagnosen nach dem Inhalt z. B.

seröse, disseminierte Bläschen	allergisches Kontaktekzem, Varizellen
seröse, gruppierte Bläschen	Herpes simplex, Dermatitis herpetiformis Duhring
eitrige Bläschen regellos	Lyell-Syndrom
seröse Blasen regellos	Erythema exsudativum, Porphyria cutanea tarda, Pemphigus vulgaris

Blepharospasmus = Blinzelkrampf

s. Lidkrampf

Blickbewegungen, gestörte

Definition: Ihr Patient klagt darüber, dass er mit einem oder beiden Augen bestimmte Blickbewegungen nicht oder nur schwer ausführen kann.
Systemübersicht: Allgemeinbeschwerden, Augen, Nerven
Befunderhebung: Augen, Nerven

Blickbewegungen gestört – Verdachtsdiagnosen z. B.
Lähmung der bewegenden Augenmuskeln mit kompensatorischen Kopfhaltungen

Bluthusten

s. Hämoptoe

Blut im Stuhl = Haematochezia = Melaena

Definition: Ihr Patient klagt über Blut im Stuhl im Sinne sichtbarer roter analer Blutausscheidung.

Blut im Stuhl – Verwechslungsmöglichkeiten durch Rote Rüben, Spinat, Heidelbeeren oder durch Medikamente wie eisen- und wismuthaltige Präparate.
Systemübersicht: Allgemeinbeschwerden, Gastrointestinaltrakt
Befunderhebung: Gastrointestinaltrakt

Melaena – Verdachtsdiagnosen z. B.
Gatrointestinales Karzinom, Dickdarmpolypen, Enteritis regionalis, Endometriose, Kolitiden

Borborygmie

s. Bauchknurren

Brachymenorrhö

Definition: Ihre Patientin klagt über verkürzte, meist schwache Regelblutung von Stunden bis 1½ Tagen, s. Menstruationsstörungen; vgl. Hypomenorrhö.
Systemübersicht: Allgemeinbeschwerden, Gynäkologie
Befunderhebung: Gynäkologie

Brachymenorrhö – Verdachtsdiagnosen z. B.
chronische Endometritis, Ovarialinsuffizienz, Anorexia nervosa, orale Kontrazeptiva, Asherman-Fritsch-Syndrom

Bradykardie

Definition: Weniger als über dem Herzen auskultierte 60 Schläge pro Minute.
Systemübersicht: Allgemeinbeschwerden, Herz, Kreislauf
Befunderhebung: Herz, Kreislauf

Dauerbradykardie – Verdachtsdiagnosen z. B.
Myxödem, gesteigerter Hirndruck, 2:1- oder 3:1-AV-Block, der sich von der Sinusbradykardie dadurch unterscheidet, dass die blockbedingte Bradykardie bei Anstrengung bestehen bleibt, bei Digitalis-Intoxikation, rheumatischem Fieber

Anfallsweise Bradykardie – Verdachtsdiagnosen z. B.
Adams-Stokes-Syndrom, Karotis-Sinus-Syndrom

Brauner Fleck

Definition: Ihr Patient klagt über braune Flecken in der Haut.
Systemübersicht: Allgemeinbeschwerden, Haut
Befunderhebung: Haut

Brauner Fleck – Verdachtsdiagnosen z. B.

großflächig-diffus, Adynamie, Übelkeit	Morbus Addison
grau-braune bronzefarbene Flecken	Hämochromatose
gelblich-braune Flecken im Gesicht	Chloasma
vereinzelt, hell- bis dunkelbraun	Naevus
retikuläre Anordnung	Hitze-Melanose
Zunahme Größe + Farbe, höckerig	Melanom

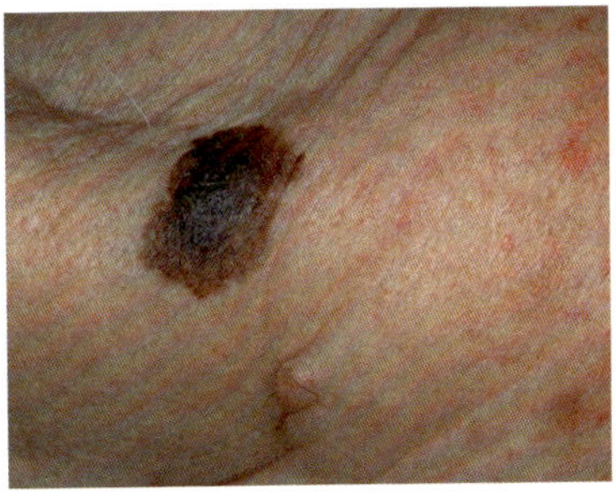

Abb. 4.4 Melanom

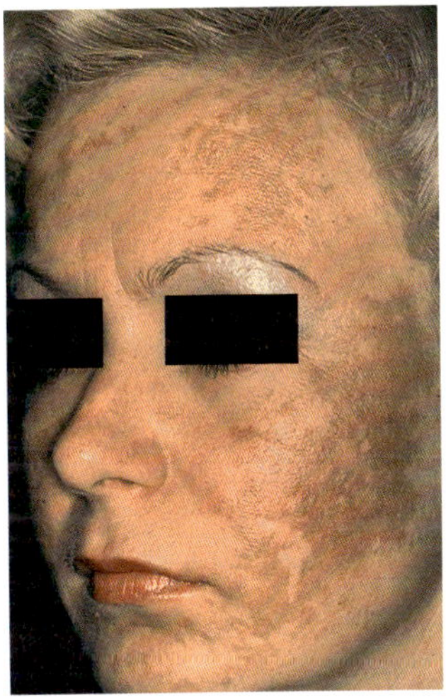

Abb. 4.5 Braune Pigmentierung bei Chloasma uterinum

Brustschmerzen

s. Thoraxschmerz

Brustwarzenabsonderungen

Definition: Ihre Patientin klagt über Absonderungen aus den Brustwarzen außerhalb der postpartalen Laktation.

Systemübersicht: Allgemeinbeschwerden, Thorax

Befunderhebung: Thorax, Gynäkologie

Brustwarzenabsonderungen – Verdachtsdiagnosen

Achtung! Brustwarzenabsonderungen sind ein pathognomonisches Zeichen (s. dort) für	Mammakarzinom
milchige Absonderungen Hyperprolaktinämie	Schwangerschaft,
seröse, blutige Absonderungen	Mastitis, Papillom, Toxoplasmose, Cushing-Syndrom
gemeinsam mit Amenorrhö bei	Hypophysenvorderlappenadenom

Brustwarzenveränderung

Definition: Ihre Patientin klagt über Veränderungen der Form und Größe der Brustwarzen.

Systemübersicht: Allgemeinbeschwerden, Gynäkologie, Thorax

Befunderhebung: Gynäkologie, Thorax

Brustwarzenveränderung – Verdachtsdiagnosen z. B.

Einziehungen oder Fissuren der Brustwarzen, entzündlich gerötete, schuppende, verkrustende oder lazerierte Mamillen entstehen bei **Paget-Krebs** und sind wegen des oft gemeinsamen Vorkommens mit einem **Mammakarzinom** immer Anlass auch zur tiefen Palpation

Buckel = Gibbus

nennt man das Abknicken der Wirbelsäule nach vorn, z. B. durch tuberkulösen Zusammenbruch eines Brustwirbelkörpers, ventrale Kompressionsfraktur, Rachitis, Morbus Scheuermann.

Bullae

s. Bläschen – Blasen

C

Condylomata

Definition: Ihr Patient klagt über Wucherungen in der Perianalregion, im Anus oder im Analkanal.
Systemübersicht: Allgemeinbeschwerden, Haut, Anus, Rektum
Befunderhebung: Allgemeinbeschwerden, Haut, Anus, Rektum

Condylomata – Verdachtsdiagnosen z. B.
Condylomata acuminata, z. B. bei Syphilis (Primäraffekt)

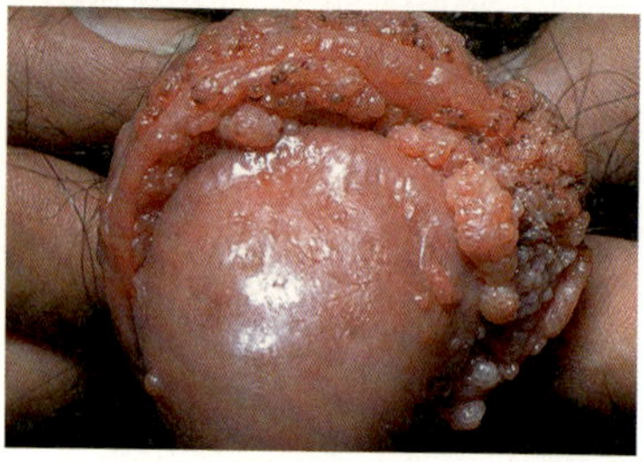

Abb. 4.**6** Condylomata acuminata

D

Defäkationsschmerz

Definition: Ihr Patient klagt über Schmerzen bei der Stuhlentleerung.
Systemübersicht: Allgemeinbeschwerden, Anus und Rektum
Befunderhebung: Anus und Rektum

Defäkationsschmerz – Verdachtsdiagnosen z. B.
Hämorrhoiden, Analfissur, Analfistel, Analabszess, Analkarzinom

Dehydratation

s. Exsikkose

Denkstörung

Definition: Ihr Patient klagt über Verlangsamung der Denkabläufe, Umständlichkeit, logische Fehler, Zerfahrenheit, Ideenflucht.
Systemübersicht: Allgemeinbeschwerden, Nerven, Psychologie
Befunderhebung: Nerven, Psychologie

Denkstörung – Verdachtsdiagnosen z. B.
Schizophrenie, Intoxikation, Depression, hirnorganisches Psychosyndrom

Desorientiertheit

Definition: Ihr Patient klagt über Verwirrtheit in Bezug auf Raum und Zeit, Situation und eigene Person.
Systemübersicht: Allgemeinbeschwerden, Nerven, Psychologie, Augen
Befunderhebung: Nerven, Psychologie, Augen

Desorientiertheit – Verdachtsdiagnosen z. B.
Bewusstseinsstörung, Gedächtnisstörung, Psychose, Demenz

Diarrhö

s. Durchfall

Dissimulation

Definition: Ihr Patient spielt seine wahren Beschwerden so weit herunter, dass im Extremfall z. B. bei quälenden Unterleibsschmerzen die Extrauteringravidität erst im Flugzeug perforiert (das Gegenstück zum Simulanten).

Systemübersicht: Allgemeinbeschwerden, Psychologie
Befunderhebung: Psychologie

> **Dissimulation – Verdachtsdiagnosen z. B.**
> Streben nach ungerechtfertigtem Vorteil

Diskrimination, Störung der

s. Sensibilitätsstörungen

Doppelbilder

Definition: Ihr Patient klagt über schräg zueinander stehende Doppelbilder und Störungen der temporalen und Abwärtsbewegungen der Augen – N. trochlearis.
Systemübersicht: Allgemeinbeschwerden, Augen, Nerven
Befunderhebung: Augen, Nerven.

Doppelbilder – Verdachtsdiagnosen z. B.

„müdes Aussehen" durch Ptosis und nach temporal, nebeneinander stehende, gekreuzte Doppelbilder beim Blick nach nasal	bei Parese des N. oculomotorius
beim Blick nach oben und nasal, schräg zueinanderstehende Doppelbilder und Störungen der temporalen und Abwärtsbewegungen der Augen	bei Parese des N. trochlearis
Ausfall der Augenbeweglichkeit nach lateral und/oder Sehstörungen durch nebeneinander stehende Doppelbilder	bei Parese des N. abducens

Durchbruchblutung

Definition: Ihre Patientin klagt über uterine Blutungen von Menstruationsstärke außerhalb des Zyklus, weil der gleich bleibende Hormonspiegel für die Erhaltung einer intakten Uterusschleimhaut nicht ausreichend ist.
Systemübersicht: Allgemeinbeschwerden, Gynäkologie
Befunderhebung: Gynäkologie

> **Durchbruchblutung – Verdachtsdiagnosen z. B.**
> Mangel an Sexualhormonen, Kontrazeptiva, anovulatorischer Zyklus

Durchfall = Diarrhö

Connell bezeichnet die Stuhlgangsfrequenz bei 95 % aller Menschen zwischen dreimal täglich bis dreimal pro Woche als normal.

Abzugrenzen ist Durchfall von massigen Fettstühlen (Steatorrhö), die faulig stinken, schmierig, großvolumig und Hinweis auf gestörte Fettabsorption sind.
Systemübersicht: Allgemeinbeschwerden, Gastrointestinaltrakt
Befunderhebung: Gastrointestinaltrakt

> **Diarrhö – Verdachtsdiagnosen z. B.**
> mehrtägige Diarrhö z. B. infektiöse Gastroenteritis, Lebensmittelvergiftung, Pankreatitis, Kolitiden, Pilzvergiftung, Botulismus, Colitis pseudomembranacea

Durst

Definition: Ihr Patient klagt über ein Gefühl, das Flüssigkeitsaufnahme anfordert.
Systemübersicht: Allgemeinbeschwerden, Gastrointestinaltrakt
Befunderhebung: Gastrointestinaltrakt

> **Durst – Verdachtsdiagnosen z. B.**
> Diabetes mellitus, Diabetes insipidus, Hyperthyreose, Hyperaldosteronismus durch vermehrte Wasseransammlung im Darmlumen: Ileus, Peritonitis, Leberzirrhose, Invagination, Volvulus

Dysarthrie = Stimmveränderung

Definition: Ihr Patient klagt darüber, dass sich seine Stimme verändert hat (Anomalien der Lautgebung).
Systemübersicht: Allgemeinbeschwerden, Nerven, HNO
Befunderhebung: Nerven, HNO

Dysarthrie = Stimmveränderung – Verdachtsdiagnosen z. B.

auffällig leise Stimme bei	Morbus Parkinson oder Depression
auffällig tiefe Stimme bei	Stein-Leventhal-Syndrom, Myxödem
„kloßige" Stimme bei	Nervus-hypoglossus-Schaden
Störungen der Artikulation	Apoplexie, Hirntumor
Störung der Mimik, Rhinolalie (s. dort)	Pseudobulbärparalyse
monotone Sprache und Störung der Sprachmelodie	Parkinson-Syndrom

verwaschene Artikulation, skandierende Sprache, gestörtes Sprechtempo durch Kleinhirnschädigung	multiple Sklerose, Intoxikation
Heiserkeit bis Stimmlosigkeit mit offenem Näseln und verwaschener Artikulation	Myasthenia gravis, amyotrophische Lateralsklerose

Dysmenorrhö

Definition: Ihre Patientin klagt über periodisch auftretende dumpfe, auch krampfartige Bauchschmerzen unmittelbar vor oder bis zu zwei Tagen während der Menstruation, zu *unterscheiden* vom etwa 8 Tage anhaltenden prämenstruellen Syndrom mit Kopfschmerzen, Ödem und Brustschmerz, aber ohne Bauchschmerzen.

Systemübersicht: Allgemeinbeschwerden, Gynäkologie, Psychologie

Befunderhebung: Gynäkologie, Psychologie

Dysmenorrhö – Verdachtsdiagnosen z. B.
Adnexitis (PID), Gynatresie, Adenomyosis, Myoma uteri, Asherman-Syndrom, Endometriose, Mayer-Rokitansky-Küster-Syndrom, Pessarbeschwerden, psychologische Ursachen, Uterusmissbildungen

Dysmetrie

Definition: Bei der Dysmetrie wird ein angestrebtes Ziel verfehlt, weil die eingesetzte Kraft zu gering oder zu groß ist. Die Dysmetrie findet ihren Ausdruck in skandierender Sprache, Überakzentuierung und ungewöhnlichem Wechsel des Sprechtempos und weist auf einen Kleinhirnschaden hin.

Dyspepsie syn. Verdauungsstörungen

Definition: Ihr Patient klagt über leichte gastrointestinale Unpässlichkeiten. Der Begriff Verdauungsbeschwerden umfasst: Magendrücken im Sinne eines Unbehagens im Oberbauch als Völlegefühl oder „Unpässlichkeiten", saures Aufstoßen, Sodbrennen, übermäßiges Rülpsen, Bauchgrimmen, passagere Blähungen, vorübergehende Änderungen der Stuhlgangsgewohnheiten.

Systemübersicht: Allgemeinbeschwerden, Gastrointestinaltrakt

Befunderhebung: Gastrointestinaltrakt

Dyspepsie – Verdachtsdiagnosen z. B.
Diätfehler, Qualitätsmängel der Nahrung, leichte enterale oder parenterale Infektion, Prodromalzeichen gastrointestinaler Erkrankungen, Gastritis/Reizmagen, Malignomen des Gastrointestinaltraktes

Dysphagie syn. Schluckbeschwerden

Definition: Ihr Patient klagt über unangenehme bis schmerzhafte Empfindungen beim Schlucken im Pharynx, retrosternal oder epigastrisch.

Systemübersicht: Allgemeinbeschwerden, Gastrointestinaltrakt, HNO, Nerven

Befunderhebung: Gastrointestinaltrakt, HNO, Nerven

Erweiterungen: Ernährung, sozioökonomische Anamnese/Arbeitsplatz.

Dysphagie – Verdachtsdiagnosen z. B.

beim Essen	Botulismus, Thyreoidea-Karzinom, Ösophagitis
mit Lymphknotenschwellung am Hals	Ösophaguskarzinom, Mediastinaltumor
Schluckbeschwerden auch unabhängig vom Essen	Laryngitis, Pharyngitis, Thyreoiditis, Myasthenia gravis

Chronische Dysphagie bedarf diagnostischer Abklärung – Karzinomverdacht!

Dyspnoe = Atemnot = Kurzatmigkeit

Definition: Ihr Patient erlebt die Atmung als Anstrengung (Atemnot). Unterscheiden Sie Anstrengungsdyspnoe, Ruhedyspnoe und Orthopnoe. Letzteres ist ein Zustand, bei dem der Patient nur noch im Sitzen oder Stehen genügend Luft bekommt.

Systemübersicht: Allgemeinbeschwerden, Thorax, Herz und Kreislauf, Psychologie

Befunderhebung: Thorax, Herz und Kreislauf, Psychologie

Dyspnoe – Verdachtsdiagnosen
akzentuierend nach der zeitlichen Entwicklung z. B.

Dyspnoe-Entwicklung perakut in Sekunden bis Minuten
Asthma bronchiale, Myokardinfarkt, Pneumothorax, zerebrovaskulärer Insult, Lungenembolie

Dyspnoe-Entwicklung in Stunden bis Tagen
Asthma cardiale, Lungenödem, Pleuritis, Pneumonie

Dyspnoe-Entwicklung in Wochen und Monaten
Bronchialkarzinom, Mediastinaltumor, Endokarditis, Mitralstenose, Herzinsuffizienz, Ketoazidose, Emphysem

Dyspnoe, paroxysmale = plötzliche nächtliche

Definition: Ihr Patient klagt über plötzliche, anfallsartige, nächtliche Atemnot, die ihn weckt und ihn zwingt, im Bett aufrecht zu sitzen oder aufzustehen, gegebenenfalls auch das Fenster zu öffnen, „um mehr Luft zu bekommen". Das spricht für Lungenstauung bei Herzinsuffizienz.

Dyssynergie

s. Koordinationsstörungen

Dysurie = Wasserlassen, schmerzhaft

Definition: Ihr Patient klagt über Schmerzen beim Urinieren, häufig mit Pollakisurie.
Systemübersicht: Allgemeinbeschwerden, Urogenitalsystem
Befunderhebung: Urogenitalsystem

Dysurie – Verdachtsdiagnosen z. B.
Blasenhalskarzinom, Harnwegsinfektion

E

Ekzem

Definition: Ihr Patient klagt über flächenhafte, juckende Anschwellung der Epidermis. Ekzeme treten mit unterschiedlichen Effloreszenzen auf.
Systemübersicht: Allgemeinbeschwerden, Haut
Befunderhebung: Haut

Ekzem – Verdachtsdiagnosen z. B.
Allergie, toxisches Kontaktekzem, Ekzema herpetiformis, Ekzema vaccinatum, Ekzema seborrhoicum

Ellenbogenschmerzen

s. Gelenkschmerzen

Definition: Ihr Patient klagt über Spontan- und Bewegungsschmerzen im Ellenbogengelenk.
Systemübersicht: Allgemeinbeschwerden, Extremitäten
Befunderhebung: Extremitäten

Ellenbogenschmerzen – Verdachtsdiagnosen z. B.
Tennisellenbogen = Epicondylitis humeri radialis, Golfspielerellenbogen = Epicondylitis humeri ulnaris, rheumatisches Fieber

Emotionalität nicht beherrschbar

Definition: Ihr Patient klagt darüber, dass er seine Gefühle nicht beherrschen kann.
Systemübersicht: Allgemeinbeschwerden, Psychologie
Befunderhebung: Psychologie

Emotionalität nicht beherrschbar – Verdachtsdiagnosen z. B.
hirnorganisches Psychosyndrom Korsakow, Depression, Angst, Hyperthyreoidismus, Neurose, manisch-depressives Irresein

Empfindungsstörung

s. Sensibilitätsstörungen

Enophthalmus

Definition: Bei deutlichem Zurücktreten des Bulbus spricht man von Enophthalmus (sog. Hohläugigkeit).
Systemübersicht: Allgemeinbeschwerden, Augen, Nerven, Kopf
Befunderhebung: Augen, Nerven, Kopf

Enophthalmus – Verdachtsdiagnosen z. B.

bilateraler Enophthalmus	Dehydratation, Bestandteil des Horner-Syndroms, Verschluss der Vertebralarterie
unilatraler Enophthalmus	nach Trauma

Epiphora = Tränenträufeln

Definition: Ihr Patient klagt über zu starken Tränenfluss.
Systemübersicht: Allgemeinbeschwerden, Augen, HNO
Befunderhebung: Augen, HNO

Epiphora – Verdachtsdiagnosen z. B.

plötzlicher Beginn, Entzündungszeichen	Fremdkörper
milchige Trübung der Hornhaut, Erlöschendes Reflexbildes	Hornhautulkus, Herpesinfektion
Schwellung am inneren Lidwinkel	Dakryozystitis
Lichtscheu, Juckreiz, rotes Auge, Sekretbildung	Konjunktivitis
Fieber, Husten, Koplikflecken und Exanthem	Masern
Schwellung und Schmerzen am medialen Lidrand, über Verlauf des Canalis lacrimalis	Stenose des Canalis lacrimalis

Entzündungszeichen

Dolor (Schmerz), Rubor (Rötung), Calor (Erwärmung), Tumor (Schwellung), Functio laesa (Funktionsstörung)

Epikanthus

Definition: Mongolenfalte der Augenlider ist eine sichelförmige Hautfalte medial zwischen Ober- und Unterlid bei Mongolismus (bei Asiaten normal), bei Down-Syndrom.

Epistaxis = Nasenbluten

Definition: Ihr Patient klagt über Blutaustritt aus der Nase.
Systemübersicht: Allgemeinbeschwerden, HNO, Kreislauf
Befunderhebung: HNO, Kreislauf

Epistaxis – Verdachtsdiagnosen z. B.

Verletzung des Locus Kiesselbachi, Hypertonie, Leberzirrhose

Fieber, Kopf- und Gelenkschmerzen	Morbus Weil, Morbus Pfeiffer
Haut- und Schleimhautblutungen	Gefäßkrankheiten, z. B. Morbus Schönlein-Henoch
Mangel an Gerinnungsfaktoren	Koagulopathie, z. B. Hämophilie, im Rahmen einer Thrombopathie
Schleimhautgeschwulst	ulzerierende Nasenpolypen, Malignom
toxische Anamnese	chronische Niereninsuffizienz, Salizylat-Therapie, chemische Trauma
Traumaanamnese	Schädelbasisfraktur

Erbrechen – Vomitus

Definition: Ihr Patient klagt über orale Entleerung des Magen-, Ösophagus- oder Darminhalts (s. auch Miserere).
Systemübersicht: Allgemeinbeschwerden, Gastrointestinaltrakt, Nerven
Befunderhebung: Gastrointestinaltrakt, Nerven
Erweiterungen: Gynäkologische Anamnese, sozioökonomische Anamnese/Arbeitsplatz, Ernährung, Sexualanamnese, psychologische Anamnese.

Erbrechen – zeitliche Verhältnisse – Verdachtsdiagnosen z. B.

zeitlich variierend nach Einsetzen der Bauchschmerzen	Appendizitis, Cholezystitis, Divertikulitis, Malignom des Gastrointestinaltraktes, psychogene Bauchschmerzen
plötzlich und im Schwall	Invagination, Volvulus
1 bis 2 Stunden nach dem Essen	Magenkarzinom, Ulcus pepticum
mehr als 2 Stunden nach dem Essen	Dünndarm-Ileus
mehr als 6 Stunden nach dem Essen	Dickdarm-Ileus

Erbrechen – diagnostische Faustregeln
cum kilo salis

„neurologisches Erbrechen“	Erbrechen ohne Essen
„internistisches Erbrechen“	Erbrechen nach Essen
„chirurgisches Erbrechen“	Erbrechen vor dem Essen
„psychologisches Erbrechen“	zeitlich-bestimmt, z. B. als Montags-, Situations-, Begegnungserbrechen

Qualität des Erbrochenen – Verdachtsdiagnosen z. B.

wässriges Erbrechen	Alkoholabusus
unverdaute Nahrung	Ösophagusdivertikel, -karzinom,
Regurgitation,	Achalasie
fäkulent, nicht kotig	Ileus (unterer Dünndarm)
fäkales – Miserere	Ileus (Dickdarm)
saurer Magensaft	Zollinger-Ellison-Syndrom
hellrotes Blut	Ösophaguskarzinom
kaffeesatzartig	erosive Gastritis
variierende Qualität	Magenkarzinom, Ulcus

Ernährungsstörungen vgl. auch Dyspepsie

Definition: Die Form der Nahrungsaufnahme (Ambiente), chronischer Ärger, Stress, bestimmte Diätformen, Alkohol, Medikamente und sonstige Gewohnheiten können zu Ernährungsstörungen führen.
Systemübersicht: Allgemeinbeschwerden, Gastrointestinaltrakt
Befunderhebung: Gastrointestinaltrakt, Psychologie

Ernährungsstörungen – Verdachtsdiagnosen

durch Medikamente und andere körperfremde Stoffe:	Gastritis/Reizmagen, Medikamentenintoleranz, Ulcus
durch Intoleranz für Fett, Kaffee und Alkohol	Cholezystitis, Karzinom der Gallenblase
durch Alkohol	Gastritis, Pankreaskarzinom, Ulcus, Pankreatitis
nach fett-, kohlenhydrat- oder eiweißreicher Nahrung	Cholezystitis, Colitis pseudomembranacea, Hyperlipoproteinämie, infektiöse/toxische Gastroenteritis, Pankreatitis, Pankreaskarzinom
durch Milch oder Milchprodukte	Laktoseintoleranz
durch bestimmte Nahrungsmittel	Lebensmittel-, Pilzvergiftung, Nahrungsmittelallergie

Erosion

Definition: Ihr Patient klagt über umschriebene oberflächliche Hautabschürfungen.
Systemübersicht: Allgemeinbeschwerden, Haut, Extremitäten
Befunderhebung: Extremitäten
Erweiterungen: Sozioökonomische Anamnese/Arbeitsplatz.

Erkennensstörung

s. Agnosie

Erosion

Definition: Ihr Patient klagt über fleckige Verluste von Oberflächenepithel.
Systemübersicht: Allgemeinbeschwerden, Haut
Befunderhebung: Haut

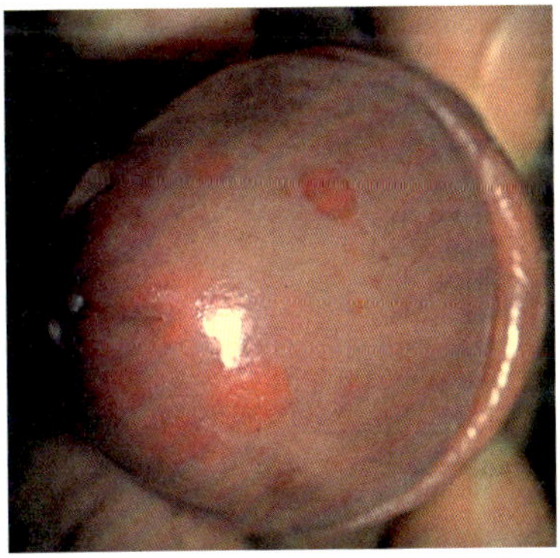

Abb. 4.7 Erosionen bei Herpes genitalis

Erosionen –	Verdachtsdiagnosen z. B.
runde *bis* linsengroße Erosionen weisen auf	Kontaktekzem, Varizellen oder Herpesinfektionen
runde, *über* linsengroße Erosionen weisen auf Erkrankungen mit Blasen wie	Pemphigus, Porphyria cutanea, Pemphigoid, Erythema exsudativum multiforme
polyzyklische Erosionen sind Zeichen für Dermatosen mit gruppierten Bläschen, z. B.	Herpes Zoster
längliche Erosionen mit hämorrhagischer Kruste entstehen als	Kratzeffekte oder Schürfwunden
unregelmäßige Erosionen in den intertriginösen Räumen als Folge von Abdunstungsbehinderung	bei Intertrigo (Wundreiben, „Wolf"), Tinea (durch Dermatophyten/Pilze) und Candida-Mykose
unregelmäßige Erosionen mit entzündlichem Rand weisen auf	Verbrühung, Verbrennung oder Verätzung
unregelmäßige Erosionen, flächenhaft, *einseitig perimamillär*	bei Morbus Paget durch intraepidermale Ausbreitung von Zellen eines Adenokarzinoms der Milchdrüsenausführungsgänge
flächenhaft-ubiquitär, im höheren Alter, mit fein granulierter, samtartiger Oberfläche, an der Glans penis, der Vulva oder am After, scharf begrenzt bis handtellergroß mit psoriasisähnlicher Schuppenkruste	bei Morbus Bowen
kleinflächige Erosionen in gesunder Haut durch Reiben, Scheuern, scharfe Gegenstände	als Trauma oder Artefakte, zur Befreiung von Unangenehmem oder auf Zuwendung gerichtet

Erregbarkeit

s. Emotionalität

Erythem = roter Fleck

Definition: Ihr Patient klagt über rote Flecken, die durch Erweiterung der Hautgefäße entstehen und mit dem Glasspatel wegdrückbar sind.

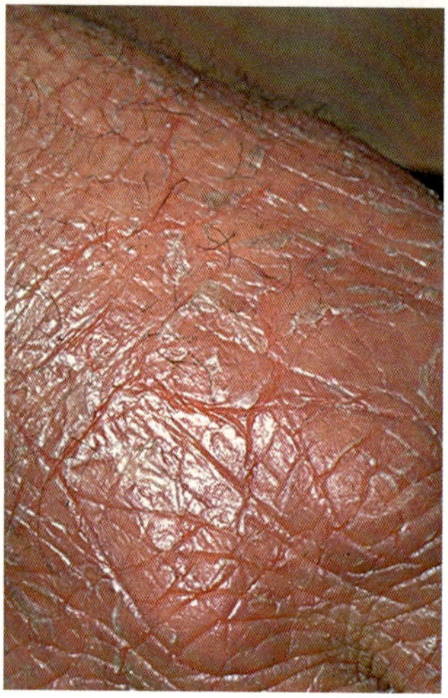

Abb. 4.**8** Komplettes Erythem bei psoriatischer Erythrodermie

Da die meisten Hauterkrankungen mit einem Erythem einhergehen, beschränken wir uns bei der Darstellung der diagnostischen Bedeutung des Erythems auf Krankheiten, bei denen das Erythem als Leitsymptom im Vordergrund steht.

Systemübersicht: Allgemeinbeschwerden, Haut

Befunderhebung: Haut

Erythem – Verdachtsdiagnosen z. B.	
von Brüsten, Damm, Analfalten ausgehend	Intertrigo (Wolf)
diffuses Erythem, besonders im Gesicht	photoallergisches Arzneiexanthem
ubiquitäres Erythem an Kontaktstellen, immer mit Juckreiz	Kontaktekzem
disseminiertes morbilliformes Erythem	Masern
feinfleckige wegdrückbare Rötung am Hals	Scharlach
Katarrh der oberen Luftwege	Röteln

Essstörungen

Definition: Ihr Patient klagt über Essstörungen (der Nahrungsaufnahme, nicht des Appetits) als Geschmacksstörungen, Würgereflexe bei „ungeschicktem Essen“ und Schluckstörungen.
Systemübersicht: Allgemeinbeschwerden, HNO, Gastrointestinaltrakt, Nerven
Befunderhebung: HNO, Gastrointestinaltrakt, Nerven

> **Essstörungen – Verdachtsdiagnosen z. B.**
> Apoplex, Schädelbasisfraktur, Bulbärparalyse, amyotrophische Lateralsklerose

Exanthem = Ausschlag

s. einzelne Effloreszenzen
Definition: Ihr Patient klagt über sichtbare oder palpierbare Hautveränderungen auf größeren Körperpartien mit vielerlei Effloreszenzen (s. dort) und charakteristischem zeitlichem Ablauf.
Systemübersicht: Allgemeinbeschwerden, Haut
Befunderhebung: Haut

> **Exanthem – Verdachtsdiagnosen z. B.**
> Arzneimittelexanthem, Masern, Röteln, Scharlach, Pocken, Exanthema subitum, Exanthema variegatum, Exanthema postvakzinatum

Exophthalmus = Augen hervortretend

Definition: Ihr Patient klagt über deutliches Hervorspringen eines oder beider Bulben. Hinweise auf Vorliegen eines Exophthalmus bieten unterschiedlich weite Lidspalten, Bewegungsseinschränkungen und Doppelbilder.
Systemübersicht: Allgemeinbeschwerden, Augen
Befunderhebung: Augen

Exophthalmus – Verdachtsdiagnosen z. B.	
einseitiger Exophthalmus	Neoplasmen oder Arteria-carotis-Interna-Läsion
pulsierender Exophthalmus	Orbitaaneurysma, A-V-Fistel
meist *beidseitiger* Exophthalmus Möbius-, Graefe-Zeichen	endokrine Ophthalmopathie
plötzliche, entzündliche, schmerzhafte Schwellung der Lider und Konjunktiven	Orbitalphlegmone

Exsikkose

Definition: Ihr Patient klagt über trockene Schleimhäute, Durst, Oligurie (s. dort) bei Erbrechen, Durchfall, massivem Blutverlust.
Systemübersicht: Allgemeinbeschwerden, Gastrointestinaltrakt
Befunderhebung: Gastrointestinaltrakt

> **Exsikkose – Verdachtsdiagnosen z. B.**
> Fieber, Niereninsuffizienz, Verbrennung, Schwitzen, Aktinomykose, Bleivergiftung, Botulismus, Cholera, Diabetes mellitus oder insipidus, Kolitis, Gastroenteritis (infektiös-toxische), Lebensmittelvergiftung, Ileus (mechanischer), Peritonitis, Pilzvergiftung, Typhus

Extremitäten – Beweglichkeit eingeschränkt

Definition: Ihr Patient klagt darüber, dass die Beweglichkeit seiner Gelenke nicht seinen Erwartungen entspricht.
Systemübersicht: Allgemeinbeschwerden, Extremitäten, Wirbelsäule, Nerven
Befunderhebung: Extremitäten, Wirbelsäule, Nerven

> **Extremitäten – Beweglichkeit eingeschränkt – Verdachtsdiagnosen z. B.**
> Traumata, Entzündung und/oder strukturelle Schäden wie Arthrose oder Tumor, Nervenschädigung

Extremitätenödem

s. Ödeme

4

Extremitätenschmerzen

Definition: Ihr Patient klagt über Schulter-, Ellenbogen-, Handgelenk-, Hand-, Finger-, Hüft-, Knie-, Sprunggelenk-, Fuß-, Zehenschmerz.
Systemübersicht: Allgemeinbeschwerden, Extremitäten
Befunderhebung: Extremitäten

> **Extremitätenschmerzen – Verdachtsdiagnosen z. B.**
> **lokale Extremitätenschmerzen:**
> Überanstrengung, Traumata, Gefäßverschluss, Entzündung und/oder strukturelle Schäden wie Arthrose.
> **radikuläre Extremitätenschmerzen**
> (s. dort), über die Ihr Patient als „Reißen" berichtet und die der sensiblen Innervation folgen, sind durch Nervenschädigung bedingt und folgen der sensiblen Innervation (s. dort).
> **ausstrahlende Schmerzen**
> in die Extremitäten gestatten diagnostische Rückschlüsse auf bestimmte erkrankte innere Organe, z. B. Herzinfarkt.

Extremitätenschmerzen, radikuläre

sind eher flächenhafte Schmerzen, über die Ihr Patient als „Reißen" oder „Ziehen" berichtet und die der sensiblen Innervation folgen. Sie sind durch Nervenschädigung bedingt.

Extremitätenschmerzen, somatische – lokale

sind Muskelschmerzen, s. dort, Knochenschmerzen, s. dort, Gelenkschmerzen, s. dort.

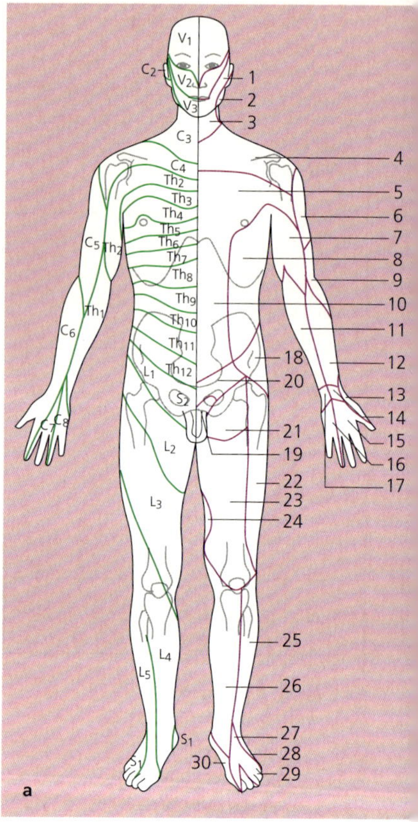

Abb. 4.9 a Die Hautsensibilität. Radikuläre und periphere sensible Innervation (aus *Mumenthaler M., H. Schliack*: Läsionen peripherer Nerven, 4. Aufl., Stuttgart: Thieme; 1982)
a Ansicht von vorn. Rechte Körperseite: radikuläre, linke: periphere Innervation

1 N. trigeminus
2 N. auricularis magnus
3 N. transversus colli
4 Nn. supraclaviculares
5 Rr. cutanei anteriores nn. intercostalium
6 N. cutaneus brachii lateralis superior
7 N. cutaneus brachii medialis
8 Rr. mammarii laterales nn. intercostalium
9 N. cutaneus antebrachii posterior
10 Rr. cutanei anteriores nn. intercostalium
11 N. cutaneus antebrachii medialis
12 N. cutaneus antebrachii lateralis
13 R. superficialis n. radialis
14 R. palmaris n. mediani
15 N. medianus
16 Nn. digitales palmares communes
17 R. palmaris n. ulnaris
18 N. iliohypogastricus (R. cut. lat.)
19 N. ilioinguinalis (Nn. scrotales anteriores)
20 N. iliohypogastricus (R. cutaneus anterior)
21 N. genitofemoralis (R. femoralis)
22 N. cutaneus femoris lateralis
23 N. femoralis (Rr. cutanei anteriores)
24 N. obturatorius (R. cut.)
25 N. cutaneus surae lateralis
26 N. saphenus
27 N. peronaeus superficialis
28 N. suralis
29 N. peronaeus profundus
30 N. tibialis (Rr. calcanei)

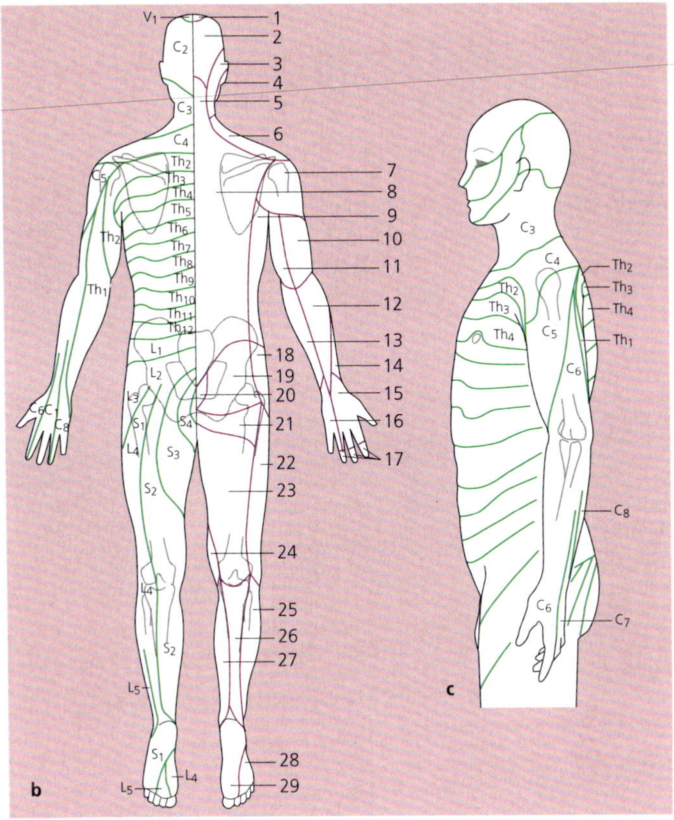

Abb. 4.**9 b** Ansicht von hinten. Rechte Körperseite: periphere, linke Körperseite: radikuläre Innervation

Abb. 4.**9 c** Seitenansicht. Radikuläre Innervation

Abb. 4.**9 b**

1 N. frontalis (V1)
2 N. occipitalis major
3 N. occipitalis minor
4 N. auricularis magnus
5 Rr. dorsales nn. cervicales
6 Nn. supraclaviculares
7 N. cutaneus brachii lateralis superior
8 Rr. dors. nn. spin. cervic., thorac., lumb.
9 Rr. cutanei laterales nn. intercostalium
10 N. cutaneus brachii posterior
11 N. cutaneus brachii medialis
12 N. cutaneus antebrachii posterior
13 N. cutaneus antebrachii medialis
14 N. cutaneus antebrachii lateralis
15 R. superficialis n. radialis
16 R. dorsalis n. ulnaris
17 N. medianus
18 N. iliohypogastricus (R. cut. lat.)
19 Nn. clunium superiores
20 Nn. clunium medii
21 Nn. clunium inferiores
22 N. cutaneus femoris lateralis
23 N. cutaneus femoris posterior
24 N. obturatorius (R. cut.)
25 N. cutaneus surae lateralis
26 N. suralis
27 N. saphenus
28 N. plantaris lateralis
29 N. plantaris medialis

F

Falscher Freund
s. Stuhlabgang mit einem Wind

Farbenblindheit, totale
s. Achromatopsie

Farbenfehlsichtigkeit
Definition: Im üblichen Sprachgebrauch wird der Begriff Farben-„Blindheit" insofern oft irreführend verwendet, als er die Unterscheidung von abgeschwächten Formen, Einzelformen der Farbenfehlsichtigkeit und tatsächlicher Farbenblindheit verwischt.

Formen der Farbfehlsichtigkeit: Rotblinde lesen nur die grünen, Grünblinde die roten Ziffern. Terminologisch unterscheidet man Protanopie (Rotblindheit), die abgeschwächten Formen als Protanomalie (Rotschwäche), und Deuteranopie (Grünblindheit), die abgeschwächten Formen als Deuteranomalie (Grünschwäche), Blaublindheit (Tritanopie), Blauschwäche (Tritanomalie) schließlich die Achromasie (s. dort) als totale Farbenblindheit.

Systemübersicht: Augen
Befunderhebung: Augen

> **Farbenfehlsichtigkeit – Verdachtsdiagnosen z. B.**
> Erkrankungen von Netzhaut, N. opticus, Hirnrinde

Faszikulationen
s. Zuckungen

Fehlhandlungen
s. Apraxie

Feigwarzen = Condyloma acuminata
Systemübersicht: Allgemeinbeschwerden, Gynäkologie, Anus
Befunderhebung: Gynäkologie, Anus

> **Feigwarzen – Verdachtsdiagnosen z. B.**
> Syphilis (Primäraffekt), HIV, Phimose, Intertrigo

Fersenschmerzen = Tarsalgie
s. auch Extremitätenschmerz
Definition: Ihr Patient klagt über Ruhe- oder Belastungsschmerz in der Ferse.
Systemübersicht: Allgemeinbeschwerden, Extremitäten
Befunderhebung: Extremitäten

> **Tarsalgie – Verdachtsdiagnosen z. B.**
> Fersensporn, chronische Polyarthritis, Gicht, Spondylitis ankylosans Bechterew, Bursitis retrocalcanea (Haglund), Überlastung

Fettleibigkeit
s. Adipositas

Fieber
Definition: Fieber = axilläre oder orale Temperaturen über 38 °C.

Verwechsungsmöglichkeiten: Subfebrile = erhöhte Temperaturen liegen, wenn Sie axillär oder oral messen, zwischen 37 und 38 °C; Simulanten, die ihr Fieberthermometer durch Reiben an rauem Stoff, Klopfen oder Eintauchen in warme Getränke manipulieren, neigen dazu, ihr „Fieber" in einem verhältnismäßig niedrigen = ungefährlichen Bereich zu halten.

Systemübersicht: Allgemeinbeschwerden
Befunderhebung: Allgemeinbefund

Fieber – Verdachtsdiagnosen z. B.

Kontinua-Fieber über 38 °C bei akuten Infektionskrankheiten	Pneumonie, Tonsillitis, Otitis media
remittierendes Fieber, Tagesschwankungen über 1 °C oder Rückkehr zur Norm	Tuberkulose, Sepsis
intermittierendes Fieber mit Tagesdifferenzen über 1 °C und Rückkehr z. Norm	Malaria
periodisches Fieber wechselt mit afebrilen Tagen	Malaria, Brucellosen

Abgesehen von den genannten Krankheitsbildern wird Fieber wegen seiner Vieldeutigkeit *selten* als Hauptbeschwerde und damit als Leitsymptom verwendet. Dennoch behält Fieber als Begleitsymptom seine Bedeutung als Hinweis auf:

fieberhafte infektiös-entzündliche Krankheitsbilder der Luftwege:
z. B. Larynigits, Pharyngitis, Bronchitis
des Muskel- und Skelettsystems:
z. B. Ostemomyelitis
der Haut:
z. B. Scharlach, Masern, Pemphigus

des Gastrointestinaltraktes:
z. B. Typhus, Hepatitis
des Urogenitaltraktes:
z. B. Pyelonephritis, Zystitis, Glomerulonephritis
des Hämatopoetischen Systems:
z. B. Hämolyse, Agranulocytosis
Fieberhafte nichtentzündl. Krankheitsbilder des Genitaltraktes:
z. B. Extrauteringravidität, Ovarialkarzinom, Myom
des endokrinen und Stoffwechselsystems:
z. B. Gicht
der Antigen-Antibody-Reaktionen:
z. B. rheumatisches Fieber, Lupus erythematodes, Dermatomyositis, Schönlein-Henoch
Malignome:
z. B. Bronchialkarzinom, Sarkom, Pankreaskarzinom, Ovarialkarzinom
Drogenreaktion:
z. B. Antibiotika, Jodpräparate
Simulation:
z. B. Manipulation des Thermometers

Fieber und Begleitsymptome – Organ- bzw. Systemzuordnung

Folgende Begleitsymptome erleichtern die diagnostische Zuordnung des Fiebers zu erkrankten Systemen, Organen oder Krankheiten:

Thoraxschmerz, Husten, Dyspnoe	Atmung, Herz und Kreislauf
Lymphknoten/Milzschwellung	hämatopoetisches System, Tumorzerfall, Infektion bis Sepsis
Gelenkschmerz	Muskel- und Skelettsystem, Herz und Kreislauf (rheumatisches Fieber)
Ikterus/Anämie	Hämolyse, Hämatopoese, entzündliche Erkrankungen von Leber und Galle
Exanthem in seinen charakteristischen Ausprägungsformen und der zeitlichen Relation zum Fieber	Typhus, Scharlach, Masern, Windpocken oder Röteln
Kopfschmerz/Meningismus	Zentralnervensystem
Bauchschmerz/gastrointestinale Blutung	Gastrointestinaltrakt und parenchymatöse Oberbauchorgane: Leber, Galle, Pankreas
Hämaturie/Dysurie	Urogenitalsystem
Regelstörungen/Bauchschmerz	Endokrinium, reproduktives System
hämorrhagische Diathese	Hämatopoese, Allergie, Medikamente

Finger – Formveränderungen

als *Trommelschlägelfinger* bei chronischen kardiopulmonalen und gastrointestinalen Erkrankungen, gelegentlich auch bei Dysproteinämie, Knochenauftreibung der Fingergelenke (Heberden-Knoten) bei Arthrose.

Fingernägel – Veränderungen

Definition: Ihr Patient klagt über dauerhafte Farbveränderung der Fingernägel.
Systemübersicht: Allgemeinbeschwerden, Extremitäten, Haut
Befunderhebung: Extremitäten, Haut

Fingernägel – Veränderungen – Verdachtsdiagnosen

Farbveränderungen	
opake Nägel mit brückenförmiger Wölbung und fehlenden Lunulae	Leberzirrhose, Nephrose
weiß-fleckige Nägel	Eisenmangelanämie
gelbliche Ölflecken	Psoriasis
braune Streifen	Morbus Addison
braune Flecken scharf abgegrenzt	Melanom
Formveränderungen	
Uhrglasnägel	Herz-/Lungen-Krankheiten, Enteritis regionalis, Colitis ulcerosa
Nagelverdickungen, Eintrübung, Aufsplitterung	Mykosen (s. Kap. Haut)
Grübchen und Ölflecken	Psoriasis
gelbliche Nagelverdickung	Durchblutungsstörungen
Querrillen durch gestörte Nagelproduktion	nach schweren Infektionen, mehrfachem hypovolämischem Schock

Fingerschmerz

s. Extremitätenschmerz

Fissuren = Hautrisse

Definition: Ihr Patient klagt über Haut-/Schleimhautrisse, z. B. Analfissur.

Flechte

s. Lichenifikation

Fluor = Ausfluss s. S. 91

Definition: Ihre Patientin klagt über schleimige, gelb- bis grüngraue, stinkende Flüssigkeit, die aus der Vulva austritt, oft mit Brennen und Juckreiz einhergeht und die Patientin belästigt (zu unterscheiden von Lubrikation); ohne Beschwerden ist Fluor physiologisch.
Systemübersicht: Allgemeinbeschwerden, Gynäkologie
Befunderhebung: Gynäkologie

Fluor – Verdachtsdiagnosen z. B.

Fluor zwischen-, prä- bzw. postmenstruellen Blutungen	Zervixpolypen
sekundäre Amenorrhö, livider Introitus/Vagina etc.	Schwangerschaft
Nachtschweiß, subfebrile Temperaturen, Husten	Genitaltuberkulose
starke Bauchschmerzen im Suprapubikum	Zervix-/Kollum-/Vaginakarzinom, vaginale Kosmetika, intensive Scheidenspülung, Verwendung von Spirale oder Pessar, häufig wechselnder Partner als Ursache für infektiös-entzündliche Veränderungen nach abgelaufener Adnexitis, nach Bestrahlung
dickflüssiger, käsiger Ausfluss mit Juckreiz	
Kohabitationsschmerzen	Fungusvaginitis
weißlicher, schaumig-dünnflüssiger Ausfluss mit Entzündung der Urethra/Blase	
Durst, Polyurie, dann Polydipsie	Diabetes mellitus
Schmierblutungen, Menorrhagie, Metrorrhagie	Korpuskarzinom
Bauchschmerzen im Suprapubikum, Kohabitationsblutungen	Endometritis

Füße, Formveränderungen

Definition: Ihr Patient klagt über Schwierigkeiten, passende Schuhe zu finden, und Gehbeschwerden (s. Fußschmerzen).
Systemübersicht: Allgemeinbeschwerden, Extremitäten
Befunderhebung: Extremitäten

Füße, Formveränderungen – Verdachtsdiagnosen
Senkfuß, Plattfuß, Spreizfuß, Hallux valgus, Hammerzehen

Fußgelenkschmerzen – Sprunggelenk

Definition: Ihr Patient klagt über Schmerzen im Sprunggelenk.
Systemübersicht: Allgemeinbeschwerden, Extremitäten
Befunderhebung: Extremitäten
Erweiterungen: Sozioökonomische Anamnese/Arbeitsplatz, Sport.

Fußgelenkschmerzen – Verdachtsdiagnosen
degerative Gelenkerkrankungen, Trauma, Verletzung des Ligamentum talofibulare, Kapsel- bzw. Synoniaverletzung, Tenosynovitis, chronische Polyarthritis

Fußschmerzen

s. auch Fersenschmerzen
Definition: Ihr Patient klagt über Spontan- und/oder Gehbeschwerden an den Füßen.
Systemübersicht: Allgemeinbeschwerden, Extremitäten
Befunderhebung: Extremitäten

Fußschmerzen – Verdachtsdiagnosen z. B.
Trauma, Fersensporn, Senkfuß, Plattfuß, Spreizfuß, Hallux valgus, Hammerzehen, Gicht, Bursitis retrocalcanea (Haglund), Überlastung

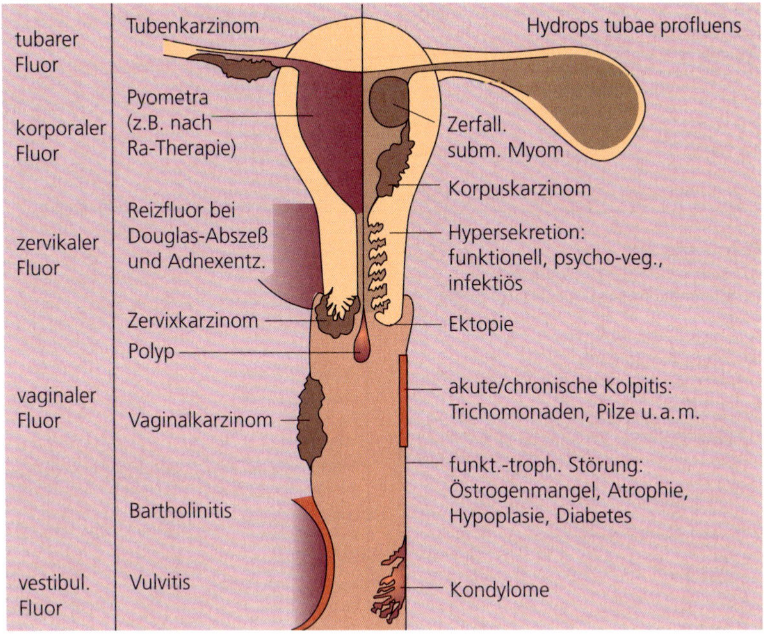

Abb. 4.**10** Fluor, Verdachtsdiagnosen

G

Gangstörungen

Definition: Ihr Patient klagt über gestörten Ablauf des Gehens.

Systemübersicht: Allgemeinbeschwerden, Extremitäten, Wirbelsäule, Nerven

Befunderhebung: Extremitäten, Wirbelsäule, Nerven

Gangstörungen – Verdachtsdiagnosen z. B.

Hinken:
bei Lähmungen, Fußdeformitäten, Beinverkürzung, Ischiassyndrom, Trauma oder Fraktur, als Claudicatio intermittens

kleinschrittiger Gang:
bei Parkinson-Syndrom, zerebrovaskulärer Insuffizienz

Watschel- oder Entengang:
bei Hüftgelenksluxation, Lähmung der Mm. glutaei, Dystrophia musculorum progressiva, Coxa vara

schiebender Gang:
bei Arthrose, Spondylitis ankylosans, Arthropathie

spastischer Gang:
bei amyotrophischer Lateralsklerose, Spinalparalyse

ataktischer Gang:
bei zerebellaren Syndromen, Tabes dorsalis, funikulärer Myelose

Gang mit einschießenden unwillkürlichen Bewegungen:
bei Chorea Huntington, extrapyramidalen Syndromen, Hyperkinesen

Gedächtnisstörungen

Definition: Ihr Patient klagt über zunehmend schlechtes Gedächtnis.

Systemübersicht: Allgemeinbeschwerden, Nerven, Psychologie
Befunderhebung: Nerven, Psychologie

> **Gedächtnisstörungen – Verdachtsdiagnosen z. B.**
> Hypermnesie, Amnesie, Hypomnesie, Kopfverletzung, zerebrovaskulare Störung, Demenz, Alzheimer, Hirntumor, Depression, psychogene Amnesie, Simulation

Gehschmerzen

s. Gelenkschmerz, s. Fersenschmerzen
Definition: Ihr Patient klagt über Schmerzen beim Gehen.
Systemübersicht: Allgemeinbeschwerden, Extremitäten, Nerven, Wirbelsäule
Befunderhebung: Extremitäten, Nerven, Wirbelsäule

> **Gehschmerzen – Verdachtsdiagnosen z. B.**
> Über *Gehbeschwerden* klagen Ihre Patienten bei Senk-, Platt- und Spreizfuß, Nagelmykose, *Stellungsanomalien* bei Hallux valgus, Hammerzehen

Gelbsucht

s. Ikterus

Gelenkschmerz

Definition: Ihr Patient klagt über Spontan- und/oder Bewegungsschmerz der Gelenke. Unterscheiden Sie Gelenkschmerzen von Knochen- und Muskelschmerzen: *Gelenkschmerzen* durch Bewegungen ausgelöst, verstärkt; *Knochenschmerzen* nachts stärker als am Tag, Kneifen in die umliegende Muskulatur führt nicht zur Verstärkung; *Muskelschmerzen:* Kneifen in umliegende Muskulatur verstärkt Schmerzen.
Systemübersicht: Allgemeinbeschwerden, Extremitäten, Wirbelsäule
Befunderhebung: Extremitäten, Wirbelsäule
Erweiterte Anamnese: Sozioökonomische Anamnese/Sport, Arbeitsplatz.

Gelenkschmerz – Verdachtsdiagnosen z. B.

langsam zunehmend, Steifigkeit, Deformität	Arthrose
akut auftretend, Entzündungszeichen	Arthritis, z. B. rheumatisches Fieber
Kniegelenkschmerzen beim Aufstehen vom Stuhl	Meniskusschaden
akut einsetzender Gelenkschmerz	
meist nachts im Großzehengrundgelenk	Gicht
schmerzhaftes Wasserlassen, eitriger Ausfluss	Gonorrhö
mit wanderndem, akutem Schmerz, große Gelenke	rheumatisches Fieber
vorwiegend Kniegelenk, weniger Schmerz als Gicht	Pseudogicht
allmählich einsetzender Gelenkschmerz	
Bronzepigmentierung Haut und Schleimhäute	Hämochromatose
Blutung nach Trauma, Hämatome	Hämophilie
Petechien, Thrombozytopenie Moszkowicz	thrombozytopenische Purpura
bräunliche Papeln, Plaques, silbrige Schuppung	Arthritis psoriatica
Bauchschmerzen, Purpura der Streckseiten	Schönlein-Henoch-Syndrom
Ulnardeviationen, Rheumaknoten	chronische Polyarthritis
Schmetterlingserythem, Tapeziernagelphänomen	Lupus erythematodes
Bauchschmerzen, Tenesmen, Gewichtsabnahme	Enteritis regionalis
Maskengesicht, Schluckbeschwerden	Sklerodermie
Tenesmen, Verstärkung beim Stuhlgang	Colitis ulcerosa
Periorbitalödem, Muskelatrophie, Exanthem	Dermatomyositis
Steifigkeit, Kontrakturen, Deformierungen	Arthrose

Gelenkschwellung

Definition: Ihr Patient klagt über eine Verdickung der Gelenkumgebung.
Systemübersicht: Allgemeinbeschwerden, Extremitäten
Befunderhebung: Extremitäten

Gelenkschwellung – Verdachtsdiagnosen z. B.

schmerzlose Gelenkauftreibungen als ossärer Anbau	Heberden-Knoten
druckschmerzhafte Gelenkschwellung	chronische Arthritis

spontan-schmerzhaft- entzündliche Gelenkschwellung mit den üblichen Entzündungszeichen	infektiöse Arthritis
s. auch Gelenkschmerz	

Geruchssinn gestört

Definition: Ihr Patient klagt darüber, dass er nicht mehr riecht, was er isst, der Wein nur noch süß oder sauer schmeckt (die „Blume des Weins" ist eine Geruchsqualität).
Systemübersicht: Allgemeinbeschwerden, Nerven
Befunderhebung: Nerven

Geruchssinn gestört – Verdachtsdiagnosen z. B.

Nervus-olfactorius-Störungen können angeboren sein, nach Virusinfektionen auftreten oder Zeichen für einen frontobasalen Hirntumor sein.

Geruchsstörung

s. Riechstörung

Geschmacksstörung

Definition: Ihr Patient klagt über Geschmacksstörungen für sauer, süß, bitter, salzig als Minderung, Verfälschung der Geschmacksempfindung, üblen Geschmack.
Systemübersicht: Allgemeinbeschwerden, Nerven
Befunderhebung: Nerven

Geschmacksstörung – Verdachtsdiagnosen z. B.

Hypogeusie durch Trauma, Hirntumor (Nervus facialis), toxisch-medikamentös
Parageusie = verfälschte Geschmacksempfindung nach Virusinfektion, toxisch
Kakogeusie = üble Geschmacksempfindung durch Trauma, Hirntumor, toxisch-medikamentös

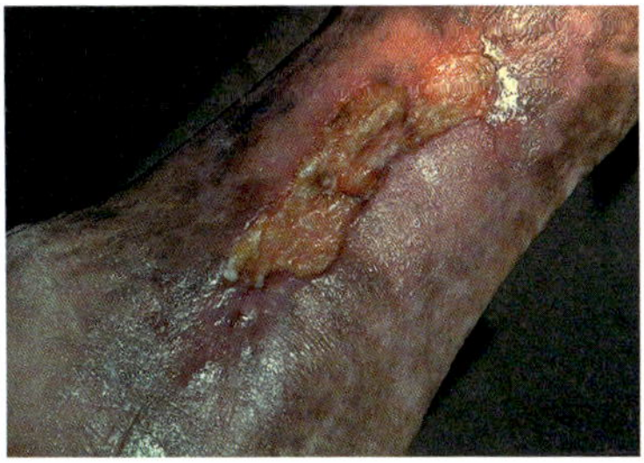

Abb. 4.11 Tief greifendes Ulcus cruris bei venöser Insuffizienz

Geschwür = Ulkus

Definition: Ihr Patient klagt über einen Hautdefekt, der sich bis in die Dermis oder in tiefere Bereiche erstreckt.
Systemübersicht: Allgemeinbeschwerden, Haut
Befunderhebung: Haut

Geschwür – Verdachtsdiagnosen z. B.

an lichtexponierter Stelle	Basaliom, spinozelluläres Karzinom
an Druckstellen	Dekubitus
an entsprechenden Kontaktstellen	luetischer Primäraffekt
am Unterschenkel	Ulcus cruris
im Knöchelbereich	Ulcus capillaris alba
meist an den Akren	arterielle Insuffizienz, Erfrierung III. Grades
ubiquitär über Hautniveau	syphilitische Gummen
mit hohem Fieber	gangränöses Erysipel

Gesichtsfeldausfall = Gesichtsfeldeinschränkung

Definition: Das Gesichtsfeld ist der gesamte Raum, in dem das fixierte Auge – nicht das fixierende Auge – etwas wahrnimmt. Ihr Patient klagt über totalen oder teilweisen Ausfall seiner Gesichtsfelder.
Systemübersicht: Allgemeinbeschwerden, Nerven, Augen
Befunderhebung: Nerven, Augen

Gesichtsfeldausfälle – Verdachtsdiagnosen z. B.

Hemianopsie = Halbseitenblindheit mit Ausfall einer Gesichtsfeldhälfte auf beiden Augen:

homonyme Hemianopsie = Ausfall derselben Seite auf beiden Augen	bei Schäden im Tractus opticus, in der zentralen Sehbahn oder im Sehzentrum
heteronyme Hemianopsie = gekreuzt mit Ausfall der beiden temporalen Seiten des Gesichtsfeldes	Chiasmaschäden
doppelte Hemianopsie = gleichseitig und gekreuzt mit Röhrenskotom bei Schäden in beiden Sehzentren,	z. B. Apoplex

Skotome nennt man den Ausfall oder die Abdunklung umschriebener Gesichtsfeldanteile	
bogenförmiges Skotom, ausgehend vom blinden Fleck:	bei Ausfall des papillomakulären Bündels durch Glaukom
Farbskotom für Rot und Grün	Sehnerverkrankung
Farbskotom für Blau und Gelb	Erkrankung von Retina, Chorioidea
Flimmerskotom = peripherer Gesichtsfeldausfall mit Flimmern, Blitzen und Funken	Migräne, zerebrovaskuläre Insuffizienz, Arteriosklerose oder Gefäßstenose
zentrales Skotom, halbseitig	Neuritis N. optici
für eine Gesichtshälfte, in Sektoren oder als Zentralskotom	Netzhaut- oder Sehbahnerkrankung
Verkleinerung des Gesichtsfeldes, röhrenförmig plötzliche einseitige Sehverschlechterung, Nebel, Regenbogenfarben, Hornhauttrübung, Abflachung der Vorderkammer, Pupillenerweiterung	Glaukomanfall
doppelte Hemianopsie = gleichseitig und gekreuzt mit Röhrenskotom	Schäden in beiden Sehzentren, z. B. Apoplex

Gesichtsschmerz

Definition: Ihr Patient klagt über Schmerzen im Gesicht.
Systemübersicht: Allgemeinbeschwerden, Nerven
Befunderhebung: Nerven

Gesichtsschmerz – Verdachtsdiagnosen z. B.
Sinusitis, Trigeminusneuralgie, Hirntumoren, Schleimhauttumor

Gesichtsveränderungen

Definition: Ihr Patient klagt über Veränderungen des Gesichts in Form und Farbe.
Systemübersicht: Allgemeinbeschwerden, Kopf
Befunderhebung: Kopf

Gesichtsveränderungen – Verdachtsdiagnosen z. B.	
Quadratschädel, Zahn- und Thoraxdeformierung	Rachitis
unvollständiger Augenschluss (Bell-Phänomen)	Fazialisparese
eingesunkene Augen als „Facies abdominalis"	Peritonitis
tiefe Nasolabialfalten als Facies gastrica	Ulkuskrankheiten
Mondgesicht, Stammfettsucht, Hirsutismus	Morbus Cushing
aufgedunsenes Gesicht, Ödembildung	nephrotisches Syndrom
Eskimogesicht, ödematös-teigige Haut	Hypothyreose
verzerrtes, höhnisches Lachen als Dauermimik	Tetanie
Ptosis, rundlicher Minderwuchs	Down-Syndrom
Maskengesicht, verminderte Mimik, Seborrhö	Parkinson
Maskengesicht, verschmälerte Lippen	Sklerodermie
Verweiblichung, Palmarerythem, Leber vergrößert	Leberzirrhose
rotes Gesicht, Blutdruck über 90/140	Hypertonie
Hypertonie, Extremitätenschmerzen	Polycythaemia vera
Flush, Durchfall, Heißhunger	Karzinoid
blasses Gesicht, Nagelprobe, Konjunktivitis	Anämie
geschwollenes Gesicht	Nephritis, Nephrose, Hypophysenadenom, Morbus Basedow, Hodenatrophie, Leberzirrhose, Morbus Cushing

Gewichtsveränderungen

Gewichtsveränderungen beruhen auf verminderter Nahrungsaufnahme, unzureichender Nahrungsverwertung (Resorptions- bzw. Stoffwechselstörungen) oder vermehrter Ausscheidung nicht resorbierter Nahrung. In allen Fällen gilt es festzustellen, ob eine Gewichtsveränderung von mehr als 5 kg beabsichtigt oder unbeabsichtigt aufgetreten ist, ob z. B. das Absinken des Gewichts mit dem Krankheitsbeginn zusammenfällt, ob der Energieumsatz im Verhältnis zur Energieaufnahme steht und in welchem Zeitraum der Gewichtsverlust eintrat. Gewichtsabnahme bei gleich bleibendem oder zunehmendem Appetit sind Hinweise auf Diabetes mellitus, Thyreotoxikose oder Malignom, bei gleichzeitiger Steatorrhö auf Pankreasinsuffizienz.

Kritisch sind gleichmäßige und größere Gewichtsabnahmen zu beurteilen, die unfreiwillig und unter Beibehaltung der bisherigen Essgewohnheiten auftreten und als so genannter „konsumierender Prozess" den Verdacht auf eine fortgeschrittene Tuberkulose, Anämie, Malignom oder auch auf eine Depression lenken. Soweit Patienten sich nicht gewogen haben, geben Angaben über ein Zu-eng- oder Zu-weit-Werden der Kleidung Hinweise auf bisher nicht erkannte Gewichtszunahme bzw. -abnahme.

Auf organische **Ursachen unbeabsichtigten Gewichtsverlustes** weisen folgende **Begleitsymptome** hin:

- Verminderte körperliche Aktivität wie Gehbehinderungen, durch Dyspnoe erschwertes Treppensteigen, Schwächegefühl bei körperlichen Anstrengungen, Potenzverlust, Menstruationsstörungen;
- Übelkeit und Erbrechen, aber Zunahme des Appetits;
- palpabler Tumor, Struma;
- Kaubeschwerden, Schluckbeschwerden, Erbrechen, Durchfall, Bauchschmerzen, Fieber, Lymphknotenschwellungen, Leber- und Milzvergrößerung;
- technisch-diagnostische Werte wie Blutbildveränderungen, pathologische Röntgen-, Stuhl- und Urinbefunde.

Psychologische Faktoren wie Angst, Depression, Krankheitsgewinn, Versagen, aber auch beabsichtigter Gewichtsverlust kann diagnostische Hinweise geben, wenn z. B. Laxanzienmissbrauch auf dem Umweg über eine Hypokaliämie zu Obstipation und schließlich zu Ileussymptomen führt.

Gewichtsabnahme

Definition: Ihr Patient klagt über Gewichtsabnahme von mehr als 5 kg in 3 Monaten.
Systemübersicht: Allgemeinbeschwerden, Gastrointestinaltrakt
Befunderhebung: Gastrointestinaltrakt
Erweiterte Anamnese: Ernährung.

> **Gewichtsabnahme – Verdachtsdiagnosen z. B.**
> Diabetes mellitus, Hyperthyreose, Malignom, Tuberkulose, Enteritis regionalis, Pankreatitis, Colitis ulcerosa, Depression

Gleichgewichtsstörung s. Ataxie

Definition: Ihr Patient klagt über Störung der Kontrolle für Stellung, Lage und Bewegung des Körpers. Vgl. Ataxie; Schwindel (s. dort) ist eine besondere Form von Gleichgewichtsstörung.
Systemübersicht: Allgemeinbeschwerden, HNO, Nerven
Befunderhebung: HNO, Nerven

> **Gleichgewichtsstörung – Verdachtsdiagnosen z. B.**
> Erkrankung von Vestibularapparat, Kleinhirn, Hinterstrang, Polyneuropathie

Grünblindheit = Deuteranopie, die abgeschwächte Form als Deuteranomalie (Grünschwäche)

Definition: Ihr Patient klagt darüber, dass er anstelle grüner Farben nur Grautöne sieht.

Gynäkomastie

Definition: Ihr Patient klagt über Volumenvermehrung der männlichen Brust, die bis zur Pubertät keinen Krankheitswert hat; im Erwachsenenalter beidseitig auftretend ist sie Zeichen gesteigerter Östrogenproduktion bzw. verminderten Östrogenabbaus.
Systemübersicht: Allgemeinbeschwerden, Gynäkologie, Endokrin und Stoffwechsel
Befunderhebung: Gynäkologie, Endokrin und Stoffwechsel

> **Gynäkomastie – Verdachtsdiagnosen z. B.**
> Hypophysenadenom, Morbus Basedow, Hodenatrophie, Leberzirrhose, Morbus Cushing

4

H

Haarveränderungen

Definition: Haarausfall, besonders in symmetrischer Form als „Geheimratsecken“, ist altersbedingt und hat abgesehen von der Minderung des Selbstwertgefühls keinen Krankheitswert.

Dagegen sind Haarveränderungen sowohl in Bezug auf die verschiedenen Alopeziaformen als auch die Haare selbst als Diagnostikum zu werten.

Hämatemesis

Definition: Ihr Patient klagt über Blutbeimischungen zum Erbrochenen.
Systemübersicht: Allgemeinbeschwerden, Thorax, Gastrointestinaltrakt
Befunderhebung: Thorax, Gastrointestinaltrakt

Hämatemesis – Verdachtsdiagnosen z. B.	
hellrotes Bluterbrechen durch Blutung oberhalb des Magens	Ösophaguskarzinom
braunes kaffeesatzartiges Bluterbrechen	erosive Gastritis

Hämatome

Definition: Ihr Patient klagt über blaue Flecken durch Trauma, Hämophilie.

Hämaturie = Blutiger Urin = Erythrozyturie

Definition: Ihr Patient klagt über rosa bis rote Verfärbung seines Urins.
Systemübersicht: Allgemeinbeschwerden, Urogenitaltrakt
Befunderhebung: Urogenitaltrakt

Hämaturie – Verdachtsdiagnosen z. B.
Urogenitaltuberkulose, Parasiten, Hypernephrom,Tumor der ableitenden Harnwege oder der Blase

Hämoptysen = Sputum, blutiges = Hämoptoe

Definition: Ihr Patient klagt über Blutbeimischungen zum Sputum oder das Abhusten von reinem Blut. Im Unterschied zur Hämatemesis, dem Bluterbrechen (s. dort) aus dem oberen Gastrointestinaltrakt, ist Hämoptoe immer mit Hustenreiz verbunden; das Blut ist meist mit Sauerstoff vermischt und dann auch hellrot.
Systemübersicht: Allgemeinbeschwerden, Thorax, Herz
Befunderhebung: Thorax, Herz

Hämoptysen – Verdachtsdiagnosen z. B.
Pneumonie, Bronchialkarzinom, Brochiektasen, Herzinsuffizienz, Koagulopathien, Lungeninfarkt, Lungenembolie, Lungentuberkulose, Mitralstenose

Hämorrhoiden III (äußere)

Definition: Ihr Patient klagt über hervortretende, hautbedeckte anale Venen, Pruritus, Druckgefühl, Brennen oder Analschmerz bei Sitzen, blutige Stuhlauflagerungen, rektale Blutung nach der Defäkation, hellrotes Blut auf dem Toilettenpapier, anales Unbehagen. Verstärkung der Schmerzen beim Stuhlgang, Tenesmen, Beschmutzung der Unterwäsche, Obstipation.
Systemübersicht: Allgemeinbeschwerden, Anus und Rektum, Gastrointestinaltrakt
Befunderhebung: Anus und Rektum, Gastrointestinaltrakt

Hämorrhoiden – Verdachtsdiagnosen z. B.
häufig vergesellschaftet mit Morbus Crohn, seltener mit Colitis ulcerosa

Hals – Beweglichkeit eingeschränkt

Definition: Ihr Patient klagt über Schwierigkeiten, den Kopf wie gewohnt zu bewegen.
Systemübersicht: Allgemeinbeschwerden, Wirbelsäule
Befunderhebung: Wirbelsäule

Hals – Beweglichkeit eingeschränkt – Verdachtsdiagnosen z. B.
HWS-Syndrom, Meningitis, Tetanus, Parkinson-Syndrom; mit Schmerzen im M. sternocleidomastoideus, der nuchalen Muskulatur oder im Verlauf des M. trapecius bei Myogelosen durch Daueranspannung z. B. bei langer Bildschirmarbeit oder Arbeiten an einem zu tief gestellten OP-Tisch

Halslymphknotenschwellung

s. Lymphknotenschwellung

Halsschwellung

s. Struma, vergrößert

Halsschmerzen

Definition: Ihr Patient klagt über Rachen- und Halsschmerzen (Halskratzen) in der Regel als Zeichen einer Infektion der oberen Luftwege.
Systemübersicht: Allgemeinbeschwerden, HNO
Befunderhebung: HNO

Halsschmerzen – Verdachtsdiagnosen z. B.	
Veränderung der Stimme, Heiserkeit, Kratzen im Hals, Halsschmerzen	Laryngitis
Brennen, Husten, Schluckbeschwerden, rote Rachenschleimhaut, Fieber	Pharyngitis

Handschmerz

s. Extremitätenschmerz

Hand, feuchte

s. Haut, feuchte

Harninkontinenz

Definition: Ihr Patient klagt darüber, dass er den Urin nicht halten kann.
Systemübersicht: Allgemeinbeschwerden, Urogenitalsystem
Befunderhebung: Urogenitalsystem

> **Harninkontinenz – Verdachtsdiagnosen z. B.**
> Polyneuritis, Blasenentzündung, Rennsatteldruck, Prostatakarzinom

Harnträufeln = Tröpfeln, ähnlich Harnstottern

Harn – Startschwierigkeiten

Definition: Ihr Patient klagt darüber, dass er den Urin nicht im Strahl, sondern nur tröpfchenweise loswerden kann.
Systemübersicht: Allgemeinbeschwerden, Urogenitalsystem
Befunderhebung: Urogenitalsystem

Harnstottern

Definition: Ihr Patient klagt über unbeabsichtigt stoßweises Urinieren.
Systemübersicht: Allgemeinbeschwerden, Urogenitalsystem
Befunderhebung: Urogenitalsystem, rektale Untersuchung/Prostata

> **Harnstottern – Verdachtsdiagnosen z. B.**
> Blasensteine, Destrusor-Sphinkter-Diskoordination

Hautblutungen

s. Purpura

Hautfleck

s. Makula

Hautrisse

s. Fissuren

Haut, feuchte

Definition: Ihr Patient klagt über feuchte Hände.
Systemübersicht: Allgemeinbeschwerden, Haut, Endokrinologie und Stoffwechsel
Befunderhebung: Haut, Endokrinologie und Stoffwechsel

> **Haut, feuchte – Verdachtsdiagnosen z. B.**
> Hyperthyreose, Hyperhidrosis, Phäochromozytom

Hautjucken

s. Pruritus

Hautrisse

s. Rhagaden

Hauttrockenheit, sich schälende, schuppige Haut

bei Ichthyosis

Hautturgor

s. Turgor

Hautverdünnung

s. Atrophie

Heiserkeit

Definition: Ihr Patient klagt über „kratzige“ bis kaum noch hörbare Stimme.
Systemübersicht: Allgemeinbeschwerden, HNO, Thorax, Nerven
Befunderhebung: HNO, Thorax, Nerven
Erweiterung: Gewohnheiten/Rauchen/Pfeife, Alkohol.

> **Heiserkeit – Verdachtsdiagnosen z. B.**
> amyotrophische Lateralsklerose, Apoplexie, beginnende Grippe, Glottis- bzw. Stimmbandkarzinom, Hirntumor, Hypothyreose, Kehlkopflähmung, Laryngitis, Myasthenia gravis, Pharyngitis, Stimmlippenpolypen

Herzjagen = Herzrasen

Definition: Ihr Patient klagt über anfallweises Herzrasen mit einer Frequenz über 150 Schläge. Herzjagen ist in der Regel mit Herzklopfen kombiniert; Gesunde nehmen üblicherweise selbst bei gezielter Beobachtung ihren Herzschlag nicht wahr. Spürbare Herzunregelmäßigkeiten unterscheiden Herzjagen mit regelmäßiger Frequenz von Anfällen unregelmäßiger extrasystolischer paroxysmaler Tachykardie.
Systemübersicht: Allgemeinbeschwerden, Herz, Kreislauf
Befunderhebung: Herz, Kreislauf

Herzjagen – Verdachtsdiagnosen z. B.
hyperkinetisches Herzsyndrom, Herzrhythmusstörung,Aortenklappeninsuffizienz, Hyperthyreose

Herzklopfen = Herzpalpitationen = Palpitatio cordis

Definition: Ihr Patient klagt über Herzschläge, die er deutlich spürt. Derartiges Herzklopfen tritt spontan oder nach nur geringer Belastung auf.
Systemübersicht: Allgemeinbeschwerden, Herz, Kreislauf
Befunderhebung: Herz und Kreislauf

Herzklopfen – Verdachtsdiagnosen z. B.

kardial bedingt	Links-rechts-Shunt, Extrasystolen
extrakardial bedingt	Angst, Anämie, Hyperthyreose
toxisch bedingt	Überdosen von Kaffee, Alkohol, Morphin, Kohlendioxid

Herzphobie

Definition: Ihr Patient klagt über anfallweises starkes, als unangenehm empfundenes Herzklopfen, das von Angstgefühlen begleitet ist.
Systemübersicht: Allgemeinbeschwerden, Herz und Kreislauf, Psychologie
Befunderhebung: Herz und Kreislauf, Psychologie

Herzphobie – Verdachtsdiagnosen z. B.
Herzphobie gilt als eine Form der psychogenen Organneurosen mit innerer Unruhe, Herzschmerz und eingebildeter Herzkrankheit, gedrückter Stimmung und Unsicherheit, z. B. durch Todesfall. Nach Ausschluss organischer Ursachen ist eine ausführliche psychologische Untersuchung erforderlich.
Denken Sie differenzialdiagnostisch an Myokardinfarkt, akute Psychose, larvierte Depression.

Herzrhythmusstörungen = Herzstolpern

Definition: Ihr Patient klagt über wahrgenommene Veränderungen des Herzrhythmus als regelmäßige Herzaktionen mit überhöhtem oder vermindertem Tempo (Tachykardie oder Bradykardie, s. dort) oder als unregelmäßige Änderungen der Schlagfolge.
Systemübersicht: Allgemeinbeschwerden, Herz
Befunderhebung: Herz

Herzrhythmusstörungen – Verdachtsdiagnosen z. B.
Elektrolytstörungen, Herzglykoside-Intoxikation, Hyperthyreose, Angina pectoris, Herzinfarkt, Herzinsuffizienz.
Kammerflattern ist eine Steigerungsform der Kammertachykardie mit über 230 regelmäßigen Schlägen pro Minute als Ausdruck organischer Herzkrankheit oder einer Hyperthyreose.

Von *Vorhofflimmern* spricht man bei 300 und mehr irregulären Vorhofkontraktionen mit unregelmäßiger Schlagfolge und unregelmäßiger Füllung des Herzens. Dadurch schwankt auch die Intensität der Herztöne bei rheumatischem Fieber, Überdigitalisierung, Hyperthyreose.

Extrasystolen sind unregelmäßig auftretende Extrakontraktionen, die den normalen Herzrhythmus unterbrechen und oft zu einer anschließenden kompensatorischen Pause führen, ein Zeichen für Digitalis-Intoxikation.

Von *Bigeminus* spricht man, wenn die Kammerkontraktionen in Gruppen organisiert sind, der 1. Schlag also normal, der 2. Schlag vorzeitig und dann eine kompensatorische Pause. Für den Bigeminus können Erkrankungen des Herzens und Digitalis-Intoxikation die Ursache sein.

Beim *Trigeminus* folgt auf je drei normale Schläge eine Pause. Auch hier können organische Herzkrankheiten bzw. Digitalis-Intoxikation die Ursache sein.

Bei der *Wenckebach-Periodik* folgt auf eine Reihe normaler Kontraktionen eine Pause. Man findet diese Rhythmusstörung bei Digitalis-Intoxikation, organischen Herzkrankheiten, rheumatischem Fieber.

Herzschmerzen

s. Thoraxschmerzen

Hirsutismus = Hypertrichose

Definition: Ihr Patient klagt über vermehrte Behaarung nach dem männlichen Behaarungstyp. Bei Frauen ist Hirsutismus ein Symptom bei vermehrter Androgenbildung in der Nebennierenrinde.
Systemübersicht: Allgemeinbeschwerden, Gynäkologie, Haut, Endokrinologie und Stoffwechsel

Befunderhebung: Gynäkologie, Haut, Endokrinologie und Stoffwechsel

> **Hirsutismus – Verdachtsdiagnosen z. B.**
> Stein-Leventhal-Syndrom, Medikamente, Androgene, Glukokortikoide, ACTH

Hitzewallungen = Wallungen

bei Menopausensyndrom

Hörstörungen, Schwerhörigkeit = Hypakusis

Definition: Ihr Patient klagt über verminderte oder fehlende Hörfähigkeit.
Systemübersicht: Allgemeinbeschwerden, HNO, Nerven
Befunderhebung: HNO, Nerven

> **Schwerhörigkeit – Verdachtsdiagnosen z. B.**
> Cerumen obturans, Otitis media, Morbus Menière, Ototoxikose, Akustikusneurinom, Schalltrauma, Hörsturz

Hüftschmerzen

s. Extremitätenschmerz

Hunger s. auch Appetit vermehrt

Definition: Ihr Patient klagt über das Gefühl, etwas essen zu müssen. Hunger gilt als pathologisch, wenn er trotz der üblichen Nahrungsaufnahme auftritt.
Systemübersicht: Allgemeinbeschwerden, Gastrointestinaltrakt, Endokrinologie und Stoffwechsel, Ernährung
Befunderhebung: Gastrointestinaltrakt, Endokrinologie und Stoffwechsel, Tagesprofil über Nahrungsaufnahme

> **Hunger – Verdachtsdiagnosen z. B.**
> Hyperthyreose, Fresssucht (Bulimie), einseitige kohlenhydratarme Ernährung

Husten = Tussis

Definition: Ihr Patient klagt über Husten im Sinne forcierter Exspiration.
Systemübersicht: Allgemeinbeschwerden, HNO, Thorax
Befunderhebung: HNO, Thorax

Husten – Verdachtsdiagnosen z. B.
sensible Vagusreizung aus Meningen, äußerem Gehörgang, Gastrointestinaltrakt

Halsschmerzen, Rötung	Pharyngitis
Halsschmerzen, Heiserkeit und Fieber	Laryngitis
Heiserkeit, Dyspnoe, Druckgefühl	Larynxkarzinom
glasig-produktiver, keuchender Husten meist im Kindesalter, mit jauchzendem Inspirium	Pertussis
produktiver Husten, feuchte Rasselgeräusche, Fieber	Bronchitis
lang anhaltender, trockener Reizhusten	Bronchialkarzinom
Heiserkeit ohne Erkältungszeichen	Mediastinaltumor
anhaltender Reizhusten mit Schluckbeschwerden	Ösophagusdivertikel, Aneurysma dissecans
Reizhusten mit plötzlichen tiefen Brustschmerzen, Hämoptoe, Zyanose, Dyspnoe, Fieber	Lungeninfarkt
Husten, Zyanose, Dyspnoe, Orthopnoe, feinblasige Rasselgeräusche, schaumiges Sputum	Lungenödem
Ödeme, Zyanose, Husten, Dyspnoe, venöse Stauung	Herzinsuffizienz

Hypakusis

s. Hörstörung, Schwerhörigkeit oder Taubheit

Hyperakusis

= gesteigertes Hörempfinden bei Fazialislähmung oder Neurose

Hyperhidrosis

Definition: Ihr Patient klagt übermäßige Schweißabsonderung.
Systemübersicht: Allgemeinbeschwerden, Gynäkologie, Endokrin, Nerven
Befunderhebung: Gynäkologie, Endokrin, Nerven

> **Hyperhidrosis – Verdachtsdiagnosen z. B.**
> Klimakterium, Hyperthyreose, Phäochromozytom, Sympatikusschaden, Parkinson, Angst

Hyperkinesen = Überschießende Bewegungen

Willkürliche oder unwillkürliche Übersteigerung der Bewegungen: bei extrapyramidalen Schäden wie Athetose, Chorea, Ballismus.

4

Hypermenorrhö

Definition: Ihre Patientin klagt über überstarke Blutungen, die mehr als 5 Vorlagen pro Tag erforderlich machen, von normaler Dauer.
Systemübersicht: Allgemeinbeschwerden, Gynäkologie
Befunderhebung: Gynäkologie

Hypermenorrhö – Verdachtsdiagnosen z. B.
Blutgerinnungsstörungen, Bluthochdruck, Endometriose, Herzkrankheiten, Nierenkrankheiten, Korpuspolypen, Uterusmyom

Hypertonie

Definition: Bei Erwachsenen gelten Werte über 160/95 mmHg, im Alter über 179/100 mmHg als Hypertonie. Neben der **primären = essenziellen Hypertonie** entsteht die

sekundäre Hypertonie
endokrin, z. B. bei Nierenerkrankungen, Hyperaldosteronismus, Morbus Cushing, Hyperthyreose, adrenogenitalem Syndrom;
medikamentös durch Ovulationshemmer;
kardiovaskulär bei Aortenisthmusstenose, Aortensklerose;
neurogen bei Hirndrucksteigerung oder Hirntumor;
in der Schwangerschaft als Eklampsie.

Einteilung nach Organschäden:
WHO-Grad I: keine klinisch nachweisbaren Schäden, normaler Augenhintergrund
WHO-Grad II: Schäden an Herz, Niere, Gehirn, Augen als Fundus hypertonicus
WHO-Grad III: Schädigung mehrerer Organe, Retinopathia, Hypertoniesymptomatik und Hypertoniekriterien
Als Folge von Organschäden: Schwindel, Kopfschmerz, Sehstörungen, Niereninsuffizienz, Hypermenorrhö, Retinopathia hypertensiva, Papillenödem
Kriterien für die Diagnose: erhöhte Blutdruckwerte bei dreimaliger Messung zu mindestens zwei verschiedenen Zeitpunkten
WHO-Einteilung: nach der Höhe des diastolischen Blutdrucks:
90 – 94 mmHg sog. Grenzwerthypertonie;
95 – 104 mmHg milde Hypertonie,
105 – 114 mmHg mittelschwere Hypertonie;
> 115 mmHg schwere Hypertonie

Hypertrichose

s. Hirsutismus

Hypomenorrhö

Definition: Ihre Patientin klagt über zu schwache Blutungen, die weniger als 2 Vorlagen pro Tag erforderlich machen; vgl. Brachymenorrhö, verkürzte, meist schwache Regelblutung von Stunden bis 1½ Tagen.
Systemübersicht: Allgemeinbeschwerden, Gynäkologie
Befunderhebung: Gynäkologie

Hypomenorrhö – Verdachtsdiagnosen z. B.
chronische Endometritis, Ovarialinsuffizienz, Anorexia nervosa, orale Kontrazeptiva, Asherman-Fritsch-Syndrom

I

Infertilität = Sterilität

s. Potenzstörungen

Inkontinenz, anale

Definition: Ihr Patient klagt über die Unfähigkeit, den Stuhlabgang zu kontrollieren. Unterscheiden Sie anale Inkontinenz von ungewolltem Stuhlabgang gemeinsam mit einem Wind.
Systemübersicht: Allgemeinbeschwerden, Anus und Rektum, Nerven
Befunderhebung: Anus und Rektum, Nerven

Inkontinenz, anale – Verdachtsdiagnosen z. B.
altersbedingte Sphinkterschwäche, austretende Hämorrhoiden III, Morbus Crohn,Querschnittslähmung oberhalb von L 1

Ikterus = Gelbsucht

Definition: Ihr Patient klagt über Gelbverfärbung von Haut, Schleimhäuten und Skleren.

Verwechslungsmöglichkeiten: **Karotinikterus** bei übermäßigem Genuss von Karotten oder Mangos oder durch Abbaustörung für Karotin bei Leberzirrhose oder Myxödem

bräunliche Pigmentierung entsteht durch melanozytenstimulierendes Hormon oder Ablagerung von Hämosiderin in der Haut bei Morbus Addison

grau-braune, bronzeähnliche Flecken bei Hämochromatose.

Systemübersicht: Allgemeinbeschwerden, Haut, Gastrointestinaltrakt

Befunderhebung: Haut, Gastrointestinaltrakt

Ikterus – Verdachtsdiagnosen z. B.
Cholangitis, Cholezystitis, Hepatitis, Karzinom der Gallenblase, Karzinom der Papilla vateri, Pankreaskarzinom, Pankreatitis

Intentionstremor, seniler, als Alterserscheinung

Interesselosigkeit

Definition: Ihr Patient klagt über Antriebsarmut, Verlangsamung, er habe zu nichts Lust.

Systemübersicht: Allgemeinbeschwerden, Nerven, Psychologie

Befunderhebung: Nerven, Psychologie

Interesselosigkeit – Verdachtsdiagnosen z. B.
Schädel-Hirn-Trauma, organisches Psychosyndrom,Depression, Morbus Alzheimer

Irisveränderungen

Definition: Ihr Patient klagt über Veränderungen von Farbe, Lage und Struktur seiner Regenbogenhaut.

Systemübersicht: Allgemeinbeschwerden, Augen

Befunderhebung: Augen

Irisveränderungen – Verdachtsdiagnosen z. B.

der Abstand der Iris zur Hornhaut ist größer als normal	Keratokonus
der Abstand ist kleiner	Winkelblockglaukom
das Relief der Iris verwaschen	Ödem
Exsudat kann sich auflagern	Iritis
sichtbare Irisgefäße als Neovaskularisation = Rubeosis iridis	Stauung, Diabetes mellitus, nach Gefäßverschluss der Netzhaut
Ringform der Iris durch Lücken unterbrochen	nach Trauma

K

Kältegefühl, abnormes

Definition: Ihr Patient klagt über Kältegefühl der Extremitäten nach Belastung oder trotz warmer Umweltbedingungen mit frühzeitigem Ermüdungsgefühl bis hin zu ziehenden, krampfartigen Belastungsschmerzen besonders in der Wade.

Systemübersicht: Allgemeinbeschwerden, Herz und Kreislauf, Extremitäten

Befunderhebung: Herz und Kreislauf, Extremitäten

Kältegefühl – Verdachtsdiagnosen z. B.
arterielle Durchblutungsstörung, Herzinsuffizienz, Hypothyreose, Thrombangiitis obliterans

Kammerflattern

s. Herzrhythmusstörungen

Kehlkopfschmerzen

Definition: Ihr Patient klagt über Halsschmerzen, Kehlkopfschmerzen.

Systemübersicht: Allgemeinbeschwerden, HNO

Befunderhebung: HNO

Kehlkopfschmerzen – Verdachtsdiagnosen z. B.
Pharyngitis, Kehlkopfkarzinom

Kiefersperre

s. Trismus

Definition: Ihr Patient klagt über Schlussunfähigkeit des Mundes. Kiefersperre kann Folge einer Kiefergelenksluxation z. B. durch Trauma oder extreme Mundöffnung beim Gähnen mit schräg gehaltenem Unterkiefer sein.

Knieschmerz

Definition: Ihr Patient klagt über Spontan-, Druck- oder Funktionsschmerzen in einem oder beiden Knien bzw. Kniegelenken in Ruhe oder bei Bewegung. Häufig kommt es gleichzeitig zur Knieschwellung.
Systemübersicht: Allgemeinbeschwerden, Extremitäten
Befunderhebung: Extremitäten

Knieschmerz – Verdachtsdiagnosen z. B.	
akut:	Überanstrengung, Meniskusriss, medialer oder lateraler Kniegelenkbandriss, Arthritis
chronisch:	Arthrose, Bursitis, Hämophilie, Arthritis psoriatica, chronische Polyarthritis, Lupus erythematodes

Knochenschmerzen

Definition: Ihr Patient klagt über Schmerzen in der Tiefe der Gliedmaßen. Sie sind nachts stärker als am Tag und durch Druck oder Schlag ausgelöst oder verstärkt. Zur Unterscheidung von Muskelschmerzen führt Kneifen in die umliegende Muskulatur *nicht* zur Verstärkung der Schmerzen. Gelenkschmerzen werden in der Regel durch Bewegung ausgelöst oder verstärkt.
Systemübersicht: Allgemeinbeschwerden, Extremitäten
Befunderhebung: Extremitäten

Knochenschmerzen – Verdachtsdiagnosen	
akut, Infektion in der Nähe	akute Osteomyelitis
chronisch: Durchbruch von Eiter	chronische Osteomyelitis
schmerzhafte *Knochenauftreibung*, Druck-, Erschütterungsschmerz, Spontanfraktur	Knochen-Neoplasma
Knochenverbiegungen, Kyphose, Genu varum	Morbus Paget

Knoten/Knötchen = Papeln

Definition: Ihr Patient klagt über feste Erhabenheiten der Haut. Knötchen sind bis linsengroß, Knoten bis erbsengroß, Tumoren über erbsengroß.
Systemübersicht: Allgemeinbeschwerden, Haut
Befunderhebung: Haut

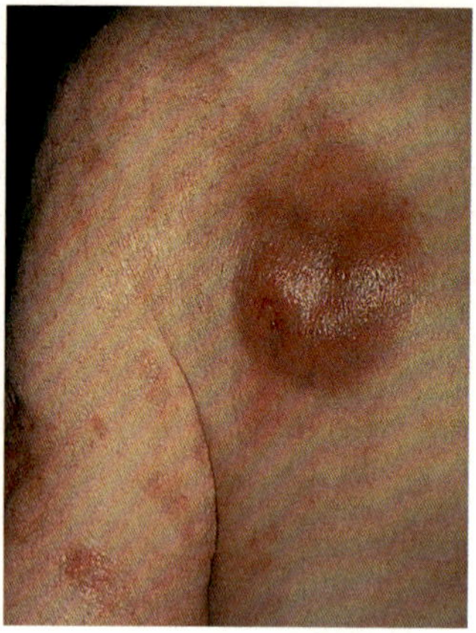

Abb. 4.**12** Knoten bei Mykosis fungoides

Papeln – Verdachtsdiagnosen z. B.	
Knötchen bei **Kindern, Jugendlichen**	aktinische Keratose, Verrucae planae juveniles
Keratose, später zentral Ulzerieren	spinozelluläres Karzinom, Keratoakanthom
follikuläre Knötchen an den Haarfollikeln	Acne vulgaris
im Gesicht ohne Komedonen (Mitesser)	Rosacea
an den Augenbrauen	Ulerythema ophryogenes
an den Wangen rotspitzkegelig	Keratosis follicularis
schmutzig-reibeisenförmige Knötchen	Dyskeratosis follicularis
diffuse nicht follikuläre Knötchen, in erster Linie an Kontaktstellen	allergisches Kontaktekzem
im **mittleren Lebensalter**, mit Teleangiektasien nach fleckenförmiger Rötung, mit klein lamellöser Schuppung, Beginn meist im 50. Lebensjahr	Rosacea

an den Wangen rot-spitzkegelig, unter Freilassung eines schmalen Streifens vor den Ohren, besonders bei Kindern, reibeisenförmig oder an der Streckseite der Oberarme	Keratosis follicularis
seitlich am Hals, in der Brustmitte und an den Leisten mit schmutzig-reibeisenförmigen Knötchen	Dyskeratosis follicularis
diffuse nicht follikuläre Knötchen, in erster Linie an Kontaktstellen, unscharfe Begrenzung, Rötung, Juckreiz	allergisches Kontaktekzem
gruppiert, flach-polygonal, rau, meist im Gesicht, oft zentral gedellt, wachsartig glänzend, stark juckend, besonders an den Beugeseiten des Unterarms, im Genitalbereich, an den Lippen und an der Wangenschleimhaut mit Netzphänomen	bei Lichen ruber planus
mit rauer Oberfläche, breitbasig aufsitzend	als Verruca (Warze)
gruppiert, perianal, schmalbasig, übertragen durch Geschlechtsverkehr	Condylomata acuminata
disseminiert, rot-schuppend, etwa linsengroß	Psoriasis
anulär, meist in Gelenknähe, dort meist ringförmig, oft zentral eingedellt, an den Extremitäten	Granuloma anulare
besonders häufig an der Genitalschleimhaut	Lichen ruber anularis
braun-rote Knötchen mit zentraler Atrophie, an Nase, Wangen, Ohren und Handrücken, bei Glasspateldruck hellbraunes Infiltrat, brüchige Oberfläche	Lupus vulgaris (Tb) oder Syphilis

Kohabitationsschmerzen, -blutungen, -beschwerden

Definition: Ihre Patientin klagt über Schmerzen im Zusammenhang mit dem Geschlechtsverkehr (= Dyspareunie, Algopareunie) und/oder *Kohabitationsblutungen* beim oder unmittelbar nach dem Geschlechtsverkehr.
Systemübersicht: Allgemeinbeschwerden, Gynäkologie, Psychologie
Befunderhebung: Gynäkologie, Psychologie

> **Kohabitationsschmerzen – Verdachtsdiagnosen z. B.**
> Pessarbeschwerden, stielgedrehte Ovarialzyste,Corpus-luteum-Zyste, ovarielle Massenblutung, Adnexitis (PID), ektopische Schwangerschaft, Endometriose, Adenomyosis, Endometritis, Corpus-/Cervix-/Vulvakarzinom, gestörter sexueller Reaktionszyklus

Kollapsneigung

Definition: Ihr Patient klagt über plötzliche vorübergehende Bewusstseinsstörungen.
Systemübersicht: Allgemeinbeschwerden, Herz und Kreislauf
Befunderhebung: Herz und Kreislauf

> **Kollapsneigung – Verdachtsdiagnosen z. B.**
> Hypotonie, vago-vasale Synkope, Schock, Leberzirrhose

Koma

Definition: Ein Koma liegt vor, wenn Ihr anhaltend bewusstloser Patient nicht auf Schmerzreize reagiert.
Systemübersicht: Herz und Kreislauf, Nerven
Befunderhebung: Herz, Kreislauf, Nerven

Koma – Verdachtsdiagnosen z. B.
Befragung Dritter

1. Die **Gesamtsituation** des Bewusstlosen,	z. B. Auto-, Elektrounfall, Drogen; urämischer, alkoholischer Geruch
2. Die **zeitliche Entwicklung** des Komas – *plötzlicher Eintritt*	z. B. Trauma, Gefäßverschluss, Arrhythmie
– *in Stunden*, z. B. toxisch	Eklampsie, Hypothermie, Hypoglykämie
– *in Tagen bis Wochen*	Ketoazidose, Urämie
3. **Vorgeschichte**	
– frühere Ohnmachtsanfälle	Epilepsie, Adams-Stokes-Hypoglykämie
– eingenommene Medikamente	z. B. Insulin, Schlafmittel, Tranquilizer

– Anamnese im weiteren Sinne wie	Schwangerschaft, Ulkus, gastrointestinale Blutungen, Drogen, Alkohol

Koma – Verdachtsdiagnosen vor Ort aufgrund von Leitsymptomen

Atmung oberflächlich, Dyspnoe, Zyanose	Hirndruck, kardiale pulmonale Hypoxie
Atmung tief (Kussmaul), Hypotonie, Exsikkose	metabolische Ketoazidose
weiche Bulbi, Zyanose, Dyspnoe, Tachykardie	Ketoazidose, pulmonale Azidose
Auftreibung und/oder rigider Bauch	Ileus/Peritonitis
hohes Fieber, Leber- und Milzvergrößerung	Sepsis
Hypotonie, Tachykardie	Schock z. B. durch perforierte ektopische Schwangerschaft, Intoxikation, massive Blutung, Thromboembolie, Addisonkrise
Ikterus, Foetor hepaticus	Coma hepaticum
urinöser Geruch, Meningismus	Coma uraemicum
Krämpfe, Meningismus, Stauungspapille	Meningitis, Hirntumor
enge Pupillen, Injektionsnarben	Drogenmissbrauch
Zungenbiss, tonisch-klonische Krämpfe	Epilepsie

Konzentrationschwäche

Definition: Ihr Patient klagt darüber, sich nicht auf eine Sache oder Tätigkeit konzentrieren zu können, mit den Gedanken abzuschweifen.
Systemübersicht: Allgemeinbeschwerden, Nerven und Psychologie
Befunderhebung: Nerven und Psychologie

Konzentrationsschwäche – Verdachtsdiagnosen z. B.
Depression, Ermüdung, Alter, posttraumatische Hirnleistungsschwäche, hirnorganisches Psychosyndrom

Koordinationsstörungen = Asynergie, Dyssynergie

Definition: Ihr Patient klagt über Unsicherheit beim Gehen, Fallneigung oder „Ungeschicklichkeiten" bei der Feinmotorik, z. B. beim Schreiben oder bei Handarbeiten. Unter Koordination versteht man das geordnete agonistische und antagonistische, zeitlich geordnete und adäquat dosierte Zusammenwirken von Muskeln bei komplexen Willkürbewegungen – von der Statomotorik zur aufrechten Körperhaltung und des Gleichgewichts bis hin zum genau plazierten Tennisball.
Systemübersicht: Nerven
Befunderhebung: Nerven

Koordinationsstörungen – Verdachtsdiagnosen z. B.
Schädigung des Kleinhirns, Hydrozephalus alresorptivus,Schädigung des Rückenmarksoder des peripheren Nervensystems
Cave: Lähmungen können Koordinationsstörungen vortäuschen!

Kopfbeweglichkeit eingeschränkt

Definition: Ihr Patient klagt darüber, dass er die Bewegungen des Kopfes nicht mehr bis zu den gewohnten Endpunkten ausführen kann.
Systemübersicht: Allgemeinbeschwerden, Wirbelsäule
Befunderhebung: Wirbelsäule

Kopfbeweglichkeit eingeschränkt – Verdachtsdiagnosen z. B.
verspannte Nackenmuskulatur (Fehlhaltung), Halswirbelsäulensyndrom, Meningitis, Enzephalitis

Kopfschmerzen

Definition: Ihr Patient klagt über Kopfschmerzen.
Systemübersicht: Allgemeinbeschwerden, Augen, Nerven, Wirbelsäule
Befunderhebung: Augen, Nerven, Wirbelsäule

Kopfschmerzen – Verdachtsdiagnosen z. B.

Hinterkopf- oder Seitenkopfschmerzen	Halswirbelsäulensyndrom
intrakraniale Kopfschmerzen	Entzündung, Tumor, Unfall
Scheitelkopfschmerzen: im Zusammenhang mit der psychischen Gesamtverfassung des Patienten oder wiederkehrenden unangenehmen Situationen	psychogene Kopfschmerzen

paroxysmale Kopfschmerzen, meist halbseitig, Stirn, Hinterkopf	Horton-Syndrom = Cluster headache
meist einseitig, Absenzen, zerebrale Anfälle und/oder einseitige Nervenausfälle, Krämpfe	Hirntumor
nach Trauma Erbrechen, Meningismus, Bewusstseinsstörungen	intrakranielle Blutung
plötzliche Sehverschlechterung, Sehen von Farbringen	primärer Glaukomanfall
periodische Anfälle von Halbseitenkopfschmerz, Lichtscheu, Übelkeit, Flimmerskotom	echte Migräne
pulsierende Kopfschmerzen: klopfender Hinterkopfschmerz, Schwindel, Blutdruck über 140/90 mmHg, Sehstörungen	Hypertonie
Anamnese: Infektion, Alkohol, Urämie, Vergiftung durch Arsen, Blei, Morphin, Kokain, Kohlenmonoxid	Intoxikation
umschriebene Kopfschmerzen: primäres Malignom, neurologische Ausfälle, Hirnnervenausfälle	Schädelmetastasen
stechender temporaler Dauerkopfschmerz: Landwirt, Tierarzt, Schlachthofarbeiter	Q-Fieber
Stirnkopfschmerz, Blässe, Fieber, Schüttelfrost	Arteriitis temporalis
seitlicher Kopfschmerz, Ohrenschmerzen, Taumeligkeit	Otitis media
Haltungs-Bewegungs-Kopfschmerzen, Schonhaltung, Bewegungseinschränkung, schmerzhafte Verspannung der Halsmuskulatur vorwiegend Hinterkopfschmerz	Halswirbelsäulensyndrom
verstärkt durch Kopfbewegung, Meningismus, Bewusstseinsstörung, Fieber und Erbrechen	Meningitis
Meningitissymptome, Persönlichkeitsveränderungen, Krämpfe, Lähmungen und Hirnnervenausfälle	Enzephalitis

4

Koterbrechen = Miserere bei Ileus

Kraftminderung

Definition: Ihr Patient klagt über Minderung bis Verlust seiner Muskelkraft.
Einteilung der Muskelkraft:
0 keine
1 sichtbare Muskelkontraktionen ohne Effekt
2 ohne Schwerkraft
3 Bewegung gegen Schwerkraft
4 Bewegung gegen Widerstand
5 normale Muskelkraft

Systemübersicht: Allgemeinbeschwerden, Extremitäten, Nerven, Psychologie
Befunderhebung: Extremitäten, Nerven, Psychologie

Kraftminderung – Verdachtsdiagnosen z. B.
zentrale Lähmung, periphere Lähmung bei Myasthenia gravis, Radikulitis, spinale Muskelatrophie

Krampfadern

s. Varizen

Krämpfe

Definition: Ihr Patient klagt über unwillkürliche Muskelkontraktionen.
Systemübersicht: Allgemeinbeschwerden, Nerven, Psychologie
Befunderhebung: Nerven, Psychologie

Krämpfe – Verdachtsdiagnosen z. B.

unwillkürliche Muskelkontraktionen als *klonische Krämpfe* sind schnell aufeinander folgende, kurze Zuckungen antagonistischer Muskeln	Pyramidenbahnschäden
tonische Krämpfe sind anhaltende, intensive Muskelkontraktionen	Krampussyndrom, Tetanus, Durchblutungsstörungen, Wurzelirritation, Elektrolytstörungen

tonisch-klonische Krämpfe sind Serien kurz dauernder, schüttelnder unwillkürlicher Zuckungen antagonistischer Muskeln im Wechsel mit anhaltenden Muskelkontraktionen	Epilepsie als Grand mal, Eklampsie, Urämie, Entzugssyndrom
lokalisierte Krämpfe einzelner Muskeln oder Muskelgruppen	Tic, Krampussyndrom, Torticollis spasticus
Schreibkrämpfe durch	übermäßige Handanspannung
„Denkkrämpfe"	Münchhausen-Examenssyndrom

Kribbeln

s. Ameisenlaufen

Krusten

Definition: Ihr Patient klagt über eingetrocknete Hautauflagerungen von Serum, Eiter oder Blut auf Erosionen: hellgelb als Zeichen eingetrockneten Serums, dunkel- bis grün-gelb als Zeichen für eingetrockneten Eiter, rötlich-schwarz bei eingetrocknetem Blut oder Hautnekrose (Schorf). Hämorrhagische Krusten liegen über dem Hautniveau.
Systemübersicht: Allgemeinbeschwerden, Haut
Befunderhebung: Haut

Krusten – Verdachtsdiagnosen z. B.
s. Blasen bzw. Erosionen

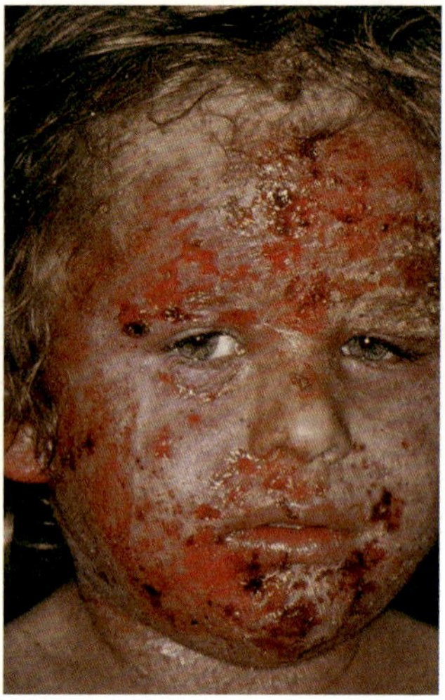

Abb. 4.**13** Krusten bei staphylogenem Lyell-Syndrom

Kurzatmigkeit

s. Dyspnoe = Atemnot

Kurzsichtigkeit = Myopie

Definition: Parallel einfallende Strahlen werden vor der Netzhaut vereinigt, der Patient sieht dauerhaft nicht scharf.
Systemübersicht: Augen
Befunderhebung: Allgemeinbeschwerden, Augen

Kurzsichtigkeit – Verdachtsdiagnosen z. B.
Exophthalmus, Keratotomie, Retinopathia pigmentosa

L

Lähmungen = nervale Bewegungsstörungen

Parese = Bewegungsminderung
Paralyse oder Plegie = Ausfall von Bewegungen
s. Muskeln, Funktionen, Innervationen (Suchschema)
Einteilung: motorische, sensible, phonische (Stimmband); Lähmungsschielen

Definition: Ihr Patient klagt über Minderung (Parese) oder Ausfall (Paralyse = Plegie) der Funktionen eines Körperteils, dass er für Alltagsbewegungen besondere Anstrengung aufwenden muss, die Spontaneität der einzelnen Bewegungen fehlt, z. B. dass er beim Treppensteigen oder auf unebener Straße mit einem Fuß leicht anstößt, sich die Finger verbrennt, ohne

dass es weh tut, oder dass er den Mund beim Sprechen nicht richtig aufmachen kann, oder dass Sie bei der Untersuchung der Extremitäten den Eindruck erschwerter oder nicht durchführbarer Bewegungen gewinnen. Es gilt zu klären, ob es sich um arthrogene Bewegungseinschränkung oder um eine neurale Lähmung handelt.
Systemübersicht: Allgemeinbeschwerden, Extremitäten, Nerven
Befunderhebung: Extremitäten, Nerven

> **Lähmungen – Verdachtsdiagnosen z. B.**
> Chorea, Kleinhirnschaden, Myositis, perniziöse Anämie, Polymyositis, Polyneuropathie, Botulismus, Tabes dorsalis.
> Durch Neurosen vorgetäuschte Pseudolähmung können Sie mit dem Beintest (s. dort) oder dem EMG von echten Lähmungen unterscheiden

Lähmung, periphere = schlaffe Lähmung

Das Gegenteil zur Spastik (zentrale Lähmung) ist die schlaffe Lähmung bei **Schaden im 2. peripheren Motoneuron** (Vorderhornzellen, vordere Wurzeln, peripherer Nerv bis motorische Endplatten). Die Bezeichnung erfolgt nach den betroffenen Muskeln, z. B. **Medianuslähmung**.

Lähmung, zentrale

Unvollständige Halbseitenlähmung (Hemiparese) oder Hemiplegie (totale Lähmung einer Körperseite, s. Wernicke-Mann). Als Querschnittslähmung sind spastische zentrale Lähmungen abhängig vom Ort des Schadens.
Regel: Läsion oberhalb des 6. HWK führt zu einer **Tetraplegie** , unterhalb des 1. BWK zur **Paraplegie** = Lähmung symmetrischer Extremitäten.
Zentrale Lähmungen bei **Apoplex**, **Hirntumor**, **Trauma im Bereich von Gehirn und Rückenmark**.

Lagophthalmus

s. Augenlider – Funktionsstörungen

Lichtscheu = Photophobie

Definition: Ihr Patient klagt darüber, dass ihm schon normale Beleuchtung Unbehagen oder Schmerzen bereitet und er es vorzieht, längere Zeit die Augen zu schließen bzw. eine dunkle Brille zu tragen.
Systemübersicht: Allgemeinbeschwerden, Augen
Befunderhebung: Augen

> **Photophobie – Verdachtsdiagnosen z. B.**
> Juckreiz, rotes Auge, Tränenträufeln:
> Konjunktivitis und zahlreiche Erkrankungen von Hornhaut, Iris und Ziliarkörper

Lichenifikation = Flechte

Definition: Ihr Patient klagt über flächenhafte Verdickung (Infiltration) der Haut mit kleinsten Bläschen und mit Vergröberung der Felderung.
Systemübersicht: Allgemeinbeschwerden, Haut
Befunderhebung: Haut

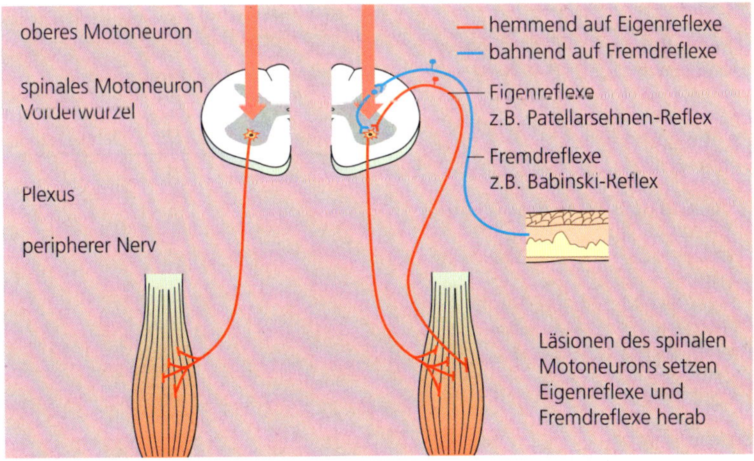

Abb. 4.**14** Periphere Lähmung

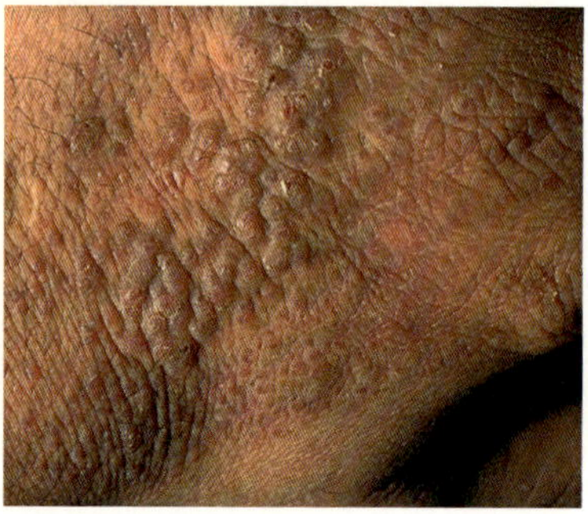

Abb. 4.15 Lichenifizierte Papeln bei chronischem Ekzem

Lichenifikation – Verdachtsdiagnosen z. B.	
Kontaktstellen mit unscharfer Begrenzung, Rötung und Juckreiz	allergisches Kontaktekzem
in den Ellenbeugen, an den Ansätzen der Ohrläppchen und in den Mundwinkeln	Neurodermitis diffusa

Lidkrampf

s. Blepharospasmus

Definition: Ihr Patient klagt über *tonische* Kontraktion der Augenlider.
Systemübersicht: Allgemeinbeschwerden, Augen
Befunderhebung: Augen

Blepharospasmus – Verdachtsdiagnosen z. B.	
einseitig durch störende Reize bei Erkrankung der vorderen Augenabschnitte	UV-Strahlen, Verätzung
doppelseitig als	psychogener Blepharospasmus
Unterscheiden Sie vom Blepharospasmus	
die Niktation = Blepharo*klonus* = Blinzelkrampf	Reizung im Trigeminusbereich
die unwillkürliche Schlagfolge	ekzematische Keratokonjunktivitis
den Blepharo*tonus* = tonischer, fazialisbedingter Lidkrampf im Rahmen eines Rhisus sardonicus mit tonischen Krämpfen der Kiefer-/Kaumuskulatur und Episthotonus	Tetanie

Lidödem

s. Augenlider – Schwellung

Linsentrübung = Katarakt = grauer Star

Definition: Ihr Patient klagt über Nebelsehen, Blendungsgefühl, darüber, dass seine Sehschärfe bis auf Helligkeitsunterschiede abnimmt; von Sehverschlechterung durch Hornhautschäden leicht zu unterscheiden mit einem Fluoreszinstreifen, der Substanzverluste des Hornhautepithels grün färbt.
Systemübersicht: Allgemeinbeschwerden, Augen
Befunderhebung: Augen

Linsentrübung – Verdachtsdiagnosen z. B.
embryonale Röteln, Altersstar nach dem 50. Lebensjahr, Entwicklungsstar, Diabetes, Tetanus, Myotonie, Iridozyklitis, Glaukom, Kortisontherapie, nach Prellung oder Verletzung

Lippenbläschen

s. Blasen

Lippenzyanose

s. Zyanose

Lymphknotenvergrößerung

Definition: Ihr Patient klagt über sichtbare oder palpable Lymphknoten.
Systemübersicht: Allgemeinbeschwerden, Haut
Befunderhebung: Haut

Lymphknoten – Regel	
Lokale druckschmerzhafte Lymphknoten sprechen für	**Entzündung**
Druckschmerz und Generalisierung sprechen für	**Infektion**
Lymphome, Leber- und Milzvergrößerung sprechen für	**Malignom**
Verklebte Lymphknotenpakete sprechen für	**Metastasen**

Tab. 4.6 Lymphknotenvergrößerung – Verdachtsdiagnosen z. B.

Region	Einzug	Diagnostik
Halslymphknoten	Kopfhaut, Gesicht, Mund, Zähne, Pharynx, Ohr	akut bei lokaler und generalisierter Infektion und Serumkrankheit, Morbus Hodgkin
retroaurikuläre	Umgebung der Augen, äußerer Gehörgang	Röteln, Lues 2, Herpes ophthalmicus, Trachom, Keratokonjunktivitis
jugulare	Zähne, Tonsillen, Parotis	lokale Infektionen und Neoplasmen
mandibuläre und submentale, Mundboden, Wangen	Zunge, submandibuläre Drüsen, Unterlippe	lokale Infektionen und Neoplasmen
supraklavikuläre	Mammae, Thoraxwand, Arme und Kopf	Neoplasmen von Ösophagus, Oberbauch und Lungen
axilläre Lymphknoten	obere Extremität, Thoraxwand, Mammae	lokale Entzündungen oder Neoplasmen, besonders der Mammae
inguinale Lymphknoten	untere Bauchwand, Becken, Penis, Skrotum, Vulva, Vagina, Perineum und Analkanal	regionale Infektionen, z. B. Lues oder Neoplasmen

M

Makula = Hautflecken

Definition: Ihr Patient klagt über umschriebene Farbveränderung im Hautniveau.
Systemübersicht: Allgemeinbeschwerden, Haut
Befunderhebung: Haut

Makula = Hautfleck – Verdachtsdiagnosen z. B.

roter Fleck, konfluierende punktförmige, rote Petechien	Skorbut (Möller-Barlow)
Ekchymosen über 3 mm großeumschriebene Blutungen	Morbus Werlhoff
mit Schüttelfrost, dann kontinuierlichem Fieber	Agranulozytose
mit Anämie, Milzvergrößerung,Lymphknotenschwellung	Leukämie
mit hämorrhagischer Diathese, großflächigen Hämatomen	Thrombasthenie, thrombotisch-thrombozytopenische Purpura (Moszkowicz)
meist auf dem Handrücken, an den Unterarmen, scharf begrenzt, tiefrot, nicht wegdrückbare 2 cm große Flecken	Purpura senilis
flächenhafte Suggilationen oder Suffusion mit entsprechender Familienanamnese, Neugeborene mit Ikterus	Hämophilie, Morbus haemorrhagicus neonatorum
brauner Fleck mit Adynamie, Gewichtsverlust	Morbus Addison

grau-braune, bronzeähnliche Flecken mit Splenomegalie	Hämochromatose
gelblich-braune Flecken im Gesicht, gehäuft in Gravidität	Chloasma
vereinzelt, *hell- bis dunkelbraun*, scharf begrenzter Fleck	Naevus
Zunahme von Größe und Farbe *bis braunschwarz*, höckerig	Melanom
zyanotischer Fleck, Irisblendenphämonem an den distalen Extremitäten, zyanotische Hautflecken, wegdrückbar	Akrozyanose
anfallweise Ischämie, meist an den Arterien der Finger mit schmerzhafter reaktiver Hyperämie	Raynaud-Syndrom
meist an einer Extremität, bevorzugt am ulnaren Unterarm, mit ödematöser Schwellung, atrophischer Haut	Akrodermatitis atrophicans
weißer Fleck bei Melaninmangel als Gegenteil der Sommersprossen, gehäuft	Diabetes mellitus, Lupus erythematodes, Vitiligo
mit weißblonder Kopf- und Körperbehaarung	Albinismus
mit klein-lamellöser Schuppung, bei Kindern im Gesicht, an den Armen	Pityriasis alba
mit einem lilafarbenen Ring umgeben, meist bei Frauen	Sklerodermie

Malabsorption

s. Verdauungsstörungen

Mammaschmerzen

Definition: Ihre Patientin klagt über Schmerzen in der Haut, in subkutanen Strukturen, der Muskulatur oder im Drüsengewebe der Mammae.
Systemübersicht: Gynäkologie, Thorax
Befunderhebung: Gynäkologie, Thorax

Mammaschmerzen – Verdachtsdiagnosen z. B.

Schmerzen in den Mammae mit örtlichen Entzündungszeichen	Mastitis
Mamillenverziehungen, palpable Knoten	Mammakarzinom
brennende Schmerzen, herpetiforme, bandförmige, segmentale Effloreszenzen	Herpes Zoster

Meläna

s. Teerstuhl

Menorrhagien

Definition: Ihre Patientin klagt über Regelblutungen, die länger als 6 Tage dauern. Menorrhagien sind kurz vor der Menarche und vor der Menopause physiologisch oder weisen auf pathologische Prozesse im Uterus bzw. hormonelle Einflüsse auf die Uterusschleimhaut hin.
Systemübersicht: Allgemeinbeschwerden, Gynäkologie
Befunderhebung: Gynäkologie

Menorrhagien – Verdachtsdiagnosen z. B.
Adenomyosis, Endometritis, Endometriose, Gerinnungsstörung, Hypothyreose, Myoma uteri, Pessarbeschwerden, Stein-Leventhal = PCO-Syndrom, Zervixpolypen, Zervixkarzinom

Menstruationsstörungen

Definition: Menstruationsstörungen sind Störungen der Stärke der monatlichen Regelblutung.
Normale Blutungsstärke = 3 bis 5 Vorlagen o. ä./Tag

- mehr als 5 Vorlagen pro Tag = Hypermenorrhö
- weniger als 2 Vorlagen pro Tag = Hypomenorrhö
- überlange Blutung (> 6 Tage) = Menorrhagie
- Zusatz- und Zwischenblutungen = Metrorrhagien
- schwache genitale Schmierblutung = Spotting
- Blutung weniger als 3 Tage = Brachymenorrhö
- menstruationsartige uterine Blutung = Abbruch-Durchbruchblutung
- schmerzhafte Regelblutung = Dysmenorrhö

Verwechseln Sie nicht Menstruationsstörungen mit Zyklusstörungen! Das sind zyklusunabhängige Störungen der Intervalle zwischen monatlichen Regelblutungen z. B. beim oder nach dem Geschlechtsverkehr als Kohabitationsblutungen (s. dort) oder Blutungen außerhalb des Zyklus als größere vaginale Blutabgänge (s. dort).

Untersuchungsschwerpunkte und Verdachtsdiagnosen finden Sie bei den einzelnen Menstruationsstörungen.

Merkfähigkeit reduziert

s. Gedächtnisstörungen

Meteorismus, Steigerungsform Flatulenz

Systemübersicht: Allgemeinbeschwerden, Gastrointestinaltrakt
Befunderhebung: Gastrointestinaltrakt
Erweiterte Anamnese: Ernährung.

Meteorismus – Verdachtsdiagnosen z. B.
große Mahlzeiten, kohlensäurehaltige Getränke, Hülsenfrüchte, Aerophagie, durch Behinderung des Gasaustausches, Ileus, Peritonitis, Leberzirrhose, Invagination, Volvulus, Angina abdominalis, Rechtsinsuffizienz

Metrorrhagien – Zusatzblutung und Zwischenblutung

Definition: Ihre Patientin klagt über Blutungen, die im Verlauf eines Zyklus außerhalb der Menstruation, als prä- und postmenstruelle Blutungen und als Zwischenblutungen vorkommen.
Systemübersicht: Allgemeinbeschwerden, Gynäkologie
Befunderhebung: Gynäkologie

Metrorrhagien – Verdachtsdiagnosen z. B.
Korpuskarzinom, Myom, Endometritis

Miosis

s. Pupillenveränderungen

Miserere = Koterbrechen bei Ileus

Missempfindung

s. Ameisenlaufen

Mittelschmerz

Definition: Ihre Patientin klagt über Unterleibsschmerzen in der Mitte des Zyklus.
Systemübersicht: Allgemeinbeschwerden, Gynäkologie
Befunderhebung: Gynäkologie

Mittelschmerz – Verdachtsdiagnosen z. B.
physiologisch, durch Platzen des Follikels, bedarf – soweit es sich um leichte Schmerzen handelt – keiner Therapie

Mongolenfalte = Epikanthus

als sichelförmige Hautfalte medial zwischen Ober- und Unterlid, bei Mongolismus (bei Asiaten normal), bei Down-Syndrom

Mundgeruch = Halitosis = Ketostomie = Atemgeruch

Definition: Ihr Patient klagt über „schlechten Atem".
Systemübersicht: Allgemeinbeschwerden, Gastrointestinaltrakt, HNO
Befunderhebung: Gastrointestinaltrakt, HNO

Halitosis – Verdachtsdiagnosen z. B.
Karies, Gingivitis, Stomatitis, Parodontose

4

Muskelschmerzen

Definition: Ihr Patient klagt über spontane oder durch Bewegungen induzierte Schmerzen in der Extremitäten- und Rumpfmuskulatur. Unterscheidung von Knochenschmerzen: Kneifen in die knochenumschließende Muskulatur führt zur Verstärkung der Schmerzen. Außerdem werden Knochenschmerzen nachts stärker als am Tage wahrgenommen.
Systemübersicht: Allgemeinbeschwerden, Extremitäten, Wirbelsäule
Befunderhebung: Extremitäten, Wirbelsäule

Muskelschmerzen – Verdachtsdiagnosen
Muskelschmerzen **ohne Gelenkbeschwerden**:
Muskelkater, Grippe, Myositis, Morbus Conn, Claudicatio intermittens, Scalenus-anterior-Syndrom, Karpaltunnelsyndrom

mit Bewegungseinschränkungen:
Osteochondrose, Neuromyotonie, amyotrophe Lateralsklerose, Knochenmalignome

mit entzündlichen Gelenkveränderungen:
Lupus erythematodes, Polymyositis, Morbus Bechterew

mit Hautveränderungen:
Morbus Addison, familiäres Mittelmeerfieber, Lupus erythematodes, systemische Sklerodermie, Periarteriitis nodosa, Katzenkratzkrankheit, Morbus Weil, Thrombose der V. axillaris, Sudeck-Dystrophie

mit gastrointestinalen Beschwerden:
Mittelmeerfieber, Periarteriitis nodosa

Sonderformen von Muskelschmerzen sind Muskelschmerzen als Folge von Überbeanspruchung z. B. durch Leistungssport als „Muskelkater" oder die Mackenzie-Zonen. Das sind Muskelgruppen, in die Schmerzen bei

Erkrankung innerer Organe, soweit sie von demselben spinalen Segment innerviert werden, projiziert werden.
Mackenzie-Zonen: bei Bornholmer Krankheit, Cholezystitis, Pankreatitis

Muskelschwäche

(s. Muskeln, Funktionen, Innervationenliste)
Definition: Ihr Patient klagt über unerwartet schnelles Nachlassen oder unzureichende Muskelkraft für alltägliche Verrichtungen. Es kann sich – abgesehen von muskulär-skelettalen Erkrankungen – um eine Parese (s. dort) handeln. Wenn gleichzeitig die Eigenreflexe verstärkt und pathologische Fremdreflexe auslösbar sind, gehört verminderte Muskelkraft zum Bild einer zentralen Lähmung (s. dort). Wenn Eigenreflexe abgeschwächt sind oder fehlen, aber Entartungsreaktionen auftreten, gehört verminderte Muskelkraft zum Bild einer peripheren Lähmung. Gestörte Reizübertragung im Muskel - also neuro-muskulär bedingte Minderung der Muskelkraft – finden Sie bei Myasthenia gravis, Radikulitis, spinaler Muskelatrophie.

Das British Medical Research Council hat folgende Einteilung verminderter Muskelkraft vorgeschlagen:
Fehlen einer Muskelkontraktion = völlige Lähmung
1 = eben sichtbare oder tastbare Muskelkontraktion, aber keine Bewegung
2 = aktive Bewegung, nur nach Ausgleich der Schwerkraft durch Unterstützung
3 = aktive Bewegung oder Haltung gegen die Schwerkraft ohne Unterstützung
4 = aktive Bewegung oder Haltung gegen Schwerkraft und leichten Widerstand
5 = aktive Bewegung oder Haltung gegen kräftigen Widerstand
6 = regelrechte Muskelkraft

Muskelatrophie = Muskelschwund

Definition: Ihr Patient klagt über Abnahme der sichtbaren Muskulatur.
Systemübersicht: Allgemeinbeschwerden, Extremitäten, Nerven
Befunderhebung: Extremitäten, Nerven

Muskelschwund – Verdachtsdiagnosen z. B.

myogene Muskelatrophie	progressive Muskeldystrophie, Myasthenia gravis, Inaktivität
neurogene Muskelatrophie	periphere Lähmung, neurale Muskelatrophie, spinale Muskelatrophie

Muskuläre Hypotonie

Definition: Ihr Patient klagt darüber, dass seine Bewegungen mühsam sind und die Spannung seiner Muskeln abgenommen hat, sodass die Bewegungsabläufe verzögert sind oder fehlender Tonus Bewegungen unmöglich macht.
Systemübersicht: Allgemeinbeschwerden, Extremitäten, Nerven
Befunderhebung: Extremitäten, Nerven

Muskuläre Hypotonie – Verdachtsdiagnosen z. B.
periphere (schlaffe) Lähmung, Apoplex, Trauma im Bereich von Gehirn und Rückenmark

Muskelschmerz

Definition: Ihr Patient klagt über Schmerzen in der Muskulatur, die durch Kneifen in die umliegende Muskulatur zunehmen.
Systemübersicht: Allgemeinbeschwerden, Extremitäten, Nerven
Befunderhebung: Extremitäten, Nerven

Muskelschmerz – Verdachtsdiagnosen z. B.
Muskelschmerzen **ohne Gelenkbeschwerden**: Muskelkater, virale (Grippe-)Myositis, Morbus Conn, Claudicatio intermittens, Scalenus-anterior-Syndrom, Karpaltunnelsyndrom
Muskelschmerzen **mit Bewegungseinschränkungen**: Osteochondrose, Neuromyotonie, amyotrophe Lateralsklerose, Knochenmalignome
Muskelschmerzen **mit entzündlichen Gelenkveränderungen** im Sinne von Arthritis: Lupus erythematodes, Polymyositis, Morbus Bechterew
Muskelschmerzen **mit Hautveränderungen**: Morbus Addison, familiäres Mittelmeerfieber, Lupus erythematodes, systemische Sklerodermie, Periarteriitis nodosa, Katzenkratzkrankheit, Morbus Weil, Thrombose der V. axillaris, Sudeck-Dystrophie
Muskelschmerzen **mit gastrointestinalen Beschwerden**: Mittelmeerfieber, Periarteriitis nodosa

Muskelspannung, erhöht

s. Spastik

Muskulatur, Funktionsstörungen

s. Bewegungsschmerzen

Muskuläre Hypotonie

Definition: Ihr Patient klagt über Spannungsminderung im Ruhetonus der Muskulatur als verminderter Dehnungswiderstand bei passiven Muskelbewegungen.
Systemübersicht: Allgemeinbeschwerden, Nerven, Extremitäten
Befunderhebung: Nerven, Extremitäten

Muskuläre Hypotonie – Verdachtsdiagnosen z. B.
gehört zum Bild der peripheren schlaffen Lähmung bei Chorea Huntington, Polyneuropathie, Kleinhirnschaden

Mydriasis

s. Pupillenveränderungen

N

Nachtschweiß

Definition: Ihr Patient klagt über nachts auftretende Hyperhidrosis.
Systemübersicht: Allgemeinbeschwerden, Endokrinologie und Stoffwechsel, Kreislauf, Nerven, Gynäkologie
Befunderhebung: Endokrinologie und Stoffwechsel, Kreislauf, Nerven, Gynäkologie

Nachtschweiß – Verdachtsdiagnosen z. B.
Klimakterium, Hyperthyreose, Phäochromozytom, Sympatikusschaden, Parkinson, Angst

Nackensteife = Nackenstarre

Definition: Ihr Patient klagt darüber, dass er den Kopf nicht bewegen kann.

Achtung: Unterscheiden Sie die Nackensteife vom *Rigor* der Halsmuskulatur, z. B. bei Morbus Parkinson,oder von dem „steifen Genick" der schmerzhaften Bewegungseinschränkung beim Halswirbelsäulensyndrom, bei dem Schmerzen besonders bei Seitwärts- und Drehbewegungen auftreten.
Systemübersicht: Allgemeinbeschwerden, Nerven, Halswirbelsäule
Befunderhebung: Nerven, Halswirbelsäule

Nackensteife – Verdachtsdiagnosen z. B.
Zeichen meningealer Reizung und damit Bestandteil des meningealen Syndroms; Meningitis, Nerveneinklemmung, Tetanus

Nächtlicher Harndrang

s. Nykturie

Näseln

Definition: Ihr Patient klagt über gestörten Luftstrom beim Sprechen.
Systemübersicht: Allgemeinbeschwerden, HNO
Befunderhebung: HNO

Näseln – Verdachtsdiagnosen z. B.

Näseln als Rhinolalia clausa = geschlossenes Näseln mit dumpfem Stimmklang ist Folge eines Verschlusses des Nasopharynx oder der Nasennebenhöhlen	Schnupfen, Sinusitis, Nasenpolypen, Nasentumoren, adenoide Vegetationen
Näseln als Rhinolalia aperta = offenes Näseln mit nasalem Stimmklang	Gaumensegellähmung, Gaumenspalten, Myasthenia gravis, manieriertes Sprechen (Kehlstimme)

Nagelveränderungen

Definition: Ihr Patient klagt über Veränderungen der Finger- und Fußnägel.
Systemübersicht: Allgemeinbeschwerden, Haut
Befunderhebung: Haut

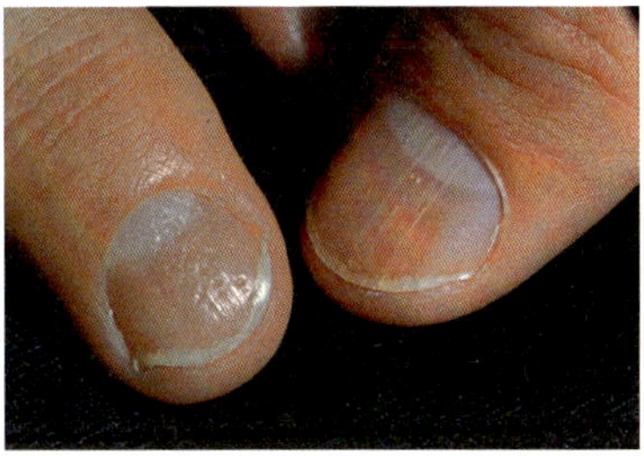

Abb. 4.**16** Tüpfelnägel bei Psoriasis

Erweiterung: Sozioökonomische Anamnese/Arbeitsplatz, Gewohnheiten.

Nagelveränderungen – Verdachtsdiagnosen z. B.	
opake Fingernägel mit brückenförmiger Wölbung und fehlenden Lunulae	Leberzirrhose, Nephrose
weiß-fleckige Nägel	Eisenmangelanämie
gelbliche Ölflecken im Nagelbett, Grübchen und Ölflecken	Psoriasis
braune Nagelstreifen	Morbus Addison
scharf abgegrenzte braune Flecken	Melanom
Uhrglasnägel	Herz-/Lungenerkrankungen, Enteritis, Colitis ulcerosa
Nagelverdickungen, Eintrübung, Aufsplitterung	Mykosen
gelbliche Nagelverdickung	Durchblutungsstörungen
Querrillen durch gestörte Nagelproduktion	nach schweren Infektionskrankheiten, mehrfachem hypovolämischem Schock
Veränderungen im Nagelbett, Entzündungszeichen	Panaritium, Paronychie
blasses Nagelbett	Anämie
dunkelrot-bläuliches Nagelbett	Polycythämie
zyanotisches Nagelbett	Rechts-links-Shunt
subunguale Splitterblutung	Psoriasis, Trichinose, hämorrhagische Diathese, Morbus Osler
ausgeprägte Kapillarpulse	Aorteninsuffizienz
weißlich-verdickte Nägel	Nagelmykose

Nahrungsmittelunverträglichkeit

Definition: Ihr Patient klagt darüber, dass ihm das Essen „nicht bekommt".

Systemübersicht: Allgemeinbeschwerden, Gastrointestinaltrakt, Nerven, Psychologie, Allergie

Befunderhebung: Gastrointestinaltrakt, Nerven, Psychologie, Allergie

Nahrungsmittelunverträglichkeit – Verdachtsdiagnosen z. B.
durch Medikamente und andere körperfremde Stoffe
Gastritis/Reizmagen, Allergene, Medikamente
durch Intoleranz für Fett, Kaffee und Alkohol
Cholezystitis, Karzinom der Gallenblase
durch Alkohol (Reaktion von Magen oder Pankreas) Gastritis/Reizmagen, Mallory-Weiss-Syndrom, Pankreaskarzinom, Pankreatitis, Ulcus pepticum
nach fett-, kohlenhydrat-, eiweißreicher Nahrung
Cholezystitis, Colitis pseudomembranacea, Hyperlipoproteinämie, infektiöse/toxischeGastroenteritis, Pankreaskarzinom, Pankreatitis, Laktoseintoleranz
durch bestimmte Nahrungsmittel wie Milch oder Milchprodukte
Lebensmittelvergiftung, Nahrungsmittelallergie, Pilzvergiftung

Nasenabsonderungen = Nasensekret

Definition: Ihr Patient klagt über Absonderungen aus der Nase unterschiedlicher Qualität.

Systemübersicht: Allgemeinbeschwerden, HNO/Nase

Befunderhebung: HNO/Nase

Nasenabsonderungen – Verdachtsdiagnosen z. B.	
durchsichtiges Sekret	Schnupfen, allergische Reaktion
schleimiges Sekret	Nasenpolypen
eitriges Sekret (besonders morgens)	Nebenhöhlenentzündung
braunes Sekret	Fremdkörper, Tumor
blutig-wäßriges Sekret, Kompression der gleichseitigen Halsvenen verstärkt	Kopfverletzung

Nasenbluten

s. Epistaxis

Nekrose

Definition: Ihr Patient klagt über eine schwarze Verfärbung der Haut als Zeichen eines Gewebsuntergangs nach irreversiblem Ausfall der Zellfunktionen; feuchte Nekrose als Gangrän, trockene Nekrose als Mumifikation.
Systemübersicht: Allgemeinbeschwerden, Haut
Befunderhebung: Haut

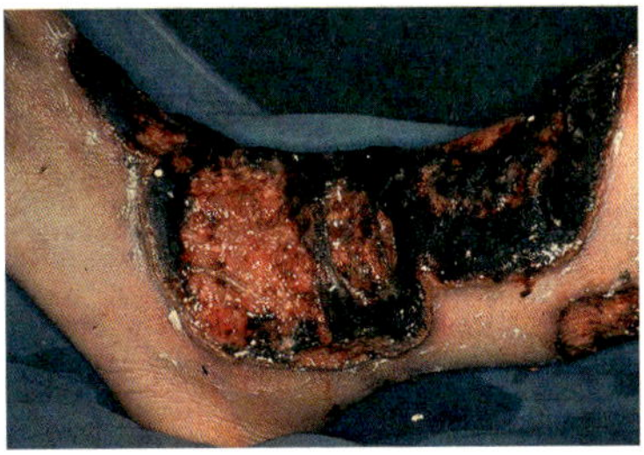

Abb. 4.**17** Gangrän bei Vasculitis allergica

Nekrose – Verdachtsdiagnosen z. B.

Nekrose an den Akren	arterielle Insuffizienz, Erfrierungen III. Grades
Nekrose an Druckstellen	Dekubitus
Nekrose segmentär gruppiert, gewöhnlich einseitig	Herpes Zoster gangraenosus
Nekrose ubiquitär	Verbrühung, Verbrennung, Verätzung
mit hohem Fieber, Schüttelfrost	gangränöses Erysipel

Neologismus

Definition: Wortneubildung, die in der normalen Sprache nicht vorkommt; als Teil der Aphasie (s. dort) oder bei Schizophrenie.

Nykturie = nächtliches Wasserlassen

Definition: Ihr Patient klagt über mehr als zweimaliges nächtliches Wasserlassen.
Systemübersicht: Allgemeinbeschwerden
Befunderhebung: Kreislauf, Urogenitalsystem, Herz/Kreislauf, Schwangerschaft
Erweiterung: Eigenanamnese, Gewohnheiten.

Nykturie – Verdachtsdiagnosen z. B.
Herzinsuffizienz, Entleerungsstörung (Prostata), Niereninsuffizienz

Nystagmus = optokinetisches oder vestibuläres Augenzittern

Definition: Ihr Patient klagt über anhaltende, ruckartige, unwillkürliche, schnell aufeinander folgende, horizontale, vertikale, rotatorische oder gemischte Bewegungen eines oder beider Augen = Blickrichtungsnystagmus.

Benannt wird dieser Rucknystagmus nach seiner schnellenden Phase, z. B. Linksnystagmus, oder Pendelnystagmus nach beiden Seiten.
Systemübersicht: Allgemeinbeschwerden, HNO, Nerven
Befunderhebung: HNO/Ohren, Nerven, Drogen, Medikamente

Nystagmus – Verdachtsdiagnosen z. B.

Blickrichtungsnystagmus	entsteht toxisch oder aufgrund einer Störung im Hirnstamm oder Kleinhirn
vestibulärer Spontannystagmus	bei Imbalanz des Vestibulartonus
Lagennystagmus	in Abhängigkeit von der Kopflage bei Schäden im Kleinhirn, Hirnstamm; Intoxikation, Morbus Menière, multiple Sklerose
Lagerungsnystagmus	durch Hinlegen, in Verbindung mit Schwindel
Downbeatnystagmus	Kleinhirnschaden durch Toxine oder Hirntumor
Upbeatnystagmus	bei Hirnstammsyndrom

Cave: Kunstfehler! Für eventuelle Spülung muss das Trommelfell intakt sein!

O

Ödeme

Definition: Ihr Patient klagt über „geschwollene Beine“ oder andere Hautpartien, die mit unveränderter Hautfarbe schmerzlos sind, spontan geschwollen aussehen oder auf Fingerdruck eine Delle hinterlassen.

Unterscheiden Sie Ödeme durch Wasseransammlung vom Myxödem und Lymphödem, die zwar als Ödeme imponieren, der Druck Ihres Fingers aber nur eine geringe und schnell schwindende Delle bildet oder die Dellenbildung überhaupt fehlt. Eine Sonderform bildet das schmerzhafte Ödem des ganzen Beines, das bei venöser Abflussstauung auftritt.

Achtung: Lange bestehende Ödeme führen zu fibrotischen Veränderungen des Unterhautzellgewebes! Sie lassen sich dann nicht mehr eindrücken und können diagnostisch in die Irre führen.

Systemübersicht: Allgemeinbeschwerden, Haut, Extremitäten, Herz und Kreislauf, Urogenitalsystem

Befunderhebung: Haut, Extremitäten, Herz und Kreislauf, Urogenitalsystem

Ödeme – Verdachtsdiagnosen z. B.

beidseitige Ödeme sprechen für Nephrose, nephritische oder kardiale Genese, Medikamente, Proteinmangel

einseitige Ödeme sind meist Zeichen für Thrombose oder Lymphabflussstau

Umschriebene *lokale* Ödeme entstehen im Rahmen der Entzündung bei Hautinfektionen, Verbrennung und allergischen Reaktionen (s. dort)

Ödeme und Begleitsymptome
Diagnostische Bedeutung

Symmetrische Ödeme

- gestaute Haut- und Halsvenen, Hepatomegalie, Meteorismus bei *Rechtsinsuffizienz*
- 5 Tage bis 6 Wochen nach Streptokokkeninfektion Kopfschmerzen, Lidödem, Hämaturie, Erythrozytenzylinder, Hypertonie, Tachykardie und Fieber bei akuter *Glomerulonephritis* (Erythrozytenzylinder, Antistreptolysintiter erhöht)
- morgens Lidödem, abends Knöchelödem, Blässe, später Skrotalödem, Aszites, Pleuritis, Perikarditis, Anasarka, Bauchschmerzen bei *nephrotischem Syndrom* (mehr als 3,5 g/d Proteinurie)
- feste, glatte, nicht druckschmerzhafte Leber, Splenomegalie, Ikterus, Spider, Palmarerythem, Schwäche, Gewichtsverlust, Bauchdeckenvenen hervorspringend, Testesatrophie, Gynäkomastie, Haarverlust, Libido vermindert bei *Leberzirrhose* (Hypalbuminämie)
- Lidödem, brüchige Fingernägel, kalte, trockene, dicke Haut, aufgedunsenes Gesicht, Kälteintoleranz, Obstipation, verminderte Libido, Verlangsamung, Menorrhagie, verlangsamte Muskelentspannung, Herzvergrößerung, leise Herzgeräusche, Bradykardie, Parästhesien, rektale Hypothermie bei *primärem Hypothyreoidismus* (Serum-TSH erhöht, Cholesterol erhöht)

Einseitige Ödeme

- Extremitätendruckschmerz, Wärme, bläuliche Haut, harte Stränge, erweiterte Oberflächenvenen, Hohmann-Zeichen positiv bei tiefer *Venenthrombose*
- Gefühl der Völle in der Extremität, Ziehen, leichte Ermüdbarkeit der Extremität, aber kein Druckschmerz, später Hautpigmentierung, vermehrt über dem Unterschenkel und in äußeren Knöcheln, dann Stasis dermatitis und Stasis ulcera bei *chronischer Veneninsuffizienz* (Venogramm, Szintigraphie)
- angeboren, in der Pubertät oder selten später entstanden, Schwellung einer Extremität mit typischer Buckelung auf dem Fußrücken bei *primärem Lymphödem*

Ödem oberhalb des Diaphragmas

- plötzlich Schüttelfrost, Fieber, Halsschmerzen, lokale Entzündungszeichen, scharf umgrenztes, leicht erhabenes Erythem, das zu Blasen führt, bei *Erysipel*
- schmerzlose, juckende Pusteln, Dyspnoe, Hämoptysen, Ulzera mit braunem Randödem, Lymphadenome bei *Anthrax*
- Haut, Hals und Venen der oberen Extremitäten gestaut, Dyspnoe bei oberer *Einflussstauung* (Neoplasma des Mediastinums, Thrombose der oberen Extremität)

Ohrenfluss

Definition: Ihr Patient klagt über Absonderung aus den Ohren.
Systemübersicht: Allgemeinbeschwerden, HNO
Befunderhebung: HNO

> **Ohrenfluss – Verdachtsdiagnosen z. B.**
> Otitis media, Otitis externa diffusa, Schädelbasisfraktur

Ohrensausen = Ohrgeräusche = Tinnitus

Definition: Ihr Patient klagt über Ohrgeräusche in einem oder beiden Ohren.
Systemübersicht: Allgemeinbeschwerden, Herz, Kreislauf, HNO
Befunderhebung: Herz und Kreislauf, HNO

> **Ohrensausen – Verdachtsdiagnosen z. B.**
> nicht pulsierend als Sausen, Brummen, Klingen:akute Otitis media, Otosklerose, Tubenkatarrh
>
> zischend oder pfeifend:
> nach Erkrankung des Innenohrs; akustisches Trauma, Akustikusneurinom, Menière, Intoxikation, Streptomycin
>
> pulssynchron:
> Durchblutungsstörung, Glomustumor, Hypertonie
>
> Tinnitus ist zu unterscheiden von Aura: Epilepsie

Ohrenschmerzen

Definition: Ihr Patient klagt über Schmerzen in einem oder beiden Ohren.
Systemübersicht: Allgemeinbeschwerden, HNO
Befunderhebung: HNO

> **Ohrenschmerzen – Verdachtsdiagnosen z. B.**
> Otitis externa circumscripta, Otitis media, Ohrfurunkel im äußeren Gehörgang, Ohrabszess, Hunt-Syndrom, Sinus-cavernosus-Thrombose

Orgasmus bleibt aus

s. Anorgasmie

Orientierungsstörung

s. Desorientiertheit

4

P

Papeln

s. Knötchen – Knoten

Paragrammatismus – Form der Aphasie

Definition: Ihr Patient oder seine Umgebung klagt über Störung des Satzaufbaus und/oder von Satzkombinationen.
Systemübersicht: Allgemeinbeschwerden, Nerven und Psychologie
Befunderhebung: Nerven und Psychologie

> **Paragrammatismus – Verdachtsdiagnosen z. B.**
> Apoplex, Schädel-Hirn-Trauma, Hirntumor, Enzephalopathie

Paraphasie – Form der Aphasie

Definition: Ihr Patient oder seine Umgebung klagt über eine Sprachstörung, bei der einzelne Laute in einem Wort ausgelassen, ersetzt, umgestellt, mit Bedeutungsänderung verwechselt oder hinzugefügt werden.
Systemübersicht: Allgemeinbeschwerden, Nerven und Psychologie
Befunderhebung: Nerven und Psychologie

> **Paraphasie – Verdachtsdiagnosen z. B.**
> Apoplex, Schädel-Hirn-Trauma, Hirntumor, Enzephalopathie

Parästhesien = Ameisenlaufen, Kälte- und Taubheitsgefühl

Definition: Ihr Patient klagt über Missempfindungen wie Ameisenlaufen, Kälte- und Taubheitsgefühl, Brennen, Kribbeln.
Systemübersicht: Allgemeinbeschwerden, Nerven, Extremitäten
Befunderhebung: Nerven, Extremitäten

Parästhesien – Verdachtsdiagnosen z. B.
Bandscheibenvorfall, multiple Sklerose, funikuläre Myelose, Polyneuropathie

Parese

s. Lähmung

Parotisschwellung

Definition: Ihr Patient klagt über Schwellung unterhalb der Maxilla.
Systemübersicht: Allgemeinbeschwerden, HNO
Befunderhebung: HNO

Parotisschwellung – Verdachtsdiagnosen z. B.

Abfluss aus dem Ductus parotideus blockiert	Speichelsteine
abstehende Ohrläppchen, Fieber, Gliederschmerzen	Mumps
Polyarthritis, verminderter Tränenfluss	Sicca-Syndrom

Perianale Knoten

Definition: Ihr Patient klagt über perianalen Tumor, meist gekoppelt mit erhöhtem Sphinktertomus und Schmerzen.
Systemübersicht: Allgemeinbeschwerden, Anus und Rektum
Befunderhebung: Anus und Rektum

Perianale Knoten – Verdachtsdiagnosen z. B.
Hämatom im perianalen Venenabflussgebiet, Perianalthrombose, Analabszess, Analkarzinom

Photophobie

syn. Lichtscheu

Pollakisurie

Definition: Ihr Patient klagt über häufige Entleerung kleiner Harnmengen.
Systemübersicht: Allgemeinbeschwerden, Urogenitalsystem
Befunderhebung: Urogenitalsystem

Pollakisurie – Verdachtsdiagnosen z. B.
Blaseninstabilität, Schrumpfblase, Blasenhalskarzinom, Störung der Blaseninnervation

Potenzstörungen

Impotenz – Sterilität = Infertilität
Definition: Ihr Patient klagt über Unfruchtbarkeit.

Impotentia coeundi ist das Unvermögen des Mannes, den Geschlechtsverkehr auszuüben; *Impotentia generandi* ist die Unfähigkeit zur Zeugung (Infertilität = Sterilität).

Von *Sterilität* spricht man bei der Frau, wenn sie unfähig ist, zu empfangen oder ein Kind auszutragen. Unterschieden wird primäre Sterilität ohne jegliche Konzeption und sekundäre Sterilität nach Schwangerschaft.

Sterilität beim Mann liegt vor, wenn er durch Hypozoospermie oder Azoospermie unfähig ist zu zeugen. Sterilität eines Paares ist die ungewollte Kinderlosigkeit über zwei Jahre trotz regelmäßiger, ungeschützter Kohabitationen.
Systemübersicht: Allgemeinbeschwerden, Potenzstörungen
Befunderhebung: Reproduktives System

Potenzstörungen – Verdachtsdiagnosen z. B.
Sterilität der Frau – als Impotentia concipiendi (fehlende befruchtungsfähige Eizelle) z. B. bei Ovarialinsuffizienz, Tubenverschluss nach Salpingitis oder -verwachsung, durch Endometriose, Uterus- oder Zervix-Vagina-Veränderungen; Diabetes mellitus, hypophysärer Hypogenitalismus, Hypothyreose, Psyche

Sterilität beim Mann – als Impotentia generandi (fehlendes befruchtungsfähiges Sperma):gestörte Spermatogenese durch unvollständigen Descensus testis, Hodenhypoplasie, -verletzung, Verlegung der Samenwege, Hypothyreose, Hypopituitarismus, Epidydimitis, Prostatitis

als Impotentia coeundi:
Kohabitationsstörung durch mangelnde Erektion, fehlender Orgasmus, Leriche-Syndrom, körperliche Schwäche, Malignom, Psyche

Pruritus = Hautjucken

Definition: Ihr Patient klagt über die Empfindung, sich kratzen zu müssen.
Systemübersicht: Allgemeinbeschwerden, Haut, Gastrointestinaltrakt
Befunderhebung: Haut, Gastrointestinaltrakt
Erweiterung: Sozioökonomische, Ernährungs-, Familienanamnese.

Pruritus – Verdachtsdiagnosen z. B.	
generalisierter Pruritus	Hepatitis, Leberzirrhose, Karzinom der Gallenblase und Gallengänge, Cholelithiasis, Urämie; Diabetes mellitus, Leukämie, Lymphogranulomatose
lokaler Pruritus im Analbereich	Wurmkrankheiten
Hautjucken zwischen den Fingern	Scabies
in anderen Hautbereichen	Ekzem, Urtikaria, Dermatomykosen

Ptose

Definition: Ihr Patient klagt über „müdes Aussehen" durch herabhängendes Oberlid.
Systemübersicht: Allgemeinbeschwerden, Augen, Nerven
Befunderhebung: Augen, Nerven

Ptose – Verdachtsdiagnosen z. B.
Teil des Horner-Syndroms, Myasthenia gravis, Parese des Nervus oculomotorius

Pterygium

s. Augenlider – Funktionsstörungen

Pupillenveränderungen

Definition: Ihr Patient klagt über Seitenunterschiede oder ungewöhnliche Größe der Pupillen. Gesunde Pupillen sind rund und gleich groß, bei Tageslicht 2 – 3 mm.
Systemübersicht: Allgemeinbeschwerden, Augen, Nerven
Befunderhebung: Augen, Nerven

Pupillenveränderung – Verdachtsdiagnosen	
Entrundungen der Pupillen:	Ptose und Miosis gehören zum Horner-Syndrom
Miosis und Begleitsymptome: Hautknoten, Ulzera mit Narben, Entzündungen im Bindegewebe, progressive Paralyse	bei Neurolues
durch Sympathikuslähmung, Krämpfe, Lähmungen, Bradykardie, Hypotonie	E-605-Vergiftung
abnorme Erweiterung der Pupille = Mydriasis	Contusio bulbi, Sphinkterschäden oder durch Sympathikusreizung, Okulomotorius- bzw. Parasympathikuslähmung
Mydriasis und Begleitsymptome: Hirndrucksymptome wie Kopfschmerzen, Hirnnervenausfälle, Bradykardie, Atemstörung	intrakraniale Blutungen
Apathie, Myxödem, Aufgedunsenheit	Hypothyreose
Blickparesen, Augenmuskellähmungen, Optikus-Neuritis, Blasen-, Darmstörungen, Nystagmus, Intentionstremor, skandierende Sprache	multiple Sklerose
Kopfschmerzen, Bewusstseinsstörung, Krämpfe, Brudzinski, Kernig, Lasègue, Opisthotonus	Meningitis
Struma, Exophthalmus, Stellwag, Graefe, Möbius	Morbus Basedow
Mydriasis aber auch bei	Angst, Schmerz, Erregung

Purpura

Definition: Ihr Patient klagt über rote Flecken im Hautniveau, die im Gegensatz zum Erythem mit dem Glasspatel *nicht* wegdrückbar sind.
Purpura-Formen: Punktförmige Petechien, fleckförmige Ekchymosen, flächenhafte Suggilationen, > 3 cm flächenhafte Suffusionen.

Systemübersicht: Allgemeinbeschwerden, Haut
Befunderhebung: Haut

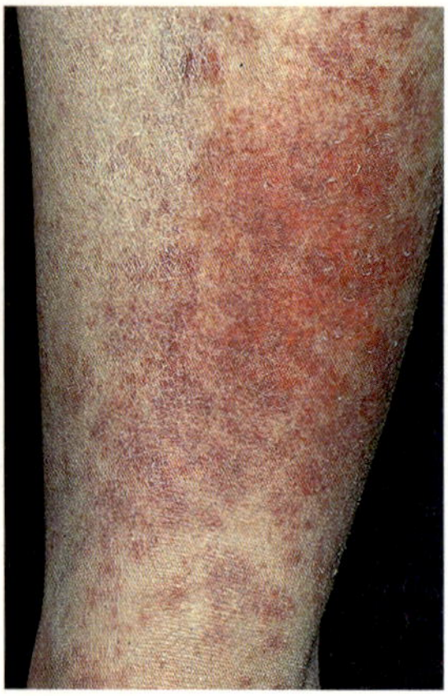

Abb. 4.**18** Purpura bei Schoenlein-Henoch-Syndrom

Purpura – Verdachtsdiagnosen z. B.	
Konfluierende = punktförmige, rote Petechien	Skorbut (Möller-Barlow)
Ekchymosen = fleckförmige, über 3 mm	Magen-Darm-Ulzera, Hypoglykämie, Thrombozytopenie, Morbus Werlhoff
mit Schüttelfrost	Agranulozytose
mit Anämie, Milzvergrößerung	Leukämie
mit großflächigen Hämatomen	Thrombasthenie
ekchymotisch, meist Handrücken	Purpura senilis
ekchymotisch-konfluierend	chronisch-venöse Insuffizienz
Purpura als flächenhafte Suggilationen oder Suffusion, Familienanamnese	Hämophilie
Neugeborene, Ikterus	Morbus haemorrhagicus neonatorum

Q

Quaddel

s. Urtika

R

Rasselgeräusche

s. Nebengeräusche

Regelstörungen

s. Zyklusstörungen

Regelblutung schmerzhaft = Dysmenorrhö = Schmerzen bei der Menstruation

Definition: Ihre Patientin klagt über periodisch auftretende dumpfe, auch krampfartige Bauchschmerzen oder anhaltende Schmerzen unmittelbar vor oder bis zu zwei Tagen während der Menstruation, die in den Rücken ausstrahlen und von Pollakisurie, Übelkeit, Durchfall, Kopfschmerzen und Stimmungsschwankungen begleitet sein können.

Zu unterscheiden vom etwa 8 Tage anhaltenden prämenstruellen Syndrom mit Kopfschmerzen, Ödem und Brustschmerz, aber ohne Bauchschmerzen.

Systemübersicht: Allgemeinbeschwerden, Gynäkologie
Befunderhebung: Gynäkologie

Dysmenorrhö – Verdachtsdiagnosen z. B.
Dysmenorrhö weist auf Entzündung, Tumor, narbige Verengung der Zervix, Uterusmissbildungen oder psychologische Ursachen hin. Adnexitis (PID), Asherman-Syndrom, Gynatresie, Endometriose, Adenomyosis, Mayer-Rokitansky-Küster-Syndrom, Myoma uteri, Pessarbeschwerden, Retroflexio fixata

Rhagaden = Hautrisse

Definition: Ihr Patient klagt über tiefe Einrisse der Haut vor allem in den Mundwinkeln, perianal und in den Finger- bzw. Zehenzwischenräumen.
Systemübersicht: Allgemeinbeschwerden, Haut
Befunderhebung: Haut

Rhagaden – Verdachtsdiagnosen z. B.	
Ohrläppchen und palmo-plantar, trockene, blasse Haut in den Mundwinkeln	Neurodermitis diffusa
intertriginös	Intertrigo, Kontaktekzem, Pyodermie, Tinea, Candida-Mykose
palmo-plantar, herdförmig, diffuse Rötung	erythemato-keratotische Reaktion

Riechstörung = Geruchsstörung, Anosmie, Hyposmie, Kakosmie

Definition: Ihr Patient klagt über Fehlen, Minderung oder Abänderung der Geruchswahrnehmungen, oft kombiniert mit Geschmacksstörung.
Systemübersicht: Allgemeinbeschwerden, HNO, Nerven
Befunderhebung: HNO, Nerven

Anosmie – Verdachtsdiagnosen z. B.
Rhinitis, Sinusitis, Nasenpolypen, Nasentumoren

Rigor

Definition: Ihr Patient klagt darüber, dass seine Muskeln übermäßig gespannt sind und seine Bewegungen ruckartig ablaufen.
Systemübersicht: Allgemeinbeschwerden, Nerven
Befunderhebung: Nerven

Rigor – Verdachtsdiagnosen z. B.
Rigor weist auf extrapyramidale Schäden z. B. bei Morbus Parkinson hin

Rotblindheit

s. Farbenfehlsichtigkeit
Definition: Rotblinde lesen rote Farben nicht: Protanopie = Rotblindheit, abgeschwächte Form: Protanomalie.

Roter Fleck

s. Erythem

Rückenschmerzen – Kreuzschmerzen

Definition: Ihr Patient klagt über Ruhe- oder Bewegungsschmerz im Rücken.
Systemübersicht: Allgemeinbeschwerden, Wirbelsäule, Extremitäten, Gynäkologie
Befunderhebung: Wirbelsäule, Extremitäten, Gynäkologie

Rückenschmerzen – Verdachtsdiagnosen z. B.
Fußdeformitäten, Skelettanomalien, Trauma, Spondylarthritis ankylopoetica, Spondylolisthesis, Knochentuberkulose, Bandscheibenvorfall, Lumbago, Ischialgie, Osteochondrose der Lendenwirbelsäule, Wirbelsäulenmetastasen, Myoma uteri, Retroflexio uteri, Ovarialtumoren

S

Schielen = Strabismus

Definition: Abweichung eines oder beider Augen von der Normalstellung. Konstante Einstellbewegungen nach temporal bei Strabismus divergens, nach nasal bei Strabismus convergens.

Unterschiedliche Blickrichtung: variierende Einstellbewegungen bei Augenmuskellähmungen.

Schlafstörungen

Um Schlafstörungen richtig zu bewerten, vergleicht man die tägliche geistige und körperliche Belastung des Patienten mit seinem Schlafbedürfnis. Dazu müssen Sie feststellen, inwieweit z. B. abendliche Einschlafstörungen durch ausgedehnte mittägliche Bettruhe bedingt sind oder ob der Patient z. B. durch ungelöste Probleme nicht zur Ruhe kommt.

Es ist wichtig zu untersuchen, wie viele Stunden der Patient wirklich nachts schläft, wann er gewöhnlich ins Bett geht, aufwacht und aufsteht. Es darf auch nicht unberücksichtigt bleiben, inwieweit andere Personen, schnarchender Ehepartner oder lärmende Kinder, Überheizung, mögliche Schmerzen, paroxysmale Dyspnoe, Nykturie, sexuelle Probleme oder zu schwere Abendmahlzeiten den Schlaf stören. Für eine gezielte symptomatische Behandlung ist festzustellen, ob es sich um Einschlaf- oder Durchschlafstörungen handelt. Nimmt Ihr Patient Medikamente gegen die Schlafstörungen (welche, wie viel, wann)?

Definition: Ihr Patient klagt über Einschlaf- oder Durchschlafstörungen. Der Durchschnittswert von acht Stunden pro Tag sollte nur als grobe Regel bei Gesunden und entsprechend den Lebensgewohnheiten gelten.
Systemübersicht: Allgemeinbeschwerden, Nerven und Psychologie
Befunderhebung: Nerven und Psychologie

Schlafstörungen und Begleitsymptome Diagnostische Bedeutung

- Einschlafstörungen, Durchschlafstörungen und zu frühes Erwachen, tagsüber ungewöhnliche Müdigkeit, Abgeschlagenheit, Entscheidungsschwäche, psychische Probleme besonders bei Überforderung, Depression als *Insomnia*
- spät im Lauf der Nacht eintretende, emotional negative, aber nicht angstbesetzte Träume, an die sich der Patient detailliert erinnert, oft gemeinsam mit Durchschlafstörungen, aber geringer motorischer Unruhe sind *Albträume*
- Träume über lebensbedrohliche Situationen, denen der Patient selbst ausgesetzt ist, ausgeprägte motorische Unruhe, Schweißausbrüche und Tremor als *Angstträume*, Nachtangst, Pavor nocturnus
- früh im Lauf der Nacht, Unklarheit über Schlaf- bzw. Wachzustand, geringe Erinnerung über die Ereignisse, ähnliche Familienanamnese, Beginn im Jugendalter, ohne neurologische Ausfälle, bei *Schlafwandeln*
- tagsüber, Minuten bis Stunden dauernde anfallartige Schlafzustände, oft mit Hinstürzen (Kataplexie) oder Lachkrämpfen, aufweckbar, erfrischt nach dem Schlaf, aber nachts Insomnia bei *Narkolepsie*
- ungewöhnlich langer, aber nicht erfrischender Schlaf, Schlaftrunkenheit, ähnliche Familienanamnese bei *Hypersomnia*, z. B. Hirntumor, Enzephalitis oder Drogenmissbrauch
- episodische, sekundenlange, krampfhafte, stöhnende oder schnarchende Atemzüge nach jeweils mindestens 10 Sekunden Pause, Morgenkopfschmerz, übermäßiges Schlafbedürfnis, während der Schlafphasen ohne schnelle Augenbewegungen bei *Schlafapnoe*
- unwillkürliche nächtliche Harnentleerungen von Geburt an, ähnliche Familienanamnese bei primärer *Enuresis nocturna*
- später als Trotz- oder Protestreaktion, überhöhte Forderungshaltung oder Überforderungsgefühl, aber auch bei Spina bifida und Zystitis bei sekundärer *Enuresis nocturna*

Schlafstörungen – Verdachtsdiagnosen z. B.
Depression, Neurose, Angstzustände, Manie, Drogen, Alkoholkrankheit

Schleimabgänge, anale

Definition: Ihr Patient klagt über Schleimauflagerungen oder selbstständige anale Schleimabgänge.
Systemübersicht: Allgemeinbeschwerden, Anus und Rektum, Gastrointestinaltrakt
Befunderhebung: Anus und Rektum, Gastrointestinaltrakt

Schleimabgänge, anale – Verdachtsdiagnosen z. B.
Enteritis regionalis, gemeinsam mit Perianalgeschwür bei AIDS, Enteritis regionalis, Rektumulkus

Schluckauf = Singultus

Definition: Ihr Patient klagt über unwillkürlichen, hörbaren, plötzlichen inspiratorischen Schluss der Glottis.
Systemübersicht: Allgemeinbeschwerden, Gastrointestinaltrakt, HNO, Nerven
Befunderhebung: Gastrointestinaltrakt, HNO, Nerven

Singultus – Verdachtsdiagnosen z. B.
zu schnelles, kaltes Trinken, Enzephalitis, Hirntumor, zwerchfellnahe, intraabdominale Erkrankungen wie subphrenischer Abszess

Schluckbeschwerden = Schluckstörungen

Definition: Ihr Patient klagt über Schmerzen und ein Würgegefühl beim Schlucken. Klären Sie bei Schluckbeschwerden, ob sie beim „Trocken-Runterschlucken", beim Schlucken von Speise oder Flüssigkeit, wann und bei welchem besonderen Anlass auftreten.
Systemübersicht: Allgemeinbeschwerden, HNO, Gastrointestinaltrakt, Nerven
Befunderhebung: HNO, Gastrointestinaltrakt, Nerven

Schluckbeschwerden – Verdachtsdiagnosen z. B.
Schluckbeschwerden während des Essens: Thyreoideakarzinom, Ösophagitis, Ösophagusdivertikel, Tetanus, Botulismus

mit Lymphknotenschwellung am Hals: Diphtherie, Ösophagusvarizen, Ösophaguskarzinom, Mediastinaltumor

essenunabhängige Schluckbeschwerden: Laryngitis, Pharyngitis, Thyreoiditis, Störung von Nn. IX, X, XII, Myasthenia, Dermatomyositis, Bulbärparalyse

Schmerzen

Bisher haben wir beschrieben, wie eine Hauptbeschwerde differenziert werden kann, und uns dabei weitgehend an Schmerzen orientiert.

Die Feststellung des Schmerzbeginns, der Lokalisation, die Abgrenzung gegen schmerzfreie Zonen, Auslösung, Anlässe für Verschlimmerung oder Besserung und Schmerzverlauf und Beeinflussbarkeit durch Wärme oder Medikamente ergeben so häufig diagnostische Hinweise, dass man Schmerzen gern zum Leitsymptom wählt und sich von ihnen in seinem diagnostischen Denken führen lässt.

Zusammenhangsverständnis für Schmerzentstehung, Schmerzleitung und Schmerzbedeutung erspart manches Auswendiglernen.

Anatomische und physiologische Grundlagen

Schmerzempfindungen werden durch Schmerzfasern, Leitungen und zentrale Integrationsmechanismen möglich. Schmerzen entstehen durch Stimulierung der Schmerzfasern, z. B. bei Trauma, Spasmen, Ischämie oder lokaler Ansammlung von Metaboliten. Schmerzleitende Fasern treten durch das dorsale Ganglion in das Rückenmark ein, kreuzen das Rückenmark zum gegenüberliegenden anterolateralen Quadranten und steigen als Tractus spinothalamicus und werden von dort in die hintere Zentralwindung fortgeleitet. Schmerzen werden im Thalamus empfunden, in der Hirnrinde so verarbeitet, dass man die Schmerzen lokalisieren, Schmerzqualitäten wahrnehmen und unterscheiden kann.

Nach dem *Prinzip des adäquaten Stimulus* ist für jeden spezifischen sensorischen Rezeptor ein spezieller Stimulus erforderlich, um ihn zu erregen. Spezifische Reize im viszeralen Bereich (Thorax und Bauchorgane) sind Überdehnung, Spasmen und chemische Irritation. Das Prinzip des adäquaten Stimulus erklärt, warum man Bauchoperationen in Lokalanästhesie durchführen kann, solange z. B. Zug am Mesenterium vermieden wird.

Schmerzen zu tiefen Organen lassen sich nach *topographischen Gesichtspunkten* zuordnen, aber man kann auch aus Muskel- und Oberflächenschmerzen auf betroffene viszerale Organe schließen. Bei der Übertragung von Eingeweideschmerzen in Muskelgruppen spricht man von den **Mackenzie-Maximalpunkten**. Mithilfe der **Head-Zonen** schließen Sie aus Hyperalgesien und Hyperästhesien der Haut auf unter Umständen weit vom Reizort entfernt liegende tiefe Organe.

Viszerale Schmerzen werden häufig auf die Oberfläche projiziert, weil diese Dermatome aus Fasern derselben Hinterwurzeln versorgt werden, durch die viszerale afferente Impulse des schmerzenden Organs in das Rückenmark eintreten. Dann entstehen (wahrscheinlich) durch Kurzschlüsse die so genannten ausstrahlenden Schmerzen, beispielsweise bei Patienten mit Angina-pectoris-Anfällen, die vom Herzen über die gemeinsame erste, zweite und dritte Thorakalwurzel in die Thoraxwand und den medialen Arm ausstrahlen.

Schmerztypen

Somatische Schmerzen: Schmerzen an der Körperoberfläche werden als *stechend* („pieksend") empfunden. Sie sind an der Haut und an den Schleimhäuten von Mund, Nase, Vagina und Urethra gut zu lokalisieren. Anhaltend und in größeren Flächen wirken sie *brennend*.

Auch in die tieferen Gewebsschmerzen in Muskeln, Ligamenten oder dem Periost werden noch verhältnismäßig umgrenzt wahrgenommen. Dasselbe gilt für Schmerzen der parietalen serösen Membranen (Peritoneum und Pleura), die aber auch in den korrespondierenden Dermatomen als Ausstrahlung und damit fern vom eigentlichen Schmerzort wahrgenommen werden können.

Schmerzen der Blutgefäße entstehen durch Zug oder Torquierung, z. B. bei raumfordernden Prozessen am Schädel, durch Dilatation bei Migräne oder Entzündung bei der Arteriitis temporalis. Auch sie gestatten in der Regel noch eine mindestens ungefähre Lokalisation des Schmerzortes.

Schmerzen, z. B. durch Druck auf Nervenstränge, werden in dem Dermatom wahrgenommen, das durch die dorsalen Wurzeln versorgt wird, z. B. führt Druck auf den N. ulnaris im Bereich des Ellenbogens zu Schmerzen im kleinen Finger, eine Entzündung der Hinterwurzelganglien, die von den peripheren sensorischen Fasern der entzündeten Wurzelganglien versorgt werden (z. B. beim Herpes Zoster).

Viszerale Schmerzen weisen auf Erkrankungen der Eingeweide oder retroperitonealer Hohlorgane hin. *Im Oberbauch* sind die Zeichen für Erkrankungen des Magens und des oberen Dünndarms. *Periumbilikale* viszerale Schmerzen entstehen bei Erkrankungen der unteren Dünndarmabschnitte und des Colon transversum. *Im Unterbauch*, meist beiderseits der Mittellinie, wahrgenommene viszerale Schmerzen weisen auf Erkrankungen der übrigen Dickdarmanteile und bei weiblichen Patienten des reproduktiven Systems hin. Die viszeralen Schmerzfasern stammen *aus dem sympathischen Nervensystem*:

- meist aus mehreren Segmenten, deshalb die unscharfe Höhenlokalisation;
- Sie werden nahe der Mittellinie wahrgenommen, weil in der Regel beide Seiten des Rückenmarks und des Grenzstrangs die Bauchorgane versorgen;
- sie werden meist oberhalb des erkrankten Organs angegeben, weil die Bauchorgane in der embryonalen Entwicklung gegenüber den Dermatomen absinken;

Tab. 4.7 Viszerale und somatische Schmerzen

Schmerzqualität	Schmerzablauf	Schmerzort	Begleitsymptome	Organzuordnung
Viszeraler Schmerz				
dumpf, bohrend, krampfartig	wellenförmig 11 – 15 Sek. bis 2 Min.	diffus bds. der Mittellinie	vermehrte Darmgeräusche, Unruhe, Schweiß, Übelkeit, Erbrechen, Blässe, Bewegungsdrang	Herz, Galle, Magen, oberer Dünndarm, Colon transvers., übriger Dickdarm, Urogenitalsystem
Somatischer Schmerz				
scharf, brennend	Dauerschmerz oder Crescendo-Decrescendo	gut lokalisierbar, unilateral	Schmerzverstärkung durch Bewegung und Erschütterung, deshalb Bewegungsarmut, Schonhaltung	entsprechend der Topographie

- sie sind krampfartig oder echte Koliken, weil sie in der Regel Ausdruck einer Erkrankung von Hohlorganen oder deren Beteiligung an benachbartem Krankheitsgeschehen sind;
- Reizverschmelzungen (s. Kurzschlusstheorie) führen zur Fehlprojektion viszeraler Schmerzen in die Rumpfwand, und zwar in die Haut als Head-Zonen, in die Muskulatur als Mackenzie-Maximalpunkte.

Brennende, viszerale Schmerzen entstehen, wenn der Inhalt des Gastrointestinaltraktes mit dem Peritoneum in Berührung kommt, schneidend-krampfartige Schmerzen durch Überdehnung oder Spasmen der Hohlorgane, bohrende Schmerzen durch Übergreifen entzündlicher Prozesse auf das Peritoneum parietale, stechende, viszerale Schmerzen in erster Linie bei mesenterialen Gefäßverschlüssen.

Als vegetative Gesamtreaktion bezeichnet man die Begleitsymptome viszeraler Schmerzen wie Wälzen, Eindrücken der Bauchwand, Bewegungsdrang, Schweißausbrüche, Blässe, Erbrechen, Borborygmi, Hyperperistaltik und Darmsteifungen im Sinne palpabler Peristaltikwellen.

Schmerzpsychologie

Patienten erleben Schmerzen mit großer Variationsbreite. Das hat mehrere Gründe: unterschiedliche physiologische Schmerzschwellen, die mit zunehmendem Alter ansteigen und im Greisenalter so hoch liegen können, dass z. B. eine akute Appendizitis zu spät erkannt wird, *unterschiedliche individuelle Reaktionen auf ähnlich starke Schmerzreize*, die den einen kaum beeinträchtigen, für andere zum Mittelpunkt ihrer Welt werden, und schließlich die Tatsache, dass die meisten Menschen es lernen, besonders mit chronischen Schmerzen zu leben.

Diskrepanzen zwischen dem tatsächlichen Schmerzerlebnis und Übertreibungen kann der Arzt in der *Regel heraushören oder aus Begleitsymptomen* und Patientenverhalten erschließen: Blässe, Tachykardie, Tachypnoe, Erschöpfung oder gar Schock bieten ebenso objektive Maßstäbe für den Vergleich mit der Schmerzschilderung wie Haltung, Mimik, Gestik, Motorik und Sprechform.

Schon der alltägliche Sprachgebrauch „Das bereitet mir Kopfschmerzen“ oder „Da bekommt man ja Bauchschmerzen“ usw. deuten auf die Neigung hin, Schwierigkeiten oder Probleme mit Schmerzbegriffen zu beschreiben und sie ggf. in Organen zu lokalisieren, die durchaus gesund sein können. Solche Schmerzen nennt man funktional, behandelt sie in vielen Fällen mit leichten Analgetika oder Plazebos und darf sich nicht allzusehr darüber wundern, wenn das weder jedem Patienten hilft noch auf die Dauer die Arzt-Patienten-Situation stabilisiert. Den kausalen Ansatz für die Therapie kann in einem solchen Fall die ausführliche Exploration bieten.

Einen nicht unerheblichen Einfluss auf Schmerzen haben *Gefühle und Stimmungslage* des Patienten. Sie „bahnen“ seine Reaktionsbereitschaft, die beispielsweise in einer ausweglos erscheinenden Lage sehr viel größer ist, oder sie heben den seelischen Schwellenwert für die Reaktion auf Schmerzen an, die z. B. in ungeeigneten Situationen als „unerwünscht“ erlebt und damit mindestens zeitweise verdrängt werden. Als Beispiele mögen der Militaryreiter bei einer Olympiade gelten, der mit gebrochenem Schlüsselbein weiterritt, oder die vielen Berichte von Verwundungen im Krieg, die erst dann wahrgenommen wurden und Schmerzen bereiteten, wenn die unmittelbare Todesangst überwunden war.

Auch die *Körperregionen*, in denen Schmerzen auftreten, spielen in Bezug auf die Neigung des Patienten, darüber zu berichten, eine Rolle. Schmerzen im Rektogenitalbereich genieren den Patienten eher als Kopfschmerzen, und das Ausbleiben einer Regel wird gern schamhaft nicht nur gegenüber Familienmitgliedern und Freunden, sondern gelegentlich auch gegenüber dem Arzt verschwiegen.

Für praktische Belange ist es wichtig, den Hypochonder und den Simulanten voneinander zu unterscheiden: Bei der Krankengeschichte des **Hypochonders** fällt auf, dass er viele Ärzte konsultiert hat und freigebig Kritik übt. Oft berichtet er über eine *Vielzahl von Beschwerden*. Sie werden nur selten präzise und noch seltener auf die Dauer gleich bleibend beschrieben. In seiner Vorgeschichte finden sich ständig wiederholte Untersuchungen, aber selten pathologische Ergebnisse. Die verordneten Medikamente, die er meist namentlich nennt und deren Dosierung er ernster nimmt als andere Patienten, „helfen überhaupt nicht“. Als Ergebnis intensiver häuslicher Erörterung sind begleitende Familienmitglieder meist auf das Genaueste über die Beschwerden und die vorangegangenen therapeutischen Versuche unterrichtet. Nur in seltenen Fällen (Münchhausen-Syndrom) verlässt der Hypochonder in seinem Bericht die Bandbreite noch erträglicher Beschwerden oder lässt sich gar auf operative Eingriffe ein, wenn ihm das Risiko erläutert wird.

Der **Simulant** sucht mit seiner Darstellung den *Krankheitsgewinn*, mag er nun finanzieller, sozialer oder situativer Art sein. Man erkennt ihn meist an *Widersprüchen* zwischen geschilderten Behinderungen und tatsächlicher Funktionsfähigkeit oder an einer offensichtlichen *Diskrepanz* zwischen geschilderten Beschwerden und feststellbarer organischer Ursache. Seine Symptome sind nicht nur in Bezug auf den Ausprägungsgrad und die Lokalisation vage, veränderlich und wechselnd, sondern lassen sich auch provozieren. Suggeriert man dem Patienten, dass eigentlich zu der von ihm dargestellten Erkrankung auch dieses oder jenes Symptom gehört, dann tritt es bald in der eigenen Sprechstunde oder in der Sprechstunde des dann konsultierten Kollegen auf.

Im Unterschied zum Hypochonder bezieht der Simulant seine Symptome enger auf den angeblich erkrankten Körperteil und vermeidet Nebensymptome, die ihm nicht nur weniger bedeutungsvoll, sondern auch in Bezug auf die Glaubwürdigkeit seiner Darstellung gefährlich erscheinen.

Schmerzen – Beurteilungsmaßstäbe

Einen von Angaben des Patienten unabhängigen Maßstab für die Unterscheidung tatsächlich erlebter Schmerzintensität und möglicherweise übertriebener Angaben bieten körperliche Begleitsymptome wie Blässe, Tachykardie, Tachypnoe, Erschöpfung oder gar Schock. Auch das *Verhalten des Patienten*, wie er seine Beschwerden schildert, sowie Haltung, Mimik, Gestik, Motorik und Sprechform lassen Schlussfolgerungen über die „Echtheit“ der Schmerzschilderung zu.

Berücksichtigen Sie die *Gesamtpersönlichkeit* des Patienten. Sie gestattet es, Unterbewertung der Schmerzen z. B. durch den haltungsbewussten „Starken“ oder Überbewertungen von Schmerzen durch den sensiblen „Psychoastheniker“ richtig zu beurteilen.

Schmerzentwicklung – Schmerzhöhepunkt

Die Begriffe *akut* und *chronisch* sind nicht verbindlich definiert und werden zum Teil auch in Bezug auf die erkrankten Organe unterschiedlich verwendet. Zweckmäßig erscheint folgende Einteilung:

akut = Dauer bis zu sieben Tagen.

chronisch = Dauer über sechs Wochen

Für diagnostische Schlussfolgerungen hat die Schmerzdauer im Sinne der Schmerzentwicklung vom Einsetzen bis zum Schmerzhöhepunkt Bedeutung.

Schmerzentwicklung – Verdachtsdiagnosen z. B.

Schmerzentwicklung in Sekunden, z. B.:
Myokardinfarkt, Ulkusperforation, Uterusruptur, Ruptur bei Extrauteringravidität, Lungenembolie

Schmerzentwicklung in Minuten, z. B.:
Aortenaneurysma, Cholezystitis (Steinverschluss), drohender Abort, stielgedrehte Ovarialzyste

Schmerzentwicklung in Stunden, z. B.:
Pneumonie, Amöbenruhr, Appendizitis, Botulismus, Divertikulitis, infektiös/toxische Gastroenteritis, mechanischer Ileus, Ulcus

Schmerzentwicklung in Tagen (und länger), z. B.:
Arsen- oder Bleivergiftung, Perikarditis, Adnexitis, Amöbenruhr, ektopische Schwangerschaft, Tumor

Schmerzentwicklung – Faustregel

In der Regel gestatten akute Schmerzen, die schon vor mehr als *24 Stunden* ihren Höhepunkt erreicht hatten – soweit keine Schocksymptome vorliegen – eine gründliche Ursachenabklärung ohne besondere Eile.

Krankheitsbilder mit starken bis unerträglichen Schmerzen, die in Minuten ihren Höhepunkt erreicht haben, sind eine Indikation für eine auf das Notwendigste beschränkte Diagnostik und eilige Therapie.

Schmerzformen

Gastrointestinale Schmerzformen – Definitionen s. dort
Systemübersicht: Allgemeinbeschwerden, Gastrointestinaltrakt, Gynäkologie
Befunderhebung: Gastrointestinaltrakt, Gynäkologie

Bauchschmerzen – Verdachtsdiagnosen z. B.

somatische Dauerschmerzen (s. dort)	Adnexitis (PID), Appendizitis, Ulcus
nicht wellenförmige Krampfphasen	Bakterienruhr, Botulismus, Enteritis regionalis
Koliken	Ursachen eines mechanischen Ileus wie Malignom, Volvulus, Gallenstein
Pseudokoliken	Cholezystitis, Harnsteine, drohender Abort
Krampfphasen	Amöbenruhr, Botulismus, Colitis ulcerosa, Wadenkrämpfe, Dickdarmpolypen, Enteritis regionalis, Lebensmittelvergiftung

Rumpf- und Extremitätenschmerz – Verdachtsdiagnosen z. B.

lokale Extremitätenschmerzen:
Überanstrengung, Traumata, Gefäßverschluss, Entzündung, strukturelle Schäden

radikuläre Extremitätenschmerzen:
Discusvorfall, Neuritis, Trauma

ausstrahlende Extremitätenschmerzen:
Herzinfarkt, Cholezystitis

Muskelschmerz – Verdachtsdiagnosen z. B.

Muskelschmerzen *ohne Gelenkbeschwerden*	Muskelkater, virale Grippe, Scalenus-anterior-Syndrom, Myositis, Morbus Conn, Claudicatio intermittens
Muskelschmerzen *mit Bewegungseinschränkung*	Osteochondrose, Neuromyotonie, amyotrophe Lateralsklerose, Knochenmalignome
Muskelschmerzen *mit entzündlichen Gelenkveränderungen* im Sinne von Arthritis	Lupus erythematodes, Polymyositis, Morbus Bechterew
Muskelschmerzen *mit Hautveränderungen*	Morbus Addison, Mittelmeerfieber, Lupus erythematodes, systemische Sklerodermie, Morbus Weil
Muskelschmerzen *mit gastrointestinalen Beschwerden*	Mittelmeerfieber, Periarteriitis nodosa
Mackenzie-Zonen	Bornholmer Krankheit, Cholezystitis, Pankreatitis

Knochenschmerz – Verdachtsdiagnosen z. B.

akute Knochenschmerzen	akute Osteomyelitis
chronische Knochenschmerzen	chronische Osteomyelitis
schmerzhafte Knochenauftreibung	Knochenneoplasma, Morbus Paget, Osteoporose

Unterscheidung zwischen Muskelschmerzen und Knochenschmerzen:
Knochenschmerzen werden nachts stärker als am Tag wahrgenommen, Kneifen in die umliegende Muskulatur führt nicht zur Verstärkung von Schmerzen.

Gelenkschmerz – Verdachtsdiagnosen z. B.

akut einsetzende Gelenkschmerzen:
Gicht, Gonorrhö, rheumatisches Fieber

allmählich einsetzende Gelenkschmerzen:
Hämochromatose, thrombozytopenische Hämophilie, Purpura Moszkowicz, Arthritis psoriatica, Schoenlein-Henoch-Syndrom, chronische Polyarthritis = rheumatoide Arthritis = PCP, Still-Syndrom, Sjögren-Syndrom, Lupus erythematodes, Enteritis regionalis, Spondylitis ankylosans

Extremitätenschmerz: Mit dem Begriff werden Muskelschmerzen, Knochenschmerzen und Gelenkschmerzen zusammengefasst. Definitionen s. dort.

Schmerzpsychologische Reaktion auf Schmerzen

Patienten erleben und reagieren auf identische Schmerzreize unterschiedlich. Das hat mehrere Gründe: Unterschiedliche physiologische Schmerzschwellen führen dazu, dass der eine früher, der andere später seine Zahnschmerzen wahrnimmt. Die Schmerzschwelle ist auch altersabhängig. Im Greisenalter können Erkrankungen der inneren Organe so spät erkannt werden, dass es zu Perforationen bzw. zur Nekrose kommen kann. Andererseits hängt das Verarbeiten, die Reaktion auf ähnlich starke Schmerzreize, von der *Leidensbereitschaft* des Patienten ab. Den einen beeinträchtigen Schmerzen kaum, der andere organisiert seinen gesamten Tagesablauf um vergleichbare Schmerzreize. Eine Beurteilungshilfe bietet die Schmerzskala. Beispiel:

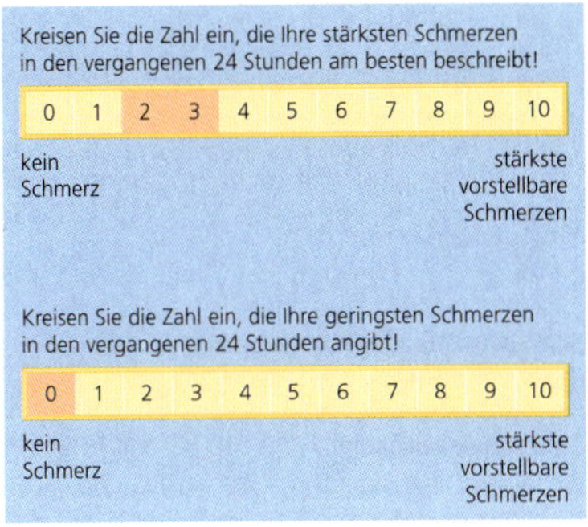

Abb. 4.19 Schmerzskala

Schmierblutungen – Spotting

s. auch Menstruationsstörungen

Definition: Ihre Patientin klagt über schwache prä- und postmenstruelle, genitale Blutungen.

Systemübersicht: Allgemeinbeschwerden, Gynäkologie

Befunderhebung: Gynäkologie

Spotting – Verdachtsdiagnosen z. B.
Corpus-luteum-Insuffizienz, Prämenopausesyndrom, Uterusmyom, Zervixpolypen, Blutgerinnungsstörung, drohender Abort, Extrauteringravidität, Korpuskarzinom, Intrauterinpessar, Kohabitationstraumen

Schüttelfrost

Definition: Ihr Patient klagt über Kältegefühl, Fieber und Schütteltremor des Körpers, s. Fieber. Verwechseln Sie nicht das Zittern der Extremitäten durch Frösteln bei erhöhten Temperaturen mit Fieber weit über 38 °C und Schüttelfrost, bei dem im wahrsten Sinne des Wortes der ganze Körper des Patienten und das Bett wackeln, z. B. bei Abruptio placentae, Infektion.

Schultergelenkschmerzen und eingeschränkte Beweglichkeit

Definition: Ihr Patient klagt über Schultergelenkschmerzen und/oder eingeschränkte Beweglichkeit bei Vertikalbewegungen, Horizontalbewegung, Außen-/Innenrotation des Schultergelenks.

Systemübersicht: Allgemeinbeschwerden, Extremitäten

Befunderhebung: Extremitäten

Schultergelenkschmerzen – Verdachtsdiagnosen z. B.	
bewegungsabhängig	Zervikalsyndrom, Luxation, Fraktur, Impingementsyndrom, Arthritis, Arthrose, Malignom
bewegungsunabhängig	Angina pectoris, Cholezystitis, Myokardinfarkt

Schuppen

s. Squamae

Schwäche, muskuläre

Definition: Ihr Patient klagt über Schwäche im Sinne echter, dauernd verminderter Muskelkraft, die in der Regel auf eine konsumierende körperliche Erkrankung hinweist. Unterscheiden Sie echte Schwäche vom „Sich-schwach-oder-müde-Fühlen" bei Depression, bei dem der fehlende Antrieb schon die Inangriffnahme ermüdender Arbeit verhindert.

Systemübersicht: Allgemeinbeschwerden, Nerven, Psyche, Extremitäten

Befunderhebung: Nerven, Psyche, Extremitäten

Schwäche – Verdachtsdiagnosen z. B.
Muskelschwäche schon bei kurzfristiger Anstrengung:
Myositis, Hypothyreose, Morbus Cushing, Polyneuropathie, multiple Sklerose
Muskelschwäche nur bei längerfristiger Anstrengung:
Herzinsuffizienz, Niereninsuffizienz, Diabetesmellitus, Anämie, Aids, Malignom, besonders Bronchialkarzinom, Kollagenosen wie Lupus erythematodes, Myastenia gravis, Alkoholismus, Botulismus
Schwächegefühl ohne Muskelbeanspruchung:
Neurose, Depression, Greisenalter

Schwangerschaftsbeschwerden

Hyperemesis gravidarum: Unbeherrschbare Übelkeit und Erbrechen während der Schwangerschaft.
Präklampsie: Hypertonie mit Proteinurie oder Ödemen.
Eklampsie: Krampfanfälle oder Koma.
Abruptio placentae: Vorzeitige Plazentalösung.
Plazenta praevia: Plazenta nahe dem inneren Muttermund.
Herpes gestationis: Vesikulärer Hautausschlag während der Schwangerschaft.

Schwangerschaftszeichen

sichere: Kindliche Herztöne, Kindsbewegungen, palpable Kindsteile, Ultraschall ab 6.–8. Woche, HCG im Schwangerenurin.
wahrscheinliche: Sekundäre Amenorrhö, livider Introitus/Vagina, Aufraung/Auflockerung/Dehnung der Vagina, Vergrößerung des Uterus, Schwellung der Brüste, Bildung von Kolostrum.
unsichere: Umfangszunahme, Striae gravidarum, Pigmentierung, Erbrechen, Pollakisurie, Kollapsneigung, nervöse Störungen.

Schwerhörigkeit = Hypakusis

Definition: Ihr Patient klagt über vermindertes oder fehlendes Hörvermögen.
Systemübersicht: Allgemeinbeschwerden, HNO
Befunderhebung: HNO

Schwerhörigkeit – Verdachtsdiagnosen z. B.

Ihr Patient hört Umgangssprache mit tiefen Frequenzen – Hut, Stuhl, ..., 99, 109... – nur eingeschränkt: Schwerhörigkeit durch *Schallleitungsstörungen*, dumpfe Empfindung	Cerumen obturans
Fieber, Hörstörungen, druckempfindliches Mastoid	Otitis media
einseitig, dann beidseitiger progredienter Verlauf	Otosklerose, Otitis media
einseitig, dann beidseitig progredient	Otosklerose
Ihr Patient hört Umgangssprache, also etwa 50 bis 70 dB normal; sein Hörvermögen für Flüstersprache – 30 bis 40 dB – ist so weit reduziert, dass Flüstern nur in geringerem Abstand als 6 m wahrgenommen wird. Schwerhörigkeit durch *Schallempfindungsstörungen* = Innenohrschwerhörigkeit. Anfalldrehschwindel, Erbrechen, Nystagmus	Morbus Menière
entsprechend der Anamnese (Chinin, Quecksilber etc.)	Ototoxikose
Ausfälle in Nn. V, VI, VII, IX und X	Akustikusneurinom
entsprechende Anamnese, z. B. Flugplatzarbeit	Schalltrauma
akute Ertaubung, Druckgefühl im Ohr, Tinnitus	Hörsturz

Tipp:
Unterscheiden Sie Hörstörung von akustischer Agnosie = Störung des hörenden Erkennens, s. neurologische Untersuchung

Schwindel

s. Vertigo

Schwitzen, übermäßiges

s. Hyperhidrosis

Sehstörungen

Definition: Ihr Patient klagt über Nachlassen, Veränderung oder Ausfall des Visus.
Systemübersicht: Allgemeinbeschwerden, Augen, Nerven
Befunderhebung: Augen, Nerven

Sehstörungen – Verdachtsdiagnosen z. B.

plötzliche einseitige Sehverschlechterung:
Gefäßverschluss, Glaukom, Netzhautablösung

plötzliche doppelseitige Sehverschlechterung:
Tumor im Sehzentrum, Hirninfarkt, Eklampsie

allmähliche, meist doppelseitige Sehverschlechterung für das Nahsehen:
Altersweitsichtigkeit (= Presbyopie)

allmähliche, ein- oder doppelseitige Sehverschlechterung für *In-die-Ferne-Sehen* weist z. B. auf Brechungsmyopie: seniler Katarakt

allmähliche, meist doppelseitige Sehverschlechterung für das *Nah- und Fernsehen:*
Makuladegeneration

Regenbogenfarben und Blitzesehen, Augenschmerzen: Glaukom

Sehstörungen durch Hornhautveränderungen
durch Einlegen eines Fluoreszinstreifens werden Substanzverluste des Hornhautepithels grün:

Hornhautulzera oder Trauma
rote Gefäßzeichnung, Farbeinlagerungen: Hornhautentzündung
Lichtscheu, Juckreiz, Sekretbildung etc.: chronische Konjunktivitis sicca, Kontaktlinsen

Sensibilitätsstörungen

Der Begriff Sensibilität bezeichnet *im weiteren Sinne* Empfindungen wie die Fähigkeit, Reize aufzunehmen und in Wahrnehmungen umzusetzen. Der diagnostische Zugang beruht primär auf der Qualität der Angaben Ihres Patienten.

Unterscheiden Sie die Begriffe:

Sensibilität im (niederen) physiologischen Sinn als die Wahrnehmung von Reizen an Haut, Muskeln, Gelenken und inneren Organen von *sensorischen Wahrnehmungen* mithilfe höherer Sinnesorgane wie Hören, Sehen, Riechen und Schmecken.

Tastsinn: Empfindungsstörungen, Diskrimination, Lokalisation, Schmerz, Temperatur.

Tiefensensibilität: Lage, Bewegung, Vibration; Parästhesien.

Formen der Sensibilitätsstörung:

Hautsensibilität: Berührungsempfindung, Diskrimination, Lokalisation, Schmerz, Temperatur.

Tiefensensibilität: Lage, Bewegung, Vibration; Parästhesien.

Berührungsempfindung, Störung der

Definition: Ihr Patient klagt über *taube Hautbereiche*, über denen er z. B. die Kleidung nicht spürt oder mit den Fingerspitzen berührte Gegenstände (beispielsweise Nähnadel) nicht tastet, z. B. bei Syringomyelie.

Störung der Diskrimination: Dass er feine *Reizdifferenzierungen* nicht mehr durchführen kann, z. B. feine Erhabenheiten auf einer glatten Glasoberfläche „übersieht", z. B. bei Syringomyelie.

Störung der Lokalisation: Ihr Patient klagt darüber, feine *taktile Ortsunterschiede* ohne gleichzeitige optische Wahrnehmung nicht mehr wahrnehmen zu können, z. B. feine Abstände auf einer glatten Oberfläche nicht zu erkennen, z. B. bei Syringomyelie.

Störung der Schmerzempfindung: Ihr Patient klagt darüber, dass er heiße Gegenstände ohne *Schmerzen bis zur Blasenbildung* berühren kann, was bei anderen Menschen rechtzeitig zur Vermeidungsreaktion führen würde, z. B. bei Syringomyelie, intramedullärem Tumor.

Störung der Temperaturempfindung: Ihr Patient klagt darüber, dass er z. B. bei der Berührung von Trinkgefäßen oder beim Fußbad *warm und kalt nicht unterscheiden* kann. Für eine Hausfrau kann das Berühren heißer Töpfe und Pfannen gefährlich werden, z. B. bei Brown-Sequard-Syndrom.

Störung der Tiefensensibilität: Zur Tiefensensibilität gehören Lageempfindung, Bewegungsempfindung, Vibrationsempfindung.

Störung der Lageempfindung: Ihr Patient klagt darüber, dass er die *Lage der Extremitäten* bei geschlossenen Augen nicht wahrnehmen kann.

Störung der Bewegungsempfindung: Ihr Patient klagt über ungeordnete Bewegungsabläufe (s. Ataxie).

Störung der Vibrationsempfindung: Ihr Patient klagt darüber, dass er im gesunden Zustand die *Schwingungen* an Elektrogeräten wahrgenommen hat und jetzt vermisst, z. B. bei Hinterwurzel- oder Hinterstrangschäden, Polyneuropathie, Tabes dorsalis.

Empfindungsstörungen – Regel

Versuchen Sie, die *örtlichen Grenzen* jeder Empfindungsstörung so genau wie möglich festzulegen. Sie können aus dem Bereich der gestörten Hautsensibilität auf den Ort der radikulären bzw. peripheren sensiblen Innervation schließen, s. Tabelle.

Somatische Dauerschmerzen

Somatische Schmerzen sind kontinuierliche brennende, stechende oder bohrende Dauerschmerzen, die bei Bewegung zunehmen und durch Ruhe oder Schonhaltung nachlassen können. Charakteristische Begleitsymptome somatischer Schmerzen sind gespannte Bewegungslosigkeit, Vermeiden tiefer Atmung, besonders der Bauchatmung, Liegen mit angezogenen Beinen und ausgeprägte Schmerzmimik beim Husten.

Vorkommen somatischer Dauerschmerzen z. B. bei Frakturen, Adnexitis (PID), Appendizitis, Ulcus...

Somnolenz

s. Bewusstseinsstörung, quantitative

Sopor

s. Bewusstseinsstörung, quantitative

Spannungsgefühl, anales

Definition: Ihr Patient klagt über ein Gefühl dauernder Anspannung des Sphinkter ani. Unterscheiden Sie Spannungsgefühl von krampfartigen Schmerzen im Sinne von Tenesmen (s. dort) und von Druckgefühl beim Stuhlgang bei austretenden Hämorrhoiden (s. dort).

Systemübersicht: Allgemeinbeschwerden, Anus, Rektum, Gastrointestinaltrakt

Befunderhebung: Anus, Rektum, Gastrointestinaltrakt

Anales Spannungsgefühl – Verdachtsdiagnosen z. B.
Analfistel, Analkarzinom, Perianalthrombose

Spastik = Muskelspannung erhöht

Definition: Ihr Patient klagt darüber, dass seine Bewegungen „schwer gehen", die ungewöhnliche Zunahme der Muskelspannung zur Störung normaler Bewegungsabläufe führt.
Systemübersicht: Allgemeinbeschwerden, Extremitäten, Nerven
Befunderhebung: Extremitäten, Nerven

> **Spastik – Verdachtsdiagnosen z. B.**
> Spastik gehört zum Bild der zentralen Lähmung: Apoplex, Hirntumor, Querschnittslähmung, Tetanie

Spinnenmal = Naevus araneus = Spidernaevus

Definition: Ihr Patient klagt über stecknadelkopfgroße, hellrote, wegdrückbare Gefäßneubildungen mit zentralem Gefäßknötchen, das pulsieren kann, und davon ausgehenden radiären, spinnenbeinförmigen Gefäßreisern.
Systemübersicht: Allgemeinbeschwerden, Gastrointestinaltrakt
Befunderhebung: Gastrointestinaltrakt

> **Spidernevus – Verdachtsdiagnosen z. B.**
> meist an der Stirn, im Nacken und an der vorderen Brustwand: chronische Hepatitis, Leberzirrhose
> im Gesicht: Sklerodermie
> in der Schwangerschaft: ohne pathologische Bedeutung

Sprachstörung

s. Aphasie

Sprechstörungen

Definition: Ihr Patient klagt über Störungen beim Sprechen – nicht der Sprache! (s. dort) Sprechstörungen sind bedingt durch anatomische Veränderungen im Bereich von Mund, Rachen und Kehlkopf, z. B. als Artikulationsstörungen oder veränderte „kloßige" Stimme, Stottern, Poltern.
Systemübersicht: Allgemeinbeschwerden, HNO, Nerven (XII)
Befunderhebung: HNO, Nerven (XII)

> **Sprechstörungen – Verdachtsdiagnosen z. B.**
> Kiefer-Gaumen-Spalte oder Anomalien der Zunge, Störung des N. hypoglossus (XII)

Spotting

s. Schmierblutungen

Sputum = Auswurf

vgl. auch Hämoptoe/Hämoptyse

Squamae = Schuppen

Definition: Ihr Patient klagt über locker aufliegende, zusammenhängende Hornhautlamellen, zu unterscheiden von fest haftenden Hornvermehrungen (Keratosen).

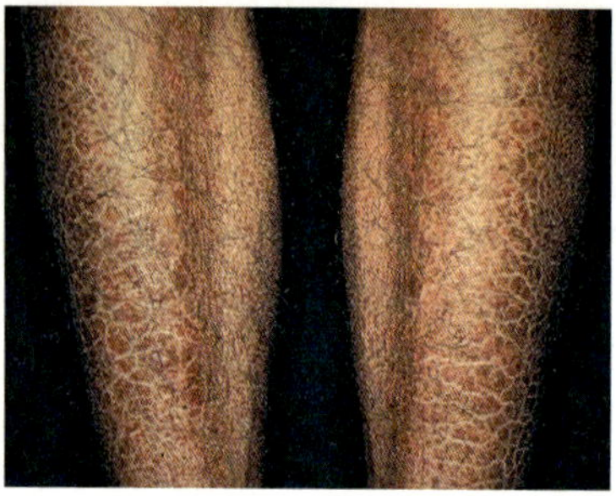

Abb. 4.**20** Schuppen bei Ichthyosis vulgaris

Systemübersicht: Allgemeinbeschwerden, Haut
Befunderhebung: Haut

Schuppen – Verdachtsdiagnosen z. B.

schuppende Hautbereiche nur im Gesicht und an den Extremitäten, scharf umgrenzt	Pityriasis simplex
erythematöse, pityriasiforme Schuppen bei Männern, besonders an der Innenseite der Oberschenkel gegenüber dem Skrotum, scharf begrenzt, bogenförmig konfiguriert	Erythrasma
schubweise bräunliche Papeln und Plaques mit Ölflecken und Tüpfeln der Fingernägel	Psoriasis vulgaris
erythematös-halskrausenartig bei Jugendlichen	Pityriasis rosea
papulo-squamös, mit entsprechender Vorgeschichte, abgelaufenes Primärstadium als Lues II	papulo-squamöse Syphilis
squamös-infiltrierte Platten mit psoriasiformer Schuppung, mit generalisierter Lymphknoten-schwellung	Lymphom

besonders an den Akren und der Nasen- und Mundschleimhaut nach einem braun-roten Knötchen, das zu braun-rot infiltrierten Platten führt	Lupus vulgaris
Hauttrockenheit, sich schälende, schuppige Haut	Ichthyosis vulgaris, Ichthyosis

Steifigkeit = Steifheit der Wirbelsäule und/oder Extremitäten/Gelenke

Definition: Ihr Patient klagt über Funktions- und Bewegungseinschränkung von Kopf, Rumpf und Extremitäten und dass Bewegungen nicht mehr mit der gewohnten Selbstverständlichkeit ablaufen.
Systemübersicht: Allgemeinbeschwerden, Nerven, Extremitäten
Befunderhebung: Nerven, Extremitäten

Steifheit – Verdachtsdiagnosen z. B.
akute Steifheit der Wirbelsäule:
Entzündung der kleinen Wirbelgelenke
schleichend/chronisch:
Morbus Scheuermann, Morbus Bechterew, Arthrose, degenerative Osteochondrose der Wirbelsäule
als charakteristisches Frühsymptom:
rheumatoide Arthritis
durch ossären Anbau (Exostosen):
Heberden-Knoten
druckschmerzhaft:
chronische Arthritis (PCP)
spontan-schmerzhaft mit den üblichen Entzündungszeichen (s. dort):
infektiöse Arthritis
nach extensiver Brand- oder Weichteilverletzung, Bluterguss, Entzündung:
durch Gelenkkapselschrumpfung

Stellwag-Zeichen = seltener Lidschlag

bei Hyperthyreose.
Normal ist ein Lidschlag alle 5 bis 7 sec = etwa 12 bis 9 Schläge pro Minute.

Sterilität = Infertilität

s. Potenzstörungen

Stimmungsschwankungen

Definition: Ihr Patient klagt über häufigen und unbegründeten Wechsel zwischen Heiterkeit und Traurigkeit.
Systemübersicht: Allgemeinbeschwerden, Nerven, Psychologie
Befunderhebung: Nerven, Psychologie

Stimmungsschwankungen – Verdachtsdiagnosen z. B.
Depression, manisch-depressives Irresein

Stimmveränderung

s. Dysarthrie

Striae

Definition: Ihre Patientin klagt über *Striae* im Sinne von Hautdehnungsstreifen an Mammae, Bauch und Hüften.

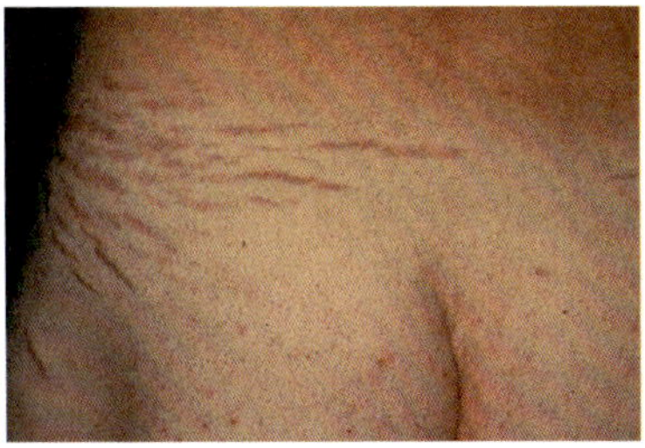

Abb. 4.**21** Striae distensae bei schnellem Wachstum in der Pubertät

Systemübersicht: Allgemeinbeschwerden, Gynäkologie, Endokrinologie
Befunderhebung: Gynäkologie, Endokrinologie

Striae – Verdachtsdiagnosen z. B.
Morbus Cushing, Schwangerschaft, Fettleibigkeit, Kortisontherapie, Adipositas

Stridor, exspiratorischer und inspiratorischer

Definition: Pfeifendes Atemgeräusch durch Einengung der oberen Luftwege, zu unterscheiden von röchelnder Atmung durch Schleim in den oberen Luftwegen (Stertor).
Systemübersicht: Allgemeinbeschwerden, Thorax
Befunderhebung: Thorax

Stridor – Verdachtsdiagnosen z. B.
exspiratorischer Stridor: Bronchitis, Asthma bronchiale
inspiratorischer Stridor: Laryngitis, Kehlkopfkarzinom, Fremdkörperaspiration

Struma = Schilddrüse, vergrößert

Definition: Ihr Patient klagt über eine ventrale Schwellung am Hals, die sich bei Bewegung von Larynx und Trachea beim Schlucken mitbewegt.

Unterscheiden Sie eine vergrößerte Schilddrüse von Lymphknotenvergrößerungen am Hals (s. dort) und eine thyreoglossale Zyste, die sich beim Herausstrecken der Zunge nach kranial bewegt.
Systemübersicht: Allgemeinbeschwerden, Kopf, Endokrinologie
Befunderhebung: Kopf, Endokrinologie

Struma – Verdachtsdiagnosen z. B.

Leichte Schilddrüsenvergrößerung gegen Ende des Zyklus, bis 5 Jahre nach der Pubertät und während der Schwangerschaft ist nicht pathologisch.

Die *kleine, diffuse* Struma hat den Umfang bis zum Doppelten der normalen Thyreoidea	hoch dosierte Medikamente wie Thiouracil; TSH-Mangel, Jodmangel, chronische Thyreoiditis
Mehrfache Bedeutung hat die *kleine harte glatte* Struma als Zeichen einer	Thyreotoxikose, Thyreoiditis, Schilddrüsenkarzinom
Die *große, diffuse Struma* ist mehr als auf das Doppelte vergrößert, in der Regel fest und glatt	besonders in endemischen Kropfgebieten

Als kleine, diffuse oder als große Struma kommt die vielknotige adenomatöse Struma meist bei Patienten über 30 Jahre vor. Sie geht mit den Symptomen der **Thyreotoxikose** einher und zeigt in der Szintigrafie „heiße Knoten".

Die maligne Struma tritt als länger bestehender einzelner Knoten oder als besonders *harter Strumaanteil* auf:	Malignom

Eine *druckschmerzhafte knotige Struma* bleibt verhältnismäßig klein und verursacht Schluckbe schwerden. Sie weist auf *akute* **Thyreoiditis = Morbus Basedow** hin. Bei chronischem Verlauf = Hashimoto- oder Riedel-Struma wird sie gummiartig hart, Schmerzhaftigkeit lässt nach.

Stuhlabgang mit einem Wind

s. anale Inkontinenz
Ein so genannter „falscher Freund" kann Anzeichen für eine karzinomatöse Invasion des Schließmuskels sein: bei Analkarzinom oder Altersschwäche.

Stuhlauflagerungen

Definition: Ihr Patient klagt über Stuhlauflagerungen unterschiedlicher Art.
Systemübersicht: Allgemeinbeschwerden, Gastrointestinaltrakt, Anus und Rektum
Befunderhebung: Gastrointestinaltrakt, Anus und Rektum

Stuhlauflagerungen – Verdachtsdiagnosen z. B.

blutig-schleimige Stuhlauflagerungen:
Enteritis regionalis
blutig-eitrige Auflagerungen:
Colitis ulcerosa, Colitis membranacea
blutig-eitrige Auflagerungen und Purpura an Gesäß und Extremitäten:
Purpura Schoenlein-Henoch

Stuhlfarbe abnorm

Definition: Ihr Patient klagt über Abweichung von der normalen braunen Stuhlfarbe; sie entsteht durch Entfärbung, Beimengung von unverdauten Nahrungsresten, Blut, Schleim oder Eiter.
Systemübersicht: Allgemeinbeschwerden, Gastrointestinaltrakt
Befunderhebung: Gastrointestinaltrakt

Stuhlfarbe abnorm – Verdachtsdiagnosen z. B.

Stuhl auffällig hell	infektiöse Gastroenteritis, Hepatitis, Ursache wiederholter Diarrhö
Stuhl grau-lehmfarbig, voluminös	Behinderung des Gallenabflusses, mangelhafte Pankreassekretion durch Gallenstein im Ductus hepaticus, Pankreaskarzinom
Stuhl auffällig dunkel:	Obstipation oder vermehrte Ausscheidung von Gallenfarbstoffen, Hämolyse

(s. auch Teerstuhl = Meläna)

Stuhlgangsgewohnheiten – vgl. Dyspepsie

Definition: Ihr Patient klagt über Abweichungen von den für ihn üblichen Stuhlgangsgewohnheiten im Sinne einsetzender oder zunehmender Obstipation oder mit Neigung zu Durchfall.
Systemübersicht: Allgemeinbeschwerden, Gastrointestinaltrakt, Anus und Rektum
Befunderhebung: Gastrointestinaltrakt, Anus und Rektum

Stuhlgangsgewohnheiten – Verdachtsdiagnosen z. B.

Appendizitis, Divertikulitis, Endometriose, Malignomen des Gastrointestinaltraktes

Stuhl – Faustregel

große Stühle und periumbilikale Bauchschmerzen weisen auf **Dünndarmerkrankungen**, *kleine Stühle* mit Schmerzen im Unterbauch weisen auf **Dickdarmerkrankungen** hin

Stuhlgang – schmerzhaft

Definition: Ihr Patient klagt über Schmerzen bei der Defäkation.

Systemübersicht: Allgemeinbeschwerden, Anus und Rektum

Befunderhebung: Anus und Rektum

Stuhlgang schmerzhaft – Verdachtsdiagnosen

als minutenlange krampfartige Schmerzattacken, die auf Wärme reagieren: Proctalgia fugax

plötzliche starke, stundenlange Schmerzen: Proktitis, akute Analfissur, Analfistel, Analabszess

Unterscheiden Sie hiervon Tenesmen (s. dort)

Stuhlinkontinenz

s. Inkontinenz, anale

Stuhl- und Windverhaltung

Definition: Ihr Patient klagt über das Fehlen von Stuhlgang und Winden.

Systemübersicht: Allgemeinbeschwerden, Gastrointestinaltrakt

Befunderhebung: Gastrointestinaltrakt

Stuhl- und Windverhaltung – Verdachtsdiagnosen z. B.

Arteria/Vena-mesenterica-superior-Embolie/Thrombose, Hernieneinklemmung, Invagination, mechanischer Ileus (Ausnahme Dünndarm-Ileus), Peritonitis, stumpfes Bauchtrauma, Tabes dorsalis, Volvulus, Wurmkrankheiten

Suchschema

s. Tabelle Muskulatur, Funktion und Innervation

Symblepharon

s. Augenlider – Funktionsstörungen

T

Tabelle

Nerval bedingte Funktionsstörungen (Suchschema)

Funktion	Muskel	Nerv	Hirnnerv Segment (Wurzel)
Schließen der Kiefer	M. masseter	N. trigeminus	V/3
Schließen der Kiefer, Zurückziehen des Unterkiefers	M. temporalis	N. trigeminus	V/3
Verschiebung des Unterkiefers nach der Gegenseite der Muskelanspannung	Mm. pterygoidei	N. trigeminus	V/3
Kopfhautverschiebung und Augenbrauenhebung, Stirnrunzeln	Venter frontalis m. occipitofrontalis	N. facialis	VII
Lidschlag, Lidschluss, Fortbewegung der Tränenflüssigkeit	M. orbicularis oculi	N. facialis	VII

Funktion	Muskel	Nerv	Hirnnerv Segment (Wurzel)
muskulöse Grundlage der Lippen, Lippenbewegungen, z. B. Pfeifen	M. orbicularis oris	N. facialis	VII
ziehen die Nasenlippenfurche und Mundwinkel nach lateral und oben	Mm. zygomatici	N. facialis	VII
zieht Mundwinkel nach lateral, erzeugt das Grübchen	M. risorius	N. facialis	VII
zieht den Mundwinkel herab, flacht oberen Bogen der Nasolabialfurche ab	M. triangularis, nach neuer Nomenklatur M. depressor anguli oris	N. facialis	VII
Verschluss der Nasenhöhle, Öffnen der Tube	Gaumensegel, Nervenversorgung: M. tensor veli palatini durch V/3, M. levator veli palatini durch IX	N. vagus	IX, X, V/3
Schlund wird beim Schluckakt verengt, gehoben und verkürzt	Pharynx	N. glossopharyngeus, N. vagus	IX, X
Öffnen und Schließen der Stimmritze, Spannung und Verformung der Stimmbänder, Epiglottisbewegungen	Larynx	N. vagus, N. accessorius (bulbärer Anteil)	X, XI
Form- und Lageveränderungen der Zunge	Zunge	N. hypoglossus	XII
			C Th L S
Dorsalflexion, Ventralwärtsziehen und Drehung des Kopfes	M. sternocleidomastoideus	N. accessorius (spinaler Anteil)	2–4
Heben, Senken, Zurückziehen, Drehen des Schulterblattes; Dorsalflexion und Drehung des Kopfes	M. trapezius	N. accessorius (spinaler Anteil)	2–4
Inspiration	Zwerchfell	N. phrenicus	3–4
zieht Kopf bzw. Hals nach hinten, dreht Kopf bzw. Hals zur Seite (Antagonist des M. sternocleidomast.)	M. splenius	Rr. dorsales der Spinalnerven	1–8

Funktion	Muskel	Nerv	Hirnnerv Segment (Wurzel) C Th L S
ziehen Schulterblatt nach medial und oben und drehen es (Flügelskapula bei Lähmung)	Mm. rhomboidei	N. dorsalis scapulae	4–5
spannt Schultergelenkkapsel; Abduktion und Außenrotation des Armes	M. supraspinatus	N. suprascapularis	4–6
stärkster Außenroller des Armes; abduziert bei erhobenem Arm, adduziert bei gesenktem	M. infraspinatus	N. suprascapularis	4–6
rollt Arm nach außen und adduziert	M. teres minor	N. axillaris	5–6
Außen- und Innenrollung, Abduktion, Adduktion, Vor- und Rückführung des Armes	M. deltoideus	N. axillaris	5–6
Einwärtsrollung, Adduktion und Rückführung des Armes	M. teres major	Nn. subscapulares	5–6
stärkster Innenrotator des Armes, je nach Stellung des Gelenkes Ab- und Adduktion, Vor- und Rückwärtsheben des Armes	M. subscapularis	Nn. subscapulares	5–7
Fixieren, Heben, Senken, Nach-vorn-Führen, Drehen des Schulterblattes (Scapula alata bei Lähmung)	M. serratus anterior	N. thoracicus longus	5–7
Adduktion, Innenrotation, Hebung des Armes nach vorn; Heben, Senken, Vorschieben des Schultergürtels; Inspiration bei aufgestützten Armen (Asthmatiker)	M. pectoralis major	Nn. thoracici ventrales	5– 1
zieht den erhobenen Arm herab und nach hinten und dreht ihn nach innen (Schürzenknoter)	M. latissimus dorsi	N. thoracodorsalis	6–8

Funktion	Muskel	Nerv	Hirnnerv Segment (Wurzel)			
			C	Th	L	S
Schultergelenk: Ab-, Adduktion, Innen-, Außenrotation, hebt Arm nach vorn; Ellenbogengelenk: Beugung und Supination	M. biceps brachii	N. musculocutaneus	5–6			
beugt bei proniertem Arm im Ellenbogengelenk, bringt den Unterarm aus extremer Pronation und Supination in Mittelstellung	M. brachioradialis	N. radialis	5–6			
Abduktion des Daumens, Supination	M. abductor pollicis longus	N. radialis	7–8			
Dorsalflexion, Radialabduktion der Hand; Beugung im Ellenbogengelenk, Pronation (nur longus) und Supination	Mm. extensor carpi radialis longus und brevis	N. radialis	6–8			
Beugung im Ellenbogengelenk, Pronation; Beugung und Radialabduktion der Hand	M. flexor carpi radialis	N. medianus	7–8			
Pronation der Hand	M. pronator teres	N. medianus	7–8			
Dorsalflexion und Ulnarabduktion der Hand	M. extensor carpi ulnaris	N. radialis	7–8			
stellt den Daumen den anderen Fingern gegenüber	M. opponens pollicis	N. medianus	7–8			
Abduktion und Beugung des Daumens	M. abductor pollicis brevis	N. medianus	7–8			
einziger Strecker im Ellenbogengelenk; Adduktor, Rückwärtsheber, schwacher Außenrotator im Schultergelenk	M. triceps brachii	N. radialis	7–8			
Streckung des Daumens, Dorsalflexion der Hand, Supination	M. extensor pollicis longus und brevis	N. radialis	7–8			
beugt den Daumen und die Hand	M. flexor pollicis longus	N. medianus	8	1		

Funktion	Muskel	Nerv	Hirnnerv Segment (Wurzel) C	Th	L	S
Beugung und Ulnarabduktion der Hand	M. flexor carpi ulnaris	N. ulnaris	8	1		
beugen das Grundglied, strecken das Mittel- und Endglied der Finger, spreizen und schließen die Finger	Mm. interossei	N. ulnaris	8	1		
Abduktion des Kleinfingers	M. abductor digiti minimi	N. ulnaris	8	1		
Adduktion und Opposition des Daumens	M. adductor pollicis	N. ulnaris	8	1		
neigen den Brustkorb nach vorn, heben das Becken, senken die Rippen (Exspiration)	Bauchmuskeln	Rr. ventrales der Spinalnerven		5–	1	
streckt Rücken und Kopf, dreht den Rumpf und neigt ihn seitwärts, dreht das Gesicht zur Seite	M. erector spinae = Erector trunci	Rr. dorsales der Spinalnerven	1–		2	
Beugung, Adduktion und Außenrotation im Hüftgelenk; Beugung und Seitwärtsneigung der LWS	M. iliopsoas	N. femoralis			1–3	
Beugung im Hüftgelenk; einziger Strecker im Kniegelenk	M. quadriceps femoris	N. femoralis			2–4	
Hüftgelenk: Adduktion, Beugung, Streckung (nur M. adductor magnus), Außenrotation, Innenrotation (nur M. adductor magnus) Kniegelenk: Beugung und Innenrotat. (nur M. gracilis)	Mm. adductores femoris	N. obturatorius			2–4	
Dorsalextension des Fußes	M. tibialis anterior	N. peronaeus			4–5	
Beugung, Außenrotation, Abduktion im Hüftgelenk	M. glutaeus medius und minimus	N. glutaeus superior			4–	1
Dorsalextension und Pronator des Fußes,Zehenstrecker	M. extensor digitorum longus	N. peronaeus			5	1

Funktion	Muskel	Nerv	Hirnnerv Segment (Wurzel)			
			C	Th	L	S
Dorsalextension und Pronator des Fußes, Großzehenstrecker	M. extensor hallucis longus	N. peronaeus			5	1
Streckung der Zehen	M. extensor digitorum brevis	N. peronaeus			5	1
Streckung und Außenrotation, Ab- und Adduktion im Hüftgelenk	M. glutaeus maximus	N. glutaeus inferior			5–	2
Streckung, Adduktion und Außenrollung im Hüftgelenk; Beugung und Außenrollung im Kniegelenk	M. biceps femoris	N. tibialis N. peronaeus			4–	2
Strecker, Einwärtsroller und Adduktor im Hüftgelenk; Beuger und Innenroller im Kniegelenk	M. semitendinosus	N. tibialis			5–	2
wie M. semitendinosus	M. semimembranosus	N. tibialis			5–	2
Beuger im Kniegelenk, Plantarflektor und Supinator im Fußgelenk	M. triceps surae	N. tibialis			5–	2
Plantarflexion und Supination des Fußes, Zehenbeugung	lange Zehenplantarflexoren	N. tibialis				1,2
Spreizen, Schließen, Beugen und Strecken der Zehen; Stützen des Längs- und Quergewölbes des Fußes	kleine Muskeln der Fußsohle	N. tibialis				1–3

Taubheitsgefühl

s. Parästhesien

Teerstuhl = Meläna

Definition: Ihr Patient klagt über schwarzen, in der Regel ungeformten, klebrigen, stinkenden Stuhl. Meläna ist Zeichen einer gastrointestinalen Blutung von mindestens 80 ccm mit einer Verweildauer im Gastrointestinaltrakt von mehr als 6 Stunden. Teerstuhl ist in der Regel ein Hinweis auf Blutungsquellen oberhalb der Ileozökalklappe.
Systemübersicht: Allgemeinbeschwerden, Gastrointestinaltrakt
Befunderhebung: Gastrointestinaltrakt

Teerstuhl – Verdachtsdiagnosen z. B.
Magenkarzinom, Malignom des oberen Gastrointestinaltrakts, Meckel-Divertikel, Ösophagusvarizen, Ulcus pepticum, Morbus Werlhof

Tenesmen

Definition: Ihr Patient klagt über plötzliche, starke, stundenlange, krampfähnliche Schmerzen bei anhaltendem, sehr schmerzhaftem Stuhldrang mit minimaler oder fehlender Entleerung.
Systemübersicht: Allgemeinbeschwerden, Gastrointestinaltrakt
Befunderhebung: Gastrointestinaltrakt

Tenesmen – Verdachtsdiagnosen z. B.
Divertikulitis, Analfissur, Analfistel, Analabszess

Thoraxschmerzen = Brustschmerzen

Definition: Ihr Patient klagt über atmungsabhängige oder atmungsunabhängige Brustschmerzen.
Systemübersicht: Allgemeinbeschwerden, Herz, Kreislauf, Thorax
Befunderhebung: Herz, Kreislauf, Thorax

Brustschmerzen – Verdachtsdiagnosen z. B.

Faustregel für die Organzuordnung

Thoraxschmerzen abhängig von Nahrung:
Ösophagus und Magen
Thoraxschmerzen lage- und haltungsabhängig:
Vertebrae und Wirbelgelenke
Thoraxschmerzen abhängig von Bewegung:
Brustkorb und Pleura
Thoraxschmerzen abhängig von Belastung: Herz

Haut und Mammae: oberflächliche Thoraxschmerzen

Klären Sie mit Ihrer Patientin, ob sie die Thoraxschmerzen wirklich in der Haut, in subkutanen Strukturen – abgesehen von der Muskulatur – oder im Drüsengewebe der Mammae wahrnimmt.

Schmerzen in der äußeren Axillarlinie:
Morbus Mondor = Thrombophlebitis der Vena thoracoepigastrica

Schmerzen in den Mammae, mit Entzündungszeichen:
Mastitis
Apfelsinenhaut, Mamillenverziehungen:
Mammakarzinom

brennende Schmerzen, segmentale Effloreszenzen:
Herpes Zoster

Muskulatur, Gelenke, Pleura: wandständige Thoraxschmerzen

Plötzlich einsetzende Thoraxwandschmerzen (Stiche).
Muskelkontrakturen, Rippenfraktur, Pleuritis, Bornholmkrankheit
Allmählich einsetzende Thoraxwandschmerzen:
Tietze-Syndrom, Perihepatitis gonorrhoica

Herz und Lungen: tiefe Thoraxschmerzen

atmungsunabhängig: Perikarditis
plötzlicher Thoraxschmerz, Dyspnoe:
Spontanpneumothorax
medialer Thoraxschmerz, Dyspnoe, Heiserkeit:
Mediastinaltumor
Schmerzen ohne Reaktion auf Nitroglyzerin:
Herzinfarkt, Perikarditis
dumpfe Schmerzen im Bereich des Xiphoids:
Hiatushernie
retrosternale Schmerzen, Schlucken verstärkt:
Ösophagitis

Tinnitus aurium

s. Ohrensausen = Ohrgeräusche

Totenstille

Definition: Wenn Sie sistierende Darmgeräusche weder anreiben noch durch Beklopfen der Bauchwand auslösen können, spricht man von Totenstille.
Systemübersicht: Allgemeinbeschwerden, Gastrointestinaltrakt
Befunderhebung: Gastrointestinaltrakt

Totenstille – Verdachtsdiagnosen z. B.
Paralytischer Ileus, Appendizitis (perforiert), Urämie, Cholezystitis, Bleivergiftung, nach Bauchchirurgie

Tränenfluss verändert

Definition: Ihr Patient klagt über „trockene Augen".

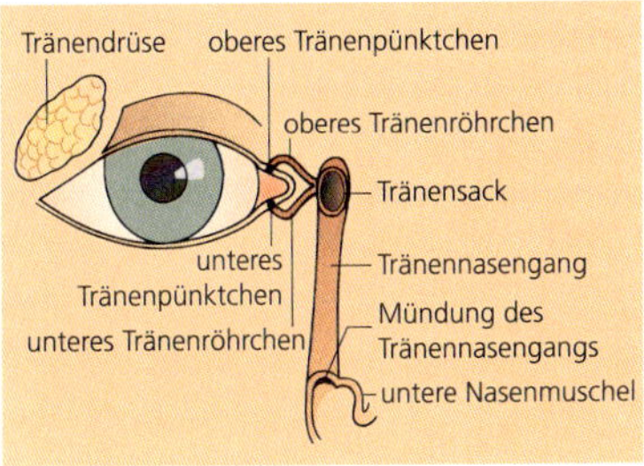

Abb. 4.**22** Tränenfluss

Trockene Augen – Verdachtsdiagnosen z. B.
Keratokonjunctivitis sicca, Verbrennung, Verätzung oder im Senium

Tränenfluss verstärkt = Epiphora

Definition: Ihr Patient klagt über zu starken Tränenfluss, Tränenträufeln. Das kann durch Überproduktion bei Entzündung der Tränendrüsen oder durch blockierten Abschluss (Tränensack oder Tränennasengang) bedingt sein.
Systemübersicht: Allgemeinbeschwerden, Augen, HNO
Befunderhebung: Augen, HNO

Tränenträufeln – Verdachtsdiagnosen z. B.

Fremdkörpergefühl, Entzündungszeichen:
Fremdkörper
milchige Trübung der Hornhaut, Erlöschen des Reflexbildes:
Hornhautulkus, Herpesinfektion
Schwellung am inneren Lidwinkel, verklebte Augen:
Dakryozystitis

4

Lichtscheu, Juckreiz, rotes Auge, Sekretbildung: Konjunktivitis
Fieber, Husten, Koplik-Flecken und Exanthem: Masern
Schwellung und Schmerzen am medialen Lidrand und über dem Verlauf des Canalis lacrimalis: Stenose des Canalis lacrimalis
Juckreiz, Lichtscheu, bleiche/ödematöse Nasenschleimhaut: Heufieber

Tränen, blutig

Definition: Ihr Patient klagt über blutige Tränen.
Systemübersicht: Allgemeinbeschwerden, Augen
Befunderhebung: Augen

Blutige Tränen – Verdachtsdiagnosen z. B.
Papillom, Muscarin- oder E-605-Vergiftung

Traurigkeit, unangemessene = depressive Verstimmung

Definition: Ihr Patient klagt über Herzbeschwerden, Verdauungsstörungen, Kopfschmerzen, Schlafstörungen, sexuelle Störungen, gynäkologische Störungen ohne erkennbare organische Ursache, aber mit häufigem Arztwechsel.

Traurigkeit – Verdachtsdiagnosen z. B.
reaktive Traurigkeit, larvierte Depression

Tremor = Zittern

Definition: Unwillkürliche Hin- und Herbewegungen der Extremitäten des Rumpfes und des Kopfes.

Ruhetremor: 4–6 Schläge/Sek., willkürlich und bei gezielten Bewegungen unterdrückbar. Charakteristisch „Pillendrehertremor" für *Parkinson-Syndrom.*

Alterstremor: Meist als Ruhetremor der Kopf- und Gesichtsmuskulatur.

Haltetremor: Bei tonischer Muskelinnervation (vorgehaltene Hände), Angst.

Aktionstremor: Bei ungezielten Bewegungen bei Parkinson-Syndrom.

Intentionstremor: Bei gezielten Bewegungen Zeichen zerebellarer Störung.

Rabit-Tremor: In der Umgebung des Mundes bei älteren Menschen.

Trismus = Kiefersperre

Definition: Ihr Patient klagt über Schlussunfähigkeit des Mundes.
Systemübersicht: Allgemeinbeschwerden, HNO, Nerven
Befunderhebung: HNO, Nerven

Trismus – Verdachtsdiagnosen z. B.
Folge einer Kiefergelenksluxation z. B. durch Trauma oder extreme Mundöffnung beim Gähnen mit schräg gehaltenem Unterkiefer, Tetanus

Turgor = Hautturgor = Hauttonus vemindert

Definition: Ihr Patient klagt über verminderte Spannung der Haut, Tonusverlust.
Systemübersicht: Allgemeinbeschwerden
Befunderhebung: Haut

Turgor vermindert – Verdachtsdiagnosen z. B.
Flüssigkeitsverlust bei Diarrhö, mangelnde Flüssigkeitsaufnahme, Hitzschlag

U

Übelkeit

Auf mögliche Ursachen einer Übelkeit können Vorgeschichte und Begleitumstände hinweisen. Deshalb müssen Sie die Art der Nahrungsmittel und Getränke erfragen, die Beschäftigung oder die Ereignisse, bei denen dem Patienten übel wird. Versuchen Sie auch, Übelkeit als Vorstufe des Erbrechens vom bloßen Ekelgefühl abzugrenzen.

Übergewicht

s. Allgemeinbefund/Fettleibigkeit

Ungeschicklichkeit

s. Koordinationsstörung

Ulkus

s. Geschwür

Unfruchtbarkeit

s. Potenzstörungen – Impotenz – Sterilität = Infertilität

Urin, blutig
s. Hämaturie

Urtika s. Quaddel

Urtikaria = Beetartige Aussaat von Quaddeln
Definition: Ihr Patient klagt über flüchtige kleine, rote, juckende Ödeme.
Systemübersicht: Allgemeinbeschwerden, Haut
Befunderhebung: Haut

> **Urtikaria – Verdachtsdiagnosen z. B.**
> Urticaria aquagenica: durch Wasser
> Urticaria e calore = Wärmeurtikaria
> Urticaria e frigore = Kälteurtikaria
> Urticaria solaris = Lichturtikaria
> Urticaria factitia = urtikarieller Dermographismus
> mit Juckreiz durch Histamin: bei Penizillinallergie und parasitären Erkrankungen

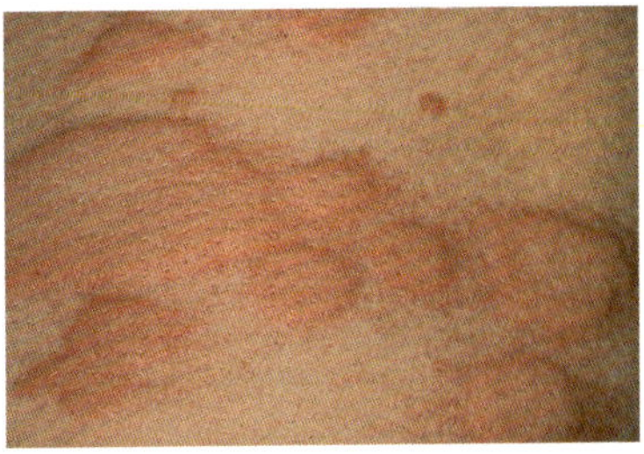

Abb. 4.**23** Urtikarielles Exanthem auf Penizillin

V

Vaginale Blutabgänge außerhalb des Zyklus
s. Menstruationsstörungen, Zyklusstörungen
Definition: Ihre Patientin klagt über vaginale Blutabgänge, die nicht in ihr übliches Zyklusmuster passen. Sie weisen auf relativen Hormonmangel oder Arrosion hin.
Systemübersicht: Allgemeinbeschwerden, Gynäkologie
Befunderhebung: Gynäkologie

> **Vaginale Blutabgänge außerhalb des Zyklus – Verdachtsdiagnosen z. B.**
> Abort, ektopische Schwangerschaft, Corpus-/Cervix-/Vagina-/Vulvakarzinom, Uterusruptur, vorzeitige Plazentalösung

Varizen = Krampfadern
Definition: Ihr Patient klagt über schlauchförmige, geschlängelte oder knotige Krampfadern an den Beinen, seltener an den Armen, in der Regel beidseitig.
Systemübersicht: Allgemeinbeschwerden, Extremitäten, Kreislauf
Befunderhebung: Extremitäten, Kreislauf

> **Varizen – Verdachtsdiagnosen z. B.**
> drückende Krampfadern mit Entzündungszeichen (s. dort) und oberflächlichen Schmerzen
> Thrombophlebitis
> mit tiefen Schmerzen Thrombose

Verdauungsstörungen, Verdauungsbeschwerden
Definition: Ihr Patient klagt über unscharfe gastrointestinale Beschwerden. Verdauungsbeschwerden können als Prodromalzeichen gastrointestinaler Erkrankungen Bedeutung gewinnen, besonders wenn sie kurz vor dem Einsetzen akuter Bauchschmerzen auftreten.
Systemübersicht: Allgemeinbeschwerden, Gastrointestinaltrakt
Befunderhebung: Gastrointestinaltrakt

Verdauungsstörungen – Verdachtsdiagnosen z. B.
Länger bestehende Verdauungsbeschwerden können auf den chronischen Charakter des zugrunde liegenden Krankheitsbildes hinweisen z. B.
Divertikulitis duodeni, Gastritis/Reizmagen, Malignom des Gastrointestinaltraktes, Magenkarzinom, Morbus Addison, Ulkus, unspezifische akute Bauchschmerzen

Verlangsamung = Störung des Antriebsverhaltens

Definition: Ihr Patient klagt über mangelnde Spontaneität in seinem Gesprächs-, Bewegungs- und Handlungsverhalten, Interesselosigkeit bis zur Reglosigkeit.
Systemübersicht: Allgemeinbeschwerden, Nerven, Psychologie
Befunderhebung: Nerven, Psychologie

Verlangsamung – Verdachtsdiagnosen z. B.
hirnorganisches Psychosyndrom, Morbus Alzheimer, Depression

Verstopfung = Obstipation = Konstipation

Definition: Der „Normalbereich" liegt zwischen dreimal täglich bis zu einmal alle drei Tage; längeres Aussetzen des Stuhlgangs ist in der Regel gekoppelt mit Stuhlverhärtung.

Ihr Patient klagt über zu selten, zu wenig, zu fest entleerten Stuhl, verzögertes oder erschwertes Absetzen meist geringer und/oder zu fester Stuhlmengen.
Systemübersicht: Allgemeinbeschwerden, Gastrointestinaltrakt
Befunderhebung: Gastrointestinaltrakt
Erweiterung: Ernährung? Werden Medikamente oder Abführmittel eingenommen? (Welche?, Wie viel?)

Obstipation – Verdachtsdiagnosen z. B.
Laxanzienmissbrauch, Malignom des Gastrointestinaltraktes, mechanischer Ileus, Volvulus, zu geringe Flüssigkeitsaufnahme, zu viel Schokolade, mangelhafte Bewegung, Fehlernährung, Hämorrhoiden, Wurmkrankheiten, Endometriose

mangelhafte Durchblutung des Gastrointestinaltraktes: Angina abdominalis

chronische Entzündung des Gastrointestinaltraktes: Enteritis regionalis, Divertikulitis, Dickdarmpolypen

psychogene Ursachen: psychogene Bauchschmerzen, Stress, Managerkrankheit

Vertigo = Schwindel

Definition: Ihr Patient klagt über gestörte Wahrnehmung des Raumes.

Unterscheiden Sie: Abweichreaktionen als Gangabweichungen und Fallneigung zu einer Seite hin deuten auf einseitig überhöhten Vestibularistonus!
Systemübersicht: Allgemeinbeschwerden, HNO, Nerven
Befunderhebung: HNO, Nerven

Vertigo – Verdachtsdiagnosen z. B.
Sie müssen in erster Linie klären, ob es sich um Benommenheit, Übelkeit, Taumeligkeit oder Unsicherheit handelt; oder liegt ein systematischer Schwindel vor?
systematischer = vestibulärer Schwindel: Hinweis auf Störung im vestibulären oder optischen System
Drehschwindel – anfallweise, in Tagen zunehmend: Morbus Menière, Labyrinthitis; mit entsprechender Anamnese (Streptomycin, Azetylsalizylsäure wie Aspirin): toxische Schädigung des N. vestibularis
Schwankschwindel: Labyrinthitis
Liftgefühl: Erkrankung des Otolithenapparates
Lage- und Lagerungsschwindel: Erkrankung des Otolithenapparates und zentripetaler vestibulärer Bahnen
asystematischer Schwindel: diffuser Schwindel = Hirnschwindel
als Unsicherheit beim Gehen und Stehen: Integrationsstörung sensorischer Afferenzen
visueller Schwindel, Sehstörungen: Augenmuskellähmungen; mit Übelkeit und Erbrechen: Kinetosen
psychogener Schwindel: z. B. bei Verzweiflung, Schreck oder Angst; psychische Instabilität
Sekundenschwindel: Durchblutungsstörung
Gefühl der Trunkenheit: einseitiger Labyrinthausfall
Dauerschwindel, als Dreh- und Schwankschwindel: Morbus Menière
Hörminderung, Untererregbarkeit des Labyrinths: Akustikusneurinom
Nackensteife, Fieber, Kopfschmerzen, Lichtempfindlichkeit: Meningitis
tonisch-klonische Krämpfe: Epilepsie
Kopfschmerz, betonter 2. Herzton: Hypertonie
Zunahme des Schwindels bei Arbeiten mit den Armen: Subclavian-Steal-Syndrom
Blässe, Schwäche, Ermüdbarkeit, Libidoverlust: Anämie

Vomitus

s. Erbrechen

Vorhofflimmern

s. Herzrhythmusstörungen

4

W

Wachstumsstörung

Definition: Abweichung von der üblichen Körperlänge (Groß- oder Minderwuchs) um 2–3 Standardabweichungen über dem 97. bzw. unter dem 3. Perzentil.
Systemübersicht: Allgemeinbeschwerden
Befunderhebung: Entsprechend der Wachstumskurve, Ernährung, Stuhlgang, Mutter-Kind-Kontakt, Endokrinologie und Stoffwechsel, Eigenanamnese
Erweiterung: Psychologische Anamnese der Mutter, Familienanamnese, sozioökonomische Anamnese.

> **Wachstumsstörung – Verdachtsdiagnosen z. B.**
>
> Vernachlässigung: als Nahrungsmangel, als Reizdeprivation, mütterliche Feindseligkeit, Eheprobleme
>
> erhöhter Stoffwechselbedarf durch zystische Fibrose, Hyperthyreoidismus
>
> verminderte Fähigkeit, Nahrung aufzunehmen: bei Lippen-Kiefer-Gaumenspalte, gastroösophagealen Reflux, Ruminieren
>
> zu resorbieren (Malabsorption): durch Zöliakie, zystische Fibrose, Disaccharidmangel, Fruktoseintoleranz, Galaktosämie
>
> vermehrte Ausscheidung durch Diabetes mellitus, Proteinurie, Mangel an Wachstumshormon

Wadenschmerzen

s. Muskelschmerzen

Wahrnehmungsstörung

Definition: Ihr Patient klagt über Störung der sensiblen, sensorischen Sinneswahrnehmung und ihrer Verarbeitung, z. B. bei Störung der Sinnesorgane oder Halluzinationen.

Wallungen

s. Hitzewallungen

Wasserlassen, Häufigkeit ↑

s. Pollakisurie

Wasserlassen, kein

s. Anurie

Wasserlassen, nächtliches

s. Nykturie

Wasserlassen, schmerzhaftes

s. Dysurie
s. Nykturie

Weißer Fleck

Definition: Ihr Patient klagt über weiße Hautflecken, die auch bei Reiben weiß bleiben. Wenn der weiße Fleck durch Melaninmangel in der Epidermis (Leukoderma) entsteht, rötet sich der Fleck zeitweise durch Reiben.
Systemübersicht: Allgemeinbeschwerden, Haut
Befunderhebung: Haut

> **Weißer Fleck – Verdachtsdiagnosen z. B.**
>
> oft mit hyperpigmentiertem Rand:
> Diabetes mellitus, Lupus erythematodes, Hyper- bzw. Hypothyreose
>
> mit weißblonder Kopf- und Körperbehaarung:
> Vitiligo, Albinismus
>
> mit klein-lamellöser Schuppung, bei Kindern:
> Pityriasis alba
>
> mit einem lilafarbenen Ring umgeben, meist bei Frauen: Sklerodermie

Weitsichtigkeit = Hyperopie

durch mangelnde Elastizität der Linse, zu unterscheiden von Hypermetropie = Hyperopie im nicht akkomodierten Auge nicht vor der Retina vereinigter Strahlen.

Wenckebach-Periodik

s. Herzrhythmusstörungen

Wirbelsäule – Bewegungseinschränkung

s. Bewegungseinschränkung der Wirbelsäule

Wortfindungsstörung

s. Aphasie, amnestische
Definition: Ihr Patient klagt darüber, dass er bestimmte Worte beim Sprechen oder Denken nicht findet.
Systemübersicht: Allgemeinbeschwerden, Nerven
Befunderhebung: Nerven

> **Wortfindungsstörung – Verdachtsdiagnosen z. B.**
>
> Amnesie, Aphasie, im hohen Alter physiologisch

X

X-O-Beine

Formveränderungen (X, O) können durch Osteomyelitis, Lähmungen in der Kindheit, Hüftgelenksluxation oder Wachstumsstörungen bedingt sein. Der entstehende Beckenschiefstand führt zu skoliotischen Wirbelsäulenverbiegungen und damit zu Haltungsschäden und chronischen Beschwerden.

Z

Zahnfleischblutung

Definition: Ihr Patient klagt über spontane Zahnfleischblutung.
Systemübersicht: Allgemeinbeschwerden, HNO, Zähne
Befunderhebung: HNO, Zähne

> **Zahnfleischblutung – Verdachtsdiagnosen z. B.**
> defekte Zahnbürste, Gingivitis, Parodontose, Karies, Vitamin-C-Mangel, hämorrhagische Diathese, Schwermetallvergiftung

Zahnfleischveränderungen

Definition: *Aphten* sind kleine weiße oder gelblich weiße Erosionen an Mundschleimhaut, Zunge und Gaumen mit rotem Rand bei Gingivostomatitis, Zoster, Maul- und Klauenseuche;
zu unterscheiden von unregelmäßig begrenzten *Leukoplakien* der Wangenschleimhaut z. B. bei Keratosis;
bräunliche Gingiva-Einlagerungen sprechen für Morbus Addison;
schwarze Gingiva-Ränder finden Sie bei Bleivergiftung;
hyperplastisches, dauerhaft vergrößertes Zahnfleisch bei Retikulose.

Zehenschmerzen

Definition: Ihr Patient klagt über Schmerzen in allen oder einzelnen Zehen.
Systemübersicht: Allgemeinbeschwerden, Extremitäten, Stoffwechsel
Befunderhebung: Extremitäten, Stoffwechsel

> **Zehenschmerzen – Verdachtsdiagnosen z. B.**
> Hammerzehe, Hallux valgus, Gicht (Podagra), Trauma, falsche Schuhe, Missbildungen, Fungi

Zielbewegung gestört

s. Dysmetrie

Zittern

s. Tremor

Zuckungen = Faszikulation

Definition: Ihr Patient klagt über unwillkürliche Zuckungen antagonistischer Muskeln im Wechsel, z. B. tonisch-klonische Krämpfe als Serien kurz dauernder, schüttelnder Krämpfe mit anhaltenden Muskelkontraktionen.
Systemübersicht: Allgemeinbeschwerden, Nerven und Psychologie
Befunderhebung: Nerven und Psychologie

> **Faszikulation – Verdachtsdiagnosen z. B.**
> Epilepsie als Grand mal, Eklampsie, Urämie, Entzugssyndrom

Zungenbiss

Definition: Ihr Patient klagt über Zungenbiss, der nicht zufällig beim Essen auftritt.
Systemübersicht: Allgemeinbeschwerden, HNO, Nerven
Befunderhebung: HNO, Nerven

> **Zungenbiss – Verdachtsdiagnosen z. B.**
> meist an den Zungenrändern: bei Epilepsie, Zungenbiss an der Zungenspitze deutet auf psychogene Anfälle

Zungenbrennen

Definition: Ihr Patient klagt über brennende Empfindungen an der Zunge.
Systemübersicht: Allgemeinbeschwerden, HNO
Befunderhebung: HNO

> **Zungenbrennen – Verdachtsdiagnosen z. B.**
> Eisenmangel, Plummer-Vinson-Syndrom,Vitamin-C-Mangel, perniziöse Anämie, Neurose

Zungenschmerz

Definition: Ihr Patient klagt über Schmerzen in der Zunge.
Systemübersicht: Allgemeinbeschwerden, HNO
Befunderhebung: HNO

> **Zungenschmerzen – Verdachtsdiagnosen z. B.**
> Glossitis infectiosa, Zungenstein, Trichinose, Malignom, Pellagra, Urämie, Scharlach

Zungenveränderung

Ungleichmäßige *knotige Vergrößerungen* und schmerzlose Zungenulzera finden Sie bei Malignom. *Gleichmäßige Vergrößerung* entsteht z. B. bei Myxödem, Amyloidose, Akromegalie und bei Hypophysenadenom. Vergrößert erscheint die Zunge auch bei oberer Einflussstauung, dann mit deutlich hervorspringenden Venen an der Zungenunterseite.

Atrophisch erscheint die Zunge durch Abflachung der Sekundärpapillen: bei peripherer Hypoglossuslähmung oder perniziöser Anämie, Achylie oder Sprue und Pellagra.

Himbeerzunge = Erdbeerzunge ist rot und leicht hypertrophisch: bei Scharlach, Tumor des Magens oder des Darms, Leberzirrhose, Colitis ulcerosa und dekompensierter Herzinsuffizienz.

Bläuliche Zunge finden Sie bei Polycythaemia vera und kardialer Stauung.

Rissige Zunge, bräunlich-trocken, weist auf Dehydratation z. B. im Rahmen eines Ileus hin.

Zungenvarizen sind hervorspringende, gewundene Venen an der Zungenunterseite oft gemeinsam mit Schweregefühl, das charakteristischerweise beim Essen abnimmt: Im hohen Alter, bei Hypertonie und oberer Einflussstauung.

Zungenbiss und *Bissnarben* finden Sie meist an den Zungenrändern: bei Epilepsie; *Zungenbiss* an der Zungenspitze bei psychogenen Anfällen.

Zusatzblutung und Zwischenblutung

s. Metrorrhagie

Zyanose

Definition: Ihr Patient klagt über eine bläuliche Verfärbung der Haut. Sie entsteht, wenn das Blut im subpapillären Venenplexus der Haut mehr als 5 g desoxygeniertes Hämoglobin pro 100 ml enthält oder – selten – wenn Methämoglobine bzw. Sulfhämoglobine vorliegen.

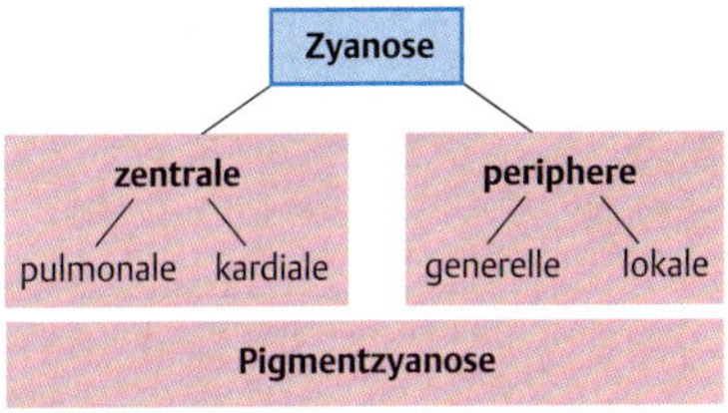

Pigmentzyanose

Definition: Ihr Patient klagt über bläuliche Verfärbung der Lippen/Akren.
Systemübersicht: Allgemeinbeschwerden, Herz und Kreislauf, Thorax, Haut
Befunderhebung: Herz und Kreislauf, Thorax, Haut

> **Zyanose – Verdachtsdiagnosen z. B.**
> Für eine *zentrale Zyanose* sprechen: Atemnot, Uhrglasnägel und Trommelschlegelfinger, blaue Kapillarpulse in Nagelbett oder Lippen (Müller-Zeichen) mit Fieber, Husten, Dyspnoe: Pneumonie
>
> mit anfallsartiger Dyspnoe, Husten, Engegefühl: Asthma
>
> mit Dyspnoe, Husten, Auswurf, Fassthorax: Emphysem
>
> mit starkem Thoraxschmerz: Spontanpneumothorax
>
> mit zunehmendem Husten, Heiserkeit: Bronchialkarzinom, Mediastinaltumor
>
> mit Müdigkeit, Dyspnoe, pathologischen Herzgeräuschen (Shunt), veränderten Herztönen: bei Herzfehlern
>
> mit gestauten Halsvenen: Panzerherz
>
> mit atmungsabhängigen Reibegeräuschen: Myokarditis
>
> mit Stauung der Haut- und Halsvenen, sichtbaren Ödemen, Lebervergrößerung, Meteorismus: Karzinoid
>
> mit extremer Hyperhidrosis, Tremor, Blässe, Blutdruck über 95/160, Flushing: Phäochromozytom
>
> Bei der *peripheren Zyanose* bleiben Kapillarpulse rot; zyanotische Verfärbungen lassen sich wegmassieren. Periphere Zyanose entsteht durch erhöhte Sauerstoffausschöpfung z. B. *generelle*

periphere Zyanose durch verminderte Geschwindigkeit des arteriellen Blutflusses bei Herzinsuffizienz, *lokal* z. B. als Akrozyanose durch Arterienspasmen. Venös bedingte lokale, periphere Zyanose finden Sie bei Phlebitiden oder Thrombose großer Venen (soweit nicht Kollateralen kompensieren)

Zyanotischer Fleck

Definition: Ihr Patient klagt über lokalisierte bläuliche Hautverfärbung.
Systemübersicht: Allgemeinbeschwerden, Haut
Befunderhebung: Haut

Zyanotischer Fleck – Verdachtsdiagnosen z. B.
Adoleszenten mit umschrieben kühler Haut: Akrozyanose
anfallweise auftretende Ischämie: Raynaud-Syndrom
bevorzugt ulnarer Unterarm: Akrodermatitis atrophicans

Zyanose – Pigmentzyanose

entsteht durch angeborene abnorme Hämoglobinverbindungen, bei denen durch Reduktasemangel dreiwertiges Eisen (Methämoglobin) im Überschuss entsteht, durch Aminosäurevarianten mit verminderter Affinität des Hämoglobins zu Sauerstoff, oder als erworbene Methämglobinämie durch Nitrite und Chlorate.

Zyanose – mit Polycythaemia vera

Clownsgesicht bei Mitralstenose, Glasbläserwangen, Hochofenarbeiterwangen, Hypothyreose.

Zyklusstörungen

Definition: Eumenorrhö = normale Zyklusdauer 25–31 Tage. Ihre Patientin klagt über Störung der Menstruationsintervalle (vom ersten Tag der Menstruation bis zum letzten Tag vor der nächsten Regelblutung) als

Fehlen der Blutung = *primäre/sekundäre Amenorrhö*;
zu seltene Blutung = *Oligomenorrhö* (Zyklus > 34 Tage);
zu häufige Regelblutung = *Polymenorrhö* (Zyklus < 24 Tage).

Systemübersicht: Allgemeinbeschwerden, Gynäkologie, Endokrinologie
Befunderhebung: Gynäkologie, Endokrinologie

Zyklusstörungen – Verdachtsdiagnosen z. B.
Adnexitis, ektopische Schwangerschaft, Hormontherapie, Hypothyreose, Ovarialinsuffizienz, Ovarialhypoplasie, Reserpin- oder Sulpirid-Therapie, Morbus Sheehan, Stein-Leventhal-Syndrom, Menopausensyndrom, Morbus Addison, adrenogenitales Syndrom, Diabetes mellitus, HVL-Adenom, Hyperthyreose, Ovarialtumor, Schwangerschaft, Morbus Simmonds, psychogene Funktionsstörungen, Krankheiten mit Hemmung der Gonadotropinfreisetzung (z. B. Notstandsamenorrhö), Anorexia nervosa

Zyklusabhängige Schmerzen

Definition: Ihre Patientin klagt über Schmerzen im zeitlichen Rahmen des Zyklus. Vergleichen Sie hierzu im Kapitel Bauch: Bauchschmerz im Unterbauch und im Suprapubikum.
Systemübersicht: Allgemeinbeschwerden, Gynäkologie
Befunderhebung: Gynäkologie

Zyklusabhängige Schmerzen – Verdachtsdiagnosen z. B.
Mittelschmerz = Bauchfellreizung durch die Ovulation, prämenstruelles Syndrom, Dysmenorrhoe = Schmerzen bei der Menstruation (s. dort), Retroflexio fixata

Zyklusunabhängige Blutungen

Definition: Ihre Patientin klagt über Schmerzen, die offenbar nicht in zeitlichem Zusammenhang mit den Regelblutungen stehen, wie Blutungen beim oder nach Geschlechtsverkehr = Kohabitationsblutungen und Blutungen außerhalb des Zyklus als größere vaginale Blutabgänge.
Systemübersicht: Allgemeinbeschwerden, Gynäkologie
Befunderhebung: Gynäkologie

Zyklusunabhängige Schmerzen – Verdachtsdiagnosen z. B.
Adnexitis (PID), Adenomyosis = Endometriosis uteri interna, Atresie der Genitalwege, drohender Abort, ektopische Schwangerschaft, Endometriose, Fitz-Hughe-Curtis-Syndrom, Hydramnion, Myoma uteri, Pessarbeschwerden, postoperative Verwachsungen, septischer Abort, stielgedrehte Ovarialzyste, gestörter sexueller Reaktionszyklus, Uterusruptur.
Wenn Ihre Patientin über zyklusunabhängige *Kreuzschmerzen* klagt, kann das ein Hinweis auf mögliche Senkung von Vagina und Uterus oder entzündliche bzw. neoplastische Prozesse im Bereich von Uterus und Adnexen sein.

Zysten

Definition: Ihr Patient klagt über sackartigen flüssigkeitsgefüllten Tumor als ausdrückbare Gefäßzysten und durch Erweiterung der Sammelrohre.

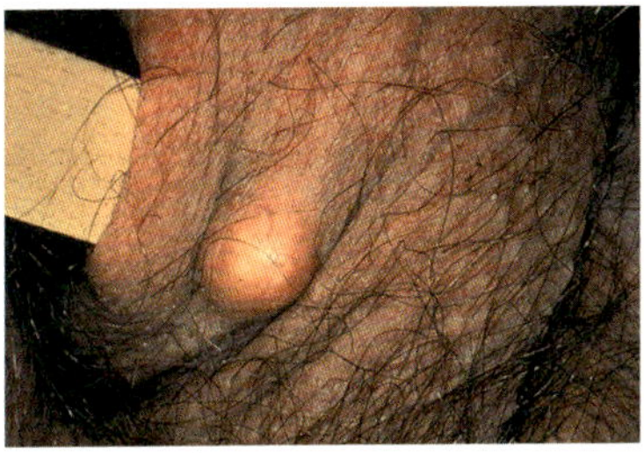

Abb. 4.**24** Talgzyste

Systemübersicht: Allgemeinbeschwerden, Haut
Befunderhebung: Haut

Zysten – Verdachtsdiagnosen z. B.

Gefäßzysten
angeboren, hellrot: kutanes Hämangiom
angeboren, bläulich durchschimmernd: subkutanes Hämangiom
angeboren, hautfarben: Lymphangiom
erworben, hellrot, stecknadelkopfgroß, oder erworben blau bis schwarz an der Lippe: eruptives Angiom

Drüsenzysten
gelb-weich: Talgdrüse
weißlich blau, Wangenschleimhaut, Lippe: Schleimzyste
hautfarben, hart, glasstecknadelkopfgroß: epidermale Zyste (Milium)

4

4.7 Aufgaben für die Selbstkontrolle

1 Wie nennt man die Gruppe der Beschwerden, die offenbar mit der Hauptbeschwerde in Zusammenhang stehen?

2 Wovon lassen Sie sich bei der Benutzung der Systemübersicht leiten, wenn Sie Begleitbeschwerden gezielt erfragen wollen?

3 Nach welchen fünf Gesichtspunkten werden auch die Begleitbeschwerden differenziert?

4 In welcher Sprache sollen Sie Fragen an den Patienten zur Erhebung seiner Beschwerden formulieren?

5 Nennen Sie vier Informationsgruppen, die bei der Eigenanamnese Erwähnung finden sollen!

6 Wie können Sie dem Patienten helfen, sich an lange zurückliegende Erkrankungen zu erinnern?

7 Nennen Sie drei in Deutschland häufig verwendete Rauschmittel!

8 Welche fünf Gesichtspunkte spielen bei der Medikamentendokumentation eine Rolle?

9 Von welchem Lebensalter an sollen Sie bei weiblichen Patienten eine gynäkologische Anamnese erheben?

10 Welche grundsätzliche Frage zur Sexualanamnese sollte jedem erwachsenen Patienten gestellt werden?

11 Mit welcher Technik gewinnen Sie einen pauschalen Überblick über den Lebensstil des Patienten?

12 Mit welchen fünf groben Kategorien können Sie die sozialen und wirtschaftlichen Verhältnisse des Patienten erfassen?

13 Auf welche drei Krankheitsgruppen sollen Sie im Rahmen der Familienanamnese eingehen?

14 Von welchen Angehörigen interessieren Krankheiten, Todesalter und Todesursache besonders?

15 Welche beiden Arten von Beschwerden werden im „bisherigen Krankheitsverlauf“ chronologisch geschildert?

16 Welche beiden zeitlichen Gesichtspunkte sollen Sie bei der Beschreibung des Krankheitsverlaufes berücksichtigen?

17 Welche beiden Arten von Daten sollten Sie bei der Dokumentation streng voneinander trennen?

18 Welche grundsätzliche Bedeutung hat die Anamnese für die körperliche Untersuchung?

19 Zu welchen Aussagen sollen Sie jedem Patienten am Ende der Anamnese Gelegenheit geben?

Praktische Aufgaben zur Anamneseerhebung

(Wenn möglich, vor der Kamera zur Selbstkontrolle und ggf. Korrektur)

	Aufgabe	Thematik	Besonders beachten
A	Erheben Sie eine normale Anamnese unter besonderer Berücksichtigung von...	Kommunikation und Interaktion	Erfassen Sie dabei die Beschwerden, die der Patient vorträgt, zu erwartende Begleitbeschwerden, den bisherigen Krankheitsverlauf und Daten zur Vorgeschichte
B	Dokumentieren Sie die anamnestischen Angaben	geplantes Sammeln und Ordnen von Daten	Berücksichtigen Sie dabei vorgegebene Dokumentationshilfen wie Untersuchungsschemata, Umfang und Vollständigkeit, wortgetreue Wiedergabe und Reliabilität
C	Gehen Sie geduldig auf besondere Patienten ein	bei denen die Anamneseerhebung nicht reibungslos abläuft, z. B. Widerstände, Kontaktschwäche, Redseligkeit	Berücksichtigen Sie dabei die Persönlichkeitsstruktur des Patienten, seine Reaktion auf die Krankheit, die Reaktion des Arztes auf den Patienten
D	Analysieren Sie gegenseitig die Anamnesen	auf Interaktionsformen (Tempo, Kontinuität, Kommunikationsformen) und auf Interaktionsmittel (verbale, paraverbale wie Sprechweise), kognitive und affektive Interaktionsebene, Interaktionsergebnis	Berücksichtigen Sie dabei Einflussvariablen des Patienten, Einflussvariablen des Arztes, Interaktionsvariablen

5 Die Befunderhebung

Bei der Befunderhebung können Sie davon ausgehen, dass die Symptome, die Sie sehen, fühlen, hören und aus gestörten Funktionen ableiten, messbarer und damit objektivierbarer sind als Beschwerden, die der Patient vorträgt. Damit sollen weder die Glaubwürdigkeit noch die diagnostische Bedeutung von Beschwerden in Frage gestellt, sondern lediglich auf den unterschiedlichen erkenntnistheoretischen Zugang hingewiesen werden: Einerseits arbeiten Sie mit den mehr subjektiven anamnestischen Angaben des Patienten, andererseits hier mit objektiven körperlichen, psychischen oder technisch-diagnostischen Befunden, die Sie erheben und die jeder Arzt nachvollziehen kann.

5.1 Allgemeine Voraussetzungen für die Befunderhebung

Zur körperlichen Untersuchung gehört **Takt**. Sie sollen es sich zur Regel machen, Körperregionen, deren Entblößung das Schamgefühl des Patienten verletzen könnte, nur für die Zeit der unmittelbaren Untersuchung unbedeckt zu lassen. Das ausgezogene Nachthemd des Patienten oder ein Untersuchungstuch leistet gute Dienste, um den Patienten zu bedecken.

Zum **Handwerkszeug** des Arztes für die unmittelbare körperliche Untersuchung gehören (Abb. 5.1) Bandmaß, Blutdruckmessgerät, Ophthalmoskop, Lampe,

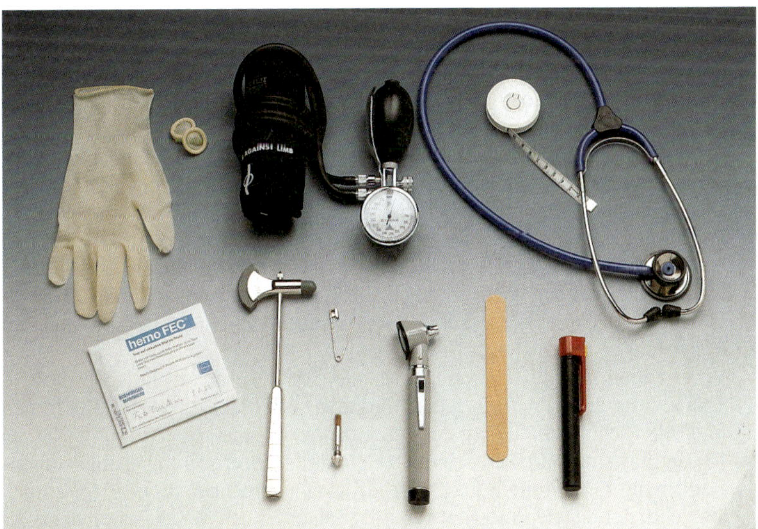

Abb. 5.1 Ärztliches Werkzeug

Einmalspatel, Stethoskop, Reflexhammer, Zahnrädchen und Pinsel oder Einmalkanüle für die Head-Zonen und zur Feststellung von Hyperästhesien und Hyperalgesien, aber auch Gummihandschuhe, Fingerlinge und Haemoccult-Test.

Untersuchen Sie den Patienten in einem warmen, hellen Raum auf einer festen, im Kopfteil verstellbaren **Untersuchungsliege**, die möglichst **von allen Seiten zugänglich** ist, und an einem Ort, an dem Arzt und Patient durch Telefon, andere Patienten und Besucher oder das Verteilen von Essen usw. nicht gestört werden.

Es ist für die Rationalisierung des Praxisbetriebes zu erwägen, ob man Tonbandgerät und je ein Mikrofon mit Fußschalter am Schreibtischplatz und an der Untersuchungsliege dazu benutzt, zusammenfassend die wesentlichen anamnestischen Angaben und den Befund sofort zu dokumentieren. Unter Umständen kann der Patient dabei Missverständnisse ausgleichen oder Informationen ergänzen.

5.2 Methodik der körperlichen Untersuchung

Sowohl für das systematische Vorgehen „von Kopf bis Fuß" als auch für die lediglich auf die Beschwerden des Patienten ausgerichtete körperliche Untersuchung gelten fünf Methoden:

Inspektion, **P**alpation, **P**erkussion, **A**uskultation, **F**unktionsprüfungen (**IPPAF**).

1. Mit der ***Inspektion*** verschaffen Sie sich zunächst einen optischen Gesamteindruck vom Patienten, in den Statur, Körperhaltung, Bewegungsabläufe, Gesicht und Mimik eingehen. Bei der Inspektion begrenzter anatomischer Bereiche kommt es auf das „genaue Hinschauen" an. Sie achten auf Größe, Form und Farbe sowie auf pathologische Abweichungen von der Norm. Ihr Wissen um das Aussehen eines gesunden Körpers und der Seitenvergleich sind dabei einfache methodische Hilfen. Zur Inspektion im weiteren Sinne gehören Befunde „mit dem bewaffneten Auge", d. h. mit Hilfe von Ophthalmoskop, Otoskop usw.
   Die Bedeutung der Lichtquelle für die Inspektion wird jedem klar, der versucht hat, einen leichten Ikterus bei gelbhaltigem und eine leichte Zyanose bei blauhaltigem Neonlicht zu erkennen. Auch die Tönung der Wände eines Untersuchungsraumes kann den Eindruck einer Verfärbung des Patienten vortäuschen.
2. Die ***Palpation*** ergänzt und sichert in vielen Fällen das Ergebnis der Inspektion. Palpieren heißt Befühlen oder Betasten und gleichzeitig den kinästhetischen Sinn für Lage und Vibration sowie den Temperatursinn benutzen. Als Hilfe bietet sich auch hier der Seitenvergleich oder der Vergleich mit anderen Körperregionen an; denken Sie z. B. an die vergleichende Palpation eines entzündeten Kniegelenks.
   Was können Sie palpatorisch beurteilen? Größe, Form, Struktur, Konsistenz, Temperatur, Beweglichkeit, feinste Resonanz über vibrierenden Hohlräumen und Druckschmerzhaftigkeit der untersuchten Organe.
   Für den Tastsinn sind die Fingerspitzen und die Fingerbeeren besonders empfindlich, für den Temperatursinn Handrücken oder Finger, für den Vibrationssinn eher der distale Anteil der Handflächen unter den Metakarpophalangealgelenken.

3. Das Beklopfen, die ***Perkussion*** des Körpers, gestattet Rückschlüsse auf die Dichte des durch Klopfen in Schwingung versetzten Gewebes und, z. B. am Schädel, auf die Unversehrtheit der Kalotte. Sie kann aber auch zu Schmerzen, z. B. an der erkrankten Wirbelsäule oder über den Nieren bei Pyelonephritis, führen.
4. Die ***Auskultation*** mit bloßem Ohr wird kaum noch angewandt. Im Lauf von 150 Jahren hat sich aus dem Laennecschen Hörrohr unser heutiges Stethoskop entwickelt, das meist einen Membrananteil für hohe Frequenzen und einen offenen Aufnahmetrichter für tiefe Frequenzen hat. Der Grad der Fortleitung der Schwingungen hängt von der Elastizität, von der Masse und der Dichte der Medien zwischen Stethoskop und Entstehungsort der Schwingungen ab.
   Sie auskultieren Herz und Lungen. Darüber hinaus können Sie mit dem Stethoskop Darmgeräusche und über den großen Arterien in der Systole ein dumpfes Gefäßgeräusch hören. Wegen seines kurzen Charakters spricht man von einem „Gefäßton". Turbulenzen bei abnormen Gefäßverhältnissen lassen dagegen lange Gefäßgeräusche entstehen. Sie kommen – abgesehen von arteriosklerotischen Veränderungen – bei hohem Fieber, Thyreotoxikose oder Anämie vor und gehen häufig mit einer großen Blutdruckamplitude einher. Auskultatorisch können Sie auch Reibegeräusche beim Milzinfarkt unter dem linken Rippenbogen hören. Degenerative Veränderungen an den Gelenken sind oft schon mit dem bloßen Ohr, z. B. bei Kniebeugen, wahrnehmbar.
5. ***Funktionsprüfungen*** werden hier nur so weit dargestellt, wie sie mit Mitteln der Praxis durchgeführt werden können. Für die diagnostische Beurteilung des Patienten haben Funktionsprüfungen weitreichende Bedeutung. Wir schildern sie bei der Besprechung der einzelnen Körperregionen oder Organsysteme.

5.3 Durchführung der körperlichen Untersuchung

Bei der körperlichen Untersuchung fahnden Sie – geleitet von der Hauptbeschwerde und der sich daraus ergebenden Verdachtsdiagnose – nach pathologischen organischen Veränderungen = Befunden. Dann versuchen Sie, Beschwerden und Befunde, d. h. die Symptomkonstellation des Patienten, einem Krankheitsbild zuzuordnen.

Die körperliche Untersuchung zielt – abgesehen von ***Patientenangaben*** zu bestimmten **Befunden** wie Druck-, Klopf-, Stauch- und Bewegungsschmerz – auf ***objektive Gegebenheiten***, die der Arzt wahrnehmen kann. Fragliche Befunde sollten Sie in der Dokumentation mit einem Fragezeichen kennzeichnen.

Differenzieren Sie jeden Befund ebenso wie die Beschwerden ggf. mit Hilfe von Patientenangaben nach Dauer, Stärke, Art und Ort und der Beziehung des Befundes zu Körperfunktionen.

Ergänzen Sie während der Befunderhebung Einzelheiten zur Anamnese, z. B. anhand vergessener Operationsnarben, die einer Erklärung bedürfen oder aus der sich neue diagnostische Vermutungen ergeben. Erläutern Sie dem Patienten Ihr Vorgehen, und bereiten Sie ihn auf eventuelle unangenehme oder schmerzhafte Untersuchungen vor.

Befunde können sich im Lauf der Zeit ändern oder gar verschwinden; deshalb ist es wichtig, jeden Befundbericht mit einem **Datum** zu versehen, bei akuten Erkrankungen – z. B. akuten Bauchschmerzen – auch mit einem Hinweis, um wie viel Uhr dieser Befund erhoben wurde. Für den Verlauf einer Krankheit, für Forschungszwecke, Versicherungen, Gerichte und Krankenkassen können Datum und Uhrzeit Ihrer Befunderhebung Bedeutung haben.

Zu jeder Untersuchung gehören neben Größe und Gewicht des Patienten die ***Vitalzeichen***: Blutdruck, Puls und Temperatur. Die **Temperaturmessung** erfolgt oral, axillär oder rektal 5 Min. lang. Neuerdings kann die Temperatur auch elektronisch in kürzerer Zeit bestimmt werden. Bei der Messung mit Thermometern können Sie die entsprechenden hygienischen Bedingungen dadurch fördern, dass Sie für die einzelnen Verfahren unterschiedliche Thermometerformen benutzen. Bei der axillären Messung müssen Sie darauf achten, dass das Thermometer wirklich von der Haut der Achselhöhle ständig umschlossen bleibt. Dazu lassen Sie den Patienten mit der freien Hand den Oberarm, unter dem gemessen wird, gegen den Thorax pressen.

Zur rektalen Messung wird das Thermometer lediglich bis zum Ende des schmalen Quecksilbersockels in den Anus eingeführt. Bei kleinen Kindern und unruhigen Patienten (z. B. im Koma oder Delirium) müssen Sie darauf achten, dass der Patient für die Zeit der Messung die Seiten- oder Bauchlage beibehält.

Die Form der gewählten Temperaturmessung muss dokumentiert werden, weil die rektale Temperatur, wenn nur der dünne Quecksilbersockel eingeführt wird, 0,5 °C, sonst sogar 1 °C höher liegt als die anderen Messwerte. Bei kleinen Kindern, Schwerkranken, Darmerkrankungen und Verdacht auf Simulation (Manipulationen am Thermometer erkennt man verhältnismäßig leicht an der Diskrepanz zwischen Temperatur und Puls) soll immer rektal gemessen werden.

Als Grundregel gilt, dass die axillär gemessene Abendtemperatur etwa 0,5 °C über dem Normalbereich von 36,6 – 37 °C liegt und dass sich mit jedem Grad Temperaturerhöhung die Pulsfrequenz um 10 Schläge pro Minute erhöht.

Aufgaben für die Selbstkontrolle s. S. 160.

6 Der allgemeine Eindruck

6.1 Lernziele

Im folgenden Abschnitt erfahren Sie, wie man

- Patienten einem Körperbautyp nach Kretschmer zuordnet,
- den seelisch-geistigen Allgemeinzustand und Ernährungszustand des Patienten bewertet,
- Haut und Schleimhaut untersucht und häufige Effloreszenzen definiert,
- Leitsymptome, die sich aus dem Allgemeineindruck ergeben, für die Diagnostik verwendet und
- Bewegung, Haltung, Mimik, Sprache und Geruch des Patienten beurteilt.

Am Ende dieses Abschnittes können Sie mit der Lösung der Aufgaben selbst kontrollieren, ob Sie diese Ziele erreicht haben.

6.2 Konstitutionstypen

Der Körperbau gestattet in vielen Fällen allgemeine Rückschlüsse auf die Persönlichkeitsstruktur des Patienten. Das rechtfertigt seine Zuordnung zu einem der Konstitutionstypen. Außerdem findet sich eine relative Häufung einiger Krankheiten bei bestimmten Kretschmer-Typen, z. B. beim *Pykniker* häufiger Hypertonie, Arteriosklerose, Apoplex und Herzinfarkt, beim *Leptosomen* Morbus Addison, Hypotonie, synkopale vasomotorische Anfälle, orthostatischer Kollaps, Ulkus, spastische Obstipation und Tuberkulose. Epilepsie tritt bevorzugt bei *Menschen mit athletischem Körperbau* auf.

- Der **leptosome (asthenische) Typ** ist ein schmaler, magerer, aufgeschossener Mensch mit langem Gesicht, schmalen Schultern, langem, flachem Brustkorb, der nur in Ausnahmefällen eine Adipositas entwickelt (Abb. 6.1). Mit leptosomen Körperbauformen findet man eher nüchterne, nervöse Menschen, aber auch feinsinnige Idealisten, die eher in kühler Distanz zu ihren Mitmenschen und ihrer dinglichen Umwelt leben.
- Der **athletische Typ** ist muskulös und untersetzt gebaut. Er hat breite, auslaufende Schultern, einen eher quadratischen Schädel, wirkt widerstandsfähig, sein Rumpf verjüngt sich nach unten (Abb. 6.2). Bei Menschen mit athletischem Körperbau stehen ruhige Bedächtigkeit bis zur zähflüssigen Schwerfälligkeit im Vordergrund. Sie sind „durch nichts aus der Ruhe zu bringen“, wenn doch,

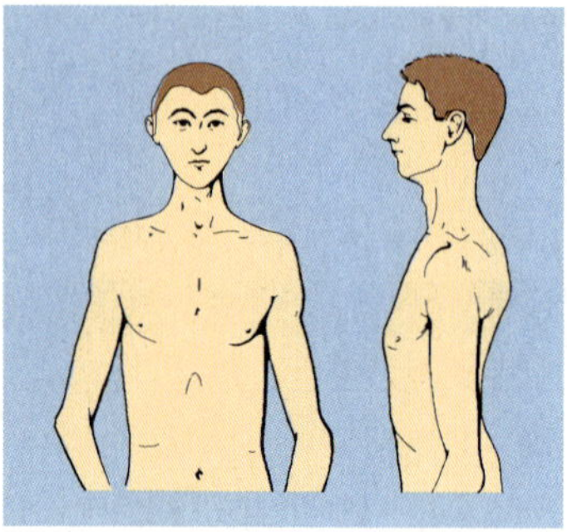

Abb. 6.**1** Leptosomer oder asthenischer Körpertyp

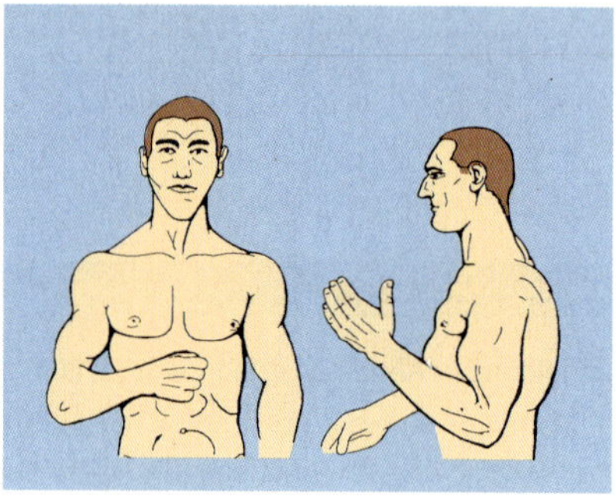

Abb. 6.**2** Athletischer Körpertyp

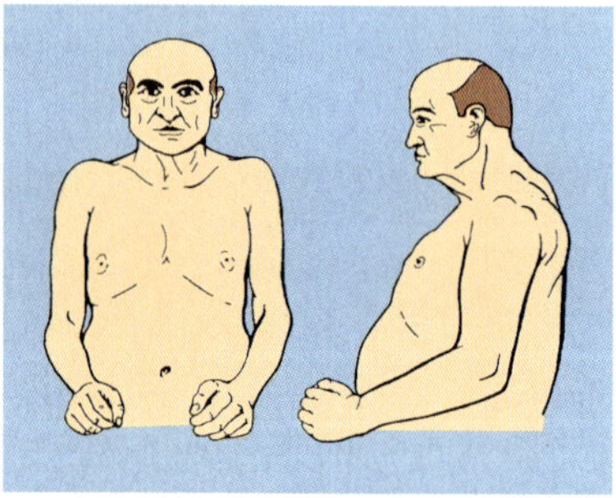

Abb. 6.**3** Pyknischer Körpertyp

(Abb. 6.**1** – 6.**3** aus *Kretschmer, E*: Körperbau und Charakter. Springer, Heidelberg 1951)

dann allerdings in explosiver Form. Gelegentlich neigen athletische Menschen zum gedanklichen und emotionalen „Kleben".

- Der **Pykniker**, der im Ganzen eher klein und rundlich wirkt, hat ein weiches, wangenbetontes Gesicht, die Schultern sind schmal, der Bauch ist betont (Abb. 6.**3**). Zu den bei pyknischem Körperbau häufig gefundenen Wesenszügen gehören mitteilsame Heiterkeit, aber auch Schwerblütigkeit, Genussfreudigkeit oder tatkräftiges Praktikertum. Pykniker sind in der Regel gegenüber Umwelt und Mitmenschen aufgeschlossen.

6.3 Allgemeinzustand und Ernährungszustand

Das Ergebnis der allgemeinen ***Inspektion*** sollte nicht auf die Feststellung „in gutem AZ und EZ" beschränkt werden. Unter seelisch-geistigem ***Allgemeinzustand*** versteht man die weiten Skalen zwischen zeitlicher und örtlicher Orientiertheit (Bewusstseinsklarheit) und tiefem Koma oder zwischen aufgeschlossener Mitarbeit und apathischer Niedergeschlagenheit (ausführlicher s. psychologischer Anteil der neurologischen Untersuchung). Zum AZ gehören auch Hinweise auf Erregtheitszustände, psychotische Verhaltensweisen oder die Schwere des Krankheitszustandes.

Beschreiben Sie Verhalten, Orientiertheit und Emotionalität des Patienten anschaulich, z.B. der nach Atem Ringende, der sich vor Schmerzen Krümmende, der erregte Patient, der jede Hilfe als Bedrohung erlebt, der offensichtlich Halluzinierende, der „Mäuse von seiner Bettdecke verscheucht", der Niedergedrückte, dessen Miene seinen seelischen Zustand widerspiegelt, der sich vor Schmerzen im Bett Wälzende oder der Patient, der kaum zu atmen wagt, oder der ängstlich Verstörte, der bei jedem Klopfen an die Zimmertür zusammenfährt. Das Beschreiben des Allgemeinzustandes, der das gesundheitliche Gesamtbild des Patienten ausmacht, sollte ergiebiger sein als der Hinweis auf einen „reduzierten AZ".

Für die Beurteilung des ***Ernährungszustandes*** gibt es außer Tabellen die Faustregel: Größe in cm über Hundert = Gewicht in kg (z.B. 170 cm: 70 kg). Diese Faustregel gilt nur noch sehr bedingt, ein besserer Ersatz ist der „Body-Mass-Index", BMI, in dem die gesamte Körpergröße berücksichtigt wird: Körpergewicht in Kilogramm geteilt durch Körpergröße im Quadrat. Es besteht eine gute Korrelation zwischen BMI und Morbiditäts- und Mortalitätsrisiko. Ein praktisches Hilfsmittel ist der BMI-Kalkulator.

Beispiel: Bei einem 1,72 m großen, 65,4 kg schweren Patienten = 1,72 m zum Quadrat ergeben sich 65,4 kg **geteilt durch** 2,96 m^2: BMI-Wert = 22,1.

Ein deutliches **Übergewicht** kann auch durch einen ungewöhnlich stabilen Knochenbau oder die kräftig entwickelte Muskulatur z.B. eines Waldarbeiters vorgetäuscht werden. Derartige Sonderfälle bedürfen in der Befunddokumentation erläuternder Hinweise wie „massives Skelett" oder „entsprechend dem Beruf".

Adipositas ist nicht nur ein ästhetisches Problem. Die Organe des menschlichen Körpers – besonders das Herz – sind für einen bestimmten Rahmen ausgelegt. Ständige Überbeanspruchung führt zur Überforderung, vergleichbar einem Pkw-Motor in einem Lkw. Die **WHO-Klassifikation der Adipositas** und des Risikos von Begleiterkrankungen in Abhängigkeit vom BMI geht aus Tab. 6.**1** hervor (WHO, 1998).

Nach der Einteilung der Deutschen Adipositas-Gesellschaft sind BMI-Werte *unter 18,5 kg/m²* mit mäßig bis hohem Gesundheitsrisiko behaftet, eine weitere Gewichtsabnahme kann gefährlich sein (s. Untergewicht, S. 156f).

BMI-Werte *bis 25 kg/m²* sind normal; BMI-Werte *zwischen 25 und 30 kg/m²* deuten auf ein mittelmäßiges Übergewicht hin und können nur bei bestehenden gesundheitlichen Problemen zu Risiken führen. Abnehmen ist nicht unbedingt nötig.

BMI-Werte zwischen 30 und 40 weisen auf hohe Adipositas hin. Jede Gewichtsabnahme verspricht gesundheitliche Vorteile; ärztlichen Rat einholen! BMI-Werte über 40 sind Zeichen einer extremen Adipositas und damit eine schwere Gesundheitsstörung. Hier sollte der Arzt unbedingt zu Rate gezogen werden.

Tab. 6.1 WHO-Klassifikation der Adipositas

Klassifikation		Body-Mass-Index	Risiko von Begleiterkrankungen
normal		18,5–24,9	durchschnittlich
präadipös	Stufe I	25,0–29,9	leicht erhöht
adipös	Stufe IIa	30,0–34,9	erhöht
	Stufe IIb	35,0–39,9	deutlich erhöht
	Stufe III	≥ 40	stark erhöht

Mögliche Begleiterkrankungen deutlicher Adipositas sind: Typ-II-Diabetes, verminderte Glukosetoleranz, Hyperinsulinämie, Hyperlipidämie sowie Hypertonie.

In der Regel ist die überhöhte Nahrungsaufnahme im Vergleich zum Energiebedarf Ursache der Adipositas. Familiäre oder individuell entwickelte oder anerzogene Essgewohnheiten* spielen dabei die entscheidende Rolle. Eine Sonderform ist die Dystrophia adiposogenitalis bei überfürsorglicher Mutter. Allerdings sind endokrine Ursachen wie Hyperinsulinismus, Stein-Leventhal-Syndrom, die vermehrte Wassereinlagerung beim Myxödem oder die angeborene Fettstoffwechselstörung beim Laurence-Moon-Biedl-Bardet-Syndrom nicht allein durch verminderte Nahrungsaufnahme zu beeinflussen. Beim Morbus Cushing, dem Cushing-Syndrom oder lang anhaltender Kortisontherapie entsteht neben der Rumpfadipositas, die mit Striae einhergeht, das typische Vollmondgesicht.

Zu den häufigen Begleitsymptomen bzw. Begleitkrankheiten der Adipositas gehören neben der Vergrößerung des linken Ventrikels ischämische Herzkrankheiten, Hypertonie, Cholelithiasis, Gicht und Diabetes mellitus (Tab. 6.**2**). Häufig klagen die Patienten über einen „Wolf" (Intertrigo) im Dammbereich und ekzematöse Veränderungen in den Hautfalten.

Untergewicht müssen Sie, soweit es nicht durch das Leitbild der „schlanken Linie" bedingt ist, zu Appetit und Essgewohnheiten in Beziehung setzen. Unbeabsichtigter deutlicher Gewichtsverlust über 20% unter Normalgewicht bedarf wegen des Malignomverdachts der mehrfachen Gewichtskontrolle (diagnostische

Tab. 6.**2** Krankheitsrisiko bei Übergewicht

Leichtes Übergewicht	Mäßiges Übergewicht	Starkes Übergewicht
bestimmte Neoplasmen	koronare Herzkrankheit	Typ-II-Diabetes
Hormonveränderungen	Hypertonie	Gallenerkrankungen
polyzystisches Ovar	Osteoarthritis, besonders der Knie	Hyperlipidämie
Fertilitätsbeeinträchtigung	Gicht	Insulinresistenz
Rückenschmerzen		Atemnot
fötale Defekte		Schlafapnoe

Bedeutung der Gewichtsabnahme, S.95). Bei Kindern sollte man den Stuhl auf Wurmteile kontrollieren. Bei chronisch-entzündlichen Erkrankungen – Enteritis regionalis, Colitis ulcerosa und Tuberkulose – wirkt in erster Linie die Entzündung mit ihren Folgen konsumierend, bei der Angina abdominalis versucht der Patient, die Schmerzen zu vermeiden. Von Untergewicht und mangelhaftem Gesamternährungszustand sind lokal begrenzte Atrophien, z. B. durch Lähmungen nach Unfall, zu unterscheiden.

Den ***Kräfte- oder Entwicklungszustand*** erwähnt man im Zusammenhang mit chronischen Krankheiten bzw. bei Patienten, die ihre Entwicklung noch nicht abgeschlossen haben. Dabei geht es sowohl um die körperliche Kraft, auf die schon der Händedruck bei der Begrüßung gewisse Schlussfolgerungen zulässt, als auch um geistig-seelische Faktoren wie Haltung, Frische des Ausdrucks, Reaktionsfähigkeit, Geschwindigkeit und Ablauf der Motorik. Missbildungen sollten Sie nicht nur als organische Befunde dokumentieren, sondern auch ihre psychologische Verarbeitung durch den Patienten berücksichtigen. Denken Sie an die Gehbehinderung einer jungen Frau durch Beinverkürzung, eine Lippen-Rachen-Spalte, frühzeitigen Haarausfall oder das Schielen.

In Bezug auf die ***Körpergröße*** gilt als Norm für den Mann 165 bis 185 cm, für die Frau 155 bis 175 cm. Von Zwergwuchs spricht man bei weniger als 145 bzw. 135 cm. Der **Minderwuchs** liegt zwischen diesen Werten und der Norm, der Großwuchs oberhalb der Norm. Minderwuchs entsteht durch

- Knochenwachstumsstörungen, z.B. bei der Chondrodystrophie oder dem Ullrich-Turner-Syndrom,
- zentrale Ursachen wie den hypophysären Minderwuchs,
- durch endokrine Störungen, z.B. beim adrenogenitalen Syndrom,
- durch metabolische Störungen, z.B. bei der Zöliakie,
- und durch schwere Organerkrankungen während des Wachstums.

Der **Hochwuchs** kann bedingt sein durch Überproduktion von Wachstumshormon und Hypogonadismus. Ein Sonderfall des disproportionierten Hochwuchses ist das Marfan-Syndrom.

6.4 Die Körperhaltung

In den allgemeinen Eindruck geht die Körperhaltung des Patienten ein. Sie wird durch die Form der Wirbelsäule, des Thorax, durch die Muskulatur und Innervation des Gesamtrumpfes bedingt. Diagnostische Bedeutung hat z.B.

- die gebeugte, schlaffe Haltung des Depressiven, der auch die Arme hängen lässt,
- deutlich zu unterscheiden von dem im Schultergelenk einwärts rotierten Arm mit nach vorn gekehrtem Handrücken bei oberer Armplexusparese,
- die vorgebeugte „Haltung“ mit ausgeprägter Kyphose bei Morbus Bechterew,
- die krampfhaft steile Sitzhaltung von so genannten Rückenpatienten, diverse Schonhaltungen zum Ausgleich von Schmerzen, z.B. bei der Lumbalgie,
- die bevorzugte Hockstellung der Kinder mit Fallot-Tetralogie.

Herz- und Lungenkranke ziehen eine sitzende Haltung vor; abdominal Kranke liegen bei Peritonealreizung still, wechseln bei Koliken häufig ihre Lage oder wühlen; Patienten mit einer Pleuritis liegen in der Regel auf der kranken Seite, um die Atemexkursion des Thorax auf der erkrankten Seite zu vermindern.

6.5 Der Bewegungsablauf – Motorik

Störungen des Bewegungsablaufs treten als Ataxie (= Störung des Zusammenwirkens von Muskelgruppen) bei Tabes auf, als allgemeine Bewegungsarmut bei Hypothyreose, Depression und bei Morbus Parkinson, die sich leicht von Stereotypien (gleichförmigen Wiederholungen) Schizophrener unterscheiden lassen. Dyskinesien im Sinne von Fehlfunktionen finden Sie auch als extrapyramidale Störungen bei Chorea, Tetanus und Tetanie, Hyperkinesien (= überschießende Bewegung) bei Enzephalitis oder Torticollis spasticus. Krämpfe sind Zeichen einer Epilepsie oder zerebraler Herde (s. Untersuchung des Nervensystems). Pauschalen Bewegungsüberschuss findet man bei Hyperthyreose oder Manie.

6.6 Der Gang

Der Gang ist ein einfaches Mittel, um die **Koordination der Bewegungen** und damit wesentliche Funktionen des Zentralnervensystems zu überprüfen. Darüber hinaus bietet der Gang Hinweise auf psychische oder organische Störungen, z. B.
- der „hängende“ Gang des Depressiven,
- der schlurfende, kleinschrittige, propulsive Trippelgang des Parkinson-Patienten,
- die Zirkumduktion des gelähmten Beines beim Hemiplegiker, der auch den betroffenen Arm nicht mitbewegt,
- der breitbeinige, ataktische Sicherheitsgang des Paralytikers, der seine Schritte mit den Augen kontrollieren muss,
- der spastisch-steife Gang bei multipler Sklerose, spinalen Tumoren oder funikulärer Myelose,
- der Scherengang bei spastischer Paraplegie,
- der ataktische Gang bei Kleinhirn- und Labyrintherkrankungen (ausführlicher zum Thema Bewegungsstörungen s. Neurologische Untersuchung).

6.7 Gesicht und Mimik

Unterschiedliche Gesichtsrötungen können Ausdruck von Fieber*, Karzinoid, Diabetes mellitus, essenzieller Hypertonie und Morbus Cushing sein. Bei der Polycythaemia vera entsteht neben der Rötung ein gewisser Zyanoseanteil. Übertrieben rote Wangen können Zeichen für Lupus erythematodes, Mitralstenose oder das sogenannte Clownsgesicht bei Hypothyreose sein. Das aufgedunsene Gesicht spricht für Alkoholismus oder Nephrose. Blässe kann bis zu einem gewissen Grad Ausdruck einer habituellen Minderdurchblutung der Haut sein, weist aber in der Regel auf eine Anämie* hin.

Vergröberte Gesichtszüge durch Hervorspringen der knöchernen Akren bei der Akromegalie lassen sich von den virilen Zügen bei weiblichen Patienten unterscheiden, die beim adrenogenitalen Syndrom und beim Stein-Leventhal-Syndrom in erster Linie auf Weichteilveränderungen und Hirsutismus beruhen. Das Gegenteil, die Verweiblichung der Gesichtszüge eines Mannes, kann Zeichen einer Leberzirrhose oder eines Hypogonadismus anderer Ätiologie sein. Ausdruck extremer Dehydratation ist die sog. Facies hippocratica im Endstadium einer Peritonitis.

Ebenso wie der Gang lässt die Mimik Rückschlüsse auf die Persönlichkeit und Erkrankung des Patienten zu. Achten Sie bei der gesamten Anamnese- und Befunderhebung darauf, mit welcher Mimik der Patient seine Beschwerden vorträgt und wie sich der Ausdruck seines Gesichts bei der Untersuchung verändert. Einer der krassesten Gegensätze bei den dauerhaften Gesichtszügen sind die eingegrabenen Lachfalten desjenigen, der häufig lacht, die hängenden Mundwinkel des weinerlich verstimmten Depressiven, das Maskengesicht bei Morbus Parkinson, zu unterscheiden von der verquollen wirkenden verarmten Mimik bei Myxödem und Alkoholismus, aber auch bei Myasthenie. Eine Doppelbedeutung gewinnt der Begriff Maskengesicht, dessen Darstellungsabsicht leicht zu durchschauen ist („Pokerface“). Bei der Hyperthyreose führt der Exophthalmus zu einem Gesichtsausdruck des Entsetzens. Spitznasigkeit und Vogelmund sind Ausdruck einer Sklerodermie.

6.8 Der Geruch des Patienten

Diagnostische Hinweise bieten Ihnen z.B.
- der urinöse Geruch bei Urämie oder Harninkontinenz,
- der süßliche Azetongeruch bei Coma diabeticum,
- der Geruch nach saurem Schweiß bei Tuberkulose oder rheumatischem Fieber,
- der üble Mundgeruch bei Parodontose oder mangelhafter Zahnpflege,
- der fäkale Geruch bei analer Inkontinenz (Hämorrhoiden) oder gastrokolischer Fistel,
- der Geruch nach bitteren Mandeln bei Zyankalivergiftung.

Unterscheiden Sie den Geruch des Patienten – wie er riecht – von seinem Geruchssinn, also dem, was er riecht.

6.9 Eigenarten des Sprechens

Achten Sie auf Besonderheiten der Sprechweise wie die monotone Stimme des Depressiven, die „gestochene“ Sprechweise des Agitierten und pathologische Lautbildungen wie Lispeln, im Gegensatz zu Störungen der Sprache (Hirnleistungsstörungen, S. 483). Denken Sie auch an die psychologische Bedeutung der Sprechablaufstörungen, etwa

Beim **Stottern** (= Dysarthria syllabaris), einer psychogenen Koordinationsstörung der am Sprechen beteiligten Muskelsysteme für Atmung, Artikulation und Phonation.

Die unrichtige Bildung von Lauten und Lautverschiebungen nennt man **Stammeln** (= Dyslalie). Damit werden Sprechstörungen bezeichnet, bei denen noch nach dem 4. Lebensjahr Laute falsch gesprochen, ausgelassen oder durch andere ersetzt werden. Hierbei spielen neben psychischen Ursachen auch organische Störungen in den Artikulationsorganen (Zahn-, Zungen- oder Gaumenfehler) eine Rolle.

Poltern ist eine Störung der Satzaussprache des Patienten, der „keine Zeit" zum Sprechen hat.

Die hohe Sprache des Eunuchen und die verfrüht tiefe Sprache bei Pubertas praecox werden Sie seltener hören als zunehmende Heiserkeit, z. B. beim Bronchialkarzinom, oder die kratzende Sprache beim Myxödem, die verwaschene Sprache bei Parkinson-Patienten und die tonlose Sprache (= Aphonie) bei Botulismus (Differenzierung der Heiserkeit s. HNO-Untersuchung).

Dokumentation des allgemeinen Eindrucks im Untersuchungsbogen.[1]

6.10 Aufgaben für die Selbstkontrolle (vgl. auch Kapitel 5)

1 Welche Unterschiede bestehen zwischen den Beschwerden und sonstigen anamnestischen Angaben, die der Patient dem Arzt mitteilt, und dem Befund, den der Arzt erhebt?

2 Welche fünf Untersuchungsmethoden wenden Sie in welcher Reihenfolge in den meisten Körperregionen an?

3 Welche drei Sinnesorgane benutzen Sie bei der Palpation?

4 Welche methodischen Hilfen stehen Ihnen für die palpierende Beurteilung z. B. eines Kniegelenks zur Verfügung?

5 Mit welchem Teil der Hand palpieren Sie Temperaturunterschiede?

6 Mit welchem Anteil der Hand palpieren Sie am besten Vibrationen (z. B. über dem Herzen)?

7 Wie vermeiden Sie die Verwechslung des Patientenpulses mit dem eigenen Puls?

8 Welche Bedeutung hat die genaue Zeitdokumentation für die Krankheit?

9 Welche drei Vitalzeichen gehören zu jeder Befunderhebung?

10 Auf welche Lagerungsbesonderheiten müssen Sie bei der rektalen Temperaturmessung achten?

11 Warum muss die Art der Temperaturmessung (oral, axillär, rektal) mit dem Messwert angegeben werden?

12 Nennen Sie je drei körperliche und drei Persönlichkeitsmerkmale für den leptosomen, athletischen und pyknischen Körperbautyp!

13 Was gehört zum seelisch-geistigen Allgemeinzustand? Geben Sie eine selbstständige Interpretation!

14 In welchem Bereich werden BMI-Werte als normal angesehen?

15 Wodurch kann der falsche Eindruck eines Übergewichts entstehen?

16 Suchen Sie Beispiele, bei denen die Körperhaltung Ausdruck einer bestimmten seelischen Haltung ist!

17 Wie unterscheidet sich Stottern vom Stammeln?

[1] www.thieme.de/specials/dahmer-anamnese-und-befund

Praktische Aufgaben

A Stellen Sie bei sich selbst die unterschiedlichen Werte bei oraler, axillärer und rektaler Temperaturmessung fest. Vergleichen Sie die Werte mit den angegebenen Normalwerten!

B Ordnen Sie sich selbst einem Konstitutionstyp zu!

C Beschaffen Sie sich einen BMI-Kalkulator, und bestimmen Sie Ihren eigenen BMI.

7 Die Untersuchung der Haut

7.1 Lernziele

Im folgenden Abschnitt erfahren Sie,

- wie man generelle Hautveränderungen definiert und einteilt,
- wie Sie Effloreszenzen definieren und für die Diagnostik verwenden,
- welche Hautveränderungen Sie als Leitsymptom für eine ausführliche Patientenuntersuchung verwenden können. Verdachtsdiagnosen s. Beschwerden-Abc in Kapitel 4.6,
- welche diagnostischen Schlussfolgerungen Sie aus Hautveränderungen für allgemeine und dermatologische Erkrankungen ziehen können,
- wie Sie das Gelernte mit Selbstversuchen, Fragen und Antworten vertiefen und sich mit Ihrem Lernerfolg selbst motivieren können.

Um die Untersuchung der Haut nicht bei jeder Körperregion wiederholen zu müssen, wird das Thema hier im Zusammenhang dargestellt. Pathologische Befunde können zusätzlich bei den einzelnen Körperabschnitten dokumentiert[1] werden.

7.2 Charakteristische Beschwerden

Lassen Sie sich von den Beschwerden Ihres Patienten für die Suche nach Begleitbeschwerden zur Systemübersicht und weiter zu den alphabethisch geordneten Beschwerden auf S. 62 leiten. Dort finden Sie zu den Beschwerden ihre Definition, Hinweise auf die entsprechenden Untersuchungsschwerpunkte und Verdachtsdiagnosen.

Im Kapitel Haut handelt es sich neben den lokalen Symptomen um (s. Systemübersicht Haut)

- Veränderungen der gesamten **Hautstruktur**, z. B. durch metabolische oder hormonelle Störungen, Vitaminmangel oder um Ödeme;
- übermäßige **Trockenheit** oder **Schweißabsonderung**, z. B. bei Hypo- bzw. Hyperthyreoidismus. Cave! Ungewöhnliche Situationen, wie z. B. die ärztliche Untersuchung, können bei manchen Patienten zu vermehrter Schweißabsonderung führen;
- Veränderungen der **Hauttemperatur** unabhängig von der Außentemperatur wie „seit Wochen kalte Füße", z. B. bei einem 65-Jährigen, richten den Verdacht auf Durchblutungsstörungen;
- **Hautjucken** kann örtlich begrenzt oder am ganzen Körper auftreten, mit oder ohne sichtbaren Anlass (Skabies, Hepatitis).

---

1 Untersuchungsbogen: www.thieme.de/specials/dahmer-anamnese-und-befund

7.3 Ablauf der Untersuchung bei Hautkrankheiten

Für die Diagnose von Hautkrankheiten müssen Sie die Entwicklung der Beschwerden erfassen, also wann und in welcher Reihenfolge Brennen, Jucken, Schmerzen oder begleitende Allgemeinsymptome wie Kopfschmerzen* und Fieber* aufgetreten sind und ob die jetzigen Hautveränderungen von Beginn der Krankheit an in dieser Form und Farbe bestanden oder in welcher Weise die Effloreszenzen ihr Aussehen geändert haben.

Bei urtikarieller Erkrankung der Haut dürfen Sie sich nicht mit der Untersuchung einer einzelnen Hautstelle begnügen. Inspizieren Sie insbesondere auch die Kopfhaut, die Augenlider und den Bereich hinter den Ohren, am Rumpf die Achselhöhlen und Falten, die Unterflächen der Brüste und die Region zwischen den Nates. An den Extremitäten sollten Sie außer auf Farbveränderungen auf Bläschen- bzw. Schwielenbildungen z. B. in den Handflächen achten.

Bei der Untersuchung der Hautveränderungen haben Symmetrie, Halbseitigkeit und die Bevorzugung bestimmter Regionen, z. B. der Streck- bzw. Beugeseiten, diagnostische Bedeutung.

7.4 Inspektion der Haut

Mit der allgemeinen ***Inspektion*** des Patienten erfassen Sie die normale, mangelhafte oder übermäßige Durchblutung von Haut und der sichtbaren Schleimhäute sowie pathologische Veränderungen der ***Struktur***, wie das verquollene Gesicht bei nephrotischem Ödem oder den verminderten Turgor durch Dehydratation, etwa bei intestinalem Wasserverlust durch häufiges Erbrechen oder Diarrhö. Die **Exsikkose** führt neben der sichtbaren Erschlaffung der Haut zu Hautfalten, die nicht nur wie bei Abmagerung abzuheben sind, sondern auch nur langsam wieder in das Niveau der Haut zurückkehren.

Für die genaue Inspektion der Haut ist eine Lupe nützlich.

7.4.1 Generelle Hautveränderungen

7.4.1.1 Hautfarbe

Die **Hautfarbe** ist bedingt durch Durchblutung, Hb-Gehalt des Blutes, andere Blutfarbstoffe und Pigmente.

Blässe der Extremitäten ist Ausdruck einer generellen oder lokalen arteriellen Durchblutungsstörung, sei es, dass das Herzminutenvolumen verringert, die arterielle Strombahn eingeengt ist oder beim hypovolämischen Schock die verbliebene Zirkulation zentralisiert wird. Lokale Blässe kann auch durch Ödem oder Myxödem entstehen, die die Hautgefäße „abdecken“, oder bei der Sklerodermie durch Verdichtung des perivasalen Gewebes. Durch neurogene Vasokonstriktion entsteht Blässe bei heftigen Schmerzen, Erbrechen und hypoglykämischem Koma.

Generalisierte Blässe, im Volksmund auch kränkliches oder käsiges Aussehen genannt, lässt an Anämie denken. Die Nagelprobe (Abb. 7.1) ist ein einfacher Test. Begleitsymptome sind Müdigkeit und Leistungsabfall, Atemnot bei geringer Belastung und abendliche Unterschenkelödeme. Das Blutbild führt dann zur Pathogenese als zu geringer oder ineffektiver Erythropoese, als hämolytische Anämie durch vermehrten Erythrozytenabbau oder Anämie bei akuten oder chronischen Blutungen.

Anämie
Diagnostische Bedeutung

Organe	*entzündlich*	*vaskulär*	*tumorös*	*andere*
Gastrointestinaltrakt	Ösophagitis, Ulkus, Kolitiden, Divertikulitis, chron. Infekt		gastrointestinale Malignome	Medikamente, besonders Salicylate und Kortison
Uterus und Adnexe	Intrauterinpessar, chron. Adnexitis	ektopische Schwangerschaft	Myome und Malignome	Endometriose, anovulator. Blutungen, hämorrhagische Diathese, manche Kontrazeptiva
Nieren und ableitende Harnwege	Glomerulonephritis, Pyelonephritis		Nieren-Ureter-Blasen-Malignome	
Blut	*infektiös*	*erblich*	*allergisch*	*toxisch*
Hämolyse	Schwarzwasserfieber, Clostridium perfringens	Sphärozytose, Thalassämie, Sichelzellanämie	Morbus haemolyt. neonatorum, Autoimmunkrankheiten	Arsen, Schwermetalle, Phenacetin
Hämatopoese	Störung durch Mangel an Eisen, Vitamin B_{12} (perniziöse Anämie, Malabsorption), Folsäuremangel, Thyroxinmangel, Vitamin-C-Mangel durch Markdepression: Drogen, z. B. Butazolidin, Chloramphenicol, Endometazin als Ursachen einer Panmyelopathie (toxische Substanzen, ionisierende Strahlen, Infektionen und Systemerkrankungen wie Lupus erythematodes, chronische Polyarthritis, Leukämie, Myelofibrose, Urämie)			

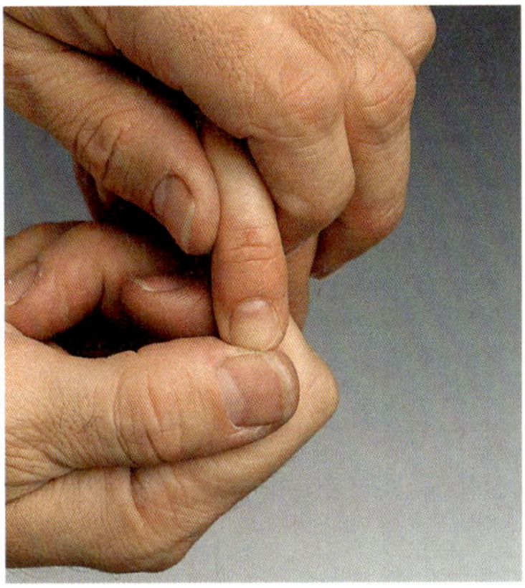

Abb. 7.1 Nagelprobe: Der leicht angedrückte Nagel lässt eine Anämie deutlich erkennen

Zyanose (Abb. 7.2) Echte Zyanose – bläuliche Verfärbung der Haut – entsteht, wenn das Blut im subpapillären Venenplexus der Haut **mehr als 5 g** desoxygeniertes Hämoglobin **pro 100 ml** enthält oder – selten – wenn Methämoglobine bzw. Sulfhämoglobine vorliegen. Eine beliebte Examensfrage und die richtige Antwort: Zyanose entsteht in Abhängigkeit von dem *absoluten Wert* desoxygenierten Hämoglobins *pro 100 ml*. Es geht also um die Relation zwischen desoxygeniertem und oxygeniertem Hämoglobin.

Zentrale Zyanose entsteht, wenn das gesamte arterielle Blut venöse Beimischungen enthält, z. B. bei Rechts-Links-Shunt, oder wenn das Blut durch verminderte Sauerstoffaufnahme zu viel desoxygeniertes Hämoglobin enthält und damit die Sauerstoffsättigung unter 85% absinkt (normale Hämoglobinkonzentration vorausgesetzt) z. B. bei Pneumonie. Begleitsymptome, die für eine zentrale Zyanose sprechen, sind Atemnot, Uhrglasnägel und Trommelschlegelfinger, blaue Kapillarpulse im Nagelbett oder in den Lippen (Müller-Zeichen). Bei Anstrengung, z. B. durch mehrfachen Wechsel vom Zehen- zum Hackenstand, nimmt die zentrale Zyanose deutlich zu, durch Sauerstoffbeatmung sofort ab – und sie lässt sich nicht wegmassieren.

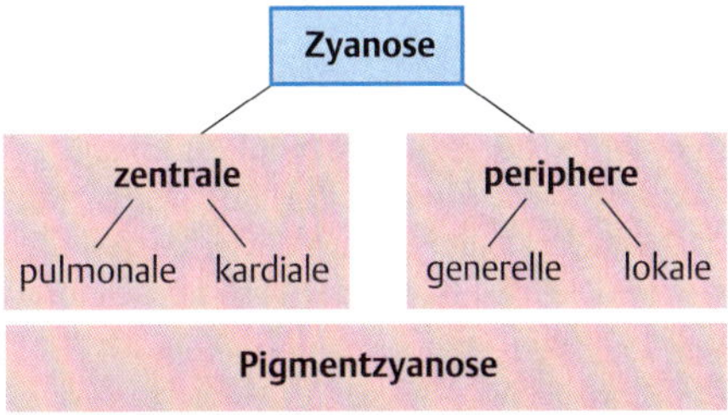

Abb. 7.2 Zyanose – Übersicht

Zentrale Zyanose
Diagnostische Bedeutung

- Fieber, Schüttelfrost, Husten, Dyspnoe, Dämpfung, vermindertes Atemgeräusch, Bronchialatmung, verfärbter Auswurf, pleuritischer Thoraxschmerz bei *Pneumonie*
- Anfallsartige Dyspnoe, Husten, Engegefühl, mukoider Auswurf, verlängertes Exspirium, hypersonorer Perkussionsschall bei *Asthma*
- Dyspnoe, Husten, Auswurf, Fassthorax, hypersonorer Perkussionsschall, vermindertes Atemgeräusch bei *Emphysem*
- Müdigkeit, Dyspnoe, pathologische Herzgeräusche (Shunt), veränderte Herztöne, Rhythmusstörungen, Zeichen der Herzinsuffizienz und der Lungenstauung bei *Herzfehlern*

Zyanotischer Fleck
Diagnostische Bedeutung

- An den distalen Extremitäten vegetativ-labiler Adoleszenten mit umschrieben kühler Haut und Irisblenden-Phänomenen (durch Druck auf die zyanotische Haut schließt sich der druckanämische Fleck langsam von außen nach innen) bei *Akrozyanose*
- Anfallsweise auftretende Ischämie, meist an den Arterien der Finger, mit schmerzhafter reaktiver Hyperämie (häufig Vorläufer der Sklerodermie) bei *Raynaud-Syndrom*
- meist an einer Extremität, bevorzugt am ulnaren Unterarm mit ödematöser Schwellung, später atrophischer Haut, durchschimmernden venösen Gefäßen bei *Akrodermatitis atrophicans* (Abb. 7.**3**).

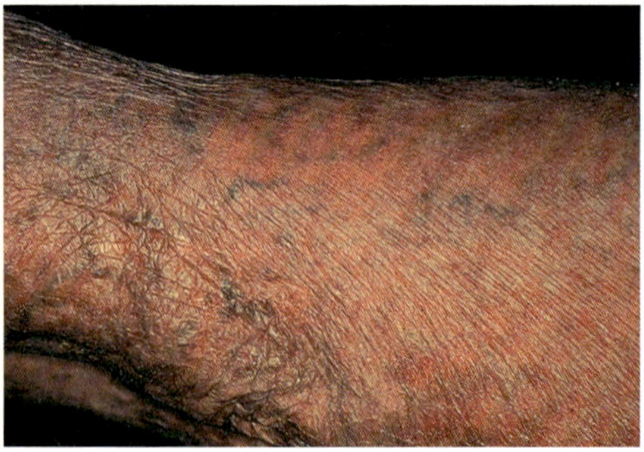

Abb. 7.**3** Lokale Zyanose bei Akrodermatitis chronica atrophicans

Periphere Zyanose entsteht durch erhöhte Sauerstoffausschöpfung z.B. als *generelle periphere Zyanose* durch verminderte Geschwindigkeit des arteriellen Blutflusses bei Herzinsuffizienz, *lokal* z.B. als Akrozyanose durch Arterienspasmen; venös bedingte lokale, periphere Zyanose bei Phlebitiden oder Thrombose großer Venen, soweit nicht Kollateralen kompensieren.

Charakteristisch ist für die periphere Zyanose, dass Kapillarpulse rot bleiben und dass man zyanotische Verfärbungen wegmassieren kann.

Bräunliche Pigmentierung
Diagnostische Bedeutung

- Gelenkbeschwerden, „schrumpfende Haut" und Muskelschwäche bei *Sklerodermie*
- mit trockener, verdickter Haut und allgemeiner Verlangsamung beim *Myxödem*
- Gewichtsverlust, Bauchschmerz, Hypothermie und Lethargie bei *Morbus Addison*
- Hypothermie, Bauchglatze und Ödem bei *Hämochromatose*
- Gelenkbeschwerden und Milzvergrößerung beim *Felty-Syndrom*
- Zungenbrennen, Himbeerzunge und positivem Babinski-Zeichen bei *perniziöser Anämie*
- Erbrechen, Bauchschmerzen, bräunlich durchschimmernde Knorpel an Ohren und Nase sowie Photosensibilität bei *Porphyrie*

Pigmentzyanose entsteht durch angeborene abnorme Hämoglobinverbindungen, bei denen durch Reduktasemangel dreiwertiges Eisen (Methämoglobin) im Überschuss entsteht, oder durch Aminosäurevarianten mit verminderter Affinität des Hb zu Sauerstoff, oder als erworbene Methämglobinämie durch Nitrite und Chlorate.

Verwechslungsmöglichkeiten: Polycythaemia vera, Clown-Gesicht bei Mitralstenose, Glasbläser-Wangen, Hochofenarbeiter-Wangen, Hypothyreose.

Bräunliche Pigmentierung als Gesamtverfärbung des Körpers entsteht durch vermehrte Ausscheidung melanozytenstimulierenden Hormons und/oder durch Hämosiderinablagerungen in der Haut.

Bläulich silbern erscheint die Haut besonders unter den Fingernägeln (Monde) bei **Argyrose** durch Einatmen von Silbersalzen oder deren Aufnahme mit der Nahrung.

Ikterus = Gelbsucht nennt man die Gelbfärbung von Haut, Schleimhäuten und Skleren durch Einlagerungen von Bilirubin. Ikterus entsteht, wenn der Bilirubingehalt 1,5 mg% übersteigt.

Verwechslungsmöglichkeiten: Karotinikterus bei übermäßigem Genuss von Karotten oder Mangos oder durch Abbaustörung für Karotin bei *Leberzirrhose* oder *Myxödem*.

Untersuchen Sie bei Verdacht auf Ikterus bei hellem Tageslicht. Neonlichtweichton kann ebenso täuschen wie die Reflexion farbiger Tapeten.

Drei **Ikterusformen** können Sie mit dem bloßen Auge unterscheiden:

- blasser Flavinikterus (= prähepatischer Ikterus) durch Einlagerung von indirektem Bilirubin bei *Hämolyse*;
- gelbroter Rubinikterus (= intrahepatischer Ikterus) durch Einlagerung von direktem Bilirubin bei *Erkrankungen der Leber*;

– grüngelber Verdinikterus (= posthepatischer Ikterus) durch Einlagerung von Biliverdin bei *Erkrankungen der Galle*.

Ikterus und Begleitsymptome
Diagnostische Bedeutung

Flavinikterus
- Stuhl und Urin dunkel, indir. Bilirubin+, Splenomegalie bei *Hämolyse*, z. B. durch Medikamente wie Penizillin, Furadantin, Toxine, Sepsis
- Familienanamnese oder nichtfamiliäre Mutation, Milzvergrößerung, Gallensteine bei *Sphärozytose = Kugelzellanämie*
- im Neugeborenenalter bei *Morbus haemolyticus neonatorum*
- Fieber, Schüttelfrost, Kopf- und Gliederschmerzen, Lymphknotenschwellung, Milzvergrößerung bei *Brucellose*
- derbe Lymphknotenschwellung („Kartoffelsäcke") meist am Hals, Milz- und Lebervergrößerung, Fieber, Nachtschweiß, Gewichtsverlust bei *Lymphogranulomatose*
- Bronzehaut, Verminderung der Behaarung, Spider, Splenomegalie, Diabetes mellitus bei *Hämochromatose*

Rubinikterus
- somatische Schmerzen im rechten Oberbauch, Stuhlverfärbung, dunkler Urin, Druckschmerz, Lebervergrößerung, Pruritus bei *Hepatitis*
- somatische Schmerzen im rechten Oberbauch, Lebervergrößerung, Pleuritiszeichen, Fieber, Entzündungszeichen bei *Leberabszess*
- Prodromi wie Abgeschlagenheit; intermittierendes Fieber, Lymphknotenschwellung besonders am Hals, Angina, Diarrhö, Leukozytose bei *Mononukleose*

Verdinikterus
- somatische Schmerzen im rechten Oberbauch, Lebervergrößerung, Fieber und Entzündungszeichen bei *Cholangitis*
- Schmerzen im rechten Oberbauch, viszerale Krämpfe, Druckschmerz, Murphy-Zeichen, Abwehrspannung, Fieber und Entzündungszeichen bei *Cholezystitis*
- somatische Schmerzen im rechten Oberbauch, Druckschmerz, Courvoisier-Zeichen, Loslassschmerz, Gewichtsverlust, Pruritus, Amylase erhöht bei *Gallen-Karzinom*

7.4.1.2 Körperbehaarung und spezielle Hautphänomene

Das Verhältnis von Androgenen zu Östrogenen beeinflusst die **Körperbehaarung**. So ist z. B. eine dreieckige Pubesbehaarung beim Mann Anlass, den Androgen- und Östrogenspiegel zu bestimmen.

Körperbehaarung
Diagnostische Bedeutung

Männliche Behaarungsformen bei der Frau:
- Bartwuchs etc. mit Regelstörungen, palpabler Tumor bei *Androgen produzierendem Ovarialtumor*
- zusätzlich mit Regelstörungen und Unterleibsbeschwerden bei *Stein-Leventhal-Syndrom*
- verminderte oder fehlende Behaarung bei der Frau bei Mangel an 17-Ketosteroiden oder *Ullrich-Turner-Syndrom*

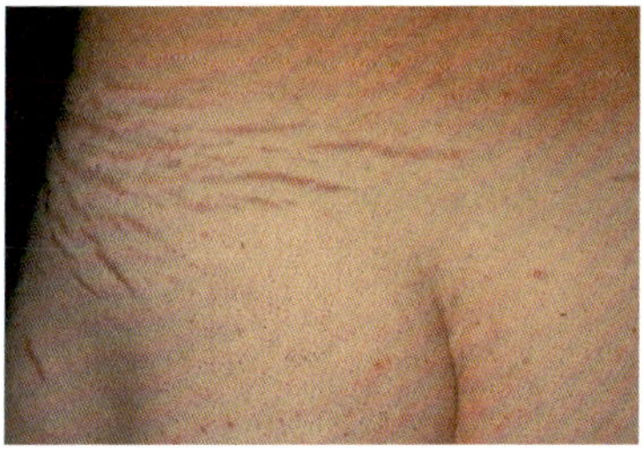

Abb. 7.**4** Striae distensae bei schnellem Wachstum in der Pubertät

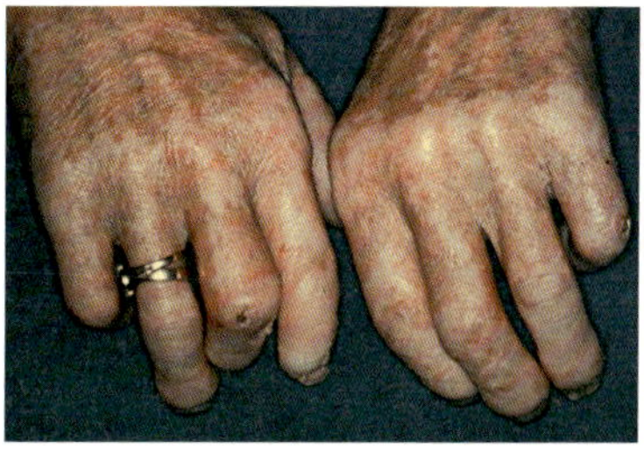

Abb. 7.**5** Sklerose bei progressiver Sklerodermie

Dermographismus albus entsteht als weißer Streifen bei gesteigerter Kontraktionsbereitschaft der Gefäße nach leichtem Streichen mit einem stumpfen Gegenstand (Streichholz o. Ä.) und findet sich bei Atopikern (Patienten mit endogenem Ekzem, Asthma und Heuschnupfen). **Dermographismus ruber** finden Sie nach üblichem Strich und Urticaria factitia als lokales Ödem. Die beiden letztgenannten Formen sind Hinweise auf die überschießende Ansprechbarkeit des vegetativen Systems.

Hautblutungen s. S. 177.

Striae (Abb. 7.**4**), rote, später weiße, leicht vertiefte Streifen in der Haut an Bauch und Hüfte sind Folge einer Schädigung elastischer Fasern während der Schwangerschaft, oder sie entstehen durch erhöhten Glukokortikoidspiegel bei Adipositas oder Morbus Cushing. Physiologisch sind sie in der Pubertät.

Von **Atrophie** spricht man bei einer Verdünnung der Haut durch Schwund (Abb. 7.**5**). Bei Atrophie der Epidermis entsteht ohne Niveauunterschied eine feine Fältelung. Bei Atrophie der Subkutis bilden sich palpable Dellen.

Atrophie und Begleitsymptome
Diagnostische Bedeutung

- Atrophie der Epidermis und Dermis mit fleckförmiger Rötung und **pityriasiformer** Schuppung im mittleren und höheren Lebensalter, vorzugsweise an der Innenseite der Oberarme und Oberschenkel, oft fein gefältelt = pseudoatrophisch bei Morbus Brocq = *Parapsoriasis*
- Atrophie der Subkutis nach entzündlichem Lipogranulom durch umschriebene Schädigung des Fettgewebes bei *Panniculitis = Pfeiffer-Weber-Christian-Syndrom*
- Atrophie als Hautverdünnung mit mangelhafter Elastizität im Alter und bei Lupus erythematodes

7.4.2 Effloreszenzen

Effloreszenzen werden unterteilt in **primäre** (auf gesunder Haut) z. B. als Makula, Bulla oder Quaddel, und **sekundäre**, die aus primären Effloreszenzen entstehen, z. B. als Schuppe, Geschwür oder Nekrose. Hier werden die Effloreszenzen in *alphabetischer Reihenfolge* geschildert.

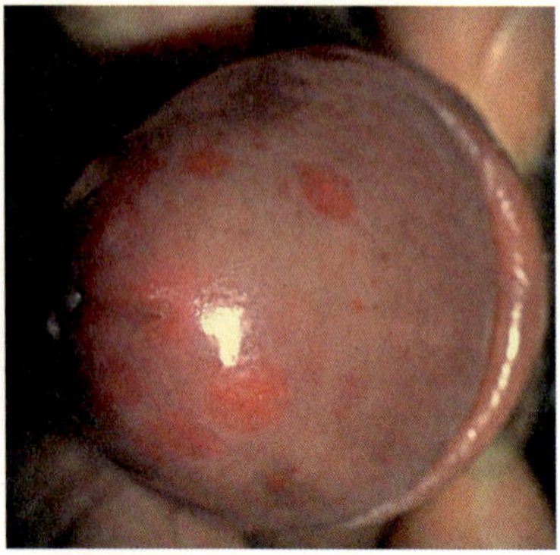

Abb. 7.**6** Erosionen bei Herpes genitalis

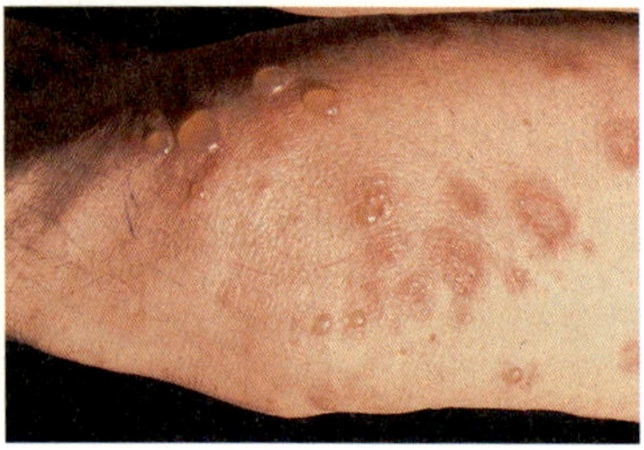

Abb. 7.**7** Blasen bei Pemphigus vulgaris

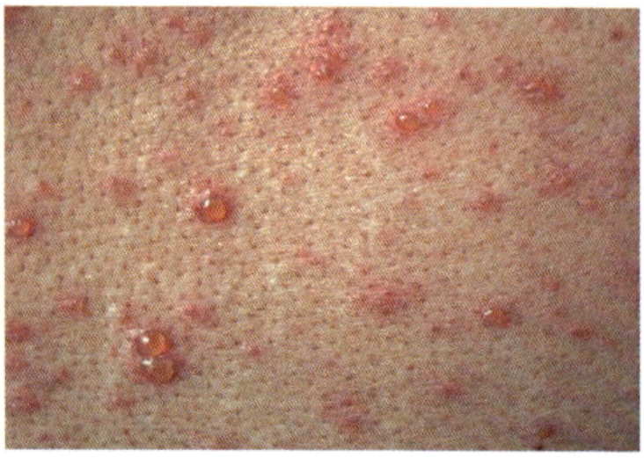

Abb. 7.**8** Rötung und Bläschen bei Windpocken

Bläschen oder Blasen sind mit Flüssigkeit gefüllte, über dem Hautniveau liegende Hohlräume.

Bläschen sind bis erbsengroß, Blasen über erbsengroß (Abb. 7.**7**). Diagnostisch weiterführend ist ihre Verteilung:

- disseminiert = einzeln inselartig (Abb. 7.**8**),
- diffus = regellos verteilt oder
- gruppiert = in Gruppen zusammengefasst als Herpes.

Als **Ekzem** bezeichnet man eine eher begrenzte, juckende, rote Aufschwellung der Epidermis (Abb. 7.**9**) mit unterschiedlichen Effloreszenzen als Knötchen, Bläschen oder Schuppen.

Von **Erosion** spricht man bei Verlust des Oberflächenepithels. Rundliche Erosionen entstehen durch das Platzen von Bläschen oder Blasen. Erosive Flächen entstehen, wenn die geplatzten Bläschen oder Blasen gruppiert waren. Längliche erosive Flächen entstehen durch Kratzen oder Schürfverletzungen, unregelmäßige Erosionen durch Reiben mazerierter = erweichter Haut z. B. bei starker Schweißbildung mit ungünstigem Mikroklima. Offene Erosionen entstehen an Schleimhäuten und in den intertriginösen Bereichen = Wundsein in den Körperfalten. An anderen Körperpartien sind erosive Flächen meist krustenbedeckt (Abb. 7.**6**, 7.**10**, 7.**11**).

Bläschen/Blasen und Begleitsymptome
Diagnostische Bedeutung

Seröse, diffus verteilte Bläschen
- vorwiegend an Kontaktstellen, unscharf begrenzte Hautbereiche, Rötung und immer Juckreiz bei *allergischem Kontaktekzem*

Seröse, disseminierte Bläschen
- meist bei Kindern und Jugendlichen, schubweise zentral gedellte seröse Bläschen, abwechselnd mit rötlichen Erosionen und Krusten, Schleimhautbeteiligung, mäßig erhöhter Temperatur bei *Varizellen = Windpocken*

Seröse, gruppierte Bläschen
- meist im Bereich der Lippen und am Genitale, Übergang in eitrig-getrübte Bläschen auf erythematösem Grund mit Juckreiz und regionaler Lymphknotenschwellung, Eintrocknen zu Krusten, schmerzhafte Lymphknotenschwellung bei *Herpes simplex*
- Abgeschlagenheit und leichtes Fieber; halbseitig oder bilateral, bandförmig, zunächst makulopapulös, später gruppiert, vesikulär, dann pustulös, im Innervationsgebiet eines oder mehrerer Segmente, brennende Schmerzen, Lymphknotenschwellung bei *Herpes Zoster*

Eitrige Bläschen
- Entzündung der Haarfollikel, die als gerötete, schmerzhafte Knötchen erscheinen, von Haaren durchbohrte Pusteln bei *Folliculitis simplex*
- schlaffe Blasen mit Serum, NIE mit Blut gefüllt; Entstehung auf Flecken, dann flächenhaft konfluierend, in Krusten übergehend, geringe Heilungstendenz, recht schmerzhaft bei *Pemphigus vulgaris*

Seröse, selten hämorrhagische Blasen
- Kokardenbildung = Erythem mit zentraler Blase, vorzugsweise an der Streckseite der Hände und Ellenbogen und an den Schleimhäuten, mit Gelenkbeschwerden und leichtem Fieber bei *Erythema exsudativum*
- bevorzugt an belichteten Körperstellen, am Handrücken, im Gesicht und Nackenbereich, bevorzugt bei Männern mittleren Alters mit vermehrtem Alkoholkonsum bei *Porphyria cutanea tarda*

Gruppierte Bläschen polyzyklisch oder flächenhaft konfiguriert
- eitrige Blasen bei Kindern, besonders im Gesicht und am Kopf, Übergang in braune Krusten bei *Impetigo contagiosa*
- Blasen mit zentraler Eindellung, mit hohem Fieber, Kopf-, Rücken- und Lendenschmerzen, treppenförmigem Temperaturabfall, mehrkammerigen Pusteln, nach entsprechendem Auslandsaufenthalt bei *Variola vera = Pocken*

Denken Sie bei entsprechender Persönlichkeitsstruktur Ihres Patienten besonders bei kleinflächigen Erosionen in gesunder Haut auch an Artefakte, die zur Befreiung von etwas Unangenehmem oder auf das Erreichen von Zuwendung gerichtet sein können und durch Reiben, Scheuern, scharfe Gegenstände, Verätzungen oder Verbrennungen erzeugt werden.

7

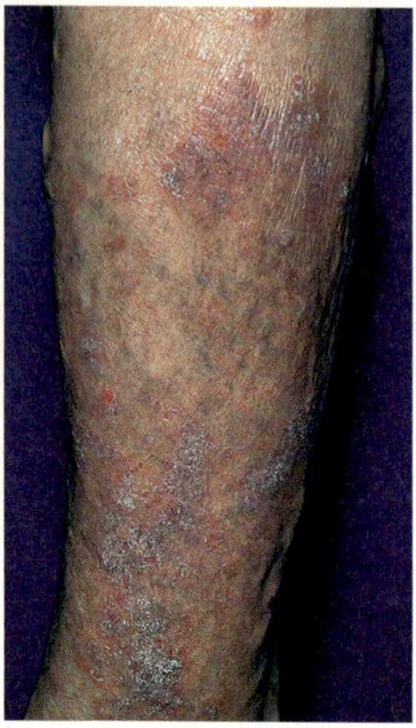

Abb. 7.**9** Variköses Unterschenkelekzem

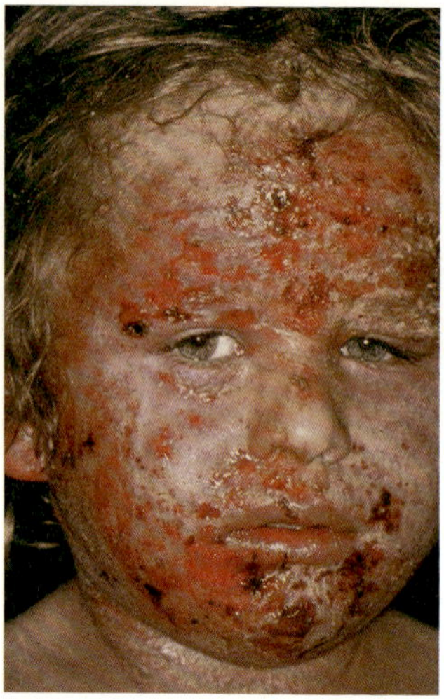

Abb. 7.**10** Krusten bei staphylogenem Lyell-Syndrom

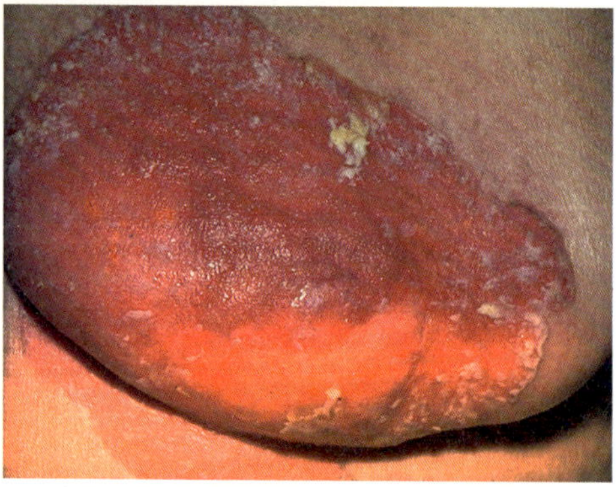

Abb. 7.**11** Geröteter, schuppender Herd bei Morbus Paget der Mamma

Erosionen
Diagnostische Bedeutung

- runde bis linsengroße Erosionen weisen auf *Kontaktekzem, Varizellen oder Herpesinfektionen* hin
- runde, über linsengroße Erosionen weisen auf Erkrankungen mit Blasen wie *Pemphigus, Porphyria cutanea, Erythema exsudativum multiforme* oder *bullöses Pemphigoid*
- polyzyklische Erosionen sind Zeichen für Dermatosen mit gruppierten Bläschen, z. B. bei *Herpes Zoster*
- flächenhaft-ubiquitär, im höheren Alter, mit fein granulierter, samtartiger Oberfläche, an der Glans penis, der Vulva oder am After, scharf begrenzt bis handtellergroß mit psoriasisähnlicher Schuppenkruste bei *Morbus Bowen*

Das **Erythem**, der rote Fleck, entsteht durch Erweiterung der Hautgefäße und ist mit dem Glasspatel wegdrückbar (Abb. 7.**12**).

Da die meisten Hauterkrankungen mit einem Erythem einhergehen, beschränken wir uns bei der Darstellung der diagnostischen Bedeutung des Erythems auf Krankheiten, bei denen das Erythem als Leitsymptom im Vordergrund steht (Abb. 7.**13**).

Erythem = der rote Fleck und Begleitsymptome
Diagnostische Bedeutung

- diffuses Erythem besonders im Gesicht, am Hals und auf den Handrücken mit unscharfer Begrenzung bei *photoallergischem Arzneiexanthem*
- scharf begrenzte, infiltrierte, scheibenförmige Platten und zentrale Atrophie, Oberfläche rau oder mit kleinen Hämorrhagien und glatter Hautfläche; Arthralgien, Muskelschmerzen, Fieber, Gewichtsverlust und Polyneuritis bei *Lupus erythematodes*
- livide Verfärbung und ödematöse Schwellung, lila verfärbte Augenlider – Vorsicht, Make-up! –, Muskelschwäche im Bereich der Schulter, Beteiligung der Atemmuskulatur und des Ösophagus, Dyspnoe bzw. Dysphagien bei *Dermatomyositis*
- ubiquitäres Erythem an den Kontaktstellen, unscharf begrenztes Erythem, immer mit Juckreiz bei *Kontaktekzem*
- plötzlich hohes Fieber und Schüttelfrost, ubiquitäres Erythem, Schwellung mit zungenförmigen Ausläufern, Bläschenbildung, Lymphknotenschwellung bei *Erysipel*
- disseminiertes morbilliformes Erythem mit katarrhalischem Prodomo als Konjunktivitis, Rhinitis und Pharyngitis, Lichtscheu und Husten, Koplik-Flecken, bräunlich-lividen Flecken auf den Wangen, dann Ausbreitung über den ganzen Körper, Fieberanstieg bis 40 °C, in der Mitte der Effloreszenzen kleine, mit klarem Inhalt gefüllte Bläschen bei *Masern*
- Kopfschmerzen, hohes Fieber, Erbrechen, Schluckbeschwerden, regionale Lymphknotenschwellung, dann feinfleckige Rötung am Hals, periorale Bläschen, entzündete Zungenpapillen (Himbeerzunge), Verschwinden des Exanthems durch Glasspateldruck bei *Scharlach*
- Katarrh der oberen Luftwege, schmerzlose Lymphknotenschwellung, Erythem zunächst im Gesicht, dann auf den Rumpf übergehend, als linsengroße, wenig erhabene, nicht zusammenfließende, rosarote Flecken; im Rachen etwas größere Flecken, Temperatur um 38 °C, kaum Beeinflussung des Allgemeinbefindens bei *Röteln*

Exantheme sind Hautveränderungen auf größeren Körperpartien mit vielerlei Effloreszenzen und charakteristischem zeitlichem Ablauf als entzündlicher, nervöser oder vasomotorischer Prozess, der vom Bindegewebe ausgeht, z. B. bei *Masern, Scharlach, Röteln, Pocken* usw.

Keratose ist eine auf der Haut festhaftende Vermehrung der Hornschicht, glatt als Schwiele oder eher rau und unregelmäßig als *Warze*.

Knötchen oder Knoten = Papeln oder Nodus sind feste Erhabenheiten der Haut (Abb. 7.**14**). Knötchen sind bis linsengroß, Knoten bis erbsengroß, Tumoren über erbsengroß (Abb. 7.**15**).

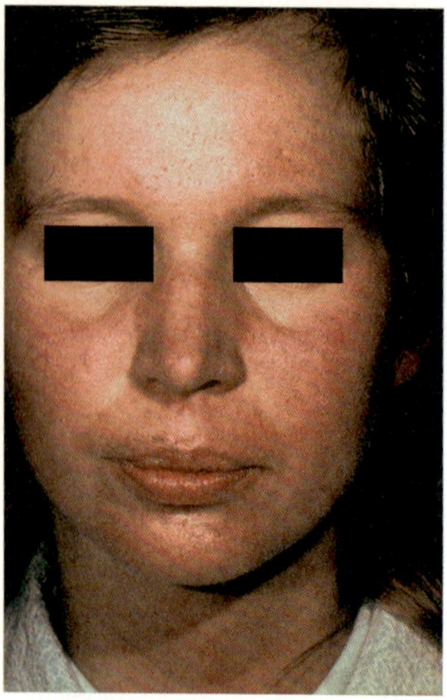

Abb. 7.**12** Erythem bei Lupus erythematodes acutus

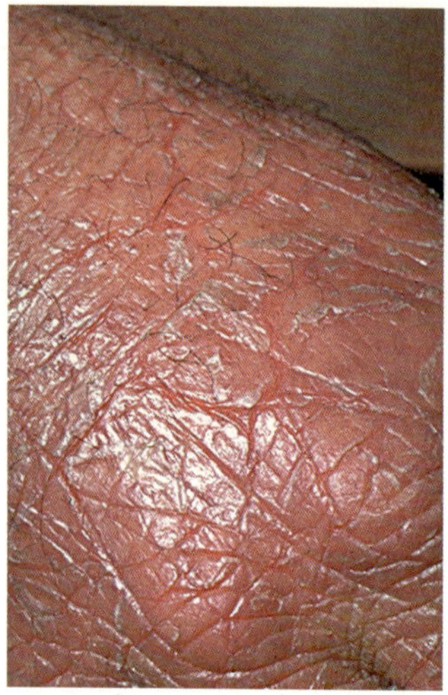

Abb. 7.**13** Komplettes Erythem bei psoriatischer Erythrodermie

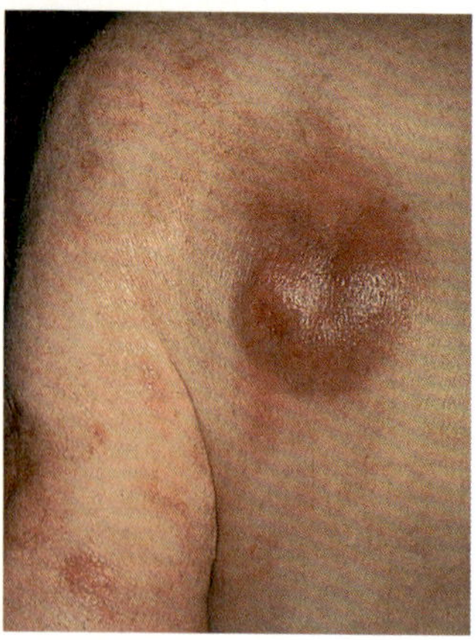

Abb. 7.**14** Knoten bei Mykosis fungoides

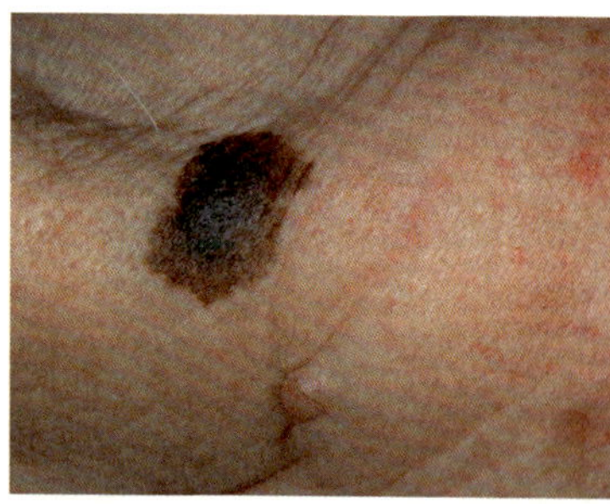

Abb. 7.**15** Melanom

Knoten und Begleitsymptome
Diagnostische Bedeutung

- **lokalisierte Knötchen** bei Kindern und Jugendlichen, hautfarben, mit fein-rauer Oberfläche bei *Verrucae planae juveniles*
- herdförmige Keratose im Hautniveau an lichtexponierten Stellen, bei älteren Patienten, besonders im Gesicht und am Handrücken oder in haarlosen Kopfbereichen, scharf begrenzt mit rauer Oberfläche bei *aktinischer = durch Strahlen bedingter Keratose*
- follikuläre, an den Haarfollikeln entstehende Knötchen im Gesicht, auf der Brust und auf dem Rücken mit Behinderung des Talgabflusses und Komedonen (= Mitessern) bei Acne vulgaris
- im Gesicht ohne Komedonen – Mitesser –, im mittleren Lebensalter, mit Teleangiektasien nach fleckenförmiger Rötung, mit klein-lamellöser Schuppung, Beginn meist im 50. Lebensjahr bei *Rosacea*
- **diffuse** nicht follikuläre Knötchen, in erster Linie an Kontaktstellen, unscharfe Begrenzung, Rötung, Juckreiz bei *allergischem Kontaktekzem*
- **gruppiert**, flach-polygonal, rau, meist im Gesicht, oft zentral gedellt, wachsartig glänzend, stark juckend, besonders an den Beugeseiten des Unterarms, im Genitalbereich, an den Lippen und an der Wangenschleimhaut mit Netz-Phänomen bei *Lichen ruber planus*
- raue Oberfläche, breitbasig aufsitzend als *Verruca = Warze*
- blumenkohlartig, meist im Genitalbereich oder perianal, schmalbasig, übertragen durch Geschlechtsverkehr bei *Condylomata acuminata* (Abb. 7.**16**)
- disseminiert, rot-schuppend, etwa linsengroß, mit Tüpfelung der Fingernägel bei *Psoriasis*
- **anulär**, meist in Gelenknähe, dort meist ringförmig, oft zentral eingedellt, an den Extremitäten bei *Granuloma anulare*
- besonders häufig an der Genitalschleimhaut bei Lichen *ruber anularis*
- braun-rote Knötchen mit zentraler Atrophie, an Nase, Wangen, Ohren und Handrücken, bei Glasspateldruck hellbraunes Infiltrat, brüchige Oberfläche bei *tuberkulösem Lupus vulgaris oder Syphilid*

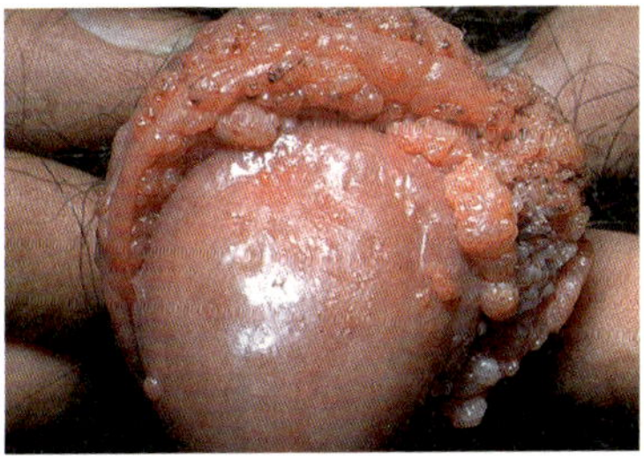

Abb. 7.**16** Condylomata acuminata

Krusten sind eingetrocknete Auflagerungen von Serum, Eiter oder Blut (Abb. 7.**17**) auf erosiven Hautflächen:

- hellgelb als Zeichen für eingetrocknetes Serum,
- dunkel- bis grüngelb als Zeichen für eingetrockneten Eiter,
- rötlich-schwarz bei eingetrocknetem Blut oder eingetrockneter Hautnekrose als Schorf.

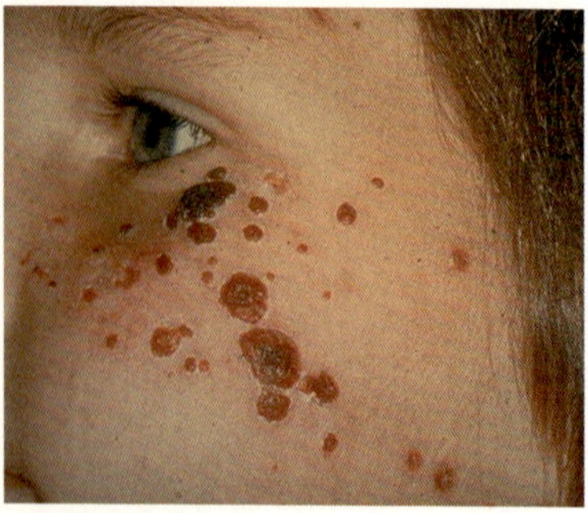

Abb. 7.**17** Hämorrhagische Kruste bei Hydroa vacciniformis

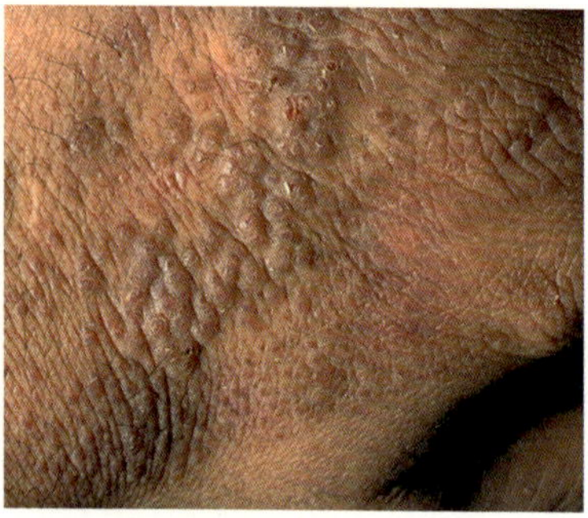

Abb. 7.**18** Lichenifizierte Papeln bei chronischem Ekzem

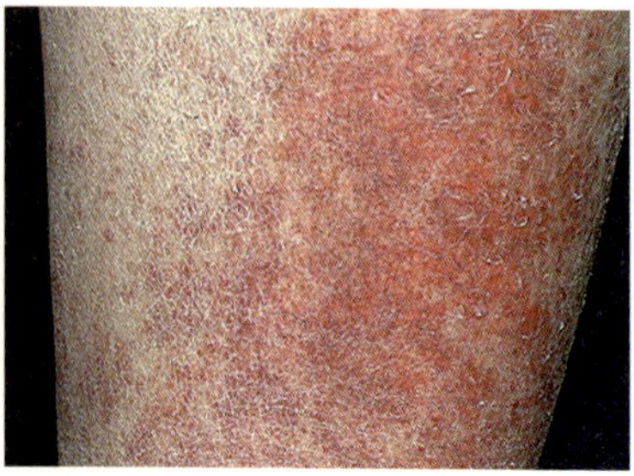

Abb. 7.**19** Purpura bei Schoenlein-Henoch-Syndrom

Hämorrhagische Krusten liegen über dem Hautniveau, nekrotischer Schorf in oder unter dem Hautniveau. Die diagnostischen Schlussfolgerungen entsprechen denen der Bläschen oder Blasen bzw. Erosionen.

Lichenifikation = Flechte ist eine klein-papulöse, flächenhafte Verdickung (Infiltration) der Haut mit Vergröberung der Felderung (Abb. 7.**18**). Sie entsteht durch anhaltende mechanische oder entzündliche Irritation.

Lichenifikation und Begleitsymptome Diagnostische Bedeutung

- Kontaktstellen, besonders am Handrücken und der Beugeseite der Handgelenke, mit unscharfer Begrenzung, Rötung und Juckreiz bei *allergischem Kontaktekzem*
- In den Ellenbeugen, mit blasser, trockener Haut, mit pityriasiformer Schuppung, Rhagaden, besonders an den Ansätzen der Ohrläppchen und in den Mundwinkeln, Beginn im frühen Kindesalter, mit besonders nächtlichem Juckreiz, in der Hälfte der Fälle mit Ichthyosis vulgaris bei *Neurodermitis diffusa*

Makula, der Fleck, ist eine umschriebene Farbveränderung im Hautniveau.

Der **rote Fleck** (= das Erythem) entsteht durch Erweiterung der Hautgefäße und ist mit dem Glasspatel wegdrückbar. Diagnostische Bedeutung s. Erythem (s. S. 173).

Purpura: Im Gegensatz zum Erythem mit dem Glasspatel nicht wegdrückbare rote Flecken im Hautniveau entstehen, weil Erythrozyten in das Gewebe ausgetreten sind, als kleinste punktförmige Kapillarblutungen = Petechien (Abb. 7.**19**), fleckenförmige, bis 3 cm große Suggilationen, flächenhafte Suffusionen = Ekchymose und tief gehende, massive, meist die Haut vorwölbende Blutung = Hämatome.

Ein **zyanotischer Fleck** ist eine bläuliche Hautverfärbung durch Erweiterung venöser Hautgefäße, die durch Kälte verstärkt wird (vgl. Abb. 7.**3**).

Hautblutungen und Begleitsymptome
Diagnostische Bedeutung

- Ekchymosen = fleckförmige, über 3 mm große umschriebene Blutungen, rot bis braun, bei einer Vielzahl von Erkrankungen mit Purpura z. B. im Erwachsenenalter mit Magen-Darm-Ulzera, Hypoglykämie, sekundärem Hypogonadismus, Thrombozytopenie bei *Morbus Werlhof*
- Schüttelfrost, dann kontinuierliches Fieber, schweres Krankheitsgefühl, Schleimhautnekrosen, lokale Lymphknotenschwellung bei *Agranulozytose*
- Anämie, Milzvergrößerung, Lymphknotenschwellung, charakteristisches Blutbild und Knochenmarkausstrich bei *Leukämie*
- verkürzte Thrombozytenlebensdauer, deutliche Thrombopenie, erhöhtes indirektes Bilirubin, erhöhte Retikulozytenzahl und stark erhöhte Senkung bei *thrombotisch-thrombozytopenischer Purpura Moszkowicz*
- ekchymotisch-konfluierend, rot bis gelblich, mit groß-lamellöser Schuppung bei *chronisch-venöser Insuffizienz*
- Purpura als flächenhafte Suggilationen oder Suffusionen mit entsprechender Familienanamnese bei *Hämophilie*
- Neugeborene mit Ikterus *bei Morbus haemorrhagicus neonatorum*

Der **braune Fleck** entsteht durch Melaninvermehrung in den Basalzellen der Epidermis oder Hämosiderineinlagerungen im Gewebe (Abb. 7.**20**). Cave Melanom! (s. Abb. 7.**15**).

Brauner Fleck und Begleitsymptome
Diagnostische Bedeutung

- großflächig-diffus mit Adynamie, Übelkeit, Erbrechen, Gewichtsverlust, orthostatischer Hypertonie, Kollapsneigung, Herzrhythmusstörungen, Muskelkrämpfen, Impotenz, Amenorrhö bei *Morbus Addison*
- meist symmetrisch auftretende, gelblich-braune Flecken im Gesicht, gehäuft in der Gravidität bei *Chloasma*
- vereinzelter, hell- bis dunkelbraun pigmentierter, scharf begrenzter Fleck als *Naevus*
- mit retikulärer Anordnung nach lange anhaltender oder wiederholter Einwirkung mäßiger Wärme als *Hitze-Melanose*
- grau-braune, bronzeähnliche Flecken mit Splenomegalie, Myokardschäden und Hodenatrophie bei *Hämochromatose*

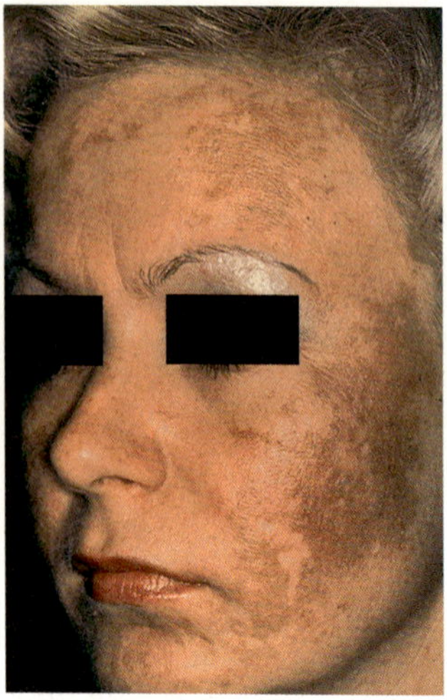

Abb. 7.**20** Braune Pigmentierung bei Chloasma uterinum

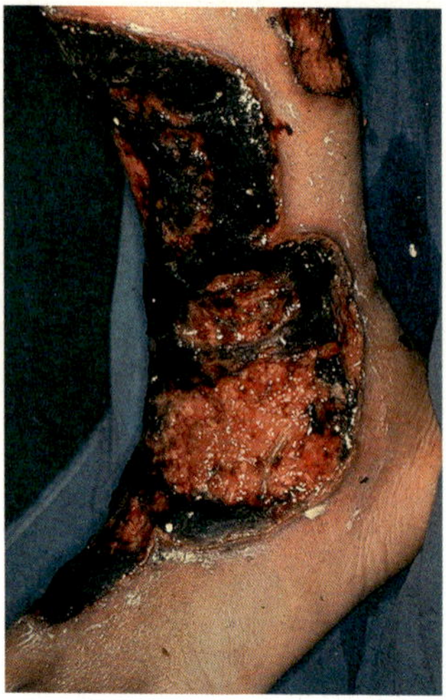

Abb. 7.**21** Gangrän bei Vasculitis allergica

Der **weiße Fleck** entsteht durch anlagebedingtes Fehlen der Hautgefäße als Naevus anaemicus; auch beim Reiben bleibt der Fleck weiß. Wenn der weiße Fleck durch Melaninmangel in der Epidermis als Leukoderma entsteht, rötet sich der Fleck zeitweise durch Reiben.

Weißer Fleck und Begleitsymptome
Diagnostische Bedeutung

- bei Melanin-Mangel als Gegenteil der Sommersprossen, oft mit hyperpigmentiertem Rand, gehäuft bei Diabetes mellitus, Lupus erythematodes, Hyperparathyreoidismus und Hyper- bzw. Hypothyreose als *Vitiligo*
- mit einem lila Ring umgeben, meist bei Frauen, bei *zirkumskripter Sklerodermie*

Die **Nekrose** ist eine schwarze Verfärbung der Haut als Zeichen eines Gewebsuntergangs. Abstoßen des Gewebes erfolgt nach irreversiblem Ausfall der Zellfunktionen – feucht als Gangrän (Abb. 7.**21**) – trocken als Mumifikation.

Nekrosevorkommen:

- an den Akren bei arterieller Insuffizienz oder Erfrierungen III.Grades,
- an Druckstellen als Dekubitus,
- segmentär gruppiert, gewöhnlich einseitig, im Ausbreitungsgebiet sensibler Hautnerven als Herpes Zoster gangraenosus,

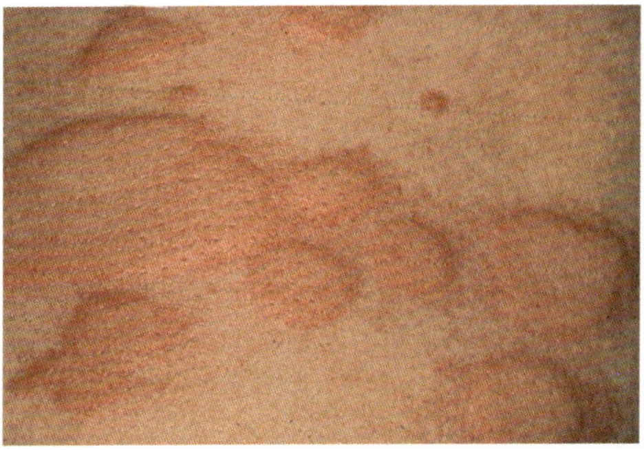

Abb. 7.**22** Urtikarielles Exanthem auf Penicillin

- ubiquitär nach Verbrühung, Verbrennung, Verätzung
- oder mit hohem Fieber und Schüttelfrost bei gangränösem Erysipel.

Quaddeln sind flüchtige Erhabenheiten mit Juckreiz; bei beetartiger Aussaat spricht man von Urtikaria (Abb. 7.**22**).

Rhagaden sind Hautrisse durch Dehnung pathologisch veränderter Haut. Tiefe Einrisse der Haut finden sich vor allem in den Mundwinkeln, perianal und in den Finger- bzw. Zehenzwischenräumen, besonders bei Kindern am Ohrläppchen und palmoplantar.

Vorkommen:

- am Ohrläppchen, im Bereich trockener, blasser Haut bei *Neurodermitis diffusa*,
- in den Mundwinkeln bei *Neurodermitis diffusa*, bei *Pyodermie* und *Candida-Mykose*,
- intertriginös bei *Intertrigo, Kontaktekzem, Pyodermie, Tinea* und *Candida-Mykose*,
- palmo-plantar, herdförmig, mit diffuser Rötung bei *erythemato-keratotischer Reaktion*,
- ubiquitär, im Hautniveau, weich, düster-rot bis schwarz, bei Verbrühung, Verbrennung oder Verätzung,
- zusätzlich mit hohem Fieber, Schüttelfrost, Blasenbildung und regionaler Lymphknotenschwellung bei *gangränösem Erysipel*.

Schuppen sind locker aufliegende, zusammenhängende Hornhautlamellen (Abb. 7.**23**), zu unterscheiden von festhaftenden Hornvermehrungen (Keratosen).

Schuppen (Squamae) können nach ihrer Form und Verteilung auf der Hautoberfläche eingeteilt werden in:

- dünn und klein (pityriasiform),
- größer und dicker (psoriasiform),
- fischschuppenartig (ichthyosiform).

Schuppen können diffus auf größere Hautflächen verteilt sein oder halskrausenartig nur am Herdrand entstehen.

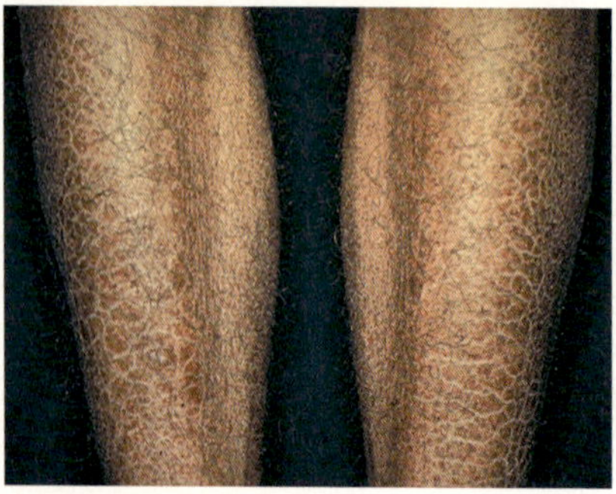

Abb. 7.**23** Schuppen bei Ichthyosis vulgaris

Schuppen
Diagnostische Bedeutung

- schuppende Hautbereiche nur im Gesicht und an den Extremitäten, scharf umgrenzt bei *Pityriasis simplex*
- silberweiße Schuppung, ohne Pusteln, auf scharf begrenzten, meist rundlichen Herden, erythematöse Schuppung, schubweise auftretend mit Ölflecken und Tüpfeln der Fingernägel bei *Psoriasis vulgaris* (Abb. 7.**24**) oder bei *Lichen ruber planus*
- papulo-squamös, mit entsprechender Vorgeschichte und abgelaufenem Primärstadium als Lues II bei *papulo-squamösem Syphilid*
- squamös-infiltrierte Platten mit psoriasiformer Schuppung, mit generalisierter Lymphknotenschwellung und bizarr konfigurierten Platten bei *Lymphom*
- besonders an den Akren und der Nasen- und Mundschleimhaut nach einem braunroten Knötchen, das zu braun-rot infiltrierten Platten wächst, mit zentraler Vernarbung und Brüchigkeit der zentralen Haut bei *Lupus vulgaris*

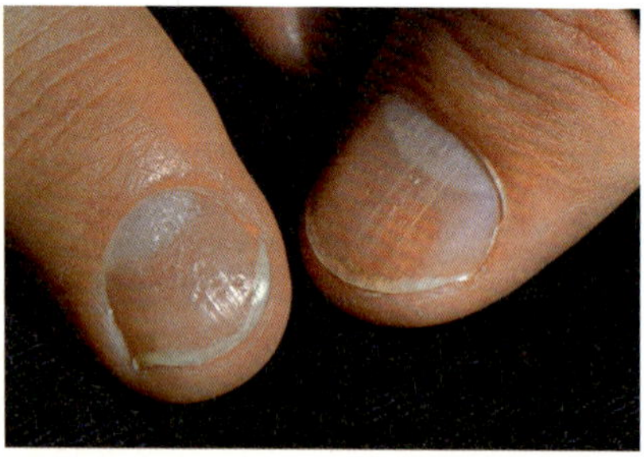

Abb. 7.**24** Tüpfelnägel bei Psoriasis

Ulkus = das Geschwür ist ein in die Dermis oder in tiefere Bereiche reichender Hautdefekt (Abb. 7.**25**).

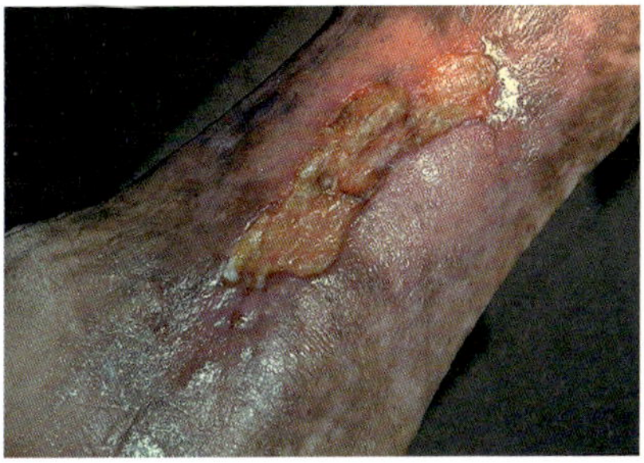

Abb. 7.**25** Tief greifendes Ulcus cruris bei venöser Insuffizienz

Eine diagnostische Zuordnung von Geschwüren ist nach den Geschwürrändern oder der Lokalisation möglich:

- lichtexponiert, bei älteren Patienten über dem Hautniveau, hart, perlartig schimmernd, mit Teleangiektasien, schuppend, Rand über dem Hautniveau, besonders im Gesicht, bei *Basaliom* (Abb. 7.**26**),
- an lichtexponierter Stelle, bei älteren Patienten über dem Hautniveau, hart, rotentzündlich, zunächst keratosebedeckt, dann zentral ulzerierend, mit rotem Hof, bei *spinozellulärem Karzinom*,

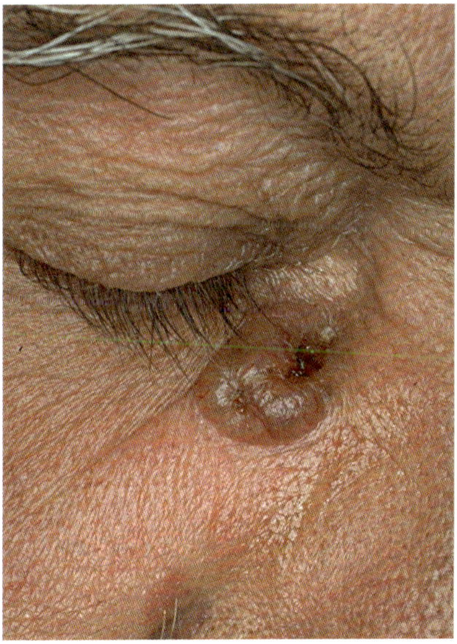

Abb. 7.**26** Ulzerierendes Basaliom

- an Druckstellen im Hautniveau, weich, rot-entzündlich, meist im Kreuzbeinbereich oder an den Fersen bettlägeriger Patienten, mit rot-violettem Ulkusrand, bei *Dekubitus*,
- an geschlechtlichen Kontaktstellen, im Hautniveau, hart, rot-entzündlich, mit schmerzlosen, vergrößerten regionären Lymphknoten, gehäuft am Dorsum penis, als *luetischer Primäreffekt*,
- am Unterschenkel, im Hautniveau, häufig hart, rot-entzündlich, meist im Rahmen einer chronisch-venösen Insuffizienz, bei Ulcus cruris varicosum,
- im Knöchelbereich, im Hautniveau, häufig hart, oft weißlich, als *Ulcus capillaris alba*,
- meist an den Akren, im Hautniveau, hart, düster-rot bis schwärzlich, mit entsprechender Anamnese, bei Nekrose durch arterielle Insuffizienz und Erfrierung III. Grades,
- ubiquitär, über dem Hautniveau, gummiartig prall-elastisch, rot-braun, an Haut und Schleimhäuten, als *syphilitische Gummen*,
- ubiquitär, über dem Hautniveau, derb, rot-entzündlich, mit Schuppung und Knoten, bei *Lymphom*.

Zysten entstehen durch Erweiterung von Gefäßen als ausdrückbare Gefäßzysten oder durch Retention von Drüsenprodukten als nicht ausdrückbare fluktuierende Drüsenzysten.

Gefäßzysten:
- angeboren, hellrot als *kutanes Hämangiom*,
- bläulich durchschimmernd als *subkutanes Hämangiom*,
- hautfarben als *Lymphangiom*,
- erworben, hellrot, stecknadelkopfgroß, oder erworben blau bis schwarz an der Lippe als *eruptives Angiom*.

Drüsenzysten:
- gelb-weich als Talgzyste (Abb. 7.**27**),
- weißlich blau, an der Wangenschleimhaut oder Lippe als *Schleimzyste*,
- hautfarben, hart, glasstecknadelkopfgroß als *epidermale Zyste* (= Milium).

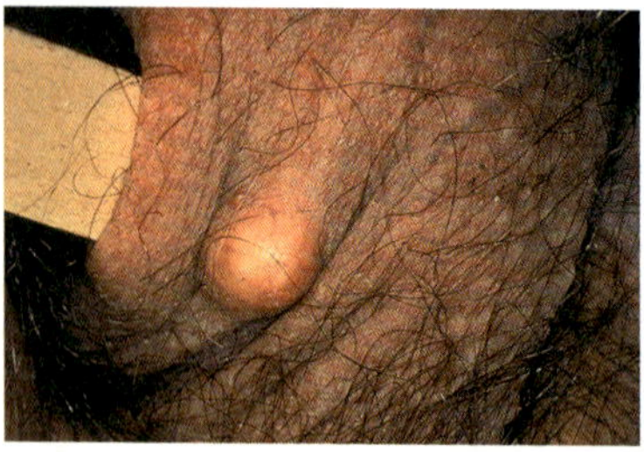

Abb. 7.**27** Talgzyste

Haut – Definitionen

Von **Atrophie** spricht man bei einer Verdünnung der Haut durch Schwund

Bläschen oder Blasen sind mit Flüssigkeit gefüllte, über dem Hautniveau liegende Hohlräume

Von **Erosion** spricht man bei Verlust des Oberflächenepithels

Exantheme sind Hautveränderungen auf größeren Körperpartien

Ekzeme sind eher begrenzte Aufschwellungen der Epidermis

Ein **Geschwür – Ulkus** ist ein in die Dermis oder in tiefere Bereiche reichender Hautdefekt

Keratose ist eine auf der Haut festhaftende Vermehrung der Hornschicht

Knötchen, Knoten, Tumor sind feste Erhabenheiten

Krusten sind eingetrocknete Auflagerungen von Serum, Eiter oder Blut

Lichenifikation ist eine Verdickung der Haut mit Vergröberung der Felderung

Makula – der Fleck ist eine umschriebene Farbveränderung im Hautniveau

Nekrosen sind Hautverfärbungen als Zeichen eines Gewebsuntergangs

Quaddel ist eine flüchtige, beetartige Erhabenheit; bei beetartiger Aussaat spricht man von Urtikaria

Rhagaden sind Hautrisse durch Dehnung pathologisch veränderter Haut

Schuppen sind Ansammlungen von zusammenhängenden Hornlamellen

Zysten sind Hohlräume durch Retention von Drüsenprodukten oder Erweiterungen von Gefäßen

7.5 Palpation der Haut

Gesunde Haut ist elastisch. Die subkutane Fettschicht schwindet mit zunehmendem Alter. Die *Feststellung der Hauttemperatur* – etwa beim Vergleich beider Körperseiten im Falle von Gelenkschwellungen – erfolgt nicht mit den Handflächen, sondern am besten mit dem Rücken der geschlossenen Finger.

Feuchte Haut bei *Hyperthyreose* erkennen Sie schon beim Händeschütteln. Generalisierte ödematöse Hautverdickungen ohne Dellenbildung entstehen bei *Myxödem*, gespannte Haut bei *Sklerodermie*.

Für die Palpation entzündlich veränderter Haut sollten Sie immer Handschuhe benutzen! Das gilt nicht nur in Bezug auf HIV.

Hautverdickungen beim Myxödem unterscheiden sich vom echten Ödem dadurch, dass eingedrückte Dellen nur beim echten Ödem eine Weile stehen bleiben. Die Haut eines Patienten mit Sklerodermie in einem fortgeschrittenen Stadium fühlt sich über den Gliedmaßen gespannt an und erscheint glänzend, wie mit Öl eingerieben.

Lymphome: Ausdruck entzündlicher Prozesse im Einzugsgebiet einzelner Lymphknoten oder Lymphknotengruppen bzw. generalisierter Infektionen oder neoplastischer Gewebsvermehrungen sind **Lymphknotenvergrößerungen** im Hals-, Supraklavikular-, Achsel- und Inguinalbereich, die lokal und/oder generalisiert, dann auch mit Leber- und Milzvergrößerung auftreten.

Die Beurteilung und die Dokumentation von Lymphknotenvergrößerungen erfolgen nach sechs Gesichtspunkten – wenn es sich reimen soll:
Größe, Verschieblichkeit und Zahl,
Lage, Festigkeit und Qual (Schmerzhaftigkeit).
Lymphknoten, regionale s. Beschwerden-Abc in Kapitel 4.6.

Ödeme sind Zeichen für vermehrte Flüssigkeit im Interstitium durch Störung des Gleichgewichts zwischen intravaskulärem Druck und kolloidosmotischem Druck. Auch eine Verlegung der Lymphabflussbahnen oder vermehrte Kapillarpermeabilität können zu Ödemen führen.

Der Schwerkraft entsprechend finden Sie beim ambulanten Patienten Ödeme aufsteigend von den Füßen, speziell den Fußgelenken und an den Unterschenkeln. Beim Bettlägrigen sind die Auflageflächen für die Ödembildung prädestiniert: Waden, Sakrum und LWS. Umschriebene lokale Ödeme entstehen im Rahmen der Entzündung bei Hautinfekten. Charakteristikum der Ödeme ist das zeitweise Bestehenbleiben eingedrückter Hautdellen.

Lange bestehende Ödeme führen zu fibrotischen Veränderungen des Unterhautzellgewebes, das sich dann nicht mehr eindrücken lässt und über den wirklichen Zustand hinwegtäuschen kann.

Prätibiale Ödeme werden in vier Klassen eingeteilt:

I. eben sichtbar bleibende Delle
II. deutlich sichtbar bleibende Delle
III. tiefe Mulde mit gleichzeitiger Verformung des distalen Unterschenkels
IV. zusätzlich zu III. extreme Verformung der unteren Extremität

Ödeme, diagnostische Bedeutung s. Beschwerden-Abc in Kapitel 4.6.

Hautturgor: Einen schnellen Überblick über den Flüssigkeitsgehalt der Haut und damit auch des gesamten Körpers erhalten Sie, wenn Sie die Haut über dem Handrücken Ihres Patienten mit Daumen und Zeigefinger abheben.

Verschwindet die Falte nicht sofort wieder im Hautniveau, ist das ein Warnzeichen für Flüssigkeitsmangel z. B. bei anhaltenden Durchfällen, Ileus oder Peritonitis.

7.6 Aufgaben für die Selbstkontrolle

1 Woran erkennt man exsikkotische Haut?

2 In welchen zwei Bereichen können Sie im Zweifelsfall anämische Blässe von ungewöhnlich heller Haut unterscheiden?

3 Unter welchen Voraussetzungen tritt eine Zyanose auf?

4 Wie können Sie eine zentrale Zyanose, z. B. durch verminderte Sauerstoffaufnahme in der Lunge, von einer peripheren Zyanose durch lokal begrenzt vermehrte Sauerstoffausschöpfung unterscheiden?

5 Warum tritt bei ausgeprägter Anämie keine Zyanose auf?

6 Welche Veränderung des Blutes begünstigt die Entstehung einer Zyanose?

7 Welche beiden Einlagerungen führen zum Ikterus?

8 Welche drei Ikterusformen sind zu unterscheiden nach der Verfärbung, nach dem Stoff, der sie verursacht, nach den Entstehungsursachen und nach der lokalisatorischen Beziehung? Benutzen Sie bitte folgendes Schema!

Ikterusart	Einlagerung	Ursache	Lokalisatorische Bezeichnung

9 Wie können Sie den Pseudoikterus vom echten Ikterus unterscheiden?
10 Welche Befunde unterscheiden Spider von Venektasien?
11 Wodurch wird die Haut im Alter dünner und empfindlicher?
12 Wodurch unterscheiden sich myxödematöse Hautverdickungen vom echten Ödem Grad II und III?
13 Wodurch entstehen Dermographismus albus, ruber und Urticaria factitia?
14 Von welchen beiden Hormongruppen hängt der Typ der Körperbehaarung ab?
15 Worauf weist die Verminderung oder das Fehlen der Körperbehaarung hin?
16 Welche Hämoglobinveränderungen führen zur Zyanose?
17 Auf welche Krankheitsgruppe weist blasser Flavinikterus hin?
18 Womit beurteilen Sie manuell die Hauttemperatur?
19 Wodurch entsteht die Flüssigkeitsablagerung bei Ödemen?
20 Nennen Sie mindestens drei Effloreszenzen im Hautniveau!
21 Was ist eine Urtika?
22 Wie prüfen Sie den Hautturgor?
23 Mit welchen sechs Kriterien beurteilen Sie vergrößerte Lymphknoten?
24 Nennen Sie drei Auflagerungen der Haut!
25 Wie entstehen Erosionen?
26 Durch welche Manipulation unterscheiden Sie Erythem und Purpura?
27 Aus welchen Substanzen können Krusten entstehen?
28 In welcher gleichbleibenden Reihenfolge sollen die einzelnen Körperregionen untersucht werden?
29 Was bewirkt die Gelbfärbung beim Ikterus?
30 Womit kann echter Ikterus leicht verwechselt werden?
31 Bei welcher Krankheitsgruppe entsteht rotgelber Rubinikterus?
32 In welcher Krankheitsgruppe entsteht grüngelber Verdinikterus?
33 Welche drei Verwechslungsmöglichkeiten mit dem Ikterus müssen berücksichtigt werden?
34 Welche Vorsichtsmaßnahme gilt bei der Palpation entzündeter Haut?
35 In welchem Hautanteil erfolgt bei Ödemen die Flüssigkeitsablagerung?
36 Wodurch entsteht die Flüssigkeitsablagerung bei Ödemen?
37 Wodurch kann ein Fehlen von Ödemen vorgetäuscht werden?
38 Wie unterscheiden Sie eine Atrophie der Epidermis und der Subkutis?
39 Was verstehen Sie unter einem Ekzem?
40 Wie unterscheiden Sie Erythem und Purpura?
41 Wie bezeichnen Sie eine festhaftende Vermehrung der Hornschicht?
42 Was verstehen Sie unter Lichenifikation?
43 Wodurch unterscheiden sich Schuppen von einer Keratose?
44 In welchen beiden Formen treten Nekrosen auf?
45 Welche beiden Ursachen führen zur zentralen Zyanose?
46 Nennen Sie mindestens drei Begleitsymptome der zentralen Zyanose!
47 Wie bewirken Sie die sofortige Abnahme einer zentralen Zyanose?
48 Wodurch entsteht eine periphere Zyanose generell?

8 Die Untersuchung von Kopf und äußerem Hals[1]

8.1 Lernziele

Im folgenden Abschnitt erfahren Sie, wie man

- charakteristische Beschwerden an Kopf und Hals definiert. (Verdachtsdiagnosen s. auch Beschwerden-Abc in Kapitel 4.6)
- Kopf und äußeren Hals untersucht,
- die erhobenen Befunde dokumentiert[1] und
- Leitsymptome dieser Region für die Diagnostik verwendet.

8.2 Charakteristische Beschwerden

Haarausfall als normale Erscheinung zunehmenden Alters ist meist symmetrisch. Ein unregelmäßig begrenzter oder fleckförmiger Haarausfall kann z. B. Zeichen einer Alopecia areata oder eines Lupus erythematodes sein, kommt aber auch bei Antikoagulanzien- und Zytostatikatherapie vor. Bei Thalliumvergiftung ist der Haarausfall besonders deutlich hinter den Ohren ausgeprägt.

Kopfschmerzen entstehen in erster Linie durch mangelhafte Blutversorgung, fehlende oder nicht passende Brille oder Veränderung in der HWS. Andere Ursachen sind Entzündungen der Hirnhäute, intrakranielle raumfordernde Prozesse, Störungen der Liquorzirkulation, Hypertonie oder Intoxikation. Um zu einer Diagnose zu kommen, müssen Sie zunächst das Leitsymptom nach Dauer, Stärke, Art und Ort sowie seinen Beziehungen zu einzelnen Funktionen differenzieren. Mithilfe der Begleitsymptome können Sie dann die diagnostischen Möglichkeiten abwägen.

Zusätzlich spielt die Frage nach der Tageszeit bzw. Gelegenheit, bei der die Kopfschmerzen auftreten, eine Rolle. Verdachtsdiagnosen s. Beschwerden-Abc Kapitel 4.6.

Hinterkopf- oder Seitenkopfschmerzen: Die Ursache dieser meist extrakraniell bedingten Kopfschmerzen finden Sie in der Regel im Zervikalbereich.

Untersuchungsschwerpunkte sind bei der Inspektion Haltungsschäden (s. Kapitel WS), bei der Palpation Verspannung zervikaler Muskulatur, bei den Funktionsprüfungen Bewegungsstörungen der HWS mit Schonhaltung und Bewegungseinschränkung; mit schmerzhafter Verspannung der Halsmuskulatur bei Halswirbelsäulensyndrom.

---

1 Untersuchungsbogen: www.thieme.de/specials/dahmer-anamnese-und-befund

Intrakranielle Kopfschmerzen entstehen im gesamten Kopf auf der Basis von Entzündung, Tumor oder Unfall.

Untersuchungsschwerpunkte sind Entzündungszeichen an den Kopforganen und Nebenhöhlen sowie Zeichen für Meningismus oder neurologische Ausfälle.

Scheitelkopfschmerzen = functional headache: Im Zusammenhang mit der psychischen Gesamtverfassung des Patienten und/oder wiederkehrenden unangenehmen Situationen treten psychogene Kopfschmerzen gerne hoch in der Kopfmitte als Scheitelkopfschmerz auf.

Untersuchungsschwerpunkte sind: Ausschluss organischer Gründe; Zeit, Ort, Anlässe für die Kopfschmerzen; erwünschter, sicherer Arbeitsplatz der Ausbildung entsprechend? Ausstattung? Verhältnis von Bezahlung zu Anforderungen? Überforderung? Lärm? Mitarbeiterprobleme? Konkurrenzdruck? Betriebsklima? Verhältnis zu Vorgesetzten?

8

Paroxysmale Kopfschmerzen treten anfallsartig, meist halbseitig an Stirn und Hinterkopf auf; mit Augenschmerzen, Rhinorrhö, Schweißausbrüchen, einseitigem Flushing bei *Horton-Syndrom* (= Cluster headache); meist einseitig mit Absenzen, zerebralen Anfällen, Nervenausfällen, Krämpfen und Sehstörungen bei Hirntumor; plötzlich nach Trauma mit Erbrechen, Meningismus, Bewusstseinsstörungen bei *intrakranieller Blutung*; mit plötzlicher Sehverschlechterung, Farbringen, Nebelsehen, Erbrechen, erweiterter und lichtstarrer Pupille, hartem Bulbus bei *primärem Glaukom*; als periodische Anfälle von Halbseitenkopfschmerz mit Lichtscheu, Übelkeit, Flimmerskotom bei *echter Migräne*.

Pulsierende Kopfschmerzen als klopfender Hinterkopfschmerz mit Schwindel, Blutdruck über 140/90 mmHg, Sehstörungen, Augenhintergrundveränderungen, Linkshypertrophie bei Hypertonie oder Intoxikation.

Untersuchungsschwerpunkte sind anamnestisch das evtl. Vorliegen von Infektionen, Alkoholabusus, Urämie, Vergiftung durch Arsen, Blei, Morphin, Kokain, Kohlenmonoxid.

Umschriebene Kopfschmerzen: *Untersuchungsschwerpunkte* sind die sozioökonomische Anamnese, die Palpation und die Beurteilung des Trommelfellreflexes. Auftreten: bei *primärem Malignom* mit neurologischen Ausfällen, Hirnnervenausfällen sowie palpablem Schädeltumor (bei Schädelmetastasen); bei *Q-Fieber* (v.a. bei Landwirten, Tierärzten, Schlachthofarbeitern) mit Stirnkopfschmerz, Blässe, Fieber, Schüttelfrost, Glieder- und Gelenkschmerz; bei *Arteriitis temporalis* mit stechendem temporalem Dauerkopfschmerz, druckschmerzhaftem hartem Knoten über der A. temporalis; bei *Otitis media* mit seitlichem Kopfschmerz, Ohrenschmerzen, druckschmerzhaftem Mastoid, Hörstörungen, pathologischem Trommelfellreflex.

Haltungs- und Bewegungskopfschmerzen: *Untersuchungsschwerpunkte* sind die Untersuchung der Wirbelsäule und des Nervensystems. Auftreten vorwiegend als Hinterkopfschmerz mit Schonhaltung, Bewegungseinschränkung, schmerzhafter Verspannung der Halsmuskulatur, bei *Halswirbelsäulensyndrom*; verstärkt durch Kopfbewegung, mit Meningismus, Bewusstseinsstörung, Fieber und Erbrechen bei Meningitis; mit Meningitissymptomen, Persönlichkeitsveränderungen, Krämpfen, Lähmungen und Hirnnervenausfällen bei *Enzephalitis*.

8.3 Untersuchungsgang am Kopf

Der ***Inspektion*** des Kopfes leicht zugänglich sind Größen- und Formanomalien wie ein Hydrozephalus und Mikrozephalus oder der Turmschädel beim familiären hämolytischen Ikterus. Charakteristisch sind Bewegungen und Haltung des Kopfes wie der (wegen der Schmerzen) betont gerade, fast starr gehaltene Kopf beim Zervikalsyndrom, das den Patienten jede seitliche Drehung bzw. Neigungen des Kopfes vermeiden oder mit betonter Vorsicht ausführen lässt. Besonderheiten der **Kopfbehaarung** wie trockenes, glanzloses Haar der Patienten mit Hypothyreoidismus (denen ähnlich wie bei der Thalliumvergiftung das Haar auch büschelweise ausfallen kann), das struppig wirkende Haar bei Eisenmangelanämie und der tiefe Haaransatz beim Turner-Syndrom geben diagnostische Hinweise.

Diagnostisch wegweisend sind das ödematös verquollene **Gesicht** bei akuter Nephritis, der Risus sardonicus bei Tetanus oder die eingeschränkte Ausdrucksbeweglichkeit des spitz gehaltenen Mundes bei der Sklerodermie. „Fixiertes Entsetzen" scheint das Gesicht bei Exophthalmus mit hervortretenden Augäpfeln und retrahierten Oberlidern auszudrücken. Besonders treffend bezeichnet man die fleckförmige Rötung von Wangen und Nase bei gelblichem Grundton der Haut als „Clowngesicht", ein Zeichen der Hypothyreose.

Auffällig sind auch das runde „Vollmondgesicht" bei Morbus Cushing, Gesichtsasymmetrien, z. B. bei der Fazialisparese, plumpe Züge beim Myxödem oder Farbveränderungen wie die anämische Blässe, der Ikterus oder die ins Bläuliche gehende Röte bei Polycythaemia vera.

Bei der ***Palpation*** des Kopfes untersuchen Sie die **Nervenaustrittspunkte (NAP)** der Trigeminusäste mit leichtem Daumendruck

- auf das Foramen supraorbitale für den N. ophthalmicus,
- auf das Foramen infraorbitale für den N. maxillaris und
- auf das Foramen mentale für den N. mandibularis (Abb. 8.**1**).

Von **Schmerzhaftigkeit der NAP** spricht man nur, wenn die Austrittspunkte allein, nicht aber die weitere Umgebung druckschmerzhaft sind. Isolierten Druckschmerz finden Sie bei Meningitis, Trigeminusneuralgie und entzündlichen Prozessen in den Nasennebenhöhlen (Abb. 8.**2, 17.26**). Druckschmerzhafte supraorbitale und infraorbitale Austrittspunkte des N. trigeminus gehören neben Erbrechen, Bradykardie, Kopfschmerz und Blutdruckabfall zu den allgemeinen Hirndrucksymptomen.

Palpatorisch kann man Druckschmerz über dem Mastoid bei der Mastoiditis als Komplikation der Mittelohrentzündung erfassen.

Immer untersucht werden nuchale, aurikuläre, submandibuläre und submentale **Lymphknoten** (Abb. 8.**3**) sowie die supraklavikulären und die Virchow-Lymphknoten (s. Lymphknoten, Beurteilung*). Beide supraklavikulären Lymphknoten palpiert man mit den Fingerkuppen medial und leicht hinter der Clavicula bis in die Spitze des hinteren Halsdreiecks.

Die ***Perkussion*** der Schädelkalotte erfolgt mit einer Hand an der oberen Zirkumferenz (Abb. 8.**4**) und ist angezeigt, wenn z. B. nach Unfällen Verdacht auf eine Ka-

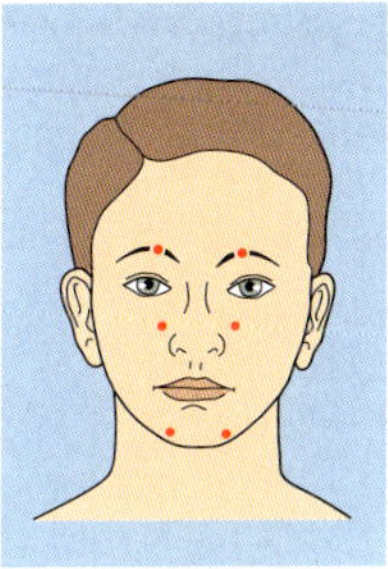

Abb. 8.**1** Nervenaustrittspunkte der Trigeminusäste (Foramina supraorbitale, infraorbitale und mentale)

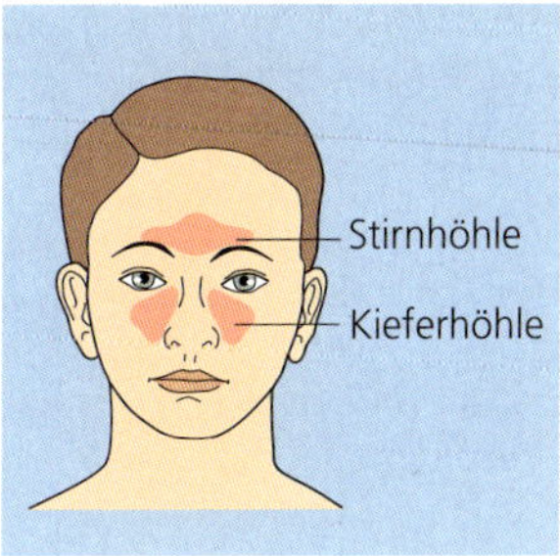

Abb. 8.**2** Nasennebenhöhlen

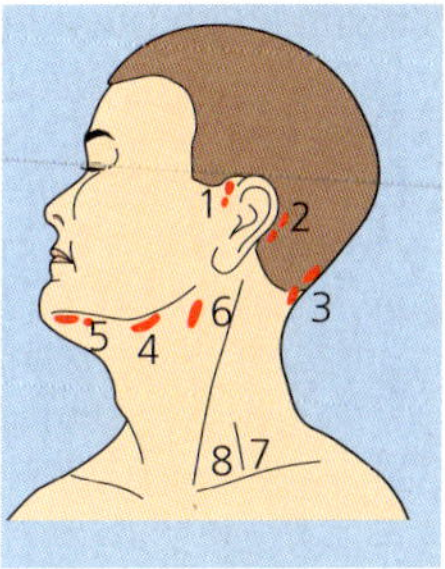

Abb. 8.**3** Lymphknoten an Kopf und Hals.
1 = präaurikuläre,
2 = retroaurikuläre,
3 = nuchale = okzipitale,
4 = submandibuläre,
5 = submentale,
6 = profunde zervikale,
7 = supraklavikuläre,
8 = Virchow-Lymphknoten

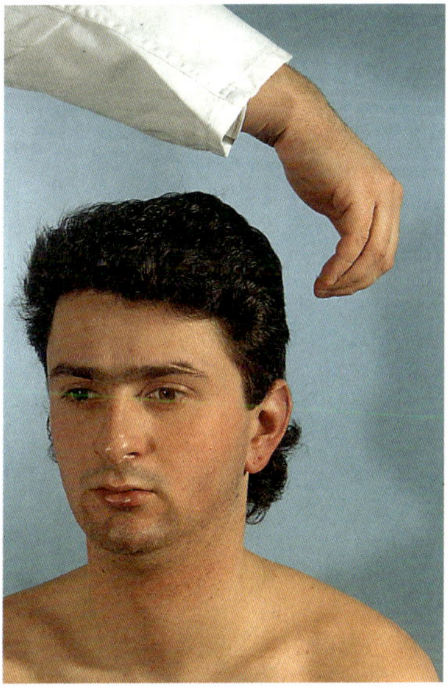

Abb. 8.**4** Die Perkussion der Schädelkalotte erfolgt kranzförmig an der oberen Zirkumferenz

lottenfraktur besteht, bei der das Perkussionsgeräusch einer gesprungenen Schüssel ähnelt. Umschriebener Klopfschmerz an der Kalotte entsteht bei Knochenprozessen und lokal empfindlichen Meningen, z.B. durch Tumor. Diffuser Klopfschmerz weist auf eine Meningitis hin.

Mit der ***Auskultation*** des Kopfes erfassen Sie Gefäßgeräusche in der Temporalregion, wenn z.B. ein plötzlicher Exophthalmus auf ein „rauschendes" Sinus-cavernosus-Aneurysma hindeutet.

Die Befunddokumentation der NAP und der Nebenhöhlen können Sie sich mit dem Untersuchungsbogen erleichtern.

8.4 Aufgaben für die Selbstkontrolle

1 Welche Frage spielt zusätzlich zu Dauer, Stärke, Art und Ort, Beziehung zu Funktionen eine Rolle für die Differenzierung von Kopfschmerzen?

2 Welche Trigeminusäste treten durch welche Nervenaustrittspunkte?

3 Welche Voraussetzung muss erfüllt sein, wenn man von einer Schmerzhaftigkeit der Nervenaustrittspunkte sprechen will?

4 Welche vier zusätzlichen Symptome gehören außer dem Druckschmerz über den Foramina supra- und infraorbitale zu den allgemeinen Hirndruckzeichen?

5 Welche vier Lymphknotengruppen untersuchen Sie am Kopf des Patienten?

6 Versuchen Sie, die sechs Gesichtspunkte für die Beschreibung vergrößerter Lymphknoten wiederzugeben (als Reim merkt es sich leichter)!

7 Welche anamnestischen Angaben sollten Sie zu einer Perkussion der Schädelkalotte veranlassen?

9 Die Untersuchung der Augen

9.1 Lernziele

Im folgenden Abschnitt erfahren Sie, wie man

- den knöchernen Orbitalrand, Augenbrauen, Augenlider, Tränenorgan und Konjunktiven untersucht,
- charakteristische Beschwerden an Augen und Umgebung definiert, (charakteristische Beschwerden s. auch Beschwerden-Abc in Kapitel 4.6)
- wie man Hornhaut, Vorderkammer und Regenbogenhaut beurteilt,
- Pupillenreaktionen sachgerecht auslöst,
- im umgekehrten und aufrechten Bild den Augenhintergrund spiegelt,
- wie man Funktionsprüfungen (Blickbewegungen, Nystagmus, einfache Gesichtsfeldprüfung, grobe Prüfung der Sehschärfe und des Farbensinns) beschreibt und selbstständig durchführt und
- wie man Leitsymptome für die Diagnostik verwendet.

Vor jeder Untersuchung sollten Sie den Patienten fragen, ob er Kontaktlinsen trägt. Sie könnten bei der Untersuchung herausfallen. Das Herausnehmen der Kontaktlinsen überlassen Sie am besten dem Patienten. Achten Sie darauf, dass bei der Untersuchung jede Blendung des Patienten vermieden wird.

9.2 Die Umgebung des Auges

Als Umgebung des Auges werden hier der knöcherne Rand der Orbita, die Augenbrauen, Lider, Konjunktiven und der Tränenapparat besprochen. Bei der seitenvergleichenden ***Inspektion*** gibt das Verhältnis der Stellung des Augenbulbus zum **Orbitalrand** den Anhalt für die Bestimmung von Exophthalmus und Enophthalmus (Hervortreten bzw. Zurücktreten des Bulbus).

Bilateraler **Enophthalmus** ist ein Zeichen von Dehydratation, Unterernährung oder angeborenem Mikrophthalmus, einseitig weist er auf Trauma oder Entzündungsfolgen hin. Enophthalmus ist kein echter Bestandteil des Horner-Syndroms.

Extrem stark ausgebildete **Augenbrauen** bei der Frau lenken den Verdacht auf Virilismus. Ein Ausfall der lateralen Augenbrauen (Hertoghe-Zeichen) tritt z. B. bei Myxödem und Thalliumvergiftung auf.

Exophthalmus und Begleitsymptome
Diagnostische Bedeutung

Zweiseitig
- Irritierbarkeit, Tremor, Tachykardie, laute Herztöne, Struma, vergrößerte Blutdruckamplitude bei *Hyperthyreoidismus*
- verquollenes Gesicht, müde Mimik, verlangsamt, heiser, Reflexe verlangsamt, verdickte, schuppige, trockene Haut, Periorbitalödem, leise Herztöne, Menorrhagien bei *Myxödem*

Einseitig
- Extreme Myopie eines Auges (sonst doppelseitig), *Bulbus-* oder *Orbitaltumor*
- entzündliche Erkrankungen der Nachbarschaft, besonders der Zähne und Nebenhöhlen, Trauma, starke Schmerzen, Blickbewegungen eingeschränkt, Lidschwellung, Fieber bei *Orbitalabszess*
- Infektion der Orbita oder Gesichtsvenen, besonders bei entzündlichen Erkrankungen der Gesichtshaut und der Lippen, Papillenödem, Kopfschmerz, Krämpfe, septische Temperaturen bei *Sinus-cavernosus-Thrombose*
- pulsierender Exophthalmus mit Strömungsgeräuschen, oft bei oder nach Sinus-cavernosus-Thrombose bei *arteriovenösem Aneurysma* der A. carotis und des Sinus cavernosus.

9.3 Die Augenlider

Charakteristische Beschwerden sind Jucken, Schmerzen, Veränderung von Farbe und Form, Entzündungszeichen, Störung von Stellung und Beweglichkeit sowie Veränderungen der Lidspalte und der Tränensekretion.

Die ***Inspektion*** der Lider kann eine **Volumenvermehrung** ergeben durch Hordeolum (Gerstenkorn), inneres Chalazion (Hagelkorn) oder Lidabszess, aber auch durch ein Luftemphysem, z. B. nach Siebbeinverletzung. Eine Häufung von Xanthelasmen findet sich bei Hyperlipidämie. **Lidödem** weist auf Trichinose oder allergische Reaktion – dann mit Eosinophilie –, in Verbindung mit Hämaturie auf eine Glomerulonephritis, mit Eiweißausscheidung auf eine Nephrose hin. Früh kommt es zum Ödem der Augenlider im Zusammenhang mit Exophthalmus bei Myxödem und Thyreotoxikose. Auch Kosmetika und manche Medikamente, z. B. Atropin, können zum Lidödem führen.

Übermäßig **erweiterte Lidspalten** können z. B. durch periphere Fazialislähmung bedingt sein oder durch Exophthalmus, verengte Lidspalten durch Ptose oder Blepharospasmus bei Entzündung der Lider oder Verblitzung (Schweißen usw.).

Mit der Inspektion erfassen Sie auch Stellungsanomalien der Augenlider, wie die sichelförmige Hautfalte am medialen oberen Augenlid beim Mongolismus (Epikanthus) oder das Ektropium, die Auswärtskantung des Unterlides mit Abstehen des Tränenpünktchens.

Farbveränderungen finden Sie z. B. als lokale Zyanose bei einer Thrombose der Orbitalvenen oder einem arteriovenösen Aneurysma in der Orbita. Rötung des nasalen Oberlides lässt an eine Entzündung des Sinus frontalis denken.

Das sog. **„blaue Auge"** ist nicht nur Zeichen für ein Trauma am Augenlid, sondern auch für eine Nasen- oder Schädelfraktur. Regel: Je später das Hämatom nach dem Unfall auftritt, desto weiter entfernt liegt der Frakturort von den Augen.

Schmerzen und Schwellungen im inneren Lidwinkel weisen auf eine Entzündung des Tränensacks (Dakryozystitis) hin. Mit Schmerzen und Schwellung im temporalen Lidwinkel geht die Dakryoadenitis einher, die chronisch gemeinsam mit Vergrößerung der submaxillären Speicheldrüsen und der Parotis zum Mikulicz-Syndrom gehört. Entzündliche Veränderungen mit Rötung und Schwellung findet man auch bei infektiösen Exanthemen, eine leichte Lilafärbung bei der Dermatomyositis – nicht zu verwechseln mit einem vergleichbaren Make-up.

Eine charakteristische und häufige Erkrankung der Augenlider ist das **Basaliom**. Seine Oberfläche ist perlartig gefärbt, gefäßreich und hat eine zentrale Eindellung, die ulzerieren kann. Jede blutende Warze am Augenlid oder in der Umgebung des Auges ist basaliomverdächtig. Untersuchen Sie, ob Entzündungszeichen an Augenlidern und Tränenapparat ihren Ursprung auch in Orbita und Nebenhöhlen haben können.

Die gestörte ***Funktion*** der Augenlider äußert sich als:

- **Frequenzveränderung** des Lidschlages, z. B. Stellwag-Zeichen (= seltener Lidschlag im Vergleich zum normalen Lidschlag, der alle 2 – 3 Sek. erfolgt),
- **Bewegungseinschränkung** durch eine Ptosis (= Herabhängen des Oberlides, z. B. beim Horner-Syndrom) oder beim Symblepharon, der dauernden Verwachsung der Conjunctiva tarsi mit der Conjunctiva bulbi. Normalerweise überdeckt das Oberlid etwa 3 mm des durch die Hornhaut sichtbaren Irisanteils. Das Unterlid reicht bis an den unteren Irisrand,
- **fehlender Lidschluss** (Lagophthalmus), z. B. bei peripherer Fazialislähmung.

9.4 Das Tränenorgan

Zum Tränenorgan gehören beiderseits die Tränendrüsen, das Tränenpünktchen, der Canalis lacrimalis, der Tränensack, der Ductus nasolacrimalis und schließlich dessen Mündung zwischen unterer Nasenmuschel und lateraler Nasenwand (Abb. 9.**1**).

Charakteristische Beschwerden: Verdachtsdiagnosen s. Beschwerden-Abc in Kapitel 4.6.

- **zu geringer Tränenfluss,** z. B. nach Verbrennungen bzw. Verätzungen des Bindehautsackes;
- **zu starker Tränenfluss** (= Tränenträufeln oder Epiphora) hat drei generelle Ursachen – lokale Reizung, Stenose des Canalis lacrimalis und Abhebung des Tränenpünktchens – und eine Reihe von Einzelursachen, die sich mit Hilfe der Begleitsymptome voneinander unterscheiden lassen;
- **blutige Tränen** deuten auf ein Papillom der Bindehaut oder Vergiftungen mit Muscarin bzw. mit E-605-ähnlichen Stoffen hin;
- **„verklebte Augen"** können durch seröse bzw. eitrige Absonderungen der Konjunktiven oder des Tränenapparates entstehen;

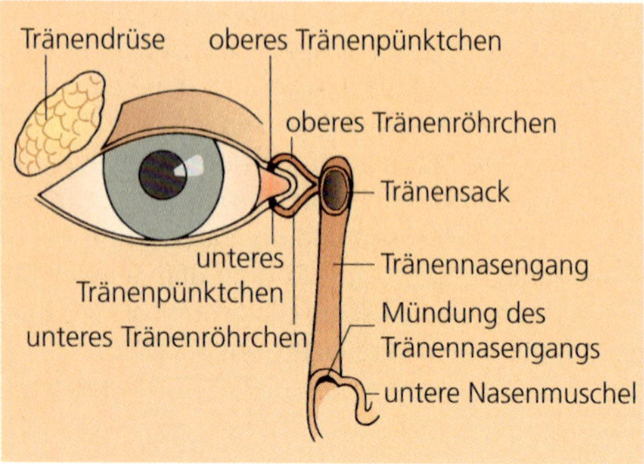

Abb. 9.1 Das Tränenorgan

- **Schmerzen im äußeren Lidwinkel** deuten auf Erkrankungen der Tränendrüsen, **Schmerzen im inneren Lidwinkel** auf Erkrankungen des Tränensackes hin.

Epiphora und Begleitsymptome
Diagnostische Bedeutung

lokale Reizung
- milchige Trübung der Hornhaut, unterschiedlich großes Erlöschen des Reflexbildes bei *Hornhautulkus*
- Schwellung und Schmerz am inneren Lidrand bei *Dakryozystitis*
- Lichtscheu, rotes Auge, Juckreiz bei *Konjunktivitis*
- Fieber, Husten, Koplik-Flecken und typisches Exanthem bei *Masern*
- saisonbedingter Schnupfen, Juckreiz, Lichtscheu, bleiche, ödematöse Nasenschleimhaut bei *Heufieber*

Stenose des Canalis lacrimalis
- sichtbare oder palpable Schwellung, Schmerzen im inneren Lidrand und über dem Verlauf des Canalis lacrimalis bei *Dakryozystitis* oder *Stein*

Abhebung des Tränenpünktchens
- sichtbare Ausstülpung des unteren Lidrandes bei *Ektropium senile*
- Stirnrunzeln nicht möglich, Bell-Phänomen, Lagophthalmus und hängender Mundwinkel bei *Ektropium paralyticum* im Rahmen einer Fazialislähmung

Die ***Inspektion*** erfolgt bei abgezogenem Unterlid immer seitenvergleichend. Zur Untersuchung der **Tränendrüsen** ziehen Sie Ober- und Unterlid nach lateral auseinander und lassen den Patienten stark nach nasal unten blicken. Dann prüfen Sie, ob die Tränenpünktchen in den Tränensee eintauchen. Dazu blicken Sie auf die nasale Kante des Unterlides und lassen den Patienten nach oben sehen.

Mit leichtem Druck auf den Tränensack können Sie ***palpatorisch*** feststellen, ob sich schleimiges oder eitriges Sekret rückläufig aus dem Tränenpünktchen entleert. Zur Feststellung der ungestörten ***Funktion*** legen Sie bis zur deutlichen Anfärbung einen Fluoreszeinpapierstreifen in den Konjunktivalsack und fordern den Patienten nach 2 Min. auf, sich mit zugehaltenem Nasenloch der Gegenseite zu schnäuzen. Die abfließenden Tränen färben das Papiertaschentuch gelbgrün. Bei

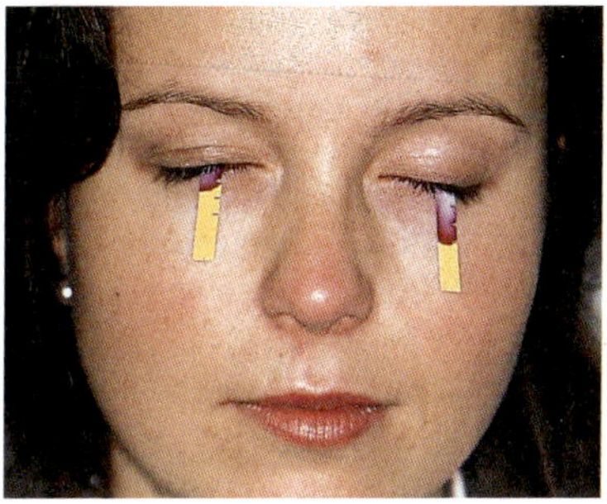

Abb. 9.**2** Die eingehängten Streifen des Schirmer-Tests sollen nach 5 Min. etwa 1,5 cm weit feucht sein

Verdacht auf verminderte Tränenproduktion verwenden Sie den Schirmer-Test. Dazu knicken Sie 0,5 cm an einem Ende des 3,5 cm langen Lackmusstreifens ab und hängen ihn am Übergang vom mittleren zum lateralen Drittel in das Unterlid ein. Nach 5 Min. soll eine 1,5 cm lange Strecke feucht und blau verfärbt sein (Abb. 9.**2**).

9.5 Erkrankungen der Konjunktiven

Charakteristische Beschwerden:

- Als **Jucken** bezeichnet man den (schmerzlosen) Reiz, die Augen zu reiben.
- **Brennen** wird als leichter, oberflächlicher Schmerz empfunden.
- **Fremdkörpergefühl** entsteht, wenn man vermeintlich oder tatsächlich „etwas im Auge hat".
- Von **Lichtscheu** spricht man, wenn das Licht dem Patienten Unbehagen oder Schmerzen bereitet und er es vorzieht, über längere Zeit die Augen geschlossen zu halten bzw. eine dunkle Brille zu tragen.
- Pathologische **Sekretion** kann als deutlich vermehrter oder verminderter Tränenfluss oder als schleimige bzw. eitrige Absonderung auftreten.

Zur ***Inspektion*** der Konjunktiven ziehen Sie die Unterlider leicht herab (Abb. 9.**3**).

So können Sie einen Anhalt für die Beurteilung der Durchblutung gewinnen, die z. B. bei Entzündung der Konjunktiven oder bei Keuchhusten vermehrt, durch Anämie vermindert ist. Verfärbungen durch Bilirubin bzw. Biliverdin (= Ikterus) ist ein Zeichen für hämolytische Anämie, Erkrankungen der Leber und Rückstau der Galle. Zum Pseudoikterus kommt es z. B. beim Hypothyreoidismus. Pigmentablagerungen in den Konjunktiven finden Sie beim Morbus Addison, Petechien bei hämorrhagischer Diathese* und Endocarditis lenta.

Farbveränderungen der Skleren sind von Farbveränderungen der Conjunctiva bulbi kaum zu unterscheiden. Der sog. Sklerenikterus entsteht genau genommen durch Gelbverfärbung der Konjunktiven und Farbablagerungen an den Skleren. Deutlich blaue Skleren lassen an eine Osteogenesis imperfecta denken; *Osler* wies darauf hin, dass blasse Blautönung Hinweis auf eine Eisenmangelanämie sei. An-

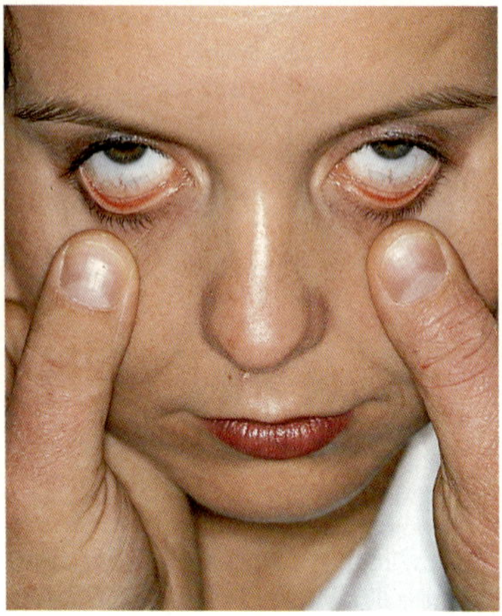

Abb. 9.**3** Zur Inspektion der Konjunktiven werden die Unterlider leicht herabgezogen. Der Untersucher stützt dabei seine Hände beiderseits am seitlichen Kopf des Patienten ab. Gleichzeitig kann man den Patienten auffordern, nach oben zu sehen

dere, seltenere Ursachen bläulich durchschimmernder Skleren sind angeborene Bindegewebserkrankungen, Kollagenkrankheiten, Kortisontherapie und Myasthenia gravis.

Das **„rote Auge"** kann vielfache Ursachen haben. Es entsteht durch konjunktivale Injektion, z.B. bei der Bindehautentzündung, hellrot bei der akuten, bläulich rot bei der chronischen Konjunktivitis. Charakteristisch dafür ist, dass die injizierten Bindehautgefäße verschieblich sind. Ziliare Injektion schimmert bläulich rot aus der Tiefe durch. Sie ist nur mit dem Vergrößerungsglas zu erkennen, kranzförmig perikorneal angeordnet und nicht verschieblich. Hierbei handelt es sich um eine Entzündung der Hornhaut und des Ziliarkörpers. Die gemischte konjunktivale und ziliare Injektion entsteht bei akutem Glaukom oder bei der Contusio bulbi.

Im Unterschied zur Injektion handelt es sich bei der Vaskularisation um eine Entzündung der Hornhaut selbst, die ebenfalls in drei Stadien verläuft:

- Die konjunktivale Gefäßfüllung = oberflächliche Vaskularisation findet sich bei Ausbreitung des Entzündungsprozesses von den Konjunktivalgefäßen auf die Hornhaut.
- Ziliare Vaskularisation zieht in der Tiefe vom Limbus besenreiserförmig zur Hornhautmitte.
- Schließlich spricht man von der gemischten Vaskularisation, wenn oberflächliche und tiefe Vaskularisation der Hornhaut vorliegt.

Eine Beurteilung der Bindehaut des Oberlides und des Tarsus wird bei entsprechender Indikation durch einfaches Ektropionieren möglich (Abb. 9.**4**). (Zur Beurteilung der oberen Umschlagfalte ist das doppelte Ektropionieren erforderlich, das dem Facharzt vorbehalten bleiben sollte.) Die Bindehaut des Unterlides und der Übergangsfalte beurteilen Sie durch einfaches Ektropionieren. Dazu lassen Sie den Patienten nach oben blicken und ziehen sein Unterlid mit ein oder zwei Fingern nach unten.

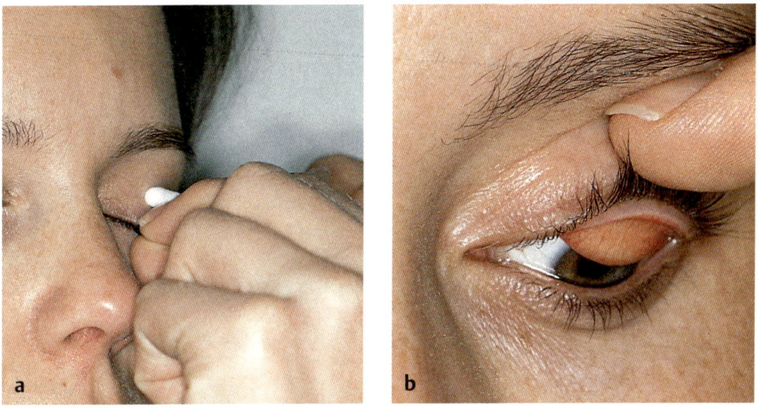

Abb. 9.**4 a** u. **b** Beim einfachen Ektropionieren des Oberlides wird der Glasstab oder der Holzstab in Höhe der Oberlidfalte (oberer Tarsusrand) leicht eingedrückt. Der Patient wird aufgefordert, nach unten zu sehen; dann zieht man das Oberlid mit den Wimpern ab und stülpt den Tarsus um. Sichtbar wird die Conjunctiva tarsi (Tunica conjunctiva palpebrarum)

9.6 Der Augapfel

9.6.1 Charakteristische Beschwerden

- Plötzliche einseitige **Sehverschlechterung** bis zum Erblinden deutet auf Gefäßverschluss der Retinagefäße oder Glaukom.
- Plötzliche doppelseitige Sehverschlechterung bis zum Erblinden lässt an eine Eklampsie oder an Tumoren im Sehzentrum denken.
- Allmähliche meist doppelseitige Sehverschlechterung für das Nahsehen kann Ausdruck einer Altersweitsichtigkeit (Presbyopie) sein.
- Für das Fernsehen weist sie z. B. auf eine Brechungsmyopie bei seniler Katarakt und
- für das Nah- und Fernsehen auf eine Makuladegeneration hin.
- **Verschleiertes Sehen** entsteht bei Trübung von Hornhaut, Kammerwasser, Linse, Glaskörper.
- **Gesichtsfeldausfälle** einer Gesichtshälfte, sektorförmig oder als Zentralskotom, deuten auf Erkrankungen der Netzhaut und der Sehbahnen hin,
- **Verzerrungen** auf Degenerationen der Makulagegend, z. B. beim Makulaödem.
- **Farbige Ringe** entstehen als Vorzeichen eines Glaukomanfalls, **Doppelbilder** bei Augenmuskellähmungen.
- Von **Lichtblitzen** (Photopsie) – z. B. bei Netzhautablösung – spricht man bei Lichterscheinungen ohne Lichtreize.

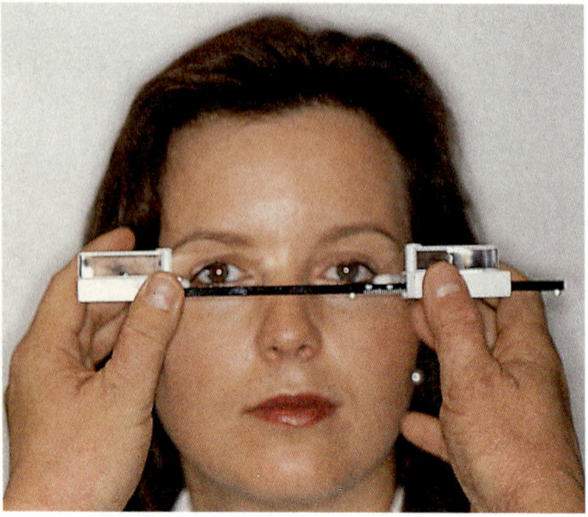

Abb. 9.**5** Messung der Bulbusstellung mit dem Exophthalmometer

- **Lichtscheu** weist auf Entzündungen der Konjunktiven, der Hornhaut und der Iris oder des Ziliarkörpers hin.
- Oberflächliche, vorwiegend brennende **Schmerzen** sind eher Zeichen einer Erkrankung der Konjunktiven und der Hornhaut.
- Dagegen können tiefe, bohrende Schmerzen, die in die Nachbarschaft ausstrahlen, bei Iritis und Glaukom auftreten.
- Schmerzen hinter dem Auge und bei Druck auf das Auge können Zeichen retrobulbärer Prozesse oder einer Orbitaphlegmone sein.

Erkrankungen von Linse, Glaskörper, Aderhaut und Netzhaut verursachen keine Augenschmerzen!

Fragen Sie Patienten mit Beschwerden an den Augen ausdrücklich nach früheren Erkrankungen dieser Region, der Behandlung und nach besonderen Belastungen der Augen am Arbeitsplatz.

Achten Sie bei der Untersuchung des Auges zunächst auf die abnorme Stellung der Bulbi wie Strabismus, Enophthalmus, Exophthalmus und seitliche Verlagerung des Bulbus (Abb. 9.**5**). Abweichungen von der normalen Augenstellung beeinträchtigen nicht nur das beidäugige Sehen, sondern können häufig auch Ursache psychischer Störungen sein.

9.6.2 Untersuchung der Hornhaut

Berücksichtigen Sie im Rahmen der Routineuntersuchung der Hornhaut die folgenden fünf Gesichtspunkte.

9.6.2.1 Durchmesser

Der normale horizontale Durchmesser beträgt etwa 11 – 12 mm beim Erwachsenen. Der Oberrand wird 1 – 3 mm vom Oberlid bedeckt. Das geöffnete Unterlid liegt unmittelbar unterhalb des unteren Hornhautrandes.

9.6.2.2 Wölbung

Mithilfe eines Spiegelbildes können Sie Formveränderungen wie den Keratokonus (= kegelförmige Vorwölbung der Hornhautmitte) oder Verzerrungen durch Narben erkennen. Hierzu kann man das Fensterkreuz benutzen oder ein Heftpflaster kreuzweise über eine Scheibe kleben (Abb. 9.**6**).

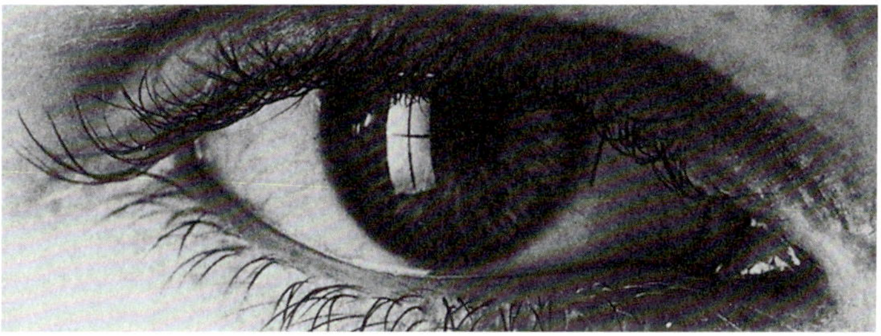

Abb. 9.**6** Grobe Beurteilung der Kornea mit einem Spiegelbild

9.6.2.3 Transparenz

Hornhauttrübungen erkennen Sie bei der frontalen Inspektion als graue Flecken; bei seitlicher, fokaler Beleuchtung mit der Handspaltlampe wirken sie als grauweiße, bei der Spiegelung mit dem Ophthalmoskop als schwarze Flecken vor dem roten Hintergrund. Reflexbilder erscheinen unscharf und verwaschen; Substanzverluste des Epithels und Epithelrinnen färben sich nach dem Einlegen eines Fluoreszeinteststreifens grün an.

9.6.2.4 Sensibilität

Benutzen Sie zur Sensibilitätsprüfung einen spitz ausgezogenen Wattefaden, dessen Spitze abgeschnitten ist. Berühren Sie die Hornhaut von der Seite kommend, damit Sie den Patienten nicht irritieren. Dabei lassen Sie den Patienten nach oben blicken (s. Abb. 9.**7**) und eventuelle Unterschiede in der Intensität der Berührungsempfindung beurteilen.

Abb. 9.7 Bei Sensibilitätsausfall führt die Berührung nicht zu einem Lidschlussreflex. Die Berührungsempfindlichkeit ist bei Herpeserkrankungen herabgesetzt, bei Ulcus neuroparalyticum aufgehoben

9.6.2.5 Farbveränderungen

Durch Pigmenteinlagerungen oder durch unterschiedliche Pigmentdichte entstehen lokale Farbveränderungen. Grün-bräunliche Verfärbung ist durch Blutaustritt, Braunfärbung durch Siderose bedingt. Wesentlich – wenn auch keine eigentliche Farbveränderung – ist der schmale grauweiße Ring, der vom Limbus durch eine schmale Randzone getrennt ist, der Arcus senilis; seltener sind der grünliche Limbus (Kayser-Fleischer) bei Morbus Wilson und die gelbliche Farbeinlagerung am Limbus bei Morbus Hand-Schüller-Christian. Unterscheiden Sie die (verschiebliche) konjunktivale und die mehr bläulich schimmernde ziliare **Injektion** der Konjunktiven, die am Hornhautrand enden, von der **Vaskularisation** der Hornhaut selbst, die entweder oberflächlich aus den Konjunktivalgefäßen oder aus der Tiefe vom Limbusrand ausgeht.

9.6.3 Die Vorderkammer

Die normale Tiefe der Vorderkammer kann durch Linsenquellung abgeflacht oder z. B. durch eine Linsenluxation vertieft sein. Punktförmige Trübungen an der Hornhautrückfläche finden Sie bei Iritis; Blutbeimischungen verändern die klare Durchsichtigkeit der Vorderkammer und können bei aufrechter Haltung zur Spiegelbildung führen (Hyphäma). Ein Hypopyon, die Eiteransammlung am Boden der Vorderkammer, kommt bei Iritis vor. Vom Tyndall-Phänomen spricht man bei Eiweißteilchen im Kammerwasser, die bei fokaler Beleuchtung von der Seite aufleuchten. Eine grobe Beurteilung des Kammerwinkels erzielen Sie ebenfalls mit fokaler Beleuchtung von der Seite. Fällt dabei ein Schatten auf den nasalen Anteil der Iris, so ist mit einer Engstellung des Kammerwinkels zu rechnen. Die Weite des Kammerwinkels bestimmt man genauer mit dem Gonioskop, das auf die anästhesierte Hornhaut aufgesetzt wird.

9.6.4 Die Untersuchung der Regenbogenhaut

Sie wird bei Beschwerden oder pathologischen Ergebnissen der Inspektion erforderlich. Mit fokaler, seitlicher Beleuchtung können Sie sich einen Überblick über die folgenden Punkte verschaffen.

9.6.4.1 Lage

Die Iris liegt durchschnittlich 3 mm hinter der Hornhaut. Dieser Abstand kann bei Keratokonus vergrößert, beim Engwinkelglaukom kleiner sein.

9.6.4.2 Oberfläche

Ödeme verändern das Relief und lassen die Struktur der Regenbogenhaut verwaschen erscheinen. Exsudat kann sich auflagern; neue, gestaute oder entzündlich veränderte Gefäße können sichtbar werden. Die Ringform der Iris wird durch **Kolobome** (= Spalten oder Lücken) unterbrochen. Man spricht von einem totalen Kolobom, wenn der Sphinkter mitbetroffen ist, von einem basalen oder randständigen Kolobom bei erhaltenem Sphincter pupillae. Angeborene Kolobome der Regenbogenhaut sind in der Regel nach unten, totale postoperative Kolobome nach oben gerichtet.

9.6.4.3 Pupillen

Beim Gesunden sind sie rund und gleich groß. Die normale Weite schwankt zwischen 2 und 5 mm. Zur Entrundung kann es durch Erhöhung des intraokularen Drucks, Trauma oder durch entzündliche Verwachsungen mit der dahinter liegenden Linse (hintere Synechie) kommen. Die Weite wird normalerweise durch den Lichteinfall bedingt und in fünf Stufen mit sehr eng, eng, normal, weit, sehr weit angegeben. Bei Verengungen spricht man von **Miosis** (durch Parasympathikusreizung oder Sympathikuslähmung), z. B. bei Opiaten oder E-605-Intoxikation, gemeinsam mit scheinbarem Enophthalmus und Ptose als Horner-Syndrom. Bei Erweiterung der Pupille über das normale Maß hinaus spricht man von **Mydriasis**, z. B. bei Atropinvergiftung, bei Schmerz oder Schreck (durch Sympathikusreizung bzw. Parasympathikuslähmung). Seitenunterschiede der Pupillenweite von mehr als 1 mm nennt man **Anisokorie**, z. B. bei entzündlicher Verklebung, Lähmung des Halssympatikus oder einseitigem Pilocarpingebrauch. Einen Hinweis auf Morphiumkonsum gibt die stecknadelkopfgroße Pupille. Ungleiche Pupillen erscheinen wie die Pupillenentrundung nach Iritis und bei Tabes dorsalis. Weite Pupillen findet man im epileptischen Anfall, bei Botulismus, Glaukomanfall und bei Patienten im Koma.

9.6.4.4 Pupillenreaktion

Zur Prüfung der ***Pupillenreaktion auf Licht*** steht der Patient zum Licht, blickt in die Ferne, und Sie decken die geöffneten Augen des Patienten mit beiden Händen ab.

Das Aufdecken eines Auges gestattet die Beobachtung des **direkten Lichtreflexes**, also der im Laufe einer Sekunde eintretenden Miosis. Dann wird nach Abdecken beider Augen das eine Auge voll und das andere Auge nur so weit aufgedeckt, dass Sie die Pupille gerade noch erkennen können. Sie sehen dann den **konsensuellen Lichtreflex**, d. h., das zuletzt aufgedeckte Auge hat auf die Reizung des anderen Auges ebenfalls mit einer Miosis reagiert. Nach erneutem Abdecken beider Augen wird das Verfahren für das andere Auge wiederholt (Abb. 9.**8**). Dieselbe Reaktion erhalten Sie mit Hilfe einer Lampe, mit der Sie ein Auge beleuchten und dabei die freie Hand sagittal auf den Nasenrücken stellen, um das andere Auge abzuschirmen.

Sie können dasselbe Ergebnis erzielen, wenn Sie den Patienten in die Ferne blicken lassen und den Lichtstrahl einer Taschenlampe von der Seite her in ein Auge fallen lassen (direkter Lichtreflex). Unter erneutem Lichteinfall beobachten Sie dann die konsensuelle Reaktion des anderen, nicht angestrahlten Auges.

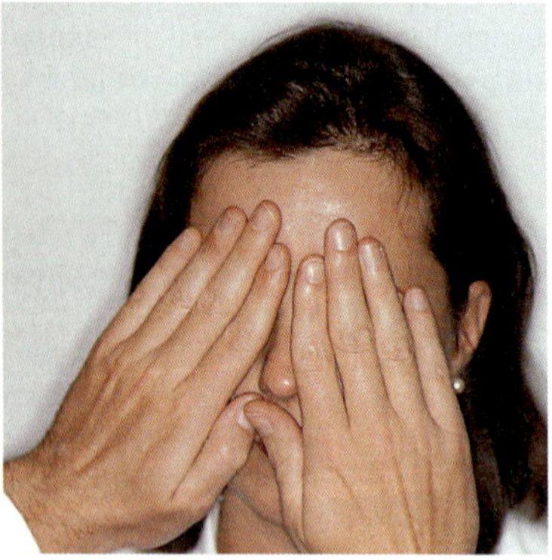

a

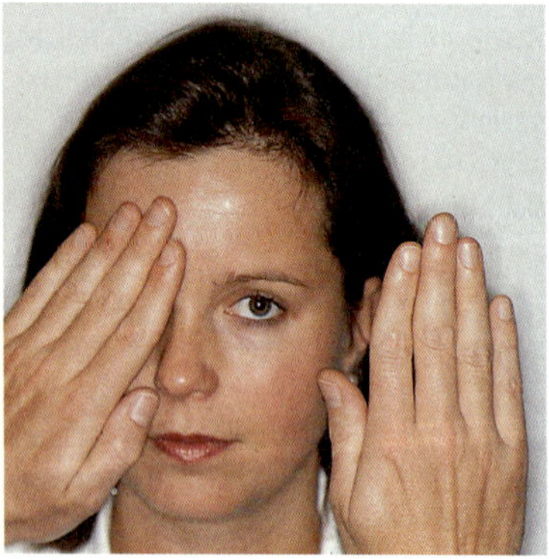

b

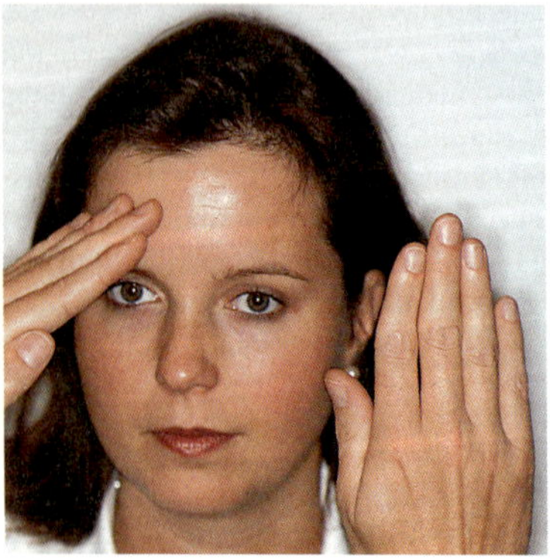

c

Abb. 9.**8 a – c** Aufdecken eines Auges führt zum direkten Lichtreflex. Beim Aufdecken des zweiten Auges findet man ebenfalls eine Miosis als Zeichen des konsensuellen Lichtreflexes

Die ***Naheinstellungsreaktion***, auch Konvergenzreaktion genannt, erfolgt, wenn der Patient auf einen Nahreiz akkommodiert. Sie können sie prüfen, indem Sie einen Finger in 15 – 20 cm Entfernung in Höhe der Nasenwurzel vor beide Augen halten. Der Patient muss den Blick aus der Ferne plötzlich auf den Finger richten oder dem horizontal angenäherten Finger folgen. Durch den Nahreiz wird die Pupille enger (Abb. 9.**9**). *Schenk (1985)* beschreibt die diagnostische Bedeutung der Pupillen ausführlich.

Unterbrechungen der Pupillenreflexbahn einer Seite können zu einseitigen Ausfallerscheinungen führen: Bei der **absoluten Pupillenstarre** ist der efferente Schenkel der Pupillenbahn gestört, also Sphinkterkern, Okulomotorius oder Sphincter pupillae. Das erkrankte weitgestellte Auge reagiert weder auf Licht noch auf Naheinstellung. Auch seine konsensuelle Reaktion auf Belichtung des anderen Auges fällt aus. Diese Ophthalmoplegia interna kann Zeichen einer Enzephalitis oder Meningitis sein, kommt aber auch bei Bleivergiftung und Iristrauma vor.

Das gesunde Auge reagiert aber auf Belichtung des erkrankten Auges. Die einseitige absolute Pupillenstarre kommt z. B. bei Tumoren oder entzündlichen Prozessen an der Schädelbasis vor, doppelseitig beim Botulismus. 9

Bei der **amaurotischen Pupillenstarre** entfallen die Pupillenreaktion am belichteten Auge und die konsensuelle Reaktion, weil das untersuchte Auge blind ist. Die amaurotische Pupillenstarre beruht also auf einer Störung des afferenten Schenkels der Pupillenbahn – Netzhaut, Sehnerv oder Sehbahn. Damit fällt nicht nur das Bild, sondern auch die pupillomotorische Reaktion des erkrankten Auges aus. Die Pupille des erblindeten Auges reagiert aber auf Lichtreize und auf Nahreize, die das gesunde Auge treffen. Die Naheinstellungsreaktion beider Augen bleibt erhalten. Amaurotische Pupillenstarre findet man bei Erkrankungen, die zum Erblinden führen. Sie ist eine Afferenzenstörung. Die **reflektorische Pupillenstarre** ist durch eine Störung im Schaltneuron der Pupillenreflexbahnen bedingt. Dabei ist die Re-

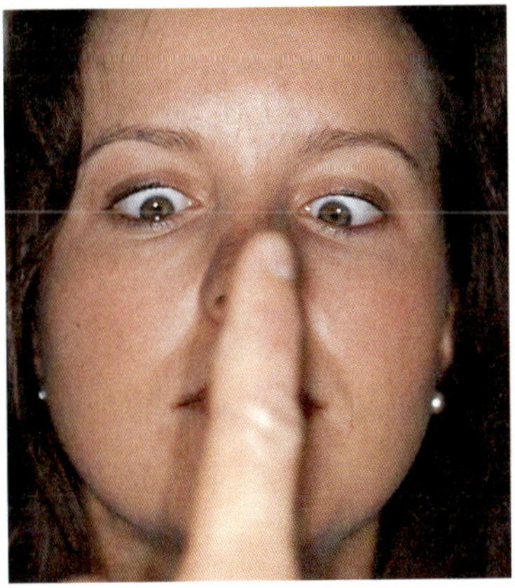

Abb. 9.**9** Naheinstellungsreaktion als Engerwerden beider Pupillen bei gleichzeitiger Konvergenzbewegung

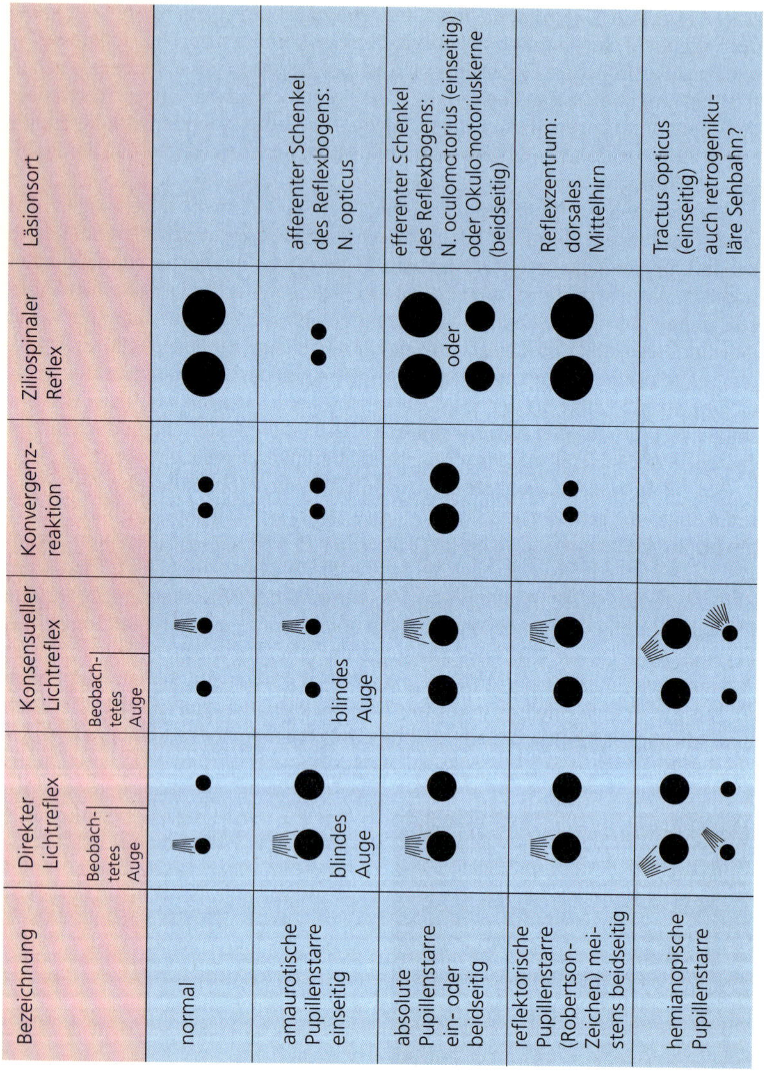

Abb. 9.**10** Verschiedene Arten von Pupillenstarre (aus: *Schenck E.* Neurologische Untersuchungsmethoden, 4. Aufl. Stuttgart: Thieme; 1992)

aktion der meist kleinen und entrundeten Pupillen auf Licht auch bei der Belichtung der Gegenseite gestört. Bei gleichzeitiger überschießender Engstellung der Pupille auf Naheinstellung spricht man vom **Argyll-Robertson-Phänomen**, das auf eine Tabes dorsalis hinweist.

Die verzögerte oder nur minimale Reaktion auf Licht nennt man **Pupillotonie**. Sie ist eine angeborene oder aus bisher ungeklärten Gründen entstehende, harmlose Abweichung. Tritt sie gemeinsam mit fehlendem Quadrizepsreflex auf, so spricht man vom **Adie-Syndrom**.

Das deutliche Ansprechen auf Kokain mit Pupillenerweiterung und auf Pilocarpin mit Verengung lässt die Pupillotonie leicht von einer absoluten oder reflektorischen Pupillenstarre unterscheiden. Die verschiedenen Arten der Pupillenstarre zeigt Abb. 9.**10**.

Jede Störung der Pupillenreaktion auf Licht und Konvergenz muss zu einer ausführlichen ophthalmologischen und neurologischen Untersuchung Anlass sein.

9.6.5 Die Untersuchung der Linse

Bei der Untersuchung der Linse, die durch weitgestellte Pupillen erleichtert wird, erscheinen Trübungen im seitlichen fokalen Licht grau. Im durchfallenden Licht bilden sie dagegen einen dunklen Schatten vor dem roten Fundus.

Für diese Untersuchung (Abb. 9.**11**) halten Sie in etwa 50 cm Abstand vom Patientenauge eine Lampe unter Ihr eigenes Auge und fordern den Patienten auf, in die Lichtquelle zu blicken. Bei dichter Katarakt kann der Fundus völlig abgedeckt

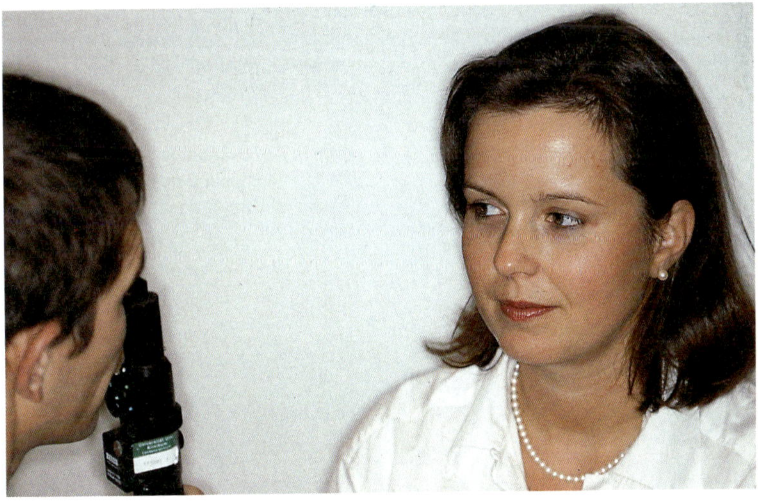

Abb. 9.**11** Beurteilung der brechenden Medien im durchfallenden Licht

werden, sodass kein roter Reflex der Netzhaut mehr sichtbar wird. Eine weiterführende Untersuchung des Augenhintergrundes mit dem Ophthalmoskop ist erforderlich:

- wenn der Patient über Beschwerden klagt, die auf Veränderungen des Augenhintergrundes schließen lassen,
- wenn Sie bei der beschriebenen Routineuntersuchung der Augen pathologische Befunde erhoben haben,
- wenn Allgemeinerkrankungen wie Hypertonie bzw. Diabetes vorliegen, die mit charakteristischen Symptomen an den Augen einhergehen.

9.6.6 Der intraokulare Druck

Durch die bimanuelle ***palpatorische Beurteilung des intraokularen Drucks*** kann der Erfahrene bei Vergleich mit dem eigenen Auge grobe Aussagen über den Druck des Auges machen, wenn der Druck des Patientenauges stark erhöht ist, z. B. beim akuten Glaukom. Damit wird das Risiko vermindert, durch Erweiterung der Pupille einen Glaukomanfall auszulösen. Achten Sie darauf, dass Sie bei der Palpation beide Hände am Kopf des Patienten abstützen (Abb. 9.**12**) und nicht mit beiden Fingern gleichzeitig, sondern waagebalkenähnlich auf den Bulbus drücken. Eine zuverlässigere Beurteilung gestattet nur ein Tonometer.

Für die ***Messung des intraokularen Drucks*** kann man noch das **Tonometer** nach Schiötz benutzen. Damit messen Sie, wie tief ein definierter Senkstift durch sein Eigengewicht die Hornhaut eindellt (Abb. 9.**13**). Man spricht deshalb auch von einem Impressionstonometer. Die abnorme Rigidität von Kornea und Sklera, die durch das verdrängte Kammerwasser gedehnt werden, führt leicht zu Messfehlern. Sie können mit dem Applanationstonometer, das die Hornhaut im Bereich von 4 mm „applaniert", weitgehend vermieden werden. Grenzwerte kann auch der Nichtfacharzt mit dem Glaucotest-Grenzwert-Tonometer feststellen.

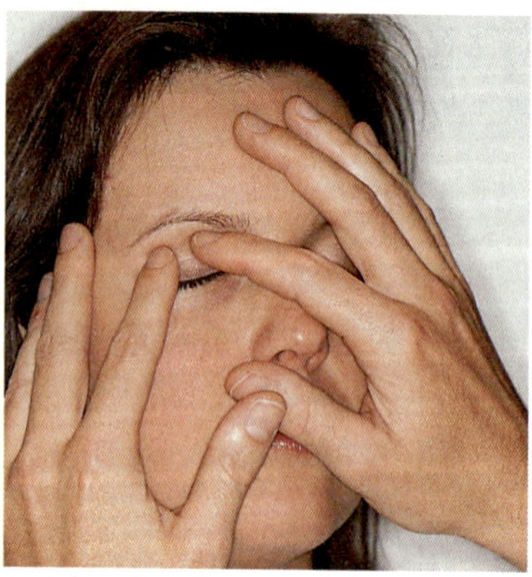

Abb. 9.**12** Stützen Sie bei der palpatorischen Beurteilung des intraokularen Drucks beide Hände am Kopf des Patienten ab!

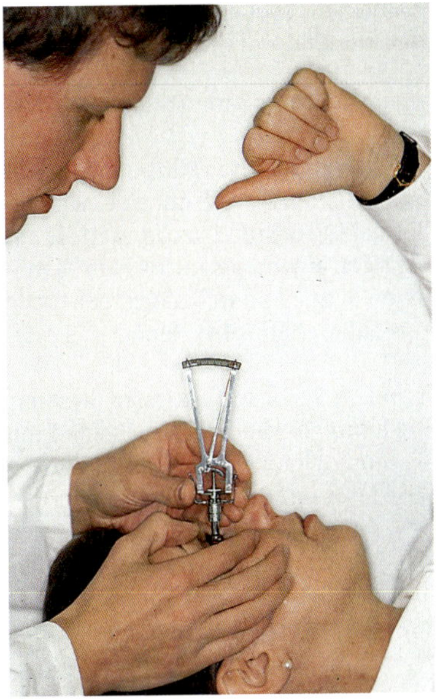

Abb. 9.**13** Die Untersuchung mit dem Tonometer nach Schiötz

Die Hornhaut wird für die Tonometrie mit einem Anästhetikum, bei der Grenzwerttonometrie zusammen mit Fluoreszein anästhesiert. Liegen die Druckwerte bei Mehrfachmessungen über 20 mmHg, so besteht der Verdacht auf ein latentes Glaukom. Auch Werte bis 20 mmHg können Zeichen für okulare Hypertension sein, ohne dass Gesichtsfeldausfälle oder Visusveränderungen auftreten und ohne dass ein Glaukom vorliegt.

9.6.7 Die Untersuchung mit dem Augenspiegel

Der Augenhintergrund sollte mindestens dann untersucht werden, wenn der Patient über Sehbeschwerden klagt, die durch die Untersuchung der vorderen Augenabschnitte nicht erklärt werden können, wenn Allgemeinerkrankungen wie Hypertonie oder Diabetes Befunde erwarten lassen und wenn typische anamnestische Angaben wie Splitterverletzungen oder plötzliche schmerzlose Verschlechterung des Sehens den Verdacht auf eine Erkrankung der hinteren Augenabschnitte lenken.

Für die Untersuchung mit dem Augenspiegel erweitern Sie die Pupille mit einem kurz wirkenden Sympathikomimetikum oder Parasympathikolytikum. Dazu verwenden Sie z. B. einen Tropfen Mydriatikum Chibret oder Mydriatikum Roche. Diese Weitstellung ist besonders für die Beurteilung der Gefäße und der Peripherie des Augenhintergrundes erforderlich und soll nur bei ausreichend weitem Kammerwinkel erfolgen.

Es ist ein Kunstfehler, die Pupille eines Patienten weit zu stellen, der selbst mit dem Auto weiterfahren will.

Zum Spiegeln verwenden Sie das Ophthalmoskop und eine Sammellinse. Ihre Brille nehmen Sie dazu ab.

Mit der **Spiegelung im umgekehrten und seitenvertauschten Bild** – man spricht auch von der indirekten Ophthalmoskopie – verschaffen Sie sich mit einer viereinhalbfachen Vergrößerung einen Überblick über die Netzhaut. Dazu blicken Sie aus einem Abstand von etwa 60 cm – das entspricht einem ausgestreckten Arm – durch den Sucher des Augenspiegels und lassen das Licht durch die vorgehaltene Sammellinse durch die Pupille auf den Fundus fallen (Abb. 9.**14**). Benutzen Sie dazu eine Kryptogen-S-Lampe 3,5 V.

Mit der Sammellinse von 20 Dioptrien bündeln Sie die reflektierten Strahlen. Halten Sie die Lupe mit Daumen und Zeigefinger Ihrer linken Hand im Abstand von etwa 7 cm vor das Auge des Patienten und akkommodieren dabei Ihr eigenes Auge auf das etwa 8 cm vor der Lupe entstehende vergrößerte, umgekehrte Bild (Abb. 9.**15 a**).

Sie erleichtern sich die Arbeit, wenn Sie die gekrümmten, 3., 4. und 5. Finger der Lupenhand an der Stirn des Patienten abstützen. Achten Sie aber darauf, dass Sie bei der Untersuchung des linken Auges das rechte Auge nicht verdecken.

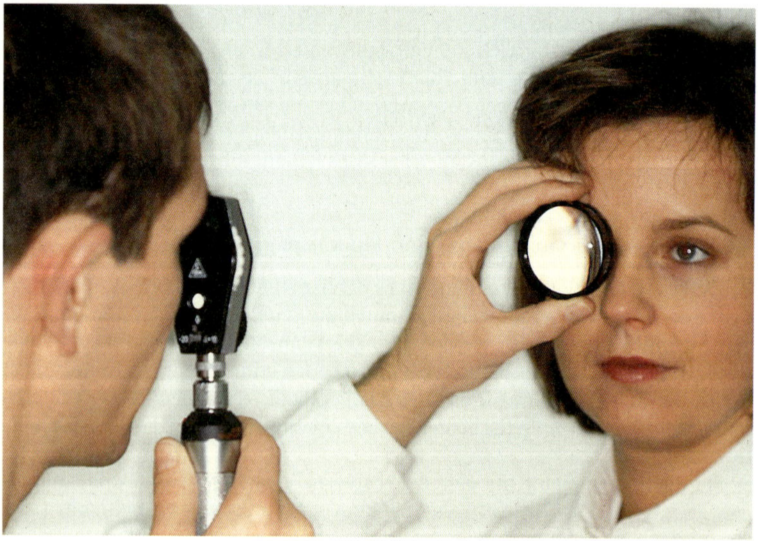

Abb. 9.**14** Mit der Spiegelung im umgekehrten Bild verschaffen Sie sich einen Überblick über die Netzhaut

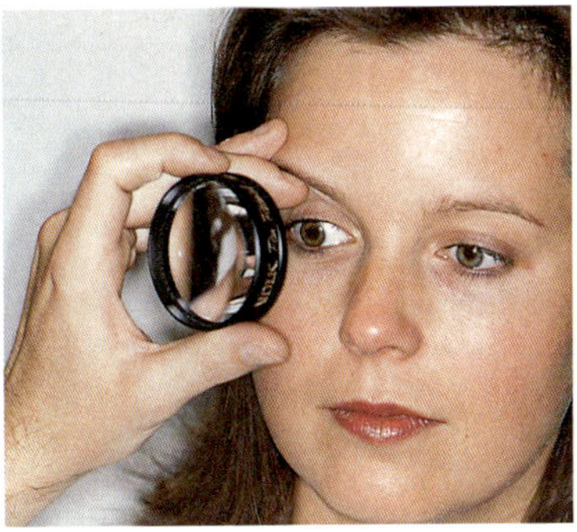

Abb. 9.**15a** Haltung der Lupe bei der Spiegelung im umgekehrten Bild.

Abb. 9.**15b** Spiegelung im aufrechten Bild

Für die Spiegelung des Papillenbereichs im linken Patientenauge lassen Sie den Patienten auf Ihr linkes Ohr schauen; dabei müssen Patient und Untersucher möglichst gleich hoch und „Nase zu Nase" sitzen. Für die Spiegelung des rechten Auges blickt der Patient auf das rechte Ohr des Untersuchers.

Feinere Veränderungen im Augenhintergrund erkennen Sie bei der **Spiegelung im aufrechten Bild** in etwa sechzehnfacher Vergrößerung. Dazu gehen Sie mit dem Ophthalmoskop möglichst nahe an das Patientenauge, und zwar untersuchen Sie mit Ihrem linken Auge das linke und mit Ihrem rechten Auge das rechte Patientenauge (Abb. 9.**15b**).

Mit der ***Augenspiegelung*** beurteilen Sie am ***Augenhintergrund*** (Abb. 9.**16**). Die **Papille** nach Farbe, Form, Größe, Grenzen, Niveauunterschieden und Gefäßen: Die normale Papille ist rotgelb, rund bis leicht oval mit einem Durchmesser von etwa 0,5 mm. Sie ist scharf gegen die Netzhaut abgegrenzt. Aus ihrer hellen Mitte, die eine kleine sog. physiologische Exkavation aufweisen kann, treten die Zentralgefäße der Netzhaut aus; die normale Papillengrenze ist scharf.

Pilzförmige Niveauunterschiede im Fundus können Sie mit dem Augenspiegel im aufrechten Bild durch Vorschalten von Plusgläsern und im Vergleich zum Niveau der Makula messen.

Die **Makula** ist ein etwa papillengroßer, ovaler, gefäßfreier, seichter Krater. Im rotgelben Licht erscheint die Makula etwas dunkler pigmentiert, mit Grünfilter, also im rotfreien Licht, als gelber Fleck, deshalb Macula lutea. In ihrer Mitte leuchtet die **Fovea centralis** auf. Sie liegt genau in der Sehachse und im Zentrum des Augenhintergrundes. Ihr Durchmesser beträgt 1,5 mm. Sie wirkt etwas dunkler als ihre Umgebung und hat in ihrer Mitte eine kleine Einziehung, die Foveola, die das einfallende Licht des Augenspiegels mit dem Foveolarreflex widerspiegelt. In ihrem Zentrum enthält sie nur Zapfen.

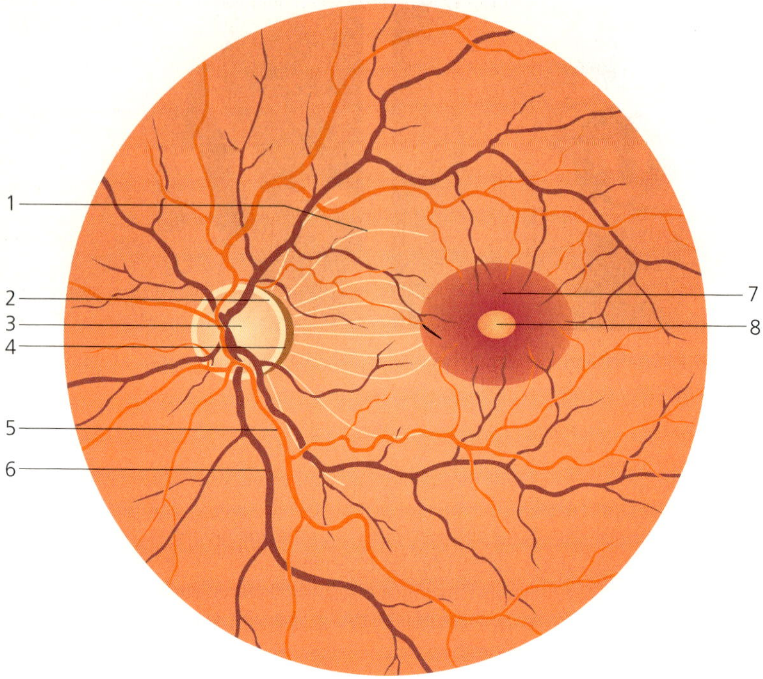

Abb. 9.**16** Der Hintergrund des linken Auges. 1 Makulopapillares Faserbündel, 2 Skleralring der Sehnervenpapille, 3 physiologische Aushöhlung der Sehnervenpapille (Discus n. optici), 4 Pigmentring der Sehnervenpapille, 5 Ast der Zentralarterie (A. centralis retinae) mit Lichtreflex, 6 Ast der Zentralvene (V. centralis retinae), 7 gelber Fleck (Macula lutea), 8 zentrale Grube (Fovea centralis) (aus *Faller A*: Der Körper des Menschen, 8. Aufl. Stuttgart: Thieme; 1978)

Fordern Sie den Patienten für die Beurteilung der Fovea centralis auf, in Ihren Spiegel zu schauen, und lassen Sie ihn dann zur systematischen Abklärung der Peripherie des Augenhintergrundes nach links oben, links seitlich, links unten, rechts unten, rechts seitlich und rechts oben blicken. Achten Sie bei der Beurteilung der Makula und der Fovea auf die Regelmäßigkeit der Strukturen und auf Einlagerungen wie Blut und Lipide. Pigmentverschiebungen und marmorierte Aufhellungen lassen besonders bei älteren Menschen an eine Makuladegeneration denken.

Cotton-wool-Herde finden Sie als unscharf begrenzte, helle Flecken in der **Retina**, gehäuft gemeinsam mit Mikroaneurysmen und streifigen Blutungen, ***Retinaablösungen*** als graue Vorwölbung und mit Randfaltungen z. B. nach Blutungen oder bei Retinamalignom.

Papillenproliferation und Begleitsymptome
Diagnostische Bedeutung

- weißliche, bürstenförmige Ausstrahlung aus der Papille, gefäßüberdeckend: *myelinisierte Nervenfasern* ohne pathologische Bedeutung
- insgesamt blasse Papille mit scharfer Begrenzung und sichtbarer Lamina cribrosa, Gefäße normal: bei *Optikusatrophie*, z. B. toxisch durch Methylalkohol, Tumor, Kompression des N. opticus
- temporale Papillenabblassung nach Bulbärneuritis bei *multipler Sklerose*
- Anämie, Zungenbrennen, rote Zunge, Hepatosplenomegalie, Babinski-Zeichen: bei *perniziöser Anämie*
- verwaschene Begrenzung der Papille, Lamina cribrosa verdeckt, weiße Gefäßscheiden: *Optikusatrophie* durch erhöhten Hirndruck bei Hirntumor
- Hyperämie der Papille mit verwaschenen Rändern: Papillitis bei *Optikusneuritis* im Zusammenhang mit Retinitis, multipler Sklerose, Sinusitis, Infektionskrankheiten und Methylalkohol
- ohne Sehstörungen, nasal verwaschene Papillenränder, Ödem ohne Venenstauung: bei *Papillenödem* durch Hirndruck oder Hydrozephalus bzw. Salicylate, Ovulationshemmer oder Kortisontherapie

Netzhautblutung und Begleitsymptome
Diagnostische Bedeutung

- als kleine, runde Flecken mit unscharfen Rändern und weißer Mitte, Fieber*, Schüttelfrost, Gelenkschmerzen und Splitterblutung unter den Fingernägeln bei *subakuter bakterieller Endokarditis*
- flächenhaft peripapillär, z. B. bei Subarachnoidalblutung, Stauungspapille, strichförmige Blutungen mit Cotton-wool-Herden, Papillenschwellung, extrem dünnen Arterien mit hellen Begleitstreifen bei *Retinopathia angiospastica IV*
- Polydipsie, Polyurie, Gewichtsverlust*, Schwäche und Impotenz bei *Diabetes*
- symmetrisches Exanthem, Arthralgien, Thorax- und/oder Bauchschmerz* bei *Lupus erythematodes*
- Gelenkschmerz*, Extremitätenschmerz*, Zyanose*, Hepatosplenomegalie bei *Polycythaemia vera*
- Schwäche, Gewichtsverlust*, Ermüdbarkeit, Hepatosplenomegalie bei *Leukämie*

Die **Arterien der Retina** sind hellrot und haben einen breiten Reflexstreifen. Sie sind dünner als die dunkelroten Venen. ***Arterienverschluss*** mit blasser Retina, schmalen, pulslosen Gefäßen und kirschroter Makula findet man z. B. im Rahmen einer Arteriitis temporalis, Periarteriitis nodosa und akutem Gelenkrheumatismus.

Die **Venen** sind dunkelrote Gefäße, dicker und stärker geschlängelt als die Arterien. Sie haben einen schmalen Reflexstreifen. Achten Sie auf besonders pralle Füllung bei Stauung und auf das Gunnsche Kreuzungsphänomen bei Hypertonie oder Arteriosklerose. ***Venenverschluss*** führt zu Stauung und Torquierung der Retinavenen und zu Retinablutungen.

Venenstauung und Begleitsymptome
Diagnostische Bedeutung

- mit Gelenk- und Extremitätenschmerz*, Zyanose* und Hepatosplenomegalie bei *Polycythaemia vera*
- mit Schwäche, Gewichtsverlust*, leichter Ermüdbarkeit und Blutbildveränderungen, Hepatosplenomegalie bei *Leukämie*

9.6.8 Funktionsprüfungen

9.6.8.1 Sehschärfe

Die Sehschärfe prüfen Sie grob mit den bekannten Leseprobentafeln an jedem Auge einzeln (Abb. 9.**17** und 9.**18**). Achten Sie darauf, dass der Patient das andere Auge mit der Handfläche und nicht mit den Fingern zuhält, durch deren Zwischenräume er blicken könnte. Sie lassen den Patienten eine der Tafeln in der angegebenen Entfernung – meist 5 m – mit bloßem Auge oder seiner Fernbrille lesen.

Neben den Zeilen finden Sie auf den Sehtafeln die Entfernung angegeben, in der Normalsichtige die Zeichen gerade noch erkennen können. Man dokumentiert den Befund bei der Sehprüfung als Bruch der normalen Sehfähigkeit. Im Zähler

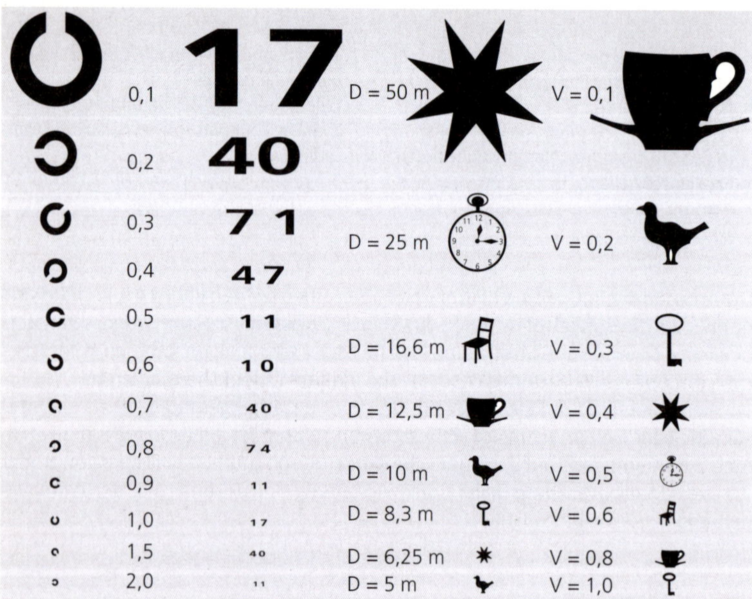

Abb. 9.**17** Leseprobentafeln für Kinder und bei Verständigungsschwierigkeiten

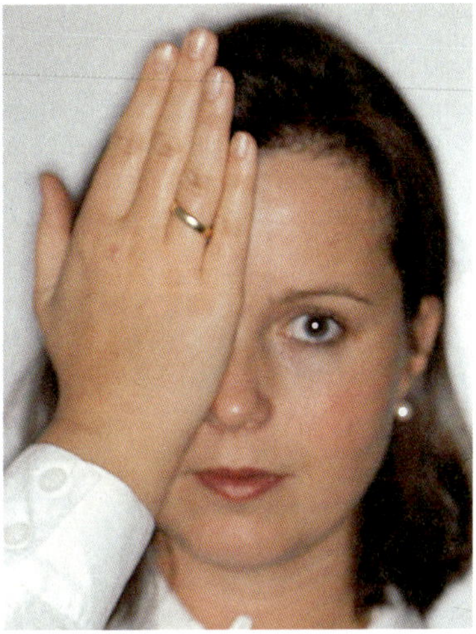

Abb. 9.**18** Zur Prüfung der Sehschärfe deckt der Patient das Auge mit der Handfläche, nicht mit den Fingern ab

steht der Prüfabstand, z.B. 5 m, *Küchle* spricht von der Istentfernung. Im Nenner wird die Entfernung genannt, in der der Normalsichtige die Zeile gerade noch lesen können muss. Das ist die Sollentfernung.

Wird maximal die 4. Zeile also in 5 m Abstand gelesen, so heißt der Befund: 5/20 = 1/4 oder 0,25 der normalen Sehfähigkeit.

Werte, die unter 5/50 oder einem Zehntel der normalen Sehschärfe liegen, misst man in kürzeren Prüfabständen, also z.B. 2/50 oder in der nächsten Stufe der Sehbehinderung als „Fingerzählen in 6, 3 und 1 m Abstand", grundsätzlich für jedes Auge einzeln.

Bei noch größerer Sehbehinderung lässt man die Richtung der „Handbewegung" und schließlich im abgedunkelten Raum den „Lichtschein" einer vorgehaltenen Taschenlampe beurteilen. Die vollständige Blindheit wird als „Amaurose" bezeichnet, d.h., der Patient kann den Lichtschein nicht mehr erkennen.

Für Zahlen-, Buchstaben-, Ring- und Bildtafeln gilt das Snellen Prinzip, nach dem der Normalsichtige Einzelheiten noch wahrnimmt, wenn sie untereinander einen Abstand von 1 Bogenminute haben. Dieser so genannte Sehwinkel entspricht genau einer Zäpfchenbreite. Getrennt nimmt man, mit anderen Worten, etwas wahr, wenn in der Netzhaut mindestens ein ungereizter Zapfen zwischen zwei gereizten Zapfen liegt.

Die Nahsehschärfe wird mit den Tafeln nach Nieden und Birkenhäuser untersucht, deren Texte nummeriert sind. Den Befund dokumentiert man für den noch fehlerfrei gelesenen Text, z.B. als „Nieden 2 in 30 cm".

9.6.8.2 Feststellung des Gesichtsfeldes

Einen groben Einblick in die Ausdehnung des Gesichtsfeldes – das ist der gesamte Raum, in dem das fixierte Auge etwas wahrnimmt – gibt der Vergleich mit dem eigenen Gesichtsfeld, der sog. Konfrontations- oder Parallelversuch. Dazu deckt der Patient ein Auge völlig ab und fixiert mit dem anderen das gegenüberliegende, nicht abgedeckte Auge des Arztes, der in etwa 1 m Abstand in gleicher Augenhöhe steht (Abb. 9.**19**).

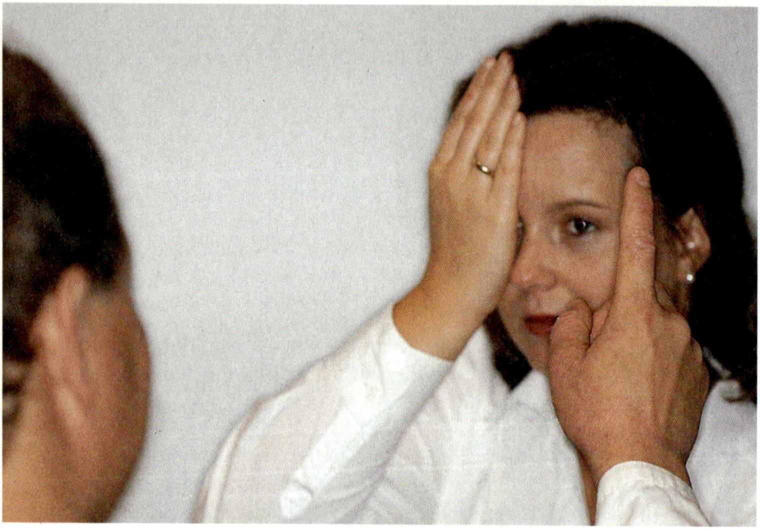

Abb. 9.**19** Parallelversuch zur groben Bestimmung des Gesichtsfeldes

Gesichtsfeldausfälle – Skotome
Diagnostische Bedeutung

Hemianopsie = Halbseitenblindheit (Ausfall einer Gesichtsfeldhälfte auf beiden Augen)

- homonyme Hemianopsie durch Ausfall derselben Seite auf beiden Augen *bei Schäden im Tractus opticus oder der zentralen Sehbahn oder im Sehzentrum*
- heteronyme Hemianopsie durch gekreuzten Ausfall der beiden temporalen Seiten des Gesichtsfeldes bei *Chiasma-Schäden*
- doppelte Hemianopsie durch gleichseitigen und gekreuzten Ausfall der Gesichtsfeldhälften mit Röhrenskotom durch Schäden in beiden Sehzentren bei *Apoplex*

Skotome durch Ausfall oder Abdunklung umschriebener Gesichtsfeldanteile

- bogenförmiges Skotom ausgehend vom blinden Fleck bei *Ausfall des papillo-makulären Bündels durch Glaukom*
- Farbskotom für Rot und Grün bei *Sehnerverkrankungen*
- Farbskotom für Blau und Gelb bei *Erkrankungen von Retina und/oder Choreoidea*
- Flimmerskotom als peripheren Gesichtsfeldausfall mit Flimmern, Blitzen und Funken bei *Migräne oder zerebrovaskulärer Insuffizienz* durch Arteriosklerose oder Gefäßstenose

Der Untersucher bewegt dann seinen ausgestreckten Arm mit erhobenem Zeigefinger von der Peripherie her auf verschiedenen Radien von temporal oben und unten und von nasal seitlich oben und unten in Richtung auf das Patientenauge.

Der Patient gibt ein Zeichen „jetzt", wenn er den Finger des Untersuchers sieht. Der Arzt vergleicht also das Gesichtsfeld des linken Patientenauges mit dem Gesichtsfeld seines eigenen rechten Auges. Normalerweise reicht es temporal über 90°, unten bis 70°, nasal und oben bis 60°.

Die Methode ist so grob, dass man meist nur den Ausfall eines Quadranten oder einer Gesichtsfeldhälfte (Hemianopsie) feststellen kann. Deshalb sollten Sie schon bei Verdacht auf Gesichtsfeldausfälle eine Perimeteruntersuchung durch den Facharzt vornehmen lassen.

9.6.8.3 Untersuchung des Strabismus

Für eine Prüfung der Augenstellung zueinander bietet sich der **Lichtreflex auf den Hornhäuten** als einfachste Prüfung an. Normalerweise liegt der Lichtreflex auf beiden Hornhäuten fast zentral.

Zur Durchführung des **Abdecktests** fordern Sie den Patienten auf, einen kleinen Gegenstand hinter dem Untersucher oder die Lampe des Untersuchers zu fixieren. Dann decken Sie ein Auge ab und beobachten dabei die Bewegung des freien, eventuell schielenden Auges (Abb. 9.**20**). Bei Strabismus macht das nicht abgedeckte Auge eine Einstellbewegung, und zwar nach temporal, wenn ein *Strabismus convergens* vorliegt, und nach nasal, wenn es sich um einen *Strabismus divergens* handelt. Der Test muss mit dem anderen Auge wiederholt werden. Nach der Ursache unterscheidet man Begleitschielen, *Strabismus concomitans*, bei dem das schielende Auge das fixierende uneingeschränkt begleitet, vom *Strabismus paralyticus*.

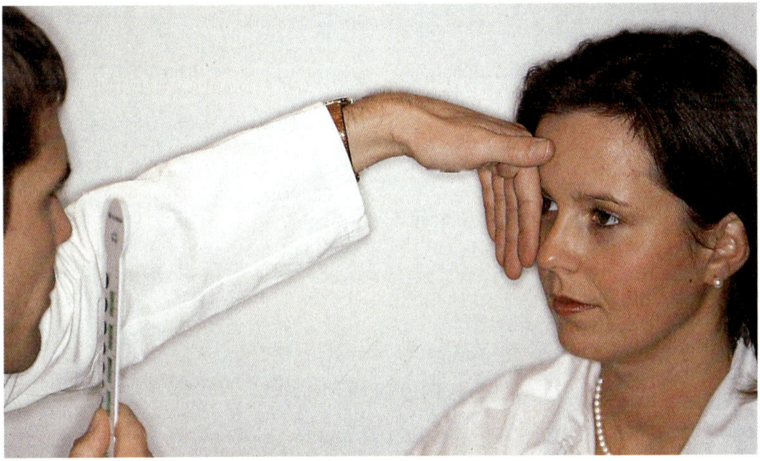

Abb. 9.**20** Abdecktest zur Untersuchung des Strabismus

Zur Feststellung eines latenten Schielens, also einer Heterophorie, benutzt man den **Aufdecktest**. Wenn der Patient einen entfernten Gegenstand fixiert, deckt man ein Auge ab. Macht dieses Auge bei plötzlicher Freigabe eine langsame Einstellbewegung, so liegt ein latentes Schielen vor, d. h., es kommt erst zum Schielen, wenn man die Verschmelzung der Sinneseindrücke beider Augen künstlich aufhebt. **Pseudostrabismus** entsteht, wenn Gesichtslinie – man kann auch Sehachse sagen – und optische Achse, d. h. die Krümmungsmittelpunkte der brechenden Medien, nicht übereinstimmen. Das führt dazu, dass die Reflexbildchen trotz Einstellung der Gesichtslinien auf das Objekt neben dem Hornhautzentrum liegen.

9.6.8.4 Motilitätsprüfung

Zur Untersuchung der Blickbewegungen fordern Sie den Patienten auf, in wechselnde Richtungen Ihres in etwa 40 cm Abstand vorgehaltenen Fingers zu blicken,

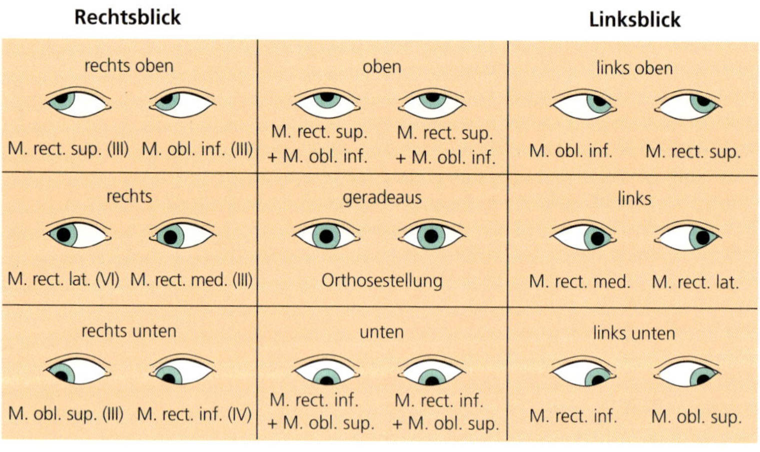

Abb. 9.**21** Schema der regelrechten okulären Motorik (nach *Hollwich F.* Augenheilkunde, 10. Aufl. Stuttgart: Thieme; 1982)

Abb. 9.**22** Kompensatorische Kopfhaltungen bei Augenmuskellähmungen. Folgende Muskeln können bei der angegebenen Kopfhaltung gelähmt sein: **a** M. rectus lat. sin. – M. rectus med. dext. **b** M. rectus lat. dext. – M. rectus med. sin. **c** M. rectus sup. dext. – M. rectus sup. sin. **d** M. rectus inf. dext. – M. rectus inf. sin. – M. obliquus sup. dext. – M. obliquus sup. sin. **e** M. obliquus inf. dext. **f** M. obliquus inf. sin. **g** M. rectus sup. dext. – M. obliquus inf. dext. **h** M. rectus sup. sin. – M. obliquus inf. sin. **i** M. obliquus sup. sin. **k** M. obliquus sup. dext. **l** M. rectus lat. dext. – M. rectus inf. dext. – M. obliquus sup. sin. **m** M. rectus lat. sin. – M. rectus inf. sin. – M. obliquus sup. dext. **n** – **o** Caput obstipum. **p** M. rectus med. sin. – M. obliquus inf. dext. **q**M. rectus med. dext. – M. obliquus inf. sin. **r** M. rectus inf. dext. – M. obliquus sup. sin. **s** M. rectus inf. sin. – M. obliquus sup. dext. **t** M. rectus sup. sin. – M. obliquus inf. dext. **u** M. rectus sup. dext. – M. obliquus inf. sin. (nach *Sachsenweger*)

▶

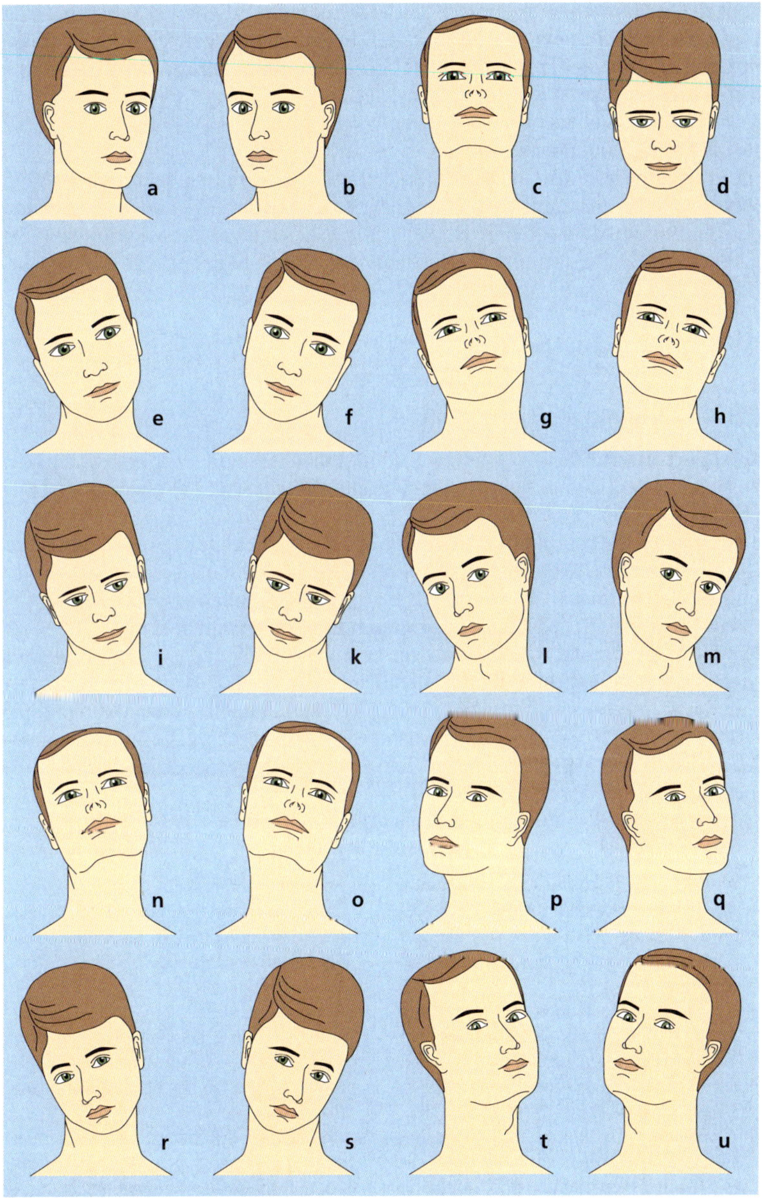
a
b
c
d
e
f
g
h
i
k
l
m
n
o
p
q
r
s
t
u

ohne den Finger zu fixieren. Achten Sie darauf, dass der Patient den Kopf ruhig hält. Bleibt ein Auge in einer der Hauptblickrichtungen zurück, kann es sich z. B. um eine Unterfunktion des zuständigen Agonisten bzw. eine Überfunktion des Antagonisten handeln. Die Hauptblickrichtungen sind:

rechts, rechts oben, oben, links oben,
links, links unten, rechts unten.

Zu ihnen gehört also nicht der Blick gerade nach vorn und gerade nach unten (Abb. 9.**21**).Den Zusammenhang zwischen Störungen der Augenbewegungen und den einzelnen Muskeln und Nerven (Abb. 9.**22**) finden Sie ausführlicher bei *Schenck (1985)*. Die Prüfung der entstehenden Doppelbilder erfolgt mit der Rot-Grün-Brille.

9.6.8.5 Nystagmusprüfung*

9.6.8.6 Prüfung des Farbensinns

Rot- oder Grünschwäche ist für die Ausübung mancher Berufe, z. B. des Piloten, von besonderer Bedeutung. Sie kann aber auch im alltäglichen Straßenverkehr zu Unfällen führen.

Sie prüfen die Rot- oder Grünschwäche bzw. die Farbblindheit mit den pseudoisochromatischen Farbtafeln nach Stilling oder nach Ishihara, bei denen die Farbpunkte so verteilt sind, dass Rotblinde eine Sechs, Grünblinde eine Zwei und Normalfarbsichtige eine Sechsundzwanzig lesen. Man untersucht beidäugig bei hellem Tageslicht im Abstand von etwa 1 m, ggf. benutzt der Patient dabei seine Brille. Für die genauere Untersuchung benutzt der Facharzt das Anomaloskop nach Nagel. Terminologisch unterscheidet man Protanopie („Rotblindheit") oder Deuteranopie („Grünblindheit") bzw. die abgeschwächten Formen Protanomalie und Deuteranomalie („Rot-" bzw. „Grünschwäche") und Achromasie (= totale Farbblindheit).

Lähmungsschielen und Begleitsymptome
Diagnostische Bedeutung

- Abweichung des Bulbus nach temporal, maximale Doppelbilder beim Blick nach nasal, Doppelbilder nebeneinander und gekreuzt bei Ausfällen des *M. rectus internus (N. oculomotorius)*
- Abweichung des Bulbus nach unten und temporal, maximale Doppelbilder beim Blick nach temporal und oben, Doppelbilder schräg bei Ausfall des *M. rectus superior (N. oculomotorius)*
- Abweichung des Bulbus nach oben und temporal, maximale Doppelbilder beim Blick nach temporal und unten, Doppelbilder schräg bei Ausfall des *M. rectus inferior (N. oculomotorius)*
- Abweichung des Bulbus nach unten und nasal, maximale Doppelbilder beim Blick nach nasal und oben, Doppelbilder schräg bei Ausfall des *M. obliquus inferior (N. oculomotorius)*
- Abweichung des Bulbus nach oben und nasal, maximale Doppelbilder beim Blick nach nasal und unten, Doppelbilder schräg bei Ausfall des *M. obliquus superior (N. trochlearis)*
- Abweichung des Bulbus nach nasal, maximale Doppelbilder beim Blick nach temporal, Doppelbilder nebeneinander, ungekreuzt bei Ausfall des *M. rectus lateralis (N. abducens)*

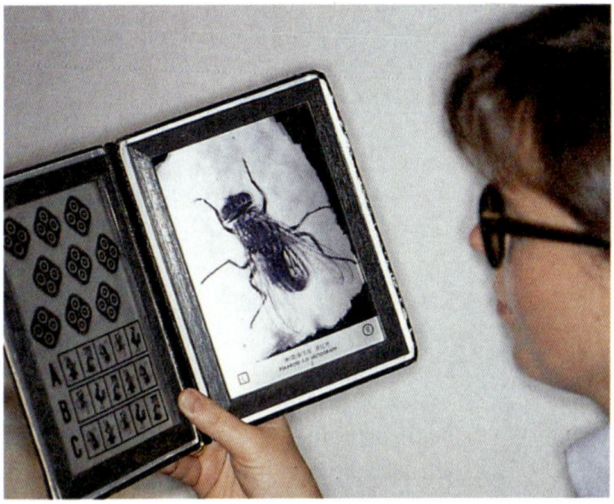

Abb. 9.**23** Fliegentest nach Wirth zur Prüfung des stereoskopischen Sehens

9.6.8.7 Stereoskopisches Sehen

Die Verarbeitung optischer Signale aus beiden Augen, die zur Wahrnehmung eines einzigen Signals führen, nennt man sensorische Fusion. Dadurch wird binokulares und schließlich auch stereoskopisches Sehen möglich. Für die Beurteilung des stereoskopischen Sehens lassen Sie den Patienten, z. B. durch eine entsprechend polarisierte Brille, mit beiden Augen zwei polarisierte Halbbilder ansehen. Bei intaktem beidäugigem Sehen hat der Patient einen räumlichen Eindruck. Der **Fliegentest** nach Wirth ist auch bei Kindern leicht durchzuführen (Abb. 9.**23**).

Für die Dokumentation dient der Untersuchungsbogen[1].

9.7 Aufgaben für die Selbstkontrolle

1. Nennen Sie drei Funktionsstörungen der Augenlider!
2. Wie können Sie palpatorisch entzündliche Veränderungen des Tränensackes feststellen?
3. Womit prüft man die intakte Tränenproduktion?
4. Welche Vorsichtsmaßnahmen sollten Sie bei der Ektropionierung des Unterlides anwenden?
5. Mit welcher Technik beurteilen Sie die Bindehaut des Oberlides und des Tarsus?
6. Welcher Untersuchungsbereich sollte beim Vorliegen eines Strabismus besonders berücksichtigt werden?
7. Wie groß ist der normale horizontale Durchmesser der Hornhaut beim Erwachsenen?
8. Mit welchem Instrument und in welcher Richtung prüfen Sie die Sensibilität der Hornhaut?
9. Mit welchem einfachen Hilfsmittel kann man die Gleichmäßigkeit der Hornhautoberfläche beurteilen?

1 www.thieme.de/specials/dahmer-anamnese-und-befund

10 Wie stellt sich eine Hornhauttrübung dar bei frontaler Inspektion, bei seitlicher, fokaler Beleuchtung und bei der Spiegelung mit dem Ophthalmoskop?
11 Welchen Einfluss haben Hornhauttrübungen auf Reflexbilder?
12 Wie groß ist der durchschnittliche Abstand der Iris von der Hornhaut?
13 Was versteht man unter einer hinteren Synechie?
14 Definieren Sie die Begriffe Miosis, Mydriasis und Aniskorie!
15 Was ist die direkte Pupillenreaktion?
16 Was ist der konsensuelle Lichtreflex?
17 Mit welchem Abstand des Fingers prüft man die Naheinstellungsreaktion?
18 Was ist eine absolute Pupillenstarre?
19 Welche Form der Pupillenstarre liegt vor, wenn die krankhaft erweiterte Pupille nur noch auf die Belichtung des anderen Auges und auf Naheinstellung reagiert?
20 Welche Besonderheit in Bezug auf die Pupillengröße liegt meist bei der reflektorischen Pupillenstarre vor?
21 Wie nennt man den verzögerten Reaktionsverlauf auf Licht?
22 Welche beiden Untersuchungen sollten Sie vor jeder Weitstellung der Pupillen durchführen?
23 Mit welcher Form der Spiegelung erhalten Sie einen Überblick über die Netzhaut, mit welcher Form führen Sie eine Detailuntersuchung durch?
24 Wohin lassen Sie den Patienten bei der Spiegelung des linken Auges blicken?
25 Welche fünf Strukturen untersuchen Sie im Augenhintergrund?
26 Mit welchem Applanationstonometer kann auch der Nichtfacharzt den intraokularen Druck in der Praxis beurteilen?
27 Welche Regel gilt für die Weitstellung der Pupillen bei Autofahrern?
28 Wie stark vergrößert sehen Sie den Augenhintergund bei der Spiegelung im aufrechten Bild?
29 Welchen Durchmesser hat die Pupille etwa in Wirklichkeit?
30 Mit welchem Filter erscheint die Macula lutea gelb?
31 Wohin blickt der Patient bei der Untersuchung der Fovea centralis?
32 Wie unterscheiden sich bei der Spiegelung Arterien und Venen?
33 Definieren Sie den Begriff Nystagmus!
34 Mit welchem Vergleich untersuchen Sie die Ausdehnung des Gesichtsfeldes?
35 Wie groß soll der Augenabstand zwischen Arzt und Patient bei der Gesichtsfeldprüfung sein?
36 Was versteht man unter Hemianopsie?
37 Mit welchem Test können Sie sich grob über die Stellung der Augen orientieren?
38 Wie unterscheiden Sie die Begriffe Protanopie und Deuteranopie?

Praktische Aufgaben

A Untersuchen Sie vor einem Spiegel die Tränenpünktchen an Ihren Augen und pressen Sie die Tränensäcke beiderseits aus!

B Untersuchen Sie vor dem Spiegel die Oberfläche ihrer Hornhaut (Spiegelung eines Fensterkreuzes o. Ä.)!

C Untersuchen Sie gegenseitig Ihre Pupillenreaktion auf Licht!

D Palpieren Sie gegenseitig und auch Ihre eigenen Augäpfel, um ein Gefühl für den intraokularen Druck zu bekommen!

E Üben Sie die Untersuchung mit dem Augenspiegel im umgekehrten und im aufrechten Bild!

F Üben Sie auch die Untersuchung der Blickbewegungen und des Gesichtsfeldes und den Abdecktest!

G Lassen Sie sich zunächst nicht ophthalmologische Patienten für die praktische Übung Ihrer Untersuchungstechnik zuweisen. Auch an gesunden Augen können Sie Untersuchungstechniken lernen.

10 Die Untersuchung von Hals, Nase und Ohren

10.1 Lernziele

Im folgenden Abschnitt erfahren Sie, wie man

- die für die Hals-Nasen-Ohren-ärztliche Untersuchung erforderlichen Instrumente sachgemäß anwendet,
- die Untersuchung in einer zweckmäßigen Reihenfolge durchführt,
- charakteristische Beschwerden einzelnen Untersuchungsbereichen zuordnet, (Verdachtsdiagnosen s. Beschwerden-Abc in Kapitel 4.6),
- charakteristische pathologische Befunde in den genannten Regionen erhebt,
- einfache Funktionsprüfungen des Hör- und Gleichgewichtsorgans selbstständig beschreibt und durchführt sowie
- Leitsymptome für die Diagnostik verwendet.

10.2 Instrumente, Sitzhaltung und Kopfführung

Für die Untersuchung des gesamten HNO-Bereichs brauchen Sie eine homogene Lichtquelle von 60 W (matt), rechts 10 – 15 cm neben dem Kopf des Patienten, 40 – 50 cm schräg von Ihrem Stirnreflektor, der die Lichtstrahlen bündelt. Das entspricht gut einem Armabstand.

Sie können sich die Arbeit erleichtern und Fehler vermeiden, wenn Sie sich an eine bestimmte **Form und Reihenfolge der Untersuchung** gewöhnen.

- Bei der Sitzhaltung (Abb. 10.**1**) achten Sie auf parallele Schulterachsen, „mühelosen" Armabstand und etwa gleiche Kopfhöhe. Dabei ist das linke Untersucherauge bei gerade gehaltenem Kopf vor dem Untersuchungsobjekt. Die Achse der beiden Köpfe ist also nach rechts verschoben (Abb. 10.**3**).
- Sie fassen den Kopf des Patienten mit den Fingerspitzen und leichter Kraftanwendung. Damit verhindern Sie ein Ausweichen des Patienten und können den Kopf besser bewegen als mit der flachen Hand (Abb. 10.**2**). Das ist erforderlich, weil Sie den Kopf des Patienten führen. Ihr Kopf und damit der Einfallswinkel des Lichtstrahles bleiben bei der gesamten Untersuchung unverändert.
- Den aufgesetzten Spiegel stellen Sie so ein, dass er vor dem linken Auge steht und gleichzeitig als Blendschutz wirkt. Der Lichtstrahl soll bei gerade gehaltenem Kopf das Objekt treffen, d. h., Licht- und Sehachse sollen zusammenfallen.

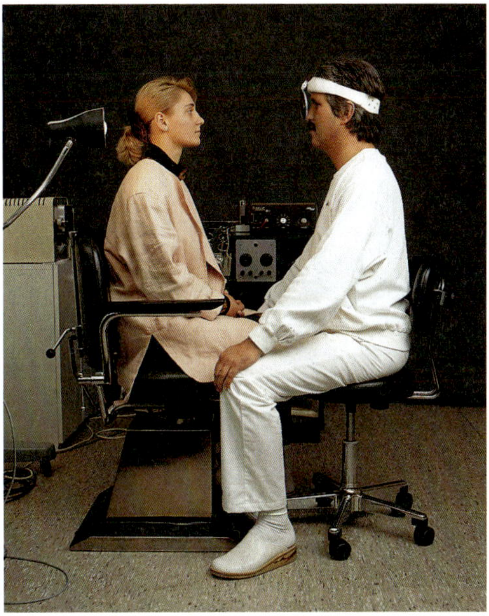

Abb. 10.**1** Sitzhaltung bei der Hals-Nasen-Ohren-ärztlichen Untersuchung

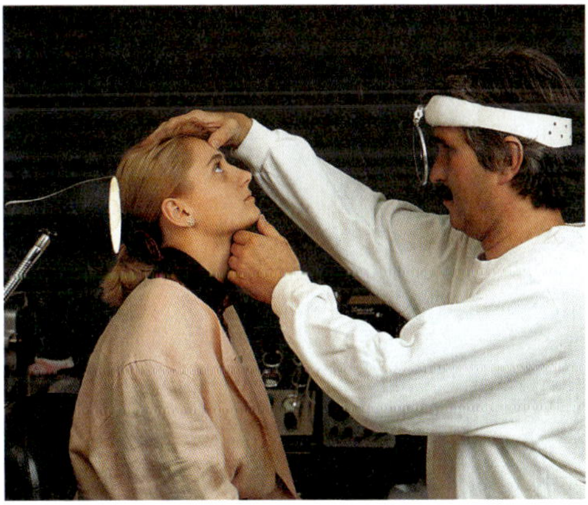

Ab. 10.**2** Führung des Patientenkopfes

Der Spiegel wird nahe vor das Gesicht gestellt (Abb. 10.**3**). Die Richtung des spiegelnden Lichtstrahls stimmt, wenn Sie Ihre eigene Pupille durch den Reflektor in einem Spiegel sehen können.

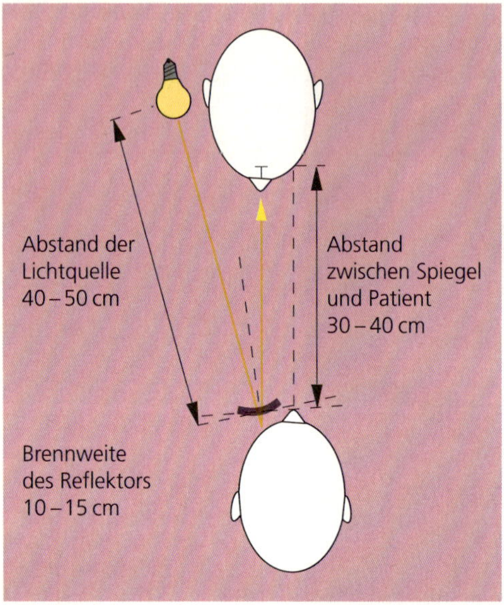

Abb. 10.**3** Strahlengang bei der Spiegelung

Bei der Untersuchung von	hält Ihre linke Hand	hält Ihre rechte Hand
Ohren	den Ohrtrichter in der Endstellung	den Kopf des Patienten
Nase	das Nasenspekulum	den Kopf des Patienten
Mundhöhle	den Zungenspatel	den Kopf des Patienten
Kehlkopf	die Zunge	den Kehlkopfspiegel
Nasen-Rachen-Raum	den Zungenspatel	den Nasen-Rachen-Spiegel

Denken Sie daran: Um den Einfallswinkel des Lichtstrahls nicht verändern zu müssen, bewegen Sie bei der Untersuchung unter Beibehaltung der eigenen Kopfstellung ausschließlich den Kopf des Patienten.

10.3 Die Untersuchung der Ohren

10.3.1 Charakteristische Beschwerden

Verdachtsdiagnosen s. Beschwerden-Abc in Kapitel 4.6.

Hörstörungen s. Funktionsprüfungen.

Druckgefühl oder **Schmerzen** in der unmittelbaren Umgebung des Ohres, an der Ohrmuschel und im Ohr.

Ohrenschmerzen und Begleitsymptome
Diagnostische Bedeutung

- Durch Bewegung der Ohrmuschel verstärkt: weisen auf Erkrankungen des äußeren Gehörganges hin
- mit sichtbaren Hautveränderungen als Otitis externa, Ekzem, Epitheliom, Herpes Zoster
- klopfende Schmerzen mit Hörstörungen, Hyperämie des Trommelfells, dann Verlust des Reflexes und Vorwölbung, Fieber: bei Otitis media
- Schmerzen aus der Nachbarschaft einstrahlend (Erkrankungen der Zähne, des Temporomandibulargelenks, der Halslymphknoten) und bei Trigeminusneuralgie

Ohrsekretion
- wird fötide bei Knocheneiterung oder Cholesteatom;
- eitrige Sekretion bei chronischer Otitis externa, perforiertem Trommelfell bei Otitis media und Cholesteatom; besonders bei Kindern ist an Fremdkörper zu denken;
- geruchlose Ohrsekretion durch Schleimhautentzündung, z. B. bei Otitis media in der Frühphase, aber auch als Zeichen einer Fraktur der mittleren Schädelgrube.

Ohrgeräusche, wie Ohrensausen, das mit tieferen Frequenzen auf Erkrankungen des Mittelohres, bei höheren Frequenzen auf das Innenohr und zentrale Ursachen hinweist, aber auch durch Blutdruckveränderungen und Intoxikationen (Nikotin und Alkohol) ausgelöst wird. Ohrensausen mit höheren Frequenzen bezeichnet man auch als **Ohrenklingen = Tinnitus** durch Zerumenpfröpfe, Fremdkörper, Polypen, im Mittelohr durch Mittelohrentzündung oder Otosklerose und im Innenohr bedingt durch Morbus Menière, Schädelbasisfraktur, Tumor des N. acusticus oder Streptomycintherapie. Hinzu kommen Gangstörungen, Schläfenkopfschmerz und Erbrechen.

Fragen Sie den Patienten mit Ohrenbeschwerden oder entsprechenden Befunden auch ausdrücklich nach früheren Erkrankungen dieser Region und deren Behandlung sowie nach besonderen Lärmbelastungen am Arbeitsplatz.

10.3.2 Befunderhebung am Ohr

Beim beschwerdefreien Patienten können Sie sich in der **Umgebung der Ohren** auf die ***Inspektion*** und ***Palpation*** des Mastoids, auf Druckschmerz und die Untersuchung der retroaurikulären, präaurikulären und Kieferwinkellymphknoten beschränken (Abb. 10.**4**). Druckschmerz über dem Tragus ist beim Säugling ein Zeichen für akute Otitis media, beim Erwachsenen gemeinsam mit Schmerzen im äußeren Gehörgang Zeichen eines Gehörgangfurunkels.

Retroaurikuläre Narben weisen auf frühere Ohroperationen hin.

Bei der Inspektion des **äußeren Ohres** (Ohrmuschel, Mastoid und äußerer Gehörgang) geben Einlagerungen Hinweise auf Allgemeinerkrankungen, z. B. knotige Natriumuratablagerungen bei Gicht (Tophi) oder schwarze Flecken bei der Alkaptonurie. Abstehende Ohrmuscheln mit schmerzhafter retroaurikulärer Schwel-

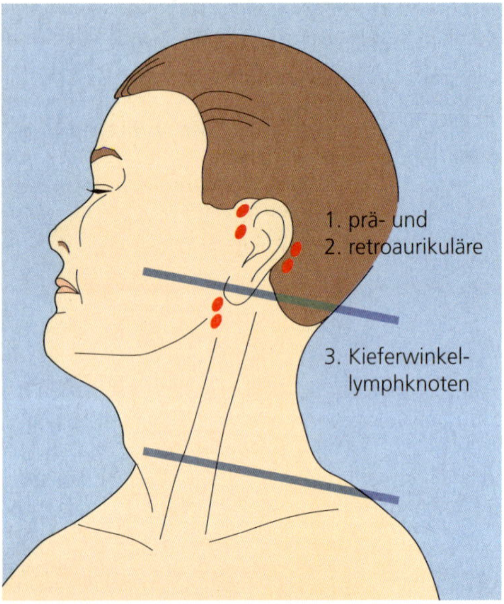

Abb. 10.**4** Lymphknoten in der Umgebung des Ohres

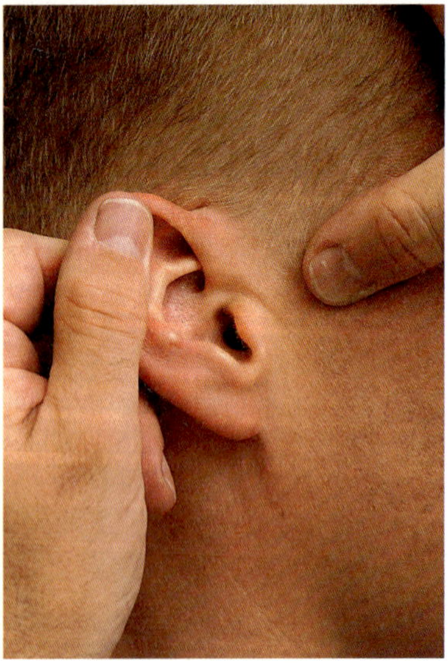

Abb. 10.**5** Öffnung des äußeren Gehörgangs

lung sprechen für eine Mastoiditis. Abstehende Ohren oder Missbildungen am Ohr können Anlass zu Minderung des Selbstwertgefühls sein. Abstehende Ohrläppchen treten bei Parotitis auf, finden sich aber auch, zusammen mit einer Schwellung des Ohrläppchens, bei lymphatischer Leukämie.

Leichter Zug an der Ohrmuschel nach hinten und Vorwärtsstreichen des Tragus (Abb. 10.**5**) geben etwas mehr Einblick in den äußeren Gehörgang. Stützen Sie die Hand, die mit Daumen und Zeigefinger die Ohrmuschel fasst, am Kopf des Patienten ab. Damit ersparen Sie dem Patienten Schmerzen, die durch eine plötzliche, unwillkürliche Abwehrbewegung entstehen können. Bei Gehörgangsverletzungen, Exostosen und Tumoren muss immer ein Facharzt zugezogen werden.

10.3.2.1 Einführen des Ohrtrichters

Untersuchen Sie zunächst immer das gesunde Ohr. Zum Einführen des Ohrtrichters, den Sie zwischen Daumen und Zeigefinger halten (Abb. 10.**6**), stellen Sie durch Drehung des Patientenkopfes den Gehörgang so ein, dass er schräg nach vorn und oben verläuft und dass der Lichtstrahl Ihres Stirnreflektors dem Gehörgang folgt. Dazu drehen Sie den Kopf des Patienten um seine vertikale Achse zunächst so, dass sich die Nase vom Untersucher entfernt, für unsere Beschreibung des rechten Ohres also nach links.

Dann neigen Sie den Kopf von sich weg zur gegenüberliegenden (linken) Schulter hin. Damit bringen Sie den aufsteigenden Verlauf des Gehörgangs horizontal in Ihren Lichtstrahl. Die Krümmung des knorpeligen Gehörgangs gleichen Sie durch Zug an der Ohrmuschel nach hinten oben, also in der Verlängerung des Gehörgangs aus. Mit dem Seitenwechsel der Ohren wechseln hierzu auch die Hände des Untersuchers.

Sie ziehen die Ohrmuschel des **rechten Ohres** mit der linken Hand nach hinten oben und schieben den Ohrtrichter unter leichter Drehbewegung durch den knor-

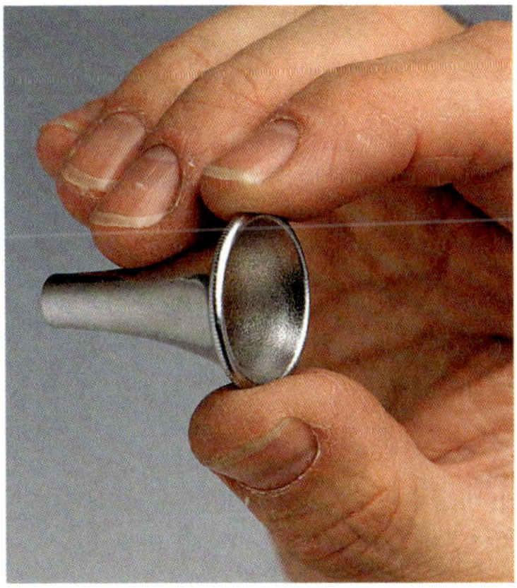

Abb. 10.**6** Haltung des Ohrtrichters

peligen Gehörgang bis an den Beginn des knöchernen Gehörgangs. Die Grenze des knorpeligen Gehörgangs erkennen Sie an der Grenze der Gehörgangshaare. Falls Sie den Ohrtrichter darüber hinausschieben, wird die Gehörgangshaut auf die knöcherne Unterlage gepresst, und der Patient hat Schmerzen. Die linke Hand übernimmt dann mit Daumen und Zeigefinger den Trichter und hält gleichzeitig zwischen Mittel- und Ringfinger die Ohrmuschel nach hinten oben. Die rechte Hand führt den Kopf des Patienten.

Zur Untersuchung des **linken Ohres** ziehen Sie mit Ihrer rechten Hand die Ohrmuschel nach hinten oben. Die linke Hand führt den Trichter, den Sie zwischen Daumen und Zeigefinger halten, ein. Dabei drücken Sie die Kuppe des Mittelfingers in die Koncha und schieben die Ohrmuschel nach hinten oben. Dann übernimmt auch hier die rechte Hand die Führung des Kopfes.

10.3.2.2 Inspektion des Trommelfells

Den hinteren Teil des Trommelfells (Abb. 10.**7**) können Sie meist schon nach Einführung des Ohrtrichters inspizieren. Für den vorderen Teil müssen Sie den Patientenkopf um die vertikale Achse mit dem Gesicht vom Untersucher wegdrehen, für den oberen Anteil den Kopf vermehrt nach hinten und zur gegenüberliegenden Schulter neigen und für den unteren Anteil den Kopf entsprechend zu sich hin.

Für die Unterteilung des Trommelfells, das normalerweise durchscheinend, teils perlmuttgrau ist, eignet sich eine Linie, die dem Verlauf des Hammerstiels bis zum Umbo folgt und dort von einer Senkrechten geschnitten wird. Bei der Einteilung in Quadranten liegt dann der normale Trommelfellreflex etwa in Form eines

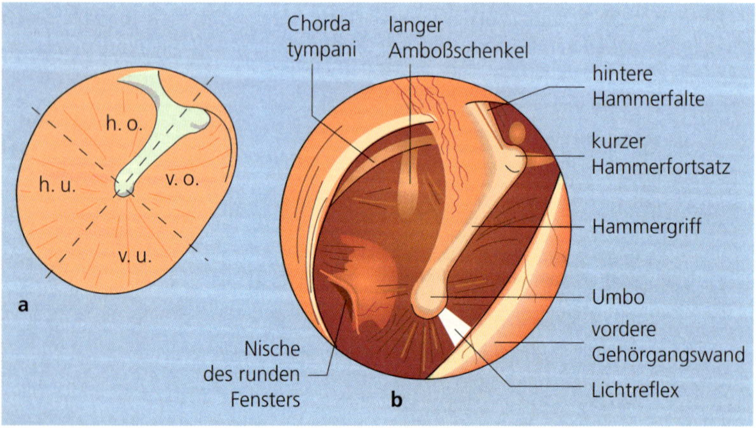

Abb. 10.**7** **a** u. **b** Quadranten des rechten Trommelfells: h. o. = hinterer oberer Quadrant, h. u. = hinterer unterer Quadrant, v. u. = vorderer unterer Quadrant, v. o. = vorderer oberer Quadrant (a nach *Birnmeyer*, b nach *Becker*)

gleichschenkligen Dreiecks mit der Spitze am Umbo im vorderen unteren Quadranten und zeigt an, dass nur auf diesen Teil des Trommelfells der Lichtstrahl senkrecht auftrifft. Jede Variation der Lichtreflexe deutet auf eine Verlagerung des Trommelfells im Sinn einer Einziehung oder Vorbuckelung hin.

Es steht Ihnen frei, vom Hammergriff ausgehend, rechts oder links herum die einzelnen Quadranten zu inspizieren. Sie sollen sich nur an eine bestimmte Reihenfolge gewöhnen, um nichts auszulassen. Dazu können Sie mit etwas Übung eine einfache Lupe mit Daumen und Zeigefinger der Hand schräg vor die äußere Ohrtrichteröffnung halten, die den Trichter ohnehin sichert (Abb. 10.**8**).

Die wichtigsten **Trommelfellbefunde** sind:
- Rötung und Vorwölbung hinten oben (akute Otitis media),
- Retraktion (chronischer Tubenmittelohrkatarrh),
- Perforation (Trauma),
- zentraler Defekt (Anulus fibrosus erhalten: Schleimhauteiterung),
- randständiger Defekt (meist im Bereich der Pars flaccida: Anulus fibrosus zerstört, Knocheneiterung).

Instrumentelle Manipulationen im äußeren Gehörgang sollen dem Facharzt überlassen bleiben, denn:
- mit Watteträgern oder Pinzette werden Zerumenpfröpfe oder Fremdkörper meist in Richtung Trommelfell weitergeschoben;
- die unterschiedliche Gehörgangstiefe birgt die Gefahr der Trommelfellperforation;
- verhärtetes Zerumen lässt sich nur mit Häkchen oder Ösen entfernen.

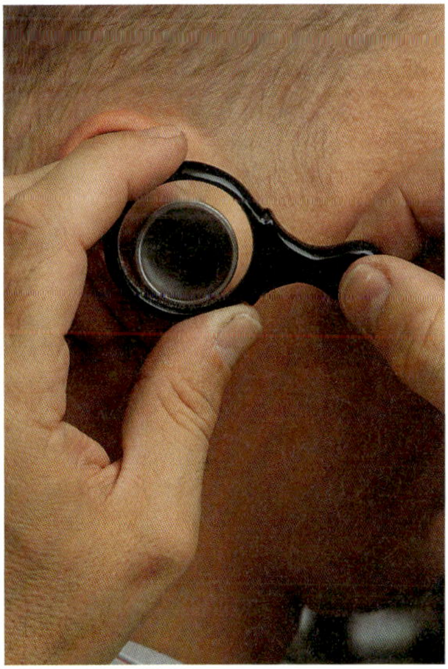

Abb. 10.**8** Haltung der Lupe vor die Ohrtrichteröffnung

Jeder Arzt kann dagegen eine Gehörgangsspülung vornehmen, wenn das Zerumen vorher, z. B. mit Cerumenex (2–3 Tage lang dreimal täglich einen Tropfen), aufgeweicht wird.

10.3.2.3 Funktionsprüfungen

Hörvermögen

Häufig entstehen Funktionsstörungen durch „Schallhindernisse" wie Cerumen obturans oder Fremdkörper. Eingeschwollene oder gar eingewachsene Fremdkörper sollte nur der Facharzt beseitigen.

Für die **Hörweiteprüfung** lassen Sie den Patienten mit abgewandtem Gesicht das nicht untersuchte Ohr fest mit dem Zeigefinger durch Druck auf den Tragus der gleichen Seite verschließen und prüfen dann das Hörvermögen in einem Abstand bis zu 6 m mit Zahlen und Wörtern in Flüstersprache. Bei Umgangssprache müssen Sie die „Schüttelvertäubung" anwenden, d. h., Sie lassen den Patienten den Tragus kräftig rhythmisch einwärts drücken.

Schallleitungsstörungen bei Verschluss des Gehörgangs, Erkrankungen des Mittelohres oder des Fensters sind anzunehmen, wenn die Hörweite für Umgangssprache mit tiefen Frequenzen (Hut, neunundneunzig), Flüstersprache und hohe Frequenzen (Tisch, siebenundsiebzig) gleichmäßig eingeschränkt ist.

Schallwahrnehmungsstörungen (Innenohrschwerhörigkeit) durch Schäden an den Haarzellen, im Ganglion spirale und in den Hörzentren führen meist zu normalem Hören der Umgangssprache (50–70 dB) und vermindertem Hören (geringere Hörweite) für Flüstersprache (30–40 dB).

Eine **Einstufung der Schwerhörigkeit** nach der Hörweite für Umgangssprache bietet *Mittermeyer*:

- geringgradige Schwerhörigkeit: bis 4 m Umgangssprache,
- mittelgradige Schwerhörigkeit: 1–4 m Umgangssprache,
- hochgradige Schwerhörigkeit: 0,25–1 m Umgangssprache,
- an Taubheit grenzende: unter 0,25 m (d. h. ad concham)
- Schwerhörigkeit: lebende Sprache noch verstanden,
- Taubheit: keine Hörwahrnehmung.

Beim **Rinne-Versuch** werden Knochenleitung und Luftleitung miteinander verglichen. Gesunde hören den Luftleitungston von der Stimmgabel, die vor das Ohr gehalten wird, länger und lauter als den Knochenleitungston durch Aufsetzen der Stimmgabel auf das Mastoid.

Regel: Bei Innenohrschäden hört der Patient – wie der Gesunde – die Luftleitung länger und lauter als die Knochenleitung. Man sagt, der Rinne ist positiv. Bei Mittelohrerkrankungen dagegen wird die Knochenleitung länger und lauter als die Luftleitung gehört. Man sagt, der Rinne ist negativ.

Beim **Weber-Versuch** hört der Gesunde die auf den Scheitel aufgesetzte Stimmgabel (Abb. 10.**9**) gleichmäßig im ganzen Kopf, d. h., sie wird nicht lateralisiert. Bei einseitigen Mittelohrerkrankungen wird der Ton zum kranken Ohr lateralisiert,

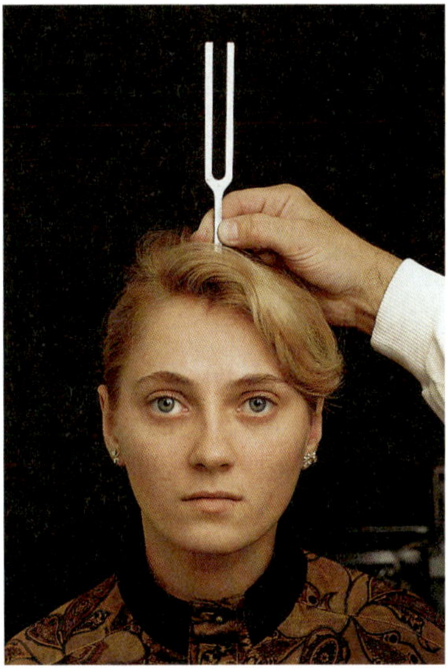

Abb. 10.**9** Weber-Versuch

d. h. bei der Schallleitungsstörung dort stärker gehört. Bei Schallwahrnehmungsstörungen (Innenohrschwerhörigkeit) hört der Patient den Ton auf dem besser hörenden Ohr lauter, der Ton wird dorthin lateralisiert.

Bei der **Audiometrie** zur Feststellung der Hörschallkurve werden in Oktavabständen obertonfreie Töne der C-Reihe angeboten. Gemessen wird für Luft- und Knochenleitung die Lautstärke, die gerade noch eine Tonempfindung beim Patienten auslöst.

Gleichgewichtsprüfung – Schwindel

Vor jeder Gleichgewichtsprüfung sollen Sie mithilfe des Schwindelschemas nach Frenzel eine sorgfältige Schwindelanamnese erheben und klären, ob es sich um Benommenheit im Sinne von Übelkeit, Taumeligkeit, Unsicherheit, Schwarzwerden vor den Augen handelt oder ob ein systemischer Schwindel vorliegt. Auch in diesem Zusammenhang müssen Sie nach Medikamenten fragen, die der Patient in den letzten 24 Std. eingenommen hat. Außer der zeitlichen Komponente gilt es festzustellen, ob der Schwindel durch Kopfbewegungen oder Lageveränderungen ausgelöst oder verstärkt wird. Wesentlich ist auch die Klärung der Frage, ob der Schwindel gleichsinnig drehend oder schwankend (ungerichtet) auftritt.

Schwindel			
Dauer	**Art**	**Ursache**	**Nystagmus**
Sekundenschwindel	Lage- und Lagerungsschwindel	Minderdurchblutung	ja
Dauerschwindel	Dreh- und Schwankschwindel	einseitiger Labyrinthausfall	ja
Anfallsschwindel	Drehschwindel	Morbus Ménière	ja

Abb. 10.**10** Schwindelschema

Schwindel und Begleitsymptome
Diagnostische Bedeutung

- Kopfschmerz, Nasenbluten, betonter zweiter Herzton, Herzspitzenstoß hebend, Kreuzungsphänomene, verbreiterte arterielle Reflexstreifen in der Retina, flammenartige Retinablutungen bei *Hypertonie*
- Blässe, Schwäche, Ermüdbarkeit, Kopfschmerz, Ohrenklingen, schwarze Flecken vor den Augen, Taumeligkeit, Libidoverlust bei *Anämie*
- positive Schwangerschaftszeichen und Schwangerschaftstests bei *Schwangerschaft*
- entsprechende anamnestische Angaben, torkeliges Gefühl, Verlangsamung, Stand- und Gangataxie bei *Intoxikation*, z. B. durch Alkohol oder Medikamente
- intermittierender, Stunden dauernder, plötzlicher Drehschwindel, Ohrensausen, Taubheit, Übelkeit und Erbrechen, Nystagmus schwindet mit Einsetzen des Schwindels, Bradykardie bei Morbus Menière
- zunehmende Hörstörungen, Ohrensausen, meist eher Benommenheit, negatives Recruitment bei *Akustikusneurinom*
- intermittierender Schwindel, besonders bei Arbeiten mit den Armen, Blutdruckdifferenz rechts zu links größer als 20 mmHg bei *Subclavian-steal-Syndrom*

Charakteristisch für Vestibularisschwindel sind:

- *Drehschwindel* = Scheindrehung der Umgebung in Richtung der schnellen Phase des Nystagmus (s. S. 233ff) oder mit entgegengesetzter Eigendrehung zur Seite der langsamen Richtung des Nystagmus, z. B. bei Morbus Menière, dann mit Ohrensausen, Brechreiz und Kollapsneigung;
- *Schwankschwindel* = das Gefühl, als ob der Boden schwanke;
- *Liftgefühl* = Statolithenschwindel, als ob der Boden unter einem wegsinke;
- *Ziehen* nach einer Seite = Zuggefühl, das beim Gehen oder Drehen auftritt.

Sonderformen:

- *Lage- und Lagerungsschwindel* sind von Lageänderungen abhängig, z. B. aus der horizontalen in die vertikale Lage oder beim Seitwärtsdrehen des Kopfes bzw. des Körpers. Vom Lagerungsschwindel spricht man, wenn beim Seitwärtsdrehen des Kopfes oder des Körpers innerhalb von 10 Sek. ein Schwindelgefühl auftritt.

Nach der Dauer lassen sich drei Schwindelformen unterscheiden:

- Der Sekundenschwindel ist lage- und bewegungsabhängig und meist Folge einer Minderdurchblutung im Sinne einer kurzfristigen, vaskulär bedingten Funktionsstörung des Vestibularissystems.
- Dauerschwindel tritt als Dreh- oder Schwankschwindel auf; die Patienten berichten, dass sich alles um sie dreht, oder sie hätten ein Gefühl, „als seien sie betrunken“. Ursache ist einseitiger Labyrinthausfall. Wird der Schwindel mit der Zeit stärker, deutet das auf eine zentrale Vestibularisstörung hin.
- Der Minuten bis Stunden dauernde, anfallsweise auftretende Drehschwindel ist führendes Symptom bei der Menière-Krankheit, zu der Übelkeit, Erbrechen und Schwerhörigkeit gehören.

Abweichreaktionen

Für die Abweichreaktionen gilt, dass das einseitige Überwiegen des Vestibularistonus zu Fallneigung und Gangabweichung zur anderen Seite hin führt. Zur Prüfung benutzen Sie den Tretversuch mit geschlossenen Augen auf der Stelle (neurologische Untersuchung, S. 464) oder den Romberg-Versuch, bei dem der Patient mit eng und parallel nebeneinander gestellten Füßen und geschlossenen Augen ohne zu schwanken stehen und die Arme heben soll.

Nystagmus (= Augenzittern)

Bei Nystagmus, einem Zeichen für Vestibularisschäden, handelt es sich um anhaltende, ruckartige, unwillkürliche, schnell aufeinander folgende, horizontale, vertikale, rotatorische oder gemischte Bewegungen eines oder beider Augen. Dabei können Sie eine schnelle und eine langsame Phase unterscheiden. Benannt wird die Richtung des Nystagmus nach der schnellen Phase, z.B. „Linksnystagmus“. Schlagrichtung und Schlagstärke des Nystagmus werden in Form von Pfeilsymbolen in ein Nystagmusschema eingetragen. Da durch Fixieren eines Gegenstandes ein schwacher Nystagmus aufgehoben werden kann, benutzt man zur Untersuchung die Frenzel-Brille (Abb. 10.**11**). Bei weniger als 40 Ausschlägen spricht man von langsamem Nystagmus, bei über 100 Ausschlägen von schnellem Nystagmus; Amplituden unter 1 mm nennt man feinschlägig, über 3 mm grobschlägig.

- **Spontannystagmus** tritt schon in Ruhestellung auf und schlägt unabhängig von der Blickrichtung mit der schnellen Phase zur gesunden Seite.
- Beim **Blickrichtungsnystagmus** entspricht die schnelle Phase der jeweiligen Blickrichtung, und zwar ebenfalls zur gesunden Seite.
- Im Unterschied zum Spontannystagmus wird der **Provokationsnystagmus** als Lagen- oder Lagerungsnystagmus durch bestimmte Kopf- oder Körperlagen ausgelöst.
- **Nystagmus durch Drehreiz** oder nach Kalt- bzw. Warmspülung des Ohres gibt ebenfalls Hinweise auf Störungen des vestibulären Systems. Dazu sitzt der Patient mit um 60° nach hinten geneigtem Kopf. Der äußere Gehörgang wird 30 Sek. lang gleichmäßig mit 100 bis 200 cm^3 40 bzw. 20 °C temperiertem Wasser

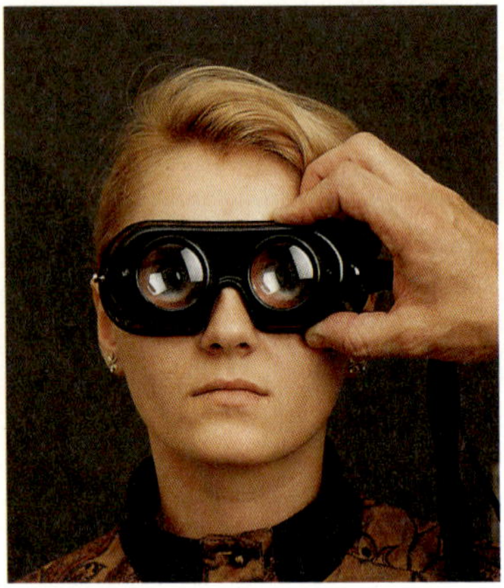

Abb. 10.**11** Frenzel-Brille

gespült. Bei Kaltspülung entstehen normalerweise Schwindelgefühl, Übelkeit und Horizontalnystagmus zur Gegenseite. Diese Reaktionen sind bei Vestibularisschaden verringert oder fehlen. Voraussetzung für die Spülungen ist ein intaktes Trommelfell (Otoskopie!).

- **Zentraler Nystagmus** schlägt zur erkrankten Seite hin, z. B. bei Hirntumor oder multipler Sklerose.
- **Endstellungsnystagmus** tritt bei Fixierung in der seitlichen Endstellung des Auges auf und ist ein Zeichen für Erkrankungen der Bogengänge.

Sonstige Funktionsprüfungen

Das **Fistelsymptom** prüft man mit dem Politzer-Ballon. Bei Trommelfelldefekt mit Erosion des knöchernen horizontalen Bogengangs führt die Druckerhöhung mit dem Ballon zu einem Nystagmus meist zur erkrankten Seite, Aspiration mit dem Ballon zum Nystagmus zur Gegenseite.

Die Funktionstüchtigkeit der Tuba auditiva (Tuba Eustachii) können Sie mit dem **Valsalva-Versuch** prüfen. Dazu lassen Sie den Patienten mit geschlossenem Mund und zugehaltener Nase Exspirationsluft gegen das Trommelfell pressen und beobachten dessen Vorwölbung, die zu einer Bewegung des Lichtreflexes führt. Fehlende Bewegung des Reflexes spricht für einen Trommelfelldefekt und lässt einen Fistelversuch angezeigt erscheinen.

Für die Dokumentation können Sie den Untersuchungsbogen benutzen: www.thieme.de/specials/dahmer-anamnese-und-befund.

10.3.3 Aufgaben für die Selbstkontrolle

1 Warum bewegen Sie bei der Spiegelung des Ohres nur den Patientenkopf?
2 Nennen Sie mindestens drei charakteristische Beschwerden im Bereich der Ohren!
3 Welche Vorsichtsmaßnahme müssen Sie beim Fassen der Ohrmuschel stets berücksichtigen?
4 In welcher Richtung führen Sie den Ohrtrichter ein?
5 Wodurch gleichen Sie die Krümmung des knorpeligen Gehörgangs aus?
6 Woran erkennen Sie die Grenze des knorpeligen Gehörgangs?
7 Welche Bedeutung hat die Grenze des knorpeligen Gehörgangs für die Untersuchung?
8 Von welcher Orientierungsmarke gehen Sie bei der Inspektion und Beschreibung der einzelnen Trommelfellquadranten aus?
9 Welche Maßnahme ist zur Reinigung des Gehörgangs der instrumentellen Manipulation vorzuziehen?
10 Bis zu welchem Abstand wird die Hörweiteprüfung durchgeführt?
11 Was verstehen Sie unter Schüttelvertäubung?
12 Welche Beziehungen bestehen zwischen Schallleitungsstörungen und Schallwahrnehmungsstörungen einerseits und hohen und tiefen Tönen andererseits?
13 Wo hört der Patient beim Weber-Versuch die angeschlagene Stimmgabel? (Gesunder, Patient mit Mittelohrerkrankung, mit Innenohrerkrankung)
14 Womit wird im Rinne-Versuch die Abklingzeit durch Luftleitung verglichen?
15 Für welchen Befund lautet das Ergebnis „Rinne negativ"?
16 Was wird mit der Audiometrie gemessen?
17 Welche vier Schwindelformen sind charakteristisch für den Vestibularisschwindel?
18 Auf welche häufige Krankheit deutet Anfallsschwindel hin?
19 Was verstehen Sie unter Abweichreaktionen?
20 Mit welchem Gerät prüfen Sie das Fistelsymptom?
21 Erläutern Sie den Valsalva-Versuch!

Praktische Aufgaben

A Üben Sie das Einführen des Ohrtrichters beiderseits gegenseitig, und machen Sie in der Rolle des Patienten den Untersucher ausdrücklich darauf aufmerksam, wenn die Untersuchung schmerzhaft wird!
B Legen Sie eventuelle pathologische Befunde am Trommelfell grundsätzlich schriftlich fest!
C Üben Sie auch gegenseitig die Gehörgangsspülung, ggf. nach vorheriger Auflösung von Zerumenpfropfen!
D Prüfen Sie gegenseitig und mindestens an drei Patienten: Hörweite, Schallleitungsstörungen und Schallwahrnehmungsstörungen, Rinne-Versuch, Gleichgewicht und Abweichreaktionen sowie Fistelsymptom und Valsalva-Versuch!

10.4 Die Untersuchung der Nase

10.4.1 Charakteristische Beschwerden

Verdachtsdiagnosen s. Beschwerden-Abc in Kapitel 4.6.

Atembehinderungen und klanglose Sprache: *Näseln* tritt auf als Rhinolalia clausa oder aperta, d.h. als Änderung des Stimmklanges durch Verschluss der Nase oder als fehlender Rachenabschluss bei Gaumensegellähmung bzw. Gaumenspalte.

Absonderungen treten auf als durchsichtiges, wässriges Sekret bei allergischen Reaktionen oder Schnupfen, schleimiges Sekret durch Schleimhautpolypen oder dickes, eitriges Sekret, das sich besonders morgens in Mengen entleert, bei Nebenhöhlenentzündungen.

Einseitige bräunliche (hämorrhagische) Sekretion sollte an ein Malignom denken lassen, kommt aber auch bei angeborener Atresie, Fremdkörpern und in wässriger bzw. blutiger Form als zerebrospinale Rhinorrhö nach Kopfverletzungen vor. Charakteristisch ist dann, dass Kompression der gleichseitigen Halsvenen den Liquorausfluss verstärkt.

Nasenbluten kann durch das Entfernen verkrusteter Sekretreste im Bereich des Locus Kiesselbachi entstehen, aber auch Symptom einer Hypertonie oder Erkrankung des hämatopoetischen Systems und Frühzeichen einer Leberzirrhose sein. Diffuse Blutungen der Schleimhaut weisen auf eine hämorrhagische Diathese* hin.

Stirn- und Gesichtsschmerzen in der Umgebung der Nase treten bei akuten Erkrankungen der Nebenhöhlen auf.

Riech-/Geruchsstörungen entstehen durch Verlegen des Riechspalts bei Polypen oder Tumoren, durch Erkrankungen des Riechepithels oder durch Schädigung des Riechnervs bzw. des Riechzentrums (s. neurologische Untersuchung).

Häufiges **Niesen** weist auf Trigeminusreizung oder allergische Rhinitis hin.

Fragen Sie den Patienten ausdrücklich auch nach früheren Erkrankungen dieser Region sowie nach besonderen berufsbedingten Belastungen z.B. durch Staub oder Gase.

Nasenbluten (= Epistaxis)
Diagnostische Bedeutung

	entzündlich	*vaskulär*	*Neoplasmen*	*andere*
Nase	Infektion der Nase, z.B. bei Erysipel, Scharlach, Diphtherie, Psittakose	Teleangiektasie	Polypen, Malignome der Nase und des Nasopharynx	Trauma, ulzerierende Adenoide
sonst. Organismus	Glomerulonephritis, Leptospirosen, Salmonella typhi, Pfeiffer-Drüsenfieber	Koarktation, Rechtsinsuffizienz, portale Hypertonie		Medikamente, Ursachen der hämorrhag. Diathese*, perniz. Anämie, Urämie

10.4.2 Ablauf der Untersuchung der Nase

Die ***Inspektion*** richtet sich zunächst auf Form- und Farbbesonderheiten der **äußeren Nase** und ihrer Umgebung, z. B. Sattelnase nach Trauma oder Septumabszess, Schmetterlingsfigur beim Lupus erythematodes, Clownsgesicht beim Myxödem oder „Nasenflügeln" bei der Pneumonie.

Rötungen und ödematöse Schwellungen in der Umgebung der Nase weisen auf Nebenhöhlenprozesse und eine akute Entzündung der Tränenorgane, Schwellungen über den Wangen auf Prozesse an den oberen Zahnwurzeln oder Durchbruch einer eitrigen Kieferhöhlenentzündung. Eine Septumdeviation, die schon ohne diagnostische Manipulationen als „schiefe Nase" erkennbar wird, beeinträchtigt die Durchgängigkeit der Nase und kann zur Mundatmung führen, die ihrerseits Ursache gehäufter Erkältungen sein kann.

Der ventralste Teil des Naseninneren ist bei Hochdrücken der Nasenspitze zu erkennen. Dazu stützt man die Hand mit vier Fingern an der Stirn des Patienten ab und drückt mit dem Daumen die Nasenspitze leicht nach oben (Abb. 10.**12**). Sichtbare Polypen, Mukozelen und Neoplasmen können die Atmung behindern. 10

Knochen- und Weichteiltumoren oder der Verdacht auf eine Nasenbeinfraktur können durch ***Palpation*** bestätigt werden. ***Perkussion*** der Nasennebenhöhlen und der Nervenaustrittspunkte gibt gelegentlich Hinweise auf die Ätiologie chronischen Kopfschmerzes.

Die **Durchlässigkeit** der Nase untersucht man durch vergleichendes Zuhalten je eines Nasenloches beim Atmen mit dem gesamten Endglied des Zeigefingers der seitengleichen Hand. Sie kann durch Septumdeviation, Nasenpolypen und gelegentlich auch durch Fremdkörper eingeschränkt sein. Berücksichtigen Sie, dass bei der Mundatmung Reinigung, Anfeuchten und Erwärmen der Atemluft entfallen. Die dabei vermehrt austrocknende Mundschleimhaut kann dauerndes Durstgefühl und eine vermehrte Infektionsanfälligkeit verursachen.

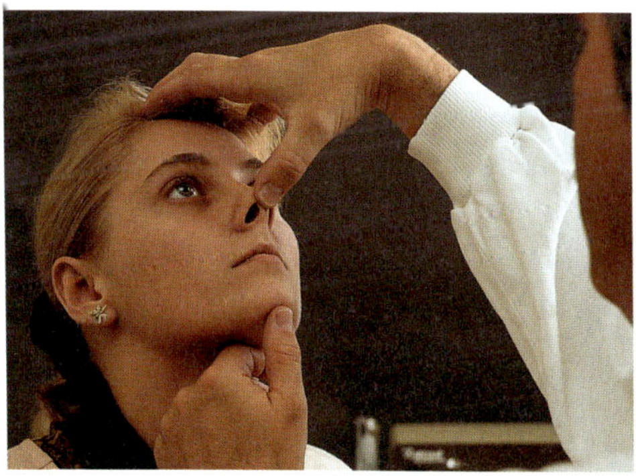

Abb. 10.**12** Beim Hochdrücken der Nasenspitze stützt man die Hand mit vier Fingern an der Stirn des Patienten ab

10.4.3 Die Untersuchung mit dem Nasenspekulum (Rhinoscopia anterior)

Nehmen Sie das Nasenspekulum nach Hartmann oder nach Killian in die linke Hand, die Branchen zum Patienten gerichtet. Legen Sie die Zange hochkant so in die geöffnete Hand, dass das Gelenk der Zange auf der Mittelphalanx des Mittelfingers ruht und der Daumen gegenhält. Ihr Zeigefinger liegt zunächst an der linken Branche des Spekulums, nach dem Einführen an der Außenseite der Nasenwand. Daumenballen und gekrümmte Finger umschließen die Griffe (Abb. 10.**13a**).

Dann bringen Sie die Branchen des Nasenspekulums in eine Stellung, die in die Nasenöffnung zielt (Abb. 10.**13b**), und beugen dabei das Handgelenk so weit zurück, dass das Einführen des Spekulums nicht aus dem Ellenbogengelenk, sondern aus der Streckung des Handgelenks erfolgen kann. Der Zeigefinger verlässt dabei die linke Branche und legt sich nach dem Einführen an die Außenseite der Nasenwand.

Mit den Fingerspitzen Ihrer rechten Hand neigen Sie den Kopf des Patienten leicht nach vorn in die so genannte **erste Position**, in der Sie zunächst den Nasenbo-

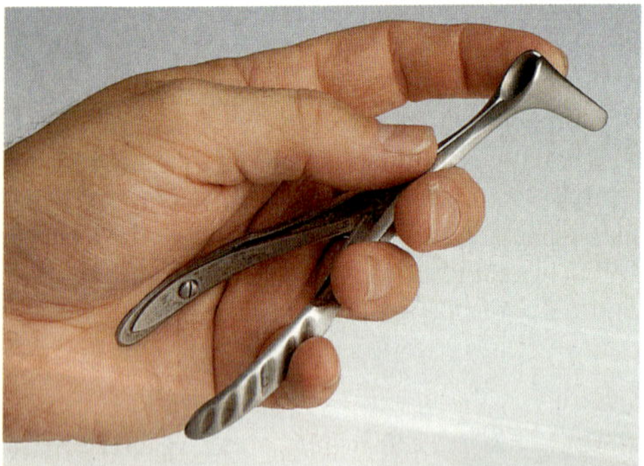

Abb. 10.13a Lage der Nasenzange in der Hand

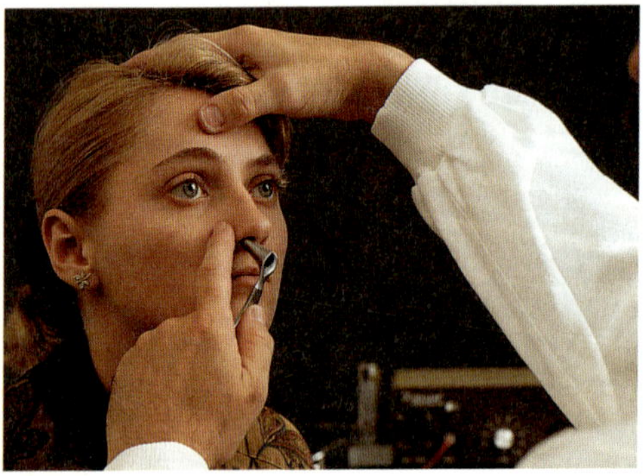

Abb. 10.13b Haltung des Spekulums beim Einführen

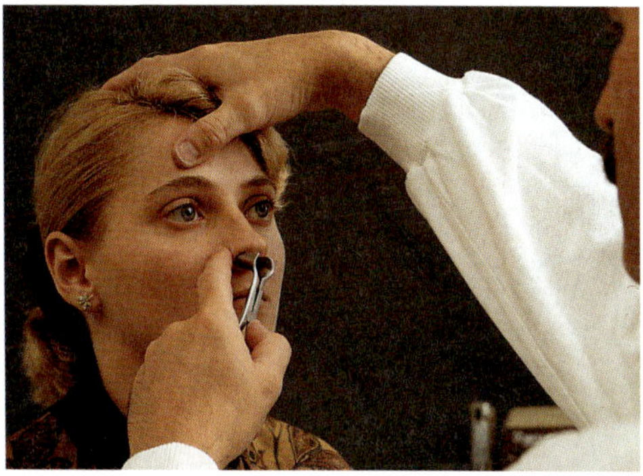

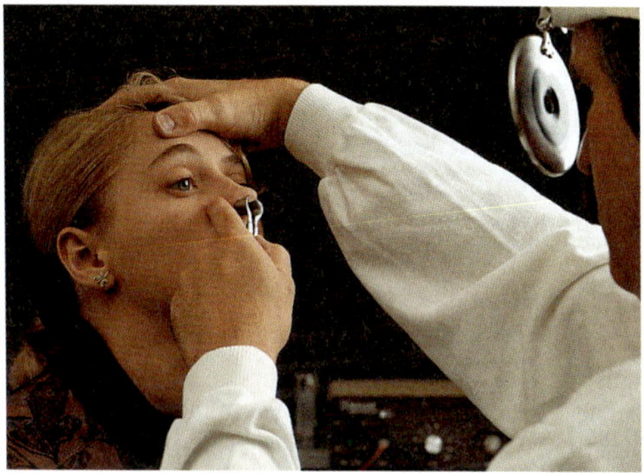

Abb. 10.13 c u. **d** Spekulumuntersuchung, erste und zweite Position

den und die Hinterwand des Nasenrachenraums untersuchen können (Abb. 10.**13 c**). Dann führen Sie das Spekulum etwa 1 cm tief parallel zum Nasenboden ein und spreizen die Branchen vorsichtig bis zu einem fühlbaren Widerstand. Das Licht Ihres Spiegels muss nun bis in den Rachenraum fallen. Zur Kontrolle lassen Sie den Patienten schlucken. Wird die Rachenhinterwand durch eine vergrößerte Rachenmandel verdeckt, so stößt beim Schlucken das Gaumensegel gegen die Rachenmandel, nicht gegen die Hinterwand: Die Lichtreflexe in der Tiefe werden nicht mehr verdeckt, sondern verändern nur ihre Lage.

Bei der **zweiten Position** neigen Sie den Kopf des Patienten um etwa 45° nach hinten, sodass Sie – oberhalb der unteren Muschel – etwas weiter hinten die mittlere Muschel und lateral den mittleren Nasengang erkennen können (Abb. 10.**13 d**).

Mit der maximalen Rückwärtsneigung des Patientenkopfes in die **dritte Position** soll der Nasenrücken horizontal stehen. Dabei verschaffen Sie sich ein Blickfeld, das vom Septum, der lateralen Nasenwand und dem Nasendach begrenzt wird. Sie blicken also in die Riechspalte (Abb. 10.**14**), die zwischen Nasenseptum und oberer

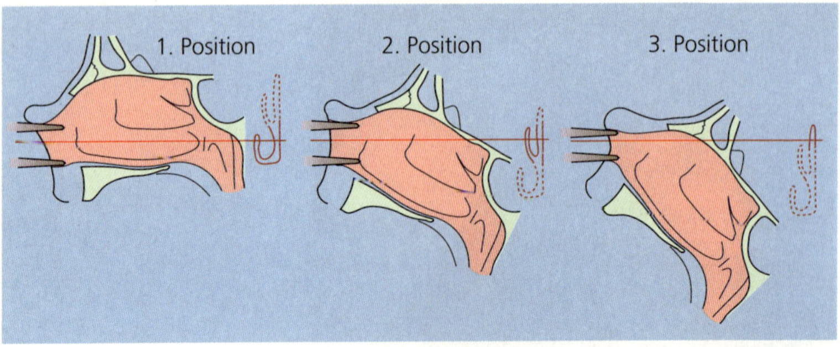

Abb. 10.**14** Die drei Untersuchungspositionen für die Nasenspiegelung (Schnitt durch die rechte Nasenhaupthöhle) (aus *Birnmeyer, G*: HNO-ärztlicher Spiegelkurs, 3. Aufl. Stuttgart: Thieme; 1977)

Muschel liegt. Falls die Muscheln so stark geschwollen sind, dass Sie das Nasenlumen nicht ausreichend übersehen können, ist eine Schleimhautabschwellung z. B. mit Privin-Nasentropfen oder Privin-Spray erforderlich, deren Wirkung etwa nach drei Minuten eintritt.

Achten Sie darauf, dass Sie beim Herausnehmen des Spekulums die Branchen nicht vollständig schließen. Sie könnten mit dem Schluss der Branchen Haare (Vibrissen) fassen und Schmerzen verursachen.

Rhinogene Riechstörungen werden z. B. durch Polypen verursacht, die Sie bei der Spekulumuntersuchung erkennen. Auf die **Geruchsprüfung** gehen wir bei der neurologischen Untersuchung des N. olfactorius ein.

10.4.4 Beurteilung des Naseninneren

Beurteilt werden:
- der **gemeinsame Nasengang** zwischen unterer Muschel und Septum; das Septum, z. B. auf seine Stellung (Septumdeviation);
- **der untere Nasengang** zwischen unterer Muschel und lateraler Nasenwand, in den unsichtbar der Ductus nasolacrimalis mündet;
- **der mittlere Nasengang** zwischen mittlerer Muschel und lateraler Nasenwand, in den ebenfalls unsichtbar die Ausführungsgänge der Kieferhöhle und der vordere Anteil der Siebbeinzellen und der Stirnhöhle münden (Sekret?);
- **die Riechspalte** zwischen Nasenseptum und mittlerer Muschel (Abb. 10.**15**).

Die normale Nasenschleimhaut ist blassrot, feucht und glänzend. Nasenpolypen sind gestielte (bewegliche) Wucherungen der Schleimhaut. **Eitriges Sekret** im mittleren Nasengang stammt in der Regel aus einer oder mehreren Nebenhöhlen, in der Riechspalte aus dem hinteren Drittel der Siebbeinzellen oder aus der Keilbeinhöhle.

Benutzen Sie für die Dokumentation den Untersuchungsbogen.

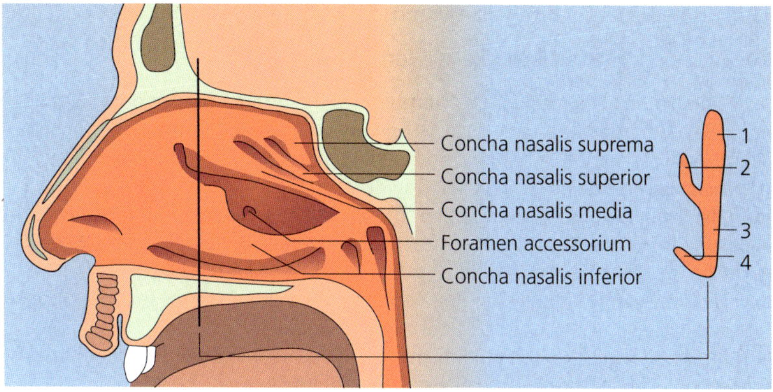

Abb. 10.**15** Rechte Wand der Nasenhöhle mit Frontalschnitt durch die rechte Nasenhaupthöhle. 1 = Riechspalte; 2 = mittlerer Nasengang; 3 = gemeinsamer Nasengang; 4 = unterer Nasengang

10.4.5 Aufgaben für die Selbstkontrolle

22 Nennen Sie mindestens drei charakteristische Beschwerden bei Erkrankungen der Nase!

23 Welche Bereiche der Nase untersuchen Sie in der ersten, zweiten und dritten Position?

24 Woher stammt eitriges Sekret im mittleren Nasengang in der Regel?

25 Woher stammt eitriges Sekret in der Riechspalte?

26 Warum sollten Sie beim Herausziehen des Spekulums die Branchen nicht vollständig schließen?

Praktische Aufgaben

E Untersuchen Sie den ventralen Teil des Naseninneren mit Hilfe eines Spiegels bei sich selbst (das Abstützen der Hände muss dabei entfallen)!

F Üben Sie die Untersuchung mit dem Nasenspekulum gegenseitig, bis Sie eine gewisse Routine gewonnen haben; folgen Sie dabei strikt der Anweisung, und erläutern Sie dem untersuchten Kommilitonen die Untersuchungspositionen und Ihren Untersuchungsbefund!

10.5 Die Untersuchung von Mund und Rachen

10.5.1 Charakteristische Beschwerden

Im Mund: Fötor, Schleimhautveränderungen und Blutungen, besonders beim Kauen, z.B. bei hämorrhagischer Diathese, sowie die Veränderungen der Speichelsekretion, Trockenheitsgefühl bei Erkrankungen der Speicheldrüsen und Zungenbrennen als Hinweis auf eine perniziöse Anämie.
Im Hals: Rachen- und Halsschmerzen (hierzu ist auch das sogenannte Kratzen im Hals zu zählen), Schluckbeschwerden im Sinne einer Behinderung der Schluckfunktion, beides z.B. bei Pharyngitis oder infektiöser Mononukleose.
Sprechstörungen (zu unterscheiden von Störungen der Sprache, s. neurologische Untersuchung, S. 483). Achten Sie auf Heiserkeit beim Sprechen.

Fragen Sie Patienten mit entsprechenden Beschwerden oder Befunden in dieser Region grundsätzlich nach früheren Erkrankungen ähnlicher Art.

10.5.2 Die Untersuchung des äußeren Mundes

Inspizieren Sie zunächst die Umgebung des Mundes. Tiefe Nasolabialfalten lassen an chronische gastrointestinale Erkrankungen denken. Strichförmige **Lippen** bei betont kleinem Mund entwickeln sich im Laufe von Monaten und Jahren bei der Sklerodermie.

Zu den häufigen oberflächlichen Veränderungen der Lippen gehören der Herpes labialis bei fieberhaften Erkrankungen des Respirationstraktes und die Lippenzyanose bei Erkrankungen von Herz und/oder Lungen.

Mundwinkelrhagaden treten bei Vitaminmangelschäden und bei Zahnstellungsanomalien auf, eher bei fehlendem oder altem Zahnersatz.

Funktion: Schlussunfähigkeit der Lippen oder schiefer Mund entsteht durch Lähmungen des N. facialis; Schwierigkeiten beim Öffnen des Mundes (Kieferklemme) haben Patienten z.B. bei Tumoren oder Parotitis bzw. Entzündungen, die vom Weisheitszahn ausgehen (neurogen, z.B. bei Tetanus, myogen, arthrogen, z.B. nach Entzündung des Kiefergelenks). Die Kiefersperre ist Folge einer Kiefergelenkluxation, bei der der Mund nicht geschlossen werden kann.

10.5.3 Die Untersuchung der Mundhöhle

Hierzu brauchen Sie einen breiten Mundspatel oder den Mundspatel nach Hartmann. In der Mundhöhle untersuchen Sie das Vestibulum oris, die Wangenschleimhaut und die Ausführungsgänge der großen Speicheldrüsen, Gingiva, Zähne und Zunge, Tonsillen und die Rachenhinterwand.

Fassen Sie das breite Ende des Mundspatels mit dem linken Daumen von unten und dem Endglied des Zeige- und Mittelfingers von oben (entsprechend Abb. 10.**16**), sodass das Ende nur leicht vom Mittel- und Endglied des Zeigefingers gestützt wird. ***Zur Inspektion des Vestibulums und der Zahnreihen*** soll der Patient den Mund nur halb öffnen, damit die Gesichtsmuskulatur entspannt bleibt. Für die Untersuchung der Wangenschleimhaut drehen Sie den Kopf des Patienten mit der

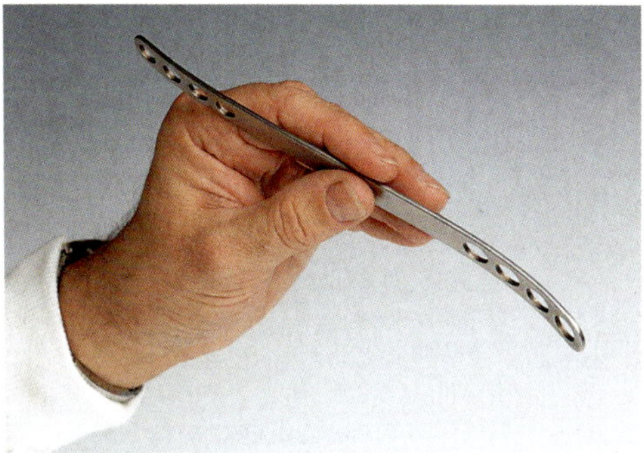

Abb. 10.**16** Haltung des Mundspatels

rechten Hand um die Vertikalachse. Achten Sie dabei auf Leukoplakien. Schmerzlose Ulzerationen müssen immer den Verdacht auf ein Malignom richten.

Koplik-Flecken finden Sie im Prodromalstadium von Masern als Gruppen von bläulich weißen, 0,5 mm großen Flecken jeweils im Mittelpunkt einer ca. 3 mm großen Rötung der Wangenschleimhaut gegenüber den unteren Molaren. Sie entstehen 1 – 3 Tage vor Ausbruch des Hautexanthems. Schmerzhafte Ulzerationen der Mundschleimhaut treten bei Agranulozytose auf.

Aphthen sind kleine rundliche, weiße oder gelbliche Erosionen der Mundschleimhaut. Sie haben keine einheitliche Ursache und müssen von Leukoplakien (= weißen Epithelwucherungen der Wangenschleimhaut), z. B. bei Keratosis oder Ichthyosis, unterschieden werden. Exanthematischen Ausschlag der Schleimhaut nennt man **Enanthem**.

Die Mündung des **Ductus parotideus** ist eine flache Schleimhauterhebung etwa gegenüber dem zweiten Molaren oben. Das Ausstreichen des Duktus vom Ohrläppchen her, dem Oberkieferrand folgend, führt zum sichtbaren Speichelaustritt.

Die **Gingiva** kann durch Pigmenteinlagerung beim Morbus Addison diffus bräunlich verfärbt sein. Schwarze Gingivaränder treten bei Bleivergiftung auf. **Zahnfleischblutungen** sind ein Zeichen für lokale Schäden wie defekte Zahnbürste, infektiös-entzündliche Erkrankungen des Zahnfleischs, Karies, Parodontose oder ein Malignom der Gingiva, aber auch Hinweis auf Erkrankungen des Gesamtkörpers wie Vitamin-C-Mangel, hämorrhagische Diathese* oder Schwermetallvergiftung.

Hyperplastisches Zahnfleisch finden Sie z. B. bei Retikulosen und Hydantointherapie (Epilepsie).

Kiefersperre (= Trismus) entsteht durch einen Spasmus der Kaumuskeln, sie ist nicht nur Zeichen von Allgemeinerkrankungen wie Tetanus, Trichinose, Tollwut oder Enzephalitis, sondern tritt auch bei lokalen Erkrankungen wie Arthritis des Temporomandibulargelenks, Trigeminusneuralgie und Sklerodermie auf.

Für den Verdauungsprozess, aber auch für das psychosoziale Wohlergehen des Patienten ist es von Bedeutung, ob er **Zähne**, Zahnersatz oder keines von beiden

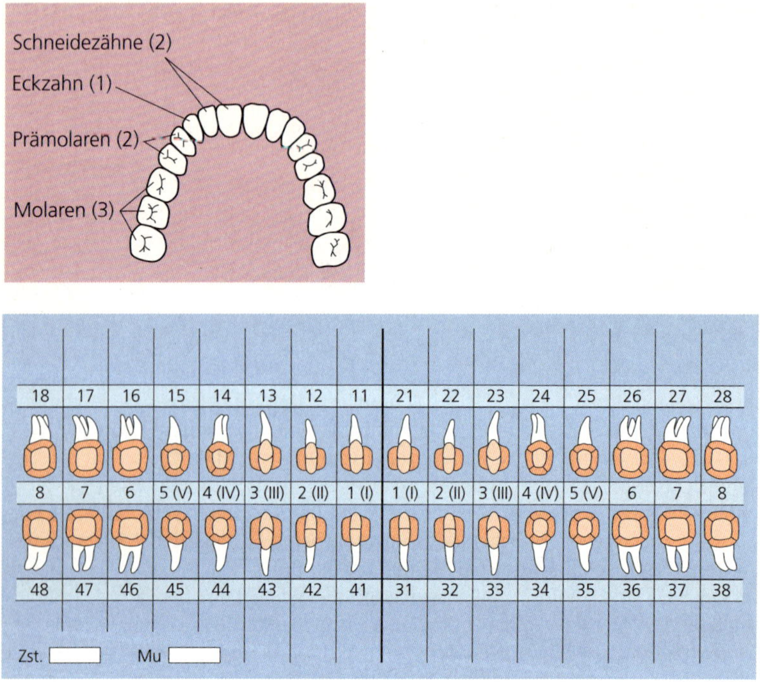

Abb. 10.**17** Zahnschema (mit freundlicher Genehmigung *Spitta Verlag, Bahlingen*)

hat. Lücken und grobe Stellungsanomalien können Sie mithilfe des Zahnschemas (Abb. 10.**17**) dokumentieren. Denken Sie daran, dass ein Fokus an wurzelbehandelten Zähnen Ursache chronisch-entzündlicher Erkrankungen und eine Zahnextraktion Ursache einer Endocarditis lenta sein kann.

Auch die ***Inspektion der Zunge*** gibt manchen diagnostischen Anhalt. Zungenvergrößerung finden Sie z. B. bei Myxödem, Akromegalie (Hypophysenadenom), Amyloidose und oberer Einflussstauung, Atrophie bei peripherer Hypoglossuslähmung. Laterale Bissnarben entstehen beim epileptischen Zungenbiss und sind von prothesenbedingten Geschwürnarben zu unterscheiden. Die „Himbeerzunge" ist charakteristisch für Scharlach; starke Rötung tritt bei Eisenmangel oder Perniziosa auf. Dagegen erscheint die Zunge bläulich bei Polycythaemia vera oder kardialer Stauung.

Einen rissigen, bräunlich-trockenen **Zungenbelag** werden Sie häufig bei Dehydratation, z. B. im Zusammenhang mit einem Ileus, finden. Einfacher, grauer Zungenbelag hat dagegen wenig diagnostische Bedeutung. Bei den meisten Menschen tritt er schon dann auf, wenn sie länger als 10 Stunden nichts gegessen haben. Die schwarze oder blonde „Haarzunge" entsteht durch zottige Veränderungen der filiformen Papillen im mittleren oder hinteren Anteil der Zunge. Weitere, nicht pathologische Zungenoberflächenveränderungen sind die Furchenzunge (Lingua plicata) und die Landkartenzunge (Lingua geographica).

Zungenschmerzen und Begleitsymptome
Diagnostische Bedeutung

- **oberflächlich brennender Zungenschmerz**, Rötung und Schwellung der Zunge, Halslymphknoten druckschmerzhaft vergrößert bei *Glossitis infectiosa*
- **tiefer Zungenschmerz**, verstärkt durch Bewegung, bei Stein in den Glandulae sublinguales, Trichinose, Zungenmalignom
- **unbestimmter, diffuser Schmerz**, braunrote Dermatitis an Unterarmen und Händen, Unterschenkeln und Füßen, hochrote Zunge bei *Pellagra*
  Zahnfleischschmerzen und -blutung, Knochenschmerzen, Hyperkeratose bei *Vitamin-C-Mangel*
  Schwäche, Gewichtsverlust, Hepatosplenomegalie und Lymphknotenvergrößerung bei *Urämie*
  Gelenkschmerzen, Pleura- und/oder Bauchschmerzen, symmetrisches Erythem bei *Lupus erythematodes*
- Müdigkeit, Kopfschmerzen, Erbrechen, Durchfall, Bauchschmerzen, Nasenbluten, gastrointestinale Blutungen, urinöser Geruch bei *Urämie*
- Halsschmerzen, Lymphknotenschwellung, makulopapulöses Exanthem am Hals, später am ganzen Körper bei *Scharlach*

Jede knotige Veränderung und jede schmerzlose Ulzeration der Zunge sollten Sie wegen des Malignomverdachts palpieren und nach Größe, Festigkeit und Zahl, Lage, Verschieblichkeit und Schmerzhaftigkeit der Veränderungen beurteilen.

Für die weitere Untersuchung des Mundbodens fordern Sie den Patienten auf, den Mund weit zu öffnen, ohne die Zunge herauszustrecken. Dann heben Sie mit dem Spatel die locker gehaltene Zungenspitze an. Dicht neben der Medianlinie finden Sie die Mündung der submandibulären **Speicheldrüsen** als papillenartige Erhebung (Abb. 10.**18**). Das **Zungenbändchen** ist häufig bei der progressiven Sklerodermie verdickt, bei Kindern mit Keuchhusten bildet sich dort eine Ulzeration.

Die motorischen ***Funktionen der Zunge*** wie das Herausstrecken sind bei Myasthenia gravis beeinträchtigt. Muskelwogen weist auf bulbäre Paralyse, Seitenabweichung auf Hypoglossuslähmung hin. Das **A-Sagen** lässt Uvulaverziehungen oder Gaumensegellähmungen durch Glossopharyngeus- und Vagusschäden erkennen. Bei dieser Gelegenheit kann man auch den **Mundgeruch** des Patienten deutlich wahrnehmen. Für viele Patienten stellt dauernder Mundgeruch eine seelische Belastung dar. Andererseits soll gelegentlicher Foetor ex ore nicht als Krankheitszeichen überbewertet werden, da fast jeder Mensch nach längerer Nahrungskarenz einen leichten Mundgeruch entwickelt. Auf die Prüfung der Geschmacksempfindungen wird im Rahmen der neurologischen Untersuchung des N. facialis und des N. glossopharyngeus näher eingegangen.

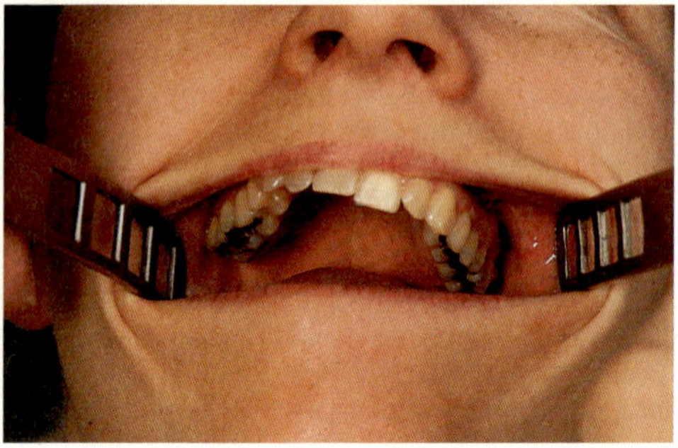

Abb. 10.**18** Die papillenartige Öffnung des Ductus parotideus unmittelbar vor dem rechten Spatel

Um den ***Mesopharynx*** und die ***Tonsillen inspizieren*** zu können, müssen Sie die Zunge mit leichtem, langsam zunehmendem Druck in den Mundboden drücken. Führen Sie dazu den Zungenspatel mit der linken Hand schräg von der Seite so ein, dass bei leichter Verziehung des rechten Mundwinkels nach lateral der Spatel die vorderen zwei Drittel der Zunge schräg überdeckt (Abb. 10.**19**). Der Druck erfolgt durch eine Hebelbewegung, deren Drehpunkt die untere Zahnreihe bildet. Dabei spannt sich der vordere Gaumenbogen, und die gesamte Vorderfläche der Tonsillen wird sichtbar.

Dann drehen Sie ohne Bewegung des eigenen Kopfes (und Ihres Spiegels) den Kopf des Patienten mit der rechten Hand vertikal nach rechts bzw. links, um die Mandelregion besser beurteilen zu können. Der Zungenspatel nach Hartmann gestattet durch mediales Einsetzen das Herabdrücken der Zunge, ohne dass Sie Ihr Sehfeld mit dem Anheben der Hand beim Herabdrücken der Zunge einengen. Aus Sicherheitsgründen sollten Intubationsbesteck und Medikamente zur Schock- und Anfallsbekämpfung bereitliegen.

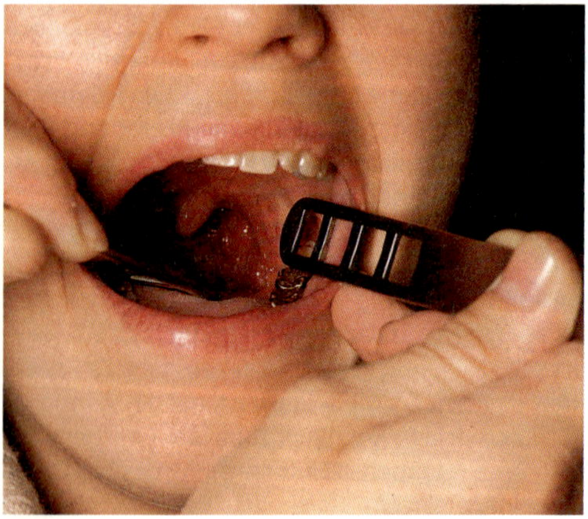

Abb. 10.**19** Inspektion von Mesopharynx und Tonsillen

Wenn der Patient würgt, muss die Untersuchung abgebrochen und wiederholt werden. Notfalls können Sie ein Oberflächenanästhetikum als Spray verwenden, müssen dann aber etwa 3 Min. bis zum Eintritt der Wirkung warten.

Für den Versuch, die **Tonsillen** (Abb. 10.**20**) zu luxieren, der fast immer einen Würgereflex auslöst, benutzen Sie zwei Spatel; mit einem drücken Sie die Zunge

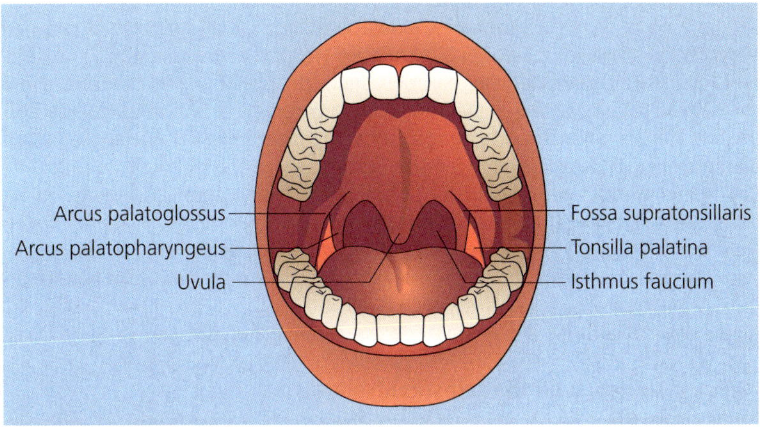

Abb. 10.**20** Lage der Tonsillen

10

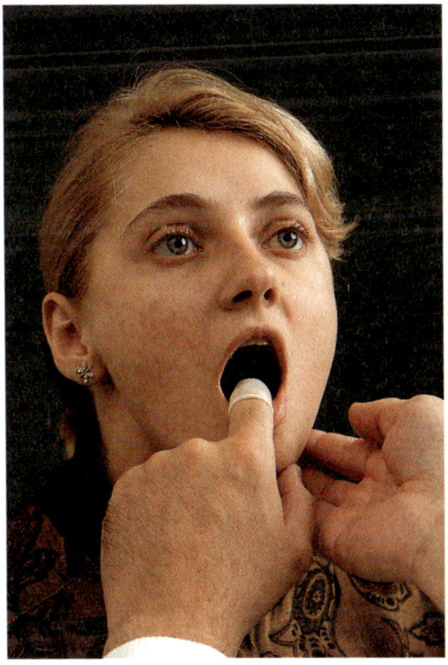

Abb. 10.**21** Palpation im Bereich des Kieferwinkels

herunter, mit dem zweiten setzen Sie am lateralen vorderen Gaumenbogen an. Dann führen Sie den Spatel auf dem peritonsillären Gewebe nach oben und hinten, bis die Tonsille nach medial hervortritt. Bei chronischen Entzündungen tritt aus den Tonsillen Sekret aus, und der Patient klagt über Schmerzen. Für eine Entzündung des peritonsillären Gewebes sprechen Druckschmerz bei der ***Palpation*** unter dem Kieferwinkel nach aufwärts (Abb. 10.**21**) und Schwellung der Lymphknoten im Kieferwinkel bzw. vor und hinter dem M. sternocleidomastoideus. Sie beurteilen die Tonsillen nach Luxierbarkeit, Größe, Oberfläche, Konsistenz und Exprimat. Vergrößerte Tonsillen (Tonsillenhyperplasie) weisen besonders beim Erwachsenen auf infektiös-entzündliche Prozesse oder auch auf maligne Erkrankungen hin.

Die ***hintere Rachenwand*** ist glatt und feucht. Vergrößerte Lymphfollikel erscheinen als kleine, rundliche Erhebungen (Pharyngitis granularis). Die sogenannten Seitenstränge sind Ansammlungen von Lymphgewebe, das ebenfalls nur im Falle einer Entzündung sichtbar wird. Sie liegen hinter dem hinteren Gaumenbogen an der seitlichen Rachenhinterwand und sind teilweise vom hinteren Gaumenbogen (= Arcus palatopharyngeus) verdeckt. An der Rachenwand hinunterfließendes schleimiges Sekret weist auf einen entzündlichen Prozess im Nasen-Rachen-Raum hin.

Benutzen Sie für die Dokumentation den Untersuchungsbogen.

10.5.4 Aufgaben für die Selbstkontrolle

27 Nennen Sie charakteristische Beschwerden bei Erkrankungen des Mundes!

28 Nennen Sie charakteristische Beschwerden im Hals!

29 Wovon müssen Aphthen unterschieden werden?

30 Wo finden Sie Koplik-Flecken?

31 Wo finden Sie die Mündung des Ductus parotideus?

32 Welche sechs Kriterien gelten für die Beurteilung knotiger Zungenveränderungen?

33 Worauf weist an der Rachenwand hinunterfließendes schleimiges Sekret hin?

Praktische Aufgaben

G Suchen Sie mit Hilfe eines Spatels und eines Spiegels bei sich selbst die Mündungen der Ductus parotidei auf!

H Versuchen Sie, mit einem Spatel an der eigenen Zunge herauszufinden, wo Sie schon durch bloße Berührung der Zunge einen Würgereflex auslösen!

I Führen Sie gegenseitig mehrere Mund- und Rachenuntersuchungen aus mit dem Ziel, das Auslösen eines Würgereflexes zu vermeiden!

Beschreiben Sie Ihrem Kommilitonen den Ablauf Ihrer Untersuchung und die erhobenen Untersuchungsbefunde!

10.6 Die Untersuchung des Kehlkopfes

10.6.1 Charakteristische Beschwerden

Verdachtsdiagnosen s. Beschwerden-Abc in Kapitel 4.6.

Plötzliche **Heiserkeit** in den Abstufungen „belegt, heiser, aphonisch", z.B. bei Stimmlippenlähmung oder akuter Laryngitis und chronisch gleichbleibende oder allmählich zunehmende Heiserkeit als ein Zeichen für chronische Laryngitis, Myxödem, Druck auf den N. recurrens, Myasthenia gravis oder für ein Kehlkopfkarzinom. Jede Heiserkeit, die länger als drei Wochen dauert, bedarf der sorgfältigen Abklärung.

Außerdem führen Kehlkopferkrankungen zu Husten, inspiratorischem Stridor, Schluckschmerzen und Lymphknotenschwellungen in diesem Halsbereich.

Eine besonders **leise Stimme** bietet Hinweise auf Morbus Parkinson oder das Vorliegen einer Depression, eine tiefe Stimme bei Frauen gehört zu den Virilisierungszeichen, z.B. beim Stein-Leventhal-Syndrom, oder lässt an ein Myxödem denken. Näselndes Sprechen weist auf eine Nasopharyngitis, Gaumensegellähmung oder Myasthenia gravis hin.

10.6.2 Die Kehlkopfspiegelung

10.6.2.1 Durchführung der Kehlkopfspiegelung

Für die Kehlkopfspiegelung brauchen Sie ein Zungenläppchen bzw. nicht flusendes Papier, einen Kehlkopfspiegel und einen Spiritusbrenner (nicht rußend) (Abb. 10.**22**). Zur Untersuchung des Kehlkopfes gehören die ***Palpation*** des Kehlkopfgerüstes bei vorgebeugtem Kopf und die Suche nach Lymphknoten am Vorderrand des M. sternocleidomastoideus, oberhalb der Klavikel und vor dem Schildknorpel, die bei innerem und äußerem Kehlkopfkarzinom vergrößert sein können. Lassen Sie den Patienten vor Beginn der Untersuchung etwaige Zahnprothesen herausnehmen.

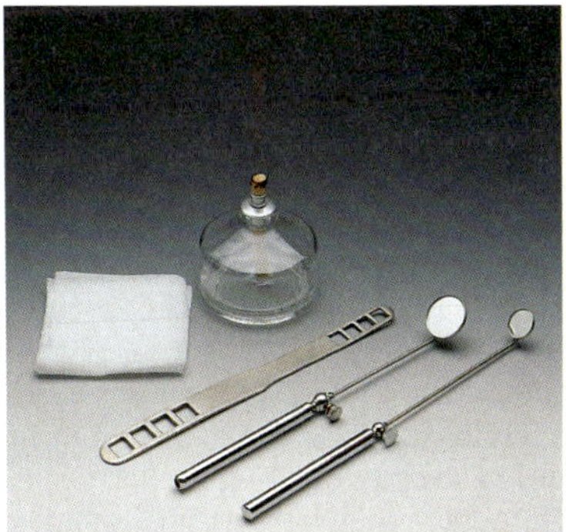

Abb. 10.**22** Geräte für die Kehlkopfspiegelung

Abb. 10.**23** Haltung des Kehlkopfspiegels

Der Kehlkopfspiegel wird wie ein Schreibinstrument zwischen Daumen, Zeige- und Mittelfinger der rechten Hand gehalten (Abb. 10.**23**). Die Spiegelfläche wird vor der Untersuchung über der Spiritusflamme 1 Sek. erwärmt, damit sie nicht beschlägt. Prüfen Sie die Temperatur der hinteren Metallfläche mit Ihrem linken Handrücken.

Lassen Sie dann den Patienten den Mund weit öffnen, und stellen Sie durch Bewegungen des Patientenkopfes den Lichtstrahl auf das Gaumensegel ein. Der Patient muss seine Zunge so weit herausstrecken, dass Sie sie mit dem Zungenläppchen zwischen dem Daumen auf der Oberseite und dem Mittelfinger von unten halten können (leicht herausziehen), sodass bei der Untersuchung die Epiglottis aufgerichtet bleibt. Mit dem Zeigefinger wird die Oberlippe des Patienten angehoben. Dabei stützen Sie Ihre Hand, um sie ruhig zu halten, am Unterkiefer des Patienten ab.

Dann führen Sie den Larynxspiegel flach über den Zungenrücken bis unmittelbar vor die Uvula und heben diese mit der Spiegelrückfläche leicht nach hinten oben. Jetzt fordern Sie den Patienten auf, ein langgezogenes „Hä“ zu singen. Dadurch steigt der Larynx etwas aufwärts, die Epiglottis klappt nach vorn, und der Kehlkopfeingang bzw. die Stimmlippen werden sichtbar. Ihre rechte Hand stützen Sie am Unterkiefer des Patienten ab.

In dieser Position wird der Kehlkopfspiegel so eingestellt, dass bei einem Neigungswinkel von etwa 45° der Kehlkopf sichtbar wird (Abb. 10.**24**).

Durch leichte Drehbewegungen des Spiegels um die horizontale Achse können Sie den vorderen bzw. den hinteren Anteil des Kehlkopfes besser einstellen. Dabei erscheint im Spiegel der anatomisch dorsale Anteil seitenverkehrt unten. Durch

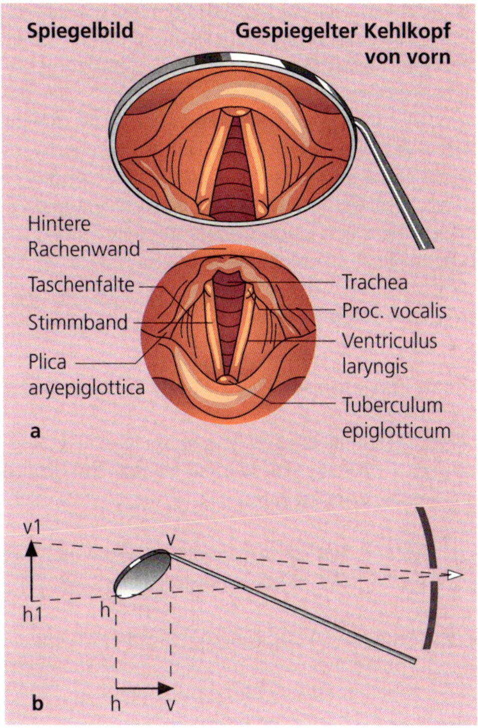

Abb. 10.**24 a** Laryngoskopisches Spiegelbild; Respirationsstellung,

Abb. 10.**24 b** Umkehrung des Bildes im Spiegel schematisch: v wird als v1 gesehen, h als h1

10

leichte Verkantung des Spiegels nach links oder rechts lassen sich die entsprechenden lateralen Kehlkopfanteile besser untersuchen. Sie beurteilen die Stimmlippen nach Farbe, Form, Stellung und Beweglichkeit.

Um Phonations- und Respirationsstellung der Stimmlippen ***inspizieren*** zu können, wird der Patient aufgefordert, abwechselnd zu atmen bzw. „hä" zu sagen. In der Respirationsstellung können Sie auch die Anteile des Kehlkopfes beurteilen, die unterhalb der Stimmritze liegen.

10.6.2.2 Charakteristische Befunde

Charakteristische Befunde sind **Stimmlippenlähmungen**, bei denen die Stimmlippen in paramedianer Stellung straff bleiben. Sie weisen auf eine Recurrensparese hin. Dagegen stehen bei schlaffen Lähmungen die Stimmlippen schlaff in Mittelstellung (intermediär), sodass bei der Phonation ein breiter Restspalt bestehen bleibt. Die Stimme ist belegt bis heiser, gelegentlich aber auch unauffällig.

Kehlkopfpolypen sind entzündliche Hypertrophien der Stimmlippenschleimhaut, die zwischen den Stimmlippen pendeln können. Das führt zu Heiserkeit, plötzlichem Wechsel der Stimmklarheit (Diplophonie). Sie sitzen meist am Übergang vom vorderen zum mittleren Drittel der Stimmlippen, sind ein Zeichen für chronische Entzündung, bedürfen aber immer der histologischen Abklärung, damit ein Kehlkopfkarzinom nicht übersehen wird.

Kehlkopfkarzinome befallen meist zuerst die Stimmlippen. Langsam zunehmende Heiserkeit, die länger als drei Wochen dauert, sowie Lymphknotenschwellung und im Spätstadium Schluckbeschwerden weisen darauf hin. Kehlkopfkarzinome kommen aber auch in anderen Kehlkopfbereichen vor und treten dann ohne Heiserkeit auf. Erst in einem fortgeschrittenen Stadium kommt es zu Fremdkörpergefühl, Stridor und Schmerzen, die dann zu einer späten Diagnose führen.

10.7 Die Untersuchung des Nasen-Rachen-Raumes

(Rhinoscopia posterior)

Hierzu brauchen Sie außer dem Zungenspatel einen Nasen-Rachen-Spiegel und den Spiritusbrenner (vgl. Abb. 10.**22**).

Zur Untersuchung wird der Nasen-Rachen-Spiegel, dessen Spiegelfläche kleiner und gegenüber dem Stiel um etwa 100° abgewinkelt ist, in ähnlicher Weise eingeführt wie der Kehlkopfspiegel, jedoch der kleineren Fläche wegen kürzer erwärmt (Abb. 10.**25**) und geprüft.

Für die Untersuchung bewährt sich eine Nackenstütze oder das Anlehnen des Patientenkopfes gegen die Wand, weil die linke Hand des Untersuchers den Zungenspatel halten muss.

Sie drücken die Zunge tief in den Mundboden und führen den Spiegel horizontal am Zäpfchen vorbei bis vor die Rachenhinterwand, möglichst ohne sie zu berühren. Ihre rechte Hand stützen Sie dabei am Unterkiefer des Patienten ab. Wenn Sie Schwierigkeiten haben, mit dem Spiegel hinter das Gaumensegel zu kommen, können Sie den Patienten auffordern, zur Erschlaffung des Gaumensegels durch

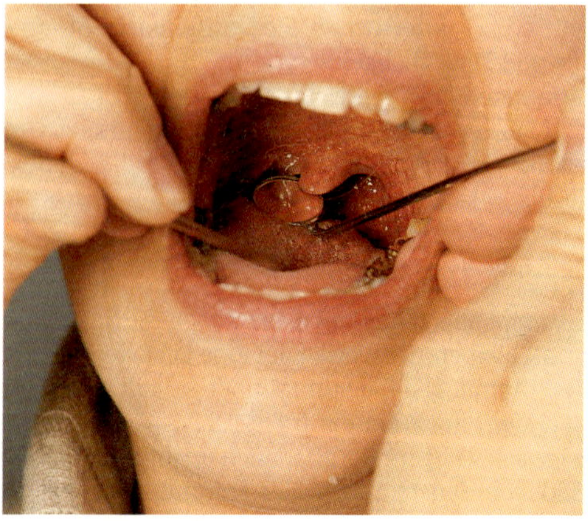

Abb. 10.**25** Einführen des Nasen-Rachen-Spiegels

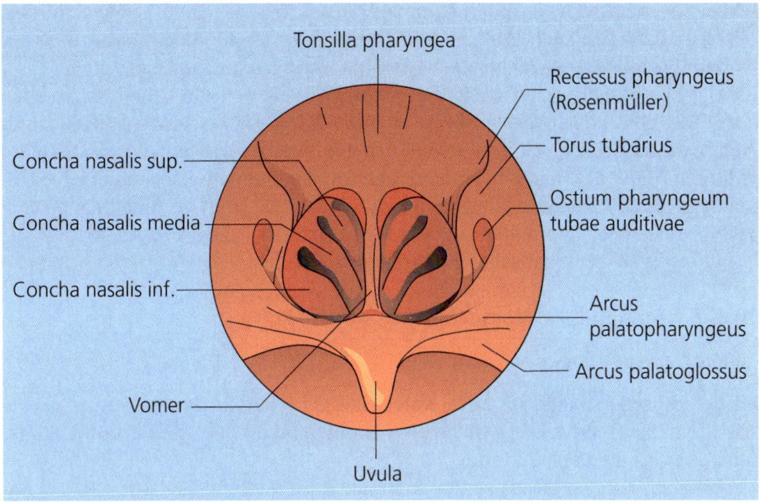

Abb. 10.**26** Nasen-Rachen-Raum nach Eicken (aus *Eicken, C. v., A. Schulz van Treeck*: Atlas der HNO-Krankheiten. 3. Aufl. Stuttgart: Thieme; 1951)

die Nase zu atmen oder „zu riechen", oder Sie müssen die Zunge tiefer hinunterdrücken.

Der Nasen-Rachen-Raum wird durch leichte Dreh-, Auf- und Abbewegungen des Spiegels systematisch abgesucht. Pathologische Sekrete aus dem mittleren Nasengang finden Sie zwischen der mittleren und unteren Muschel; zwischen oberer und mittlerer Muschel wird Sekret aus dem hinteren Drittel der Siebbeinzellen sichtbar. Lateral erscheinen der Tubenwulst und das Ostium der Tuba auditiva (Tuba Eustachii) (Abb. 10.**26**).

Wenn Sie z. B. bei der Spiegelung des Nasen-Rachen-Raumes den Vomer nicht erkennen können, spricht das im Kindesalter für adenoide Vegetationen, bei Erwachsenen für einen Tumor, der aber häufiger lateral zu finden ist. Achten Sie bei der Palpation des Halses auf die Lymphabflussgebiete (Abb. 10.**27**). Pathologische Befunde im Nasen-Rachen-Raum und am Kehlkopf sollten immer Anlass zur Palpation der Lymphabflussbahnen am Hals sein: Kieferwinkel, M. sternocleidomastoideus in der Tiefe, über dem Kehlkopf und supraklavikulär.

10.8 Die Untersuchung des äußeren Halses

10.8.1 Charakteristische Beschwerden am Hals

Schmerzen im Bereich des Halses – nicht Halsschmerzen, wie sie beim Schlucken auftreten – werden verstärkt durch Bewegungen des Kopfes,

- mit Anspannung des M. sternocleidomastoideus bei Tortikollis;
- mit Anspannung der nuchealen Muskulatur bei Myalgie;

- bei degenerativen Veränderungen der Halswirbelsäule durch Osteochondrose der Intervertebralgelenke und der Bandscheiben als Zervikalsyndrom;
- durch Schulterbewegungen bei Halsrippe und Skalenussyndrom.

Bei der **Schwellung der Schilddrüse (= Struma)** berichten die Patienten darüber, dass ihnen der Kragen oder die Bluse zu eng wird. In fortgeschrittenen Fällen klagen sie auch über Schluck- und schließlich über Atembeschwerden, besonders im vorderen Anteil des Halses bei Infektionen im Mund und im Rachenraum. Sie treten dann plötzlich auf und klingen schnell ab, während langsam zunehmende Vergrößerungen der Lymphknoten auf chronisch-entzündliche Prozesse (Tb) oder Erkrankungen des lymphatischen Apparates hinweisen.

10.8.2 Ablauf der Untersuchung des Halses

10.8.2.1 Inspektion

Bei der ***Inspektion*** finden Sie am lateralen Hals je nach Abflussverhältnissen in verschiedenem Sitz- bzw. Liegewinkel des Patienten hinter dem M. sternocleidomastoideus sichtbare Venenfüllung.

Auffallen können ferner angespannte auxiliäre Atemmuskulatur, z. B. bei Patienten mit Emphysem, Lymphknotenpakete, Parotisschwellungen und Jugularisvenenpulse bei Trikuspidalinsuffizienz. Beim Tortikollis tritt der M. sternocleidomastoideus deutlich vor.

Von ventral sieht man die seitliche Verschiebung des Schildknorpels durch raumfordernde Hals- oder Mediastinalprozesse und große Strumen. Die Messung des Halsumfangs erfolgt waagerecht kranial von der Struma, waagerecht über dem Schildknorpel, über der Struma und schließlich waagerecht unmittelbar kaudal von der Drüse.

Halslymphknoten und Begleitsymptome
Diagnostische Bedeutung

- Akute, lokale Lymphknotenschwellung, meist druckschmerzhaft bei infektiösen Entzündungen im jeweiligen Einzugsgebiet des Schädels und der Kopf- und Halsorgane, aber auch bei Erythema nodosum
- akute, generalisierte Halslymphadenome, meist druckschmerzhaft bei Läusen, Virusinfektionen, Medikamentenallergie und Katzenkratzkrankheit
- chronische, lokale Lymphadenome
  - groß multipel zusammenhängend bei boviner Tuberkulose
  - große, voneinander getrennte Papeln, die zu Ulzera werden, sprechen für Syphilis
  - aufbrechende, eiternde Infiltrate im Gesicht oder Bronchitis oder uncharakteristische Bauchschmerzen bei *Aktinomykose*
  - besonders harte, als Lymphknotenmetastasen
  - als Virchow-Knoten hinter dem Ansatz des M. sternocleidomastoideus an der Klavikel links spricht für einen metastasierenden Tumor im Oberbauch

10.8.2.2 Palpation

Palpabel ist die Lage des Kehlkopfes; er kann zur Seite des geringeren Druckes verzogen sein, wenn z.B. durch Atelektasen oder Pneumothorax intrathorakale Druckunterschiede entstehen. Diskretere Befunde wie die Schwellung der tiefen **Lymphknoten** erhebt man durch vorsichtig rotierende Palpation zunächst im vorderen und dann im hinteren Halsdreieck, die durch den M. sternocleidomastoideus getrennt werden, und schließlich in der Submentalregion (Abb. 10.**27**). Außerdem kann man die submandibulären Drüsen oder eine Halsrippe, Zysten und Halsgefäße und unter Umständen im medialen Anteil der Supraklavikulargrube die „Virchow-Drüse" palpieren.

Die Palpation der A. carotis spielt bei der Beurteilung eines Pulsdefizits (S. 306) und bei Schockpatienten eine Rolle, bei denen der Radialispuls durch Blutverlust so schwach sein kann, dass er der Palpation nicht mehr zugänglich ist.

Eine vergrößerte Parotis können Sie vor dem Ohr lateral und dorsal vom aufsteigenden Anteil des Unterkiefers tasten. Die Drüsen im Mundboden oder einen Stein im Ductus parotideus, der neben dem zweiten oberen Molaren endet, können Sie leichter beurteilen, wenn Sie mit einem behandschuhten Finger aus dem Mundinneren gegenpalpieren.

Die ***Schilddrüse*** tastet man von vorn mit den Fingerkuppen als schluckverschiebliche, weiche Masse. Sie kann in einzelnen Abschnitten knotig verändert

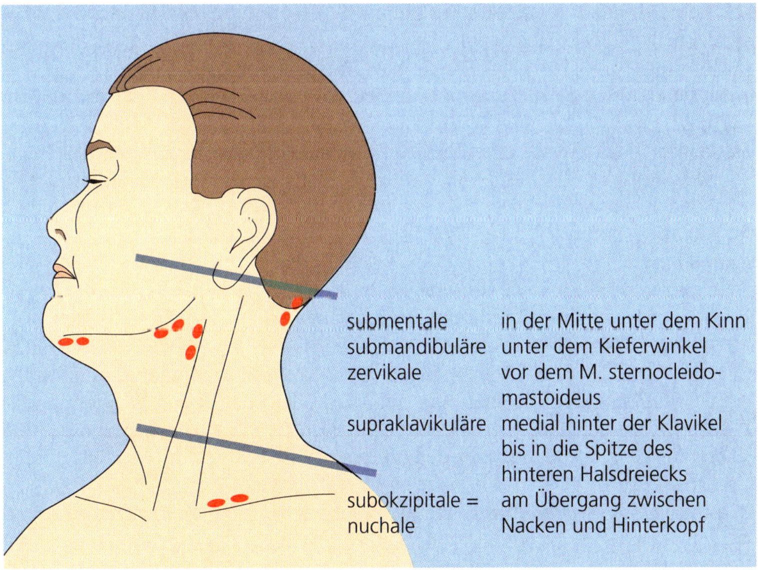

Abb. 10.**27** Halslymphknoten

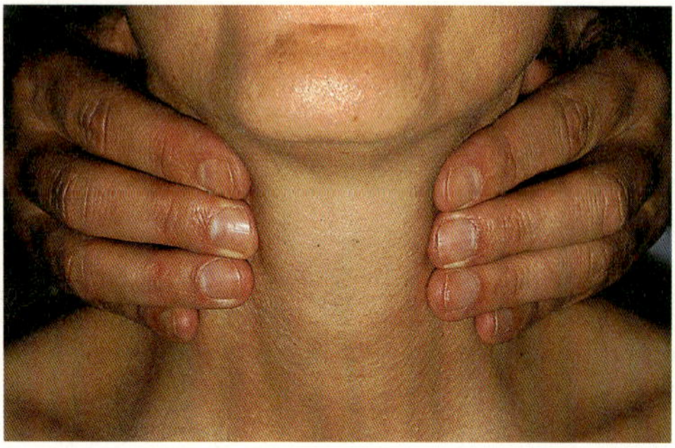

Abb. 10.**28** Palpation der Thyreoidea von dorsal

oder als Ganzes vergrößert oder verhärtet sein. Eine sichere Beurteilung ist mit der Innenfläche der Finger am leichtesten durch Umgreifen des Halses von dorsal mit am hinteren Hals als Stütze aufgelegten Daumen und am seitlichen Hals angelegten Handflächen möglich (Abb. 10.**28**). Fordern Sie den Patienten auf, während der Palpation zu schlucken, und lassen Sie ihn, falls es ein kurzer Hals oder starker Fettansatz zweckmäßig erscheinen lässt, den Kopf etwas rückwärts neigen.

Von **Kropf (= Struma)** spricht man bei Vergrößerung der Schilddrüse, die man nach drei Größenklassen einteilen kann:

- I Bei Normalhaltung des Kopfes fühlbare Vergrößerung, sichtbar nur beim Zurückneigen des Kopfes,
- II sichtbar vergrößerte Schilddrüse bei Normalhaltung des Kopfes,
- III sichtbare Vergrößerung mit seitlichen Auswüchsen oder retrosternalem Anteil.

Vermehrte Durchblutung einer Struma lässt sich mit dem Stethoskop als Schwirren oder Rauschen auskultieren. Häufige **Begleitsymptome** bei Schilddrüsenerkrankungen sind Schluckbeschwerden und Globusgefühl. Im Vordergrund stehen der Palpationsbefund und die Myxödem- bzw. Thyreotoxikosezeichen.

Strumaformen:

- Leicht vergrößerte Thyreoidea gegen Ende des Zyklus und/oder bis zum 5. Jahr nach der Pubertät und während der Schwangerschaft sind physiologisch;
- als ***kleine, diffuse Struma*** bezeichnet man die bis auf das Doppelte des Normalen vergrößerte Thyreoidea. Jodmangel, angeborener Hormonmangel, aber auch hoch dosierte Medikationen mit Thiouracil oder Phenylbutazon oder chronische Thyreoiditis können die Ursache einer Unterfunktion der Struma sein. Die Zeichen des Myxödems oder der Thyreotoxikose werden durch Szintigraphie verifiziert;
- die ***kleine, harte, glatte Struma*** hat mehrfache Bedeutung; sie kann auf eine Thyreotoxikose, eine Thyreoiditis oder auch ein Schilddrüsenkarzinom hinweisen;
- mehr als um das Doppelte vergrößert ist die ***große, diffuse Struma***; sie ist in der Regel glatt und fest oder in der Oberfläche leicht höckrig strukturiert, aber frei

von umschriebenen Knoten. Sie tritt besonders in endemischen Kropfgebieten auf, kann aber auch Ausdruck aller, für die kleine Struma genannten Ursachen sein;

- ***vielknotige, adenomatöse Struma:*** Sie tritt meist bei Personen über 30 Jahre auf. Neben dem Vorliegen klinischer Thyreotoxikosezeichen findet man in der Szintigraphie erhöhte J-131-Konzentration, als sog. heiße Knoten;
- bei längerem Bestehen kann ein einzelner Knoten oder ein Strumaanteil besonders hart werden. Das weist auf eine Kalzifikation oder eine *maligne Struma* hin. Immer sollten dann die regionalen Lymphknoten besonders sorgfältig palpiert werden;
- die ***druckschmerzhafte, knotige Struma*** oder eine verhältnismäßig kleine Struma, die beim Schlucken Beschwerden verursacht, weist auf eine akute Thyreoiditis hin. Bei chronischem Verlauf (Hashimoto oder Riedel) wird die Struma gummiartig, hart, die Schmerzhaftigkeit verschwindet.

Struma und Begleitsymptome
Diagnostische Gegenüberstellung

Symptome bei Myxödem		*Symptome bei Thyreotoxikose*
rundlich bis plump, verquollen	**Gesicht**	normal, eher akzentuierte Züge
entspannt bis müde, zähflüssig („Bernhardinergesicht")	**Mimik**	wach, angemessen bis schnell
psychisch allgemein verlangsamt, sanft, gleichmäßig	**Reaktion**	normale bis überschießende Reaktionen, leicht irritierbar
heiser	**Stimme**	normal
langsam, behäbig	**Sprache**	überschießend, hastig wirkend, Tremor
verlangsamt	**Sehnenreflexe**	normal bis verstärkt
verdickt, kühl, trocken, schuppig	**Haut**	dünn und feucht
trocken, brüchig	**Nägel**	Lösung von der Unterlage
periorbitales Ödem	**Augen**	Exophthalmus
normal oder Bradykardie, leise Herztöne, Rhythmusstörungen selten, Blutdruckamplitude normal	**Herz** und **Kreislauf**	Tachykardie, laute Herztöne Flimmern und Flattern häufig, Blutdruckamplitude vergrößert
geringe Nahrungsaufnahme, eher Gewichtszunahme, eher Obstipation	**Gastrointestinaltrakt**	Heißhunger und Gewichtsverlust, eher Diarrhö
Menorrhagien	**Menstruation**	normal oder Oligomenorrhö

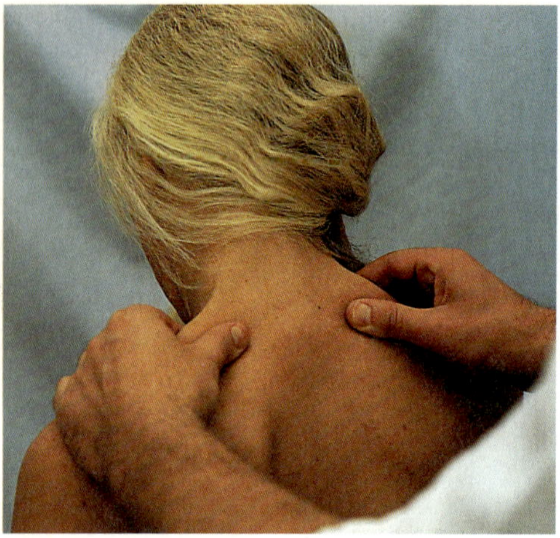

Abb. 10.**29** Der schräg nach lateral-kaudal verlaufende Trapeziusanteil wird mit den Fingerspitzen von ventral gegen den von dorsal gegendrückenden Daumen palpiert

Myogelosen der Halsmuskulatur oder eine Verspannung ganzer Muskelabschnitte stellt man dadurch fest, dass man mit den rotierenden Fingerbeeren ventral und lateral die Halsmuskulatur bzw. den schräg nach lateral kaudal verlaufenden Trapeziusanteil gegen den von dorsal leicht gegendrückenden Daumen palpiert (Abb. 10.**29**).

10.8.2.3 Perkussion

Sie beschränkt sich am Hals auf die Dornfortsätze der HWS (Untersuchung der Wirbelsäule, S. 427).

10.8.2.4 Auskultation

Diagnostisch wesentliche ***auskultatorische*** Hinweise finden sich am Hals über den Gefäßen, wie das schabende Systolikum bei arteriosklerotischen Einengungen, das kurze raue autochthone systolische Karotisgeräusch bei erhöhtem Schlagvolumen oder die Fortleitung systolischer Geräusche, z. B. einer Aortenstenose, in die A. carotis.

Systolisch-diastolische ***Gefäßgeräusche*** kann man über der vergrößerten Thyreoidea auskultieren und durch vergleichende Herzauskultation von fortgeleiteten systolisch-diastolischen Geräuschen des Herzens unterscheiden, die z. B. bei unreinen Aortenvitien auftreten. Schwieriger ist die Abgrenzung gegen eine arteriovenöse Fistel am Hals.

Als Nonnensausen (Nonne = Kreisel) bezeichnet man ein kontinuierliches Venengeräusch, das über den Jugularvenen in der Fossa supraclavicularis zu hören ist und bei erhöhter Strömungsgeschwindigkeit, z. B. im Rahmen einer ausgeprägten Anämie, auftritt. Dieses Geräusch kann man durch leichten Druck mit dem horizontal gehaltenen Zeigefinger gegen den Hals unterhalb des Kieferwinkels unterbrechen.

Das an der Trachea auskultierte Atemgeräusch lässt sich bei Patienten ohne Stridor gut zum Vergleich für Bronchialatmung heranziehen.

10.8.2.5 Funktion

Als ***Funktion*** des Halses fassen wir die ***Beweglichkeit des Kopfes*** auf und unterscheiden dabei **aktive Bewegungen**, die der Patient selbstständig ausführt, und **passive Beweglichkeit**, bei der Sie den Kopf des Patienten bewegen, Bewegungseinschränkungen fühlen, knackende Geräusche der Gelenke hören und Schmerzreaktionen des Patienten wahrnehmen. Achten Sie darauf, dass der Patient die Schultern nicht mitbewegt.

Aktiv ist der Kopf seitwärts um 45° nach beiden Seiten zu neigen; die Links-rechts-Drehung ist um mindestens 60° möglich. Der Patient kann den Kopf vorwärts beugen, bis das Kinn die Brust berührt, und rückwärts, bis er – ohne sich zurückzuneigen – die Decke über sich erkennen kann. Durch krankhafte Veränderungen der Halswirbelsäule können all diese Bewegungsvorgänge schmerzhaft sein. Im Alter sind sie physiologisch eingeschränkt.

Als pathologische Zeichen finden Sie das Nicken oder Wackeln mit dem Kopf beim Morbus Parkinson oder das Musset-Zeichen als pulssynchrones Nicken bei Aorteninsuffizienz. Rigidität des Halses kann ein Hinweis auf Meningitis, Tetanus oder Veränderungen der Halswirbelsäule sein, die zur Reizung der Nervenwurzeln und damit zu Schmerzen und zur Muskelkontraktur führen.

Verwenden Sie den Untersuchungsbogen für die Dokumentation.

10.8.3 Aufgaben für die Selbstkontrolle

34 Nennen Sie charakteristische Beschwerden bei Erkrankungen des Kehlkopfes!

35 Welche drei Absichten verfolgen Sie bei der Larynxspiegelung, wenn Sie den Patienten ein langgezogenes „Hä“ singen lassen?

36 Welches Symptom weist auf ein Kehlkopfkarzinom hin?

37 Wozu führt die Berührung der Rachenhinterwand mit dem Nasen-Rachen-Spiegel?

38 In welcher Stellung können Sie die Schilddrüse mit der Innenfläche der Finger beurteilen?

39 Wie ist Nonnensausen über den Jugularvenen von systolisch-diastolischen Gefäßgeräuschen über den Halsarterien zu unterscheiden?

Praktische Aufgaben

J Untersuchen Sie sich gegenseitig und mehrere Patienten mit dem Kehlkopfspiegel, und legen Sie Ihre Befunde schriftlich fest!

K Palpieren Sie sich gegenseitig die Schilddrüse und die Schluckbeweglichkeit des Kehlkopfes durch Umfassen des Halses von dorsal.

11 Die Untersuchung des Thorax

11.1 Lernziele

Im folgenden Kapitel erfahren Sie, wie man

- charakteristische Beschwerden bei Erkrankungen im Bereich des Thorax erfasst und von ähnlichen Beschwerden bei Erkrankungen des Herzens und anderer Organe unterscheidet (Verdachtsdiagnosen s. Beschwerden-Abc in Kapitel 4.6),
- den Thorax inspiziert und palpiert,
- den Thorax perkutiert und auskultiert,
- einfache Funktionsprüfungen durchführt,
- die am Thorax erhobenen Befunde dokumentiert[1] und
- Leitsymptome für die Diagnostik verwendet.

Mit den gestellten Aufgaben können Sie selbst kontrollieren, ob Sie diese Ziele erreichen.

11.2 Charakteristische Beschwerden

11.2.1 Atemgeräusche, pfeifende

treten vorwiegend exspiratorisch auf und haben ihren Ursprung in teilweisen Verschlüssen der kleinsten Bronchien und Bronchioli, z. B. bei der Bronchitis oder dem Asthma. Meist ist bei pfeifendem Atemgeräusch die Exspiration verlängert.

11.2.2 Auswurf

sollte nach Farbe und Konsistenz beurteilt, am besten besichtigt werden, denn er gestattet gemeinsam mit einigen anderen **Begleitsymptomen** eine diagnostische Zuordnung des Hustens:

- Fieber* lässt in erster Linie an eine Infektion denken,
- Gewichtsverlust* an Karzinom oder Tuberkulose,
- Dyspnoe* spricht für obstruktive Erkrankungen der Lungen und/oder eine Linksinsuffizienz,
- Hämoptysen* treten früh bei Infektionen, in der Regel erst nach Wochen beim Bronchialkarzinom auf.

[1] Untersuchungsbogen: www.thieme.de/specials/dahmer-anamnese-und-befund

Bei Auswurf soll der Patient das expektorierte Material in einem möglichst schmalen Glas, ggf. auch einem größeren Reagenzglas, auffangen und aufrecht getragen mitbringen.

Zäh-glasigen, fädigen und weißlichen Auswurf finden Sie bei der chronischen Bronchitis, gelbgrün eitrigen Auswurf z.B. bei bakteriellen Atemwegsinfekten, Bronchiektasen oder kavernöser Tuberkulose.

Die sog. „maulvollen", eitrigen Expektorationen sind ein charakteristisches Zeichen für Bronchiektasen oder den heute selten gewordenen Lungenabszess. Reichlich dünnflüssiges oder schaumiges Sputum lässt an ein Lungenödem denken.

Bronchiektasensputum setzt sich dreischichtig ab, das Sputum bei Lungenabszess zweischichtig, im letzteren Fall hat es üblen Geruch.

Husten und Auswurf
Diagnostische Bedeutung

Organsystem	*entzündlich*	*vaskulär*	*neoplastisch*	*andere*
Respirationstrakt trockener Reizhusten, dann schleimig-eitriger Auswurf oder Hämoptysen	Laryngitis Bronchitis Pneumonie Tuberkulose	Lungeninfarkt	Bronchialmalignom	Fremdkörper inhaliert oder im Gehörgang hämorrhagische Diathese, Antikoagulanzientherapie, Mukoviszidose
Herz u. Kreislauf Dyspnoe und Hämoptoe	Perikarditis	Linksinsuffizienz und/oder Lungenödem	Malignom des Perikards	toxische Gase
Pleura und Mediastinum trockener, schmerzhafter Husten	Pleuritis		Pleuraendotheliom, Malignome oder Lymphknotenschwellung im Mediastinum	Ösophagusfistel bzw. -divertikel

11.2.3 Blutiger Auswurf s. Hämoptoe/Hämoptysen

11.2.4 Brustschmerzen

Wissen um die Nervenversorgung erleichtert die diagnostische **Zuordnung** von Brustschmerzen zu erkrankten Organen:

Die Schulter wird von Spinalnerven aus C4 versorgt, die Zwerchfellkuppel vom N. phrenicus aus C3 bis C5. Die „Kurzschlusstheorie" gestattet Vermutungen, dass es sich bei **Schmerzausstrahlung** in den Schulterbereich um diaphragmanahe Prozesse, z.B. basale Pleuritis oder Pankreatitis, handelt.

Der Arm wird von C5 bis Th1 versorgt, Herz und Perikard mit afferenten Fasern aus (C3) C4 bis Th5. Das erklärt das Ausstrahlen von Herzschmerzen in den Hals und in den linken Arm. Schulterschmerzen weisen auf den Kontakt der betroffenen Herzanteile mit dem Zwerchfell (C3 bis C5) hin.

Th2 bis Th9 versorgen Haut, Muskulatur und Pleura parietale des knöchernen Thorax, aber auch das Epigastrium mit sensiblen Fasern. Schmerzhafte Erkrankungen des Ösophagus (Th4 bis Th6) führen zu Schmerzen über den unteren Sternumanteilen und dem Epigastrium, dorsal bis in den Bereich zwischen den Scapulae, erklären jedoch auch, warum Schmerzen bei einer Refluxösophagitis für Herzschmerzen (Th1 bis Th5) gehalten werden können.

Brustschmerz
Diagnostische Bedeutung

Achten Sie auf die Kopfzeile über den Spalten. Die dort genannten Parameter sind gut dazu geeignet, als Suchhilfe Informationen aus Ihrem Gedächtnis abzurufen.

Organsystem und Schmerzbesonderheiten	*entzündlich*	*vaskulär*	*strukturell*	*neoplastisch*	*neurogen*
Thoraxwand und Wirbelsäule Bewegung (Atmung) schmerzverstärkend	Herpes Zoster, Spondylarthritis, Spondylitis ankylopoetica, Bornholmer Krankheit		Osteoporose, Osteomalazie	Malignome der Wirbelsäule, Osteodystrophia def. (Morbus Paget)	Interkostalneuralgie
Atmungsorgane, Pleura und Mediastinum Atmung verstärkt	Tracheitis, Bronchitis, Pneumonie, Pleuritis	Lungenembolie	Bronchiektasie	Malignome	
Herz und große Gefäße	Perikarditis	Angina pectoris, Herzinfarkt	Aortenaneurysma		
Ösophagus Schluckbeschwerden	Ösophagitis		Hiatushernie, Striktur, Mallory-Weiss	Malignome	Spasmus, Achalasie
Subphrenische Organe Atmung verstärkt	Hepatitis, Pankreatitis, subphrenischer Abszess, Echinokokkus			Leberzell- und Pankreasmalignom	

Oberflächlicher Thoraxschmerz und Begleitsymptome Diagnostische Bedeutung

- Schmerzen ventral der äußeren Axillarlinie mit Ausstrahlung in die Axillar- und Inguinalregion als etwa 3 cm breiter druckschmerzhafter Streifen sprechen für *Morbus Mondor* = Thrombophlebitis der V. thoracoepigastrica
- Schmerzen in den Mammae mit örtlichen Entzündungszeichen lassen an eine Mastitis denken, mit Apfelsinenhaut, Mamillenverziehung und Knoten an ein *Mammakarzinom*. Zysten sind in der Regel schmerzlos
- herpetiforme, bandförmige Effloreszenzen in segmentaler Anordnung sind Ausdruck eines Herpes Zoster mit brennenden Schmerzen. Dabei können auch muskuläre Brustkorbanteile betroffen sein, die den Schmerz atmungsabhängig machen

Atmungsabhängiger Thoraxwandschmerz und Begleitsymptome Diagnostische Bedeutung

Plötzlich einsetzende Thoraxwandschmerzen

- starke präkordiale Stiche, die maximal 3 Min. anhalten, durch flache Atmung gebessert und meist durch sehr langsames, tiefes Einatmen verschwinden, sind harmlose *präkordiale Stiche* im Sinne von Muskelkontrakturen. Sie führen beim Patienten häufig zur Verwechslung mit einem Herzinfarkt
- schneidende, eher flächenhafte Schmerzen, Reibegeräusche, Fieber, aufsteigende Dämpfung, die bei diaphragmanaher Entzündung auch im Epigastrium auftreten kann, sind Zeichen einer *Pleuritis*. Differenzialdiagnostisch ist an subphrenischen Abszess, Lungenödem und Perikarditis zu denken
- unerträgliche, stechende Schmerzen unter dem rechten Rippenbogen, durch Einatmung verstärkt, kann in die rechte Schulter und in den rechten Arm ausstrahlen, Kopfschmerzen, Fieber, Schüttelfrost, Schweiß, extremer Druckschmerz im ROQ, lokale Rigidität bei *Perihepatitis gonorrhoica*
- intermittierende, den Ort wechselnde, schneidende Schmerzen, Fieber, Kopfschmerzen und Muskelschmerzen erregen den Verdacht auf eine *Bornholm-Krankheit*

Allmählich einsetzende Thoraxwandschmerzen

- Schmerzauslösung oder Verstärkung durch Druck auf Sternum, Kostosternalgelenke, Rückwärtsneigen des Kopfes bei gleichzeitigem rückwärtigem Anheben der Arme sprechen für ein *Thoraxwandsyndrom (Epstein)*
- heftiger, über große Strecken einer Rippe ausgedehnter Schmerz, Fieber und Entzündungszeichen lassen an eine *Osteomyelitis* denken
- über geschwollenen Rippen Sternum-Verbindungen, besonders der 2. und 3. Rippe, sind Zeichen für ein *Tietze-Syndrom*

11

Es erleichtert den diagnostischen Zugang, wenn Sie den umfangreichen **Komplex Thoraxschmerz** (= Brustschmerz) nach klinischen Gesichtspunkten unterteilen:

- oberflächlicher oder äußerer Thoraxschmerz,
- Haut, subkutane Strukturen und Mammae,
- Thoraxwand- oder Brustkorbschmerz haben ihren Ursprung im knöchernen Thorax, der Muskulatur, den Gelenken oder der Pleura,

- tiefer Thoraxschmerz, der auf Erkrankungen der inneren Thorax- und/oder Oberbauchorgane hinweist.

Ursachen des **oberflächlichen Thoraxschmerzes** sind in der Regel der Inspektion und der Palpation unmittelbar zugänglich, eindeutig lokalisierbar und nehmen durch Druck zu.

Thoraxwandschmerzen sind dadurch charakterisiert, dass sie bewegungs- und atmungsabhängig sind, d. h. durch Atmen, Lachen, Niesen, Husten oder Kompression verstärkt werden, zu einem spontanen, Linderung verschaffenden, inspiratorischen Nachschleppen einer Thoraxseite und Druckschmerz in den Zwischenrippenräumen führen, in der exspiratorischen Pause aber nachlassen.

Tiefe, bewegungsunabhängige Thoraxschmerzen werden über sensible Fasern aus Th1 bis Th6 versorgt, kommunizieren untereinander und mit den Nerven aus dem Zervikalbereich. Sie sind druck- und bewegungsunabhängig, nicht scharf lokalisierbar, und der Schmerzort kann bei gleichem Organbefall von Patient zu Patient wechseln. Die Art der Schmerzen entspricht eher dem krampfartig einengenden, **viszeralen Schmerztyp***.

Tiefer Thoraxschmerz Diagnostische Bedeutung

- Ein Gefühl der Enge oder des Unbehagens oder tiefe, brennende Schmerzen, retrosternal oder präkordial, die in den Hals und Unterarm ausstrahlen können, durch mindestens minutenlange Anstrengung verstärkt und ebenfalls durch minutenlange Ruhe gemildert werden; betonter 4. Herzton und Arrhythmie sprechen für eine *Angina pectoris*. Das Ansprechen auf Nitroglycerin, dreimal nacheinander 0,4 mg in 3-Minuten-Abständen unter der Zunge zergehen lassen, sind beweisend
- tiefe, stechende Dauerschmerzen, retrosternal oder präkordial, die länger als 20 Min. anhalten, durch Ruhigstellung nicht verschwinden, Übelkeit, Erbrechen, Blässe, Tachykardie und kein Ansprechen auf Nitroglycerin, weisen auf einen *Herzinfarkt* hin
- tiefer, eher sternumferner, plötzlicher Thoraxschmerz und plötzliches Eintreten von Dyspnoe bei Vorliegen einer tiefen Thrombophlebitis oder einer Herzinsuffizienz, Zyanose, Schweiß, Erbrechen, Fieber und Tachykardie, blasige Hämoptysen, zunehmend lauter 2. Pulmonalton und kleinblasige Nebengeräusche sind Zeichen einer *Lungenembolie*. Die Schmerzen können atemabhängig sein
- tiefe, reißende Schmerzen in unmittelbarem zeitlichem Zusammenhang mit Erbrechen, Dyspnoe und präkordialen Knistergeräuschen lenken den Verdacht auf ein *Boerhaave-Syndrom* = spontane Ösophagusruptur
- tiefe, dumpfe, brennende Schmerzen im Bereich des Xiphoids, verstärkt oder ausgelöst durch horizontale Lage, sind Ausdruck einer *Hiatushernie*
- tiefe, retrosternale Schmerzen, durch Schlucken verstärkt, nach mehrfachem Erbrechen* oder im Rahmen einer akuten Infektion, sprechen für eine *Ösophagitis*
- tiefer, medialer Thoraxschmerz, Dyspnoe*, Heiserkeit* und bellender Husten* sind Hinweise auf einen *Mediastinaltumor*

Faustregel für die Organzuordnung:
Thoraxschmerzen abhängig von Nahrung = Ösophagus und Magen
Thoraxschmerzen lage- u. haltungsabhängig = Vertebra und Wirbelgelenke
Thoraxschmerzen abhängig von Bewegung = Brustkorb und Pleura
Thoraxschmerzen abhängig von Belastung = Herz

11.2.5 Dyspnoe

Über Dyspnoe klagen Patienten im Sinne eines Gefühls erschwerter Atmung, das unabhängig von Atemfrequenz und Atemtiefe schon entsteht, wenn der Patient das Atmen als Anstrengung empfindet. Einen groben Eindruck von der Schwere der Dyspnoe können Sie gewinnen, wenn Sie den Patienten nach der Zahl der Treppen (Absätze) fragen, die er ohne Schwierigkeiten steigen kann. Die Atmung wird vom Atemzentrum in der Medulla oblongata reguliert. Entsprechende Reize sind Veränderungen der Blutgase, z. B. durch respiratorische Insuffizienz oder Anämie und Anstieg der Wasserstoffionenkonzentration bei Azidose. Man spricht deshalb auch von respiratorischer, hämatogener bzw. metabolischer Dyspnoe.

Dyspnoe
Diagnostische Bedeutung

Organsystem	*entz./infekt.*	*vask./allerg.*	*strukturell*	*neoplast.*	*andere*
Atmungsorgane	Bronchitis, Pneumonie, Tuberkulose, Pleuraerguss, Pneumokoniose	Lungenödem, pulmonale Hypertonie, Asthma, Lungenembolie	Emphysem, Lungenfibrose, Pneumothorax, substernale Struma	Bronchialkarzinom	Fremdkörper, Medikamente, z. B. Betablocker
Herz und Kreislauf	Perikarditis, Endokarditis, Perikarderguss	Ursachen der Linksinsuffizienz: Herzinfarkt, Herzfehler (angeb. oder erworbene)	Myokardiopathie, Mitralstenose, Endomyokardfibrose	Malignom des Herzens, Karzinoid	Hyper-, Hypothyreose, Amyloidose, Arrhythmien, Herzblöcke
Atemzentrum		zerebraler Insult			Urämie, Ketoazidose

Anstrengungsdyspnoe, Ruhedyspnoe und Orthopnoe sind grob unterscheidbare Schweregrade (Tab. 11.1). Bei der Orthopnoe bekommt der Patient nur noch mit angehobenem Thorax genügend Luft. Wahrscheinlich gestattet die Absenkung der Zwerchfellkuppel im Sitzen tieferes Einatmen.

Tab. 11.1 Dyspnoe – Schweregrade

Schweregrad I	Atemnot bei schwerer körperlicher Anstrengung (wie Treppensteigen bis zum 5. Stockwerk)
Schweregrad II	Atemnot bei leichter Anstrengung (Steigen bis zum 1. Stockwerk)
Schweregrad III	Atemnot in Ruhe

11.2.6 Hämoptoe

Als Hämoptoe bezeichnet man blutiges Sputum, größere Blutbeimischungen oder das Abhusten von reinem Blut. Hämoptoe ist immer mit Hustenreiz verbunden. Das Blut ist meist mit Sauerstoff vermischt und deshalb hellrot, oft schaumig, im Unterschied urHämatemesis mit rotem oder kaffeesatzartigem, geronnenem und säuerlich riechendem Blut, das aus dem oberen Gastrointestinaltrakt stammt, meist erbrochen, gelegentlich aber auch mit Hustenanfällen entleert wird.

Hämoptysen

Hämoptysen sind kleinere Blutbeimengungen, oft nur Blutflecken oder blutige Fäden. Bei lobären Pneumonien oder Lungeninfarkten sehen sie wie Roststellen oder bräunlich aus. Die Begriffe Hämoptoe und Hämoptysen werden in der Literatur aber auch gleichsinnig verwendet.

Hämoptysen und Begleitsymptome Diagnostische Bedeutung

- Mit „Halskratzen", Heiserkeit und dem ständigen Bedürfnis, sich zu räuspern, als Zeichen einer *Laryngitis* oder eines Larynxmalignoms
- mit produktivem Husten*, Fieber* und feuchten Nebengeräuschen als Hinweis auf eine *Bronchitis*
- mit länger als 6 Wochen anhaltendem Hustenreiz, wenig Auswurf, tiefem Thoraxschmerz und Gewichtsverlust: Verdacht auf ein *Bronchialkarzinom*
- perakut einsetzender, anhaltender Reizhusten lässt besonders bei Kindern an *Fremdkörperaspiration* denken
- Fieber, Husten und Schüttelfrost, meist eher ein rostrotes Sputum als echte Hämoptysen, Dyspnoe und Thoraxschmerz. Dämpfung und vermindertes Atemgeräusch, später Bronchialatmung, Zyanose und besonders deutliche trockene und feuchte Nebengeräusche sind Zeichen einer *Pneumonie*, mit Hämoptysen besonders bei Klebsiella-Infektion und nach Aspiration
- akute Dyspnoe, Tachypnoe, betonter 2. Herzton über der A. pulmonalis, Rechtsinsuffizienz und Zyanose lassen an eine *Lungenembolie* denken, bei zusätzlichem, atemabhängigem Thoraxwandschmerz an einen Lungeninfarkt

11.2.7 Husten

Beim Husten kann man neben dem unproduktiven Reizhusten blechernen Husten, der bei der Laryngitis oder einem Kehlkopfkarzinom vorkommt, produktiven Husten und keuchenden Husten unterscheiden, der mit Schnupfen und Tränenfluss beginnt, mit Zyanose und feinblasigen Nebengeräuschen auf eine Pertussis hinweisen. Hustenreize bilden Entzündungen, Exsudate und Fremdkörperirritation im Pharynx oder im Bronchialbaum. Der Hustenreflex wird über Zweige des Vagus geleitet. Reizung des Vagus im äußeren Gehörgang führt ebenfalls zu Husten.

Reizhusten ist ein trockener (unproduktiver), bellender Husten, der in vielen Fällen in einen produktiven Husten übergeht.

Beim **produktiven Husten** fühlt sich der Patient nach Abhusten des Sekrets (Auswurf) erleichtert. Zeitlich unterscheidbare Formen des produktiven Hustens sind der nächtliche Husten mit Atemnot bei Herzinsuffizienz* oder der sog. morgendliche Raucherhusten, bei dem nur wenig Schleim abgehustet wird.

Jeder Husten, der länger als fünf Wochen dauert, muss an ein Karzinom oder an eine Tuberkulose denken lassen.

Husten und Begleitsymptome Diagnostische Bedeutung

- Akuter Reizhusten mit den üblichen Zeichen einer Erkältung spricht für eine infektiöse Entzündung der oberen Luftwege bei *Laryngitis* und *Pharyngitis*
- treten retrosternale Schmerzen hinzu, handelt es sich um eine *Tracheobronchitis*, z. B. bei Masern. Beide Formen gehen schnell in einen produktiven Husten über
- anhaltender, trockener Reizhusten ohne Erkältungszeichen lässt an ein Malignom in Trachea und Bronchien oder an einen *Mediastinaltumor*, z. B. bei der retrosternalen Struma oder beim Thymom, denken
- in vergleichbarer Form, allerdings schmerzhaft und atemabhängig, tritt er auch beim *Pleura-Mesotheliom* auf
- nur kurzfristig bleibt der Husten unproduktiv, geht dafür aber mit tiefen Brustschmerzen einher beim *Lungeninfarkt* und beim *Lungenödem*
- intermittierender Husten mit Dyspnoe, Zyanose, vorspringenden Halsvenen und grobblasigen Geräuschen, Ödemen und Lebervergrößerung sind Zeichen einer *Rechtsinsuffizienz**

11.2.8 Orthopnoe – diagnostische Bedeutung s. Dyspnoe

11.2.9 Sputum – Auswurf

Bei Erkrankungen der Luftwege, der Lungen und des Herzens können sich Farbe und Konsistenz des Sputums verändern. Fadenförmige Blutbeimischungen haben in der Regel ihre Ursache in Blutungen oder oberen Luftwege und des Mundes; rosa bis rote Gesamtverfärbung des Sputums lässt an Blutaustritt in die Alveolen und Bronchiolen denken, z. B. bei der Pneumonie oder beim Lungenödem. Massive Blutungen richten den Verdacht auf Arrosion eines Gefäßes in einer tuberkulösen Kaverne, Lungeninfarkt oder Bronchuskarzinom.

Gelatinös-blutiges Sputum weist auf eine Friedländer-Pneumonie hin, rostiges Sputum eher auf eine Pneumokokkenpneumonie. Eitriges Sputum, das je nach Erregern von schmutzig-grau über grünlich bis gelb gefärbt sein kann, findet man in der Lösungsphase einer Pneumonie oder beim Lungenabszess, in großen Mengen bei der Bronchiektasie als sog. maulvolle Expektorationen, die sich beim Abstehen in eine obere muköse Lage, darunter in eine seröse flüssige Lage und schließlich in unten liegenden Eiter absetzen.

11.2.10 Stridor

Stridor empfindet der Patient als pfeifend-kratzende Inspirationsgeräusche durch Einengungen zwischen oberem Larynx und Hauptbronchien. Er weist auf entzündliche Erkrankungen, Fremdkörper oder Neoplasmen hin.

11.2.11 Schluckauf

Schluckauf durch plötzliche, unwillkürliche Kontraktion des Zwerchfells, kann zentral durch den N. phrenicus oder durch seine lokale Stimulierung ausgelöst werden. Neben seinen alltäglichen Ursachen wie Gelächter, Kitzeln oder Luftschlucken ist er ein Zeichen der echten Hysterie, kann dann über viele Tage bestehen bleiben und ist dadurch charakterisiert, dass er nur im wachen Zustand auftritt.

Anders bei den vielfältigen ernst zu nehmenden Ursachen:

- zentral bei Meningitis, Hirntumor oder Apoplex. Auch die Urämie kann zu einem zentralen Schluckauf führen;
- im Mediastinum wirken Lymphknotenvergrößerungen, Trauma nach Faustschlag in das Epigastrium, Perikarditis oder Herzinfarkt als Reize;
- bei Pleuritis kann ein Schluckauf den Patienten durch die begleitenden Schmerzen quälen;
- im Oberbauch sind alle Prozesse zu nennen, die das Zwerchfell in seinen medialen Anteilen reizen wie subphrenischer Abszess, Pankreatitis und Malignome des Magens.

11.2.12 Tachypnoe

Tachypnoe (= mehr als 25 Atemzüge pro Minute) tritt bei Fieber*, starken Schmerzen, entzündlichen Infektionen der oberen Atemwege, Anämie, Herzfehler und Thyreotoxikose auf. Plötzliches Einsetzen lässt an einen Pneumothorax oder an Angst denken.

11.2.13 Thoraxschmerz – diagnostische Bedeutung s. Brustschmerz

Verdachtsdiagnosen s. Beschwerden-Abc in Kapitel 4.6.

11.2.14 **Zyanose** s. Inspektion der Haut und Zyanose

11.2.15 Begleitende Allgemeinsymptome

Fahnden Sie bei Verdacht auf eine pulmonale Erkrankung beim Patienten nach begleitenden Allgemeinsymptomen. Appetitlosigkeit* und Gewichtsverlust* weisen auf eine progrediente Lungentuberkulose oder ein Bronchialkarzinom hin. Subfebrile Temperaturen (unter 38 °C) in den Nachmittagsstunden und am Abend sind ein klassischer Hinweis auf aktive Tuberkulose, können allerdings auch bei einer lang anhaltenden Viruspneumonie vorkommen.

Fragen Sie Patienten mit Beschwerden oder Befunden im Bereich des Thorax auch ausdrücklich nach früheren ähnlichen Erkrankungen in dieser Region und deren Behandlung und nach eventuellen Staub- oder Gasbelastungen am Arbeitsplatz.

11.3 Befunderhebung am Thorax

Die Beschreibung der Befunde am Thorax wird durch die Einteilung des Untersuchungsfeldes erleichtert. Ventral benutzen Sie als Orientierungslinien die Medioklavikularlinie und die Mediosternallinie. Weitere Hilfen sind Rippenbögen, abgezählte Rippen und die Fossa jugularis (Abb. 11.**1**). Die Interkostalräume werden nach der darüber liegenden Rippe nummeriert. Lateral orientieren Sie sich an der vorderen und hinteren Axillarlinie, dorsal an der Medioskapularlinie bei herab-

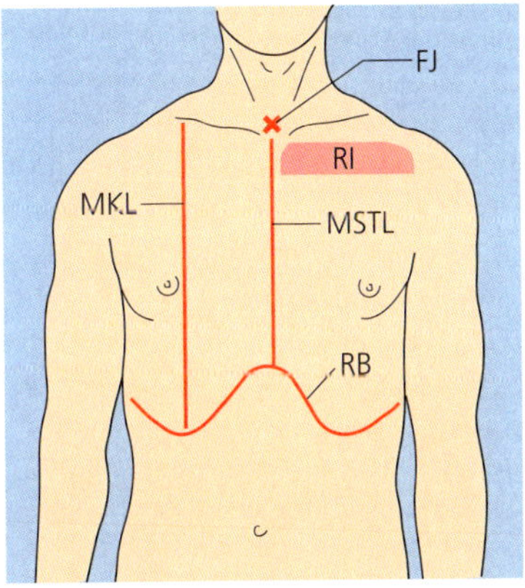

Abb. 11.**1** Frontale Orientierungslinien am Thorax: FJ = Fossa jugularis, MKL = Medioklavikularlinie; MSTL = Mediosternallinie, RB = Rippenbogen, RI = Regio infraclavicularis

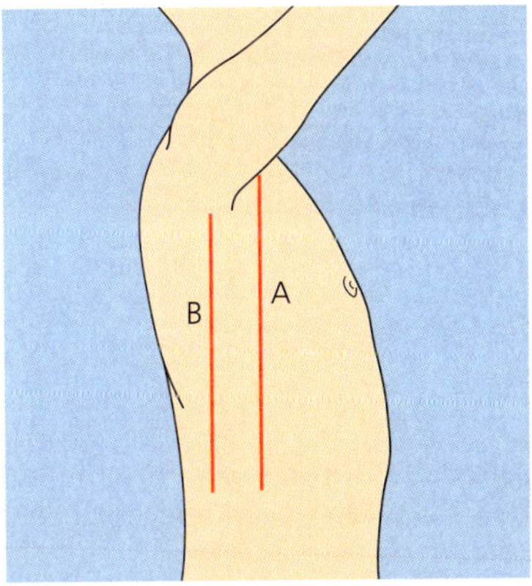

Abb. 11.**2** Laterale Orientierungslinie am Thorax: A = vordere Axillarlinie, B = hintere Axillarlinie

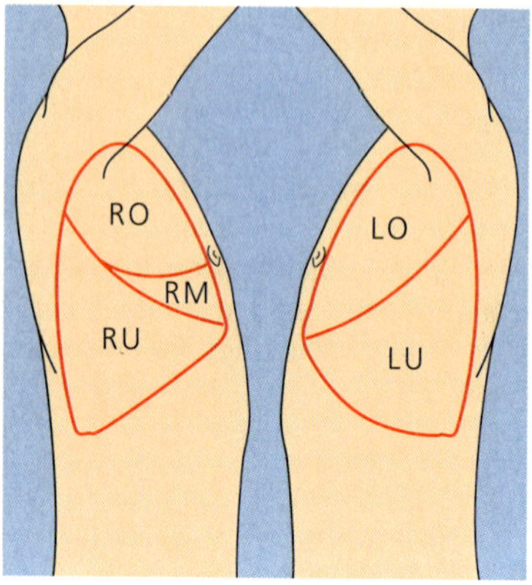

Abb. 11.**3** Lage der Lungenlappen von lateral: RO = rechter Oberlappen, RM = rechter Mittellappen, RU = rechter Unterlappen, LO = linker Oberlappen, LU = linker Unterlappen

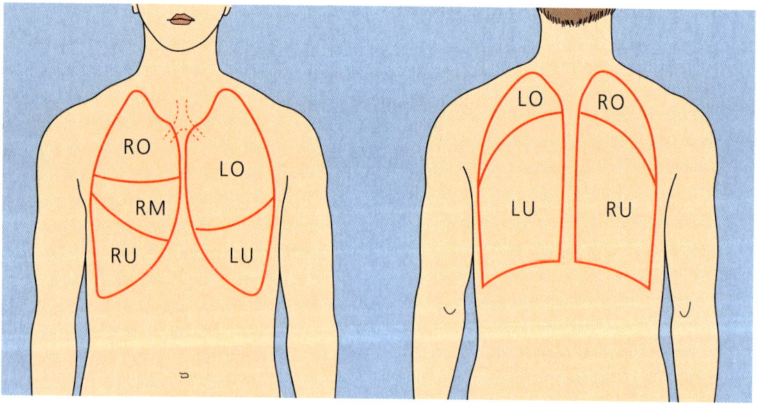

Abb. 11.**4** Lage der Lungenlappen von ventral und dorsal: RO = rechter Oberlappen, RM = rechter Mittellappen, RU = rechter Unterlappen, LO = linker Oberlappen, LU = linker Unterlappen

hängenden Armen und an den Dornfortsätzen der Brustwirbelkörper (Abb. 11.**2**). Abb. 11.**3** und Abb. 11.**4** zeigen die Zuordnung der Lungenlappen zu den äußeren sichtbaren Thoraxanteilen.

11.3.1 Inspektion

Die ***Inspektion*** des Thorax beginnt am stehenden Patienten mit dem Zählen der Atemzüge pro Minute. Dabei achten Sie auf die Symmetrie oder auf ***pathologische Veränderungen der Thoraxform***. Zu den häufigen Abweichungen von der Norm ge-

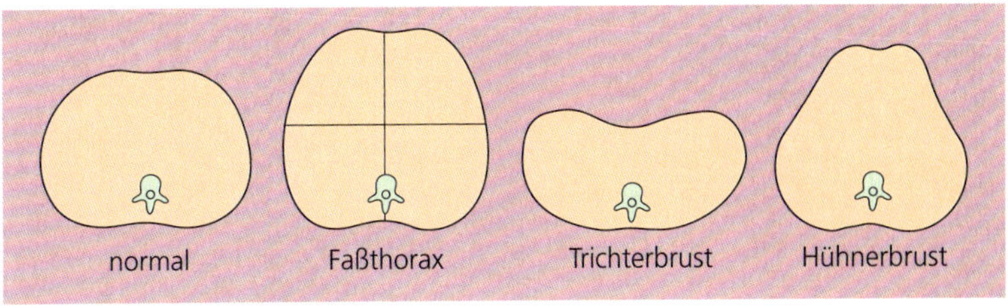

Abb. 11.**5** Thoraxformen

hört der Fassthorax, der mit dem Pascal-Gesetz über die Gasausdehnung bei obstruktiven Lungenerkrankungen zu erklären ist. Dabei wird das Tiefen-Breiten-Verhältnis 1 und größer. Normalwerte bei Kindern bis zum dritten Lebensjahr 0,85, ab 1 m Körpergröße 0,75. Messung mit dem Beckenzirkel horizontal zwischen kaudalem Sternumende und BWS bzw. zwischen den beiden vorderen Axillarlinien (Abb. 11.**5**).

Eine **Voussure**, die Vorwölbung der Thoraxwand über dem Herzen, tritt bei angeborenen oder früh erworbenen Herzfehlern auf. Kyphotische Verformungen der Brustwirbelsäule bei Tuberkulose oder Morbus Scheuermann, grobe Skoliosen nach Poliomyelitis und die kyphotische Versteifung bei der Spondylarthritis ankylopoetica (Morbus Bechterew) haben Bedeutung für die Statik und schränken die Beweglichkeit des Thorax bei der Atmung ein. Trichter- oder Hühnerbrust (Kielbrust) und der „Rosenkranz" als perlenförmige Verdickung der kostalen Knorpel-Knochen-Grenze finden sich mit familiärer Häufung oder sind rachitisbedingt und in unseren Breiten seltene Befunde.

Nachschleppen nennt man die verzögerten und meist auch reduzierten Atemexkursionen auf einer Seite, z. B. bei Pleuritis oder Schwarte.

Zu den ***pathologischen Atmungstypen*** gehören die **Tachypnoe**, mehr als 25 Atemzüge pro Minute, und die **periodische Atmung** als Cheyne-Stokessche-Atmung, bei der lange Atempausen mit zunehmend größer werdenden Atemzügen als Zeichen einer Schädigung des Atemzentrums abwechseln. Periodisch ist auch die Biot-Atmung als Wechsel zwischen gleich tiefen Atemzügen und apnoischen Pausen. **Forcierte Atmung** findet man z. B. bei Ulkusperforation, inspirationssynchrone **Einziehungen** supraklavikulär, substernal, interkostal und subkostal als Zeichen vermehrter Atemarbeit bei obstruktiven Lungenerkrankungen. Klassische Beispiele sind der akute Asthmaanfall, das Emphysem und die Lungenfibrose.

Schmerzen und knotige Veränderungen der Mamma s. gynäkologische Untersuchung.

Gynäkomastie, die nichtentzündliche Veränderung der männlichen Brust, ist bis zur Pubertät bedeutungslos, im Erwachsenenalter weist sie, wenn sie beiderseits auftritt, auf eine hormonale Stimulation hin, z. B. beim Hypophysenadenom, beim Prostatakarzinom oder im Zusammenhang mit einem Morbus Cushing.

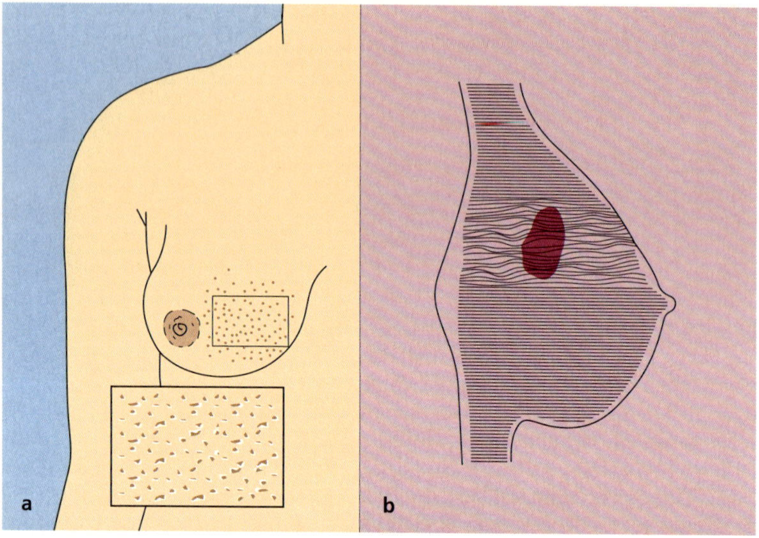

Abb. 11.**6 a** u. **b** Sichtbare Veränderungen beim Mammakarzinom

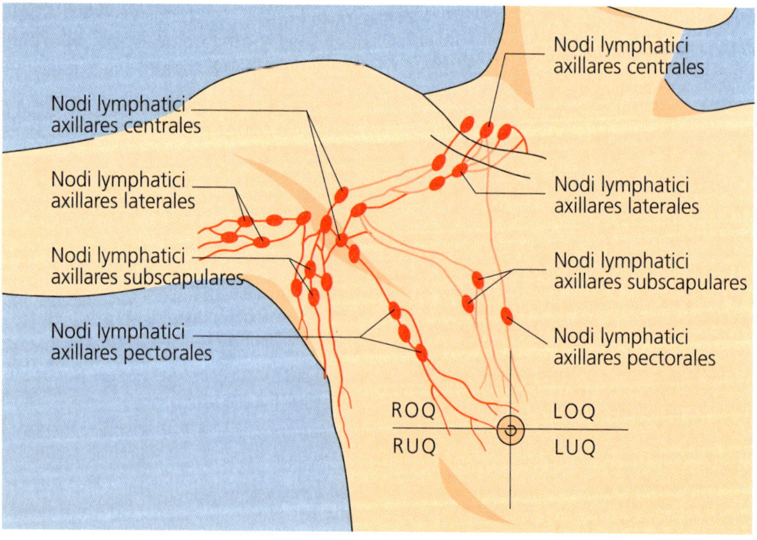

Abb. 11.**7** Lymphabflussbahnen und Quadranten der Mamma

Achten Sie bei der Inspektion auch auf den Stand und eventuelle Einziehungen oder Fissuren der Brustwarzen sowie eventuelle Veränderungen der Haut über den Mammae (Abb. 11.**6**). Ödematöse Hautverdickungen mit Einziehung der Follikel oder der Brustwarzen, die sog. Apfelsinenhaut, oder Plateaubildungen durch narbige oder tumoröse Bindegewebsverkürzungen und Absonderungen außerhalb der Laktation müssen Anlass zu einer sorgfältigen Suche nach axillären Lymphknoten (Abb. 11.**7**) und zu einer Mammographie sein.

Seröse, blutige ***Absonderungen*** lassen an Mastitis, Papillom, Toxoplasmose oder auch an ein Malignom denken, milchige Absonderung an Schwangerschaft, Hyperprolaktinämie, die gemeinsam mit Zeichen für Morbus Cushing, Hyperthyreose oder Nebennierenrindentumor besonders bei Vorliegen einer Amenorrhö auf ein HVL-Adenom oder Kraniopharyngeom hinweisen kann. Entzündlich gerötete oder lazerierte Mamillen sollen Anlass zu einer tiefen Palpation und zu dem Verdacht auf ein langsam wachsendes Karzinom (Paget-Disease) sein.

11.3.2 Palpation

Die ***Palpation*** der supraklavikulären und der axillären **Lymphknoten**, die bei entzündlichen Veränderungen an Arm und Hand und bei neoplastischen Prozessen vergrößert sein können, erfolgt mit den Fingerkuppen und mit den Fingerbeeren.

11.3.2.1 Lymphadenome

Zur Palpation der axillären Lymphknoten lässt der Patient die Arme herunterhängen. Ihre palpierende Hand tastet mit der Außenseite der Finger an der Innenseite des Oberarms hinauf bis in die Kuppel der Axilla, um dann eventuell vergrößerte

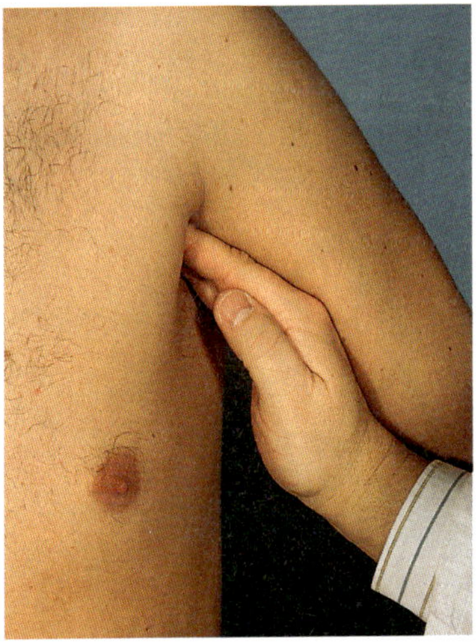

Abb. 11.**8** Die Lymphknotenpalpation in der Axilla erfolgt gegen die Thoraxwand

Lymphknoten gegen die Thoraxwand von oben nach unten fortschreitend zu palpieren (Abb. 11.**8**).

Die bimanuelle **Kompression des knöchernen Thorax** von lateral kann zu Schmerzen in den Kostovertebralgelenken führen und damit Hinweise auf die frühe Phase eines Morbus Bechterew oder auf eine Knochenkarzinose geben.

Die Palpation gestattet eine eindeutigere Beurteilung der **seitengleichen Beatmung** als die Inspektion. Hierzu werden beide Handflächen von ventral auf den Thorax gelegt, sodass beide Daumen in der Mitte des Sternums liegen und die Fingerspitzen bis unter die Klavikel reichen (Abb. 11.**9 a**). Zur Beurteilung des unteren Thoraxanteils legt man beiderseits den Daumen an den unteren Rand des Rippenbogens und umgreift mit den restlichen Fingern die unteren Rippen nach lateral (Abb. 11.**9 b**).

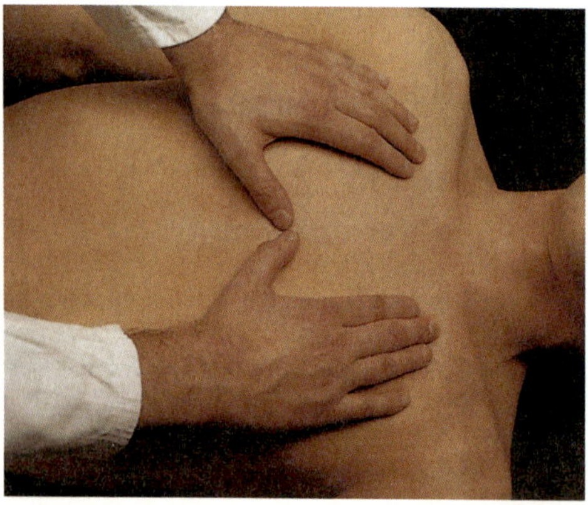

Abb. 11.**9 a** Palpation des oberen Thorax auf seitengleiche Beatmung;

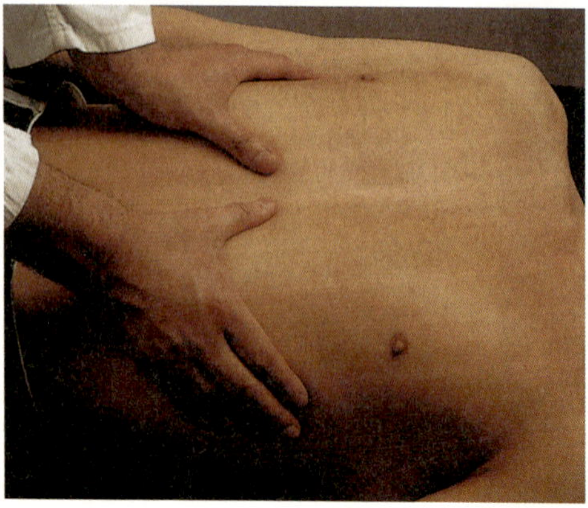

Abb. 11.**9 b** Palpation des unteren Thorax auf seitengleiche Beatmung

Seitenvergleichend palpieren Sie anschließend mit der flach aufgelegten Hand so, dass Ihre Fingergrundgelenke parallel zu einem Interkostalraum verlaufen, mit derselben Hand seitenvergleichend über unterschiedlichen Lungenabschnitten den **Stimmfremitus**, Zeichen für die Leitfähigkeit des Gewebes im Thorax für niederfrequente Schwingungen. Dazu spricht der Patient die Zahl 99 so tief wie möglich. Der Fremitus ist im allgemeinen auf der rechten Seite und in höheren Thoraxabschnitten etwas stärker, aber immer dann deutlich verstärkt, wenn das Lungengewebe zwischen Bronchien und Thoraxaußenwand, wie z. B. bei der Lungenentzündung, dichter wird. Der Stimmfremitus ist dagegen abgeschwächt, wenn die Fortleitung durch Pneumothorax, Pleuraerguss oder Pleuraschwarte erschwert wird (Abb. 11.**10**). Bei Kindern und Frauen kann man den Stimmfremitus häufig nicht palpieren, weil sie eine so hohe Stimmlage haben, dass die Schwingungen der Stimmbänder nicht vom Thorax übernommen werden.

Für die Palpation der **Mammae** sitzt die Patientin zunächst aufrecht vor Ihnen und beugt sich dann leicht vor. Mit der Palpation beurteilen Sie zunächst die Ver-

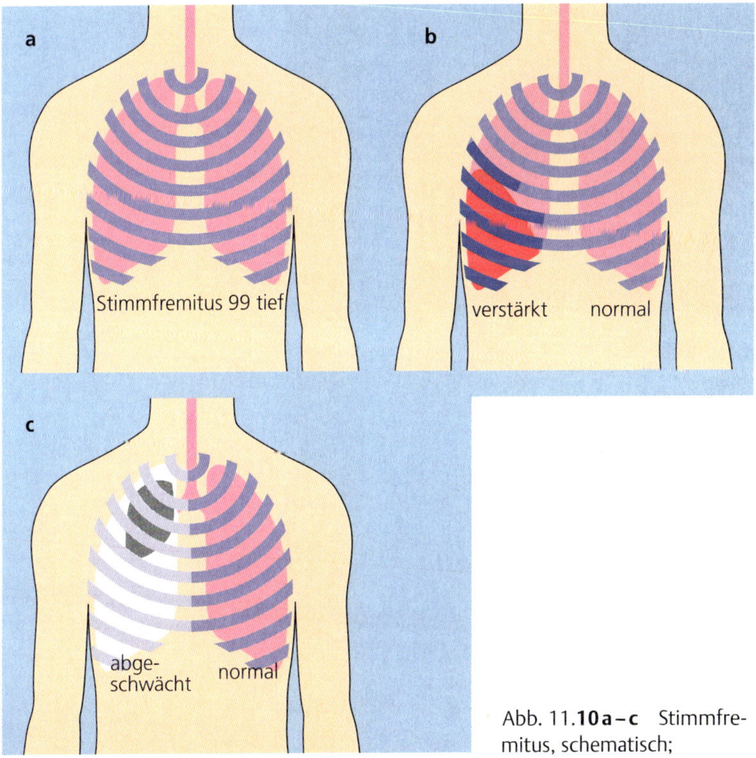

Abb. 11.**10 a – c** Stimmfremitus, schematisch;

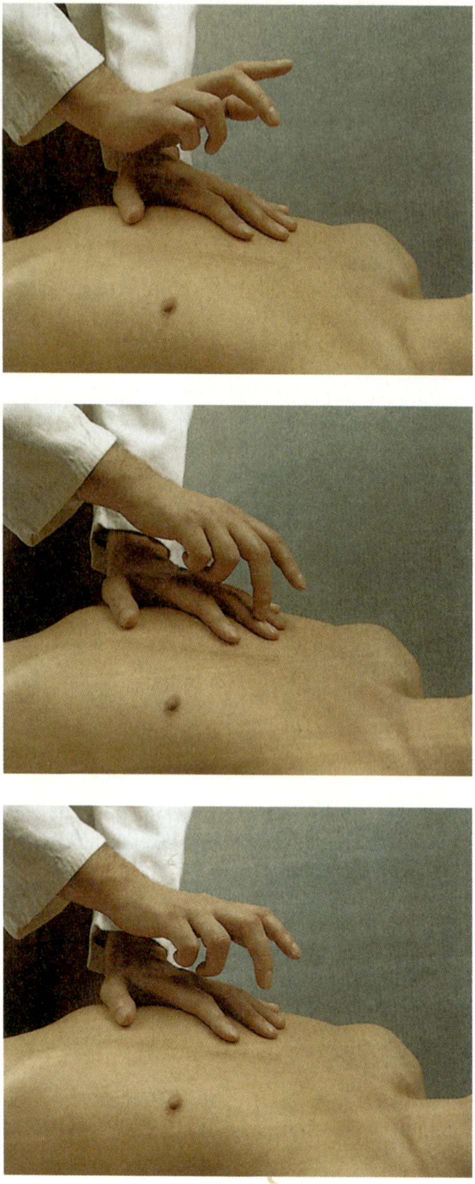

Abb. 11.**10d** Die Perkussion erfolgt aus dem lockeren Handgelenk mit kurzem, schnell zurückfederndem Schlag

schieblichkeit der Haut über dem darunter liegenden Gewebe und das Vorhandensein tiefer liegender Knoten.

Sie palpieren die seitlichen Anteile jeder Mamma mit Zeige- und Mittelfinger gegen die den gegenüberliegenden Quadranten stabilisierenden Finger der anderen Hand, den ventralen Anteil gegen die Thoraxwand.

Suchen Sie systematisch entgegen dem Uhrzeigersinn in allen vier Quadranten jeder Mamma, und dokumentieren Sie das Ergebnis. Geben Sie Ihrer Patientin eine schriftliche Anleitung zur Selbstuntersuchung mit.

Regel: Jeder palpable Knoten in der Brust ist so lange als Mammakarzinom anzusehen, bis das Gegenteil eindeutig feststeht.

11.3.3 Perkussion

Perkutieren Sie seitenvergleichend die linke und rechte Thoraxhälfte, und grenzen Sie zwischen unterschiedlich dichten Organen wie Lunge und Leber ab.

11.4 Qualitäten des Perkussionsschalles

Drei Faktoren beeinflussen den Charakter des Perkussionsschalles am Thorax:
- die Schwingungsfähigkeit der beklopften Körperregion,
- die Reaktionen des Lungengewebes auf die Vibration der Thoraxwand und
- die Dämpfung der erzeugten Perkussionsschwingungen durch luftfreies Material bzw. Flüssigkeit.

Gewöhnlich perkutieren Rechtshänder mit dem rechten Mittelfinger als „Perkussionshammer" unmittelbar auf das zu perkutierende Organ (direkte Perkussion) oder auf das Endglied bzw. das Endgelenk des fest aufgelegten linken Mittelfingers als „Plessimeter" (indirekte Perkussion). Für einen deutlichen und vergleichbaren Perkussionsschall ist der kurze, schnell zurückfedernde Perkussionsschlag aus dem lockeren Handgelenk entscheidend Abb. 11.**10d**). Der Nagel des perkutierenden Fingers muss kurz sein.

Der Klopfschall mit großer Amplitude, den man über dem gesunden Thorax findet, ist laut, anhaltend und tief. Man nennt ihn **„sonor"**. Mit übergroßer Amplitude, sehr lange anhaltend und ungewöhnlich laut **„hypersonor"** ist er beim Emphysematiker (Abb. 11.**11**) oder beim Pneumothorax.

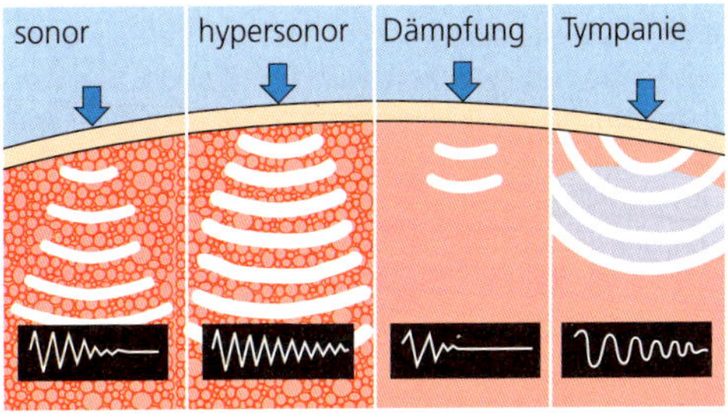

Abb. 11.**11** Qualitäten des Perkussionsschalles, schematisch

Mit Schenkelschall oder **Dämpfung** wird ein leiser, dumpfer Klopfschall bezeichnet, wie man ihn z. B. durch Perkussion des Oberschenkels erzeugen kann. Er tritt über luftleerem, massivem Gewebe oder Flüssigkeit auf, z. B. bei Pneumonie oder Pleuraschwarte, beim sitzenden Patienten in den unteren Thoraxanteilen beim Pleuraerguss. Der aufliegende Finger tastet bei sonorem Klopfschall weniger „Widerstand" als über Dämpfungen. Erfahrungsgemäß besteht umso weniger Aussicht, kleine Dämpfungen zu erfassen, je kräftiger die Perkussion erfolgt und je größer damit der vibrierende Lungenbereich wird. Der **tympanitische** Klopfschall ähnelt einem Klang und ist durch regelmäßige Schwingungen charakterisiert. Wir hören ihn über Lungenkavernen und gasgeblähten Darmschlingen. Auch **amphorischen** Klopfschall finden Sie über Kavernen. Er klingt metallischer als bei der Tympanie.

Bei der Thoraxperkussion müssen Sie berücksichtigen, dass:

- Ihr Perkussionsschall nur 5 cm tief dringt, pathologische Prozesse oder Organgrenzen, die tiefer liegen, mit der Perkussion also nicht erfasst werden können;
- sonorer, normaler Klopfschall durch Muskulatur oder Fettüberlagerungen entstellt wird und dass sich
- bei vergleichender Perkussion dadurch eine Fehlinterpretation einschleichen kann, dass normaler Klopfschall einerseits und Dämpfung andererseits als hypersonorer Klopfschall der einen Seite bei Dämpfung oder sonorem Klopfschall der anderen Seite aufgefasst wird.

11.5 Ablauf der Perkussion

Die ***Perkussion*** beginnt beim Patienten in Rückenlage mit gleich bleibender Intensität des Perkussionsschlages und gleich bleibendem Druck des aufgelegten Fingers. Sie perkutieren zunächst **seitenvergleichend** über den oberen und vorderen Lungenanteilen. Dann schreiten Sie in Höhe der Medioklavikularlinie nach kaudal und nach lateral fort.

Die obere und untere Begrenzung der Leber zwischen der sechsten Rippe und dem rechten Rippenbogen (abhängig vom Zwerchfellstand) perkutieren Sie mit leisem Schlag in der Medioklavikularlinie. Dabei erhalten Sie die relative Leberdämpfung, d. h. den Anteil der Leber, der unmittelbar der Körperwand anliegt. Die leise Perkussion ist deshalb nötig, weil laute Perkussion zur Bestimmung der relativen Dämpfung ohnehin die Leberkuppel wegen ihrer tiefen Lage (meist 8 – 10 cm tief) nicht erfasst und das „Durchschlagen" abnehmend starker, überlagernder Lungenanteile keine genaue Grenzbestimmung zulässt. Dann perkutiert man wiederum leise, vom unteren Anteil des rechten oberen Bauchquadranten ausgehend, langsam in der Medioklavikularlinie auf den Rippenbogen zu, bis der eher tympanitische Darmschall in die Leberdämpfung übergeht (Abb. 11.**12**). Weisen Sie für diese Untersuchung den Patienten an, nur flach zu atmen, und kontrollieren Sie den Befund bei tiefer Inspiration.

Pathologischer Perkussionsschall und Begleitsymptome
Diagnostische Bedeutung

Dämpfung und herabgesetzter oder fehlender Stimmfremitus

- Atemgeräusche vermindert, Bronchophonie herabgesetzt bei *kleinem Pleuraerguss*
- die gleichen Begleitsymptome, zusätzlich aber Tracheaverziehung: bei *Pleuraschwarte*
- Atemgeräusch vermindert oder aufgehoben, Bronchophonie herabgesetzt oder aufgehoben bei *Anschoppung* mit Bronchusverschluss
- Atemgeräusche aufgehoben, Bronchophonie aufgehoben, deutliche Verziehung der Trachea bei *Atelektase* mit Bronchusverschluss

Dämpfung und verstärkter Stimmfremitus

- Bronchovesikulär- oder Bronchialatmen bei kleiner *Anschoppung*
- Bronchovesikulär- oder lokal Bronchialatmen, vermehrter Fremitus, amphorische Atmung, Bronchophonie verstärkt, Nebengeräusche bei dickwandiger *Kaverne*
- Bronchialatmen, verstärkte Bronchophonie, Nebengeräusche bei *umfangreicher Anschoppung*

Perkussion hypersonor

- über den freien Lungenabschnitten, sonst aufsteigende Dämpfung, über dem gedämpften Anteil kein Stimmfremitus, keine Bronchophonie, aber beides über dem freien Lungenanteil verstärkt bei *großem Pleuraerguss*
- Fremitus vermindert oder fehlend, Atemgeräusche vermindert oder fehlend, Bronchophonie vermindert oder fehlend, Zwerchfelltiefstand: bei *Lungenemphysem*
- zusätzlich Tracheaverziehung: bei *Pneumothorax*

11

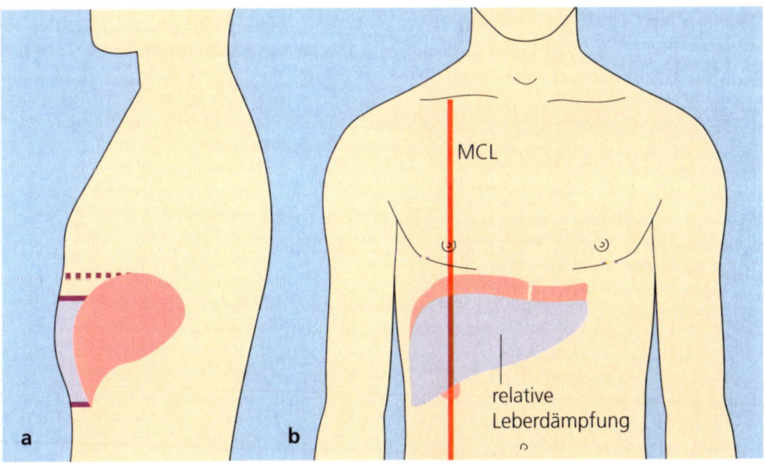

Abb. 11.**12 a** u. **b** Bestimmung der relativen Leberdämpfung in der Medioklavikularlinie

Dann perkutieren Sie dorsal am sitzenden oder liegenden Patienten die beiden Thoraxseiten zwischen den Schulterblättern nach lateral und abwärts vergleichend und bestimmen die dorsalen **Lungengrenzen** etwa in Höhe des 11. BWK. Die respiratorische Verschieblichkeit zwischen tiefster Exspiration und tiefster Inspiration beträgt etwa 4 – 5 cm.

Schließlich untersucht man perkutorisch, ob sich etwa zwischen den vorderen und hinteren Axillarlinien eine **aufsteigende Dämpfung** als Zeichen eines großen Ergusses findet.

Für praktische Zwecke reichen die Lokalisationsangaben oben, Mitte, unten aus. Beispiele für Perkussionsschall und Auskultationsgeräusche können Sie auf einer Tonkassette hören (enthalten in: Holldack K, Gahl K: Auskultation und Perkussion, Inspektion und Palpation. Stuttgart: Thieme; 1991).

11.6 Auskultation des Thorax

Im Rahmen eines rationellen Untersuchungsablaufes ist es zweckmäßig, mit der Thorax***auskultation*** immer dort zu beginnen, wo man im Rücken mit der Perkussion aufgehört hat. Sie auskultieren also dorsal von kaudal nach kranial etwa im 10-cm-Abstand den Perkussionslinien folgend (Abb. 11.**13**). Dann wird der Patient aufgefordert, sich wieder zurückzulegen, und die vorderen apikalen, hilären und lateralen Lungenanteile werden – wiederum vergleichend – auskultiert. Deutliche Veränderungen einer Atemphase, pfeifende oder juchzende Inspiration bei Laryngospasmus beschreibt man nach der Qualität und der Lokalisation der Atemgeräusche. Bei pfeifendem Geräusch (Stridor) kann man – wenn es im verlängerten Exspirium liegt –auf eine Erkrankung der kleinsten Bronchien schließen (z. B. Asthma). Inspiratorischen Stridor finden Sie dagegen bei Veränderungen der oberen

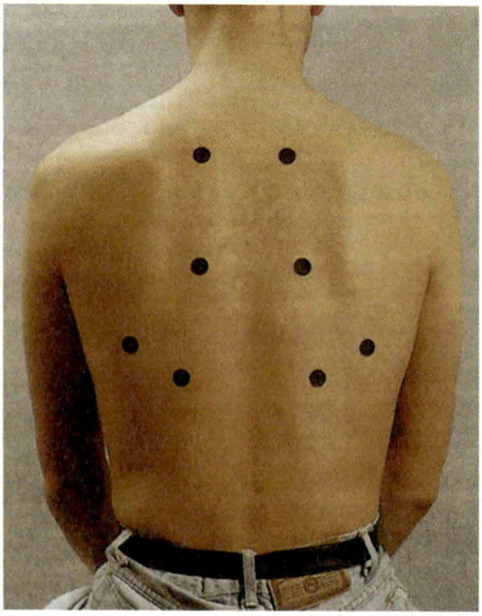

Abb. 11.**13** Dorsale Auskultationspunkte am Thorax

Luftwege, bei Stimmbandödem, Neoplasma des Kehlkopfes und besonders bei Kindern als Ausdruck einer Fremdkörperaspiration in Larynx und Trachea.

Die Unterschiede der ***Atemgeräuschqualitäten*** sind in erster Linie durch die Vibrationszahl der Grundtöne pro Sekunde bestimmt:

- normale Vesikuläratmung 120 Vibrationen pro Sekunde,
- Bronchovesikuläratmung 250 – 500 Vibrationen pro Sekunde,
- Bronchialatmen 1000 und mehr Vibrationen pro Sekunde (nach *Fahr*, 1929).

Als ***Vesikuläratmung oder Alveoläratmung*** bezeichnet man das leise rauschende Geräusch, das in der Inspirationsphase länger zu hören ist und beim Wechsel zur Ausatmung leiser wird. Es entsteht durch die Verwirbelung innerhalb der Atemluft oder an den Wänden der Trachea und mehrerer Bronchusaufzweigungen, aber nicht in der Peripherie. Reines Vesikuläratmen auskultieren Sie am besten fern von den großen Atemwegen in der Achselhöhle. Grundsätzlich entstehen abnorme Atemgeräusche durch verminderten Luftstrom in dem unter dem Stethoskop liegenden Lungensegment, durch Veränderung der Filtercharakteristika der Lunge oder durch Veränderung der Charakteristika der Lungenthoraxwandübertragung.

11

Im Normalfall wirken die den Bronchialbaum umgebenden Alveolen auf die Atemgeräusche dämpfend und gestatten nur das Auskultieren niederfrequenter Geräusche. Laufen die Alveolen z. B. bei einer Pneumonie voll, so werden auch die höherfrequenten Geräusche auskultierbar. Dagegen mindern Pleuraverdickungen oder Flüssigkeitsergüsse im Interpleuralspalt die Fortleitung sowohl tiefer- als auch höherfrequenter Atemgeräusche. Um artefizielle Geräusche durch Bewegungen des Stethoskops gegen die Thoraxwand zu vermeiden, müssen Sie es fest aufsetzen. Fehler bei der Auskultation entstehen auch durch Haare an der Brustwand, die mit den Atembewegungen am Stethoskop selbst oder am Schlauch reiben, oder durch einen zu langen Stethoskopschlauch, der die Kleidung des Untersuchers berührt. Gelegentlich wird die ***Differenzialauskultation*** verwendet, bei der je ein Stethoskop und ein Schlauch für ein Ohr verwendet werden, um mit den beiden Stethoskopen seitenvergleichend einander entsprechende Lungenpartien zu untersuchen (*Waring*, 1975).

Physiologische ***„Bronchialatmung“*** können Sie im gesunden Organismus über der Trachea, dem Hauptbronchus und einem kleinen Gebiet des rechten Apex und gelegentlich über der rechten Interskapularregion hören. **Pathologisches Bronchialatmen**, dessen Exspirium lauter, länger und höher als die Inspiration ist, findet sich über Regionen, in denen das Strömungsgeräusch aus den Bronchien dadurch besser zur Oberfläche fortgeleitet wird, dass der Luftgehalt zwischen Bronchien und Wand, z. B. durch Exsudat oder Konsolidierung des Gewebes verringert ist. Das ist der Fall, wenn Alveolen durch entzündliche Prozesse wie die Pneumonie mit Flüssigkeit gefüllt oder atelektatisch sind. Hier fehlt die Abschwächung des Atemgeräusches durch das beim Gesunden zwischen Bronchus und Thoraxwand vorhandene luftgefüllte Lungengewebe. Um einen Verdacht auf Bronchialatmen zu kontrollieren, können Sie das über der Lunge auskultierte Atemgeräusch mit dem Geräusch über der Trachea vergleichen.

Gelegentlich ist Bronchialatmen – wenn auch mit entferntem Klangcharakter – über Pleuraergüssen auszukultieren. Diese Form ist noch schwieriger als das Bronchialatmen bei Pneumonie vom lauten Atemgeräusch der Kinder zu unterscheiden. Deutliche Verzögerung des Lufteintritts in eine Lunge kann auf eine einseitige Obstruktion wie Fremdkörper oder einen Tumor hinweisen.

Von ***Bronchovesikuläratmen*** spricht man, wenn das Geräusch der Bronchialatmung entspricht, aber beide Atemphasen annähernd gleich lang sind. Gelegentlich kann man Bronchovesikuläratmen über dem oberen Sternum und im oberen Interskapularbereich hören.

Vermindertes Atemgeräusch entsteht wie verminderter Stimmfremitus durch verminderte Belüftung bei Atemwegsobstruktion oder Abdrängung der Lunge von der Thoraxwand, z. B. bei Erguss, Pleuraschwarte oder Emphysem. Bei Atelektasen kann das Atemgeräusch völlig verschwinden. Einseitige Verminderung oder einseitiges Fehlen des Atemgeräusches lässt die Ergussschwarte und den Pneumothorax oder einen Bronchusverschluss von der beiderseitigen Verminderung des Atemgeräusches beim Emphysem unterscheiden. Denken Sie daran, dass auch ausgeprägte Adipositas die Auskultation der Atemgeräusche behindert.

Die Ursache auskultierbarer ***Geräusche*** sind Sekretfäden (trockene Nebengeräusche) oder Blasen (feuchte Rasselgeräusche).

Trockene Nebengeräusche sind meist in beiden Atemphasen als Pfeifen oder sonores (tieferfrequentes) Brummen zu hören und an der Thoraxwand als Schwirren zu palpieren. Sie werden hörbar, wenn bei Entzündungen im oberen Respirationstrakt, wie z. B. der chronischen Raucherbronchitis, zähflüssige Schleimfäden durch den Luftstrom in Schwingung versetzt werden. Beim asthmatischen Bronchospasmus sind die Atemgeräusche in beiden Atemphasen verstärkt; zusätzlich treten im verlängerten Exspirium trockene Geräusche auf (Abb. 11.**14**).

Feuchte Rasselgeräusche sind ein Zeichen für Flüssigkeitsansammlung in Bronchien und Alveolen. *Großblasige* Rasselgeräusche deuten auf Sekret im Bereich der Bronchien hin, z. B. bei Bronchiektasie; *kleinblasige* (hochfrequente) Rasselgeräusche entstehen, wenn beim Einatmen Luft in flüssigkeitsgefüllte Bronchioli und

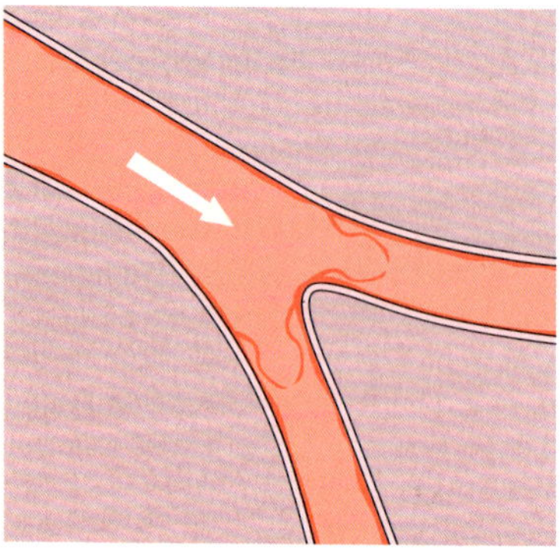

Abb. 11.**14** Entstehung trockener Nebengeräusche

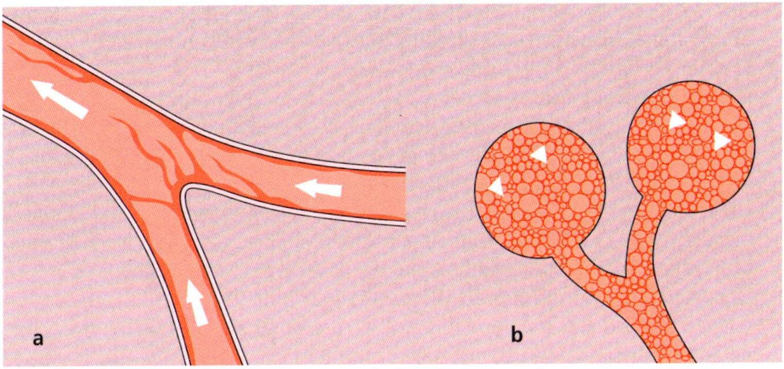

Abb. 11.**15** **a** Entstehung großblasiger, feuchter Rasselgeräusche, **b** Entstehung kleinblasiger, feuchter Rasselgeräusche

Alveolen eindringt (Abb. 11.**15**), z. B. beim Lungenödem oder wenn sich komprimierte Alveolen gegen das umgebende flüssigkeitsgefüllte Gewebe ausdehnen. Nach neuerer Auffassung handelt es sich bei den feuchten Rasselgeräuschen eher um Öffnungsgeräusche, die entstehen, wenn vorher verschlossene Luftwege sich zum Druckausgleich plötzlich öffnen. Frühe inspiratorische, feuchte Rasselgeräusche weisen auf verschlossene Luftwege hin wie bei der chronischen Bronchitis, späte inspiratorische Rasselgeräusche finden sich über den Lungenbasen bei verminderter Compliance, z. B. bei Lungenfibrose, Sklerodermie oder Rechtsinsuffizienz.

Ein seltenes, aber doch charakteristisches Geräusch ist das Lederknarren oder ***pleuritische*** Reiben der beiden Pleurablätter bei der Pleuritis fibrinosa, die wie jede Pleuritis den Verdacht auf eine Tuberkulose lenken muss. Es ist nur über den Lungenabschnitten zu hören, in denen die Lungenflügel bei der Atmung deutlich tiefertreten. ***Perikarditische Reibegeräusche*** bei der Pericarditis sicca entsprechen dem Herzrhythmus, pleuritische Reibegeräusche dem Atemrhythmus.

Das hippokratische ***Plätschern*** entsteht, wenn Sie einen Patienten mit Pneumohydrothorax oder mit einem Emphysem schütteln; es kann durch große Zwerchfellhernien vorgetäuscht werden. Im letzten Fall hört man zusätzlich Darmgeräusche im Thorax, die die Unterscheidung ermöglichen.

Zur Auskultation der ***Bronchophonie*** wird der Patient aufgefordert, wiederholt die Zahl 66 zu flüstern. Über pneumonischen Infiltraten ist die Schallleitung und damit die Bronchophonie verstärkt.

11.7 Funktionsprüfung der Lungen

Sichtbar Ausdruck beeinträchtigter ***Lungenfunktion*** sind Schonung oder Nachschleppen einer Thoraxseite und besondere Atemrhythmen (Atemtypen) wie:

- tiefe, regelmäßige **Kußmaul-Atmung** bei diabetischer Azidose und Urämie. (Bei der Kussmaul-Atmung ist das Verhältnis von Inspirationszeit zu Exspirationszeit, das normalerweise kleiner als 1 ist, nahe 1.) Die gleiche „Lufthunger-Atmung“ findet man auch nach großen Blutverlusten, bei Pneumonie und generalisierter Peritonitis ohne Azidose;

- medulläre **Cheyne-Stokes-Atmung** als periodische Tiefen- und Frequenzsteigerung mit großen Periodenpausen, in denen sich eine Azidose im Gewebe entwickelt, die in der Medulla als erneuter Atemreiz wirkt. Längere Atempausen im Schlaf führen zu dem gleichen Mechanismus, Linksinsuffizienz und ihre Ursachen, niedriger diastolischer Druck, z.B. beim Aortenaneurysma, und erhöhter intrakranialer Druck bei Meningitis, Hydrozephalus oder Apoplex, aber auch Morphin und Barbiturate gehören zu den pathologischen Ursachen;
- **Biot-Atmung** bei Hirndruck als Wechsel ungleichmäßig langer Phasen der Apnoe mit einigen gleich tiefen Atemzügen (Abb. 11.**16**) findet man in erster Linie bei Meningitis.

Einblick in die Funktion von Thorax und Lungen geben die **Differenz** zwischen inspiratorischem und exspiratorischem **Thoraxumfang**, die mit herabhängenden Armen, bei Frauen über dem Brustansatz, bei Männern unmittelbar unterhalb der Mamillen in Mittellage, tiefer Inspirations- und Exspirationslage gemessen wird, normalerweise 5 cm beträgt und z.B. bei Sklerodermie aufgehoben ist, sowie die **Zahl der Atemzüge** pro Minute. Übersteigt sie in Ruhe 25 Atemzüge, spricht man von einer Tachypnoe*. Ist dabei die Einatmungsphase verlängert (inspiratorische Dyspnoe), so weist das auf eine Einengung der oberen Luftwege bis zum Bronchus hin.

Funktionelle Störungen zeigen sich schon beim Sprechen. Atemnot zwingt den Patienten, seine Sätze zum Luftholen zu unterbrechen. Der **Atemanhalteversuch** (Normalwert etwa 20 Sek.) und der Streichholzversuch geben ebenfalls Hinweise auf eine Funktionsstörung. Beim **Streichholzversuch** halten Sie ein brennendes Streichholz oder Feuerzeug (kein Sturmfeuerzeug) etwa 20 cm vor den weit geöffneten Mund des Patienten und fordern ihn auf, es mit einer kräftigen Exspiration auszublasen.

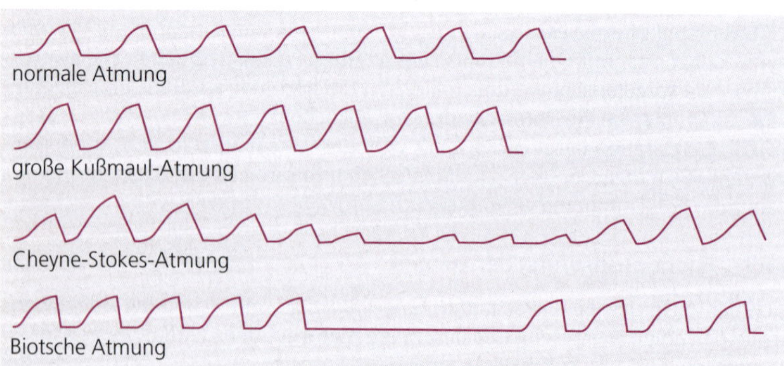

Abb. 11.**16** Atemtypen, schematisch

Objektivierbare Belastungsversuche können Sie mit dem **Fahrradergometer** nach dem Grundsatz durchführen: Je größer die Leistung, desto mehr Sauerstoff wird gebraucht und desto mehr Kohlendioxid wird freigesetzt. Bei der pneumologischen Ergometrie müssen daher gleichzeitig Blutgasanalysen durchgeführt werden.

Man lässt den Patienten am Fahrradergometer oder mit dem Drehkurbelergometer wenigstens 5 Min. lang in einer bestimmten Leistungsstufe arbeiten, bis Steady-State-Bedingungen vorliegen, bei denen es zwischen Arbeitsumsatz und Atmung zu einem Gleichgewicht kommt. Mit der Ergometrie können Sie eine latente respiratorische Insuffizienz aufdecken, die erst unter Arbeitsbelastung offenkundig wird, oder bei Ruhehypoxämie die gestörten respiratorischen Funktionen differenzieren. Hierzu gehören – wie zu allen anderen Lungenfunktionsprüfungen – ausführliche Laboruntersuchungen.

Zur Dokumentation Ihrer Befunde am Thorax können Sie den Untersuchungsbogen verwenden: www.thieme.de/specials/dahmer-anamnese-und-befund.

11.8 Aufgaben für die Selbstkontrolle

1 Was ist für einen Reizhusten charakteristisch?
2 Wie bezeichnet man blutiges Sputum mit größeren Blutmengen?
3 Welche vier Merkmale sind charakteristisch für eine Hämatemesis?
4 Definieren Sie den Begriff Hämoptysen!
5 Wie bezeichnet man das Gefühl erschwerter Atmung (vermehrter Atemarbeit)?
6 Mit welcher Patientenangabe kann man sich einen groben Überblick über die Schwere einer Dyspnoe verschaffen?
7 Erläutern Sie in Stichworten die Pathophysiologie der metabolischen Dyspnoe!
8 Wie bezeichnet man die Unfähigkeit, im Liegen genügend zu atmen?
9 Warum empfindet man bei Erkrankungen der Lunge keine Schmerzen im Lungengewebe selbst?
10 Nennen Sie die Charakteristika für oberflächliche Thoraxschmerzen, Thoraxwandschmerzen und tiefe Thoraxschmerzen.
11 Welche Körperfunktionen wirken sich auf Pleuraschmerzen steigernd aus?
12 Wie versucht der Patient mit Pleuraschmerzen, sich Linderung zu verschaffen?
13 Inwieweit ähneln sich Pleuraschmerzen und Interkostalneuralgie?
14 Definieren Sie den Begriff Stridor!
15 In welcher Atemphase treten pfeifende Atemgeräusche vorwiegend auf?
16 Nennen Sie fünf Einteilungshilfen am frontalen Thorax!
17 Welche Armhaltung ist die Voraussetzung für die Verwendung der Medioskapularlinie zur Einteilung des dorsalen Thorax?
18 Was verstehen Sie unter einem „Rosenkranz"?
19 Von welcher Frequenz an spricht man von einer Tachypnoe?
20 Wie erklären Sie die Plateaubildung als Hinweis auf ein Mammakarzinom?
21 Wie prüfen Sie den Stimmfremitus?
22 Unter welchen Bedingungen ist der Stimmfremitus abgeschwächt?
23 Warum können Sie bei Frauen und Kindern den Stimmfremitus häufig nicht palpieren?
24 Welche drei Faktoren wirken auf den Charakter des Perkussionsschalles ein?

25 Aus welchem Gelenk erfolgt die Perkussionsbewegung?
26 Wie tief dringt der Perkussionsschall ein?
27 In welcher Linie perkutieren Sie die Leberbegrenzung?
28 Warum perkutieren Sie die obere Lebergrenze mit leisem Schlag?
29 In Höhe welches BWK suchen Sie dorsal die Lungengrenzen?
30 Wo perkutieren Sie bei Verdacht auf Pleuraergüsse?
31 Für welche Frequenzbereiche benutzen Sie den Membrananteil und für welche den Trichter Ihres Stethoskops?
32 Wie wirken die Alveolen auf die Atemgeräusche im Bronchialbaum?
33 Wodurch wird die Auskultation nieder- und hochfrequenter Geräusche vermindert?
34 Worauf weist ein pfeifendes, verlängertes Exspirium hin?
35 Zu welcher Veränderung des Atemgeräusches führen Verengungen der oberen Luftwege, des Kehlkopfes und der Trachea?
36 In welcher Atemphase ist das Vesikuläratmen länger zu hören?
37 Warum findet sich physiologischerweise Bronchialatmung über der Trachea?
38 Wodurch werden Nebengeräusche verursacht?
39 Welche lokalisatorische Unterscheidung gestatten großblasige und kleinblasige Rasselgeräusche?
40 Wie erklären Sie das „Lederknarren"?
41 Wie unterscheidet man pleuritische und perikarditische Reibegeräusche?
42 Zu welcher Untersuchung lässt man den Patienten die Zahl 66 flüstern?
43 Nennen Sie mindestens drei Atemrhythmen, die Schlussfolgerungen auf die Lungenfunktion zulassen!
44 Nennen Sie vier einfache Verfahren, mit denen Sie sich einen Überblick über die Atmung des Patienten verschaffen können!

Praktische Aufgaben zur Untersuchung des Thorax

A Legen Sie vor einem Spiegel am eigenen Thorax die Medioklavikularlinie, die Mediosternallinie und die vordere Axillarlinie fest!
B Versuchen Sie, im Liegen eine Haltung einzunehmen, bei der Sie die rechtsseitige Thoraxexkursion weitgehend vermeiden! Wie liegen Sie dann?
C Palpieren Sie beiderseits die eigene Achselhöhle systematisch auf Lymphknotenvergrößerungen!
D Versuchen Sie im Liegen, bei sich selbst in den oberen und lateralen Thoraxbereich den Stimmfremitus zu palpieren!
E Üben Sie die Perkussion auf einer Tischplatte! Einen lockeren Perkussionsschlag erwirbt man nur durch Übung.
F Üben Sie dann die Perkussion am eigenen Thorax vergleichend mit der Perkussion des Oberschenkels! Achten Sie dabei nicht nur auf die Schall-, sondern auch auf die Vibrationsphänomene, die Sie mit dem Plessimeterfinger wahrnehmen!
G Stellen Sie perkutorisch Ihre Leberdämpfung fest!
H Untersuchen Sie mit dem Stethoskop vergleichend Ihre eigenen Atemgeräusche über dem Lungengewebe und der Trachea!
I Messen Sie bei sich selbst die inspiratorisch-exspiratorische Differenz des Thoraxumfangs, zählen Sie Ihre Atemzüge pro Minute, prüfen Sie, wie lange Sie die Luft anhalten können, und üben Sie den Streichholzversuch (mit weit geöffnetem Mund)!

12 Die Untersuchung des Herzens

12.1 Lernziele

Im folgenden Kapitel erfahren Sie, wie man

- die charakteristischen Beschwerden bei Erkrankungen des Herzens definiert, (Verdachtsdiagnosen s. Beschwerden-Abc in Kapitel 4.6),
- Inspektion, Palpation und Perkussion für die Beurteilung des Herzens einsetzt,
- das Herz auskultiert und dabei Herzrhythmus, Lautstärke, Extratöne und Geräusche beurteilt,
- Venendruck und Kreislaufzeiten bestimmt, Belastungsversuche durchführt,
- die am Herzen erhobenen Befunde dokumentiert[1] und
- Leitsymptome dieser Region für die Diagnostik verwendet.

12.2 Charakteristische Beschwerden

Auf die **Blässe** als Ausdruck lokaler Durchblutungsstörungen oder Anämie wurde auf S. 164f eingegangen. Im Zusammenhang mit Erkrankungen des Herzens handelt es sich um generelle Blässe, die durch lokale Gewebsveränderungen, wie Ödem oder eingeengte Strombahn, in den Extremitäten betont werden kann. Ursachen sind z. B. Synkopen als Adams-Stokes-Anfälle, Aortenstenose oder Herzinfarkt.

Paroxysmale nächtliche Dyspnoe (diagnostische Bedeutung der Dyspnoe, S. 265f) ist eine plötzlich im Schlaf auftretende schwere Atemnot, die sich nur bei aufrechtem Sitz oder Aufstehen bessert. Auch sie ist Zeichen einer Herzinsuffizienz.

Als **Herzjagen** bezeichnet man anfallsweise (= paroxysmale) Tachykardien, die ebenso plötzlich, wie sie auftreten, verschwinden und vom Patienten als schneller Herzrhythmus (Frequenz 150 – 200) erlebt werden. Zu unterscheiden ist ein völlig überraschender Anfallsbeginn (bei der sog. essenziellen paroxysmalen Tachykardie) von der extrasystolischen paroxysmalen Tachykardie, bei der der Patient kurz vor dem eigentlichen Anfall mehrere Phasen gehäufter spürbarer Extrasystolen wahrnimmt.

Über **Herzklopfen** (= Herzpalpitation) sprechen Patienten, wenn sie ihren Herzrhythmus oder einzelne Schläge deutlich spüren, z. B. bei besonderen Anstrengungen oder schon bei geringer Belastung, wenn eine Anämie vorliegt, bei Angst, Thyreotoxikose oder Links-rechts-Shunt, bei Mediastinaltumor, durch Kaffee, Alkohol, Morphin, Kohlenmonoxid oder während der Digitalistherapie, aber auch bei Extrasystolen oder der völligen Dissoziation von Vorhof und Kammer. Dann ist das

[1] Untersuchungsbogen: www.thieme.de/specials/dahmer-anamnese-und-befund

Herzklopfen – das, was der Patient spürt – auch auskultatorisch als sog. Kanonenschlag hörbar. Doppelte Kanonenschläge weisen auf einen Herzblock hin.

Ödeme können lokal oder generalisiert, dann Anasarka genannt, auftreten und lassen sich über einer knöchernen Unterlage, z. B. an der Tibia, als eindrückbare Delle nachweisen, wenn das gesamte Interstitium des Körpers mehr als 4 l Wasser enthält.

Sogenannte **„dicke Beine"** treten in der Regel in den Abendstunden auf. Diese kardialen Ödeme nehmen im Gegensatz zu renalen und allergischen Ödemen meist im Liegen ab, können also morgens verschwunden sein. Typische Begleitsymptome sind Atemnot, Nykturie, Oberbauchbeschwerden, gestaute Halsvenen, ein betonter 2. Herzton und Lebervergrößerung (Rechtsinsuffizienz).

Plötzliche Ohnmachten, die bis zu 2 Min. dauern, nach Schwindelgefühl auftreten und auch gelegentlich mit Krämpfen einhergehen, können Folge zerebraler Anämien durch akute Herzrhythmusstörungen sein (sog. Adams-Stokes-Anfälle, z. B. als Folge eines vollständigen Herzblocks). Man spricht auch von Synkopen, deren Ursache meist eine Herzinsuffizienz ist.

Herzphobie nennt man anfallsweises starkes Herzklopfen mit Angstgefühlen.

Präkordiale Schmerzen (diagnostische Bedeutung von Brustschmerzen, S. 262) über dem linken Thorax im Bereich der Medioklavikularlinie und der Herzspitze weisen in erster Linie auf entzündliche Ursachen bei einer Perikarditis hin, können aber auch emotional bedingt sein und dauern dann höchstens Minuten.

Substernale Schmerzen unter dem unteren Anteil und dem linken Rand des Sternums sind meist Zeichen einer Koronarerkrankung und können als Angina pectoris belastungsabhängig kommen und gehen. Gemeinsam mit Todesangst, Schweißausbrüchen und Erbrechen* sind sie Zeichen eines Herzinfarktes, dauern dann stundenlang und strahlen nach kranial bzw. in den linken Arm aus. Beide Formen der Herzschmerzen sind im Gegensatz zu anderen Thoraxschmerzen* von der Atmung unabhängig.

Zyanose (S. 165) und Husten* gehören neben Dyspnoe (Asthma cardiale) zu den charakteristischen Symptomen, über die Patienten mit Erkrankungen des Herzens klagen.

12.3 Ablauf der Untersuchung des Herzens

12.3.1 Inspektion

Die Untersuchung erfolgt in der Regel am liegenden Patienten. Schon die ***Inspektion*** der präkordialen Thoraxwand gestattet Rückschlüsse auf Erkrankungen des Herzens.

Auf Voussure* und Zyanose* wurde bereits hingewiesen.

Sichtbare Pulsationen im 1. oder 2. ICR rechtfertigen den Verdacht auf ein Aneurysma der Aorta ascendens oder eine Aorteninsuffizienz. Beide Erkrankungen führen auch zu Pulsationen in der Fossa jugularis. Sichtbare Pulsationen im 2. und 3. linken ICR können bei Vorhofseptumdefekt und der Pulmonalstenose mit poststenotischer Dilatation auftreten.

Pulsationen in den Interkostalräumen 3 bis 5 links sind Zeichen einer Volumen- oder Druckbelastung des rechten Herzens, z.B. der Rechtshypertrophie im Rahmen einer Mitralstenose, Pulmonalstenose, Pulmonalinsuffizienz oder Trikuspidalinsuffizienz bzw. bei Rechts-links-Shunt. Sie sind Zeichen einer Dilatation des rechten Herzens bei pulmonaler Hypertonie.

Sichtbarer Herzspitzenstoß im linken 5. ICR, außerhalb der Medioklavikularlinie, kann ein Zeichen für Hypertrophie des linken Ventrikels sein, z.B. bei essenzieller Hypertonie, Aortenstenose, Aorteninsuffizienz und Mitralinsuffizienz. Eine sichtbare Zunahme des Herzspitzenstoßes kann bei Anstrengung, Thyreotoxikose oder Digitalisierung auftreten. Spätestens dann spricht man vom **hebenden Herzspitzenstoß**.

Epigastrische oder gelegentlich sichtbare **Leberpulsationen** sprechen für eine Vergrößerung des rechten Herzens oder eine Trikuspidalinsuffizienz.

12.3.2 Palpation

Die ***Palpation*** beginnt am liegenden Patienten mit flach aufgelegten Händen rechts umittelbar neben dem Sternum und links etwas weiter zur Medioklavikularlinie hin (Abb. 12.**1**). So erfassen Sie die Aktion hypertropher Ventrikel als:

- große Pulsationen, z.B. bei der Aorteninsuffizienz, sowie
- betonte zweite Pulmonaltöne im 1. ICR links, z.B. bei Septumdefekt oder pulmonaler Hypertonie,
- parasternales systolisches Schwirren über dem Herzen und über den großen Gefäßen, z.B. bei Stenosen oder Septumdefekt,
- systolisches und diastolisches Schwirren beim Ductus arteriosus apertus, gelegentlich auch in feinerer Form als perikarditisches Reiben bei der Pericarditis sicca.

Mit den Spitzen von Zeige- und Mittelfinger palpieren Sie dann – je nach Thoraxform und Zwerchfellstand – etwa im 5. ICR innerhalb der Mamillarlinie den weniger als 2 cm breiten **Herzspitzenstoß** in Rücken- oder linker Seitenlage (Abb. 12.**2**).

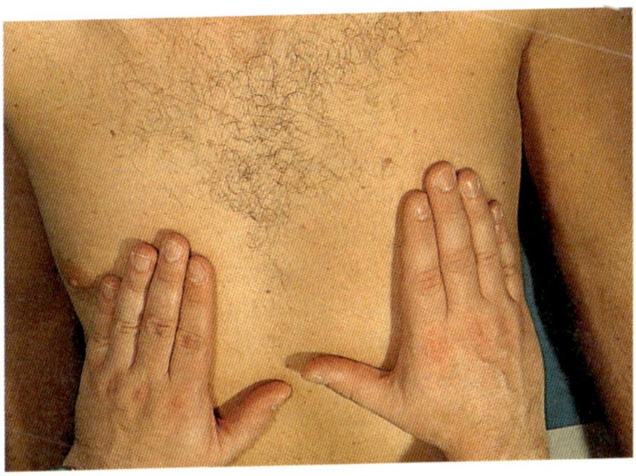

Abb. 12.**1** Bei der frontalen Palpation der Thoraxwand liegt die linke Hand unmittelbar rechts neben dem Sternum, die rechte Hand etwas in Richtung auf die MCL

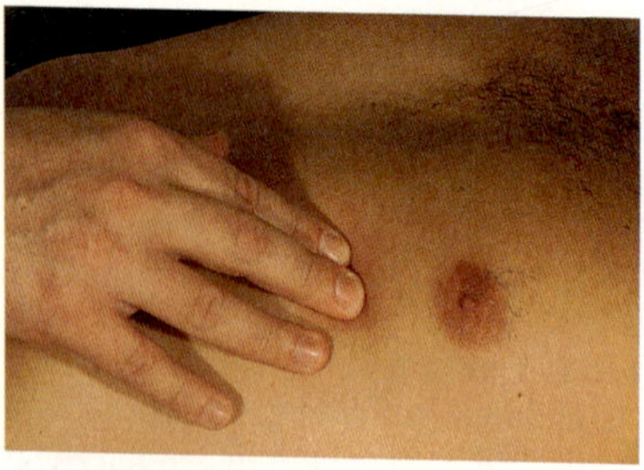

a

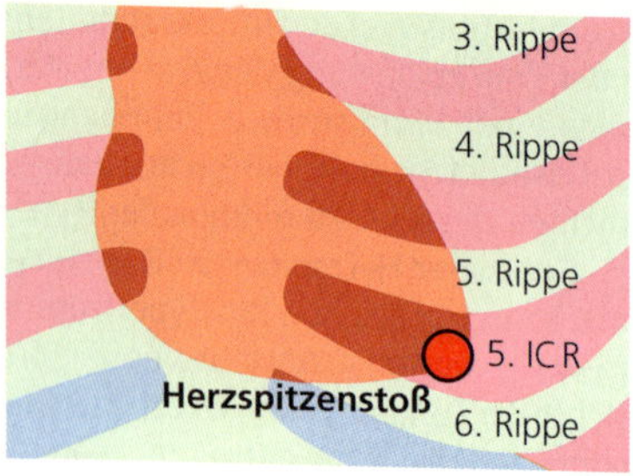

b

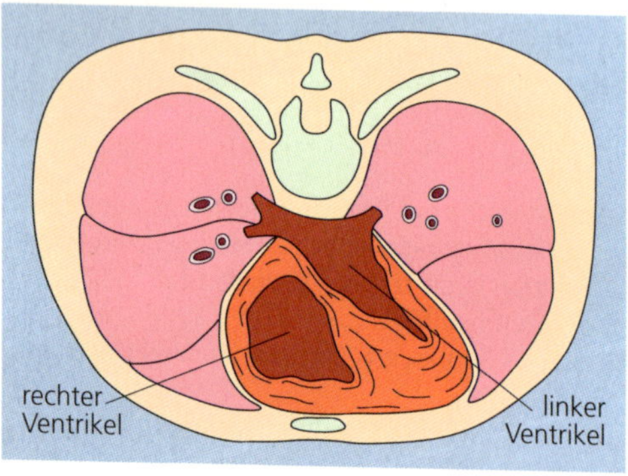

c

Abb. 12.**2 a–c** Den Herzspitzenstoß palpiert man mit den Spitzen von Zeige- und Mittelfinger

Oft bleibt er hinter einer Rippe bzw. hinter emphysematösem Lungengewebe, Fettpolstern oder Pleuraergüssen verborgen oder kann auch bei adynamischen Veränderungen des linken Ventrikels einfach fehlen. Dagegen wird der Herzspitzenstoß bei Hypertrophie der linken Herzkammer verbreitert palpiert und ist in ausgeprägten Fällen „hebend" – die Spitze eines senkrecht aufgesetzten Bleistifts lässt diese Bewegung deutlich erkennen. Der Herzspitzenstoß kann nach rechts oder links, aber auch nach kaudal verlagert sein.

12.3.3 Perkussion

Mit der ***Perkussion*** bestimmen Sie Form, Lage und Größe des Herzens. Dabei liegt der Plessimeterfinger senkrecht oder parallel zur Herzgrenze (Abb. 12.**3**). Zunächst perkutieren Sie kräftig, um das überdeckende Lungengewebe zu „durchschlagen". So erhalten Sie die relative Herzdämpfung (Abb. 12.**4**). Die Abgrenzung der absoluten Herzdämpfung, also der Herzvorderwand, die dem Thorax unmittelbar anliegt, erfolgt mit betont schwachem Perkussionsschlag und ist im Ergebnis eine Kombination aus gehörter und mit dem aufliegenden Finger palpierter Dämpfung. Sie kann beim Emphysematiker fehlen und beim Steilherzen nicht vom Sternum zu unterscheiden sein. Pleuraergüsse oder Emphyseme können die Verlagerung

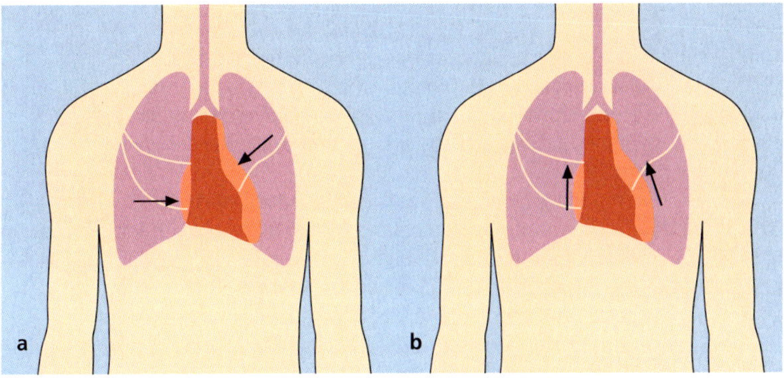

Abb. 12.**3 a** u. **b** Die Herzgrenzen werden senkrecht oder parallel zur Herzgrenze perkutiert

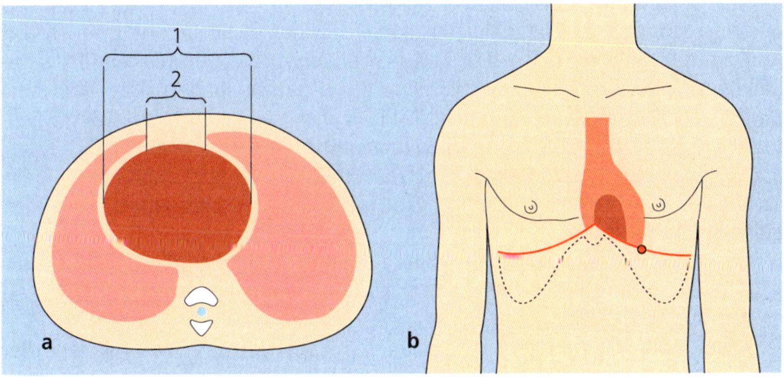

Abb. 12.**4 a** u. **b** Relative (1) und absolute (2) Herzdämpfung (aus: *Holldack K.* Lehrbuch der Auskultation und Perkussion, 9. Aufl. Stuttgart: Thieme; 1979)

des Herzens zur jeweiligen Gegenseite bedingen, Atelektasen und Pleuraschwarten zur erkrankten Seite. Schwangerschaft und Aszites, rechtsseitiger Pneumothorax oder Pleuraerguss können die absolute Dämpfung nach links verlagern.

Die Vergrößerung der Perkussionsfigur entsteht sowohl durch Rechts- als auch durch Linksvergrößerung und Perikarderguss; Aortenaneurysmen und mediastinale Tumoren verbreitern die Dämpfung kranial von der Herzfigur. Perkutorisch ist nicht festzustellen, welche Herzanteile die Vergrößerung der Perkussionsfigur verursachen.

12.3.4 Auskultation

Kaum eine andere ärztliche Untersuchungstechnik bedarf so sehr der kritischen Übung wie die ***Auskultation*** des Herzens. Deshalb sollten Sie schrittweise vorgehen und erhobene Herzbefunde in allen Einzelheiten aufzeichnen. So wird ein Vergleich mit dem Phonokardiogramm und damit eine Kontrolle des eigenen Übungsfortschritts möglich.

Auskultatorisch sind am Herzen Töne (kurz dauernde, hörbare Schwingungen), Geräusche, die durch Turbulenzen entstehen, und Rhythmusveränderungen zu erfassen. Um Stethoskopfehler zu vermeiden, muss man wissen, dass das Membranstethoskop hochfrequente Geräusche verstärkt, aber als Filter für tiefe Geräusche wirkt, die besser mit dem Trichterstethoskop gehört werden können.

Die Intensität aller Herztöne kann durch Adipositas, Pleura- und Perikarderguss, Emphysem oder Adynamie, z. B. bei Infarkt, Low output, Myxödem und anderen Ursachen einer verminderten Kontraktionskraft des Herzens, herabgesetzt sein.

Nur wenige Vitien sind mit der Auskultation von Herzrhythmus, Herztönen und Herzgeräuschen nicht zu diagnostizieren. Bei der Suche nach den günstigsten Auskultationspunkten müssen Sie berücksichtigen, dass die Aorten- und Trikuspidalklappen dem Stethoskop nicht direkt zugänglich sind, sondern unter dem Sternum liegen. Deshalb auskultiert man sie in der unmittelbaren, akustisch ergiebigsten Nachbarschaft. Außerdem können topographische Variationen durch Körperbau, Zwerchfellstand und Erkrankungen des Herzens bedingt sein. Das sind die Ursachen für die unterschiedlichen Angaben über die Auskultationspunkte in den einzelnen Lehrbüchern.

Sie auskultieren das Herz in der Regel am deutlichsten an fünf ***Auskultationsstellen***. Die Fortleitungen der Geräusche tragen zur Unterscheidung der Ursprungsstellen bei (Abb. 12.**5**):

- **Aorta**[2] im 2. ICR am rechten Sternalrand mit Fortleitung in die Karotiden, besonders bei Aortenstenose.
- **Pulmonalis** im 2. ICR links parasternal. Die Fortleitung der Geräusche einer Pulmonalstenose folgt dem Verlauf des 2. ICR nach kranial.
- **Trikuspidalis** über dem Ansatz der 5. Rippe am rechten Sternalrand. Die Geräusche bei der Trikuspidalinsuffizienz werden in Richtung Zwerchfell fortgeleitet.
- Im 3. ICR links parasternal über der Mitralklappe liegt der sog. **„Erb-Punkt"** etwa in der Mitte der Herzfigur. Hier hören Sie Geräusche bei der Mitralstenose und der Aorteninsuffizienz besonders deutlich.
- Die **Herzspitze** auskultiert man über dem Spitzenstoß im 5. ICR etwa drei Querfinger lateral vom linken Sternalrand. Hier hört man die Fortleitung der Mitralklappengeräusche deutlich bei der Mitralstenose und der Mitralinsuffizienz.

---

[2] In Wirklichkeit ist es weder die Aorta noch die Aortenklappe, sondern die Stelle, an der Töne und Geräusche, die im linken Ventrikel und an der Aortenklappe verursacht werden, ihr „Punctum maximum" haben

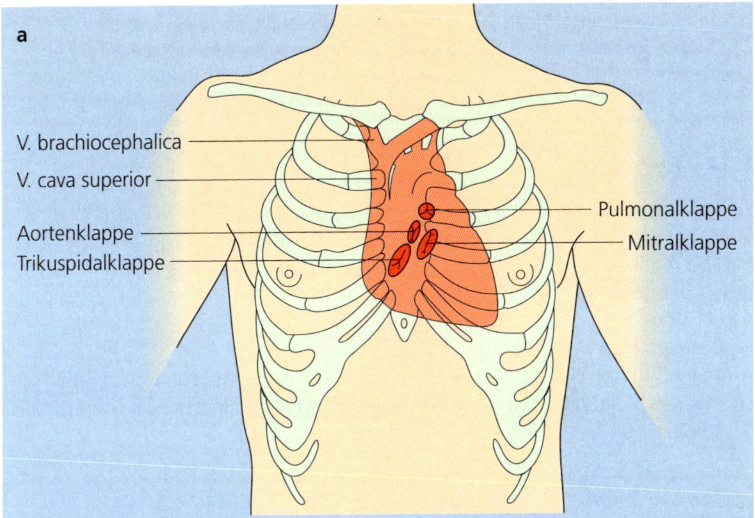

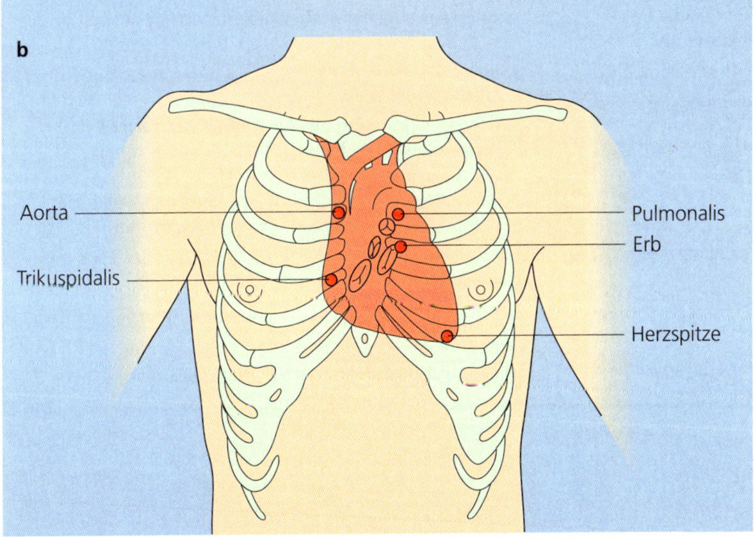

Abb. 12.**5 a** Ursprungsstellen für Herztöne und -geräusche.

Abb. 12.**5 b** Die fünf Auskultationsstellen für das Herz

Auskultieren Sie das Herz immer an allen fünf Auskultationsstellen. Setzen Sie sich dazu am besten auf die Bettkante oder die Untersuchungsliege neben die rechte Körperseite des Patienten. Auskultieren Sie in Ruhe, entspannen Sie sich beim Auskultieren. Fühlen Sie gleichzeitig den Puls des Patienten.

12.4 Herztöne

Herztöne entstehen durch Klappenschwingungen sowie durch Schwingungen der Ventrikelwände und des Blutes im Herzen. Dementsprechend verändern sie sich mit der Veränderung der genannten Faktoren. Extratöne, sog. Klicks, entstehen durch Dehnung der großen Gefäße. Untersuchen Sie den Patienten in verschiedenen **Positionen**:
- liegend auf dem Rücken,
- liegend in linker Seitenlage (Befund bei Mitralstenose besonders deutlich),
- in Ruhe und nach Belastung, z. B. mit dem Fahrradergometer oder nach 10 Kniebeugen.

Was auskultieren?	*Wie auskultieren?*
Frequenz und Rhythmus	**mindestens eine halbe Minute konzentriert auskultieren**
Unterscheidung S_1 zu S_2 [3]	**– durch Vergleich der beiden Töne über dem Erb-Punkt. S_1 ist meist lauter – durch Bestimmung des Abstandes. Bei normaler Frequenz ist der Abstand von S_1 zu S_2 kürzer als zwischen S_2 und S_1 – durch Palpation der peripheren Blutdruckwelle. Sie kommt in der Karotis unmittelbar nach S_1 an**
Lautstärke der Töne	**nacheinander S_1, dann S_2: durch Vergleich der Töne mit der Norm und untereinander auf Betonungen**
Dreierrhythmen	**durch die Untersuchung der einzelnen Herztöne auf Spaltung**
Geräusche	**Konzentration auf der Systole, dann Diastole**

[3] S_1 und S_2; international übliche Bezeichnung für den ersten und zweiten Herzton

Pathologischer 1. Herzton (= S_1) und Begleitsymptome
Diagnostische Bedeutung

Verminderte Lautstärke des 1. Herztons

- Adipositas, extensiv große *Mamma*
- atemabhängiger Thoraxwand-, epigastrischer und/oder Schulterschmerz, Fieber, aufsteigende Dämpfung bei *Pleuritis*
- jahrelanger Husten, Dyspnoe, Fassthorax, verminderte Atemgeräusche, Zwerchfelltiefstand bei *Emphysem*
- Haut- und Halsvenen gestaut, hepatojugulärer Reflux, Husten, Dyspnoe, diastolischer Galopp, symmetrische Ödeme, Lebervergrößerung, Meteorismus bei *Herzinsuffizienz*
- plötzlicher präkordialer Dauerschmerz. Nitroglycerin unwirksam, Dyspnoe, Erbrechen, Schweiß, Hypotonie bei *Herzinfarkt*

Lauter 1. Herzton

- bei *Fieber, Anämie, Hypertonie*
- Dyspnoe besonders nachts, Husten, Hämoptysen, typisches mittdiastolisches Geräusch, Maximum über der Spitze, mit präsystolischem Crescendo bei *Mitralstenose*

Wechselnde Lautstärke des 1. Herztons

- Bradykardie, unregelmäßig in der Folge und in der Stärke, Herzklopfen, Blässe und Ohnmachtsneigung bei *Vorhofflimmern*

12.4.1 Entstehung der Herztöne

12

Herztöne entstehen durch die Vibration bei der isometrischen Anspannung der Kammermuskulatur bei geschlossenen Klappen.

Mit Einsetzen der Systole steigt der Druck im linken Ventrikel, und Mitral- und Trikuspidalklappe schließen sich. Dabei entsteht der etwas lautere 1. Herzton = S_1, Aorten- und Pulmonalklappe öffnen sich, Blut fließt in die Aorta und die A. pulmonalis.

In der Diastole lässt der Druck in den Kammern nach, die Kammern werden fast blutleer, und das durch den Gefäßinnendruck zurückfließende Blut schließt die Aorten- und Pulmonalklappen. Dadurch entsteht der 2. Herzton = S_2.

S_1 und S_2 sind dadurch zu unterscheiden, dass der Abstand zwischen dem 1. und 2. Herzton kleiner ist als zwischen dem 2. und dem 1. Herzton und die Karotispulswelle unmittelbar nach dem 1. Herzton über der A. carotis palpabel wird.

Pathologischer 2. Herzton (= S_2) und Begleitsymptome
Diagnostische Bedeutung

Abgeschwächter 2. Herzton

- angeboren oder nach Endokarditis, Dyspnoe, Rechtshypertrophie, hebende Pulsation, (Voussure), lautes Systolikum, p.m. 1.–3. ICR links parasternal, gespaltener 2. Herzton bei *Pulmonalstenose*

Lauter 2. Herzton (A_2-Anteil betont)

- bei *Hypertonie*

Lauter 2. Herzton (P_2-Anteil betont)

- Dyspnoe, besonders nachts, Husten, rostiges Sputum, Ermüdbarkeit, Herz links vergrößert, links verlagerter Herzspitzenstoß, hörbarer 3. und 4. Herzton, Pleuritis exsudativa rechts bei *Linksinsuffizienz*

12.4.2 Lautstärke und Spaltung der Herztöne

Den 1. Herzton hört man am lautesten über der Herzspitze, den 2. über der Herzbasis. Inspiration bewirkt ungleichmäßiges Schließen von Aortenklappen und Pulmonalklappen. Es entsteht eine Spaltung zwischen A2 und P2, die physiologisch bei der Exspiration verschwindet. Durch Belastung der Pulmonalklappe, z. B. bei der Pulmonalstenose, kommt es zur Spaltung des 2. Herztones schon während der Exspiration. Sie nimmt während der Inspiration zu. Von paradoxer Spaltung spricht man, wenn der Pulmonalschluss, also P2, vor dem Aortenschluss (A2) liegt. Man findet sie bei Aortenstenose, Linksschenkelblock und offenem Ductus arteriosus.

Die **Spaltung des ersten Tones** ist meist akzidentell zu bewerten. Sie ist besonders gut über dem Truncus pulmonalis und über dem Erb-Punkt zu hören. Meist ist der erste Anteil des ersten Tones durch die Anspannung des linken Ventrikels bedingt, der zweite Anteil durch Dehnung der Aorta (?), überlaut z. B. bei der Hypertonie. Derselbe Mechanismus kann in der Ausflussbahn des rechten Herzens wirksam werden, z. B. bei Septumdefekt.

Die **Spaltung des zweiten Tones** – mit dem Stethoskop ist noch ein Intervall von 0,02 Sek. zu hören – ist am deutlichsten im 2. ICR links parasternal zu auskultieren. Sie beruht auf dem bis zu 0,04 Sek. späteren Schluss der Pulmonalklappe nach der Aortenklappe und variiert mit tiefer Inspiration bis zu 0,06 Sek. Die Differenz entsteht durch vermehrtes rechtsventrikuläres Schlagvolumen bei vermehrtem inspiratorischem Bluteinfluss in den Thorax. Links-rechts-Shunt verlängert die rechtsseitige Systole und führt ebenso zur Vergrößerung der Spaltung wie verfrühter Einfall des 2. Aortentones, wenn z. B. bei Mitralinsuffizienz die linksventrikuläre Austreibungszeit verkürzt ist.

12.5 Herzgeräusche

Herzgeräusche dauern länger als Herztöne und haben einen anderen Klangcharakter. Man unterscheidet organische, funktionelle und akzidentelle Geräusche. Organische Herzgeräusche beruhen auf Stenosen bzw. Insuffizienzen durch entzündliche Erkrankungen der Klappen oder auf Trennwanddefekten bei Missbildungen. Funktionelle Geräusche entstehen durch Strömungsunebenheiten als relative Stenosen an den Ostien, z. B. bei erhöhter Strömungsgeschwindigkeit durch Fieber oder ausgeprägte Anämie. Akzidentelle Geräusche haben keinen Krankheitswert. Sie werden oft beim Aufsitzen des Patienten leiser (Lageabhängigkeit).

Die übliche Beschreibung der Herzgeräusche erfolgt nach der Herzphase, in der sie auftreten. Systolische Geräusche können an den ersten Ton anschließen und bis zum zweiten Ton reichen, diastolische Geräusche nach dem zweiten Ton auftreten und bis an den ersten Ton reichen.

Die Entstehung systolischer und diastolischer Geräusche können Sie sich mit einem Grundschema klar machen (Abb. 12.**6**).

Die Analyse jedes Herzgeräusches erfolgt nach:

Dauer und zeitlicher Lage der Geräusche, z. B. systolische Austreibungs- oder Rückströmungsgeräusche bzw. Früh-, Meso-, spätholodiastolische Geräusche.

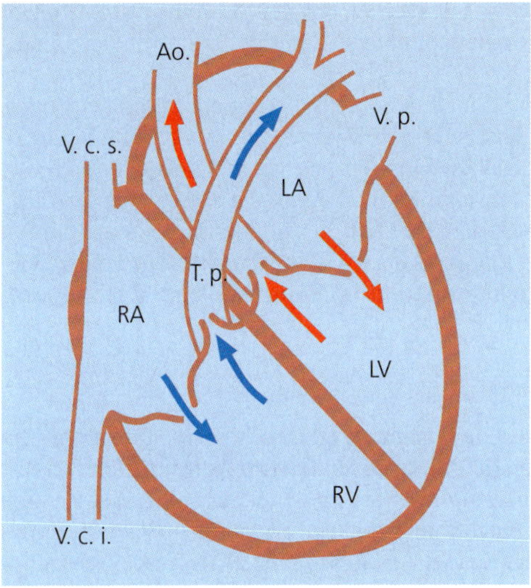

Abb. 12.**6** Grundschema für Herzklappen und Strömung

Art der Geräusche (Frequenz der Schwingungen): z. B. als tiefe murmelnde Geräusche bei der Mitralstenose oder hohe klingende Geräusche bei der Aorteninsuffizienz.

Konfiguration nennt man den Ablauf der Form der Geräusche und unterscheidet z. B. Crescendo- und Decrescendo-, Crescendo-Decrescendo- und bandförmige Geräusche.

Ort als Bestimmung des Punctum maximum über den fünf Auskultationspunkten.

Beziehung zu Herzfunktionen als Veränderung der Geräusche durch Belastung (Anheben der Beine im Liegen).

Die Intensität der Geräusche kann durch Amylnitrit, das den Widerstand der peripheren Gefäße mindert, beeinflusst werden. Das Geräusch der isolierten Pul-

Tab. 12.**1** Lautstärke der Herztöne

Lautstärke = Intensität:	
kaum hörbar	Grad I
leise, gut hörbar	Grad II
mittellaut	Grad III
laut	Grad IV
sehr laut	Grad V
ohne Stethoskop hörbare Distanzgeräusche	Grad VI

monalstenose wird durch Amylnitrit deutlicher, das der Mitralinsuffizienz bleibt gleich oder nimmt ab und lässt sich dadurch von den Geräuschen an den Gefäßklappen abgrenzen.

Tiefe Inspiration bewirkt eine Abnahme systolischer und diastolischer Geräusche sowie der Töne über dem linken Herzen. Dagegen nimmt das Systolikum einer Trikuspidalinsuffizienz zu, weil die Einströmungsgeschwindigkeit durch vermehrten negativen Druck in der Inspiration (und damit die Systole) größer wird.

Zusätzlich zu der im Grundschema (Abb. 12.**6**) getroffenen Einteilung nach den beiden Herzphasen werden die Geräusche nach Klangcharakter (hauchend, gießend, rumpelnd) und nach dem Intensitätsverlauf (anschwellend, abschwellend) in folgenden Gruppen geordnet:

12.5.1 Systolische Geräusche

Gießende systolische Geräusche – Rückströmungsgeräusche – sind Crescendo-Decrescendo-Geräusche. Sie treten bei Mitral- oder Trikuspidalinsuffizienz an den AV-Klappen meist in unmittelbarem Anschluss an den vorhergehenden Herzton auf. Die Abnahme der Insuffizienzöffnung mit der systolischen Verengung des Ventrikels erklärt den Verlauf des Geräusches. Der unmittelbare Anschluss des Geräusches an den ersten Ton ist durch den Beginn des Rückflusses in den Vorhof schon während der Anspannungsphase bedingt.

Raue Systolika – spindelförmige **Crescendo-Decrescendo-Austreibungsgeräusche** treten bei der Aorten- oder Pulmonalstenose auf. Bis zum Erreichen der maximalen Ausströmungsgeschwindigkeit nehmen Strömungsgeschwindigkeit und Geräusche zu, mit Abnahme der Druckdifferenz zwischen Aorta und linkem Ventrikel ab. Zwischen erstem Ton und Beginn der Geräusche liegt eine Pause, weil der Blutausfluss nach dem ersten Ton durch die Anspannung der Kammern und Klappen entsteht.

Spätsystolische Crescendogeräusche treten als Zeichen einer Insuffizienz auf, die erst spät in der Austreibungsphase zur Geltung kommt, z. B. gemeinsam mit dem systolischen Klick beim Mitral-Ballooning. Spätsystolika können auch Ausdruck eines perikardialen Reibens sein.

Tab. 12.**2** **Herzgeräusche**

	Einflussbahn	**Ausflussbahn**
	Austreibungsgeräusche	**Rückstromgeräusche**
Geräusche	(AV-Klappen)	(Semilunarklappen)
systolische	Insuffizienz von Mitral- und Trikuspidalklappen	Stenose von Aorta oder Truncus pulmonalis
	Rückstromgeräusche	**Austreibungsgeräusche**
diastolische	Stenose von Mitral- oder Trikuspidalklappen	Insuffizienz von Aorta oder Truncus pulmonalis

Systolische Herzgeräusche und Begleitsymptome
Diagnostische Bedeutung

Systolische Geräusche, spindelförmig über der Herzbasis

- Dyspnoe, tiefer präkordialer Schmerz, hebender Herzspitzenstoß, Synkopenneigung bei *Aortenstenose* (angeboren oder rheumatisch)
- leises Geräusch und normale Herztöne bei *Aortensklerose/Hypertonie*
- lautes Geräusch p.m. im 2. ICR links, Fortleitung in A. carotis, besonders links, P_2 deutlich gespalten, systolisches Austreibungsgeräusch, präkordiale Hebung unmittelbar links parasternal (Voussure) bei *Pulmonalstenose* (Fallot, Karzinoid)

Systolische Geräusche, spindelförmig über der Mitte des Herzens

- hochfrequent rau, besonders im Inspirium, p.m. am unteren linken Sternalrand, gestaute Halsvenen, Hepatomegalie, Pleuraerguss, Ödem bei *Trikuspidalisinsuffizienz* (Epstein, rheumatisch, Herzinsuffizienz, Lungeninfarkt)

Systolisches, dorsales Geräusch, spindelförmig

- p.m. über der thorakalen Wirbelsäule, dorsale Interkostalpulsation, Blutdruckdifferenz zwischen oberer und unterer Körperhälfte, Femoralispuls vermindert bei *Koarktation der Aorta*

Systolisches Geräusch, bandförmig über der Spitze

- laut, hochfrequent, eng begrenzt, Linkshypertrophie, links verschobener hebender Herzspitzenstoß, leiser S_1, deutliche Spaltung S_2, Dyspnoe, Husten, Hämoptysen bei *Mitralinsuffizienz* (rheumatisch, Hypertonie)

Zusätzliche systolische Geräusche entstehen bei relativer Stenose der Ausflussbahnen durch vergrößertes Schlagvolumen (Vorhofseptumdefekt, Hyperthyreose und Anämie), durch Gefäß- und Herzwandveränderungen wie Arteriosklerose bzw. Koarktation der Aorta oder Endokardveränderungen bei Karzinoid, durch Sehnenfäden oder Löcher in den Aortenklappen als pfeifende oder klingende Geräusche, denen reine Sinusschwingungen zugrunde liegen.

Systolische **Shuntgeräusche** entstehen beim Ventrikelseptumdefekt und sind dann meist holosystolisch oder beim Ductus arteriosus bzw. beim aortopulmonalen Fenster.

12.5.2 Diastolische Geräusche

Hauchende oder **gießende diastolische Decrescendogeräusche** schließen unmittelbar an den zweiten Ton an, weil der Rückfluss des Blutes in den linken Ventrikel mit dem Ende der Austreibung beginnt. Ihre Geräuschintensität nimmt ab, weil die Druckdifferenz, z.B. bei der Aorteninsuffizienz, zwischen Aorta und linkem Ventrikel durch Abnahme des Drucks in der Aorta ausgeglichen wird. Die Dauer des frühdiastolischen Rückstromgeräusches gilt als Maßstab für die Schwere der Insuffizienz (nicht die Lautstärke!).

Dagegen kann bei der Pulmonalinsuffizienz durch die verlängerte Systole des (überlasteten) rechten Herzens der Anschluss des abnehmenden diastolischen Rückstromgeräusches an den zweiten Ton verzögert sein. Weitere Ursachen diastolischer Rückstromgeräusche sind Aorteninsuffizienz und pulmonale Hypertonie (Graham-Steel-Geräusch).

Zu diastolischen Einstromgeräuschen kommt es bei der Mitral- und Trikuspidalstenose volumenbedingt durch Vorhof- und Ventrikelseptumdefekt oder offenen Ductus arteriosus Botalli.

Tiefe, rumpelnde, diastolische Decrescendogeräusche entstehen mit präsystolischem Crescendo, z. B. bei einer Mitralstenose. Dabei führt der Einstrom des Blutes aus dem linken Vorhof in den linken Ventrikel zu einem Decrescendogeräusch, das sich an den Mitralöffnungston anschließt. Die abschließende Vorhofkontraktion ist die Ursache eines präsystolischen Crescendo (solange keine absolute Arrhythmie vorliegt).

Das **Austin-Flint-Geräusch** auskultiert man als präsystolisches Crescendo am deutlichsten über der Spitze. Es ist Ausdruck einer funktionellen Mitralstenose (mit normal großen Ostien) im Rahmen einer massiven Aorteninsuffizienz, bei der durch den Rückstrom die Mitralklappe eingeengt wird.

Auch Anämie und Hyperthyreose können zu diastolischen Geräuschen führen.

In der Diastole entsteht zusätzlich als Decrescendo das **Graham-Steel-Geräusch.** Es ist leise gießend über dem Erbschen Punkt zu hören und entsteht im Sinne einer relativen Pulmonalstenose bei Überdehnung des rechten Ventrikels im Rahmen einer Mitralstenose, die über eine Lungenstauung zur pulmonalen Hypertonie mit relativer Pulmonalklappeninsuffizienz führt. Das Geräusch tritt mit einer Pause nach dem zweiten Ton auf.

Diastolische Herzgeräusche und Begleitsymptome Diagnostische Bedeutung

Diastolische Geräusche über der Basis

- blasendes, hochfrequentes Geräusch p.m. im 2. ICR rechts und 3. ICR links, A_2 betont, hebender Herzspitzenstoß, hohe Blutdruckamplitude, Pistolenschuss und Doppelgeräusch über der A. femoralis (Duroziez), Linkshypertrophie, hebender Herzspitzenstoß, Dyspnoe, Schwäche, tiefer präkordialer Schmerz bei *Aorteninsuffizienz* (rheumatisch, bakterielle Endokarditis, Aneurysma dissecans)

Diastolisches Geräusch über der Mitte des Herzens

- leise, niederfrequent, p.m. 4.–5. ICR links, 1. Herzton betont, besonders in der Inspiration, hebender Herzspitzenstoß unmittelbar links parasternal, Leberpulsation, betonte jugulare A-Welle bei *Trikuspidalstenose* (angeboren, rheumatisch, karzinoid)

Diastolisches Geräusch über der Spitze des Herzens

- laut, niederfrequent, trommelähnlich, Beginn nach einer Pause hinter dem 2. Herzton, 1. Herzton betont, bei pulmonaler Hypertonie, P_2 betont, Öffnungston im 2. ICR links kurz nach S_2, Rechtshypertrophie mit hebendem Herzspitzenstoß unmittelbar links parasternal, Dyspnoe, besonders nachts, Husten, Hämoptysen, Tachykardie bei *Mitralstenose* (rheumatisch)

Holosystolisch-diastolisches Geräusch

- = Maschinengeräusch, rumpelnd mit p.m. im 2. ICR links, auch interskapular, hohe Blutdruckamplitude, Wachstumsmangel, Dyspnoe bei offenem *Ductus arteriosus Botalli*

12.5.3 Extrakardiale Geräusche

Von den pathologischen Herzgeräuschen müssen folgende extrakardiale Geräusche unterschieden werden:

- Pulssynchrones, raues, **perikarditisches Reiben**, das oft auf die zweite Herzphase übergreift und durch Stethoskopdruck verstärkt werden kann.
- Pulssynchrone **Gefäßgeräusche**, z. B. durch Atherome der Aorta.
- Dauergeräusche, die am (nicht im) Herzen oder in seiner näheren Umgebung entstehen und durch eine Perikarditis bedingt oder Symptom einer arteriovenösen Fistel bzw. eines offenen Ductus arteriosus sein können (Maschinengeräusch als systolisch-diastolisches Kontinuum).
- Herznahes **Pleurareiben**, das eher wie Lederknarren klingt und nicht puls-, sondern atemsynchron ist.

12.6 Herzfunktion

Die wesentlichen Untersuchungen zur Funktion des Herzens richten sich auf die ausreichende Förderleistung, also auf die Bewältigung von venösem Blutangebot durch den rechten Ventrikel und die arterielle Versorgung des Körpers durch den linken Ventrikel.

12.6.1 Frequenz und Rhythmus

Um physiologische Erhöhungen der Herzfrequenz nicht fehlzudeuten, auskultieren Sie die Herzfrequenz am ruhenden Patienten (Normbereich bei Erwachsenen etwa 60 – 80 Schläge pro Minute, bei Säuglingen 120!).

Von **Herzrhythmusstörungen** spricht man bei Störungen der Reizbildung und der Reizleitung, die zu einer unregelmäßigen Änderung der Schlagfolge führen, und bei regelmäßigen Herzaktionen, deren Tempo unter oder über den genannten Normwerten liegen. Die bei Jugendlichen und vegetativ übererregbaren Patienten nachweisbare Pulsbeschleunigung beim Einatmen und Pulsverlangsamung beim Ausatmen – respiratorische Arrhythmie – ist keine Herzrhythmusstörung mit Krankheitswert.

Tachykardie nennt man beim Erwachsenen eine anhaltende Pulsbeschleunigung über 100 regelmäßige Schläge pro Minute. Mit regelmäßiger Schlagfolge kann die Tachykardie Folge von Anstrengungen, Symptom z. B. einer Intoxikation bzw. einer Herzerkrankung wie Herzinsuffizienz, Endokarditis oder ischämischer Herzerkrankung, aber auch Zeichen einer Anämie[4] sein. Fieber erhöht die Pulsfrequenz durch unmittelbare Einwirkung der erhöhten Bluttemperatur auf den Sinusknoten um rund 10 Schläge pro Grad. Bei stationären, besonders postoperativen Patienten,

[4] Tachykardie durch größere Blutverluste können Sie von Tachykardien anderer Genese durch die Nagelprobe und den Tilt-Test unterscheiden: Beim Wechsel vom Liegen zum Sitzen erhöht sich die Pulsfrequenz bei größeren Blutverlusten um mehr als 20 Schläge pro Minute (Tilt, engl. = schiefe Lage, Neigung)

kann Tachykardie ohne Temperaturanstieg erstes Zeichen einer tiefen Venenthrombose und damit Warnung vor einer drohenden Lungenembolie sein.

Anlässe einer **Sinustachykardie** sind Aufregung, intensive Schmerzen, Angst oder antispasmodische Anticholinergika, überhöhte Thyroxin- oder Katecholaminspiegel bei Hyperthyreose oder vermehrte Adrenalinausschüttung beim Phäochromozytom. Gemeinsam mit feuchter Blässe und systolischem Blutdruck unter 100 gehört die Tachykardie über 100 zu den klassischen Schockzeichen. Die Sinustachykardie unterscheidet sich vom Vorhofflattern mit 2 : 1-Block dadurch, dass beim Flattern die Tachykardie durch Vagusstimulierung – Massage des Karotissinus, Atemanhalten oder Druck auf die Augäpfel – die Tachykardie stufenweise abfällt.

Von **ektopischer Tachykardie** spricht man, wenn die Reizbildung nicht im Sinusknoten, sondern von einem ektopischen Bereich in der Vorhofwand unter dem sinuaurikulären Knoten erfolgt. Es kann z. B. zu einer paroxysmalen supraventrikulären Tachykardie zwischen 150 und 220 Schlägen pro Minute bei Digitalisüberdosierung kommen, wenn man gleichzeitig Diuretika gibt. Charakteristisch ist die gleichmäßige Schlagfolge, die nicht durch Körperhaltungen oder Anstrengung zu beeinflussen ist, in vielen Fällen aber auf Karotissinusdruck und andere Vagusreizungen (s. o.) schlagartig anspricht. Sie kommt beim WPW-Syndrom und anderen Erkrankungen des Herzens vor.

Tachykard wirkt auch **Vorhofflattern** mit einer Vorhoffrequenz von 250 bis 360 Vorhofkontraktionen pro Minute mit regelmäßiger Schlagfolge. Beim Vorliegen eines 2 : 1-Blocks oder abwechselnd mit einem 3 : 1-Block kann sie zu 120 bis 180 Ventrikelkontraktionen führen und auf Vagusmanöver ansprechen. Dadurch unterscheidet sie sich vom Vorhofflimmern, das mit einem 2 : 1-Block zu einer Kammerfrequenz von etwa 150 Schlägen führt, aber auf Vagusreizung nicht reagiert.

Von einer **paroxysmalen Kammertachykardie** (Abb. 12.7**b**) spricht man, wenn mehr als 6 ektopische Schläge zu einer Pulsfrequenz über 100 führen. Sie ist Zeichen einer völligen Vorhofkammerdissoziation, wobei die Kammer schneller als der Vorhof mit 150 bis 250 Schlägen pro Minute arbeitet. Der Rhythmus ist gleichmäßig. Vagusstimulation wirkt nicht. Charakteristisch ist der betonte 1. Herzton, teilweise als Kanonenschlag, Ergebnis einer übergroßen Ventrikelfüllung, zu dem es aber nicht kommt, wenn gleichzeitig ein Vorhofflimmern vorliegt. Die paroxysmale Kammertachykardie ist Zeichen einer ischämischen Erkrankung des Herzens, der Digitalisüberdosierung oder einer Hyperthyreose. Soweit kein Defibrillator vorhanden ist, kann ein Faustschlag auf den präkordialen Thorax helfen.

Die Steigerungsform der Kammertachykardie ist das **Kammerflattern** mit über 230 regelmäßigen Schlägen pro Minute. Kammerflattern ist Ausdruck einer organischen Herzkrankheit; es kommt auch bei Thyreotoxikose vor.

Von **Kammerflimmern** spricht man bei irregulären Kammerkontraktionen, die man klinisch nicht mehr feststellen kann.

Vorhofflimmern ist durch unregelmäßige Schlagfolge gekennzeichnet. Dadurch, dass die Kammerkontraktionen in unregelmäßigem Füllungszustand der Kammer erfolgen, schwankt auch die Intensität der Herztöne. Zu Vorhofflimmern

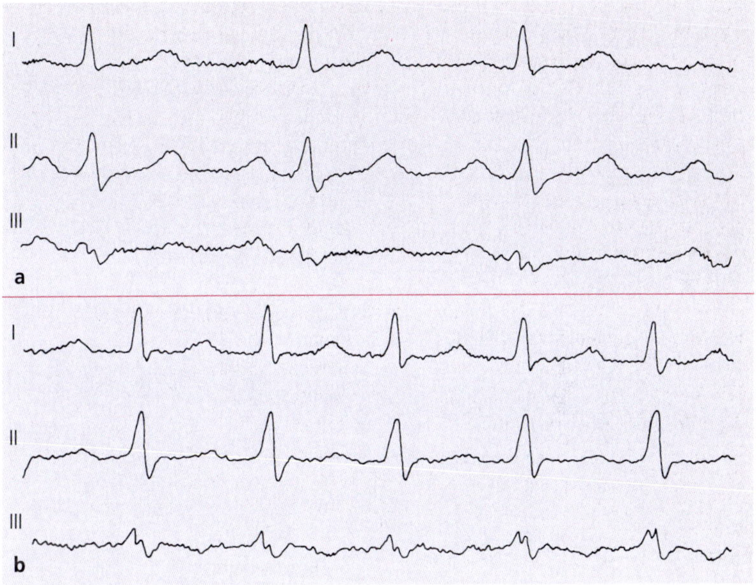

Abb. 12.7 **a** Sinusrhythmus 90/Min.

Abb. 12.7 **b** Paroxysmale atriale Tachykardie 160/Min.

12

kommt es bei organischen Herzerkrankungen, rheumatischem Fieber, Thyreotoxikose und Digitalisüberdosierung (Abb. 12.**8b**).

Für kardiale Ursachen von Rhythmusstörungen sprechen als Begleitsymptome Ohnmacht, Dyspnoe, prätibiale Ödeme, in schwerwiegenden Fällen substernale Thoraxschmerzen.

Extrasystolen sind unregelmäßig auftretende Extraschläge, die den Herzrhythmus unterbrechen. Sie fallen früher ein als regelmäßige Systolen und können anschließend bis zu einer kompensatorischen Pause führen (Abb. 12.**9b**). Fallen Extrasystolen bald nach der normalen Kammerkontraktion ein, ist der verursachte Herzton leiser als normal, und das Schlagvolumen kann in der Peripherie kaum noch wahrgenommen werden. Charakteristischerweise wird bei Anstrengung der unregelmäßige Herzrhythmus, der durch Extrasystolen bedingt ist, bei einer Schlagfrequenz von 120 zeitweise regelmäßig, was sie von dem irregulären Rhythmus bei Flimmern unterscheidet, der bei Anstrengung zunimmt. Auch Extrasystolen sind ein Zeichen für Erkrankungen des Herzens und Digitalisüberdosierung.

In gleichmäßiger Folge sind beim **Bigeminus** die Kammerkontraktionen in Gruppen organisiert, der 1. Schlag normal, der 2. vorzeitig, mit einer kompensatorischen Pause. Körperliche Anstrengung kann zur Normalisierung und damit zum

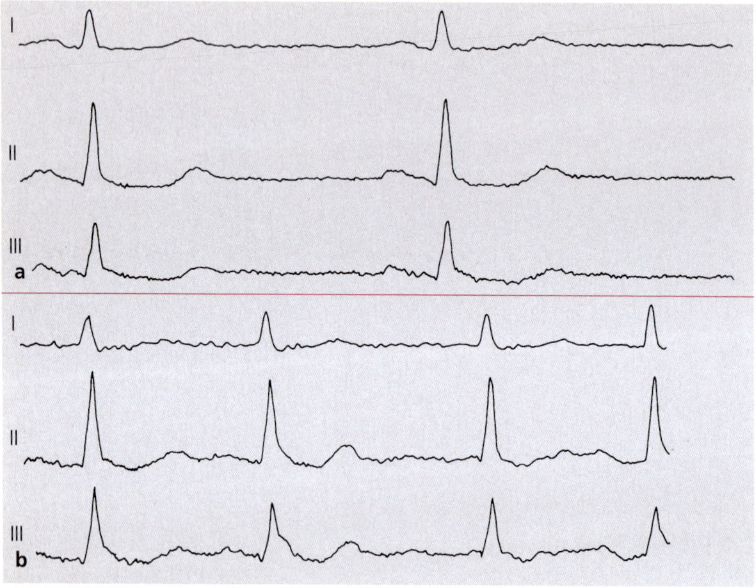

Abb. 12.**8a** Sinusrhythmus

Abb. 12.**8b** Paroxysmales Vorhofflimmern

Verschwinden der ektopischen Reizbildung im Vorhof oder im Ventrikel führen, was den Bigeminus vom 3:2-AV-Block unterscheidet. Organische Erkrankungen des Herzens und Digitalisüberdosierung können die Ursache sein.

Beim **Trigeminus** folgt auf drei normale Schläge eine Pause. Diese Arrhythmie entsteht durch zwei normale Schläge, auf die eine vorzeitige Extrasystole mit kompensatorischer Pause folgt. Organische Herzkrankheiten und Digitalisüberdosierung sind die Ursachen. Auch der Trigeminus kann durch Anstrengung in einen Normalrhythmus verwandelt werden.

Bei der **Wenckebach-Periodik** folgt auf eine Reihe normaler Kontraktionen eine Pause, die dadurch entsteht, dass die Vorhofkammerüberleitung zunehmend langsamer durch den AV-Knoten geleitet wird, bis eine ganz ausfällt. Vom Bigeminus und Trigeminus unterscheidet sie sich dadurch, dass sie nicht bei Beschleunigung der Herzfrequenz in einen Normalrhythmus übergeht. Auch diese Rhythmusstörung findet man bei rheumatischem Fieber, Digitalisüberdosierung und organischen Herzkrankheiten.

Bradykardie mit weniger als 60 Schlägen/Min. findet man bei Leistungssportlern. Sie kann Ausdruck einer Vagusreizung bzw. Sympathikuslähmung und Zeichen einer Störung der intrakardialen Reizbildung oder Reizleitung sein. Charakte-

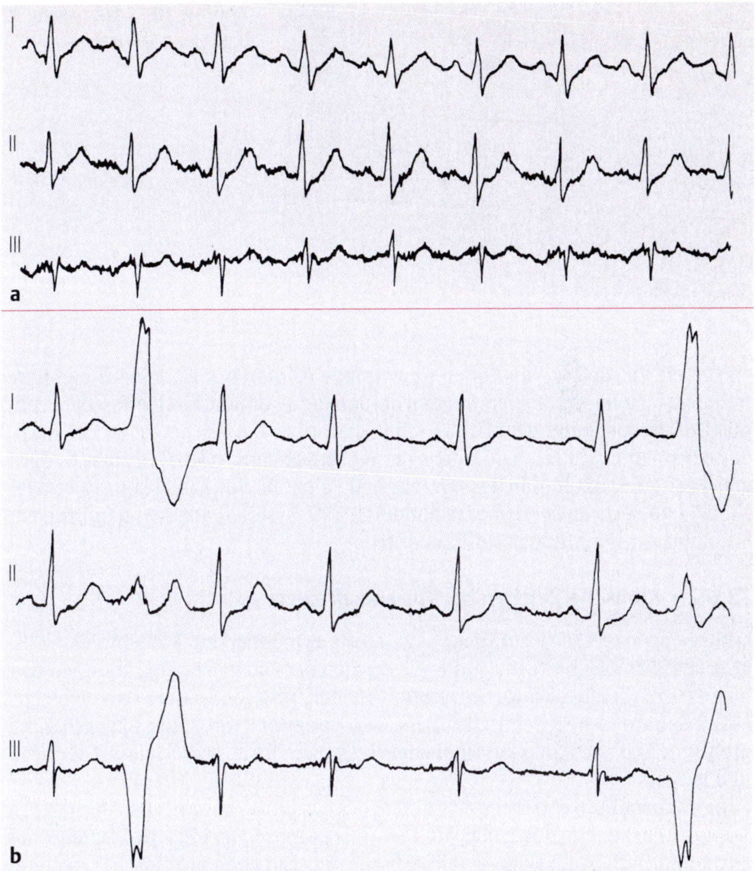

Abb. 12.**9a** Sinusrhythmus (25 mm/s) bei Belastung

Abb. 12.**9b** Ventrikuläre Extrasystolie (25 mm/s) nach Belastung

ristisches Symptom ist die Bradykardie als sog. unerwartete Bradykardie bei Typhus mit hoher Temperatur, als Dauerform bei Myxödem und bei gesteigertem Hirndruck (dann gemeinsam mit Kopfschmerzen, Erbrechen, Schwindel, Stauungspapille und Krampfanfällen). Anfallsweise Bradykardie weist auf einen Adams-Stokes-Anfall oder ein Karotissinussyndrom bzw. einen 2 : 1- bzw. 3 : 1-AV-Block, der sich von der Sinusbradykardie dadurch unterscheidet, dass die blockbedingte Bradykardie bei Anstrengung bestehen bleibt. AV-Blöcke entstehen bei rheumatischem Fieber, ischämischen Erkrankungen des Herzens und Digitalisüberdosierung.

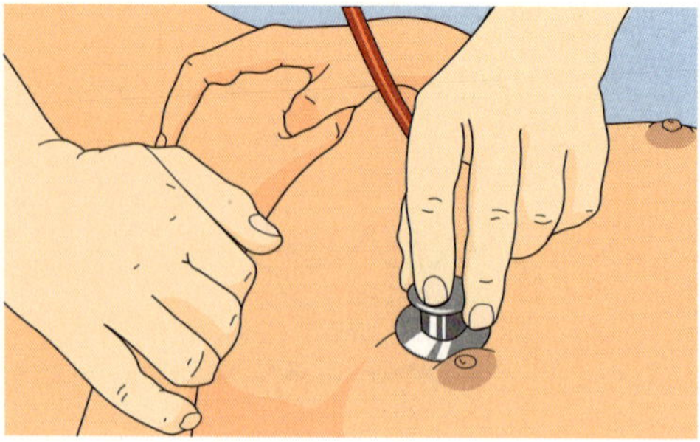

Abb. 12.**10** Untersuchung eines Pulsdefizits

Um ein **Pulsdefizit** – die Differenz zwischen palpierter Pulsfrequenz und Herzfrequenz – zu unterscheiden, vergleicht man die auskultatorisch erfassbare zentrale Herzfrequenz mit dem palpierten Radialispuls. Ein Pulsdefizit ist der Ausfall des peripheren systolischen Anteils der Blutdruckamplitude. Man stellt es durch gleichzeitige Auskultation des Herzens und Palpation des Radialispulses bds. fest (Abb. 12.**10**). Das Pulsdefizit entsteht durch Extrasystolen oder am häufigsten bei absoluter Arrhythmie (Vorhofflimmern).

12.6.2 Klinische Zeichen der Herzinsuffizienz

Frühzeichen der **Linksinsuffizienz** sind leichte Ermüdbarkeit, Kälteintoleranz, Belastungsdyspnoe und Tachykardie. Als Zeichen der Lungenstauung kommen dann hinzu paroxysmale nächtliche Dyspnoe, Husten, rostiges Sputum (Herzfehlerzellen), inspiratorische feuchte Geräusche, verminderter Karotispuls, schwacher, verbreiterter und nach links verschobener Herzspitzenstoß sowie 3. und 4. Herztöne und betonter P_2.

Im Spätstadium entstehen als Zeichen des Lungenödems Unruhe, Angst, Blässe, Schweiß, Orthopnoe, Tachypnoe und zentrale Zyanose. Der Puls wird fadenförmig; auskultatorisch sind auch exspiratorische feuchte Nebengeräusche zu hören. Durch Pleuraexsudat entsteht eine aufsteigende Dämpfung, besonders rechts.

Häufigste Ursachen der Linksinsuffizienz sind Hypertonie, Koronarinsuffizienz, Aortenklappenfehler, offener Ductus arteriosus, großer Ventrikelseptumdefekt und Mitralinsuffizienz.

Die **Rechtsinsuffizienz** ist meist Folge einer Linksinsuffizienz, sie kann aber auch durch eine Mitralstenose, primäre pulmonale Hypertonie, multiple Lungenembolie, Pulmonalstenose, Trikuspidalinsuffizienz und Vorhofseptumdefekt bedingt sein.

Zusätzlich zu den in der Regel vorliegenden Zeichen der Linksinsuffizienz kommt es zur peripheren Zyanose durch vermehrte Sauerstoffausschöpfung. Meteorismus, tagsüber verminderte Harnmenge, Nykturie, sichtbar gestaute Haut- und Halsvenen, vergrößerte jugulare A- oder V-Wellen. Die druckschmerzhaft vergrößerte Stauungsleber und der hepatojuguläre Reflux weisen auf die Unter-

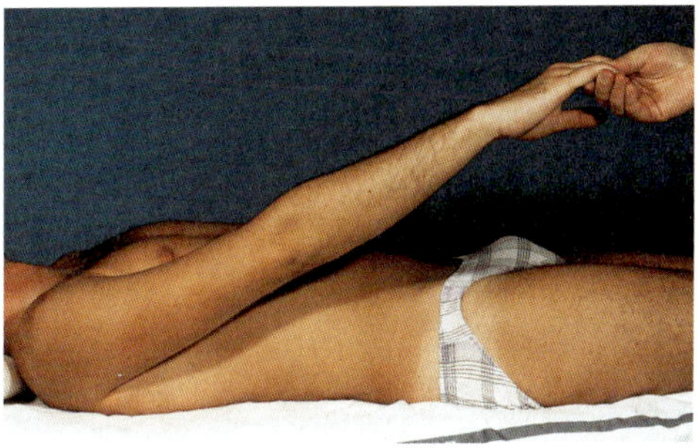

Abb. 12.**11** Schätzung des zentralvenösen Drucks durch leer laufende Handrückenvenen

funktion des rechten Ventrikels hin. Es entstehen das Systolikum einer Trikuspidalinsuffizienz und ein diastolischer Galopp, im Spätstadium Aszites.

Eine einfache Methode zur **Beurteilung einer Herzinsuffizienz** ist die Schätzung des Venendrucks. Beim Gesunden kollabieren gefüllte Venen, sobald Sie den gestreckten Arm über das Niveau des rechten Vorhofs heben. Beim liegenden Patienten mit Rechtsinsuffizienz hebt man einen Arm so weit an, dass die gestauten Venen am Handrücken gerade leer laufen (Abb. 12.**11**) und messen den Abstand zwischen erhobenem Handrücken und Sternum. Der Höhenunterschied zwischen Vorhofniveau (5 – 7 cm unter dem Sternum) und dem Handrücken entspricht etwa dem Venendruck in cm H_2O (Normalbereich 5 – 12 cm).

Schweregrade der Herzinsuffizienz (nach der New York Heart Association)

- I Keine Einschränkung der körperlichen Belastbarkeit
- II geringe Einschränkung bei körperlicher Aktivität
- III deutliche Einschränkung bei körperlicher Aktivität
- IV Beschwerden bereits in Ruhe

12.6.3 Technische Funktionsprüfungen

Bei der selten erforderlichen **blutigen Messung des Venendrucks** liegt der Patient horizontal mit gleichmäßig aufliegenden Schultern. Als Nullpunkt wird in Höhe der IV. Rippe und in 5 cm Tiefe eine Markierung am seitlichen Thorax angebracht. In dieser Höhe wird die V. mediana cubiti der rechten Ellenbeuge gelagert.

Soweit kein steril verpacktes Einmalmessgerät vorrätig ist, benutzt man ein 50 cm langes, steriles Glasrohr mit etwa 3 mm Durchmesser und Millimeterskala, dessen Nullpunkt auf den rechten Vorhof einjustiert wird und das nach dem Gesetz der kommunizierenden Röhren funktioniert. Der Rohrsockel wird durch einen Schlauch mit einer 1- bis 2-mm-Flügelkanüle verbunden (Abb. 12.**12**). Füllen Sie das ganze System bis zum Überlaufen mit physiologischer Kochsalzlösung und

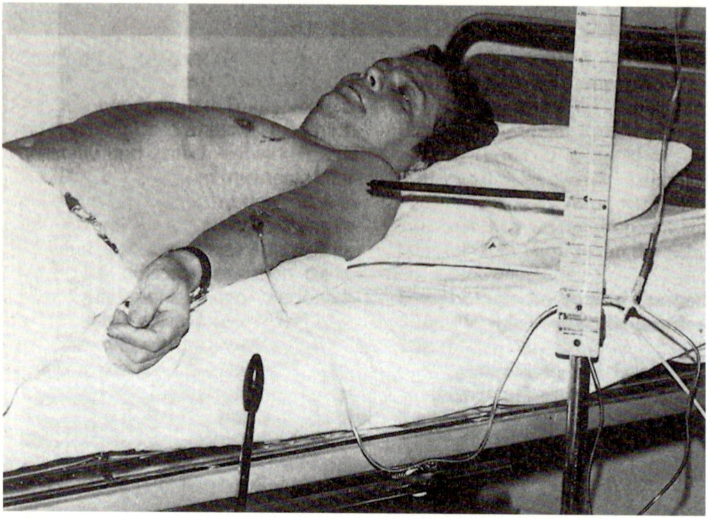

Abb. 12.**12** Blutige Venendruckmessung

klemmen Sie den Schlauch nahe dem Rohrende ab. Nach dem Einstechen der Kanüle lösen Sie die Klemme und warten, bis der Kochsalzdruck im Manometer bis auf die Höhe des Venendrucks absinkt. Zur Kontrolle führen Sie den Valsalva-Versuch durch, der zu einem Druckanstieg bis 40 cm H_2O führen kann, bei Rechtsinsuffizienz meist aber unter der Doppelung des Ausgangswertes bleibt. Linksinsuffizienz allein führt nicht zu einer Erhöhung des Venendrucks.

Als Folge einer Herzinsuffizienz oder bei Septumdefekt sind auch die ***Kreislaufzeiten*** verändert. Einige Methoden können Sie am Krankenbett und in der Sprechstunde anwenden. Die **Ätherumlaufzeit** (Arm-Lunge-Zeit) zur Funktionsprüfung des kleinen Kreislaufs wird vom Beginn der Injektion bis zur Wahrnehmung des Äthergeruchs bestimmt. Hierzu injizieren Sie 0,3 ml sterilen Narkoseäther in 3–5 ml physiologischer Kochsalzlösung schnell in die Kubitalvene. Der Patient gibt den Äthergeruch an, und Sie können ihn an der Ausatemluft kontrollieren. Normale Umlaufwerte sind 4 bis 8 Sek., Verlängerungen gelten als Zeichen einer Stauung im kleinen Kreislauf; Verkürzungen finden Sie bei Anämie, Fieber und anderen Ursachen größeren Herzminutenvolumens.

Belastung durch 20-maliges Beugen der von der Unterlage angehobenen Beine (Kanüle bleibt liegen) führt zu einer Verkürzung der Ätherzeit beim zweiten Versuch. Gleich bleibende oder verlängerte Zeiten sind Zeichen einer Herzinsuffizienz. Nachteilig bei diesem Versuch ist, dass auch bei pulmonalen Störungen die Ätherzeit verlängert sein kann.

Die **Decholinumlaufzeit** (Arm-Zunge-Zeit) misst den Durchlauf von kleinem und großem Kreislauf mit Bitterstoff, der als 2,5 – 5 ml 20 %iger Decholinlösung schnell in die Kubitalvene injiziert wird. Die Umlaufzeit beträgt normalerweise 10 – 16 Sek.; bei der Links- und/oder Rechtsinsuffizienz nimmt sie wegen der erhöhten Residualblutmenge oder der vergrößerten Blutmenge im kleinen Kreislauf zu. „Falsche Verlängerungen" ergeben sich bei zu langsamer Injektion oder bei vergrößerter Blutmenge. Äther- und Decholinumlaufzeit können gemeinsam bestimmt werden.

Belastungsversuche (= Ergometrie) dürfen dem Patienten nicht schaden. Deshalb muss sichergestellt sein, dass bei Patienten mit entsprechenden Beschwerden das EKG während der Belastung durch einen Arzt verfolgt wird. Der Wert der Ergometrie liegt in quantitativer Erfassung kardiovaskulärer Funktionsstörungen durch Beurteilung der Ausdauerleistungsfähigkeit (aerobe Kapazität) mit der Kalkulation der Sauerstoffaufnahme aufgrund der Wattleistung. Für die qualitative Verlaufsbeobachtung der physischen Belastbarkeit benutzt man den Sauerstoffpuls oder Wattpuls. Er korreliert mit der Koronarreserve und gestattet Rückschlüsse auf die Belastungsgrenzen für Beruf und Bewegungstherapie. Abnorm steiler systolischer Blutdruckanstieg ist Zeichen einer hypertonen Blutdruckregulation bei Belastung, zu geringer Blutdruckanstieg Zeichen einer Funktionsstörung im linken Ventrikel, Blutdruckabfall bei zunehmender Leistung weist auf koronare Herzkrankheit hin.

12

Kniebeugen als Belastungstest werden den Forderungen nach Exaktheit, Abstufbarkeit und Reproduzierbarkeit nicht gerecht, weil die Belastung vom Tempo und von der Tiefe der Kniebeugen abhängt.

Der **Zweistufentest** erfüllt zwar die genannten Bedingungen, aber die EKG-Ableitungen werden leicht durch überlagerte Muskelpotenziale gestört.

Das Fahrradergometer (Abb. 12.**13**) lässt die letztgenannte Störung vermeiden. Man misst in Watt pro Sekunden:

- Rund 10 W gleichen 1 mkp/s;
- 25 W entsprechen dem Spazierengehen;
- 50 W angestrengtem Marschieren;
- 100 W steilem Berganmarsch und damit der üblichen oberen Leistungsfähigkeit 50- bis 60-Jähriger;
- 150 – 250 W sind die obere Leistungsgrenze bis zum 50. Lebensjahr.

Als „Ausbelastung" bezeichnet man die durchschnittliche maximale Herzfrequenz, bezogen auf bestimmte Altersgruppen. Bei Herzgesunden gelten folgende Werte als Ausbelastung:

Tab. 12.**3** **Ausbelastungsfrequenz**

Alter (Jahre)	Ausbelastungsherzfrequenz/Min.
20 – 29	170
30 – 39	160
40 – 49	150
50 – 59	140
60 – 75	130

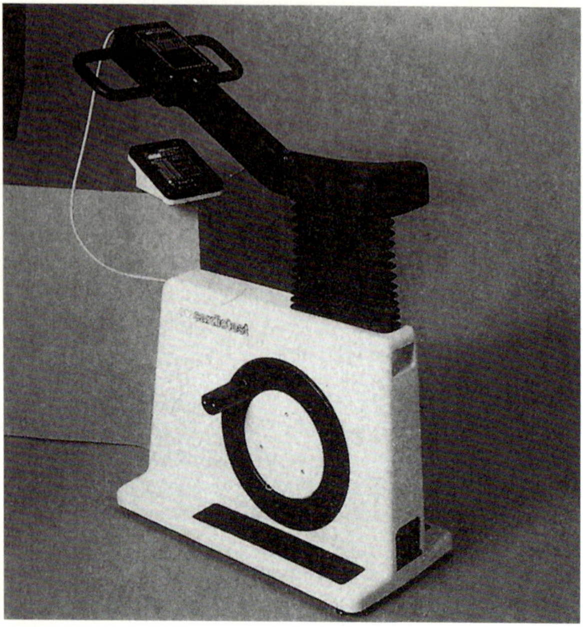

Abb. 12.**13** Fahrradergometer secacardiotest

Beurteilung nach *Heinecker*: Für jedes Lebensjahrzehnt nach dem 30. Lebensjahr fällt die Ausbelastungsherzfrequenz also um 10, oder: 200 minus Lebensjahre = Ausbelastungsherzfrequenz. Diese Zahlen gelten für die Belastung im Sitzen. Da die Fahrradergometerarbeit im Liegen die Pulsfrequenz weniger stark ansteigen lässt, können hier die genannten Zahlen jeweils um 10 verringert werden.

Tab. 12.**4** **Herzfrequenz- und Blutdruckwerte gesunder Männer unter 40 Jahren** (nach Heinecker)

Belastung (in W)	Herzfrequenz	RR (in mmHg)
Ruhe	50–70	120–140/70–85
50	80–100	130–150/80–90
75	100–120	140–160/80–95
100	110–130	150–170/85–100
125	120–140	160–180/85–100
150	130–150	170–190/90–100
200	140–170	180–220/100–110

Nach 3 Min. gleich bleibender Maximalfrequenz kann die Belastung beendet werden. Das EKG schreibt man 5 Min. weiter.

Die erreichte Wattzahl ist Gradmesser für die Leistungsfähigkeit, die bis zum 50. Lebensjahr bis zu 150, bei 50-jährigen Frauen bis 100 W betragen sollte. Für herzgesunde Männer unter 40 Jahren ergeben sich die in Tab. 12.**4** aufgeführten Belastungsstufen.

Die Unterschreitung dieser Werte ist ein gutes Zeichen für die Herz- und Kreislauffunktion des Patienten.

Bei einer vermuteten Koronarerkrankung wählt man zunächst die unterste Belastungsstufe, bei Angina-pectoris-Anfällen, die schon durch einfaches Gehen ausgelöst werden, und bei Infarktpatienten in der Mobilisierungsphase sogar nur 25 W. Nach je 2 Min. steigert man die Leistung, wenn möglich, um 25 W.

Kontraindikationen für Belastungsversuche sind z. B. Herzinsuffizienz mit Dyspnoe beim einfachen Gehen, frischer Herzinfarkt, akute entzündliche Herzerkrankungen sowie maligner Hypertonus. Als lebensgefährliche Komplikationen der Ergometrie können Kammerflimmern, Lungenödem und Infarkt auftreten. Deshalb sollte ein Defibrillator greifbar sein.

Hinweise zur Differenzialdiagnose häufiger Herzfehler s. Tab. 12.**5**.

Tab. 12.5 **Differenzialdiagnose häufiger Herzfehler**

Krankheitsbild	Herztöne	Geräusche	Inspektion	Palpation	Perkussion	EKG	Röntgen
Mitralinsuffizienz	S_1 abgeschwächt; Spaltung S_2 im Spätstadium 3. Herzton	gießendes Holo systolikum; Max. über Spitze, Beginn mit S_1, Ende mit oder nach S_2; besonders nach Belastung		Spitzenstoß verbreitert, hebend, linksverlagert; systolisches Schwirren 4.–5. ICR	Herzdämpfung nach links verbreitert; Herzbucht verstrichen	Linksabweichung oder Linkshypertrophie; P Verbreiterung I bis III; Vorhofflimmern häufig	vergrößerter linker Vorhof und Ventrikel, verstrichene Herztaille
Mitralstenose	S_1 paukend, Max. über Spitze (bei unbeweglichem Klappensegel abgeschwächt); Mitralöffnungston Max. Erb bis Spitze als ausgeprägter Dreierrhythmus; S_2 Spaltung über Pulmonalis	rumpelndes Diastolikum; Max. über Spitze; Mitralöffnungston; besonders deutlich nach Belastung	„Mitralgesicht“ mit bläulich roten Wangen	Herzspitzenstoß vermindert; diastolisches Schwirren über Spitze; kleiner Puls; bei pulmonaler Hypertonie epigastr. Pulsationen, Lebervergrößerung	Herzbucht verstrichen	P Verbreiterung I–III; Rechtsabweichung bzw. Rechtshypertrophie; Vorhofflimmern häufig	vergrößerter linker Vorhof
Aorteninsuffizienz	S_1 im Spätstadium leiser	gießendes Diastolikum; Max. 3.–4. ICR; Aorta und Spitze; Beginn unmittelbar nach S_2, Ende vor S_1; besonders deutlich nach Exspiration	Blässe, Kapillarpulse, deutliche Pulsationen der A. carotis; „hüpfende Gefäße“	Herzspitzenstoß hebend, verbreitert, nach links unten verlagert; deutliche Pulsation der Karotis; Pulsus celer et altus (Wasserhammer); große Blutdruckamplitude	Herzdämpfung links verbreitert	Linkshypertrophie	Vergrößerung des linken Ventrikels; Herzbucht betont; prominenter Aortenknopf

Aortenstenose	S_2 abgeschwächt oder normal	raues, spindelförmiges Systolikum; Max. über Aorta, Erb und Spitze mit Fortleitung in die A. carotis, Beginn nach S_1, Ende vor S_2; besonders nach Exspiration	Blässe	Spitzenstoß hebend, nach links verlagert und verbreitert; systolisches Schwirren über Aorta, besonders in tiefer Exspiration; Pulsus parvus et tardus	Herzdämpfung nach links unten vergrößert	Linkshypertrophie	vergrößerter linker Ventrikel; prominente Aorta ascendens; schmaler Aortenknopf
Trikuspidalinsuffizienz		weiches, blasendes Holosystolikum; Max. 3. – 5. ICR; besonders deutlich in der Inspiration	deutlicher Jugularvenenpuls (d-Welle), der bei Abdrücken der Venen kaudal erhalten bleibt; sichtbare Herz- und epigastr. Pulsationen; früher Aszites	Leber vergrößert und pulsierend	Herzdämpfung nach links und rechts verbreitert	Rechtshypertrophie; Vorhofflimmern häufig	vergrößerter rechter Ventrikel
Trikuspidalstenose	S_1 laut	rumpelndes Diastolikum, Max. 3. – 5. ICR; besonders in der Inspiration	deutlicher Jugularvenenpuls (a-Welle); gelblich zyanotische Haut	diastolisches Schwirren beiderseits parasternal unten; Leberpulsationen		hohes schmales P	vergrößerter rechter Vorhof
Fallot-Tetralogie	S_2 laut; übliche Spaltung des Pulmonaltones fehlt	raues, spindelförmiges Systolikum; Max. über Pulmonalis und Erb	Hockstellung zentrale Zyanose, Uhrglasnägel, Trommelschlegel, Voussure; tiefrote Schleimhäute	Herzspitzenstoß fehlt; systolisches Schwirren links parasternal; lebende Pulsationen über Erb	Vergrößerung der Herzdämpfung nach rechts	P pulmonale rechtsventrikuläre Hypertrophie	Rechtstyp bis Rechtshypertrophie; Holzschuhherz; betonte Herzbucht

12

Tab. 12.5 **Differenzialdiagnose häufiger Herzfehler (Fortsetzung)**

Krankheitsbild	Herztöne	Geräusche	Inspektion	Palpation	Perkussion	EKG	Röntgen
Ventrikelseptumdefekt	bei großen Defekten Spaltung des Pulmonaltones verstärkt	raues, je nach Volumen holosystolisch oder spindelförmiges systolisches Geräusch; Max. im 3.–5. ICR	nach Shuntumkehr Zyanose; Voussure	Herzspitzenstoß verbreitert und nach unten links verlagert; Schwirren im 3. und 4. ICR	Vergrößerung der Herzdämpfung beiderseits	Hypertrophiezeichen je nach Größe und Zustand	Linksverbreiterung bei großem Defekt mit verstrichener Herzbucht
Vorhofseptumdefekt	S_1 laut; atemphasenunabhängige Spaltung von S_2	raues, spindelförmiges Systolikum; Max. im 2. ICR	nach Shuntumkehr Zyanose; Voussure, epigastr. Pulsationen	Herzspitzenstoß kaum tastbar	Vergrößerung der Herzdämpfung beiderseits	Rechtstyp bis Rechtshypertrophie, inkompletter Rechtsschenkelblock	Linksverbreiterung; Herzbucht verstrichen
Ductus arteriosus Botalli	S_2 betont	permanentes raues systolisch-diagnostisches Maschinengeräusch; Max. 2.–3. ICR; Beginn nach 1. Ton, Ende nach 2. Ton	Blässe bei großem Shuntvolumen; deutliche Karotispulsationen, „hüpfende Gefäße“	Herzspitzenstoß verbreitert und hebend nach links unten verlagert; Schwirren im 1. und 2. ICR	Vergrößerung der Herzdämpfung nach links	Linkstyp oder Rechtstyp je nach Überlastung	Linksverbreiterung; Herzbucht verstrichen
Pulmonalstenose	deutlicher werdende Spaltung von S_2 mit Zunahme der Stenose; im Gegensatz zum Vorhofseptumdefekt atemabhängig	lautes, raues, spindelförmiges Systolikum; Max. 2. und 3. ICR; Beginn nach S_1, Ende vor S_2	Jugularispuls (a-Welle); epigastr. Pulsationen	Schwirren im 2. und 3. ICR	Verbreiterung der Herzdämpfung nach rechts	Rechtshypertrophie	rechter Ventrikel vergrößert; poststenotische Dilatation der A. pulmonalis

Aortenisthmusstenose	lauter S_2	gießendes Systolikum; Max. 2.–4. ICR im Rücken hörbar; Beginn nach S_1, Ende über S_2 hinaus; Gefäßgeräusche über Kollateralkreislauf		Herzspitzenstoß verbreitert und hebend mit Zunahme der Linkshypertrophie; auffällig kräftige Pulsation der A. radialis und der Karotiden; abgeschwächte Pulsation der Aa. femoralis und dorsalis pedis; Blutdruckdifferenz; Arme und Waden größer als 30 mmHg	Vergrößerung der Herzdämpfung nach links	Linkshypertrophie	linker Ventrikel vergrößert; Rippenusuren

Diese Gegenüberstellung ist auf die charakteristischen pathologischen Befunde beschränkt. Da sich die Befunde wiederholen, sollten Sie nicht Einzelsymptome, sondern die Symptommuster der Krankheitsbilder (s. S. 5) für die praktische Differenzialdiagnostik verwenden. Neben den patientenspezifischen Variationen müssen Sie auch das häufige Vorkommen kombinierter Herzfehler berücksichtigen.

12.7 Aufgaben für die Selbstkontrolle

1 Wie unterscheidet man präkordiale und substernale Schmerzen nach der Lage?
2 Wie unterscheiden sich Herzschmerzen in Bezug auf ihren Zusammenhang mit Funktionen von anderen thorakalen Schmerzen?
3 Definieren Sie mit eigenen Worten eine Herzphobie!
4 Wie unterscheidet man essenzielle paroxysmale Tachykardien von extrasystolischen paroxysmalen Tachykardien?
5 Wie nennt man plötzliche Ohnmacht aufgrund akuter Herzrhythmusstörungen?
6 Wie unterscheiden sich Anfälle paroxysmaler nächtlicher Dyspnoe von anderen Formen schwerer Atemnot?
7 Wodurch sind kardiale Ödeme von allergischen oder renalen Ödemen zu unterscheiden?
8 Wofür ist ein hebender Herzspitzenstoß im 5. ICR etwa in der Mamillarlinie charakteristisch?
9 Nennen Sie zusätzlich zu den Interkostalräumen zwei sichtbare Pulsationen, die auf Veränderungen des rechten Herzens hinweisen!
10 Wo palpieren Sie große Pulsationen und Schwirren über dem Herzen?
11 In welchem ICR suchen Sie etwa in der Mamillarlinie den Herzspitzenstoß?
12 Mit welcher Hilfe können Sie einen hebenden Herzspitzenstoß verdeutlichen?
13 Welche beiden Möglichkeiten bestehen, die Herzgrenzen zu perkutieren?
14 Wie soll sich Ihr Perkussionsschlag bei der Feststellung der relativen von der absoluten Herzdämpfung unterscheiden?
15 Nennen Sie einige Gründe für eine vergrößerte Perkussionsfigur!
16 Wie können Sie perkutorisch feststellen, welche Herzanteile die Perkussion vergrößern?
17 Welche Bedeutung hat die Dokumentation der von Ihnen erhobenen Herzbefunde für Sie selbst?
18 Welche Frequenzen verstärken Sie mit dem Membranstethoskop und welche mit dem Trichterstethoskop?
19 Nennen Sie Ursachen für schwache Herztöne!
20 Beschreiben Sie die fünf Stellen für die Auskultation des Herzens!
21 Welche drei Faktoren bewirken Herztöne?
22 Wodurch entstehen Extratöne?
23 Wodurch entstehen Herzgeräusche?
24 Nennen Sie vier Konfigurationen für den Ablauf von Geräuschen!
25 Welche Klappen schließen beim 1., welche beim 2. Herzton?
26 Wo hört man S_1 und wo S_2 am lautesten?
27 Welche Unterscheidung zwischen 1. und 2. Herzton ist, abgesehen von der Lautstärke, möglich?
28 Wobei entsteht der nicht gleichzeitige Aorten- und Pulmonalklappenschluss?
29 Worauf beruht die physiologische Spaltung des 2. Herztones?
30 Wie erklären Sie die Vergrößerung der Spaltung des 2. Tones mit tiefer Inspiration?
31 Was versteht man unter paradoxer Spaltung?
32 Warum ist bei der paradoxen Spaltung der zweite Ton in der Exspiration deutlicher als in der Inspiration?
33 Nennen Sie mindestens drei Beispiele für diastolische Extratöne!
34 Wie unterscheidet man organische, funktionelle und akzidentelle Herzgeräusche?
35 Ordnen Sie die systolischen und diastolischen Geräusche den Herztönen zu!
36 Wodurch ist der unmittelbare Anschluss systolischer Decrescendogeräusche an den ersten Ton bedingt?

37 Warum nimmt die Geräuschintensität bei diastolischen Decrescendogeräuschen ab?

38 Nennen Sie mindestens drei extrakardial bedingte Geräusche, die in der Umgebung des Herzens zu auskultieren sind!

39 Welche Wirkung hat tiefe Inspiration auf die Auskultation der Töne über dem linken Herzen?

40 Warum nimmt das Systolikum einer Trikuspidalinsuffizienz in der Inspiration zu?

41 Nennen Sie mindestens vier Symptome der Linksinsuffizienz!

42 Welche der folgenden Symptome gehören nicht zu den Zeichen einer Rechtsinsuffizienz? Sichtbare Venenstauung, Ödeme, Polyurie und Magenbeschwerden.

43 Wie ist beim Erwachsenen eine Tachykardie definiert?

44 Wie nennt man Herzrhythmen, die plötzlich beginnen und deren Frequenz zwischen 150 und 200 Schläge pro Minute liegt?

45 Mit welchem Test können Sie Tachykardien durch größere Blutverluste von denen anderer Genese unterscheiden?

46 Wie können Sie eine echte Bradykardie von einem Pulsdefizit unterscheiden?

47 Definieren Sie den Begriff Pulsdefizit!

48 Wie nennt man eine Herzschlagfolge, bei der der Grundrhythmus aufgehoben ist?

49 Beschreiben Sie ein einfaches Verfahren zur Schätzung des Venendrucks!

50 Womit kann man kontrollieren, ob bei der blutigen Venendruckmessung das System der kommunizierenden Röhre funktioniert?

51 In welchem Kreislauf misst man die Umlaufzeit mit Äther?

52 Nennen Sie generelle Ursachen für eine verkürzte Ätherumlaufzeit!

53 Wodurch entstehen nicht kardial bedingte Verlängerungen der Ätherumlaufzeit und der Decholinumlaufzeit?

54 Welche Sicherungsmaßnahme sollten Sie bei jedem Belastungsversuch eines Patienten mit Herzbeschwerden treffen?

55 Welche Argumente sprechen gegen Kniebeugen und gegen den Zweistufentest als Belastungsversuch?

56 Nennen Sie eine Faustregel für die Ausbelastungsfrequenz beim Fahrradergometerversuch im Sitzen!

57 Nennen Sie mindestens drei Kontraindikationen für Belastungsversuche!

12

Praktische Aufgaben

A Palpieren Sie bei sich selbst und bei Kommilitonen den Herzspitzenstoß in Rücken- und linker Seitenlage!

B Perkutieren Sie (trotz der genaueren Röntgenmethode) die relative und die absolute Herzdämpfung bei Kommilitonen und bei Patienten mit Emphysem und vergrößertem Herzen!

C Auskultieren Sie zunächst Ihr eigenes Herz im Liegen und dann nach Belastung mit 20 Kniebeugen! Untersuchen Sie dabei konsequent alle fünf Auskultationsstellen, die Sie zunächst auf der Thoraxwand markieren sollten, und achten Sie dabei auf Regelmäßigkeit, Unterscheidung von S_1 und S_2, Lautstärke der Töne, eventuelle Dreierrhythmen und Geräusche!

D Untersuchen Sie mindestens drei Kommilitonen in Ruhe und nach Belastung und mindestens drei Herzpatienten nach Anleitung! Dokumentieren Sie konsequent Ihre Befunde, bevor Sie Ihre Ergebnisse mit den Stationsunterlagen vergleichen!

13 Kreislauf, Puls und Pulsationen

13.1 Lernziele

Im folgenden Kapitel erfahren Sie, wie man

- die charakteristischen Beschwerden bei Erkrankungen des Kreislaufs definiert, (Verdachtsdiagnosen s. Beschwerden-Abc in Kapitel 4.6),
- Pulsationen untersucht und den Puls palpiert,
- Pulsqualitäten nach der Größe der Blutdruckamplitude unterscheidet,
- Pulsbesonderheiten feststellt,
- die Gefäße auskultiert,
- Venenpulse beurteilt und Kreislauffunktionsprüfungen durchführt und
- Leitsymptome für die Diagnostik benutzt.

13.2 Charakteristische Beschwerden

Kältegefühl nach Belastung, frühzeitiges **Ermüdungsgefühl**, ziehende, krampfartige **Belastungsschmerzen**, meist in der Wade, die nach Entlastung innerhalb weniger Minuten abklingen (Claudicatio intermittens), sind typisch für arterielle Durchblutungsstörungen; charakteristischerweise lassen diese Schmerzen bei Ruhe schnell nach, erneute Bewegungen werden möglich, bevor der Schmerz wiederkehrt = Latenzschmerz.

Schmerzen bei körperlicher Arbeit weisen auf eine Lumeneinengung um 75%, Ruheschmerzen auf 95% hin. Stenosen der A. femoralis sind charakterisiert durch krampfartige Schmerzen in der Wade, nur in Ausnahmefällen im Fuß. Durchblutungsstörungen in den Beckenarterien führen zu Schmerzen in der Becken- und Oberschenkelmuskulatur, besonders beim Gehen, Stenosen im Bereich der Aorta abdominalis zu symmetrischem, klammerartigem Schmerz der Beckenmuskulatur und, wenn die Stenose die Nierenarterien einschließt, zu nephrogenem Hochdruck.

Die Differenzierung vasogener Schmerzen gegen andere Schmerzen ist wenig aufwendig: Tastbare Femoralis- plus Fußpulse schließen eine arterielle Verschlusskrankheit weitgehend aus. Pulssynchrone Geräusche bei der Auskultation der Arterien in der Fossa inguinalis und in der Kniekehle sind ein Frühsymptom für einen Gefäßverschluss, besonders dann, wenn die Gefäßgeräusche nach Kniebeugen lauter werden.

Gefäßschmerzen sind mit der Lagerung unterscheidbar: Nimmt der Schmerz bei über die Horizontale gelagerter Extremität ab, spricht das für eine venöse Insuffizienz, zu deren Gesamtbild Wadenkrämpfe, Ödeme und Ulzera gehören. Schafft Lagerung einer Extremität unter die Horizontale Erleichterung, liegt eine arterielle Insuffizienz, häufig asymmetrisch mit Kälteempfindlichkeit, Belastungsschmerz und im Spätstadium Nekrosen vor.

Angaben des Patienten über die beschwerdefreie Wegstrecke, der **Gehtest**, gibt Auskunft über das Ausmaß des Verschlusses, funktionsfähige Kollateralen, Verlauf der Erkrankung und Wirksamkeit der Therapie.

Anfallartige Gefäßschmerzen findet man bei venöser Thrombose, z. B. als Phlegmasia coerulea dolens durch schlagartige Gerinnung des Blutes in einer Extremität oder bei Morbus Raynaud, dann symmetrisch, oder bei Digitus mortuus Reil. In beiden Fällen handelt es sich um vasonervale Spasmen. Unter fortgesetzter Belastung nachlassende Bewegungsschmerzen, besonders in rumpfnahen Gelenken, sind dagegen eher Hinweise auf degenerative Gelenk- und Wirbelsäulenveränderungen.

Polymyalgie im Sinne von Schmerzen und Steifigkeit, besonders des Rumpfes und der proximalen Muskelgruppen (Schulter-Nacken-, Hüft- und Beckenbereich), stechende temporale Kopfschmerzen und deutliche Pulsationen am Kopf weisen auf eine Arteriitis temporalis hin, intermittierende Anfälle extremer Abblassung oder Zyanose der Finger, ausgelöst durch Kälte oder Aufregung und beschränkt auf den Bereich distal der Metakarpophalangealgelenke weisen auf ein Raynaud-Phänomen hin. Im Gegensatz dazu führt die paroxysmale Vasodilatation der Arterien zu brennenden Schmerzen, erhöhter Hauttemperatur und Rötung, besonders der Füße, bei Erythromelalgie.

13

Potenzstörungen als ein Symptom des Leriche-Syndroms weisen auf bilaterale Stenose der A. iliaca communis hin, dagegen kommt es bei einseitigem Verschluss der A. iliaca interna zur Erektionsschwäche (Minderangebot an die Corpora cavernosa aus der A. pudenda interna).

Sichtbar **aufgestaute Gefäße** ohne Pulsation, im fortgeschrittenen Stadium **Ödeme** und ein **Stauungsgefühl**, das bei horizontaler Lagerung nachlässt, sowie Zyanose der Haut sind charakteristische Beschwerden bei venösen Durchblutungsstörungen.

Stasisbedingte vermehrte **Pigmentation**, Dermatitis oder Ulzeration weisen auf eine chronische Thrombophlebitis hin. Liegt sie in der Tiefe, geht sie mit **Druckschmerz** und Hervortreten der oberflächlichen Venen einher. Die sog. **Krampfadern** sind ein Hinweis auf eine oberflächliche Venenstauung, die ebenfalls zur Entzündung führen kann. Typischerweise verstärken sich die geschlängelten Varizen und die Schmerzen während der Menstruation.

Abnormes Wärmegefühl ist nicht unbedingt ein Zeichen guter Durchblutung, sondern kann auf abnorme Weitstellung arteriovenöser Anastomosen hinweisen. Die überschießende arterielle Durchblutung im präkapillären Bereich erfolgt auf Kosten der Endstrombahn mit trophischen Störungen der Haut, die trocken und schilfrig wird, etwa bei den „heißen Greisenfüßen" (*Ratschow*). Als charakteristisches Begleitsymptom treten warme Füße bei venöser Stauung auf.

Bei jedem Verdacht auf eine Gefäßkrankheit sollte in der Familien- und Eigenanamnese des Patienten auf „angeborene angiopathische Reaktionslagen" besonderer Wert gelegt werden: Hypertonie, Diabetes mellitus, Fettstoffwechselstörungen und Venopathien bieten diagnostische Anhaltspunkte.

13.3 Puls und Pulsationen

Puls ist eine sichtbare, tastbare, unter besonderen Umständen auch hörbare Ausdehnung eines blutgefüllten Gefäßes durch die Fortleitung der systolischen Blutdruckwelle. Der Begriff Pulsation schließt sowohl die Aktion des Herzens als auch blutdruckwellenbedingte Bewegungen anderer Organe wie der Leber ein. Die Palpation des Pulses gibt Aufschluss:

- über die Kraft, mit der das Herz den Kreislauf unterhält,
- über die Frequenz des Herzens,
- über die Durchgängigkeit der Arterien,
- in Ausnahmefällen über die Rückleitung des systolischen Blutdrucks in das Venensystem.

Bei der Inspektion des Herzens ist schon auf **Pulsationen** im Thorax und im epigastrischen Winkel eingegangen worden. Die Systole des Herzens kann bei Trikuspidalinsuffizienz auf das venöse System rückübertragen und als Pulsation der Halsvenen und der Leber deutlich sichtbar werden.

Im arteriellen System fortgeleitete systolische Druckwellen werden als Karotispulse sichtbar, z. B. in Angstsituationen, wenn „das Herz im Halse klopft". Bei der Aorteninsuffizienz ist die systolische Ausschüttung so groß, dass die fortgeleiteten Druckwellen außer in den Karotiden auch in der Peripherie als Kapillarpulse distal der Lunulae im Nagelbett sichtbar werden können. Eine kleinflächige Lichtquelle direkt unter die Fingerbeere gehalten oder leichter Abwärtsdruck auf die Nagelspitze verstärken den Befund.

Den **Puls *palpieren*** Sie mit Zeige- und Mittelfinger oder Zeige- bis Ringfinger an der A. radialis des Patienten mindestens eine halbe Minute lang. Kleinere Messzeiten und entsprechend höhere Multiplikationsfaktoren bergen Fehlermöglichkeiten; Arrhythmien können Ihnen leicht entgehen. Bedenken Sie auch, dass Fettleibigkeit oder Ödeme die Ursache dafür sein können, dass Sie ein Gefäß nicht oder nur abgeschwächt palpieren können. Bei der Palpation anderer Arterien für die Pulszählung gehen Sie mit abnehmendem Gefäßkaliber das Risiko ein, den eigenen Fingerbeerenpuls mit dem Patientenpuls zu verwechseln.

Für die Beurteilung der Kraft des Herzens und der Pulsfüllung benutzt man den vergleichenden Druck zweier Finger (Abb. 13.**1**), indem man mit dem distalen Finger feststellt, ob die Kraft des proximal ausgeübten Drucks ausreicht, um das Durchlaufen der Pulswelle unter der Fingerkuppe zu verhindern.

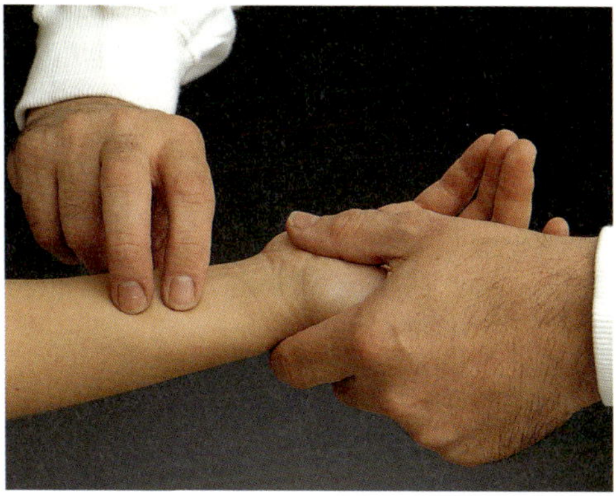

Abb. 13.1 Beurteilung der Pulsfüllung

13.4 Pulsqualitäten

Sie richten sich nach der Größe der Blutdruckamplitude:

Pulsus altus entsteht mit großer Blutdruckamplitude bei Aorteninsuffizienz oder Thyreotoxikose (RR > 150/60 mmHg), wobei Kapillarpulse im Nagelbett deutlich sichtbar werden.

Pulsus parvus entsteht durch kleine Blutdruckamplitude mit erhaltenem diastolischem Druck, z. B. Aortenstenose (RR 95/80 mmHg).

Pulsus filiformis ist der fadenförmige Puls bei Kollaps und Schock.

Pulsus alternans mit regelmäßig wechselnder Schlagstärke ist besonders gut durch die langsame Entleerung der Blutdruckmanschette nachzuweisen. Dabei erzeugt in einem kleinen Blutdruckbereich nur jeder zweite Schlag ein auskultierbares Geräusch. Er kann Zeichen eines Myokardschadens und einer Linksinsuffizienz sein.

Pulsus paradoxus, das messbare oder palpable Kleinerwerden des Pulses bei der Inspiration um mehr als 10 mmHg ist ohne körperliche Anstrengung ein pathologisches Zeichen bei Rechtsinsuffizienz, obstruktiven Lungenerkrankungen, Herztamponade, aber auch bei Accretio pericardii und beruht dann auf einer Verwachsung von Perikard und Pleura. Die Messung der Differenz des systolischen Korotkoff-Geräusches während des gesamten normalen inspiratorisch-exspiratorischen Zyklus ergibt einen inspiratorischen Abfall um mehr als 10 mmHg. Das Schwinden des Pulsus paradoxus kann am Krankenbett verwendet werden, um Therapieerfolge ohne apparativen Aufwand festzustellen.

Pulsus celer entsteht durch schnellende (steil ansteigende), kurzfristige Druckamplitude, z. B. bei Aorteninsuffizienz, Ductus arteriosis apertus, weit gestellten Gefäßen im Fieber, AV-Block, Morbus Paget oder Hyperthyreoidismus.

Pulsus tardus nennt man die langsam ansteigende Druckamplitude, z. B. bei valvulärer Aortenstenose, Mitralinsuffizienz oder Pericarditis constrictiva.

Pulsus durus ist ein harter Puls bei Aortenisthmusstenose oder Hypertonie.

Pulsus bisferiens, der zweigipfelige Puls, z. B. bei Aortenstenose, Aorteninsuffizienz, Hyperthyreoidismus und Angst.

13.5 Pulsbesonderheiten

Sie werden vom Herzen nach distal untersucht. Klopfende **Karotispulse** finden sich neben der Aorteninsuffizienz auch bei Thyreotoxikose und Koarktation der Aorta hinter dem Abgang der A. carotis communis sinistra. Seitendifferenzen an der A. carotis lassen eine Stenose vermuten (zerebrale Ischämien) oder ein Subclavian-steal-Syndrom.[1]

Beiderseitige Abschwächung der Karotispulse weist beispielsweise auf eine Koarktation vor dem Abgang des Truncus brachiocephalicus oder auf schwere Mitralstenose hin.

Der **Radialispuls** sollte vergleichend an beiden Armen palpiert werden und kann durch arteriosklerotische Plaques oder Thromben, z. B. bei Polycythaemia vera, einseitig abgeschwächt bzw. aufgehoben sein. Beiderseits fehlt der Radialispuls bei Adams-Stokes-Anfall und Asystolie. Der Puls ist aber auch bei niedrigen Blutdruckwerten wie im Schock, also ganz unabhängig von der Herzkraft, nicht mehr palpierbar.

Auch weiter distal palpiert man Arterienpulse auf ihre Durchlässigkeit seitenvergleichend. Einseitig schwache **Femoralispulse** dicht unterhalb des medialen Drittels des Leistenbandes (Abb. 13.**2**) sprechen für einen arteriosklerotischen Verschluss. Beiderseits schwache Femoralispulse sind Zeichen eingeschränkter kardialer Ausschüttung – z. B. bei der Aortenstenose – oder in Verbindung mit einem Pulsus durus der oberen Extremitäten Folge einer Koarktation der Aorta distal von den großen oberen Abgängen.

Die **A. poplitea** palpiert man bei locker angewinkeltem Knie in der Kniekehle, etwas lateral von der Mittellinie (Abb. 13.**3**).

Sind die Pulse der **A. dorsalis pedis** – auf dem Fußrücken meist neben dem I. Strahl (Abb. 13.**4**) – und der **A. tibialis posterior** zwischen Malleolus medialis und Achillessehne, z. B. bei arteriosklerotischen Gefäßverschlüssen, nicht zu palpieren (Abb. 13.**5**), so geben die proximalen Gefäßabschnitte, A. poplitea in der Kniekehle und A. femoralis in der Inguinalregion, einen Hinweis auf die mögliche Lokalisation des Verschlusses.

[1] Subclavian-steal-Syndrom: Verschluss der A. subclavia proximal von der A. vertebralis führt zur Umkehrung der Strömungsrichtung in der A. vertebralis, also zum Diebstahl an der arteriellen Versorgung des Gehirns

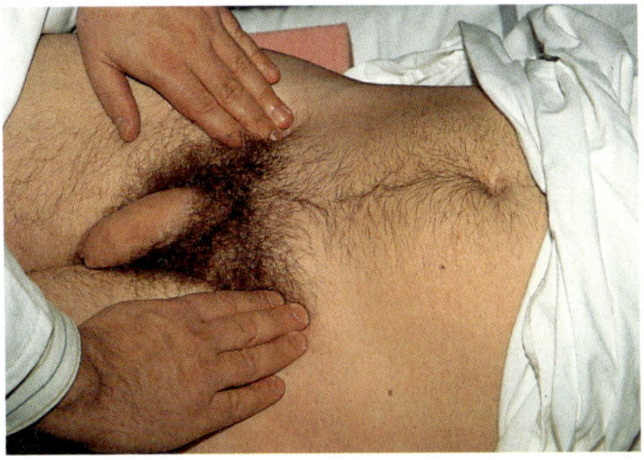

Abb. 13.**2** Die Femoralispulse werden unterhalb des medialen Drittels des Leistenbandes vergleichend palpiert

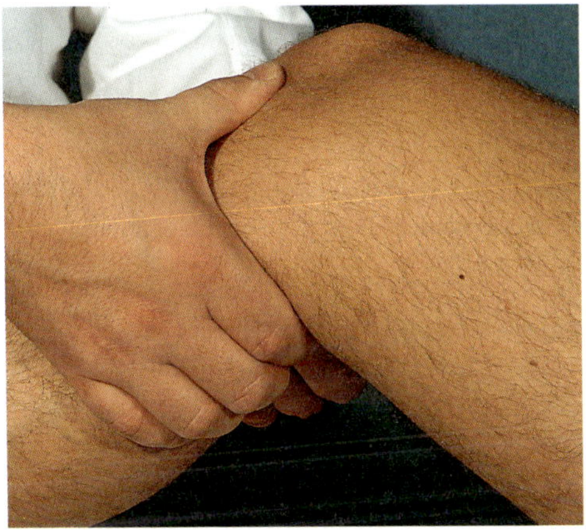

Abb. 13.**3** Die A. poplitea wird in der Kniekehle, etwas lateral von der Mittellinie palpiert

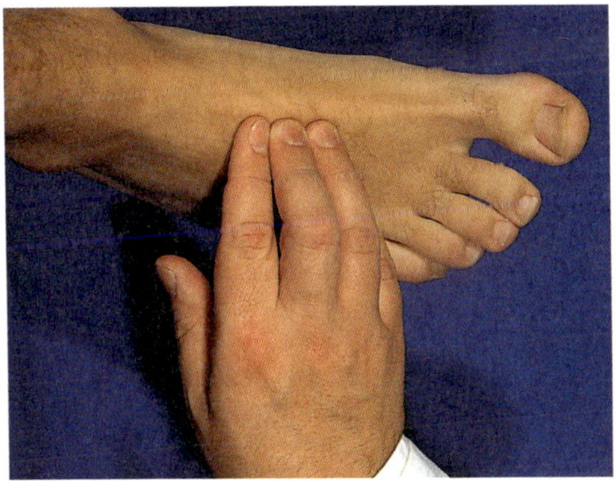

Abb. 13.**4** Die A. dorsalis pedis palpiert man auf dem Fußrücken meist lateral vom I. Strahl

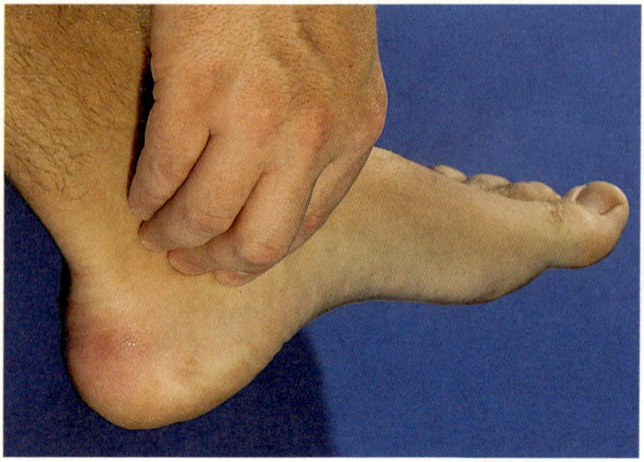

Abb. 13.**5** Die A. tibialis posterior liegt zwischen dem Malleolus medialis und der Achillessehne

13.6 Die Auskultation der Gefäße

Die Auskultation über den herznahen Gefäßen ist bei der Untersuchung des Herzens besprochen worden. Grobe **Reibegeräusche** entstehen bei Gefäßaneurysmen und über arteriovenösen Fisteln, bei denen das systolische Geräusch meist bis in die Diastole reicht.

Geringe entzündliche oder arteriosklerotische Gefäßeinengungen sind früher zu auskultieren als zu palpieren und entstehen immer dort, wo laminare in turbulente Strömung übergeht. Jeder Verdacht auf Einengung des Gefäßlumens sollte Anlass zur angiographischen Untersuchung sein.

Leiserwerden arteriosklerotisch bedingter Gefäßgeräusche ist nicht etwa ein Zeichen der Besserung, sondern entsteht durch allmähliches Obliterieren. Sie sollten es sich zur Regel machen, bei abnormen Auskultationsbefunden über den Gefäßen grundsätzlich seitenvergleichend zu untersuchen (Abb. 13.**6**) und die Auskultation auch nach Belastung mit 40 Zehenstandsübungen bzw. nach Hyperämie durchzuführen (s. unten).

Besondere Bedeutung kommt der Auskultation der **A. carotis** wegen der Frühdiagnose einer Stenose zu, die zum zerebralen Insult führen kann. Häufig lagern sich an der Karotisgabel unmittelbar unterhalb des Kieferwinkels arteriosklerotische Plaques ab. Bei Verdacht auf eine Karotisstenose kann die A. ophthalmica zum Kollateralgefäß ausgebildet sein. Am Augapfel auskultieren Sie dann u. U. Gefäßgeräusche.

Auskultationspunkte der **A. femoralis** liegen unmittelbar unter oder über dem Leistenband und im Adduktorenkanal; die **A. poplitea** findet man in der Kniekehle. Nach der Schoop-Provokationsmethode wird die arterielle Zufuhr mit einer Blutdruckmanschette mindestens 3 Min. distal von der verdächtigen Stelle gesperrt. Nach Lösung der Stauung kommt es zu einer reaktiven Hyperämie mit Verstärkung eventueller Turbulenzen.

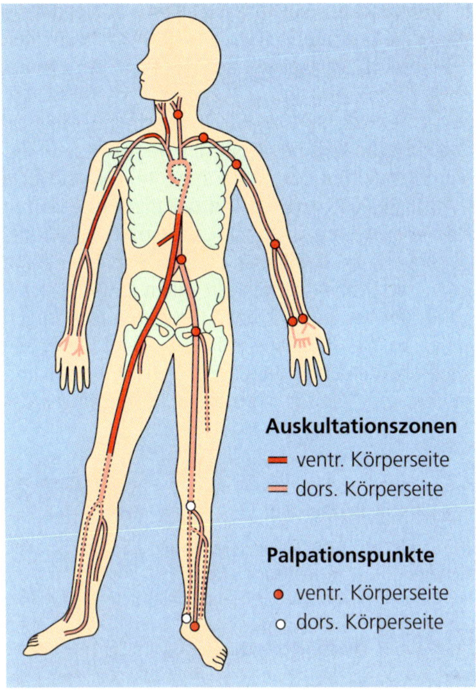

Abb. 13.**6** Auskultationszonen für die Arterien

13.7 Der Venenpuls

Zur Beurteilung des Venenpulses richten Sie den Oberkörper des liegenden Patienten auf, bis die Venen am Hals hinter dem M. sternocleidomastoideus kollabieren. Im Unterschied zum Druckpuls der A. carotis communis ist der Venenpuls ein **Volumenpuls** und durch Volumenverschiebungen bedingt, die bei der ***Palpation*** kaum oder gar nicht spürbar sind. Der Venenpuls nimmt inspiratorisch ab und steigt exspiratorisch an.

Leichter Druck mit den Fingerspitzen einer Hand oder dem flach aufgelegten Zeigefinger auf die V. jugularis externa unmittelbar oberhalb der Klavikel unterbricht die Venenpulsation und führt zur vermehrten Venenfüllung von kranial.

Schätzen können Sie den venösen Druck auch, indem Sie den Patienten aus sitzender Stellung langsam in eine immer flachere Lage bringen. Sie finden eine Zwischenstellung, in der die Venenpulsation als Spiegel der venösen Flüssigkeitssäule über dem rechten Vorhof sichtbar wird. Denken Sie sich hierzu eine Linie von diesem Punkt am Hals waagerecht über dem liegenden Patienten und davon über dem Thorax eine senkrechte abwärts, die etwa in Höhe der IV. Rippe links parasternal auf das Herz zuläuft. Der Abstand in Zentimetern zwischen der Waagerechten und einem Punkt etwa 7 cm unter der knöchernen Thoraxwand (ein Drittel des sagittalen Durchmessers) entspricht etwa dem venösen Druck in Zentimetern Wassersäule im Normalbereich 4 – 12 cm (vgl. Sie hierzu auch die Venendruckmessung*).

Der **hepatojuguläre Reflux** gestattet Rückschlüsse auf eine Rechtsinsuffizienz. Hierzu lagern Sie den Patienten so, dass am Hals bei leicht schattenwerfender Beleuchtung der venöse Kollaps beim Aufrichten des Oberkörpers hinter der Mitte des M. sternocleidomastoideus deutlich sichtbar wird. Mit der flach aufgelegten Hand drücken Sie dann eine halbe Minute lang kräftig im epigastrischen Winkel und unterhalb des rechten Rippenbogens auf den Bauch des Patienten, der ruhig weiteratmen soll und nicht pressen darf. Dabei werden die Venen deutlich sichtbar, aber nach initialem Anstieg fällt der Venendruck beim Gesunden in wenigen Sekunden deutlich sichtbar wieder ab. Bei Rechtsinsuffizienz, Herztamponade und Accretio pericardii bleiben dagegen die Venen längere Zeit gefüllt, ein Zeichen für Stauung vor dem rechten Herzen, von dem das vermehrte Blutangebot nicht abtransportiert werden kann.

Pulsminderung/Pulslosigkeit und Begleitsymptome
Diagnostische Bedeutung

- chronische Pulslosigkeit oder Pulsminderung, Bewegungsschmerz, nächtliche Beinkrämpfe, Claudicatio, kalte Füße, Hautpigmentation, Blässe, Nagelverdickungen, Ulcus cruris, Gangrän, fehlende femorale und distale Pulse bei *arterieller Verschlusskrankheit*, z. B. im Rahmen einer Arteriosklerose
- vergleichbares Bild der arteriellen Verschlusskrankheit, aber vorzugsweise im Versorgungsgebiet der A. radialis und ulnaris (Allen-Test positiv) bei *Thrombangiitis obliterans Buerger*
- ständige Zyanose und Kälte der Hände und Füße, verstärkt durch Kälte ohne Schmerzen, Nachlassen im Schlaf bei *Akrozyanose*
- symmetrische Gangrän der Finger- und Zehenspitzen, beginnend mit Brennen, Pulsverlust, dann zyanotische Tüpfelung und Kälte der Haut bei *Ergotismus*

13.8 Kreislauf – Funktionsprüfungen

Den **Ruheblutdruck** misst man am leicht abduzierten Arm, nachdem der Patient 5 Min. gelegen hat. Das leicht flektierte Ellenbogengelenk bleibt dabei in Herzhöhe. Nach den Empfehlungen der Deutschen Gesellschaft für Kreislaufforschung sollte die Manschette 13 – 14 cm breit, bei Kindern schmaler (s. dort), und 40 cm lang sein. Man legt sie so an, dass oberhalb der Ellenbeuge etwa 3 cm bis zum Manschettenunterrand frei bleiben (Abb. 13.**7**). Die zu komprimierende Arterie soll in der Mitte des aufblasbaren Gummiteils verlaufen, d. h., die Manschette muss so angelegt werden, dass ihre Mitte an der Vorderseite des Oberarms den ulnaren Anteil, am Oberschenkel den dorsomedialen Anteil bedeckt. Das Stethoskop wird über der A. brachialis aufgesetzt.

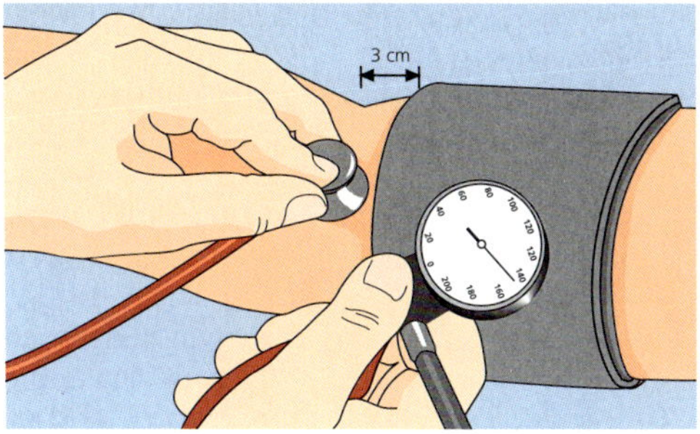

Abb. 13.7 Die Blutdruckmanschette soll oberhalb der Ellenbeuge 3 cm frei lassen

Der Druck wird mit dem Ball zügig 30 mmHg über den vermuteten systolischen Wert hinaus gesteigert, bis der Radialispuls nicht mehr zu palpieren ist +30 mmHg. Dann lassen Sie den Manschettendruck langsam absinken **(2 – 3 mm/s)**, bis Sie das systolische Gefäßgeräusch mit dem Stethoskop in der Ellenbeuge auskultieren können. Der abgelesene Wert bei zwei aufeinander folgenden Gefäßgeräuschen im Pulstakt ist der systolische Blutdruck. Dann senken Sie den Druck langsam weiter etwa 5 – 10 mm pro Gefäßgeräusch, bis dieses plötzlich leiser wird und dann ganz verschwindet. Das Aussetzen – in Fällen, bei denen Gefäßgeräusche bis zum 0-Punkt hörbar bleiben, das deutliche Leiser- und Dumpfwerden – soll als Messpunkt für den diastolischen Blutdruckwert benutzt werden. Das Verschwinden der Korotkoff-Geräusche hat keine feste Beziehung zum tatsächlichen diastolischen Blutdruck. Messen Sie bei jeder Erstuntersuchung den Blutdruck an beiden Armen.

13

Überschreitet z. B. bei Fettleibigkeit der Oberarmumfang 40 cm, sollte am Unterarm gemessen oder eine längere Manschette gewählt werden (18 – 20 cm Wickellänge). Angaben über die Blutdruckmessung bei Kindern S. 544. An den Beinen wird die Manschette um den Oberschenkel gelegt und über der A. poplitea auskultiert. Der systolische Druck ist dort 10 – 40 mm höher, der diastolische gleicht etwa der Messung am Oberarm. **Fehlerquellen** sind Verschiebung des Nullpunktes am Messgerät, zu schmale Oberarmmanschette, die falsch überhöhte Blutdruckwerte ergibt, zu festes Aufsetzen des Stethoskops, was dazu führt, dass Strömungsgeräusche als falsch niedrige diastolische Werte fehlinterpretiert werden, zu schwaches Aufsetzen des Stethoskops, was dazu führt, dass man die Korotkoff-Töne kaum oder gar nicht hört.

In den gemessenen systolisch-diastolischen Blutdruck gehen Gefäßwiderstand und Herzminutenvolumen ein. Abweichungen, die nur den systolischen Druck betreffen, entstehen durch ein abnormes Herzminutenvolumen oder verminderte Elastizität der Aorta und der großen Gefäße. Sie führen zur Vergrößerung der **Blutdruckamplitude** (z. B. bei Aorteninsuffizienz, Elastizitätsverlust durch Arteriosklerose im Alter, Hyperthyreose und Anämie), bei niedrigem Herzminutenvolumen, beispielsweise durch Aorten- oder Mitralstenose wird die Blutdruckamplitude kleiner.

Eine Blutdruckamplitude unter 30 mmHg kommt bei Tachykardie, Aortenstenose oder Pericarditis constrictiva vor.

Seitenungleiche Blutdruckwerte können mehrfache Gründe haben:

- arteriosklerotische Einengungen der A. subclavia,
- ein Scalenus-anterior-Syndrom,
- das Subclavian-steal-Syndrom, bei dem die Zeichen der vertebrobasiliären Insuffizienz durch vermehrte Anforderungen an den rechten Arm gesteigert werden.

Erhöhung des diastolischen Drucks beruht auf erhöhtem peripherem Widerstand durch verengte Gefäßlumina, was auf einer Vasokonstriktion oder auf Verdickung der Intima beruhen kann, z. B. bei Nierenerkrankungen, Phäochromozytom, Aldosteronismus, Hirntumor, essenzieller Hypertonie oder Eklampsie.

Nach Richtlinien der WHO liegt die obere Grenze für normalen Blutdruck bei 140/90 mmHg. Von **Hypertonie** spricht man für alle Altersgruppen bei dauerhaft erhöhten Werten ab 160/95 mmHg, und Werte zwischen diesen beiden Werten nennt man Grenzwerthypertonie. Maligne Hypertonie geht mit diastolischen Blutdruckwerten über 120 mmHg einher. Ihr entsprechen Augenhintergrundsveränderungen des Stadiums III. Systolischen Blutdruckanstieg über 160 mmHg ohne Erhöhung des diastolischen Drucks bei einem Lebensalter über 65 Jahren nennt man Altershypertonie, und schließlich spricht man bei übermäßigem Blutdruckanstieg auf normale Belastungen hin von einer labilen Hypertonie.

Hypertonie entsteht in erster Linie durch erhöhten Widerstand in den Arteriolen, z. B. bei endokrinen oder renalen Störungen und ohne ersichtlichen Grund als essenzielle Hypertonie. Denken Sie daran, dass auch Angst, Ärger, Schmerzen, Rauchen, körperliche Anstrengung und eine gefüllte Harnblase den systolischen Druck steigern können.

Sklerotische Gefäße alter Patienten können eine Hypertonie vortäuschen. Zur Klärung führt man das **Osler-Manöver** durch. Der Druck der Manschette wird über den gemessenen systolischen Druck hinaus erhöht. Bleibt die A. radialis deutlich palpabel, spricht das für sklerotische Gefäßveränderungen, die im Vergleich mit der dann erforderlichen intraarteriellen Blutdruckmessung bis zu 60 mmHg höher liegen können, ohne dass eine Hypertonie vorliegt.

Neben der essenziellen Hypertonie sind Ursachen einer sekundären Hypertonie renal im Zusammenhang mit den meisten Nierenerkrankungen, in erster Linie bei Niereninsuffizienz und akutem Gelenkrheumatismus, mit erhöhten Reninwerten bei Stenosen der A. renalis. Endokrine Ursachen sind bei Hyperaldosteronismus, Morbus Cushing, Hyperthyreose und Phäochromozytom anzunehmen, Ovulationshemmer und Lakritze können ebenfalls eine ursächliche Rolle spielen.

Hypotonie, ein Blutdruck unter 100/60 mmHg, entsteht durch verminderten Gefäßwiderstand oder vermindertes Herzminutenvolumen, z. B. bei muskulärer Herzinsuffizienz, Infektionskrankheiten durch gramnegative Erreger oder bei Schock und Kollapsursachen.

Häufige Begleitsymptome sind Müdigkeit, Schwäche bis zu Ohnmachten. Gemeinsam mit Tachykardie und blass-feuchter Haut gehört die Hypotonie, systolisch unter 100 mmHg, zum Bild des Schocks.

Unterscheiden kann man zwischen einer primären Hypotonie entsprechend der essenziellen Hypertonie und sekundärer Hypotonie z. B. bei

- Hypovolämie: bei chronischen Blutverlusten,
- bei Erbrechen und Durchfall oder vermehrter Flüssigkeitsausscheidung in das Darmlumen bei Ileus(-Ursachen),
- bei kardiovaskulär bedingter Minderdurchblutung, z. B. bei Aorten- und Mitralstenose oder Panzerherz,
- bei adrenogenitalem Syndrom, Hyperparathyreoidismus und Hypothyreose.

Die Diagnose einer primären Hypotonie wird gestellt, nachdem alle Ursachen einer sekundären Hypotonie ausgeschlossen sind.

Der **Schellong-Test** zum Nachweis peripherer und zentraler Gefäßfehlregulationen hat an Bedeutung verloren. Faustschlussprobe und Lagerungsprobe nach Ratschow sind einfache Methoden für die Diagnose und Unterscheidung arterieller peripherer Verschlusskrankheiten. Beide Proben gehen davon aus, dass in den angehobenen Gliedmaßen bei arteriellen Stenosen der poststenotische Druck nicht ausreicht, um die Blutversorgung zu sichern. Es kommt zu Blässe, Missempfindungen oder Schmerzen. Lässt man dann die Extremitäten herunterhängen, so wird durch die Gefäßenge der Bluteinstrom und damit die Venenfüllung verzögert. Die entstandene Sauerstoffschuld führt zu einer ihr entsprechenden, verzögerten dunklen Nachröte.

Durchblutungsstörungen sind schon an einfachen **Hautzeichen** zu erkennen:

- Die Haut ist blasser, kühler und dünner als normal, sie sieht glänzend aus, abgehobene Hautfalten sind feiner.
- Die Strukturierung der Haut fehlt, die Feinbehaarung am Hand- und Fußrücken wächst nicht.
- Die Nägel wachsen langsam, sind trocken, brüchig, haben Querrillen und wirken verdickt.
- Pigmentiertes Narbengewebe und ischämische Ulzera finden sich an den Akren – schließlich Auftreten einer rundlichen Gangrän; führt zu schwarzer, gefalteter und trockener Oberfläche, die erst durch eine Sekundärinfektion in die feuchte Gangrän übergeht.

In einem warmen Raum werden bei der **Lagerungsprobe (Ratschow)** in Rückenlage die Beine annähernd senkrecht gehoben und unterstützt. Beobachten Sie dabei seitenvergleichend die Farbe der Beine und Füße.

Der Patient streckt und beugt die Füße 2 Min. lang (einmal pro Sekunde) in den Sprunggelenken (Abb. 13.**8**). Bei unkompensiertem arteriellem Verschluss kommt es zur Blässe der Extremität, besonders aber zum Abblassen der Haut der Fußsohlen und zu Schmerzen. Lokale Blässe weist auf Verschlüsse einzelner Unterschenkelarterien hin, am Vorfuß z. B. der A. tibialis anterior, an der Ferse der A. tibialis posterior. Deutliche Blässe des gesamten Fußes kann durch einen arteriellen Verschluss im Becken oder durch multiple distale Verschlüsse bedingt sein.

Dann setzt sich der Patient sofort auf und lässt die Beine locker herunterhängen. Normalerweise röten sich die Füße deutlich innerhalb von 5 Sek., und nach etwa 7 – 15 Sek. füllen sich die Venen wieder an. Verzögerungen der reaktiven Hy-

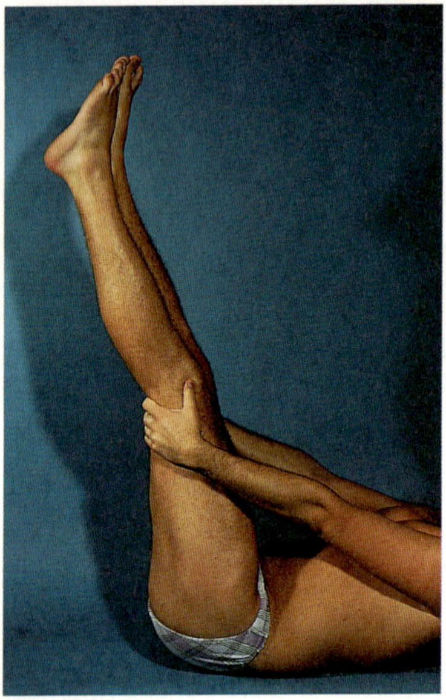
a

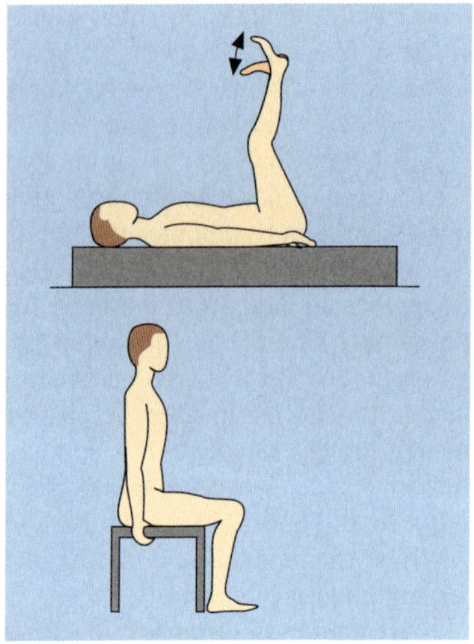
b

Abb. 13.**8** **a** u. **b** Lagerungsprobe nach Ratschow

perämie weisen auf eine Durchblutungsstörung hin. Die Rötung setzt umso später ein, je peripherer der Verschluss lokalisiert ist:

- bei Beckenarterienverschluss in 15–20 Sek.,
- bei Femoralarterienverschluss in 20–30 Sek. und
- bei Verschlüssen der Unterschenkelarterien in 30–60 Sek. nach dem Aufsitzen.

Dunkelrote Verfärbung ist dadurch bedingt, dass sich die Venen vor der reaktiven Hyperämie durch arteriovenösen Shunt oder venöse Klappeninsuffizienz füllen.

Füllen sich die Venen bei herunterhängenden Beinen vor der reaktiven Hyperämie, so liegt ein ausgedehnter Arterienverschluss mit größeren arteriovenösen Kurzschlussverbindungen vor.

Für die **Faustschlussprobe** (Abb. 13.**9**) hebt der Patient die Arme senkrecht über den Kopf und ballt die Fäuste 60-mal im Sekundenrhythmus. Der Untersucher komprimiert die arterielle Blutzufuhr durch kräftiges Umfassen beider Handgelenke. Bei Stenose der Unterarmarterie blasst die erkrankte Seite stärker ab. Nach Öffnen der Kompression und der Patientenhände schießt das Blut wieder ein, beim Gesunden schlagartig, bei Obliteration verzögert oder fleckförmig.

Der **Adson-Test** wird beim Thoracic outlet syndrome durchgeführt

Bei Symptomen, die auf Durchblutungsstörungen in der oberen Extremität schließen lassen, kann der Test der Verifizierung einer Skalenuslücke (Halsrippensyndrom = Scalenus-anterior-Syndrom) dienen.

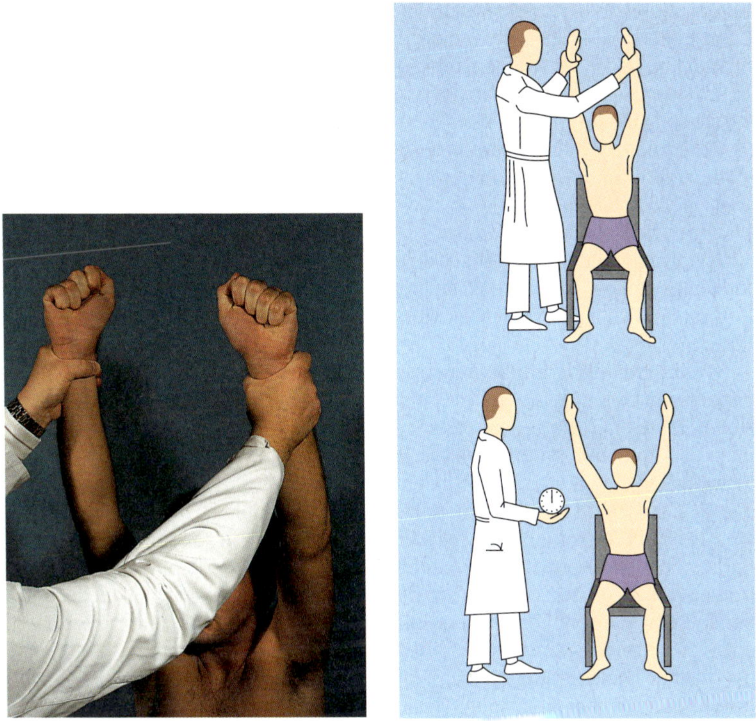

a b

Abb. 13.**9 a** u. **b** Faustschlussprobe

Wie führen Sie die Untersuchung durch? Fordern Sie Ihren mit adduzierten Armen sitzenden Patienten auf, den Kopf weit nach hinten und zur erkrankten Seite hin zu neigen und gleichzeitig tief Luft zu holen und in maximaler Inspirationsstellung anzuhalten. Im positiven Fall finden Sie bei seitenvergleichender Palpation, dass auf der erkrankten Seite der Radialispuls schwächer wird.

Der **Allen-Test** lässt eine Differenzierung zwischen dem Verschluss der A. radialis und der A. ulnaris zu, indem beide Arterien abwechselnd komprimiert werden. Wurde die Hand nur noch von einer Arterie versorgt, so kommt es bei ihrer Kompression nach 20 Faustschlussbewegungen zur Blässe.

Durch **Dauerbelastung** der Armmuskulatur, z. B. mit dem Heben von Gewichten, kann bei Fehlen muskulärer oder neurologischer Ausfälle der Verdacht auf ein Subclavian-steal-Syndrom erhärtet werden, indem der Arm auf der erkrankten Seite deutlich schneller ermüdet.

Der **venöse Rückstrom des Blutes** aus der Körperperipherie beruht auf offenen Gefäßlumina, Muskelkontraktionen, die wie eine Pumpe wirken, und funktionierenden Venenklappen. Dementsprechend führen drei Ursachen zur venösen Stase:

- Externer oder interner Verschluss der Venen durch strangförmige fibrotische Thromben oder Neoplasmen,
- der Ausfall der Muskelpumpe bei Rechtsinsuffizienz,
- die übermäßige Dilatation der Venen, die ein Schließen der Venenklappen unmöglich machen.

Mangelhaften Rückfluss = venöse Stase erkennt man an Extremitätenödem, strangförmigen oder geschlängelt hervorspringenden Gefäßverläufen, vermehrter Pigmentation aufgrund vermehrter Kapillardilatation bzw. -durchlässigkeit und schließlich später durch Infektion feuchte Ulzeration der nicht versorgten Haut.

Varizen entstehen primär spontan, sekundär als Folge proximaler Lumeneinengungen oder Stauung, in der Regel beiderseits. Immer wenn einseitige Varizen auftreten, sollte man an arteriovenöse Fisteln denken. Varizen entstehen vorzugsweise an den unteren Extremitäten. Die V. saphena magna verläuft von der medialen Seite des Fußes subkutan am medialen Unterschenkel, über die anteromediale Fläche des Oberschenkels zum Femoralkanal in die V. femoralis. Die V. saphena parva vom lateralen Fuß hinter dem Malleolus lateralis subkutan zur dorsalen Wade und findet in der Fossa poplitea ihren tiefen Anschluss an die V. poplitea.

Der **Perkussionstest** gestattet eine Beurteilung der Funktionsfähigkeit der Klappen in der varikösen V. saphena magna. Dazu steht der Patient, und Sie palpieren die Varizen unterhalb des Knies mit der einen Hand und perkutieren die Vene oberhalb des Knies kräftig mit der anderen Hand. Fortleitung des Impulses im Venenverlauf nach kaudal bedeutet Funktions**un**fähigkeit der Venenklappen.

Zur Klärung der Voraussetzungen für eine Verödung interessieren besonders die Abflussverhältnisse in den tiefen und oberflächlichen Venen. Der **Perthes-Versuch** lässt Schlüsse auf die Durchgängigkeit tiefer Venen und die Funktion der Venenklappen, in den Vv. perforantes zu. Dazu beurteilen Sie zunächst am stehenden Patienten die Füllung der Varizen und legen dann oberhalb des Kniegelenks eine Stauung an, die die oberflächlichen Venen komprimiert. Dann lassen Sie den Patienten 5 Min. umhergehen. Bei intakten Vv. perforantes und durchgängigen tiefen Venen entleeren sich die vorher prall gefüllten Krampfadern (Perthes-Zeichen). Sie beurteilen die Venen ohne Öffnung der Kompression:

- Sind sie völlig kollabiert, so sind die tiefen Venen durchgängig und die Klappen der Vv. communicantes funktionieren einwandfrei,
- entleeren sich die Varizen unvollständig, so ist die Klappenfunktion der Vv. communicantes eingeschränkt,
- sind die Varizen unverändert geblieben, so liegt außer insuffizienten Venenklappen eine Behinderung des Abflusses aus den tiefen Venen vornehmen die Varizen zu, so sind die tiefen Venen verschlossen, und die Varizen werden durch Strömungsumkehr in den Vv. communicantes noch stärker gefüllt.

Der **Trendelenburg-Versuch** gestattet eine Beurteilung der Funktionstüchtigkeit der Klappen der Vv. saphena magna et parva und der Vv. communicantes. Am angehobenen Bein des liegenden Kranken streicht man die Varizen aus und legt etwa in der Mitte des Oberschenkels eine Stauung der oberflächlichen Venen an. Der Patient steht auf, und nach 60 Sek. wird die Stauung geöffnet:

- Bei negativem Testausgang füllen sich die oberflächlichen Venen durch die Stauung langsam und nach Lösung der Stauung nicht mehr zusätzlich, d. h., die Klappen der V. saphena magna und der Vv. communicantes sind intakt;
- führt die Stauung zur langsamen Füllung, aber auch zur zusätzlichen Füllung von kranial nach Lösung der Stauung, sind die Klappen der V. saphena schlussunfähig;
- füllt sich die V. saphena magna während der Stauung schnell und nach Öffnung der Stauung noch zusätzlich, dann bedeutet das sowohl die Insuffizienz der Klappen in der V. saphena magna als auch in den Vv. communicantes.

Mit dem **Ochsner-Mahorner-Test** stauen Sie zusätzlich zum Perthes-Versuch den venösen Rückfluss nacheinander im Knie und an der mittleren Wade, um festzustellen, auf welcher Höhe sich die Venen beim Gehen entleeren. Die Doppler-Technik ist genauer.

Kavernöse Hämangiome der Beine, ein angeborener Tumor, vergrößern in der Regel den Umfang des betroffenen Beines, und die Haut über dem Hämangiom ist bläulich verfärbt, der Tumor ist eindrückbar. Er unterscheidet sich von Varizen im Wesentlichen dadurch, dass er nicht dem Verlauf variköser Venen folgt.

Spontan- und Druckschmerz über den oberflächlichen, strangförmigen Venenverläufen mit Rötung und vermehrter Wärme der benachbarten Haut, Ödeme und distale Zyanose sprechen für eine *oberflächliche Thrombophlebitis*. Tritt sie plötzlich in der V. femoralis auf, kommt es zur Phlegmasia alba dolens mit ausgeprägten Beinödemen und weißer Haut durch Arterienspasmus, zur Phlegmasia coerulea dolens mit tiefer Zyanose, wenn die Venen der gesamten Extremität betroffen sind.

Schmerzen in der Tiefe des Beines und/oder ein Gefühl gestauter Überfüllung, das beim Stehen oder Gehen zunimmt, Zyanose der Haut, des distalen Unterschenkels und des Fußes, Fieber, Tachykardie und Temperaturdifferenzen in den Extremitäten, die man nach 10 Min. Zimmertemperatur bei entblößten Beinen mit dem Rücken der Hand feststellt, Fortbestehen von Ödemen trotz forcierter Diurese, gestaute Beinvenen, Schmerzverstärkung durch Husten, die nachlässt, wenn man die Vene proximal des Verschlusses komprimiert, Knochenschmerz bei der Perkussion der Tibia sind Zeichen für eine *Thrombophlebitis der tiefen Venen*, die mit dem **Lowenberg-Test** bewiesen werden kann. Dazu legt man eine Blutdruckmanschette um das erkrankte Bein, pumpt bis 200 mmHg. Das führt in der gesunden Extremität zu Spannungsgefühl, aber nicht zu Schmerzen, bei tiefer Thrombophlebitis schon bei 150 mmHg zu erheblichen Schmerzen. Man muss allerdings berücksichtigen, dass Neuritis und Periostitis ebenfalls zu einem pathologischen Lowenberg-Test führen.

13.9 Aufgaben für die Selbstkontrolle

1 Welche drei Symptome sind charakteristisch für arterielle Durchblutungsstörungen?

2 Wie nennt man den gefäßbedingten Schmerz, der bei Belastung auftritt und bei Ruhe schnell verschwindet?

3 Wo erwarten Sie Schmerzen bei Lumeneinengungen
- in der A. femoralis?
- in den Beckenarterien?
- in der Aorta abdominalis?

4 Welches Frühsymptom erwarten Sie bei arteriellen Durchblutungsstörungen der unteren Extremität?

5 Mit welchen Patientenangaben können Sie das Ausmaß einer Stenose in den Beinarterien und die Wirkung der Therapie beurteilen?

6 Wie unterscheiden sich arterien- und venenbedingte Schmerzen in Bezug auf die Lagerung?

7 Welche Symptome sprechen für eine venöse Durchblutungsstörung?

8 Versuchen Sie, den Begriff Puls zu definieren!

9 In welchem Kapillarbereich wird eine vermehrte systolische Ausschüttung sichtbar?

10 Wie lange sollten Sie den Puls mindestens palpieren?

11 Nennen Sie die charakteristischen Merkmale folgender Pulsqualitäten:
- Pulsus altus
- Pulsus parvus
- Pulsus alternans
- Pulsus paradoxus
- Pulsus celer
- Pulsus tardus!

12 Nennen Sie mindestens drei Ursachen für das Fehlen des Radialispulses!

13 Durch welche physikalischen Veränderungen entstehen auskultierbare Gefäßgeräusche?

14 Welche grundsätzliche Regel gilt bei abnormen Palpations- und Auskultationsbefunden?

15 Mit welcher Methode können Sie eine verdächtige Stelle auf Turbulenzen untersuchen?

16 Welche Palpationsstellen sind für folgende Gefäße geeignet?
- A. femoralis
- A. poplitea
- A. dorsalis pedis
- A. tibialis posterior

17 Von woher erfolgt die Füllung der V. jugularis externa nach willkürlicher Unterbrechung der Venenpulsation oberhalb der Klavikel?

18 Worauf lässt ein hepatojugulärer Reflux schließen?

19 Wie unterscheidet sich das Ergebnis des hepatojugulären Refluxes beim Gesunden von dem bei der Rechtsinsuffizienz?

20 Mit welcher Fallgeschwindigkeit soll bei der Blutdruckmessung die Quecksilbersäule bei nachlassendem Manschettendruck vor Eintritt des systolischen Gefäßtons fallen?

21 Welche Manschettenbreite wählen Sie für die Blutdruckmessung bei
- 0- bis 2-Jährigen?
- bis zu 6-Jährigen?
- Schulkindern?

22 Wodurch sind nur systolische Druckveränderungen bedingt? (Vergrößerte Blutdruckamplitude)

23 Wie lange soll der Patient vor Messung des Ruheblutdrucks liegen?

24 Welches ist der Messpunkt für den diastolischen Blutdruckwert?

25 Worauf weisen große bzw. kleine Blutdruckamplituden hin?

26 Wo liegt nach den Richtlinien der WHO die obere Grenze für den normalen Blutdruck?

27 Wie nennt man Blutdruckwerte, die zwischen der normalen oberen Blutdruckgrenze und dem niedrigsten Wert für eine Hypertonie (160/95 mmHg) liegen?

28 Definieren Sie den Begriff Hypotonie anhand der Blutdruckwerte!

29 Nennen Sie die beiden grundsätzlichen Ursachen für eine Hypotonie!

30 Wodurch entsteht bei der Lagerungsprobe und bei der Faustschlussprobe im Falle arterieller Stenosen die verzögerte dunkle Nachröte?

31 Welches Symptom ist bei der Lagerungsprobe charakteristisch für einen unkompensierten arteriellen Verschluss?

32 Wie viel Zeit verstreicht normalerweise bei der Lagerungsprobe bis zur Rötung der herabhängenden Füße?

33 Worauf weist bei der Lagerungsprobe eine Venenfüllung der herunterhängenden Beine vor der reaktiven Hyperämie hin?

34 Welche drei Faktoren ermöglichen den venösen Rückstrom?

35 Welche Beurteilung gestattet der Perkussionstest?

36 Welche Schlussfolgerungen lässt der Perthes-Versuch zu?

37 Welche Venen komprimieren Sie beim Perthes-Versuch durch Stauung?

38 Wofür spricht eine Zunahme der Varizenfüllung beim Perthes-Versuch nach der Belastung?

39 Welcher Versuch gestattet eine Beurteilung der Funktionstüchtigkeit der Klappen der Vv. saphena magna et parva und der Vv. communicantes?

40 Schildern Sie in Stichworten den Trendelenburg-Versuch.

41 Bis zu welchen Werten müssen Sie die Blutdruckmanschette beim Lowenberg-Test aufpumpen, um evtl. Schmerzen auszulösen?

Praktische Aufgaben

A Bestimmen Sie den Venendruck bei sich selbst! Messen Sie auch untereinander den Venendruck blutig!

B Auch die Kreislaufzeiten sollten Sie untereinander mit der Ätherumlaufzeit und der Decholinumlaufzeit bestimmen.

C Führen Sie einen Fahrradergometerversuch bei sich selbst und bei einem herzgesunden Patienten durch, der älter als 60 Jahre ist! Bereiten Sie Ihre Anleitung für den Patienten sorgfältig vor!

D Palpieren Sie bei sich selbst und bei einem Kommilitonen sämtliche genannten arteriellen Pulse einschließlich der A. femoralis in der Leistenbeuge!

E Untersuchen Sie bei sich selbst und gegenseitig den hepatojugulären Reflux und stellen Sie die Zeitdauer in Sekunden fest, bis der sichtbar erhöhte Venendruck wieder abfällt!

F Führen Sie bei sich selbst und bei mindestens drei Kommilitonen eine Lagerungsprobe und eine Faustschlussprobe durch, und vergleichen Sie die Zeiten für die gewonnenen Ergebnisse!

14 Bauch und Bauchorgane I – Untersuchung des Gastrointestinaltraktes

14.1 Lernziele

Im folgenden Kapitel erfahren Sie, wie man

- die charakteristischen Beschwerden im Bauchraum definiert (Verdachtsdiagnosen s. Beschwerden-Abc in Kapitel 4.6),
- den Bauchraum für differenzialdiagnostische Überlegungen einteilt,
- Inspektion, Palpation, Perkussion und Auskultation für die Untersuchung des Bauches anwendet,
- Untersuchungen für die Herniendiagnostik durchführt,
- die im Bauchraum erhobenen Befunde dokumentiert und
- Leitsymptome als diagnostische Entscheidungshilfen verwendet.

Kontrollieren Sie anhand der gestellten Übungsaufgaben und Fragen, ob Sie diese Lernziele erreichen.

14.2 Charakteristische Beschwerden

Für die **„charakteristischen" Beschwerden** im Bauchraum gelten drei Besonderheiten:

- Gastrointestinale Symptome wie Bauchschmerzen, Übelkeit und Erbrechen sind besonders vieldeutig und z.B. auch Zeichen für Infektionen des zentralen Nervensystems und des Urogenitalsystems.
- Viele sogenannte funktionelle Erkrankungen (Überlastungsreaktionen, Selbstüberforderung usw.) führen zu gastrointestinalen Symptomen.
- Organische Erkrankungen im Bauchraum können weit fortgeschritten sein, bevor sie zu Beschwerden führen.

14.2.1 Appetitlosigkeit, Übelkeit und Erbrechen

Diese Symptome nennt man in ihrer Gesamtheit auch „unspezifische Bauchsymptomatik". Aus gutem Grund wird der Begriff „unspezifisch" verwendet, denn alle drei Symptome kommen bei Erkrankungen unterschiedlicher Organsysteme vor und führen deshalb diagnostisch kaum weiter. Wesentlich kann allerdings die Frage sein, ob sie gleichzeitig in bestimmter Reihenfolge und in Abhängigkeit von anderen Symptomen auftreten, z.B. vor akuten diffusen Bauchschmerzen als Hinweis auf infektiös-entzündliche Gastroenteritis oder gemeinsam mit Fieber und Durchfall und Bauchschmerzen, die in den rechten Unterbauch wandern und damit den Verdacht auf eine akute Appendizitis verstärken.

14.2.2 Aufstoßen

Aufstoßen ist physiologisch bei vermehrter Gaszufuhr durch Bier oder andere kohlensäurehaltige Getränke, pathologisch bei Aerophagie. Beim sauren Aufstoßen gelangt Mageninhalt in den Mund.

14.2.3 Bauchschmerz

Der tradierte Begriff „akuter Bauch" wird mit unterschiedlichen Symptomen oder gar nicht definiert oder gelegentlich nur zur Unterscheidung chirurgischer und nichtchirurgischer Fälle verwendet. Er sollte zugunsten einer differenzierten Beschreibung der vorgefundenen Bauchsymptomatik, insbesondere der **Bauchschmerzen**, aufgegeben werden.

Eine Denkhilfe für die diagnostische Zuordnung von Schmerzen im Bereich des Rumpfes bietet das folgende Schema:

Organzuordnung als Denkhilfe

THORAX

Rechter Thorax	**Linker Thorax**
1 Pleura, 2 Lungen, 3 Mediastinum	1 Pleura, 2 Lungen, 3 Mediastinum
4 re. Anteil des Herzens und der Gefäße	4 li. Anteil des Herzens und der Gefäße
5 Interkostalnerven und -muskeln	5 Interkostalnerven und -muskeln
6 Hautinnervation, 7 Brustwirbelsäule	6 Hautinnervation, 7 Brustwirbelsäule

EPIGASTRIUM

1. Ösophagus, 2 Magen, 3 Duodenum, 4 Pankreas, 5 Aorta

Rechter Oberbauch	**Linker Oberbauch**
1 Pleura, Zwerchfell	1 Herz, Pleura, Zwerchfell
2 Leber, 3 Galle	2 Pankreas, 3 Milz
4 Nebenniere, Niere	4 Nebenniere, Niere
5 Kolon	5 Aorta

PERIUMBILIKAL/HYPOGASTRIUM

1 Dünndarm, 2 Aorta, 3 Mesenterialgefäße, 4 Bauchdecke

Rechter Unterbauch	**Linker Unterbauch**
1 Zäkum/Kolon, 2 Appendix	1 Aorta, 2 Kolon
3 mesent. Lymphknoten, 4 Ureter	3 Sigmoid, 4 Ureter
5 Tube, Ovar	5 Tube, Ovar
6 Inguinalregion	6 Inguinalregion

SUPRAPUBICUM

1 Blase, 2 Uterus, 3 Sigma, 4 Aorta

14

Schmerzen im gesamten Bauch oder uneinheitlich wechselnder Schmerzort werden besonders bei Störungen im Immun-, Blut-, Hormon-, Fermentsystem und bei anatomischen Veränderungen, Intoxikationen und psychischen Erkrankungen angegeben.

Für die Diagnostik hilft in der Regel schon die Unterscheidung in akuten Bauchschmerz – weniger als sechs Tage und heftig genug, den Patienten zum Arzt zu führen – und chronischen Bauchschmerz in Bezug auf die Erstentscheidung über die Hospitalisierung des Patienten weiter.

Von grundsätzlicher diagnostischer Bedeutung ist ***die Unterscheidung in somatische und viszerale Bauchschmerzen***.

Somatische Bauchschmerzen entstehen durch Berührung zwischen entzündetem Peritoneum viscerale und dem schmerzempfindlichen Peritoneum parietale, durch den Austritt von Magen- oder Darminhalt, Pankreassaft, Galle, Blut oder Urin in die freie Bauchhöhle und damit ebenfalls Reizung des Peritoneum parietale und schließlich durch Zug am Peritoneum parietale, das die Mesowurzel an der dorsalen Bauchwand überzieht.

Das Peritoneum viscerale ist zwar unempfindlich gegen Schnitte, Kneifen oder Brennen und andere Reize, mit denen man an der Haut Schmerz auslösen kann. Ist das Peritoneum viscerale aber entzündet, führen die üblichen Schmerzreize auch dort zu Schmerzempfindungen, z.B. bei der Appendizitis auch dann schon, wenn das Peritoneum parietale von der Entzündung noch nicht erfasst ist, oder bei Spastik bzw. Hyperperistaltik im Zusammenhang mit einem Ileus.

Für das Verständnis von Schmerzausstrahlungen ist ähnlich wie beim Thoraxschmerz die Zuordnung zwischen bestimmten Bereichen des Bauchraumes und den entsprechenden Nervenwurzeln erforderlich.

Haut, Muskeln, Pleura und Peritoneum parietale werden von den 6. bis 9. Interkostalnerven versorgt. Innerhalb des Bauchraumes treten die korrespondierenden sympathischen Fasern für Magen, Duodenum, Gallenblase und die Ausführungsgänge von Galle und Pankreas aus den Segmenten Th6 bis Th9 hinzu.

Der paraumbilikale Bereich wird von Anteilen der Spinalnerven Th9 bis Th11 versorgt. Wegen der Absenkung der später mehr kaudal lokalisierten Eingeweide in der Embryonalentwicklung werden Schmerzen aus Ileum und Dickdarm auch im Paraumbilikalbereich wahrgenommen.

Th12 und L1 versorgen im Unterbauch Haut, Muskulatur und Peritoneum der vorderen Bauchwand, aber auch Blase, Kolon, Uterus und Adnexe.

Bauchschmerzen werden zunächst nach Stärke, Dauer, Art und Ort und ihrer Beziehung zu Funktionen analysiert. Begleitbeschwerden, Maßnahmen, die zur Verstärkung oder zum Abschwächen der Schmerzen führen, und Ausstrahlung der Schmerzen helfen bei der Zuordnung zum erkrankten Organ, z.B.:

- Schmerzen durch Erkrankungen der Gallenwege strahlen in den rechten Rücken und in die rechte Schulterregion aus.
- Pankreasbedingte Schmerzen strahlen gürtelförmig unterhalb des Nabels aus.
- Schmerzen des Magenfundus strahlen in die linke Schulter und in den linken Rücken aus und können dort kaudal und medial der Skapula Druckschmerz erzeugen.

Bauchschmerzen und Körperfunktionen Diagnostische Bedeutung

Bauchschmerzen und Körperlage

- im Oberbauch, durch Hinlegen verstärkt, durch Aufstehen gemindert, bei *Hiatushernie*

Bauchschmerzen und Körperhaltung

- ständige Veränderung der Haltung im Bett bei Koliken bei *mechanischem Ileus(-Ursachen)*

Bauchschmerzen und Atmung

- im rechten unteren Quadranten, verstärkt durch Einatmung, Husten oder Körperbewegungen, z. B. Extension des M. ileopsoas, bei lokaler oder generalisierter *Peritonitis*, z. B. im Rahmen einer Appendizitis

Bauchschmerzen und Sport

- Schmerzauslösung durch Autofahren, Reiten, dauerhafte Erschütterungen durch Bootsmotoren, bei *Steineinklemmung*

Bauchschmerzen und Nahrungsaufnahme

- epigastrisch oder periumbilikal **wenige Minuten** nach dem Essen, die durch Rülpsen nachlassen, bei *Aerophagie*. Ohne diese Entlastung lassen epigastrische Bauchschmerzen an Magentumor, Gastritis, Kaskadenmagen oder Hiatushernie denken
- epigastrisch oder periumbilikal 1–4 Std. nach Nahrungsaufnahme (Nüchternschmerz), wochenlang Tag für Tag, die durch Nahrungsaufnahme oder Alkali verschwinden, bei *Ulcus duodeni*
- im rechten Oberbauch, 3–5 Std. nach schwerer Abendmahlzeit, bei *Gallenkolik*

Bauchschmerzen und Erbrechen

- Nachlassen der Schmerzen durch Erbrechen bei stenosierenden oder verschließenden *Erkrankungen des Magens und des Dünndarms*
- Verstärkung der Schmerzen bei *Mallory-Weiss-Syndrom*

Bauchschmerzen und Stuhlgang

- im Unterleib in unmittelbarem zeitlichem Zusammenhang mit dem Stuhlgang (Tenesmen), bei *Erkrankung des Kolons und des Rektums*, z. B. Hämorrhoiden, Colitis ulcerosa

Bauchschmerzen und Wasserlassen

- Schmerzauslösung oder -verstärkung bzw. zusätzlicher Miktionsschmerz (Strangurie) bei *Erkrankung der ableitenden Harnwege* oder Kontakt zwischen entzündlichen gastrointestinalen bzw. reproduktiven Organen mit der Blase

- Ein Hinterwandinfarkt kann in den linken Oberbauch ausstrahlen. Andererseits führt die Wölbung des Zwerchfells dazu, dass auch Schmerzursachen im Oberbauch im Thorax wahrgenommen werden können.

Unterscheiden Sie im Zusammenhang mit der Dauer auch die zeitliche Entwicklung und den zeitlichen Verlauf. So wechseln die meist funktionsabhängigen **intermittierenden Bauchschmerzen** mit schmerzfreien Phasen zwischen den einzelnen Attacken, z. B. bei Einengung der A. mesenterica (Angina abdominalis). Viszerale Schmerzen als echte **Koliken** sind wellenförmig wiederkehrende Verstärkungen krampfartig ziehender Schmerzen, bei denen auch in den Phasen der Schmerzlinderung ein gewisses Schmerzniveau erhalten bleibt. Echte, d. h. darmbedingte Koliken dauern in der Regel nicht länger als 2 Min., werden meist bds. der Mittellinie angegeben und unterscheiden sich damit von **Pseudokoliken**, z. B. Gallenkoliken, Nierenkoliken oder Adnexkoliken. Die Krampfwellen sind dann unregelmäßig und dauern länger als 2 Min. Krampfphasen sind dagegen nicht-wellenförmige Schmerzen unterschiedlicher Dauer.

Bei akuten Bauchschmerzen gilt folgende Fünf-Finger-Regel:

Faustregel – kontrollierendes Abwarten
1. Untersuchungsintervalle < 2 Std.
2. Keine Zunahme krankheitsspezifischer Symptome
3. Keine Ileus- oder Peritonitiszeichen
4. Operationsbereitschaft
5. Schriftliche Verlaufsdokumentation (Zeitangaben)

Nahrungsmittelabhängige Bauchschmerzen, wie Intoleranz gegenüber Fett, Schokolade, Alkohol oder Kaffee, lassen an eine akute Cholezystitis denken, wenn die Schmerzen – ähnlich wie beim Ulcus duodeni – einige Stunden nach dem Essen besonders nachts einsetzen und zum Widerwillen gegen Nahrung führen. Erzeugen Fett und Eiweiß Schmerzen, so lässt das auch an eine Pankreaserkrankung denken, Milchunverträglichkeit an einen möglichen Laktasemangel der Dünndarmschleimhaut.

Psychologisch beeinflusste oder ausgelöste Bauchschmerzen sind oft daran zu erkennen, dass der Patient ihr Auftreten oder ihre Zunahme in bestimmten Situationen oder bei der Begegnung mit bestimmten Personen schildert. Charakteristisch ist, dass diese Schmerzen in der Regel diffus angegeben werden, ihren Ort von Auftreten zu Auftreten ändern, Schmerzart und Anatomie nicht zueinander passen, die verbale und gestikuläre Darstellung der Schmerzen ungewöhnlich erscheint und die Schmerzen nicht selten von depressiven Symptomen begleitet sind.

Zusätzliche Hinweise auf die psychologische Genese von Bauchschmerzen sind das Vorhandensein von „Beispielsfällen" in der Familie oder im Freundeskreis, Krankheitsgewinn auch im Sinne von Entlastung oder Unterstützung bei unangenehmen Aufgaben, eine Geschichte von Missbrauch oder Misshandlung durch Eltern oder Ehepartner, andere Formen der Somatisation im Sinne chronischer, diagnostisch nicht abzuklärender Rückenschmerzen, Kopfschmerzen usw. Auch Verlusterlebnisse in der frühen Kindheit (Tod der Mutter) oder das Gefühl der Abhängigkeit, in die sich der Patient bringen oder in der er sich durch seine Bauchschmerzen halten kann, gehören hierher.

Denken Sie bei allen Bauchschmerzen, die auch nach harmlos erscheinenden Unfällen auftreten, an die Möglichkeit, dass ein stumpfes Bauchtrauma vorliegt. Sturz auch aus geringer Höhe, Auffahrunfälle (Lenkrad) oder ein Faustschlag in die Bauchregion können zu Rupturen des Gastrointestinaltraktes oder zu intraperitonealen Blutungen führen. Beides ist lebensgefährlich.

Bauchschmerzen
Lokalisation und diagnostische Bedeutung

Organe	*entzündlich*	*vaskulär*	*strukturell*	*tumorös*	*andere*
Epigastrische Schmerzen Ösophagus	Ösophagitis Divertikulitis	Ösophagusvarizen		Ösophagusmalignom	Mallory-Weiss-Syndrom Aortenaneurysma
Magen	* Gastritis, Ulkus		Pylorusstenose	Magenmalignom	* auch bei Urämie Ketoazidose, Alkoholismus
Periumbilikale und UQ Dünndarm	Gastroenteritis Divertikulitis (Meckel) Enteritis reg., Mes.-Adenitis, Tuberkulose Peritonitis	Verschluss oder Einengung der Mesenterialgefäße Milzinfarkt Niereninfarkt	Hernien Invagination Volvulus Adhäsionen	Dünndarmpolypen Dünndarmmalignom	USAB, Aortenaneurysma Gallensteine im Darm Ileusursachen, Hyperlipidämie, Bleivergiftung Porphyrie, Hämochromatose
UQ Dickdarm	Appendizitis Divertikulitis Colitis ulcerosa infectiosa ps. membran	Mesenterialgefäß –Embolie, –Stenose –Thrombose Becken-Vv.-Thrombose P. Schoenlein-Henoch	Colon irritabile Adhäsionen Volvulus, Hernie Hodentorsion	Kolonmalignom Rektummalignom	Ileus(-ursachen)
OQ Leber Galle Pankreas	Hepatitis, Leberabszess, Cholezystitis Pankreatitis	Budd-Chiari-Syndrom Aneurysma	Pankreaszysten	Leber-, Galle-, Pankreasmalignom	subphrenischer Abszess
Bauchwand	Herpes Zoster		Rectus-abdominis-Hämatom		neurologisch-muskulär
Intrathorakale Prozesse	Pleuritis, Perikarditis basale Pneumonie	Herzinfarkt			
Retroperitoneale Prozesse	Glomerulonephritis Pyelonephritis Zystitis, Adnexitis	ektopische Schwangerschaft		Nierenmalignom Wilms-Tumor, Uterusmyom, -malignom Ovarialzyste, Stein-Leventhal-Syndrom	Nieren-, Ureter-, Blasensteine Endometriose Dysmenorrhö

14

14.2.4 Blähungen (Meteorismen)

Sie führen als vermehrte Gasansammlung im Darm auch unabhängig von der Nahrungsaufnahme zu Völlegefühl und Unbehagen, über das die Patienten im Sinne von „Magendrücken" oder Völlegefühl berichten, oder auch zu krampfartigen Bauchschmerzen.

Meteorismusursachen lassen sich in vier Gruppen einteilen:
- Aerophagie oder Aeroinkarzeration (durch frühes Hinlegen nach dem Essen gelangt Magenluft nicht über die Speiseröhre hinaus, sondern in den Darm);
- Neutralisation als CO_2-Bildung bei der Magensaftneutralisation mit dem Bicarbonat des distalen Verdauungstraktes (Meteorismus nach großen Mahlzeiten);
- vermehrte Gasaufnahme oder Gasbildung, z. B. durch Eierschnee, Coca-Cola etc., Hülsenfrüchte, Kohl, Malabsorption von Kohlenhydraten (Sprue), multiple Divertikel, Closed-loop-Syndrome, Enteritis regionalis, Ogilvie-Syndrom;
- Behinderung des Gasaustauschs bei Zirrhose, Rechtsinsuffizienz, Invagination, Volvulus, Angina abdominalis und Ileus.

Dagegen handelt es sich bei den oft genannten Blähungen in Zusammenhang mit dem Colon irritabile um einen Reflux von Darmgas in den Magen (*Lembke, B.*).

14.2.5 Durchfall

Durchfall – zu dünn und zu häufig (d. h. mehr als 3 breiige bis wässrige Stühle pro Tag) – hat unterschiedliche Ursachen, die teilweise die Art des Durchfalls und die Beimischungen von Blut, Schleim, Fett und/oder Eiter sowie unterschiedliche Begleitsymptome bestimmen (*Caspary*): Durchfalldauer über 2 Tage, Blut, Bauchschmerzen, Fieber und Dehydratation entscheiden einzeln oder insgesamt auch darüber, ob weitere diagnostische Abklärung erforderlich wird. In vielen Fällen helfen Reise-oder Nahrungsmittelanamnese und Medikamentenanamnese (Antibiotika!) weiter. (Diagnostische Bedeutung des Durchfalls s. Stuhlqualitäten*.)

Drei Pathomechanismen bewirken Durchfall:

Osmotischer Durchfall ist bedingt durch nicht oder schlecht resorbierbare Substanzen im Darmlumen, die dazu führen, dass die täglich in den oberen Dünndarm abgegebenen rund 8 l Flüssigkeit nicht bis auf etwa 200 ml rückresorbiert oder Wasser mit Natrium- und Chloridionen in das Jejunum ausgeschieden werden. Charakteristischerweise sistiert der wässrige osmotische Durchfall durch Nahrungskarenz. Osmotischer Durchfall weist auf Laxanziengebrauch oder Kohlenhydratstörungen hin, die mit saurem pH des Stuhls einhergehen, z. B. bei Laktasemangel, im Rahmen einer Virusinfektion, Malabsorption, Sprue, Zöliakie. Die Osmolarität des Stuhlwassers ist erhöht.

Sekretorischer Durchfall entsteht z. B. durch Enterotoxine von Bakterien, die die Darmwand selbst nicht zerstören, durch vermehrte Gastrinsekretion bei Zollinger-Ellison-Syndrom (*Rambaud*), Prostaglandin oder Galle, die nicht resorbiert wird.

Bei der infektiösen Diarrhö kommt es in der Regel schon wenige Stunden nach der Mahlzeit über eine lokale Entzündung zu einer Elektrolyt- und damit Wassersekretion in das Darmlumen. Die wässrigen Stühle sind umfangreich. Diese Durchfälle treten meist mit Bauchschmerzen auf (*Lake*) und sistieren nicht durch Nahrungskarenz. Bei der infektiösen Form lassen sich im Stuhl Erreger und Leukozyten nachweisen. Nur selten führt der Befall des Dickdarms zu schleimig-blutigen Beimengungen und Tenesmen.

Voraussetzung für diese in erster Linie bakterielle Form der Diarrhö ist die Überwindung der beiden Erregerschranken Magensäure und Galle oder herabgesetzte propulsive Darmmotilität bzw. Darmflora.

Der dritte Pathomechanismus ist die **vermehrte Motilität des Darmes** mit Durchfall bei Hyperthyreose, Karzinoid und Morbus Addison oder durch Enterotoxin mancher Erreger. In derartigem Durchfall, der mit krampfartigen Bauchschmerzen einhergehen kann, finden sich in der Regel unverdaute Speisereste (differenzialdiagnostische Tabelle s. Stuhl S. 354).

In dreifacher Weise wirken Erreger auf die Darmschleimhaut:

1. Durch die Produktion von Enterotoxin, Beispiel Vibrio cholerae, Staphylococcus aureus und Clostridium perfringens. Sie führt zu Durchfallbeginn mit Blähungen, Übelkeit und Erbrechen, dann erst zu großvolumigen, dünnen Stühlen bis hin zum Reiswasserstuhl. Es entsteht das sogenannte choleriforme Syndrom.
2. Die invasive Infiltration der Darmmukosa durch Salmonellen, Shigellen, Yersinia und manche Escherichia coli mit blutig-schleimigen, meist kleinen Durchfällen, Tenesmen, Fieber und vielen Leukozyten im Stuhl, das sogenannte dysenteriforme Syndrom.
3. Die Produktion von Zytotoxin ohne Invasion der Darmwand, z. B. durch manche Kolistämme oder Clostridium difficile, z. B. nach Antibiotikatherapie mit blutig-schleimigen, wässrigen Durchfällen, Koliken und Fieber und Pseudomembranen bei der Sigmoidoskopie, also das Bild der Colitis pseudomembranacea.

14.2.6 Durchfall – Fettstühle (Steatorrhö)

Wenn durch unzureichende Resorption aufgrund von Lipase- oder Gallensäuremangel 7 g Fett im Stuhl bei einer täglichen Fettaufnahme von 80 g überschritten werden, entstehen Fettstühle (Steatorrhö) (*Hotz*). Sie können Zeichen verminderter Gallensäurerückresorption bei Erkrankungen des Ileums sein (Enteritis regionalis) oder auf eine Behinderung des Gallenabflusses in den Darm hinweisen, z. B. bei verschließenden Gallensteinen, Papillenkarzinom, Pankreaskarzinom und Morbus Whipple.

Faustregel – Stuhl

Große Stühle und periumbilikale Koliken weisen auf Dünndarmerkrankungen, kleine Stühle mit krampfartigen Schmerzen im Unterbauch auf Dickdarmerkrankungen hin. Blut, Schleim und Tenesmen sind Zeichen von Kolonbeteiligung. Inkubationszeiten unter 4 Stunden bei Staphylococcus aureus, über 8 Stunden bei Shigellen, Salmonellen und Escherichia coli.

14.2.7 Durst

Ungewöhnlicher Durst entsteht durch vermehrte renale Wasserausscheidung, z. B. bei Diabetes insipidus oder Diabetes mellitus, vermehrte gastrointestinale Wasserausscheidung als Erbrechen und/oder Diarrhö. Durst kann auch ein Zeichen für vermehrte Wasseransammlung im Darmlumen bei Ileus sein oder von Wasseransammlungen in der Bauchhöhle (Aszites) bzw. innerhalb des Peritoneums bei Peritonitis.

14.2.8 Dysphagie s. Schluckbeschwerden

14.2.9 Erbrechen

Das Brechzentrum am Boden des IV. Ventrikels wird psychogen, zentralnervös, infektiös, toxisch durch Drogen und reflektorisch aktiviert. Der Reiz führt zu einer tiefen Inspiration, Verschluss der Glottis und des Pylorus, Entspannung des Sphinkters an der Kardia, Kontraktion der Bauchmuskeln und damit Auspressen des Mageninhaltes.

Anamnestisch von besonderer Bedeutung sind neben den fünf Standardmerkmalen zur Differenzierung ein ähnlich bleibender Zeitpunkt, z. B. nur am Tag, äußere Umstände, die zum Erbrechen führen, und die Fahndung nach diagnostisch weiterführenden Begleitsymptomen wie Kopfschmerzen und Übelkeit, Fieber, Durchfall und Bauchschmerzen.

Der ***Zeitpunkt des Erbrechens*** im Verhältnis zur Nahrungsaufnahme oder zum Einsetzen von Bauchschmerzen kann diagnostisch wegweisend sein:

So spricht

- Erbrechen beim Essen für Erkrankungen des Ösophagus, z. B. Ösophagusdivertikel oder -karzinom, eigentlich handelt es sich um Regurgitation,
- Erbrechen unmittelbar nach dem Essen für eine Gastritis,
- 1 bis 2 Std. nach dem Essen für ein Ulcus ventriculi oder Magenkarzinom,
- mehr als 2 Std. nach der Nahrungsaufnahme für eine Pylorusstenose – dann im Schwall – oder mit Bauchschmerzen und Auftreibung für einen Dünndarmverschluss;
- nach 6 und mehr Std. erbrechen Patienten bei Dickdarmverschluss;
- unabhängig von der Nahrungsaufnahme ist Erbrechen bei extragastrointestinalen Ursachen wie Schwangerschaft, Hirndruck oder Labyrinthstörungen.

Die ***Reihenfolge von Schmerzeintritt und Erbrechen*** spielt z. B. bei der Appendizitis eine Rolle, bei der, wie bei anderen entzündlichen Darmerkrankungen, das Erbrechen auf die Bauchschmerzen folgt. Erbrechen vor Schmerzeintritt schließt bei Erwachsenen die Appendizitis so gut wie aus. Im Gegensatz dazu ist die Reihenfolge – Übelkeit, Erbrechen, Bauchschmerzen, Durchfall – charakteristisch für die Gastroenteritis. Erbrechen, das dem Eintreten von Oberbauchschmerzen unmittelbar vorangeht, lässt in erster Linie an eine Gastritis denken.

Qualität des Erbrochenen: Wässriges Erbrechen von Speichel ist typisch für die großen Mengen verschluckten Speichels bei Alkoholabusus. **Schleimiges** Erbrechen kann Zeichen einer Übersekretion bei Gastritis sein und bei Ulkuserkrankungen, die zur Stenosierung führen. Der Schleim ist dann mit dem Speisebrei versetzt. Dagegen stammt Schleim, der auf dem Erbrochenen schwimmt – in der Regel verschluckter Schleim –, aus Luftwegen, Pharynx und Ösophagus. Auf blutiges Erbrechen wird unter dem Schlagwort „Hämatemesis" gesondert eingegangen.

Fäkulentes Erbrechen ist braun, aber noch nicht kotig und stammt aus den unteren Dünndarmabschnitten. **Fäkales** Erbrechen (Miserere) stellt Dickdarminhalt dar und kommt nur in Ausnahmefällen beim Dickdarmileus vor, wenn die Ileozäkalklappe insuffizient ist.

Begleiterscheinungen häufigen Erbrechens sind Dehydratation und Elektrolytmangel, besonders die hypokalämische Alkalose; eine Gefahr des Erbrechens nach Alkoholabusus stellt die Aspiration des Erbrochenen dar, die in der Mehrzahl der Fälle zu einer Aspirationspneumonie führt.

Diagnostisch weiterführen kann auch im Zusammenhang mit akutem Bauchschmerz der **Negativbefund**: Bei tiefer Ösophagus- oder hoher Magenruptur ist Erbrechen nicht möglich, bei Ruptur eines proximalen Ulcus duodeni ist Erbrechen selten. Im Gegensatz zur entlastenden Wirkung des Erbrechens bei Erkrankungen des Magen-Darm-Kanals bringt das Erbrechen bei allen anderen Erkrankungen des Bauchraums, der parenchymatösen Organe, der retroperitonealen Organe, der Galle und der Organe des kleinen Beckens keine Erleichterung.

14.2.9.1 Diagnostische Bedeutung unterschiedlicher Formen des Erbrechens

Vom eigentlichen Erbrechen zu unterscheiden ist die **Regurgitation** (S. 352).

Erkrankungen, die zu starken Schmerzen führen, wie die Perforation von Hohlorganen, stenosierende Nierensteine, Herzinfarkt oder Peritonitis, gehen mit sog. **reflektorischem Erbrechen** einher. In der Regel kommt es bei fortbestehendem Ileus zum **Verschluss- oder Stauungserbrechen**, bei dem durch Retroperistaltik der Nahrungsbrei zunächst im Schwall, dann auf dem Gipfel von Koliken ausgestoßen wird. Lediglich beim Strangulationsileus ist mit plötzlichem Einsetzen und unstillbarem Erbrechen zu rechnen.

Vergleichbar dem osophagealen Erbrechen tritt **zerebrales Erbrechen** in der Regel ohne vorangehende Übelkeit und unabhängig von der Nahrungsaufnahme „aus heiterem Himmel" auf. Bewusstseinsstörungen, Lähmungen und Gangstörungen sind wegweisende Begleitsymptome, deren Ursache erhöhter Hirndruck durch Trauma oder Tumoren sind.

Ebenfalls unabhängig von der Nahrungsaufnahme, aber mit vorangehendem Schwindel geht **vestibuläres Erbrechen** einher, z. B. im Zusammenhang mit Otitis interna, Morbus Menière oder Commotio.

Zum Verwechseln ähnlich mit der Gesamtsymptomatik einer Gastroenteritis verläuft das großvolumige **toxische Erbrechen** mit krampfartigen Bauchschmerzen bei einer Arsenvergiftung, bei der dann wässrige Stühle ähnlich wie bei der Pilzvergiftung auftreten.

Erbrechen und Begleitsymptome
Diagnostische Bedeutung

Qualität	*Hämatemesis, Teerstuhl, okk. Blut*	*Erbrechen: Nahrungsaufnahme*	*Erleichterung*	*Krankheitsbild*	*Erbrechen: Beginn Bauchschmerzen*	*pathognomonische Begleitsymptome*
saurer Schleim, Speisereste	(+)	unmittelbar danach	+	**Gastritis**	vor epigastr. Bauchschmerz	saures Aufstoßen
Nahrungsreste		danach	+	**infektiöse Gastroenteritis**	vor epigastr. Bauchschmerz	großvolum. Durchfall, Fieber
uneinheitlich		unabhängig		**Perforation o. Ä. perakute Peritonitis**	gleichzeitig bis Minuten danach bedingt	Vernichtungsschmerz, Peritonitiszeichen
gallig bis fäkulent		unabhängig	+	**Ileusursachen gastrokolische Fistel**	nach Bauchschmerz koliksynchron. UQ	Ileuszeichen
Nahrungsreste		nach schwerem Mahl		**Pankreaserkrankungen**	sofort oder bald nach Bauchschmerz, OQ	Gürtelschmerz, Auftreibg. OQ
uneinheitlich		nach schwerem Mahl		**Gallen-(System-) Erkrankungen**	nach krampfartigen Schmerzen ROQ	Murphy-Zeichen
uneinheitlich		unabhängig		**Harnwegssteine**	nach UQ- oder Lendenschmerz	Hämaturie, Dysurie
uneinheitlich		unabhängig		**Adnexitis**	nach Bauchschmerz UQ	Druck- und Verschiebeschmerz, Entzündg.-Zeichen
wenig Flüssigk., wenig Speisereste	+	bald danach	+	**Ulcus ventriculi**	nach epigastr. Bauchschmerz	Ulkusanamnese, Anatazida wirken

viel Flüssigk., viel Speisereste	+	danach	+	**Ulcus duodeni**	nach epigastr. Bauchschmerz	Nüchternschmerz
massig übelriechend	+	lange danach	+	**Pylorusstenose**	danach ROQ	Erbrechen im Schwall
Speisereste oder Schleim	+	uneinheitlich	+	**Magenkarzinom**	epigastr. Dauerschmerz	Gewichtsabnahme, Anämie
kleinste Mengen				**Sanduhrmagen**		abnormes Sättigungsgefühl
Speisereste		danach		**Lebensmittel, Urämie**	vor epigastr. Bauchschmerz	Bewusstseinsstörungen, urämischer Geruch des Erbrochenen
wässrig morgens				**Azidose, Alkoholismus**		
uneinheitlich		unabhängig		**Hirndruck**	kein Bauchschmerz	Liquorveränderungen ohne Übelkeit, Lähmungen
uneinheitlich		unabhängig		**Labyrinth-erkrankungen**	kein Bauchschmerz	Schwindel, bewegungsabhängig

Trockenheitsgefühl im Mund und Schluckbeschwerden, Doppelbilder und bilateral-symmetrische neurologische Ausfälle weisen auf einen Botulismus hin.

Ebenfalls neurologische Ausfälle und Bewusstseinsstörungen findet man bei **urämischem Erbrechen**, auf das der urinöse Geruch des Erbrochenen und die gleichzeitige Hämolyse, Thrombopenie und Hypertonie hinweisen.

Die Medikamentenanamnese bietet Hinweise auf **medikamentenbedingtes Erbrechen**, z. B. bei der Digitalisintoxikation, Östrogen-, Antibiotika- und Zytostatikatherapie.

Krampfartige Bauchschmerzen, Adynamie, Überpigmentierung und Hypotonie sind Zeichen eines **endokrinen Erbrechens** bei Morbus Addison. Wegweisende Begleitsymptome für ein Erbrechen bei Thyreotoxikose sind Temperaturanstieg, Tachykardie und heiß-feuchte Haut.

Bei Schulkindern, die am Wochenende und an Feiertagen regelmäßiges Erbrechen deutlich erkennbarer Speisereste am frühen Morgen nicht wiederholen, ist an **psychogenes Erbrechen** zu denken. Bei Erwachsenen lässt sich dann in der Regel eine Situationsgebundenheit nachweisen. In manchen Fällen gibt die Deutlichkeit volkstümlicher Redewendungen des Patienten auf widerwärtig erlebte Zustände oder Verhaltensweisen Aufschluss.

Faustregel – Erbrechen

Erbrechen vor Bauchschmerzen – „internistische Bauchschmerzen"
Erbrechen nach Bauchschmerzen – „chirurgische Bauchschmerzen"
Erbrechen ohne Bauchschmerzen – „neurologische Bauchschmerzen"
Situationsbedingtes Erbrechen – „psychologische Bauchschmerzen"

14.2.10 Essgewohnheiten

Vergessen Sie nicht, den Patienten nach seinen Essgewohnheiten zu fragen: wann, wie viel, wie oft, wie lange und in welcher Form der Patient isst. Denken Sie an die Ulkushäufung bei Fernfahrern, bei denen die Unregelmäßigkeit der Nahrungsaufnahme die Regel ist, den „Gehetzten", der seine Nahrung im Stehen zu sich nimmt, den Übergewichtigen, der in der Regel „kaum etwas isst" und nicht an die Süßigkeiten denkt, die er zwischen den Mahlzeiten zu sich nimmt. Ursache unterschiedlicher Verdauungsstörungen kann z. B. auch die einzige Riesenmahlzeit pro Tag anstelle einer sinnvollen Verteilung der Nahrungsaufnahme über den Tag sein oder die Beschränkung auf kalte bzw. einseitige Nahrung, sei es im Sinne der Vegetarier, der Nur-Süßspeisen-Esser oder der zu konzentrierten Eiweißaufnahme durch übermäßigen Fleischgenuss. Lassen Sie den Patienten gegebenenfalls ein Tagesprofil für seine Nahrungsaufnahme anfertigen.

14.2.11 Fettleibigkeit

Soweit nicht übermäßige Nahrungsaufnahme oder gescheiterte Abmagerungsversuche der Schilderung des Patienten zu entnehmen sind, stehen hormonelle Ursachen der Fettleibigkeit im Vordergrund:

- Auf Hypothyreoidismus weisen trockene und raue Haut sowie eine insgesamt verlangsamte Psychomotorik des Patienten hin.
- Hypopituitarismus geht meist mit Hypogenitalismus, Gesichtsfeldstörungen und Amenorrhö einher, und
- zu Morbus Cushing gehört die typische Begrenzung des Fettansatzes auf den Rumpf, so dass die zum Krankheitsbild gehörende Hypertonie bei der Messung keiner besonderen Berücksichtigung des Armumfanges bedarf.
- Ätiologisch ungeklärt, aber offensichtlich hormoneller Genese ist das Stein-Leventhal-Syndrom, das mit Hirsutismus und Amenorrhö auf die Ursache der Fettleibigkeit hinweist.

Fragen nach Kortisontherapie oder östrogenhaltigen Kontrazeptiva bzw. vorangegangene Kopfverletzungen (Hypothalamusschaden) bedürfen im Gespräch mit dem Patienten ebenso der Erörterung wie die Klärung der Frage, ob die Fettleibigkeit Ausdruck erhöhter Esslust oder Kompensation erlebter Mängel, z.B. in Ehe und Beruf, ist.

14.2.12 Gewichtsveränderung s. S. 95

14.2.13 Hämatemesis

Bluterbrechen oder die Beimischung von Blut zum Erbrochenen weist auf Blutungsquellen

- im Ösophagus (Varizen, Tumor, Mallory-Weiss-Syndrom),
- im Magen und Duodenum (Hiatushernie, Erosionen, Ulzera oder Tumor)
- oder auf Divertikel bzw. Gefäßmissbildungen des oberen Gastrointestinaltraktes bis zum Ende des Jejunums (Treitz-Band) hin

Hämatemesis kann auch durch hämorrhagische Diathese oder Medikamente (Corticoide, Salicylate, Antikoagulanzien) bedingt sein oder bei mehrfachem Erbrechen als minimale Blutbeimischungen durch Schleimhautverletzungen vorkommen bzw. bei verschlucktem Blut aus den Luftwegen, besonders der Nase (bei Kindern) auftreten, s. u. „diagnostische Bedeutung" bei gastrointestinaler Blutung. Im Unterschied zur Hämatemesis sind Hämoptysen meist schaumig und werden abgehustet.

14.2.14 Hämatochezie

Hämatochezie (= Blutstuhl = anale Blutausscheidung = perianale Blutung = rektale Blutung) weist auf eine Blutung in der Regel distal der Ileozäkalklappe hin, vorwiegend aus dem Colon descendens, Sigma, Rektum und Analbereich, seltener bei massiven Blutungen und schneller Passagezeit auch aus den proximalen Dickdarmabschnitten und dem Ileum. Zu den häufigen Blutungsursachen gehören Malignome, Divertikulitis, Polypen (Adenome), chronisch entzündliche Darmerkrankungen und Darminfektionen. Auch für die Hämatochezie können Antikoagulanzien, Antibiotika oder Antirheumatika verantwortlich sein. Die früher zur Lokalisation verwendete hellrote oder dunkelrote Färbung des Blutes kann in die Irre führen, weil die Farbe außer von der Höhe der Blutungsquelle auch von der Passagezeit abhängt.

Unter **Hämorrhoidalbeschwerden** versteht man anales Jucken, Brennen, Blutabgang, Nässen und tastbare Knoten bei der Reinigung des Anus (perianale Thromben). Die Patienten klagen über **Schmerzen beim Sitzen und beim Stuhlgang.**

14.2.15 Ikterus s. S. 167f

14.2.16 Koliken

Darunter versteht man wellenförmig **remittierende Krämpfe** der Hohlorgane (außer den Gefäßen), die während ihres Ablaufs ein bestimmtes Schmerzniveau beibehalten. Das unterscheidet sie von intermittierenden Schmerzen, bei denen Schmerzen und schmerzfreie Phasen abwechseln. Koliken sind typisch für Darmverschluss, **intermittierende Schmerzen** für abnehmende Blutversorgung durch Verschluss der A. mesenterica (Angina abdominalis). Intermittierende Schmerzen findet man auch beim Ulkus oder als Tenesmen vor der Stuhlentleerung. In der Regel sind intermittierende Schmerzen abhängig von bestimmten Körperfunktionen. Sie gestatten meist eindeutige Zuordnung zu den erkrankten Organen.

14.2.17 Meläna = Teerstuhl

Meläna sind Zeichen einer Blutungsquelle, die in der Regel proximal vom Kolon liegt. Teerstühle setzen mindestens 80 cm^3 Blut mit einer Verweildauer von mehr als 6 Std. im Gastrointestinaltrakt voraus (vgl. gastrointestinale Blutausscheidung).

Andere Ursachen der Schwarzfärbung des Stuhles sind z. B. Eisen, Wismut, rote Bete.

14.2.18 Nahrungsmittelunverträglichkeit

Sie unterscheidet sich von bloßer Abneigung gegen bestimmte Gerichte dadurch, dass der Patient gewisse Nahrungsmittel nicht verträgt, sei es, dass sie wie Hülsenfrüchte oder Kohl zu starken Blähungen oder Koliken führen, sei es, dass sie wie Johannisbeeren oder ungekochte Milch bei Kindern Durchfälle auslösen. Zu den Nahrungsmittelunverträglichkeiten kann man auch Nahrungsmittelallergien, z. B. gegen Erdbeeren, zählen.

14.2.19 Obstipation

Obstipation nennt man das verzögerte oder erschwerte Absetzen meist geringer und/oder zu fester Stuhlmengen – zu selten, zu wenig und zu fest. Der Normalbereich liegt zwischen dreimal täglich bis zu einmal alle drei Tage. Wesentlich für die Beurteilung stehen die Frage, was der Patient für „normal" hält, wie sich dieser Zustand in letzter Zeit verändert hat, seit wann ihn die Obstipation stört und in welcher Beziehung das Symptom zu seinen täglichen Gewohnheiten, Essen, Arbeit und Entleerung steht, sowie die Frage, was er selbst schon dagegen unternommen hat – Flüssigkeitszufuhr, Ballaststoffe, Laxanzien.

Gastrointestinale Blutausscheidung
Diagnostische Bedeutung

(als Hämatemesis und/oder Hämatochezie oder Meläna = Teerstuhl, > 80 cm^3 Blut in den oberen GI-Trakt oder okkultes Blut, < 80 cm^3 Blut in den GI-Trakt)

Organ	*entzündlich*	*vaskulär*	*neoplast.*	*andere*
Ösophagus okkult. Blut Meläna Hämatemesis	Ösophagitis	Ösophagusvarizen	Malignom	Mallory-Weiss-Syndrom
Magen okkult. Blut Meläna Hämatemesis	erosive Gastritis Ulkus		Malignom	
Duodenum okkult. Blut Meläna Hämatemesis	Ulkus Divertikulitis	Gefäßmissbildungen	Malignom	stumpfes Bauchtrauma, Medikamente hämorrhag. Diathese Endometriose Morbus Osler, Purpura Schönlein-Henoch
unt. Dünndarm okkult. Blut Hämatochezie	Gastroenteritis Meckel-Divertikel Enteritis regionalis	Gefäßmissbildungen A.-mesent.- Verschluss	Adenom Malignom	im gesamten GI-Trakt
Kolon okkult. Blut Hämatochezie	Divertikulitis Col. infectiosa Col. ulcerosa Col. pseudomembranacea Enterit. reg.	A.-mesenterica-inf.-Verschluss ischämische Kolitis, Gefäßmissbildungen	Polypen Malignom	
Rektum okkult. Blut Hämatochezie	Divertikulitis Col. ulcerosa Enteritis reg. Rektumulkus	innere Hämorrhoiden	Polypen Malignom	
Analbereich okkult. Blut Hämatochezie		äußere Hämorrhoiden		Analfissur, Analfistel Marisken, äußere Hämorrhoiden

Man unterscheidet **atonische Obstipation** (= Altersobstipation oder „Laxanzienkolon“) und die häufigere **spastische Obstipation**, bei der vermehrte und verstärkte segmentale Kontraktionen in den Darmhaustren zur Bildung kleiner meist schleimbedeckter Skybala und damit zum schafköttelartigen Stuhl führen. Sie tritt häufig gemeinsam mit krampfartigen Bauchschmerzen auf.

Für die Praxis ist Obstipation „von Kindheit an“ oder „über viele Jahre“ Anlass zur Beratung des Patienten über Lebensführung, Ernährung, Flüssigkeitsaufnahme, Stuhlgang, Hygiene und das Vermeiden von Laxanzien. Ist eine Obstipation im Sinne einer Abweichung vom persönlich Üblichen, also als Wechsel der Stuhlgewohnheit, akut und nimmt sie im Laufe von Wochen zu, wird eine Abklärung der Ursache besonders dann erforderlich, wenn Begleitsymptome auftreten wie Bauchschmerz, Meteorismus, Druck- und Völlegefühl, Druckschmerz über dem walzenförmig tastbaren Sigma, Blutbeimengungen zum Stuhl, Schleim, Eiter oder Blutauflagerungen.

Sie spielen bei der Befragung des Patienten ebenso eine Rolle wie evtl. Kostumstellungen oder körperliche Bewegungsarmut, z. B. bei stationären Patienten, oder die Einnahme von Medikamenten.

14.2.20 Regurgitation

Oft fehlgedeutet als Erbrechen unterscheidet sich Regurgitation dadurch, dass es ohne Übelkeit, ohne Brechbewegungen und ohne saures Erbrochenes stattfindet. Es ist nur ein Hochwürgen nichtangedauter Speisereste aus dem Ösophagus, die weder Salzsäure noch Pepsin enthalten (*Schmidt-Voigt*). Regurgitation weist gemeinsam mit starken Speichelabsonderungen und einem Bolusgefühl auf ein Ösophagusdivertikel hin, gemeinsam mit Hämatemesis auf eine Refluxösophagitis. Wenn zusätzlich Gewichtsverlust und Schluckbeschwerden auftreten, wird ein Ösophaguskarzinom wahrscheinlich. Erbrechen mit großen Blutmengen bei Ösophagusvarizen geht immer mit einer Milzvergrößerung und sonstigen Zeichen einer Leberzirrhose einher. Ohne diese Begleitsymptome ist nach heftigem Erbrechen auch an ein Mallory-Weiss-Syndrom zu denken.

14.2.21 Schluckbeschwerden (Dysphagie)

Darunter versteht man unangenehme bis schmerzhafte Empfindungen, die beim Schlucken im Mund, Pharynx, retrosternal oder epigastrisch auftreten, z. B. bei Einengungen der Speiseröhre oder bei Hiatushernie. Am besten beurteilen kann man Schluckbeschwerden, wenn man den Patienten ein Stück Brot oder einen Apfel essen und Wasser nachtrinken lässt, ihn dabei beobachtet und ihn anschließend die aufgetretenen Beschwerden schildern lässt.

Man kann die verzögernde Wirkung von Schluckbehinderungen mit dem Stethoskop im linken oberen Quadranten messen. Wenn man den Patienten einen Schluck Wasser trinken lässt, soll das Geräusch, das beim Passieren der Kardia entsteht, maximal nach 10 Sek. beendet sein.

Schluckbeschwerden (= Dysphagie)
Diagnostische Bedeutung

Organe	*entzündlich*	*strukturell*	*neoplast.*	*nerval*	*andere*
Mund	Glossitis		Malignom der Zunge		
Larynx	Tonsillitis Laryngitis		Malignome des oberen Verdauungstraktes	IX-, X-, XII-Störung Myasthenia gravis	Fremdkörper
Pharynx	Pharyngitis Thyreoiditis				
Ösophagus	Ösophagitis	Stenose nach Verätzung	Ösophagusdivertikel Ösophagusmalignom Mediastinaltumor Thyreoideatumor	Achalasie Bulbärparalyse Tollwut Myasthenia gravis	Sklerodermа Dermatomyositis Fremdkörper Ösophagusspasmus Dysphagia lusoria Globusgefühl
Magen		Hiatushernie			
Gesamtkörper	Tollwut Tetanus				Botulismus Blei- und Alkoholvergiftung

Werden die Beschwerden nur während des Essens bemerkt oder verstärken sie sich dabei, so deutet das auf eine Ösophagusstenose, z. B. durch (Reflux-)Ösophagitis, Divertikel, Verätzung oder Fremdkörper hin. Das Ösophaguskarzinom führt erst im Spätstadium zu Schluckbeschwerden, zusätzlich zur Lymphknotenschwellung am Hals und zur Gewichtsabnahme. Typische Begleitsymptome bei Schluckbeschwerden sind vermehrte Speichelabsonderung, Husten und bei bösartigen Erkrankungen Gewichtsverlust und Anämie.

Motilitätsstörungen der Speiseröhre treten auch bei neurologischen Ausfällen auf oder können durch psychogene Missempfindungen vorgetäuscht werden, dann vor allem mit dem Gefühl eines kugelförmigen Fremdkörpers in der Speiseröhre (Globusgefühl).

14.2.22 Singultus (Schluckauf)

Singultus ist ein hörbares, sehr kurzes Einatmen durch unwillkürliche, plötzliche Kontraktionen des Zwerchfells.

14.2.23 Sodbrennen (Pyrosis)

So nennt man das epigastrische oder retrosternal lokalisierte wunde Gefühl, das in Magen, Rachen und Mund ausstrahlen kann. Erklärt wird das Sodbrennen als Reizung der Ösophagusschleimhaut. Heiße oder saure Getränke verstärken das Sodbrennen.

14.2.24 Stuhlfarbe

Über die Stuhlfarbe, unverdaute Nahrungsreste oder Würmer bzw. Wurmteile können Patienten nur Angaben machen, wenn sie bewusst ihren Stuhl betrachten und nicht etwa „noch während der Sitzung ziehen". Die Stuhlfarbe ist auch abhängig von der Passagezeit.

Stuhlfarbe
Diagnostische Bedeutung

- Diarrhöische Stühle sind hell, vergleichbar mit dem Stuhl bei Milchdiät, aber eher etwas grünlich, z. B. bei *infektiöser Gastroenteritis*
- in der Regel dunklen Stuhl, vergleichbar dem Stuhl bei fleischreicher Nahrung findet man bei *Obstipation*
- graue, lehmfarbige, voluminöse Fettstühle sprechen für Behinderung des Galleabflusses und mangelhafte oder behinderte Pankreassekretion, z. B. bei *Stein im Ductus hepaticus* oder *Papillenkarzinom*
- schwarze Stühle (= Teerstühle = Meläna) entstehen durch Blutbeimengungen im oberen Gastrointestinaltrakt bis zum Dickdarmbeginn, z. B. bei *Ulkusblutung oder Dünndarmkarzinom*, Mesenterialgefäßverschlüssen oder Strangulation eines *Volvulus* bzw. einer Invagination (vgl. gastrointestinale Blutausscheidung, S. 351)
- schleimige Auflagerungen stammen aus dem Kolon und dem Rektum als diffuse Auflagerung, z. B. bei *Colitis ulcerosa*, als Zylinder oder Schleimschlieren bei *Colon irritabile*
- helle Blutauflagerungen (s. Hämatochezie, S. 349) stammen z. B. aus Blutungen bei *Kolonpolypen, Rektumulkus, Rektumkarzinom* oder *Hämorrhoiden*, im letztgenannten Fall auch streifenförmige Blutauflagerung und/oder „Nachbluten"

14.2.25 Stuhluntersuchungen

Die Skala unterschiedlicher Form und Konsistenz reicht von schafköttelähnlichem, über stark konturiertem, offensichtlich hartem Stuhl bei Obstipation zu bleistiftförmigem Stuhl bei tiefer Kolonstenose bis zu ungeformt-massigem und schließlich flüssigem Stuhl bei Diarrhö.

14.2.26 Stuhlgangsveränderungen

Am Beispiel von Diarrhö und Verstopfung ist leicht zu demonstrieren, welche diagnostischen Schlussfolgerungen aus sorgfältig differenzierten Beschwerden gezogen werden können.

Stuhlqualitäten und Begleitsymptome
Diagnostische Bedeutung

Anhaltende, intermittierende Diarrhö
- mit erträglichen Schmerzen im gesamten Bauchraum, gastrointestinale Blutungen möglich bei *Bazillen, Amöben, Giardia* und *Gastroenteritis*
- mit Anämie, Koagulopathie, Müdigkeit, Parästhesien, Erbrechen, Azidose bei *Urämie*
- mit Koliken, Erbrechen, Hämolyse, zerebralen Ausfällen und bei entsprechender Anamnese bei *Knollenblätterpilzvergiftung*

Wässrige Diarrhö
- Reiswasserdiarrhö mit weißen Flocken, Krämpfen, Oligurie, Herzrhythmusstörungen und Dehydratationszeichen bei *Cholera*
- dünn, häufig, kurzfristig, nach bestimmten Lebensmitteln mit Hautmanifestationen bei *allergischer Gastroenteritis*

Lehmig-breiige Fettstühle
- Zungenbrennen, Auftreibung, Hyperkeratose bei *Zölliakie*
- Gewichtsverlust, Schwäche, Muskelschwund bei *exogener Pankreasinsuffizienz*

Schleimig-stinkende Stühle
- mit Erbrechen, krampfartigen Schmerzen, vorwiegend im Oberbauch, Brechdurchfall und Fieber bei *infektiöser Gastroenteritis* und bei Kindern auch als Begleitsymptom durch Infektionen

Blutbeimengungen zum Stuhl
- mit Augenmuskellähmungen, Lichtscheu, Doppelbildern, Schluckbeschwerden, Bulbärparalyse und schließlich Atemlähmung bei *Clostridium botulinum*
- blutige Diarrhö im Wechsel mit Obstipation, krampfartiger, später Dauerschmerz bei *ischämischer Colitis*

Breiig-schleimige Stühle
- intermittierende, ziehende Bauchschmerzen im RUQ, Darmauftreibung, Borborygmie, Gewichtsverlust, Entzündungszeichen bei *Enteritis regionalis*

Schleimig blutig-eitrige Stühle
- mit krampfartigen episodischen Dauerschmerzen im Unterbauch, Tenesmen, Entzündungszeichen bei *Colitis ulcerosa* oder *Colitis membranacea*
- wässrige Durchfälle nach Antibiotikatherapie, kolikartige Bauchschmerzen bei *Colitis pseudomembranacea*

Nach *Connell* liegt die normale Stuhlgangfrequenz bei 95% aller Menschen in dem weiten Normalbereich zwischen 3-mal täglich und 3-mal pro Woche. Diagnostische Bedeutung haben **Stuhlganggewohnheiten** und offensichtliche Abweichungen der Entleerung von dem für den Patienten Üblichen. Besonders bei alten Patienten erweckt eine plötzlich einsetzende Obstipation* den Verdacht auf einen Darmverschluss. Im Zusammenhang mit dem Stuhlgang sollte gleichzeitig auf die letzte Entleerung, die Konsistenz und die Farbe des Stuhls eingegangen werden sowie auf evtl. Beimischungen von Blut und Schleim, z. B. als Zeichen einer Invagination oder bei älteren Patienten der Divertikulose.

Teerstuhl s. gastrointestinale Blutausscheidung.

Als **Tenesmus** bezeichnet man krampfartigen, schmerzhaften Stuhl- oder Harndrang. Ursache dieser krampfhaften Kontraktionen der Schließmuskeln sind entzündliche Reizungen bei Proktitis, chronisch mit Blut- und Schleimentleerungen bei der Colitis ulcerosa, mit Schwäche und Gewichtsabnahme beim tiefen Rektumkarzinom. Stuhlgangunregelmäßigkeiten, Blut- und Schleimabgänge, aber ohne Reduzierung des Allgemeinzustandes sind Tenesmen Zeichen für ein

Rektumulkus, das über die schon genannten Ursachen hinaus auch gegen Lues, Amöbiasis, Tuberkulose und Colitis pseudomembranacea abgegrenzt werden muss.

14.2.27 Verdauungsbeschwerden oder Verdauungsstörungen

Als Verdauungsbeschwerden bezeichnen wir die Gesamtheit der leichten, vorübergehenden gastrointestinalen Unpässlichkeiten, die in der Regel Zeichen von Diätfehlern, Qualitätsmängeln der Nahrung, leichter enteraler oder parenteraler Infektion, leichter und vorübergehender Sekretions- oder Resorptionsinsuffizienzen sind.

Der Begriff Verdauungsbeschwerden (Dyspepsie) umfasst:
- Magendrücken im Sinne eines Unbehagens im Oberbauch oder Völlegefühl als „Unpässlichkeit", z. B. nach dem Essen,
- Bauchgrimmen im Sinne leichten, kurz dauernden Kneifens,
- Blähungen im Sinne vermehrter Entstehung von Winden, die abgehen,
- vorübergehende Änderung der Stuhlgangsgewohnheiten im Sinn leichter Abweichungen von der gewohnten Entleerung, z. B. als vereinzelte dünne, massige oder übermäßig feste Stühle.

Derartige Verdauungsbeschwerden sind als Symptom für ein aktuelles Krankheitsgeschehen in der Regel bedeutungslos, gewinnen aber als Prodromalzeichen, z. B. bei Gastroenteritis, Ulkus oder Kolonkarzinom Bedeutung.

14.2.28 Verstopfung s. Obstipation

14.3 Einteilung des Bauchraumes

Diagnostische Schmerzlokalisation (Abb. 14.**1**).

Orientierungshilfen sind außer dem Nabel der McBurney-Punkt in der Mitte der Linie von der Spina iliaca anterior superior des rechten Darmbeines zum Nabel und der Lanz-Punkt (rechter Drittelpunkt einer beide Spinae iliacae anteriores superiores verbindenden Linie). An beiden Orten ist bei einer Appendizitis Druck- und Loslassschmerz auszulösen (Abb. 14.**2**).

Lokalisierbare Schmerzen im Bauchraum gestatten keineswegs eindeutige Schlüsse auf erkrankte Organe.

14.4 Inspektion des Bauches

Die ***Inspektion*** des Bauches richtet sich auf Veränderungen der Haut und der Behaarung, den Vergleich des Bauchniveaus mit dem Thorax, sichtbare Peristaltik, Aufblähung = Auftreibung und abnorme Vorbuckelungen des Bauches.

Zur Untersuchung liegt der Patient entspannt in Rückenlage mit leicht angehobenem Kopf (Kissen) und leicht angezogenen Beinen. Auf diese Weise wird die Bauchwand so weit wie möglich entspannt. Der Untersuchungstisch sollte fest

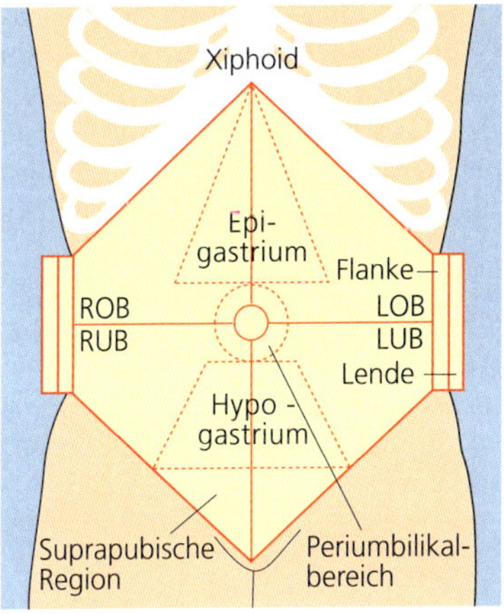

Unterteilung des Bauchraumes

I **Mittellinie** (= Nabellinie), vertikal und horizontal

II **Hälften und Quadranten**

Oberbauch/Unterbauch

linker Bauch

linker oberer Quadrant

linker unterer Quadrant

rechter Bauch

rechter oberer Quadrant

rechter unterer Quadrant

Flanke (zwischen vorderer und hinterer Axillarlinie)

Lende (zwischen hinterer Axillarlinie und WS)

Hypogastrium (zwischen Periumbilikalbereich und suprapubischer Region)

III **Anatomische Bezugspunkte**

Rippenbögen, Epigastrium (begrenzt durch Xiphoid, Rippen und Periumbilikalbereich), Nabel und Umgebung (Periumbilikalbereich r = 5 cm), Beckenkamm, Spina iliaca anterior superior, suprapubische Region (begrenzt durch Horizontale bis 5 cm über dem Os pubis), Inguinalfurchen.

Abb. 14.**1** Die Unterscheidung von Pat.-Beschwerden und ärztlichen Befunden **Ortsdarstellung:** x = Schmerzmaximum, x → = Ausstrahlung (Übertragung), × → × = Schmerzwanderung

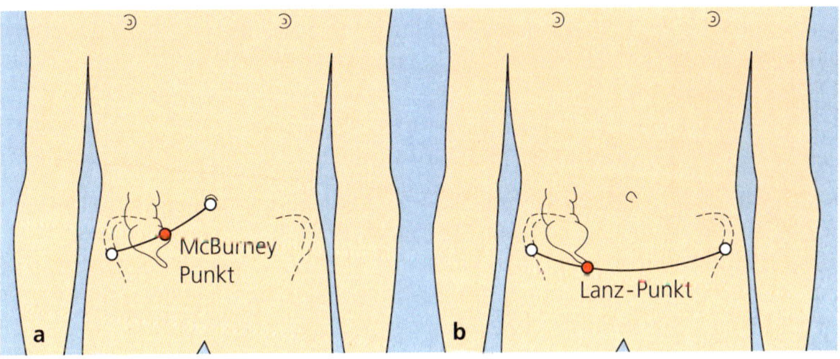

Abb. 14.**2a** u. **b** McBurney-Punkt und Lanz-Punkt als Orientierungshilfen für Druck- und Loslassschmerz bei akuter Appendizitis

14

und so hoch sein, dass sich der Untersucher bei seiner Arbeit möglichst wenig vorzubeugen braucht.

14.4.1 Hautveränderungen

Petechien oder Exantheme, helle Striae gravidarum und rote Striae bei Morbus Cushing geben diagnostische Hinweise und müssen ebenso dokumentiert werden wie Narben oder auch Narbenbrüche. Oberhalb des Nabels fließen Venen üblicherweise nach kranial, unterhalb nach kaudal ab. Zur Feststellung der Strömungsrichtung sichtbarer Hautvenen drückt man sie mit beiden Zeigefingern aus, indem man die Zeigefinger zunächst eng nebeneinander auf die Haut setzt und dann etwa 10 cm seitwärts streicht. Mit dem Hochheben jeweils eines Zeigefingers kann man die Flussrichtung erkennen. Bei Verschluss der V. cava inferior fließt venöses Blut aus dem Unterbauch nach oben, bei Verschluss der V. cava superior fließt venöses Blut aus dem Oberbauch nach kaudal ab.

Die Venenzeichnung kann bei Pfortaderstauung bis zum Caput medusae gesteigert sein. Oberflächliche, pulsierende Gefäße entstehen als Kollateralkreisläufe bei Aortenisthmusstenose. Die Pulsation der Bauchaorta ist schon im Normalfall im Epigastrium sichtbar und wirkt verstärkt bei vergrößerter Blutdruckamplitude (Hypertonie, Aorteninsuffizienz, Thyreotoxikose) oder einem Aortenaneurysma bzw. einem Tumor zwischen Aorta und Bauchwand.

14.4.2 Exsikkose

Die Exsikkose = Dehydratation erkennt man klinisch an dem verminderten Hautturgor des Patienten – zwischen Daumen und Zeigefinger abgehobene Hautfalten bleiben zunächst stehen –, Zunge und Lippen sind trocken, die Augen wirken eingesunken. Eine hypertone Dehydratation findet man in den Tropen bei starkem Schwitzen, bei hohem Fieber und den Ursachen der Polyurie*. Isotone Dehydratation ist Folge von Flüssigkeitsverlusten beim Erbrechen, bei Diarrhö, allen Ileusursachen und der Peritonitis. Nur bei Dehydratation durch Blutverlust sind Erythrozytenzahl, Hämoglobin und Hämatokrit normal oder erniedrigt, bei allen anderen Formen erhöht.

14.4.3 Veränderungen der Behaarung

Bauchglatze oder mangelhafte bzw. **fehlende Sekundärbehaarung** sind Zeichen eines gestörten Östrogen-Androgen-Gleichgewichts, z. B. bei vermindertem Östrogenabbau im Rahmen einer Lebererkrankung. Maskuline Sekundärbehaarung tritt bei weiblichen Patienten durch den Androgenüberschuss bei adrenogenitalem Syndrom oder maskulinisierenden Tumoren auf.

14.4.4 Formveränderungen

Besonders im Zusammenhang mit akutem Bauchschmerz bedarf die Fünf-Finger-Hilfe für den aufgetriebenen Bauch (Fäzes, Fett, Fetus, Flatus, Flüssigkeit) der Differenzierung. Die **generelle Auftreibung** – stärker nach ventral – beruht auf Gasansammlung, chronisch z. B. bei Meteorismus, akut bei Darmverschluss und/oder Peritonitis. Dann wirkt der Bauch in Nabelhöhe wie ein abgerundeter Kegel. Hypersonorer Klopfschall („Trommelbauch") ist zu perkutieren.

Akute Auftreibung findet man bei Aerophagie (= Luftschlucken) durch Schmerzen oder Angst – dann betont im linken oberen Quadranten als Luftansammlung im Magen – oder durch Nahrungsmittel, die die Gasbildung fördern wie Bohnen,

Erbsen, Kohl oder Zwiebeln. Auftreibung und **verminderte Zahl der Darmgeräusche** ist ein Zeichen für verminderte Peristaltik bei allen Ursachen eines paralytischen Ileus*, besonders nach Abdominalchirurgie oder Mesenterialgefäßverschluss, bei diabetischer Ketoazidose oder Hypokaliämie (etwa durch Laxanzienmissbrauch), durch Drogen wie Morphin, Antazida oder Betablocker, Anticholinergika, Phenacetin oder Antidepressiva. Auftreibung und vermehrte Zahl der Darmgeräusche und Borborygmen weisen auf mechanischen Ileus* hin. Die häufigsten Ursachen sind Adhäsionen nach vorangegangener Abdominalchirurgie, die häufigsten Begleitbeschwerden der Auftreibung sind Bauchschmerzen, Dyspnoe, Tachykardie und Rigidität.

Beiderseitige **Ausladung** nach lateral beruht in erster Linie auf Aszites, bei dem sich gleichzeitig eine Flankendämpfung perkutieren lässt.

Lokale Schwellungen oder Vorwölbungen bezeichnen wir als **Vorbuckelung**, z. B. bei Vergrößerung von Uterus, Magen, Blase, Niere, Milz oder bei epigastrischer Hernie, als frühes Zeichen auch beim Sigmavolvulus. Auch große Ovarialzysten können als Vorbuckelung sichtbar werden, dann meist an der liegenden Patientin mit Flankentympanie und gleichzeitiger ventraler Dämpfung in den mittleren und unteren Bauchabschnitten, doppelter Kurvatur des Bauchprofils im Stehen und fortleitender Aortenpulsation, was die Zyste vom Aszites unterscheidet.

Auftreibung und **sichtbare Peristaltik** können Zeichen einer Pylorusstenose, mit wurmförmigen Bewegungen Zeichen eines Darmverschlusses sein. Bei Neugeborenen ist an Morbus Hirschsprung zu denken.

Eine **Peritonitis** erkennen Sie an der schmerzhaften Bewegungseinschränkung der ganzen Bauchwand oder einzelner Abschnitte (Gesicht des Patienten!), wenn Sie ihn auffordern, tief Luft zu holen und dabei den Bauch gegen Ihre in 3 cm Abstand gehaltene Hand zu drücken. Bei Fehlen einer erkennbaren Schmerzsteigerung ist die Wahrscheinlichkeit einer peritonealen Reizung gering.

14.5 Palpation von Leber, Galle, Milz und Hernien

Für die ***Palpation* des Bauches** sind flache Lagerung in einem warmen Raum, warme Hände des Untersuchers und die vorsichtige Untersuchungstechnik eine wesentliche Voraussetzung. Der Patient liegt auf einer möglichst stabilen Unterlage und streckt beide Arme seitlich neben dem Körper aus.

Palpieren Sie, um einen Überblick zu gewinnen, mit flach aufgelegter Hand und 1 bis 2 cm tief tastenden Fingerbeeren zunächst einmal **oberflächlich** jeden Quadranten. Bei der **tiefen Palpation** versuchen Sie, mit abgewinkelten und in den Endgliedern gestreckten Fingern mit der Fingerspitze tiefe Bauchorgane zu palpieren oder tiefen Druckschmerz auszulösen. Pathologische Befunde werden ähnlich wie die Lymphknoten differenziert nach:

Lage, Verschieblichkeit und Zahl,
Größe, Form, Festigkeit und Druckschmerz (Qual).

14.5.1 Loslassschmerz

Er gilt als Zeichen peritonealer Reizung. *DeDombal* hält den fehlerhaft ausgelösten Pseudoloslassschmerz für die häufigste Ursache überflüssiger Laparotomien. Der Loslassschmerz sollte nur in standardisierter Form und wegen der Reaktion des Patienten am Ende der Untersuchung ausgelöst werden:

- Drücken Sie zunächst entsprechend der Schmerzangabe des Patienten sanft mit der flachen Hand oder den palmaren Anteilen der 2. bis 4. Fingerendglieder die Bauchwand ein.
- Halten Sie den Druck für mindestens 30 Sek. aufrecht. Im Normalfall wird der aufgetretene Druckschmerz im Laufe dieser Zeit nachlassen. Schmerzverstärkung durch Druckerhöhung im Oberbauch weist auf eine Erkrankung im Thoraxraum hin.
- Versuchen Sie, den Patienten abzulenken, und lassen Sie dann plötzlich und ohne Vorwarnung, mit einer schnellen, jedoch aus psychologischen Gründen möglichst kleinen Bewegung los. Achten Sie dabei auf die Mimik des Patienten. Nur eine Zunahme der Schmerzen beim Loslassen gilt als positiver Loslassschmerz.

Der Loslassschmerz nach leichtem Eindrücken der Bauchwand ist ein besonders frühes Zeichen für die Beteiligung des parietalen Peritoneums, die brettharte Bauchwand bei diffuser Peritonitis Zeichen einer Generalisation, bei der sich die Prüfung des Loslassschmerzes erübrigt. Jeder Peritonitisschmerz wird dadurch gesteigert, dass man den Patienten auffordert, sich aus dem Zehenstand auf die Hacken herunterfallen zu lassen.

Eine **Alternative** zu dem sehr intensiven Loslassschmerz, die ebenfalls einen Erschütterungsreiz am Peritoneum parietale und damit Reibung der beiden entzündeten Blätter des Peritoneums gegeneinander bildet, ist z. B. bei rigiden Bauchdecken

- die Perkussion über dem vermuteten Schmerzmaximum oder
- kräftige, tiefe Palpation in einem entfernten Quadranten (z. B. als Rovsing-Zeichen) oder
- die Aufforderung an den Patienten, zu husten. Besonders bei der letzten Methode bietet sich für den Patienten die Möglichkeit, die schmerzverstärkende Zwerchfellaktion zu dosieren, und nur auf die Schmerzverstärkung kommt es an.

Bei eindeutiger Diagnose oder ausgeprägten sonstigen Peritonitiszeichen* sollte man dem Patienten die Prüfung des Loslassschmerzes ersparen.

14.5.2 Abwehrspannung und Rigidität

Abwehrspannung ist die willkürliche Kontraktion der Bauchmuskeln, mit der sich der Patient mit entzündeten Eingeweiden vor schmerzhafter Tiefenpalpation bzw. kalten Händen zu schützen sucht. Palpieren Sie den Bereich einer Abwehrspannung immer nur mit den Fingerballen der flach aufgelegten Hand. **Willkürliche Abwehrspannung** ist dadurch zu überwinden, dass Sie den Patienten die Knie anziehen und mit offenem Mund atmen lassen. Notfalls pressen Sie mit einer Hand das Sternum kräftig in Richtung Wirbelsäule und palpieren mit der anderen Hand die Bauchdecken, die der Patient bei der Inspiration gegen den Druck loslässt.

Abwehrspannung ist erst gemeinsam mit Schmerzsteigerung durch oberflächlichen Druck ein Peritonitiszeichen. Sie unterscheidet sich wesentlich von der **unüberwindbaren Rigidität**, der reflektorischen Kontraktion der Bauchmuskeln, die weder durch warme Hände oder beruhigendes Zureden noch durch Anziehen der Beine und Atmen mit offenem Mund, noch durch anhaltenden festen Druck überwunden werden kann. Rigidität, generalisiert und in der Extremform als sog. brettharter Bauch, ist abgesehen von der Tabes dorsalis immer ein Zeichen für generalisierte Peritonitis*, aber keineswegs ein obligater Befund. Er kann z. B. im Senium fehlen. Die Rigidität ändert sich im Verlauf der Peritonitis.

Intramurale Tumoren, die als lokale **Resistenzen** palpabel sind, z. B. bei Rectus-abdominus-Hämatom, unterscheiden sich von intraabdominalen Tumoren dadurch, dass bei flach liegendem Patienten sein Anheben des Kopfes den intramuralen Tumor unverändert, den intraabdominalen Tumor tiefer treten lässt. Bei Malignomverdacht sollte die tiefe Palpation wegen der möglichen Metastasenaussaat nicht wiederholt werden. Die Palpation des Bauches beginnt immer dort, wo keine Schmerzen angegeben werden. Achten Sie auf die Reaktionen der Bauchdecke.

Rigidität und Auftreibung
Diagnostische Bedeutung

Perakutes Einsetzen der Bauchschmerzen, Rigidität und

- Schmerzmaximum im Oberbauch beiderseits der Mittellinie, schnell einsetzende Aufblähung, verminderter distaler Puls, z. B. bei Ruptur eines *Aortenaneurysmas*
- perakuter diffuser Schmerz im Oberbauch, Zunahme durch Bewegung, einmaliges Erbrechen im Schmerzeintritt, Ulkusanamnese bei *Ulkusperforation*
- plötzlicher Dauerschmerz nach Koliken, periumbilikal und mittlerer Oberbauch bei *Dünndarm-Ileus-Perforation*

Schmerzentwicklung innerhalb von Stunden, Rigidität und

- Schmerzmaximum im Oberbauch, vorwiegend links, Gürtelschmerz, verstärkt durch Bewegung wiederholtes Erbrechen, gummiballartige Abwehrspannung in der Frühphase, Fieber, Serumamylase über 2000 IU/l bei *Pankreatitis*
- Maximum im Oberbauch beiderseits der Mittellinie nach Koliken im 5-min.-Rhythmus, Ileus-Zeichen bei *Dünndarmvolvulus, Gangrän*
- langsam zunehmende viszerale Schmerzen in der Mittellinie und im linken unteren Quadranten, chronische Verdauungsbeschwerden bei *Divertikulitisperforation*
- Maximum im rechten unteren Quadranten bewegungsabhängig, Leukozytose über 15 000 bei perforierter *Appendizitis*
- Schmerzbeginn suprapubisch oder rechts bzw. links der Mittellinie, Amenorrhö, Schwangerschaftszeichen, Verschiebeschmerz, Druckschmerz bei Ruptur einer *Extrauteringravidität*
- nach Koliken Ileuszeichen, besonders bei Kleinkindern, palpabler Tumor, bei Gangrän einer *Invagination*

Unterscheiden Sie streng zwischen Resistenzen, willkürlicher Abwehrspannung und reflektorischer (unüberwindbarer) Rigidität!

Ileuszeichen sind Koliken, tiefer Druckschmerz, prästenotische Auftreibung, Hyperperistaltik, Borborygmi, später hochfrequente, metallisch klingende, spritzende Darmgeräusche, Stuhl- und Windverhaltung, Entlastungserbrechen, Leukozytose, Flüssigkeitsspiegel. Das sind die Zeichen für eine Unterbrechung der Magen-Darm-Passage als Komplikation einer Grundkrankheit (Ileus).

Mechanischer Ileus entsteht durch Obturation (= innerer Verschluss, z. B. durch ein Adenokarzinom der Mukosa, Divertikulitis, großen Gallenstein) oder Okklusion als Verschluss von außen, z. B. durch Adhäsionen (Briden), Hernieneinklemmung, Volvulus, Invagination oder Krebs, unter 10% durch Gallensteine, Würmer oder Fremdkörper.

Dynamischer = funktioneller = paralytischer Ileus entsteht als schlaffe Lähmung der Darmfunktion, toxisch oder traumatisch durch eine Peritonitis oder als Operationsfolge, reflektorisch z. B. bei Nierenkoliken oder Trauma und spastisch z. B. bei Tabes dorsalis, vaskulär als Folge einer Embolie der Darmgefäße bzw. einer Thrombose der Darmgefäße.

Häufigste Ursache des paralytischen Ileus (= funktioneller Ileus) sind also toxische, traumatische, reflektorische oder vaskuläre Peritonitisursachen.

Da die Peritonitis in der Regel ein lebensbedrohliches Syndrom darstellt, das in der Mehrzahl der Fälle schnelle ärztliche Entscheidungen erforderlich macht, soll auf die **Peritonitissymptome**, die zusätzlich zur Grundkrankheit auftreten, eingegangen werden. Kennzeichnend sind unerträgliche somatische Dauerschmerzen, die sich innerhalb von Sekunden bis Stunden spontan oder aus Koliken entwickeln, Loslassschmerz, Abwehrspannung und/oder Rigidität, in der Frühphase vermehrte, später erlahmende Darmperistaltik, Auftreibung des Bauches und Dehydratation, schließlich Schock.

14.5.3 Bauchpresse

Von Bauchpresse spricht man, wenn die Bauchmuskeln den Bauchinhalt bei festgestelltem Zwerchfell zusammendrücken, um Darm-, Blasen- oder Uterusinhalt auszutreiben.

14.5.4 Leber

Die Leber liegt als ventral konvexer Keil in der Zwerchfellkuppel (Abb. 14.**3**). Den Höhenstand der Keilschneide untersucht man in Atemmittellage. Er gestattet nur grobe Rückschlüsse auf die Größe der Leber. Zwerchfelltiefstand, z. B. bei Emphysem oder bei kyphotischen oder skoliotischen Veränderungen der Wirbelsäule, und die perkutorische Bestimmung der oberen Grenze der Leberkuppel ermöglichen eine grobe Beurteilung der Lebergröße ohne Röntgenaufnahme (Normalwert in der MCL etwa 12 cm).

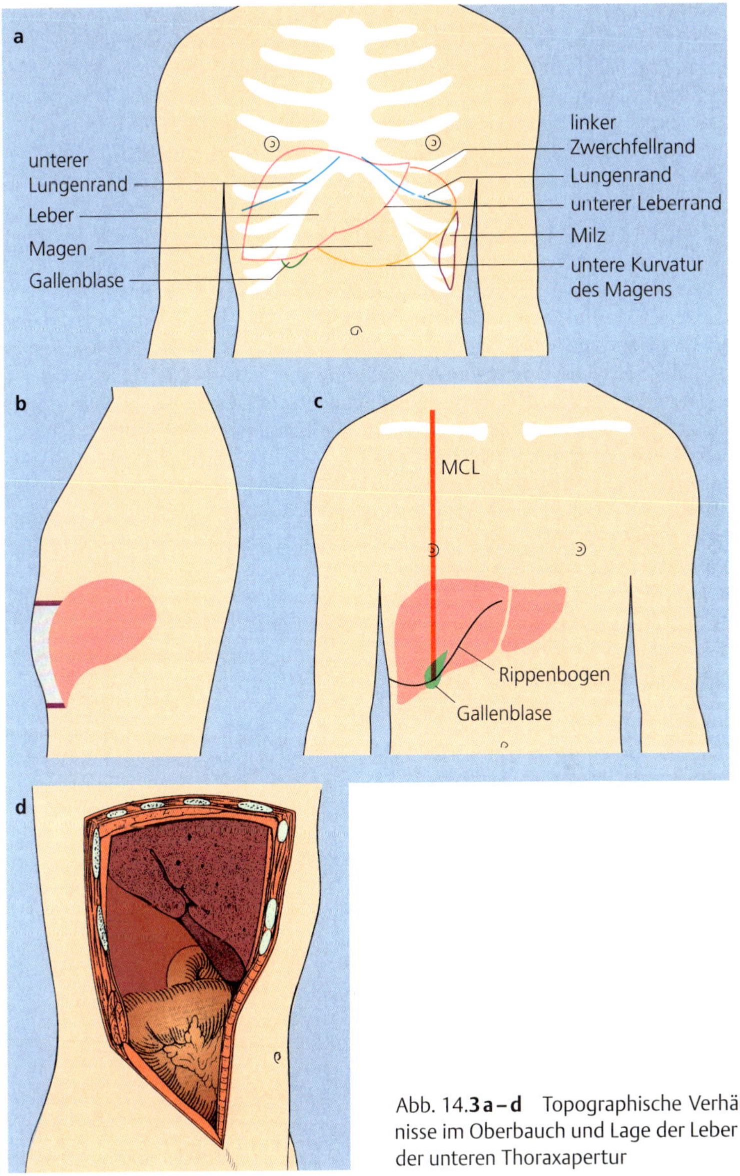

Abb. 14.**3 a – d** Topographische Verhältnisse im Oberbauch und Lage der Leber in der unteren Thoraxapertur

Zur ***Palpation*** der Leber setzt man sich am günstigsten auf die gleichseitige Bettkante und legt zunächst beide Hände im oberen rechten Quadranten, flach abstützend, auf die Bauchdecke, und zwar so, dass die Fingerspitzen einige Zentimeter unterhalb des rechten Rippenbogens enden. Bei ganz leichtem Druck der flach liegenden Finger lässt man den Patienten tief einatmen. Dann hebt der darunter tretende Leberrand die Fingerendglieder an (Abb. 14.**4**). Bei der „Gleitpalpation" bewegen sich die palpierenden Finger, die die Bauchhaut mitnehmen, der inspiratorisch tiefer tretenden Leber entgegen.

Wenn Sie bei der Einatmung das Tiefertreten des unteren Leberrandes einer stark vergrößerten Leber palpieren wollen, müssen Sie die Hände weiter kaudal auflegen. Im Zweifelsfall können Sie versuchen, die Leber mit der linken Hand von dorsal nach ventral zu schieben und nur mit der rechten Hand zu palpieren (Abb. 14.**5**) oder sich perkutorisch durch die Änderung des Klopfschalls Klarheit zu verschaffen. Ursache einer **Lebervergrößerung** mit glatter Oberfläche und ohne Milzvergrößerung sind z. B. diffuse Schädigungen der Leberzellen oder des Interstitiums bei Entzündungen, Cholestase, Hyperlipidämie, Hämochromatose oder Stauung im Rahmen einer Rechtsinsuffizienz. Nur bei Letzterer kann man einen **hepatojugulären Reflux** auslösen: Dazu drücken Sie mit beiden Händen Blut aus der Leber und erhöhen damit das Angebot an den rechten Ventrikel. Ist er gesund, pumpt er das Blut weiter. Seine Insuffizienz zeigt sich an der prallen Rückstauung des venösen Angebots in den Jugularvenen.

Für die Beurteilung einer abnehmenden Lebervergrößerung während längerer klinischer Behandlung bietet das Messen des Abstandes zwischen rechtem Rippenbogen und Leberrand in der Medioklavikularlinie in Zentimetern oder in Querfingern Annäherungswerte.

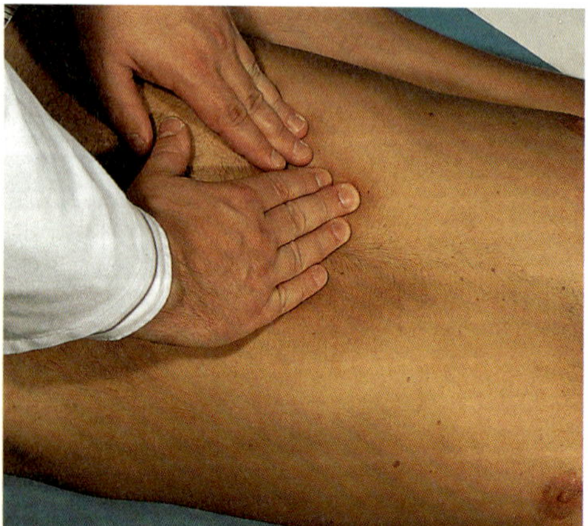

Abb. 14.**4** Die palpierenden Fingerendglieder werden durch die inspiratorisch tiefer tretende Leber angehoben

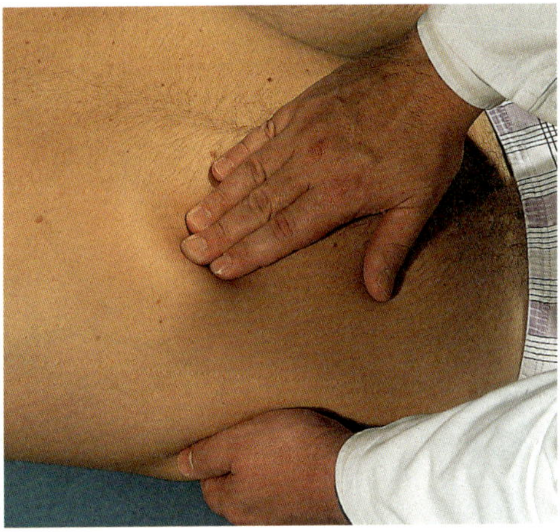

Abb. 14.**5** Die linke Hand hebt die Leber nach ventral, die rechte Hand palpiert

Beim Gesunden ist meist nur ein schmaler Streifen der Leber zwischen dem tiefsten Punkt des rechten Rippenbogens und der Xiphoidregion zu palpieren. Ein in Atemmittellage medial von der Medioklavikularlinie etwa einen Querfinger weit unter dem Rippenbogen hervortretender Leberrand ist nicht als Lebervergrößerung zu bewerten. Eine Lebervergrößerung liegt nicht schon dann vor, wenn Sie den unteren Leberrand palpieren können. Für die Beurteilung muss perkutorisch die obere Lebergrenze bestimmt und damit festgestellt werden, ob nicht anstelle einer Lebervergrößerung ein Zwerchfelltiefstand vorliegt.

Als **knotige Veränderungen** findet man: grobe Höcker, Metastasen, Leberabszess, Gummen, Echinokokkus- oder andere Zysten, Narbenleber und buckelige Zirrhose. Nur bedingt zu tasten sind die Knoten bei kryptogener oder posthepatitischer Zirrhose; nie zu tasten ist die feinhöckerige Felderung bei toxischer Zirrhose.

Die Form des unteren **Leberrandes** kann man bei Patienten mit normalem Körpergewicht gelegentlich dadurch bestimmen, dass man den Leberrand in tiefer Inspiration über die palpierenden Fingerspitzen treten lässt. Der Leberrand kann bei Zirrhose oder Amyloidose scharf, bei Herzinsuffizienz, Hepatitis oder Fettleber abgerundet und bei Lebermetastasen und grobhöckeriger Zirrhose knotig verändert sein.

Beurteilen Sie palpatorisch die **Konsistenz** der vergrößerten Leber:

- bei Hepatitis weich,
- bei chronischer Hepatitis fest,
- bei Fettleber teigig,
- bei der Zirrhose hart.

Steinhart fühlen sich Metastasen an.

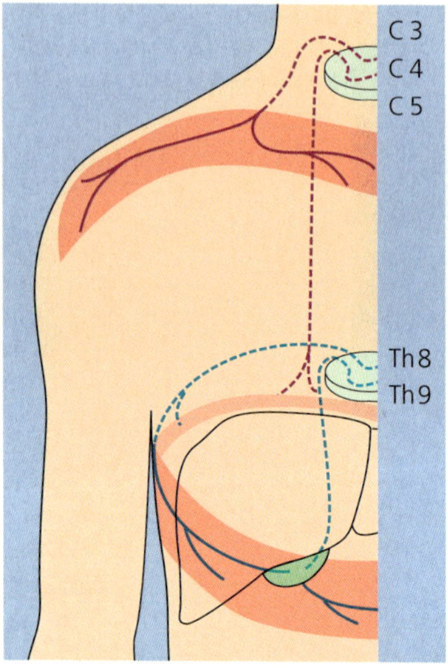

Abb. 14.**6** Ausstrahlung von Gallenschmerzen

Leberpulsationen sind Zeichen einer Trikuspidalinsuffizienz.

Leberbedingte **Druckschmerzen** im rechten oberen Quadranten entstehen durch schnelle Kapselspannung und können z. B. bei Hepatitis oder akuter Stauung auftreten. Sie können durch die größere und schlecht zu lokalisierende Schmerzausdehnung von den enger lokalisierten Schmerzen der Gallenblase und des Leberabszesses unterschieden werden. Eine retrozäkale Appendizitis und die Entzündung der Gallenblase führen medial von der rechten Medioklavikularlinie zu Spontan- oder Druckschmerzen, die in den Rücken oder bis in die rechte Schulter ausstrahlen können (Abb. 14.**6**).

14.5.5 Gallenblase

Die ***Palpation der vergrößerten Gallenblase*** wird durch dorsoventrales Gegenhalten mit der linken Hand erleichtert. Man findet die Gallenblase unterhalb des Leberrandes als elastisches, relativ festes Gebilde, atemverschieblich etwas medial von der Klavikularlinie (vgl. Abb. 14.**3**).

14.5.6 Murphy- und Courvoisier-Zeichen

Es gibt mehrere Versionen für den palpatorischen Nachweis einer vergrößerten Gallenblase. Wir schließen uns der englischen Version des **Murphy-Zeichens** an.

Dabei drückt man am sitzenden Patienten die leicht gekrümmten Finger medial von der Mamillarlinie unter den rechten Rippenbogen und fordert den Patienten auf, tief einzuatmen. Die entzündete Gallenblase stößt beim Tiefertreten des Zwerchfells gegen die palpierenden Finger. Sind die Schmerzen eng umschrieben, dann ist das Murphy-Zeichen als positiv zu werten. Der Gesichtsausdruck des Patienten zeigt die plötzliche Schmerzverstärkung an, die ihn im gleichen Augenblick die tiefe Inspiration unterbrechen lässt. Vom positiven **sonographischen Murphy-Zeichen** spricht man, wenn der maximale Druckschmerz über der sonographisch lokalisierten Gallenblase liegt (*Ralls*).

Als **Courvoisier-Zeichen** bezeichnet man die palpable, schmerzlose, prall elastisch vergrößerte Gallenblase. Sie spricht gegen akute Cholezystitis, für Hydrops oder chronische Gallensteine, für eine Kompression des Ductus choledochus bei Pankreaskopfkarzinom oder Karzinom der Papille.

14.5.7 Andere pathologische Zeichen

Den **Duodenalpunkt** findet man als die Mitte zwischen Nabel und Gallenblase. Mit dem palpierenden Finger kann man dort in der Tiefe Schmerzen auslösen, wenn ein Ulcus duodeni oder eine Erkrankung des Pankreaskopfes vorliegt. Beide lassen sich dadurch unterscheiden, dass bei der Pankreaserkrankung der horizontale Verlauf des Organs in der Regel ebenfalls druckschmerzhaft ist.

Die ***Stoßpalpation*** in der Lendenregion führen Sie mit den Fingerspitzen bei starr gehaltenen Fingern aus der Schulter durch. Dazu setzen Sie die Finger in der Medioscapularlinie an und stoßen sanft in Richtung Bauchwand. Schmerzempfindlichkeit des M. quadratus lumborum spricht für ein Krankheitsgeschehen in der unmittelbaren Nachbarschaft, z. B. eine Pyelonephritis oder eine retrograde Appendizitis. Die Wirkung der Stoßpalpation entspricht dem Klopfschmerz.

14

Als **McBurney-Punkt** bezeichnet man einen Punkt in der Mitte der Verbindungslinie zwischen Nabel und Spina iliaca anterior superior rechts. Er entspricht dem Appendixansatz am Zäkum. Bei akuter Appendizitis kann man über diesem Punkt Druckschmerz auslösen. Dagegen liegt der **Lanz-Punkt** am Übergang des äußeren Drittels zum mittleren Drittel rechts auf der Verbindungslinie zwischen den beiden Spinae iliaecae anteriores superiores.

Hyperästhesie untersucht man, indem man mit der flach gehaltenen Einmalkanüle von kranial nach kaudal systematisch über die Bauchhaut streicht. Die segmentalen Zonen, zu denen auch die irritierten Eingeweide gehören, die die Bauchschmerzen hervorrufen, können überempfindlich sein, aber auch Bereiche, in denen periphere Nerven sowohl die Bauchhaut als auch das betroffene Organ versorgen. Sie können davon ausgehen, dass jede Hyperästhesie ein Hinweis auf Peritonealirritation ist. Meist findet man solche hyperästhetische Zonen unterhalb der horizontalen Mittellinie. Hyperästhesie im rechten unteren Quadranten ist ein Zeichen für akute Appendizitis, aber es muss nicht auftreten.

Zum Auslösen des **Obturaturzeichens** – auch Cope-Test – liegt der Patient auf dem Rücken, der Arzt flektiert die rechte Hüfte und dreht den Oberschenkel im Hüftgelenk nach innen (Adduktion). Der Test führt besonders bei Beckenappendizitis zur Schmerzsteigerung.

Das **Psoaszeichen**, die spontane Beugung des Hüftgelenks auf der betroffenen Seite, kontrollieren Sie mit einer ruckartigen Streckung desselben Beines im Knie- und Hüftgelenk oder durch Innenrotation bzw. Überextension desselben Beines nach dorsal. Der Patient muss dabei auf der linken Seite liegen. Das Psoaszeichen weist auf eine entzündliche Veränderung des M. iliopsoas hin (Appendizitis).

14.5.8 Milz

Die **Milz** palpieren Sie in Rücken- oder rechter Seitenlage des Patienten schräg nach lateral und halten mit der anderen Hand gegen (Abb. 14.**7**). Schon das tastbare Anstoßen bei tiefer Inspiration gegen den palpierenden Finger weist auf eine Milzvergrößerung hin. Bei stark vergrößerter Milz gstattet er Margo crenatus, der nach medial gespaltene Rand der Milz, die Unterscheidung von anderen Tumoren im linken Oberbauch. Die Milz kann bis in das kleine Becken reichen und druckschmerzhaft sein.

Milzvergrößerung und Begleitsymptome
Diagnostische Bedeutung

Leichte Milzvergrößerung (inspiratorisch, gerade noch unter dem Rippenbogen hervortretend)

- plötzliches Fieber, Kopfschmerzen, Husten, Bauchschmerzen, Roseolen werden zu makulopapillösen Effloreszenzen bei *Typhus*
- Fieber, Schüttelfrost, Gelenkschmerzen, Blässe, Petechien, Splitterblutungen unter den Fingernägeln, Osler-Knoten, Mikrohämaturie bei *subakuter bakterieller Endokarditis*
- unregelmäßiges Fieber, Arthralgien, Schmetterlingserythem, Photosensibilität, Lymphadenome, Pleuritis/Perikarditis, Bauchschmerz, Proteinurie bei *Lupus erythematodes*

Mittlere Milzvergrößerung (bis zu 3 Querfinger unter dem Rippenbogen hervortretend)

- Fieber, Erbrechen, Ikterus, Hautjucken, weiche Lebervergrößerung, dunkler Urin bei *Hepatitis*
- Schwäche, Gewichtsminderung, Bauchschmerzen, feste Hepatomegalie, Ikterus, Bauchdeckenvenen springen hervor. Aszites, Ödeme, Spider bei *Zirrhose*
- Schwäche, Pruritus, Hepatomegalie, Lymphadenome, Fieber, Knochenschmerzen bei *Leukämie*
- grippeähnliches Vorstadium, Fieber, Lidödem, Orbitaschmerz, Konjunktivitis, generalisierte Lymphadenome bei *infektiöser Mononukleose*
- Parästhesien, rote Zunge, Blässe, Hepatomegalie, Romberg und Babinski positiv bei *perniziöser Anämie*
- Rubinikterus, Lebervergrößerung bei *hämolytischen Anämien*

Starke Milzvergrößerung (mehr als 3 Querfinger unter dem Rippenbogen hervortretend)

- Schwäche, Blässe, Gewichtsverlust, Knochenschmerzen, Lymphadenome, Hepatomegalie bei *chronisch myeloischer Leukämie* (Biopsie Knochenmark)
- Aszites, gastrointestinale Blutungen bei *portaler Hypertonie*

Differenzialdiagnostisch!

- Nierentumor, Nierenzysten, Hydronephrose

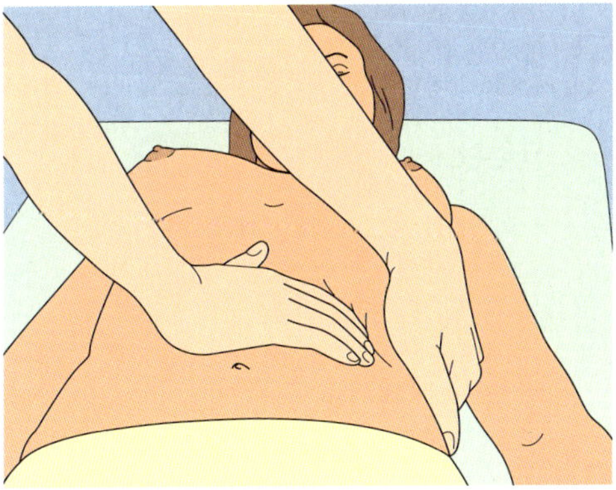

Abb. 14.7 Milzpalpation mit zwei Händen

Bei akuten Infekten entsteht eine weiche, meist schwer zu tastende Milzvergrößerung, besonders bei akuten septischen Prozessen. Die vergrößerte, feste Milz ist meist Zeichen eines chronischen Krankheitsbildes (z. B. Leukämie).

Der Milzinfarkt, z. B. bei Endocarditis lenta, und der Milzabszess sind schmerzhaft (Perisplenitis) und gelegentlich nur schwer von anderen Schmerzursachen im linken oberen Quadranten (wie bei entzündlichen Prozessen im Pankreasschwanz) oder von einem akuten Flexura-coli-sinistra-Syndrom durch lokale Gasansammlung im Darm zu unterscheiden. Bei Perisplenitis im Verlauf einer Endocarditis lenta kann man das Reiben der Milzkapsel gegen das Peritoneum parietale palpieren und auskultieren.

14

14.5.9 Exakte Palpation der Bauchorgane?

Nur selten sind Magen, Darm, Pankreas, Uterus, Ovarien und entleerte Harnblase palpatorisch durch die Bauchdecken exakt zu erfassen. Deshalb lässt Spontan- oder Druckschmerz in bestimmten Bauchregionen das betreffende schmerzhafte Organ nur vermuten (Abb. 14.8). Wenn auch jeder positive Palpationsbefund an den genannten Organen den Verdacht auf ein Neoplasma lenken muss, so lehrt doch die Erfahrung, dass ein **„Tumor" im mittleren Unterbauch** oft ein gravider Uterus oder eine überfüllte Harnblase ist. Beide führen zu einer deutlichen Dämpfung des Klopfschalls; charakteristisch für eine überfüllte Blase ist der durch die Palpation hervorgerufene Harndrang.

Zur Beurteilung des Blutzuflusses zur unteren Extremität palpieren und auskultieren Sie abschließend vergleichend die beiden **Femoralarterien** und suchen dann in der Fossa inguinalis nach **Lymphknoten**, die die Lymphabflussstationen von äußerem Genitale, Damm, Anus, kaudaler Bauchdecke und Hüfte bilden. Vergrößerte inguinale Lymphknoten werden ebenfalls dokumentiert nach Lage, Verschieblichkeit und Zahl, Größe, Festigkeit und Qual (Schmerzhaftigkeit).

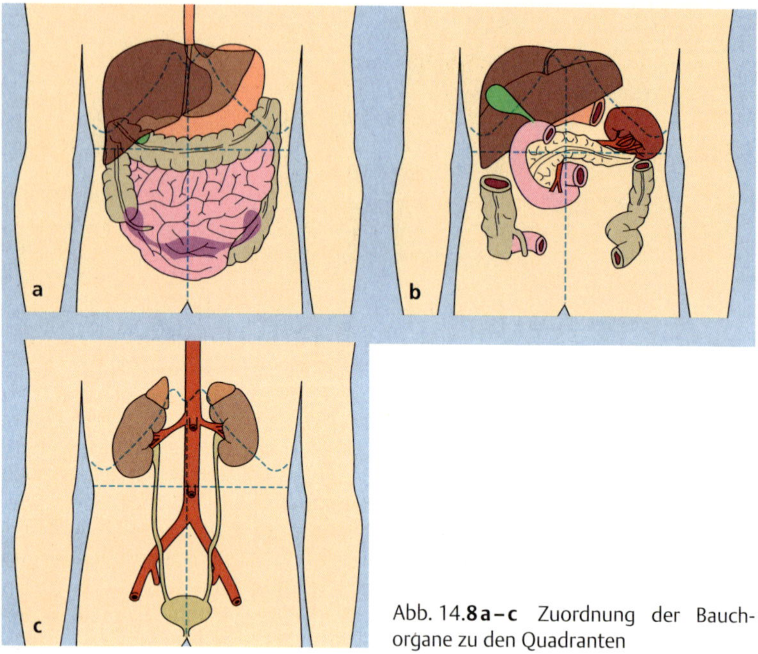

Abb. 14.**8 a–c** Zuordnung der Bauchorgane zu den Quadranten

Verdacht auf eine Beckenfraktur sollte Sie zu einer lateralen Kompression veranlassen, mit der Sie ggf. den sog. Beckenkompressionsschmerz auslösen.

Palpabler Tumor im Bauchraum

ROQ		**LOQ**
Subphren. Abszess Leber Galle Niere	Magen Pankreas Kolon Aneurysma dissec. Rektushämatom	Subphren. Abszess Milz Niere
	0	
Senkniere Kolon Ovarialzyste Adnexitis	Rektushämatom Aneurysma dissec. Zäkum Sigma Uterus Harnblase	Senkniere Kolontumor Ovarialzyste Adnexitis
RUQ		**LUQ**

14.5.10 Hernien

Bei **Inguinal- und Schenkelhernien** füllt sich im Gegensatz zu lokalen Fettanhäufungen, Lipomen und Rektusdiastase beim Husten und Pressen der ausgestülpte Peritonealsack. Bei Verdacht auf eine Hernie palpiert man, hinter dem Patienten stehend, zunächst mit den flach auf den Inguinalkanal aufgelegten Zeige-, Mittel- und Ringfingern den Anprall des Darmes, wenn der Patient hustet (Abb. 14.**9**).

Anatomisch unterscheidet sich die direkte von der indirekten Inguinalhernie dadurch, dass die direkte medial, die indirekte lateral von der A. epigastrica inferior liegt (Abb. 14.**10**). Eine palpatorische Unterscheidung ist möglich, wenn der kleine Finger so in den äußeren Leistenkanal eingeführt werden kann, dass die Fingerbeere die Hinterwand des Leistenkanals berührt. Beim Husten schlägt die indirekte Hernie, die noch nicht aus dem Inguinalkanal ausgetreten ist, gegen die Fingerspitze, die direkte gegen die Fingerbeere (Anstoßtest nach Bailey [Abb.14.**11**]). Außerdem folgt der untersuchende Finger bei der direkten Inguinalhernie nicht dem Leistenkanal nach schräg außen aufwärts, sondern tritt direkt in den Bauchraum ein.

In den Inguinalkanal gelangt der palpierende Finger durch das Skrotum (Invagination), indem man mit einer leichten Außenrotation der Hand dem Ductus deferens bis zum äußeren Inguinalring folgt. Eine Peritonealaussackung erkennt man daran, dass sie beim Husten tiefer tritt und gegen die palpierende Fingerkuppe stößt.

Inguinalhernien können in die große Schamlippe bzw. in das Skrotum austreten. Sie können sie von Hydrozelen unterscheiden, die nach kranial abgrenzbar, prall-elastisch, glatt und durchleuchtbar sind. Varikozelen sind geschlängelt. Entzündungen und Tumoren des Hodens oder Nebenhodens sind ebenfalls nach kranial abgrenzbar und lassen sich nicht durchleuchten. 14

Schenkelhernien treten unterhalb des Inguinalkanals durch den Anulus femoralis aus und sind schwerer reponierbar als Inguinalhernien. Bei Schmerzen im Be-

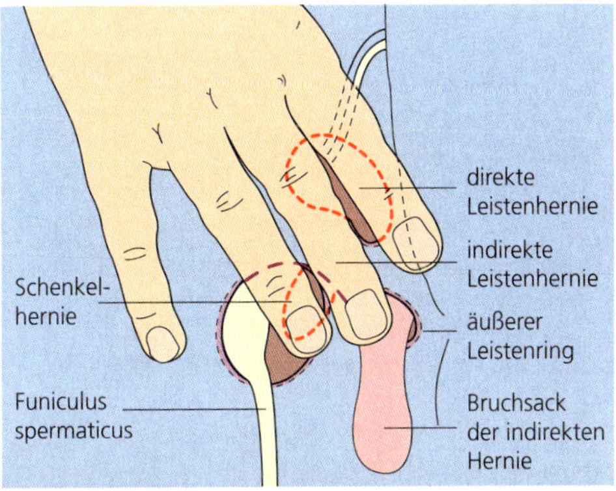

Abb. 14.**9** Palpation der rechten Inguinalregion von dorsal bei Verdacht auf Hernie (nach *Bailey*)

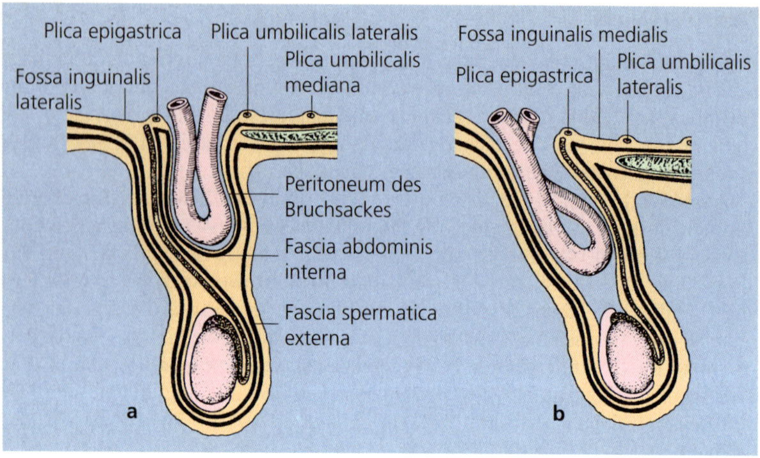

Abb. 14.**10** **a** Rechtsseitige direkte Inguinalhernie. Eintritt in der Fossa inguinalis medialis, Austritt durch den Anulus inguinalis superficialis, **b** rechtsseitige indirekte Inguinalhernie (nach *Hafferl*)

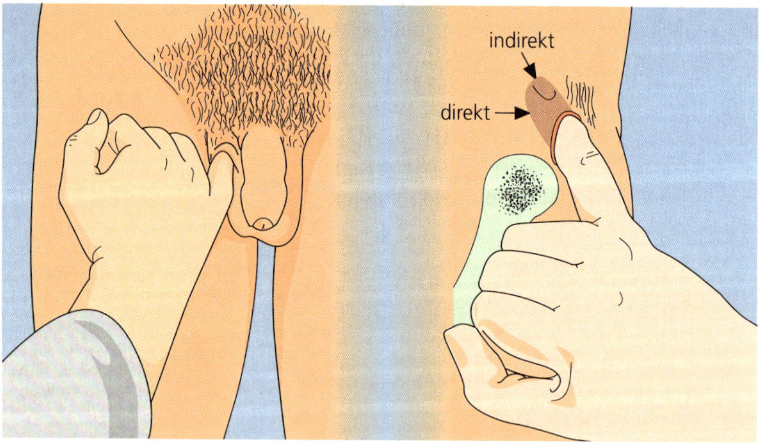

Abb. 14.**11** Anstoßtest nach Bailey. Der gleichseitige Oberschenkel ist leicht flektiert (nach *Prior* und *Silberstein*)

reich einer Bruchpforte lässt sich eine Einklemmung nur ausschließen, wenn Sie mit den palpierenden Fingern die Bruchpforte austasten können. Achtung, bei Rötung oder Ödembildung der Haut über dem Bruchsack ist jeder Repositionsversuch kontraindiziert!

14.6 Perkussion des Bauches, Aszites

Bei der ***Perkussion*** des Bauchraumes können Sie sich im Rahmen der Routineuntersuchung auf die Bestimmung der unteren **Lebergrenze** und die Feststellung physiologischer **Tympanie** in allen vier Quadranten beschränken. Die Perkussion ist bei lokaler oder generalisierter peritonitischer Reizung schmerzhaft. Vergrößerte Bauchorgane ergeben eine Dämpfung.

Aszites ist meist durch Entzündung oder Stauung bedingt und wird dadurch nachgewiesen, dass man in Rückenlage bei Vorliegen von mehr als 500 ml Aszites die Grenze der lateralen **Flüssigkeitsdämpfung** gegen den tympanitischen Schall des aufschwimmenden Darmes perkutiert, anzeichnet und dann die Verschieblichkeit der Dämpfung durch Seitenlagerung feststellt, die so genannte verschieb liche Dämpfung (Abb. 14.**12**).

In Knie-Ellenbogen-Lage sammeln sich auch kleinere Flüssigkeitsmengen nach ventral. Wenn Sie das Stethoskop am tiefsten Punkt des Bauches aufsetzen und die Finger der freien Hand gleichmäßig seitlich gegen die Bauchwand schnellen und das Stethoskop dann seitwärts bewegen, wird das Klopfgeräusch am Rand der Aszitesansammlung deutlich lauter.

Beide Methoden sind der **Flüssigkeitswellenpalpation** überlegen, bei der die flach aufgelegte Hand an der einen lateralen Bauchwand den Anprall der Fluktuationswelle nach kurzem Stoß der Fingerspitzen von der anderen Seite her fühlt (Abb. 14.**13**), dennoch sollten Sie sich klar darüber sein, dass der positive Vorhersagewert* der verschieblichen Dämpfung nur bei 50%, der der Flüssigkeitswellenpalpation bei 73% liegt. Bei Verdacht auf Vorliegen eines Aszites scheint also die Sonographie indiziert.

14

Aszites und Begleitsymptome
Diagnostische Bedeutung

- gestaute Haut- und Halsvenen, symmetrische Ödeme, Hepatomegalie, Meteorismus bei *Rechtsinsuffizienz**
- Hepatosplenomegalie, gastrointestinale Blutung, Enzephalopathie (Persönlichkeitsveränderungen, Bewusstseinsstörungen, Apraxie, Foetor hepaticus) bei *portaler Hypertonie* (Zirrhose, Amyloidose, infektiöse oder neoplastische Hiluslymphadenome, Budd-Chiarie-Syndrom, Schistosomiasis)
- unerträglicher dauernder Bauchschmerz, Loslassschmerz, Abwehrspannung und/oder Rigidität, tympanitische Auftreibung bei *Peritonitis* (infektiös, neoplastisch)
- Anorexie, Schwäche, Durchfall, Blässe, gleichseitige Ödeme, Proteinurie bei *Nephrose*
- trockene, schuppige Haut, Myxödem, rissige Nägel, Kälteintoleranz, Obstipation, aufgedunsenes Gesicht, Heiserkeit, Verlangsamung, verzögerte Reflexe, Bradykardie bei *Hypothyreoidismus*

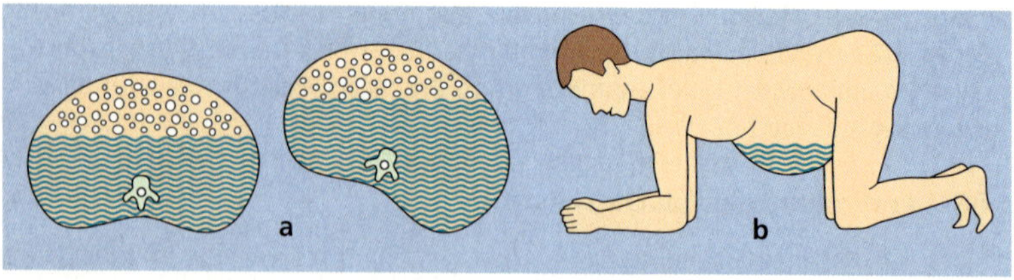

Abb. 14.**12a** Verschiebliche Dämpfung bei Aszites. **b** In Knie-Ellenbogen-Lage führt auch eine kleine Flüssigkeitsmenge zur Dämpfung des Perkussionsschalles

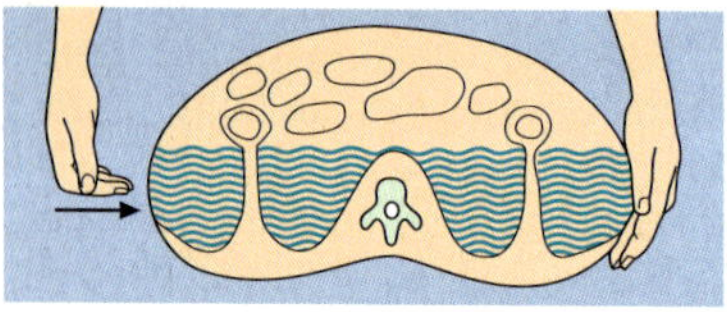

Abb. 14.**13** Bei der Flüssigkeitswellenpalpation palpiert die lateral flach aufgelegte Hand den Anprall der Fluktuationswelle von der anderen Seite

Mehrere Ursachen führen zu unterscheidbarer Aszitesqualität:
- zellarmes **Transsudat** mit einem spezifischen Gewicht unter 1,015 weist auf Rechtsinsuffizienz, portale Hypertonie, Zirrhose oder Nephrose hin,
- zellreiches **Exsudat** mit einem spezifischen Gewicht über 1,015,
- serös bei Peritonitis und Kollagenosen,
- hämorrhagisch bei Tumormetastasen oder Endometriose,
- chylös (Fettgehalt übersteigt den Plasmagehalt) bei Einengung oder Verschluss des Ductus thoracicus.

14.7 Auskultation der Darmgeräusche

Bei der ***Auskultation*** in allen vier Quadranten, die mindestens zwei Minuten dauern sollte, hören Sie normalerweise 5 bis 10 **Darmgeräusche** pro Minute. Oft gelingt es, eine peristaltische Welle mit der seitlichen Verschiebung des Stethoskops unter leichtem Druck „anzureiben". Pathologisch sind:
- Verstärkte (aber nicht hohe, metallisch klingende) **Borborygmi** (= Gurgelgeräusche = Kollern) sprechen für eine Gastroenteritis und gegen eine generalisierte Peritonitis, zu deren Frühzeichen die Lähmung der autonomen Innervation und damit mindestens eine Verminderung oder ein Sistieren der Peristaltikgeräusche gehört.
- **Hyperperistaltik** nennt man laute, in schneller Folge wellenförmig ablaufende oder ununterbrochene, hohe und metallisch klingende oder tiefe Darmgeräusche. Sie nimmt mit kolikartigen Schmerzen zu, kann auf Absorptionsdefekte hinweisen oder Zeichen für eine Stenose oder einen mechanischen Ileus sein, besonders wenn sie beim Drehen des Patienten um die Längsachse bestehen bleiben. *Demling* vergleicht ihre Qualität sehr anschaulich mit dem Streichen eines angefeuchteten Fingers über einen aufgeblasenen Luftballon. Dabei wei-

sen 120 bis 400 Hz auf einen mechanischen Dünndarmileus, 80 bis 200 Hz, also tiefe Geräusche, auf einen mechanischen Dickdarmileus hin.
- Extrem seltene oder bei paralytischem Ileus **sistierende Darmgeräusche** können auch durch Beklopfen der aufgetriebenen Bauchwand nicht mehr ausgelöst werden, das ist die sogenannte Totenstille, von der man erst nach 3 Min. ergebnisloser Auskultation sprechen sollte. Sie stellen als Zeichen eines paralytischen Ileus eine dringende Indikation für Sofortmaßnahmen dar.

Stenose und/oder Reibegeräusche über den Gefäßen findet man beim Aortenaneurysma oder bei Einengungen der A. pancreatico duodenalis bzw. lienalis. Bauchhaare können am Stethoskop Stenosegeräusche vortäuschen. Sie sind dann meist atemsynchron.

Bei ***palpatorischer Auskultation*** hört man im Stethoskop ein Plätschern, das durch mehrmaliges Eindrücken im linken oberen Quadranten erzeugt wird. Es kann bei Flüssigkeitsansammlungen oberhalb einer Einengung als Frühzeichen auftreten und lenkt – soweit es mehr als drei Stunden nach Aufnahme flüssiger Nahrung zu auskultieren ist – den Verdacht auf eine verzögerte Magenentleerung, z. B. bei Pylorusstenose oder auf einen Ileus.

Für die Dokumentation Ihrer Befunde können Sie den Untersuchungsbogen verwenden: www.thieme.de/specials/dahmer-anamnese-und-befund.

14.8 Aufgaben für die Selbstkontrolle

1 Durch welchen Umstand werden die für Erkrankungen des Bauchraums charakteristischen Beschwerden diagnostisch so vieldeutig?

2 Unter welchen Voraussetzungen gewinnen die unspezifischen Bauchsymptome diagnostische Bedeutung?

3 Warum sollte man den Begriff „akuter Bauch" aufgeben?

4 Wie definieren Sie „akuten Bauchschmerz"?

5 Welche grundsätzliche Forderung gilt für diagnostisch unklare akute Bauchschmerzen, die keine eindeutige Operationsindikation darstellen?

6 Welcher Unterschied besteht zwischen intermittierenden Bauchschmerzen und Koliken?

7 Wie wird reflektorisches Erbrechen ausgelöst?

8 Welche anatomische Voraussetzung muss für das Erbrechen von Stuhl erfüllt sein?

9 Für welchen unphysiologischen Zustand sprechen Koliken?

10 Wie erklärt man das Sodbrennen?

11 Wie unterscheidet sich die Wirkung von Nahrungskarenz bei osmotischem und bei sekretorischem Durchfall?

12 Welche Beschwerden würden Sie unter dem Begriff Verdauungsbeschwerden zusammenfassen?

13 Wohin strahlen Schmerzen aus, die ihren Ursprung in den Gallenwegen, im Pylorus und im Duodenum haben?

14 Ordnen Sie den vier Quadranten des Bauchraumes die entsprechenden Organe zu!

15 Nennen Sie mindestens fünf Merkmale für psychologisch ausgelöste oder beeinflusste Bauchschmerzen.

16 Welche Körperfunktionen spielen anamnestisch für die diagnostische Zuordnung von Bauchschmerzen eine Rolle?

17 Wie definieren Sie Durchfall?

18 Wie unterscheiden Sie wässrigen, osmotischen Durchfall, z. B. bei Virusinfektionen oder Malabsorption, von sekretorischem Durchfall durch Bakterien?

19 Worauf weisen große Stühle und periumbilikale Koliken und kleine Stühle mit krampfartigen Unterbauchschmerzen hin?

20 Welche Form des Erbrechens erwarten Sie bei starken extraintestinalen Schmerzen?

21 Welches Begleitsymptom ist wegweisend für vestibuläres Erbrechen?

22 Für welche Organerkrankungen sprechen welche Erbrechensmodalitäten?
- beim Essen
- unmittelbar nach dem Essen
- 1 bis 2 Std. nach dem Essen
- mehr als 2 Std. nach dem Essen
- mehr als 6 Std. nach dem Essen
- unabhängig vom Essen

23 Welche drei Symptome deuten auf Exsikkose = Dehydratation hin?

24 Wie unterscheiden Sie Hämatemesis von Hämoptysen?

25 Aus welchem Darmabschnitt stammen in der Regel anale Blutausscheidungen?

26 Welche sechs klinischen Kriterien sprechen außer den Symptomen der Grundkrankheit für einen Ileus?

27 Welche unterschiedlichen Ursachen liegen einem mechanischen, einem paralytischen Ileus zugrunde?

28 Wie unterscheiden Sie Koliken von intermittierenden Schmerzen?

29 Wo lokalisieren Sie die Blutungsquelle bei Teerstühlen?

30 Welche Kurzdefinition gilt für Obstipation?

31 Wie unterscheidet sich Regurgitation vom Erbrechen?

32 Nennen Sie sieben anatomische Bezugspunkte für eine möglichst präzise Lokalisation von Bauchschmerzen!

33 Wie unterscheiden Sie Auftreibung von Ausladung?

34 Wie lange sollten Sie zur Auslösung des Loslassschmerzes die Bauchdecken eingedrückt halten?

35 Wofür ist Loslassschmerz ein Frühzeichen?

36 Wie ist der McBurney-Punkt definiert?

37 Welche Linie drittelt der Lanz-Punkt?

38 Wofür sind Bauchglatze oder fehlende Sekundärbehaarung ein Zeichen?

39 Nennen Sie fünf häufige Ursachen für einen aufgetriebenen Bauch (5-F-Regel)!

40 Durch welche beiden Maßnahmen kann der Patient bei der Untersuchung des Bauches eine Abwehrspannung mindern?

41 Wo soll die Palpation des Bauches nie beginnen?

42 Wodurch entsteht eine lokale Abwehrspannung?

43 Wodurch unterscheiden sich Abwehrspannung und Rigidität?

44 Welche sieben Kriterien sprechen außer den Symptomen der Grundkrankheit für eine Peritonitis?

45 Welche drei Alternativen zum Loslassschmerz bieten sich an?

46 In welcher Atemlage untersucht man die Lebervergrößerung?

47 Was verstehen Sie unter Gleitpalpation?

48 Wodurch kann bei Emphysempatienten der Eindruck einer Lebervergrößerung entstehen?

49 Wodurch entstehen leberbedingte Druckschmerzen im rechten oberen Quadranten?

50 Wie löst man einen hepatojugularen Reflux aus?

51 Was verstehen Sie unter dem Courvoisier-Zeichen?

52 Wie lösen Sie ein Murphy-Zeichen aus?

53 Welche beiden Diagnosen sind bei „Tumor im Unterbauch“ die wahrscheinlichsten?

54 Wodurch unterscheidet sich anatomisch die direkte Inguinalhernie von der indirekten?

55 Wie können Sie palpatorisch eine direkte von einer indirekten Leistenhernie unterscheiden?

56 Warum lässt man den Patienten mit Verdacht auf eine Inguinalhernie husten?

57 Wie können Sie eine ausgetretene Inguinalhernie von der Hydrozele unterscheiden?

58 Unter welchen Bedingungen ist jeder Repositionsversuch einer Hernie kontraindiziert?

59 Welche beiden Schallphänome grenzen Sie bei einem Aszites gegeneinander ab?

60 Wofür sind hohe, spritzende Darmgeräusche mit kolikartigen Schmerzen ein Zeichen?

61 Unter welchen Voraussetzungen spricht man von Totenstille?

Praktische Aufgaben

A Auskultieren Sie mit dem Stethoskop Ihre Peristaltikgeräusche!

B Vergleichen Sie bei mindestens drei Patienten die Häufigkeit der Peristaltikgeräusche!

C Üben Sie gegenseitig die Palpation von Leber, Galle und Milz.

D Üben Sie gegenseitig das Auslösen eines Loslassschmerzes.

E Üben Sie gegenseitig das Überwinden einer Abwehrspannung, die Sie mit kalten Händen oder Eis auslösen können.

F Üben Sie gegenseitig das Auffinden von Inguinal- und Schenkelhernien bei gleichgeschlechtlichen Partnern.

G Palpieren Sie zunächst bei Kommilitonen, dann bei Patienten mit Lebervergrößerung die Veränderung der Stellung des unteren Leberrandes in Atemmittellage und tiefer Inspiration!

H Fertigen Sie eine Skizze der Baucheinteilung mit den genannten Hilfslinien sowie dem McBurney- und dem Lanz-Punkt an!

I Versuchen Sie, etwa in Höhe des Nabels Ihren eigenen Aortenpuls zu palpieren!

J Zeichnen Sie ein Schema des Bauchraumes mit Einteilungslinien, Beschriftung, anatomischen Bezugspunkten, und benennen Sie die entstehenden Quadranten und Regionen!

15 Bauch und Bauchorgane II –Untersuchung der Urogenitalorgane und des Rektums

15.1 Lernziele

Im folgenden Kapitel erfahren Sie, wie man

- charakteristische Beschwerden bei Erkrankungen der Urogenitalorgane und des Rektums definiert. Verdachtsdiagnosen s. Beschwerden-Abc in Kapitel 4.6,
- Niere, ableitende Harnwege, Blase und Genitalorgane mit einfachen klinischen Mitteln untersucht,
- Indikationen für die instrumentelle Untersuchung stellt,
- rektale Untersuchung und Proktoskopie durchführt,
- die bei der urogenitalen und rektalen Untersuchung erhobenen Befunde dokumentiert und
- Leitsymptome für diagnostische Entscheidungen verwendet.

Kontrollieren Sie Ihren Lernerfolg anhand der gestellten Fragen.

15.2 Charakteristische Beschwerden

15.2.1 Anurie

Darunter versteht man eine Harnmenge von weniger als 100 ml/Tag. Zu unterscheiden sind:

– eine *prärenale Anurie*, z. B. beim Schock im Zusammenhang mit einem Ileus,

Anurie und Begleitsymptome
Diagnostische Bedeutung

- Systolischer Blutdruck unter 100, Puls über 100, feuchte blasse Haut bei *hypovolämischem Schock* (z. B. Blutverlust, Sepsis, Eklampsie, Ileus(-Ursachen), Peritonitis (-Ursachen))
- Angst, Fieber, Übelkeit, Rückenschmerzen, Flushing, Tachykardie, Hypertonie bei *Hämolyse* (Transfusion)
- Fieber, Bauch-, Lenden- oder Thoraxschmerz, Erbrechen, Entzündungszeichen bei *Infektionskrankheiten*, z. B. bilateraler Pyelonephritis, akuter Glomerulonephritis und Pneumonie
- anamnestische Angaben über Blei, Quecksilber, Arsen, Antibiotika, Phenacetin, Salicylate, Ganglienblocker, Pilze und alle Ursachen der Anurie und der Harnverhaltung

- eine *renale Anurie*, z. B. bei Glomerulonephritis, Kollagenkrankheiten oder akuter Tubulusnekrose, und eine
- *postrenale Anurie* als beiderseitige Abflussbehinderung.

15.2.2 Bakteriurie

Von Bakteriurie spricht man bei mehr als 10^5 Bakterien pro ml im Mittelstrahlurin.

15.2.3 Bauch- und Lendenschmerzen

Bauchschmerzen oder Lendenschmerzen durch Ureterverschluss werden von Spontan- und Klopfschmerz im kostovertebralen Winkel begleitet und treten als Nierenkoliken auf, die je nach Höhe des Verschlusses in die Blase, das Skrotum, den Hoden oder in die Vulva ausstrahlen. Im Gegensatz dazu sind radikuläre Schmerzen, die einen ähnlichen Verlauf nehmen können, bewegungs- und haltungsabhängig und führen zu eng begrenztem Druckschmerz über der Nervenwurzel. Bauchschmerzen, die von der Blase ausgehen, werden suprapubisch wahrgenommen, wenn es sich z. B. um eine akute Harnverhaltung handelt. In diesem Fall führt die Miktion zur Schmerzminderung. Infektiöse Blasenschmerzen fühlt der Patient in der Regel in der distalen Urethra, besonders beim Wasserlassen.

15.2.4 Dysurie

Unter diesem Begriff werden alle Formen erschwerten Wasserlassens zusammengefasst:
- Startschwierigkeiten, wobei der Patient trotz des Bedürfnisses warten muss, bis das Wasserlassen in Gang kommt,
- Pressen im Sinne der Notwendigkeit, Druck auf die Blase auszuüben, um den Strahl aufrechtzuerhalten,
- Harnträufeln,
- Harnstottern oder
- Ischuria paradoxa, z. B. bei Blasensteinen.

Die Dysurie sollte als Zeichen der Einengung in den ableitenden Harnwegen durch Steine, Blutgerinnsel, Strikturen, Prostatitis, Blasenparalyse, multiple Sklerose, Syringomyelie, Prostata- oder Urethrakarzinom von der Stranguric abgegrenzt werden.

15.2.5 Harndrang

Harndrang ist das starke Bedürfnis zum Wasserlassen. Tritt es gehäuft auf, kann es Zeichen einer Blasenentzündung oder einer Prostataerkrankung sein.

Beim **imperativen Harndrang** erklären die Patienten, sie könnten bei Harndrang das Wasser nicht halten. Diese Beschwerde wird häufig bei infektiösen Entzündungen genannt, z. B. bei der Zystitis der Frau.

15.2.6 Harninkontinenz

Sie beruht meist auf mechanischen Abflussstörungen, z.B. durch iatrogene Sphinkterläsion, postpartal, Prostatakarzinom oder auf neurologischen Funktionsstörungen. Zu einer relativen Harninkontinenz kommt es bei Frauen mit posttraumatischer oder konstitutioneller Lockerung des Stütz- und Suspensionsapparates (Deszensus). Die Patienten können auch ohne Harndrang das Wasser nicht halten.

Blase und Sphinkter werden aus dem zweiten bis vierten Sakralsegment versorgt. Eine Störung kann man bei geringem Tonus des Sphincter ani vermuten und mit dem Bulbokavernosusreflex nachweisen, dessen Ausfall eine stoßweise Ejakulation unmöglich macht oder eine Kontraktion des Sphincter ani externus ausbleiben lässt, wenn Druck auf die Glans penis oder die Klitoris ausgeübt wird.

Schwacher Harnstrahl, Harnträufeln, Harntröpfeln oder „kraftloses Wasserlassen", das in kleinsten Harnstößen oder sogar in Tropfen erfolgt, weisen z.B. auf eine Striktur der Urethra oder Störungen der Entleerungsinnervation bzw. auf ein Prostataadenom hin.

15.2.7 Komplette Harnverhaltung

Von **kompletter Harnverhaltung** spricht man beim völligen Unvermögen, Harn zu entleeren. Führt die Harnverhaltung zur Überdehnung der Harnblase, so versagt der Schließmuskel teilweise, und es entsteht eine so genannte Überlaufblase (s. u. Harnträufeln), die man ihrerseits unterscheiden muss vom Versagen des Schließmuskels bei der Inkontinenz als Ursache eines Harnträufelns bei fast leerer Blase. Akute Harnverhaltung ist im Gegensatz zur chronischen Anurie und Oligurie schmerzhaft. Perkutorisch findet man eine im Extremfall bis zum Nabel reichende Dämpfung. Urethrastriktur, Prostatahyperplasie, Stein oder Malignom oder Paralyse der Blase können die Ursache sein.

15.2.8 Miktionsstörungen

Darunter fasst man zusammen:
- *Algurie* oder *Strangurie* als schmerzhaftes Wasserlassen, bei Entzündungen der Blase und der Urethra,
- *Dysurie* als Behinderung des Wasserlassens,
- *Harninkontinenz*, bei der eine willkürliche Kontrolle des Wasserlassens mindestens teilweise fehlt,
- *Ischuria paradoxa* oder *Harnstottern*, z.B. bei Blasensteinen.

15.2.9 Nykturie

Das mehrmalige Wasserlassen während der Nacht (= Nykturie) spricht meist für eine entzündliche oder tumoröse Erkrankung des Harntraktes (Blasenentleerungsstörung), kann aber auch Zeichen einer Herzinsuffizienz sein, bei der latente Ödeme nachts ausgeschwemmt werden. Gemeinsam mit Harndrang und Pollakisurie kann Nykturie auch auf Schäden in L4–5 und S2–4 hinweisen.

15.2.10 Oligurie

Mit Oligurie bezeichnet man weniger als 500 ml Urin pro Tag. Renale Ursachen sind z. B. Infektionen oder toxisch-allergische Schäden der Niere. Zu den postrenalen Ursachen gehören Abflussbehinderungen, z. B. Strikturen, Steine oder Tumoren.

15.2.11 Pollakisurie

Bei abnorm häufigem Wasserlassen müssen Sie sich durch genaue Erhebung von Frequenz und Art der Miktion ein Bild von der ausgeschiedenen Harnmenge verschaffen. Danach können Sie entscheiden, ob es sich um eine Polyurie im Sinne einer krankhaft erhöhten Harnmenge von mehr als 2 l/Tag handelt oder um häufig ausgeschiedene kleine Harnmengen, z. B. bei Entzündung des Harntraktes oder emotionalen Störungen.

15.2.12 Polyurie

Als Polyurie bezeichnet man eine Harnausscheidung von über 2 l in 24 Std., z. B. bei Diabetes mellitus, Diabetes insipidus oder Ödemausschwemmung.

Polyurie und Begleitsymptome
Diagnostische Bedeutung

- Aufnahme erhöhter Mengen Koffein und Tein mit diuretischer Wirkung
- Polydipsie, Polyphagie, Gewichtsverlust, Schwäche, Amenorrhö, Impotenz, Ketoazidose, Hyperglykämie, Glykosurie bei *Diabetes mellitus*
- Durst, Polydipsie, Nykturie bei *primärem oder sekundärem Diabetes insipidus*, Nephropathie
- Bauchschmerzen, Fieber, Strangurie, Hämaturie, Dysurie, Leukozyturie, Bakteriurie bei *Harnwegsinfekt* (Pyelonephritis, Urethritis, Zystitis)

15.2.13 Pyurie

Pyurie bedeutet mehr als 10 Leukozyten bei starker Vergrößerung des zentrifugierten Sediments. Sie zeigt sich meist als trüber Urin, der im Sediment weiße Fäden oder Flocken bildet. Pyurie weist auf eine Infektion des Harntraktes hin. Nicht jede Trübung ist aber notwendig eine Eiterbeimengung (z. B. Phosphaturie).

15.2.14 Gleich bleibende Nierenschmerzen

Sie entstehen lumbal unter dem Rippenbogen durch Kapselspannung (z. B. durch Entzündung oder Tumor) oder als dumpfe Schmerzen in der Lumbosakral- und Perianalregion, die z. B. als Zeichen einer begleitenden Prostataerkrankung beim Aufrichten nach langem Sitzen stärker werden. Charakteristisch für Nierenschmerzen ist der meist einseitige Schmerz.

15.2.15 Wellenförmig-kolikartige Schmerzen

Sie sind Zeichen einer akuten mechanischen Abflussstörung. Liegt die Ursache in der Niere oder im oberen Drittel des Ureters, dann treten die Koliken vorwiegend in der Nierengegend und abwärts bis zum Mittelbauch auf, distale Ursachen führen dagegen zu kolikartigen Schmerzen im Unterbauch, die bis in die Hoden bzw. Labien und in die Oberschenkelinnenseite ausstrahlen können. Harnwegskoliken und akute Abflussstörungen können mit Erbrechen und dem Bild eines Ileus* einhergehen.

15.2.16 Strangurie (Algurie)

So bezeichnet man Schmerzen im Zusammenhang mit dem Wasserlassen, z. B. bei infektiösen Erkrankungen von Niere, Blase, Urethra und Verletzungen in den distalen Harnwegen. Bei der Entleerung der Blase verstärkt sich der Schmerz dadurch, dass sich gegenüberliegende Schleimhautanteile berühren. Brennende Schmerzen sind zwar für alle Schleimhautentzündungen in Penis und Harnröhre typisch, treten aber auch bei der sogenannten Reizblase oder bei vegetativen urogenitalen Symptomen auf. Schmerzen während des Wasserlassens sprechen für Erkrankungen der Urethra, nach dem Wasserlassen für Erkrankungen der Blase, der Prostata und der Samenleiter.

15.3 Harn und Harnveränderungen

Der normale, frische, körperwarme **Harn** ist klar und je nach Flüssigkeitszufuhr hellgelb bis wasserhell, bei starker Schweißabsonderung und bei Fieber dunkelgelb bis braun. Mit der Abkühlung fallen die im Urin enthaltenen Salze aus, trüben den Urin und bilden unter physiologischen Bedingungen als Urate einen rötlichen Satz (Ziegelmehlsediment).

Miktionsstörungen sollten Sie bei männlichen Patienten veranlassen, die Miktion auf die Qualität des Strahls hin zu beobachten und eine **Zweigläserprobe** zu entnehmen (s. Urinuntersuchung). Eventuelle Hemmungen des Patienten lassen sich überwinden, indem Sie einen Wasserhahn laufen lassen. Mit dem Fließgeräusch bahnen Sie reflektorisch die Blasenentleerung.

Wenn nur die erste Probe trübe ist, spricht das für eine Urethritis; ist auch die zweite Probe trübe und trüber als die erste, handelt es sich um eine Zystitis. Über die wahre Natur einer Trübung gibt nur eine mikroskopische Untersuchung Aufschluss. Vermehrte Leukozyten, die man am besten mit der Zählkammer auszählt, sprechen für eine Harninfektion, nach deren Quelle es zu suchen gilt.

Mit der Zweigläserprobe können Sie darüber hinaus auch initiale und totale Hämaturie, mit der **Dreigläserprobe** schließlich noch eine terminale Hämaturie unterscheiden.

15.3.1 Hämaturie

Hämaturie tritt als **Mikrohämaturie** (positiver Teststreifen oder mehr als 3 Erythrozyten, bei Patienten über 50 J. mehr als 8 (Freni) Erythrozyten pro Gesichtsfeld bei starker Vergrößerung) und als **Makrohämaturie** mit rötlich oder braunrot gefärbtem Urin auf. Eine frische Blutbeimischung wirkt je nach Blutmenge – 1 cm^3 führt bereits zur Verfärbung – rauchig, opalisierend oder schlicht rot. Abgestandener Urin und auch länger in der Blase zurückgehaltener Urin sieht bräunlich aus, soweit er sauer ist; er bleibt rötlich, wenn er alkalisch ist. Hämaturie weist auf Steine, entzündliche oder tumoröse Erkrankungen der Niere, der Ureteren, der Blase und der Prostata hin.

Begleitende Schmerzen sind nicht unbedingt ein Hinweis auf die Schwere der Erkrankung. So kann ein Harnblasenkarzinom zu schmerzloser Hämaturie, eine hämorrhagische Zystitis zu brennendem Gefühl oder Schmerzen im suprapubischen Bereich führen. Ist die Blutung stärker und reicht der Urin nicht mehr zur Lösung des Blutes aus, lagern sich in den Harnwegen Koagula ab und können zu ähnlichen Koliken führen wie Uretersteine.

In der für die Differenzierung der Hämaturie verwendeten 3-Gläser-Probe deutet Blut in der 1. Portion auf eine Blutungsquelle in der Urethra und dem Blasenhals, in der 3. Portion auf Erkrankungen des Trigonum vesicae oder der Urethra prostatica und in der 1. bis 3. Portion auf Blutungsquelle im Ureter oder der Niere hin. Erythrozytenzylinder – leichter nachweisbar im Phasenkontrast – gestatten eine Unterscheidung glomerulärer von anderen Ursachen einer Hämaturie.

Zu unterscheiden ist die Hämaturie von der:

- **Myoglobinurie** und der **Hämoglobinurie**, einer fleischwasserfarbigen Beimengung zum Urin ohne Erythrozyten; Teststreifen reagieren positiv. Sie entsteht bei Hämolyse, z. B. bei Sepsis, Typhus und Malaria, aber auch bei hämolytischen Anämien, Favismus, bestimmten Medikamenten, Schlangenbiss, Elektrounfall, nach Vergiftung oder Transfusionszwischenfällen, Crush-Niere oder Verbrennungen,
- der **falschen Hämaturie**, bedingt durch vaginale oder anale Blutausscheidungen, die den Urin färben können,
- der **Rotfärbung** durch Medikamente wie Senna, Rifampicin, Salicylate oder Prontosil. Verfärbungen durch rote Bete, Alkaptonurie und Porphyrinurie, Bilirubin- und Indolerhöhungen bei Ileus können zu Verwechslungen mit einer Hämaturie Anlass geben.

Jede Hämaturie ist so lange tumorverdächtig, bis eine andere Ursache gefunden ist. Dieser bisher gültige Grundsatz bedarf der Erweiterung: Jede Hämaturie, selbst wenn sie spontan sistiert, bedarf der konsequenten diagnostischen Abklärung.

Hämaturie und Begleitsymptome
Diagnostische Bedeutung

- Dysurie und suprapubische Schmerzen sowie Pollakisurie weisen auf eine Urethritis, Zystitis oder Prostataerkrankungen hin
- Nieren- und Ureterkoliken (Lenden- und Flankenschmerz) auf Steine oder Papillennekrose
- Wochen nach Streptokokkeninfekt Lidödem, Hypertonie, Tachykardie, Erythrozytenzylinder im Urin bei *akuter Glomerulonephritis*
- Gewichtsverlust, Bauchschmerzen, Gelenkschmerzen, Muskelschmerzen, Fieber, Knötchen an den Arterien, Hypertonie bei *Panarteriitis nodosa*
- Hämatome, Ekchymosen, Petechien, verlängerte Blutungszeit, Rumpel-Leede pos., Thrombopenie bei *thrombozytopenischer Purpura (Morbus Moschcowitz)*
- Medikamenten-, Sport- und Familienanamnese mit Nierenerkrankungen und Schwerhörigkeit auf Antikoagulanzien, Jogger-Hämaturie oder Alport-Syndrom
- allgemeine Schwäche, Fieber und Gewichtsverlust lassen an ein Hypernephrom denken
- Gelenkschmerzen und Purpura an eine Purpura Schoenlein-Henoch als Ursache der Hämaturie
- symmetrisches Erythem, Pleuritis oder Aszites bei Lupus erythematodes

15.4 Untersuchung des Harntraktes

In Ausnahmefällen kann schon bei der ***Inspektion*** eine Vorbuckelung im Oberbauch oder im kostovertebralen Winkel auf einen Tumor der Nieren oder einen perinephritischen Abszess hinweisen. Beim perinephritischen Abszess kommt es dann leicht zu einem Hautödem, in dem sich Falten des Bettuchs abzeichnen können. Derartige Ödemfalten kann man mit einem faltig gelegten Handtuch provozieren.

Für die tiefe ***Palpation*** des **Harnleiterbereichs** lassen Sie den Patienten, wie schon beschrieben, die Bauchdecken entspannen und folgen mit Ihren Fingerspitzen – nach Druckschmerz suchend – dem vermuteten Harnleiterverlauf (Abb. 15.**1**).

Bei sehr schlanken Patienten kann die rechte, etwas tiefer stehende Niere ohne besondere Manipulation der Palpation zugänglich sein. Dazu soll der Patient auf einer festen Unterlage auf dem Rücken liegen und zur Entspannung der Bauchdecken die Knie leicht anziehen. Wenn Sie rechts neben dem Patienten sitzen, wird die Niere mit der linken Hand für die rechte Niere, mit der rechten Hand für die linke Niere mit angewinkelten Fingern aus dem kostovertebralen Winkel nach frontal gedrückt. Bei tiefer Inspiration kann man dann die Niere bei kräftiger tiefer Palpation unter dem Rippenbogen fühlen und bei schlanken Patienten nach Größe, Gestalt und Konsistenz beurteilen und Schlüsse z. B. auf eine Hydronephrose oder bei knotiger Oberfläche auf Nierenzysten bzw. Nierentumor schließen. Entzündliche Erkrankungen lassen in der Regel eine Nierenpalpation nicht zu, weil Spasmen der überlagernden Muskulatur die Palpation unmöglich machen.

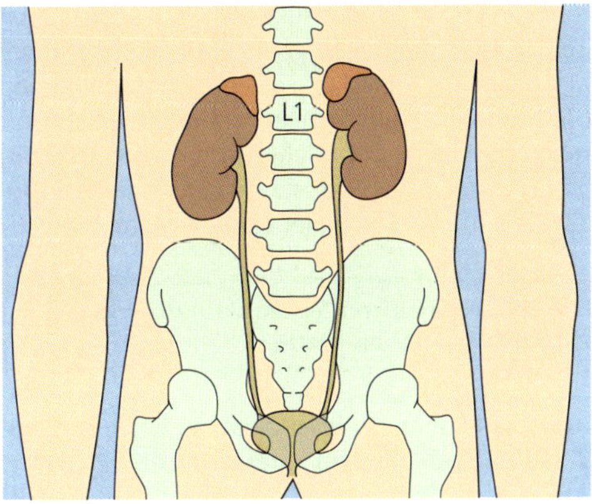

Abb. 15.**1** Lage der Nieren und Harnleiterverlauf

Eine Unterscheidung renaler und radikulärer Schmerzen – beide können im kostovertebralen Winkel oder unter dem Rippenbogen angegeben werden – wird möglich, wenn Druckschmerz über den Kostovertebralgelenken auszulösen ist oder wenn die Schmerzen bewegungs-oder haltungsabhängig sind (Abb. 15.**2**).

Die ***Perkussion*** der **Nierenlager** erfolgt beiderseits paravertebral vergleichend mit lockerer Faust und geringem Kraftaufwand. Bei entzündlichen Erkrankungen, Abflussbehinderung, Niereninfarkt und Abszess geben die Patienten Klopfschmerz an. Wenn Sie mit der Faust auf die über dem Nierenlager aufgelegte Hand klopfen, wird Nierenschmerz ausgelöst oder verstärkt. Schmerzen im Nierenlager können Sie von paravertebralen Schmerzen des M. erector trunci dadurch unterscheiden, dass sie gleichzeitig Muskelkontrakturen und lokalen Druckschmerz ausschließen.

Bei der ***Auskultation*** weisen systolische Reibegeräusche im Kostovertebralbereich oder im Oberbauch auf ein Aortenaneurysma oder Aneurysmen der Nierenarterie hin.

Die **Blase** können Sie nur in Ausnahmefällen bei übermäßiger Füllung oder Tumoren als Vorwölbung sehen. Eine Palpation der Blase ist nur möglich, wenn die

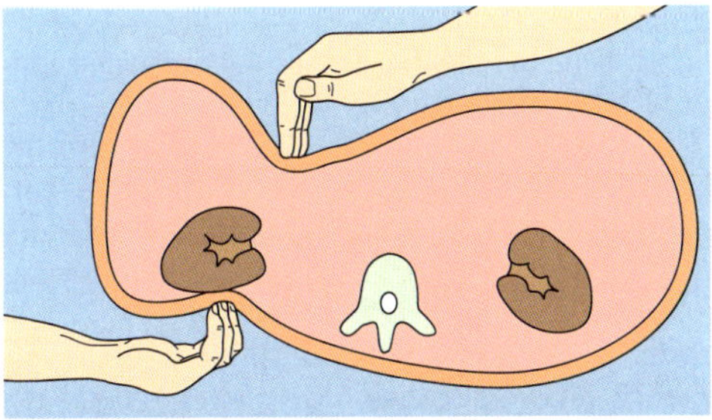

Abb. 15.**2** Nierenpalpation mit abgewinkelten Fingern

Blase mindestens halb, d. h. mit etwa 200 cm^3 Urin gefüllt ist. Sie lässt sich dann auch *perkutieren*. Charakteristisch ist die Dämpfung gegenüber dem luftgefüllten Darm. Zur auskultatorischen Perkussion der Harnblase setzen Sie das Stethoskop am liegenden Patienten unmittelbar über der Symphyse in der Mittellinie auf, mit einem Finger der anderen Hand perkutieren Sie vom Nabel nach kaudal und kontrollieren mit dem Stethoskop die Schalländerung. Tritt sie etwa 3 cm oberhalb des Stethoskopkopfes ein, ist mit 300 bis 400 cm^3 Urin in der Blase zu rechnen.

Die Dämpfung der gefüllten Harnblase perkutieren Sie um die Mittellinie, die Dämpfung durch Aszites bds. lateral.

Bei männlichen Patienten lässt sich die Füllung der Blase auch mit dem **Fluktuationstest** (*Patil*) feststellen. Dazu palpiert man mit dem Indexfinger – vergleichbar der gynäkologischen bimanuellen Untersuchung – rektal in Richtung auf die vordere Bauchwand und benutzt dort die drei mittleren Finger der linken Hand, um kräftig vom Nabel in Richtung auf die Symphyse fortschreitend gegen die Bauchwand zu perkutieren. Sobald die Fluktuationswelle am rechten Zeigefinger wahrgenommen wird, misst man den Abstand zwischen oberem Symphysenrand und Perkussionsstelle auf der vorderen Bauchwand. 2 cm entsprechen 50 cm^3 Urin, 3 cm etwa 100 cm^3, 5 cm etwa 200 cm^3, 6 cm etwa 300 cm^3.

Bei weiblichen Patienten erschwert der zwischen den beiden Händen liegende Uterus die Beurteilung.

Seltene Fälle von Beteiligung der Blase an einer gleitenden Inguinalhernie lassen sich dadurch nachweisen, dass man bei gefüllter Blase die Hernie im Skrotum komprimiert, was dazu führt, dass sich die Blase weiter nach oben ausdehnt.

Die ***instrumentelle Untersuchung*** ist nur bei strengster Indikation, z. B. Verdacht auf Lumeneinengung, Verdacht auf Blasentumor oder zur Differenzialdiagnose der Anurie indiziert. Strenge Asepsis, bequeme Lagerung des Patienten und der großzügige Einsatz von Gleitmitteln sind für jede Spiegelung unbedingt erforderlich. Die Entfernung eventueller Hindernisse gehört in die Hand des Facharztes.

Man **katheterisiert** ambulant bei Verdacht auf Harnverhaltung mit dem Mercier- oder Tiemann-Katheter. Für die Dauerbehandlung benutzt man einen Ballonkatheter (Abb. 15.**3**), üblicherweise 16 – 18 Charr (Charrière), bei Verdacht auf Blutkoagel bis zu 24 Charr (ausführlicher s. *H. Panknin*).

Bei der **Urinuntersuchung** liegen Fehlerquellen in der unangemessenen Entnahme, zu langem Stehen der Probe und unvollständiger Untersuchung des Sediments.

Beim Mann gewinnt man den Urin für die Untersuchung etwa nach halber Entleerung der Blase ohne Unterbrechung des Strahls. Das Auffanggefäß wird vor der vollständigen Entleerung aus dem Strahl genommen, so genannter Mittelstrahlurin.

Bei der Zweigläserprobe wird der Strahlanfang, etwa 20 ml, in einem gesonderten Glas aufgefangen und der Strahl dann in ein zweites Glas geleitet. Bei Ausfluss wird der erste Anteil zentrifugiert und untersucht.

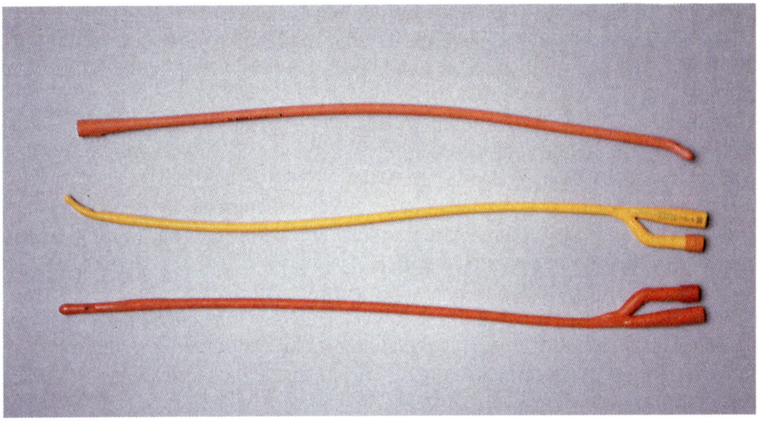

Abb. 15.**3** Ballonkatheter, Mercier-Katheter, Tiemann-Katheter (von unten nach oben)

Von Frauen entnimmt man den Urin in Steinschnittlage bei gespreizten Labien und gereinigter Vulva, ebenfalls als Mittelstrahlurin. Dazu ist eine Hilfsperson erforderlich, oder es muss katheterisiert werden.

Von Kleinkindern erhält man Mittelstrahlurin nach Reinigung, indem man das Kind in Bauchlage hält und den spinalen Perez-Reflex durch Beklopfen der paravertebralen Muskeln auslöst. Etwas Geduld ist erforderlich.

15.5 Die Untersuchung der Geschlechtsorgane

Diese können Sie im Rahmen der allgemeinen ärztlichen Untersuchung bei beschwerdefreien Patienten auf anamnestische Angaben (s. gynäkologisch-geburtshilfliche Untersuchung) und die Inspektion der äußeren Genitalorgane beschränken.

15.5.1 Charakteristische Beschwerden

Bei weiblichen Patienten handelt es sich um Menstruationsunregelmäßigkeiten, zyklusabhängige oder -unabhängige Schmerzen im Bereich der Geschlechtsorgane und der Mammae und um Ausfluss.

Von **Amenorrhö** spricht man beim Ausbleiben der monatlichen Regelblutung, von primärer Amenorrhö, wenn die Regelblutung nach dem 16. Lebensjahr ausbleibt.

Bei **Ausfluss** übersteigt der weißlich-schleimige Vaginalinhalt das übliche Maß so weit, dass es der Patientin lästig wird (= Fluor; diagnostische Bedeutung, S. 500; auch als Leukorrhö bezeichnet. Sie lässt bei Blutbeimengungen an infektiöse oder maligne Erkrankungen von Vagina, Zervix oder Uterus denken).

Dysmenorrhöen sind Schmerzen bei der Menstruation.

Metrorrhagien (Zwischenblutungen) nennt man Blutungen zwischen den einzelnen Menstruationsperioden. Sie bedürfen in allen Fällen der fachärztlichen Abklärung.

Als **Menorrhagien** bezeichnet man zu lange Menstruationsblutungen, die länger als 5 Tage anhalten und mit Ausscheidungen von Blutklumpen einhergehen können.

Schmerzen beim Geschlechtsverkehr (= Dyspareunie) können bedingt sein durch anatomische Anomalien, entzündliche Erkrankungen oder auch Spasmen, die psychische Ursachen haben können.

Auf die spezifischen weiblichen Beschwerden werden wir im Einzelnen im Rahmen der gynäkologisch-geburtshilflichen Untersuchung eingehen.

Von **Infertilität** oder Impotentia generandi der Frau spricht man, wenn sie eine Schwangerschaft nicht austragen kann, im Gegensatz zur **Sterilität**, der Unfähigkeit, schwanger zu werden.

Bei der **Impotenz** unterscheidet man ferner die Impotentia coeundi, das Unvermögen des Mannes, den Beischlaf auszuüben, von Impotentia generandi = Sterilität, wenn die Zeugungsunfähigkeit auf organischen Ursachen wie Diabetes, Paralyse usw. beruht.

Wenn die Patienten Beschwerden äußern oder wenn Sie bei der Inspektion pathologische Befunde erheben, wird bei Frauen eine gynäkologische Untersuchung durchgeführt, bei Männern ein Palpationsbefund erhoben.

15.5.2 Inspektion

Die ***Inspektion*** beginnt bei der Sekundärbehaarung. Der Begriff **Virilismus** wird sowohl für den männlichen Behaarungstyp bei weiblichen Patienten mit Nebennierenrindenhyperplasie oder androgenproduzierendem Ovarialtumor als auch für die verfrühte Genitalentwicklung bei Jungen (= Pubertas praecox) benutzt. Nach neuerer Definition spricht man dabei von Maskulinisierung oder Defeminisierung.

Mangelhafte oder fehlende Sekundärbehaarung lässt hormonale Störungen, z. B. bei Morbus Fröhlich, Ovarialinsuffizienz oder Leberzirrhose, vermuten.

Für die **Inspektion des Penis** lassen Sie den Patienten die Vorhaut zurückstreifen, um entzündliche oder tumoröse Veränderungen der Glans erkennen zu können. Bei entsprechenden Beschwerden ist eine Beobachtung des Harnstrahls beim Wasserlassen erforderlich. Allerdings sollte urethraler Ausfluss immer vor dem Wasserlassen gewonnen und untersucht werden. Die Lage des Ostiums im Sinne einer Epispadie oder Hypospadie geht in der Regel mit konvexen bzw. konkaven Verformungen bei der Erektion einher und führt damit zu Kohabitations- und psychologischen Problemen.

Zu den **Formanomalien** der männlichen Geschlechtsorgane gehört ferner der **Hypogenitalismus** mit auffällig kleinem Genitale, z. B. durch angeborene Anorchie oder hypophysäre Störungen. Elephantiastische Veränderungen von Penis und Skrotum entstehen durch Filariainfektion, die zum Verschluss der Lymphabflussbahnen führt, oder bei Rechtsinsuffizienz.

Penisveränderungen und Begleitsymptome
Diagnostische Bedeutung

Generelle Penisschwellung
- bei *Anasarka* (Ursachen s. generalisiertes Ödem)
- ohne Entzündung bei Verschluss der Lymphabflussbahnen als sichtbare *Elephantiasis*
- mit Entzündungszeichen bei *Venenentzündung*
- mit entsprechender Anamnese nach *Kontusion oder Fraktur* des Penisschaftes

Nicht ulzerierende Oberflächenveränderungen
- blumenkohlartige multiple Papillome an der Corona und im Sulcus retroglandularis, meist auch am Anus, als *Condylomata acuminata* einzeln am Ostium
- eine flache Warze an der Glans ist in der Regel ein *Condyloma latum bei Lues II*
- sichtbare und palpable Induration im Bereich der Corpora cavernosa urethrae bei *Urethrakarzinom*
- nach Entzündung palpabler Strang in der Mitte des Dorsum bei *Venenthrombose*
- laterale schmerzlose plaqueförmige Induration der Korpora oder dorsal im Septum, die zu einer Kurvatur des erigierten Penis führen, bei *Induratio penis plastica = Strabismus penis*

Penisulzerationen
- nach Auftreten einer einzelnen glänzenden Papel, häufig an der Glans, vorzugsweise an der Korona und/oder der Innenseite des Präputiums, schmerzloses Ulkus mit erhabenen Rändern und fester Basis, feucht, aber nicht eiternd, Treponema pallidum im Dunkelfeld nachweisbar. Schmerzlose regionale Lymphadenome bei *Primäraffekt einer Lues*
- nach multiplen roten Papeln entsteht schmerzhafter Lochstanzdefekt mit eingesunkenen Rändern, grau-eitrigem Exsudat, schmerzhaften regionalen Lymphomen als *weicher Schanker*
- schmerzlose Erosionen etwa in Millimetergröße, lokale druckschmerzhafte Lymphadenome verkleben mit entzündeter, darüber liegender Haut, Fistelbildung mit eitrigem Exsudat bei *Lymphogranuloma venerum*
- gruppenförmig angeordnete erythemumrandete rupturierende Bläschen an der Glans oder am Präputium, die in einer Woche spontan abheilen, bei *Herpes genitalis*
- Erosion meist an der dorsalen Korona oder am inneren Präputium, wird zur Warze ulzeriert mit wässrig-eitrigem Exsudat, nekrotisiert, femorale Lymphadenome bei *Peniskarzinom*
- desquamierende Erosion der Glans, konfluierende kleine Ulzera als *erosive Balanitis* (Escherichia coli?)

15

Die häufig durch Unsauberkeit bedingte **Balanitis** und die angeborene oder erworbene **Phimose** (= Präputium kann überhaupt nicht retrahiert werden) erwecken, wenn gleichzeitig purulentes Exsudat aus der Fossa navicularis austritt, den Verdacht auf Gonorrhö. Die recht schmerzhafte **Paraphimose**, bei der das zu enge Präputium die Glans penis inkarzeriert, hat meist mechanische Ursachen.

Elephantiasis des Skrotums (Reiseanamnese!) weist auf eine Störung des lymphatischen Abflusses hin, wie sie z. B. bei der Filariasis vorkommt, aber auch Folge von Lymphknotenresektionen im Inguinal- oder Femoralbereich sein können.

Weitere Veränderungen am männlichen Genitalorgan sind **Varikozelen** (= Krampfaderbrüche), die durch Stauung der Vv. testiculares im Plexus pampiniformis entstehen. Die Hydrozele ist eine schmerzlose Vergrößerung des Hodens oder des Funiculus spermaticus, die bei der Durchleuchtung mit einer Taschenlampe im Gegensatz zu Hodentumoren oder ausgetretenen Hernien rosa aufleuchtet. Ein beiderseits oder einseitig **leeres Skrotum** soll Veranlassung zu weiterer Untersuchung auf den Stand der Hoden geben, da Kryptorchismus zur Impotenz führen kann und maligne Entartung des nicht deszendierten Hodens gehäuft vorkommt. Atrophische Testes sind Hinweise auf abgelaufene Torsion des Ductus spermaticus oder Folgezustände einer Mumpsorchitis.

Eine **langsame, schmerzlose Schwellung** des Hodens bei jüngeren Männern sollte immer an einen malignen Hodentumor denken lassen und Anlass zu einer raschen Klärung der Diagnose durch inguinale Freilegung sein. An entzündliche Testes- und Epididymisvergrößerungen als Begleitsymptome ist bei Mumps, Gonorrhö und Lues zu denken. Eine plötzliche entzündliche Hodenvergrößerung mit starken Schmerzen spricht für eine Hodentorsion. Sie kann innerhalb von 6 Std. zum Verlust des Hodens führen.

15.5.3 Palpation

Mit der ***Palpation*** – immer mit Handschuhen, denn Trepomena pallidum ist auch bei unverletzter Haut infektiös – erfasst man ggf. fibröse Plaques oder auch druckschmerzhafte Indurationen, die auf eine Periurethritis bei Strikturen oder Verletzungen (Fremdkörper) der Urethra hinweisen. Die Testes palpieren Sie mit beiden Händen zwischen Daumen und Zeigefinger seitenvergleichend auf Größe, Form, Konsistenz und Druckschmerzhaftigkeit.

Urethraler Ausfluss wird dadurch gewonnen, dass man den Patienten die Urethra nach distal ausdrücken lässt. Gonokokkeneiter ist dick, gelb oder braungrau, blutiger Ausfluss sollte an Fremdkörper oder Manipulationen an der Urethra denken lassen. Angeborene Strikturen oder Neoplasmen führen ebenfalls zu blutigem Ausfluss.

Die **Epididymes** palpiert man nach Größe und Festigkeit, wobei eine akute Epididymitis palpatorisch nicht gegen die Testes abzugrenzen ist, dagegen die Druckschmerzhaftigkeit des Nebenhodens diagnostisch wegweisend ist.

Wenn eine Dreigläserprobe erforderlich wird, sollte sie vor der Palpation durchgeführt werden.

Die Ursachen des **Vulvaödems** gleichen den Ursachen des Skrotalödems. Außer der Behaarung des weiblichen Genitales sind Farbe und Hautstruktur der Umgebung, besonders des Perineums, sowie große und kleine Schamlippen und die Klitoris der Inspektion zugänglich.

15.6 Die rektale Untersuchung

Eine rektale Untersuchung soll bei allen Patienten über vierzig Jahre routinemäßig durchgeführt werden (Ausnahme: frischer Herzinfarkt). **Ausdrückliche Indikationen** sind Miktionsbeschwerden, Schleim-, Blut- oder ungewollte Flüssigkeitsabgänge aus dem After sowie anorektale Beschwerden im Sinne von Nässen, Jucken, Schmieren, Brennen, Schmerzen oder Störungen des gewohnten Stuhlgangs. „Fal-

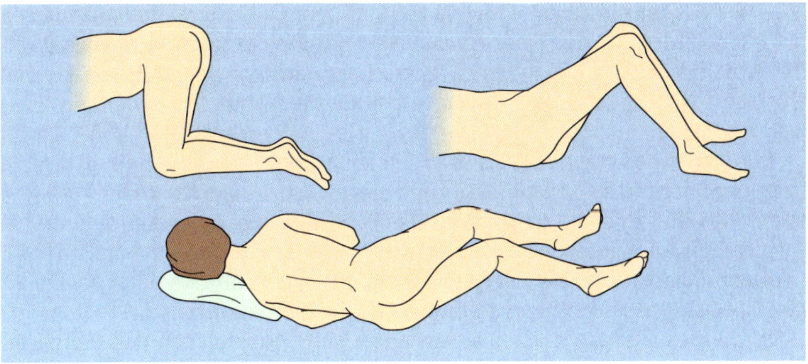

Abb. 15.**4** Lagen bei der rektalen Untersuchung; Knie-Ellenbogen-, Steinschnitt-, Seitenlage

schen Freund" nennt man einen Wind mit ungewolltem Stuhlabgang, der Zeichen für eine Altersschwäche oder eine karzinomatöse Invasion des Schließmuskels sein kann. Eine Hilfe bildet die rektale Untersuchung auch für die Diagnose der Appendizitis, wenn eine digitale „Stoßpalpation" in Richtung auf das Zäkum Schmerzen bereitet. Für die rektale Untersuchung benötigt man: Handschuhe, Fingerlinge, Gleitmittel, Haemoccult-Test, Zellstoff.

Die Untersuchung kann in Knie-Ellenbogen-, Steinschnitt- oder Seitenlage, aber auch im Stehen erfolgen (Abb. 15.**4**). Nach Vorbereitung des Haemoccult-Tests wird der behandschuhte und zusätzlich mit einem Fingerling überzogene Zeigefinger mit Gleitmittel befeuchtet.

15

15.6.1 Inspektion

Bei der ***rektalen Inspektion*** sieht man bei Patienten, die über ständigen Juckreiz in der Analregion klagen (Pruritus ani), diffuse Rötung, Nässen, Rhagaden oder auch trockene hyperkeratotische Haut oder Perianalthromben, die als dauernder Reiz zu einem akuten oder chronischen **Perianalekzem** führen. Es entsteht auch im Zusammenhang mit einem Hämorrhoidalleiden durch ungenügende Reinigung, Kratzen, Pilzinfektionen oder anderen entzündlichen Erkrankungen dieser Region und muss von dermatologischen Erkrankungen – Morbus Paget, Morbus Bowen – und dem Analkarzinom unterschieden werden. Nächtlicher analer Juckreiz kann Hinweis auf eine Wurmerkrankung sein.

Marisken nennt man hypertrophe Analfalten, die meist Endzustände abgelaufener perianaler Thrombosen oder chronischer Entzündungen sind, die Reinigung behindern, zu Juckreiz führen und ihrerseits Ursache eines Analekzems sein können. **Condylomata acuminata** sind Wucherungen, die in der Perianalregion, im Anus selbst und im Analkanal liegen können.

Etwa 75% der **Analfissuren** finden sich in der dorsalen Kommissur, häufig von Marisken verdeckt. Akute Fissuren sind klaffende Läsionen der Analschleimhaut, die die darunter liegenden rötlichen Muskelfasern sichtbar werden lassen. Sie sind charakterisiert durch starke Schmerzen bei der Defäkation, die stundenlang anhalten können.

Dagegen haben **chronische Fissuren** verdickte oder auch unterminierte Ränder. Der Grund der Läsion besteht dann aus den weißlich verdickten und fibrosierten Fasern des M. sphincter ani internus. Beide Formen der Analfissur sind druckschmerzhaft und bluten leicht bei der Reinigung. Sie entstehen beim Durchtritt harter Stuhlballen oder als Folge einer oberflächlichen Thrombose im Analkanal. Laterale Fissuren sind immer verdächtig auf eine Enteritis regionalis.

Bricht ein Eiterherd durch, der meist von einer Analdrüse in den Morgagnischen Krypten ausgeht, dann spricht man von einer **Analfistel** (Abb. 15.**5**). Dabei entstehen zunächst ein perianaler Tumor und ein Spannungsgefühl und dann Eiter- und Sekretabgänge. Häufige Ursachen sind Infektionen der Analregion, Morbus Crohn und Colitis ulcerosa.

Inkomplette Analfisteln, die nicht nach außen durchbrechen, sondern Eiter in den Analkanal absondern, nennt man **Analabszesse**. Sie gehen mit erhöhtem Sphinktertonus und perianalem Tumor einher und sind sehr schmerzhaft. Im Gegensatz zur Analfissur setzen die Schmerzen erst mit einem deutlichen Intervall nach dem Stuhlgang ein und dauern dann mehrere Stunden. Analabszesse entstehen meist als Folge nicht abgeheilter Analfissuren oder entzündeter Morgagnischer Krypten.

Bei der **Perianalthrombose** (Abb. 15.**6**) berichten die Patienten von akutem Druck- bzw. Spannungsgefühl und Schmerzen in der Analregion. Bei der Inspektion finden Sie als Ausdruck eines Hämatoms im perianalen Venenabflussgebiet ei-

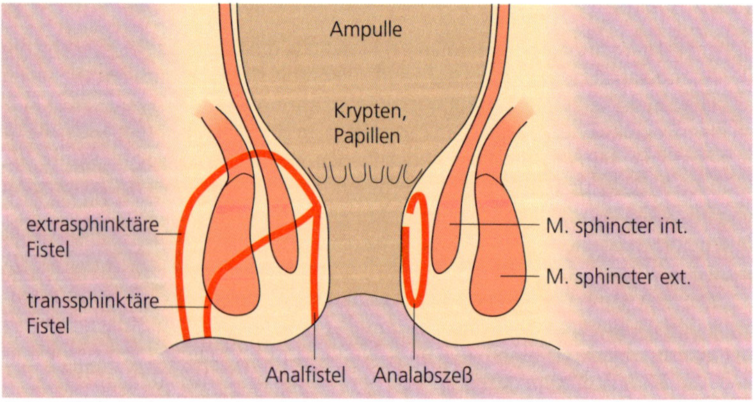

Abb. 15.**5** Schema der verschiedenen Verlaufsformen der Fistelgänge

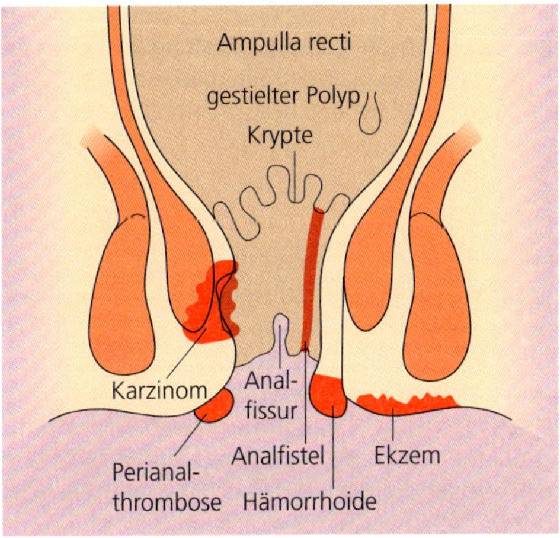

Abb. 15.**6** Schematische Darstellung der Analerkrankungen

nen bläulichen Knoten, der bei der Palpation druckschmerzhaft ist. Meist führen Pressen bei Obstipation, Lastenheben, Laxanziengebrauch oder Diarrhö zu einer Ruptur der Venenwände mit Blutung in das subkutane Gewebe. Viele Autoren sprechen auch von perianalem Hämatom. Es entsteht im Gegensatz zu Hämorrhoiden III dort, wo es sichtbar wird.

Typische Zeichen für **Hämorrhoiden** sind hellrote Blut- und Schleimabgänge mit dem Stuhl, Druckgefühl, Juckreiz, Perianalekzem, perianales Brennen sowie Schmieren nach dem Stuhlgang, Symptome, die insgesamt auch verdächtig auf ein Rektumkarzinom sind. Stuhlgangveränderungen treten ebenfalls bei beiden Erkrankungen auf. Im Unterschied zum dauernd schmerzenden Rektumkarzinom schmerzen Hämorrhoiden nur, wenn sie inkarzeriert sind. Man unterscheidet bei den Hämorrhoiden drei Stadien: die bloße Vergrößerung, das Prolabieren in das Proktoskop und schließlich das Prolabieren nach außen (Abb. 15.**7**).

15

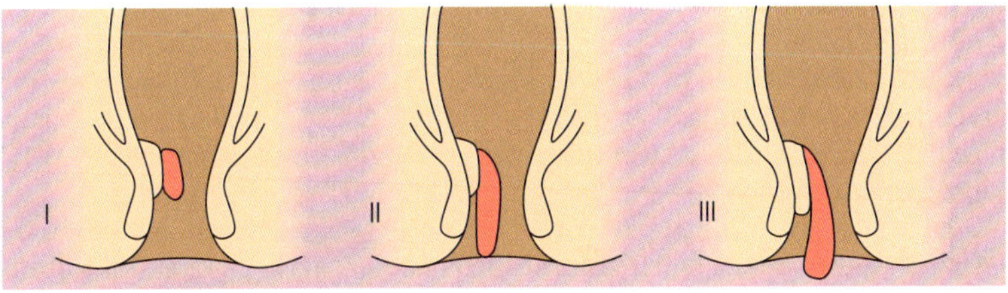

Abb. 15.**7** Hämorrhoide I: Der Knoten prolabiert ins Darmlumen. Hämorrhoide II: Der Knoten prolabiert zeitweilig schon nach außen, geht aber spontan zurück. Hämorrhoide III tritt nach außen, ist nur manuell reponierbar (nach *Neiger*)

Der **Darmprolaps** erfolgt zunächst nur bei starkem Pressen, später auch spontan und unabhängig vom Stuhlgang. Er führt zur ständigen Reizung der ausgetretenen Schleimhaut, zum Nässen und Bluten und zur Stuhlinkontinenz. Charakteristisch sind die radiären Falten der ausgetretenen und bei der Palpation dünn wirkenden Darmschleimhaut.

15.6.2 Palpation

Die ***Palpation*** beginnt mit der Auslösung des **Analreflexes** durch Berührung der perianalen Haut beim Einführen des Fingers und führt zu einem Zusammenziehen des Sphincter ani. Der **Sphinktertonus** des sich um den palpierenden Finger schließenden Sphinkter ist im Alter und beim Rektumkarzinom, bei Schleimhautvorfällen und Proktitis meist vermindert. Schlaffer Sphinktertonus ist besonders dann ein Hinweis auf neurologische Ursachen, wenn der Patient auch über Harninkontinenz als Zeichen einer Blasen-Sphinkter-Schwäche klagt. Der gegenteilige Befund kann durch Spasmen bedingt sein. Mit der digitalen Untersuchung beurteilen Sie das Darmlumen maximal bis zu einer Tiefe von 12 cm. Dabei können sich folgende pathologische Befunde ergeben:
- derbe Platten mit wallartigen Ulkusrändern, meist blutend, bei *Rektumkarzinom*
- weiche, elastische, gut verschiebliche Tumoren der Schleimhaut bei *Fibromen oder polypösem Adenom*
- multiple, weiche, kaum schmerzhafte Knoten bei inneren *Hämorrhoiden* (Abb. 15.**7**), die jedoch selten palpabel sind
- massive Tumoren, die die Darmwand von dorsal vorbuchten, bei *Chordom*
- ventrale Tumoren bei Hämatokolpos, Scheidentampons oder Ringpessaren
- dorsale und ventrale Ein- bzw. Ausbuchtungen der Darmwand bei Zysto- und Rektozele als *Folge eines Descensus uteri.*

Bei der ***rektalen Untersuchung der Frau*** können Sie gleichzeitig bimanuell mit der rechten Hand vom Rektum und mit der linken Hand durch die Bauchdecken, Lage, Größe, Formveränderungen und Mobilität des Uterus beurteilen, die Adnexe sowie Veränderungen im Douglas-Raum palpieren.

Denken Sie daran, dass Kotballen (Skybala) besonders bei der Palpation durch die Bauchdecken oder bei der gynäkologischen Untersuchung Darmtumoren vortäuschen können.

Bei der ***rektalen Untersuchung des Mannes*** wird zusätzlich der **Befund an der Prostata** erhoben (Abb. 15.**8**). Beurteilt werden die Größe, Oberfläche und Konsistenz der Prostata, die Verschieblichkeit der Schleimhaut, die Abgrenzung der Prostata gegen das Nachbargewebe und ggf. tumoröse Veränderungen.

Die normale, kastaniengroße Prostata ist bei der Palpation gummiartig, etwas weicher als der angespannte Daumenballen und gut gegen die Umgebung abzugrenzen. Die Schleimhaut über der Prostata lässt sich leicht verschieben. Am kranialen Anteil können Sie, besonders bei gefüllter Harnblase, die quer liegenden Samenblasen tasten (Abb. 15.**9**), wenn sich pathologische Befunde ergeben:

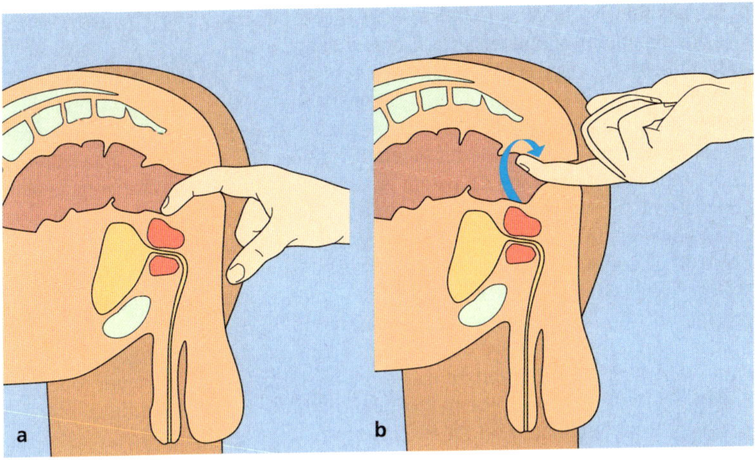

Abb. 15.**8a** u. **b** Palpation der Prostata und des Darmlumens

- Erweichung durch chronische Infektion und/oder Mangel an Geschlechtsverkehr
- prall gespannte, druckschmerzhafte Prostata bei *Prostatitis* (eitrig-blutiges Exprimat); fließende Übergänge der Entzündungsränder in das Prostatagewebe im Gegensatz zu scharf begrenzten malignen Knoten
- vergrößerte, glatte Prostata mit verschieblicher Schleimhaut bei *Prostataadenom* (benigne Prostatahyperplasie); ausgeglichene Mittelfurche

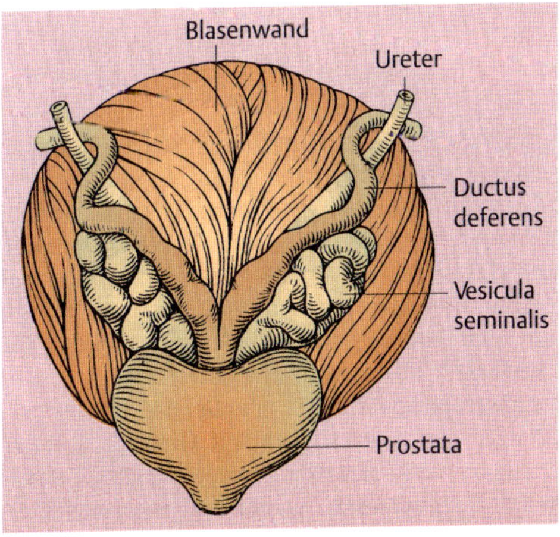

Abb. 15.**9** Harnblase und Samenblasen (nach *Gray*)

- knochenharte, nicht unbedingt vergrößerte Prostata mit eingeschränkter Schleimhautverschieblichkeit bei *Prostatakarzinom*
- feste, grob-höckrige Prostata bei *Urogenitaltuberkulose* (verdickt-klumpige Samenblasen).

Die **Prostatamassage** und die mikroskopische Untersuchung des Sekrets gehören zur Routineuntersuchung. Mit der Prostatamassage drückt man Prostatasekret in die hintere Urethra. Es kann nach dem Wasserlassen durch Zentrifugieren gewonnen werden. Die Massage sollte aber nur durchgeführt werden, solange kein urethraler Ausfluss und keine Zeichen einer Zystitis vorliegen. Sie kann bei teilweiser Harnverhaltung zu einer vollständigen Abflussstörung Anlass sein. Auch bei hoher Wahrscheinlichkeit für ein Karzinom oder nachgewiesenem Karzinom ist die Prostatamassage kontraindiziert (Metastasenstreuung).

Zur Prostatamassage wird der Rumpf bis zur Horizontalen vorgebeugt, Beine leicht seitwärts gestellt. Dann wird mit der Zeigefingerbeere mit einer rollenden Bewegung das Prostatagewebe in Richtung der Mittellinie komprimiert. Tritt aus der Urethra nicht spontan Sekret aus, lässt man den Patienten etwas Wasser lassen. Der mikroskopische Vergleich des Urins vor und nach der Prostatamassage gestattet diagnostische Schlussfolgerungen. Eine große Zahl von Leukozyten weist auf eine entzündliche Diagnose, säurefeste Stäbchen auf eine Tuberkulose hin.

Vergrößerte **Lymphknoten in der Inguinalregion** sind Zeichen entzündlicher Prozesse im Genitalbereich, z. B. Syphilis, Lymphogranuloma oder Gonorrhö. Außerdem metastasieren Tumoren des Penis und der distalen Urethra in die inguinalen Lymphknoten, Testestumoren nur dann, wenn sie das Skrotum erfasst haben.

Am Handschuh verbleibender Stuhl ist für den Nachweis sichtbaren oder **okkulten Blutes** willkommen (Haemoccult-Test). Positive Reaktionen bedürfen der Kontrolle anhand anamnestischer Angaben, ob der Patient z. B. vor der Untersuchung Tatar, Blutwurst o. Ä. gegessen hat, dann einer mehrfachen Wiederholung nach entsprechender Vorbereitung des Patienten und schließlich der proktoskopischen Abklärung.

15.6.3 Proktoskopie

Bei der digitalen Untersuchung müssen Sie auch den distalen Anteil des Rektums palpieren, der dem Proktoskop kaum zugänglich ist (Abb. 15.**10**).

Für die Frühdiagnose des Rektumkarzinoms soll die Proktoskopie Bestandteil jeder Routineuntersuchung bei Patienten über 40 Jahre sein. Das **vorbereitende Abführen** des Patienten mit einem Klistier 60 – 30 Min. vor der Untersuchung verkürzt zwar die Untersuchungszeit und erleichtert die ***Inspektion***, führt aber auch zu erhöhter Durchblutung, Ödemen und Schleimabsonderungen der Mukosa. Bei Verdacht auf entzündliche Erkrankungen soll das Abführen unterbleiben.

Für die Proktoskopie benutzen Sie einen Spezialstuhl, oder der Patient kniet auf einem Untersuchungstisch und legt den Thorax flach auf (Knie-Brust-Lage) (Abb. 15.**11**). Die Untersuchung kann bei schwerkranken Patienten auch in Seitenlage erfolgen. Dann erläutern Sie dem Patienten den Untersuchungsvorgang als eine nicht besonders angenehme, aber auch nicht schmerzhafte Routine; dadurch sichern Sie sich seine Mitarbeit.

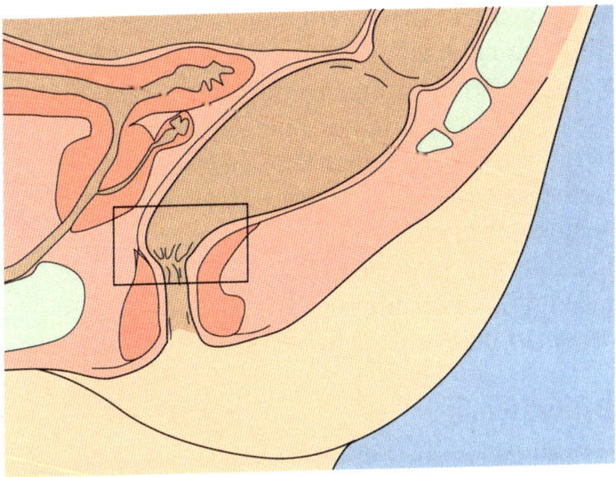

Abb. 15.**10** Der distale Anteil des Rektums ist der Rektoskopie kaum zugänglich

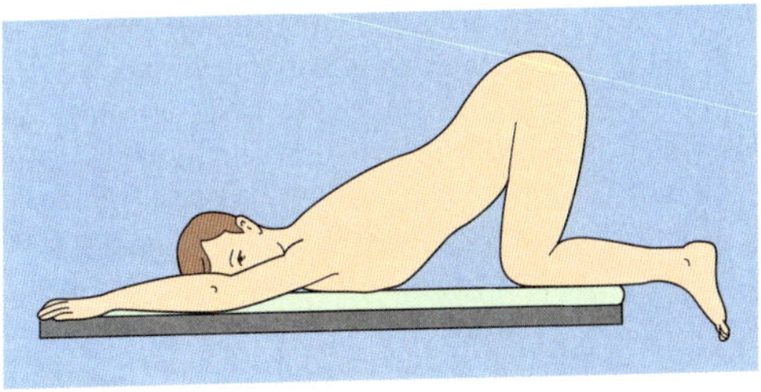

Abb. 15.**11** Untersuchungshaltung für Proktoskopie

Lassen Sie den Patienten leicht pressen und führen Sie das mit einem Gleitmittel benetzte, geschlossene Proktoskop behutsam 5 cm tief in den Analkanal mit Zielrichtung etwa auf den Nabel ein. Dann entfernen Sie den Obturator, setzen die Beleuchtung an und schieben das Instrument bis auf etwa 12 cm Tiefe vor, wobei Sie die Zielrichtung nach dorsal etwas in Richtung auf die Wirbelsäule verändern (Abb. 15.**12**).

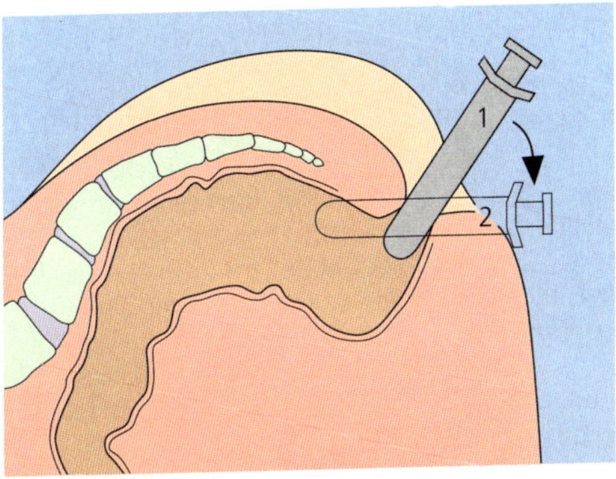

Abb. 15.**12** Zielrichtungen bei der Proktoskopie

Falls erforderlich, müssen Sie einen Stieltupfer bzw. einen Absauger benutzen und können dann in Ruhe die Mukosa nach allen Richtungen hin auf Farb- und Formveränderungen (z. B. Polypen) oder Auflagerungen untersuchen. Dann ziehen Sie das Rektoskop langsam unter Sicht durch die Hämorrhoidalzone und den Analkanal zurück. Gleitmittel in der Unterwäsche erzeugt kein angenehmes Gefühl; deshalb müssen Sie die Analregion reinigen oder dem Patienten Gelegenheit geben, es selbst zu tun, bevor er sich wieder anzieht. Mit einer kurzen Information über das Untersuchungsergebnis schließen Sie die Untersuchung ab.

Die Dokumentation können Sie im Untersuchungsbogen vornehmen: www.thieme.de/specials/dahmer-anamnese-und-befund.

15.7 Aufgaben für die Selbstkontrolle

1 Wann spricht man von einer Anurie, wann von einer Oligurie?
2 Wie viele Bakterien erwarten Sie mindestens bei einer Bakteriurie?
3 Wie unterscheiden sich blasennahe Uretersteinschmerzen von Schmerzen bei Harnverhaltung?
4 Wie unterscheiden Sie die Begriffe Dysurie und Strangurie?
5 Welche vier Begriffe werden unter dem Oberbegriff Miktionsstörungen zusammengefasst?
6 Was verstehen Sie unter Pyurie?
7 Welche Unterscheidung gestattet die Zweigläserprobe?
8 Welche unteren Grenzwerte gelten für eine Mikrohämaturie?
9 Wodurch kann eine Hämaturie vorgetäuscht werden?
10 Welcher Grundsatz gilt für jede Hämaturie?
11 Warum erschweren entzündliche Erkrankungen der Niere die Palpation von dorsal?
12 Wie unterscheiden Sie renale und radikuläre Schmerzen im kostovertebralen Winkel?
13 Wie unterscheiden Sie die perkutorische Dämpfung über der Harnblase von der Dämpfung bei Aszites?
14 Erläutern Sie den Fluktuationstest.
15 Auf welche drei Indikationen beschränkt sich die instrumentelle urologische Untersuchung?
16 Welche drei Fehlerquellen bestehen bei der Urinuntersuchung?
17 Mit welchem Kunstgriff können Sie das beabsichtigte Wasserlassen des Patienten fördern?
18 Wie unterscheidet sich eine Hämoglobinurie von einer Hämaturie?
19 Wie unterscheidet sich die Pyurie von einer sonstigen Trübung?
20 Wie unterscheidet sich der Perkussionsschall über der gefüllten Blase von dem über dem Darm?
21 Worauf beschränkt sich im Rahmen der Allgemeinuntersuchung bei beschwerdefreien Patienten die Untersuchung der Genitalien?
22 Welche drei Beschwerdegruppen sind bei weiblichen Patienten typisch für Erkrankungen der Geschlechtsorgane?
23 Wie unterscheidet man eine primäre von einer sekundären Amenorrhö?
24 Wodurch unterscheiden sich Metrorrhagien von Menorrhagien?
25 Welcher Unterschied besteht zwischen der Infertilität und der Sterilität der Frau?
26 Worauf weisen mangelhafte oder fehlende Sekundärbehaarung hin?
27 Was ist eine Phimose?
28 Nennen Sie mindestens drei ausdrückliche Indikationen für eine rektale Untersuchung!

29 Definieren Sie den Begriff Marisquen!
30 Wo findet man Analfissuren gehäuft?
31 Wovon gehen Analfisteln meist aus?
32 Wohin sondern Analabszesse den Eiter ab?
33 Wodurch unterscheiden sich die Schmerzen des Analabszesses von denen bei Analfissur?
34 Welchen Inspektionsbefund erwarten Sie bei der Perianalthrombose?
35 Wodurch unterscheidet sich der Darmprolaps von hervorgepressten Hämorrhoidalknoten?
36 Nennen Sie drei Veränderungen der Darmschleimhaut, die Sie palpieren können!
37 Wodurch können Darmtumoren vorgetäuscht werden?
38 Nach welchen fünf Gesichtspunkten wird die Prostata beurteilt?
39 Wie würden Sie Größe und Konsistenz der normalen Prostata beschreiben?
40 Wodurch können Sie sich bei der Proktoskopie die Mitarbeit des Patienten sichern?
41 Erläutern Sie die Einführung des Proktoskops in zwei Phasen!

Praktische Aufgaben

A Untersuchen Sie den eigenen Harn mit einer Zweigläser- und einer Dreigläserprobe!
B Perkutieren Sie bei sich selbst die stark gefüllte Blase als eine Dämpfung, die sich über dem Os pubis nach kranial erstreckt!
C Katheterisieren Sie mindestens zwei männliche und zwei weibliche Patienten. Im selbstständigen Nachtdienst müssen Sie das können!
D Üben Sie das Erheben einer Regelanamnese auch in Bezug auf die hier geschilderten Regelanomalien, einschließlich einer Sexualanamnese und eventueller Fertilitätsstörungen. Ihre anfängliche Scheu ist nur durch Übung zu überwinden!
E Lassen Sie sich in der Proktoskopie unterweisen, und üben Sie die rektale Untersuchung und die Proktoskopie bei mehreren Patienten. Vergleichen Sie Ihre Ergebnisse mit den Ergebnissen des behandelnden Arztes!

16 Extremitäten und Wirbelsäule

16.1 Lernziele

Im folgenden Teil erfahren Sie, wie man

- Beschwerden an Extremitäten und Wirbelsäule als Leitsymptome für die Diagnostik verwendet. (Verdachtsdiagnosen s. Beschwerden-Abc in Kapitel 4.6),
- die Neutral-0-Methode auf die Messung der Extremitäten anwendet,
- obere und untere Extremität mit Hilfe der Inspektion und Palpation beurteilt sowie Länge und Umfang der Extremitäten misst,
- Abflussverhältnisse in den tiefen und oberflächlichen Beinvenen untersucht und Ödeme an der unteren Extremität einteilt,
- die Funktion der Wirbelsäule und der Extremitäten in Bezug auf Statik und Beweglichkeit prüft und
- die Befunde dokumentiert.

Verwenden Sie die abschließenden Fragen für die Selbstkontrolle.

16.2 Extremitäten – charakteristische Beschwerden

16.2.1 Gestörte Sensibilität

Zu den Zeichen gestörter Sensibilität gehört an den Extremitäten neben Kälte- und Taubheitsgefühlen das „Ameisenlaufen". Zeichen gestörter Sensibilität machen eine ausführliche neurologische Untersuchung erforderlich. (Ausführlicher s. Kap. 17 Untersuchung des Nervensystems.)

16.2.2 Paresen, Paralyse und Plegie

Paresen sind neurogene oder durch den Muskel selbst bedingte Muskelschwächen im Sinne unvollständiger Lähmungen. **Paralyse** nennt man die Unfähigkeit, einen Muskel überhaupt zu aktivieren. Sie ist Ausdruck einer vollständigen Lähmung. Mit **Plegie** bezeichnet man die Lähmung ganzer Gliedmaßenabschnitte oder einer ganzen Extremität. Die ausführliche Darstellung finden Sie bei der neurologischen Untersuchung auf S. 466. **Bewegungseinschränkungen** oder abnorme Beweglichkeit sind außerdem durch degenerative Veränderungen der Gelenke oder durch muskuläre Schäden oder durch Muskelkontraktur bedingt. Zur **Muskeltrophik** s. S. 470.

16.2.3 Extremitätenschmerzen

Lokale Extremitätenschmerzen entstehen am Ort pathologischen Geschehens, z. B. durch Verschluss von Arterien, Entzündung der Venen oder durch Trauma; ihre Ausbreitung erfolgt nicht segmental (s. auch kreislaufbedingte Extremitätenschmerzen*). **Radikuläre Extremitätenschmerzen** – meist vom Patienten als Reißen bezeichnet – folgen der sensiblen Innervation (S. 472), zeigen segmentale Ausbreitung und gehen in der Regel mit zusätzlichen neurologischen Veränderungen einher. In die Extremitäten **ausstrahlende Schmerzen** können im Sinne der Kurzschlusstheorie* auf die Erkrankung bestimmter innerer Organe hinweisen.

16.2.4 Muskelschmerzen

Muskelschmerzen sind in Ausnahmefällen Zeichen einer Infektion wie beim Morbus Weil oder einer Grippe; in der Regel weisen sie auf Überbeanspruchung oder Versorgungsstörungen hin.

Muskelschmerz und Begleitsymptome
Diagnostische Bedeutung

- besonders in den Waden, Ikterus, Hämorrhagien, Anämie, Bewusstseinsstörungen, Fieber, Hämaturie, Proteinurie bei Leptospirosen *(Morbus Weil)*
- besonders der Waden-, Rücken- und Oberschenkelmuskulatur, Kreatinin-Kinase erhöht bei *viraler Myositis*
- mit Parästhesien und Schmerzen in Schulter und medialem Arm, Händen, Pulsabschwächung bei Anheben der Arme und gleichzeitiger Kopfabwendung (Adson-Zeichen), Strömungsgeräusch über der Klavikel und in der Axilla bei *Scalenus-anterior-Syndrom*
- schmerzhafte ödematöse Schwellung nach Fraktur mit fleckförmiger Osteoporose bei *Sudeck-Dystrophie*
- krampfartige Muskelschmerzen, Schwäche besonders der distalen oberen Extremität, Dysphagie, Sabbern, Muskelfibrillieren, Atrophie, Hyperreflexie, Beinspastik und Reflexabschwächung bei *amyotropher Lateralsklerose*
- in die obere Extremität ausstrahlende Schmerzen bei Herzinfarkt, Pleuritis, basaler Pneumonie, subphrenischem Abszess, Cholezystitis und Pankreatitis
- arterielle Verschlusskrankheit

16

16.2.5 Durchblutungsstörungen

Klassisches Beispiel einer Durchblutungsstörung ist die Claudicatio intermittens, bei der der Patient nur noch abnehmend kurze Wegstrecken zurücklegen kann und dann durch Schmerzen im Bein gezwungen ist, abwartend stehen zu bleiben, bis er ein Stück weitergehen kann (= „Schaufensterkrankheit"). Die Lagerungsprobe* dient der Objektivierung der Beschwerde. Vergleichbare Schwäche und Schmerzen in der oberen Extremität sollten zu Faustschlussprobe*, Allen-Test und Dauerbelastung* Anlass sein.

16.2.6 Knochenschmerzen

Extremitätenschmerzen durch Knochenkrankheiten, besonders Malignome, treten abgesehen von Erkrankungen des Knochenmarks bei der Leukämie, in der Regel nur in einem Knochen auf und gehen mit Auftreibung, Druck- und Erschütterungsschmerz einher. Charakteristischerweise werden Knochenschmerzen nachts stärker als am Tage wahrgenommen, durch Bewegung und Belastung mit Gewicht verstärkt, Kneifen der umliegenden Muskulatur führt nicht zur Verstärkung der Knochenschmerzen.

Knochenschmerz und Begleitsymptome
Diagnostische Bedeutung

Akuter Knochenschmerz

- Vorliegen einer Infektion, meist mit Staphylokokkus, Fieber und Entzündungszeichen, lokaler Knochenklopf- und -druckschmerz im Gegensatz zu entzündlichen Gelenkerkrankungen nur auf einer Seite eines benachbarten Gelenks, Schwellung, Bewegungseinschränkung und Erguss im benachbarten Gelenk möglich bei *akuter Osteomyelitis*

Chronischer Knochenschmerz

- Durchbruch von Eiter durch die Haut, Knochensequestrierung, überschießendes Granulationsgewebe bei *chronischer Osteomyelitis*
- schmerzhafte Knochenauftreibung und Spontanfrakturen bei Neoplasma oder *Metastasen* vorwiegend aus Mamma, Lunge, Prostata, Niere oder Thyreoidea
- vergrößerter Schädelumfang, Knochenverbiegungen, Kyphose, Genu varum, verkürzte und abgeflachte Wirbelknochen, normales Serumcalcium bei *Morbus Paget*

16.2.7 Gelenkschmerz

Gelenkschmerz, der plötzlich auftritt und/oder mehrere Gelenke gleichzeitig befällt, bedarf besonders dann, wenn gleichzeitig eine Gelenkschwellung vorliegt, der konsequenten Abklärung.

Zur diagnostischen Zuordnung tragen außer der üblichen Differenzierung von Beschwerden folgende Gesichtspunkte bei:

- Plötzliches Einsetzen der Gelenkschmerzen, z. B. beim unglücklichen Aufstehen von einem Stuhl, kann auf einen Meniskusschaden hinweisen, die schleichende Entwicklung von Schmerzen im Laufe von Wochen eher auf eine Arthrose;
- je nach der Dauer sind akute Gelenkschmerzen, die in Tagen abklingen, eher Zeichen einer infektiösen Arthritis, chronische Gelenkschmerzen über Wochen und Monate treten z. B. im Rahmen eines chronisch-rezidivierenden Lumbalsyndroms auf;
- die Beschränkung der Schmerzen auf ein Gelenk lässt eher an lokale Ursachen – Trauma – oder Infektion denken, der Befall mehrerer Gelenke an ein rheumatisches Fieber oder an die chronische Polyarthritis.

Gelenkschmerz und Begleitsymptome Diagnostische Bedeutung

Akut einsetzende Gelenkschmerzen

- plötzliche, schmerzhafte Schwellung, zunächst meist distaler Gelenke, deutliche Entzündungszeichen, Fieber bei *Gicht* (Hyperurikämie)
- Fieber, Entzündungszeichen, Erguss; Blut, Sputum oder Abszess als Quelle, bei *Infektarthritis*, z. B. Gonorrhö (Punktion, Aspiration, Kultur)
- Purpura, Urtikaria, Fieber, Bauchschmerz, Hämaturie, gastrointestinale Blutung bei *Purpura Schönlein-Henoch*
- wandernder Schmerz in großen Gelenken, Karditis mit präkordialem Schmerz und Geräuschen, Bauchschmerz, Erythema marginatum, subkutanen Knoten, Chorea, vorangegangener Streptokokkeninfektion bei *rheumatischem Fieber*

Allmählich einsetzende Gelenkschmerzen

- Erbrechen, Verstopfung, Nykturie, Polyurie, Polydipsie, Bauchschmerz bis Ileus, Gewichtsabnahme, Parästhesien, Knochenschmerzen, Taubheit, Hypotonie bei *Hyperparathyreoidismus*
- zunächst tiefer Rückenschmerz, Schmerz in den Iliosakralgelenken, Morgensteifigkeit der Wirbelsäule, Muskelspasmen, Bewegungseinschränkungen, Kyphose bei *Spondylitis ankylopoetica* (= Morbus Bechterew)
- isometrischer Befall der distalen Interphalangealgelenke, bräunliche Papeln und Plaques mit silbriger Schuppung über rotem Untergrund mit Blutpunkt besonders der Kopfhaut und hinter den Ohren beginnend. Ölflecken der Fingernägel bei *Psoriasis*
- wiederkehrende Iridozyklitis mit Hypopyon, schmerzhafte Ulzera der Mundschleimhaut und der Genitalien, Befall der großen Gelenke, Thrombophlebitis, Abdominalbeschwerden wie bei der Colitis ulcerosa bei *Behçet-Syndrom*
- bei Kindern und Jugendlichen Fieber, Perikarditis, Pleuritis, Befall der großen Gelenke, Lymphadenome, Hepatosplenomegalie bei *Morbus Still*
- Morgensteifigkeit, symmetrischer Gelenkbefall, besonders der kleinen Gelenke, Bewegungsschmerz, Schwellung, gelenknahe subkutane Knoten, Ulnardeviation im chronischen Zustand, Pleuritis, Perikarditis bei *rheumatoider Arthritis* (Rheumafaktor)
- ungleichmäßiges Fieber, Schmetterlingserythem, Photosensibilität, Lymphadenome, Polyarthralgie, Pleuritis, Perikarditis, Bauchschmerzen, Proteinurie bei *Lupus erythematodes*
- Fieber, Gewichtsabnahme, periorbitales Ödem, Muskelatrophie, Exanthem, Polyarthralgie bei *Dermatomyositis*
- nicht entzündliche Knochen-, Knorpel- oder Synoviaschwellung der Gelenke oder in Gelenknähe bei *Gelenktumor oder Gelenkmetastasen*

Versuchen Sie möglichst präzise zu unterscheiden, ob es sich um Schmerzen in Gelenken oder an Sehnen oder Muskeln der Nachbarschaft handelt, z. B. um schmerzhafte Muskelursprünge am Epicondylus lateralis (humeri).

Häufige ***Begleitbeschwerden*** bei Gelenkerkrankungen sind Spannungsgefühle über den Gelenken, das Gefühl der Steifigkeit, besonders morgens, und zunehmende Unbeholfenheit. Unterscheiden Sie bei **Gelenkschwellungen**:

- schmerzlose Gelenkauftreibungen durch ossären Anbau (Exostosen),
- schmerzhafte Schwellung im Rahmen einer Arthrose bei längerer Beanspruchung,

- druckschmerzhafte Gelenkschwellung bei chronischer Arthritis,
- spontan-schmerzhafte Entzündung mit Rötung und vermehrter Wärme bei akuter Gelenkentzündung, z. B. infektiöser Arthritis.

Schwerpunkte der Befunderhebung
- bei Beschwerden der Wirbelsäule: Beinlängen, Haltungs- und Stellungsanomalien, Nerven, Muskelverspannungen;
- bei Beschwerden an den Extremitäten: Nerven, Durchblutung.

Den Verlauf einer Gelenkerkrankung können Sie nur beurteilen, wenn Sie Bewegungseinschränkungen in Winkelgraden messen und dokumentieren.

16.3 Allgemeine Messtechnik

Für die **Beweglichkeitsmessung** der Gelenke benutzt man die **„Neutral-0-Methode"**, d. h., die gemessenen Winkel beziehen sich auf die in Abb. 16.**1** dargestellte anatomische Normalstellung.

Mit **Neigungsmessungen** bestimmt man die Beweglichkeit gegenüber der Senkrechten bzw. Waagerechten. **Längenmessungen** erfolgen zwischen gut definierbaren Bezugspunkten, meist Knochen. Das praktische Messen der Gliedmaßen und Gelenke schildern wir bei den einzelnen Regionen.

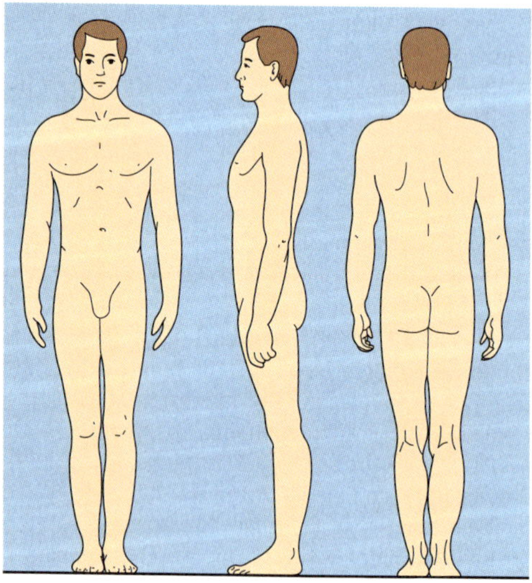

Abb. 16.**1** Ausgangsstellung = Neutral-0-Stellung

- **stehend**
- **Blick nach vorn**
- **Daumen nach vorn**
- **parallel geschlossene Füße**

16.4 Die Untersuchung der oberen Extremität

16.4.1 Inspektion

Bei der ***Inspektion*** der oberen Extremität beurteilen Sie die Haut und **vergleichen** Größe und Umfang beider Arme und Hände, die z. B. durch Lähmungen oder Frakturen seitenverschieden sein können. Narben beschreiben Sie nach Ort, Länge, Form und Empfindlichkeit.

Formabweichungen der Gelenke können auf angeborenen Missbildungen beruhen. Sie entstehen auch als Konturveränderungen des Schultergelenks bei Schulterluxation oder Axillarislähmung, als Abnahme des Profils bei Muskelatrophie, z. B. durch Inaktivität, oder als Vergrößerungen bei Akromegalie. Verformungen des Handgelenks können z. B. durch Ganglien oder chronische Arthritis bedingt sein, Schwellungen, z. B. durch fluktuierende intraartikuläre Ergüsse, eindrückbare, aber nicht verschiebliche Weichteilentzündungen oder stabile Knochentumoren.

Die drei charakteristischen Symptome für die **Luxation** sind Gelenkdeformierungen, schmerzhafte Funktionsstörungen und „federnde Fixation" durch abnorme Bänder- und Muskelanspannung.

Zu den 10 **klassischen Frakturzeichen** gehören
- 5 sichtbare Symptome: Achsenknick, Seitenverschiebung, Seitenverschiebung mit Kontraktur, Distraktion, Rotation und
- 5 nicht sichtbare Symptome: eingeschränkte Beweglichkeit (= Functio laesa), Druckschmerz, passiver Bewegungsschmerz, Knochenreiben (= Crepitatio, deren diagnostische Auslösung meist überflüssig ist) und abnorme Beweglichkeit des distalen Anteils der betroffenen Extremität.

Farbveränderungen an den Extremitäten sind z. B. die gefürchteten „roten Streifen der Blutvergiftung" als Zeichen entzündeter Lymphbahnen, die wächserne Blässe beim Raynaud-Syndrom (= anfallsartige Gefäßkrämpfe, besonders der Hände) oder die Schwellung und Rötung entzündeter Gelenke bei Gichtanfällen oder rheumatischem Fieber. Zyanose oder Marmorierung sprechen für Gefäßerkrankungen, auf die auch die atrophische[2] Entfältelung der Haut bei arteriellen Durchblutungsstörungen hinweist. Ein Palmarerythem finden Sie als diffuse Rötung bei chronischen Lebererkrankungen besonders deutlich am Daumen- und Kleinfingerballen und an der Palmarseite der Endglieder der Finger; ein atrophischer Daumenballen kann auf ein Karpaltunnelsyndrom (Druck auf den N. medianus) hinweisen. Verstärkte Braunpigmentierung ist ein Zeichen für Morbus Addison oder Hämochromatose.

Form- und Haltungsveränderungen der Hand sind die Beugekontraktur des IV. und V. Fingers mit Grübchen in der Hohlhand als Zeichen für die Dupuytren-Kontraktur. Typisch für eine Radialisparese ist die *Fallhand* (Abb. 16.**2a**). Die sog. *Schwurhand* entsteht beim Faustschlussversuch, wenn der N. medianus gelähmt ist (Abb. 16.**2b**). Die Ulnarisparese führt zur *Krallenhand* (Abb. 16.**2c**).

---

2 Trophik = Ernährung

16

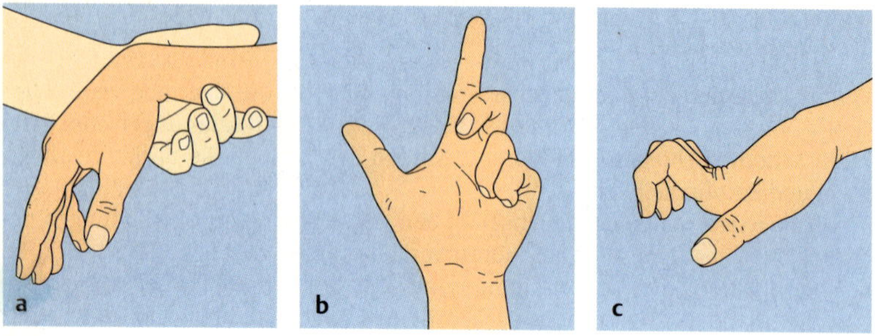

Abb. 16.**2** Haltungsveränderungen der Hand. **a** Fallhand bei Radialisparese; **b** Schwurhand bei Medianusparese; **c** Krallenhand bei Ulnarisparese

Schon die Begrüßung des Patienten bietet Ihnen diagnostische Hinweise, z. B. die Art des Händedrucks, die feuchte Hand bei der Hyperthyreose, die schlaffe Hand bei neurologischen oder muskulären Erkrankungen des Armes oder die strangförmig indurierte Kontraktur der Palmaraponeurose (Dupuytren) bei chronischen Lebererkrankungen oder bei Arbeitern, die mit Pressluftwerkzeug umgehen.

Eine verstärkte Venenzeichnung am **Handrücken** lässt auf eine Herzinsuffizienz oder obere Einflussstauung schließen, wenn die Venen auch an der über das Herzniveau erhobenen Hand hervorspringen.

Achten Sie auf **Formveränderungen der Finger**, wie Trommelschlegelfinger als Zeichen chronischer kardiopulmonaler und gastrointestinaler Erkrankungen, aber auch für Myxödem und Dysproteinämie,

Verformungen der **Fingergelenke**, z. B. durch Gicht oder degenerative Heberden-Knoten an der Dorsalseite der distalen Interphalangealgelenke,

Stellungsanomalien, wie die Ulnardeviation oder die sog. „Schwanenhalsdeformität" der Finger bei rheumatoider Arthritis, die den Faustschluss und den Spitzgriff zum Halten eines Schreibwerkzeuges, aber auch den Schlüsselgriff unmöglich machen,

pathologische Bewegungen, wie das deutliche Zittern der gespreizten Finger bei der Hyperthyreose, Ruhetremor bei M. Parkinson oder der Intentionstremor bei multipler Sklerose.

Farbveränderungen der Nägel:

Blasse, opake Nägel (= „Weißnägel") mit flacher, brückenförmiger Wölbung, aber erhaltenem Falz und fehlenden Lunulae bei Leberzirrhose, Nephrose und anderen Ursachen einer Hypalbuminämie, meist gemeinsam mit parallel zur Lunula verlaufenden weißen Streifen;

weiße Nägel oder „half and half nails" (= weiße proximale Nagelzone ohne Lunula waagerecht abgesetzt gegen eine rötliche distale Zone) bei Niereninsuffizienz und bis zu 20 % aller Urämiefälle;

Veränderungen der Nägel und des Nagelbettes
Diagnostische Bedeutung

Formveränderungen

- Abgekaute Fingernägel sollten mindestens beim Erwachsenen Anlass zu einer psychologischen Exploration sein
- Nagelverdickungen und -eintrübung bei Mykosen, die gleichzeitig mit Abhebung und/oder Zerstörung der Nagelplatte einhergehen. Grübchen, oft fälschlicherweise als Tüpfelung bezeichnet, weisen ebenso wie fleckige Nägel (= Ölflecken) auf eine Psoriasis hin (vgl. Abb. 7.23)
- schmutzig-gelbe Verfärbung und Verdickung sehr langsam wachsender Großzehennägel findet man bei der primären Onychodystrophie. Sie beruht in erster Linie auf Durchblutungsstörungen bei Arteriosklerose, Diabetes, starken Rauchern und Endangiitis obliterans und ist in vielen Fällen nur mit der Kultur von der Onychomykose zu unterscheiden
- subunguale Splitterblutungen kommen bei Psoriasis und Trichinose vor und sind gemeinsam mit anderen Zeichen einer hämorrhagischen Diathese Zeichen für Morbus Osler
- dünne und spröde Nägel beim Morbus Raynaud

weißfleckige Nägel als Zeichen einer Eisenmangelanämie, gelblich schimmernde „Ölflecken“ im Nagelbett als charakteristisches Symptom der Psoriasis;

längs verlaufende, **braun-streifige** Verfärbungen der Nägel können Zeichen eines auswachsenden Hämatoms sein (Benzidinprobe); unscharf abgegrenzt weisen sie auf ein Melanom hin, das im Spätstadium mit Pigmentierung der periungualen Haut, Nageldystrophie und Schmerzen einhergeht. Braune Nagelstreifen findet man auch bei Morbus Addison, Malabsorption und bei pigmentbildenden Pilzen.

Das **Nagelbett** anämischer Patienten ist blass. Dunkelrot oder bläulich wirkt es bei Polyzythämie, zyanotisch bei Herzfehlern mit Rechts-links-Shunt. „Splitterblutungen“ unter den Nägeln können Zeichen einer Endocarditis lenta sein. Besonders ausgeprägte Kapillarpulse unter den Fingernägeln weisen auf eine Aorteninsuffizienz hin.

16.4.2 Palpation

Zu jeder ***Palpation* der oberen Extremität** gehört eine Untersuchung der Axilla. **Schweißdrüsenabszesse** unterscheiden sich durch ihre Schmerzhaftigkeit von axillären Lymphknotenvergrößerungen, die beispielsweise bei Mammakarzinom oder bei entzündlichen Veränderungen am Arm auftreten können (vgl. Abb. 11.8, S. 273). Im Bereich der Ellenbeuge sind tastbare Lymphknoten selten und abgesehen von Entzündungen Zeichen einer generellen Erkrankung des lymphatischen Apparates wie bei Morbus Hodgkin. Subkutane **Rheumaknötchen** findet man am Ellenbogengelenk dorsal über der Ulna oder im Bereich des Handgelenks.

Für die Beurteilung der **Durchblutung** palpieren Sie den Puls und ggf. den Arterienverlauf sowie seitenvergleichend die Hauttemperatur beider Arme.

16.4.3 Auskultation

Besonders bei älteren Patienten gelingt die ***Auskultation*** von Gelenkgeräuschen meist schon ohne Stethoskop. Reibegeräusche (=Crepitatio) entstehen gehäuft über dem Skapulohumeralgelenk und sind Zeichen degenerativer Veränderungen.

16.4.4 Funktionsprüfung

Die Bewegungen des Patienten im Sprechzimmer oder im Krankenbett (Entkleiden, Hinlegen, Hochziehen der Bettdecke, Aufsitzen usw.) geben Einblick in die Funktion der oberen Extremität, deren Beweglichkeit dauernd, z. B. durch Traumafolgen, Ankylose und Degeneration oder vorübergehend durch Ergüsse, Muskelspasmen, freie Gelenkkörper, eingeschränkt sein kann und der Messung bedarf.

Mit den folgenden Kurzuntersuchungen des **Schultergelenks** können Sie sich einen Überblick über die Funktion verschaffen:

Der **„Schürzengriff"** prüft die Innenrotationsfähigkeit mit höchstmöglicher Verschränkung der Arme auf dem Rücken.

Der **Nackengriff** dient der Prüfung der Außenrotation. Dabei führt der Patient beide Handinnenflächen zum Hinterkopf, wobei die Ellenbogen die Bewegung möglichst weit nach hinten mitmachen sollen.

Voraussetzung für die Durchführung des **Spitzgriffes** zum Halten eines Kugelschreibers ist neben der intakten Innervation die funktionsfähige Beugemuskulatur. Ähnlich wie der Gang zeigt eine **Schriftprobe** mit Namen, Wohnung und Datum oder das Ordnen der Haare die Koordination komplexer Bewegungsabläufe.

16.4.5 Messungen an der oberen Extremität

Der Bewegungsspielraum im Schultergelenk geht über halbkugelförmige Bewegungen hinaus (Abb. 16.**3**).

Gemeinsam mit den Bewegungen im Schultergürtel ergeben die Bewegungen im Schultergelenk die Gesamtbeweglichkeit des Armes gegenüber dem Thorax. Mit der beidseitigen Prüfung vermeiden Sie ein Ausweichen des Oberkörpers zur einen oder anderen Seite.

Als **Besonderheit bei der Vertikalbewegung** ist zu berücksichtigen, dass bei Abduktion und Adduktion die Arme in der Frontalebene nach der Seite oder körperabwärts bewegt werden. Die Abduktion über 90° hinaus ist nur möglich bei gleichzeitiger Außenrotation im Schultergelenk und Drehung des Schulterblattes. Wenn Sie die Mitbewegung verhindern wollen, müssen Sie das Schulterblatt manuell fixieren.

Vorheben und Rückheben des Armes (Abb. 16.**4**) erfordern über die Horizontale hinaus eine Rotation und eine Drehung des Schulterblattes.

Horizontalbewegungen des Armes im Schultergelenk (Abb. 16.**5**) führt der Patient in der Seithalte um die Vertikalachse des Körpers aus. Bei der Rotationsbewegung im Schultergelenk entspricht die Neutral-0-Stellung nicht der anatomischen Normalstellung.

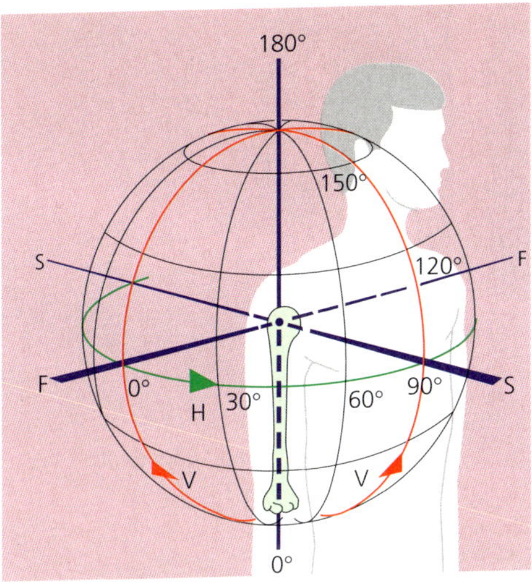

Abb. 16.**3** Bewegungsachsen und Richtungen am Schultergelenk: Vertikalbewegung (V) um die Frontalachse (F), Horizontalbewegung (H) in der Transversalebene, Rotationsbewegung um die Längsachse des Oberarmes nicht eingezeichnet
(Abb. 16.**3** – 16.**11** nach *Debrunner*)

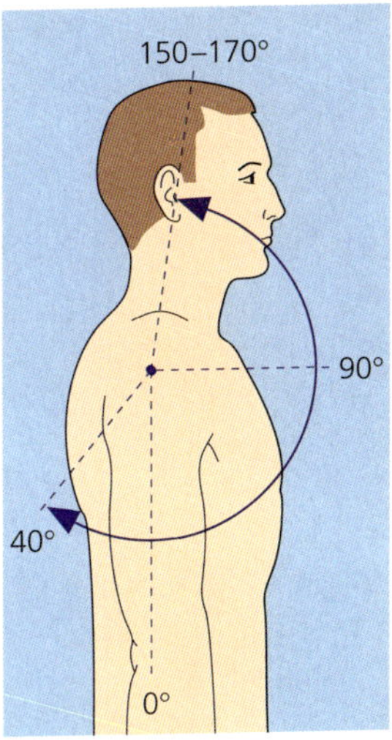

Abb. 16.**4** Vertikalbewegungen im Schultergelenk

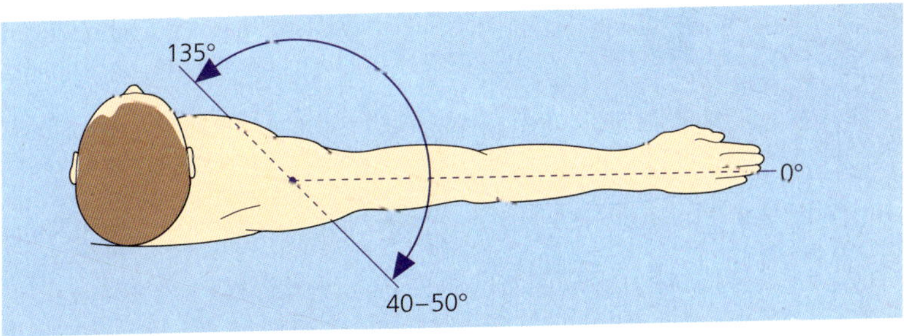

Abb. 16.**5** Horizontalbewegungen im Schultergelenk

Die Außen- und Innenrotation bei hängendem Arm (Abb. 16.**6**) messen Sie, indem Sie den Unterarm im Ellenbogengelenk nach vorn flektieren und als „Zeiger" benutzen. Die maximale Einwärtsdrehung reicht bis zu „Hand auf dem Rücken".

Mit abduziertem Arm (Abb. 16.**7**) können Sie ebenfalls die Außen- und Innenrotation bestimmen. Auch hier dient der flektierte Unterarm als „Zeiger".

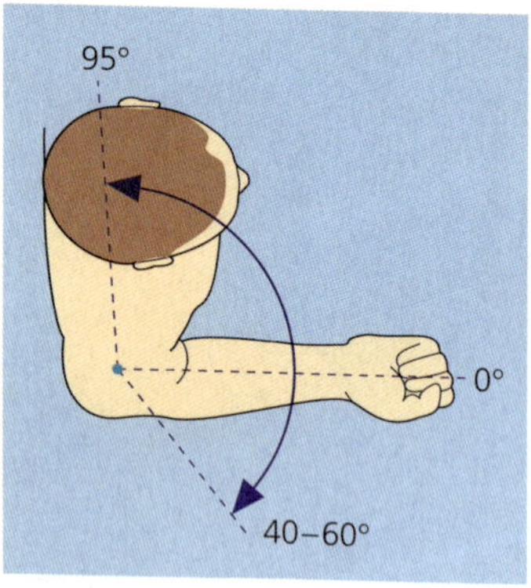

Abb. 16.**6** Innen- und Außenrotation im Schultergelenk

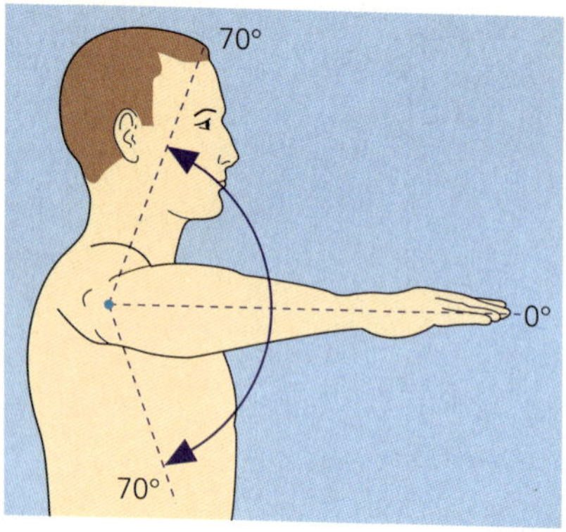

Abb. 16.**7** Innen- und Außenrotation bei abduziertem Arm

Das Heben des Armes (Elevationsbewegungen) ist in verschiedenen Richtungen möglich: seitlich, vorwärts, vorn seitlich, hinten seitlich, vorn körperwärts. Abgesehen von den Richtungsunterschieden sind diese Elevationsbewegungen mit der Vertikalbewegung gleichzusetzen. Sie brauchen nicht gesondert gemessen zu werden.

Bewegungen im Schultergürtel können Sie meist nur im Vergleich mit der Gegenseite und anderen Menschen schätzen, weil die Bewegungen des Schulterblattes auf dem Thorax die Schultergelenkpfanne in unterschiedliche Ausgangsstellungen zum Rumpf bringen. Das ist auch der Grund dafür, dass Einschränkungen der Beweglichkeit im Schultergelenk durch vermehrte Bewegungen im Schultergürtel ausgeglichen werden können.

Die **Beweglichkeit im Ellenbogengelenk** prüfen Sie mit der Flexion und Extension (Abb. 16.**8**) sowie der Pro- und Supination mit angelegtem Oberarm und 90° flektiertem Ellenbogengelenk, wobei der Daumen als Zeiger nach kranial gerichtet wird (Abb. 16.**9**). Frauen erreichen bei einer Extension über die Neutral-0-Stellung hinaus bis zu 15°.

Für die Messung der Handgelenkbeweglichkeit (Radioulnar- und Handwurzelgelenke) benutzt man den Winkel zwischen Unterarmachse und Metakarpale III und prüft Flexion und Extension (Abb. 16.**10**) sowie die radiale Adduktion und die ulnare Abduktion (Abb. 16.**11**).

Dazu lässt man den Patienten die Hand gegen den fixierten Unterarm nach dorsal und palmar, radial und ulnar abwinkeln. An der Pro- und Supination sind Ellenbogengelenk und Radioulnargelenk beteiligt.

Für die **objektive Beurteilung der groben Kraft** rollen Sie eine Blutdruckmanschette fest zusammen und pumpen sie auf 30 mmHg auf. Dann lassen Sie den Patienten die Hand maximal zusammendrücken und messen den Druckanstieg. Die Durchschnittswerte beim Mann betragen 120, bei der Frau 80 mmHg.

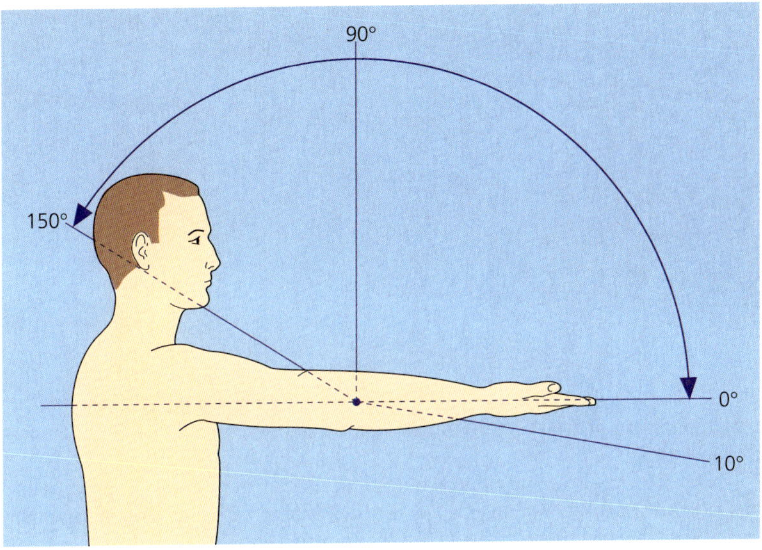

Abb. 16.**8** Flexion und Extension des Ellenbogengelenks

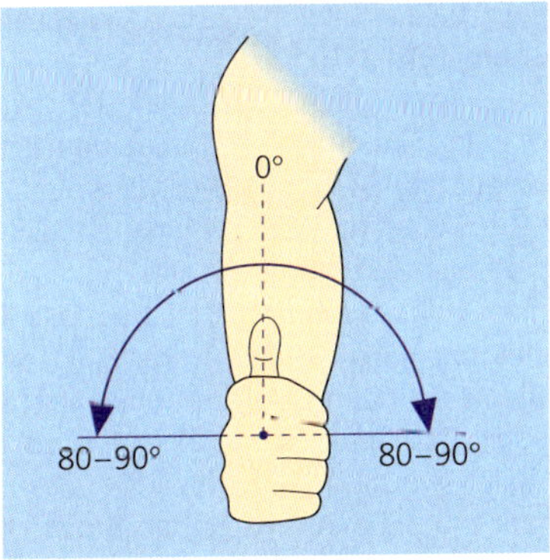

Abb. 16.**9** Pro- und Supination des Unterarms

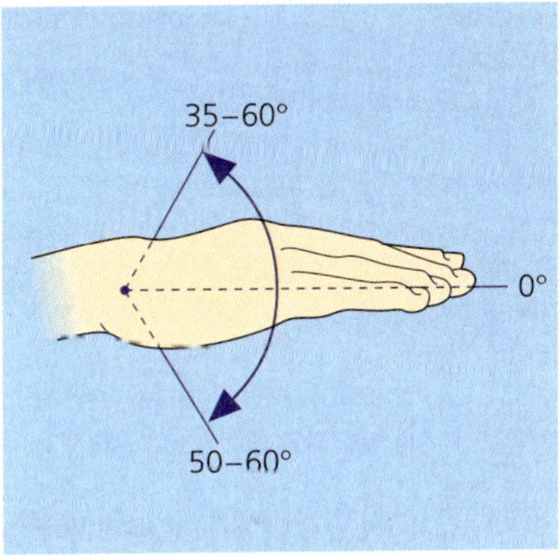

Abb. 16.**10** Extension und Flexion des Handgelenks

Eine Messung des jeweiligen **Gelenkumfangs** und der aktiven bzw. passiven Beweglichkeit mit Hilfe eines Goniometers ist nur erforderlich, wenn die grobe Prüfung der Beweglichkeit oder die Inspektion pathologische Befunde ergeben. Zur Beurteilung der **Beweglichkeit der Greifhand** müssen Sie prüfen, ob der Patient die Faust schließen, die Handfläche öffnen, die Finger voll spreizen, den Daumen ab-

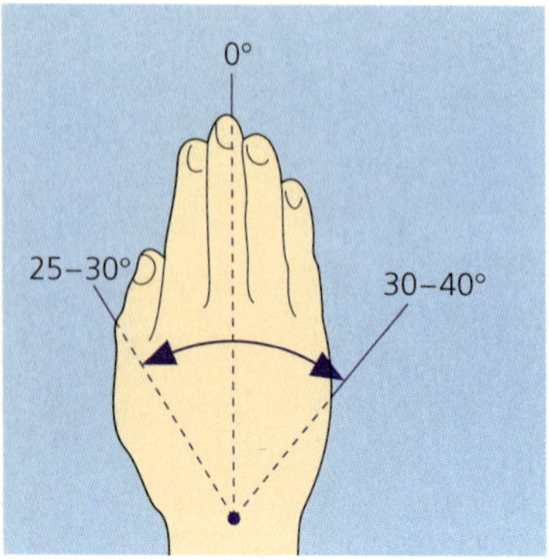

Abb. 16.**11** Adduktion und Abduktion des Handgelenks

und adduzieren und mit dem Daumen einen Bogen bis zur Wurzel des V. Fingers bilden kann.

In der Neutral-0-Stellung sind Handgelenk und Finger gestreckt. Unterarm und Längsachse der Finger bilden eine Gerade; der Daumen liegt in seiner natürlichen Haltung an der mediopalmaren Kante des Zeigefingers.

Man nummeriert die **Finger** von I–V und untersucht von proximal nach distal am Daumen das Karpometakarpalgelenk, die Metakarpophalangealgelenke (Fingergrundgelenke), das proximale Interphalangealgelenk (Mittelgelenk) und das distale Interphalangealgelenk (Endgelenk) (Abb. 16.**12** u. 16.**13**).

Am **Daumen** bestimmt man den Abduktionswinkel (Abb. 16.**14**) am besten mit der Hand flach auf dem Tisch. Die Adduktion an der Handfläche vorbei nennt man auch Transpalmaradduktion. Die palmare Abduktion (Abb. 16.**15**) verläuft senkrecht zur Palmarebene in mehreren Richtungen. Gemessen wird nach palmar. Zirkumduktion nennt man die Bewegung des Daumens in Richtung auf den Hypothenar (Abb. 16.**16**). Die Flexion des Daumens messen Sie getrennt in den drei (!) Gelenken (Abb. 16.**17**). Als Opposition bezeichnet man die maximale Zirkumduktion und Innenrotation des Daumens (Abb. 16.**18**), bis die Daumenkuppe den V. Strahl berührt. Als Messwert gilt der Abstand zwischen Daumenkuppe und kleinem Finger.

Die Flexion in allen Fingergelenken wird mit einem Goniometer gemessen oder als minimaler Abstand zwischen den Fingerkuppen und der Handinnenfläche (Faustschlussdefizit) (Abb. 16.**19** und 16.**20**) protokolliert. Die Abduktion und Adduktion zum Spreizen und Schließen der Finger (Abb. 16.**21**), die in den Metakarpophalangealgelenken erfolgt, werden als Distanz zwischen den zugehörigen Fingerkuppen gemessen. Eine grobe Innervationsprüfung der Hand zeigt Abb. 16.**22**.

Für die **Längenmessungen am Arm** benutzt man die Gesamtlänge im Stehen am hängenden Arm zwischen Akromionspitze und Processus styloideus (radii) (S. 427). Als Oberarmlänge wird die Strecke zwischen Akromionspitze und Epicondylus lateralis (humerus) bestimmt, der auch als oberer Messpunkt für die Unterarmlänge bis zum Processus styloideus (radii) gilt.

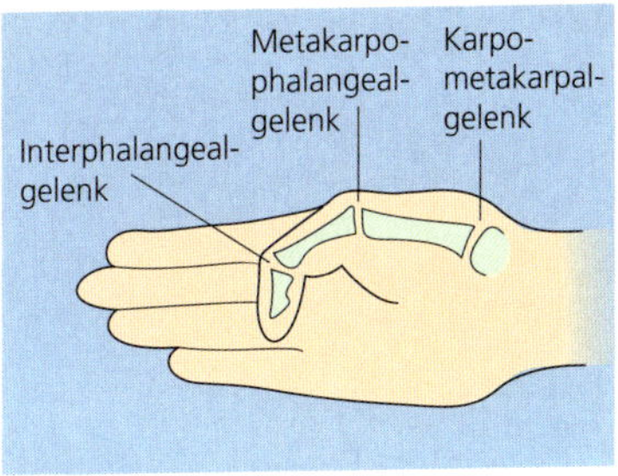

Abb. 16.**12** Daumengelenke

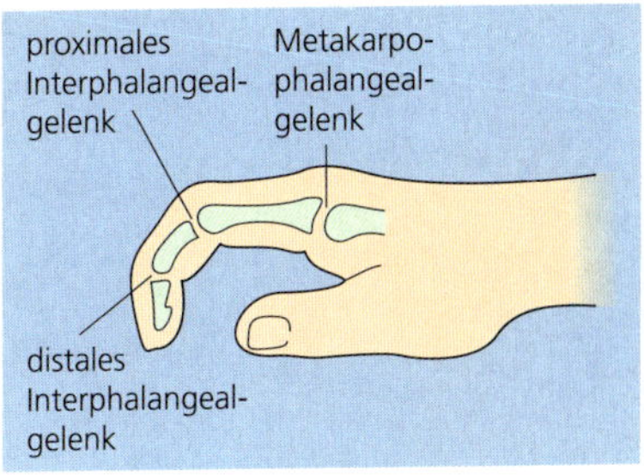

Abb. 16.**13** Fingergelenke

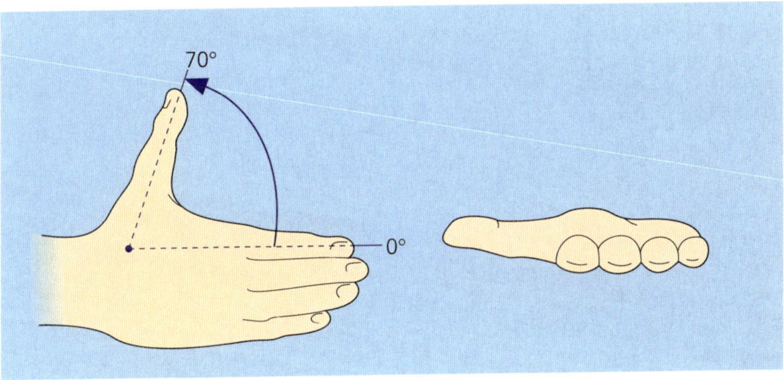

Abb. 16.**14** Abduktion des Daumens nach radial (Abb. 16.**14 – 16.21** nach *Debrunner*)

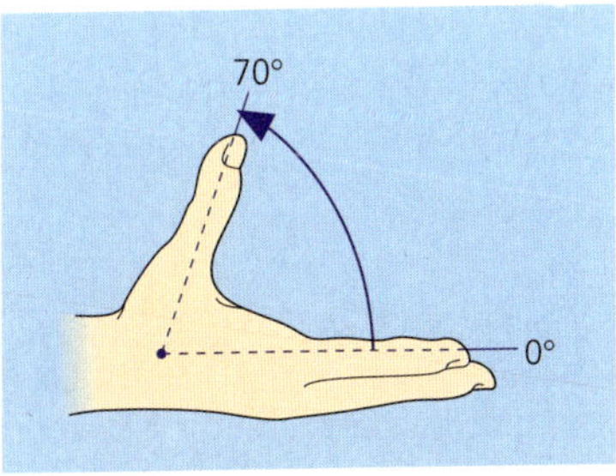

Abb. 16.**15** Abduktion des Daumens nach palmar

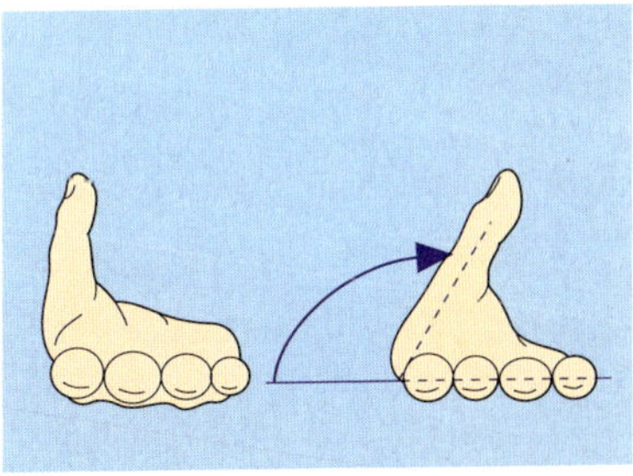

Abb. 16.**16** Zirkumduktion des Daumens nach volar

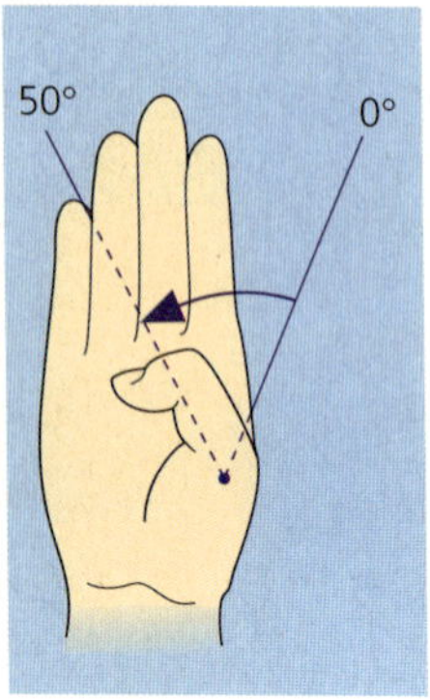

Abb. 16.**17** Flexion des Daumens im Metakarpophalangealgelenk und im Interphalangealgelenk

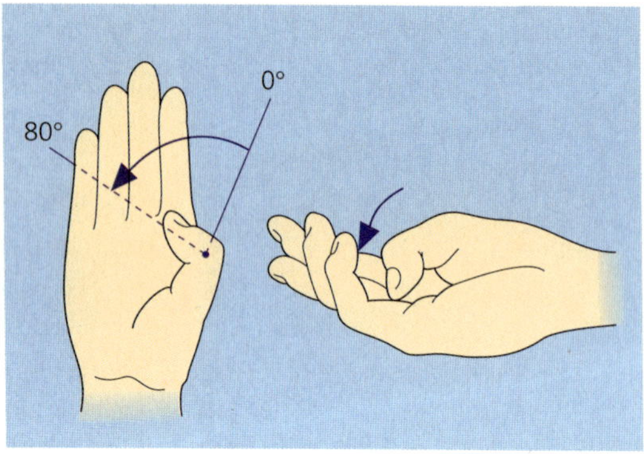

Abb. 16.**18** Gebeugter Daumen in Opposition

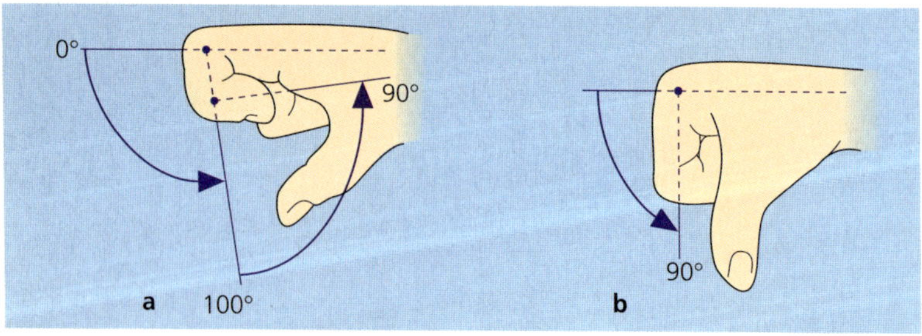

Abb. 16.**19** Beugung der Fingergelenke: **a** im Fingerendgelenk und im proximalen Interphalangealgelenk, **b** im Fingerendgelenk, im proximalen Interphalangealgelenk und im Metakarpophalangealgelenk

Handlängen sind die Distanzen zwischen einer gedachten Linie, die den Processus styloideus (ulnae) und den Processus styloideus (radii) verbindet bis zur Spitze des Mittelfingers; als Fingerlänge gilt der Abstand von Fingergrundgelenken bis Fingerspitzen, gemessen auf der Dorsalseite bei gebeugtem Grundgelenk.

Den **Umfang des Oberarmes** misst man beim locker herabhängenden Arm am Ansatz des M. deltoideus auf Höhe der Achselfalte, als Bizepsumfang 15 cm oberhalb des Epicondylus lateralis (humerus) bei gestrecktem Ellenbogen. Den Ellenbogenumfang bestimmt man in Höhe des Olekranons in Streckstellung.

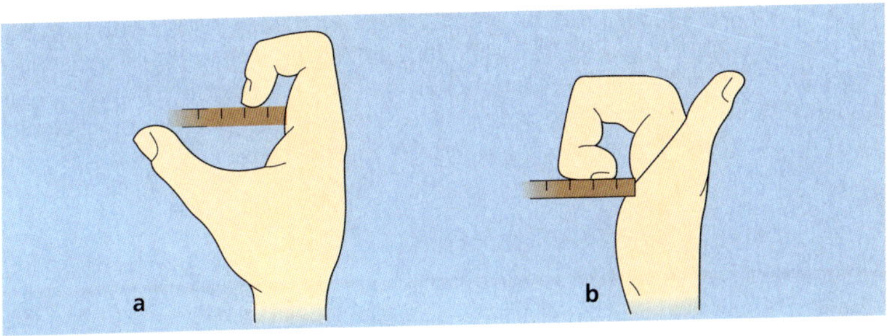

Abb. 16.**20** Messung des Abstandes zwischen Fingerkuppe und Beugefalte (kombinierte Flexion): **a** im Fingerendgelenk und im proximalen Interphalangealgelenk, **b** im Fingerendgelenk, im proximalen Interphalangealgelenk und im Metakarpophalangealgelenk

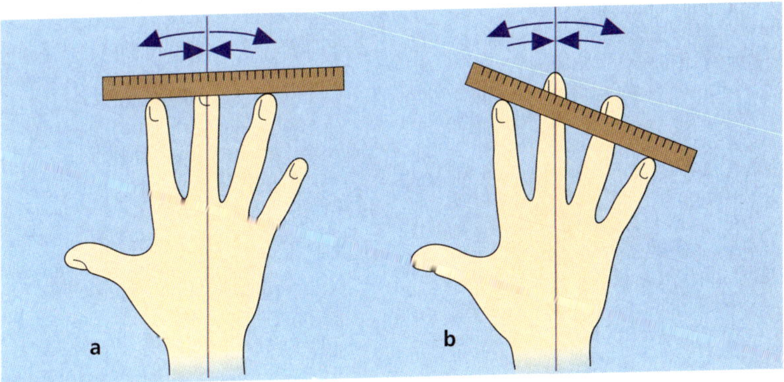

Abb. 16.**21** Spreizen und Schließen der Finger: **a** von Zeige- und Ringfinger, **b** des fünften Fingers

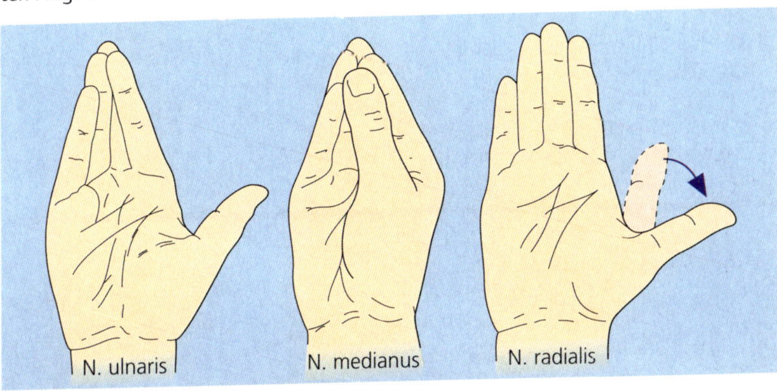

Abb. 16.**22** Grobe Innervationsprüfung der Hand

Der Unterarmumfang wird 10 und 20 cm unterhalb des Epicondylus lateralis (humeri) bestimmt, der Handgelenkumfang direkt distal vom Processus styloideus (ulnae et radii), der Mittelhandumfang über den Köpfen der Ossa metacarpalia II–V und der Fingerumfang in der Mitte der Fingerglieder. Die Fingergelenke misst man über dem proximalen und distalen Interphalangealgelenk.

16.5 Aufgaben für die Selbstkontrolle

1 Wie unterscheiden Sie Paresen, Paralysen und Plegien?

2 Welche drei Ursachen können Bewegungseinschränkungen bewirken?

3 Wodurch unterscheiden sich lokale und radikuläre Extremitätenschmerzen prinzipiell?

4 Welcher Schmerz ist charakteristisch für Knochenerkrankungen?

5 Welche grundsätzlichen Methoden eignen sich für die Inspektion und Palpation an den Extremitäten?

6 Welche drei Zeichen sprechen für eine Luxation?

7 Worauf bezieht sich bei der Neutral-0-Methode der gemessene Winkel?

8 Womit können Sie das Fortschreiten oder Abklingen von Erkrankungen der Extremitäten und der Wirbelsäule beurteilen?

9 Wie unterscheiden sich Schwellungen durch intraartikuläre Ergüsse, Weichteilentzündungen und Knochentumoren?

10 Welche fünf sichtbaren Symptome sind klassische Frakturzeichen?

11 Nennen Sie mindestens drei nicht sichtbare Zeichen für eine Fraktur!

12 Worauf weisen Fallhand und Schwurhand hin?

13 Wie können Sie palpatorisch einen axillären Schweißdrüsenabszess von einer Lymphknotenvergrößerung unterscheiden?

14 Welche beiden Kurzuntersuchungen bieten einen Überblick über die Funktion des Schultergelenks?

15 Bei welcher Bewegungsuntersuchung des Armes kommt die Neutral-0-Stellung nicht zur Anwendung?

16 Was benutzen Sie für die Messung der Außen- und Innenrotation bei hängendem Arm als Zeiger?

17 Welche untersuchungstechnische Folgerung ergibt sich aus der Tatsache, dass Bewegungseinschränkungen im Schultergelenk durch vermehrte Bewegung im Schultergürtel ausgeglichen werden können?

18 Welche vier Bewegungsrichtungen müssen Sie im Ellbogengelenk untersuchen?

19 Wie kann man die grobe Kraft objektiv beurteilen?

20 Was verstehen Sie unter einer Transpalmaradduktion?

21 Wie messen Sie die Länge eines Armes?

16.6 Die Befunderhebung an der unteren Extremität

16.6.1 Inspektion

Die ***Inspektion*** der Beine richtet sich vergleichend auf die **Länge**. Verkürzungen können z. B. durch einseitige Wachstumsstörungen, Osteomyelitis, Lähmungen in der Kindheit oder Hüftgelenksluxationen bedingt sein und zum Beckenschiefstand führen. Dazu prüfen Sie den Einbeinstand, bei dem der Patient gewöhnlich die Beckenseite des verkürzten Beines höher hält. Die Ursachen für **Formveränderungen** der Beine entsprechen weitgehend denen der oberen Extremität. Stellungsanomalien wie X- oder O-Beine (Abb. 16.**23**) führen zu Fehlbelastungen und verfrühtem Verschleiß. Sie können die Ursache für Gehbeschwerden sein.

Diagnostisch bedeutungsvolle **Hautveränderungen** an den unteren Extremitäten sind neben glänzend-praller oder bräunlich verfärbter Haut bei Ödemen die sichtbaren Zeichen einer Durchblutungsstörung: Blässe, Zyanose, Marmorierung und Überpigmentierung (s. Kapitel Haut). Im fortgeschrittenen Stadium kommt es zu Hautulzerationen bzw. atrophischer Gangrän in feuchter Form beim Venenverschluss. Der Arterienverschluss führt zunächst zur „trockenen Mumifikation". Denken Sie daran, dass Sie Varizen beim liegenden Patienten leicht übersehen können, weil sie leer laufen.

Eine flächenhafte Rötung mit scharfen Grenzen finden Sie beim Erysipel; flächenhafte Braunfärbung spricht dagegen für chronisch-venöse Abflussbehinderung.

Veränderte Konturen von Knie-, Fuß- und Zehengelenken weisen in erster Linie auf entzündliche und degenerative Erkrankungen hin. In einem solchen Fall sollten Sie den Umfang der Gelenke vergleichend messen und dokumentieren. Die Fußgewölbe sind in Bezug auf Senk-, Platt- und Spreizfuß der häufigste Grund für Gehbeschwerden. Denken Sie daran, dass Stellungsanomalien der Zehen wie Hallux valgus (= X-Stellung der großen Zehe in Richtung auf die anderen Zehen) und Hammerzehen für Patienten mit stehenden oder gehenden Berufen (z. B. Verkäufer oder Kellner) von besonderer Bedeutung sind. Hallux varus nennt man die Abwinklung der großen Zehe von den anderen Zehen weg.

16

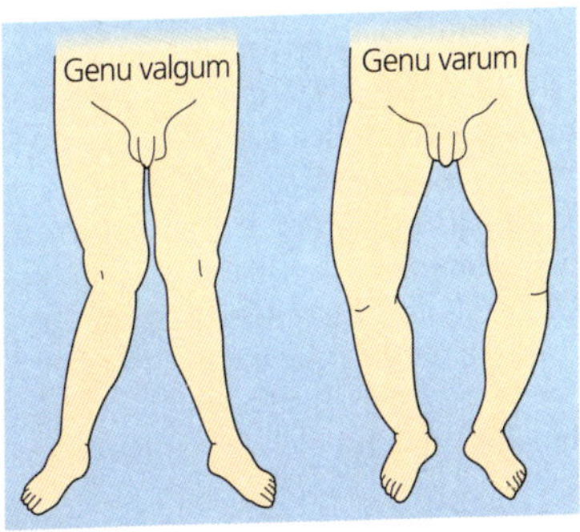

Abb. 16.**23** X- oder O-Beine führen zu Fehlbelastungen

16.6.2 Palpation

Palpatorisch können Sie auch Durchblutungsstörungen durch unterschiedliche Temperatur der Beine und durch den Seitenvergleich der A. femoralis in der Inguinalregion, der A. poplitea in der Kniekehle, der A. tibialis posterior hinter dem Malleolus medialis und der A. dorsalis pedis lateral vom 1. Strahl feststellen.

Voraussetzung für die palpatorische Beurteilung von **Gewebsturgor** und **Muskeltonus** ist eine möglichst entspannte Lagerung des Patienten. Kneten und zu heftiges Drücken verhindern das Ertasten feiner Unterschiede im Muskeltonus und führen bei den Patienten leicht zur Verkrampfung, unter Umständen sogar zur Lösung eines Embolus.

Die **Waden** werden seitenvergleichend mit der Hohlhand und flach aufgelegten Fingern von proximal nach distal abgetastet. Adduktorenkanal, Vv. saphena magna et parva und der Hiatus saphenus sind bei entzündlichen und thrombotischen Veränderungen druckschmerzhaft induriert. Die ödematöse Schwellung der Leistenregion lässt besonders dann an eine Beckenvenenthrombose denken, wenn die Beine nicht gestreckt werden können. Druckschmerz im medialen Teil der Fußsohle **(Payr-Zeichen)** gilt als Zeichen einer tiefen Thrombophlebitis; der Wadenschmerz bei der Dorsalflexion des Fußes **(Homans-Zeichen)** weist auf eine tiefe Unterschenkelphlebitis hin.

Die warme Zyanose einer tiefen Venenentzündung kann man palpatorisch leicht von der entzündlichen Rötung der oberflächlichen Thrombophlebitis unterscheiden. Die tiefen Venen sind der unmittelbaren Palpation nicht zugänglich, jedoch führen perivasale Infiltrate zur Spannung der umgebenden Faszie. Das Gewebe wirkt prall und ist druckschmerzhaft.

Prätibiale Ödeme werden in vier Klassen eingeteilt:

I. eben sichtbar bleibende Delle,
II. deutlich sichtbar bleibende Delle,
III. deutlich sichtbare tiefe Mulde mit ödematöser Verformung des distalen Unterschenkels,
IV. wie III, aber mit extremer Verformung der unteren Extremität.

Zur Dokumentation von Beinödemen gehören Lokalisation, Ausdehnung und eventuelles Nässen. Die **Seitenverteilung** der Ödeme gibt Ihnen differenzialdiagnostische Hinweise. Nephritische oder kardiale Ödeme treten meist beiderseits auf; thrombotische oder statische Ödeme durch seitendifferente Varikose oder auch das Lymphödem finden Sie meist einseitig. Wesentlich ist die Unterscheidung der dellenbildenden Ödeme durch Wasseransammlungen im Gewebe von Myxödem, Lipödem und Lymphödem, bei denen Druck mit dem Finger nur geringe Dellenbildung zeigt oder fehlt. Ein deutlich **schmerzhaftes Ödem** bei (reflektorisch bedingter) wächserner Blässe des ganzen Beines lässt die venöse Abflussstauung einer Phlegmasia alba dolens von einer Embolie oder einem thrombotischen Verschluss unterscheiden.

In unklaren Fällen können Sie **Gelenkschwellungen** durch seitenvergleichende Palpation differenzieren:

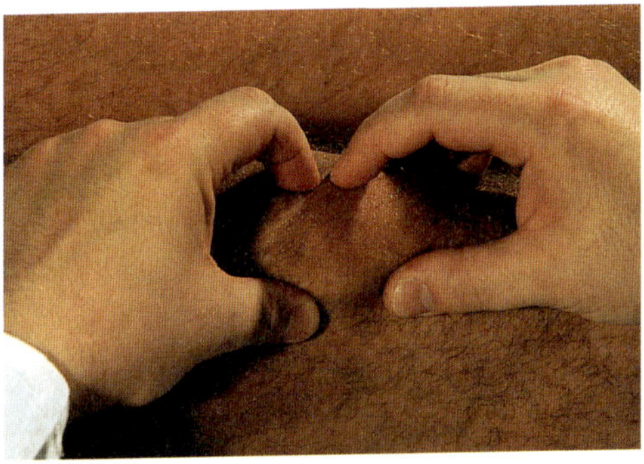

Abb. 16.**24** Prüfung der „tanzenden Patella“

1. Eine periartikuläre Schwellung, sei es durch eine Bursitis, sei es in Form eines Bindegewebsödems, führt entweder zu keiner oder nur zu räumlich sehr begrenzten Fluktuationen.
2. Dagegen entsteht durch intraartikulären Erguss die „tanzende Patella“, die man durch Zusammendrücken der Flüssigkeit aus den kommunizierenden Bursae unter der Kniescheibe und durch Druck auf die Patella prüft (Abb. 16.**24**).
3. Bei entzündlicher Schwellung ist die Hauttemperatur in der unmittelbaren Umgebung des Gelenks deutlich erhöht.

16.6.3 Auskultation

Die vergleichende auskultatorische Blutdruckmessung an den Beinen bei Patienten mit Hypertonie kann zur Diagnose der Aortenkoarktation beitragen. Mit dem Stethoskop erfassbare Reibegeräusche über den großen Beingefäßen lassen auf eine ausgeprägte Arteriosklerose schließen. Man muss sie von leiseren und weniger schabenden Strömungsgeräuschen bei Krampfadern unterscheiden.

16

16.6.4 Funktionsprüfungen

Die Beobachtung des Patienten beim Stehen, Gehen und Entkleiden, die Art, wie er sich hinlegt oder im Krankenbett umdreht, lässt Rückschlüsse auf die ***Funktion*** der Extremitäten zu.

Eine Unterscheidung zwischen intraartikulärer und extraartikulärer Bewegungseinschränkung lässt sich meist durch die Feststellung klären, ob die Beweglichkeit in allen Ebenen oder nur in einer Richtung durch Knochen- oder Weichteilblockade eingeschränkt ist.

Unterscheiden Sie beim Hinken:

1. das **Verkürzungshinken**, z. B. als Folge einer Fraktur oder einer chronischen Osteomyelitis. Dabei senkt sich der Körper in der Standphase in Richtung des verkürzten Beines;

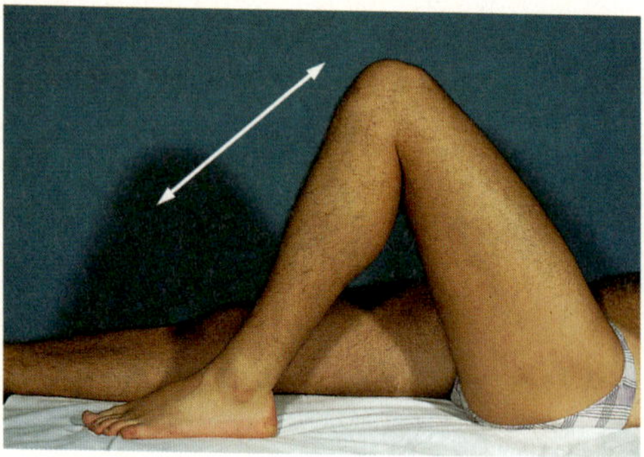

Abb. 16.**25** Grobe Funktionsprüfung des Hüftgelenks

2. das **Schonhinken**, bedingt durch Schmerzen, z. B. in der Haut der Fußsohle, in der Muskulatur oder in den Gelenken. Dabei wird die Belastungszeit der schmerzenden Extremität verkürzt;
3. das **Versteifungshinken**, soweit es aus der Hüfte erfolgt, auch Hüfthinken genannt, z. B. bei einer Arthrodese des Hüftgelenks, wobei das Vorschwingen des Beines durch Drehung des Beckens zustande kommt und die Wirbelsäule ständig belastet wird;
4. das so genannte **Duchenne-Trendelenburg-Hinken** aufgrund einer **Muskelinsuffizienz.** Dabei unterbleibt das Anheben der schwungseitigen Hüfte, und das Gewicht des Oberkörpers wird auf die Standbeinseite verlagert.

Einen **Überblick über die Hüftgelenksfunktion** verschaffen Sie sich, wenn Sie den auf dem Rücken liegenden Patienten das Hüftgelenk und Kniegelenk beugen lassen, so dass er den Hacken des einen Fußes neben das Kniegelenk des anderen Beines stellen kann, und ihn auffordern, das gebeugte Knie nach außen und dann nach innen in Richtung auf die Unterlage zu drehen (Abb. 16.**25**).

Die wichtigsten Muskelgruppen des Beines überprüfen Sie mit Zehengang, Fersengang, Kniebeugen und einer schnellen Streckung zum Wiederaufstehen. Mit dem **Einbeinstand** (Trendelenburg-Zeichen) können Sie kontrollieren, ob die Beckenseite des angehobenen Beines absinkt, ein Zeichen für muskuläre Insuffizienz des M. glutaeus medius.

16.6.5 Messungen an der unteren Extremität

Den **Bewegungsumfang im Hüftgelenk** stellt man beiderseits vergleichend fest. Bei der Untersuchung liegt der Patient auf dem Rücken oder in Seitenlage auf einer möglichst harten Unterlage. Denken Sie bei der Messung daran, dass die Lordose der Lendenwirbelsäule normalerweise einer Beckenneigung von 12° entspricht.

In Rückenlage wird zunächst eine etwa vorhandene übermäßige Lendenlordose mit dem **Thomas-Handgriff** ausgeglichen (Abb. 16.**26**).

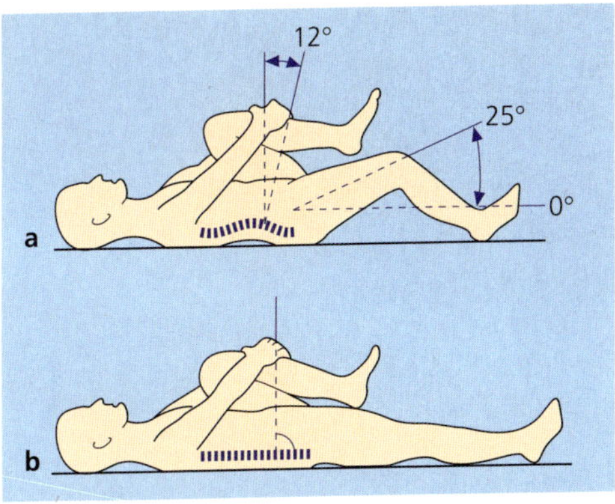

Abb. 16.**26** Thomas-Handgriff bestimmt die maximale Streckbarkeit. Bei übermäßiger Lendenlordose, z. B. durch Beckenkippung nach ventral aufgrund einer Spondylolisthesis (= Wirbelgleiten) oder bei Beugekontraktur der Hüfte, lässt man den Patienten mithilfe eines angezogenen Beines und beider Arme die Ausgangslage des Beckens für die Messung korrigieren (aus *Debrunner, U*: Orthopädisches Diagnostikum, 4. Aufl. Stuttgart: Thieme; 1982)

Das Ausmaß einer eventuellen Beugekontraktur der kontralateralen Hüfte (= Streckdefizit) ergibt sich aus dem Winkel, um den sich das Bein von der Unterlage abhebt.

In Seitenlage prüft man die Flexion unter Kontrolle des gestreckten Beines (Abb. 16.**27**). Normalerweise ist eine Überstreckung des Hüftgelenks um 12° möglich, wobei der Thomas-Handgriff auch in Seitenlage die Einhaltung der zwölfgradigen Lendenlordose sichert.

16

Die Abduktion und Adduktion im Hüftgelenk messen Sie in Streckstellung (Abb. 16.**28**). Dabei müssen Sie darauf achten, dass die beiden Spinae iliacae anteriores superiores rechtwinklig zur Achse des Oberschenkels stehen. Zur Bestimmung der Adduktionsbewegung hebt man das Bein der Gegenseite etwas an (Abb. 16.**29**).

Ähnlich wie beim Schultergelenk können Sie für die Feststellung der Außen- und Innenrotation im Hüftgelenk den Unterschenkel als „Zeiger" benutzen (Abb. 16.**30**). Zur Messung der Rotation in Streckstellung des Hüftgelenks fordern Sie den liegenden Patienten auf, mit der großen Zehe den Hacken des anderen Fußes zu erreichen (Innenrotation). Für die Außenrotation soll der auf dem Rücken liegende Patient mit der lateralen Kleinzehe die Unterlage berühren. Eine genauere Methode zur Messung der Rotation in Streckstellung des Hüftgelenks ist in Bauchlage möglich. Dazu wird der um 90° gebeugte Unterschenkel als Zeiger benutzt.

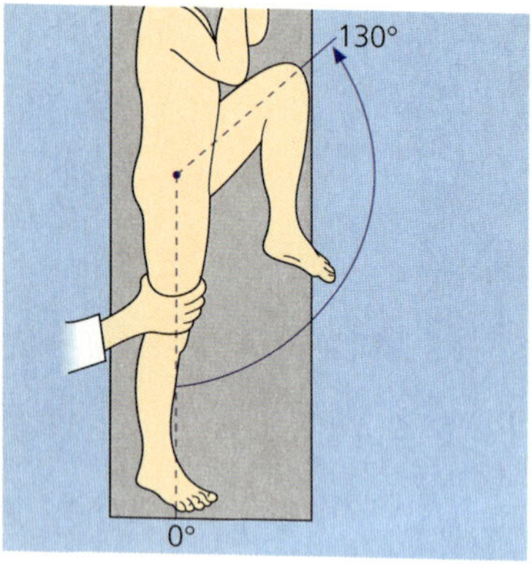

Abb. 16.**27** Beugung und Streckung des Hüftgelenks in Seitenlage (Abb. 16.**27**–16.**30** nach *Debrunner*)

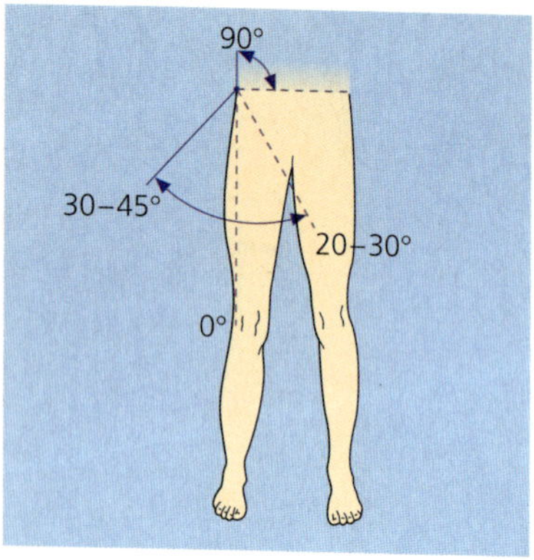

Abb. 16.**28** Abduktion und Adduktion im Hüftgelenk

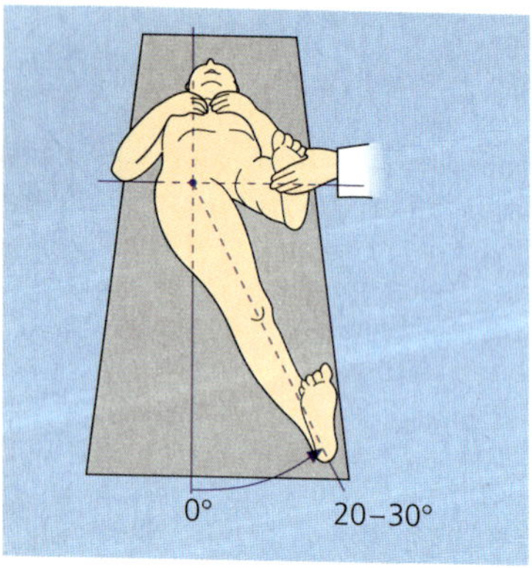

Abb. 16.**29** Ausführung der Abduktions- und Adduktionsprüfung in Rückenlage

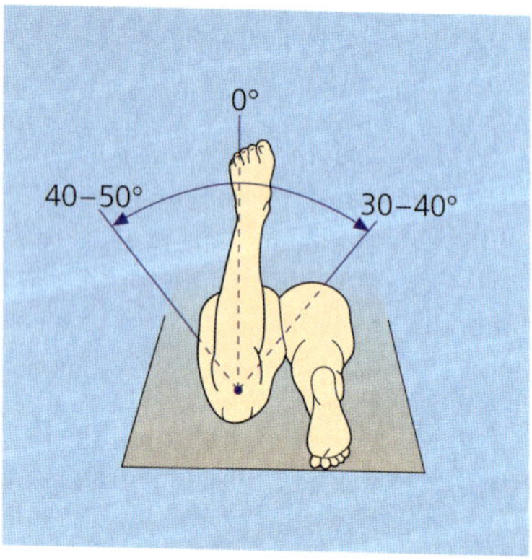

Abb. 16.**30** Innen- und Außenrotation; Unterschenkel als „Zeiger"

Die ***Messung am Kniegelenk*** entspricht der am Ellenbogengelenk. Eine abnorme Mobilität des Kniegelenks als Folge eines Bänderschadens finden Sie als **„seitliche Aufklappbarkeit"**, bei der Sie den gestreckten Unterschenkel seitlich gegen den fixierten Oberschenkel abduzieren oder adduzieren können. Zum Erfassen des **„Schubladenphänomens"** prüfen Sie bei dem um 90° gebeugten Kniegelenk die horizontale Beweglichkeit des Unterschenkels gegen den Condylus lateralis (femoris). Von **„Rotationsschublade"** spricht man bei einem Schubladenphänomen, das in 30° Innen- bzw. 15° Außenrotation auszulösen ist (Abb. 16.**31**).

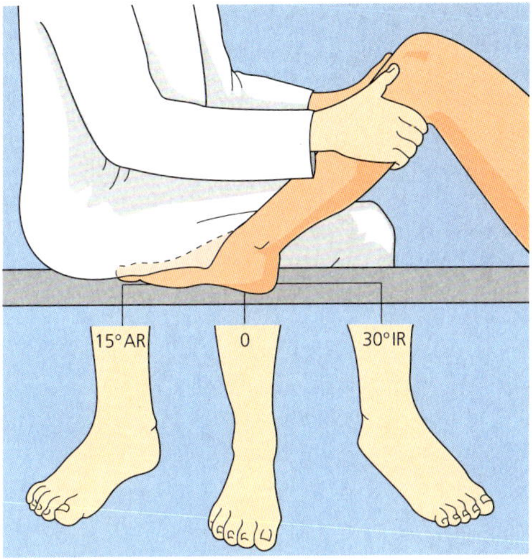

Abb. 16.**31** Schubladenphänomen. Der Untersucher zieht oder drückt die Tibia bei fixiertem Oberschenkel vorwärts oder rückwärts in 0°, 30° Innenrotation und 15° Außenrotation

Im Kniegelenk haben die ***Meniskuszeichen*** wegen der sportbedingten Häufung von Meniskusschäden eine besondere Bedeutung:

- Das **Böhler-Zeichen**: Schmerzen bei der Adduktion im Kniegelenk weisen auf Schäden des medialen Meniskus oder des lateralen Seitenbandes hin, Abduktion führt als Zeichen eines lateralen Meniskusschadens oder einer medialen Seitenbandläsion zu Schmerzen (Abb. 16.**32**).

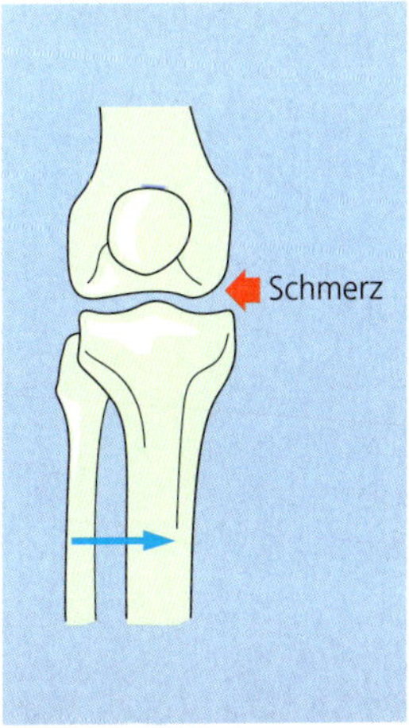

Abb. 16.**32** Böhler-Zeichen

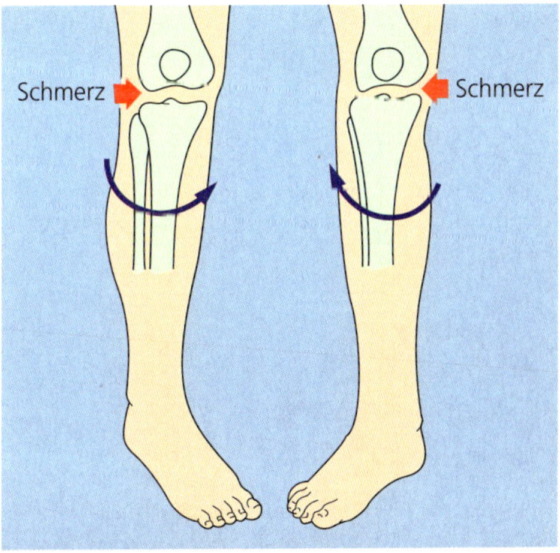

Abb. 16.**33** Steinmann-Zeichen I

- Das **erste Steinmann-Zeichen**: Die Rotation des Unterschenkels mit gebeugtem Kniegelenk führt bei Schäden des Außenmeniskus zu schmerzhafter Innenrotation, bei Schäden des Innenmeniskus zu schmerzhafter Außenrotation (Abb. 16.**33**).
- Das **zweite Steinmann-Zeichen** bezieht sich auf den Druckschmerz am inneren Gelenkspalt, der bei Beugung des Knies von ventral nach dorsal wandert (Abb. 16.**34**).

Zur Untersuchung des **Sprunggelenks** muss der Patient das Knie beugen, so dass man mit entspannter Achillessehne die Plantarflexion oder Dorsalextension-

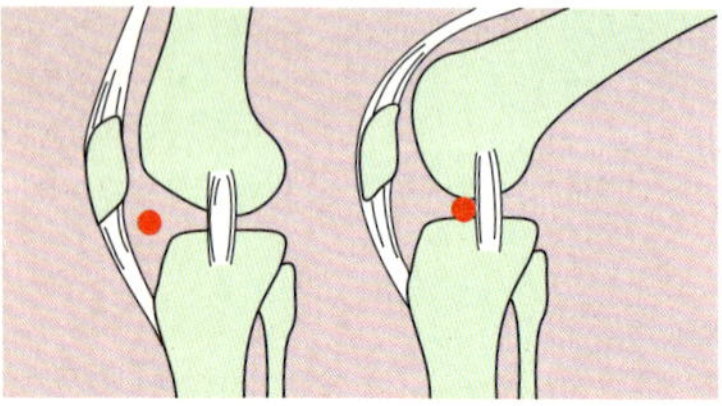

Abb. 16.**34** Steinmann-Zeichen II: Der Druckschmerz wandert bei der Beugung des Kniegelenks

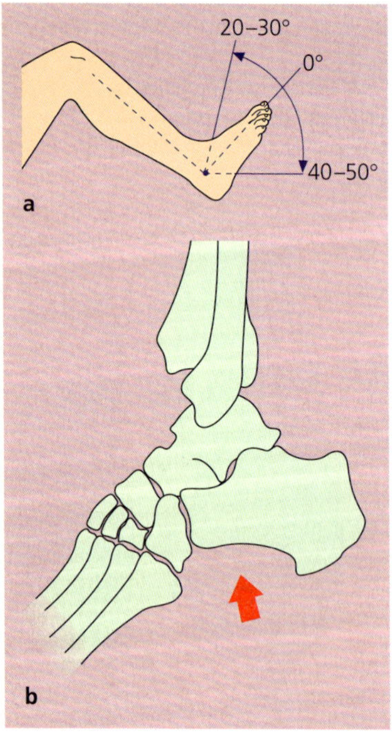

Abb. 16.**35 a** Dorsalextension und Plantarflexion im oberen Sprunggelenk

Abb. 16.**35 b** Ausgangssituation vor Durchführung des Tests bei fibularer Bandruptur. Der Pfeil gibt die Richtung des leichten Schlages an.

(Abb. 16.**35 a**, 16.**36**, 16.**43** nach Debrunner, Abb. 16.**35 b** Klick-Test nach *Thoma* u. *Bosch*)

messen kann (Abb. 16.**35a**). Eine den Patienten weniger belastende Methode ist der sog. **„Klick-Test“** (Abb. 16.**35b**): Der Patient sitzt; beide Beine hängen völlig entspannt mit Spitzfußstellung herab. Sie umfassen mit der linken Hand distal den Unterschenkel und führen mit der rechten Faust einen leichten Schlag gegen die Ferse in Richtung auf die vordere Schienbeinkante aus. Ist das vordere oder mittlere Band gerissen, hört man ein billardkugelähnliches „Klick“. Beim Riss der genannten Bänder verlagert sich die Rotationsachse des oberen Sprunggelenks nach dorsal. Durch die Spitzfußstellung fällt die Talusrolle aus der Sprunggelenkgabel. Es entsteht ein vorderer oder seitlicher, klaffender Spalt. Durch den Schlag schlägt die Talusrolle in die Gelenkfläche der Tibia (W. *Thoma* u. H. J. *Bosch*).

Die **Bewegungen in den Tarsalgelenken** sind kaum in Einzelbewegungen aufzulösen. Zur Untersuchung hält man mit der einen Hand den Unterschenkel von ventral und lässt den Patienten den Fuß nach innen oder außen drehen (Inversion/Eversion) (Abb. 16.**36**). Zur Supination und Pronation (Abb. 16.**37**) torquiert der Patient den Vorfuß gegenüber dem hinteren Anteil des Fußes, den Sie dazu fixieren müssen.

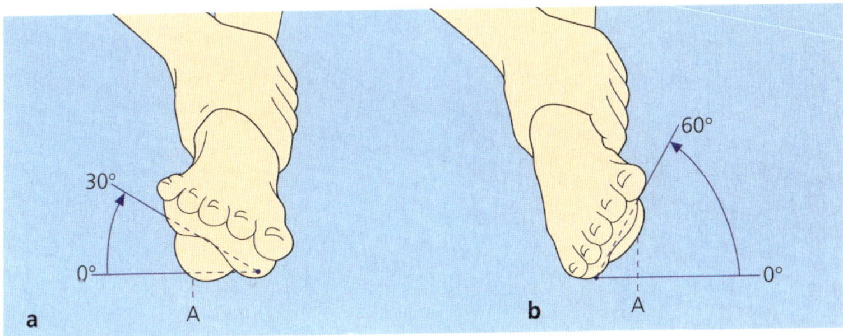

Abb. 16.**36** **a** Eversion und **b** Inversion im unteren Sprunggelenk; A = Kalkaneusachse

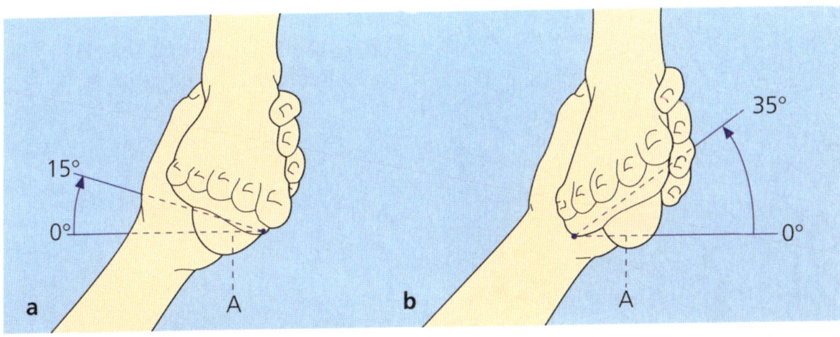

Abb. 16.**37** Subtalare Verwringung: **a** Pronation, **b** Supination des Vorfußes (Ferse festgestellt); A = Kalkaneusachse

16

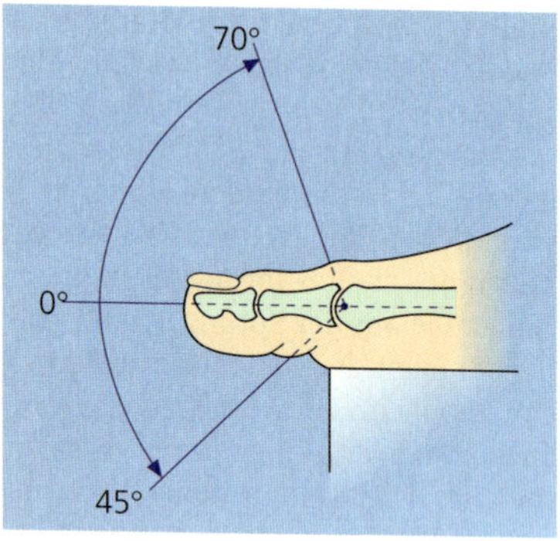

Abb. 16.**38** Beugung und Streckung im Großzehengrundgelenk

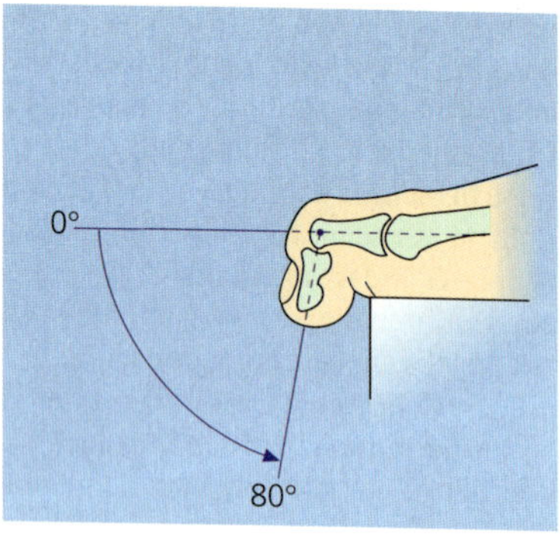

Abb. 16.**39** Beugung im Interphalangealgelenk I

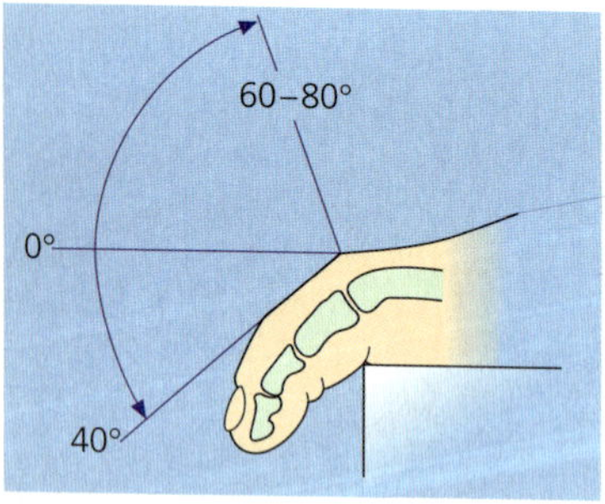

Abb. 16.**40** Beugung und Streckung im Zehengrundgelenk

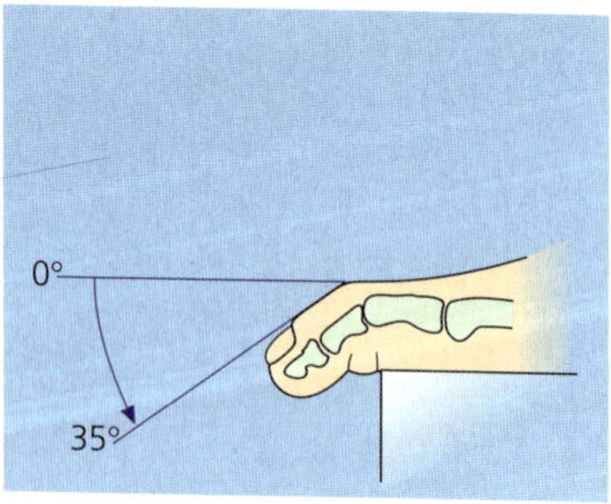

Abb. 16.**41** Beugung im proximalen Interphalangealgelenk

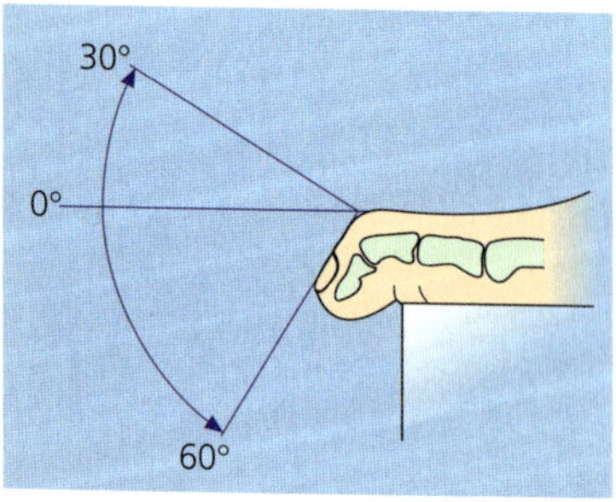

Abb. 16.**42** Beugung und Streckung im distalen Interphalangealgelenk

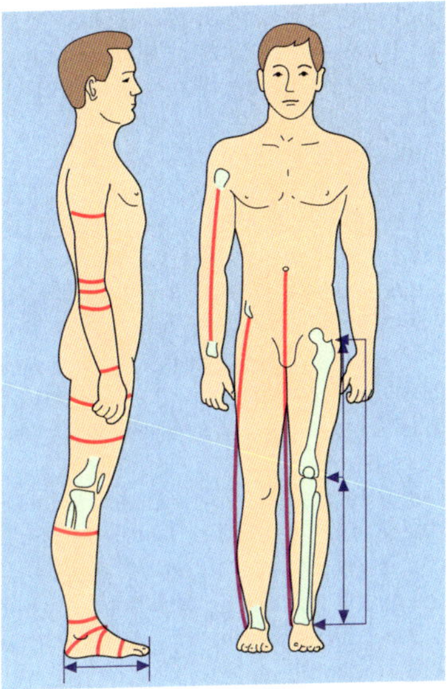

Abb. 16.**43** Messstellen für Längen- und Umfangmaße an den Extremitäten

Die **Zehengrundgelenke** können gebeugt und (im Gegensatz zu den Fingern) über die Neutral-0-Stellung hinaus extendiert werden. In den Interphalangealgelenken sind die Beweglichkeiten entsprechend den Abb. 16.**38** bis 16.**42** unterschiedlich. Aber hier ist nicht die absolute Beweglichkeit, sondern eher die Fähigkeit von Bedeutung, schmerzlos und vollständig den Fuß abzurollen.

Die ***Beinlänge*** messen Sie von der Spina iliaca anterior superior bis zur Spitze des Malleolus lateralis, die Länge des Oberschenkels zwischen der Spitze des Trochanter major und dem lateralen Kniegelenkspalt, des Unterschenkels zwischen dem lateralen Kniegelenkspalt und der Spitze des Malleolus lateralis.

Als ***Länge des Fußes*** bezeichnet man den Abstand zwischen der hintersten Kontur im Stehen bis zur Spitze der längsten Zehe.

Die ***Umfangmessung am Oberschenkel*** erfolgt beim Erwachsenen 15 und 20 cm oberhalb des medialen Kniegelenkspaltes, des Unterschenkels 15 und 20 cm darunter. Beim Fuß unterscheidet man ein Fersenmaß über Ferse und Rist, ein Ristmaß über dem Os naviculare quer und ein Ballenmaß in Höhe des Großzehenballens (Abb. 16.**43**). Prüfen Sie den **Gang** des Patienten im Barfuß-, Zehenspitzen- und Fersengang.

16.7 Die Untersuchung der Wirbelsäule

16.7.1 Charakteristische Beschwerden

Charakteristische Beschwerden durch die Wirbelsäule sind Steifigkeit, Bewegungseinschränkung, Kopfschmerzen, Nackenschmerzen im Bereich der HWS,

16

Rücken- oder Kreuzschmerzen im Bereich von BWS und LWS. Ihre diagnostische Zuordnung ist oft schon der Schilderung des Patienten als Steifigkeit, Spontan-, Bewegungs-, Druck-, Klopf- oder Stauchschmerz oder einer Reproduktion der Schmerzen bei der Untersuchung zu entnehmen.

Die ärztliche Beurteilung der Körperhaltung, Mimik und Gestik sowie die detaillierte Untersuchung von Wirbelsäule, Becken, Beinen und Füßen in Bezug auf orthopädische Veränderungen sollte durch die Demonstration des Patienten ergänzt werden, der zum Beispiel *lokale, strukturell bedingte Kreuzschmerzen* mit mehreren Fingern einer Hand lokalisiert. *Gynäkologisch bedingte Kreuzschmerzen* werden dagegen diffus mit beiden Händen zwischen Beckenkamm und Os sacrum gezeigt. *Statisch-strukturelle Kreuzschmerzen* finden sich gehäuft bei leptosomen Frauen. Sie nehmen im Laufe des Tages zu und lassen im Liegen und während der Nacht nach; dagegen nehmen gynäkologisch bedingte Kreuzschmerzen in der Regel in der zweiten Nachthälfte und beim Aufstehen zu.

Mit zunehmendem Alter kommt es zu einer fortschreitenden **Einschränkung der Beweglichkeit**, die z. B. das Zuknüpfen der Schuhe erschwert. Der gemessene Finger-Boden-Abstand beim Rumpfbeugen mit gestreckten Knien ist physiologisch vergrößert. Bei pathologischen Prozessen, wie z. B. der Spondylarthritis ankylopoetica, klagen die Patienten darüber, dass sie sich nicht mehr voll aufrichten können oder Schwierigkeiten haben, morgens aufzustehen.

Bei allen Wirbelsäulenbeschwerden ist nach Begleitsymptomen wie **Sensibilitätsstörungen oder Lähmungen** zu fragen.

16.7.2 Inspektion

Die ***Inspektion*** der Wirbelsäule beginnt beim spontanen Verhalten des Patienten. Dazu lässt man ihn entkleidet zunächst aufrecht stehen und beurteilt von hinten und von der Seite Haltung, Verlauf, Verstärkung oder Abflachung der physiologischen Lordosen und Kyphosen (= dorsal-konkave und dorsal-konvexe Krümmungen) sowie eine mögliche Torsion der Wirbelsäule, die meist als Reaktion auf statische Anomalien eintritt (Abb. 16.**44**).

Die pathologische **Kyphose** der BWS nennt man Rundrücken. Sie kann z. B. Folge einer Scheuermann-Krankheit (Rundrücken des Adoleszenten) oder einer ankylosierenden Spondylarthritis sein. Die vermehrte Alterskyphose ist meist durch eine Osteoporose der Wirbelsäule mit Zusammensintern der Brustwirbelkörper bedingt. Der Gibbus als Abwinkelung der BWS konkav nach vorn entsteht z. B. bei tuberkulösem Zusammenbruch eines BWK oder bei ventraler Kompressionsfraktur von Wirbelkörpern.

Abflachung der natürlichen **LWS-Lordose** (= Flachrücken) erklärt manchen Kopf- oder Schulter-Arm-Schmerz als Folge kompensatorischer Veränderungen in der HWS. Vermehrte Lendenwirbelsäulenlordose kann Folge des Abgleitens eines Wirbelkörpers sein oder eine angeborene Hüftluxation sowie eine Beugekontraktur des Hüftgelenks kompensieren.

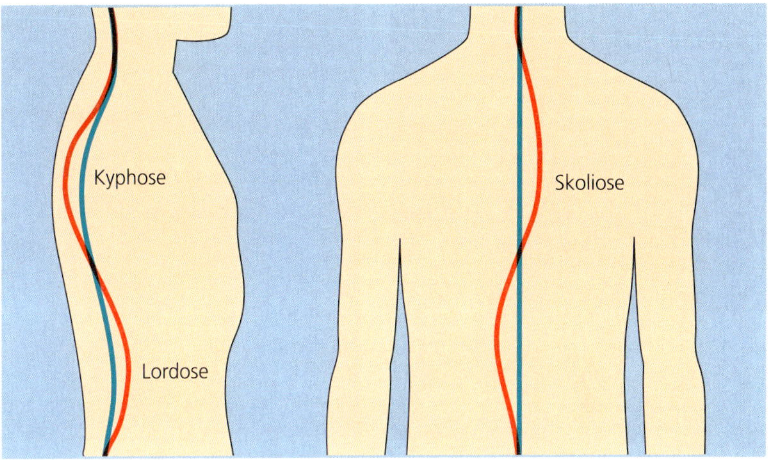

Abb. 16.**44** Pathologische Verlaufsänderungen der Wirbelsäule

Skoliose nennt man eine dauernd fixierte Seitverbiegung der Wirbelsäule. Nicht fixierte oder nicht dauernd fixierte seitliche Verkrümmungen werden dagegen als skoliotische Fehlhaltung bezeichnet, z. B. zum Ausgleich von Beinverkürzungen. Eine „Ischiasskoliose" ist zwar fixiert, aber nur solange die Ischialgie anhält. Man spricht deshalb besser von einer ischiatischen Fehlhaltung. In der Kindheit entstandene echte Skoliosen bedingen stets den Schiefwuchs von Wirbelkörpern. Man spricht dann von strukturellen Skoliosen. Häufig gehen Skoliosen mit einer Rotation von Wirbelkörpern einher, die zur Torsion der Wirbelsäule führt. Hierdurch kommt es dann zur Vorwölbung einer Thoraxseite mit der Bildung eines dorsalen Rippenbuckels, zur Einschränkung der Vitalkapazität und zum Auftreten von paravertebralen Lendenwülsten.

Die **seitliche Neigung des Beckens** beurteilt man durch vergleichende Messung des Höhenstandes der Crista iliaca. Wird sie durch ein verkürztes Bein verursacht, so gleicht man sie zur Bestimmung der Differenz durch flache Holzkeile, die unter den Hacken gelegt werden, aus.

16.7.3 Palpation

Sie ***palpieren*** die Wirbelsäule von oben nach unten in Bezug auf abnorm vorstehende Dornfortsätze als Zeichen eines kollabierten Wirbelkörpers und die paravertebrale Muskulatur auf Muskelhartspann besonders im Bereich der oberen LWS oder Myogelosen, etwa im M. trapezius beiderseits der HWS. Bei der palpatorischen Höhenlokalisation orientiert man sich an den Dornfortsätzen, die man entweder von dem vorspringenden Dornfortsatz C7 nach kaudal oder von L5 nach

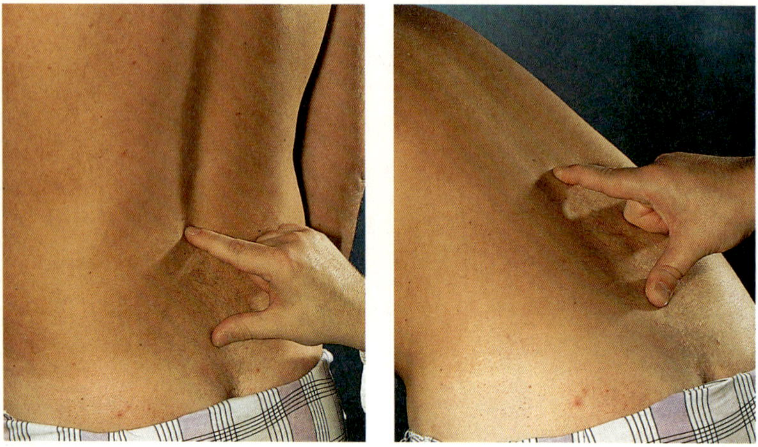

a b

Abb. 16.**45 a** u. **b** Prüfung des unteren Schober-Zeichens

kranial durchführt. Ebenfalls palpatorisch lässt sich das physiologische Auseinandertreten der thorakalen bzw. lumbalen Dornfortsätze beim Vornüberbeugen bestimmen. Dieses sog. **Schober-Zeichen** (S. 430) ist bei diskogenen Thorakal- bzw. Lumbalsyndromen, beim Morbus Bechterew oder ausgeprägter Osteochondrose positiv (Abb. 16.**45**).

Für einen lokalen entzündlichen oder neoplastischen Prozess bzw. eine Fraktur der Wirbelsäule sprechen:

- Druckschmerz bei der Palpation der Dornfortsätze,
- Stauchschmerz durch leichten Schlag auf den Kopf (HWS),
- Schmerzen durch ruckartigen Druck auf die Schultern (BWS und LWS),
- Schmerzen durch Fallenlassen vom Zehen- in den Fersenstand (HWS, BWS, LWS).

16.7.4 Perkussion

Bei der gezielten ***Perkussion*** können Sie mit dem Perkussionshammer Schmerzen im Wirbel selbst (z. B. bei Frakturen oder Metastasen) von Schäden in den Intervertebralräumen (durch Bandscheibenvorfall) unterscheiden. Diffuser Klopfschmerz über größeren Abschnitten der Wirbelsäule ist häufig Ausdruck einer Osteoporose oder einer Knochenkarzinose.

Sie sollten es sich zur Regel machen, bei Rückenschmerzen eine rektale Beurteilung der Prostata (Metastasen?) bzw. eine gynäkologische Untersuchung auf Lageanomalien oder Verwachsungen durchzuführen.

16.7.5 Funktionsprüfung

Bei der ***Funktionsprüfung*** können Sie davon ausgehen, dass für die gesamte Wirbelsäule Bewegungen
- vorwärts um 90°,
- rückwärts bis zu 30°,
- seitwärts bei fixiertem Becken bis zu 30° nach jeder Seite

möglich sind. Die **Beweglichkeitseinschränkungen** können durch Verschmälerung der Bandscheiben und die dadurch verminderte Fähigkeit des Nucleus pulposus, wie ein mobiles Ausgleichspolster zu wirken, bedingt sein. Die Blockierung der Bewegungselemente (Wirbel – Bandscheibe – Wirbel) durch Spangenbildung oder ein reflektorischer Muskelspasmus kann das Rumpfbeugen erheblich beeinträchtigen.

Von Krankheitswert kann aber nicht nur eine verminderte (Hypo-), sondern auch eine vermehrte Beweglichkeit **(Hypermobilität)** der Wirbelsäule sein.

Die Seitneigungsfähigkeit über eine gedachte Lotlinie von der kontralateralen hinteren Axillarfalte bis nach lateral von der Rima ani, ist als Hypermobilitätszeichen zu werten (*Wolff*).

16.7.6 Untersuchung der Halswirbelsäule

Bei der Untersuchung der **Halswirbelsäule** beurteilen Sie zunächst die spontane Bereitschaft des Patienten, Kopf und Hals zu bewegen, die Haltung des Kopfes, vergleichen das Niveau der Schultern, evtl. Lateralflexionen und die Kontur des Halses. Sie messen dann an der Halswirbelsäule den Bewegungsumfang als Vorneigen und Rückneigen, seitliches Neigen und Rotation (Abb. 16.**46**). Der Patient wird da-

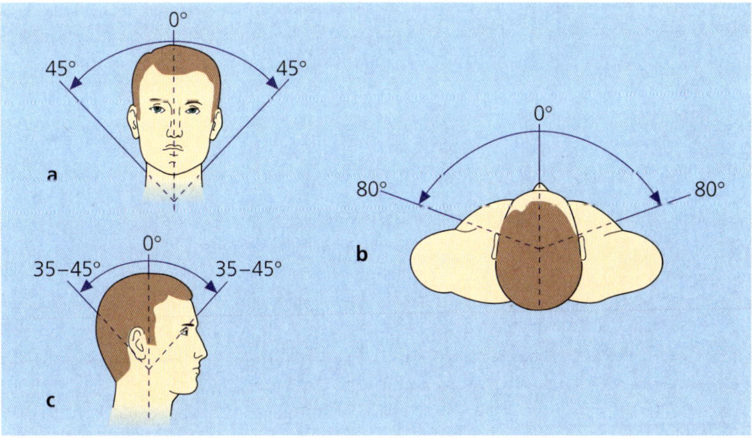

Abb. 16.**46 a – c** Neigungen und Rotation der HWS (Abb. 16.**46** – 16.**50** nach *Debrunner*)

zu aufgefordert, den Kopf vorwärts zu beugen, bis das Kinn am Thorax aufliegt, den Kopf um die senkrechte Achse nach links und nach rechts zu drehen, das Ohr auf jeder Seite zur Schulter hin zu neigen und zur Decke zu sehen.

Zur Beurteilung von **Brust- und Lendenwirbelsäule** muss das Becken in der Frontalebene horizontal und etwa 12° nach vorn geneigt stehen. Man untersucht die Beugungsbeweglichkeit der gesamten Wirbelsäule beim Vorneigen (Abb. 16.**47**), misst den **Finger-Boden-Abstand** in Zentimetern (beim Gesunden 0 cm) und das obere bzw. untere **Schober-Zeichen** als Verschiebung einer Hautmarke, die man zwischen C7 und 30 cm kaudal davon bzw. zwischen L5 und 10 cm kranial davon setzt und deren Spreizung beim Vorwärtsbeugen gemessen wird (Abb. 16.**48**) und normalerweise 4 – 5 cm beträgt.

Für die **Krümmungsmessung** (Abb. 16.**49**) kann man ein Kyphometer verwenden, um den Krümmungswinkel der BWS zwischen den Dornfortsätzen Th2 und Th12 im aufrechten Stehen und dann in maximaler Beugung bzw. Streckung festzustellen. Das gleiche Verfahren lässt sich auch für die Untersuchung von Lordosen anwenden. Rückneigung, seitliche Neigung und Rotation ergeben sich aus Abb. 16.**50**. Für die Beurteilung der Seitwärtsneigung der Wirbelsäule lässt man den mit hängenden Schultern sitzenden Patienten versuchen, mit dem gebeugten Ellenbogen bis auf die Untersuchungsliege zu kommen (bei fixiertem Becken). Zu den Ursachen eingeschränkter Seitwärtsneigung zählen die Erkrankungen der

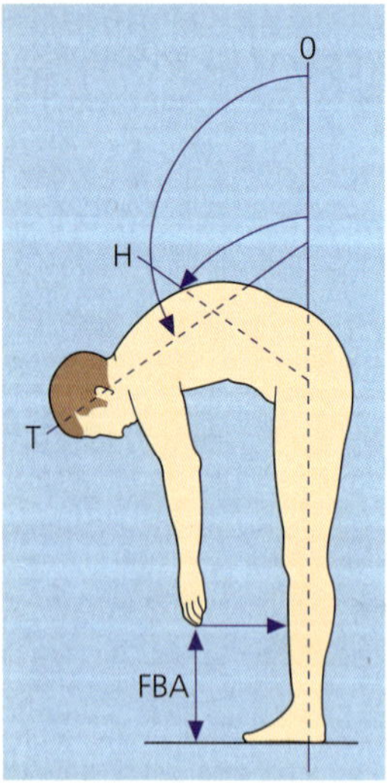

Abb. 16.**47** Beugungsbeweglichkeit der Wirbelsäule

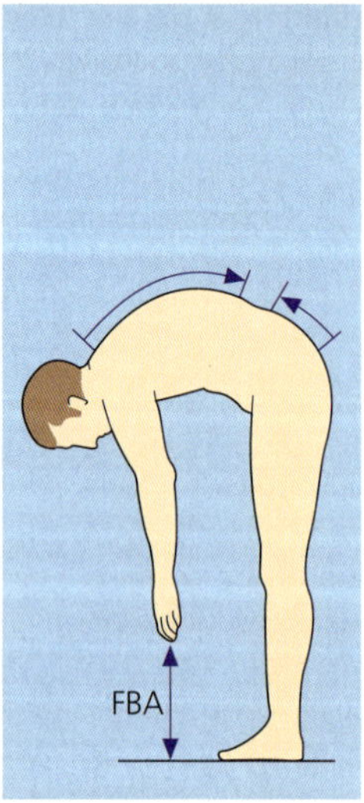

Abb. 16.**48** Abstandsvergrößerung der Hautmarken beim Schober-Versuch

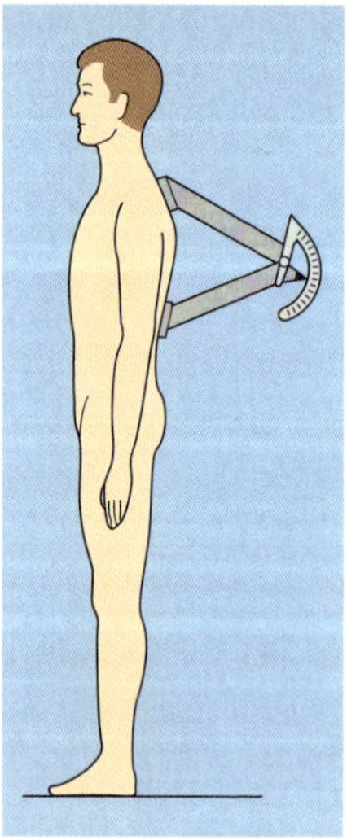

Abb. 16.**49** Kyphometer

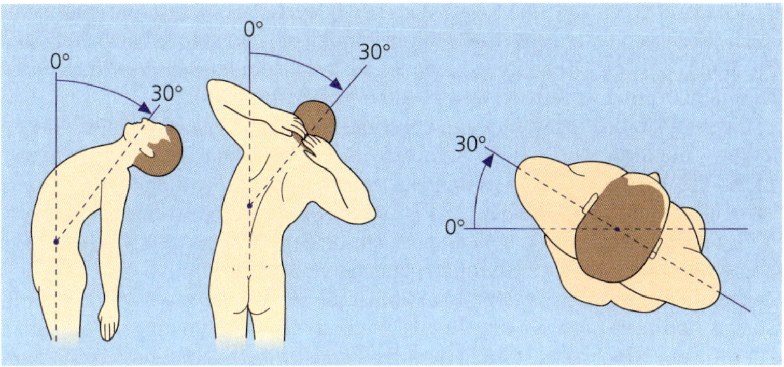

Abb. 16.**50** Rückwärtsneigung, Seitwärtsneigung und Rotation der Wirbelsäule

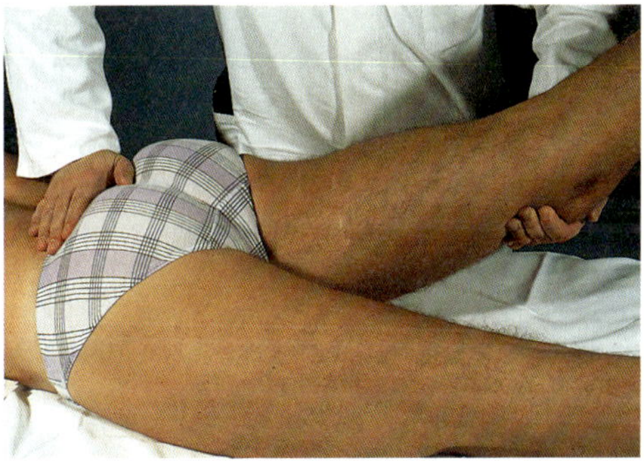

Abb. 16.**51** Mennell-Handgriff: Hyperextension des Hüftgelenks

Bandscheiben und der kleinen Wirbelgelenke. Den ebenfalls sitzenden Patienten lässt man bei fixiertem Becken den Thorax um die senkrechte Achse drehen.

Häufige Ursachen einer Blockierung der Bewegungssegmente sind die Spondylolisthesis bzw. die Verspannung des M. erector spinae. Rotationseinschränkungen der HWS haben ihre Ursache in einer Densfraktur, degenerativen, traumatischen oder entzündlichen Veränderungen in den Drehgelenken oder degenerativen Schäden an den Bandscheiben. Sind kleine Wirbelgelenke betroffen, so kommt es meist zu einer einseitigen Drehblockierung wie beim vertebragenen Tortikollis nach einer ungeschickten Kopfbewegung.

Zur Untersuchung des Iliosakralgelenks dient der **Mennell-Handgriff**. Dazu liegt der Patient auf dem Bauch, und Sie hyperextendieren das Hüftgelenk (nach dorsal), indem Sie das Kreuzbein mit der zweiten Hand fixieren. Dabei bewegen Sie das Os ilium gegen das Sakrum. Schmerzen weisen auf entzündliche Veränderungen im Iliosakralgelenk hin und sind Frühsymptom bei Spondylarthritis ankylopoetica (Abb. 16.**51**).

Als Ergänzung, nicht als Ersatz, der geschilderten Untersuchungsmethoden und des Röntgenbildes der Wirbelsäule gewinnen heute Methoden an Bedeutung, mit denen das Oberflächenrelief, z.B. des Rückens, fotografisch dreidimensional dokumentiert und vermessen werden kann (*F. Gross*).

Da offenbar die Progredienz einer Skoliose mehr von der Rotation der Wirbelkörper – die ihre Oberflächenausdrucksform in Rippenbuckel und Lendenwulst findet – als von der reinen Seitverbiegung abhängt, könnten in Zukunft möglicherweise hierdurch auch wertvolle zusätzliche Informationen gewonnen werden.

Der Vollständigkeit halber bleibt noch ein Gelenk nachzutragen, das weder zur Wirbelsäule noch zu den Extremitäten gerechnet werden kann:

Die Schwellung des Temporomandibulargelenks erscheint als Vorbuckelung wenige Zentimeter ventral vom Tragus. Frühkindliche Entzündungen können zu einer Knochenwachstumsstörung der Mandibula (Mikrognathie) und damit zum „Vogelgesicht" führen. Die ***Palpation*** des Gelenks erfolgt mit dem Zeigefinger unmittelbar vor dem Tragus. Gleichzeitig wird der Patient aufgefordert, den Mund zu öffnen; schon eine leichte Schwellung verhindert das Eindringen der Fingerspitzen in die Gelenkgrube. Alle drei Bewegungsformen dieses Gelenks, Öffnen und Schließen, Protrusion und Retrosion und die Lateralbewegung, können eingeschränkt sein.

**Kreuzschmerz
Diagnostische Bedeutung**

Organe	*entzündlich infektiös*	*strukturell degenerativ*	*neoplast.*	*neurogen*	*andere*
Wirbelsäule	entzündliche Erkrankungen der Wirbelsäule Spondylitis ankylopoetica Tuberkulose	chron.-rezidivierendes Lumbalsyndrom Lumbago pathol. Statik Morbus Baastrup Osteoporose	Morbus Paget Wirbelmalignome oder Metastasen	Lumbalwurzelsyndrom Neuropathie	muskuläre Insuffizienz Trauma
Nachbarorgane der WS		Hüft- und Kniegelenkerkrankungen			muskuläre Insuffizienz der unteren Extremitäten
Nervensystem			neurogenes Malignom	Neuropathie Lähmungen	
Reproduktives System	Adnexitis	Retroflexio uteri	Myom Uterusmalignom		

Für die Dokumentation Ihres Befundes an Extremitäten und Wirbelsäule können Sie die Schemata im Untersuchungsbogen[1] verwenden.

16.8 Aufgaben für die Selbstkontrolle

22 Warum untersucht man Varizen am stehenden Patienten?
23 Welches Zeichen spricht für eine tiefe Thrombophlebitis, und wie löst man es aus?
24 Was verstehen Sie unter dem Hohmann-Zeichen?
25 Schildern Sie die Einteilung prätibialer Ödeme in vier Klassen!
26 Wie unterscheiden sich nephritische und kardiale Ödeme einerseits von thrombotischen oder statischen Ödemen andererseits?
27 Wie untersuchen Sie eine „tanzende Patella“?
28 Wodurch können Sie im Allgemeinen intraartikuläre und extraartikuläre Bewegungseinschränkungen unterscheiden?
29 Wodurch schaffen Sie sich einen schnellen Überblick über die Hüftgelenksfunktion?
30 Mit welchem Handgriff gleichen Sie eine Überlordosierung aus?
31 Schildern Sie in Stichworten die Prüfung der Innen- und Außenrotation an der unteren Extremität!
32 In welcher Stellung untersuchen Sie das Schubladenphänomen?
33 Was ist eine „Rotationsschublade“?
34 Welche vier anatomischen Einheiten untersuchen Sie mit dem Böhler-Zeichen?
35 Beschreiben Sie das erste Steinmann-Zeichen in Stichworten!
36 Bei welchem Meniskuszeichen gibt es einen wandernden Schmerz am inneren Gelenkspalt?
37 Welche vier Formen des Hinkens können Sie unterscheiden?
38 Wie verschaffen Sie sich einen schnellen Überblick über die Funktion des Hüftgelenks?
39 Wozu dient der Thomas-Handgriff?
40 Welche fünf Schmerzarten sind an der Wirbelsäule zu erfassen?
41 Welche Begleitbeschwerden stehen häufig im Zusammenhang mit Wirbelsäulenschmerzen?
42 Nennen Sie eine häufige Ursache von Torsionen der Wirbelsäule!
43 Was sind Skoliosen?
44 Womit misst man die seitliche Neigung des Beckens, soweit sie durch ein verkürztes Bein verursacht wird?
45 Welche Untersuchungen sollten bei Männern bzw. Frauen mit unklaren Rückenschmerzen immer durchgeführt werden?
46 Beschreiben Sie mit Winkelgraden die Beweglichkeit der Wirbelsäule!
47 Beschreiben Sie das obere und untere Schober-Zeichen!
48 Wie beurteilt man die Seitwärtsneigung der Wirbelsäule?
49 Worauf weisen Schmerzen beim Mennell-Handgriff hin?
50 Wie verändert sich das Temporomandibulargelenk bei Entzündung?

[1] www.thieme.de/specials/dahmer-anamnese-und-befund

Praktische Aufgaben

A Beurteilen Sie bei einem Kommilitonen systematisch die Beweglichkeit aller Gelenke nach der Neutral-0-Methode (abgesehen von den Horizontalbewegungen des Armes), und protokollieren Sie die Ergebnisse!

B Führen Sie auch die vorgesehenen Längen- und Umfangsmessungen an den Extremitäten durch!

C Beteiligen Sie sich an der langfristigen Betreuung eines Patienten mit einer chronischen Gelenkerkrankung wie der rheumatoiden Arthritis, und verfolgen Sie den Krankheitsverlauf anhand Ihrer Messwerte!

D Prüfen Sie bei einem Kommilitonen die Beweglichkeit der Wirbelsäule mit dem oberen und unteren Schober-Test und kontrollieren Sie die Meniskuszeichen!

E Palpieren Sie an den eigenen Knien den Gelenkspalt!

17 Die Untersuchung des Nervensystems

Einteilung

17.1 Lernziele

Im folgenden Kapitel erfahren Sie,

- welche Instrumente Sie für die neurologische Untersuchung verwenden,
- welche Beschwerden und nervalen Störungen diagnostisch relevant sind, Verdachtsdiagnosen s. Beschwerden-Abc in Kapitel 4.6,
- wie Sie Eigen- von Fremdreflexen unterscheiden und path. Reflexe beurteilen,
- welche Nervendehnungszeichen diagnostische Bedeutung gewinnen,
- wie Sie die Motorik untersuchen und beurteilen,
- wie Sie Formen der Oberflächen- und Tiefensensibilität untersuchen,
- wie Sie Hirnnerven, Hirnleistungen und Psyche untersuchen und beurteilen,
- wie Sie neurologische Leitsymptome für diagnostische Entscheidungen verwenden,
- wie Sie neurologische Beschwerden und Befunde dokumentieren[1],
- wie Sie das Gelernte mit Selbstversuchen, Fragen und Antworten vertiefen und
- wie Sie sich mit Ihrem Lernerfolg motivieren

Zu einer neurologischen Standarduntersuchung gehören Fragen nach Bewegungs-, Empfindungs- und Hirnleistungsstörungen (s. d.), die Prüfung des Bizeps-brachii-, Quadrizeps-, Trizeps-surae- und Babinski-Reflexes, des Muskeltonus als Widerstand gegen passive Bewegung, der Muskelkraft durch den gekreuzten Händedruck; der Arm- und Gangmotorik, der Koordination als Finger-Nase-Versuch, der Sensibilität als Zahlenschrift auf der Haut, sowie die Vibrationsprüfung mit der angeschlagenen Stimmgabel (Untersuchungstechniken im Kapitel).

17.2 Systemänderung

Die bisher für die Befunderhebung geschilderten Methoden IPPAF haben für den neurologischen Untersuchungsgang nur begrenzte Gültigkeit. Vielmehr hat sich die im Folgenden geschilderte Reihenfolge der neurologischen Standarduntersuchung bewährt.

17.3 Instrumente für die Untersuchung des Nervensystems

Für die vollständige neurologische Untersuchung brauchen Sie einen Reflexhammer, eine neurologische Stimmgabel mit 64 oder 128 Hz, ein Ophthalmoskop, einen Pinsel, zwei Reagenzgläser für warmes und kaltes Wasser und ein stumpfes Hölzchen bzw. einen Watteträger. Im Einzelnen benötigen Sie:

- für die Prüfung des N. opticus II: Leseprobetafeln und Ophthalmoskop;
- für die Prüfung des N. facialis VII (Geschmack): 10 % Zucker-, 7,5 % Zitronensäure-, 2,5 % Kochsalz- und 0,75 % Chininlösung. 1 Glas Wasser zum jeweiligen Nachspülen;
- für die Prüfung des N. glossopharyngeus IX und N. vagus X einen Einmalspatel.

[1] www.thieme.de/specials/dahmer-anamnese-und-befund

17.4 Allgemeine Beschwerden bei Erkrankungen des Nervensystems

Charakteristisch für Erkrankungen des Nervensystems sind nicht anders zu erklärende Schmerzen, Krafteinschränkung, Bewegungsstörungen, Krampfanfälle, Empfindungsstörungen sowie Hirnleistungsstörungen, Verlangsamung, Störungen von Orientierung, Aufmerksamkeit, Denken, Konzentration und Merkfähigkeit, Antrieb, Stimmung und Emotionalität. Verdachtsdiagnosen s. Beschwerden-Abc in Kapitel 4.6.

Definitionen, Differenzierung und diagnostische Bedeutung weiterer Beschwerden, die auf Störungen des Nervensystems hinweisen, finden Sie in den entsprechenden Kapiteln:

Kopfschmerz*, Schwindel*, Sehstörungen*, Miktionsstörungen*.

Auf Beschwerden, die durch Störungen der Motorik und der Sensibilität entstehen, gehen wir bei der Besprechung der Motilitäts- bzw. Empfindungsstörungen näher ein.

Fragen Sie Patienten mit Beschwerden und Befunden vonseiten des Nervensystems ausdrücklich nach früheren ähnlichen Erkrankungen und deren Behandlung.

Ihr *Können* beim Auslösen der Reflexe und der Untersuchung der Hirnnerven wird durch Partnerarbeit wesentlich gefördert!

17.5 Reflexe und Reflexstatus

Benutzen Sie einen **Reflexhammer** mit einem möglichst schweren Kopf. Fassen Sie ihn nicht fest wie einen Hammerstiel an, sondern halten Sie ihn lose zwischen Daumen und Zeigefinger, sodass der Hammer frei schwingen kann. Das möglichst „ungebremste" Schwingen des Reflexhammers ermöglicht das schnelle Zurückfedern des Hammers und erleichtert damit das Auslösen des Reflexes.

Klopfen Sie aus lockerem Handgelenk kurz und federnd auf den Auslösungsort bzw. bei bestimmten Reflexen auf Ihren eigenen Finger, der dann eine ähnliche Funktion übernimmt wie der Plessimeter-Finger bei der Thoraxperkussion.

17.5.1 Reflexe – Terminologie

Definition: Reflexe sind unwillkürliche, gesetzmäßige Reaktionen auf Reize.

Eigenreflexe (Reizort und Erfolgsorgan sind identisch) sind beim Gesunden in normaler Form „gut auslösbar". Seitendifferenzen, Reflexsteigerung oder Fehlen von Reflexen sind pathologische Befunde.

Fremdreflexe (Reizort und Erfolgsorgan sind verschieden) sind beim Gesunden in normaler Form „gut auslösbar". Unterscheiden Sie aber gedanklich und in der Dokumentation zwischen physiologischer und pathologischer Form der Fremdreflexe, besonders beim Babinski-Reflex (Abb. 17.1).

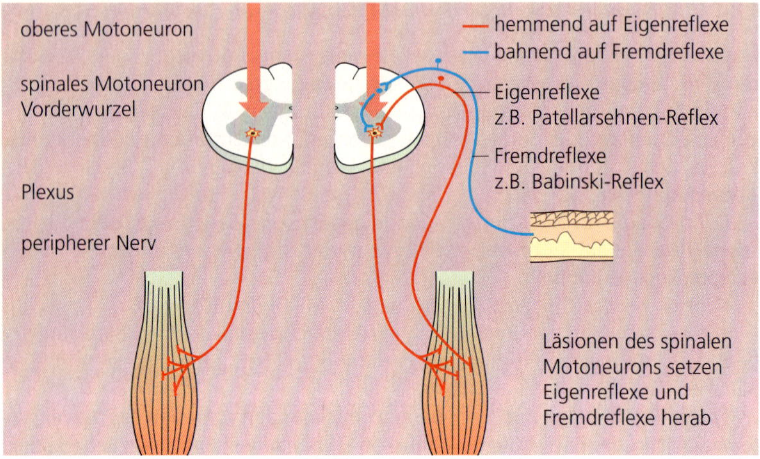

Abb. 17.**1** Zentrales und spinales Motoneuron; Eigenreflex und Fremdreflex. Das erste (zentrale) Motoneuron wirkt hemmend auf Eigenreflexe, aber bahnend auf Fremdreflexe. Schäden im zweiten (spinalen) Motoneuron unterbrechen den Reflexbogen und führen zum Erlöschen der Reflexe

Achtung! Es kann zu terminologischem Wirrwarr führen, wenn für einen normalen Eigenreflex „Patellarsehnenreflex positiv" formuliert wird. Gemeint ist und besser formuliert: Patellarsehnenreflex gut auslösbar. Dagegen wird gelegentlich mit der Formulierung „Babinski positiv" die pathologische Form des Fremdreflexes bezeichnet. Eindeutiger formuliert wäre: „Babinski pathologisch".

Reflexe – Regel
Untersuchen Sie die Reflexe immer seitenvergleichend!
Nur so können Sie einseitige Steigerungen, Abschwächungen oder pathologische Variationen wirklich beurteilen.

17.5.2 Eigenreflexe

Reizort und Erfolgsorgan sind identisch.

Die Auslösung der monosynaptischen Eigenreflexe, genauer Muskeleigenreflexe, geschieht durch Dehnung einer Muskelspindel und führt zu einer Muskelkontraktion. Eine diagnostische Indikation[2] besteht, wenn Ihr Patient über Bewegungsstörungen (s. **Motorik** *) klagt, die mit lokalen Veränderungen, Schmerzen und den gängigen Gelenk- und Muskelkrankheiten nicht zu erklären sind.

Wie führen Sie die Untersuchung von Eigenreflexen durch? Fordern Sie Ihren Patienten auf, die Gelenke in dem zu untersuchenden Bereich in Mittelstellung locker zu halten (Abb. 17.**2**).

Dehnen Sie durch einen Schlag mit Ihrem Reflexhammer auf eine Sehne[3] den dazu gehörenden Muskel. Als Reflex erfolgt eine **Kontraktion des Muskels**. Versuchen Sie bei sich selbst oder einem Partner, den Quadrizepsreflex = Patellarreflex in gebeugter Endstellung des Kniegelenks auszulösen. Das Ergebnis wird Sie von der Notwendigkeit der lockeren Mittelstellung überzeugen.

Reflexbahnung. Wenn Reflexe bei Ihrem Patienten schwer auslösbar sind, können Sie sich mit einer Reflexbahnung helfen, indem Sie für den zu untersuchenden Reflex das Erfolgsorgan gegen die Schwerkraft halten und damit eine aktive Innervation provozieren oder den Reflex kurz nacheinander auslösen oder indem Sie Ihren Patienten auffordern, die Zähne zusammenzubeißen oder zu husten. Sie können Ihren Patienten auch auffordern, die vor der Brust ineinander verhakten Finger beider Hände auseinander zu ziehen (Jendrassik-Handgriff, Abb. 17.**3**).

Eigenreflexe

Biceps-brachii-Reflex	Trömner-Reflex
Triceps-brachii-Reflex	Quadrizeps-Reflex
Radius-Periost-Reflex	Triceps-surae-Reflex
Masseter-Reflex	Masseter-Reflex

Biceps-brachii-Reflex. Wie führen Sie die Untersuchung durch? Stellen Sie sich neben Ihren Patienten, fassen Sie sein Handgelenk, und legen Sie seine Hand mit leicht adduziertem Oberarm auf seinen Bauch. Drücken Sie dann leicht Ihren Daumen unmittelbar distal von der Ellenbeuge auf seine Bizepssehne. Schlagen Sie mit dem Kopf des Reflexhammers kurz auf Ihren Daumen. Das führt im Normalfall zur reflektorischen Muskelzuckung des M. biceps brachii mit einer kurzen fühlbaren Anspannung der Sehne und einer angedeuteten Flexion im Ellenbogengelenk (Abb. 17.**4a** u. **b** S. 443).

2 Indikationen (indicare = anzeigen, erforderlich machen). Diagnostische Indikationen machen Untersuchungen erforderlich, z. B. erfordern Augenschmerzen eine Sehprüfung. Therapeutische Indikationen machen eine Therapie erforderlich, z. B. Diabetes – Antidiabetika

3 Reflexauslösung – Ausnahme: Schlag mit dem Reflexhammer auf „eine Sehne" entfällt beim Trömner- und Masseter-Reflex. Beim Masseter-Reflex gilt die Definition der Eigenreflexe nicht.

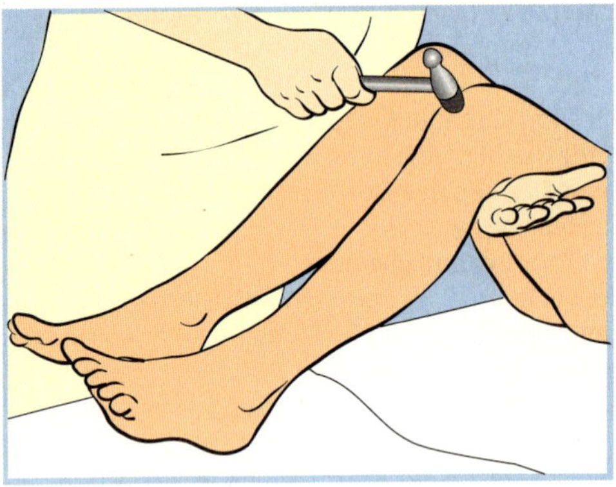

Abb. 17.**2** Lockere Mittelstellung

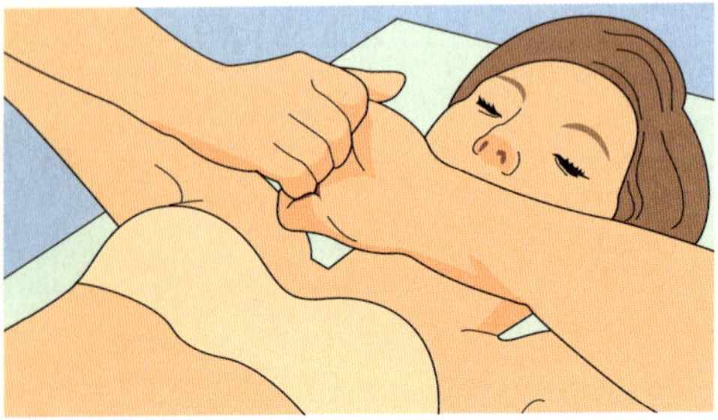

Abb. 17.**3** Reflexbahnung nach Jendrassik

Biceps-brachii-Reflex – Tipp

Um für die Untersuchung der Gegenseite ein Herumgehen um den Patienten zu vermeiden, können Sie über den Patienten greifen und dasselbe Verfahren mit einem Schlag auf Ihren Daumen ausführen.

Triceps-brachii-Reflex. Für das Auslösen des Reflexes legt Ihr Patient den flektierten Unterarm locker quer über den Rippenbogen, so dass das Ellenbogengelenk in gleicher Höhe mit dem Bauchnabel liegt. Sie unterstützen sein Handgelenk, kontrollieren dabei die lockere Flexion im Ellenbogengelenk und schlagen unmittelbar oberhalb des Olecranons auf die Sehne des M. triceps brachii. Für die Untersuchung der Gegenseite ziehen Sie das andere Handgelenk leicht zu sich hin. Wenn Sie sich etwas vorbeugen, können Sie die Trizepssehne auf der Gegenseite mit dem Reflexhammer treffen. Bei sehr schlanken Oberarmen können Sie die Zuckung des M. triceps brachii sehen (Abb. 17.**5 a** u. **b** S. 444).

Brachio-radialis- = Radius-Periost-Reflex. Sie unterstützen die in Höhe des Bauchnabels locker supiniert gehaltene Hand des Patienten und schlagen mit dem

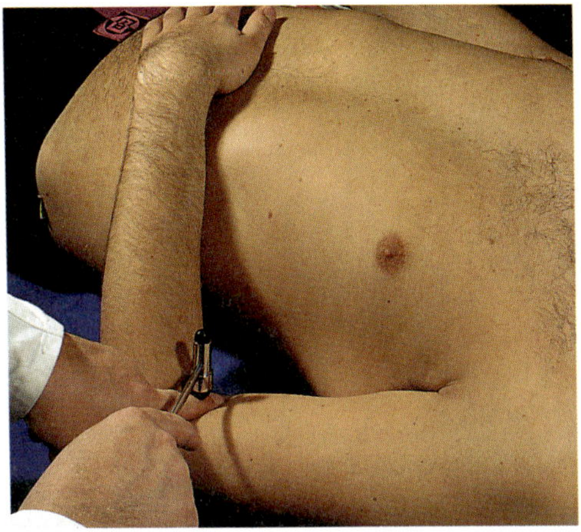

a

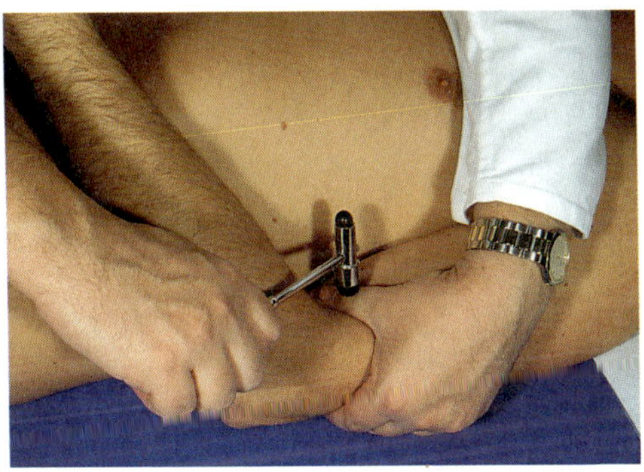

b

Abb. 17.**4** Biceps-brachii-Reflex: **a** von der gleichen Seite untersucht, **b** von der Gegenseite untersucht

Reflexhammer in der Nähe des Handgelenks auf die radiale Kante des Radiusköpfchens. Der Reflex führt zu einer angedeuteten Beugung im Ellenbogengelenk (Abb. 17.**6**).

Trömner-Reflex. Sie fordern Ihren Patienten auf, die Finger in offener Fauststellung zu halten, und schnellen mit Ihren Zeige- bis Ringfingern von palmar gegen seine Fingerkuppen. Als Reflex folgt eine Flexionszuckung der Finger (Abb. 17.**7**).

Quadrizeps-Sehnen-Reflex = Patellarsehnenreflex. Sie fordern Ihren Patienten auf, sich entweder mit gebeugtem Kniegelenk hinzusetzen oder im Liegen den Unterschenkel leicht anzuziehen. Beim liegenden Patienten unterstützen Sie den Unterschenkel im Kniegelenk. Achten Sie auf den locker gehaltenen Unterschenkel, und schlagen Sie unmittelbar distal von der Patella auf die Quadrizepssehne. Als Reflex entsteht eine Kontraktion des M. quadriceps femoris mit einer leichten Ex-

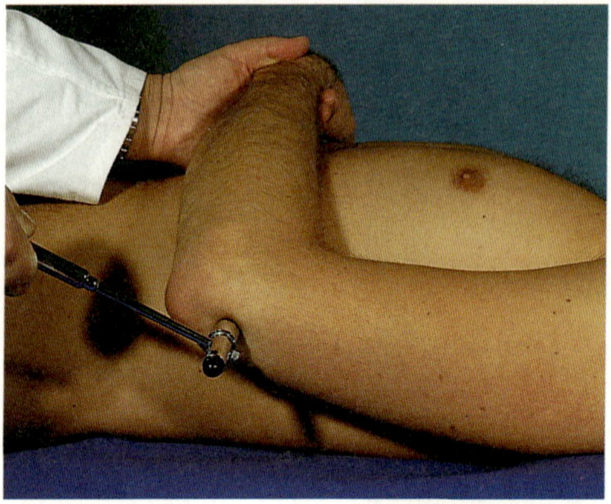

a

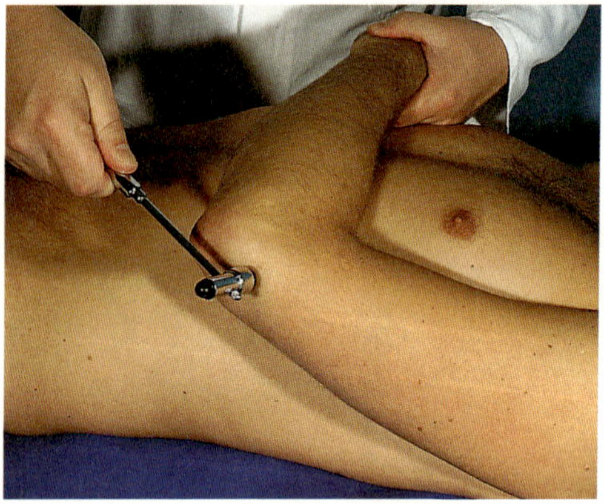

b

Abb. 17.**5** Triceps-brachii-Reflex: **a** von der Seite des Untersuchers ausgelöst, **b** auf der Gegenseite ausgelöst

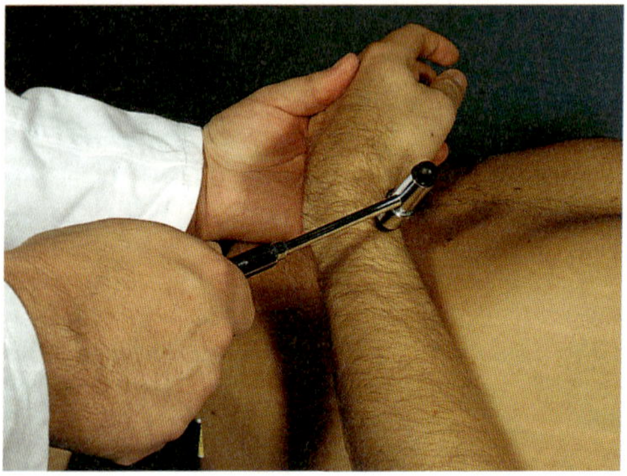

Abb. 17.**6** Brachioradialreflex

tensionsbewegung des Unterschenkels und/oder eine Reflexzuckung, die Sie am Oberschenkel als plötzliche Anspannung des Muskels sehen können (Abb. 17.**8**).

Triceps-surae-Reflex = Achillessehnenreflex. Diesen Reflex können Sie am liegenden, sitzenden oder knienden Patienten auslösen (Abb. 17.**9 a** – **c** S. 446). Dazu fordern Sie Ihren Patienten auf, das zu untersuchende Bein über den Unterschenkel des anderen Beines zu legen. Sie beugen den Fuß mit sanftem Druck der Hand

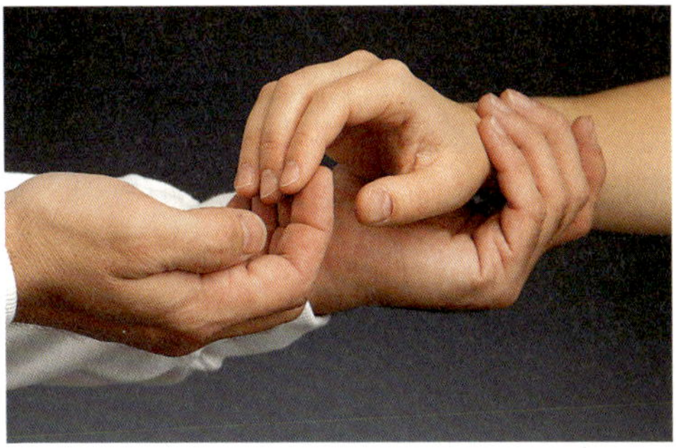

Abb. 17.**7** Auslösen des Trömner-Reflexes

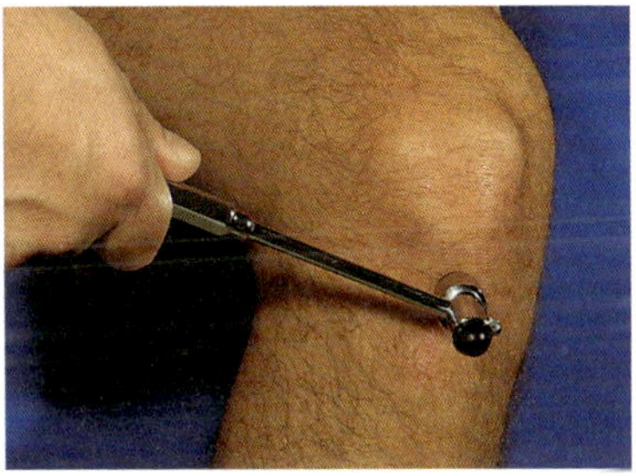

a

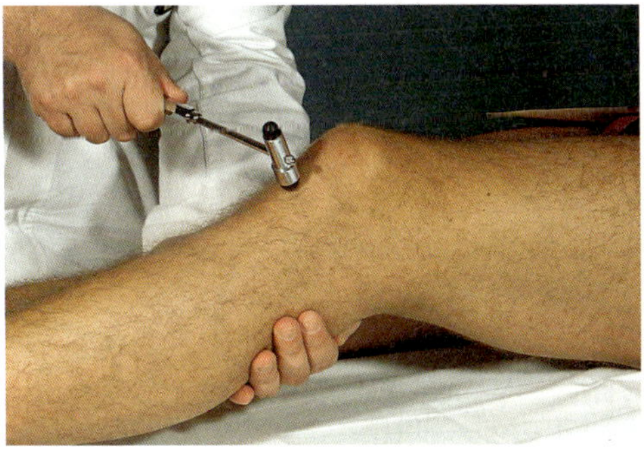

b

Abb. 17.**8 a** Auslösen des Quadrizepsreflexes im Sitzen, **b** Untersuchung des Quadrizepsreflexes im Liegen

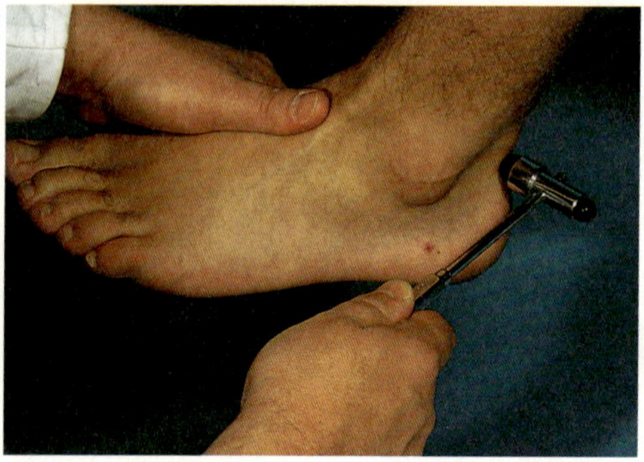

a

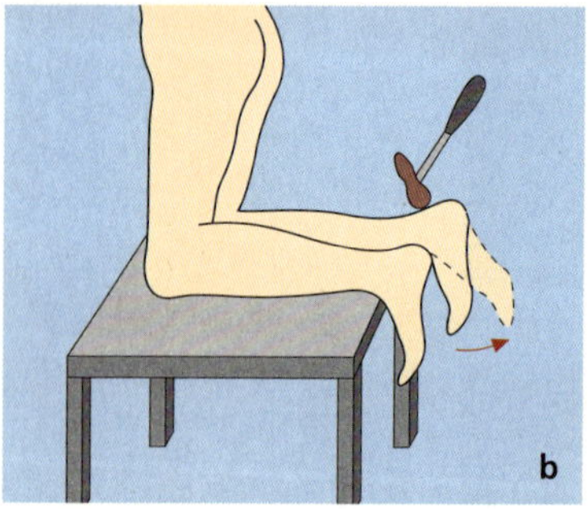

b

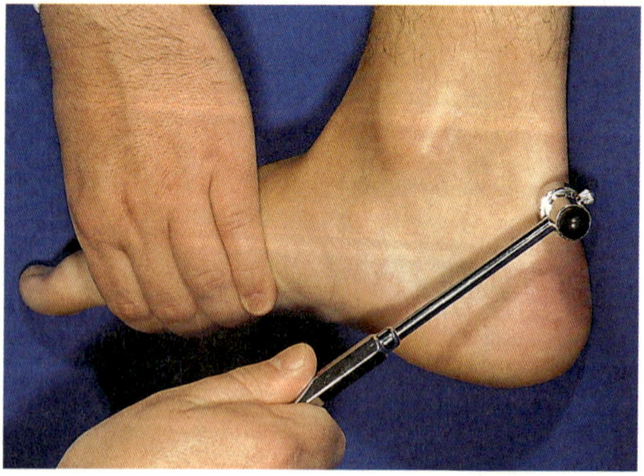

c

Abb. 17.**9a** Auslösen des Triceps-surae-Reflexes am sitzenden Patienten, **b** Auslösen des Triceps-surae-Reflexes am knienden Patienten (besonders geeignet für die Bestimmung der Reflexzeiten), **c** Auslösen des Triceps-surae-Reflexes am liegenden Patienten

gegen die Fußsohle nach dorsal. Der Schlag mit dem Reflexhammer von dorsolateral gegen die Achillessehne führt zu einer Plantarflexion des Fußes. Beim knienden Patienten erübrigt sich die Führung des Fußes mit der Hand (Abb. 17.**9b**).

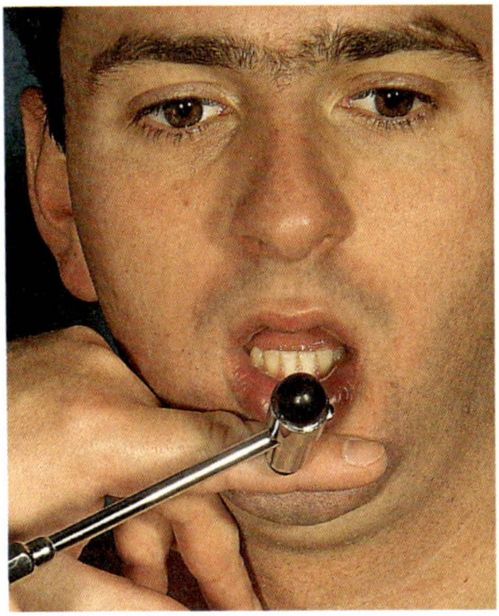

Abb. 17.**10** Auslösen des Masseter-Reflexes

Masseter-Reflex (V3/N. trigeminus). Fordern Sie Ihren Patienten auf, bei leicht geöffnetem Mund den Unterkiefer zu entspannen. Legen Sie Ihren Zeigefinger quer unterhalb der Kinnspitze auf. Der Schlag mit dem Reflexhammer auf Ihren Finger führt zu einer Zuckung. Ausnahme: Beim Masseter-Reflex gilt die Definition der Eigenreflexe nicht (Abb. 17.**10**).

Pathologisch veränderte Eigenreflexe
Diagnostische Bedeutung

- Myographisch feststellbares einseitiges Fehlen oder einseitige Abschwächung von Eigenreflexen spricht für Schaden im peripheren Neuron mit einer peripheren Lähmung* z. B. bei Radikulitis
- symmetrisch z. B. bei *Polyneuropathie, Polyradikulitis, Adie-Syndrom*
- zur Verlangsamung von Eigenreflexen kommt es z. B. bei *Hypothyreose*
- zur Steigerung von Eigenreflexen und zur Verbreiterung der Reflexzonen bei *zentraler Lähmung, Pyramidenbahnzeichen*

17.5.3 Klonus

Ein Klonus ist eine Serie von Einzelreflexen, die ablaufen, solange Sie den Muskel, an dem der Reflex ausgelöst wird, dehnen.

Patellarklonus: Fordern Sie Ihren liegenden Patienten auf, die Beine locker zu halten. Fassen Sie den Oberrand der Patella zwischen Daumen und Zeigefinger, bewegen Sie die Patella ruckartig nach kaudal und halten Sie sie dort mit geringem Kraftaufwand fest (Abb. 17.**11**).

Erschöpflicher Patellarklonus hat – solange keine Seitendifferenz vorliegt – keine diagnostische Bedeutung. Unerschöpflicher seitendifferenter Klonus ist ein Pyramidenbahnzeichen*.

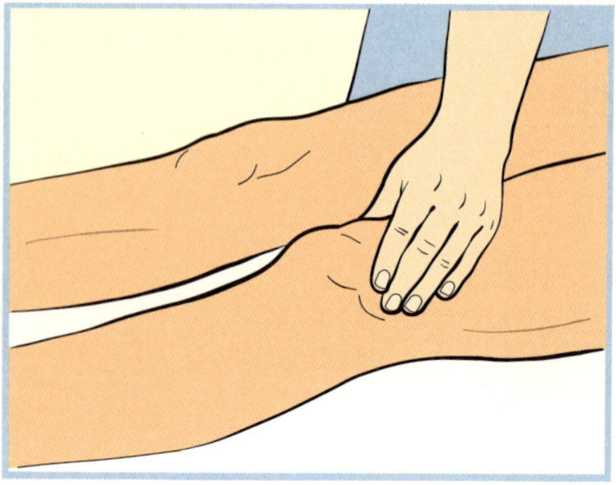

Abb. 17.**11** Zur Auslösung des Patellarklonus wird die Patella ruckartig nach kaudal geschoben und dort locker festgehalten

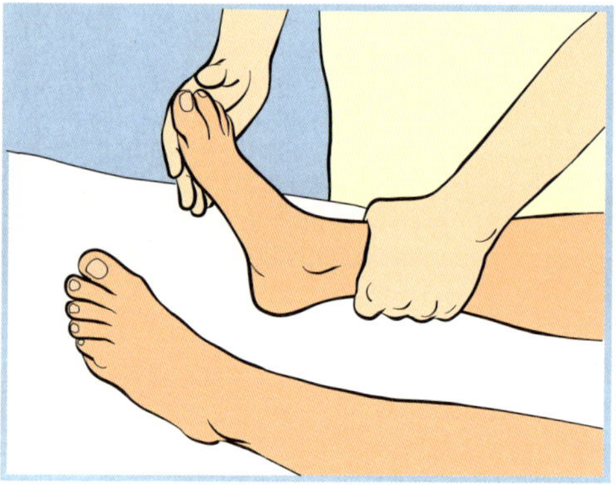

Abb. 17.**12** Auslösen des Fußklonus

Gegenseitiges Üben fördert den Lernprozess!

Fußklonus. Zur Auslösung eines Fußklonus drücken Sie bei leicht gebeugtem Knie Ihres Patienten den Fuß mit der Hand von plantar ruckartig nach dorsal und halten den dafür verwendeten Druck aufrecht (Abb. 17.**12**).

Nur seitendifferenter, unerschöpflicher Fußklonus ist pathologisch und Zeichen für einen Pyramidenbahnschaden.

17.5.4 Fremdreflexe

Bei den *polysynaptischen* Fremdreflexen sind Auslösung und Erfolgsorgan getrennt. Fremdreflexe lösen Sie an Haut und Schleimhaut aus. Als Reaktion erhalten

Sie an *anderer* Stelle eine Zuckung oder eine tonische Kontraktion des Erfolgsorgans.

Beispiel: Fordern Sie Ihren Patienten auf, in Rückenlage entspannt zu liegen. Streichen Sie mit dem Stiel Ihres Reflexhammers über die laterale Fußsohle. Damit lösen Sie beim Gesunden als „physiologischen“ Babinski-Reflex eine Plantarflexion der Zehen aus = „Babinski nicht pathologisch“.

17.5.4.1 Physiologische Fremdreflexe

Babinski-, Gordon- und Oppenheim-Reflex (Babinski-Gruppe).

Kornealreflex (N. trigeminus): Betupfen der Kornea führt zu Lidschluss.

Pupillenreflex (N. opticus): Belichtung führt zur Verengung der Pupille.

Würgereflex (N. glossopharyngeus): Berühren der Rachenhinterwand führt zum Hochziehen des Gaumensegels.

Mayer-Fingergrund-Reflex (C6 –Th1): Passive Beugung des Fingergrundgelenks im Mittelfinger führt zur Opposition, Adduktion und Extension des Daumens.

Bauchhautreflex (Th6 –Th12): Bestreichen der Bauchhaut führt zur Kontraktion der gleichseitigen Bauchmuskulatur und zum Verziehen des Nabels.

Kremaster-Reflex (L2 –L3): Bestreichen der Oberschenkelinnenseite führt zum Hochziehen des gleichseitigen Hodens.

Analreflex (S3 –S5): Bestreichen der Dammhaut führt zur Kontraktion des M. sphincter ani externus.

Bulbus-cavernosus-Reflex = Ejakulationsreflex durch Reizsteigerung an der Glans penis.

17.5.4.2 Fremdreflexe – pathologische Reaktionen und ihre diagnostische Bedeutung

Fremdreflexe mit pathologischen Reaktionen sind ein Zeichen für Pyramidenbahnschäden* oder Schäden im peripheren Neuron. Unterscheiden Sie scharf zwischen physiologischer und pathologischer Form der Fremdreflexe! 17

Zum Beispiel ist im Gegensatz zur *physiologischen Plantarflexion der Zehen* beim „Babinski“ die langsame *Dorsalflexion der Großzehe pathologisch* (= „Babinski pathologisch“) ein Zeichen für Pyramidenbahnschaden (s. Kästchen, S. 451).

Babinski-Reflex. Sie fassen die Hacke des liegenden oder sitzenden Patienten und bestreichen den lateralen Fußsohlenrand mit dem Griffende des Reflexhammers. Das führt beim Gesunden zur physiologischen Plantarflexion der Zehen. Als pathologisch ist der Babinski-Reflex zu beurteilen, wenn diese Reaktion fehlt oder eine langsame Dorsalextension der großen Zehe auftritt (Abb. 17.**13a**) als Zeichen für einen Pyramidenbahnschaden. (Bis zum Ende des 6. Lebensmonats ist die langsame Dorsalextension der großen Zehe physiologisch.)

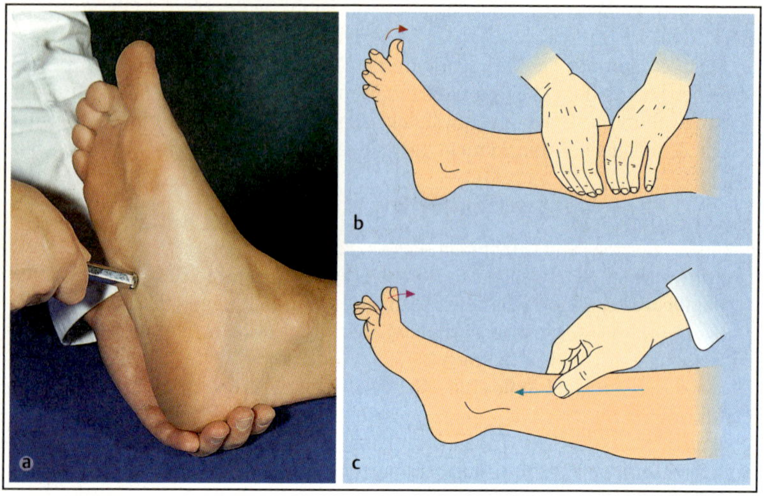

Abb. 17.**13** Reflexe der Babinski-Gruppe. **a** Das Bestreichen des lateralen Fußsohlenrandes löst den Babinski-Reflex aus. **b** Der Gordon-Reflex wird durch festes Eindrücken der Wadenmuskulatur ausgelöst. **c** Den Oppenheim-Reflex untersucht man durch festes Streichen über die Innenseite des Unterschenkels. Bei allen drei Reflexen kommt es bei Vorliegen eines Pyramidenbahnschadens zur langsamen Dorsalextension der Großzehe

Babinski-Reflex – Tipp

Es ist ratsam, den Babinski-Reflex mehrmals kurz hintereinander auszulösen. Auch bei zunächst negativem Ergebnis kann die Summation der Reize doch noch zu einer pathologischen Dorsalextension der Großzehe führen.

Gordon-Reflex. Zum Auslösen kneten Sie am liegenden Patienten kräftig die Wadenmuskulatur. Achten Sie darauf, dass Ihr Patient dabei die Muskulatur nicht anspannt (Abb. 17.**13b**).

Die Dorsalextension der Großzehe ist wie beim Babinski-Reflex pathologisch und gilt als Zeichen für einen Pyramidenbahnschaden.

Oppenheim-Reflex. Am liegenden Patienten streichen Sie mit dem Daumen fest die Tibiakante an der Innenseite des Unterschenkels von kranial nach kaudal. Die übrigen Finger Ihrer Hand halten das Bein gegen den Druck des Daumens (Abb. 17.**13c**).

Bei Pyramidenbahnschaden kommt es wie beim Babinski-Reflex zu einer langsamen Dorsalextension der Großzehe.

Pyramidenbahnzeichen

bei Schäden im 1. Motoneuron zwischen Großhirnrinde und Vorderhornzellen; pathol. Mitbewegungen, unerschöpflicher Klonus, gesteigerte Eigenreflexe, spastische Lähmung, Widerstand gegen passive Bewegung, Trophik weitgehend erhalten, Fremdreflexe pathologisch.

Léri-Vorderarmzeichen:	Die passive Beugung der Finger und des Handgelenks führt zur (physiologischen) Mitbewegung des Ellenbogens. Die einseitige Abschwächung ist pathologisch
Wartenberg-Daumenzeichen:	Die aktive Beugung des 2. – 4. Fingers gegen Widerstand führt zur Beugung des Daumens
Babinski-Gruppe:	Babinski-Zeichen, Gordon-Zeichen, Oppenheim-Zeichen sind pathologisch (s. Abb. 17.**13**)
Chaddock-Zeichen:	Druck auf den Malleolus externus führt zum pathologischen Babinski-Reflex
Strümpell-Zeichen:	Beugung des Knies gegen Widerstand führt zur Supination des Fußes
Bing-Reflex:	Beklopfen des Fußrückens am Fußgelenk führt zur Plantarflexion des Fußes
Mendel-Bechterew-Zeichen:	Perkussion des lateralen Fußrandes führt zur Plantarflexion und Spreizung der Zehen
Marie-Foix-Zeichen:	passive Plantarflexion der Zehen führt zur Beugung von Knie/Hüfte
Monakow-Zeichen:	Bestreichen des lateralen Fußrandes führt zu dessen Hebung

17.5.4.3 Pathologische Fremdreflexe

17

Okulozephaler Reflex. Passive Drehung des Kopfes führt zum Zurückbleiben der Bulbi (Puppenaugen-Phänomen) bei diffuser Hirnschädigung.

Glabella-Reflex = Orbicularis-oculi-Reflex. Schlag auf die Glabella führt zur Kontraktion des M. orbicularis oculi bei extrapyramidalen Erkrankungen.

Schnauzreflex = Orbicularis-oris-Reflex. Perkussion der perioralen Muskulatur führt zur Kontraktion des M. orbicularis oris bei extrapyramidalen Schäden.

Saugreflex. Bestreichen des Mundbereichs führt zu Saug- und Schluckbewegungen bei diffuser Hirnschädigung.

Palmomentalreflex. Bestreichen der Handinnenfläche mit dem Fingernagel führt zur Kontraktion der gleichseitigen Kinnmuskulatur bei diffuser Hirnschädigung.

Bis hier können Sie die Fragen zur Vertiefung und Wiederholung 1 – 18 und die entsprechenden Lösungsvorschläge benutzen.

17.6 Nervendehnungszeichen

Ihr Patient klagt über Kopfschmerzen, Fieber und kurze Bewusstlosigkeiten. Das muss grundsätzlich Ihren Verdacht auf Meningitis erregen. Nervendehnungszeichen sind dann wegweisende Befunde.

Nervendehnungszeichen	
Nackensteife	Brudzinski-Zeichen
Lasègue-Zeichen	Drei-Fuß-Zeichen
Kernig-Zeichen	Knie-Kuss-Zeichen

Nackensteife = Nackenstarre. Nackensteife ist ein **tonischer Krampf der Nackenmuskulatur**, der zur Geradhaltung des Kopfes gegen Widerstand führt. Unterscheiden Sie die Nackensteife vom Rigor der Halsmuskulatur, z. B. bei Morbus Parkinson, oder vom „steifen Genick" der schmerzhaften Bewegungseinschränkung beim Halswirbelsäulensyndrom, bei dem Schmerzen besonders bei Seitwärts- und Drehbewegungen auftreten. Fordern Sie Ihren liegenden Patienten auf, den Kopf locker zu halten. Fassen Sie dann unter seinen Hinterkopf, beugen Sie den Kopf nach vorn. Das ist nicht oder nur gegen fühlbaren Muskelwiderstand möglich. Nackensteife ist ein Zeichen meningealer Reizung und damit Bestandteil des meningealen Syndroms bei Meningitis, bei Tetanus, bei Nerveneinklemmung.

Brudzinski-Zeichen. Das Brudzinski-Zeichen entsteht als reflektorische Mitreaktion bei Nackensteife. Wenn Ihr Patient bei der Prüfung der Nackensteife durch passive Beugung des Kopfes nach vorn reflektorisch ebenfalls die **Beine in den Hüft- und Kniegelenken beugt**, um den Zug an den lumbosakralen Nervenwurzeln zu verringern, spricht man vom Brudzinski-Zeichen. Es gehört zum meningealen Syndrom (Abb. 17.**14**).

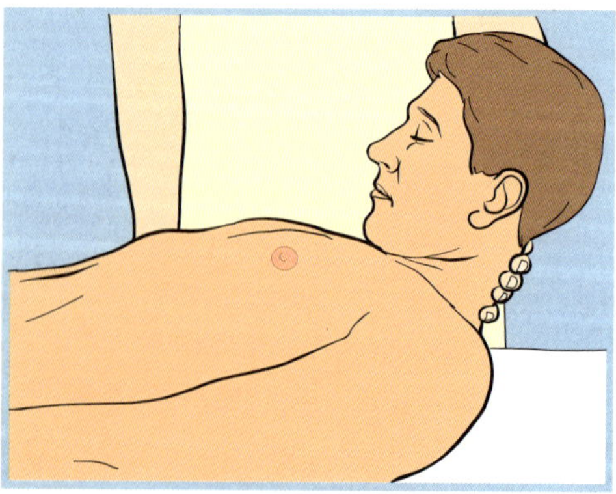

Abb. 17.**14** Prüfung von Nackensteife und Brudzinski-Zeichen

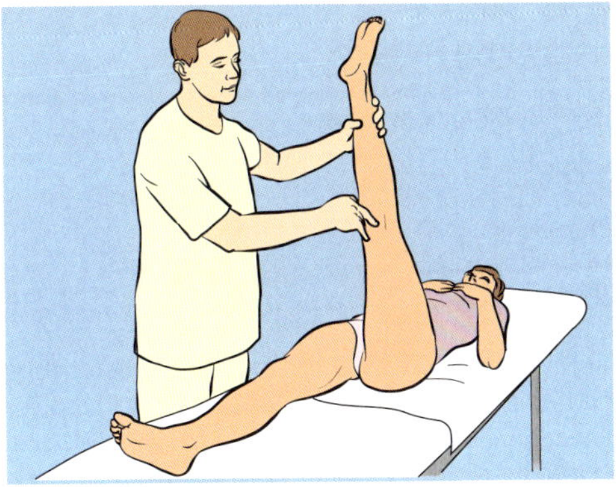

Abb. 17.**15** Lasègue-Zeichen

Drei-Fuß-Zeichen = Amoss-Zeichen. Der Patient muss sich mit beiden Armen abstützen, um sich aus dem Liegen aufzusetzen. Das Drei-Fuß-Zeichen gehört zum meningealen Syndrom.

Lasègue-Zeichen. Anheben des gestreckten Beins des liegenden Patienten führt zur Dehnung der Nervenwurzeln und **löst Schmerzen in Gesäß und Oberschenkel** der erkrankten Seite aus. Wie prüfen Sie das Lasègue-Zeichen? Beugen Sie am flach liegenden Patienten passiv das gestreckte Bein langsam im Hüftgelenk. Der Befund wird positiv genannt, wenn Schmerzen im Bein, Gesäß oder Kreuz die Beugung bis 90° nicht zulassen und wenn die Dorsalflexion des Fußes beim Erreichen der Schmerzgrenze zur Schmerzsteigerung führt (Bragard-Zeichen).

Ein positives Lasègue-Zeichen finden Sie bei Bandscheibenvorfall und Ischiassyndrom (Abb. 17.**15**).

Kernig-Zeichen. Bei *passivem* Heben des gestreckten Beins *am Liegenden* wird das Knie zur Entdehnung des N. ischiadicus gebeugt, oder die *aktive* Streckung des im Kniegelenk gebeugten Beins *beim Sitzenden* führt zu Schmerzen und Widerstand gegen die Streckung.

Fordern Sie Ihren liegenden Patienten auf, die gestreckten Beine im Hüftgelenk zu beugen. Wenn es dabei automatisch zu einer **schmerzreflektorischen Beugung im Kniegelenk** kommt, ist das Kernig-Zeichen positiv (bei Lumbalgie oder meningealem Syndrom).

Knie-Kuss-Zeichen. Vom Knie-Kuss-Zeichen spricht man, wenn Ihr im Bett sitzender Patient (vor dem 60. Lj. und ohne Zeichen sonstiger WS-Erkrankung) das **Knie nicht mit den Lippen** berühren kann; es gehört zum meningealen Syndrom.

17.7 Motorik – nervale Bewegungsstörungen

Nervale Bewegungsstörungen		
Akinese	Krämpfe	Muskeltonus
Ataxie	Muskuläre Hypotonie	Muskeltrophik
Hyperkinese	Lähmungen	Rigor
Koordination	Muskelschwäche	Spastik

Ihr Patient klagt darüber, dass er für Alltagsbewegungen besondere Anstrengung aufwenden muss, die Spontaneität der einzelnen Bewegungen fehlt, z.B. dass er beim Treppensteigen oder auf unebener Straße mit einem Fuß leicht anstößt, sich die Finger verbrennt, ohne dass es weh tut, oder dass er den Mund beim Sprechen nicht richtig aufmachen kann, oder Sie gewinnen bei der Untersuchung der Extremitäten den Eindruck eingeschränkter, erschwerter oder nicht durchführbarer Bewegungen. Es gilt dann zu klären, ob es sich um eine arthrogene oder muskuläre Bewegungseinschränkung oder um eine neurale Lähmung als Parese oder Paralyse handelt (vgl. auch S. 465).

17.7.1 Suchschema – Muskeln, Funktionen, Innervationen

Muskel	Funktion	Nerv	Hirnnerv Segment (Wurzel)
M. masseter	Schließen der Kiefer	N. trigeminus	V/3
M. temporalis	Schließen der Kiefer, Zurückziehen des Unterkiefers	N. trigeminus	V/3
Mm. pterygoidei	Verschiebung des Unterkiefers nach der Gegenseite der Muskelanspannung	N. trigeminus	V/3
Venter frontalis m. occipitofrontalis	Kopfhautverschiebung und Augenbrauenhebung, Stirnrunzeln	N. facialis	VII
M. orbicularis oculi	Lidschlag, Lidschluss, Fortbewegung der Tränenflüssigkeit	N. facialis	VII
M. orbicularis oris	muskulöse Grundlage der Lippen, Lippenbewegungen, z.B. Pfeifen	N. facialis	VII

Muskel	Funktion	Nerv	Hirnnerv Segment (Wurzel)			
Mm. zygomatici	ziehen die Nasenlippenfurche und Mundwinkel nach lateral und oben	N. facialis	VII			
M. risorius	zieht Mundwinkel nach lateral, erzeugt das Grübchen	N. facialis	VII			
M. triangularis, nach neuer Nomenklatur M. depressor anguli oris	zieht den Mundwinkel herab, flacht oberen Bogen der Nasolabialfurche ab	N. facialis	VII			
Gaumensegel, Nervenversorgung: M. tensor veli palatini durch V/3, M. levator veli palatini durch IX	Verschluss der Nasenhöhle, Öffnen der Tube	N. vagus	IX, X, V/3			
Pharynx	Schlund wird beim Schluckakt verengt, gehoben und verkürzt	N. glossopharyngeus, N. vagus	IX, X			
Larynx	Öffnen und Schließen der Stimmritze, Spannung und Verformung der Stimmbänder, Epiglottisbewegungen	N. vagus, N. accessorius (bulbärer Anteil)	X, XI			
Zunge	Form- und Lageveränderungen der Zunge	N. hypoglossus	XII			
			C	**Th**	**L**	**S**
M. sternocleidomastoideus	Dorsalflexion, Ventralwärtsziehen und Drehung des Kopfes	N. accessorius (spinaler Anteil)	2–4			
M. trapezius	Heben, Senken, Zurückziehen, Drehen des Schulterblattes; Dorsalflexion und Drehung des Kopfes	N. accessorius (spinaler Anteil)	2–4			
Zwerchfell	Inspiration	N. phrenicus	3–4			
M. splenius	zieht Kopf bzw. Hals nach hinten, dreht Kopf bzw. Hals zur Seite (Antagonist des M. sternocleidomast.)	Rr. dorsales der Spinalnerven	1–8			

Muskel	Funktion	Nerv	Hirnnerv Segment (Wurzel)			
			C	Th	L	S
Mm. rhomboidei	ziehen Schulterblatt nach medial und oben und drehen es (Flügelskapula bei Lähmung)	N. dorsalis scapulae	4–5			
M. supraspinatus	spannt Schultergelenkkapsel; Abduktion und Außenrotation des Armes	N. suprascapularis	4–6			
M. infraspinatus	stärkster Außenroller des Armes; abduziert bei erhobenem Arm, adduziert bei gesenktem	N. suprascapularis	4–6			
M. teres minor	rollt Arm nach außen und adduziert	N. axillaris	5–6			
M. deltoideus	Außen- und Innenrollung, Abduktion, Adduktion, Vor- und Rückführung des Armes	N. axillaris	5–6			
M. teres major	Einwärtsrollung, Adduktion und Rückführung des Armes	Nn. subscapulares	5–6			
M. subscapularis	stärkster Innenrotator des Armes, je nach Stellung des Gelenkes Ab- und Adduktion, Vor- und Rückwärtsheben des Armes	Nn. subscapulares	5–7			
M. serratus anterior	Fixieren, Heben, Senken, Nach-vorn-Führen, Drehen des Schulterblattes (Scapula alata bei Lähmung)	N. thoracicus longus	5–7			
M. pectoralis major	Adduktion, Innenrotation, Hebung des Armes nach vorn; Heben, Senken, Vorschieben des Schultergürtels; Inspiration bei aufgestützten Armen (Asthmatiker)	Nn. thoracici ventrales	5–	1		

Muskel	Funktion	Nerv	Hirnnerv Segment (Wurzel)			
			C	Th	L	S
M. latissimus dorsi	zieht den erhobenen Arm herab und nach hinten und dreht ihn nach innen (Schürzenknoter)	N. thoracodorsalis	6–8			
M. biceps brachii	Schultergelenk: Ab-, Adduktion, Innen-, Außenrotation, hebt Arm nach vorn; Ellenbogengelenk: Beugung und Supination	N. musculocutaneus	5–6			
M. brachioradialis	beugt bei proniertem Arm im Ellenbogengelenk, bringt den Unterarm aus extremer Pronation und Supination in Mittelstellung	N. radialis	5–6			
M. abductor pollicis longus	Abduktion des Daumens, Supination	N. radialis	7–8			
Mm. extensor carpi radialis longus und brevis	Dorsalflexion, Radialabduktion der Hand; Beugung im Ellenbogengelenk, Pronation (nur longus) und Supination	N. radialis	6–8			
M. flexor carpi radialis	Beugung im Ellenbogengelenk, Pronation; Beugung und Radialabduktion der Hand	N. medianus	7–8			
M. pronator teres	Pronation der Hand	N. medianus	7–8			
M. extensor carpi ulnaris	Dorsalflexion und Ulnarabduktion der Hand	N. radialis	7–8			
M. opponens pollicis	stellt den Daumen den anderen Fingern gegenüber	N. medianus	7–8			
M. abductor pollicis brevis	Abduktion und Beugung des Daumens	N. medianus	7–8			
M. triceps brachii	einziger Strecker im Ellenbogengelenk; Adduktor, Rückwärtsheber, schwacher Außenrotator im Schultergelenk	N. radialis	7–8			

Muskel	Funktion	Nerv	Hirnnerv Segment (Wurzel)			
			C	Th	L	S
M. extensor pollicis longus und brevis	Streckung des Daumens, Dorsalflexion der Hand, Supination	N. radialis	7–8			
M. flexor pollicis longus	beugt den Daumen und die Hand	N. medianus	8	1		
M. flexor carpi ulnaris	Beugung und Ulnarabduktion der Hand	N. ulnaris	8	1		
Mm. interossei	beugen das Grundglied, strecken das Mittel- und Endglied der Finger, spreizen und schließen die Finger	N. ulnaris	8	1		
M. abductor digiti minimi	Abduktion des Kleinfingers	N. ulnaris	8	1		
M. adductor pollicis	Adduktion und Opposition des Daumens	N. ulnaris	8	1		
Bauchmuskeln	neigen den Brustkorb nach vorn, heben das Becken, senken die Rippen (Exspiration)	Rr. ventrales der Spinalnerven		5–	1	
M. erector spinae = Erector trunci	streckt Rücken und Kopf, dreht den Rumpf und neigt ihn seitwärts, dreht das Gesicht zur Seite	Rr. dorsales der Spinalnerven	1–		2	
M. iliopsoas	Beugung, Adduktion und Außenrotation im Hüftgelenk; Beugung und Seitwärtsneigung der LWS	N. femoralis			1–3	
M. quadriceps femoris	Beugung im Hüftgelenk; einziger Strecker im Kniegelenk	N. femoralis			2–4	
Mm. adductores femoris	Hüftgelenk: Adduktion, Beugung, Streckung (nur M. adductor magnus), Außenrotation, Innenrotation (nur M. adductor magnus) Kniegelenk: Beugung und Innenrotat. (nur M. gracilis)	N. obturatorius			2–4	

Muskel	Funktion	Nerv	Hirnnerv Segment (Wurzel) C	Th	L	S
M. tibialis anterior	Dorsalextension des Fußes	N. peronaeus			4–5	
M. glutaeus medius und minimus	Beugung, Außenrotation, Abduktion im Hüftgelenk	N. glutaeus superior			4–	1
M. extensor digitorum longus	Dorsalextension und Pronator des Fußes, Zehenstrecker	N. peronaeus			5	1
M. extensor hallucis longus	Dorsalextension und Pronator des Fußes, Großzehenstrecker	N. peronaeus			5	1
M. extensor digitorum brevis	Streckung der Zehen	N. peronaeus			5	1
M. glutaeus maximus	Streckung und Außenrotation, Ab- und Adduktion im Hüftgelenk	N. glutaeus inferior			5–	2
M. biceps femoris	Streckung, Adduktion und Außenrollung im Hüftgelenk; Beugung und Außenrollung im Kniegelenk	N. tibialis N. peronaeus			4–	2
M. semitendinosus	Strecker, Einwärtsroller und Adduktor im Hüftgelenk; Beuger und Innenroller im Kniegelenk	N. tibialis			5–	2
M. semimembranosus	wie M. semitendinosus	N. tibialis			5–	2
M. triceps surae	Beuger im Kniegelenk, Plantarflektor und Supinator im Fußgelenk	N. tibialis			5–	2
lange Zehenplantarflexoren	Plantarflexion und Supination des Fußes, Zehenbeugung	N. tibialis				1,2
kleine Muskeln der Fußsohle	Spreizen, Schließen, Beugen und Strecken der Zehen; Stützen des Längs- und Quergewölbes des Fußes	N. tibialis				1–3

17

17.7.2 Akinesen

Von **Akinesen** spricht man, wenn der Patient deutlich bewegungsarm wirkt. Bewegung des Rumpfs, der Extremitäten und Ausdrucksbewegungen des Gesichts beim Sprechen sind minimal oder fehlen (Maskengesicht), die Gehbewegungen wirken stockend, der Schritt wird trippelig, Mitbewegung der Arme beim Gehen fehlen, die Amplitude der Handschrift nimmt ab (Mikrografie), seltener Lidschlag, Maskengesicht bei Parkinson-Syndrom, Chorea Huntington oder hepato-lentikulärer Degeneration.

17.7.3 Ataxien

Eine **Ataxie = Bewegungsunordnung** liegt vor, wenn Ihr Patient nicht gerade stehen bleiben kann, wenn gezielte Bewegungen nicht zielgerade, sondern im Zickzack oder unzweckmäßig und nicht wie beabsichtigt ablaufen oder wenn Körperhaltungen verwackeln, z.B. Ihr Patient beim Stehen mit offenen Augen schwankt, beim Gehen schaukelt oder keine Zielbewegungen ausführen kann. **Dementsprechend unterscheidet man**

Rumpf-Ataxie – wenn der Patient im Sitzen oder Gehen deutlich schwankt und der Romberg-Stehversuch (s. S. 464) zu unüberwindlicher Fallneigung führt.

Gang-Ataxie liegt vor, wenn der Patient schwankend geht oder sein Gleichgewicht durch besonders breitbeiniges Gehen kompensiert. Besonders deutlich wird die Gang-Ataxie, wenn Sie Ihren Patienten bei Verdacht auffordern, im sog. Seiltänzergang Fuß vor Fuß zu setzen oder mit geschlossenen Augen vorwärts bzw. rückwärts zu gehen.

Zur Prüfung der **Glied-Ataxie** fordern Sie Ihren Patienten auf, Zielbewegungen auszuführen, z.B. mit dem *Finger-Nase-Versuch* den Arm bis zur Horizontalen zu abduzieren und den Zeigefinger mit geschlossenen Augen auf die Nasenspitze zu führen (Abb. 17.**16a** u. **b**). Eine Sonderform der Glied-Ataxie ist der Intentionstremor, wenn Ihr Patient mit gezielten Bewegungen umso stärker zittert, je näher die Hand dem Ziel kommt.

Knie-Hacken-Versuch (Abb. 17.**17a** u. **b**). Ihr Patient soll in Rückenlage zuerst bei geöffneten, dann geschlossenen Augen mit einer Ferse das Knie des anderen Beins berühren. Wenn Ziel und Richtung verfehlt werden, ist das ein Hinweis auf Ataxie, z.B. bei *Kleinhirnschäden.*

Generell ist Ataxie ein Zeichen für Schäden in sensiblen peripheren Nerven, im Hinterstrang, in der Medulla, im Zerebellum oder im Stirnhirn.

17.7.4 Hyperkinesen

Hyperkinesen sind unwillkürliche, überschießende Bewegungen. Ihr Patient klagt darüber, dass er beim Greifen nach der Türklinke mit den Fingern gegen das Holz stößt, dass er beim Kämmen mit dem Kamm „in der Luft bleibt", sich beim Zähneputzen mit der Zahnbürste den Gaumen verletzt oder beim Treppenabsteigen unbeabsichtigt eine Stufe auslässt. Zu Hyperkinesen kommt es bei extrapyramidalen Schäden wie Athetose, Chorea oder Ballismus.

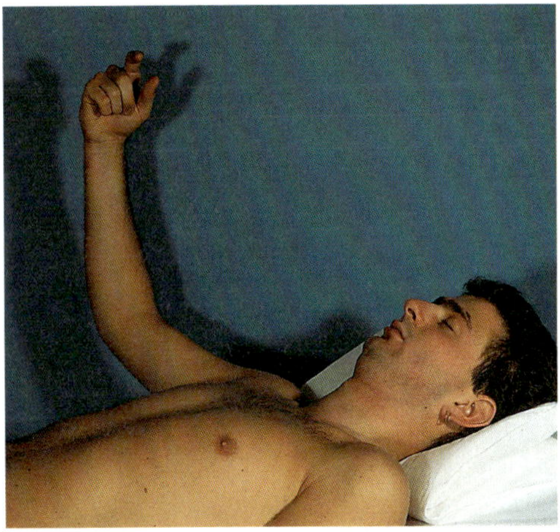

a

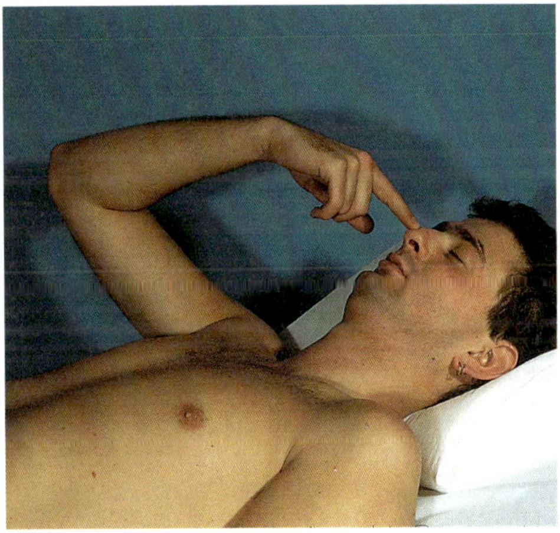

b

Abb. 17.**16a** u. **b** Beim Finger-Nase-Versuch soll der Patient mit der Zeigefingerspitze bei geschlossenen Augen die Nasenspitze treffen

17.7.5 Koordination der Bewegungen

Unter Koordination versteht man das geordnete agonistische und antagonistische, zeitlich geordnete und adäquat dosierte Zusammenwirken von Muskeln bei komplexen Willkürbewegungen – von der Statomotorik zur aufrechten Körperhaltung und des Gleichgewichts bis hin zum genau platzierten Tennisball (Abb. 17.**18a** u. **b**).

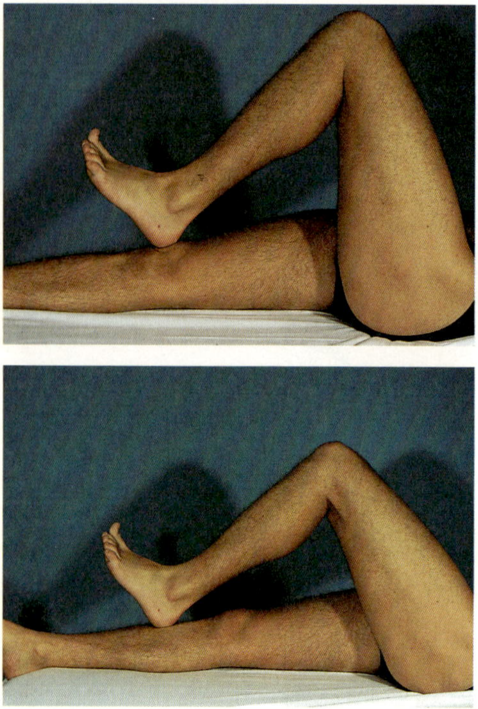

a

b

Abb. 17.**17 a** u. **b** Knie-Hacken-Versuch. Der Patient trifft im Liegen mit der Ferse das Knie und lässt den Fuß auf der Tibiakante nach kaudal gleiten

17.7.5.1 Koordinationsstörungen

Ihr Patient klagt über Unsicherheit beim Gehen, Fallneigung oder „Ungeschicklichkeiten" bei der Feinmotorik, z. B. beim Schreiben oder bei Handarbeiten, i. S. von Asynergie der Muskulatur bei Bewegungen. Bei der Asynergie ist das Zusammenspiel von Agonisten, Synergisten und Antagonisten gestört, die Bewegungen wirken zerfahren.

Achten Sie auf den **Ablauf alltäglicher Bewegungen** Ihres Patienten, wie er steht, geht, sich setzt und spricht, achten Sie auf seine Gestik und Mimik, lassen Sie ihn seine Anschrift aufschreiben. Geben Sie ein Ziel an, und lassen Sie Ihren Patienten auf dieses Ziel durch das Zimmer gehen. Achten Sie auf taumeligen Gang, Drall, breitbeinige Schrittspur oder Hinterstrangsymptome.

17.7.5.2 Koordinationsstörungen – diagnostische Bedeutung

Koordinationsstörungen äußern sich als Gangstörungen, Ataxie, Dysmetrie oder Bradyteleokinese und kommen vor bei *Schädigung des Gehirns, Hydrocephalus malresorptivus, Schädigung des Rückenmarks oder des peripheren Nervensystems.*

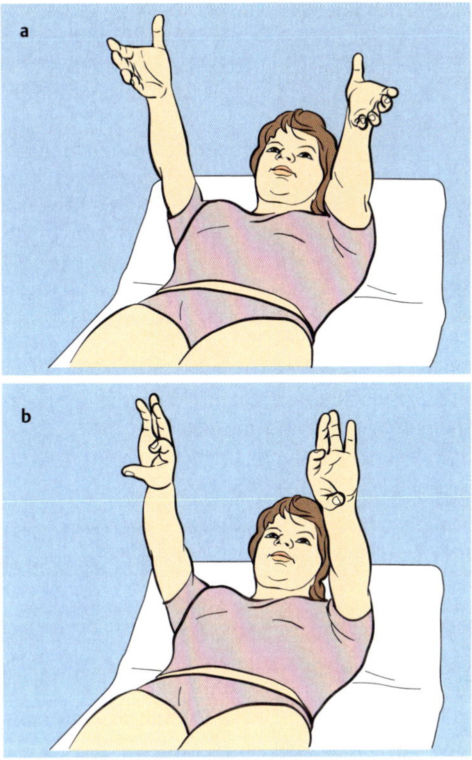

Abb. 17.**18a** u. **b** Bewegungskoordination bei Schraubbewegungen

Zum Nachweis von Koordinationsstörungen dienen:

Bárány-Zeige-Versuch. Ihr Patient soll den gestreckten Arm mit *offenen* Augen senkrecht von oben langsam nach vorn in die Horizontale senken, anschließend Wiederholung mit *geschlossenen* Augen. Bei Kleinhirnschäden erfolgt bei der Wiederholung mit geschlossenen Augen eine über die Horizontale hinausgehende Absenkung des gestreckten Arms (Dysmetrie); bei *einseitigen zerebellaren und bei vestibulären Schäden* eine seitliche Abweichung zur betroffenen Seite.

Finger-Nase-Versuch. Ihr Patient soll zuerst mit offenen, dann mit geschlossenen Augen mit einer weiten Ausholbewegung zügig den Zeigefinger an die Nasenspitze führen (Abb. 17.**16**).

Eine andere Methode, die Koordination zu prüfen, ist der *Knie-Hacken-Versuch*, bei dem der Patient im Liegen mit geschlossenen Augen versucht, mit der Ferse des einen Fußes von der Patella des anderen Beines auf der Tibiakante nach kaudal herunterzufahren (Abb. 17.**17a** u. **b**).

Romberg-Versuch. Ihr Patient berichtet über Standunsicherheit und spricht dabei in der Regel von „Schwindel“. Sie stellen sich vorsichtshalber rechtwinklig dicht neben Ihren Patienten und fordern ihn auf, mit geschlossenen Füßen gerade zu stehen und dann die Augen zu schließen. Fallneigung weist auf eine Störung der Tiefensensibilität und damit des Lagesinns hin.

Als pathologischer Romberg gilt eine überproportional starke Zunahme der Standunsicherheit (Standataxie) bei geschlossenen Augen. Wenn die Bewegungsempfindung des Patienten normal ist, spricht ein positiver Romberg-Stehversuch für eine Vestibularisstörung oder eine Störung der sensomotorischen Koordination.

Unterberger-Tretversuch. Zur Prüfung der Koordination und des Gleichgewichts soll Ihr Patient mit geschlossenen Augen ca. 1 Min. lang mindestens 50-mal auf der Stelle treten. Zu Richtungsabweichung (Drehung) $> 45°$ kommt es bei Kleinhirn- und Vestibularisschäden.

Prüfung auf Adiadochokinese. Adiadochokinese nennt man die Unfähigkeit, antagonistische Bewegungen wie Pronation und Supination oder Beugung und Streckung der Finger schnell abwechselnd auszuführen; sie tritt auf bei Störungen der Koordination oder Lähmungen.

Cave: Lähmungen können Koordinationsstörungen vortäuschen!

17.7.6 Krämpfe

Krämpfe sind **unwillkürliche Muskelkontraktionen**. Man unterscheidet nach Ausdehnung und Ablauf:

1. **klonische Krämpfe** = schnell aufeinander folgende, kurze Zuckungen antagonistischer Muskeln z. B. bei Pyramidenbahnschäden*;
2. **tonische Krämpfe** = anhaltende, intensive Muskelkontraktionen z. B. Krampus, Tetanus, Durchblutungsstörungen, Wurzelirritation oder Elektrolytstörungen;
3. **tonisch-klonische Krämpfe** sind Serien kurz dauernder, schüttelnder unwillkürlicher Zuckungen antagonistischer Muskeln im Wechsel mit anhaltenden Muskelkontraktionen z. B. bei Epilepsie als Grand mal, bei Eklampsie, Urämie, Entzugssyndrom;
4. **lokalisierte Krämpfe** einzelner Muskeln oder Muskelgruppen, z. B. als Tic, Krampussyndrom oder Torticollis spasticus;
5. **Schreibkrämpfe** durch übermäßige Handanspannung;
6. **„Denkkrämpfe“** bei Münchhausen-Examens-Syndrom.

Krämpfe und Begleitsymptome
Diagnostische Bedeutung

- Fieber, Kopfschmerz, Erbrechen, Nackensteife, Kernig- und Brudzinski-Zeichen, zunehmende Verwirrtheit bei *Meningitis* (Liquorkultur ansetzen)
- ähnliches Bild aber mit zerebralen Ausfallerscheinungen wie Bewusstseinsstörungen, Persönlichkeitsveränderungen, Paresen und Paralysen, Hirnnervenstörungen bei *Enzephalitis*
- Kopfschmerz, Übelkeit, Erbrechen, langsam zunehmendes Papillenödem, Hemiparesen, Ataxie, Temperaturerhöhung, Atemfrequenz erhöht, in der Endphase Schläfrigkeit, Persönlichkeitsveränderungen und endokrine Störungen bei *Hirntumoren* (CT)
- plötzlicher Kopfschmerz, Übelkeit, Erbrechen, zunehmende einseitige Nervenausfälle, Atmungsstörung, Bewusstseinsstörung bis Koma, Vorgeschichte mit Hypertonie, Diabetes, Arteriosklerose oder Emboliequellen bei *Schlaganfall*
- plötzlicher, anfallartiger Beginn von Krämpfen mit Aura, Inkontinenz, Erbrechen, Parästhesien, Myalgie, Zungenbiss, Bewusstlosigkeit, Epistotonus, Adduktion und Flexion der Arme, Streckung der Beine, tonisch-klonische Krämpfe, Apnoe und Zyanose bei *Epilepsie*
- Gewichtsverlust, Schwäche, Müdigkeit, Dyspnoe, Übelkeit, Erbrechen und Durchfall, Hautjucken, Nasenbluten, Bauchschmerz, Tetanie, Cheyne-Stokes-Atmung, periphere Neuropathie, Perikarditis, Pleritis, Koma bei *Urämie* (Rest-N erhöht)
- Erbrechen, Bauchschmerz, Muskelspasmen, periphere Neuritis, Photosensibilität, Narben, veränderte Hautpigmentation, Alopezie, Bauchschmerz, braun werdender Urin, Hämolyse bei *Porphyrie* (Urinuntersuchung)
- Schwangerschaft, Hypertonie, Verwirrtheit, Ödem, Albuminurie bei *Eklampsie*

17.7.7 Muskuläre Hypotonie

Von muskulärer Hypotonie bzw. Atonie spricht man, wenn Ihr Patient darüber klagt, dass **seine Bewegungen mühsam** sind und die Spannung seiner Muskeln abgenommen hat, sodass die Bewegungsabläufe verzögert sind oder fehlender Tonus Bewegungen unmöglich macht. Bei der passiven Bewegung der Gelenke Ihres Patienten erscheinen seine Gliedmaßen ungewöhnlich schwer, die Gelenke sind überstreckbar.

17

Muskuläre Hypotonie bzw. Atonie gehört zum Bild der peripheren = schlaffen Lähmung.

Eine Zuordnung gestörter Muskelfunktion zu ihrer Innervation finden Sie in dem Suchschema Muskeln – Funktionen – Innervationen*.

17.7.8 Lähmungen – Parese oder Paralyse?

Definitionen. Eine **Parese** ist eine unvollständige Lähmung motorischer oder sensibler Funktionen eines Nervs und damit eines Körperteils.

Mit **Paralyse = Plegie** bezeichnet man die vollständige Lähmung der motorischen oder sensiblen Nervenfunktionen i.S. von Sensibilitätsstörungen, Bewegungseinschränkung bzw. Bewegungsunfähigkeit von Muskeln, Muskelgruppen oder ganzen Gliedmaßen.

17.7.8.1 Zentrale Lähmung

Bei der zentralen Lähmung liegt der Schaden im *1. Motoneuron* (Hirnrinde – Pyramidenbahn – Vorderhorn). Zentrale Lähmungen treten als unvollständige ***Halbseitenlähmungen (Hemiparese)*** oder als ***Hemiplegie*** auf (***totale Lähmung*** einer Körperseite, s. Wernicke-Mann*; Abb. 17.**19** u. 17.**20**).

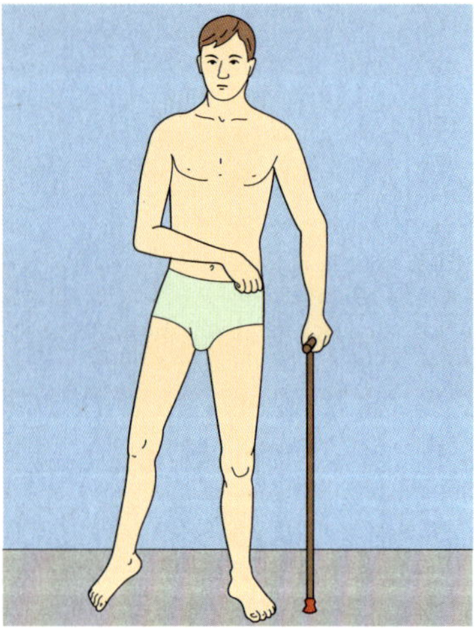

Abb. 17.**19** Wernicke-Mann-Prädilektionstyp einer Hemiparese als Beispiel einer zentralen Lähmung

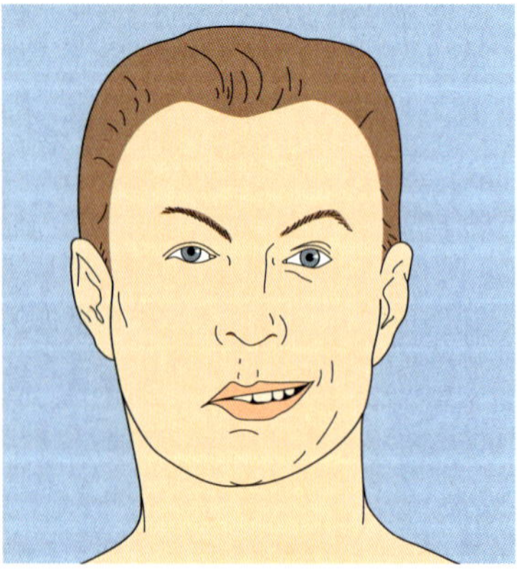

Abb. 17.**20** Verminderte Hebung des rechten Mundwinkels beim Sprechen als Zeichen einer zentralen Fazialisparese

Querschnittlähmungen sind *spastische zentrale Lähmungen* abhängig vom Ort des Schadens.

Regel: Eine Läsion oberhalb des 6. HWK führt zu einer Tetraplegie, unterhalb des 1. BWK zur Paraplegie = Lähmung symmetrischer Extremitäten.

Begleitsymptome zentraler Lähmungen sind gesteigerte Muskeleigenreflexe, Pyramidenbahnzeichen und Mitbewegungszeichen. Die Reflexe der Babinski-Gruppe sind pathologisch bei Schädigung des 1. Motoneurons, z. B. bei Apoplex sowie Trauma im Bereich von Gehirn und Rückenmark.

17.7.8.2 Periphere Lähmung = schlaffe Lähmung

Das Gegenteil der Spastik bei der zentralen Lähmung ist die *schlaffe Lähmung* durch Schaden im *2. peripheren Motoneuron* (Vorderhornzellen, vordere Wurzeln, peripherer Nerv bis motorische Endplatten). Die Bezeichnung erfolgt nach den betroffenen Muskeln, z. B. Medianus-Lähmung (Abb. 17.**21**).

Ihr Patient klagt über lokale Nervenausfälle wie z. B. die Parese der Zehenheber bei Einklemmung des N. ischiadicus oder über herabgesetzten Muskeltonus. Im Laufe der Zeit kommt es zur Muskelatrophie; gelegentlich treten neurotrophische Störungen von Haut und Anhangsgebilden oder sensible Ausfälle auf; pathologische Reflexe liegen nicht vor. Sie finden abgeschwächte Eigenreflexe und Entartungsreaktionen, aber keine Mitbewegungs- und keine Pyramidenbahnzeichen. (Die akute, schlaffe Lähmung kann Vorläufer einer Spastik sein.) Periphere Lähmungen finden Sie bei Chorea, Polyneuropathie und Kleinhirnschaden.

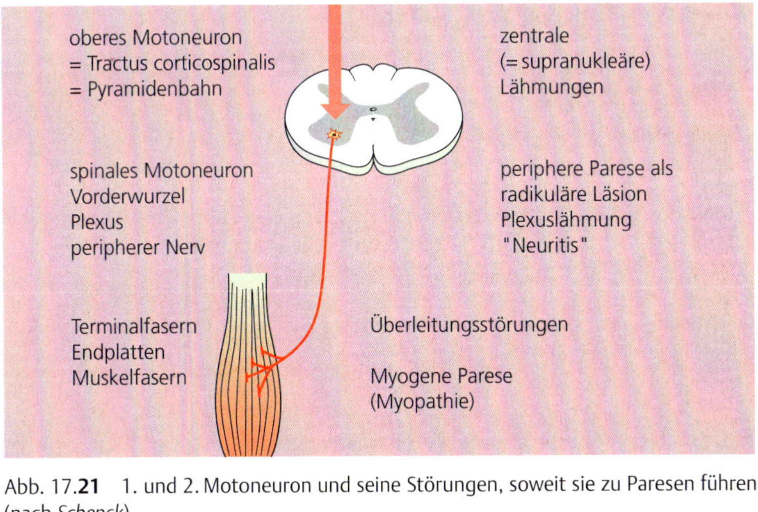

Abb. 17.**21** 1. und 2. Motoneuron und seine Störungen, soweit sie zu Paresen führen (nach *Schenck*)

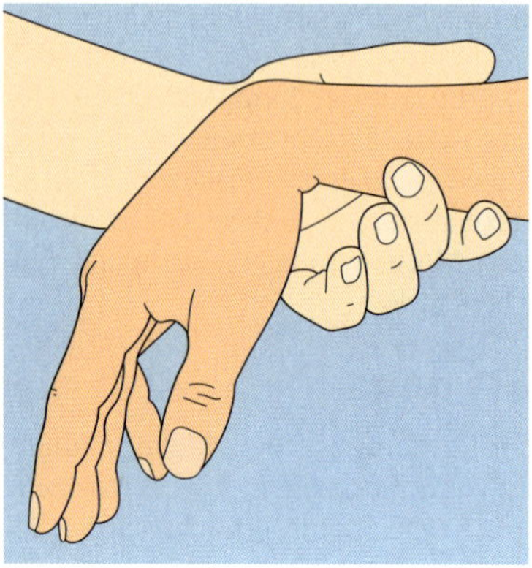

Abb. 17.**22** Radialisparese

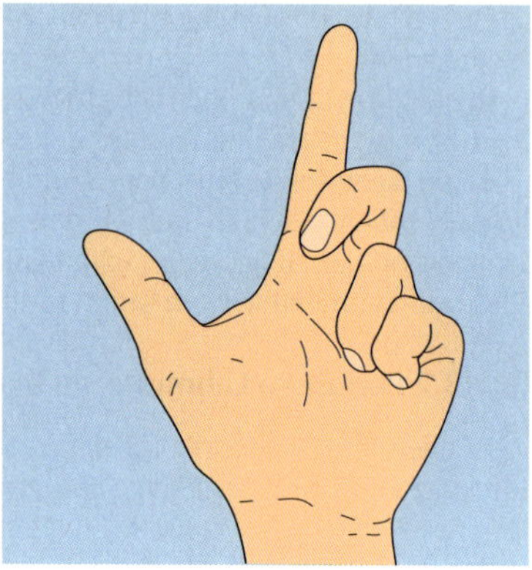

Abb. 17.**23** Medianusparese

17.7.8.3 Parese/Paralyse – Zuordnung (Abb. 17.**22** und 17.**23**)

Mit den Funktionsprüfungen für die obere und untere Extremität (s. Kap. Extremitäten) verschaffen Sie sich einen Überblick. Für die Beurteilung der Lähmung einzelner Muskeln gestattet das Suchschema* die Zuordnung gelähmter Funktionen zu den betroffenen Muskeln, Nerven, Hirnnerven und Segmenten (S. 454).

Einen Eindruck von der diagnostischen Vieldeutigkeit des Symptoms „Lähmung" verschafft Ihnen die folgende Übersicht:

Lähmungen
Diagnostische Bedeutung

- bei Apoplexie
- bei Hirntumor
- bei Cushing-Syndrom
- bei Hyperthyreose
- bei Myositis
- bei perniziöser Anämie
- bei Polymyositis
- bei Rückenmarktumor
- bei Poliomyelitis
- bei Botulismus
- bei Hyperparathyreoidismus
- bei diabetischer Neuropathie
- bei Hypokaliämie
- bei Parkinson-Syndrom
- bei Polyneuropathie
- bei progressiver Muskeldystrophie
- bei Tabes dorsalis
- bei Muskelatrophie

Durch Neurosen vorgetäuschte Pseudolähmungen können Sie mit dem Beintest* oder dem EMG von echten Lähmungen unterscheiden.

17.7.9 Nerval bedingte Muskelschwäche

Ihr Patient klagt über unerwartet schnelles Nachlassen der Muskelkraft oder unzureichende Muskelkraft für alltägliche Verrichtungen. Es kann sich – abgesehen von muskulär-skelettalen Erkrankungen (s. Kap. Extremitäten) – um eine Parese handeln. Neben der Prüfung der Reflexe ist die Prüfung der Muskelkraft eine weitere Methode für die diagnostische Zuordnung motorischer Störungen zu ihren Ursachen. Zuordnung: Suchschema Muskeln, Funktionen, Innervationen S. 454.

Verminderte Muskelkraft – Graduierung

Das British Medical Research Council hat folgende Einteilung vorgeschlagen:
Fehlen einer Muskelkontraktion = völlige Lähmung
1 = eben sichtbare oder tastbare Muskelkontraktion, aber keine Bewegung
2 = aktive Bewegung, nur nach Ausgleich der Schwerkraft durch Unterstützung
3 = aktive Bewegung oder Haltung gegen die Schwerkraft ohne Unterstützung
4 = aktive Bewegung oder Haltung gegen Schwerkraft und leichten Widerstand
5 = aktive Bewegung oder Haltung gegen kräftigen Widerstand
6 = regelrechte Muskelkraft

17.7.9.1 Prüfung der Muskelkraft

Fordern Sie Ihren Patienten auf, seine Arme, Beine, den Kopf oder den Rumpf aktiv zu bewegen oder seine **Muskelkraft gegen Ihre gegenhaltende Hand einzusetzen.** Versuchen Sie, seine vorgehaltenen Arme abwärts oder aufwärts zu drücken, oder lassen Sie sich von Ihrem Patienten mit gekreuzten Armen die Hände drücken. Kontrollieren Sie die Trophik der aktivierten Muskulatur. Untersuchen Sie immer seitenvergleichend (Abb. 17.**24**). Fragen Sie Ihren Patienten, ob er bei den Bewegungen Schmerzen spürt, die den Krafteinsatz behindern. Sie könnten eine neural bedingte Behinderung der Bewegung vortäuschen.

17.7.9.2 Verminderte Muskelkraft – diagnostische Bedeutung

Wenn **gleichzeitig Eigenreflexe abgeschwächt sind oder fehlen**, aber Entartungsreaktionen als Veränderung der normalen elektrischen Erregbarkeit von Nerven und

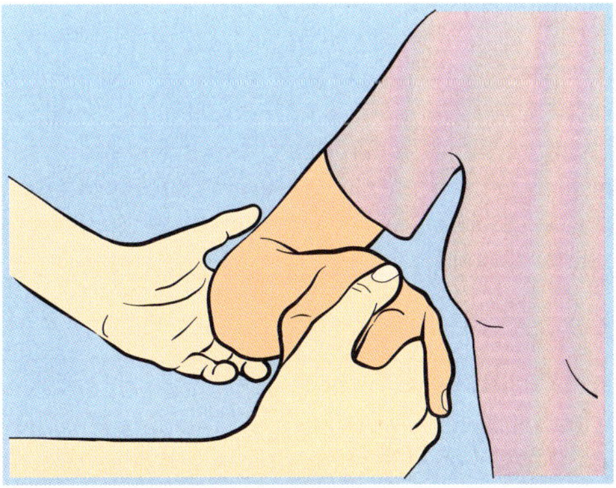

Abb. 17.**24** Prüfung der Muskelkraft

Muskeln bei Schädigung des zweiten motorischen Neurons auftreten, gehört verminderte Muskelkraft zum Bild einer peripheren Lähmung*. Gestörte Reizübertragung im Muskel – also neuromuskulär bedingte Minderung der Muskelkraft – finden Sie bei Myasthenia gravis, Radikulitis, spinaler Muskelatrophie.

Wenn gleichzeitig **Eigenreflexe verstärkt und pathologische Fremdreflexe** auslösbar sind, gehört verminderte Muskelkraft zum Bild einer zentralen Lähmung*.

17.7.10 Muskeltonus

Fordern Sie Ihren liegenden Patienten auf, die Extremitätengelenke, die Sie untersuchen wollen, **bewusst locker und entspannt** zu halten, weder mitzumachen noch dagegenzuhalten, und beurteilen Sie seitenvergleichend den unwillkürlichen Muskelwiderstand. Den Muskeltonus in der Nacken- und Halsmuskulatur stellen Sie durch passives Hin- und Herbewegen des Kopfes fest.

Pathologischer Muskeltonus. Unter abnormem Muskeltonus versteht man verminderten oder erhöhten Dehnungswiderstand entspannter Muskulatur. Abnormer Muskeltonus tritt auf als Spastik, Rigor*, Meningismus*, muskuläre Hypotonie*.

Meningismus = Symptomkombination durch Erkrankung der Meningen:

Kopfschmerz, Fieber, Lichtempfindlichkeit, Opisthotonus, positives Lasègue-Zeichen, Nackensteifigkeit, Kernig-Zeichen, Bradykardie, Erbrechen, Brudzinski, Drei-Fuß-Zeichen, Knie-Kuss-Zeichen, nach zu starker Sonneneinstrahlung; bei Meningitis, bei Tabes dorsalis

***Verminderter Muskeltonus* (muskuläre Hypotonie) gehört zum Bild der peripheren schlaffen Lähmung, *erhöhter Muskeltonus* = Spastik gehört zum Bild der zentralen spastischen Lähmung.**

17.7.11 Abnorme Muskeltrophik

Muskelatrophie als Schwund oder Fehlen der üblichen Muskelstruktur können Sie sehen und fühlen. Untersuchen Sie in der betroffenen Körperregion die Struktur der Muskelstränge immer seitenvergleichend. Denken Sie besonders in Bezug auf mögliche künftige Gutachtenverfahren daran, die Umfangsmaße der betroffenen Muskeln zu dokumentieren. Nervale Ursachen für das Schwinden der sichtbaren Muskulatur finden Sie bei peripherer Lähmung, bei neuraler Muskelatrophie.

17.7.12 Rigor

Ihr Patient klagt darüber, dass seine Muskeln übermäßig gespannt sind und **seine Bewegungen ruckartig** ablaufen. Bei passiven Bewegungen der Gliedmaßen wirkt die gesamte Bewegung der Gelenke hyperton, zähflüssig und in allen Winkelstellungen etwa gleich erhöht, **ruckartig** mit schnellem Wechsel zwischen Widerstand und Lockerung. Dieses Zahnradphänomen prüfen Sie am besten mit der Palmarflexion oder Dorsalflexion des Handgelenks. Rigor ist eine Sonderform von erhöhtem Muskeltonus und weist auf extrapyramidale Schäden z. B. bei Morbus Parkinson hin.

17.7.13 Spastik

Ihr Patient klagt darüber, dass seine Bewegungen „schwer gehen". Die ungewöhnliche Zunahme der Muskelspannung führt zur Störung normaler Bewegungsabläufe. Spastik wirkt **als federnder Dehnungswiderstand** besonders bei der Einleitung einer Bewegung. Bewegungen sind mit dem Aufklappen eines Taschenmessers vergleichbar. Man spricht deshalb auch vom **Taschenmesserphänomen** z. B. bei Apoplex, Hirntumor, Querschnittslähmung, Tetanie.

17.7.14 Extrapyramidale Störungen

Sie beruhen auf Schäden in den Stammganglien oder Basalganglien und führen zu Störungen, die Sie mit folgenden Verfahren untersuchen können:

Störungen	Untersuchungen
Gesamtmotorik	z. B. Akinese oder Hypokinese bei täglichen Verrichtungen
Mitbewegungen	z. B. Artikulation beim Sprechen, Ausdrucksbewegungen
gezielte Bewegungen	z. B. Knie-Hacken-Versuch, Finger-Nase-Versuch
Asynergie	z. B. Diadochokinese
Muskeltonus	z. B. Kopffalltest, passive Extremitätenbewegung
Feinmotorik	z. B. Schrift
abnorme Haltungen	z. B. Beobachtung des Stehens und Gehens
Hyperkinesen	z. B. Ruhetremor beim Handvorhalten

Bis hier können Sie die Fragen zur Vertiefung und Wiederholung 19 – 35 und die entsprechenden Lösungsvorschläge benutzen.

17.8 Sensibilität

Der Begriff Sensibilität bezeichnet im weiteren Sinne Empfindungen als **die Fähigkeit, Reize aufzunehmen und in Wahrnehmungen umzusetzen**. Der diagnostische Zugang beruht primär auf der Qualität der Angaben Ihres Patienten. Unterscheiden Sie begrifflich Sensibilität im (niederen) physiologischen Sinn als die Wahrnehmung von Reizen an Haut, Gelenken und inneren Organen von sensorischen Wahrnehmungen mit Hilfe höherer Sinnesorgane wie Hören, Sehen, Riechen und Schmecken (Abb. 17.**25**).

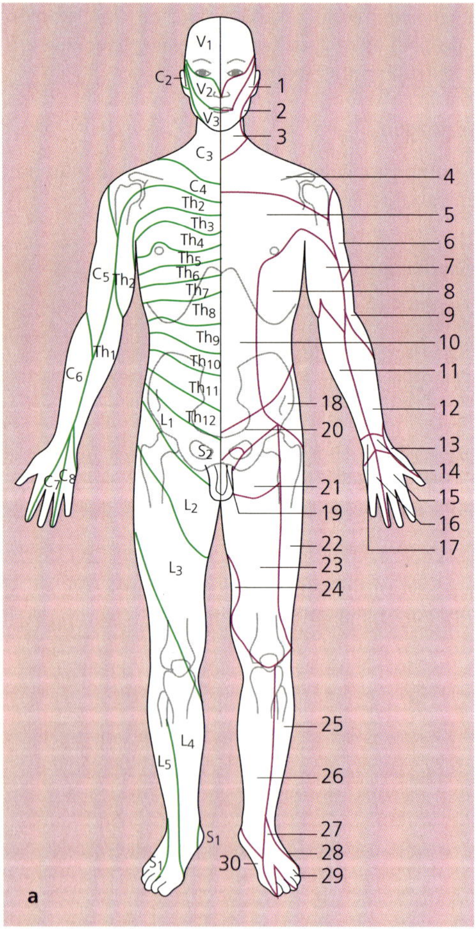

Abb. 17.**25 a–g** Die Hautsensibilität. Radikuläre und periphere sensible Innervation (aus *Mumenthaler M., H. Schliack*: Läsionen peripherer Nerven, 4. Aufl., Stuttgart: Thieme; 1982)
a Ansicht von vorn. Rechte Körperseite: radikuläre, linke: periphere Innervation

1 N. trigeminus
2 N. auricularis magnus
3 N. transversus colli
4 Nn. supraclaviculares
5 Rr. cutanei anteriores nn. intercostalium
6 N. cutaneus brachii lateralis superior
7 N. cutaneus brachii medialis
8 Rr. mammarii laterales nn. intercostalium
9 N. cutaneus antebrachii posterior
10 Rr. cutanei anteriores nn. intercostalium
11 N. cutaneus antebrachii medialis
12 N. cutaneus antebrachii lateralis
13 R. superficialis n. radialis
14 R. palmaris n. mediani
15 N. medianus
16 Nn. digitales palmares communes
17 R. palmaris n. ulnaris
18 N. iliohypogastricus (R. cut. lat.)
19 N. ilioinguinalis (Nn. scrotales anteriores)
20 N. iliohypogastricus (R. cutaneus anterior)
21 N. genitofemoralis (R. femoralis)
22 N. cutaneus femoris lateralis
23 N. femoralis (Rr. cutanei anteriores)
24 N. obturatorius (R. cut.)
25 N. cutaneus surae lateralis
26 N. saphenus
27 N. peronaeus superficialis
28 N. suralis
29 N. peronaeus profundus
30 N. tibialis (Rr. calcanei)

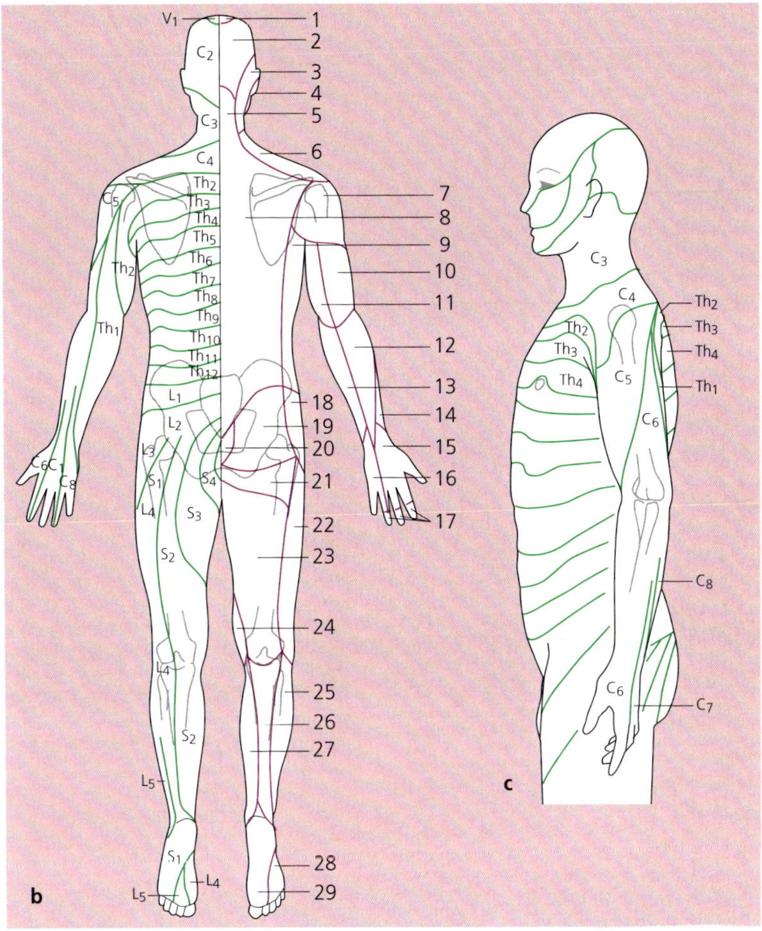

Abb. 17.**25 b** Ansicht von hinten. Rechte Körperseite: periphere, linke Körperseite: radikuläre Innervation

Abb. 17.**25 c** Seitenansicht. Radikuläre Innervation

Abb. 17.25 b

1 N. frontalis (V1)
2 N. occipitalis major
3 N. occipitalis minor
4 N. auricularis magnus
5 Rr. dorsales nn. cervicales
6 Nn. supraclaviculares
7 N. cutaneus brachii lateralis superior
8 Rr. dors. nn. spin. cervic., thorac., lumb.
9 Rr. cutanei laterales nn. intercostalium
10 N. cutaneus brachii posterior
11 N. cutaneus brachii medialis
12 N. cutaneus antebrachii posterior
13 N. cutaneus antebrachii medialis
14 N. cutaneus antebrachii lateralis
15 R. superficialis n. radialis
16 R. dorsalis n. ulnaris
17 N. medianus
18 N. iliohypogastricus (R. cut. lat.)
19 Nn. clunium superiores
20 Nn. clunium medii
21 Nn. clunium inferiores
22 N. cutaneus femoris lateralis
23 N. cutaneus femoris posterior
24 N. obturatorius (R. cut.)
25 N. cutaneus surae lateralis
26 N. suralis
27 N. saphenus
28 N. plantaris lateralis
29 N. plantaris medialis

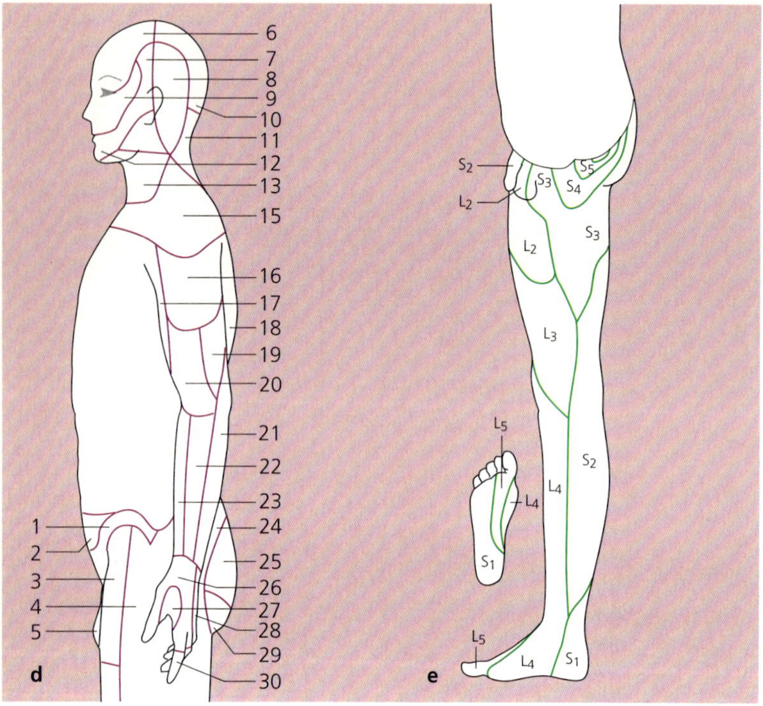

Abb. 17.**25 d** Seitenansicht. Periphere Innervation

Abb. 17.**25 e** Bein, Innenseite. Radikuläre Innervation

Abb. 17.25 d

1 N. ilioinguinalis
2 N. iliohypogastricus
3 N. genitofemoralis (R. femoralis)
4 N. cutaneus femoris lateralis
5 N. dorsalis penis (n. pudendus)
6 N. trigeminus /1
7 N. trigeminus /3
8 N. occipitalis minor
9 N. trigeminus /2
10 N. occipitalis major
11 Rr. dorsales nn. cervicalium
12 N. auricularis magnus
13 N. transversus colli
15 Nn. supraclaviculares
16 N. cutaneus brachii lateralis superior
17 Nn. intercostobrachiales (nn. intercostalium)
18 Rr. dorsales nn. thoracicorum
19 N. cutaneus brachii posterior
20 N. cutaneus brachii lateralis
21 N. cutaneus antebrachii posterior (n. radialis)
22 N. cutaneus antebrachii lateralis superior
23 N. cutaneus antebrachii medialis
24 R. cutaneus lateralis n. iliohypogastrici
25 Nn. clunium superiores
26 R. superficialis n. radialis
27 Autonomes Gebiet des R. superficialis n. radialis
28 R. dorsalis n. ulnaris
29 Nn. clunium inferiores
30 N. digitalis palmaris communis mediani

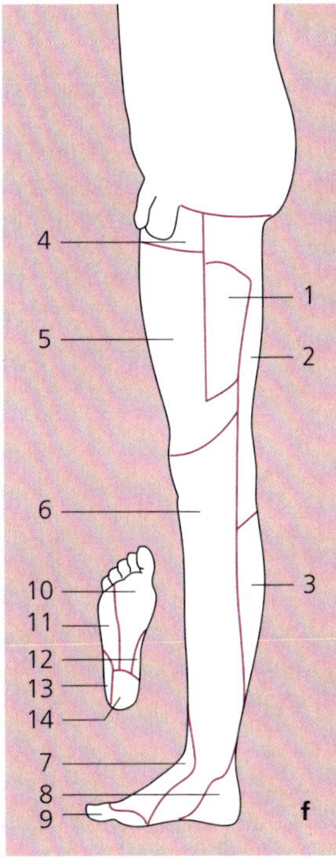

Abb. 17.**25f** Bein, Innenseite. Periphere Innervation

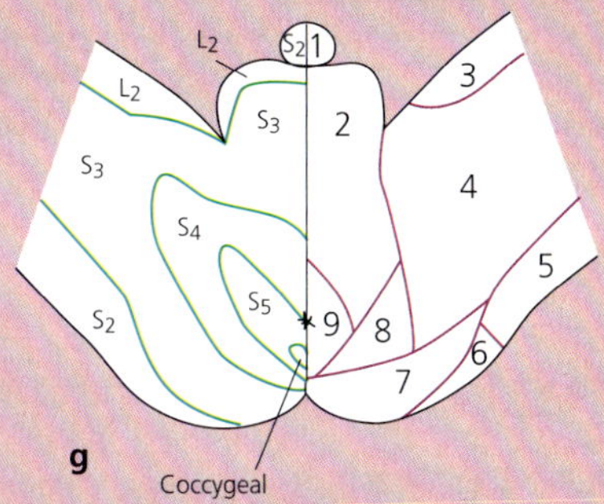

Abb. 17.**25g** Damm. Rechte Körperseite: radikuläre Innnervation, linke: periphere

Abb. 17.25f

1 R. cutaneus n. obturatorii
2 N. cutaneus femoris posterior
3 N. cutaneus surae lateralis
4 N. ilioinguinalis und R. genitalis n. genitofemoralis
5 Rr. cutanei anteriores n. femoralis
6 Rr. cutanei cruris mediales n. sapheni
7 N. cutaneus dorsalis medialis (n. peronaeus superficialis)
8 Rr. calcanei mediales
9 N. plantaris medialis
10 N. plantaris medialis
11 N. plantaris lateralis
12 Rr. cutanei cruris mediales n. sapheni
13 N. suralis
14 Rr. calcanei mediales

Abb. 17.25g

1 N. dorsalis penis (clitoridis) (n. pudendus)
2 Nn. scrotales (labiales) posteriores (Nn. perineales des N. pudendus)
3 Rr. cutanei anteriores n. femoralis
4 N. obturatorius
5 N. cutaneus femoris posterior
6 Nn. clunium superiores
7 Nn. clunium inferiores
8 Nn. clunium medii
9 Nn. anococcygei

Sensibilitätsstörungen – Zuordnung zum ZNS. Im Bereich des peripheren Nervensystems entspricht die Ausdehnung der Störungen

- bei Schädigung eines peripheren Nerven dessen Innervationsgebiet (Abb. 17.**25**, Hautsensibilität*),
- bei Schädigung der Wurzeln der Spinalnerven dem betroffenen Dermatom,
- bei Schädigung im Bereich des ZNS den Hirnstammsyndromen, den Hinterstrangsymptomen, dem Hinterhornsyndrom sowie dem hirnlokalen Syndrom.

Sensibilitätsstörungen		
Tastsinn: Störung von	**Tiefensensibilität:** Störung von	**Parästhesien**
– Berührungsempfindung	– Lageempfindung	
– Diskriminationsempfindung	– Bewegungsempfindung	
– Lokalisationsempfindung	– Vibrationsempfindung	
– Schmerzempfindung		
– Temperaturempfindung		

17.8.1 Der Tastsinn

Zum Tastsinn gehören Berührungsempfindung, Diskrimination, Lokalisation von Berührungen, Schmerzempfindung, Temperaturempfindung.

17.8.1.1 Störung der Berührungsempfindung

Ihr Patient klagt über **taube Hautbereiche**, über denen er z. B. die Kleidung nicht spürt oder mit den Fingerspitzen berührte Gegenstände (z. B. Nähnadel) nicht tastet (s. Asynergie*).

Fordern Sie Ihren Patienten auf, den Blick auf den Hautbereich zu richten, den Sie untersuchen wollen, und dann die Augen zu schließen. Mit der **Zahlenschrift** untersuchen Sie das räumliche Auflösungsvermögen. Dazu schreiben Sie mit einem Streichholz oder einer geschlossenen Sicherheitsnadel 5 cm große Zahlen auf die Haut des Patienten und fordern ihn auf, die Zahl zu „lesen". Die Berührungsempfindung kann bei zentralen und peripheren Läsionen des ZNS gestört sein, z. B. bei Syringomyelie.

Störung der Diskrimination. Diskrimination ist die Fähigkeit, **eng beieinander stehende Reize zu unterscheiden**. Ihr Patient klagt darüber, feine taktile Unterschiede nicht mehr wahrnehmen zu können, z. B. feine Erhabenheiten auf einer glatten Glasoberfläche „zu übersehen". Die **Zweipunktdiskrimination** erfassen Sie durch Aufsetzen eines Zirkels auf die Haut, indem Sie die Abstände zwischen den beiden Spitzen so lange verkleinern, bis Ihr Patient sie nur noch als einen Punkt empfindet.

Störung der Lokalisation. Mit Lokalisation bezeichnet man die Fähigkeit, Sinnesreize topographisch ohne gleichzeitige optische Wahrnehmung richtig zuzuordnen. Fordern Sie Ihren Patienten auf, mit geschlossenen Augen einen bestimmten Gegenstand von Ihrem Schreibtisch „rechts von Ihnen" aufzunehmen.

Störung der Schmerzempfindung. Ihr Patient klagt darüber, dass er **heiße Gegenstände ohne Schmerzen** bis zur Blasenbildung berühren kann, was bei anderen Menschen rechtzeitig zur Vermeidungsreaktion führen würde.

Heben Sie bei sich selbst über dem Handrücken mit Daumen und Zeigefinger eine Hautfalte ab, und erhöhen Sie den Druck, bis es weh tut. Damit gewinnen Sie ein ungefähres Maß dafür, wie stark Sie Ihren Patienten für die Untersuchung der Schmerzempfindung **kneifen** müssen. Alternativ können Sie an Hauthaaren ziehen oder mit der Einmalkanüle so leicht zustechen, dass die Haut nicht verletzt wird. Störung der Schmerzempfindung finden Sie z. B. bei Syringomyelie oder intramedullärem Tumor.

Störung der Temperaturempfindung. Ihr Patient klagt darüber, dass er z. B. bei der Berührung von Trinkgefäßen oder beim Fußbad **warm und kalt nicht unterscheiden** kann. Für eine Hausfrau kann das Berühren heißer Töpfe und Pfannen gefährlich werden!

Sie benutzen einen warmen und einen kalten Metallstab oder zwei trockene **Reagenzgläser**, die mit heißem bzw. kaltem Wasser gefüllt sind, und bitten Ihren Patienten, auf die Berührung mit „warm" oder „kalt" zu reagieren. Ausfälle finden Sie bei Syringomyelie, bei intramedullärem Tumor oder bei Tabes dorsalis, gemeinsam mit gestörter Schmerzempfindung bei Brown-Sequard-Syndrom.

17.8.2 Tiefensensibilität

Zur Tiefensensibilität gehören Lageempfindung, Bewegungsempfindung und Vibrationsempfindung.

Lageempfindung ist die bei geschlossenen Augen wahrgenommene Lage der Extremitäten. Fordern Sie Ihren Patienten auf, die Augen zu schließen. Bewegen Sie seine Arme und/oder Beine und lassen Sie von ihm Beuge- und Streckstellungen identifizieren.

Störung der Bewegungsempfindung. Bewegungsempfindungen sind Teil der Tiefensensibilität. Bei Störung klagt Ihr Patient über ungeordnete Bewegungsabläufe (Ataxie). Bewegen Sie Finger oder Zehen Ihres Patienten in zwei Ebenen. Fordern Sie ihn auf, die Augen zu schließen und die Bewegungsrichtung nach links, rechts bzw. oben, unten zu beurteilen. Vermeiden Sie dabei ein Anstoßen des bewegten Gliedes an Nachbarglieder.

Störung der Vibrationsempfindung. In Ausnahmefällen wird ein Patient spontan Angaben zur Störung seiner Vibrationsempfindung machen können, es sei denn, dass er im gesunden Zustand die Schwingungen an Elektrogeräten wahrgenommen hat und jetzt vermisst.

Setzen Sie eine angeschlagene **Stimmgabel** mit 64 oder 128 Hz auf die Haut über den Fingerknöcheln, dem Schlüsselbein, der letzten Rippe, dem Beckenkamm, dem Schienbein, den Knöcheln oder dem Zehenrücken auf. Wichtig ist, dass Ihr Patient mit geschlossenen Augen auf das Summen, nicht auf das Aufsetzen der Stimmgabel reagiert. Verminderte oder fehlende Vibrationsempfindung ist ein Zeichen für Hinterwurzel- oder Hinterstrangschäden, z. B. bei Polyneuropathie oder Tabes dorsalis.

Empfindungsstörungen – Regel
Versuchen Sie, die örtlichen Grenzen jeder Empfindungsstörung so genau wie möglich festzulegen. Sie können aus dem Bereich der gestörten Hautsensibilität* auf den Ort der radikulären bzw. peripheren sensiblen Innervation schließen.

17.8.3 Parästhesien

Hierunter versteht man **subjektive Missempfindungen** wie Brennen, Kribbeln als Ameisenlaufen oder Taubheitsgefühl.

Um eine möglichst genaue Zuordnung zu den beschädigten Nerven zu erhalten, fordern Sie Ihren Patienten auf, mit dem Finger den Hautbereich zu umranden, in dem die Parästhesien auftreten.

Parästhesien finden Sie bei Bandscheibenläsion oder multipler Sklerose, funikulärer Myelose, Polyneuropathie. **Unterscheiden Sie Parästhesien von Kausalgien**, das sind brennende Schmerzen in den Extremitäten nach Tibialis-, Medianus- oder Plexusverletzung und von Hyperpathien = Schmerzreaktionen auf Berührungsreize.

17.9 Die Untersuchung der Hirnnerven

Die 12 Hirnnerven sind direkte Verbindungen zwischen dem Gehirn und den Endorganen am Kopf. Die Prüfung erfolgt bei entsprechenden Patientenbeschwerden bzw. sichtbaren Veränderungen wie z. B. einer Ptose. Zur allgemeinen Patientenuntersuchung gehört neben Motorik, Sensibilität, Reflexen und peripheren bzw. zentralen Ausfällen die sensorische Funktion der Sinnesorgane (Sehen, Hören, Riechen, Schmecken).

Hirnnerven

N. olfactorius (I)	N. trigeminus (V)	N. glossopharyngeus (IX)
N. opticus (II)	N. abducens (VI)	N. vagus (X)
N. oculomotorius (III)	N. facialis (VII)	N. accessorius (XI)
N. trochlearis (IV)	N. statoacusticus (VIII)	N. hypoglossus (XII)

N. olfactorius (I) für die Geruchswahrnehmung (Abb. 8.**2**, **17.26**). Ihr Patient klagt darüber, dass er nicht mehr riecht, was er isst, der Wein nur noch süß oder sauer schmeckt (die „Blume des Weins" ist eine Geruchsqualität). Erfragen Sie zunächst, welche Geruchsqualitäten ausgefallen sind. Treten gleichzeitig Schmerzen im Bereich der Nasennebenhöhlen auf?

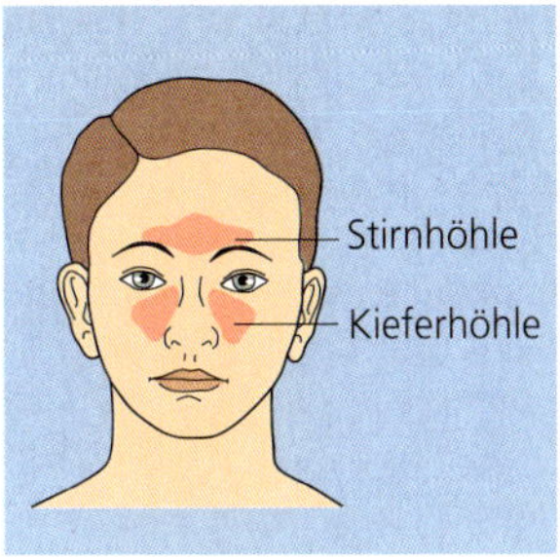

Abb. 17.**26** Nasennebenhöhlen

Besonders nach Schädeltrauma ist eine **Prüfung mit Riechsubstanzen** wie Kaffee oder Kölnisch Wasser angezeigt. Fordern Sie dazu Ihren Patienten auf, ein Nasenloch zuzuhalten und mit geschlossenen Augen an entsprechenden Testsubstanzen zu riechen. Nervus-olfactorius-Störungen können angeboren sein, nach Virusinfektionen auftreten oder Zeichen für einen frontobasalen Hirntumor sein.

Wie verifizieren Sie Patientenangaben? Bei isoliertem Olfaktoriusausfall bleibt das brennende Gefühl beim Riechen an Salmiakgeist erhalten. Simulanten riechen auch angeblich den Salmiakgeist nicht.

N. opticus (II) – für das Sehen. Ihr Patient klagt über Sehstörungen. Wie prüfen Sie die Funktion des N. opticus? Den Visus erfassen Sie grob, wenn Sie Ihren Patienten nach draußen blicken und ihn entfernte Gegenstände identifizieren bzw. mit Leseprobentafeln arbeiten lassen. Für die Beurteilung des Gesichtsfeldes benutzen Sie den Konfrontationsversuch = Parallelversuch. Dazu messen Sie die Ausdehnung des Gesichtsfeldes im Vergleich mit dem eigenen Gesichtsfeld. Für den Augenhintergrund benutzen Sie die Ophthalmoskopie auf der Suche nach Stauungspapille, Papillitis und Optikusatrophie (ausführlicher s. Kap. Untersuchung der Augen).

Sehstörungen
Diagnostische Bedeutung

- Blutungen oder Erweiterung und Schlängelung der Venen und Verengung der Arterien in der näheren Umgebung der Papille, glasige Trübung der Sehnervenpapille mit Verlust ihrer scharfen Begrenzung, deutlicher Höhenunterschied zwischen scharf gestelltem Fundusboden und scharf gestellter knopfförmiger Vorwölbung der Papille im Dunkelraum bei Stauungspapille durch Hirntumor, Venenthrombose, *Papillitis*
- blasse bis weiße Papille, Visusminderung bis zur Erblindung bei eng gestellten Gefäßen sind Zeichen einer Optikusatrophie, z. B. nach Schädelbasisfraktur mit Läsion des Sehnervs oder *Tumordruck* auf den Sehnerv
- temporale atrophische Papillenabblassung finden Sie bei der *multiplen Sklerose*
- zu nasalen, sektorförmigen Gesichtsfeldausfällen kommt es beim *Glaukom*

N. oculomotorius (III) für Lidspalte, Pupillen und Teil der Augenbewegung. Ihre Patienten klagen über „müdes Aussehen“ durch Ptosis bei Parese des N. oculomotorius.

Wie prüfen Sie die Funktion des Nervs? Sie beurteilen mit der Inspektion die Lidspalte auf Weite und Seitengleichheit, dann die Pupillen auf Größe, Entrundung, Seitengleichheit und Reflexe, s. Pupillenreaktionen* (im Kap. Augen), und die Beweglichkeit der Augen beim Verfolgen bewegter Gegenstände. Eine Ptose sichern Sie mit dem *Simpson-Test*, bei dem Sie den Patienten 1 Min. dauernd nach oben blicken lassen. Das macht die Ptose deutlich. Teilweise verminderte Beweglichkeit der Augen finden Sie z. B. bei Myasthenia gravis.

N. trochlearis (IV) für einen Teil der Augenbewegungen. Die Patienten klagen über schräg zueinander stehende Doppelbilder und Störungen der Temporal- und Abwärtsbewegungen der Augen. Die Beweglichkeit der Augen beim Verfolgen bewegter Gegenstände ist eingeschränkt.

Bei der Inspektion finden Sie Abweichung des betroffenen Auges nach innen und oben und kompensatorische Kopfschiefhaltung*. Beim Bielschowsky-Zeichen (= Kopfneigetest) entsteht bei Neigung des Kopfes zur betroffenen Seite Höhenabweichung und Innenrotation des gelähmten Auges. Das spricht für eine Trochlearislähmung bei *multipler Sklerose*, entzündlichen *Erkrankungen der Schädelbasis, des Hirnstamms und nach Trauma.*

N. trigeminus (V) für die sensible Versorgung eines Teiles der Gesichtshaut. Soweit Ihr Patient über Empfindungsstörungen oder Schmerzen im Bereich des N. trigeminus klagt, untersuchen Sie seitenvergleichend die sensible und motorische Funktion der einzelnen Äste. Finden Sie bei der Untersuchung eine Überempfindlichkeit der Hautareale* und Druckschmerzhaftigkeit der Nervenaustrittspunkte*, kann es sich um eine Trigeminusneuralgie handeln. Sie tritt anfallsartig, meist einseitig mit Rötung der Haut, Tränen- und Schweißsekretion auf, meist nach dem 50. Lj. für die Bereiche des N. maxillaris und N. mandibularis und wird z. B. durch Berührung, Kälte oder Sprechen ausgelöst. Die symptomatische Form der Trigeminusneuralgie finden Sie bei multipler Sklerose, Glaukom, Zahnerkrankungen und Hirntumor.

N. trigeminus (V/1) – N. ophthalmicus versorgt Kornea, Konjunktiven, Nasenschleimhaut, Stirnhöhlen, Nasennebenhöhlen und teilweise die Keilbeinhöhlen. Wie prüfen Sie den N. ophthalmicus?

Wenn Sie die Kornea mit einem spitz zusammengedrehten Wattestück (abgeschnittene Spitze wegen der Fusseln) von der Seite her berühren, kommt es über den efferenten Schenkel des Kornealreflexes zu einem schnellen Lidschlag.

N. trigeminus (V/2) – N. maxillaris versorgt die Haut des unteren Augenlids, der Wangen, der Oberlippe und der Nasenflügel, die Mundschleimhaut, die Schleimhaut der Nasenhöhle, der Kieferhöhlen, des Gaumens und das Zahnfleisch des Oberkiefers.

Fordern Sie Ihren Patienten auf, auf die Berührung des Nasenseptums und des Gaumens mit einer Einmalkanüle o. ä. zu reagieren.

N. trigeminus (V/3) – N. mandibularis versorgt sensibel den äußeren Gehörgang, die vorderen zwei Drittel der Zunge, die untere Zahnreihe und die Wangenschleimhaut, motorisch die Kaumuskulatur und die Muskeln des Mundbodens.

Fordern Sie Ihren Patienten auf, auf die entsprechenden Berührungsreize an der Zunge (mit einem Einmalspatel o. Ä.) zu reagieren. Für den motorischen Anteil des V/3 lassen Sie Ihren Patienten den Mund öffnen und die Zähne zusammenbeißen. Sie kontrollieren die Muskelanspannung, indem Sie Ihren Patienten auffordern, Mahlbewegungen wie zum Zerkleinern von Brotkörnern zu machen, und halten außen seitlich dagegen. Der Masseter-Reflex ist ein normaler Eigenreflex. Bei Bulbärparalyse kann der Reflex gesteigert sein.

N. abducens (VI) teilweise für die Beweglichkeit der Bulbi. Ihre Patienten bzw. deren Eltern klagen über Schielstellung der Augen, Ausfall der Augenbeweglichkeit nach lateral und/oder Sehstörungen durch nebeneinander stehende Doppelbilder.

Lassen Sie Ihren Patienten mit vorgehaltenem Zeigefinger horizontal geradeaus in die Ferne und dann nach lateral blicken. Strabismus und Ausfall der lateralen Bulbusbewegung (M. rectus lateralis) lässt auf eine Abduzenslähmung schließen, die bei Entzündung, Tumoren der Schädelbasis, retroorbitalen Tumoren, Kavernosusthrombose, Hirndrucksteigerung, Schädelfraktur, multipler Sklerose oder Myasthenia gravis vorkommen kann.

N. facialis (VII) für die Geschmacksempfindung der vorderen zwei Drittel der Zunge und der mimischen Muskulatur. Ihre Patienten klagen über Ausfall des Geschmacks für süß, sauer, salzig, bitter.

Bei der Inspektion fällt der Mangel an Mimik auf. Lassen Sie Ihren Patienten dann die Stirn runzeln (Stirnast des N. facialis), gegen Widerstand die Augen aktiv schließen. Dazu halten Sie die Oberlider mit den Fingerspitzen beider Hände von kranial fest und lassen den Patienten die Zähne zeigen. Benutzen Sie für die Beurteilung des Schmeckens Watteträger mit Zuckerlösung, Zitronensäurelösung, Kochsalzlösung und zuletzt (!) Chininlösung.

Achten Sie darauf, dass der Patient bei der Geschmacksprüfung die Zunge weder einzieht noch spricht noch den Mund schließt. Er soll auf die Geschmacksstoffe durch Zeigen auf einer vorgehaltenen Tafel mit den Begriffen süß – sauer – salzig – bitter reagieren und nach jeder Probe den Mund mit Wasser ausspülen (Abb. 17.**27**).

Periphere und zentrale Fazialislähmung

Bei der **peripheren Fazialislähmung** ist eine Gesichtshälfte betroffen; Stirnrunzeln ist nicht möglich, es besteht Lidspaltendifferenz, die Lidspalte ist erweitert, das Auge kann nicht vollständig geschlossen werden (Lagophthalmus); das Auge wird nach oben gerollt (Bell-Phänomen); der Mundwinkel hängt herab und schließt nicht; Geschmacksempfindung in den vorderen zwei Dritteln der Zunge, Speichel- und Tränensekretion können gestört sein, z. B. bei Neuritis und Hirntumoren oder Lyme-Borreliose

Bei der **zentralen Fazialislähmung** sind Zähnezeigen und Lächeln gestört, z. B. bei Hirntumor oder Apoplex

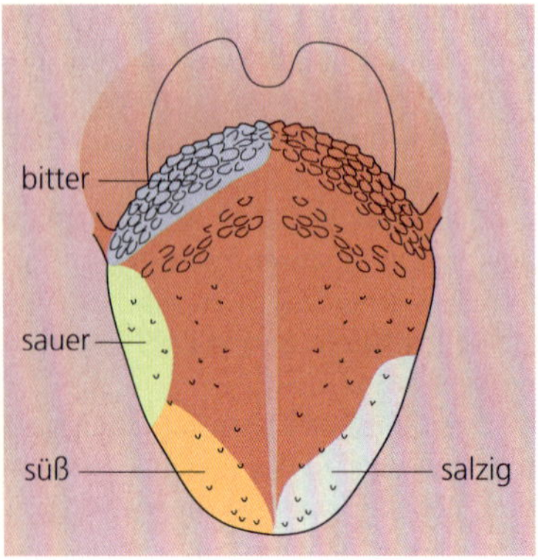

Abb. 17.**27** Unterschiedliche Geschmacksqualitäten auf der Zungenoberfläche:

süß	sauer
salzig	bitter

N. statoacusticus (VIII) = N. vestibulo-cochlearis für Hörfähigkeit und Körperstatik. Ihre Patienten klagen über Hörstörungen, Schwindel und Augenzittern. Wie prüfen Sie den N. statoacusticus? Zur Hörprüfung fragen Sie Ihren Patienten zunächst nach subjektiven Gehörgeräuschen und untersuchen dann im 6-m-Abstand Umgangssprache und Flüstersprache, s. Hörvermögen*.

Um Drehschwindel zu verifizieren, verwenden Sie den Unterberger-Tretversuch. Zur Prüfung der Koordination und des Gleichgewichts soll Ihr Patient mit geschlossenen Augen ca. 1 Min. lang mindestens 50-mal auf der Stelle treten. Zu Richtungsabweichung (Drehung) > 45° kommt es bei Kleinhirn- und Vestibularisschäden. Schwindelgefühl und Brechreiz, Schweißausbrüche und Kollapsneigung sind möglich. Sie müssen entsprechend vorbereitet sein.

N. glossopharyngeus (IX) motorisch für die Pharynxmuskulatur und das Gaumensegel verantwortlich, sensorisch für die Zungenpapillen (Geschmacksqualitäten), sensibel für die taktilen Empfindungen im hinteren Zungendrittel, im Pharynx, in den Tonsillen und dem Gaumenbogen, parasympathisch für Parotis, Zungengrund, Wangendrüsen, Carotissinus.

Ihre Patienten klagen über Geschmacksstörungen, Würgereflexe bei „ungeschicktem Essen" und Schluckstörungen. Die Geschmacksqualitäten prüfen Sie mit den gleichen Teststoffen wie für den N. facialis, die Sensibilität im Bereich des Zungengrundes und Gaumens mit einem Spatel und die Motorik durch Auslösen des Würgereflexes, der bei einseitigem Ausfall des N. glossopharyngeus auf der betroffenen Seite fehlt. Außerdem entsteht das „Kulissenphänomen", d.h., die Rachenhinterwand wird wie das Gaumensegel auf die gesunde Seite gezogen. Bei doppelseitiger Lähmung treten Schluckstörungen auf, z.B. bei Diphtherie und Botulismus.

N. vagus (X) für die sensible Versorgung von Ohrmuschel, äußeren Gehörgang und Pharynx, für die motorische Versorgung von Kehlkopf und Pharynx (Würgereflex), für die parasympathische Versorgung von Thorax und Abdomen.

Patienten klagen über Schluckbeschwerden, veränderte Sprache (Heiserkeit bis zur Aphonie), Obstipation. Achten Sie auf die Sprache des Patienten (Rekurrensparese?), inspizieren Sie Mundhöhle und Rachen auf Uvula- und Gaumensegelverziehung oder Kulissenphänomen und lösen Sie mit einem Einmalspatel den Würgereflex aus. Pathologische Befunde finden Sie bei Diphtherie, Polyneuropathie, Fraktur im Bereich der Schädelbasis, Myasthenia gravis, Botulismus.

N. accessorius (XI) für die motorische Versorgung des M. trapecius und des M. sternocleidomastoideus. Ihr Patient klagt über „müde Schultern" und „schwergängige", aber nicht vertebrabedingte Drehbewegungen des Kopfes.

Stellen Sie fest, ob Kopfneigung zur gesunden Seite, Drehung des Kinns zur kranken Seite (Schiefhals) oder Tiefstand von Schulter und Schulterblatt vorliegen. Legen Sie Ihre Hände auf die Schultern des Patienten, und fordern Sie ihn auf, die Schultern gegen den Widerstand Ihrer herabdrückenden Arme anzuheben. Halten Sie den Kopf Ihres Patienten mit seitlich angelegten Händen fest, und fordern Sie ihn auf, den Kopf gegen Ihren Widerstand zur Seite zu drehen.

N. hypoglossus (XII) für die motorische Versorgung der Zunge und des Kehlkopfes. Ihr Patient klagt über veränderte „kloßige" Stimme und über Störungen beim Zerkleinern des Speisebreis durch behinderte Zungenbewegung.

Die Stimme Ihres Patienten klingt unnatürlich. Bei der Inspektion weicht die atrophische Zunge beim Herausstrecken zur gelähmten Seite ab und ist bei doppelseitiger Hypoglossuslähmung unbeweglich, z.B. bei Apoplex, Schädelbasisfraktur, Bulbärparalyse, amyotrophischer Lateralsklerose. Halten Sie die Wangen Ihres Patienten zwischen Daumen und Zeigefinger einer Hand, und fordern Sie ihn auf, mit der Zunge zur Seite gegen Ihre Finger zu drücken. Bei Läsionen des N. hypoglossus ist der Druck seitenverschieden.

Bis hier können Sie die Fragen zur Vertiefung und Wiederholung 36–42 und die entsprechenden Lösungsvorschläge benutzen.

17.10 Die Untersuchung der Hirnleistungen

Störungen des Erkennens, mangelnde Konzentrationsfähigkeit, Ablenkbarkeit, Fehlhandlungen oder stoisches Kleben beim Denken und Handeln, Antriebsmangel, zunehmende Gedächtnisschwäche, Stimmungsschwankungen, Reizbarkeit, Störungen im Sozialverhalten sind Beispiele hirnorganischer oder psychischer Symptome und bilden damit eine diagnostisch-therapeutische Indikation.

Hirnleistungen – Terminologie

Aphasie: Störungen der Sprache
Agnosie: Störungen des Erkennens
Apraxie: Störungen des Handelns
Dysarthrie: Störung der Sprechmotorik

17.10.1 Aphasie

Störung der Sprache – nicht des Sprechens* – liegt vor, wenn Ihr Patient Schwierigkeiten hat, seine Gedanken auszudrücken oder den Inhalt von Umgangssprache zu verstehen.

Beurteilen Sie die Ausdrucks- und Verständnisfähigkeit Ihres Patienten unter Berücksichtigung seines Bildungsniveaus mit folgenden Fragestellungen: Entsprechen die spontanen Äußerungen dem zugrunde liegenden Sachverhalt? Kann Ihr Patient einfache Sätze nachsprechen, Gegenstände und Situationen adäquat beschreiben, kann er seine jetzige und frühere Situationen, z. B. seinen Krankenhausaufenthalt, schildern? S. Aphasietests: Achten Sie auf die Wortwahl, Wiederholungen, Verarmung des Ausdrucks, ungewöhnliche Formulierungen, Telegrammstil. Der *Aachener Aphasietest* ermöglicht eine Beurteilung sprachlicher Fähigkeiten, der *Token-Test* (S. 485) Aussagen über den Schweregrad einer Aphasie.

Motorische Aphasie äußert sich als verlangsamte, mühsame Sprachproduktion, undeutliche Artikulation, Agrammatismus- und Paraphasiesprachstörung, bei der einzelne Laute in einem Wort ausgelassen, ersetzt, umgestellt, mit Bedeutungsänderung verwechselt oder hinzugefügt werden.

Der Wortschatz ist eingeschränkt. Aphasie als zentrale Sprachstörung ist abzugrenzen gegen Dysarthrie = Störung der Sprechmotorik.

Für die Beurteilung des Schweregrads der Aphasie fordern Sie Ihren Patienten auf, Aktionen oder Situationen unterschiedlicher Komplexität zu schildern, z. B. vom Aufzählen der Wochentage bis zur Frage: „Wie stellen Sie an Ihrem Fernsehgerät einen neuen Kanal ein?"

Die motorische Aphasie reicht bis zur völligen Wortstummheit. Im Gegensatz zur Agnosie kann dann Ihr Patient mit einer Aphasie den Gebrauch der Zahnbürste nur schwer oder gar nicht mehr erklären, aber demonstrieren.

Sensorische Aphasie äußert sich als Störung des Sprachverständnisses bis zur Worttaubheit. Sie geht einher mit Paragrammatismus (Störung der Grammatik und des Satzbaus, Telegrammstil, fehlerhafte Konjugationen und Deklinationen), Paraphasie und Neologismen, das sind Wortneubildungen, die in der normalen Sprache nicht vorkommen. Flüssige Sprachproduktion und Artikulation bleiben meist gut erhalten. Vorkommen: bei Schizophrenie.

Aphasie
Diagnostische Bedeutung

Nach abgeschlossener Sprachentwicklung finden Sie Aphasie bei Läsionen in der dominanten Hemisphäre

- *bei zerebrovaskulärer Insuffizienz*
- *Apoplexie*
- *Schädelhirntrauma*
- *Hirntumoren*
- *Hirnatrophie*
- *Enzephalopathie*

Sie prüfen das Wortverständnis, indem Sie Gegenstände auf Ihrem Schreibtisch vom Patienten benennen, ihn auf sprachliche Aufforderungen reagieren lassen

(„Geben Sie mir bitte das Papier") oder ihn Verständnis für sprachliche Ungereimtheiten äußern lassen („Der Mond scheint meist heller als die Sonne").

Amnestische Aphasie äußert sich bei flüssiger Sprachproduktion als Paraphasie, leicht gestörtes Sprachverständnis und Wortfindungsstörung – d. h., ein bestimmter Begriff kann den entsprechenden Objekten, Ereignissen, Eigenschaften, Tätigkeiten nicht zugeordnet und ausgesprochen werden; Umschreibungen, Floskeln oder Gestik dienen als Ersatz.

Achten Sie bei den Antworten, die Ihr Patient Ihnen gibt, auf ungewöhnliche Pausen, Gesten als Ersatz für Worte, auf Fehlinterpretationen der Angaben, die Sie ihm machen, Buchstaben, die er auslässt oder falsch einfügt („das Flagzeg").

Globale Aphasie äußert sich als Störung des Sprachverständnisses und der Sprachproduktion. Es sind nur einzelne Wörter, Paraphasien (eine Sprachstörung, bei der einzelne Laute in einem Wort ausgelassen, ersetzt, umgestellt, mit Bedeutungsänderung verwechselt oder hinzugefügt werden) sowie Sprachautomatismen und Neologismen möglich.

Token-Test

Zur Objektivierung einer Aphasie können Sie den Token-Test benutzen, bei dem Ihr Patient vorgelegte Blättchen (engl. tokens) in unterschiedlicher Form ordnen muss.

17.10.2 Agnosie

Von Agnosie spricht man bei **Störungen des Erkennens**, die nicht durch Demenz, Aphasie oder Empfindungsstörungen bedingt sind. Ihr Patient ist nicht mehr in der Lage, die Bedeutung von Sachverhalten und Dingen zu erkennen. Denken Sie bei der Untersuchung daran, Visus oder Hörfähigkeit zu prüfen.

Sie prüfen Agnosie, indem Sie Ihren Patienten auffordern, z. B. ein Geräusch wie das Schurren mit dem Schuh zu erkennen, Hautreize wie die Berührung mit dem Bleistift zu lokalisieren, gesehene Details, z. B. in einem Teppich, richtig zuzuordnen. Agnosie ist ein Zeichen für zentrale Läsionen.

Auditive Agnosie – sog. Seelentaubheit – liegt vor, wenn Ihr Patient Worte nicht hört und nicht sprechen kann, Zusammenhänge wie Sätze nicht erkennen, Geräusche und Töne aber hören kann; bei Schädigung im Bereich der hinteren Schläfenlappen (Heschl-Querwindungen).

Autotopagnosie liegt vor, wenn Ihr Patient bei erhaltener Oberflächensensibilität Hautreize am eigenen Körper nicht richtig lokalisiert; bei Läsionen des Parietallappens.

Visuelle Agnosie – sog. Seelenblindheit oder visuelle Amnesie – liegt vor, wenn Ihr Patient trotz normaler Sehleistung einzelne Details nicht zusammengehörig erkennen kann; bei Schädigung im Bereich des Okzipitallappens.

Alexie – Wortblindheit, Leseunfähigkeit – liegt vor, wenn Ihr Patient Schriftzeichen oder Wörter nicht mehr in ihrer Bedeutung erkennt.

Stereoagnosie oder taktile Agnosie liegt vor, wenn Ihr Patient trotz erhaltener epikritischer und Tiefensensibilität Gegenstände ohne Sichtkontrolle durch Tasten nicht erkennt; bei zerebraler Schädigung, bei Läsionen der Hinterstrangbahn im Halsmarkbereich.

Farbagnosie – das Nichterkennen von Farben – müssen Sie von Farbenblindheit unterscheiden. Farbagnosie liegt vor, wenn Ihr Patient Farben sieht, aber genannte Farben nicht zeigen und gezeigte Farben nicht benennen kann; bei sensorischer Aphasie.

Optisch-räumliche Agnosie liegt vor, wenn Ihr Patient den Weg nach Hause nicht mehr finden bzw. nicht beschreiben kann; bei sensorischer Aphasie.

Bei der **Rechts-links-Agnosie** kann Ihr Patient im Raum und am eigenen Körper rechts und links nicht mehr unterscheiden und Gegenstände im Raum nicht mehr entsprechend Ihren Links-rechts-Anweisungen zuordnen; bei sensorischer Aphasie.

17.10.3 Apraxie

Apraxie nennt man die Störung von Handlungen oder Bewegungsabläufen und die Unfähigkeit, Gegenstände bei erhaltener Wahrnehmung und Motilität sinnvoll zu verwenden. Vorkommen bei Schädigungen des Gehirns oder der Kommissurenbahnen.

Sie prüfen Apraxie, indem Sie Ihren Patienten auffordern, z. B. einen abgehobenen Telefonhörer zu benutzen, eine verstellte Uhr zu stellen, ein Lineal für das Zeichnen eines Dreiecks zu verwenden...

Ideomotorische Apraxie = Gliedmaßenapraxie. Bewegungen werden fragmentarisch ausgeführt oder durch fehlerhafte ersetzt (Parapraxie); bei Läsionen des Parietallappens und der Kommissurenbahnen.

Ideatorische Apraxie liegt vor, wenn Ihr Patient komplexe Handlungen wegen einer Störung des Bewegungsentwurfs nicht richtig aneinander reiht; bei Läsion der temporoparietalen Region der dominanten Hemisphäre.

17.10.4 Dysarthrie

Dysarthrie zeigt sich in Anomalien der Lautgebung bei Störung der an der Lautgebung beteiligten Nerven. Sie beruht auf einer Lähmung oder Koordinationsstörung der Sprechmotorik:

- *mit* Störungen der Artikulation, Heiserkeit, Veränderungen von Lautstärke und Sprechgeschwindigkeit, Hypertonie bis Spastik der Sprechmuskulatur (erfordert vermehrte Sprechanstrengung); bei Apoplexie sowie Hirntumor, häufig mit motorischer Aphasie;
- *mit* Störung der Mimik, Stimmstörungen und Rhinolalie durch Schädigung der Pyramidenbahn, z. B. bei Pseudobulbärparalyse;
- *mit* monotoner Sprache und Störung der Prosodie, meist durch extrapyramidale Schäden, z. B. bei Parkinson-Syndrom;
- *mit* verwaschener Artikulation, skandierender Sprache und gestörtem Sprechtempo durch Kleinhirnschädigung, z. B. bei multipler Sklerose und Intoxikation;

- *mit* Heiserkeit bis Aphonie, offenem Näseln, verwaschener Artikulation durch Schädigung der Hirnnervenkerne IX–XII, z. B. bei amyotrophischer Lateralsklerose, Myasthenia gravis.

17.11 Psychologische Beurteilung

Für die Beurteilung des geistigen und emotionalen Zustandes Ihres Patienten reicht die Beobachtung während der Anamnese aus. Eine Suchhilfe bietet die Zusammenstellung psychisch-geistiger Elementarfunktionen von *Payk*.

Unübliche Denk- und/oder Verhaltensformen Ihres Patienten wie Bewusstseinsstörungen oder Verlangsamung sind diagnostische Indikationen zur Abklärung.

Psychisch-geistige Elementarfunktionen nach *Payk*

1. **Bewusstseinslage:** unauffällig; verwirrt, delirant, benommen, somnolent, soporös, komatös
2. **Orientierung:** zur Person, zur Zeit, zum Ort: unauffällig; gestört
3. **Stimmung:** ausgeglichen; euphorisch, heiter, gereizt, ängstlich, gedrückt, traurig
4. **Affektivität:** unauffällig; inkontinent, labil, bewegt, nüchtern, verflacht, verödet
5. **Antrieb:** unauffällig; enthemmt, umtriebig, impulsiv, verlangsamt, passiv, abulisch
6. **Kontakt:** unauffällig; distanzlos, überangepasst, oberflächlich, scheu, ablehnend, autistisch
7. **Denken (formal):** unauffällig; ideenflüchtig, perseverierend, weitschweifig, zerfahren, gehemmt, gesperrt; (inhaltlich): unauffällig; fixiert, überwertig, hypochondrisch, zwanghaft, phobisch, paranoid
8. **Gedächtnis/Merkfähigkeit:** unauffällig; amnestisch, lückenhaft, punktuell, zerstreut, konfabulatorisch, hypermnestisch

17.11.1 Bewusstseinsstörung – Bewusstlosigkeit

Bewusstseinsstörung, vorübergehende
Definition: Sekunden bis wenige Minuten dauernde verminderte Bewusstseinszustände, über deren Dauer und Inhalte der Patient noch eigene Angaben machen kann.

Skalierung der Bewusstseinsstörung bis hin zur Bewusstlosigkeit

Eine quantitative Skalierung können Sie mit der Glasgow-Koma-Skala vornehmen und den Schweregrad in Zahlen ausdrücken – je niedriger, desto schwerer:

Augen öffnen		Motorik		Sprache	
spontan	4	nach Anforderung	6	voll orientiert	5
auf Anruf	3	Abwehrbewegungen	5	verwirrt	4
auf Schmerzreiz	2	Massenbewegungen	4	einzelne Worte	3
völliges Fehlen	1	Beugesynergien	3	einzelne Laute	2
		Strecksynergien	2	keine Sprache	1
		überhaupt keine	1		

Folgende Begleitsymptome weisen auf Komaursachen hin:

Atmung oberflächlich, Dyspnoe, Zyanose	Hirndruck, Toxine, pulmonale oder kardial bedingte Hypoxie
Atmung tief, Exsikkose, weiche Bulbi	diabetische Ketoazidose, metabolische Azidose
Bauch aufgetrieben	Ileus (Ursachen)
Bauch rigide	Peritonitis
Bradykardie	Adams-Stokes, erhöhter intrakranialer Druck, Herzblöcke
Fieber und Krämpfe	massive Infektion, Blutung im Bereich des Temperaturzentrums, Hitzschlag
Fundusveränderungen	Hypertoniezeichen, Hirndruckzeichen s. o.
Hautveränderungen	Petechien als Meningitiszeichen, trockene, raue Haut bei Myxödem
Hemiparesen	Verschluss oder Ruptur eines zerebralen Gefäßes
Herzgeräusche	Embolie von Hirngefäßen durch Thromben
Hypertonie	intrakranialer Druck, Gefäßruptur
Hypotonie	gemeinsam mit feuchter Blässe und Puls über 100: Schock, z. B. bei ektopischer Schwangerschaft, Herzversagen, Addison, Vergiftung
Ikterus, hämorrhagische Diathese, Foetor hepaticus	Coma hepaticum
Meningismus, zerebrale Anfälle, urinöser Geruch	Coma uraemicum
Nackensteifigkeit	Meningitis
Paresen, Atemrhythmusstörungen	Ischämie im Bereich der A. basilaris
Pupillen eng	Morphin und andere Drogen, intrazerebrale Blutung
Stauungspapille	intrakraniale Drucksteigerung durch Tumor oder Hämatom
Tachykardie	mit entsprechend hoher Temperatur: Infektion
Temperatur niedrig	Hypothyreose, Unterkühlung
zerebrale Anfälle und Hyperreflexie, harte Bulbi	Hypoglykämie
Zungenbiss	Epilepsie
Zyanose	Hypoxie, Leuchtgas

Bewusstlosigkeit

Definition: bis Stunden anhaltender Bewusstseinsverlust. Über Dauer und Inhalt kann der Patient nur vom Hörensagen berichten. Lange anhaltende Bewusstlosigkeit wird als Koma (s.d.) bezeichnet.

Verdachtsdiagnosen s. Beschwerden-Abc in Kapitel 4.6.

Bewusstlosigkeit/Koma
Diagnostische Bedeutung

entzündlich	*vaskulär*	*Stoffwechsel*	*Trauma*	*andere*
Meningitis Enzephalitis	Gefäßverschluss intrazerebrale/ subarachnoidale Blutung hypertensive Enzephalopathie Eklampsie Hirnvenenthrombose	Urämie Ketoazidose Hyper-/Hypothermie Hypoglykämie Hypothyreoidismus Coma hepaticum/ uraemicum	Contusio subdurales Hämatom extradurales Hämatom	Hirntumor Epilepsie Alkohol Toxine Hypoxie Elektrounfall Hyperthermie Trauma

17.11.2 Störung der Orientiertheit

Während des Gesprächs bekommen Sie Zweifel an der Orientiertheit Ihres Patienten.

Fragen Sie Ihren Patienten z. B. nach Datum, Wochentag, Uhrzeit für seine **zeitliche** Orientiertheit; nach seinem derzeitigen Aufenthaltsort (Untersuchungsort, Wohnort usw.) für seine **örtliche** Orientiertheit; nach seinem Alter, seinem Beruf und seinem Lebenslauf, für seine **persönliche** Orientiertheit; nach dem Anlass seines Arztbesuches/Krankenhausaufenthaltes für seine **situative** Orientiertheit.

Grundsatz: Für die Routinebeurteilung von Orientiertheit, Denkfähigkeit, Merkfähigkeit, Konzentration, Antriebsverhalten, Stimmungen und Emotionalität reicht in der Regel die geschulte Beobachtung während des anamnestischen Gesprächs aus. Es kann einen erwachsenen Patienten peinlich berühren, wenn Sie ihn von 100 minus 7 rückwärts zählen lassen. Erst bei Auffälligkeiten sollten Sie konsequent nach Ausfällen suchen und eine Quantifizierung anstreben.

17

17.11.3 Störung von Stimmung und Affektivität

Ihr Patient berichtet über seine Gefühle mit der weiten Skala zwischen Niedergedrücktheit und dem Gefühl, sich nicht beherrschen zu können.

Auch hierfür bietet das Gespräch mit gezielten Fragen den geeigneten Zugang, z. B. zu dem weinerlich vorgetragenen Bericht, zu der Fixierung auf Existenzfragen, zu Gefühlsausbrüchen mit Überbewertung von Situationen. Achten Sie auf „Kleinigkeiten", die zu Tränen rühren, auf emotionale Explosionen bei der Beschreibung eines freundschaftlichen Verhältnisses oder einer Situation.

17.11.4 Störung des Antriebsverhaltens

Die Spontaneität Ihres Patienten erkennen Sie während des anamnestischen Gesprächs oder aus seinen Bewegungs- bzw. Handlungsabläufen, wie Ihr Patient seine Beschwerden schildert, wie er geht, spricht, sich entkleidet.

Auffällige Verlangsamung, Interesselosigkeit bis zur Reglosigkeit finden Sie bei hirnorganischem Psychosyndrom, bei Morbus Alzheimer, bei Depression. Gesteigerter Antrieb bis zur Agitation deutet auf Manie.

17.11.5 Störung der Denkfähigkeit

Anamnestische Fragen, z. B. über die Folgen der Erkrankung auf die Familie des Patienten, seinen Arbeitsplatz, seine berufliche Entwicklung, seine sportlichen Leistungen geben Einblick in die Fähigkeit Ihres Patienten, folgerichtig zu denken und Schlüsse zu ziehen.

Stellen Sie einfache, dem Niveau Ihres Patienten angepasste Rechenaufgaben von 3×3 bis zum Dreisatz; lassen Sie ihn tägliche Redensarten erklären, z. B. „Man soll den Tag nicht vor dem Abend loben"; lassen Sie Unterschiede erläutern, z. B. zwischen einer Glühbirne und einer Kerze.

17.11.6 Störung der Konzentrationsfähigkeit

Ihr Patient weicht in auffälliger Form vom Thema ab und erweckt damit Zweifel an seiner Konzentrationsfähigkeit.

Lassen Sie Ihren Patienten rückwärts zählen, z. B. „100 – 7 = 93, 93 – 7 = 86" usw.

17.11.7 Gedächtnisstörungen

Ihr Patient klagt über zunehmend schlechtes Gedächtnis. Sie stellen bei der Anamnese fest, dass sein Altgedächtnis und/oder seine Merkfähigkeit für aktuelle Informationen gestört ist.

Das **Altgedächtnis** erfassen Sie mit Fragen über Ereignisse aus Schulzeit und Beruf, z. B. Daten aus der Lehre, Gesellenzeit, Meisterprüfung oder Schul-, Hochschul-, Zwischen- bzw. Abschlussprüfungen oder Fragen nach Politikern aus der Vergangenheit.

Die **Merkfähigkeit** prüfen Sie mit einfachen Aufgaben zur aktuellen Situation, z. B. der Reihenfolge von Handlungen, und die Reproduktion noch während des Gesprächs: zunächst Röntgen, anschließend EKG, dann zur Blutabnahme „ins Labor" oder eine Reihe von Namen bzw. vierstelligen Zahlen.

Tab. 17.1 **Psychologische Formulierungsvorschläge**[1]

A Elementare Funktionen						
Bewusstseinslage	delirant	benommen	somnolent	soporös	komatös	
Orientierung zur Person	gestört					
Orientierung zur Zeit	gestört					
Orientierung zum Ort	gestört					
Stimmung	euphorisch	heiter	gereizt	ängstlich	gedrückt	Traurig
Affektivität	inkontinent	labil	bewegt	nüchtern	verflacht	Verödet
Antrieb	enthemmt	umtriebig	impulsiv	verlangsamt	passiv	Abulisch
Kontakt	distanzlos	überangepasst	oberflächlich	scheu	ablehnend	Autistisch
Denken formal	ideenflüchtig	perseverierend	weitschweifig	zerfahren	gehemmt	Gesperrt
Denken inhaltlich	fixiert	überwertig	hypochondrisch	zwanghaft	phobisch	paranoid
Gedächtnis und Merkfähigkeit	amnestisch	lückenhaft	punktuell	zerstreut	konfabulatorisch	hypermnestisch
B Komplexe Funktionen						
Empfindung und Wahrnehmung	anästhetisch	hypästhetisch	dysästhetisch	hyperästhetisch	sensitiv	wahnhaft
Psychomotorik	agitiert	unruhig	gehemmt	matt	gesperrt	stuporös
Kontrolle und Steuerung	triebhaft	haltlos	zerstreut	sprunghaft	gespannt	verkrampft
Intelligenz	genial	hoch begabt	überdurchschn.	unterdurchschn.	debil	imbezil
Sprache	aphasisch	dysarthrisch	bulbär	stotternd	lispelnd	neologistisch
Werkzeug	agnostisch	apraktisch	alexisch	agraphisch	amusisch	akalkulatorisch
C Persönlichkeitszüge						
Äußerer Eindruck	ungepflegt	verstört	verschlossen	läppisch	maniriert	verwahrlost
Temperament	hyperthym	zyklisch	launisch	kühl	träge	zähflüssig
Ausdrucksverhalten	übertrieben	geziert	eckig	verkrampft	unbewegt	stumpf
Sexualität	hypersexuell	sexuell	homosexuell	bisexuell	pervers	impotent/frigid
Sozialverhalten	kriminell	aggressiv	süchtig	suizidal	misstrauisch	kontaktgestört
Charakterzüge	expansiv	egozentrisch	gemütsarm	ängstlich	verschroben	willensstark

1 Nach *Payk* (1976)

Geistige und psychische Anomalien
Diagnostische Bedeutung

- Länger anhaltender **Bewusstseinsverlust** mit neurologischen Herdsymptomen und Persönlichkeitsabbau bei *Schädel-Hirn-Trauma*
- **Gedächtnisstörungen** bei Schädel-Hirn-Trauma, Intelligenzminderung, Antriebsstörungen, Affektlabilität, Denk- und Gedächtnisstörungen, mangelhafte Orientiertheit, Konfabulation, Intoxikation in der Anamnese bei *organischem Psychosyndrom*
- **Gedächtnis-, Konzentrations- und Merkfähigkeitsstörungen**, Reizbarkeit, Kopfschmerzen, Schlaflosigkeit, Schwindel, dann progrediente Demenz, Tetraparesen mit Ataxie, Myoklonie und generalisierten Krampfanfällen bei *Creutzfeldt-Jakob-Krankheit*
- **Antriebsarmut**, andauernde Verstimmung, besonders morgens, Kontaktschwäche, trauriges Ausdrucksverhalten, Angstzustände, unbegründete Lösung sozialer Kontakte, Schlafstörungen, Krankheits- und Verarmungswahn, Entscheidungsunfähigkeit, leise monotone Stimme, Leistungsabfall bei *Depression*
- **Affektlabilität**, Exophthalmus, Struma, Tachykardie, Unruhe mit feinschlägigem Tremor bei *Hyperthyreoidismus*
- **Wahrnehmungsstörungen**, Gedächtnisstörungen, Konfabulation, Störungen des Denkens und der Orientiertheit, Apraxie, Stereotypien, Persönlichkeitsveränderungen bei *Demenz, Phenylketonurie, Epilepsie, Enzephalopathie*

17.12 Aufgaben für die Selbstkontrolle

Wenn Sie jede Frage zunächst selbst beantworten und erst dann mit unseren Vorschlägen vergleichen, werden Sie mit Ihren Erfolgserlebnissen Ihre Motivation steigern.

1 Welcher physiologische Mechanismus führt zur Auslösung der Eigenreflexe?
2 Was ist irreführend an der Formulierung „Babinski positiv“?
3 Welche Standardmethode erleichtert auch die Beurteilung von Reflexen?
4 Welche Beschwerden stellen eine diagnostische Indikation für die Auslösung der Eigenreflexe dar?
5 In welcher Stellung sollen Ihre Patienten ihre Gelenke für die Auslösung der Reflexe halten?
6 Nennen Sie mindestens drei Methoden zur Reflexbahnung!
7 Wo liegt Ihr Zeigefinger beim Auslösen des Biceps-brachii-Reflexes?
8 Welche drei Eigenreflexformen sind pathologisch?
9 Wo lösen Sie den Triceps-brachii-Reflex aus?
10 Welche Reaktion erwarten Sie als Trömner-Reflex?
11 Wo lösen Sie den Quadrizeps-Reflex aus?
12 Welcher Reflex wird auch als Achillessehnenreflex bezeichnet?
13 Was verstehen Sie unter einem Klonus?
14 Wie lösen Sie einen Patellarklonus aus?
15 Wodurch werden Fremdreflexe charakterisiert?
16 Welche unterschiedlichen Reaktionen unterscheiden physiologischen und pathologischen Babinski-Reflex?
17 Welche drei Reflexe gehören zur Babinski-Gruppe?
18 Welche Reaktion verstehen Sie unter „Gordon-Reflex pathologisch“?
19 Nennen Sie vier Nervendehnungszeichen!

20 Wie unterscheiden Sie Nackensteife vom sog. steifen Genick?
21 Welche Beziehung besteht zwischen Brudzinski-Zeichen und Nackensteife?
22 Beschreiben Sie das Lasègue-Zeichen!
23 Wie führen Sie die Untersuchung des Kernig-Zeichens durch?
24 Welcher Unterschied besteht zwischen Paresen und Paralysen?
25 Mit welchem Test unterscheiden Sie Pseudolähmungen von Lähmungen?
26 Wie untersuchen Sie den Muskeltonus?
27 Was verstehen Sie unter pathologischem Muskeltonus?
28 In welchen vier Formen tritt abnormer Muskeltonus auf?
29 Wie bezeichnen Sie die ungewöhnliche Zunahme der Muskelspannung?
30 Wie wirkt Rigor auf passive Bewegungen?
31 Nennen Sie fünf Krampfformen!
32 Was sind tonisch-klonische Krämpfe?
33 Woran erkennen Sie muskuläre Hypotonie?
34 Wie untersuchen Sie die Muskelkraft Ihres Patienten?
35 Was verstehen Sie unter Koordination der Bewegungen?
36 Was verstehen Sie unter Sensibilität?
37 Welche fünf Empfindungen gehören zum Tastsinn?
38 Wie untersuchen Sie Störungen der Berührungsempfindung?
39 Wie untersuchen Sie Störungen der Diskrimination?
40 Welche vier Empfindungen gehören zur Tiefensensibilität?
41 Was verstehen Sie schlagwortartig unter Ataxie?
42 Wie führen Sie den Romberg-Stehversuch durch?
43 Nennen Sie vier Formen von Orientiertheit!
44 Woran erkennen Sie Störungen der Konzentrationsfähigkeit?
45 Wie prüfen Sie die Konzentrationsfähigkeit Ihres Patienten?

Praktische Aufgaben

A Üben Sie den lockeren Schlag mit dem Reflexhammer auf Ihrer eigenen Patellarsehne bei übergeschlagenem Knie!
B Lösen Sie den Triceps-surae-Reflex und die Reflexe an der oberen Extremität bei Kommilitonen und mindestens drei Patienten aus. Achten Sie dabei darauf, dass Sie auch die weniger deutlichen Reaktionen beim Brachioradialreflex wirklich wahrnehmen.
C Achten Sie auf die Zunahme der Reaktion bei Reflexbahnung!
D Untersuchen Sie bei mindestens einem Patienten mit zerebralem Insult die Motorik und bei einem Parkinson-Patienten das hypokinetische Syndrom!
E Prüfen Sie Zahlenschrift, Schmerzempfindungen, Vibrations-, Berührungs-, Temperatur- und Bewegungsempfindungen zunächst bei sich selbst und bei mindestens zwei Kommilitonen!
F Untersuchen Sie mindestens bei einem Kommilitonen konsequent die Funktion sämtlicher Hirnnerven!
G Führen Sie die geschilderten Prüfungen zur Ansprechbarkeit, Orientiertheit, Denk- und Merkfähigkeit, zum Antriebsverhalten, zu Stimmungen, Emotionalität und zur Konzentration bei einem Patienten durch, der älter als 70 Jahre ist, und versuchen Sie, sich anhand der Dokumentationsunterlagen über den psychologischen Befund selbst Klarheit über das zu verschaffen, was Sie bei der Untersuchung festgestellt haben!

18 Gynäkologisch-geburtshilfliche Untersuchung

18.1 Lernziele

In den folgenden Abschnitten erfahren Sie,

- welche anamnestischen Besonderheiten in der gynäkologischen Anamnese zu berücksichtigen sind,
- welche gynäkologischen Beschwerden Sie als Leitsymptome für die Diagnostik verwenden können. (Verdachtsdiagnosen s. Beschwerden-Abc in Kapitel 4.6),
- welche Maßnahmen zur gynäkologischen Befunderhebung gehören,
- welche Gesichtspunkte bei der Mammauntersuchung eine Rolle spielen und wie man die Patientin zur Selbstuntersuchung anleitet,
- welche Sachverhalte bei der Anamnese- und Befunderhebung in der Schwangerschaft von Bedeutung sind und
- wie man Leitsymptome als diagnostische Hilfen verwendet.

Dargestellt werden hier die Schritte der gynäkologischen Untersuchung und der Schwangerschaftsuntersuchung, die jeder Arzt zur Feststellung von Abweichungen von der Norm und im Rahmen von Kontrolluntersuchungen zur Krebsfrüherkennung durchführen können sollte. Primärärztliche Betreuung und Möglichkeiten der Allgemeinpraxis bildeten die Richtschnur für die **Beschränkung** des Stoffes, der auf den Gegenstandskatalog zu den allgemeinen klinischen Untersuchungen und das Praktikum für Geburtshilfe und Gynäkologie zugeschnitten ist. Es soll ausdrücklich betont werden, dass zu einer sachgerechten gynäkologischen und geburtshilflichen Untersuchung mehr Übung und apparative Ausstattungen gehören, als der Gegenstandskatalog vermuten lässt.

18.2 Anamnestische Besonderheiten

Für die gynäkologisch-geburtshilfliche Anamneseerhebung ist eine Hilfsperson nicht erforderlich, sondern eher störend. Bei der körperlichen Untersuchung sollte dagegen auch aus forensischen Gründen eine Krankenschwester oder Arzthelferin anwesend sein und z. B. bei der Lagerung oder der Untersuchung mit Rinnenspekula zufassen. Vermieden werden muss der Eindruck einer nur zuschauenden und zuhörenden „Zeugin“.

Das vertrauliche Gespräch[2] bietet neben den erforderlichen Sachinformationen Gelegenheit, ein **Vertrauensverhältnis** zwischen Arzt und Patientin aufzubauen, das erforderlich ist, um natürliche Hemmungen gegenüber der Untersuchung des Genitalbereichs zu mindern. Dazu gehört schon im Gespräch, bei dem sich der Arzt und die noch bekleidete Patientin am besten gegenübersitzen, ein besonders behutsames Vorgehen. Angst kann z.B. auch dadurch gemindert werden, dass Sprech- und Behandlungszimmer räumlich, mindestens aber durch einen Vorhang oder Wandschirm getrennt sind. „Dann muss ich nicht immer auf den Stuhl sehen..." Auch die entkleidete Patientin sollte in der Praxis oder Klinik zu keinem Zeitpunkt völlig entblößt sein, die Instrumente bis zur Benutzung abgedeckt bleiben.

Der Arzt muss sich eventueller Reserven oder Befürchtungen gegenüber der gynäkologischen Untersuchung bewusst sein,

- die Patientin zu verletzen oder Schmerzen auszulösen,
- nicht professionell, kompetent oder alt genug zu wirken,
- pathologische Symptome zu übersehen und deshalb ohnehin zu überweisen,
- sexuelle Erregungen zu erleben, die ihn mindestens ablenken könnten,
- Abneigungen gegen die gynäkologische Untersuchung aus ästhetischen Gründen zu entwickeln.

Studenten sollten die Gelegenheit suchen, im gemeinsamen Gespräch in der studentischen Gruppe oder mit einem erfahrenen Arzt derartige Probleme zu verbalisieren, sie damit ins Bewusstsein heraufzuholen und aufzuarbeiten.

Bei Kindern und Jugendlichen sollte man die Patientin fragen, ob sie die Anwesenheit der begleitenden Eltern über die Erhebung der Allgemeinanamnese hinaus wünscht. Gegebenenfalls hilft ein Fragebogen zum mehr vertraulichen Teil der Anamnese, Hemmungen zu überwinden, die ein Auge-in-Auge-Gespräch hervorrufen könnte. Besonders Jugendlichen gegenüber scheint eine ausführliche Erläuterung des Untersuchungsganges an einer Abbildung oder einem Modell zweckmäßig. Anatomische Entwicklung und Durchführung der Untersuchung bei Kindern s. *Cowell*.

Im Vordergrund der gynäkologischen Anamnese stehen die **jetzigen Beschwerden der Patientin**: Dauer, Stärke, Art und Ort, Beziehung zu Funktionen. Besondere Bedeutung gewinnen Fragen nach der Einnahme von Hormonpräparaten und angewandte Methoden der Schwangerschaftsverhütung. Das Einbeziehen der allgemeinen Anamnese orientiert sich an dem Informationswert der dort aufgeführten allgemeinen Beschwerden in Bezug auf die Gynäkologie und die Geburtshilfe, z. B. die ausgeprägte Ermüdbarkeit, Temperatur-und Gewichtsveränderungen, Stuhlgangs- und Miktionsstörungen. Hinzu kommen gynäkologisch-geburtshilflich relevante Daten aus der Eigenanamnese, wie etwa vorangegangene Schwangerschaften, Geburten und gynäkologische Untersuchungen und Operationen; aus der Familienanamnese z. B. ein Diabetes der Mutter.

---

2 Dahmer, H u. J. Gesprächsführung. Eine praktische Anleitung. Stuttgart: Thieme; 2003.

18.2.1 Regelanamnese und grafische Dokumentation (Kaltenbach-Schema)

Dokumentiert werden:
- Eintritt der ersten Menstruation (Menarche),
- Zyklusdauer, Blutungsdauer und Blutungsstärke nach Zahl und Art der Tampons bzw. Slipeinlagen oder Vorlagen,
- Schmerzen vor, während oder nach der Regel,
- Termin und Art der letzten Regel und, soweit möglich, systematisch entsprechende Angaben aus vergangenen Monaten,
- ggf. auch die Menopausenblutung.

Wichtig ist, ausdrücklich nach Blutungen außerhalb der Regel zu fragen und sie im Schema einzutragen (Abb. 18.**1**).

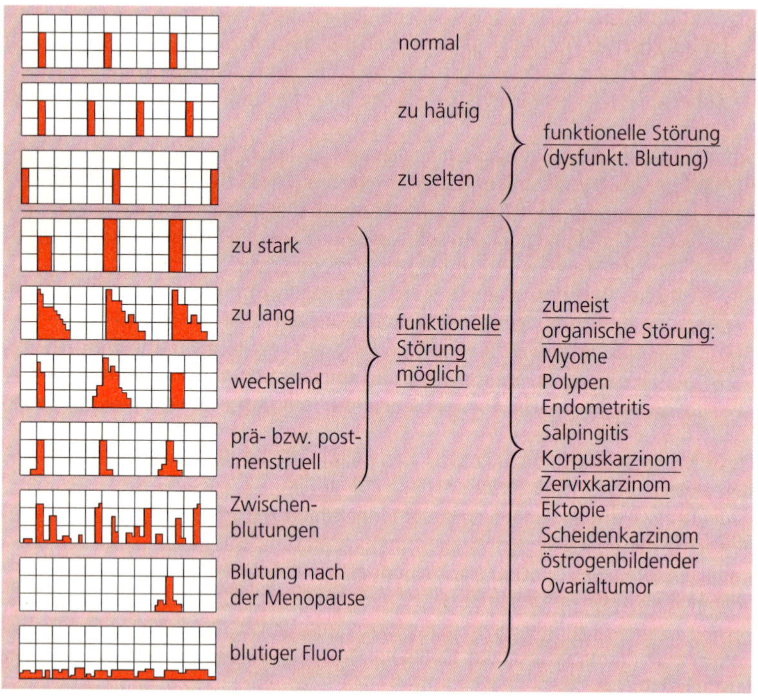

Abb. 18.**1** Beurteilungsgrundsätze bei uterinen Blutungen (aus *Schmidt-Matthiesen, H*: Gynäkologie und Geburtshilfe. Stuttgart: Schattauer; 1985)

18.2.2 Zyklusstörungen und Menstruationsstörungen

Die normale Zyklusdauer beträgt 25 – 31 Tage.

Zyklusstörungen sind Störungen der Menstruationsintervalle vom ersten Tag der Menstruation bis zum letzten Tag vor der nächsten Regelblutung.

Zyklusstörungen treten auf als

- fehlende Blutung im Sinne der primären oder sekundären **Amenorrhö**,
- als zu seltene Blutung im Sinne von **Oligomenorrhö** (Zyklusdauer länger als 34 Tage),
- zu häufige Regelblutung im Sinne von **Polymenorrhö** (Zyklusdauer weniger als 24 Tage).

Menstruationsstörungen sind Störungen der monatlichen Regelblutung (Abb. 18.**2**). Terminologie:

– 3 – 5 Vorlagen o. Ä. pro Tag	**Blutungsstärke** normal
– mehr als 5 Vorlagen pro Tag	**Hypermenorrhö**
– weniger als 2 Vorlagen pro Tag	**Hypomenorrhö**
– überlange Blutung, mehr als 6 Tage	**Menorrhagie**
– Zusatz- und Zwischenblutung	**Metrorrhagie**
– schwache genitale Schmierblutung	**Spotting**
– Blutung weniger als 3 Tage	**Brachymenorrhö**
– menstruationsartige, uterine Blutung	**Abbruch-/Durchbruchblutung**
– schmerzhafte Regelblutung	**Dysmenorrhö**

Zyklusunabhängige Blutungen treten auf als Blutungen beim oder nach dem Geschlechtsverkehr, Blutungen außerhalb des Zyklus als größere vaginale Blutabgänge.

Periodenunabhängige Blutungen treten z. B. nach der Menopause auf (länger als ein halbes Jahr).

Amenorrhö und Begleitsymptome
Diagnostische Bedeutung

Primäre Amenorrhö

- verspätete Menarche in der Familie, normale Pubertät bei *familiär verzögerter Menarche*
- Molimina menstrualia, sichtbare und/oder palpable uterovaginale Veränderungen bei *uterovaginaler Amenorrhö* als angeborene Hymenalatresie, Vaginalseptum, Vaginalatresie, Zervixatresie

Sekundäre Amenorrhö

- Geschlechtsverkehr, Schwangerschaftszeichen und -tests positiv bei *Schwangerschaft*
- veränderte, teilweise oder insgesamt fehlende Geschlechtsorgane, FSH im Serum erhöht bei *gonadaler Amenorrhö* als Gonadendysgenesie, Gonadotropin-resistente Ovarien, vorzeitige Ovarialinsuffizienz oder Zustand nach Bestrahlung bzw. infektiös-entzündlicher Erkrankung der Ovarien
- Ovarien vergrößert, Adipositas, Klitorisvergrößerung, Virilisierung und erhöhter LH/FSH-Quotient bei *Stein-Leventhal-Syndrom*
- veränderte primäre und/oder sekundäre Geschlechtsmerkmale, FSH im Serum erniedrigt und negative GnRH-Applikation bei *hypophysärer Amenorrhö*

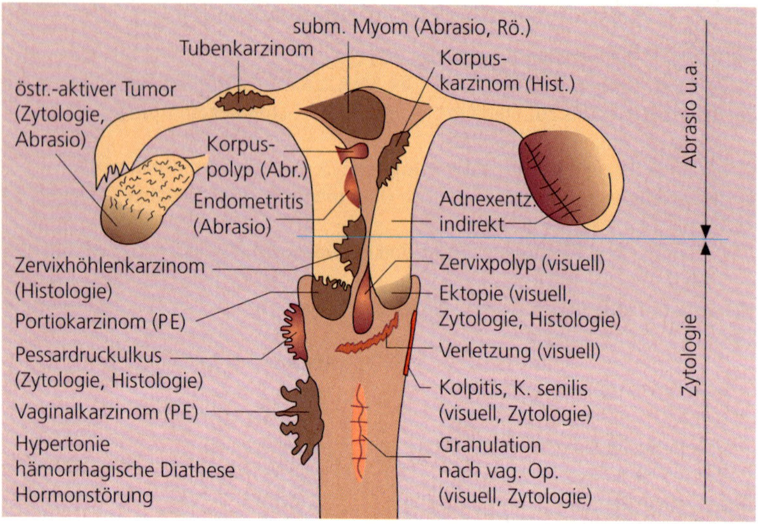

Abb. 18.2 Ursachen für irreguläre Genitalblutungen (diagnostische Methoden in Klammern) (aus *Schmidt-Matthiesen, H*: Gynäkologie und Geburtshilfe, 8. Aufl. Stuttgart: Schattauer; 1992)

Menorrhagie und Begleitsymptome Diagnostische Bedeutung

- teigige Gesichtshaut, verlangsamt, heiser, Reflexe verlangsamt, Haut- und Nagelveränderungen, periorbitales Ödem, Bradykardie, leise Herztöne, Obstipation bei *Myxödem*
- gestaute Halsvenen, symmetrische Beinödeme, Hepatomegalie, Meteorismus, Dyspnoe, Husten, Zyanose bei *Herzinsuffizienz*

Menorrhagie und suprapubischer Bauchschmerz

- Ausfluss, Erbrechen, Entkräftung, Fieber, Druck- und Verschiebeschmerz des Uterus bei *Endometritis*
- Bauch- oder rektaler Schmerz menstruationsabhängig, Dysmenorrhö, palpabler Tumor im Beckenraum, fixierter Uterus, Dyspareunie bei *Endometriose*
- Postmenopauseblutung, Metrorrhagien bei *Endometriumkarzinom* (Pap.)
- palpatorisch Uterustumor, Anämie, Dysmenorrhö bei *Myom*
- Metrorrhagie oder Amenorrhö, Hirsutismus, Fettleibigkeit und Ovarialtumor bei *Stein-Leventhal-Syndrom* (= polyzystisches Ovar)

18.2.3 Schmerzen

Zyklusabhängig:
- Mittelschmerz = Schmerzen zur Zeit des Follikelsprungs,
- Schmerzen, die in der 2. Zyklushälfte auftreten, zunehmen und mit der Menstruation verschwinden (Molimina menstrualia),
- Dysmenorrhö = Schmerzen bei der Menstruation, z. B. bei Adnexitis oder Uterustumor.

Zyklusunabhängig:
- Kreuzschmerz als Hinweis auf mögliche Senkung von Vagina oder Uterus,
- entzündliche Ursachen,
- Ovarialtumoren, Uterus myomatosus,
- Extrauteringravidität.

Schmerzen im Zusammenhang mit dem Geschlechtsverkehr bezeichnet man als Dyspareunie oder Algopareunie.

Schmerzen der Mammae:
- Schmerzen um den Menstruationstermin,
- unabhängig von der Regel bei Mastopathie (= Schimmelbusch-Krankheit) mit schlecht abgegrenzten, oft kleinen Knoten in beiden Mammae,
- vielknotig mit Zunahme der Knotengröße vor der Menstruation, in der Regel beidseitig, die Brust ist gerötet, heiß und geschwollen, Fieber und sonstige technisch-diagnostische Entzündungszeichen bei Mastitis,
- nicht druckschmerzhafter Knoten mit faszialen Einziehungen als Orangenhaut, Grübchenbildung, Abweichung der Brustwarzen, Fixation des M. pectoralis, blutige oder seröse Sekretion, axilläre Lymphknoten als Hinweis auf ein Mammakarzinom.

18.2.4 Ausfluss

Übersteigt der weißlich schleimige Vaginalinhalt das übliche Maß so weit, dass es der Patientin lästig wird, so spricht man von **Fluor**. Er kann unangenehm riechen und gemeinsam mit Hautveränderungen, Brennen und Juckreiz im Bereich des Introitus oder des äußeren Genitales auftreten und durch Östrogenmangel, mechanisch, chemisch z. B. durch Kosmetika oder häufige Scheidenspülungen, infektiös-entzündlich, psychisch oder durch Tumor bedingt sein (Abb. 18.3). Die Patientin wird zu aktiver Mitarbeit motiviert, wenn man ihr die Entstehung des Ausflusses erklärt.

Bei Ausflussdiagnostik geht man von kranial (Zervix) nach kaudal vor, um den Ursprungsort des Fluors nicht zu übersehen. Ohne Nachweis einer sichtbaren Ursache ist eine Abrasio angezeigt. Bei Fluor können Patientenangaben über die Besonderheiten des Ausflusses oder durchgemachte Erkrankungen wie Adnexitis, Tuberkulose oder Bestrahlung ebenso weiterführen wie der Ausschluss einer Frühgravidität (Regelanamnese!).

18

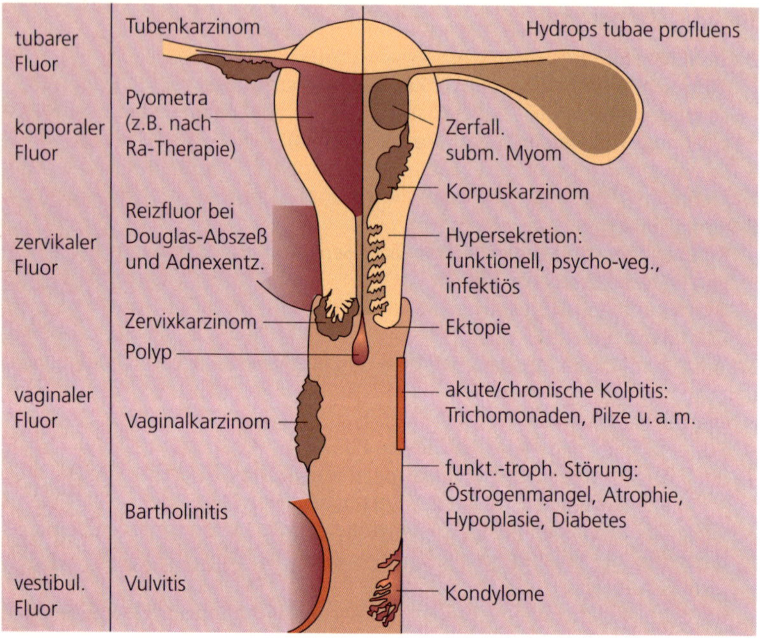

Abb. 18.**3** Genitaler Fluor, Herkunftsbereich und Ursache (aus *Schmidt-Matthiesen, H*: Gynäkologie und Geburtshilfe, 8. Aufl. Stuttgart: Schattauer; 1992)

Fluor und Begleitsymptome
Diagnostische Bedeutung

- dickflüssig, gelblich, fötide, brennende Schmerzen, lokales Ödem, fleckige oder punktförmige Rötung der Vulva oder der Vaginaschleimhaut bei *Vulvitis oder Kolpitis durch Bakterien oder Pilze*
- flüssig, fötide, Wundgefühl, Juckreiz, Schmerzen, später Blutungen; sichtbare Flecken oder Erosionen oder lokale Verhärtungen bis zu blumenkohlähnlichen ulzerierenden Wucherungen mit derbem Rand und inguinalen Lymphomen bei *Vulvakarzinom* (Biopsie)
- flüssig, blutig, später auch fötide, oder vaginaler Blutaustritt, azyklische Blutungen, Erythroplakie, Leukoplakie mit jodnegativen Stellen, später knotig, blutig, ulzerös verändert bis zu ulzerierenden Kratern bei *Zervixkarzinom* (Abstrich, Probeexzision)
- flüssig, dunkel-fötide, Zwischen- oder Schmierblutungen, Metrorrhagie, Menorrhagie, über 40 oder Blutungen nach der Menopause bei Myom oder *Korpuskarzinom*

18.2.5 Erkrankungen der Nachbarorgane

Nicht selten führen Erkrankungen benachbarter Organe zu Beschwerden und Befunden in der Genitalregion. Hierher gehören aus dem Urogenitalbereich Inkontinenz, besonders beim Husten oder Niesen, Schmerzen beim Wasserlassen (Dysurie), Blutbeimischungen zum Urin (Hämaturie) oder übermäßig häufiger Harndrang (Pollakisurie) oder Harnsperre, z.B. durch Tumor oder Prolaps. Auch Schmerzen durch Erkrankungen des Intestinaltraktes, z. B. Divertikulitis, Appendizitis oder Sigmakarzinom, können in der Nähe des Genitalbereichs lokalisiert sein und müssen gegen gynäkologische Krankheitsbilder abgegrenzt werden. Condyloma acuminata und Kraurosis finden sich nicht selten gleichzeitig im Bereich von Anus, Vulva und Vagina.

18.2.6 Sexualität und Fruchtbarkeit

Einige begriffliche Klarstellungen:

Frigidität ist die sexuelle Gleichgültigkeit bzw. Gefühlskälte. Der Begriff Frigidität wird in erster Linie zur Beschreibung weiblichen Sexualverhaltens verwendet. Die **Impotenz**, das Unvermögen, bezeichnet als Impotentia coeundi die Unfähigkeit des Mannes, den Geschlechtsverkehr durchzuführen, als Impotentia generandi die Unfähigkeit zur Zeugung. Letzteres bedeutet beim Mann Sterilität. Ein Mann kann also steril sein, braucht deshalb aber nicht impotent zu sein, er kann impotent und u. U. dennoch zeugungsfähig sein.

Sterilität bei der Frau bedeutet die Unfähigkeit der Frau zu empfangen, während Infertilität die Unfähigkeit bezeichnet, eine Schwangerschaft auszutragen.

18.3 Die Untersuchung der Mammae

Nicht zuletzt die Früherkennung des Mammakarzinoms hat zu ermutigenden Behandlungserfolgen geführt. Deshalb sollten Sie die Mammaeuntersuchung nicht nur im Rahmen jeder gynäkologischen Untersuchung durchführen, sondern die Patientin auch zur regelmäßigen Selbstkontrolle anleiten und die Durchführung dadurch unterstützen, dass Sie Ihre Patientin bei jeder Routineuntersuchung danach fragen und sie evtl. erneut anleiten. Der günstigste Termin für die Selbstkontrolle ist unmittelbar nach Abschluss der Menstruation. Als Gedächtnisstütze sollten Sie Ihrer Patientin eine schriftliche Anleitung mit auf den Weg geben, die der von Ihnen durchgeführten Untersuchung entspricht.

18

Für die Inspektion sitzt oder steht die Patientin in entspannter Haltung (Abb. 18.**4a**). Die in die Hüfte gestemmten Arme sind locker. Die Patientin hebt die Arme und legt beide Handflächen hinter den Kopf (Abb. 18.**4b**). Sie beugt den Rumpf vorwärts, sodass sich die Mammae vom Thorax abheben (Abb. 18.**4c**).

Verdacht erregen müssen:

- neu aufgetretene Größendifferenzen der Mammae,
- neu aufgetretene einseitige Einziehung der Mamille,
- Einziehung der Haut, besonders beim Anheben der Arme, als Konturveränderungen z. B. im Sinne einer Plateaubildung,

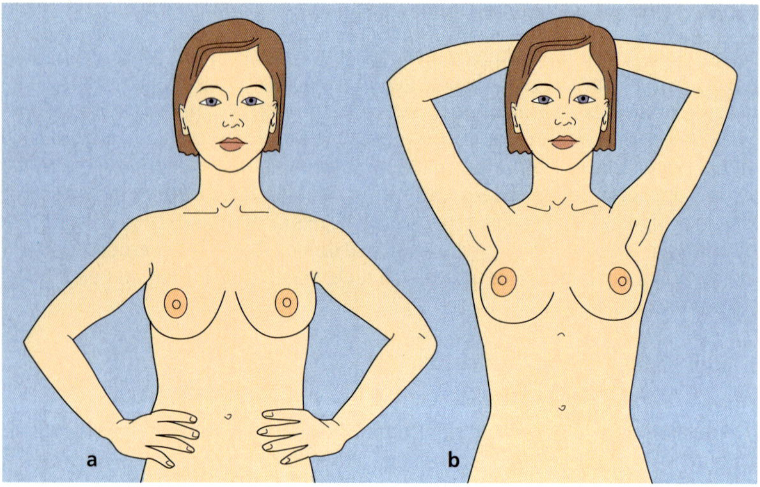

Abb. 18.**4a** Inspektion der Mammae bei der sitzenden Patientin;

Abb. 18.**4b** Die Arme sollen hinter dem Kopf entspannt gehalten werden;

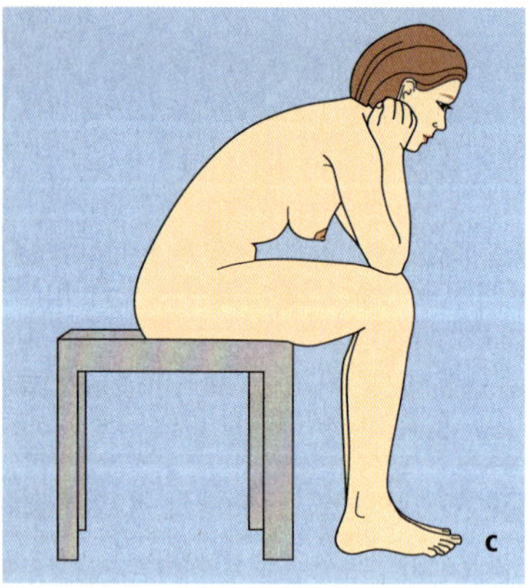

Abb. 18.**4c** Inspektion der Mammae bei der vorgebeugten Patientin

- Verwachsungen der Mamma mit dem Untergrund, die als Fixierung beim Hochheben der Arme zu erkennen sind,
- perimamilläres Ekzem,
- Apfelsinenhaut durch akzentuierte Hautporen und Hautulzerationen an den Mammae,
- einseitige, blutige oder missfarbige Mammasekretion.

Palpatorisch suchen Sie systematisch seitenvergleichend entgegen dem Uhrzeigersinn in allen vier Quadranten beider Mammae nach unscharf begrenzten Gewebsverhärtungen oder Knoten im Drüsengewebe, die sich als Verfestigungen gegen ihre Umgebung abheben. Sie prüfen dann über solchen Verfestigungen die Verschieblichkeit und die Faltenbildung der Haut. Einziehungen gegenüber normalen, nach außen vorspringenden Hautfalten (Plateauphänomenen) verstärken den Verdacht auf ein Malignom.

Schließlich tasten Sie beide Axillen, die Pektoralisränder und die Fossae supra- und infraclaviculare auf Knoten oder Konturveränderungen ab. Die vorsichtige Expression der Mamillen ist besonders dann erforderlich, wenn die Patientin über Brustsekretion berichtet. Einen zytologischen Abstrich und eine Galaktographie führt man durch, wenn die Sekretion einseitig auftritt. Jede der genannten Auffälligkeiten sollte zu weiterführender fachärztlicher Diagnostik Anlass geben.

18.4 Der gynäkologische Befund

18.4.1 Lagerung der Patientin

Vor der Untersuchung sollte die Patientin die Blase entleeren. Der Mittelstrahlurin wird für eventuell erforderliche Untersuchungen zunächst aufbewahrt. Der Untersuchungsstuhl sollte während der Untersuchung mit einem Wandschirm gegen den restlichen Raum abgedeckt sein.

Beim Besteigen des Untersuchungsstuhles sichern Sie oder die Helferin die Patientin zunächst am besten von der Seite, dann wird sie aufgefordert, sich hinzulegen und ihre Beine in die Halter zu legen. Sie können dann die Lage der Patientin auf dem Untersuchungsstuhl dadurch korrigieren, dass Sie am unteren Ende des Untersuchungsstuhles Ihr rechtes Bein so auf die Stufe stellen, dass Sie Ihr Knie gegen den Rand des Stuhles abstützen. Dann beugen Sie sich zur Patientin hinab und legen Ihre Arme mit der Ellenbeuge von medial kommend in die Kniekehlen der Patientin. Wenn Sie sich dann aufrichten, können Sie die Patientin beliebig auf dem Untersuchungsstuhl positionieren. Zum Ausgleich der Lendenlordose, besonders der Abwehrlordose, fordern Sie die Patientin auf, sich mit dem Kreuz flach auf den Untersuchungsstuhl zu legen. Eine Hilfe ist das Abwärtsstreichen der Glutäen bei der liegenden Patientin (Abb. 18.**5**). 18

Achten Sie darauf, dass der Kopf der Patientin leicht anteflektiert wird. Eine Kopfrolle unterstützt diese Absicht. Das Genitale bleibt bis zum Beginn der Untersuchung, die durch Detailfragen zur Anamnese, Injektionen usw. verzögert werden kann, abgedeckt. Als unangenehm empfinden die Patientinnen grelles Licht, einen ungenügend geheizten Untersuchungsraum, kalte Hände des Untersuchers oder kalte Instrumente, die deshalb auf 35 °C erwärmt werden sollten. Sie sollten der Patientin Ihr Vorgehen bei der Untersuchung Schritt für Schritt in einer dem Verständnisniveau der Patientin angepassten Form erläutern und damit oder z. B. durch Fragen versuchen, ihre natürliche emotionale Abwehr zu überwinden. Wenn schmerzhafte Untersuchungen nicht zu vermeiden sind, sollten Sie sie unmittelbar vorher ankündigen, damit die Patientin nicht vom Schmerz überrascht

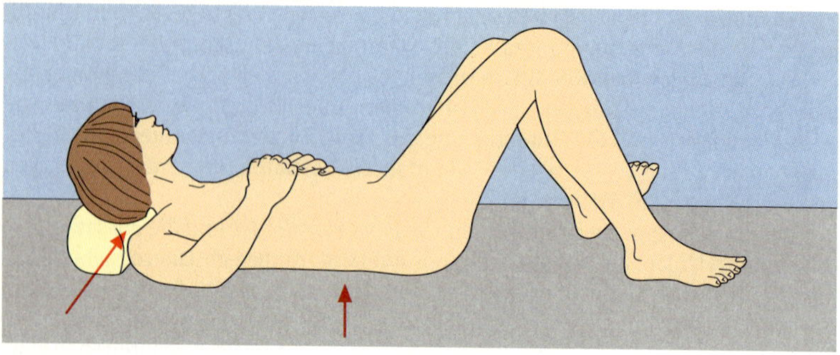

Abb. 18.5 Steinschnittlage mit ausgeglichener Lendenlordose und anteflektiertem Kopf

wird. Achten Sie auf die Reaktionen Ihrer Patientin. Die gynäkologische Untersuchung muss nicht schmerzhaft sein.

18.4.2 Inspektion

Zunächst inspizieren und palpieren Sie den Bauch der Patientin von der Seite her und achten dabei auf Narben, Hernien, Resistenzen, Auftreibung, Druckschmerzen und inguinal vergrößerte Lymphknoten*.

Dann richtet sich die Inspektion des Anus-Damm-Genitalbereichs auf Veränderungen der Haut:

- Auffälligkeiten der Haut im Genitalbereich (fleckige oder diffuse Verfärbungen, Narben, Entzündungen, Geschwülste, Verletzungen, Hämatome, Missbildungen, Fehlentwicklungen),
- Behaarungstyp: verstärkt im Sinne einer Vermännlichung, vermindert oder fehlend.

Vulvaveränderungen und Begleitsymptome
Diagnostische Bedeutung

Vulvaveränderungen mit Pruritus

- spröde, blasse, dünne, schrumpfende, juckende Haut mit schmerzhaften Rhagaden besonders beim Wasserlassen. Schrumpfung so stark, dass die Labien verschwinden können, nach der Menopause bei *Kraurosis vulvae* (= Präkanzerose!)
- nach silbriger Papel bildet sich ein oberflächliches Geschwür mit serösem Exsudat, schmerzlosen erhabenen Rändern, rund oder oval mit festem Mittelteil und inguinaler Lymphknotenschwellung bei *Lues*

Vulvaveränderung mit ausgeprägter Schwellung

- rote ödematöse Haut bei *Vulvitis*
- spitze, multiple blumenkohlähnliche Papillome, auch im Analbereich als *Condylomata acuminata*
- eitriges Sekret aus dem Meatus urethrae, Druckschmerz entlang der vorderen Vaginawand über dem Verlauf der Urethra, regionale Lymphknotenschwellung bei *Urethritis*

Vaginalveränderungen und Begleitsymptome
Diagnostische Bedeutung

- bläuliche Verfärbung der Vagina, gestaute Haut- und Halsvenen, Dyspnoe, Husten, Gesichtszyanose, symmetrische Ödeme, Hepatomegalie bei *Herzinsuffizienz*
- allgemeine entzündliche Rötung durch Urinrückstände, Fremdkörper (Pessare) bei *Vaginitis*
- entzündliche Rötung mit Einschluss der Urethra und Bartholin-Drüsen, dicker gelblicher Ausfluss bei *gonorrhoischer Vaginitis*
- entzündliche Rötung mit kleinen hämorrhagischen Flecken, die später granulieren, gelber blasiger Ausfluss, ohne Beteiligung der Urethra- und der Bartholin-Drüsen bei *Trichomonas-Vaginitis*

Achten Sie an der Haut des äußeren Genitales neben den Zeichen für die Vulvitis und das Vulvakarzinom auch auf die Kraurosis (= Lichen sclerosus et atrophicus) und auf Epidermisbereiche, in denen die normale Schleimbildung fehlt.

Zur Untersuchung des Introitus spreizen Sie die großen und kleinen Labien, bis das Orificium externum urethrae und der Hymenalsaum freiliegen. Lassen Sie die Patientin nach unten pressen, um ein eventuelles Hervortreten der vorderen Vaginalwand vor den Introitus bei Vorliegen einer Zystozele, ein Hervortreten der hinteren Vaginalwand bei Rektozele zu erfassen.

18.4.3 Spekulumuntersuchung

Abweichend von anderen Untersuchungsgängen geht bei der gynäkologischen Untersuchung die instrumentelle Untersuchung der Palpation voraus. Für die Inspektion der Vaginalwand und der Portio benutzt man ein selbsthaltendes Spekulum (Entenschnabel) (Abb. 18.**6 b**) oder das Rinnenspekulum (Abb. 18.**6 a**). Bei intaktem Hymen untersuchen Sie erforderlichenfalls mit sehr kleinen Spekula bzw. mit einem Vaginoskop. Das Einklemmen einer Hautfalte im Introitus oder in der Vagina ist sehr schmerzhaft, deshalb ist besondere Vorsicht geboten.

Bei der Verwendung von Rinnenspekula führen Sie nach Spreizen des Introitus zunächst das schräg gehaltene hintere Spekulum (Abb. 18.**7**) mit einer Drehung von 4 nach 6 Uhr unter leichtem Druck gegen die hintere Kommissur etwa bis zu zwei Dritteln ein und entfalten die Scheide dann mit dem vorderen Plattenspekulum bis zu diesem Punkt. Erst dann schieben Sie unter Sicht des Auges das hintere Blatt und schließlich auch das vordere Blatt bis in das Scheidengewölbe vor und machen damit die Portio sichtbar (Abb. 18.**8 a – d**). Achten Sie darauf, dass Sie eine Erosion der leicht verletzbaren Portio vermeiden und die Epithelien nicht versehentlich abwischen, von denen Sie einen Abstrich nehmen wollen.

Die Wahl der Spekulumgröße 1 – 4 richtet sich nach Größe und Länge der Scheide. Dann halten Sie das hintere Blatt mit der linken Hand und leichtem Zug nach unten. Das vordere Blatt übernimmt die Hilfskraft. Ihre rechte Hand wird frei. Falls eine Dehnung der Scheide erforderlich ist, sollten Sie sie wegen der geringeren Schmerzempfindlichkeit immer dammwärts vornehmen.

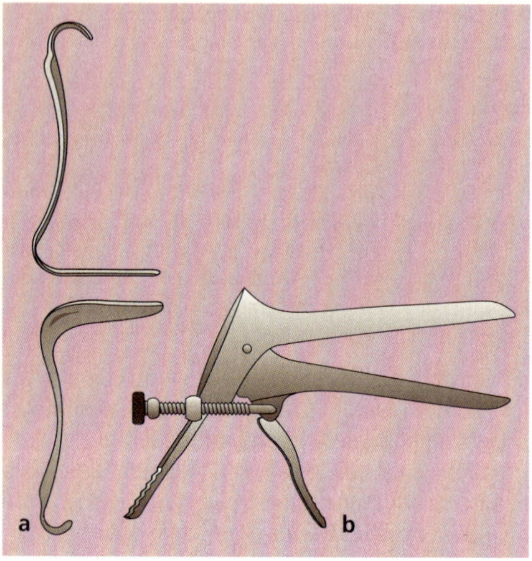

Abb. 18.**6a** Oben vorderes, unten hinteres Blatt des Rinnenspekulums;

Abb. 18.**6b** Selbsthaftendes Spekulum (Entenschnabel)

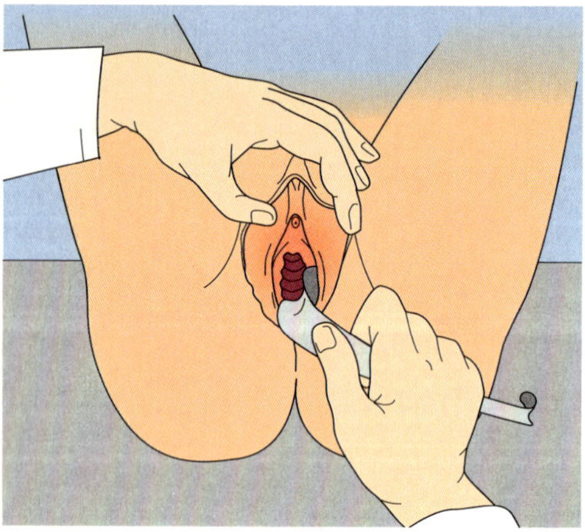

Abb. 18.**7** Einsetzen des Rinnenspekulums mit einer Drehung von 4 nach 6 Uhr

Richten Sie die Beleuchtung so ein, dass Sie die ganze Scheide ausleuchten. Diagnostisch bedeutsam sind äußere Veränderungen der Portiooberfläche, wie z. B. Erythroplakien, Leukoplakien, Polypen und Ulzera bzw. blutige Prominenzen, die Karzinomverdacht erwecken, sowie vermehrte und fötide Absonderungen aus dem äußeren Muttermund. Sie sind Anlass zu einer zytologischen bzw. bakteriologischen Untersuchung (Abstrich).

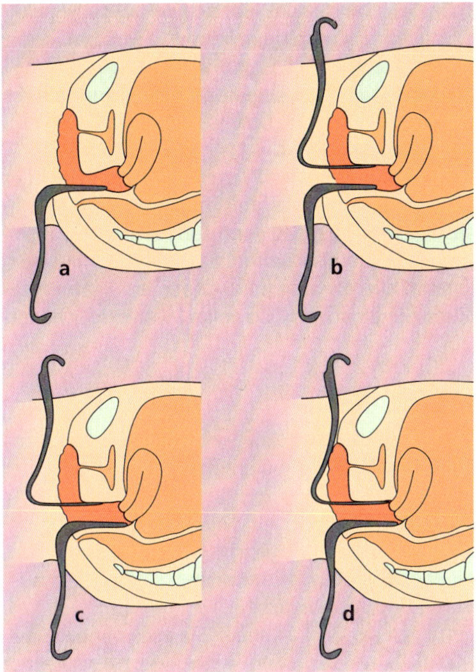

Abb. 18.**8a** Einführen des hinteren Blattes bis zu zwei Dritteln;

Abb. 18.**8b** Entfalten der Scheide mit dem vorderen Blatt bis zu zwei Dritteln;

Abb. 18.**8c** Vorschieben des hinteren Blattes bis in das Scheidengewölbe;

Abb. 18.**8d** Vorschieben des vorderen Blattes und Sichtbarmachen der Portio

Zervixveränderungen und Begleitsymptome
Diagnostische Bedeutung

- Blauverfärbung siehe Vaginaveränderungen
- entzündliche Rötung, Ausfluss aus dem Zervixmund ohne druckschmerzhaften Uterus bei *Zervizitis*
- Bild der Zervizitis, aber mit druckschmerzhaftem Uterus bei *Endometritis*
- entzündliche Rötung und Epithelulzeration, besonders bei Pessaranwendung, bei *Ulcus cervicis*
- Bild des Ulkus, aber mit blutigem Ausfluss, besonders bei Kontaktblutung, bei *Zervixkarzinom*

18

18.4.4 Abstriche

Zytologische Abstriche sind bei der gynäkologischen Untersuchung, besonders aber bei Früherkennungsuntersuchungen obligatorisch. Sie dienen der Bestimmung der Vaginalflora, des Vaginalepithels und der Suche nach auffälligen Zellen. Stellen Sie durch leichtes Verschieben des hinteren oder vorderen Spekulums die Portio optimal ein. Wenn große Schleimmengen die **Portiooberfläche** bedecken, müssen Sie sie vorsichtig entfernen. Schieben Sie das hintere oder vordere Spekulum so vor, dass Sie den Abstrich tangential vornehmen können. Streichen Sie die Portiooberfläche kräftig mit einem Watteträger oder Ayre-Spatel ab (Anweisung). Rollen Sie das gewonnene Material dünn auf einem Objektträger aus. Zum Fixieren des noch feuchten Ausstriches verwenden Sie eine bereitstehende 1 : 1-Äthanol-Äther-Fixierlösung oder einen Fixierspray.

Für den **endozervikalen Abstrich** drehen Sie einen Watteträger oder bei seniler Stenose eine Metallöse im Zervikalkanal, so dass Sie kreisförmig die ganze Innenwand des Kanals (Endozervix) auswischen. Sie rollen dann den Watteträger auf einem Objektträger ab oder streichen die Metallöse aus und fixieren. Bei sehr engem Muttermund können Sie das Material notfalls mit einem dünneren Stäbchen gewinnen. In suspekten Fällen sollten Sie ausschließlich einen Watteträger benutzen.

18.4.4.1 Vaginaler Abstrich

Mit zytologischen Abstrichen aus dem oberen Drittel der seitlichen Scheidenwand werden mit einem Holzspatel der derzeitige Hormoneinfluss und ggf. auch der Zykluszeitpunkt beurteilt.

Vermerken Sie auf dem **Objektträger** den Namen und ob es sich um einen Portio- oder einen Zervikalkanalabstrich handelt und welche Fixierung Sie gewählt haben. Die auf dem Begleitzettel angeforderten Informationen sind eine Voraussetzung für die sachgerechte Beurteilung der Abstriche.

Einen Teil der Epithelveränderungen der Portio können Sie auch mit der **Schiller-Jodprobe** feststellen, indem Sie die Portio mit einer 3 %igen wässrigen Jod-Jodkalium-Lösung betupfen. Der Glykogengehalt von normalem Plattenepithel führt zur Braunfärbung. Epithelanomalien, sehr junges Metaplasieepithel oder ektropioniertes Zylinderepithel der Endozervix führen zu Farbaussparungen im jodierten Bereich. Zur feineren Beurteilung verwendet der Facharzt das Kolposkop. Abschließend beurteilen Sie beim langsamen Zurückziehen der Spekula die Scheidenwände auf Rötung, Bläschen, Beläge, vermehrte Sekretabsonderung und Tumoren.

18.4.5 Palpation

Für die Palpation von Vagina und Uterus mit dem möglichst bewegungsinaktiven Zeigefinger oder Mittelfinger, später und bei ausreichend weiter Scheide mit Zeige- und Mittelfinger, benutzen Sie Gummi- oder Plastikhandschuhe, die Sie mit Gleitmittel oder mit Wasser anfeuchten. Sie stehen dabei entweder zwischen den Beinen der Patientin und stützen den Ellenbogen des Armes, mit dem Sie innerhalb untersuchen, auf dem aufgestellten gleichseitigen eigenen Knie ab, oder Sie führen die Untersuchung von rechts bzw. links neben der Patientin durch.

Spreizen Sie die Labien und führen Sie den untersuchenden Zeigefinger bzw., sofern es Weite und Dehnbarkeit der Vagina zulassen, Zeige- und Mittelfinger ein (Abb. 18.**9**), ebenso wie bei der Spekulumuntersuchung mit leichtem Druck in

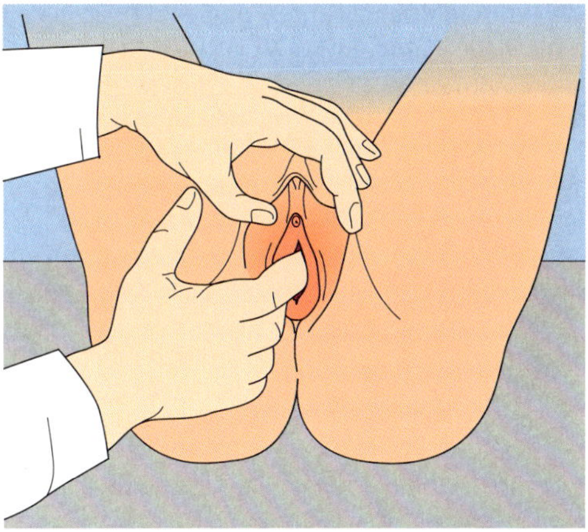

Abb. 18.**9** Spreizen der Labien und Einführen des untersuchenden Fingers in die Vagina

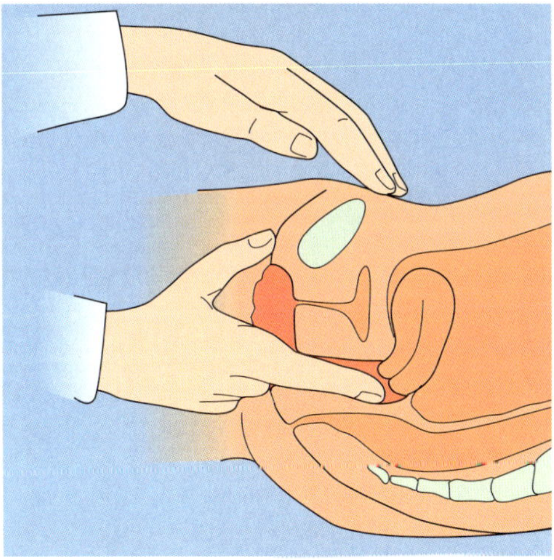

Abb. 18.**10** Fingerhaltung bei der bimanuelle Palpation

Richtung auf Damm und Scheidenhinterwand. Beurteilen Sie durch Touchieren die Regelmäßigkeit der Scheidenoberfläche sowie Stellung und Oberfläche der Portio.

Zur **bimanuellen Palpation des Uterus** legt man zunächst die äußere Hand oberhalb der Symphyse flach auf und drückt dann die Bauchwand mit den Fingerbeeren der Finger II, III und IV – nicht mit den Fingerspitzen! – oberhalb der Symphyse ein und damit den Uterus sanft gegen den inneren palpierenden Finger (Abb. 18.**10**). Das Abstützen Ihres Unterarms auf Ihrem gleichseitigen angewinkelten Oberschenkel erleichtert die Beurteilung von Größe, Lage, Konsistenz und Beweglichkeit des normalerweise in Anteversion und Anteflexion liegenden 8 – 10 cm langen derben Uterus. Die Pfeile in Abb. 18.**11a – f** veranschaulichen die gebräuchliche Terminologie.

Zur Unterscheidung von Anteflexion und Retroflexion gehen Sie zunächst mit dem untersuchenden Finger in das vordere Scheidengewölbe ein. Den anteflektierten Uterus tasten Sie dann zwischen den palpierenden Fingern der inneren und äußeren Hand (Abb. 18.**12a**). Einen retroflektierten Uterus palpieren Sie vom hinteren Scheidengewölbe aus. Vom vorderen Scheidengewölbe ausgehend, fühlen Sie zwischen den inneren und äußeren Fingern lediglich die Bauchdecke (Abb. 18.**12b**).

Sie beurteilen bei der bimanuellen Untersuchung von Uterus und Adnexen:

- die Zervix nach Stand, Richtung, Oberfläche, Muttermund, Verschieblichkeit nach ventral und seitlich, kranial und kaudal sowie nach Größe, Position und Konsistenz,

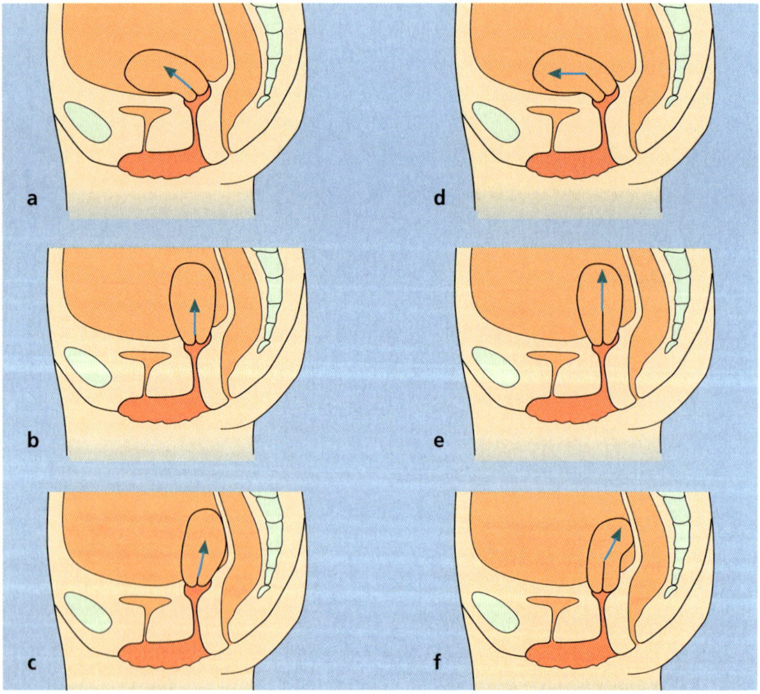

Abb. 18.**11a** Anteversion
Abb. 18.**11b** Streckstellung
Abb. 18.**11c** Retroversion
Abb. 18.**11d** Anteflexion
Abb. 18.**11e** Streckstellung
Abb. 18.**11f** Retroflexion

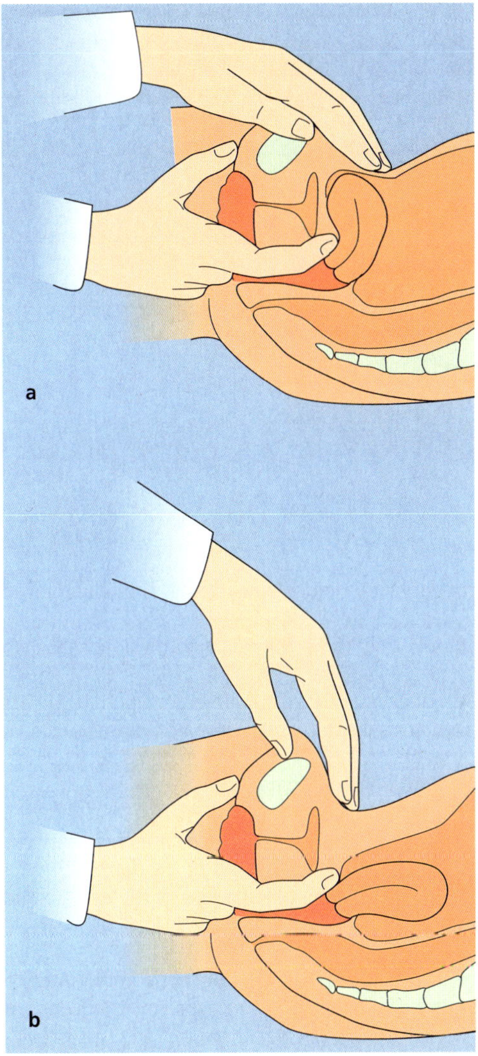

Abb. 18.**12a** Palpation des anteflektierten Uterus

Abb. 18.**12b** Palpation bei retroflektiertem Uterus

- das Korpus nach Lage, Größe, Form, Position, Flexion, Konsistenz, Kontur und Beweglichkeit und
- die Parametrien nach ihrer Konsistenz.

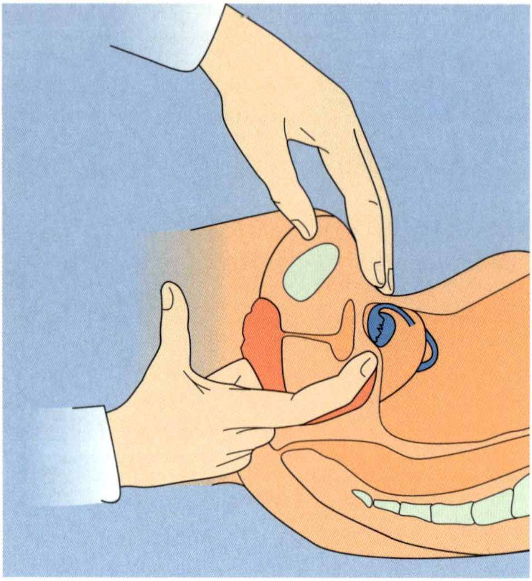

Abb. 18.**13** Untersuchung der Adnexe

- Schließlich sollten Sie registrieren, ob irgendeine dieser Untersuchungen schmerzhaft ist.

Die **Adnexe** untersuchen Sie bimanuell, indem Sie mit dem inneren Finger aus dem seitlichen Scheidengewölbe und mit den äußeren Fingern in gleicher Höhe lateral von der Mittellinie das dazwischenliegende Gewebe palpieren (Abb. 18.**13**). Das Ovar ist walnussgroß, um den Ovulationszeitpunkt und in pathologischen Fällen meist druckempfindlich und besonders bei adipösen Patientinnen keineswegs immer zu tasten. Palpable Tuben sind immer pathologisch.

Bei der **bimanuellen rektalen Untersuchung** benutzen Sie ein Gleitmittel, lassen die Patientin wie zum Stuhlgang gegen den mit der Fingerbeere voran eindringenden Finger pressen und beurteilen den Sphinkter, das Rektum, die hintere Uteruswand, die Parametrien, den Douglas-Raum, Veränderungen im kleinen Becken und die Rektumwand. Bei Virgines muss die rektale Untersuchung ggf. die vaginale Untersuchung ersetzen.

Sie oder die Helferin können der Patientin beim Aufstehen vom Untersuchungsstuhl helfen. Dazu stellen Sie sich in Schulterhöhe, legen eine Hand hoch in den Nacken der Patientin, die andere in Höhe der Symphyse auf den Leib der Patientin und fordern sie auf, den Oberkörper anzuheben. Erst danach sollte die Patientin ihre Beine aus den Beinhaltern nehmen. Unter Umständen bedeutet die gynäkologische Untersuchung für die Patientin eine Anstrengung. Sie sollten ihr deshalb helfen, den Untersuchungsstuhl zu verlassen.

Entlassen Sie die Patientin nicht, ohne ihr das Ergebnis Ihrer Untersuchung mitgeteilt und erläutert zu haben, und vereinbaren Sie ggf. den nächsten Untersuchungstermin.

Genitaler Tumor im kleinen Becken
Diagnostische Bedeutung

Gut beweglich

- zunehmende Größe, unspezifische Schmerzen, Miktions- oder Stuhlgangsbeschwerden je nach Lage, Pubertas praecox oder Virilisierung, bei Stieldrehung lokal schmerzhaft und Fieber bei *Ovarialtumor*
- einseitig oder bilaterale und suprapubische Schmerzen 3–10 Wochen nach der letzten Menstruation, Amenorrhö oder Spotting, Schwangerschaftszeichen, Verschiebeschmerz, Tuben- oder Fornixauftreibung mit rundem, weichem, druckschmerzhaftem Tumor bei *ektopischer Schwangerschaft*

Kaum beweglich

- spindelförmige Tubenauftreibung, Dauerschmerz suprapubisch und/oder in beiden unteren Quadranten, eitriger Ausfluss, durch Bewegung und Geschlechtsverkehr verstärkt, Druck- und Verschiebeschmerz, Abwehrspannung, Fieber und Entzündungszeichen bei *akuter Adnexitis*
- suprapubischer Bauchschmerz, zyklusabhängig oder schmerzlos, Auftreibung von Adnexen, Uterusrückwand, Ovar oder Sigmoid, Druckschmerz, Dyspareunien, Menorrhagie, kein Fieber bei *Endometriose*

Fest am Uterus

- Regelanomalien, Blutungen nach der Menopause, knotig, schmerzhaft und Fieber erst beim Zerfall bei *Myom* oder *Korpuskarzinom*

18.5 Anamnese in der Schwangerschaft

18.5.1 Schwangerschaftszeichen

Verdachtsdiagnosen s. Beschwerden-Abc in Kapitel 4.6.

Im gebärfähigen Alter weisen das **Ausbleiben der Regelblutung** oder eine verkürzte bzw. schwache Regelblutung meist auf eine Schwangerschaft hin. Übelkeit und morgendliches Erbrechen, vermehrter Harndrang und Spannungsgefühl in den Brüsten lassen ebenfalls an eine Schwangerschaft denken.

Wenig sicher sind erhöhte HCG-Werte beim **immunologischen Schwangerschaftstest** im Serum oder im (Morgen-)Urin. Entsprechend den unterschiedlichen Präparaten wird der Test 14 Tage nach Empfängnis oder 8 bis 12 Tage nach Ausbleiben der erwarteten Menstruation positiv. Inzwischen sind auch spezifische immunologische Tests erhältlich, die 100 IE HCG im Urin nachweisen. Letzteres ist besonders wichtig bei dem Nachweis von Extrauteringraviditäten und bei der Verlaufskontrolle nach Therapie von Blasenmolen und Chorionepitheliomen. Der Beta-HCG-Test wird schon am 8. bis 10. Tag nach der Konzeption positiv. Ein beweisender Schwangerschaftsnachweis ist der Radio-Rezeptor-Assay-Test für HCG. Die Ultraschalluntersuchung, die in vielen Fällen nach der 6. bis 8. Schwangerschaftswoche positiv wird, lässt eine klare Aussage zu.

18.5.2 Frühere Schwangerschaften

Weil sich die perinatale Mortalität durch Schwangerschaftsbetreuung und frühes Erkennen von Risikofaktoren senken lässt, ist ggf. die Kenntnis von Art und Schwere mütterlicher Erkrankungen während einer vorangegangenen Schwangerschaft oder im Wochenbett von Bedeutung. Neben Jahr und Art der Entbindung, Gesundheitszustand und Gewicht des Neugeborenen sollten Tragzeit und Besonderheiten im Schwangerschaftsablauf aufgezeichnet werden. Hierher gehören z. B. Blutungen in der Schwangerschaft, Placenta praevia, Ursachen und Begleitumstände von Früh- oder Fehlgeburten, schwangerschaftsspezifische Erkrankungen, Geburtsdauer, Geburtseinleitung, Übertragung, operative Entbindungen, Fehlgeburten, totes oder geschädigtes Kind, Komplikationen mit der Nachgeburt u. a.m. Auch das Lebensalter und der aktuelle Gesundheitszustand der Mutter spielen für die Beurteilung eines tatsächlichen oder potenziellen Risikos eine Rolle.

18.5.3 Risikofaktoren

Risikofaktoren aus der Anamnese sind:

- schwere Allgemeinerkrankungen wie Herzklappenfehler, Leberzirrhose oder Pyelonephritis, hämorrhagische Diathese, Diabetes mellitus, Schilddrüsen- und Nebenschilddrüsenerkrankungen,
- abnormes Becken,
- ansteigender Rötelntiter,
- eine Adipositas von mehr als 20 kg,
- Zustand nach Sterilitätsbehandlung, nach Aborten, Fehl- oder Frühgeburten,
- Zustand nach Uterusoperationen,
- komplizierte Geburten (Blutungen usw.) oder operative Entbindungen,
- Erstpara jünger als 16 und älter als 34 Jahre,
- Pluripara (älter als 40 Jahre),
- Multipara (mehr als 4 Kinder),
- EPH-Gestose, schwangerschaftsinduzierter Hochdruck,
- Blutungen in der jetzigen Schwangerschaft,
- potenziell ungünstige Blutgruppenkonstellation oder nur mögliche Blutgruppenunverträglichkeit,
- drohende Frühgeburt (vorzeitige Wehen, Zervixinsuffizienz),
- Mehrlinge oder pathologische Kindslage,
- unklare Tragzeit,
- Geburt eines „Small-for-date"-Babys (Plazentainsuffizienz).

18.5.4 Jetzige Schwangerschaftsanamnese

Für den Verlauf der jetzigen Schwangerschaft werden folgende Standarddaten erhoben: voraussichtlicher **Geburtstermin** nach der Naegele-Regel (der erste Tag der letzten normalen Regel minus 3 Monate, plus 7 Tage, Plus-minus-Abweichung vom 28-Tage-Zyklus). Der Mittelwert liegt bei 267 Tagen nach der Konzeption, d. h.

282 Tage nach dem ersten Tag der letzten normalen Menstruation. Die effektive Tragzeit ist 14 Tage kürzer, da die Ovulation etwa 14 Tage nach der Menstruation erfolgt (28-Tage-Zyklus vorausgesetzt).

Bei Unklarheiten kann neben dem Termin des positiven Schwangerschaftstests und Ultraschalluntersuchungen – mit einer hohen Fehlerquote – der Zeitpunkt der ersten Kindsbewegungen weiterhelfen. Ist eine Basaltemperaturkurve geführt worden, lässt sich der errechnete Termin genauer bestimmen, weil der ungefähre Konzeptionstermin festgelegt werden kann. Weiter sollte wegen möglicher Verschiebungen des Geburtstermins vermerkt werden, ob vor der Schwangerschaft die Pille eingenommen wurde oder ob möglicherweise ein Uterinpessar noch liegt. Informieren Sie sich nach Sicherung der Diagnose über eventuelle berufliche **Belastungen**, die familiäre Situation der Schwangeren, den Verlauf der bisherigen Schwangerschaft, z. B. in Bezug auf den Appetit, Beschwerden sowie vorangegangene Schwangerschaften und Geburten (s. dort).

Bei Vorliegen von **Risikofaktoren** (Tab. 18.1) sollte die Patientin gegebenenfalls schon während der Schwangerschaft zum Facharzt überwiesen werden und zur Entbindung in eine Klinik gehen, in der neben der kontinuierlichen Überwachung ständige Operationsbereitschaft und intensive perinatale Therapie des Neugeborenen sichergestellt sind.

18.6 Befunderhebung in der ersten Schwangerschaftshälfte

Achten Sie bei der **allgemeinen körperlichen Untersuchung** besonders auf Ödeme. Bestimmen Sie Körpergewicht und Blutdruck, Hb, Blutgruppe und Rhesusfaktor D. Führen Sie Antikörpersuchtest, TPAH- und HAH-Test, Rötelntiter sowie im Mittelstrahlurin die Bestimmung von Eiweiß, Zucker und Sediment durch.

Die **vaginale Untersuchung** ist ausführlicher bei der gynäkologischen Untersuchung dargestellt. Sie erfolgt grundsätzlich nach Entleerung der Blase. Palpieren Sie Lage und Beweglichkeit des Uterus. Achten Sie darauf, dass der Muttermund geschlossen ist, ob Risse oder Narben vorliegen und ob die Zervix in normaler Länge erhalten und nicht verkürzt ist. Zur Erstuntersuchung gehört im Rahmen der Krebsvorsorge ein zytologischer Abstrich der Zervix. Vergessen Sie auch in der Frühschwangerschaft nicht die Beurteilung der Adnexe. Denken Sie bei einseitigem Schmerz immer an eine Extrauteringravidität!

Ein wirklich sicheres **Schwangerschaftszeichen** sind der Nachweis des Fetus (auch mit Ultraschall) sowie der positive HCG-Test. Wahrscheinliche Schwangerschaftszeichen sind Lividität von Introitus, Vagina und Portio, Vergrößerung und Auflockerung sowie Konsistenzwechsel der Gebärmutter.

Denken Sie daran, der Patientin nicht nur das Ergebnis Ihrer Untersuchungen mitzuteilen und in den Mutterpass einzutragen, sondern sie in Bezug auf das weitere Verhalten zu **beraten** (Hygiene, Sexualität, Sport, Reisen, Ernährung, Rauchen, Alkohol, Pharmaka, Impfungen). Beraten Sie Ihre Patientin über Schwangerschaft und Geburt, weisen Sie sie auf entsprechende Broschüren oder Kurse zur Geburtsvorbereitung bzw. Säuglingspflege hin.

Sie sollten für die ersten vier Monate eine Routine einleiten zur Kontrolle von Gewicht, Hb, Blutdruck und Urin (s. oben). Befinden und Wachstum des Fetus sind vorrangige Zeichen für die Beurteilung der Schwangerschaft.

Der **Fundus** steht (Abb. 18.**14**)

- in der 16. Schwangerschaftswoche zwei Querfinger oberhalb der Schamfuge (Symphysen-Fundus-Abstand), d. h. etwa ein Drittel zwischen Symphyse und Nabel,
- in der 20. Schwangerschaftswoche zwei Querfinger unterhalb des Nabels, d. h. etwa zwei Drittel zwischen Symphyse und Nabel.

Leichter nachvollziehbare Daten erhält man mit der Messung des **Symphysen-Fundus-Abstandes** in cm:

Schwangerschaftszeitpunkt p.m.	Symphysen-Fundus-Abstand
Ende 28. SSW	27 cm
Ende 32. SSW	30 cm
Ende 36. SSW	33 cm
Ende 40. SSW	36 cm

Die Mutterschaftsrichtlinien empfehlen eine erste **Ultraschalluntersuchung** zwischen der 16. und 20. Schwangerschaftswoche. Sie ergänzt die klinischen und biochemischen Schwangerschaftszeichen und dient zur Bestimmung des Gestationsalters, ggf. zur Differenzialdiagnose gestörter Frühschwangerschaften und zur Feststellung von Mehrlingsschwangerschaften. Untersucht werden folgende Parameter:

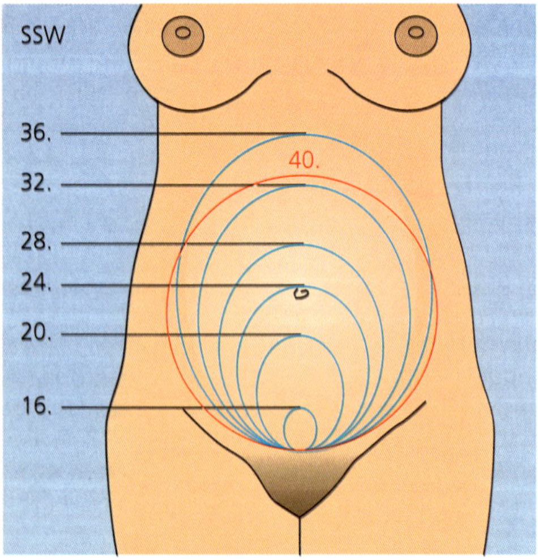

Abb. 18.**14** Fundusstand in den einzelnen Schwangerschaftswochen

- Bestimmung des Fruchthöhlendurchmessers, ggf. des Fruchthöhlenvolumens,
- die Scheitel-Steiß-Länge,
- die fetale Herzaktion.

Kindsbewegungen sind bei Erstgebärenden in der 20.–22., bei Mehrgebärenden von der 18. Schwangerschaftswoche an zu erwarten.

Auffällig sind Lageanomalien des Uterus nach der 12. Schwangerschaftswoche, Abweichungen von der erwarteten Uterusgröße, Blutungen oder Schmerzen, aber auch Abweichungen vom Zeitpunkt der erwarteten ersten Kindsbewegungen und geben Anlass zur Klärung der Ursachen, Verkürzung der Untersuchungsintervalle und ggf. zur Überweisung an den Facharzt.

18.7 Befunde in der zweiten Schwangerschaftshälfte

Eine Regel für die Häufigkeit der Schwangerschaftsuntersuchungen nach *Saling* lässt sich leicht merken:

- in den ersten vier (Lunar-)Monaten alle vier Wochen,
- in den folgenden drei Monaten alle drei Wochen,
- in den folgenden zwei Monaten alle zwei Wochen
- und im letzten Monat jede Woche.

Bestimmen Sie in der zweiten Schwangerschaftshälfte Größe und Lage des Fetus in Beziehung zum Becken, kontrollieren Sie die Herzaktionen und die Bewegungen des Kindes. Mit den vier Leopold-Handgriffen ermitteln Sie den Fundusstand (1), die Stellung des Rückens bzw. der Extremitäten (2), den vorangehenden Teil (3) und seine Beziehungen zum Beckeneingang (4). Schließlich beurteilen Sie Muttermund und Zervix (Abb. 18.**15**).

Über die Zweckmäßigkeit vaginaler Untersuchungen während der zweiten Schwangerschaftshälfte besteht keine einheitliche Auffassung. In der zweiten Schwangerschaftshälfte finden Sie folgenden **Fundusstand**:

- in der 24. Schwangerschaftswoche in Nabelhöhe,
- in der 28. Schwangerschaftswoche zwei bis drei Querfinger oberhalb des Nabels,
- in der 32. Schwangerschaftswoche ziemlich genau in der Mitte zwischen Nabel und Schwertfortsatzspitze,
- in der 36. Schwangerschaftswoche hart am Rippenbogen, das ist der höchste Fundusstand,
- in der 40. Schwangerschaftswoche zwei Querfinger unterhalb des Rippenbogens.

In der 32.–36. Schwangerschaftswoche ist eine erneute **Ultraschalluntersuchung** zur Beurteilung der Uteruswand, des fetalen Wachstums, der Fruchtwassermenge und der Größe, der Dicke und des Sitzes der Plazenta angezeigt. In der 32.–36. Schwangerschaftswoche ist die Ultraschalluntersuchung die Methode der Wahl zur Ermittlung der Größe des Fetus in utero. Daraus lassen sich dann das genaue Gestationsalter, das Gewicht und der Entwicklungsstand des Fetus bestimmen. Man misst dazu

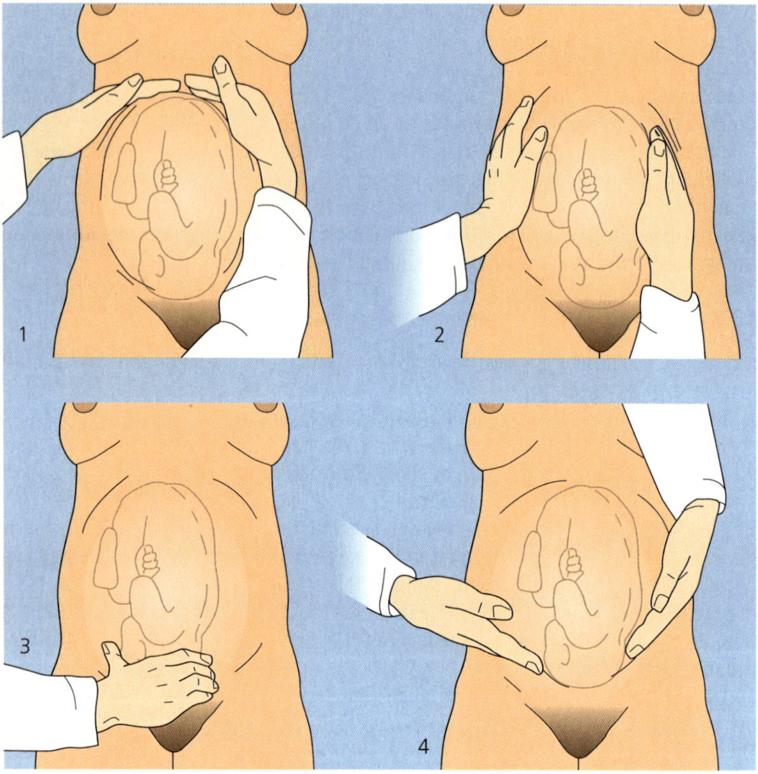

Abb. 18.**15** Die Leopold-Handgriffe (aus *Schmidt-Matthiesen, H*: Gynäkologie und Geburtshilfe. Stuttgart: Schattauer; 1985)

- den biparietalen Durchmesser des kindlichen Kopfes,
- den Querdurchmesser des Thorax und des Abdomen sowie
- den Umfang des Thorax und des Abdomen (sog. Thorakoabdominometrie).

Mit der Ultraschalluntersuchung kann man außerdem Lage- und Einstellungsanomalien, kongenitale Anomalien und pränatale Erkrankungen des Fetus feststellen. Zur Beurteilung von Ultraschallbefunden gehört viel Erfahrung mit dem Gerät. Außerdem ist ein 2. Antikörpersuchtest in der 25.–32. Schwangerschaftswoche erforderlich.

18.8 Liste erhöhter Risiken

In folgenden Fällen scheint eine Facharzt- oder Kliniküberwachung angezeigt:

Blutungen	
Infektionen	
Anämie	Hämoglobin unter 110 g/l = 11 g % = 62,5 %
Gestosezeichen	Ruheödeme, vermehrte Gewichtszunahme, Blutdruck über 135/85 mmHg, Albuminurie über 1/1000
Wahrscheinliche Komplikationen in den Geburtswegen	Anatomische Anomalien
Hydramnion	Ungewöhnlich großer Uterus
Abweichung von der errechneten Kinds- oder Uterusgröße	Ultraschallanomalien
Fetale Störungen	Tachykardie, Bradykardie, Stolpern
Vorzeitige Wehenbereitschaft	Wehen vor der 38. Woche
Zervixinsuffizienz und Muttermundöffnung	Zervixkürzung und Weitung des Muttermundes bzw. Sichtbarwerden der Fruchtblase vor der 37. Woche
Terminüberschreitungen	Rechnerisch 42 Wochen p.m. (295 Tage) oder entsprechend den technisch-diagnostischen Werten

18.9 Aufgaben für die Selbstkontrolle

1 Aus welchen Gründen sollten Sie die gynäkologisch-geburtshilfliche Befunderhebung in Gegenwart Dritter ausführen?

2 Was bedeuten folgende Begriffe: Metrorrhagien, Menorrhagien, Oligomenorrhöen, Polymenorrhöen, Amenorrhöen?

3 Welche genitalen Schmerzen sind zyklusabhängig?

4 Wann spricht man von Fluor?

5 Was versteht man unter Dyspareunien?

6 Wie unterscheiden sich Frigidität und Anorgasmie?

7 Wie bezeichnet man die Unfähigkeit der Frau, zu empfangen?

8 Welches ist der günstigste Termin für die Untersuchung der Mammae?

9 Warum sollte die Patientin bei der Untersuchung der Mammae die Arme in die Hüften stemmen?

10 Nennen Sie 7 Verdachtsmomente bei der Untersuchung der Mammae.

11 Welches ärztliche Verhalten trägt dazu bei, Angst und Abwehrspannung zu vermeiden?

12 Welche Aufforderung an die Patientin während der Untersuchung erleichtert das Erkennen einer Zystozele oder Rektozele?

13 Warum führen Sie Rinnen- und Plattenspekulum nicht in einem Zug ein?

14 Welchen Nachteil hat das Rinnenspekulum in der Praxis?

15 Bei welchen gynäkologischen Früherkennungsuntersuchungen sind zytologische Abstriche angezeigt?

16 Mit welchem Test erfassen Sie Epithelveränderungen der Portio?

17 Mit welchem Anteil der äußeren Hand palpieren Sie oberhalb der Symphyse?

18 In welcher Lage und Stellung liegt der Uterus normalerweise?

19 Welche Gewebsveränderungen suchen Sie palpatorisch in den Mammae?

20 Welche Begleitbeschwerden weisen außer dem Ausbleiben der Regelblutung auf eine Schwangerschaft hin?

21 Vom wievielten Tage post menstruationem an reagieren die üblichen immunologischen Schwangerschaftstests positiv?

22 Welche der 17 genannten anamnestischen Risikofaktoren für eine Schwangerschaft lassen eine Klinikeinweisung zur Entbindung angezeigt erscheinen?

23 Wie errechnen Sie den voraussichtlichen Geburtstermin ohne Rechenscheibe?

24 Für welches Krankheitsbild hat die Beurteilung der Adnexe bei der Schwangerschaftsuntersuchung eine besondere Bedeutung?

25 Welche Schwangerschaftszeichen rechnet man zu den zuverlässigen?

26 Wie häufig sollte die Patientin in den ersten vier Lunarmonaten zu Kontrolluntersuchungen kommen?

27 Zu welchem Termin sind Ultraschalluntersuchungen angezeigt?

28 Wie häufig sollte die Patientin im letzten Schwangerschaftsmonat untersucht werden?

29 Welchen Fundusstand erwarten Sie in der 16., 20., 24., 28., 32. und 40. Schwangerschaftswoche?

Praktische Aufgaben

A Erheben und dokumentieren Sie mindestens drei Regelanamnesen (Kaltenbachschema).

B Palpieren Sie bei mindestens drei Patientinnen die Mammae in allen vier Quadranten.

C Versuchen Sie in der Gynäkologie mindestens bei drei Narkoseuntersuchungen anwesend zu sein, wenn möglich die Untersuchungen unter Anleitung selbst durchzuführen.

D Nehmen Sie unter Anleitung mindestens einen vaginalen Abstrich.

E Erheben Sie mindestens drei Schwangerschaftsanamnesen.

F Beurteilen Sie mindestens drei Schwangerschaftstests.

G Beurteilen Sie die Schwangerschaftswoche nach dem Fundusstand bei mindestens drei Patientinnen.

H Beurteilen Sie bei mindestens drei Patientinnen kurz vor der Entbindung mit dem Leopold-Handgriff die Lage des Fetus.

I Versuchen Sie mindestens eine Geburt selbst zu leiten. (Im westlichen Ausland bekommt man seine Approbation erst nach sieben selbstständigen Entbindungen!).

19 Die Untersuchung von Kindern

19.1 Lernziele

Im folgenden Kapitel erfahren Sie, wie man

- besondere Situationen bei der Untersuchung von Kindern berücksichtigt,
- die unterschiedlichen Informationsquellen für die Anamnese benutzt,
- charakteristische Beschwerden im Kindesalter definiert,
- Besonderheiten bei der körperlichen Untersuchung von Kindern erfasst und
- die normale seelisch-geistige, soziale und motorische Entwicklung beurteilt.

Kontrollieren Sie anhand der gestellten Fragen, ob Sie diese Lernziele erreichen.

19.2 Besonderheiten bei der Untersuchung von Kindern

Die Untersuchung der Kinder wird hier nur insoweit dargestellt, wie sie von der allgemeinärztlichen Untersuchung abweicht oder der Erweiterung bedarf. Vorweg einige allgemeine Bemerkungen:

Kinder und besonders Kleinkinder können nicht wie Erwachsene den Sinn ärztlicher Untersuchungsmaßnahmen begreifen und auch nicht die Ratio benutzen, um selbst unangenehme diagnostische Eingriffe zu tolerieren. Sie reagieren, besonders auf den fremden Arzt, die ungewohnte Umgebung oder gar blitzende Instrumente wie das „dritte Auge", mit Angst und Fluchtreaktionen. Daraus ergibt sich für Sie die Aufgabe, alles zu vermeiden, was das Kind ängstigen könnte, und bewusst zu versuchen, das Vertrauen des Kindes zum Arzt zu stützen. Sie sollten daher nicht sofort mit der Untersuchung des Kindes beginnen, sondern zunächst mit der Mutter oder der Pflegeperson ein anamnestisches Gespräch führen und das Kind dabei beobachten. In vielen Fällen können Sie sich auch durch eine freundliche Begrüßung oder bereitstehendes Spielzeug bzw. späteres sprachliches Eingehen auf das kindliche Verständnisniveau die Mitarbeit des Kindes, mindestens aber das Ertragen Ihrer Maßnahmen sichern. Sie müssen sich darum bemühen, drei Voraussetzungen für die Untersuchung eines Kindes zu erfüllen:

freundliche Zuwendung, auch in kritischen Situationen heitere Gelassenheit und in manchen Fällen sehr viel Geduld.

Das Stethoskop zum „Telefonieren", die hingehaltene Puppe oder ein klingelndes Schlüsselbund tragen ggf. zur Ablenkung bei. Wichtig ist, besonders bei Kleinkindern, unangenehme oder schmerzhafte Untersuchungsverfahren, z.B. das Wiegen auf einer harten Unterlage, rektale Temperaturmessung oder die Rachenspiegelung, ggf. aber auch die Palpation des Bauches bei Darmerkrankungen, erst am Ende der Untersuchung vorzunehmen. Gegenüber verständigen Kindern sollten Sie unumgänglich notwendige, schmerzhafte Eingriffe begründen.

Da im Alter bis 4 Jahre eine verbale Kommunikation nur sehr bedingt möglich ist und im späteren Kindesalter die Ausdrucksfähigkeit durch stärkere subjektive Färbung mehr als beim Erwachsenen begrenzt wird, ist der Arzt auf seine Beobachtungsgabe für nichtsprachliche Äußerungen und auf seine Untersuchungstechnik angewiesen.

Nur in seltenen Fällen können Sie die Anamnese von älteren Kindern selbst erheben. Meist geben Eltern, Verwandte oder Nachbarn dem Untersucher die Vorgeschichte. Es gehört zur ärztlichen Kunst, aus dem Bericht einer unter Umständen angsterfüllten Mutter das für die Krankheit Wesentliche herauszuhören.

Bei jeder Fremdanamnese gilt es, die Intelligenz des Berichtenden und seine Fähigkeit, Symptome wahrzunehmen und mitzuteilen, abzuschätzen, seine unmittelbare Beteiligung an der Betreuung des Kindes zu erfassen – betreut z.B. die Großmutter in erster Linie das Kind, das von der Mutter zum Arzt gebracht wird, so dass der Bericht letzten Endes aus dritter Hand stammt – und psychologische Eigenarten des Berichtenden zu erkennen wie ängstliche Übertreibung oder das Phlegma des Unbeteiligten. Auch kultureller Hintergrund und Größe der Familie sind bei Fremdanamnesen über Kinder zu berücksichtigen.

19.3 Informationen durch die Mutter

In die anamnestischen Angaben der Mutter oder anderer Pflegepersonen gehen meist subjektive Gewichtungen der Beschwerden ein, die im Extremfall an der Wirklichkeit oder dem ärztlich Relevanten vorbeigehen. Kunst des Arztes ist es, durch Fragen auf den Kern der Probleme zu kommen und dazu möglichst exakte Angaben zu erhalten.

Denken Sie auch daran, dass eine Mutter bemüht ist, dem Arzt zu zeigen, dass sie „eine gute Mutter" ist, dass ihr Kind „gut" ist oder in seinen Leistungen mindestens der Norm entspricht. Darunter kann die Objektivität ihres Berichtes leiden: Unerfreuliche Familienereignisse bleiben unberührt; gern werden Verhaltensstörungen heruntergespielt und tatsächliche Defekte bagatellisiert.

Andererseits kann eine Mutter auch völlig „normale" Verhaltensweisen des Kindes als krankhaft erleben. Dann gilt es herauszufinden, ob diese Beurteilung auf den persönlichen Maßstäben der Mutter beruht oder ob z.B. Vergleiche mit „den Kindern anderer Leute" zu einer Fehlbeurteilung des eigenen Kindes führen. In beiden Fällen bedarf es nicht der Heilung des Kindes, sondern der Unterweisung der Mutter.

Aus dem Vergleich zwischen den mütterlichen Angaben und dem für Sie unmittelbar zugänglichen kindlichen Verhalten, seiner Sauberkeit o.Ä. können Sie Schlüsse auf die Aussagekraft der angebotenen Informationen ziehen. Die Information durch die Mutter ist bei richtiger Interpretation von entscheidender Bedeutung für den Arzt.

19.4 Das Kind als Informationsquelle

Unterschätzen Sie die Beschwerden nicht, die ein Kind vorträgt. Letzten Endes kann nur der Erleidende selbst sagen, wo es weh tut, selbst wenn bei Kindern Schmerzlokalisationen vager sind als beim Erwachsenen (z.B. werden Bauchschmerzen meist in der Nabelgegend lokalisiert). Benutzen Sie notfalls als Hilfe das Spielzeug des Kindes, um sich zeigen zu lassen, wo „Susanne“ Schmerzen hat.

Bei Verhaltenstörungen, besonders aber beim Verdacht auf Misshandlungen, sollten Sie das Kind auch allein anhören, um Hemmungen oder den Versuch, brav zu sein und damit den Eltern in Gegenwart des Arztes zu gefallen, zu vermeiden.

19.5 Der Vater als Informationsquelle

Sie können beim anamnestischen Gespräch mit dem Vater davon ausgehen, dass Väter seltener Detailkenntnisse über den alltäglichen Gesundheitszustand ihrer Kinder haben. Bei Störungen in der geistig-seelischen Entwicklung des Kindes, die auf Problemen der Eltern beruhen können, empfiehlt es sich, Vater und Mutter zunächst getrennt anzuhören.

19.6 Charakteristika der Beschwerden im Kindesalter

19.6.1 Bauchschmerzen

Bauchschmerzen lokalisieren Kleinkinder meist im Bereich des Oberbauchs und des Bauchnabels. Das Erheben der Anamnese im Kindesalter ist durch mehrere Umstände erschwert. In der präverbalen Phase ist der Arzt auf Fremdangaben angewiesen. Angaben der Eltern zum Beginn und zeitlichen Ablauf akuter Bauchschmerzen sind Schlussfolgerungen aus dem Schreien und sonstigen Schmerzäußerungen des Kindes.

So ist bei Säuglingen und jungen Kleinkindern das **Schrei-Weinen** – ein Aufschreien in hoher Tonlage – mit abnehmenden Intervallen die typische Schmerzäußerung bei Bauchschmerz. Schrei-Weinen geht mit zunehmender Schwäche in ein leises an-und abschwellendes Schreien im Sinne des **Wimmerns, Schluchzens oder Stöhnens** über. Dazu gehören beim Säugling zusammengekniffene Augen, im späteren Alter weit geöffnete, starre, nicht fixierende Augen, Stirnfalten und ein offener Mund. Die Beine werden bei Dauerschmerzen angezogen, bei Koliken dann auch weggestoßen. Oft beißen Kleinkinder mit Bauchschmerzen in die eigenen Finger oder Lippen oder drücken mit der Hand auf die erkrankte Körperstelle. Das Gesicht wirkt verkniffen oder verzerrt. 19

Eine Reihe von Krankheiten mit akuten Bauchschmerzen tritt nur im Kindesalter auf;

- Infektionskrankheiten wie Scharlach, Mumps, Masern und Laryngopharingitis führen im Kindesalter zu Bauchschmerzen – teilweise durch begleitende Mesenteriallymphadenitis –, oder die Beschwerden werden vom Kind lediglich im Bauchraum lokalisiert;

- psychische Erkrankungen werden auf den Bauchraum projiziert;
- die Informationen vom Patienten selbst sind vager und insgesamt weniger ergiebig.

Begleitsymptome, die auf Bauchschmerzen hinweisen können, sind lokale oder diffuse Auftreibung des Bauches, Harn- oder Stuhlverhaltung, Darmsteifungen, auffällige körperliche Ruhe oder eingeschränkte Atmung, ungewöhnliche Körper- = Schonhaltungen.

Psychologische Aspekte kindlicher Bauchschmerzen:

- Schwere Bauchschmerzen bringen Kinder zum **Weinen**. Dabei nehmen sie meist eine **gekrümmte Haltung** ein,
- **wenn Kinder weiterspielen**, sich durch Zureden oder Hochnehmen ablenken lassen, essen und **schlafen**, können die Schmerzen auch nicht allzu ernst sein.
- Mit Zäpfchen, Reiben des Bauches, warmen Getränken oder Süßigkeiten versucht manche Mutter zu **helfen**. Es gilt auch festzustellen, ob das Kind unter Umständen diese besondere Zuwendung ausnutzt.
- Andererseits ist es auch denkbar, dass dem Kind **Bauchschmerzen suggeriert** werden. Solche Mütter suchen gern die ausdrückliche Bestätigung ihrer Schilderung beim Kind: „...nicht wahr?"
- Bis zur Vollendung des 3. Lebensjahres sind Kinder so wenig in der Lage, Schmerzen zu lokalisieren, und der Bauch ist so sehr „Zentrum körperlicher Existenz", dass sie Halsschmerzen durchaus mit dem Finger im Bauch lokalisieren. Auch hier gilt es, vorsichtig abzuwägen, weil viele Infektionskrankheiten, besonders der oberen Luftwege, im Kindesalter zur Mitreaktion intestinaler Lymphknoten und damit zu Bauchschmerzen führen können (*Valman, Wenham*). Im Gegensatz zur Appendizitis fehlen bei einer solchen Mitreaktion meist Druckschmerz, Abwehrspannung und Loslassschmerz.
- Kinder neigen zu **Alles-oder-nichts-Reaktionen**. Das gilt auch in Bezug auf verbal oder averbal zum Ausdruck gebrachte Bauchschmerzen. Nicht etwa absichtliches Übertreiben, sondern diese noch undifferenzierte Reaktionsform kann dazu führen, dass leichter Bauchschmerz, z. B. bei einer Verstopfung, dauerndes, wildes Schreien auslöst.
- Berücksichtigt werden muss bei allen Angaben der Kinder ihre **Suggestibilität** sowohl in Bezug auf das gesprochene Wort als auch auf vergleichbare Symptome naher Angehöriger. Darüber hinaus ist die Bereitschaft des Kindes, dem Arzt mit Antworten einen Gefallen zu tun oder unangenehme Untersuchungs- oder Behandlungsmaßnahmen zu vermeiden, noch größer als beim Erwachsenen.

Oft ergeben sich im Rahmen einer ausführlichen Anamneseerhebung besondere ***psychische Belastungen*** (*Poole*) ***als Ursache der Bauchschmerzen***, wiederholten kindlichen Erbrechens und Durchfalls.

Häusliche Gründe: Streit der Eltern, Trennung oder Scheidung, Krankheit oder Bauchschmerzen bei Familienmitgliedern, Verlust von Angehörigen, Furcht erregende Ereignisse.

Elterliche Gründe: Overprotection, Vernachlässigung, übermäßige Strafen, Überforderung des Kindes.

Mitkindliche Gründe: dauerndes Aufgezogenwerden, Verlust oder Fortzug von Freunden, Geschwisterkonkurrenz um die Gunst der Eltern, Druck oder Quälerei durch stärkere oder ältere Kinder.

Schulische Gründe: fremder oder eigener Leistungsdruck, gestörtes Schüler-Lehrer-Verhältnis, Prüfungen, Schulwechsel.

Vorangegangene Krankheiten mit Bauchschmerzen, die Beachtung oder Statusgewinn einbrachten.

Eine der häufigsten Ursachen sonst unerklärbarer wiederkehrender Bauchschmerzen sind Nahrungsmittelintoleranzen, z. B. gegenüber Laktose oder überlagerter Tiefkühlkost.

Schäfer fand bei 65% von 620 Kindern mit **Nabelkoliken** röntgenologisch fassbare Veränderungen, davon 20% Ileitis terminalis. Er sieht in den Nabelkoliken nicht mehr eine Krankheitseinheit, sondern ein Syndrom unterschiedlicher Ätiologie und Pathogenese als Ausdruck einer bestimmten Reaktionsweise neurolabiler Kinder in einer begrenzten Altersspanne.

Nabelkoliken sind nach *v. Harnack* kaum nach dem 12. Lebensjahr zu erwarten.

Während der gesamten Kindheit sind Diarrhöen und Erbrechen vor Eintritt periumbilikaler **kolikartiger Bauchschmerzen**, die in der Regel nicht in den RUQ wandern, Zeichen einer Gastroenteritis. Kopfschmerzen, Schwindel, Mattigkeit und im weiteren Verlauf Exsikkosen gehören zum Krankheitsbild, das auf Flüssigkeitszufuhr und Antibiotika anspricht.

Altersschwerpunkte bestimmter Kinderkrankheiten mit Bauchschmerzen:

- und Hämatochezie **im Neugeborenenalter** lassen in erster Linie an einen Dünndarmvolvulus denken, dann meist mit Meläna*.
  Auch bei Neugeborenen können extraabdominale Ursachen wie Meningitis, Sepsis oder Pneumonie den Eindruck akuter Bauchschmerzen erwecken;
- **in den ersten Lebensmonaten** und Hämatochezie weisen auf Analfissuren und/ oder Dickdarmulzera hin,
- **bis zum Ende des 1. Lebensjahres** auf das Meckel-Divertikel,
- **nach dem 1. Lebensjahr** auf Dickdarmpolypen.
- **Vom 3. Lebensmonat bis nach Abschluss des 1. Lebensjahres** ist die Invagination häufigste Ursache von akuten Bauchschmerzen und Hämatochezie. Nach den ersten aus heiterem Himmel aufgetretenen, in 15-Minuten-Abstand wiederkehrenden Koliken liegen die Kinder mit ängstlich aufgerissenen Augen da. Meist ist zwischen den Anfällen ein wurstförmiger Tumor zu palpieren, sodass die Diagnose vor der Darmgefäßstrangulation und damit der Darmwandschädigung, auf die die Blutabgänge hinweisen, gestellt werden kann. Ileuszeichen* beruhen in dieser Altersstufe in erster Linie auf Obturation des Darmes durch Barium oder Möhren, Enteritis und stumpfes Bauchtrauma (auch Misshandlung) oder in seltenen Fällen auf Passagebehinderungen durch Magenaufblähung bei Luftschlucken (*Kosenow*);
- **bis zum 3. Lebensjahr** ist der Gipfel der Erkrankungen an primärer Peritonitis überschritten (Stevenson);

- **vom 4. bis zum 10. Lebensjahr** sind Nabelkoliken im Sinne wiederkehrender Bauchschmerzen ohne organischen Befund ein diagnostisch-therapeutisches Problem. Man findet sie besonders bei vegetativ labilen Kindern mit Blässe, Hautschweiß, Dermographismus und erhöhter Neigung zum Erbrechen. Es handelt sich meist nicht um tatsächliche Koliken, sondern eher um Phasen krampfhafter Schmerzen, die postprandial, vorzugsweise im Bereich des Nabels und des oberen Oberbauchs, aber auch im Bereich des unteren Dünndarms und damit des MacBurney-Punktes auftreten (*Schäfer*).

19.6.2 Dyspnoe

Dyspnoe oder angestrengte Atmung muss bei Kleinkindern in Relation zum Alter gesehen werden. Das Neugeborene atmet durchschnittlich 55-mal pro Minute, das halbjährige Kind 40-mal, das einjährige 35-mal und das sechsjährige 25-mal pro Minute. Die Relation Pulsfrequenz: Atmungsfrequenz beträgt also im dritten Jahr etwa 3 : 1, bei pulmonal bedingter Dyspnoe ist diese Relation in der Regel kleiner, bei kardial bedingter Dyspnoe größer. Häufigste Ursache einer Dyspnoe des Neugeborenen ist das sog. idiopathische Atemnotsyndrom („respiratory distress syndrome") durch Unreife der Lungen und Mangel an oberflächenaktiver Substanz. Es tritt besonders bei Frühgeborenen auf.

Das Atemnotsyndrom im weiteren Sinne findet man angeboren durch Fehlbildungen von Lunge, Thorax oder Herz, erworben als Zeichen einer Pneumonie.

Denken Sie daran, dass Kinder Dyspnoe nicht als Beschwerden äußern. Sie müssen sie erkennen: Sichtbare Zeichen sind Nasenflügeln, angespannte Atemhilfsmuskulatur, thorakale Einziehungen, Rückwärtsbeugung des Kopfes und erhöhte Atemfrequenz. Häufige Ursache einer Dyspnoe bei Kindern ist die Fremdkörperaspiration, z.B. von Erdnüssen.

19.6.3 Geistig-motorische Entwicklungsverzögerung

Sie ist häufig auf den ersten Blick schwer zu beurteilen. Physische Anzeichen wie Mongolismus, Mikrozephalus oder Hydrozephalus bieten Hinweise. Oft ist die Adaptation an die Umwelt gestört, so dass alterstypische Reaktionen und Manipulationen ausbleiben; die persönliche soziale Entwicklung hinkt zeitlich nach oder bleibt aus. Das Festlegen des Störungsgrades ist Sache des Psychologen.

19.6.4 Erbrechen

Dies ist ein vieldeutiges Symptom, das keineswegs nur auf den Intestinaltrakt oder das Zentralnervensystem hindeutet; akute Infektionen, besonders der Atemwege, Angst oder Schmerzen können die Ursache sein. Erbrechen von Schleim schon kurz nach der Geburt weist auf eine Ösophagusatresie hin, Würgen und Zyanose auf Aspiration. In der Neugeborenenperiode ist galliges Erbrechen so lange Zeichen für einen Darmverschluss, bis das Gegenteil gesichert ist. Die Pylorusstenose führt als Grund des Erbrechens zu sichtbaren peristaltischen Wellen im Oberbauch; das Erbrechen erfolgt zunehmend explosionsartig „im Schwall“. Da es offenbar ohne gleichzeitige Übelkeit auftritt, fällt es nicht schwer, nachzufüttern.

19.6.5 Enuresis

Mit diesem Begriff bezeichnet man das Bettnässen von Kindern, die eigentlich schon trocken sein sollten. Zur Klärung der Ursache muss man zunächst feststellen, ob die willkürliche Miktion normal abläuft. Startschwierigkeiten oder Weitertröpfeln am Ende der Miktion lenken den Verdacht auf anatomische Anomalien des Harntraktes. Eine Enuresis, die „schon immer“ bestand, lässt darauf schließen, dass eine Blasenkontrolle während des Schlafes noch gar nicht erreicht wurde, was neben den anatomischen Ursachen auch durch verzögerte Reifung der Blasenkontrolle bedingt sein kann.

Die Enuresis, nachdem das Kind bereits trocken war, lässt Schlüsse auf emotionelle Störungen zu, kann aber auch auf Harnwegsinfektion oder Diabetes mellitus beruhen bzw. Manifestation einer angeborenen Missbildung sein.

19.6.6 Fieber

Fieber steigt häufig bei Kindern – besonders bei Kleinkindern – mitunter auch sehr schnell, auf hohe Werte an. Fragen Sie in jedem Fall die Mutter, wie das Fieber gemessen wurde. Temperaturmessung s. S. 152. Denken Sie auch daran, dass Bewegungshyperthermie als Fieber fehlgedeutet werden kann.

Statistisch gesehen ist die häufigste Ursache von Fieber im Kindesalter eine Infektion der Atmungsorgane. Frühgeborene und neugeborene Kinder können aber auch bei schweren Infektionskrankheiten wenig oder gar kein Fieber haben (!).

Besonderer Wert ist auf den Temperaturverlauf und die Dokumentation der Messtechnik sowie auf Begleitymptome wie Appetitstörung, Erbrechen und Unruhe zu legen. Verhältnismäßig häufig kommt es bei Kleinkindern gleichzeitig mit dem Fieber zu Krämpfen und Delirien, selten zu Schüttelfrösten.

19.6.7 Gewichtsstillstand und Gewichtsverlust

Hierfür sind alle für das Erbrechen genannten Gründe als Ursache denkbar, darüber hinaus Mangelernährung, mangelhafte Assimilation der Nahrungsmittel, zystische Pankreasfibrose und unterschiedliche Malabsorptionssyndrome. Ferner führen die meisten chronischen Erkrankungen zum Gewichtsstillstand, aber auch weniger offensichtliche Faktoren wie Fieber, Schmerzen, Infektionen und die Beeinträchtigung nichtgastrointestinaler Organe, z. B. bei Herzfehlern.

Versuchen Sie immer, möglichst gesicherte Daten über die Gewichtsentwicklung des Kindes zu bekommen, z. B. aus dem Vorsorgeheft (S. 532). Besonders wichtig sind dabei das Geburtsgewicht, evtl. Knicke in der Entwicklungskurve und der Vergleich mit den entsprechenden Perzentilenkurven, bei denen das Gewicht auf die Größe des Kindes bezogen wird (S. 546).

19.6.8 Halsschmerzen

Ältere Kinder berichten bei virusbedingter Rhinopharyngitis, Tonsillitis und besonders bei supraglottischer Laryngitis über Halsschmerzen. Bei bakteriellen Infekten stehen Schluckbeschwerden im Vordergrund. Kleinkinder neigen dazu, auch Halsschmerzen im Bauch zu lokalisieren.

19.6.9 Husten

Trockener Husten wird durch Kehlkopfreize ausgelöst, Husten mit höheren Tonfrequenzen nennt man „bellend“. Charakteristisch für trachealen Husten sind die gleichzeitigen Schmerzen hinter dem Sternum.

Bronchialer Husten beginnt ebenfalls „trocken“, wird dann „feucht“, d. h. hörbar sekretfördernd (*Wenner*).

Anfallsweiser, krampfartiger Husten deutet auf zähes Sekret hin, z. B. bei Keuchhusten, Mukoviszidose und Asthma, kann aber auch als sog. pertussiformer Husten bei Kompression der Bronchien durch Lymphknoten oder bei Aspiration solider Fremdkörper vorkommen.

Typisch für den Hustenanfall beim **Keuchhusten** sind die anschließende juchzende Inspiration und das gehäufte Auftreten der Anfälle während der Nachtstunden.

19.6.10 Krämpfe

Neugeborenenkrämpfe sind selten tonisch-klonische generalisierte Anfälle, sondern eher wechselnd lokalisierte klonische Zuckungen, sog. amorphe Neugeborenenkrämpfe. Sie weisen auf perinatale Enzephalopathien (Hypoxie oder Trauma) oder Stoffwechselstörungen, z. B. Hypoglykämie, Hypokalzämie usw., hin und sind dann meist mit neurologischen Symptomen verbunden.

Bei der Epilepsie treten die Krämpfe als **Grand mal, Petit mal** oder als fokale Anfälle auf und können von neurologischen Symptomen zwischen den Anfällen begleitet sein. Charakteristisch für epileptische Krampfanfälle ist das chronisch-rezidivierende Auftreten über längere Zeiträume.

Nur in einem Teil der Fälle ist der Krampfanfall Symptom einer Epilepsie. Im Kindesalter handelt es sich in erster Linie um sog. **Gelegenheitskrämpfe**, die im Rahmen einer akuten oder subakuten Erkrankung auftreten. Ursächlich stehen bei diesen Gelegenheitskrämpfen im frühen Kindesalter die **Fieberkrämpfe** im Zusammenhang mit fieberhaften Infekten ganz im Vordergrund.

19.6.11 Längenwachstum

Auf das Längenwachstum bezogen, kann das Gewicht durchaus normal sein, aber doch durch mangelndes Wachstum eine verzögerte Entwicklung bedeuten. Deshalb ist bei vermeintlich besonders kleinen oder großen Kindern neben der Perzentilenkurve auch der Vergleich mit der Körpergröße der Eltern angebracht und stellt manche besorgte Mutter zufrieden.

19.6.12 Muskelhypotonie

Muskelhypotonie des Neugeborenen kann Zeichen peripherer Verletzungen wie Frakturen oder Epiphysenlösungen sein (erhaltene Reflexe) oder einer Geburtslähmung, bei der typische Lähmungserscheinungen auftreten (s. neurologische Untersuchung). Im späteren Kindesalter zählen zu den Ursachen einer muskulären Hypotonie Muskelerkrankungen, Störungen in den motorischen Endplatten, der peripheren Nerven oder Nervenwurzeln, Rückenmark- oder Kleinhirnschäden und Veränderung der grauen Substanz, z. B. bei Sydenham-Chorea.

19.6.13 Schnupfen

Damit bezeichnet man in der Umgangssprache sowohl die Verlegung der Atemwege in der Nase durch Schleimhautschwellungen als auch bloße Sekretentleerungen. Seröse Schleimabsonderungen, die dickschleimig und später oft auch gelbeitrig werden, sprechen für einen Virusinfekt. Länger anhaltende gelbliche Absonderungen sind meist Zeichen einer bakteriellen Superinfektion. Eitriges oder blutiges Sekret, das auf eine Nasenöffnung beschränkt bleibt, deutet entweder auf eine einseitige Nebenhöhlenentzündung oder einen Fremdkörper in der Nase hin. Blutig-eitriges Sekret kommt auch bei der angeborenen Lues und bei der Nasendiphtherie vor.

19.6.14 Stridor*

Stridor entsteht im Gegensatz zu trockenen Nebengeräuschen in erster Linie in den hohen Anteilen des Respirationstraktes, dem Larynx oder der Trachea. Er weist auf eine Verengung der Luftwege hin und kann gemeinsam mit Husten, Dyspnoe, Heiserkeit und inspiratorischen Einziehungen der Thoraxwand einhergehen.

Benigner, kongenitaler Stridor entsteht durch Verengung des noch weichen Kehlkopfes und der Trachea. Er ist harmlos und gibt sich innerhalb des ersten Lebensjahres. Abnorme Schleimhautfalten und Stenosen von Trachea und Kehlkopf müssen bei Beeinträchtigung der Atmung laryngoskopisch abgeklärt werden. Die häufigste Ursache inspiratorischen laryngealen Stridors ist bei älteren Kindern die akute obstruktive Laryngobronchitis (Pseudokrupp), die plötzlich, nachts und mit niedrigem oder ohne Fieber auftritt. Ursache inspiratorischen Stridors kann auch ein Larynxödem bei Serumkrankheit sein, ein Verschluss durch Fremdkörper sowie Abszesse in der Umgebung.

Trachealer Stridor ist während der Inspiration und Exspiration zu hören. Er kann z. B. durch Struma oder Thymushyperplasie bedingt sein. Bronchialer Stridor ist nur exspiratorisch wahrnehmbar und kann durch Asthma oder Fremdkörper in den Bronchien hervorgerufen werden.

19.6.15 Hypokalzämische Tetanie (rachitogene Tetanie oder Spasmophilie)

Sie fällt meist in die Zeit zwischen dem 2. und 15. Lebensmonat mit einer Häufung zwischen dem 3. und 5. Monat. Sie kann mit generalisierten und fokalen epileptischen Krampfanfällen, mit Karpopedalspasmen und einem Laryngospasmus einhergehen.

19.7 Verfahrenshinweise zur Anamneseerhebung

1. Wenn Sie sich die Kooperation des Kindes sichern wollen, sollten Sie Ihre Aufmerksamkeit schon bei der Begrüßung auch dem Kind zuwenden.
2. Achten Sie während der Anamnese- und Befunderhebung auf Interaktionen zwischen Begleitperson und Kind.
3. Bieten Sie kleinen Kindern gegebenenfalls bei einer längeren Anamnese Spielzeug an. Lassen Sie das Kind im selben Raum spielen, geben Sie ihm Zeit, sich an die Situation „beim Arzt" zu gewöhnen. Beziehen Sie Kinder in das Gespräch ein!
4. Lassen Sie die Begleitperson oder das Kind selbst zunächst frei berichten und stellen Sie erst nach dem spontanen Bericht gezielte Fragen.
5. Achten Sie bei der Befragung des Kindes darauf, dass Sie Ihre Fragen in einer dem Kind verständlichen Weise formulieren. Wenn Sie die Anamnese vom Kind selbst erheben, ist es nicht zweckmäßig, mit der Hauptbeschwerde zu beginnen, sondern besser mit Themen, die möglichst positive Gefühlsqualitäten haben, wie Spielzeug, Hobbys usw.
6. Denken Sie daran, dass man verbale Äußerungen über Schmerzen erst vom dritten Lebensjahr an, Schmerzlokalisationen mit Eintritt des Schulalters und Angaben zur Schmerzqualität erst nach dem 10. Lebensjahr erwarten kann.
7. Bauen Sie mit dem älteren Schulkind, spätestens aber mit dem Jugendlichen, ein bilaterales Arzt-Patienten-Verhältnis auf, an dem Sie die Eltern teilhaben lassen.
   Vermeiden Sie den Eindruck, dass Sie die Interessen der Eltern vertreten, und besprechen Sie z. B. alles, was Sie den Eltern mitteilen wollen, zunächst mit dem Jugendlichen. Machen Sie ihm deutlich, dass Sie auch „Geheimnisse", die er Ihnen anvertraut, z. B. partnerschaftlicher oder schulischer Art, wirklich vertraulich behandeln.

19.8 Besondere Inhalte der Anamnese bei Kindern

Obgleich heute schon viele Eltern für ihre Kinder ein Untersuchungsheft oder einen Gesundheitspass angelegt haben, ist es doch meist nötig, die in der gleichen Form erhobene allgemeinärztliche Anamnese – Hauptbeschwerde, Systemübersicht, bisheriger Krankheitsverlauf usw. – für pädiatrische Zwecke zu erweitern. Dabei sollte die Ausführlichkeit der Anamnese in Relation zur Schwere der Erkrankung stehen. Mit zunehmender Erfahrung wird es Ihnen gelingen, nach einem ersten Eindruck das richtige Raster zu wählen. Eine banale Grippe bedarf keiner Entwicklungsanalyse, jedoch unklare Bauchschmerzen der ausführlichen Exploration.

Schwangerschaft und Geburt sind besonders bei erkrankten Säuglingen und Kleinkindern von weitreichender Bedeutung. Hierher gehören Fragen zu Schwangerschaftsverlauf, Ergebnissen der Schwangerschaftsuntersuchungen, -erkrankungen, -infektionen, Spontangeburt, rechtzeitiger Geburt, Wehenkur, Zange/Vakuum, Steißlage, Kaiserschnitt; Stellung in der Geburtenreihe der Mutter, Fehl- und Totgeburten, Rhesusfaktor, Einnahme von Medikamenten, Nikotin, Alkohol, Drogen. War die Schwangerschaft geplant?

Entwicklung und allgemeiner Zustand nach der Geburt: Gewichts- und Längenentwicklung, als Neugeborenes Asphyxie, Ikterus, Trinkschwierigkeiten, Krämpfe (Vorsorgeuntersuchungsheft, Ergebnis des Neugeborenen-Screening, z. B. Phenylketonurie, Hypothyreose usw.), motorische und seelisch-geistige Entwicklung.

Ernährung: Dauer der Vollstillung, Teilstillung, Breie, Kuhmilchpräparate, jetzige Ernährung, Anzahl der Mahlzeiten und Menge, Nahrungsunverträglichkeiten, Gaben von Vitamin D_3 und Fluor.

Impfungen: BCG, Diphtherie, Tetanus, Pertussis, Poliomyelitis, Masern, Mumps; Serumgaben, Bluttransfusionen, Tuberkulinproben.

Kontakte und Infektionskrankheiten: Geschwister, Nachbarschaft, Kindergarten, Schule.

Bisherige Krankheiten: Missbildungen, Ikterus, Windpocken, Masern, Röteln, Keuchhusten, Diphtherie, Mumps, Scharlach, Tbc, Häufigkeit von Erkrankungen der Luftwege und Komplikationen, Gelenkerkrankungen, Operationen und Unfälle, sonstige Krankenhausaufenthalte. Bekannte Leiden wie Krämpfe, Sehstörungen oder Sprechstörungen, Unverträglichkeiten gegen Medikamente und Seren, Allergie.

Soziale und familiäre Situation: Eltern und Beschäftigung der Eltern, ggf. Pflege, Geschwister, Wohnverhältnisse, Kindergarten, Schule. Gesundheitszustand der Familie (Eltern, Großeltern, Geschwister), genetische oder Entwicklungsprobleme in der Familie, Stoffwechsel- oder Geisteskrankheiten.

Psychisch: Reaktionen des Kindes auf neue Situationen und Fremde, Mechanismen zur Erregung der Aufmerksamkeit, Ernährungsschwierigkeiten, spätes Einnässen, übertriebene Kasperei, nächtliches Schreien, Angst, Kontaktbereitschaft, Freunde, Einstellung zur Schule, Straffälligkeit, Verhältnis des Kindes zu beiden Eltern und zu den Geschwistern.

19.9 Das Erheben des Befundes

Ihre Untersuchung beginnt in dem Augenblick der Begegnung mit dem Kind: Gesichtsausdruck, Haltung, Bewegung, Sprache, Gesamtzustand (gesund, krank, schwer krank), Bewusstseinslage (s. neurologische Untersuchung, S. 487), Temperament (lebhaft, träge, unruhig, zügellos), Verhalten des Kindes zur Mutter oder zur Begleitperson und umgekehrt.

Das Entkleiden kleiner Kinder erfolgt am besten durch die Mutter oder eine Pflegeperson, auf deren Arm oder Schoß das Kind während der Befunderhebung weitgehend bleiben kann (s. Abb. 19.5). Untersuchen Sie Kinder nicht konsequent nach dem Prinzip von Kopf bis Fuß, sondern eher nach dem Grundsatz, dass zunächst die Bereiche untersucht werden, die das Kind am wenigsten belasten, und Messungen sowie instrumentelle Untersuchungen an das Ende zu stellen sind.

19.9.1 Untersuchung des Neugeborenen

Für die Untersuchung jedes Neugeborenen[1] benutzt man schon vor der vollständigen klinischen Untersuchung am ersten Lebenstag die Bestimmung des Apgar-Index, der unmittelbar nach der Geburt Aufschlüsse über die Anpassung des Neugeborenen an das neue Milieu gibt (Tab. 19.1). Für die genannten Parameter werden je nach Qualität 1,5 und 15 Min. nach der Geburt je 2 – 0 Punkte gegeben und als Apgar-Index summiert.

Stellen Sie dann bei Neugeborenen **Reifezeichen** fest: Länge mindestens 48 cm, Gewicht mindestens 2500 g, relative Kopfhöhe 25 %, Nasen- und Ohrenknorpel fest, Schulterumfang größer als Kopfumfang, Brustumfang 33 bis 55 cm, ausgeprägte subkutane Fettpolster, guter Hautturgor, rosige Hautfarbe, mindestens 2 cm lange Kopfhaare, Lanugobehaarung nur noch an Schultern, Oberarmen und oberem Rücken, Nägel überragen die Fingerkuppen, große Labien bedecken die kleinen, Hoden im Skrotum.

Für die weiteren Vorsorgeuntersuchungen bis zum 4. Lebensjahr stellen die Ärztekammern ein **Untersuchungsheft** für Kinder zur Verfügung (s. daraus das

Tab. 19.1 Apgar-Index (aus *Apgar V.* Curr. Res. Anesth. 1953;32:260)

Name: ____________	Vorname: ____________		geb.: ____________	
Geburtszeit: ____________ Uhr				
	Indexzahl 1 5 15 min	2	1	0
Herzfrequenz/min		100 – 400	unter 100	0
Atmung		kräftiges Schreien	unregelmäßig und flach	Apnoe
Reflexerregbarkeit, Reiz in Nase oder Mund		gut, Grimassieren, Husten, Niesen	mäßig	fehlend
Muskeltonus		gut, mit kräftig gebeugten Armen und Widerstand bei passiven Bewegungen	mäßig	völlig schlaff
Farbe		rosig, einschließlich Gesicht und Extremitäten	leicht grau oder zyanotisch	tief blau oder weiß
Summe:				

[1] 1. – 28. Lebenstag, WHO (Perinatalperiode vom Beginn der 29. Schwangerschaftswoche bis zum 7. Lebenstag)

Tab. 19.**2** **U2**

Bitte – **falls zutreffend** – die auffälligen Befunde bzw. Angaben **ankreuzen**

Erfragte Befunde

- ☐ Atemstillstand oder Krämpfe
- ☐ Schwierigkeiten beim Trinken, Schluckstörungen

Erhobene Befunde

Körpermaße
(bitte Werte von U1 in das Somatogramm eintragen)

- ☐ Untergewicht
- ☐ Übergewicht
- ☐ Dysproportion
- ☐ auffälliger Gesichtsausdruck (z. B. Hypothyreose)

Reifezeichen

- ☐ Unreifezeichen (fehl. Fußsohlenfurchung, klaffende Schamlippen, Hodenhochstand, unreife Nägel, unreife Ohrmuschel)
- ☐ Übertragungszeichen („Waschfrauenhände", überragende Nägel)

Haut

- ☐ Blässe
- ☐ Zyanose
- ☐ verstärkter oder verlängerter Ikterus
- ☐ Hämangiom
- ☐ Ödeme
- ☐ Exsikkose
- ☐ Fisteln (Dermalsinus)
- ☐ Hautverletzung
- ☐ Kephalhämatom
- ☐ andere Hämatome

Brustorgane

Herz

- ☐ Herzgeräusch
- ☐ Herzaktion beschleunigt (> 150/min), verlangsamt (< 90/min), unregelmäßig

Lunge

- ☐ path. Auskultationsbefund
- ☐ Dyspnoezeichen (z. B. thorakale Einziehungen)
- ☐ Atemfrequenzstörung (> 30/min., < 50/min.)

Bauchorgane

- ☐ Meteorismus
- ☐ Nabelveränderungen
- ☐ Hernie re/li
- ☐ Lebervergrößerung
- ☐ Milzvergrößerung
- ☐ andere path. Resistenzen
- ☐ Anus abnorm

Geschlechtsorgane

- ☐ Hodenhochstand re/li
- ☐ andere Anomalien (z. B. Hypospadie, Epispadie, Klitorishypertrophie)

Skelettsystem

Schädel
(bitte Schädelumfang aus U1 in Diagramm eintragen)

- ☐ Mikrozephalie
- ☐ Makrozephalie
- ☐ auffällige Kopfform
- ☐ Fontanelle geschlossen oder vorgewölbt

Hals/Brustkorb/Wirbelsäule

- ☐ Struma
- ☐ Schlüsselbeinbruch
- ☐ Fehlhaltung
- ☐ Deformierung
- ☐ Spaltbildung

Hüftgelenk

- ☐ Ortolani-Zeichen pos. re/li
- ☐ and. Dysplasiezeichen re/li

Gliedmaßen

- ☐ abn. Gelenkbeweglichkeit
- ☐ Fehlbildungen
- ☐ Fehlhaltung oder Deformierung (z. B. Klumpfuß, Hackenfuß, Sichelfuß)
- ☐ Frakturen

Sinnesorgane

Augen

- ☐ Motilitätsstörungen (z. B. Nystagmus, Sonnenuntergangsphänomen, fehlende Pupillenreflexe)

- ☐ Stridor
- ☐ Anomalien (z. B. Katarakt, Mikro-/Makro-Ophthalmie, Kolobom)

Mund

- ☐ Lippen-Kiefer-Gaumen-Spalte
- ☐ große Zunge

Nase

- ☐ Nase undurchgängig re/li

Ohren

- ☐ Fehlbildungen des Ohres

Motorik und Nervensystem

- ☐ Hypotonie (z. B. verminderter Beugertonus, geringer Widerstand gegen passive Bewegungen, auffälliger Schulterzugreflex: beim langsamen Hochziehen an den Händen keine Armbeugung – im Sitzen fehlt kurze Kopfbalance)
- ☐ Hypertonie (z. B. verstärkter Widerstand gegen passive Bewegung, Opisthotonus)
- ☐ Apathie (z. B. schwacher Saugreflex, unvollständige Moro-Reaktion, pathologischer Fluchtreflex: kein Zurückziehen der Beine beim Kneifen in die Fußsohle, wimmerndes Schreien)
- ☐ Überregbarkeit (z. B. starke Myoklonien, „Zittern" bei Moro-Reaktion, schrilles Schreien, Bewegungsunruhe)
- ☐ konstante Asymmetrien von Tonus, Bewegungen, Reflexen
- ☐ periphere Lähmungen (z. B. Fazialis, Plexus brachialis)

Ergänzende Angaben

Mekoniumtest auf Albumin

- ☐ durchgeführt
- ☐ positiv

- ☐ Guthrie-Test durchgeführt
- ☐ BCG-Impfung durchgeführt
- ☐ Rachitisprophylaxe besprochen

Blatt U2, Tab. 19.2). Bei Schulkindern rückt die psychologische bzw. organbezogene Untersuchung in den Vordergrund.

Achten Sie bei der ersten Untersuchung des Neugeborenen auf Missbildungen. Manches kann man korrigieren, wenn es früh genug erkannt wird!

Missbildungen (Abb. 19.**1**):
Lebensbedrohliche Formen, die einer möglichst umgehenden Behandlung bedürfen, sind:

- **Meningomyelozele** (tumorartige Ausstülpung der Hirnhäute oder des Rückenmarks) ist durch Störung der Innervation häufig mit Beeinträchtigung der Urin- und Stuhlentleerung und Lähmung der unteren Extremitäten kombiniert. Infektionsgefahr besteht durch Ruptur; in ca. 80% entwickelt sich später ein Hydrozephalus.
- **Omphalozele** (Nabelschnurbruch, der durch den Nabelring austritt): Über dem Bruchsack liegt nur eine dünne Haut; dadurch besteht ebenfalls Ruptur- und Infektionsgefahr.
- **Ösophagusatresie** (schaumiger Speichel vor Mund und Nase, zurückgewürgte Nahrung, Husten und Dyspnoe durch Speichel- und Nahrungsaspiration, Fütterung kontraindiziert!).

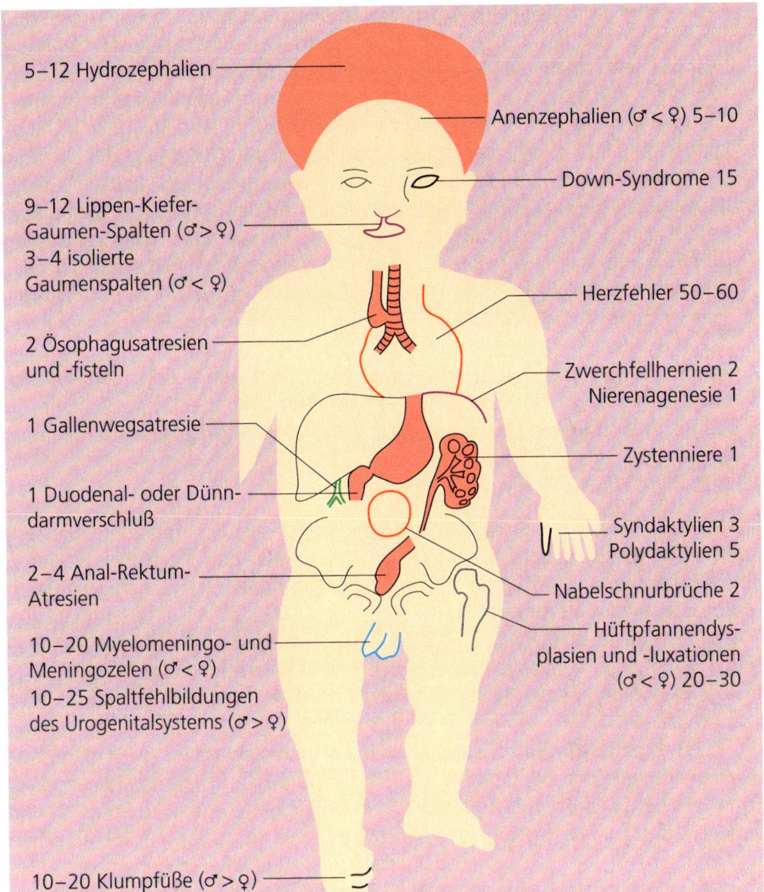

Abb. 19.**1** Häufigkeit der Missbildungen auf 10 000 Geburten bei der ersten Untersuchung des Neugeborenen (aus *v. Harnack, GA*: Kinderheilkunde, 6. Aufl. Berlin: Springer; 1984)

- **Choanalatresie** (Atemstörung mit Erstickungsanfällen oder bei Einseitigkeit Dyspnoe, besonders beim Trinken, Nasensondierung ist nicht möglich).
- **Klumpfüße** (Adduktion, Supination und Plantarflexion) müssen in den ersten Lebenstagen behandelt werden, solange sie nur ligamentär und muskulär fixiert sind.

- Die angeborene **Hüftgelenkdysplasie** erkennen Sie als einseitig hochstehenden Trochanter, Abduktionshemmung, Verziehung der Vulvaspalte zur Seite der Dysplasie und ungleiche Oberschenkelfalten. Auch sie sollte in den ersten Lebenstagen behandelt werden, um eine Luxation zu vermeiden. Bei der entsprechenden Prüfung, dem **Ortolani-Versuch**, liegt das Kind auf einer festen Unterlage. Hüft- und Kniegelenke werden um 90° gebeugt. Dabei liegt der Daumen des Untersuchers auf der Innenseite des von Ober- und Unterschenkel gebildeten Winkels, die Kuppe der Mittelfinger außen auf dem Trochanter major. Man drückt dann den Oberschenkel nach dorsal und abduziert gleichzeitig. Luxation durch axialen Druck nach dorsal und anschließendes Zurückschnappen bei der Abduktion sind Zeichen einer Hüftgelenksdysplasie. Bei dem Versuch ist Vorsicht geboten. Die arterielle Blutversorgung des Femurkopfes kann dabei zerrissen werden.
- Zu den häufigsten geburtstraumatischen Schädigungen gehört die **Schlüsselbeinfraktur**, die zu eingeschränkter aktiver oder abnormer Beweglichkeit des Armes, Plexuslähmung, Crepitatio und Kallusbildung an der Bruchstelle führt.

19.9.2 Die Haut des Kindes

Blässe eines Neugeborenen kann durch schwere Formen der Apnoe bedingt sein und tritt dann gemeinsam mit leisen Herztönen, Muskelhypotonie und Azidose auf. Sie ist aber auch Zeichen einer Anämie nach Blutverlust oder ausgeprägtem Morbus haemolyticus neonatorum.

Später braucht blasse Haut des Kindes nicht immer Zeichen einer Anämie zu sein. Auch mangelhaft ausgebildete Hautkapillaren, Verschiebungen des zirkulierenden Blutvolumens bei Fieber oder vermehrter Wassergehalt lassen die Haut blass erscheinen.

Von gutem **Hautturgor** spricht man, wenn in einem zwischen zwei Fingern zusammengeschobenen Hautareal große Falten entstehen und beim Loslassen sofort verschwinden. Beim herabgesetzten Turgor entstehen zusätzliche Runzeln, und der Ausgleich ist verzögert. Beim schlechten Turgor entstehen nur kleine Falten und Runzeln, im ungünstigsten Falle bleiben die Falten längere Zeit stehen.

Das Unterhautfettgewebe gestattet – bes. beim Säugling und bei allen Kindern bis zum vollendeten ersten Lebensjahr – Schlüsse auf den Ernährungszustand. Bei Abmagerung werden aus den quer gestellten „Adduktorenfalten“ diagonale oder längs gerichtete Falten, die schon auftreten, wenn das Gesicht durch den Bichatschen Wangenfettpfropf noch rund und wohlgenährt erscheint.

19.9.3 Kopf

Zur **Untersuchung des Kopfes** können Sie den Kopf des Kindes mit seinen eigenen Armen fixieren (Abb. 19.**2**). Neben der Feststellung der durch die Geburt oder intrauterine Lage asymmetrischen Kopfform untersuchen Sie den Kopf auf Kraniotabes. Dazu nimmt man den Kopf fest zwischen die beiderseits angelegten Hände, sodass die Finger des Untersuchers den Hinterkopf abtasten können (Abb. 19.**3**).

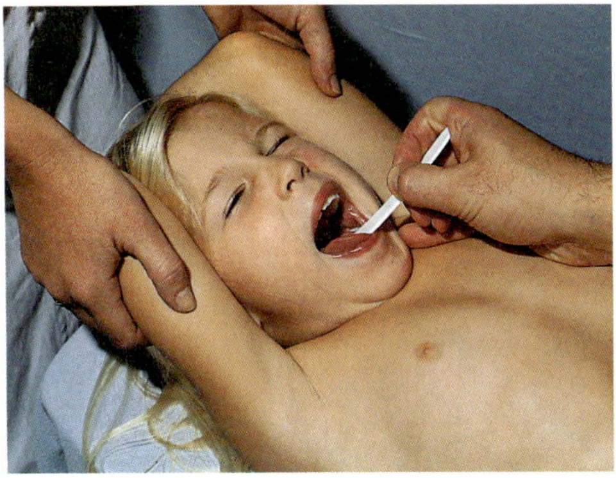

Abb. 19.**2** Fixieren des kindlichen Kopfes mit den eigenen Armen

Dann untersuchen Sie am angehobenen Kopf die große Fontanelle. Spannung und Vorwölbung findet sich bei Meningitis, Einziehung bei Dehydratation. Klaffen der Schädelnähte bei älteren Kindern beruht auf Sprengung durch akute Zunahme des intrakraniellen Drucks. Für den normalen Kopfumfang in Zentimetern s. Abb. 19.**4**. Dabei ist absichtlich die in der Praxis übliche Terminologie U1 –U8 beibehalten worden.

Die Otoskopie und die Untersuchung von Mund und Rachen sollten besonders bei kleinen Kindern an das Ende verlegt werden. Wir werden sie im Anschluss an die neurologische Untersuchung schildern.

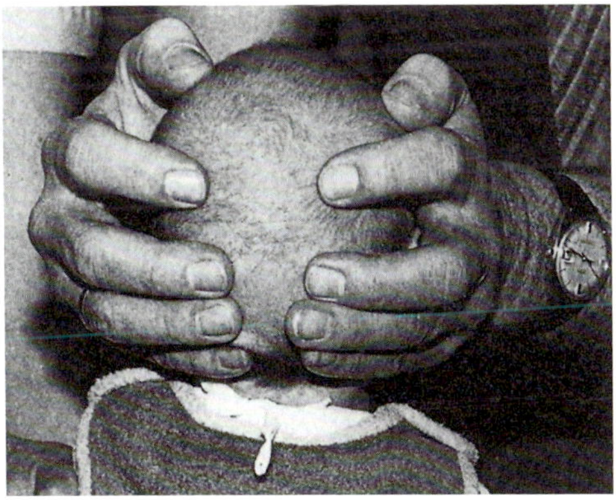

Abb. 19.**3** Untersuchung des Hinterkopfes

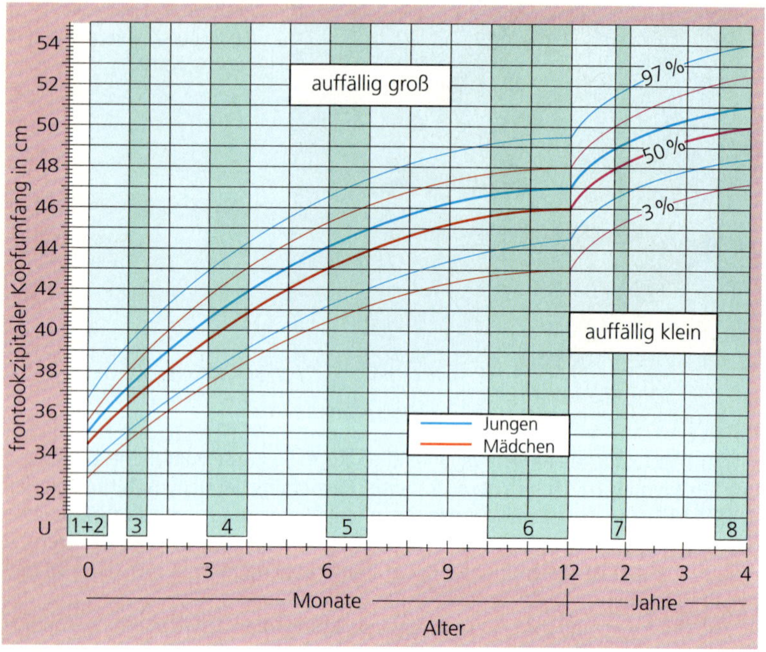

Abb. 19.**4** Der Kopfumfang: U1: Neugeborenenerstuntersuchung; U2: 3.–10. Lebenstag; U3: 4.–6. Lebenswoche; U4: 3.–4. Lebensmonat: U5: 6.–7. Lebensmonat; U6: 10.–12. Lebensmonat; U7: 21.–24. Lebensmonat; U8: 3,5–4. Lebensjahr

19.9.4 Thorax

Bis zum zweiten Lebensjahr ist ein Fassthorax mit fast horizontalem vorderem Rippenverlauf physiologisch. Achten Sie bei der ***Inspektion*** besonders auf Dyspnoe, Einziehungen, den Einsatz der Atemhilfsmuskeln und das Nasenflügeln. Bei der Beurteilung der ***Perkussion*** müssen Sie die größere Schwingungsfähigkeit des kindlichen Thorax berücksichtigen. Dadurch entsteht bei Ihrem üblichen Perkussionsschlag ein lauteres Perkussionsgeräusch als beim Erwachsenen. Dämpfungen sind kleiner. **Perkutieren Sie deshalb nur leise.** Wenn sich das Kind gegen eine frontale Perkussion wehrt oder zu weinen beginnt, können Sie versuchen, es dadurch zu beruhigen, dass Sie es von der Begleit- oder Pflegeperson so halten lassen, dass das Kind deren Hals mit beiden Armen umschlingt. Dabei beruhigt sich das Kind, und Sie können wenigstens von dorsal untersuchen (Abb. 19.**5**). Achten Sie darauf, dass das Kind für die Perkussion und die Auskultation möglichst symmetrisch gehalten wird.

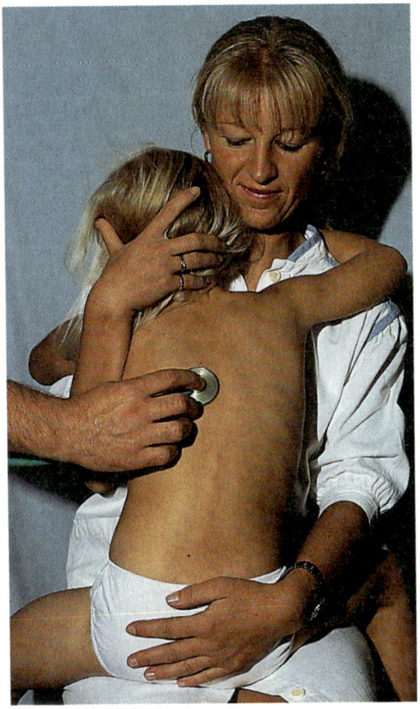

Abb. 19.**5** Auskultation unruhiger Kinder

Bei der ***Auskultation*** finden Sie im frühen Lebensalter auch bei gesunden Kindern ein Atemgeräusch, das dem Bronchialatmen ähnelt. Man nennt dieses schärfere Atemgeräusch **pueriles Atmen** oder Bronchovesikuläratmen. Auch die Herztöne sind lauter als beim Erwachsenen. Der betonte zweite Pulmonalton ist beim Kleinkind physiologisch. Häufig haben akzidentelle systolische Geräusche und respiratorische Arrhythmien im Kindes- und Jugendalter keine pathologische Bedeutung. Ein Zwerchfellhochstand und eine Querlagerung des Herzens mit verlagertem Herzspitzenstoß sind beim Kleinkind normal.

19.9.5 Bauch

Mit der ***Inspektion*** sind inguinale Hernien meist erst nach der Neugeborenenzeit zu erfassen. Während dieser Phase weisen Rötungen und Schwellungen des Nabelbereichs auf eine Omphalitis hin.

Für die Untersuchung des Bauches sollten Sie besonders darauf achten, dass Sie warme Hände haben, und evtl. durch das Hemd ***palpieren***, niemals aber den Bauch mit starr spitz gehaltenen Fingern eindrücken. Das Anheben der Beine trägt zur Entspannung der Bauchdecken bei. Lassen Sie sich bei Schmerzreaktionen des Kindes auf Ihre Palpation nicht primär von seinen Angaben, sondern mehr durch seine tatsächliche Reaktion leiten (angstbedingte Untertreibung).

Die Untersuchung des Bauches beginnt dann mit der Inspektion und der Auskultation der Darmgeräusche, der Perkussion von Auftreibungen und dann erst der Palpation. Kleine Kinder mit Bauchschmerzen versuchen gern, die Hand wegzuschieben, gestatten aber in der Regel die Einleitung der „Palpation" mit dem hautwarmen Stethoskop (*DeGowin*) oder mit der eigenen Hand.

Die ***Palpation*** des Bauches beginnt fern vom Schmerzort, wird mit der über dem Schmerzmaximum aufgelegten Hand fortgesetzt und führt schließlich zur tiefen Palpation. Dabei ist der **Gesichtsausdruck** des Kindes ein ebenso wichtiger Indikator wie das Zusammenkneifen der Augen, Seufzen, Stöhnen oder der Abbruch des Gesprächs. Loslassschmerz kann so heftig sein, dass Sie sich damit Barrieren für spätere Kontrolluntersuchungen aufbauen. Man sollte deshalb bei kleinen Kindern lieber den Perkussionsschmerz prüfen oder das Kind husten lassen. Beide Prüfungen führen zum gleichen Erschütterungsschmerz wie das plötzliche Loslassen der eingedrückten Bauchdecke, sind aber weniger unangenehm für das Kind.

Druckschmerz, Perkussionsschmerz und Abwehrspannung sollten vorsichtig, aber wiederholt geprüft werden. Wenn das Kind bei einer Schmerzprüfung nicht reagiert, wird die Diagnose fragwürdig; die Irritation des Peritoneum parietale führt nicht zu intermittierenden Schmerzen. Andererseits ist es nur natürlich, dass das Kind mit Bauchschmerzen von jeder Manipulation in dieser Region eine Schmerzverstärkung erwartet und sie auch abzuwehren suchen kann und deshalb dissimuliert.

Die Leber ist beim Säugling physiologisch groß und in der MCL bis 2 cm unterhalb des Rippenbogens zu palpieren. Gelegentlich können Sie auch die Milz des Kleinkindes bei sehr dünnen Bauchdecken durch abnorme Verschieblichkeit tasten.

Die Urinentnahme mit Plastikkatheter oder Punktion sollte beim Säugling nur der Facharzt durchführen. Üblich sind das Vorkleben eines Plastikbeutelchens und das Abwarten der Spontanmiktion. Bei Kleinkindern sollten Sie während der Untersuchung auf das Gewinnen spontan entleerten Harns mit einer Petrischale oder einem Kolben vorbereitet sein. „Mittelstrahlurin" können Sie erst vom 3.–4. Lebensjahr an gewinnen.

Die rektale Untersuchung: Ein Kunstgriff zur Verifizierung der Schmerzangaben ist die normalerweise schmerzlose Palpation des **Coccygicum** mit plantar flektiertem Finger. Angebliche Zunahme der Schmerzen bei dieser Untersuchung machen eine Überprüfung der sonstigen Schmerzangaben erforderlich, z.B. durch Vergleich der Angaben über den Schmerz, der durch abwechselnde Coccygicum-Palpation und Palpation des Schmerzmaximums im rechten unteren Quadranten ausgelöst wird.

Die **rektale Untersuchung in Steinschnittlage** sollten Sie dem Kind vorher erläutern. Verbaler und Blickkontakt müssen auch bei dieser Untersuchung erhalten bleiben. Jeder Versuch, den Sphinkterreflex kraftvoll zu überwinden, ist schmerzhaft, deshalb müssen Sie behutsam vorgehen, ein Gleitmittel verwenden und den Zeigefinger mit der Fingerbeere zunächst abwartend gegen den Anus legen, bis die reflektorische Kontraktion abklingt. Dabei fordern Sie das Kind auf, wie zum Stuhlgang gegen den Finger zu pressen.

Bei Abwehr jeder Untersuchung kann Sedierung mit Pentobarbital 2 mg/kg Körpergewicht unter konsequenter Kontrolle der Vitalzeichen erforderlich werden.

Bleibt die körperliche Untersuchung ohne Ergebnis, empfiehlt *Gryskiewicz*, das Kind abschließend in Hand-Knie-Lage zu bringen und gleichzeitig Bauch und Rücken des Kindes von oben und unten zu fassen und auf- und abzuschaukeln. Äußert das Kind dabei keinerlei Schmerzen, kann man getrost zuwarten.

19.9.6 Genitalorgane

Achten Sie bei Jungen auf Hodendeszension und Phimose, bei Mädchen auf Klitorishypertrophie und Verkleben der kleinen Labien. In jedem Fall von Kryptorchismus muss der Facharzt versuchen, den nicht deszendierten Hoden zu lokalisieren.

Besonders behutsames Vorgehen erfordert die **gynäkologische Untersuchung** von Kindern und Jugendlichen. Häufigster Anlass sind Ausfluss bei Infektionen, Fremdkörpern oder Tumoren und vaginaler Blutaustritt, der – abgesehen von neugeborenen Mädchen – zum Ausschluss eines Tumors die vollständige Untersuchung des kleinen Beckens erforderlich macht. Den geeigneten Zeitpunkt für die erste gynäkologische Untersuchung halten Pädiater für das erste Auftreten gynäkologischer Beschwerden, Einsetzen sexueller Aktivität oder das Erreichen des 17. Lebensjahres.

Um das Vertrauen der jungen Patientin zu gewinnen, bedarf es bei Teenagern einer ausführlichen Beschreibung, besser Diskussion dessen, was geschehen wird, einer Demonstration der Instrumente und ihrer Verwendung und einer Klärung, die schon vor der Anamneseerhebung erfolgen sollte, ob begleitende Eltern dabei sein sollen.

Bei Kleinkindern ist der Schoß der Mutter der geeignete Ort, um die Untersuchung durchzuführen, für größere Kinder der normale Untersuchungsstuhl. Die Untersuchung sollte mit einer Palpation des Bauches beginnen, in der Mitte der Oberschenkel und mit den inguinalen Lymphknoten fortgesetzt und unter Aufrechterhaltung des verbalen und visuellen Kontaktes bis zu Ende geführt werden. Narkoseuntersuchungen werden für Notfälle bei den Kindern erforderlich, deren Abwehr eine ordentliche instrumentelle Untersuchung unmöglich macht.

19.9.7 Skelett

Gemessen wird das Verhältnis von Schädel- und Brustumfang. Inspizieren Sie die Wirbelsäule auf Kyphosen oder Lordosen. Die palpatorische Untersuchung richtet sich auf die Epiphysen und die Rippen (*Rosenkranz*); angeborene Hüftgelenkschäden wurden bei der Neugeborenenuntersuchung besprochen.

19.9.8 Neurologische Untersuchung

Bei der neurologischen Untersuchung des Neugeborenen oder des jungen Säuglings ist eine Standardisierung der Umweltbedingungen (Zimmertemperatur, Beleuchtung usw.) unbedingt Voraussetzung für vergleichbare Befunde. Außerdem müssen Sie während der Untersuchung die Verhaltensweisen des Kindes registrieren (ruhig, wach, schreiend, motorisch unruhig usw.).

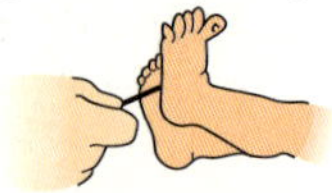

Charakteristisch für die normale Neugeborenenperiode und den jungen Säugling sind die sog. Primitivreflexe (= Greifreflexe), z. B. der **Palmar- und Plantarreflex** durch Berührung der Handflächen und der Fußsohlen.

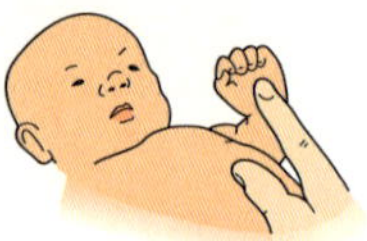

Fluchtreflexe können an der gesamten Körperoberfläche ausgelöst werden. Auch der **Babinski-Reflex** ist ein Teil des Fluchtreflexes, der erst mit dem Erreichen der Gehfähigkeit verschwindet. Nach dem 2. Lebensjahr gilt er wie beim Erwachsenen als pathologisch.

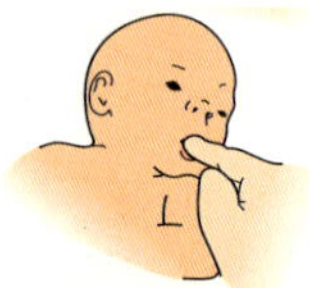

Der Such- und **Rooting-Reflex** durch Berührung der Haut in der unmittelbaren Umgebung des Mundes führt zur Kopfwendung in Richtung auf den Reiz. Er ist besonders bei hungrigen Neugeborenen gut auslösbar. Der Saugreflex wird durch Einlegen des Fingers in den Mund ausgelöst.

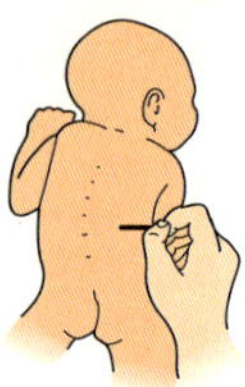

Der **Galant-Reflex** (= Rückgratreflex), die Reizung der Haut entlang einer Parallele zur Wirbelsäule, führt zur Beugung der Wirbelsäule mit der konkaven Seite zum Reiz hin und zur Streckung des gegenseitigen Hüft- und Kniegelenkes.

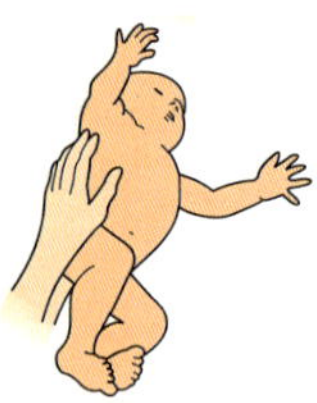

Bei Prüfung des **Moro-Reflexes**, der sich ab 3. Lebensmonat zunehmend ändert, hält man das Kind mit dem Rücken auf einem Unterarm und unterstützt zunächst den Kopf mit der anderen Hand. Das Zurückfallenlassen des Kopfes führt beim reifen Neugeborenen in der ersten Phase zu einer Extension und Abduktion der Arme, in der zweiten Phase macht das Kind mit beiden Armen eine bogenförmige „Umklammerungsbewegung" und kehrt dann in die Ausgangsstellung von Flexion und Abduktion zurück.

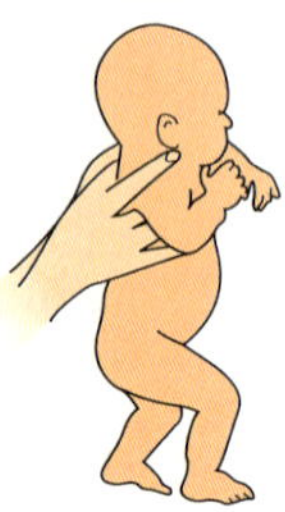

Schreitbewegungen führt das gesunde Kind aus, wenn man es aufrecht hält und mit den Fußsohlen die Unterlage berühren lässt. Das Überkreuzen der Füße ist dabei normal. Das reife menschliche Neugeborene hält seine Extremitäten in Beugehaltung; ein erhöhter Muskeltonus der Extremitäten (physiologische Beugehypertonie) ist beim Neugeborenen normal.

Veränderungen des **Muskeltonus** treten unter anderem bei Allgemeinerkrankungen wie akutem oder chronischem Durchfall und Gedeihstörungen auf, insbesondere jedoch bei zerebralen und neuromuskulären Krankheiten wie der angeborenen Myopathie oder zerebralen Bewegungsstörungen.

19.9.9 Untersuchung von Ohren, Mund und Rachen

Mindestens bis zum Schulkindalter sollten Sie mit dieser Untersuchung bis zum Ende Ihrer Befunderhebung warten. Für die Otoskopie ist ein Lupenotoskop zu empfehlen. Hinweise auf Mittelohrerkrankungen des Säuglings bietet Ihnen der Tragusdruckschmerz.

Die Untersuchung von Mund und Rachen sollte, wie *Joppich* (1980) betont, so durchgeführt werden, dass es nicht zu einem Kampf mit dem Kind kommt. Dazu hält die Mutter oder eine Schwester das Kind auf dem rechten Oberschenkel. Sie umfasst Oberkörper und Arme des Kindes mit dem einen, den Unterkörper und Oberschenkel mit dem anderen Arm und kann ggf. ein abwehrendes Strampeln mit dem linken Oberschenkel verhindern. Sie führen auch bei der Untersuchung des Kindes den Kopf mit der linken Hand und benutzen mit der rechten den Spatel. Hält das Kind den Spatel mit den Zähnen fest, so warten Sie unter leichtem Druck ab, bis das Kind nachlässt, und können dann bis zum hinteren Anteil der Zunge vordringen. Dabei lösen Sie einen Würgereflex aus und müssen die Inspektion sehr schnell durchführen.

Den rechtzeitigen Durchbruch der Milchzähne zeigt die Abb. 19.**6**. Er soll gegen Ende des 2. Lebensjahres abgeschlossen sein.

Eine Verzögerung kann durch Rachitis oder Hypoparathyreoidismus bedingt sein. Im 6. Lebensjahr bricht als erster bleibender Zahn meist der erste Molar durch, mit 12 Jahren schließt der Zahnwechsel ab. Eine sichere Unterscheidung zwischen Milchzähnen und bleibendem Gebiss ist ohne technische Hilfsmittel kaum möglich.

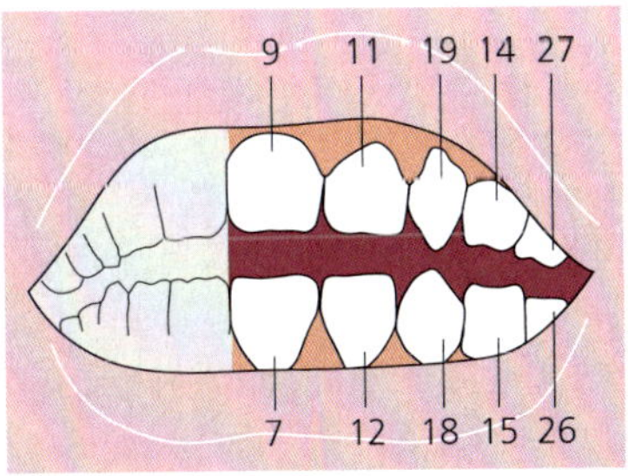

Abb. 19.**6** Milchgebiss, linke Seite. Angabe, wie viel Monate das Kind beim Durchbruch des betreffenden Milchzahns alt ist (aus *v. Harnack GA*. Kinderheilkunde, 6. Aufl. Berlin: Springer; 1984)

19.9.10 Messwerte

Den ***Blutdruck*** messen Sie beim Neugeborenen mit einer 4 cm breiten, in den ersten 2 Lebensjahren mit einer 5-cm-Manschette, bis zum 6. Lebensjahr mit einer 8-cm-, bei Schulkindern mit einer 13-cm-Manschette. Als Grundregel gilt, dass die Manschette zwei Drittel des Oberarmes bedecken muss. Um die Kinder nicht durch übermäßige Kompression des Oberarms zu erschrecken, erhöht man den Druck unter palpatorischer Kontrolle des Radialispulses um höchstens 25 mm über dessen Verschwinden. Immer sollten Sie Mehrfachmessungen durchführen und den niedrigsten Wert dokumentieren. Für Kinder unter 2 Jahren, bei denen die übliche Messung nicht gelingt, legen Sie die Manschette an, halten den Arm oder das Bein, an dem Sie messen wollen, hoch und streichen das Blut in Richtung auf die Manschette aus. Dann pumpen Sie schnell die Manschette auf, bringen die abgeblasste Extremität wieder in die Horizontale und vermindern langsam den Manschettendruck. Bei deutlicher Rötung von Haut und Nagelbett lesen Sie den Druck am Manometer ab **(Flush-Methode)**. Die Tab. 19.**3** zeigt die Normalwerte an.

Sichere pathologische Werte oberhalb der dreifachen Standardabweichung liegen zwischen dem 5. und 12. Lebensjahr etwa 10 mmHg, zwischen dem 12. und 16. Lebensjahr etwa 15 mmHg über den oberen Grenzen, die bei Mädchen während der Pubertät ohnehin 5 mmHg höher als bei Jungen gemessen werden.

Tab. 19.**3** (nach *Rossi* und *Nadas*)

Alter	Pulsfrequenz Mittelwert	Streuung	Blutdruck systolisch	diastolisch	Amplitude Mittelwert
Neugeborenes	120	70–170	80 ± 16	46 ± 16	34
1 Jahr	120	80–160	96 ± 30	66 ± 25	30
5 Jahre	100	80–120	94 ± 14	55 ± 9	39
12 Jahre	85 (♂) 90 (♀)	65–105 (♂) 70–110 (♀)	113 ± 18	59 ± 10	54
16 Jahre	75 (♂) 80 (♀)	55–95 (♂) 60–100 (♀)	118 ± 19	60 ± 10	58

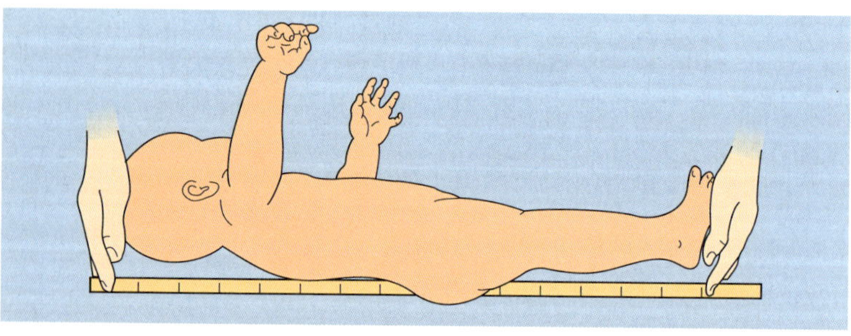

Abb. 19.**7** Größenmessung im Liegen (nach *Debrunner*)

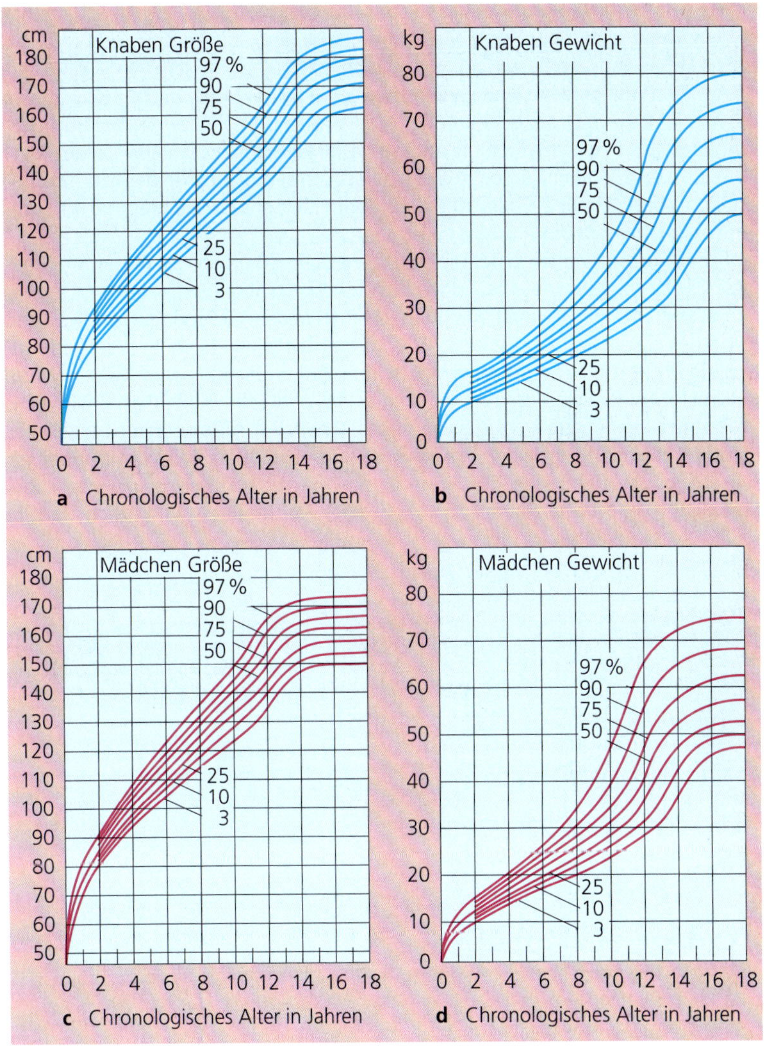

Abb. 19.**8 a–d** Britische Standardkurven für Größe und Gewicht (nach *Tanner*, aus *Fanconi G, Wallgren A.* Lehrbuch der Pädiatrie, 9. Aufl. Basel: Schwabe; 1972)

Die ***Pulsfrequenz*** ist altersabhängig, z.B. beim Neugeborenen mit 120 bis 140 Schlägen pro Minute noch normal.

Messen Sie die ***Größe des Kindes*** von der Unterseite der Ferse bis zur Scheitelhöhe mit einem nicht dehnbaren Messband oder einem starren Stab, und zwar bis zum 3. Lebensjahr am besten im Liegen (Abb. 19.**7**).

Auf den Median bezogene Perzentilwerte für ***Körpergröße*** und ***Gewicht*** zeigen die Abb. 19.**8 a – d**. Dabei bedeutet der Medianwert 50, dass die Hälfte sämtlicher Kinder größer bzw. schwerer, die andere Hälfte kleiner bzw. leichter ist, der Wert 90 zeigt, dass 10% aller Kinder größer bzw. schwerer und 90% kleiner bzw. leichter sind. Der Wert 10 gibt an, dass 10% aller Kinder kleiner bzw. leichter und 90% größer bzw. schwerer sind.

In den Somatogrammen der Untersuchungshefte für Kinder ist die Ordinate gerafft. Das bedingt den abweichenden Kurvenverlauf (Abb. 19.**9**).

Die Perzentilen P10 und P90 entsprechen etwa dem Größenalter von – 20 und + 20% des chronologischen Alters. *Fanconi* und *Wallgren* (1972) halten Werte innerhalb dieser Grenzen für physiologisch. Sie gelten für 80% aller Kinder. Werte unterhalb von P10 werden dort als **Kleinwuchs**, oberhalb von P90 als **Großwuchs** bezeichnet, aber noch als normal angesehen, wenn die Größe der Eltern in gleicher Richtung abweicht. Erst wenn das Längenalter um mehr als 40% vom chronologischen Alter abweicht, sprechen *Fanconi* und *Wallgren* von **Zwergwuchs** bzw. **Riesenwuchs**, weisen aber darauf hin, dass diese Definitionen willkürlich sind. In

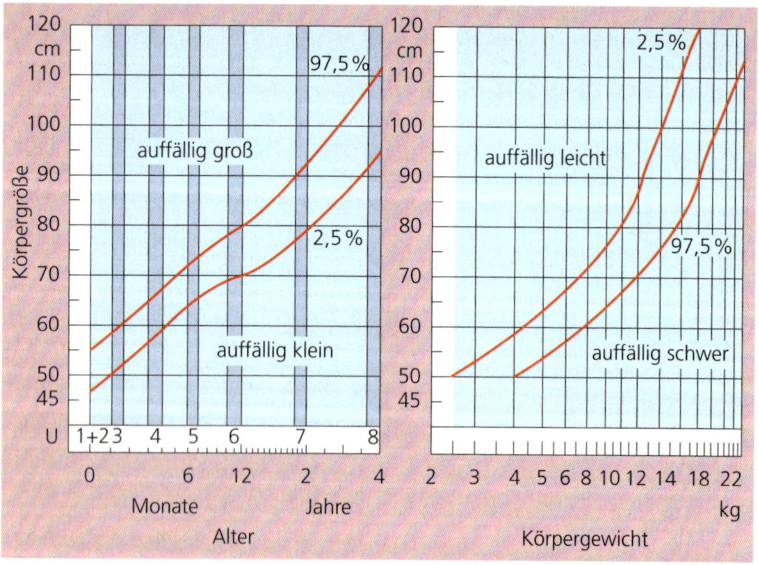

Abb. 19.**9** Somatogramm (aus: Untersuchungsheft für Kinder, hrsg. von der Bundesärztekammer)

Deutschland spricht man von Minderwuchs auch bei Größen unterhalb der zweifachen Standardabweichung vom Durchschnitt, vom Zwergwuchs unterhalb der dreifachen Standardabweichung.

Frühgeborene und Säuglinge **wiegt** man in der Messmulde auf einer Tuchunterlage (die vom Gesamtgewicht abgezogen wird), unruhige und schwerkranke Kinder auf einer Sitzwaage gemeinsam mit einer Begleitperson und zieht deren Gewicht dann ab.

Die ***Temperaturmessung*** sollte möglichst nach halbstündiger Ruhe und 1 Std. nach der letzten Mahlzeit erfolgen, weil körperliche Aktivität und Verdauung die Temperatur bis zu 1,3 °C steigern können. Axillär werden normalerweise 0,5 °C weniger als oral und bis zu 1 °C weniger als rektal gemessen. Kinder unter dem 6. Lebensjahr sollten Sie grundsätzlich rektal messen, bei Säuglingen und unruhigen Kindern das Thermometer mindestens 3 Min. halten. Die **Normalwerte** liegen zwischen 36,8 und 37,5 °C. Die axilläre Messung bei älteren Kindern sollte mindestens 7 Min. lang erfolgen (Normalwerte zwischen 36,2 und 36,8 °C). Für rektale und orale Messungen sind grundsätzlich verschieden geformte Thermometer zu wählen. Zusätzlich ist das Thermometer vor jeder oralen Messung besonders sorgfältig zu desinfizieren und von der Desinfektionslösung zu reinigen. Man legt das Thermometer unter die Zunge und fordert das Kind auf, die Lippen fest zu schließen. Nach mindestens 3 Min. Messdauer reicht der Normalbereich von 36,7 – 37,2 °C.

19.9.10 Seelisch-geistige und motorische Entwicklung

Wie die weitere körperliche Entwicklung vollzieht sich die seelisch-geistige Entwicklung des Kindes in bestimmten Phasen, die Sie kennen müssen, wenn Sie Abweichungen beurteilen wollen.

Wenige Stunden nach der Geburt kann das Neugeborene Objekte fixieren und mit langsamer Kopfbewegung verfolgen.

Das erste Kontaktlächeln auf entsprechende Reize findet man im zweiten Lebensmonat. Sie können dem Kind zulächeln, es ansprechen oder streicheln. Der Säugling beginnt, auf akustische Reize hinzuhören, und reagiert auf sichtbare Bedrohung, betrachtet die eigenen Hände und verfolgt die hingehaltene Klapper.

Zwischen dem 3. und dem 6. Monat beginnt der Säugling zu greifen, auf Ausdrucksbewegungen zu reagieren. Nicht das gesagte Wort, sondern den Gefühlswert von freundlich, böse oder heiter „versteht" er, und seine eigenen Ausdrucksbewegungen spiegeln Zuwendung, Angst, Freude und Interesse wider (affektiver Kontakt).

In derselben Zeit entwickeln sich die Koordination und die bewusste und willkürliche Motorik. Mit Hilfe der Sinnesorgane beginnt das Kind, vom Anfassen zum „Begreifen" der Dinge fortzuschreiten, erkennt etwa vom 8. Monat an Bezugspersonen und reagiert ggf. auf Fremde mit Unbehagensäußerungen.

Nach dem 6. Monat bleibt das aufgerichtete Kleinkind sitzen, richtet sich um den 10. Monat selbst auf, und nach Abschluss des ersten Lebensjahres lernt es gehen. In diesen letzten Monaten des Jahres lernt es auch den „Werkzeuggebrauch" und holt sich mit Hilfe eines Stöckchens ggf. entfernt liegende Gegenstände heran.

Tab. 19.4 **Schema der normalen Entwicklung**

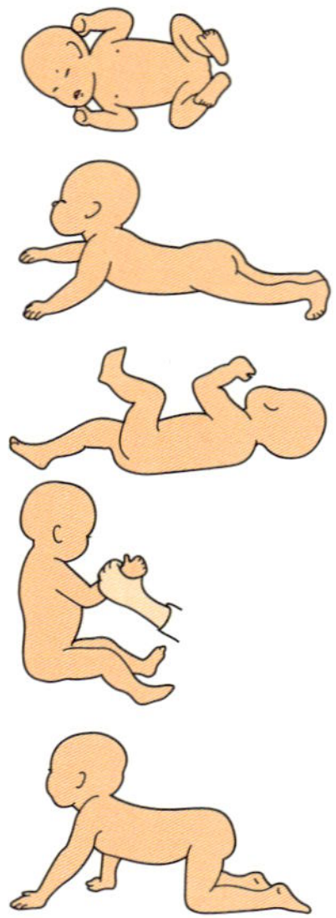

Alter	Motorik	Seelische und geistige Entwicklung
1. Monat	Beugehaltung überwiegt, Moro- und Greifreflexe und ziellose Impulsbewegungen	Missbehagensäußerungen; Fixieren naher Objekte
2. Monat	intermittierendes Heben des Kopfes in Bauchlage	erstes Kontaktlächeln; Reaktionen auf akustische und optische Reize, Verfolgen von Objekten; Fixierungsabstand wird weiter
3. Monat	willkürliche Kopfbewegungen auf Reize, Moro nimmt ab	Wiedererkennen häufig gesehener Gegenstände
4. und 5. Monat	motorisch aktive Greifbewegungen, freie Haltung des Kopfes, Rollen	Reaktion auf Ausdrucksbewegungen (affektiver Kontakt)
ab 6. Monat	Sitzen mit Hilfe, ganzhändiges Zufassen	Nachahmung von Ausdrucksbewegungen; erste Stufe der Sprachentwicklung mit Lallen
7. und 8. Monat	freies Sitzen	Zeichen der Aufmerksamkeit, Nachahmung; Erkennen von Personen; Verstehen von „Nein“
9. Monat	Artikulation von Lauten, Kriechen, Aufstehversuche am Gitter	erstes Wortverständnis, erste Kontaktaufnahme; erster „Werkzeuggebrauch“
11. – 12. Monat	Stehen, erste Schritte mit Hilfe, Spitzgriff, zunehmendes Gleichgewicht	Nachsprechen erster Wörter im Sinne von Einwortsätzen; versucht Aufmerksamkeit zu erwecken; versteht einfache Zusammenhänge wie „Auf-Wiedersehen-Winken“
2 Jahre	Laufen besser als Gehen, spielt mit Ball und Bauklötzen, stufenweises Treppensteigen	Dreiwortsätze mit Eigenschaftswörtern und Verben; teilweise Sauberkeit
3. Jahr	kann auf Zehen gehen und Dreirad fahren	über Tag und Nacht sauber; Beginn einer Syntax und der ersten Trotzphase; kann seinen ganzen Namen sagen, malt Kreise, kennt fünf Farben und kann sagen, ob es ein Junge oder ein Mädchen ist

Erstes Lallen beginnt um den 6. Monat, und das Kind braucht zur weiteren Entwicklung dieser „sprachlichen Äußerungen“ und zur Entwicklung seines Sprachverständnisses die Resonanz seiner menschlichen Umwelt. Aus dem Lallen wird gegen Ende des 1. Lebensjahres sinnvolle Lautbildung; dann folgen Einwortsätze, deren Bedeutung nicht nur die Mutter an den begleitenden Ausdrucksbewegungen ablesen kann (Tab. 19.**4**).

Im 2. Lebensjahr ersetzt das Kleinkind (= 2. – 6. Lebensjahr) die Einwortsätze durch Eigenschaftswörter und Verben; im 3. Lebensjahr entsteht eine zunächst schlichte Grammatik. Einen Überblick über die Sprachentwicklung gibt die Aufstellung von *Fanconi* und *Wallgren* (1972):

Vom 3. Monat an:	Lallsprache aus eigener Initiative; das Schreien wird moduliert.
Im 3. Quartal:	Nachahmung der Laute = Echolalie.
Im 4. Quartal:	Sprechen einzelner Wörter, am Ende des 1. Jahres beträgt der Wortschatz ca. 7 Wörter.
Im 3. Lebenshalbjahr:	Die Wörter werden mit einem Sinn verbunden.
Im 4. Lebenshalbjahr:	Namenseroberung.
Ende des 2. Jahres:	Bildung von Zwei- und Dreiwortsätzen.
1. Halbjahr des 3. Jahres:	Zur Namenseroberung kommt das Fragen nach Wo und Wann.
2. Halbjahr des 3. Jahres:	Über- und Unterordnen der einzelnen Satzteile.
4. Lebensjahr:	Bedürfnis nach zeitlicher Orientierung. Beginn des konditionalen Denkens (Warumfragen), Beginn des Gebrauchs des Konjunktivs.

Charakteristisch für die ganze Phase dieser **frühen Kindheit** ist der Tätigkeitsdrang, mit dem Neues erlebt und getan wird. Umwelt und Ich verschmelzen. Das Kind ist meist froh gelaunt und kontaktfreudig, soweit seine leiblichen Bedürfnisse befriedigt werden und es Interesse und liebevolle Zuwendung findet.

Schon ein einjähriges Kind kann an den Topf und daran gewöhnt werden, seine Bedürfnisse anzumelden. In der Regel sind Kinder mit $1^{1}/_{4}$ Jahren vom Stuhl sauber und mit 18 – 24 Monaten über Tag trocken, mit $2^{1}/_{2}$ Jahren auch über Nacht.

Mit fortschreitender Bewusstwerdung und dem Erleben des eigenen Willens setzt dann im Laufe des 3. Lebensjahres die **erste Trotzphase** ein. Gehorsamsverweigerungen und Aggressionen erfordern ein elastisches Abwägen zwischen dem Gewährenlassen gegenüber dem, was das Kind ohnehin lernen muss, und dem Durchsetzen von Notwendigkeiten der Sozialisation.

Vom 6. – 7. Lebensjahr an wird aus dem Kleinkind ein **Schulkind** (6.– 14. Lebensjahr). Äußerlich wachsen die Extremitäten; der „Kinderspeck“ schwindet zugunsten eindeutigerer Strukturen; das Kind wird distanzierter und wendet sich konsequenter einer Sache zu. Im Laufe der ersten Schuljahre lernt das Schulkind arbeiten, bildet sachliche Interessen aus, schließt Freundschaften und lernt, sich an Regeln einer Gemeinschaft zu halten. Im Gegensatz zu dieser harmonischen Entwicklungsphase leitet der zweite Wachstumsschub dann zwischen dem 11. und 13. Lebensjahr die **Pubertät** ein, in der vieles „in Unordnung“ gerät: Die körperlichen Proportionen verändern sich, die Motorik wird zunächst steif, staksig oder schlaksig.

Den körperlichen Maßstab für die Beurteilung des Eintritts der Pubertät bieten dann Mammaentwicklung und Penisvergrößerung, die Bildung von Scham- und Axillarhaaren, Menarche und Stimmbruch. Eine Übersicht über die Reifezeichen in der Pubertät bietet das Schema Pubertätsverlauf, Tab. 19.**5**

Den Eintritt der Menarche und der Hoden- bzw. Penisvergrößerung bezeichnet man als normal, wenn er zwischen dem 9. und 15. Lebensjahr erfolgt. Vor dem

Tab. 19.**5** Pubertätsverlauf (aus Gädeke R. Diagnostische und therapeutische Techniken in der Pädiatrie, 3. Aufl. Berlin: Springer; 1981)

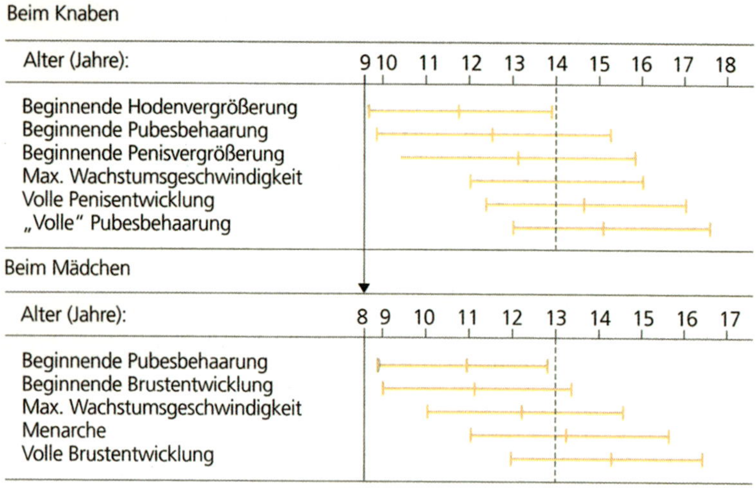

8. Lebensjahr spricht man von Pubertas praecox, z. B. bei hormonaktiven Tumoren, nach dem 16. Lebensjahr von Pubertas tarda bzw. primärer Amenorrhö, z. B. als genetische Besonderheit oder verursacht durch chronische Krankheiten.

Der Begriff „Flegeljahre" trifft eigentlich nur den zum Ausdruck kommenden kleinen Teil des seelischen Chaos der Gegensätze, in das der Jugendliche stürzt und mit dem seine Eigenständigkeit beginnt, die er zunächst noch nicht recht anzuwenden weiß. Denken Sie bei der Entkleidung und der Untersuchung in dieser Altersstufe besonders an die Schamhaftigkeit der Jugendlichen.

Für die psychologische Exploration lässt man den Jugendlichen seine eigene Entwicklung, sein Verhältnis zu Eltern, Geschwistern, Freunden und Lehrern schildern sowie besondere Erlebnisse, Wünsche und Kümmernisse.

Mit Testverfahren wird seine Leistungsfähigkeit beurteilt (Binet/Simon, Schenk-Danzinger, Hamburg-Wechsler, das Leistungsprüfsystem [LPS] nach Horn oder der Kinderangsttest [KAT] von Thurner und Tewes). Für jüngere Kinder eignen sich die Tests von Bühler/Hetzer, Gottschald (Turmbau oder Würfelkasten) oder der Szenotest nach Stabs.

Hilfen zur Durchführung der Untersuchung nach den Denver-Entwicklungsskalen

1. Gelöst bei jeder Form, die geschlossen ist. Nicht gelöst, wenn nur eine runde Bewegungszeichnung gemacht wird.
2. Welche von diesen Linien ist die längere? (Nicht größere.) Das Blatt wird jedes Mal um 90° gedreht und erneut die Frage gestellt. (3 von 3 oder 5 von 6 Versuchen.)

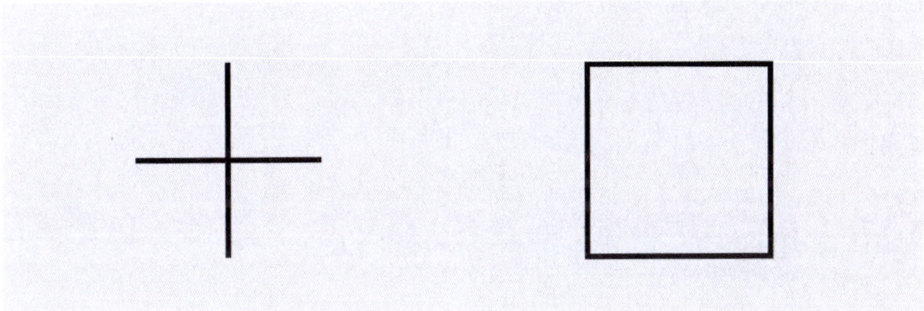

3. Gelöst bei jeder überkreuzten Linie.
4. Erst das Kind nachzeichnen lassen. Wenn das nicht gelingt, vormachen.

Wenn man die Aufgaben betreffend **Kreis, Kreuz** und **Quadrat** vorgibt, die Form nicht benennen. **Kreis** und **Kreuz** nicht vormachen.

5. Zeigen Sie auf das Bild und bitten Sie das Kind, die Figur zu benennen (Tiergeräusche sind nicht als Lösung erlaubt, fragen Sie aber die Eltern, wie dieses Tier zu Hause benannt wird, z. B. Wau-Wau als Hund).

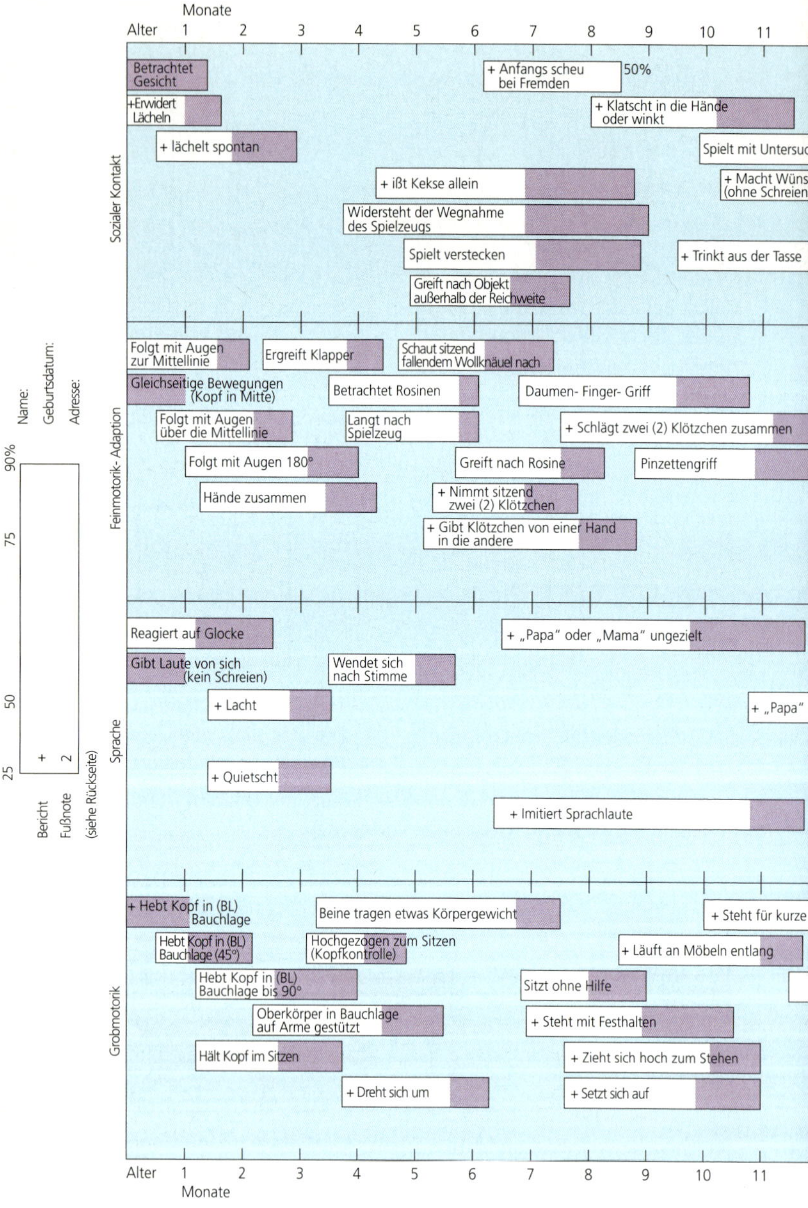

Abb. 19.**10** Denver-Entwicklungsskalen (Hilfen zur Untersuchungsdurchführung s. S. 551)

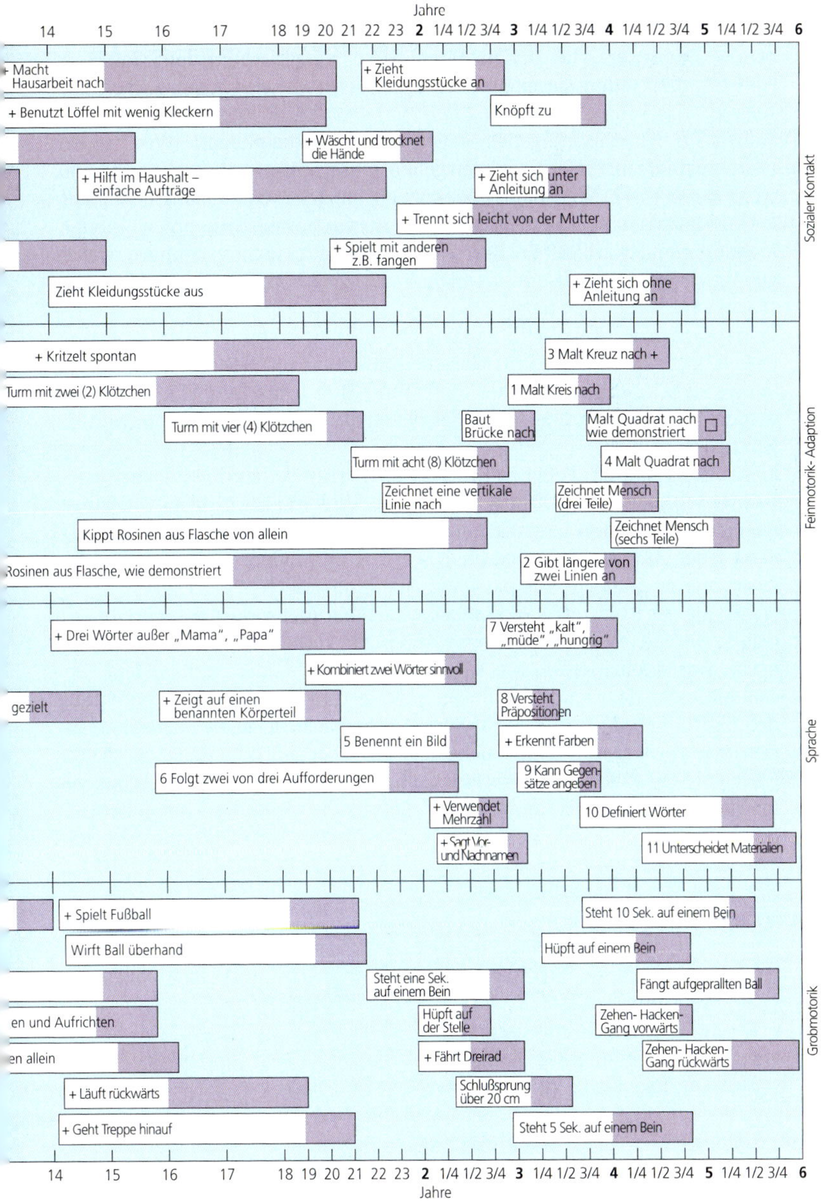
Jahre
14 15 16 17 18 19 20 21 22 23 2 1/4 1/2 3/4 3 1/4 1/2 3/4 4 1/4 1/2 3/4 5 1/4 1/2 3/4 6
+ Macht Hausarbeit nach
+ Zieht Kleidungsstücke an
+ Benutzt Löffel mit wenig Kleckern
Knöpft zu
+ Wäscht und trocknet die Hände
+ Hilft im Haushalt – einfache Aufträge
+ Zieht sich unter Anleitung an
+ Trennt sich leicht von der Mutter
+ Spielt mit anderen z.B. fangen
Zieht Kleidungsstücke aus
+ Zieht sich ohne Anleitung an
Sozialer Kontakt
+ Kritzelt spontan
3 Malt Kreuz nach +
Turm mit zwei (2) Klötzchen
1 Malt Kreis nach
Turm mit vier (4) Klötzchen
Baut Brücke nach
Malt Quadrat nach wie demonstriert
Turm mit acht (8) Klötzchen
4 Malt Quadrat nach
Zeichnet eine vertikale Linie nach
Zeichnet Mensch (drei Teile)
Kippt Rosinen aus Flasche von allein
Zeichnet Mensch (sechs Teile)
Rosinen aus Flasche, wie demonstriert
2 Gibt längere von zwei Linien an
Feinmotorik- Adaption
+ Drei Wörter außer „Mama", „Papa"
7 Versteht „kalt", „müde", „hungrig"
+ Kombiniert zwei Wörter sinnvoll
gezielt
+ Zeigt auf einen benannten Körperteil
8 Versteht Präpositionen
5 Benennt ein Bild
+ Erkennt Farben
6 Folgt zwei von drei Aufforderungen
9 Kann Gegensätze angeben
+ Verwendet Mehrzahl
10 Definiert Wörter
+ Sagt Vor- und Nachnamen
11 Unterscheidet Materialien
Sprache
+ Spielt Fußball
Steht 10 Sek. auf einem Bein
Wirft Ball überhand
Hüpft auf einem Bein
Steht eine Sek. auf einem Bein
Fängt aufgeprallten Ball
en und Aufrichten
Hüpft auf der Stelle
Zehen- Hacken-Gang vorwärts
en allein
+ Fährt Dreirad
Zehen- Hacken-Gang rückwärts
+ Läuft rückwärts
Schlußsprung über 20 cm
+ Geht Treppe hinauf
Steht 5 Sek. auf einem Bein
Grobmotorik
14 15 16 17 18 19 20 21 22 23 2 1/4 1/2 3/4 3 1/4 1/2 3/4 4 1/4 1/2 3/4 5 1/4 1/2 3/4 6
Jahre

19

6. Geben Sie dem Kind nacheinander folgende Anweisungen: „Gib Mama das Klötzchen", „leg das Klötzchen auf den Tisch", „leg das Klötzchen auf den Fußboden". Der Untersucher und die Eltern sollten darauf achten, dem Kind keine Hilfe zu geben, indem sie auf die Mutter, den Tisch oder den Boden gucken oder zeigen.
7. Stellen Sie dem Kind folgende Fragen, jeweils nacheinander: „Was tust du, wenn du müde bist?" (z.B. schlafen gehen, hinsetzen, ausruhen). „Was tust du, wenn dir kalt ist?" (z.B. Mantel überziehen, hineingehen, Heizung höher stellen). (Es gilt als Fehler, wenn das Kind mit „husten", „Medizin nehmen" antwortet oder irgendetwas von Erkältung sagt. Dann hat es nicht verstanden, was es gefragt wurde). „Was tust du, wenn du hungrig bist?" (z.B. essen, zu Abend essen, um etwas zu essen bitten.)
8. Geben Sie dem Kind ein Klötzchen und bitten Sie es, folgendes zu tun, und zwar jeweils nacheinander: „Leg das Klötzchen auf den Tisch", „leg das Klötzchen vor Mamis Stuhl", „leg das Klötzchen hinter ihren Stuhl". Eine falsche Antwort sollte nicht berichtigt werden. Bestanden, wenn das Kind drei von vier Anweisungen richtig befolgt.
9. Fragen Sie das Kind: „Feuer ist heiß, Eis ist...?" (kalt, kühl, frierend, nicht nass, Wasser, schmilzt nicht). „Mutter ist eine Frau, Vater ist ein...?" (nicht Vati, Junge, Ehemann). „Ein Pferd ist groß, eine Maus ist...?" (klein, winzig). Wenn nötig, kann jeder Satz dreimal wiederholt werden. Bestanden, wenn das Kind bei zwei von drei Analogien ein passendes, entgegengesetztes Wort sagt.
10. Fragen Sie das Kind: „Was ist ein Ball, was ist ein See, was ist ein Schreibtisch, was ist ein Haus, was ist eine Banane, was ist ein Vorhang, was ist eine Zimmerdecke, was ist eine Hecke, was ist ein Bürgersteig?" (Oder ein Kantstein.) Bestanden, wenn das Kind sechs von neun Wörtern auf eine der folgenden Weisen definiert: 1. Gebrauch, 2. Form, 3. woraus es gemacht ist, 4. allgemeine Kategorien (z.B. die Banane ist eine Frucht, aber nicht nur gelb oder Bananenschale).
11. Fragen Sie das Kind: „Woraus ist ein Löffel gemacht, woraus ist ein Schuh gemacht, woraus ist eine Tür gemacht?" Bestanden, wenn das Kind antwortet: „Ein Löffel ist aus Metall (oder irgendein spezifisches Metall), Plastik oder Holz gemacht. Ein Schuh ist aus Leder, Gummi oder Stoff gemacht. Eine Tür ist aus Holz oder Metall gemacht."

Verhaltensbeobachtungen:

1 interessiert, arbeitet gut mit
2 nicht sehr interessiert, arbeitet aber mit
3 widerstrebt, etwas ängstlich
4 widerstrebt, will nicht mitmachen
5 weigert sich mitzumachen, teilnahmslos
6 ständig unruhig, weigert sich, läuft weg
7 anderes

(aus Flehmig I. Mat. Med. Nordm. 22 [1970])

19.10 Aufgaben für die Selbstkontrolle

1 Um welche drei psychologischen Voraussetzungen für die Untersuchung eines Kindes sollen Sie sich bemühen?
2 Warum sind Sie bei Kindern bis zum 4. Lebensjahr stärker als sonst auf Ihre Beobachtungsgabe angewiesen?
3 Welche Ursache von Fieber tritt – statistisch gesehen – im Kindesalter am häufigsten auf?
4 Wo lokalisieren Kleinkinder meist Bauchschmerzen?
5 Unter welchen Voraussetzungen kann „normales" Gewicht dennoch auf eine verzögerte Entwicklung hindeuten?
6 Wo entsteht bei Kindern Stridor in erster Linie?
7 Auf welche Lokalisation der Einengung weisen das gemeinsame Auftreten von inspiratorischem und exspiratorischem bzw. ausschließlich exspiratorischem Stridor hin?
8 Wie oft atmet ein Neugeborenes durchschnittlich pro Minute?
9 Welche Relation weist auf pulmonale und welche auf kardiale Dyspnoe hin?
10 Welche drei Begleitsymptome sind bei der hypokalzämischen Tetanie zu erwarten?
11 Was ist charakteristisch für epileptische Krampfanfälle?
12 Welche Ursache steht bei den Gelegenheitskrämpfen im Kindesalter im Vordergrund?
13 Wie definieren Sie den Begriff Enuresis?
14 Von welchem Alter an sollten Sie versuchen, ein bilaterales Arzt-Patienten-Verhältnis aufzubauen?
15 Welche Dokumentationshilfe können Sie für die Vorsorgeuntersuchungen bis zum 4. Lebensjahr benutzen?
16 In welcher Reihenfolge erfolgt die körperliche Untersuchung bei kleinen Kindern?
17 Welches Untersuchungsschema sollte für die Untersuchung Neugeborener verwendet werden?
18 Nennen Sie mindestens zehn Reifezeichen beim Neugeborenen (Messwerte; vom Kopf zum Fuß)!
19 Welches sind die in der ersten Lebenszeit erkennbaren drei häufigsten Fehlbildungen?
20 Welches ist neben dem Kephalhämatom die häufigste geburtstraumatische Schädigung?
21 Wann spricht man von gutem Hautturgor?
22 Wie unterscheiden Sie herabgesetzten von schlechtem Turgor?
23 Wie verändern sich die quer gestellten Adduktorenfalten bei Abmagerung?
24 Wie untersucht man das Kind auf Kraniotabes?
25 Welche Veränderungen der großen Fontanelle können Sie bei kleinen Kindern palpieren?
26 Wie sind bis zum 2. Lebensjahr Fassthorax und fast horizontaler vorderer Rippenverlauf zu beurteilen?
27 Weshalb dürfen Sie den kindlichen Thorax nur leise perkutieren?
28 Womit ist pueriles Atmen zu vergleichen?
29 Wie wird beim Säugling Urin zur Untersuchung gewonnen?
30 Welche Voraussetzung muss für eine vergleichbare neurologische Untersuchung Neugeborener oder junger Säuglinge erfüllt sein?
31 Welche Gruppe von Reflexen ist für die Neugeborenenperiode charakteristisch?
32 Ab wann gilt ein positiver Babinski-Reflex als pathologisch?
33 Wozu führt die Berührung der Mundumgebung beim Säugling?
34 Schildern Sie in Stichworten den Galant-Reflex!

35 Zu welchem Reflex gehört die bogenförmige Umklammerungsbewegung bei Zurückfallenlassen des Kopfes?

36 In welchem Zeitraum entwickelt sich normalerweise das Milchgebiss?

37 Welchen Anteil des Oberarmes soll die Blutdruckmanschette bedecken?

38 Was ersetzt bei der Flush-Methode die Auskultation bei der üblichen Blutdruckmessung?

39 Welche Pulsfrequenz ist beim Neugeborenen normal?

40 Auf welchen statistischen Mittelwert werden Perzentilwerte bezogen?

41 Was bedeutet eine Dreierperzentile?

42 Wie ist der unterschiedliche Kurvenverlauf in den Perzentilwerten und in den Somatogrammen der Untersuchungshefte für Kinder zu erklären?

43 Welche beiden physiologischen Faktoren wirken bei Kindern besonders auf die Körpertemperatur ein?

44 Geben Sie die unterschiedlichen Temperaturen bei rektaler, oraler und axillärer Messung an!

45 In welchem Normalbereich liegen die Werte für die Körpertemperatur (rektal)?

46 Wie lange sollte bei älteren Kindern die Körpertemperatur axillär gemessen werden?

47 Wie legt man das Thermometer bei der oralen Temperaturmessung ein?

48 Wann findet man beim Säugling das erste Kontaktlächeln?

49 Welche motorischen und affektiven Reaktionen erwarten Sie zwischen dem 3. und 6. Monat?

50 Wann lernt das Kind normalerweise gehen?

51 Wann wird aus dem Lallen sinnvolle Lautbildung?

52 Was ist charakteristisch für die motorische und affektiv-soziale Entwicklung in der ersten Phase der frühen Kindheit?

53 Geben Sie Richtwerte für das Sauberwerden der Kinder an!

54 Wann setzt die erste Trotzphase ein?

55 Welcher Zeitraum wird für den Eintritt von Menarche und Hoden- bzw. Penisvergrößerung als normal angesehen?

56 Nennen Sie mindestens drei Möglichkeiten einer einfachen psychologischen Exploration von Jugendlichen!

Praktische Aufgaben

A Lassen Sie sich in der Kinderklinik oder bei einem niedergelassenen Pädiater mindestens drei Kinder unterschiedlicher Altersstufen für die Untersuchung zuweisen.

B Versuchen Sie sich mit jedem der Kinder mindestens eine Stunde lang zu beschäftigen.

C Erheben und dokumentieren Sie bei den drei Kindern je nach Alterstufe – vorzugsweise von den Kindern und von der Mutter oder einer anderen Begleitperson – eine ausführliche Eigenanamnese und die Anamnese der jetzigen Erkrankung.

D Achten Sie dabei besonders auf die Interaktionen zwischen Kind und Begleitperson, und fertigen Sie auch hierüber einen Bericht an.

20 Untersuchung Bewusstloser und Atem-Kreislauf-Wiederbelebung

Das Leben des Notfallpatienten ist akut bedroht. Ziel des ärztlichen Vorgehens sind Erkennen und Verhindern eines abwendbaren, gefährlichen Verlaufs. Deshalb muss die Untersuchung als Voraussetzung einer sinnvollen Therapie auf das unbedingt Notwendige, das heißt Lebenserhaltende, beschränkt werden. Wenn schon für den allgemeinen Untersuchungsgang eine formale Standardisierung zu fordern ist, dann sollte die Notfalluntersuchung im Sinne eines Drills nicht nur gelernt, sondern auch mit dem Ziel praktisch geübt werden, in Notfällen die Untersuchung zunächst auf das Erfassen des lebensbedrohlichen Zustandes und seiner Ursachen zu beschränken und sofort lebenserhaltende Maßnahmen einzuleiten.

20.1 Vorgehen

Beurteilung von Bewusstlosigkeit, Atemstillstand und Kreislaufstillstand

I. Lebensbedrohliche Zustände durch Trauma

(Blutungen, Verbrennungen, Elektrounfälle usw.)	Soweit erforderlich, sofort Unterbindung der Blutung, Lagerung, Freimachen der Atemwege, Beatmung, Herzmassage, venösen Zugang schaffen. Übernahme des Patienten durch eine unfallchirurgische Klinik

II. Lebensbedrohliche Zustände ohne sichtbare Ursachen
(Zeichen für Peritonitis, Krämpfe, Schock?)

1. bei **Bewusstlosigkeit** oder bewusstseinsgetrübtem Patienten ohne Trauma:	Begleitpersonen zur Vorgeschichte befragen
bei ansprechbaren Patienten ohne Trauma:	Anamnese des Zustandes, Begleitumstände, Vorkrankheiten wie Epilepsie, Diabetes, Infarkt; Medikamente
2. Gesamtbeurteilung:	besonders bewusstlose Patienten völlig entkleiden; Haut (Farbe, Injektionen), Temperatur, Verletzungen; Geruch: Alkohol, Urämie, Azidose
3. Kopf:	Kalotte, Augenhintergrund, Liquoraustritt
4. Atmung:	Dyspnoe, Stridor, Atemtyp, Atemgeräusche, Zyanose
5. Herz und Kreislauf:	Pulsfrequenz und Füllung, Defizit, Arrhythmie, Herzgeräusche, Insuffizienzzeichen, Blutdruck
6. Abdomen:	Abwehrspannung, Druckschmerz, Organvergrößerungen
7. ZNS:	Pupille, Stauungspapille, Meningismus, Paresen, Tonus, Reflexe
8. technisch-diagnostische Daten:	EKG, Echo, Schädelröntgen, Urin (Schlafmittel), Serum mit Schnelltests, Hämoglobin und Hämatokrit
9. zur Person:	Name, Anschrift, Hausarzt, Angehörige

20.2 Stabile Seitenlage

Liegt **kein Atemstillstand** vor, muss der Patient in die stabile Seitenlage gebracht werden, damit die Zunge nicht zurückfällt und die Atmung blockiert. Speichel und ggf. Blut müssen abfließen können.

Dazu knien Sie neben dem Bewusstlosen, heben die Ihnen zugewandte Gesäßhälfte an und schieben die Ihnen zugewandte Hand mit der Handfläche nach oben unter das Gesäß des Bewusstlosen. Beugen Sie das Ihnen zugewandte Bein im Kniegelenk so weit wie möglich zum Gesäß hin. Wenn Sie die Fußspitzen dieses Beins unter den Oberschenkel des anderen Beins schieben, bleibt das gebeugte Bein in dieser Stellung. Legen Sie den abgewandten Arm des Bewusstlosen über seinen Thorax, fassen Sie Hüfte und Schulter der abgewandten Seite und rollen Sie den Bewusstlosen zu sich herum (Abb. 20.**1**).

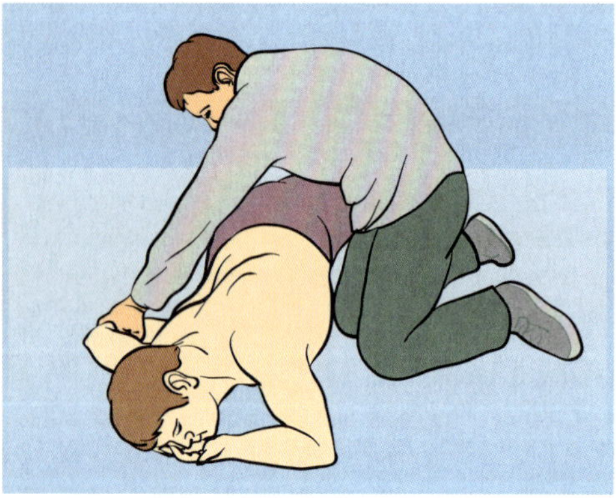

Abb. 20.**1** Stabile Seitenlage

Überstrecken Sie den Kopf des Patienten leicht, und schieben Sie seine freie Hand so unter seinen Kopf, dass seine Nase schräg nach unten zeigt und Flüssigkeit aus seinem Mund ungehindert abfließen kann. Ziehen Sie den Ellenbogen des unteren Arms zum Rücken des Patienten, um ein Zurückrollen zu verhindern. Kontrollieren Sie Atmung und Puls im 3-Minuten-Abstand.

20.3 Atem-Kreislauf-Wiederbelebung

Sie müssen entscheiden, ob es sich um eine bloße Ohnmacht oder zusätzlich um einen Atem-Kreislauf-Stillstand handelt.

Wenn Sie eine fachgerechte Atem-Kreislauf-Wiederbelebung durchführen wollen, ist das mehrfache Üben an einem **Wiederbelebungsgerät** wie der Resusci Anne unbedingt erforderlich. Ein Arzt, der mit eingeknickten Ellenbogen eine Thoraxkompression durchführt, ist eine Schande für unseren Berufsstand! Wir setzen im Folgenden die Technik der Atem-Kreislauf-Wiederbelebung voraus und beschränken uns auf die Untersuchung, ob ein Atem-Kreislauf-Stillstand vorliegt, nach dem ABC-Verfahren und auf die Beschreibung der einleitenden Handgriffe.

Häufigste **Ursachen** für einen Atem-Kreislauf-Stillstand sind Herzversagen, Badeunfälle, Elektrounfälle und Verkehrsunfälle.

Vor jeder Wiederbelebung sind **3 Prüfungen** nach dem ABC-Verfahren erforderlich, denn bei Bewusstlosen ohne Atem-Kreislauf-Stillstand ist die Wiederbelebung schädlich.

20.4 ABC-Verfahren

A Liegt **Atemstillstand** vor?
Dazu prüfen Sie mit einer Hand am Übergang zwischen Brustkorb und Oberbauch, mit der anderen Hand seitlich am Thorax, ob der Patient atmet (Abb. 20.**2**).

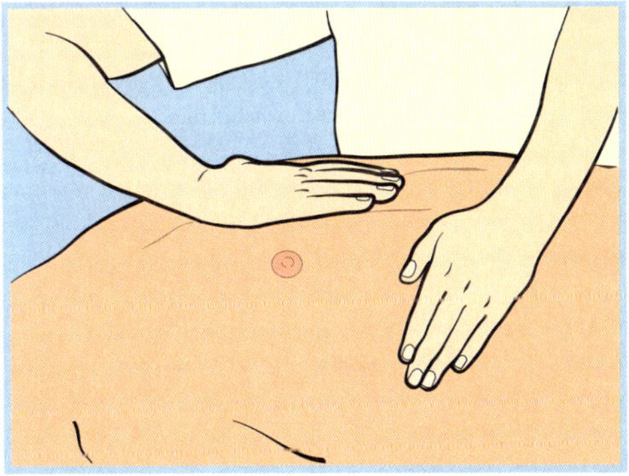

Abb. 20.**2** Prüfung der Atmung

Bei **Atemstillstand** wird der Bewusstlose auf den Rücken gelegt. Machen Sie die Atemwege frei, soweit die Atmung behindert zu sein scheint. Dazu drehen Sie den Kopf des Patienten von sich weg. Schieben Sie seinen Unterkiefer mit Ihren beiden Daumen abwärts (Abb. 20.**3**), entfernen Sie Prothesen, Erbrochenes und Blut.

Schieben Sie dann mit einer Hand den geschlossenen Unterkiefer des Bewusstlosen nach vorn, legen Sie Ihre freie Hand auf seine Stirn-Haar-Grenze, und drücken Sie seine Stirn leicht zurück. Überstrecken Sie seinen Kopf nach hinten (Abb. 20.**4**). Damit verhindern Sie, dass die Zunge zurückfällt und die Luftröhre verstopft. Kontrollieren Sie während der Beatmung den Kreislauf im 2-Minuten-Abstand.

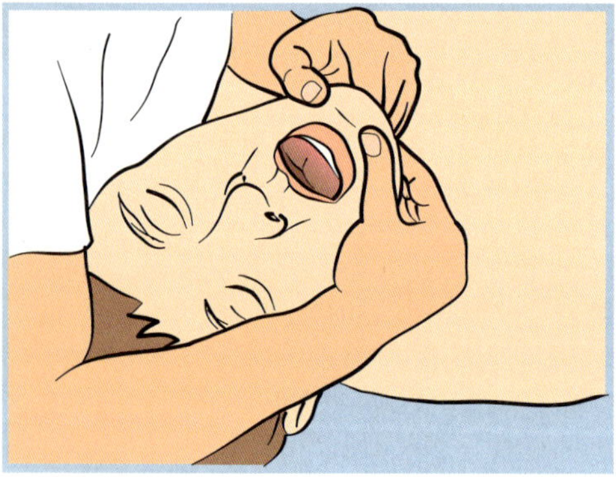

Abb. 20.**3** Atemwege freimachen

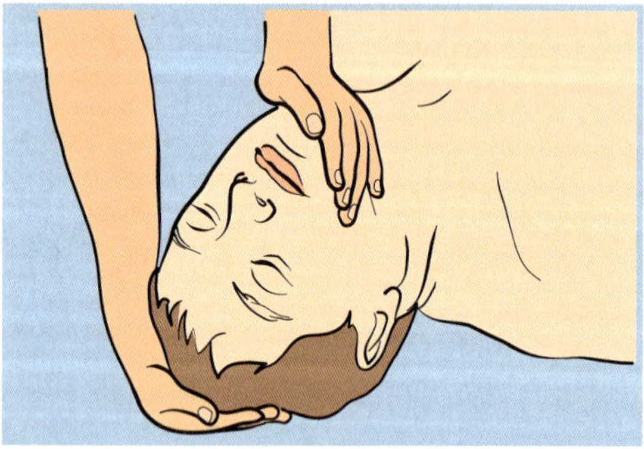

Abb. 20.**4** Überstrecken des Kopfes

B Ist der Patient **bewusstlos**?
Dann reagiert er nicht auf Anrufen, Anfassen, Schütteln oder Kneifen (Abb. 20.**5**). Bei jeder Bewusstlosigkeit ist ein Notruf erforderlich: *Was* ist passiert? *Wo* ist es passiert?

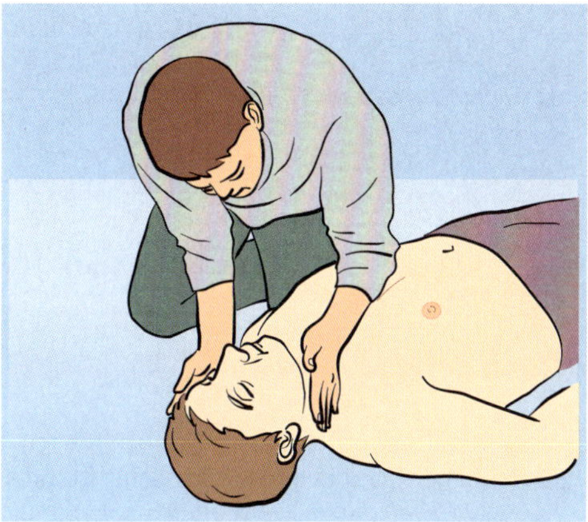

Abb. 20.**5** Bewusstlosigkeit prüfen

C Liegt ein **Kreislaufstillstand** (Circulation) vor?
Dann sind das Gesicht, besonders Lippen und Ohrläppchen bläulich blass, der Puls an der Carotis ist nicht mehr tastbar (Abb. 20.**6**). Palpieren Sie neben und etwas unter dem Kehlkopf mit Zeige- oder Ringfinger – nicht mit dem Daumen oder einem Würgegriff – und immer nur auf einer Seite.

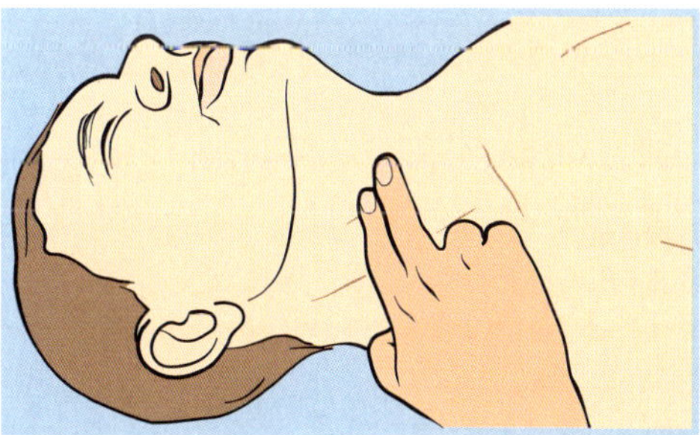

Abb. 20.**6** Puls an der A. carotis prufen

Heben Sie – die Hände am Kopf des Patienten angelegt – mit dem Daumen behutsam, aber doch zügig die Oberlider hoch (Abb. 20.**7**). Beide Pupillen sind durch Sauerstoffmangel im Gehirn weit und verengen sich nicht bei einfallendem Licht.

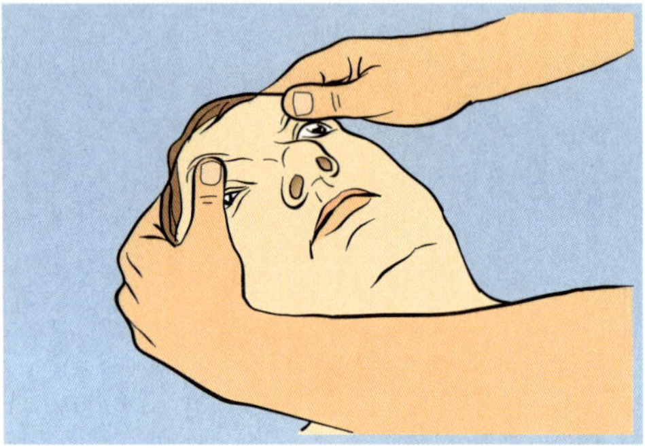

Abb. 20.**7** Pupillenreaktion prüfen

Die Prüfung muss schnell gehen, Sie haben bis zum bleibenden Gehirnschaden nur wenige Minuten Zeit.

Merken Sie sich die vorgefundene Pupillenweite, um den Erfolg Ihrer Wiederbelebungsversuche beurteilen zu können.

Legen Sie den Patienten auf eine feste Unterlage – notfalls auf den Fußboden. Hochlagerung der Beine fördert bei der Herzmassage den Rückstrom des Blutes. Beginnen Sie mit der **Herzmassage**.

Die 5 Essentials bei der Herzmassage

feste Unterlage
Druckpunkt nicht zu tief, nicht zu hoch, nicht seitlich
Oberkörper vorgebeugt
Ellenbeugen gestreckt
Hände bleiben liegen

21 Technisch-diagnostische Untersuchungen und Referenzintervalle

Voraussetzungen für die Durchführung

Geht man von den therapeutischen Möglichkeiten aus, dann ist der Aufwand systematischer Screeninguntersuchungen nicht gerechtfertigt, um eine Laryngitis von einer Pharyngitis zu unterscheiden. Ganz anders sind Aufwand, Komplikationsrisiko und therapeutischer Nutzen und damit auch die Rechtfertigung diagnostischen Aufwands zu beurteilen, wenn man bei bekannter Urolithiasis eine ektopische Schwangerschaft von einem blasennahen Harnstein abgrenzen will.

Vor der Anordnung jeder technisch-diagnostischen Untersuchung sollten Sie eine Verdachtsdiagnose dokumentieren und sechs Fragen beantworten:

1. Welchen **Aussagewert oder** Ausschlusswert hat die beabsichtigte Untersuchung in Bezug auf die Verdachtsdiagnose, abzuklärende differenzialdiagnostische Möglichkeiten und die Therapie?
   z. B. erhöht eine Leukozytose über 15 000 bei akuten Schmerzen im rechten Unterleib die Wahrscheinlichkeit der Diagnose „akute Appendizitis" und die Indikation zur Laparotomie.
2. In welcher **Reihenfolge** gewährleisten die geplanten Untersuchungen optimale Aussagekraft und minimale Patientenbelastung?
   z. B. bei Unterleibsbeschwerden die bimanuelle gynäkologische Untersuchung vor der Laparoskopie.
3. In welchem Verhältnis stehen **Kosten**, psychische und körperliche **Belastung**, Schmerzen und Risiken der Maßnahme **zum Nutzen** der Ergebnisse für die zu treffende diagnostische Entscheidung und für die therapeutischen Konsequenzen?
   z. B. die Kosten für eine Computertomographie für die Bestimmung der Gallenblasen-Wandstärke bei Verdacht auf Cholezystitis.
4. Kennen Sie **Vorbereitung**, **Durchführung**, **Zeitspanne** für die Beurteilung der Ergebnisse genau?
   z. B. das sachgemäße Abführen für eine Doppelkontrastaufnahme?
5. Welche **anderen** technisch-diagnostischen Untersuchungen können Sie unter Umständen mit der beabsichtigten Untersuchung **unmöglich** machen? (Kompatibilität und Reihenfolge)
   z. B. die röntgenologische Lokalisation von Konkrementen durch eine Magen-Darm-Passage oder die Schilddrüsenfunktionsdiagnostik mit jodhaltigen Kontrastmitteln.
6. Können Sie dem Patienten vor Durchführung einer ihn belastenden Untersuchung, wie z. B. der Endoskopie, Sinn und Vorgehensweise in einer ihm **verständlichen Form erläutern**?

Legen Sie in jedem Fall kritisch den Wert der beabsichtigten Untersuchung gegen Routinen und Hausbräuche fest. Mit Ihrer abgewogenen Entscheidung über das unbedingt Erforderliche können Sie die Kosten und die Belastung der Patienten nicht unwesentlich senken, die Zielsicherheit Ihres Vorgehens aber erhöhen.

Glauben Sie auch nicht bedingungslos an die Ergebnisse technisch-diagnostischer Untersuchungen. Der Autor hätte dieses Taschenbuch nicht schreiben können, wenn die Ergebnisse der 1960 mit seinem Namen versehenen Laborwerte tatsächlich für ihn bestimmt gewesen wären.

Bieten Sie aber auch Ihrerseits dem Labor und den Kollegen, die für Ihren Patienten Untersuchungen durchführen, angemessene Informationen an, die den anderen motivieren, nach den Symptomen zu suchen, die Sie für Ihre diagnostische Entscheidung dringend brauchen.

Die Information „Thorax in zwei Ebenen" motiviert nicht zum Mitdenken!

I Klinisch-chemische Untersuchungen im Serum (S), Plasma (P) bzw. Kapillarblut (C)[1]

Messgröße		Referenzintervall	
Albumin, S		35–52	g/l
Alkal. Phosphatase, S[2]		40–129	U/l
Ammoniak, P	m	17–47	µmol/l
	w	12–38	µmol/l
α-Amylase, S[3]		< 100	U/l
α_1-Antitrypsin, S[4]		0,9–2,0	g/l
Apolipoprotein A–I, S	m	0,94–1,78	g/l
	w	1,01–1,99	g/l
Apolipoprotein B, S	m	0,63–1,33	g/l
	w	0,60–1,26	g/l

1 Die angegebenen Werte stammen aus dem Institut für Klinische Chemie I der Medizinischen Hochschule Hannover

2 Seit 1994 (Übergangszeit bis 1996) haben sich die Referenzintervalle für die Enzymaktivitätsmessungen mit der Einführung neuer Standardmethoden (Standardmethoden 1994) bei der Messtemperatur von 37 °C geändert

3 Mangels ausreichender Standardisierung können die Referenzintervalle zwischen den Laboratorien stärker variieren

4 Seit 1995 ist eine vereinheitlichte Kalibrierung mit Bezug auf den Kalibrator CRM470 umgesetzt worden. Bei dieser Standardisierung werden sich die Referenzintervalle für einige Proteine ändern

Messgröße		Referenzintervall	
Bilirubin, S		bis 17	µmol/l
Bilirubin, unkonjugiert, S		bis 17	µmol/l
Bilirubin, konjugiert, S		< 2	µmol/l
Bilirubin, -Delta, S		< 2	mmol/l
Calcium, S		2,15 – 2,60	mmol/l
Calcium, ionisiert, S (W)[5] (Bezugs-pH-Wert: 7,4)		1,17 – 1,30	mmol/l
Caeruloplasmin, S[4]		200 – 400	mg/l
Chlorid, S		97 – 108	mmol/l
Cholesterol, S			mmol/l
m. 20 – 30 J.		bis 6,2	mmol/l
über 30 J.		bis 6,9	mmol/l
w. 20 – 40 J.		bis 6,5	mmol/l
40 – 51 J.		bis 7,2	mmol/l
über 50 J.		bis 8,5	
(Für Cholesterol, HDL-Cholesterol und LDH-Cholesterol sind die Empfehlungen der Europäischen Atherosklerosegesellschaft zu beachten)			
CHE, S[2]	m	5,3 – 12,9	kU/l
	w	4,3 – 11,3	kU/l
CK-Gesamt	m	< 171	U/l
	w	< 145	U/l
CK-MB, S (Aktivität)[2]		bis 10	U/l
CK-MB, S (Konz.)		bis 10	µ/l
CRP, S[4]		bis 8	mg/l
Eisen, S	m	14 – 27	mmol/l
	w	11 – 25	
Elektrophorese, S			
Albumin		60 – 72 %	
α_1-Globulin		2 – 4 %	
α_2-Globulin		5 – 11 %	
β-Globulin		6 – 14 %	
γ-Globulin		8 – 18 %	
Ferritin		30 – 200	µg/l
Galactose, S, C		bis 0,24	mmol/l
Gallensäuren, S		bis 5	µmol/l
Glucose, C		3,9 – 5,5	mmol/l
GLDH, S[2]	m	< 7	U/l
	w	< 5	U/l
GOT (AST), S[2]	m	< 50	U/l
	w	< 35	U/l

[5] S (W) = Serumwasser

Messgröße		**Referenzintervall**	
GPT (ALT), S[2]	m	< 50	U/l
	w	< 35	U/l
γ-GT, S[2]	m	< 66	U/l
	w	< 39	U/l
Hämoglobin (freies), P		bis 100	mg/l
Haptoglobin, S[4]		0,27 – 1,39	g/l
Harnsäure, S	m	200 – 420	µmol/l
	w	140 – 340	µmol/l
Harnstoff, S		3,3 – 6,7	mmol/l
IgA, S[4]		0,7 – 5,0	g/l
IgG, S		47,0 – 16,0	g/l
IgM, S[4]	m	0,4 – 2,3	g/l
	w	0,4 – 2,8	g/l
Kalium, S		3,6 – 5,4	mmol/l
Kreatinin, S		bis 105	µmol/l
Kreatinin (enzymat.), S	m	57 – 93	µmol/l
	w	50 – 80	µmol/l
Kupfer, S	m	11 – 22	µmol/l
	w	13 – 24	µmol/l
Lactat, P		0,63 – 2,44	mmol/l
LDH, S[2]		< 247	U/l
Lipase, S[3]		13 – 60	U/l
Magnesium, S		0,75 – 1,10	U/l
α_2-Makroglobulin, S[4]		1,3 – 3,0	g/l
Methämoglobin, P		bis 2,7 %	
Myoglobin, S		bis 70	µg/l
Natrium, S		138 – 148	mmol/l
Osmolalität, S		280 – 310	mmol/kg
PAP (Prostata-spez. sr.P'ase), S3		bis 2,8	µg/l
Phosphat, S		0,83 – 1,67	mmol/l
Präalbumin, S[4]		0,17 – 0,42	g/l
Protein (gesamt), S		65 – 80	g/l
PSA (Prostata-spez. Antig.), S[3]		< 3	µg/l
Saures-α_1-Glykoprotein, S[4]		0,30 – 1,35	g/l
Transferrin-EBK, S[4]	m	54 – 73	µmol/l
	w	45 – 63	µmol/l
Triglyceride, S		bis 4,71	mmol/l
Zink, S		8,4 – 22,9	µmol/l

II Klinisch-chemische Untersuchungen im arteriellen Blut

Messgröße	Referenzintervall	
Blutgasanalyse: Bezugswerte für Körpertemperatur: 37 °C Hämoglobin: 15 g/dl		
pH	7,35 – 7,45	
pCO_2	36 – 42	torr
HCO_3, akt.	20 – 27	mmol/l
Base Excess	± 2	mmol/l
pO_2 (Alter und Broca-Index beachten)	65 – 105	torr
O_2-Sättigung	95 – 98,5 %	

III Klinisch-chemische Untersuchung im Liquor

Messgröße	Referenzintervall	
Chlorid	115 – 133	mmol/l
Glucose	1,6 – 3,6	mmol/l
Protein	170 – 520	mg/l
Elektrophorese:		
Präalbumin	3 – 8 %	
Albumin	60 – 72 %	
α1-Globulin	2 – -4 %	
α2-Globulin	5 – 11 %	
β-Globulin	6 – 14 %	
τ-Fraktion	3 – 9 %	
β+τ-Fraktion	10 – 20 %	
γ-Globulin	8 – 18 %	

IV Klinisch-chemische Untersuchung im Urin

Messgröße	Referenzintervall	
Albumin	12 – 19	mg/d
γ-Aminolävulinsäure	2 – 49	µmol/d
α-Amylase[1]	bis 460	U/l
Calcium	2,5 – 10,0	mmol/d
Chlorid	140 – 280	mmol/d
Dichte (Spez. Gewicht)	1,012 – 1,022	kg/l
Glucose	bis 0,7 bis 1,7	mmol/d mmol/d
Harnsäure	3,0 – 4,2	mmol/d

1 Mangels ausreichender Standardisierung können die Referenzintervalle zwischen den Laboratorien stärker variieren

Messgröße	Referenzintervall	
Kalium	25 – 100	mmol/d
Kreatinin	9,0 – 14,0	mmol/d
Kupfer	0,4 – 1,1	µmol/d
Magnesium	2,5 – 8,5	mmol/d
Natrium	130 – 260	mmol/d
Osmolalität	40 – 1400	mmol/kg
Konzentrationstest	über 950	mmol/kg
Phosphat	23 – 48	mmol/d
Porphobilinogen	0,5 – 7,5	µmol/d
Porphyrine (gesamt)	bis 100	µg/d
Protein (gesamt)	bis 0,05	g/d
Vanillinmandelsäure	17 – 33	µmol/d

V Pharmaka-(Drug-)Monitoring im Serum (S) bzw. Blut (B)
Vorläufige therapeutische Bereiche:

Messgröße		Therapeutische Bereiche	
1. Analeptika			
Theophyllin, S		6,0 – 11,0	mg/l
Coffein, S		2,0 – 15,0	mg/l
2. Antiarrhythmika			
Chinidin, S		2,0 – 5,0	mg/l
Disopyramid, S		2,0 – 5,0	mg/l
Lidocain, S		1,5 – 5,0	mg/l
Mexiletin, S		0,5 – 2,0	mg/l
Procainamid, S		4,0 – 8,0	
Procainamid und N-Acetylprocainamid, S		4,0 – 10,0 –(20,0	mg/l)
S-Propafenon, S		0,2 – 1,0	mg/l
S-Tocainid, S		3,0 – 10,0	mg/l
3. Antibiotika			
Amikacin, S	max.	15,0 – 25,0	mg/l
	min.	< 5,0	mg/l
Gentamicin, S	max.	5,0 – 12	mg/l
	min.	< 2,0	mg/l
Tobramycin, S	max.	6,0 – 10,0	mg/l
	min.	< 2,0	mg/l
Vancomycin, S	max.	20 – 40	mg/l
	min.	5 – 10	mg/l

Messgröße		Therapeutische Bereiche		
4. Antidepressiva				
Amitriptylin, S		–		
Nortriptylin, S		50 – 140	mg/l	
Ami.+Nor., S		150 – 250	mg/l	
Imipramin, S		–		
Desipramin, S		150 – 300	mg/l	
Imi. + Desi., S		200 – 300	mg/l	
5. Antiepileptika				
Carbamazepin, S		5,0 – 10,0	mg/l	
Ethosuximid, S		40 – 80	(– 100	mg/l)
Phenobarbital, S		15,0 – 25,0	(– 40,0	mg/l)
Phenytoin (ges.), S		5,0 – 20,0		mg/l
Phenytoin (frei), SW		0,5 – 2,0		mg/l
Primidon, S		5,0 – 12,0	(– 15,0	mg/l)
Valproinsäure, S		50 – 100	(– 140	mg/l)
6. Antimykotika				
Flucytosin, S	max.	50 – 100	mg/l	
	min.	25 – 50	mg/l	
7. Bronchospasmolytika				
Theophyllin, S		8,0 – 20,0	mg/l	
8. Herzglykoside				
Digitoxin, S		13 – 25 mg/l	(17 – 33	nmol/l)
Digoxin, S		1,0 – 3,1 mg/l	(1,2 – 2,8	nmol/l)
9. Immunsuppressiva				
Ciclosporin, B		100 – 300	mg/l	
10. Psychopharmaka				
Lithium, S		0,60 – 0,80	mmol/l	

11. Zytostatika

S – Methotrexat
24Std.: < 10,0 mmol/l
48Std.: < 0,5 – 1,0 mmol/l
72Std.: < 0,05 – 0,10 mmol/l
nach Beginn der hochdosierten Therapie (Infusion 4 – 6Std.)

22 Diagnostisches Denken

22.1 Kleine Logik ärztlicher Diagnostik

Eine Diagnose ist die Schlussfolgerung aus den Symptomen – besser noch aus der Symptomkonstellation des Patienten – auf Krankheitsbilder mit vergleichbarer Symptomatik. Diagnosen stellen – wie macht man das?

Symptomatologische Diagnostik

Patienten kommen in der Regel mit mehr als einem Symptom zum Arzt, dem so genannten „unsortierten Symptomhaufen".

Versetzen Sie sich in die Situation eines 21-jährigen Patienten, der über Übelkeit, Erbrechen, Bauchschmerzen und Durchfall klagt.

Wie schaffen Sie Ordnung auf dem Weg zur Diagnose?

Erster systematischer Schritt: Ein Leitsymptom festlegen

Um die angebotenen, meist ungeordneten Informationen eines Patienten zu ordnen, benutzen Sie eins der von ihm genannten Symptome, das Ihnen auf dem Weg vom Symptom zu einer Diagnose besonders geeignet scheint, z. B. Bauchschmerzen als Leitsymptom (ausführlich im Kapitel 3).

Zweiter Schritt auf dem Weg zur Diagnose: Die Differenzierung

In der Regel sind Symptome diagnostisch vieldeutig, z. B. treten Bauchschmerzen bei mehr als 100 Krankheitsbildern auf. Wie können Sie ein Symptom „bearbeiten", um seine diagnostische Vieldeutigkeit einzuschränken? Denken Sie an Bauchschmerzen. Was wollen Sie von Ihrem Patienten über die Bauchschmerzen genauer wissen?
Die Differenzierung der Symptome

z. B. Bauchschmerzen	
Seit wann?	Dauer
Wie stark?	Stärke
Wie beschaffen?	Art
Wo genau?	Ort
Womit in Zusammenhang?	Körperfunktionen

Mit sorgfältiger **Differenzierung** angegebener Beschwerden nach Dauer, Stärke, Art und Ort, Beziehung zu Funktionen oder der vorgefundenen Befunde mit IPPAF (S. 150) engen Sie die diagnostische Vieldeutigkeit von Symptomen ein.

Symptomnetze als Denkhilfe

Ein Leitsymptom wie „Bauchschmerzen" weist auf viele Krankheiten hin und ist in seiner Vieldeutigkeit für die Diagnostik keine Hilfe. Es muss deshalb präzisiert und damit eingeengt werden. Dazu benutzen Sie „Symptomnetze", die die Vielzahl der Diagnosen, die z. B. bei Bauchschmerzen infrage kommen, reduzieren. Vergleichbar dem Sortieren von Perlen verschiedener Größe sollen die Netze die großen Perlen, das sind die krankheitsrelevanten Informationen, zurückhalten.

Das Material für die Bildung von Symptomnetzen haben Sie bereits mit der Differenzierung der Beschwerde Bauchschmerzen gewonnen. In unserem Beispiel benutzen Sie den **Schmerzort als erstes Netz,** in dem Krankheitsbilder = Diagnosen mit Schmerzen „im rechten Unterbauch" wie Appendizitis, Adnexitis, ektopische Schwangerschaft usw. hängen bleiben.

Dagegen fallen durch dieses Symptomnetz Krankheitsbilder mit Bauchschmerzen an anderem Ort als diagnostisch irrelevant durch das Netz, Sie haben mehr als 100 mögliche Diagnosen, bei denen Bauchschmerzen auftreten, auf etwa 16 Krankheitsbilder reduziert und damit aus Ihren diagnostischen Überlegungen eliminiert.

Bauchschmerzen – rechter unterer Quadrant
Diagnostische Bedeutung

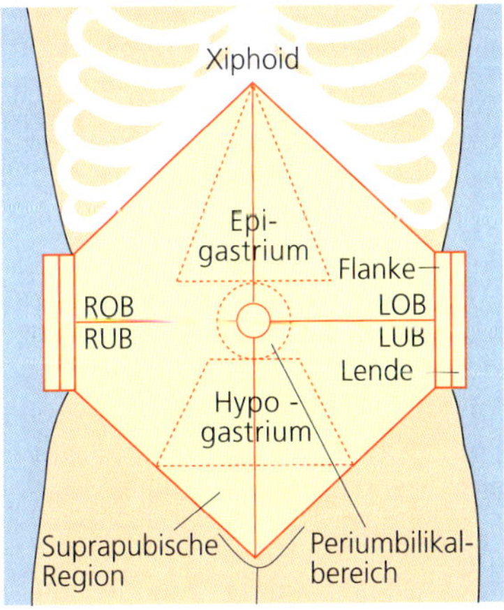

Das ist der Raum zwischen horizontaler Nabellinie, Periumbilikalbereich, unterem Anteil der vertikalen Nabellinie, Suprapubikum, Inguinalfurche und rechter Flanke.

- ❖ bei Adnexitis (PID)
- ❖ bei Appendizitis
- ❖ bei Corpus-luteum-Zyste
- ❖ bei ektopischer Schwangerschaft
- ❖ bei Harnleitersteinen
- ❖ bei Hernieneinklemmung
- ❖ bei Hodentorsion
- ❖ bei Kolitiden
- ❖ bei Leberstauung, akuter
- ❖ bei Lymphadenitis mesenterica
- ❖ bei Meckel-Divertikel
- ❖ bei Ovarialtumor
- ❖ bei ovarieller Massenblutung
- ❖ bei prämenstruellem Syndrom
- ❖ bei Rectus-abdominis-Syndrom
- ❖ bei stielgedrehter Ovarialzyste

Vergleichbar dem Symptomnetz für den Schmerzort können Sie Symptomnetze für Dauer, Stärke, Art sowie für die Beziehung des Symptoms zu anderen Körperfunktionen bilden. Für unser Beispiel Appendizitis engen folgende Symptomnetze die diagnostische Entscheidung mit jedem Parameter aus der Differenzierung der Bauchschmerzen zunehmend ein; die Zahl denkbarer Krankheitsbilder nimmt immer weiter ab:

- Dauer der Schmerzen: „Entwicklung in Stunden“
- Stärke der Schmerzen: „Starke Schmerzen“
- Art der Schmerzen: „Somatische Dauerschmerzen“
- Beziehung zu Funktionen: „Übelkeit und Erbrechen...“

In vergleichbarer Form können Sie mit dem Material aus der Differenzierung des Leitsymptoms und der **Begleitsymptome** Symptomnetze für alle denkbaren Beschwerden und Befunde bilden. Wenn Sie für die weitere Einengung der diagnostischen Möglichkeiten aus der Differenzierung von Befunden (IPPAF) den Palpationsbefund „Im rechten unteren Quadranten“ verwenden, weisen z. B. „punktförmiger Druckschmerz am McBurney-Punkt und Lanz-Punkt“ sowie „Abwehrspannung“ noch deutlicher auf die Verdachtsdiagnose Appendizitis hin.
Anregungen finden Sie in den Kapiteln 14 und 15 (Untersuchung des Bauches).

Dritter Schritt – Begleitsymptome

„Seit 9 Stunden starke, brennende, bewegungsunabhängige Dauerschmerzen im rechten Unterbauch...“ Auch ein konsequent differenziertes Leitsymptom kann noch viele diagnostische Schlussfolgerungen zulassen. Aus Anamnese- und Befunderhebung, Organzuordnung und Systemübersicht ergeben sich Begleitsymptome. Sie stehen offenbar in erkennbarem pathophysiologischem Zusammenhang mit dem Leitsymptom – z. B. Bauchschmerzen – wie Appetitverlust, Durchfall, Fieber usw. Auch Begleitsymptome und ihre Differenzierung helfen bei der Einengung des Leitsymptoms auf dem Weg zur Verdachtsdiagnose weiter und liefern die Maschen für neue Netze.

Vierter Schritt – zusätzliche Symptome

„Zusätzliche Symptome“ stehen im Unterschied zu den Begleitsymptomen zunächst in keinem unmittelbar erkennbaren Zusammenhang mit dem Leitsymptom des Patienten, können aber dennoch diagnostisch weiterführen. Ein klassisches Beispiel sind durch Metastasen bedingte Kniegelenkschmerzen, die beim Leitsymptom „Schmerzen in der Lumbalregion“ als zusätzliches Symptom auftreten und einen Hinweis auf das sonst symptomarme und deshalb oft erst spät erkannte Hypernephrom bieten.

Diagnostischer Wert der gesammelten und differenzierten Symptome

Aus dieser noch nicht gewichteten Sammlung der Symptome Ihres Patienten vergleichen Sie Einzelsymptome mit vergleichbaren Einzelsymptomen anderer

Krankheitsbilder, z. B. Einzelsymptom Bauchschmerzen im rechten Unterbauch. Das heißt: Sie treiben symptomatologische Differenzialdiagnostik mit der Fragestellung: Bei welchen sonstigen Krankheitsbildern kommt das Symptom auch noch vor?

Die gewichtete Symptomkonstellation des Patienten

Für die Symptome müssen noch die Entstehungsbedingungen, ihre Pathophysiologie, Pathogenese und ihr Stellenwert für den Organismus (z. B. Halbseitenlähmung verglichen mit Verdauungsstörungen) und ihr Gewicht (40,3 °C Fieber verglichen mit 38,1 °C Fieber) berücksichtigt werden. Die so gewonnene Gesamtheit der Symptome eines realen Patienten – einschließlich technisch-diagnostischer Werte – ist die gewichtete Symptomkonstellation, wobei sich bei unserem Beispiel Bauchschmerzen folgende Ordnung ergibt:

„Seit 9 Stunden vom Nabel in den rechten Unterbauch gewanderter punktförmiger starker Spontanschmerz, verbunden mit Übelkeit, Erbrechen nach dem Einsetzen der Schmerzen; Druckschmerz an McBurney-Punkt und Lanz-Punkt, Abwehrspannung. Verdachtsdiagnose: Appendizitis. Das heißt: Sie treiben symptomatologische Differenzialdiagnostik."

Symptomatologische Differenzialdiagnostik

Das methodische Prinzip für jede differenzialdiagnostische Abklärung ist – wie der Begriff sagt – der *Vergleich*.

Von *einzelnen* Symptomen – in der Regel dem Leitsymptom – Ihres Patienten geleitet, schließen Sie auf denkbare Krankheitsbilder, bei denen Sie diese Symptome ebenfalls erwarten, und kommen zu einer Arbeitsdiagnose. In der Regel wechseln Sie auf dem Weg zur Diagnose ständig und ohne, dass Ihnen Ihr Vorgehen bewusst wird, zwischen induktiver symptomatologischer Differenzialdiagnostik und deduktiver nosologischer Differenzialdiagnostik.

Nosologische Differenzialdiagnostik

Nosologie (Krankheitslehre) ist die vom einzelnen Patienten unabhängige, systematische Beschreibung von Krankheitsbildern. Sie treiben nosologische Differenzialdiagnostik, wenn Sie Ihre Verdachtsdiagnose **als Ganzes** deduktiv mit ähnlichen Krankheitsbildern, die mit Bauchschmerzen im rechten Unterbauch auftreten, vergleichen. Mit diesem Mustervergleich versuchen Sie, Ihre Verdachtsdiagnose mit der Fragestellung zu falsifizieren (*Popper*), „Welche vergleichbaren Krankheitsbilder könnten es sonst sein?" oder „Was spricht gegen die Verdachtsdiagnose?" Dabei würde z. B. eine früher durchgeführte Appendektomie Ihre Verdachtsdiagnose „Appendizitis", ein männlicher Patient eine „Adnexitis" ausschließen.

Die induktive symptomatologische Diagnostik und der deduktive nosologische Vergleich mit anderen ähnlichen Krankheitsbildern (Diagnosen) führen schließlich zu einer wissenschaftlich begründbaren und während der Betreuung des Patienten noch zu überprüfenden **Arbeitsdiagnose**, aufgrund der Sie die Therapie einleiten.

Fünfter Schritt – Arbeitsdiagnose

Die fünf Schritte vom Symptom zur Diagnose zusammengefasst:
1. Sie legen ein Leitsymptom fest.
2. Sie differenzieren das Leitsymptom und die übrigen Beschwerden und Befunde.
3. Sie reduzieren mit Hilfe der Symptomnetze und der gewichteten Symptomkonstellation die vielfältigen diagnostischen Möglichkeiten (Symptomatologische DD).
4. Sie vergleichen einzelne Symptome Ihres Patienten mit denkbaren Krankheitsbildern, bei denen Sie diese Symptome ebenfalls erwarten (Symptomatologische Differenzialdiagnostik).
5. Sie treiben dann mit dem Vergleich der infrage kommenden Krankheitsbilder unter einander nosologische Differenzialdiagnostik und kommen so von Ihrer Verdachtsdiagnose zu einer wissenschaftlich begründbaren Arbeitsdiagnose, aufgrund der Sie die Therapie einleiten.

Ohne die Erfahrung aus 20 Berufsjahren sollten Sie die Analyse der aktuellen Symptome Ihres Patienten nicht überspringen und sich nicht darauf beschränken, lediglich vermutete – schon einmal gesehene – Krankheitsbilder als Ganzes auf den Zustand Ihres Patienten zu projizieren – Ratediagnostik oder noch schlimmer Hokuspokusdiagnostik und Bewunderung heischende „Anhiebsdiagnosen" passen nicht zu verantwortungsvollem ärztlichem Handeln!

22.2 Sensitivität, Spezifität und der diagnostische Vorhersagewert der Symptome – quantitative Diagnostik

Grundlage ärztlicher Kunst ist das Suchen und Finden von Symptomen, die es gestatten, zutreffende Diagnosen zu stellen. Das sind Symptome mit hohem diagnostischem Gewicht. Mit wenigen Begriffen lässt sich eine objektive Gewichtung der diagnostischen Aussagekraft von Symptomen darstellen.

Um vom Symptom zur Diagnose zu kommen, benutzt der Arzt neben seinem **Erfahrungsschatz** populär-statistische Aussagen wie „häufige Krankheiten sind häufig". Sie werden allerdings durch seinen persönlichen Tätigkeitsbereich wesentlich beeinflusst. Zum Beispiel gehören für den Chirurgen in einem Kreiskrankenhaus Appendizitiden, die er zwei bis dreimal pro Woche operiert, zu den häufigen Krankheiten, Schmerzen im rechten Unterbauch mit einer für seine Sicht weitreichenden „Selbstverständlichkeit" zu diesem Krankheitsbild. Tatsächlich liegt die Prävalenz, das ist die Häufigkeit der Krankheit K in der Bevölkerung, abgekürzt: P(K), bei etwa 0,1 %. Entsprechend niedrig ist der diagnostische Vorhersagewert dieses Symptoms.

Die **Sensitivität**, also Angaben über die prozentuale Häufigkeit z. B. des Symptoms Bauchschmerz bei Appendizitis P(S+|K) = 96%[1], reicht für die Gewichtung der Aussagekraft eines Symptoms nicht aus, denn sie sagt nicht etwa, dass Bauchschmerzen mit großer Wahrscheinlichkeit auf eine Appendizitis schließen lassen. Das missverständliche Motto „Häufige Dinge sind häufig" hat ärztliches Denken jahrzehntelang zu dem Trugschluss verführt, dass Häufigkeit und Wahrscheinlichkeit identisch seien. Auch die Einbeziehung der (schwer bestimmbaren) **Spezifität**, das sind Prozentangaben für das Fehlen des Symptoms bei Menschen, die keine Appendizitis haben, abgekürzt P(S–|NK), erlaubt keine endgültige Aussage über den diagnostischen Wert des Symptoms. Gebraucht wird zusätzlich die diagnostische Wahrscheinlichkeit oder der diagnostische **Vorhersagewert** VW eines Symptoms, also eine Aussage darüber, mit welcher Wahrscheinlichkeit das Symptom S+ die Schlussfolgerung zulässt, dass eine bestimmte Krankheit K vorliegt = P(K|S+). Dazu wird die Zahl der Patienten, die Bauchschmerzen bei Appendizitis haben, ins Verhältnis gesetzt zur Gesamtzahl der Menschen, die Bauchschmerzen haben. Das 4-Felder-Schema zeigt den Zusammenhang (s. Abb. 22.**1**).

Prozentangaben über die Häufigkeit von Symptomen bei bestimmten Krankheiten, die nosologischen Wahrscheinlichkeiten, das sind Sensitivität = P(S+|K) und Spezifität = P(S–|NK), lassen sich mit dem Bayes-Theorem in **diagnostische Wahrscheinlichkeiten** umsetzen (nach *Victor*).

$$P(K|S+) = \frac{P(S+|K)P(K)}{P(S+|K)P(K)+P(S+|NK)P(NK)}$$

Das Theorem gestattet damit die Wertung von Symptomen für eine bestimmte Diagnosestellung aufgrund der Symptomhäufigkeiten, die meist den sog. Symptomlisten entnommen werden können.

Beispiel

Die Prävalenz, d. h. die Gesamtzahl aller Fälle von Tuberkulose in der Bundesrepublik, liegt derzeit bei 0,1%. Nach *Hein* u. Mitarb. (Handbuch der Tuberkuloseer-

[1] se = P(S+|K) also der Prozentsatz der Fälle mit der Krankheit K und dem Symptom S+
sp = (1 –P[S+|NK]) also der Prozentsatz ohne die Krankheit NK und ohne das Symptom S–
S+ , S– = vorliegende oder nicht vorliegende Symptome
K = die Krankheit
NK = das Nichtvorliegen der Krankheit
VW+ = der positive Vorhersagewert
VW– = der negative Vorhersagewert
P = die Wahrscheinlichkeit
P(NK) = (1 –Prävalenz)
P(K) = die Verbreitung (Prävalenz), die wir hier gleichsetzen mit der A-priori-Wahrscheinlichkeit für die Krankheit K
K|S+ = das Vorliegen der Krankheit unter der Voraussetzung, dass das Symptom S vorliegt

	H^+	H^-	
Tb	8	2	10
NTb	200	9790	9990
	208	9792	10.000

P(Tb) + Prävalenz = 10/10.000 = 0,1%
$P(H^+|Tb)$ = Sensitivität = 8/10 = 80%
$P(H^-|NTb)$ = Spezifität = 9.790/9.990 ≈ 98%
$P(Tb^-|H^+)$ = Vorhersagewert (+) = 8/208 ≈ 4% !

Abb. 22.**1** 4-Felder-Schema (nach *Victor*)

krankungen) wird das Symptom Husten bei Tuberkulosekranken in etwa 80% der Fälle beobachtet (Sensitivität = 80%). Die Häufigkeit des Auftretens von Husten bei allen nicht an Tuberkulose erkrankten Menschen (praktisch identisch mit der Häufigkeit des Auftretens in der Gesamtbevölkerung) schwankt zeitlich und regional; nehmen wir diese Häufigkeit nur mit 2% an, so ergibt sich, bezogen auf 10000 Personen, die folgende Vierfeldertafel. Man erkennt, dass trotz hoher Sensitivität und Spezifität des Symptoms der (positive) Vorhersagewert des Hustens nur 8/200, also 4% beträgt; das Symptom Husten allein hat sehr geringe Aussagekraft bezüglich der Diagnose Tuberkulose (Abb. 22.**1**).

Das Bayes-Theorem führt über die Häufigkeit des Vorkommens eines Symptoms bei einer bestimmten Krankheit insofern hinaus, als es sein Vorkommen auch bei Menschen berücksichtigt, die die Krankheit nicht haben (= P[S+/Nk]) und die Verbreitung (Prävalenz) der Krankheit innerhalb einer definierten Population ins Kalkül zieht.

Durch das Berechnen der Wahrscheinlichkeit des Vorliegens bestimmter Krankheiten über das Bayes-Theorem können Sie Ihre diagnostischen Entscheidungen verbessern. Die Berechnung lässt sich bei Vorliegen von Angaben zur Prävalenz, zur Symptomhäufigkeit und zur Spezifität leicht mit einem Taschenrechner durchführen. Die Formel liefert dann zwar keine neue Erkenntnis, bereitet aber die vorliegenden Informationen in einer Form auf, die unmittelbar für Ihre diagnostischen Schlüsse verwendbar ist.

Vergessen Sie aber über Maß und Zahl nicht die Tatsache, dass Sie damit nicht mehr als Wahrscheinlichkeiten erhalten, die Ihnen bei diagnostischen Überlegungen zwar helfen, Ihnen aber die Entscheidung über die Diagnose nicht abnehmen.

Die Anwendung des **Bayes-Theorems** auf diagnostische Fragestellungen in der Medizin hat vier Handicaps:

1. Es geht davon aus, dass nur eine Krankheit vorliegt, was besonders bei älteren Patienten fraglich ist;
2. die Symptome, die in die Berechnung des Vorhersagewertes eingehen, müssen voneinander unabhängig sein. Unser pathophysiologisches Wissen reicht längst nicht aus, um die Unabhängigkeit aller in der täglichen Praxis vorkommenden Symptome voneinander sicherzustellen;
3. es müssen alle Patienteninformationen vollständig vorliegen, eine Forderung, die im Rahmen einer wirtschaftlichen Gesundheitsbetreuung unrealistisch erscheint, aber dadurch kompensiert werden kann, dass man nichterhobene Daten auch aus der Berechnung ausklammert, oder Daten, die sequenziell gewonnen werden, auch sequenziell in das Bayes-Theorem einfließen lässt;
4. Untersuchungen innerhalb Europas haben gezeigt, dass sowohl die berechneten Wahrscheinlichkeiten als auch die Häufigkeitserhebungen über das Vorkommen bestimmter Symptome bei bestimmten Krankheiten nicht uneingeschränkt vergleichbar sind. Einzelerhebungen in den Ländern, z. B. zu der Frage, wie häufig unklarer Husten, der länger als sechs Wochen anhält, in einem größeren Kollektiv vorkommt, sind außerordentlich zeit- und kostenaufwendig.

Die Anwendung des Bayes-Theorems zur Berechnung des diagnostischen Vorhersagewertes einzelner Symptome für bestimmte Krankheiten bedarf intensiver Forschung. Im Zeitalter rationaler Vorliebe für Zahlen ist in jedem Fall dem Patienten mit verbindlich definierten Symptomen, Messwerten und Logik mehr gedient als mit vager intuitiver Mystik.

22.3 Aufgaben für die Selbstkontrolle

1 Um welche Kerninformation organisieren Sie ungeordnete Symptome?

2 Warum reicht „Bauchschmerzen“ allein für diagnostische Zwecke nicht aus?

3 Womit können Sie, vom Leitsymptom ausgehend, die diagnostische Bedeutung eines vieldeutigen Symptoms einschränken?

4 Mit welchen weiteren Informationen vom Patienten können Sie über die Differenzierung des Leitsymptoms hinaus die Zahl möglicher Diagnosen weiter verkleinern?

5 Mit welcher Strategie – Denkhilfe – finden Sie diagnostisch relevante Symptome?

6 Wie unterscheiden Sie symptomatologische und nosologische Differenzialdiagnostik?

7 Wie bezeichnen Sie die Gesamtheit der Patientensymptome?

8 Wie nennen Sie Ihre primären Schlussfolgerungen aus den Patientensymptomen?

9 Was verstehen Sie unter nosologischer Differenzialdiagnostik?

10 Mit welchem Ziel stellen Sie einen nosologischen Mustervergleich an (*Popper*)?

11 Formulieren Sie selbst die fünf Schritte vom Symptom zur Diagnose!

23 Problemorientierte Patientenbetreuung – problemorientierte Dokumentation

Jeder Arzt, der darauf angewiesen ist, in eigenen oder fremden Krankengeschichten – unter Umständen unter dem Zeitdruck eines Notfalles – bestimmte Informationen zu suchen, weiß, wie selten man „auf Anhieb“ findet, was man sucht. Darüber hinaus wird bei ständig wachsender Informationsmenge die ärztliche Dokumentation immer mühsamer und kostspieliger. Ohne ein logisches System, das die Aufzeichnung vereinfacht und ein gezieltes Abrufen von Informationen erleichtert, wird die Dokumentation auch immer unergiebiger und unerfreulicher. *Weed* (1969) hat den Versuch unternommen, die medizinische Dokumentation zu rationalisieren, um damit die Patientenbetreuung im Sinne einer Gesamtheit aller Maßnahmen von der Erstuntersuchung bis zum Entlassungsbericht zu verbessern.

**Grundidee der problemorientierten Dokumentation:
Die explizite Formulierung von Problemen erleichtert die Zuordnung der Patientendaten zu den einzelnen Problemen und das systematische Abarbeiten der Probleme.**

Zu diesem Zweck werden die einzelnen Patientendaten entsprechend ihrer Problemzugehörigkeit „markiert“. Dadurch wird der logische Zusammenhang zwischen den zahlreichen Einzelinformationen und den Problemen transparent und erleichtert allen, die an der Betreuung des Patienten beteiligt sind, die Arbeit.

Die grundsätzliche Frage lautet also: durch welche methodische Hilfe wird die Dokumentation der Patientenbetreuung ökonomischer und leichter nachvollziehbar?

Die generelle Antwort: durch Aufschlüsselung des gesamten Krankheitszustandes des Patienten in Einzelprobleme und deren Lösung (Abb. 23.**1**).

Diese rationelle Form der Patientenbetreuung und -dokumentation soll es dem Arzt erleichtern:

- Patientendaten zweckmäßig zu sammeln, zu ordnen und zu dokumentieren;
- Anlass, Ziel und Erfolg seiner Arbeit nachvollziehbar zu machen;
- die kontinuierliche Betreuung des Patienten zu sichern.

Die problemorientierte Dokumentation schränkt keineswegs die Freiheit ein, eine individuelle Sicht von Problemen auszudrücken; aber sie betont dort rationelle Formen, wo persönlicher Stil die Kommunikation beeinträchtigen könnte, und ist ein wesentliches Hilfsmittel für das systematische Lösen ärztlicher Probleme.

Quellenorientierte, unstrukturierte Aufzeichnungen

Bewusstloser Patient am 10.5.200× in Seitenlage eingeliefert. Puls um 10 Uhr 110, Blutdruck 95/70. Soll vom Auto angefahren worden sein. xx mg Trasylol in den Tropf geben. Eltern verständigen; Kind wirkt verwahrlost. Die Harnausscheidung war in

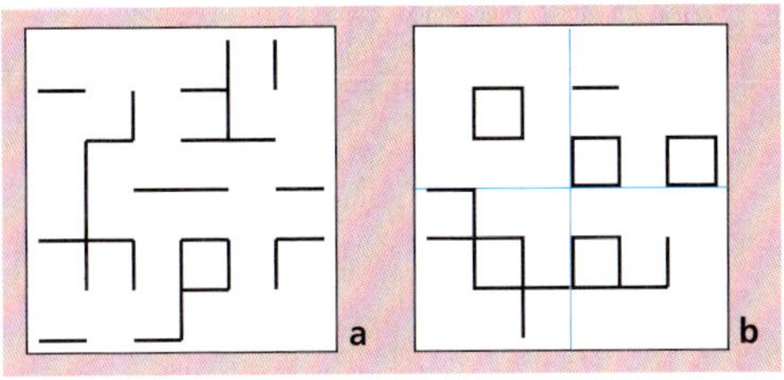

Abb. 23.**1** Weder die Zahl der Einzelinformationen (Striche) noch ihre Qualität (senkrechte oder waagerechte Lage) wird durch die Ordnung verändert, aber die Probleme nehmen durch die Anordnung der Striche (Symptome) Gestalt an; manches Problem bleibt noch offen. **a** Gesamtzustand des Patienten, **b** Aufschlüsselung in Probleme

den letzten beiden Stunden nur minimal. An der rechten Körperseite wurden Hautabschürfungen festgestellt. Hb 9,7; Transfusion vorbereitet. Patient erbricht. Unfallzeuge berichtet über lautes Aufschlagen des Kopfes, deshalb Röntgen des Schädels in 2 Ebenen. 250 mg Tetracyclin alle 4 Std. usw.

Eine derartige Dokumentation, die sich am zeitlichen Nacheinander der eingehenden Informationen orientiert, nennen wir „unstrukturiert". Sie ist meist viel umfangreicher und gestattet Rückschlüsse auf die Quelle der Informationen: Unfallbericht, Untersuchungsergebnisse, Laborbefunde, Röntgenergebnisse, Konsiliaruntersuchungen usw. Aus dieser „quellenorientierten Dokumentation" sind weder Zusammenhänge der Einzelinformationen noch Gründe für ihre Beschaffung noch die Schlüsse unmittelbar zu erkennen, die aus ihnen gezogen wurden.

Vielmehr ist jeder, der eine Diagnose oder die bisherige Behandlung beurteilen oder weiterführen will, gezwungen, den gesamten Krankheitsbericht zu analysieren. Das ist ein wenig rationeller Zugang.

Problemorientierte Dokumentation

Im Gegensatz dazu analysiert bei der problemorientierten Patientenbetreuung und Dokumentation (PoPD) der behandelnde Arzt den Gesamtzustand des Patienten sofort und dokumentiert die einzelnen Probleme, seine Lösungsvorschläge und den Verlauf.

Er ordnet dann unmittelbar die Einzelinformationen den durchnummerierten Problemen zu, zu denen sie wahrscheinlich gehören, und codiert zu diesem Zweck die einzelnen Informationen mit den Problemnummern. Problemliste und Codierung sind die beiden wesentlichen Hilfen der PoPD zur Arbeitserleichterung und zur Strukturierung der Patientendaten.

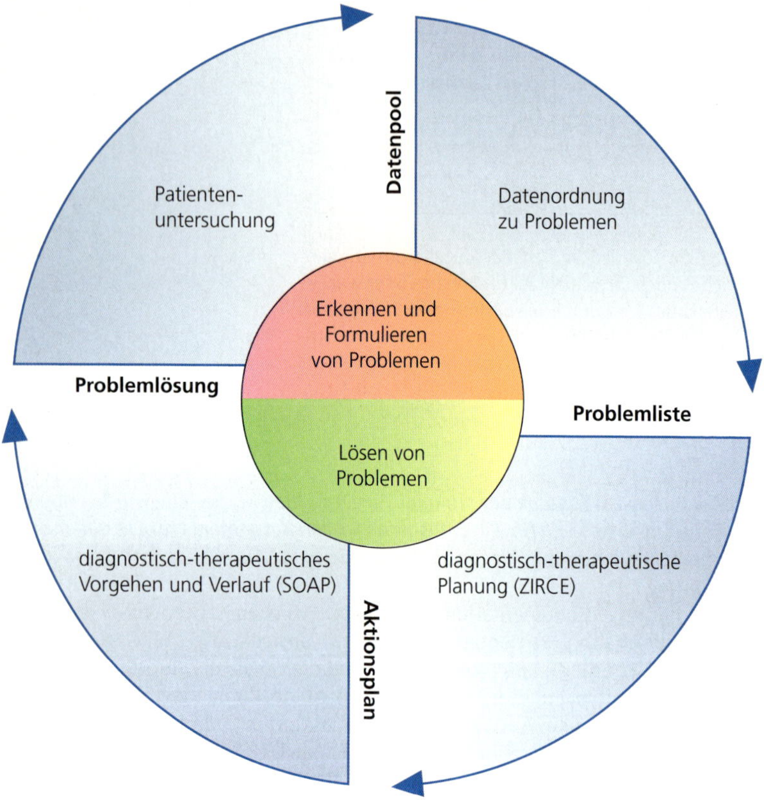

Abb. 23.**2** Ablauf der vier Hauptphasen der problemorientierten Dokumentation: das Lösen ärztlicher Probleme

Für die Schilderung des praktischen Vorgehens übernehmen wir weitgehend die eingeführte Nomenklatur und sprechen von Datenpool, Problemliste und Problemkonzeption, Aktionsplan, Verlaufsdokumentation und Abschlussbericht (Epikrise). Einen Überblick über den Zusammenhang dieser Begriffe bietet das in der Abb. 23.**2** dargestellte Schema.

23.1 Datenpool

Die problemorientierte Dokumentation setzt voraus, dass die Patientendaten erhoben werden (Abb. 23.**3**). Hierzu gehören:

- (ggf. unter Zuhilfenahme eines Fragebogens) anamnestische Angaben wie Patientenbeschwerden, Systemübersicht, Verlauf der jetzigen Krankheit, Eigen-

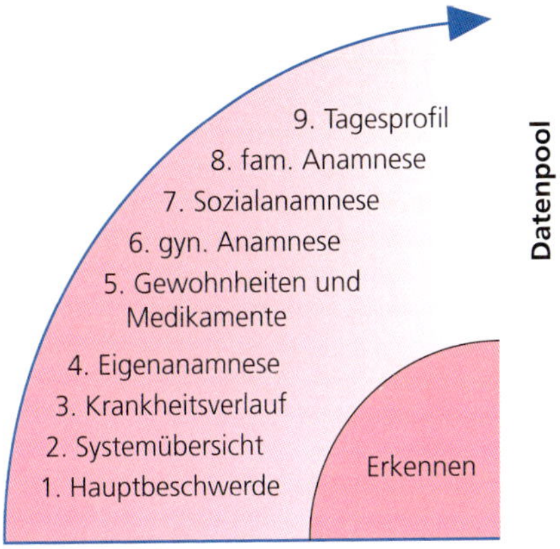

Abb. 23.3 Patientendaten werden erhoben und bilden den Datenpool

anamnese, Gewohnheiten und Medikamente, gynäkologische Anamnese, Sozialanamnese, Familienanamnese, ergänzt durch Angaben von Angehörigen, alte Krankengeschichten oder Arztbriefe;
- die Ergebnisse der körperlichen Untersuchung;
- technisch-diagnostische Werte von Blut, Serum und Urin, Blutsenkung, Puls, Blutdruck, Röntgenaufnahmen, psychologische Tests usw.;
- Patientenprofile als Tages-, Monats- oder Jahresprofile. Sie können wesentlich dazu beitragen, dass der Arzt ein Gesamtbild vom Patienten erhält.

23.2 Problemliste

23.2.1 Definition und Bedeutung

Die Problemliste ist eine Aufzählung von Problemen (= unerwünschte Gesundheitszustände des Patienten, die mit Hilfe des Arztes in erwünschte Gesundheitszustände übergeführt werden sollen). Sie werden als Patientendaten, z. B. Bauchschmerzen im rechten Unterleib, oder als ärztliche Schlussfolgerungen im Sinne bekannter Diagnosen, z. B. „seit 12 Jahren bekannte Hypertonie", formuliert. Als Problem werden hier also sowohl alle Beeinträchtigungen des Gesundheitszustandes als auch die Aufgaben verstanden, die sich daraus für den Arzt stellen.

Jedes Problem erhält eine Indexnummer. Für diejenigen, die sich mit einem Dezimalsystem die Schreibarbeit erleichtern wollen, ist dies die erste Dezimalstelle in der Dokumentation. In der Problemliste, die als Inhaltsverzeichnis am Anfang der Patientendokumentation – im Idealfall herausschlagbar – aufbewahrt wird, listet der behandelnde Arzt alle medizinischen, psychologischen und sozialen Patientenprobleme in beliebiger Reihenfolge auf.

Für das problemorientierte Denken und Dokumentieren gestatten diese Problemnummern die eindeutige Zuordnung aller Daten, die sich im Laufe der Betreuung diesem Problem zuordnen lassen. Dadurch wird die Gesamtdokumentation zu einem Nachschlagewerk, in dem die Problemnummern für die Strukturierung benutzt werden. Man spricht deshalb auch von „problemstrukturierter Dokumentation". Mit ihr wird aus der linearen, chronologisch-quellenorientierten Ordnung ein Raster (S. 579), in dem die Patientendaten sofort den einzelnen Problemen zugeordnet werden. Das braucht in der Praxis keineswegs auf einmal zu geschehen, und der Umfang richtet sich, abgesehen von Lehrzwecken, nach den praktischen Erfordernissen.

Die Problemliste bietet dem behandelnden Arzt und allen an der Betreuung des Patienten Beteiligten bei jedem Griff zur Krankengeschichte einen Überblick über den *ganzen* Patienten und erleichtert damit die Lösung von Einzelproblemen innerhalb des Kontextes, z. B. die Gabe von Antibiotika unter Berücksichtigung einer vorliegenden Allergie oder die Verordnung einer Diät unter Berücksichtigung der Essgewohnheiten eines allein stehenden Rentners.

Daneben gestattet die problemorientierte Dokumentation auch das **selektive** Zeit sparende Nachvollziehen einzelner diagnostischer Entscheidungen, Zielsetzungen und Verläufe. Dabei kann der Arzt trotz der notwendigen Beschränkung auf die spezifische Fragestellung des einzelnen Faches die gesundheitliche Gesamtproblematik des Patienten im Auge behalten.

23.2.2 Inhalt und Dokumentationsform

Was wird als Problem aufgeführt?

In der Problemliste werden aufgeführt:

- ätiologische, pathologisch-anatomische, pathophysiologische und funktionelle **Diagnosen**, z. B. „Bronchialkarzinom" oder „Herzinsuffizienz";
- Einzelbeschwerden wie „Schläfenkopfschmerz" oder einzelne Befunde wie „Fieber unklarer Ursache" oder pathologische Laborwerte wie „erhöhtes Bilirubin", soweit diese **Einzelsymptome** noch keinem übergeordneten Problem zugeordnet werden können;
- psychologische und sozioökonomische Probleme, z. B. „Angst vor beruflichem Versagen" oder „hygienische Verwahrlosung bei gestörten Familienverhältnissen".

In der Problemliste werden ohne Rangordnung **Fakten und begründete Schlussfolgerungen**, aber keine bloßen Vermutungen aufgeführt, auch dann nicht, wenn man sie vorsichtshalber mit einem Fragezeichen versieht. Also statt „Cholezystitis?" besser „ungeklärte Schmerzen im rechten Oberbauch". Anstelle der bloßen Vermutung wird also das Symptom als Problem aufgelistet, dessen diagnostische Zuordnung sich dem Arzt als Aufgabe stellt. Der Grund für diese konsequente Beschränkung der Problemliste liegt darin, dass schon die Problemformulierung Konsequenzen für die Aktionspläne (Schema S. 588) hat, z. B. führen „unklare Schmerzen im rechten Oberbauch" gedanklich eher zur diagnostischen Abklärung, die Diagnose „Cholezystitis" eher zur unmittelbaren Einleitung der Behandlung.

Zuordnung quellenorientierter Informationen zu den einzelnen Problemen

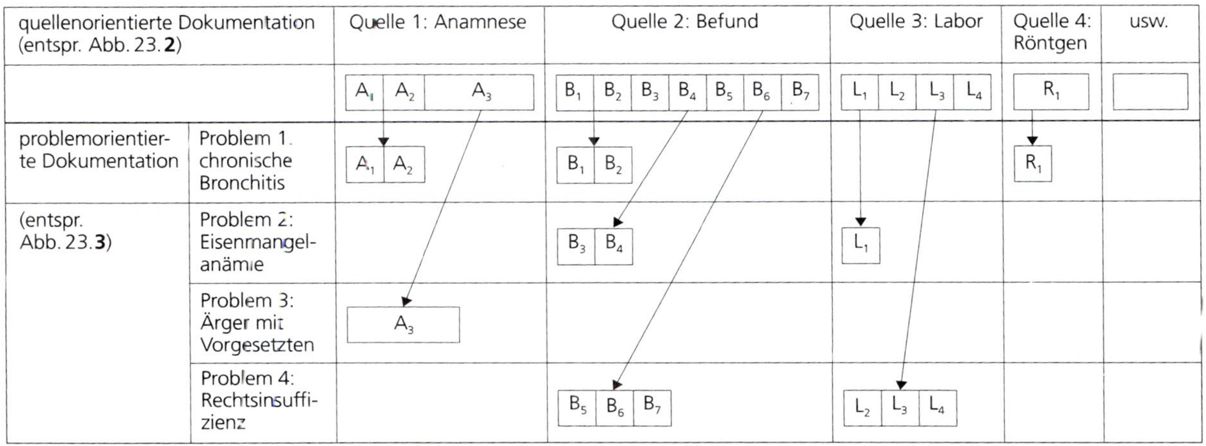

Die Problemliste als Entscheidungshilfe

Schon in der Problemliste trifft der Arzt **erste Entscheidungen**, ob es sich um ein „aktives Problem" handelt, und beantwortet damit die Frage, ob sich aus diesem Problem zurzeit eine ärztliche Aufgabe stellt und eine Behandlung erforderlich wird.

Probleme, die gelöst sind, d.h. keine diagnostischen oder therapeutischen Bemühungen mehr erforderlich machen, aber dennoch den Gesundheitszustand oder die Behandlung des Patienten beeinflussen könnten, z.B. Risikofaktoren wie Schizophrenie eines Zwillingsbruders oder ein ausgeheiltes Magenulkus bei einer akuten Cortisonindikation, werden in die Problemliste als „inaktive Probleme" übernommen (in die Problemliste gehört also auch ein Auszug der Daten aus der Eigenanamnese – Datenpool –, die jetzt noch berücksichtigt werden müssen). Beispiel:

Problemliste

Problem-Nr.	Datum		Status
1	10.6.0X	allgemeine Muskelschwäche	
2	10.6.0X	ausgeprägte Obstipation	
3	10.6.0X	diagnostisch abgeklärte Hypertonie unter ständiger Saluretikamedikation	(inaktiv)

Umordnung innerhalb der Problemliste

Kann ein Symptom, das bis dahin als Problem geführt wurde, später einem größeren Problem zugeordnet werden, so erfolgt auch in der Problemliste eine Zuordnung mit einem Pfeil. Beispiel:

Problem-Nr.		
7	11.5.0X	unklare Schmerzen im rechten Oberbauch 14.5.0X → Ulcus duodeni (Nr. 9)

Zuordnung mehrerer Einzelsymptome

Werden im Laufe der diagnostischen Abklärung mehrere Symptome, die zunächst als Einzelprobleme gesehen wurden, einer übergeordneten Einheit zugeordnet, so erhält das erstgenannte Symptom als Zusatz die Problembezeichnung, alle anderen nur noch einen Hinweis auf dessen Problemnummer, unter der sie fortan gesehen werden. Ihre ursprüngliche Problemnummer wird nicht weiter verwendet. Beispiel:

Problem-Nr.		
1	11.5.0X	Diabetes mellitus
2	11.5.0X	Gelenkschmerz 13.5.0X → akuter Lupus erythematodes
3	11.5.0X	septisches Fieber 13.5.0X → Nr. 2*
4	11.5.0X	blutiger Urin 13.5.0X → Nr. 2

* Hier wird anstelle der Problembezeichnung nur noch die Problemnummer aufgeführt

Aufschlüsselung komplexer Ereignisse

Andererseits kann die Problemliste auch dazu benutzt werden, komplexe Krankheitsereignisse und ihre verschiedenen Manifestationen, soweit sie einer unterschiedlichen Planung und Behandlung bedürfen, aufzuschlüsseln, um sich damit einen übersichtlichen Zugang zu schaffen.

Der Hinweis „als Folge von... (aFv)“ oder „in Zusammenhang mit... (iZm)“ erleichtert dabei das Verständnis für den Zusammenhang der Probleme untereinander. Beispiel:

Problem-Nr.		
1	7.5.0X 22.6.0X	zerebrale Durchblutungsstörung aFv* Nr. 2
2	22.6.0X	generalisierte Arteriosklerose
3	22.6.0X	Gangrän am 1. Strahl der rechten unteren Extremität aFv Nr. 2**
4	22.6.0X	weinerliche Verstimmtheit iZm*** Nr. 2

* Noch kürzer: F →
** Noch kürzer ist die Benutzung eingekreister Zahlen als Symbol für die Problemnummern
*** Noch kürzer: Z →

Kennzeichnung gelöster Probleme

Probleme, die im Laufe der Betreuung gelöst werden oder bewusst nicht weiterverfolgt werden sollen, werden mit einem entsprechenden Vermerk in der Problemliste abgeschlossen. Beispiel:

Problem-Nr.			
1	21.6.0X	Bronchopneumonie im rechten Oberlappen 30.7.0X ausgeheilt	(inaktiv)
2	21.6.0X	ständiger Streit mit der in derselben Wohnung lebenden Großmutter 24.8.0X Problem entfällt (Wohnungswechsel)	(inaktiv)

Wann wird die Problemliste aufgestellt?

Nach der ersten Untersuchung eines neuen Patienten ist es zweckmäßig, mit dem Aufstellen einer endgültigen Problemliste 24 Std. zu warten, um die Auflistung unnötig vieler Einzelsymptome als gesondertes Problem zu vermeiden. Falls erforderlich, kann man mit einer vorläufigen Problemliste eine Notfallbehandlung beginnen.

23.2.3 Aufwand und Ertrag der Problemliste

Für den behandelnden Arzt bedeutet die sofortige Zuordnung der Patientendaten zu Problemen und die Auflistung der restlichen Daten als selbstständige Probleme zwar zunächst eine Mehrarbeit, die sich aber vielfach auszahlt:

- Durch die gedankliche Analyse und die Zuordnung von Einzeldaten zu Problemen verschafft sich der Arzt Klarheit und strukturiert die ungeordnete Gesamtheit der Patientendaten.
- Darüber hinaus bildet die Auflistung eine Anregung, Einzelprobleme nicht isoliert zu sehen und zu behandeln.
- Einzelbefunde, „die nirgends recht hinpassen" oder die über den eigenen Kompetenzbereich hinausgehen, werden nicht übersehen.
- Anhand der Problemliste kann der Arzt sich und anderen jederzeit über den Patienten in diagnostischer und therapeutischer Hinsicht Klarheit verschaffen, sich selbst korrigieren und sich anhand der eigenen Dokumentation fortbilden.

So ist die Problemliste die überschaubare Grundinformation über den Patienten. Mit ihrer Hilfe können sich alle an der Behandlung Beteiligten in kürzester Zeit einen Überblick über den Patienten verschaffen und gezielt über bestimmte Patientenprobleme miteinander sprechen (Abb. 23.**4**).

Wie formuliert man Probleme für die Problemliste?

Für die **Problemkonzeption** wird anstelle der oft benutzten Erklärung „nach meiner Erfahrung..." die Formulierung des Problems begründet. Damit wird der Denkprozess transparent gemacht, mit dem der Arzt die Patientendaten auf ihren Zusammenhang analysiert und vor dem Hintergrund seines medizinischen Wissens in einer Synthese als ein Problem interpretiert. Mit diesem Vorgehen soll nicht die Möglichkeit der intuitiven, ganzheitlichen Erfassung in Frage gestellt, aber doch

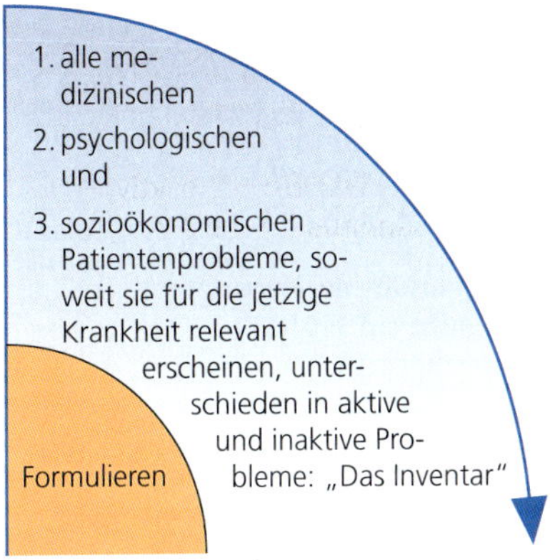

Abb. 23.**4** In der Problemliste werden alle Patientenprobleme aufgeführt

die Forderung unterstützt werde, ganzheitliche Diagnosen zunächst mit einer Analyse der Patientendaten zu untermauern. Dazu verwendet man anamnestische Angaben, körperliche Befunde, technisch-diagnostische Werte, aber auch die fehlenden Befunde (Negativ), die mn erwartet hätte, z. B. „kein Nüchternschmerz" beim Ulcus duodeni oder „keine erbsensuppenähnlichen Stühle" beim vermuteten Typhus.

Die praktische Arbeit können Sie sich dadurch erleichtern, dass Sie zunächst im Datenpool Stichwörter unterstreichen, die auf ein Problem hindeuten („Problemstichwörter"), und sie dann mit der Nummer des Problems, dem sie zugeordnet werden sollen, markieren.

Die Synthese der Daten in ätiologischen, morphologisch-pathologischen, pathophysiologischen oder funktionellen Problemen schult das Zusammenhangsverständnis. Für das Erlernen der problemorientierten Patientenbetreuung ist dieser Schritt von ausschlaggebender Bedeutung, für die Anwendung in der Praxis kann die Problemkonzeption auf eine Kurzform beschränkt bleiben.

23.3 Aktionsplan (ZIRCE)

23.3.1 Zweck des Aktionsplanes

Im primären Aktionsplan werden alle Maßnahmen dargestellt, die zur Lösung der einzelnen Probleme unternommen werden. Mit ihrer Beschreibung wird die Absicht des behandelnden Arztes nachvollziehbar, so dass sich jeder an der Behandlung Beteiligte darauf einstellen kann (Kontinuität). Für die Zuordnung der Aktionspläne zu den Problemen benutzt man die Problemnummer. Erweiterungen und Änderungen des Aktionsplanes während der Betreuung werden zu den Einzelproblemen im Verlauf dokumentiert.

23.3.2 Inhalt des Aktionsplanes

Die Zielvorstellung (= Z)

Aktionspläne sollten zu jedem Problem eine generelle Zielvorstellung enthalten. Beispiel:

Problem			**Aktionsplan**
Nr. 1	11.8.0X		(Mangeldurchblutung bei Hypertonie)*
		Z:	Blutdrucksenkung auf 160/100 (Erfordernishochdruck)
oder			
Nr. 2	11.8.0X		(Bauchschmerzen unklarer Genese)
		Z:	diagnostische Abklärung und Behandlung
oder			
Nr. 3	11.8.0X		(Sehstörungen)
		Z:	bleiben bei der Behandlung unberücksichtigt (zerebrale Metastasen)

* Anstelle der wiederholten Problemformulierung spart die Beschränkung auf die Problemnummer Schreibarbeit. Der Verständlichkeit halber fügen wir hier die Problembezeichnung in Klammern an

Aktionspläne tragen dazu bei, dass gesteckte Ziele konsequent verfolgt werden. Mit ihrer Hilfe kann auch derjenige, der nur zeitweise die Behandlung des Patienten übernimmt (z. B. Nachtdienst) oder sie auf die Dauer fortsetzt, die Entscheidungen nachvollziehen, die ursprünglich zur Lösung des Problems getroffen wurden.

- **Z:** Außer der **Zielvorstellung** gehen vier Kategorien in die Aktionspläne ein:
- **I:** weitere **Informationen** für die Diagnostik oder den Heilungsverlauf,
- **R:** die **Behandlung** des Patienten, (R steht für recipe = nimm),
- **C:** die Beratung **(Consultation)** des Patienten,
- **E:** die **Evaluation**, die Überprüfung des eigenen Vorgehens.

Die erforderlichen Informationen (= I)

Im Gegensatz zur Problemliste sind im Aktionsplan Hypothesen erwünscht. Zu ihrer Prüfung werden weitere diagnostische und differenzialdiagnostische Informationen zusammengetragen („Aufarbeiten des Patienten"). Beispiel:

Problem			Aktionsplan
Nr. 1	11.5.0X		(Sodbrennen, Schluckbeschwerden und retrosternales Brennen)
		Z:	diagnostische Abklärung
		I:	wegen Verdachtes auf Hiatushernie nach Schmerzen im Liegen und beim Bücken fragen; Röntgen Ösophagus und Kardia

Therapeutische Maßnahmen (= R)

Sämtliche Maßnahmen zur Behandlung des Patienten werden im Aktionsplan mit der entsprechenden Problemnummer aufgelistet. Ausnahmen: Allgemeine Maßnahmen, z. B. Ernährung und Bewegung des Patienten auf der Station, Routineuntersuchungen usw., werden anstelle einer Problemnummer unter „Allgemein" geführt. Die Problemnummer gestattet auch Konsiliarien und der Stationsschwester den mühelosen gedanklichen Rückgriff auf das Problem als Begründung der Maßnahmen. Die Durchführung der Behandlung wird dann mit dem Datum bestätigt. Keine Anordnung sollte getroffen werden, die nicht im Aktionsplan ihre Begründung findet. Beispiel:

Problem			**Aktionsplan**
Nr. 1	20.5.0X		(Hiatushernie)
	22.5.0X	R:	Hiatushernien-Operation für den 24.5.0X vorgesehen (verschoben wegen Herzrhythmusstörungen)

Die Beratung des Patienten (Consultation = C)

Zur Planung der Patientenberatung gehört auch die Dokumentation über Fragen und Ängste des Patienten, über das, was dem Patienten und/oder seinen Angehörigen über die Krankheit, deren Behandlung und Bedeutung für das Leben des Patienten mitgeteilt werden soll. Damit schafft der behandelnde Arzt für alle, die an der Betreuung beteiligt sind oder die sie später übernehmen sollen, eine Information, die Mehrfacherklärungen überflüssig macht. Sie bildet gleichzeitig eine Voraussetzung für die Kooperation des Patienten, der seine Behandlung nach Abschluss der ärztlichen Betreuung unter Umständen selbst weiterführen und kontrollieren muss. Beispiel:

Problem			**Aktionsplan**	
Nr. 3	28.6.0X		(Nahrungsmittelallergie)	erl. am 28.6.0X
		C:	Information über Allergiemodell; Allergene, auf die er reagiert; Liste zu meidender Nahrungsmittel	
Nr. 5	22.7.0X		(Hiatushernie)	
		C:	geringes Operationsrisiko erläutern	erl. am 23.7.0X

Maßstab für die Evaluation (= E) der ärztlichen Maßnahmen

Konkrete Hinweise, mit welchen Maßstäben man selbst den Erfolg seiner Maßnahmen zur Gesundung bzw. Besserung feststellen kann – Evaluation –, sind Anreiz, sich Rechenschaft über die Patientenbetreuung zu geben. Beispiel:

Problem			**Aktionsplan**
Nr. 5	30.7.0X	E:	Wirksamkeit der Patientenberatung über die selbstständige Durchführung der Diät und die Einnahme der Medikamente noch während der dauernden Betreuung kontrollieren
oder			
Nr. 11	29.5.0X		(finaler Krankheitszustand)
		E:	Therapieergebnisse am Patientenzustand kontrollieren (befragen)

23.3.3 Koordination der Planung

Es gilt, die Aktionspläne (Abb. 23.**5**) für die einzelnen Probleme zeitlich und inhaltlich aufeinander zu beziehen und abzustimmen. Damit behandeln Sie nicht mehr einzelne Krankheiten, sondern Sie können die in der Problemliste aufgezeigte Gesamtproblematik des Patienten berücksichtigen. So wird z. B. die Verordnung von Urikosurika zur Hemmung der tubulären Harnsäurerückresorption bei einem Patienten mit gastrointestinalen Ulzera vermieden, oder die bei Gicht erwünschte Rückresorptionshemmung wird nicht durch Gabe von Salicylaten zur Bekämpfung von Schmerzen rheumatischer Genese aufgehoben.

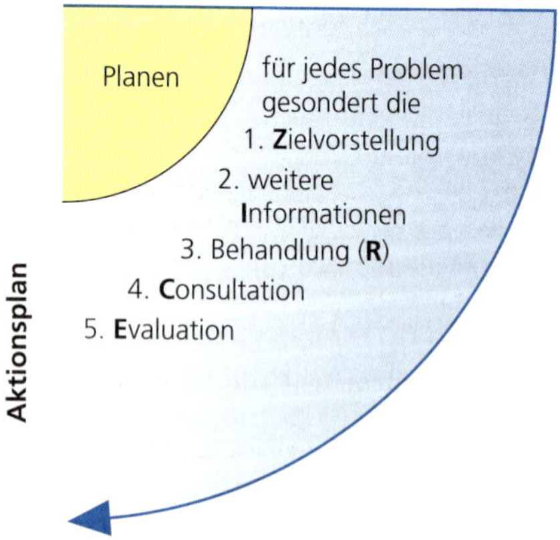

Abb. 23.**5** In Aktionsplänen werden die Vorschläge zur Lösung der einzelnen Probleme dargestellt

23.4 Verlaufsdokumentation

Die Schilderung des Verlaufs ist eine Schilderung der schrittweisen Entwicklung jedes Problems. Dazu werden die Verlaufsereignisse mit den entsprechenden Problemnummern, dem Datum und ggf. der Uhrzeit (Schocktherapie) dokumentiert. An der Verlaufsdokumentation beteiligen sich alle, die am Heilungsprozess des Patienten mitarbeiten: Ärzte, Krankenschwestern, Physiotherapeuten, Sozialarbeiter usw. Damit fördert die problemorientierte Patientenbetreuung und -dokumentation das Mitdenken und die Kontinuität bei der Problemlösung. Die inhaltliche Kennzeichnung der einzelnen Verlaufsinformationen mit Symbolen (SOAP) erleichtert das Suchen und Finden folgender Verlaufsereignisse:

Subjektives Befinden (= S)

Hierzu gehören die Änderung der Beschwerden des Patienten und wie er sein Kranksein erlebt.

Objektive Befunde (= O)

Dokumentiert werden Änderungen bzw. Erweiterungen der objektiven Befunde, die sich bei den weiteren körperlichen und technisch-diagnostischen Untersuchungen bzw. aus der Behandlung ergeben.

Analyse des Verlaufs (= A)

Analysiert werden der Problemverlauf, die sich ändernden Beschwerden und Befunde, relevante Negativa, differenzialdiagnostische Überlegungen, Diagnosen, Behandlungserfolg, Komplikationen und die Abhängigkeit der Probleme untereinander. Hier machen der Arzt und die an der Behandlung Beteiligten ihre Denkabläufe transparent, und man kann jetzt und später ohne umständliches Suchen in einem unstrukturierten „Gesamtverlauf" jedes Problem in seinem Verlauf erkennen.

Korrektur der Planung (= P)

Die Erweiterungen und Änderungen der Planung werden im Verlauf nach denselben Gesichtspunkten aufgezeichnet wie der ursprüngliche Aktionsplan (ZIRCE).

Es ist selten erforderlich oder möglich, für jedes aktive Problem zu allen vier genannten Gesichtspunkten (SOAP) regelmäßige Verlaufseintragungen zu machen. Wichtig ist, die Verlaufsdokumentation so zu organisieren, dass man den Gesamtablauf der Patientenbetreuung nachvollziehen kann. Man muss also z. B. aufgrund einer Verlaufsdokumentation über die Ergebnisse einer Biopsie („I") ohne Anstrengung und gelenkt von der Problemnummer das Problem und die dazu getroffenen Maßnahmen und Ergebnisse nachvollziehen können:

- Welche Beschwerden und Befunde (Datenpool)
- führten zu welcher Formulierung des Problems (Problemliste und Problemkonzeption) und

- zu welchen diagnostischen Vermutungen, die ein bestimmtes diagnostisches Vorgehen angezeigt erscheinen ließen (Aktionsplan unter „I"),
- dessen objektive Befunde im Betreuungsverlauf unter „O" dokumentiert wurden?

Die sachgerechte Dokumentation ermöglicht es dem behandelnden Arzt und allen Beteiligten, ständig und an jeder Stelle den logischen Faden wieder aufzunehmen, mit dessen Hilfe die Einzelprobleme des Patienten angegangen werden. Man erleichtert sich damit den Überblick, vermeidet unnützes Suchen, Mehrfachdiagnostik, Mehrfachanordnungen und all die Verwirrung, die mehrere gleichzeitige Probleme stiften können, wenn man die einzelnen Probleme nicht auch in Bezug auf die geplanten Maßnahmen und den Problemverlauf auseinander hält.

Problem-Nr.			**Problemverlauf**
4	10.9.0X		(Schmerzen im rechten Oberbauch)
		S:	Zunahme der Schmerzen nach Diätfehler (Bratwurst)
		O:	jetzt deutlicher Sklerenikterus
		A:	S+O passen zu Röntgennachweis von Konkrementen in der Galle. Offensichtlich akuter Schub einer Cholezystitis bei Cholelithiasis
		P:	nach Eingang der Labordaten Abstimmung mit den Chirurgen über Op. im Intervall, medikamentöse Therapie s. „Verordnungen"

Dokumentation temporärer Probleme

Es bleibt noch eine besondere Beziehung zwischen Problemliste und Verlaufsdokumentation darzustellen. Patientenprobleme, wie Kopfschmerzen nach einer durchzechten Nacht oder Leibschmerzen während der Menstruation, die offenbar nur vorübergehend auftreten oder als Trivialprobleme empfunden werden, brauchen nicht sofort als „Problem" mit der dann notwendig werdenden Differenzierung in der Problemliste aufgeführt zu werden, sondern können als sog. „temporäre Probleme" (mit dem Zusatz „temp.") in der Verlaufsdokumentation ihren Platz finden.

Auch bei Neuaufnahmen aufgrund der Exazerbation eines bekannten Problems kann die Verlaufsdokumentation (Abb. 23.**6**) wieder aufgenommen und damit eine völlige Neuuntersuchung mit allen Folgearbeiten überflüssig werden.

Ablaufdiagramme

Für die chronologische Darstellung komplexer Informationen zu einem Problem eignen sich Ablaufdiagramme (flow sheets). Aus ihnen kann man Verläufe auf einen Blick erfassen und ggf. die Auswirkung der Therapie auf Blutzucker, Blutdruckwerte usw. unmittelbar ablesen.

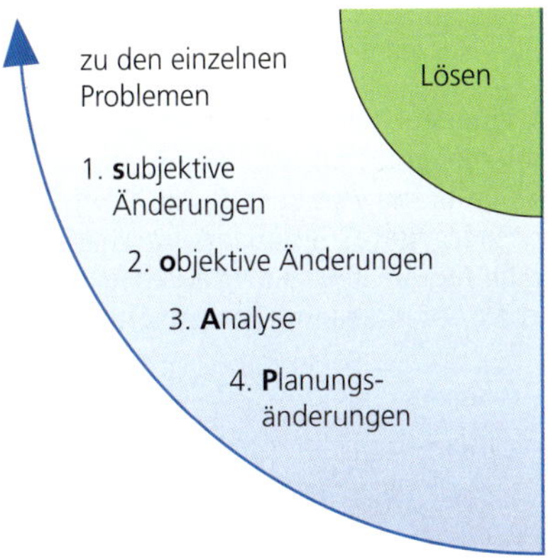

Abb. 23.**6** In der Verlaufsdokumentation werden die einzelnen Daten des Krankheitsverlaufs den Problemen zugeordnet

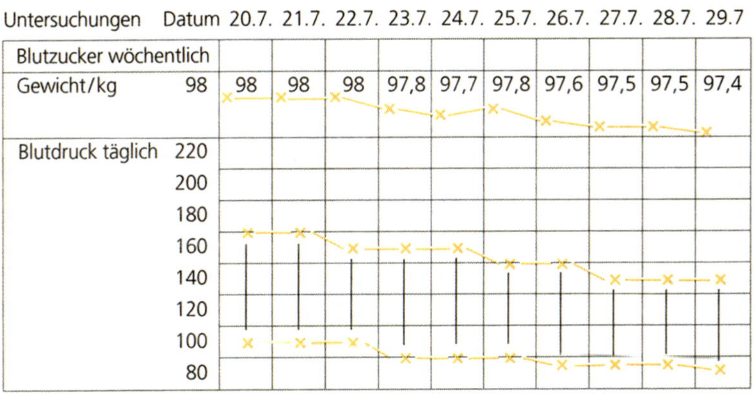

23.5 Abschlussbericht (Epikrise)

Eine problemorientierte Epikrise ergibt sich aus der Dokumentation und soll eine kurze, überschaubare Zusammenfassung der durchgeführten Patientenbetreuung sein, die den Empfänger durch angemessenen Umfang und größere Übersichtlichkeit motiviert, den Abschlussbericht zu lesen und damit die Kontinuität verschiedener Betreuungsphasen zu sichern.

Kein Patient sollte aus ärztlicher Betreuung entlassen oder überwiesen werden, ohne dass sich der behandelnde Arzt **bei (nicht nach) der Entlassung** Rechenschaft darüber ablegt, inwieweit die in der Problemliste angeführten Probleme gelöst sind. Diese für viele Ärzte unlustbetonte und deshalb oft hinausgeschobene oder vernachlässigte Aufgabe wird durch die problemorientierte Dokumentation wesentlich erleichtert.

Zum Abschlussbericht braucht man nur noch bestimmte Anteile der PoPD abzudiktieren:

- Benennung der einzelnen Probleme in einer auf den letzten Stand gebrachten Problemliste und wie jedes dieser Probleme „abgearbeitet" wurde;
- kurze Hinweise zu der Konzeption des Problems (die wichtigsten Beschwerden, Befunde und technisch-diagnostischen Werte), besonders für Probleme, die nicht gelöst wurden und damit für die weitere Betreuung als aktive Probleme bestehen bleiben. Diese Daten sind die Voraussetzung kontinuierlicher Pa-

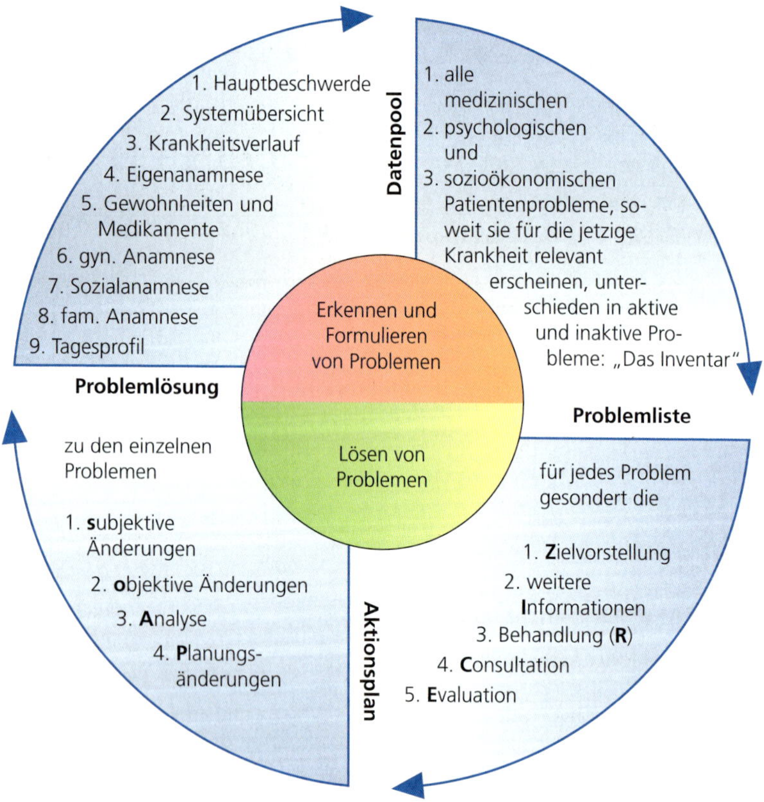

Abb. 23.7 Synopsis für den Ablauf der problemorientierten Patientenbetreuung und -dokumentation (PoPD)

tientenbetreuung und sparen bei Wiederaufnahme der ärztlichen Betreuung Arbeit und Geld (Kostensenkung);
- Zielvorstellungen, die aus dem Aktionsplan für die Lösung des Problems übernommen wurden;
- in Kurzform der Verlauf, nach dem Schema SOAP. Dabei erfolgt die Analyse (A) als Beurteilung der gewonnenen Informationen und der durchgeführten Behandlung und legt den derzeitigen Patientenzustand dar. Zu ihr gehören auch die jetzige Medikation und ein Hinweis darauf, wie der Patient abschließend beraten wurde. In der Planung (P) werden Empfehlungen für die Fortsetzung der Betreuung einschließlich der Kontrollen und Wiedervorstellung gegeben (Abb. 23.**7**).

23.6 Aufgaben für die Selbstkontrolle

1 Formulieren Sie drei Gründe für die PoPD.
2 Wem dient die PoPD?
3 Wie nennt man die unstrukturierte Informationssammlung über den Patienten?
4 Welche vier Informationsgruppen gehen in die Informationssammlung ein?
5 Was sollte nicht in der Problemlösung stehen?
6 Was gestatten die Problemnummern (Codierung)?
7 Welche fünf Elemente gehören zu einem Aktionsplan?
8 Nach welchen vier Leitbegriffen entwirft man eine Verlaufsdokumentation?

24 Patientenvorstellung

Der Umfang einer Patientenvorstellung richtet sich nach der Zeit, die zur Verfügung steht, und der Absicht, die mit der jeweiligen Erstvorstellung verfolgt wird. Für die landesüblichen Verhältnisse einer Kollegen-, Oberarzt- oder Chefvisite reicht folgendes Schema aus:

- Name und Alter des Patienten,
- Anlass des Arztbesuches/der Klinikaufnahme,
- Hauptbeschwerden, Begleitbeschwerden, differenziert und
- chronologisch geordnet im Sinne des bisherigen Krankheitsverlaufs,
- erweiterte Anamnese soweit erkrankungsrelevant,
- bei chronischen Krankheiten oder Rezidiven bisherige Therapie,
- pathologische Befunde ausführlich und differenziert,
- Vitalzeichen und pathologische Laborwerte,
- diagnostisch wichtige Normalbefunde (Negativa),
- Verdachtsdiagnose und geplante Maßnahmen,
- differenzialdiagnostische Überlegungen,
- Arbeitsdiagnose und Therapie,
- endgültige Diagnose und ggf. Epikrise.

25 Lösungen

Kapitel 1

1 Die Qualität ärztlicher Diagnosen hängt entscheidend von den Informationen ab (Anamnese und Befund), die Sie vom Patienten gewinnen (o. ä.)

2 Der Begriff Symptom umfaßt Beschwerden und Befunde.

3 Zum Denkprozeß Abwägen eines Symptoms gehören: Entstehungsmechanismus (Pathogenese), funktionelle Bedeutung (Pathophysiologie), Entstehungsursache (Ätiologie), morphologische Veränderungen bei Vorliegen des Symptoms (Pathologie), differenzialdiagnostische Bedeutung des Symptoms.

4 Krankheitsbilder = typische Symptommuster sind Abstraktionen; Symptomkonstellationen nennen wir die individuellen Symptommuster, mit denen Patienten zum Arzt kommen.

5 Die Gefahr der Anhiebsdiagnosen liegt im „Fahnden nach Beweisen".

6 Vergleichen Sie bitte mit „Vermeidbare Fehlerquellen", S. 5.

7 Intuitive Vorentscheidungen oder Anhiebsdiagnosen werden durch ausführliche Untersuchung, sorgfältige Analyse von Beschwerden und Befunden und durch wiederholte Überprüfung der Schlußfolgerungen gerechtfertigt.

8 „Ärztliche Intuition" heißt: Krankheiten ohne analytischen Denkprozeß diagnostizieren (o. ä.).

9 Der Patient bietet Beschwerden und Befunde (Symptome), das Taschenbuch eine Systemübersicht zum gezielten Fragen, eine Auflistung pathologischer Befunde im Untersuchungsbogen und die Auflistung der diagnostischen Bedeutung wesentlicher Leitsymptome.

Kapitel 2

1 Drei allgemeine Voraussetzungen für das Erheben einer Anamnese sind z. B. eine ungestörte Gesprächssituation, das Vermeiden des Eindrucks, man habe keine Zeit, und die Berücksichtigung sog. „Äußerlichkeiten", Vorstellung, Händedruck, Beleuchtung.

2 Neben körperlichen Beschwerden und Befunden müssen Sie im Arzt-Patienten-Gespräch auch seelische Regungen, Angst, soziale und wirtschaftliche Probleme berücksichtigen.

[1] Es ist nicht erforderlich, daß Ihre Antwort wörtlich mit unserem Lösungsvorschlag übereinstimmt. Sie sollte aber dem Sinn des Taschenbuchtextes entsprechen

3 Persönlichkeitsmerkmale von Patient und Arzt und das aktuelle Befinden von Arzt und Patient wirken als identische Variablen auf den Kommunikationsprozeß ein.
4 Die Anamnese dient der Sachinformation; sie bietet Einblick in die Persönlichkeit des Patienten und Gelegenheit, ein Vertrauensverhältnis zu schaffen; sie kann für den Patienten eine Katharsis darstellen.
5 Sie achten während des Patientenberichtes auf das Verhalten und versuchen, sich ein Bild von seiner Persönlichkeit zu machen und ihm zu zeigen, daß Sie auf ihn eingehen.
6 Zwischenfragen dienen dazu, Weitschweifigkeiten abzukürzen, zu präzisieren und über unbeabsichtigte Pausen hinwegzuhelfen.
7 Das Verhör ist sicher die direktivste und am wenigsten zweckmäßige Kommunikationsform für die Anamnese.
8 Der Dialog ist ein Wechselgespräch; die Diskussion ist eine ziel- oder zweckbezogene Erörterung; der Disput ist ein Streitgespräch, die Exploration eine tiefschürfende Befragung und das Interview im medizinischen Bereich eine Befragung, bei der es nicht in erster Linie um Beschwerden des Patienten geht. Ein Verhör wird im allgemeinen nur bei Verdacht auf Vergehen oder Verbrechen angestellt.
9 Sie können Ihre Beteiligung schon durch die Haltung Ihres Kopfes, durch zustimmendes Nicken, zustimmende Gestik und Mimik oder ein gelegentliches Hmhm ausdrücken.
10 Suggestivfragen nehmen bereits die Antwort voraus.
11 Offene Fragen lassen dem Patienten mehr Freiraum für die Antwort als gezielte (geschlossene) Fragen.
12 Katalogfragen erfordern eine Auswahl aus vorgegebenen Möglichkeiten.
13 Konfrontationsfragen regen den Patienten zur Reflexion über eigene Gefühle, eigenes Verhalten usw. an.
14 Zum Beispiel: Seit 14 Tagen haben Sie auch in Gesellschaft keinen Alkohol mehr getrunken?
15 Interpretationsfragen richten sich auf Schlußfolgerungen, die der Arzt zieht.
16 Zum Beispiel: „Wie hat es angefangen?“, „Was geschah dann?“, „Was war wohl der Grund für?“, „Wer hat Ihnen geholfen?“
17 Technische Hilfen zur Standardisierung sind z. B. Fragebögen, Fragekarten oder Patienten-Computer-Dialoge.
18 Vergleichen Sie Ihre Lösung mit dem ersten und zweiten Absatz auf S. 12.

Kapitel 3

1 Weil sein Schamgefühl verletzt werden könnte oder er sich erkältet.
2 Zum Beispiel Kinderkrankheiten, Arteriosklerose, Uterus myomatosus, Pfeiffersches Drüsenfieber, Prostatakarzinom usw.
3 Mit offenen Eröffnungsfragen versuchen Sie, den Patienten zu einem freien Bericht anzuregen.
4 Zum Beispiel: „Warum sind Sie gekommen?“, Was führt Sie zu mir?“, „Welche Beschwerden haben Sie?“ usw.
5 Unter Beschwerden wie Kopfschmerzen leidet der Patient und berichtet darüber. Diagnosen sind Schlußfolgerungen, die aus den Beschwerden und Befunden vom Arzt gezogen werden.
6 Als Leitsymptome eignen sich lokalisierbare, definierbare, quantifizierbare Symptome, die sich bestimmten Organen oder Organsystemen zuordnen lassen, sowie Symptome mit hoher diagnostischer Signifikanz.

7 Die Organzuordnung von Beschwerden und Befunden finden Sie in der Systemübersicht bzw. in der Befunddokumentation.

8 Stärke, Dauer, Art und Ort und die Beziehung der Beschwerden zu Funktionen.

9 Formulierungsvorschläge zur
Dauer: Wann haben die Bauchschmerzen begonnen? Wie lange haben sie gedauert?
Stärke: Wie stark waren die Schmerzen?
Art: Wie würden Sie die Schmerzen beschreiben?
Ort: Wohin strahlten die Schmerzen aus?
Funktionen: Besteht ein zeitlicher Zusammenhang zwischen den Schmerzen und dem Stuhlgang?

10 Der Differenzierung der Beschwerdedauer dienen Beginn, Schmerzentwicklung und Schmerzverlauf.

11 Unter Schmerzentwicklung versteht man die Phase vom Einsetzen bis zur vollen Ausprägung der Schmerzen.

12 Vgl. Hervorhebungen auf S. 28.

13 Vgl. Sie Ihre Antwort mit der Tabelle 3.**1** auf S. 34.

14 Der Arzt kann den Erlebnis- oder auch Darstellungsanteil an Schmerzen an Begleitsymptomen und an dem Verhalten des Patienten überprüfen.

15 Angst ist immer existentiell, Furcht richtet sich auf Greifbares.

16 Angst können Sie z. B. an Tachykardie, Dyspnoe, weiten Pupillen, verspannter Muskulatur, Impotenz, Pollakisurie und Durchfall erkennen.

17 Schüttelfrost liegt nur dann vor, wenn das Bett wackelt.

18 Charakteristisch für Kontinua-Fieber ist das Anhalten über Tage und daß es im Laufe eines Tages weniger als 1° schwankt. Remittierendes Fieber hat Tagesschwankungen über 1° ohne Rückkehr zum Normalen, intermittierendes Fieber schwankt über 1° und kehrt zu Normaltemperaturen zurück. Beim periodischen Fieber wechseln Fieber und fieberfreie Tage regelmäßig ab.

19 Axillär gemessene subfebrile Temperaturen übersteigen nicht 38°.

20 Beschwerden können beeinflußt werden z. B. durch Aufstehen, Bücken, Trinken, Rauchen, Treppensteigen, tiefes Einatmen, Lastentragen, Stehen, Lesen, Laufen, Essen usw.

Kapitel 4

1 Beschwerden, die mit der Hauptbeschwerde zusammenhängen, nennt man Begleitbeschwerden.

2 Die Hauptbeschwerde leitet Sie bei der Wahl des Organsystems, in dem Sie die Erkrankung vermuten.

3 Für die meisten Beschwerden reicht die Differenzierung nach Dauer, Stärke, Art und Ort und ihrer Beziehung zu Körperfunktionen aus.

4 In der Sprache des Patienten. Zum Beispiel wird ein Patient Sie kaum verstehen, wenn Sie ihn fragen, ob er unter Dyspnoe leidet.

5 In der Eigenanamnese werden frühere Erkrankungen, Risikofaktoren, Krankenhausaufenthalte, Operationen und besondere Umstände wie Auslandsaufenthalte, Haustiere, Allergien usw. aufgezählt.

6 Sie können dem Patienten Gedächtnisbrücken bauen, z. B. Befreiung vom Turnunterricht.

7 Zum Beispiel Haschisch, LSD, Marihuana, Heroin, Kokain.

8 Für die Medikamentendokumentation verwendet man eine 5-Finger-Regel:

wann, wieviel, wie oft, wie lange und in welcher Form ein Medikament genommen wird.

9 Eine gynäkologische Anamnese soll nach dem vollendeten 12. Lebensjahr oder nach der davor liegenden Menarche erhoben werden.

10 Jeder Patient sollte danach gefragt werden, ob seine sexuellen Bedürfnisse erfüllt werden.

11 Einen Zugang zum Lebensstil des Patienten gewinnen Sie mit Tages-, Wochen-, Monats- oder Jahresprofilen.

12 Einblick erhalten Sie mit gezielten Fragen nach der Familiensituation, der Wohnung, den wirtschaftlichen Verhältnissen, dem Arbeitsplatz und dem Freundeskreis.

13 Bei der Familienanamnese sollen Sie Erbkrankheiten, Krankheiten mit familiärer Häufung und Infektionen in der Familie (z. B. Tuberkulose) berücksichtigen.

14 Besonders interessieren bei der Familienanamnese Krankheiten, Todesalter und Todesursachen bei den Eltern, den Geschwistern und den eigenen Kindern.

15 Im bisherigen Krankheitsverlauf werden Hauptbeschwerde und zugehörige Begleitbeschwerden chronologisch geschildert.

16 Im bisherigen Krankheitsverlauf sollen 1. die zeitliche Reihenfolge des Auftretens der Symptome, 2. die Kontinuität bzw. die Unterbrechung berücksichtigt werden.

17 Bei der Dokumentation sollten Sie Patientendaten und Ihre Schlußfolgerungen streng unterscheiden.

18 Die Anamnese gestattet diagnostische Vermutungen, die den untersuchenden Arzt auf die Erkrankungen bestimmter Organbereiche hinlenken, so daß er dort besonders sorgfältig untersucht und sich in den anderen Bereichen auf die Routineuntersuchung beschränken kann.

19 Der Patient muß Gelegenheit haben zu sagen, was er selbst über seine Krankheit denkt, und ggf. auch seine Auffassung begründen können.

Kapitel 6

1 Die mehr subjektiven Angaben des Patienten sind weniger meßbar als der objektivierbare Befund des Arztes (objektivierbar bedeutet hier: von mehreren Untersuchern in gleicher Form feststellbar).

2 Die methodische Reihenfolge ist Inspektion, Palpation, Perkussion, Auskultation, Funktionsprüfung **(IPPAF)**.

3 Palpieren heißt, mit dem Tastsinn, dem kinästhetischen Sinn für Lage und Vibration und mit dem Temperatursinn untersuchen.

4 Sie können bei der Palpation den Seitenvergleich und den Vergleich mit anderen Körperregionen, z. B. zur Beurteilung der Temperatur, als Hilfe benutzen.

5 Für die Palpation von Temperaturunterschieden sind die Innenseiten der Finger oder die Fingerrücken besonders geeignet.

6 Für die Palpation von Vibrationen eignet sich besonders die distale Handfläche unter den Metakarpophalangealgelenken.

7 Die Verwechslung des Patientenpulses mit dem eigenen Puls vermeiden Sie durch gleichzeitige Palpation der A. carotis oder gleichzeitige Auskultation des Herzens.

8 Mit der Dokumentation der Zeit schaffen Sie die Voraussetzung für die Beurteilung von Änderungen des Befundes und Krankheitsverlaufs.

9 Zu jeder Befunderhebung gehören die Temperatur-, Blutdruck- und Pulsmessung.

10 Bei der rektalen Temperaturmessung muß die Seiten- oder Bauchlage beibehalten werden.

11 Die Art der Temperaturmessung muß angegeben werden, weil die Meßwerte mit dem Ort der Messung variieren.

12 Der Leptosome ist schmal, mager, aufgeschossen, mit langem Gesicht, schmalen Schultern, langem, flachem Brustkorb. Es sind nüchterne, nervöse Menschen, im Umgang mit anderen eher kühl distanziert.
Der athletische Typ ist muskulös und untersetzt, mit breiten, ausladenden Schultern, quadratischem Schädel und einem nach unten sich verjüngenden Rumpf. Sie sind durch ruhige Bedächtigkeit bis zur Zähflüssigkeit ausgezeichnet, können explosiv reagieren und gedanklich bzw. emotional kleben.
Der Pykniker ist eher klein und rundlich, hat ein weiches, wangenbetontes Gesicht, schmale Schultern und betonten Bauch. Zu ihrem Wesen gehört mitteilsame Heiterkeit oder Schwerblütigkeit, Genußfreudigkeit und tatkräftiges Praktikertum, sie sind der Umwelt und den Mitmenschen gegenüber aufgeschlossen.

13 Zum seelisch-geistigen Allgemeinzustand gehören z. B. emotionale Zustände, örtliche, zeitliche und personale Orientiertheit, Bewußtseinsklarheit, Verwirrtheit, tiefes Koma usw.

14 BMI-Werte zwischen 18,5 und 24,9 werden als normal angesehen.

15 Der falsche Eindruck eines Übergewichtes kann bei massivem Körperbau oder stark ausgebildeter Muskulatur entstehen. „Schwere Knochen" werden manchmal von übergewichtigen Essern als Entschuldigung benutzt.

16 Zum Beispiel der in sich zusammengesunkene (Depressive), der aufgegeben hat, der den Kopf hängen läßt als Zeichen der Trauer, der mit hängenden Schultern seine kraftlose Unentschlossenheit bezeugt (o. ä.).

17 Das Stottern ist eine Störung des Sprechablaufs (Koordinationsstörung), das Stammeln eine Störung der Bildung und Verbindung von Lauten.

Kapitel 7

1 Bei der Exsikkose fehlt Flüssigkeit im Unterhautfettgewebe. Das führt dazu, daß abgehobene Falten „stehenbleiben".

2 Blässe als Krankheitszeichen erkennt man am Nagelbett und in den Konjunktiven.

3 Eine Zyanose tritt auf, wenn mehr als 5 g desoxygeniertes Hämoglobin pro 100 ml Blut zirkulieren.

4 Bei der zentralen Zyanose durch verminderte Sauerstoffaufnahme in der Lunge sind die Kapillarpulse (Nagelbetten) blau, bei der peripheren Zyanose rot (soweit die vermehrte Sauerstoffausschöpfung nicht in der untersuchten Extremität stattfindet).

5 Bei ausgeprägter Anämie tritt keine Zyanose auf, weil die geringere Gesamtmenge Hb in 100 ml Blut ein Auftreten von 5 g desoxygeniertem Hämoglobin nicht gestattet.

6 Die Entstehung einer Zyanose wird durch hohen Hämoglobingehalt (größer als 16 g pro 100 ml) erleichtert.

7 Die Gelbverfärbung der Haut und Skleren entsteht durch Bilirubin- oder Biliverdineinlagerungen.

8 Nach der Farbe unterscheidet man:

Ikterusart	Einlagerung	Ursache	Lokalisatorische Bezeichnung
blaßgelber Flavinikterus	indirektes Bilirubin	Hämolyse	prähepatischer Ikterus
gelbroter Rubinikterus	direktes Bilirubin	Leberschaden	intrahepatischer Ikterus
grüngelber Verdinikterus	Biliverdin	Gallenstauung	posthepatischer Ikterus

9 Der Pseudoikterus führt nicht zur Verfärbung der Skleren.

10 Beim Wegdrücken der Spider mit dem Glasspatel bleibt ein pulsierender Punkt erhalten.

11 Im Alter schwindet die subkutane Fettschicht.

12 Ödematöse Dellen Grad II und III bleiben länger stehen.

13 Dermographismus albus entsteht durch lokale Gefäßkontraktion nach Bestreichen mit einem stumpfen Gegenstand. Dermographismus ruber als überschießende Reaktion durch Gefäßerweiterungen und Urticaria factitia als lokales Ödem sind Zeichen überschießender Ansprechbarkeit des vegetativen Systems.

14 Die Körperbehaarung hängt vom Gleichgewicht zwischen Androgenen und Östrogenen ab.

15 Verminderung oder Fehlen der Körperbehaarung weist auf ein gestörtes Verhältnis von Androgenen und Östrogenen hin.

16 Zur Zyanose führt mehr als 5 % desoxygeniertes Hämoglobin pro 100 ml.

17 Blasser Flavinikterus entsteht durch Einlagerung von indirektem Bilirubin bei Hämolyse.

18 Die Feststellung der Hauttemperatur erfolgt am besten mit dem Rücken der geschlossenen Finger.

19 Flüssigkeit im Interstitium entsteht durch Störung des Gleichgewichts zwischen intravaskulärem Druck und kolloidosmotischem Druck.

20 Makula = Fleck, Petechien = stecknadelkopfgroße Blutungen, Purpura = viele stecknadelkopfgroße Blutungen in die Haut, Erythem = Rötung.

21 Urtika ist eine flüchtige, schnell resorbierbare Quaddel.

22 Hautturgor prüfen Sie, indem Sie die Haut über dem Handrücken Ihres Patienten mit Daumen und Zeigefinger abheben.

23 Die Beurteilung von Lymphknoten erfolgt nach Größe, Verschieblichkeit und Zahl, Lage, Festigkeit und Qual (Schmerzhaftigkeit).

24 Schuppe – Squama, Eschara – Schorf, Crusta – die Kruste.

25 Erosionen entstehen, wenn flüssigkeitsgefüllte Erhabenheiten ihre Decke verlieren oder als Substanzdefekt der Epidermis.

26 Purpura ist im Gegensatz zum Erythem mit dem Glasspatel nicht wegdrückbar.

27 Krusten sind eingetrocknete Auflagerungen von Serum, Eiter oder Blut.

28 Inspektion, Palpation, Perkussion, Auskultation, Funktionsstörung **(IPPAF).**

29 Gelbfärbung beim Ikterus entsteht durch Einlagerung von Bilirubin.

30 Echter Ikterus kann verwechselt werden mit Karotinikterus und bräunlicher Pigmentierung.

31 Rotgelber Rubinikterus entsteht durch Einlagerung von direktem Bilirubin bei Erkrankungen der Leber.

32 Grüngelber Verdinikterus entsteht durch Einlagerung von Biliverdin bei Erkrankungen der Galle.

33 Drei VerwechslungsmÎglichkeiten mit Ikterus: Carotinikterus bei übermäßigem Genuß von Karotten oder Mangos oder Abbaustörungen für Carotin bei Leberzirrhose/Myxödem.

34 Für die Palpation entzündlich veränderter Haut sollten Sie immer Handschuhe benutzen.

35 Ödeme sind Zeichen für vermehrte Flüssigkeit im Interstitium.

36 Flüssigkeit im Interstitium entsteht durch Störung des Gleichgewichts zwischen intravaskulärem Druck und kolloidosmotischem Druck.

37 Lange bestehende Ödeme führen zu fibrotischen Veränderungen des Unterhautzellgewebes, das sich dann nicht mehr eindrücken läßt.

38 Bei Atrophie der Epidermis entsteht ohne Niveauunterschied eine feine Fältelung, bei Atrophie der Subkutis bilden sich Dellen.

39 Ein Ekzem ist eine begrenzte, juckende, rote Aufschwellung der Epidermis mit unterschiedlichen Effloreszenzen.

40 Purpura ist im Gegensatz zum Erythem mit dem Glasspatel nicht wegdrückbar.

41 Eine festhaftende Vermehrung der Hornschicht ist eine Keratose.

42 Lichenifikation = Flechte, ist eine kleinpapulöse, flächenhafte Verdickung (Infiltration) der Haut mit Vergröberung der Felderung.

43 Schuppen sind locker aufliegende, zusammenhängende Hornhautlamellen, Keratosen sind fest haftende Hornvermehrungen.

44 Nekrosen treten feucht als Gangrän, trocken als Mumifikation auf.

45 Zur zentralen Zyanose führen venöse Beimischungen oder verminderte Sauerstoffaufnahme.

46 Für zentrale Zyanose sprechen Atemnot, Uhrglasnägel, Trommelschlegelfinger, blaue Kapillarpulse in Nagelbett oder Lippen.

47 Durch Sauerstoffbeatmung nimmt eine zentrale Zyanose sofort ab.

48 Periphere Zyanose entsteht durch erhöhte Sauerstoffausschöpfung.

Kapitel 8

1 Bei Kopfschmerzen müssen Sie erfragen, zu welchen Tageszeiten oder Anlässen (functional headache) sie auftreten.

2 Durch das Foramen supraorbitale tritt der N. ophthalmicus, durch das Foramen infraorbitale der N. maxillaris und durch das Foramen mentale der N. mandibularis.

3 Der Druckschmerz muß sich eng umschrieben über dem Nervenaustrittspunkt finden und darf nicht in die weitere Umgebung ausstrahlen.

4 Zu den allgemeinen Hirndrucksymptomen gehören neben dem Druckschmerz über den Foramina supra- und infraorbitale Erbrechen, Bradykardie, Kopfschmerz und Blutdruckabfall.

5 Am Kopf werden nuchale, aurikuläre, submandibuläre und mentale Lymphknoten palpiert.

6 Die sechs Gesichtspunkte für die Beschreibung vergrößerter Lymphknoten sind: Lage, Festigkeit und Zahl, Größe, Verschieblichkeit und Qual (Schmerzhaftigkeit).

7 Bei einer Unfallanamnese mit Beteiligung des Kopfes müssen Sie die Kalotte auf eine Fraktur perkutieren.

Kapitel 9

1 Zu den Funktionsstörungen der Augenlider gehören Frequenzveränderungen des Lidschlags, Bewegungseinschränkungen und fehlender Lidschluß.

2 Mit leichtem Druck auf den Tränensack können Sie eitriges oder schleimiges Sekret aus den Tränenpünktchen herauspressen.

3 Die Tränenproduktion wird mit dem Schirmer-Test geprüft.

4 Zur Untersuchung der Konjunktiven stützt man beide Hände seitlich am Kopf des Patienten ab.

5 Die Bindehaut des Oberlides und des Tarsus beurteilen Sie nach einfachem Ektropionieren.

6 Bei Strabismus muß besonders auf psychische Störungen geachtet werden.

7 Der normale horizontale Durchmesser der Hornhaut beträgt etwa 11 bis 12 mm beim Erwachsenen.

8 Die Sensibilität der Hornhaut prüfen Sie mit einem spitz ausgezogenen und abgeschnittenen Wattefaden von der Seite kommend.

9 Die gleichmäßige Rundung der Hornhautoberfläche beurteilt man mit Hilfe eines Spiegelbildes (Fensterkreuz o. ä.).

10 Hornhauttrübungen werden bei frontaler Inspektion als graue Flecken erkannt; bei seitlicher, fokaler Beleuchtung wirken sie als grau-weiße Flecken und bei der Untersuchung mit dem Ophthalmoskop als schwarze Flecken vor dem roten Hintergrund.

11 Reflexbilder erscheinen bei Hornhauttrübungen unscharf.

12 Die Iris liegt durchschnittlich 3 mm hinter der Hornhaut.

13 Eine hintere Synechie ist eine Verwachsung der Regenbogenhaut mit der dahinterliegenden Linse, die zur Pupillenentrundung führen kann.

14 Bei einer Pupillenverengung spricht man von Miosis, bei Erweiterung von Mydriasis und bei Seitenunterschieden von Anisokorie.

15 Die direkte Pupillenreaktion ist die Verengung der Pupille bei Lichteinfall in das untersuchte Auge.

16 Die Pupille verengt sich bei isoliertem Lichteinfall in das Auge der Gegenseite.

17 Sie halten den Finger in einem Abstand von 15 – 20 cm in Höhe der Nasenwurzel vor die Augen.

18 Von absoluter Pupillenstarre spricht man, wenn die erweiterte Pupille weder auf Licht noch auf Naheinstellung reagiert, die Belichtung dieses Auges aber eine konsensuelle Pupillenreaktion der Gegenseite auslöst.

19 Wenn die krankhaft erweiterte Pupille nur noch auf die Belichtung des anderen Auges und auf Naheinstellung reagiert, spricht man von einer amaurotischen Pupillenstarre.

20 Bei der reflektorischen Pupillenstarre reagiert die meist enge Pupille nicht mehr auf Licht.

21 Verzögerte Reaktionen auf Licht nennt man Pupillotonie.

22 Vor jeder Weitstellung sollten eine bimanuelle palpatorische Beurteilung des intraokularen Drucks, besser eine Tonometrie, zur Vermeidung eines Glaukomanfalls und eine Beurteilung des Kammerwinkels durchgeführt werden.

23 Mit der Spiegelung im umgekehrten Bild verschaffen Sie sich einen Überblick; im aufrechten Bild suchen Sie nach Details.

24 Der Patient blickt bei der Spiegelung seines linken Auges auf Ihr linkes Ohr.

25 Mit dem Augenspiegel beurteilen Sie Papille, Makula, Arterien und Venen sowie pathologische Netzhautveränderungen.

26 Mit dem Glaucotest-Grenzwert-Tonometer können Grenzwerte des intraokularen Drucks beurteilt werden.

27 Die Pupillen von Autofahrern dürfen nicht weitgestellt werden, sondern die Patienten müssen ggf. wieder einbestellt werden.

28 Bei der Spiegelung im aufrechten Bild ist der Augenhintergrund 16fach vergrößert.

29 Der Durchmesser der Papille beträgt etwa 1,5 mm.

30 Die Macula lutea erscheint im Grünfilter gelb.

31 Bei der Untersuchung der Fovea centralis blickt der Patient in den Spiegel.

32 Die Arterien des Augenhintergrundes sind hellrot, dünner und mit breitem Reflexstreifen versehen. Die Venen sind dunkelrot und dicker. Sie haben einen schmalen Reflexstreifen und sind stärker geschlängelt als die Arterien.

33 Nystagmus nennt man anhaltende, mindestens 8 ruckartige, unwillkürliche Bewegungen meist beider Augen nach einer Seite. Sie werden nach der schnellen Phase benannt.

34 Die Ausdehnung des Gesichtsfeldes können Sie im Vergleich mit dem eigenen Gesichtsfeld bestimmen (Konfrontations- oder Parallelversuch).

35 Der Augenabstand bei der Feststellung des Gesichtsfeldes soll etwa 1 m betragen.

36 Hemianopsie ist der Ausfall einer Hälfte des Gesichtsfeldes.

37 Eine einfache Untersuchung auf Strabismus ist der Abdecktest (Aufdecktest).

38 Protanopie ist „Rotblindheit", Deuteranopie „Grünblindheit".

Kapitel 10

1 Sie bewegen den Kopf des Patienten, um den Einfallswinkel des Lichtstrahles (und damit die Spiegelstellung) nicht verändern zu müssen.

2 Charakteristische Beschwerden im Bereich der Ohren sind z. B. Schmerzen, Ohrsekretion, Schwindel, Hörstörungen, Ohrgeräusche.

3 Beim Fassen der Ohrmuschel müssen Sie Ihre Hand am Kopf des Patienten abstützen, um dem Patienten bei Ausweichbewegungen keine Schmerzen zuzufügen.

4 Den Ohrtrichter führen Sie dem äußeren Gehörgang folgend schräg nach vorn oben ein.

5 Die Krümmung des knorpeligen Gehörgangs gleichen Sie durch Zug nach hinten oben an der Ohrmuschel aus.

6 Die Grenze des knorpeligen Gehörgangs erkennen Sie an der Grenze der Gehörgangshaare.

7 Falls Sie den Ohrtrichter über die Grenze des knorpeligen Gehörgangs hinausschieben, drücken Sie die Gehörgangshaut auf die knöcherne Unterlage und bereiten dem Patienten Schmerzen.

8 Bei der Inspektion und Beschreibung des Trommelfells gehen Sie vom Hammergriff aus.

9 Der instrumentellen Manipulation ist die Gehörgangsspülung nach vorheriger Aufweichung des Zerumens vorzuziehen.

10 Die Hörweiteprüfung wird in einem Abstand bis zu 6 m mit Zahlen und Wörtern in Flüstersprache durchgeführt.

11 Zur Schüttelvertäubung lassen Sie den Patienten den Tragus kräftig rhythmisch einwärtsdrücken.

12 Bei Schalleitungsstörungen werden Umgangssprache mit tiefen Tönen, Flüstersprache und hohe Vokale gleichmäßig eingeschränkt gehört, bei Schallwahrnehmungsstörungen wird die Umgangssprache meist normal gehört, hohe Töne und Flüstersprache dagegen nur vermindert.

13 Der Gesunde hört beim Weber-Versuch die Stimmgabel gleichmäßig „im ganzen Kopf“, bei Mittelohrerkrankungen wird zur erkrankten Seite „lateralisiert“, bei Innenohrerkrankungen zur Seite des besser hörenden Ohres.

14 Im Rinne-Versuch wird die Abklingzeit bei Luftleitung mit der Abklingzeit beim Aufsetzen der Stimmgabel auf das Mastoid (Knochenleitung) verglichen. Gesunde hören den Luftleitungston länger und lauter als die Knochenleitung.

15 Bei der Schalleitungsstörung lautet das Ergebnis „Rinne negativ“, wenn der Stimmgabelton über die Knochenleitung lauter und länger gehört wird als über die Luftleitung.

16 Mit der Audiometrie wird für die Luft- und Knochenleitung die Lautstärke gemessen, die gerade noch eine Tonempfindung auslöst.

17 Charakteristisch für den Vestibularisschwindel sind Drehschwindel, Schwankschwindel, Liftgefühl und Ziehen nach einer Seite.

18 Anfallsweise auftretender Drehschwindel deutet auf Morbus Menière hin.

19 Abweichreaktionen sind ein Zeichen für einseitiges Überwiegen des Vestibularistonus, das zur Fallneigung und Gangabweichung zur anderen Seite hin führt.

20 Das Fistelsymptom prüft man mit dem Politzer-Ballon.

21 Beim Valsalva-Versuch führt das Pressen des Patienten bei funktionstüchtiger Tuba Eustachii zu einer Vorwölbung des Trommelfells mit einer Bewegung des Lichtreflexes.

22 Charakteristische Beschwerden bei Erkrankungen der Nase sind Atembehinderung, Absonderung, Nasenbluten, Stirn- und Gesichtskopfschmerz, Geruchsstörungen.

23 In der ersten Position untersuchen Sie Nasenboden und Hinterwand des Rachenraums, in der zweiten die mittlere Nasenmuschel und in der dritten Position das Nasendach bis in die Riechspalte.

24 Eitriges Sekret im mittleren Nasengang stammt aus einer oder mehreren Nebenhöhlen.

25 Eitriges Sekret in der Riechspalte stammt aus dem hinteren Drittel der Siebbeinzellen oder der Keilbeinhöhle.

26 Mit dem Schließen der Branchen könnten Sie Vibrissen fassen und Schmerzen verursachen.

27 Charakteristische Beschwerden bei Erkrankungen des Mundes sind z. B. Fötor, Schleimhautveränderungen, Brennen, Schmerzen, Blutungen des Zahnfleisches, Veränderungen der Speichelsekretion.

28 Charakteristische Halsbeschwerden sind z. B. Schluckbehinderungen, Hals- und Rachenschmerzen (mit unterschiedlicher Höhenlokalisation).

29 Aphthen müssen von Leukoplakien, weißen Epithelwucherungen der Wangenschleimhaut, unterschieden werden.

30 Koplik-Flecken treten in der Wangenschleimhaut gegenüber den unteren Molaren auf.

31 Die Mündung des Ductus parotideus finden Sie als flache Schleimhauterhebung gegenüber dem zweiten Molaren oben.

32 Jede knotige Veränderung der Zunge soll nach Größe, Festigkeit und Zahl, Lage, Verschieblichkeit und Schmerzhaftigkeit (Qual) beurteilt werden.

33 An der Rachenwand herunterfließendes schleimiges Sekret weist auf entzündliche Prozesse im Nasen-Rachen-Raum hin.

34 Charakteristische Beschwerden bei Kehlkopferkrankungen sind Heiserkeit, Husten, Schluckbeschwerden, Aphonie und Lymphknotenschwellungen im Halsbereich.

35 Bei dieser Form der Phonation steigt der Larynx aufwärts, die Epiglottis klappt nach vorn, Kehlkopfeingang bzw. Stimmlippen werden sichtbar.

36 An ein Kehlkopfkarzinom ist zu denken bei jeder Heiserkeit, die länger als drei Wochen dauert.

37 Die Berührung der Rachenhinterwand mit dem Nasen-Rachen-Spiegel führt zum Würgereflex.

38 Die Beurteilung der Schilddrüse erfolgt am leichtesten durch Umgreifen des Halses von dorsal mit am hinteren Hals abgestütztem Daumen.

39 Das Nonnensausen kann man durch leichten Druck mit dem horizontal gehaltenen Zeigefinger gegen den Hals unterhalb des Kieferwinkels unterbrechen.

Kapitel 11

1 Reizhusten ist ein trockener, unproduktiver, bellender Husten, der oft mit retrosternalen Schmerzen einhergeht.

2 Blutiges Sputum oder abgehustetes reines Blut nennt man Hämoptoe.

3 Mit Hämatemesis bezeichnet man kaffeesatzartiges, geronnenes Blut, das säuerlich riecht und niemals schaumig ist.

4 Hämoptysen sind kleinere Blutbeimengungen, oft nur Blutflecken oder blutige Fäden (aber auch gleichsinnig mit Hämoptoe).

5 Wenn der Patient mehr Arbeit als gewohnt für die Atmung aufbringen muß, spricht man von Dyspnoe.

6 Die Zahl der Treppenabsätze, die der Patient bewältigen kann, ohne anhalten zu müssen, gilt als grobes Maß für die Dyspnoe (Richtwerte: 2 Absätze = leichte Dyspnoe, 1 Absatz = schwere Dyspnoe, Unterbrechung während des 1. Absatzes = sehr schwere Dyspnoe). Cave! Es gibt auch noch andere Gründe, die das Treppensteigen erschweren.

7 Metabolische Dyspnoe: Eine erhöhte Wasserstoffionenkonzentration führt zu zentraler Atemstimulierung und damit zu vermehrter Abatmung von Kohlendioxid. Diese vermehrte Abatmung kann als Dyspnoe empfunden werden.

8 Orthopnoe nennt man die Unfähigkeit, im Liegen zu atmen.

9 Das Lungengewebe ist frei von Schmerzfasern.

10 Oberflächlicher Thoraxschmerz ist eindeutig lokalisierbar und nimmt durch Druck zu, Thoraxwandschmerz ist atmungs- und bewegungsabhängig, tiefer Thoraxschmerz ist nicht scharf lokalisierbar und entspricht dem viszeralen Schmerztyp*.

11 Pleuraschmerzen steigern sich z. B. beim tiefen Durchatmen, Husten oder Lachen.

12 Bei Pleuraschmerzen bemüht sich der Patient, die betroffene Thoraxseite ruhigzustellen, d. h. Atemexkursionen der erkrankten Seite klein zu halten oder ganz zu vermeiden.

13 Sowohl die Interkostalneuralgie als auch Pleuraschmerzen sind atemabhängig.

14 Stridor ist ein pfeifend-kratzendes Inspirationsgeräusch durch Einengungen zwischen dem oberen Larynx und den Hauptbronchien.

15 Pfeifende Atemgeräusche können Sie vorwiegend exspiratorisch hören. Meist ist dabei die Exspiration verlängert.

16 Frontal benutzt man als Orientierungshilfen am Thorax die Medioklavikularlinie, die Mediosternallinie, die Rippenbögen, abgezählte Rippen und die Fossa jugularis.

17 Die Medioskapularlinie bei herabhängenden Armen wird zur Einteilung des dorsalen Thorax benutzt.

18 Der Rosenkranz ist eine perlenförmige Verdickung der kostalen Knorpel-Knochen-Grenze.

19 Bei einer Tachypnoe macht der Patient mehr als 25 Atemzüge pro Minute.

20 Die Plateaubildung entsteht durch narbige oder tumoröse Bindegewebsverkürzungen.

21 Zur Prüfung des Stimmfremitus lassen Sie den Patienten die Zahl 99 so tief wie möglich sagen und palpieren seitenvergleichend.

22 Der Stimmfremitus ist abgeschwächt, wenn die Fortleitung erschwert wird.

23 Der Stimmfremitus ist bei hoher Stimmlage nicht zu palpieren.

24 Auf den Charakter des Perkussionsschalles wirken die Schwingungsfähigkeit des Thorax, Reaktionen des Lungengewebes und die Dämpfung durch luftfreies Material oder Flüssigkeit ein.

25 Die Perkussion erfolgt aus dem Handgelenk.

26 Der Perkussionsschall dringt nur 5 cm tief ein.

27 Die Leberbegrenzung wird in der Medioklavikularlinie perkutiert.

28 Die perkutorisch zu erfassende obere Lebergrenze entspricht der absoluten Dämpfung, d. h. dem Anteil, der unmittelbar der Körperwand anliegt. Mit der lauten Perkussion würden Sie das die Leberkuppel überlagernde Lungengewebe mindestens teilweise „durchschlagen".

29 Die dorsalen Lungengrenzen erwartet man etwa in Höhe des 11. BWK.

30 Bei Ergüssen findet man zwischen der vorderen und hinteren Axillarlinie eine aufsteigende Dämpfung.

31 Den Membrananteil benutzen Sie zur Auskultation hoher Frequenzen, den Trichter für tiefe Frequenzen.

32 Die Alveolen wirken dämpfend und gestatten normalerweise nur die Auskultation niederfrequenter Geräusche.

33 Pleuraverdickungen oder Flüssigkeitsergüsse im Interpleuralspalt behindern die Fortleitung der Atemgeräusche.

34 Ein pfeifendes, verlängertes Exspirium läßt auf Erkrankungen der kleinen Bronchien schließen.

35 Verengungen der oberen Luftwege, des Kehlkopfes und der Trachea führen zu inspiratorischem Stridor.

36 Das Vesikuläratmen ist in der Inspirationsphase länger zu hören.

37 Die Bronchialatmung findet sich über der Trachea, weil das Atemgeräusch nicht durch Alveolen abgeschwächt wird.

38 Nebengeräusche werden durch Sekretfäden oder Blasen verursacht.

39 Großblasige Nebengeräusche deuten auf Sekret in den Bronchien, feinblasige auf Sekret in den Bronchioli und Alveolen hin.

40 Lederknarren oder pleuritisches Reiben entsteht, wenn die beiden Pleurablätter aufeinanderreiben.

41 Pleuritische Reibegeräusche sind atemsynchron, perikarditische herzsynchron.

42 Der Patient flüstert die Zahl 66 zur Auskultation der Bronchophonie.

43 Atemrhythmen oder Atemtypen sind z. B. die tiefe, regelmäßige Kußmaul-Atmung im Coma diabeticum, die medulläre Cheyne-Stokes-Atmung mit periodischen Tiefen- und Frequenzsteigerungen und die Biotsche Atmung als unregelmäßiger Wechsel zwischen Phasen der Apnoe und einigen gleichmäßig tiefen Atemzügen bei Hirndruck.

44 Einen Überblick über die Atmung können Sie sich verschaffen mit der Differenz des Thoraxumfangs, mit der Zählung der Atemzüge pro Minute, mit dem Atemanhalteversuch und mit dem Streichholzversuch.

Kapitel 12

1 Präkordiale Schmerzen liegen im linken Thorax etwa im Bereich der Medioklavikularlinie und der Herzspitze; substernale Schmerzen liegen unter dem unteren Anteil des Sternums und dem linken Sternumrand.

2 Herzschmerzen werden im Gegensatz zu anderen Thoraxschmerzen von der Atmung nicht beeinflußt.

3 Als Herzphobie bezeichnet man anfallsweises starkes Herzklopfen mit Angstgefühlen.

4 Essentielle paroxysmale Tachykardien beginnen völlig überraschend. Vor extrasystolischen paroxysmalen Tachykardien spürt der Patient mehrere Phasen gehäufter Extrasystolen.

5 Plötzliche Ohnmachten als Folge zerebraler Anämien durch akute Rhythmusstörungen nennt man Adams-Stokessche Anfälle oder Synkopen.

6 Die paroxysmale nächtliche Dyspnoe bessert sich durch aufrechtes Sitzen oder Aufstehen deutlich.

7 Kardiale Ödeme nehmen im Liegen ab.

8 Ein hebender Herzspitzenstoß im 5. ICR etwa in der Mamillarlinie spricht für eine Linkshypertrophie.

9 Sichtbare Pulsationen als Ausdruck einer Rechtsherzvergrößerung oder einer Trikuspidalinsuffizienz sind epigastrische und Leberpulsationen.

10 Große Pulsationen und Schwirren über dem Herzen palpieren Sie unmittelbar rechts parasternal und links zwischen Sternum und Medioklavikularlinie.

11 Den Herzspitzenstoß findet man im 5. ICR.

12 Durch senkrechtes Aufsetzen eines Bleistiftes wird der palpierte hebende Herzspitzenstoß sichtbar.

13 Sie können die Herzgrenzen feststellen, indem der perkutierende Finger entweder senkrecht oder parallel zur Herzgrenze aufgelegt wird.

14 Die relative Herzdämpfung perkutieren Sie kräftig, die absolute Herzdämpfung mit schwachem Perkussionsschlag.

15 Ein vergrößertes Herz finden Sie z. B. bei Rechtshypertrophie, Linkshypertrophie und Perikarderguß. Ein Aortenaneurysma und Mediastinaltumoren können die Herzdämpfung nach kranial vergrößern.

16 Perkutorisch können Sie überhaupt nicht feststellen, welche Herzanteile die Perkussion vergrößern.

17 Dokumentierte Herzbefunde können Sie mit apparativen Messverfahren vergleichen.

18 Das Membranstethoskop verstärkt hochfrequente Geräusche, das Trichterstethoskop tiefe Geräusche.

19 Schwache Herztöne entstehen z. B. bei Herzmuskelschäden, Adipositas, Pleura- und Perikarderguß, Myxödem oder Emphysem.

20 Die Auskultationsstellen sind:

1. Aorta im 2. ICR am rechten Sternalrand,
2. Pulmonalis im 2. ICR links parasternal,
3. Trikuspidalis über dem Ansatz der 5. Rippe am rechten Sternalrand,
4. der Erbsche Punkt liegt im 4. ICR einen Querfinger links parasternal,
5. die Herzspitze auskultiert man über dem Spitzenstoß im 5. ICR etwa 3 Querfinger lateral vom linken Sternalrand.

21 Herztöne entstehen durch Klappenschwingungen, Schwingungen der Ventrikelwände und des Blutes im Herzen.

22 Extratöne entstehen durch Dehnung der großen Gefäße.

23 Herzgeräusche entstehen durch Blutstromhindernisse.

24 Konfigurationen für Herzgeräusche sind Crescendo, Decrescendo, Crescendo-Decrescendo und bandförmige Geräusche.

25 Beim 1. Herzton schließen Mitral- und Trikuspidalklappe, beim 2. Aorten- und Pulmonalklappe.

26 S_1 hört man am lautesten über der Herzspitze, S_2 über der Herzbasis.

27 1. und 2. Herzton lassen sich auch dadurch unterscheiden, daß der Abstand vom 1. zum 2. Herzton kürzer als der zwischen dem 2. und dem 1. Ton ist. Eine zusätzliche Möglichkeit bietet die Palpation der Karotispulswelle unmittelbar nach dem ersten Herzton.

28 Nicht gleichzeitiger Aorten- und Pulmonalklappen-Schluß entsteht bei der Inspiration.

29 Die physikalische Spaltung des 2. Herztons ist durch den späteren Schluß der Pulmonalklappe bedingt.

30 Bei tiefer Inspiration erhöht sich das Blutvolumen im Thorax und im rechten Herzen. Folglich schließt die Pulmonalklappe später.

31 Paradoxe Spaltung nennt man den Schluß der Pulmonalklappe vor dem der Aortenklappe.

32 Die paradoxe Spaltung beruht z. B. auf einer Aortenstenose, die zum verzögerten Schluß des bei der paradoxen Spaltung betonten 2. Tones (Aortenschluß) führt, der in der Exspiration deutlicher zu hören ist (nahe der Thoraxwand).

33 Diastolische Extratöne sind z. B. der Mitralöffnungston, der Trikuspidalöffnungston oder der 3. Herzton, der gespaltene 1. Ton oder der Vorhofton.

34 Organische Herzgeräusche beruhen auf Veränderungen der Klappen, funktionelle Geräusche auf relativen Stenosen, z. B. gegenüber erhöhter Strömungsgeschwindigkeit, und akzidentelle Geräusche entstehen durch Verwirbelungen ohne Krankheitswert.

35 Systolische Geräusche liegen zwischen dem 1. und 2. Ton, diastolische zwischen dem 2. und 1. Ton.

36 Der unmittelbare Anschluß des Geräusches beruht darauf, daß der Rückfluß in den Vorhof schon während der Anspannungsphase beginnt.

37 Die Geräuschintensität nimmt ab, weil die Druckdifferenz, z. B. zwischen Aorta und linkem Ventrikel, im Laufe der Diastole ausgeglichen wird.

38 Pathologische extrakardiale Geräusche sind: perikarditisches Reiben, pulssynchrone Gefäßgeräusche, Ductus-arteriosus-Geräusche und Pleurareiben.

39 Die tiefe Inspiration bewirkt eine Abnahme systolischer und diastolischer Geräusche links.

40 Das Systolikum der Trikuspidalinsuffizienz nimmt während der Inspiration zu, weil die Einströmungsgeschwindigkeit durch vermehrten negativen Druck größer wird.

41 Zeichen der Linksinsuffizienz mit Stauungslunge sind: Dyspnoe, nächtlicher Schweiß, Nykturie, Husten, Zyanose, Rasselgeräusche und Pleuraexsudat.

42 Die Polyurie ist kein Symptom der Rechtsinsuffizienz. Vielmehr führt die Nierenvenenstauung tagsüber zu einer Verminderung der Harnmenge.

43 Tachykardie nennt man eine anhaltende Pulsbeschleunigung über 90 Schläge pro Minute.

44 Plötzlich beginnende Rhythmusstörungen mit Frequenzen zwischen 150 und 200 Schlägen pro Minute nennt man paroxysmale Tachykardie.

45 Eine Tachykardie durch größeren Blutverlust läßt sich durch den positiven Tilt-Test unterscheiden, bei dem der Lagewechsel zum Sitzen zu einer Erhöhung der Pulsfrequenz um 20 Schläge pro Minute führt.

46 Bei der echten Bradykardie sind die auskultierte Herzfrequenz und die palpierte Radialispulsfrequenz gleich groß.

47 Ein Pulsdefizit ist der Ausfall des peripheren systolischen Anteiles der Blutdruckamplitude.

48 Der Grundrhythmus ist bei der absoluten Arrhythmie aufgehoben.

49 Den Venendruck kann man schätzen, wenn der Patient den Arm so weit hebt, daß die gestauten Venen am Handrücken gerade leerlaufen.

50 Die Funktion der kommunizierenden Röhren kann man mit dem Valsalva-Versuch kontrollieren.

51 Mit der Ätherumlaufzeit (Arm-Lunge-Zeit) mißt man die Funktion des kleinen Kreislaufs.

52 Verkürzungen der Arm-Lunge-Zeit finden Sie bei Ursachen vergrößerten Herzminutenvolumens oder bei Belastungen.

53 Nichtkardiale Verlängerungen der Ätherumlaufzeit entstehen bei pulmonalen Störungen, Verlängerungen der Decholinumlaufzeit bei vergrößerter Blutmenge.

54 Bei Belastungsversuchen sollte das EKG durch einen Arzt verfolgt werden.

55 Kniebeugen sind als Belastungstest nicht reproduzierbar, und der Zweistufentest wird leicht durch überlagerte Muskelpotentiale gestört.

56 Die Ausbelastungsherzfrequenz beim Fahrradergometer fällt nach dem 30. Lebensjahr in jedem Lebensjahrzehnt um 10 Schläge pro Minute oder: 200 minus Lebensjahre = Ausbelastungsherzfrequenz.

57 Kontraindikationen für Belastungsversuche sind: Herzinsuffizienz mit Dyspnoe beim Gehen, frischer Herzinfarkt, akute entzündliche Herzerkrankungen und maligner Hypertonus.

Kapitel 13

1 Für arterielle Durchblutungsstörungen sind Kältegefühl, Ermüdungsgefühl und Schmerzen charakteristisch.

2 Gefäßbedingte Schmerzen, die bei Ruhe schnell verschwinden und bei Belastung wiederkehren, nennt man Latenzschmerzen.

3 Schmerzen bei Einengung des arteriellen Lumens treten auf bei Arteria-femoralis-Einengung in der Wade, Beckenarterieneinengung in der Becken- und Oberschenkelmuskulatur, Aorta-abdominalis-Einengung symmetrisch in der Beckenmuskulatur.

4 Frühsymptome arterieller Durchblutungsstörungen in der unteren Extremität sind pulssynchrone Geräusche, die nach Kniebeugen lauter werden.

5 Mit dem Gehtest können Sie das Ausmaß einer Stenose und den Therapieerfolg beurteilen.

6 Arteriell bedingte Schmerzen nehmen durch Lagerung über die Horizontale zu, venös bedingte Schmerzen nehmen ab.

7 Für eine venöse Durchblutungsstörung sprechen aufgestaute Gefäße, Ödeme, Stauungsgefühl und Zyanose.

8 Zum Beispiel: Puls ist eine sichtbare, tastbare und gelegentlich auch hörbare Ausdehnung eines Gefäßes durch Fortleitung der systolischen Blutdruckwelle.

9 Eine vermehrte systolische Ausschüttung können Sie distal der Lunulae im Nagelbett sehen, wenn Sie den äußeren Nagelanteil leicht herunterdrücken.

10 Den Puls sollten Sie mindestens eine halbe Minute lang palpieren (Multiplikationsfehler, Arrhythmien).

11 Pulsus altus entsteht durch große Blutdruckamplituden.
Pulsus parvus entsteht durch kleine Blutdruckamplituden.
Pulsus alternans entsteht durch regelmäßig wechselnde Schlagstärke.
Pulsus paradoxus bedeutet das Kleinerwerden des Pulses bei Inspiration um mehr als 10 mmHg.
Pulsus celer entsteht durch schnellende Blutdruckamplitude.
Pulsus tardus entsteht durch langsam ansteigende Blutdruckamplitude.

12 Fehlen des Radialispulses kann bedingt sein durch Herzstillstand, Schock, Gefäßverschlüsse.

13 Auskultierbare Gefäßgeräusche entstehen dort, wo eine laminare in eine turbulente Strömung übergeht.

14 Bei abnormen Palpations- und Auskultationsbefunden über den Gefäßen sollten Sie grundsätzlich seitenvergleichend untersuchen.

15 Mit der Schoop-Provokationsmethode erzeugen Sie nach arterieller Stauung eine reaktive Hyperämie mit Verstärkung eventueller Turbulenzen.

16 Für die Palpation der Arterien eignen sich folgende Punkte:
A. femoralis – dicht unterhalb des medialen Drittels des Leistenbandes
A. poplitea – bei locker angewinkeltem Knie in der Kniekehle etwas lateral von der Mittellinie
A. dorsalis pedis – auf dem Fußrücken neben dem ersten Strahl
A. tibialis posterior – zwischen Malleolus medialis und Achillessehne

17 Die Füllung der V. jugularis externa nach Unterbrechung erfolgt von kranial.

18 Der hepatojuguläre Reflux gestattet Rückschlüsse auf eine latente Rechtsinsuffizienz.

19 Der hepatojuguläre Reflux führt bei der Rechtsinsuffizienz zu einer längeren Füllung der Halsvenen.

20 Die Fallgeschwindigkeit vor Eintreten des systolischen Gefäßtons soll 3 bis 5 mm pro Sekunde betragen.

21 Bei der Blutdruckmessung soll die Blutdruckmanschette
bei 0- bis 2jährigen 5 cm,
bis zum 6. Lebensjahr 8 cm und
bei Schulkindern 13 cm breit sein.

22 Ausschließlich systolische Druckveränderung und damit vergrößerte Blutdruckamplitude entsteht durch vergrößertes Herzminutenvolumen oder verminderte Elastizität der großen Gefäße.

23 Den Ruheblutdruck mißt man, nachdem der Patient 5 min gelegen hat.

24 Meßpunkt für den diastolischen Blutdruckwert ist das deutlich gehörte Leiserwerden der Gefäßtöne.

25 Große Amplituden weisen auf großes Blutvolumen durch eine vermehrte diastolische Füllung hin, kleine Blutdruckamplituden auf ein niedriges Herzminutenvolumen.

26 Nach den Richtlinien der WHO liegt die obere Grenze für den normalen Blutdruck bei 140/90 mmHg.

27 Bei Werten zwischen der oberen Normalgrenze und der Hypertonie spricht man von einem „Grenzbereich".

28 Von Hypotonie spricht man bei systolischen Werten unter 100 mmHg und diastolischen Werten unter 60 mmHg.

29 Grundsätzliche Ursachen der Hypotonie sind ein verminderter Gefäßwiderstand oder ein vermindertes Herzminutenvolumen.

30 Bei der Faustschlußprobe und bei der Lagerungsprobe entsteht die verzögerte dunkle Nachröte durch eine während des Versuchs entstandene Sauerstoffschuld.

31 Unkompensierte arterielle Verschlüsse führen bei der Lagerungsprobe zu Blässe.

32 Bei der Lagerungsprobe röten sich die Füße normalerweise innerhalb von 5 Sek.

33 Die Venenfüllung vor reaktiver Hyperämie weist auf einen ausgedehnten Arterienverschluß mit größeren AV-Kurzschlüssen hin.

34 Drei Faktoren ermöglichen den venösen Rückstrom: offene Gefäßlumina, Muskelkontraktionen und funktionierende Venenklappen.

35 Durch den Perkussionstest wird die Funktionsfähigkeit der Venenklappen in der varikösen V. saphena magna beurteilbar.

36 Der Perthes-Versuch läßt Schlüsse auf die Durchgängigkeit tiefer Venen und auf die Funktion der Venenklappen in den Vv. perforantes zu.

37 Beim Perthes-Versuch stauen Sie nur die oberflächlichen Venen.

38 Die Zunahme der Varizenfüllung spricht für einen Verschluß der tiefen Venen. Die stärkere Füllung ist ein Zeichen der Strömungsumkehr in den Vv. communicantes.

39 Die Funktionstüchtigkeit der genannten Klappen wird mit dem Trendelenburg-Versuch beurteilt.

40 Zum Beispiel: Am angehobenen Bein des liegenden Patienten werden die Varizen ausgestrichen, dann legt man unterhalb der Leistenbeuge ein Stauband an.

41 Zur Beurteilung einer tiefen Venenthrombose pumpen Sie die Blutdruckmanschette auf 200 mmHg auf. Schmerzen (nicht nur Druckgefühl) können Zeichen einer tiefen Venenthrombose sein.

Kapitel 14

1 Beschwerden, die primär auf Erkrankungen des Bauchraums hinweisen, treten z. B. auch bei Erkrankungen des Zentralnervensystems und des Urogenitalsystems auf.

2 Die unspezifischen Bauchsymptome Appetitmangel, Übelkeit und Erbrechen gewinnen diagnostische Bedeutung, wenn man ihr isoliertes oder gemeinsames Auftreten bzw. ihre Abhängigkeit von Körperfunktionen und Bauchschmerzen und andere Symptome berücksichtigt.

3 Der Begriff „akuter Bauch“ sollte aufgegeben werden, weil er nicht eindeutig definiert ist.

4 Z. B.: Akute Bauchschmerzen bestehen weniger als sechs Tage und sind heftig genug, um den Patienten zum Arzt zu führen.

5 Diagnostisch unklare akute Bauchschmerzen ohne eindeutige Peritonitiszeichen machen Verlaufsuntersuchung und Dokumentation im 1-Stunden-Abstand erforderlich.

6 Intermittierende Bauchschmerzen wechseln mit schmerzfreien Phasen ab. Bei Koliken bleibt in der Regel ein bestimmtes Schmerzniveau bestehen.

7 Reflektorisches Erbrechen entsteht durch Irritation peritonealer und mesenterialer Nerven.

8 Erbrechen von Stuhl ist nur möglich, wenn die Ileozäkalklappe insuffizient ist.

9 Koliken sprechen für Darmverschluß (krampfartige Kontraktionen der Darmmuskulatur).

10 Sodbrennen wird als Reizung der Ösophagusschleimhaut erklärt.

11 Sekretorischer Durchfall sistiert in der Regel nicht durch Nahrungskarenz.

12 Verdauungsbeschwerden umfassen Appetitmangel, Magendrücken, Bauchgrimmen, Blähungen und Änderung der Stuhlgewohnheiten.

13 Schmerzursachen, die im rechten Oberbauch zu lokalisieren sind, strahlen in den rechten Rücken und die rechte Schulterregion aus.

14 Vergleichen Sie Ihr Ergebnis mit dem Text auf S. 253.

15 Für psychologisch ausgelöste oder beeinflußte Bauchschmerzen sprechen: ihr Auftreten oder ihre Zunahme in bestimmten Situationen oder beim Zusammentreffen mit bestimmten Personen, sie sind in der Regel diffus, Schmerzart und Anatomie passen nicht zueinander, ungewöhnliche gestikuläre und verbale Darstellung, depressive Begleitsymptome, Beispielfälle in der Familie, Krankheitsgewinn oder andere Somatisation, Verlusterlebnisse, Abhängigkeit.

16 Bei der diagnostischen Zuordnung von Bauchschmerz spielen eine Rolle: Körperlage, Körperhaltung, Atmung, Sport, Nahrungsaufnahme, Erbrechen, Stuhlgang, Miktion.

17 Durchfall heißt zu dünn und zu häufig (mehr als drei wäßrige bis breiige Stühle pro Tag).

18 Osmotischer Durchfall sistiert durch Nahrungskarenz, sekretorischer Durchfall tritt meist mit Bauchschmerzen auf und sistiert durch Nahrungskarenz nicht.

19 Große Stühle und periumbilikale Koliken weisen auf Dünndarmerkrankungen, kleine Stühle und krampfartige Unterbauchschmerzen auf Dickdarmerkrankungen hin.

20 Starke extraintestinale Schmerzen können zu reflektorischem Erbrechen führen.

21 Wegweisend für vestibulares Erbrechen ist das Begleitsymptom Schwindel.

22 Folgende Erbrechensmodalitäten sprechen für folgende Organerkrankungen:
beim Essen = Ösophagus
- unmittelbar nach dem Essen = Magen (Gastritis)
- 1 bis 2 Std. nach dem Essen = Magen (Ulkuskarzinom)
- mehr als 2 Std. nach dem Essen = Pylorus, Dünndarm(-Verschluß)
- mehr als 6 Std. nach dem Essen = Dickdarmverschluß
- unabhängig vom Essen = Uterus, Zerebrum, Labyrinth

23 Exsikkosezeichen sind verminderter Turgor, trockene Lippen und Zunge, eingesunkene Augen.

24 Hämoptysen sind meist schaumig.

25 Anale Blutausscheidungen stammen in der Regel aus dem Gastrointestinaltrakt unterhalb der Ileozäkalklappe.

26 Sechs Ileus-Kriterien sind: Koliken, tiefer Druckschmerz, prästenotische Auftreibung, Hyperperistaltik, Borborygmi, Stuhl- und Windverhaltung.

27 Mechanischer Ileus entsteht durch innere Obturation oder äußere Okklusion, paralytischer = dynamischer Ileus durch Lähmung der Darmfunktion.

28 Koliken sind remittierende Krämpfe der Hohlorgane mit einem restlichen Schmerzniveau.

29 Die Blutungsquelle bei Teerstühlen liegt in der Regel proximal vom Kolon.

30 Obstipation heißt zu selten, zu wenig, zu fest.

31 Regurgitation erfolgt ohne Übelkeit und ohne Brechbewegungen und ohne saures Erbrechen (aus dem Ösophagus).

32 Anatomische Bezugspunkte für die Beschreibung von Bauchschmerzen sind: Rippenbögen, Epigastrium, Nabel und Umgebung, Beckenkämme, Spinae, suprapubische Region und Inguinalfurchen.

33 Auftreibung erfolgt nach ventral durch Meteorismus (Tympanie), beiderseitige Ausladungen nach lateral durch Aszites (Dämpfung).

34 Zur Auslösung des Loslaßschmerzes sollte man die Bauchdecken 30 Sek. eingedrückt halten.

35 Loslaßschmerz ist ein Frühzeichen für die Beteiligung des Peritoneum parietale an entzündlichen Prozessen.

36 Der McBurney-Punkt liegt in der Mitte einer Linie zwischen rechter Spina iliaca anterior superior und Nabel.

37 Der Lanz-Punkt liegt rechts zwischen dem ersten und zweiten Drittel einer Linie zwischen beiden Spinae iliacae anteriores superiores.

38 Bauchglatze und fehlende Sekundärbehaarung sind ein Zeichen des gestörten Östrogen-Androgen-Gleichgewichts.

39 Fett, Fetus, Fäzes, Flatus und Flüssigkeit sind häufige Ursachen für einen aufgetriebenen Bauch.

40 Zur Minderung der Abwehrspannung kann der Patient die Knie anziehen und mit offenem Mund atmen.

41 Die Palpation des Bauches soll niemals am Ort der angegebenen Schmerzen beginnen.

42 Eine lokale Abwehrspannung entsteht durch Reizung des Peritonaeum parietale.

43 Willkürliche Abwehrspannung läßt sich überwinden, reflektorische Rigidität ist unüberwindbar.

44 Peritonitis-Kriterien sind: unerträglicher somatischer Dauerschmerz, oberflächlicher Druckschmerz, Loslassschmerz, Abwehrspannung und/oder Rigidität, Hyper- dann Hypoperistaltik, tympanitische Auftreibung, Schock.

45 Alternativen zum Loslassschmerz sind die Perkussion über dem vermuteten Schmerzmaximum, die kräftige, tiefe Palpation in einem entfernten Quadranten oder die Aufforderung an den Patienten zu husten.
46 Auf Lebervergrößerung palpiert man in Atemmittellage.
47 Bei der Gleitpalpation bewegen sich die palpierenden Finger der inspiratorisch tiefertretenden Leber entgegen.
48 Beim Emphysem-Patienten kann ein Zwerchfelltiefstand eine Lebervergrößerung vortäuschen.
49 Leberbedingte Druckschmerzen im rechten oberen Quadranten entstehen durch schnelle Kapselspannung.
50 Zum Auslösen des hepatojugularen Refluxes drückt man mit beiden Händen Blut aus der Leber.
51 Das Courvoisier-Zeichen ist eine schmerzlose, durch chronische Behinderung des Gallenabflusses aufgetriebene, palpable Gallenblase.
52 Das Murphy-Zeichen lösen Sie aus, indem Sie mit gekrümmten Fingern medial der Mamillarlinie unterhalb des rechten Rippenbogens eindrücken und den Patienten tief einatmen lassen.
53 Die wahrscheinlichsten Ursachen für „Tumor im Unterbauch" sind ein gravider Uterus und eine gefüllte Harnblase.
54 Die direkte Inguinalhernie unterscheidet sich von der indirekten dadurch, daß die direkte medial, die indirekte lateral von der A. epigastrica inferior liegt.
55 Die Unterscheidung von direkter und indirekter Leistenhernie ist möglich, wenn der kleine Finger so in den äußeren Leistenkanal eingeführt wird, daß die Fingerbeere die Hinterwand des Leistenkanals berührt. Beim Husten schlägt die indirekte Hernie gegen die Fingerspitze, die direkte gegen die Fingerbeere.
56 Beim Husten stößt eine Peritonealaussackung, die noch nicht aus dem Inguinalkanal ausgetreten ist, gegen den palpierenden Finger.
57 Nur die Hydrozele ist mit der Taschenlampe durchleuchtbar.
58 Bei Rötung oder Ödembildung der Haut über dem Bruchsack ist jeder Repositionsversuch kontraindiziert.
59 Beim Aszites grenzt man die laterale Flüssigkeitsdämpfung gegen den tympanitischen Schall des Darmes ab.
60 Hohe, spritzende Darmgeräusche mit kolikartigen Schmerzen sind Zeichen für eine Stenose oder einen mechanischen Ileus.
61 Von Totenstille spricht man, wenn Darmgeräusche völlig sistieren und durch Beklopfen der Bauchwand nicht mehr ausgelöst werden können.

Kapitel 15

1 Von Anurie spricht man bei Harnmengen von weniger als 100 ml/Tag, von Oligurie bei weniger als 500 ml/Tag.
2 Von einer Bakteriurie spricht man bei mehr als 10^5 Bakterien/ml.
3 Bei Harnverhaltung nimmt der Schmerz nach der Miktion ab.
4 Mit Dysurie bezeichnet man alle Formen erschwerten Wasserlassens, mit Strangurie (Algurie) schmerzhaftes Wasserlassen.
5 Unter dem Oberbegriff Miktionsstörungen werden Strangurie (Algurie), Dysurie, Harninkontinenz und Ischuria paradoxa zusammengefaßt.

6 Pyurie heißt mehr als 10 Leukozyten im Sediment bei starker Vergrößerung.

7 Die Zwei-Gläser-Probe gestattet die Unterscheidung von Urethritis und Zystitis, wenn der Urin im ersten bzw. im ersten plus zweiten Glas trübe ist. Außerdem können Sie eine initiale und eine totale Hämaturie mit der Zwei-Gläser-Probe unterscheiden.

8 Als untere Grenzwerte für eine Mikrohämaturie gelten weniger als drei Erythrozyten, nach dem 50. Lebensjahr mehr als acht Erythrozyten pro Gesichtsfeld bei starker Vergrößerung.

9 Eine Hämaturie kann durch vaginale oder anale Blutausscheidung vorgetäuscht werden.

10 Jede Hämaturie ist tumorverdächtig, bis eine andere Ursache gefunden ist.

11 Entzündliche Erkrankungen der Niere erschweren die Palpation, weil Spasmen der Rückenmuskulatur entstehen.

12 Radikuläre Schmerzen sind durch Druck auf die Kostovertebralgelenke auszulösen. Sie sind außerdem haltungs- und bewegungsabhängig.

13 Dämpfung über der Harnblase perkutieren Sie in der Mittellinie, Aszites beiderseits lateral.

14 Fluktuationstest s. Text, S. 386.

15 Die drei Indikationen für instrumentelle urologische Untersuchung sind: Verdacht auf Lumeneinengung, Blasentumor, Differenzialdiagnose der Anurie.

16 Drei Fehlerquellen bei der Urinuntersuchung sind: unangemessene Urinentnahme, zu langes Stehen der Probe und unvollständige Untersuchung des Sediments.

17 Das Wasserlassen kann man durch einen laufenden Wasserhahn bahnen.

18 Der Urin bei Hämoglobinurie ist fleischwasserfarbig, enthält aber keine Erythrozyten.

19 Bei der Pyurie bilden sich im Sediment weiße Fäden oder Flocken.

20 Der Perkussionsschall über der gefüllten Blase ist gedämpft.

21 Bei beschwerdefreien Patienten beschränkt sich die Untersuchung der Genitalien im allgemeinen auf anamnestische Angaben und die Inspektion der äußeren Genitalorgane.

22 Typische weibliche Beschwerden bei Erkrankungen der Geschlechtsorgane sind Menstruationsunregelmäßigkeiten, zyklusabhängige oder -unabhängige Schmerzen der Geschlechtsorgane und der Mammae und Ausfluß.

23 Von primärer Amenorrhö spricht man, wenn die monatliche Regelblutung bis zum 16. Lebensjahr nicht eingesetzt hat, von sekundärer Amenorrhö, wenn, abgesehen von physiologischen Gründen, nach üblicher Menstruation eine länger als viermonatige Pause eintritt, genaugenommen, wenn eine Regel ausbleibt.

24 Metrorrhagien sind Blutungen zwischen den einzelnen Regelblutungen, Menorrhagien sind ungewöhnlich starke Menstruationsblutungen.

25 Die Infertilität oder Impotentia generandi ist die Unfähigkeit, eine Schwangerschaft auszutragen, die Sterilität die Unfähigkeit, schwanger zu werden.

26 Mangelhafte oder fehlende Sekundärbehaarung sprechen für hormonale Störungen.

27 Von einer Phimose spricht man, wenn das Präputium nicht retrahiert werden kann.

28 Ausdrückliche Indikationen für die rektale Untersuchung sind Miktionsbeschwerden, Schleim-, Blut- oder ungewollte Flüssigkeitsabgänge aus dem After sowie anorektale Beschwerden.

29 Marisken sind hypertrophe Analfalten, meist als Endzustände abgelaufener perianaler Thrombosen.

30 Etwa 75 % der Analfissuren finden sich in der dorsalen Kommissur.

31 Analfisteln entstehen meist in einer Analdrüse in den Morgagnischen Krypten.

32 Analabszesse sondern den Eiter in den Analkanal ab.

33 Schmerzen beim Analabszeß treten mit einem Intervall nach dem Stuhlgang ein und dauern mehrere Stunden.

34 Bei der Perianalthrombose finden Sie bläuliche (druckschmerzhafte) Knoten.

35 Die Schleimhaut ist beim Darmprolaps radiär gefaltet.

36 Palpable Veränderungen der Darmschleimhaut sind multiple, weiche Hämorrhoidalknoten, polypöse Adenome und derbe Platten mit wallartigen Rändern.

37 Darmtumoren können durch Kotballen (Skybala) vorgetäuscht werden.

38 Der Prostatabefund kann nach Größe, Konsistenz, Verschieblichkeit der Schleimhaut, Abgrenzung und tumorösen Veränderungen beurteilt werden.

39 Die Prostata ist normalerweise kastaniengroß und palpiert sich ähnlich wie der angespannte Daumenballen.

40 Die Mitarbeit des Patienten können Sie sich ganz allgemein bei Untersuchungsmaßnahmen durch Erläuterung sichern.

41 Das geschlossene Proktoskop wird zunächst 5 cm tief in den Analkanal mit der Zielrichtung auf den Nabel geführt und nach Entfernen des Obturators bis auf 12 cm Tiefe in Richtung auf die Wirbelsäule vorgeschoben.

Kapitel 16

1 Paresen sind Muskelschwächen, Paralysen sind die Unfähigkeit, den Muskel überhaupt zu benutzen, und Plegien sind Lähmungen ganzer Gliedabschnitte.

2 Bewegungseinschränkungen können neurogen, myogen oder degenerativ bedingt sein.

3 Lokale Extremitätenschmerzen haben keine segmentale Ausbreitung.

4 Knochenschmerzen sind nachts stärker als am Tage und werden durch Belastung (Gewicht) verstärkt.

5 Für die Beurteilung der Extremitäten bietet sich der Seitenvergleich an.

6 Für eine Luxation sprechen Gelenkdeformierung, schmerzhafte Funktionsstörung und federnde Fixation.

7 Bei der Neutral-0-Methode bezieht sich der gemessene Winkel auf die anatomische Normalstellung.

8 Das Fortschreiten oder Abklingen können Sie durch Messung von Bewegungseinschränkungen in Winkelgraden festlegen.

9 Schwellungen durch intraartikuläre Ergüsse sind flukturierend; Weichteilentzündungen sind nicht verschieblich; Knochentumoren sind stabil.

10 Klassische Frakturzeichen sind Achsenknick, Seitenverschiebung, Seitenverschiebung mit Kontraktur, Distraktion und Rotation.

11 Nicht sichtbare Frakturzeichen sind z. B. eingeschränkte Beweglichkeit, Druck- und passiver Bewegungsschmerz, Crepitatio und abnorme Beweglichkeit.

12 Die Fallhand ist Zeichen einer Radialisparese; die Schwurhand entsteht beim Faustschlußversuch, wenn der N. medianus gelähmt ist.

13 Die Palpation eines axillären Schweißdrüsenabszesses ist außerordentlich schmerzhaft.

14 Einen Überblick über die Gelenkfunktionen der Schulter bieten der „Schürzengriff" und der „Nackengriff".

15 Horizontalbewegungen des Armes im Schultergelenk führt der Patient in Seithalte um die Vertikalachse des Körpers durch.

16 Als Zeiger für die Innen- und Außenrotation benutzen Sie den im Ellenbogen flektierten Unterarm.

17 Sie müssen bei der Untersuchung darauf achten, daß bei der Beweglichkeitsprüfung des Schultergelenkes der Schultergürtel fixiert bleibt.

18 Die Beweglichkeit des Ellenbogengelenks prüfen Sie mit der Flexion, Extension, Pro- und Supination.

19 Für die objektive Beurteilung der groben Kraft lässt man den Patienten eine Blutdruckmanschette mit der Hand zusammenpressen, die auf 30 mmHg aufgepumpt ist.

20 Transpalmaradduktion nennt man die Adduktion des Daumens an der Handfläche vorbei.

21 Für die Längenmessung benutzt man die Gesamtlänge im Stehen am hängenden Arm zwischen Akromionspitze und Processus styloideus (radii).

22 Varizen können am liegenden Patienten übersehen werden, weil sie im Liegen leerlaufen.

23 Das Payr-Zeichen gilt als Zeichen einer tiefen Thrombophlebitis und wird durch Daumendruck an der medialen Fußsohle ausgelöst.

24 Das Hohmann-Zeichen ist ein Wadenschmerz bei der Dorsalflexion des Fußes.

25 Bei den prätibialen Ödemen unterscheidet man:

- **I.** eben sichtbar bleibende Delle,
- **II.** deutlich sichtbar bleibende Delle,
- **III.** sichtbare tiefe Mulde und Verformung des distalen Unterschenkels,
- **IV.** wie III, aber mit extremer Verformung der Extremität.

26 Nephritische und kardiale Ödeme treten meist beiderseits auf.

27 Die tanzende Patella finden Sie beim Zusammendrücken der Flüssigkeit aus kommunizierenden Bursae durch Druck auf die Patella.

28 Die Einschränkung der Beweglichkeit in allen Ebenen spricht für eine intraartikuläre Bewegungseinschränkung.

29 Sie lassen den liegenden Patienten das Hüftgelenk und das Kniegelenk so beugen, daß er den Hacken des einen Fußes neben das Kniegelenk des anderen Beines stellen kann, und lassen ihn das gebeugte Knie nach außen und nach innen drehen.

30 Eine übermäßige Lendenlordose gleichen Sie mit dem Thomas-Handgriff aus.

31 Die Innen- und Außenrotation können Sie prüfen, indem Sie den auf dem Rücken liegenden Patienten auffordern, mit der großen Zehe den Hacken des anderen Fußes zu erreichen oder mit der lateralen Kleinzehe die Unterlage zu berühren. Genauer lassen sich Innen- und Außenrotation in Bauchlage prüfen, wenn man den um 90° gebeugten Unterschenkel als Zeiger benutzt.

32 Das Schubladenphänomen prüft man am um 90° gebeugten Kniegelenk.

33 Von „Rotationsschublade" spricht man bei einem Schubladenphänomen, das in 30° Innen- bzw. 15° Außenrotation auszulösen ist.

34 Mit dem Böhler-Zeichen untersuchen Sie Schäden des medialen und lateralen Meniskus und des medialen und lateralen Seitenbandes.

35 Die Rotation des Unterschenkels mit gebeugtem Kniegelenk führt bei Schäden des Außenmeniskus zu schmerzhafter Innenrotation, bei Schäden des Innenmeniskus zu schmerzhafter Außenrotation.

36 Beim zweiten Steinmann-Zeichen verlagert sich der Druckschmerz am inneren Gelenkspalt bei Beugung des Knies von ventral nach dorsal.

37 Die vier Formen des Hinkens sind Verkürzungshinken, Schonhinken, Versteifungshinken und Muskelinsuffizienzhinken.

38 Einen Überblick verschaffen Sie sich, indem Sie den auf dem Rücken liegenden Patienten auffordern, Hüft- und Kniegelenk so zu beugen, daß der Hacken des einen Fußes medial neben dem Knie des anderen Beines liegt und das Knie bds. in Richtung auf die Unterlage zu drehen.

39 Der Thomas-Handgriff dient dem Ausgleich der Lendenlordose bei dem auf dem Rücken liegenden Patienten.

40 An der Wirbelsäule werden Spontan-, Bewegungs-, Druck-, Klopf- und Stauchschmerz unterschieden.

41 Häufige Begleitbeschwerden bei Wirbelsäulenschmerzen sind Sensibilitätsstörungen und Lähmungen.

42 Torsionen der Wirbelsäule entstehen meist als Reaktion auf statische Anomalien.

43 Skoliosen sind dauernd fixierte seitliche Verbiegungen der Wirbelsäule.

44 Die verkürzungsbedingte seitliche Beckenneigung misst man durch den Ausgleich der Neigung mit flachen Holzkeilen, deren Höhe gemessen wird.

45 Bei unklaren Rückenschmerzen sollte immer eine rektale Untersuchung der Prostata bzw. eine gynäkologische Untersuchung durchgeführt werden.

46 Die Beweglichkeit der Wirbelsäule beträgt vorwärts etwa 90°, rückwärts etwa 30° und seitwärts bis zu 30°.

47 Für das obere Schober-Zeichen mißt man die Verschiebung einer Hautmarke zwischen C7 und 30 cm kaudal davon, für das untere Schober-Zeichen zwischen L5 und 10 cm kranial davon als Spreizung beim Vorwärtsbeugen (Normalwert 4 – 5 cm).

48 Man läßt den Patienten, mit hängenden Schultern sitzend, den gebeugten Ellenbogen bei fixiertem Becken bis auf die Untersuchungsliege bringen.

49 Schmerzen beim Mennell-Handgriff weisen auf entzündliche Veränderungen im Iliosakralgelenk hin.

50 Bei Entzündungen kann der palpierende Finger beim Öffnen des Mundes nicht in die sich unmittelbar vor dem Tragus bildende Grube eindringen.

Kapitel 17

1 Die Auslösung der monosynaptischen Eigenreflexe, genauer Muskeleigenreflexe, geschieht durch Dehnung einer Muskelspindel und führt zu einer Muskelkontraktion.

2 Die Formulierung „Babinski positiv" kann irreführend sein, da sie sowohl den physiologischen Reflex als auch die pathologische Form bezeichnen kann. Besser ist: „Babinski gut auslösbar" bzw. „Babinski pathologisch".

3 Pathologische Reflexe können Sie durch seitenvergleichende Untersuchung besser beurteilen.

4 Eine diagnostische Indikation für die Auslösung von Eigenreflexen sind z. B.

Bewegungsstörungen, die mit lokalen Veränderungen der gängigen Gelenk- und Muskelkrankheiten nicht zu erklären sind.

5 Fordern Sie Ihren Patienten auf, für die Auslösung der Reflexe die Gelenke in dem zu untersuchenden Bereich in Mittelstellung locker zu halten.

6 Wenn Reflexe bei Ihrem Patienten schwer auslösbar sind, können Sie sich mit einer Reflexbahnung helfen, indem Sie für den zu untersuchenden Reflex das Erfolgsorgan gegen die Schwerkraft halten und damit eine aktive Innervation provozieren oder den Reflex kurz nacheinander auslösen oder indem Sie Ihren Patienten auffordern, die Zähne zusammenzubeißen oder zu husten.

7 Zum Auslösen des Biceps-brachii-Reflexes drücken Sie mit dem gestreckten Zeigefinger unmittelbar proximal von der Ellenbeuge auf die Bizepssehne.

8 Pathologische Eigenreflexe sind: Fehlen oder Abschwächung, Verlangsamung und Steigerung der Eigenreflexe.

9 Den Triceps-brachii-Reflex lösen Sie aus, indem Sie unmittelbar oberhalb des Olecranons auf die Sehne des M. triceps brachii schlagen.

10 Als Trömner-Reflex kommt es zu einer Flexionszuckung der Finger, wenn Sie mit Ihrem Zeige- bis Ringfinger von palmar gegen die Fingerkuppen der in offener Fauststellung gehaltenen Hand des Patienten schnellen.

11 Den Quadrizeps-Reflex lösen Sie unmittelbar unter der Patella mit einem Schlag auf die Quadrizepssehne aus.

12 Als Achillessehnenreflex bezeichnet man den Triceps-surae-Reflex.

13 Ein Klonus ist eine Serie von Einzelreflexen, die ablaufen, solange Sie den Muskel, an dem der Reflex ausgelöst wird, dehnen.

14 Sie lösen einen Patellarklonus aus, indem Sie den Oberrand der Patella zwischen Daumen und Zeigefinger fassen, die Patella ruckartig nach kaudal bewegen und sie dort mit geringem Kraftaufwand festhalten.

15 Bei den polysynaptischen Fremdreflexen sind Auslösung und Erfolgsorgan getrennt. Fremdreflexe lösen Sie an Haut und Schleimhaut aus. Als Reaktion erhalten Sie an anderer Stelle eine Zuckung oder eine tonische Kontraktion des Erfolgsorgans.

16 Der Unterschied zwischen physiologischem und pathologischem Babinski-Reflex besteht darin, daß beim physiologischen Babinski-Reflex eine Plantarflexion der Zehen eintritt („Babinski gut auslösbar"), dagegen die langsame Dorsalflexion der Großzehe pathologisch ist (= „Babinski pathologisch").

17 Babinski-, Gordon- und Oppenheim-Reflex fasst man als Babinski-Gruppe zusammen.

18 Die Dorsalextension der Großzehe ist beim Gordon-Reflex (wie beim Babinski- und Oppenheim-Reflex) pathologisch und gilt als Zeichen für Pyramidenbahnschaden.

19 Vier Nervendehnungszeichen sind Nackensteife, Lasègue-Zeichen, Kernig-Zeichen und Brudzinski-Zeichen.

20 Nackensteife ist ein tonischer Krampf der Nackenmuskulatur, der zur Geradhaltung oder Rückwärtsflexion (Opisthotonus) des Kopfes führt. Das steife Genick ist eine schmerzhafte Bewegungseinschränkung, die besonders bei Seitwärts- und Drehbewegungen des Kopfes auftritt.

21 Das Brudzinski-Zeichen entsteht als reflektorische Mitreaktion bei Nackensteife.

22 Lasègue-Zeichen: Anheben des gestreckten Beins des liegenden Patienten führt zur Dehnung des N. ischiadicus und löst Schmerzen in Gesäß und Oberschenkel der erkrankten Seite aus.

23 Fordern Sie Ihren liegenden Patienten auf, die gestreckten Beine im Hüftgelenk zu beugen. Wenn es dabei automatisch zu einer schmerzreflektorischen Beugung im Kniegelenk kommt, ist das Kernig-Zeichen positiv.

24 Eine Parese ist eine unvollständige neurale Lähmung motorischer oder sensibler Funktionen eines Nervs und damit eines Körperteils. Mit Paralyse = Plegie bezeichnet man die vollständige Lähmung der motorischen oder sensiblen Nervenfunktionen.

25 Pseudolähmungen können Sie von Lähmungen mit dem Beintest unterscheiden, bei dem Ihr Patient das angeblich paretische Bein beim Hochhalten des anderen Beins gegen Widerstand unwillkürlich mit voller Kraft auf der Unterlage abstützt.

26 Muskeltonus untersuchen Sie, indem Sie Ihren Patienten auffordern, die Extremitäten-Gelenke, die Sie untersuchen wollen, bewußt locker und entspannt zu halten, weder mitzumachen noch dagegenzuhalten. Sie beurteilen seitenvergleichend den unwillkürlichen Muskelwiderstand.

27 Unter pathologischem Muskeltonus versteht man verminderten oder erhöhten Dehnungswiderstand entspannter Muskulatur.

28 Abnormer Muskeltonus tritt auf als Spastik, Rigor, Krämpfe und muskuläre Hypotonie.

29 Die ungewöhnliche Zunahme der Muskelspannung bezeichnet man als Spastik.

30 Rigor: Bei passiven Bewegungen der Gliedmaßen wirkt die gesamte Bewegung der Gelenke hyperton, zähflüssig und in allen Winkelstellungen etwa gleich erhöht, ruckartig mit schnellem Wechsel zwischen Widerstand und Lockerung.

31 Fünf Krampf-Formen sind: klonische Krämpfe, tonische Krämpfe, tonisch-klonische Krämpfe, lokalisierte Krämpfe und Schreibkrämpfe.

32 Tonisch-klonische Krämpfe sind Serien kurzdauernder schüttelnder unwillkürlicher Zuckungen antagonistischer Muskeln.

33 Muskuläre Hypotonie erkennen Sie daran, daß bei der passiven Bewegung die Gliedmaßen Ihres Patienten ungewöhnlich schwer erscheinen und die Gelenke überstreckbar sind.

34 Zur Untersuchung der Muskelkraft fordern Sie Ihren Patienten auf, seine Arme, Beine, den Kopf oder den Rumpf aktiv zu bewegen oder seine Muskelkraft gegen Ihre gegenhaltende Hand einzusetzen. Versuchen Sie seine vorgehaltenen Arme abwärts oder aufwärts zu drücken, oder lassen Sie sich von Ihrem Patienten mit gekreuzten Armen die Hände drücken.

35 Unter Koordination versteht man das agonistische und antagonistische, zeitlich geordnete und adäquat dosierte Zusammenwirken von Muskeln bei komplexen Willkürbewegungen.

36 Der Begriff Sensibilität bezeichnet im weiteren Sinne die Fähigkeit, Reize aufzunehmen und in Wahrnehmungen umzusetzen.

37 Zum Tastsinn gehören Berührungsempfindung, Diskrimination und Lokalisation von Berührungen, Schmerzempfindung und Temperaturempfindung.

38 Störung der Berührungsempfindung untersuchen Sie mit der Zahlenschrift.

39 Störungen der Diskrimination untersuchen Sie mit der 2-Punkt-Diskrimination (Aufsetzen eines Zirkels auf die Haut).

40 Zur Tiefensensibilität gehören die Empfindungen von Lage, Bewegung, Haltung und Vibration.

41 Schlagwortartig versteht man unter Ataxie Bewegungs-Unordnung.

42 Zum Romberg-Stehversuch fordern Sie Ihren Patienten auf, mit geschlossenen Füßen gerade zu stehen und die Augen zu schließen.

43 Vier Formen von Orientiertheit sind: zeitlich, örtliche, persönliche und situative.

44 Störung der Konzentrationsfähigkeit erkennen Sie z. B. daran, daß Ihr Patient in auffälliger Form vom Thema abweicht.

45 Zur Prüfung der Konzentrationsfähigkeit lassen Sie Ihren Patienten rückwärts von 100 zählen.

Kapitel 18

1 Aus forensischen Gründen und ggf. zur Übernahme eines Spekulums.

2 Metrorrhagien = Blutungen außerhalb der Regel
Menorrhagien = zu starke und zu lange dauernde Blutungen
Oligomenorrhöen = zu seltene Blutungen
Polymenorrhöen = zu häufige Blutungen
Amenorrhöen = völliges Ausbleiben der Blutung

3 Zyklusabhängig sind: Schmerzen zur Zeit des Follikelsprungs; Schmerzen, die in der 2. Zyklushälfte auftreten, zunehmen und mit der Menstruation verschwinden.

4 Von Fluor spricht man, wenn der weißlich-schleimige Vaginalinhalt das übliche Maß so weit übersteigt, daß er lästig wird.

5 Dyspareunien sind Kohabitationsbeschwerden.

6 Von Frigidität spricht man bei sexueller Gleichgültigkeit, von Anorgasmie beim Ausbleiben des Orgasmus.

7 Die Unfähigkeit zu empfangen bezeichnet man als Sterilität.

8 Für die Untersuchung der Mammae ist der Abschluß der Menstruation der günstigste Termin.

9 Die eingestemmten Arme erleichtern vergleichende Untersuchungen.

10 Verdachtsmomente sind: neuaufgetretene Größendifferenzen, einseitige Einziehungen, Verwachsungen der Haut; Fixierungen der Mammae, perimamilläres Ekzem, Apfelsinenhaut, Hautulzerationen.

11 Sie sollten der Patientin Ihr Vorgehen Schritt für Schritt erläutern.

12 Die Aufforderung, wie beim Stuhlgang zu pressen, erleichtert das Erkennen einer Zystozele oder Rektozele.

13 Sie führen die Spekula in 2 Phasen ein, um eine Erosion der Portio zu vermeiden.

14 Zum Halten des vorderen Blattes (Plattenspekulum) ist eine Hilfskraft erforderlich.

15 Zytologische Abstriche sind bei allen gynäkologischen Früherkennungsuntersuchungen angezeigt.

16 Epithelveränderungen der Portio erfassen Sie mit der Schiller-Jodprobe.

17 Außen palpieren Sie mit den Fingerbeeren, nicht mit den Fingerspitzen!

18 Normalerweise liegt der Uterus in Anteversion und Anteflexion.

19 In den Mammae suchen Sie nach Verfestigungen, die sich gegen ihre Umgebung abheben.

20 Begleitbeschwerden sind: Übelkeit und morgendliches Erbrechen, vermehrter Harndrang, Spannungsgefühl in den Brüsten.

21 Die immunologischen Schwangerschaftstests reagieren gewöhnlich 14 Tage nach Empfängnis oder 8 – 12 Tage nach der ausgebliebenen Regel positiv.

22 Alle genannten Risikofaktoren lassen eine Klinikentbindung angezeigt erscheinen.

23 Voraussichtlicher Geburtstermin = 1. Tag der letzten normalen Regel –3 Monate + 7 Tage, plus-minus Abweichung vom 28-Tage-Zyklus.

24 Die Beurteilung der Adnexe hat für die Extrauteringravidität eine Bedeutung.

25 Wahrscheinliche Schwangerschaftszeichen sind: Vergrößerung der Gebärmutter, Auflockerung, Konsistenzwechsel; Lividität von Introitus, Vagina und Portio.

26 In den ersten vier Lunarmonaten sollte die Patientin alle 4 Wochen zu einer Kontrolluntersuchung kommen.

27 Ultraschalluntersuchungen sind zwischen der 16. und 20. und in der 32. bis 36. Schwangerschaftswoche angezeigt.

28 Im letzten Schwangerschaftsmonat sollte die Patientin jede Woche untersucht werden.

29 16. Woche: 2 Querfinger oberhalb der Schamfuge
20. Woche: 2 bis 4 Querfinger unterhalb des Nabels
24. Woche: in Nabelhöhe
28. Woche: 2 bis 3 Querfinger oberhalb des Nabels
32. Woche: zwischen Nabel und Schwertfortsatzspitze
36. Woche: hart am Rippenbogen
40. Woche: 2 Querfinger unterhalb des Rippenbogens

Kapitel 19

1 Voraussetzungen dafür, daß Sie dieser besonderen Arzt-Patienten-Situation gerecht werden, sind: freundliche Zuwendung, auch in kritischen Situationen heitere Gelassenheit und in manchen Fällen viel Geduld.

2 Bis zum 4. Lebensjahr ist eine verbale Kommunikation mit dem Kind nur sehr bedingt möglich.

3 Statistisch ist die häufigste Fieberursache eine Infektion der Atmungsorgane.

4 Kleinkinder lokalisieren Bauchschmerzen meist im Bereich des Nabels.

5 Normales Gewicht bedeutet dann eine verzögerte Entwicklung, wenn das Längenwachstum hinter der Norm zurückbleibt.

6 Stridor entsteht in erster Linie in den hohen Anteilen des Respirationstraktes (Larynx und Trachea).

7 Trachealer Stridor ist inspiratorisch und exspiratorisch, bronchialer Stridor nur exspiratorisch.

8 Ein Neugeborenes atmet durchschnittlich 55-mal pro Minute.

9 Die Relation von Pulsfrequenz zu Atmung ist im 3. Lebensjahr etwa 3 : 1, bei pulmonaler Dyspnoe ist sie in der Regel kleiner, bei kardialer größer.

10 Die hypokalzämische Tetanie kann mit generalisierten und fokalen epileptischen Krampfanfällen, Karpopedalspasmen und Laryngospasmus einhergehen.

11 Epileptische Krampfanfälle treten chronisch rezidivierend über längere Zeiträume auf.

12 Ursächlich stehen bei den Gelegenheitskrämpfen die Fieberkrämpfe im Vordergrund.

13 Mit Enuresis bezeichnet man das Bettnässen von Kindern, die eigentlich schon trocken sein sollten.

14 Sie sollten versuchen, mit dem älteren Schulkind, spätestens aber mit dem Jugendlichen ein bilaterales Arzt-Patienten-Verhältnis aufzubauen.

15 Für Vorsorgeuntersuchungen bis zum 4. Lebensjahr dient das Untersuchungsheft für Kinder (Ärztekammer oder Kinderklinik).

16 Bei der körperlichen Untersuchung von Kleinkindern beginnt man mit den Bereichen, die das Kind am wenigsten belasten.

17 Für die Untersuchung Neugeborener benutzt man den sog. Apgar-Index.

18 Reifezeichen beim Neugeborenen sind: Mindestlänge 48 cm, Mindestgewicht 2500 g, relative Kopfhöhe 25 %, Nasen- und Ohrknorpel fest, Schulterumfang größer als Kopf, Brustumfang 33 – 35 cm, ausgeprägte subkutane Fettpolster, guter Hautturgor und rosige Hautfarbe, mindestens 2 cm Kopfhaare, Lanugobehaarung nur noch inselförmig, überragende Fingernägel, kleine Labien bedeckt, Hoden im Skrotum.

19 Die drei häufigsten Fehlbildungen in der ersten Lebenszeit sind in dieser Reihenfolge: Herzfehler, Hüftpfannendysplasien und -luxationen und Spaltfehlbildungen des Urogenitalsystems.

20 Die häufigste geburtstraumatische Schädigung neben dem Kephalhämatom ist die Schlüsselbeinfraktur.

21 Von gutem Hautturgor spricht man, wenn in einem zusammengeschobenen Hautareal große Falten entstehen und beim Loslassen sofort wieder verschwinden.

22 Beim herabgesetzten Turgor entstehen zusätzliche Runzeln und verzögerter Ausgleich; bei schlechtem Turgor entstehen nur kleine Falten und Runzeln, die längere Zeit stehenbleiben.

23 Bei Abmagerung werden aus den quergestellten Adduktorenfalten diagonale oder längsgerichtete Falten.

24 Für die Untersuchung auf Kraniotabes nimmt man den Kopf fest zwischen die beiderseits angelegten Hände und palpiert den Hinterkopf.

25 An der großen Fontanelle können Sie Spannung und Vorwölbung bei Meningitis, Einziehung bei Dehydratation palpieren.

26 Bis zum 2. Lebensjahr sind der Faßthorax und ein fast horizontaler Rippenverlauf physiologisch.

27 Durch die größere Schwingungsfähigkeit entsteht ein lauteres Perkussionsgeräusch als beim Erwachsenen, und Dämpfungen sind beim Kind kleiner.

28 Pueriles Atmen ist mit dem Bronchialatmen Erwachsener zu vergleichen.

29 Urin gewinnt man beim Säugling durch das Vorkleben eines Plastikbeutels.

30 Für die neurologische Untersuchung von Neugeborenen und jungen Säuglingen müssen die Umweltbedingungen standardisiert sein.

31 Charakteristisch für die normale Neugeborenenperiode sind die sog. Primitivreflexe.

32 Nach dem 2. Lebensjahr gilt ein pos. Babinski-Reflex als pathologisch.

33 Die Berührung der Mundumgebung führt zur Kopfwendung in Richtung auf den Reiz (Such- oder Rooting-Reflex).

34 Reizt man die Haut parallel zur Wirbelsäule, so führt der Galant-Reflex zur Beugung mit der konkaven Seite zum Reiz hin und zur Streckung des gegenseitigen Hüft- und Kniegelenks.

35 Die Umklammerungsbewegung gehört zum Moro-Reflex.

36 Das Milchgebiß entwickelt sich zwischen dem 7. und 27. Lebensmonat.

37 Die Blutdruckmanschette soll zwei Drittel des Oberarmes bedecken.

38 Bei der Flush-Methode ersetzt die deutliche Rötung von Haut und Nagelbett die Auskultation.

39 Beim Neugeborenen ist eine Pulsfrequenz von 120 – 140 Schlägen pro Minute normal.

40 Perzentilwerte werden auf den Median bezogen.

41 Eine Dreierperzentile bedeutet, daß 3 % aller Kinder kleiner bzw. leichter und 97 % aller Kinder gleichen Alters größer bzw. schwerer sind.

42 Der Unterschied zwischen Perzentilkurven und Somatogrammen liegt an der gerafften Ordinate und daran, daß die Somatogramme nur bis zum 4. Lebensjahr reichen.

43 Auf die Körpertemperatur wirken körperliche Aktivität und Verdauung mit einer Steigerung bis zu 1,3 °C ein.

44 Axillär werden normalerweise 0,5 °C weniger als oral und bis zu 1 °C weniger als rektal gemessen.

45 Der Normalbereich der Körpertemperatur liegt zwischen 36,8 und 37,5 °C bei rektaler Messung.

46 Die axilläre Messung sollte mindestens 7 Min. lang erfolgen.

47 Bei der oralen Temperaturmessung soll das Thermometer unter die Zunge gelegt werden. Die Lippen werden fest geschlossen.

48 Das erste Kontaktlächeln auf entsprechende Reize findet man im 2. Lebensmonat.

49 Zwischen dem 3. und 6. Monat beginnt der Säugling zu greifen und Kontakt aufzunehmen.

50 Nach Abschluß des 1. Lebensjahres lernt das Kind normalerweise gehen.

51 Aus dem Lallen wird gegen Ende des 1. Lebensjahres sinnvolle Lautbildung.

52 Charakteristisch für diese Entwicklungsphase sind der Tätigkeitsdrang, die Frohgelauntheit und die Kontaktfreudigkeit.

53 In der Regel sind Kinder mit 1 Jahren vom Stuhl sauber, mit 18 – 24 Monaten über Tag trocken und mit 2 Jahren über Nacht trocken.

54 Die erste Trotzphase setzt im Laufe des 3. Lebensjahres ein.

55 Der normale Eintritt von Menarche und Hoden- bzw. Penisvergrößerung erfolgt zwischen dem 9. und 15. Lebensjahr.

56 Für die psychologische Untersuchung läßt man den Jugendlichen die eigene Entwicklung, sein Verhältnis zu Eltern, Geschwistern, Freunden und Lehrern schildern bzw. besondere Erlebnisse, Wünsche und Kümmernisse.

Kapitel 22

1 Patienten kommen in der Regel mit mehr als einem Symptom zum Arzt. Die Bestimmung eines Leitsymptoms hilft bei der Organisation des vom Patienten angebotenen meist ungeordneten „Informationshaufens".

2 „Bauchschmerzen" allein reichen für diagnostische Zwecke nicht aus, weil Bauchschmerzen diagnostisch vieldeutig sind.

3 Die diagnostische Vieldeutigkeit eines Symptoms können Sie mit der sorgfältigen Differenzierung der Symptome – z. B. der Bauchschmerzen nach Dauer, Stärke, Art und Ort und ihren Beziehungen zu Körperfunktionen bzw. mit der systematischen Befunderhebung (s. IPPAF) einschränken.

4 Mit der Suche nach naheliegenden Begleitsymptomen – z. B. zu Bauchschmerzen, Abwehrspannung, Durchfall, Fieber usw. und der Berücksichtigung zusätzlicher Symptome ist es möglich, die Zahl der Verdachtsdiagnosen zu verkleinern und irrelevante Diagnosen auszuschließen.

5 Das methodische Werkzeug zur Einengung diagnostischer Vieldeutigkeit sind Symptomnetze.

6 Bei der symptomatologischen Differenzialdiagnostik schließen Sie von differenzierten Symptomen und Begleitsymptomen Ihres Patienten auf Diagnosen, z. B. seit 7 Stunden heftige, dumpfe Dauerschmerzen im rechten Unterbauch, Erbrechen, Fieber
Bei der nosologischen Differenzialdiagnostik vergleichen Sie Krankheiten untereinander, bei denen die Symptome Ihres Patienten vorkommen, z. B. die vergleichbare Symptomatologie von Appendizitis, Adnexitis, extrauteriner Gravidität…

7 Die Gesamtheit der Patientensymptome bezeichnen wir als Symptomkonstellation.

8 Aus der Symptomkonstellation ziehen Sie Schlußfolgerungen als noch zu überprüfende Verdachts- oder Arbeitsdiagnosen.

9 Unter nosologischer Differenzialdiagnostik versteht man den Vergleich einer Verdachtsdiagnose mit ähnlichen Krankheiten (z. B. Adnexitis mit Appendizitis).

10 Dieser Mustervergleich erfolgt mit dem Ziel der Falsifikation Ihrer Verdachtsdiagnosen, d. h. mit der Fragestellung: Was spricht gegen Ihre Vermutungen, welche vergleichbaren Krankheiten könnten es sonst sein?

11 Die fünf Schritte vom Symptom zur Diagnose:
1. Sie legen ein Leitsymptom fest.
2. Sie differenzieren das Leitsymptom.
3. Sie reduzieren mit Symptomnetzen die vielfältigen diagnostischen Möglichkeiten (symptomatologische DD).
4. Sie treiben dann mit dem Vergleich zwischen der Verdachtsdiagnose und anderen in Frage kommenden Krankheiten nosologische Differenzialdiagnostik und kommen so
5. zu einer nachvollziehbaren und wissenschaftlich begründbaren Arbeitsdiagnose.

Kapitel 23

1 In der PoPD werden Probleme formuliert und mit Nummern codiert. Die Patientendaten werden den Problemen zugeordnet und systematisch abgeordnet. Die Zuordnung der Patientendaten zu den einzelnen Problemen ermöglicht ihre Strukturierung.

2 Die PoPD dient dem behandelnden Arzt und allen, die an der Patientenbetreuung beteiligt sind.

3 Die unstrukturierte Informationssammlung über den Patienten wird als Datenpool bezeichnet.

4 In die Informationssammlung gehen Anamnese, Befund, technisch-diagnostische Werte und Patientenprofile ein.

5 In der Problemlösung sollten keine Vermutungen stehen.

6 Die Problemnummern gestatten das Zuordnen der Daten, die sich zu jedem Problem während der Betreuung ergeben.

7 Zu einem Aktionsplan gehören (ZIRCE) Z = Zweck, I = Inhalt, R = Behandlung, C = Beratung (Consultation), E = Evaluation des eigenen Vorgehens.

8 Die Verlaufsdokumentation stellt man nach SOAP auf. S = subjektive Beschwerden, O = objektive Befunde, A = Analyse des Verlaufs, P = Planungsänderungen im Vergleich mit ZIRCE.

Literatur

Alexander, B.: Taking the sexual history. AFP 23 (1981) 147–151

Approbationsordnung für Ärzte von 2002

Axenfeld, Th., H. Pau: Lehrbuch und Atlas der Augenheilkunde, 12. Aufl. Fischer, Stuttgart 1980

Balint, M.: Der Arzt, sein Patient und die Krankheit. Klett, Stuttgart 1957

Bickley, L. S. (Hrsg.): Bates' großes Untersuchungsbuch. Thieme, Stuttgart 2000

Bierich, J. R.: Pathologie der endokrinen Organe. In Joppich, G.: Lehrbuch der Kinderheilkunde, 24. Aufl. Fischer, Stuttgart 1980

Birnmeyer, G.: HNO-ärztlicher Spiegelkurs, 3. Aufl. Thieme, Stuttgart 1977; 4. Aufl. 1987

Bjorn, J. C., H. D. Cross: The Problem Oriented Practice of Private Medicine. Modern Hospital Press. McGraw-Hill, New York 1970

Carroll, J. L., et al.: The physiology and clinical usefulness of common pulmonary physical findings. Ariz. Med. 40 (1983) 408–414

Challenger, F., J. M. Walshe: Fetor hepaticus. Lancet 268 (1955) 1239

Clark, W. D.: The medical interview: Focus on alcohol problems. Hosp. Pract. 20 (1985) 59,62,65,68

Cole, J., et al.: Genetic family history questionnaire. J. med. Genet. 15 (1978) 10–18

Connell, A. M., et al.: Variation of bowel habit in 2 population samples. Brit. med. J. 1965/2, 1095–1099

Courvoisier, L. G.: Pathologie und Chirurgie der Gallenwege. Vogel, Leipzig 1890

Cowell, C. A.: The gynecologic examination of infants, children, and young adolescents. Pediat. Clin. N. Amer. 28 (1981) 247–266

Dahmer, H., J. Dahmer: Gesprächsführung – Eine praktische Anleitung, 5. Aufl. Thieme, Stuttgart 2003

Dahmer, J.: Differentialdiagnose des Ikterus. Klin. Tabellen. Med. Klin. 61 (1966 a) Nr. 15,17,19,21,23,25

Dahmer, J.: Differentialdiagnose der primären Amenorrhoe. I. Med. Klin. 61 (1966 b) 1083–1085

Dahmer, J.: Die ärztliche Untersuchung. Urban & Schwarzenberg, München 1967

Dahmer, J.: Zur Logik der ärztlichen Diagnose. Med. Welt (Stuttg.) 20 (1969) 1521–1523

Dahmer, J.: Anamnese und Befund im Vorfeld der Dokumentation und des Computers. Sonderteil Datenverarbeitung in der Medizin. Münch. med. Wschr. 112 (1970)

Dahmer, J.: Problemorientierte Patientenbetreuung – problemorientierte Dokumentation. Prakt. Arzt (Wien) +19 (1977) 3000–3020

Dahmer, J.: Diagnostisch-therapeutisches Denken. Schattauer, Stuttgart 1980

Debrunner, H. U.: Orthopädisches Diagnostikum, 6., neubearb. u. erw. Aufl. Thieme, Stuttgart 1994

DeGowin, E. L.: Bedside Diagnostic Examination. Macmillan, New York 1982

Dickinson, W. H.: The Tongue as an Indication in Disease. Longmans Green, London 1888

de Dombal, F. T.: Diagnosis of Acute Abdominal Pain. Churchill Livingstone, Edinburgh 1980

Edens, E., F. von Ewald: Übe den Perkussionsschall. Dtsch. Arch. klin. Med. 123 (1917) 275

Enke, H., E. Enke-Ferchland, B. Malzahn, H. Pohlmaier, G.-W. Speierer, J. v. Troschke: Lehrbuch der Medizinischen Psychologie, 4. Aufl. Urban & Schwarzenberg, München 1977

Epstein, O., et al.: Bild-Lehrbuch der klinischen Untersuchung. Thieme, Stuttgart 1994

Ewe, K.: Obstipation. Pathophysiologie, Klinik, Therapie. Internist. Welt 10 (1983) 286–292

Faller, A.: Der Körper des Menschen. 13., überarb. u. neugestaltete Aufl. Thieme, Stuttgart 1999

Faßl, H.: Dokumentation und Datenverarbeitung. Schattauer, Stuttgart 1975

Feinstein, A. R.: Clinical Judgement. Williams & Wilkins, Baltimore 1967

Froelich, R. E., F. M. Bishop: Die Gesprächsführung des Arztes. Springer, Berlin 1973

Froom, P., et al.: The effect of age on the prevalence of asymptomatic microscopic hematuria. Amer. J. clin. Path. 86 (1986) 5, 656–657

Füeßl, H. S., M. R. F. Middeke: Anamnese und klinische Untersuchung. Hippokrates, Stuttgart 1998

Gädeke, R.: Diagnostische und therapeutische Techniken in der Pädiatrie, 3. Aufl. Springer, Berlin 1981

Goldfinger, S. E.: The problem oriented record: A critique from a believer. New Engl. J. Med. 288 (1973) 12, 606–608

Gross, R.: Von der Intuition zum Computer. Med. Welt (Stuttg.) 17 (1965) 873–878

Gross, R., H. Spechtmeyer: Erhebung der Vorgeschichte und körperliche Untersuchung. In Losse, H., E. Wetzels: Rationelle Diagnostik in der inneren Medizin, 3. Aufl. Thieme, Stuttgart 1982

Gryskiewicz, J. M., Th. L. Huseby: The pediatric abdominal examination. A multiple challenge. Postgrad. Med. 67 (1980) 126, 128, 130, 132, 134–138

Hansen, H. Th.: Praktische ärztliche Untersuchungs- und Behandlungstechnik, 5. Aufl. Thieme, Stuttgart 1987

Hansen, K., H. Schliack: Segmentale Innervation. Ihre Bedeutung für Klinik und Praxis, 2. Aufl. Thieme, Stuttgart 1962

v. Harnack, G.-A.: Kinderheilkunde, 5. Aufl. Springer, Berlin 1980; 6. Aufl. 1984

v. Harnack, G.-A.: Ein Kinderbauch reagiert anders. Dokum. ärztl. Fortbild. 34 (24) (1984) 25–29

Heinecker, R.: EKG in Praxis und Klinik, 14. überarb. u. erw. Aufl. Thieme, Stuttgart 1999

Holldack, K., K. Gahl: Auskultation und Perkussion, Inspektion und Palpation,m. Cassette, 11. neubearb. Aufl. Thieme, Stuttgart 1991

Hollwich, F.: Augenheilkunde, 11., neubearb. Aufl. Thieme, Stuttgart 1988

Hoppe, F.: Zur Theorie der Perkussion. Virchows Arch. path. Anat. 6 (1854) 143

Hurst, J. W.: The art and science of presenting a patient's problems. Arch. intern. Med. 128 (1971) 463–465

Janzen, R.: Schmerzanalyse als Wegweiser zur Diagnose, 4. Aufl. Thieme, Stuttgart 1981

Jones, B. J. M., et al.: Blue sclerae: a common sign of iron deficiency? Lancet 1986/II, 1267–1269

Joppich, G.: Lehrbuch der Kinderheilkunde, 24. Aufl. Fischer, Stuttgart 1980

Jordan, S. M., R. S. Boles jr.: Diverticulitis. Modern Medical Monographs 21, Grune & Stratton, New York 1960

Kales, A., et al.: Taking a sleep history. AFP 22 (1980) 101–107

Kind, H.: Leitfaden für die psychiatrische Untersuchung. Eine Anleitung für Studierende und Ärzte in Praxis und Klinik, 3. Aufl. Springer, Berlin 1984

Kloos, G.: Anleitung zur Intelligenzprüfung in der psychiatrischen Diagnostik, 5. Aufl. Fischer, Stuttgart 1965

Kosenow, W.: Bauchschmerzen aus der Sicht des Pädiaters. Dtsch. Ärztebl. 42 (1977) 2513–2516

Lake, A. M.: Diarrheal disorders in infancyand childhood. Postgrad. Med. 70 (1981) 169–176

Lasserre, A.: GK2 – Anamneseerhebung und allgemeine Krankenuntersuchung. 12. Aufl. Thieme, Stuttgart 2001

Leiber, B., G. Olbrich: Die klinischen Syndrome, 6. Aufl. Urban & Schwarzenberg, München 1981

Lembcke, B.: Leitsymptom: Meteorismus. Dtsch. Ärztebl. 87 (1990) 2685–2690

Luberichs, P.: Methodische Untersuchungen zur standardisierten Anamnese. Med. Diss., Münster 1973

Lustedt, L. B.: Reasoning Foundations of Medical Diagnosis. In Reggia, J. A., S. Tuhrim: Computer-assisted Medical Decision-Making, Vol. 1. Springer, New York 1985

Mackenzie, J.: The Study of the Pulse. Pentland, London 1902

Martius, G.: Gynäkologie und Geburtshilfe, 4., aktualis. u. korr. Aufl. Thieme, Stuttgart 2001

Mauz, F.: Das ärztliche Gespräch. Therapiewoche 10 (1960) 311 – 316

May, A.: The tongue sign for high venous pressure. Amer. Heart J. 26 (1943) 685

Mummenthaler, M.: Neurologischer Untersuchungskurs. Dtsch. Ärztebl. 47 (1974) 3392 – 3397; II. Teil Dtsch. Ärztebl. 48 (1974) 3463 – 3476; III. Teil Dtsch. Ärztebl. 49 (1974) 3551 – 3558; IV. Teil Dtsch. Ärztebl. 2 (1975) 79 bis 88; V. Teil, Dtsch. Ärztebl. 3 (1975) 145 – 147; VI. Teil Dtsch. Ärztebl. 5 (1975) 270 – 273

Mumenthaler, M., H. Mattle: Grundkurs Neurologie. Thieme, Stuttgart 2002

Mumenthaler, M., H. Mattle: Neurologie, 11., überarb. u. erw. Aufl. Thieme, Stuttgart 2002

Mumenthaler, M., H. Schliack, M. Stöhr: Läsionen peripherer Nerven, 7., neubearb. u. erw. Aufl. Thieme, Stuttgart 1998

Neiger, A.: Proktologie in der Sprechstunde. Diagnostik 10 (1977) 52 – 58

Ogilvie, C.: (Chamberlain's) Symptoms and Signs in Clinical Medicine, 10th ed. Wright, Bristol 1980

Patil, U. B.: Estimation of residual urine in bladder: Use of vesical „thrill" test. Urology 4 (1974) 737 – 738

Payk, T. R.: Schema des psychischen Befundes. Med. Welt (Stuttg.) 27 (1976) 2463 – 2465

Peabody, F. W.: The care of the patient. J.Amer. med. Ass. 88 (1927) 877 – 882

Pfister, R.: Die Bedeutung der Nagelerkrankungen in der ärztlichen Diagnostik. Bull. Schweiz. Akad. med. Wiss. 23 (1968) 465

Poole, S. R.: Recurrent abdominal pain in childhood and adolescence. AFP 30 (1984) 131 – 137

Popper, K.: Logik der Forschung. Mohr, Tübingen 1969

Prader, A.: Pathologie des Wachstums und der endokrinen Drüsen. In Fanconi, G., A. Wallgreen: Lehrbuch der Pädiatrie, 9. Aufl. Schwabe, Basel 1972

Prior, J. A., J. S. Silberstein: Physical Diagnosis, 4th ed. Mosby, St. Louis 1973

Probst, R., H. Iro, G. Grevers: Hals-Nasen-Ohren-Heilkunde. Thieme, Stuttgart 2000

Puppe, F. G.: Assoziatives diagnostisches Problemlösen. Diss., Kaiserslautern 1986

Rösch, W.: Differentialdiagnostik der Bauchschmerzen. In Streicher, J., J. Rolle: Notfall – Akuter Bauchschmerz. 5. Wuppertaler Notfallsymposium. Thieme, Stuttgart 1976

Schäfer, K. H., et al.: Rezidivierende Leibschmerzen nach Art von Nabelkoliken beim Kinde. Mschr. Kinderheilk. 103 (1955) 127 – 135

Scheid, W.: Lehrbuch der Neurologie, 5. Aufl. Thieme, Stuttgart 1983

Schenck, E.: Neurologische Untersuchungsmethoden, 3. Aufl. Thieme, Stuttgart 1985

Schmidt-Matthiesen, H.: Gynäkologie und Geburtshilfe, 6. Aufl. Schattauer, Stuttgart 1985

Schmidt-Voigt, J.: Leitsymptom Erbrechen. edition m + p. Werner Sudat, Hamburg-Neu Isenburg 1979

Schoop, W.: Praktische Angiologie, 3. Aufl. Thieme, Stuttgart 1975; 4. Aufl. 1987

Seward, Ch., D. Mattingly: Bedside Diagnosis. 11th ed. Churchill Livingstone Edinburgh 1979

Siegrist, J.: Das Consensus-Modell. Enke, Stuttgart 1970

Silen, W.: Cope's Early Diagnosis of the Acute Abdomen, 16th ed. Oxford University Press, Oxford 1983

Skoda, J.: Abhandlung über Perkussion und Auskultation. Mosle & Braumüller, Wien 1839

Smith, D. R.: General Urology. Lange Medical Publications, Los Altos/Calif. 1980

Sökeland, J., et al.: Urologie. 12. Aufl. Thieme, Stuttgart 2001

Stevenson, R. J.: Abdominal pain unrelated to trauma. Surg. Clin. N. Amer. 65 (1985) 1181 – 1215

Thimme, W., et al.: Anamnese und allgemeine Krankenuntersuchung. Enke, Stuttgart 1996

Thoma, W., H.-J. Bosch: Manueller Test zur Diagnostik fibularer Instabilitäten am oberen Sprunggelenk. Orthop. Prax. 25 (1989) 591 – 598

Unterberger, S. : Neue objektiv registrierbare Vestibularis-Körperdrehreaktion, erhalten durch Treten auf der Stelle. Der „Tretversuch". Arch. Ohren-, Nasen-, Kehlk.-Heilk. 145 (1938) 478 – 492

Valman, H. B.: ABC of 1 to 7: Acute abdominal pain. Brit. med. J. 1981/82, 1858 – 1860

Victor, N.: Problemdiskriminanz analytischer Methoden in der medizinischen Diagnostik. Proc. 6th Conf. prob. Theo Editura Acad. Rep. Soc. Romania, Bukarest 1981 (S. 247 – 258)

Victor, N.: Die Bedeutung des Bayes-Theorems für die Diagnostik. Antrittsvorlesung 1. 6. 1984, Universität Heidelberg

Walb, D., et al.: Differentialdiagnose der Hämaturie. Therapiewoche 36 (1986) 333 – 342

Waring, W. W.: In Keding, I. L.: Pulmonary Disorders, vol. I. Saunders, Philadelphia 1975 (p. 95)

Weed, L. L.: Medical Records, Medical Education, and Patient Care. Press of Case Western Reserve University, Cleveland/Ohio 1969

Weed, L. L.: The problem oriented record as a basic tool in medical education, patient care, and clinical research. (Editorial) Ann. clin. Res. 3 (1971 a) 131 – 134

Wenham, P. W.: Viral and bacterial associations of acute abdominal pain in children. Brit. J. clin. Pract. 36 (1982) 321 – 325

Wintrobe, M. M. et al.: Clinical Hematology, 8th ed. Lea & Febiger, Philadelphia 1982

Wortman, P.: Medical diagnosis: An information processing approach. Comput. bio-

Sachverzeichnis

Halbfette Seitenzahl = Haupttextstelle

A

B

C

D

E

F

G

H

K

L

M

O

P

Q

R

S

U

V